LS Analysis

LEISTUNGSKURS

LAMBACHER SCHWEIZER

Mathematisches Unterrichtswerk
für das Gymnasium
Ausgabe Baden-Württemberg

erarbeitet von
Gerhard Brüstle
Heidi Buck
Rolf Dürr
Hans Freudigmann
Rolf Reimer
Günther Reinelt
Maximilian Selinka
Jörg Stark
Manfred Zinser

unter Mitwirkung von
Ingo Weidig
Peter Zimmermann

Ernst Klett Verlag
Stuttgart Düsseldorf Leipzig

Bildquellenverzeichnis:
Agentur Focus, Hamburg: S. 19, 180 (oben links und unten rechts), 184, 228, 249 – Anthony Verlag, Starnberg: S. 215 (W. H. Müller) – Archiv für Kunst und Geschichte, Berlin: 123 (unten links), 175 – Bavaria, Gauting: S. 199 (viertes Bild von oben), 204 (Mitte, Kappelmeyer), 265 (Lauterbach) – Bongarts Sportfotografie GmbH, Hamburg: S. 172 (links oben) – Corbis, London, UK: S. 10 – Das Fotoarchiv GmbH, Essen: S. 178 (M. Sasse) – Deutsches Museum, München: S. 87, 123 (unten rechts), 142, 194, 230, 267, 287 (oben und unten links) – dpa-Bildarchiv, Frankfurt: S. 70 (Moesch) – esa, Abteilung für Öffentlichkeitsarbeit, Paris, Frankreich: S. 6 – ESO, Garching: S. 235 – Gebrüder Haff GmbH, Pfronten: S. 107 – Globus-Infografik, Hamburg: S. 161, 242 – H. Géissler/U. Wenig, FH Darmstadt: S. 89 – Heitzer, Johannes, Aachen: S. 199 (drittes Bild von oben) – Helga Lade Fotoagentur, Frankfurt: S. 238 – Husmor-Foto, Oslo, Norwegen: S. 207 – Mauritius, Stuttgart S. 8 (Age), 37 (van Ravenswaay), 57 (Photo Library), 59 (Hänel), 158 (Pingeter), 168 (SST), 199 (erstes Bild von oben), 204 (links, Mallaun), 211 (Silverberg), 252 (Fotofile), 268 (links, Bach) – Niedersächsische Landesbibliothek, Hannover: S. 289 (Mitte links – LH XXXV, VIII, 18 Bl. 2 vo) – Okapia, Frankfurt: S. 68 (Reinhard) – Reimer, Ettlingen: S. 219 – Reinhard-Tierfoto, Heiligenkreuzsteinach: S. 25, 233 – Studio X (Gamma), Limours, Frankreich: S. 113 – TERRA Erdkunde für Realschulen in Baden-Württemberg, KLETT-PERTHES, Gotha: S 68 (Jürgens, Berlin) – The Fibonacci Quarterly, Official Journal of The Fibonacci Association, San José, CA: S. 103 – Theophel, Eberhard, Giessen: S. 177 – Voth-Amslinger, München: S. 199 (zweites Bild von oben) – Werkstattfotografie Neumann + Zörlein, Stuttgart: S. 210 – Zefa, Düsseldorf: 268 (rechts, E. Hummel) – Zweckverband Wasserversorgung, Stuttgart: S. 179

Nicht in allen Fällen war es uns möglich, den uns bekannten Rechtsinhaber ausfindig zu machen. Berechtigte Ansprüche werden selbstverständlich im Rahmen der üblichen Vereinbarungen abgegolten.

9783127321609

1. Auflage €A 1 7 6 5 | 2006 2005 2004 2003

Alle Drucke dieser Auflage können im Unterricht nebeneinander benutzt werden, sie sind untereinander unverändert. Die letzte Zahl bezeichnet das Jahr dieses Druckes.

Internetadresse: http://www.klett-verlag.de

Zeichnungen: H. Günthner, Stuttgart; R. Hungreder, Leinfelden.
Umschlaggestaltung: Alfred Marzell, Schwäbisch Gmünd.
DTP-Satz: topset Computersatz, Nürtingen.
Druck: SCHNITZER DRUCK GmbH, 71404 Korb. Printed in Germany.

ISBN 3-12-732160-0

✓ zusammengefasst
– Aufgaben gemacht
+ Fragen

Inhaltsverzeichnis

IV Einführung in die Integralrechnung

V Exponentialfunktionen

VI Weiterführung der Integralrechnung

VII Trigonometrische Funktionen, Wurzelfunktionen

VIII Wachstumsprozesse, Schwingungen

I Weiterführung der Differenzialrechnung

1 Wiederholung und Ausblick

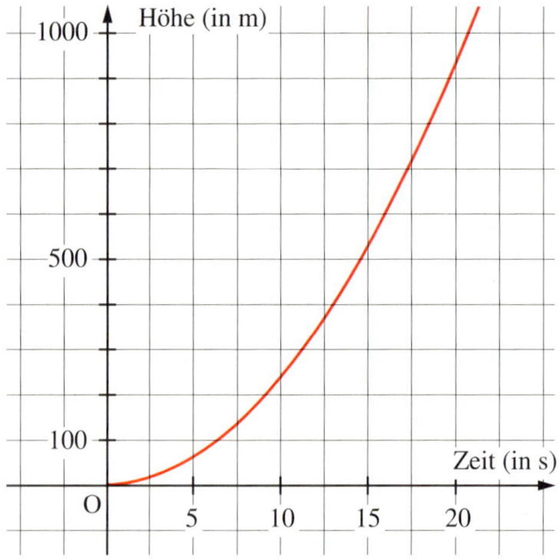

Fig. 1

1 Bei einem Raketenstart wurde die Höhe h der Rakete über dem Erdboden in Abhängigkeit von der Zeit t seit dem Start aufgezeichnet.
a) Welche Höhe hat die Rakete 15 Sekunden nach dem Start erreicht?
b) Bestimmen Sie die mittleren Geschwindigkeiten in den Zeitintervallen [0; 15], [5; 15], [10; 15], [12; 15] sowie in den Intervallen [15; 20] und [15; 17].
c) Erläutern Sie, wie man die Momentangeschwindigkeit der Rakete 15 s nach dem Start näherungsweise bestimmen kann.
d) Skizzieren Sie das Schaubild der Geschwindigkeit-Zeit-Funktion dieses Startvorgangs.

Die Abhängigkeit einer Größe von einer anderen Größe kann man oft mithilfe einer Funktion erfassen. Dabei versteht man unter einer Funktion f eine Vorschrift, die jeder reellen Zahl x aus einer Menge D genau eine reelle Zahl f(x) zuordnet.

Für $h > 0$ betrachtet man das Intervall $[x_0; x_0 + h]$.

Für $h < 0$ betrachtet man das Intervall $[x_0 + h; x_0]$.

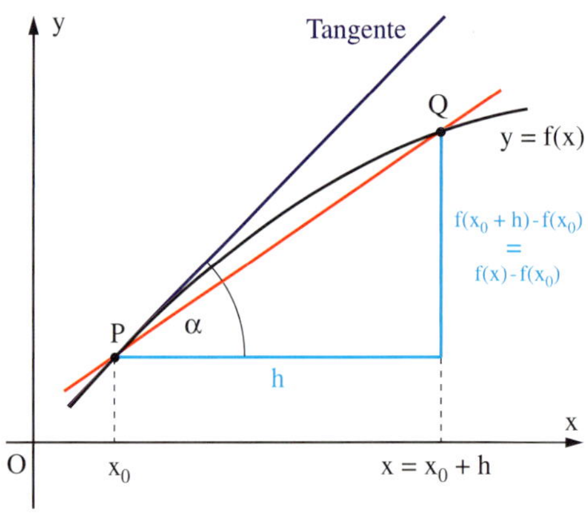

Fig. 2

Das Änderungsverhalten einer Funktion f auf einem Intervall $[x_0; x_0 + h]$ (Fig. 2) kann beschrieben werden durch die mittlere Änderungsrate $m(h) = \frac{f(x_0 + h) - f(x_0)}{h}$. Diesen Term nennt man auch **Differenzenquotient**. Er gibt die Steigung der Geraden durch die Punkte $P(x_0 | f(x_0))$ und $Q(x_0 + h | f(x_0 + h))$ an.
Hat der Differenzenquotient für $h \to 0$ einen Grenzwert, so heißt f an der Stelle x_0 **differenzierbar**. Diesen Grenzwert nennt man die momentane Änderungsrate oder die **Ableitung** von f an der Stelle x_0 und schreibt dafür $f'(x_0)$.

Setzt man $x = x_0 + h$, so hat der Differenzenquotient die Form $m(x) = \frac{f(x) - f(x_0)}{x - x_0}$. Die Ableitung $f'(x_0)$ erhält man nun als Grenzwert für $x \to x_0$.
Die Gerade t durch den Punkt $P(x_0 | f(x_0))$ mit der Steigung $f'(x_0)$ heißt **Tangente** an das Schaubild von f im Punkt P. Für den Steigungswinkel α der Geraden t gilt: $\tan\alpha = f'(x_0)$.
Ordnet man jeder Stelle x_0, an der f differenzierbar ist, die Ableitung $f'(x_0)$ zu, so erhält man die **Ableitungsfunktion** f′ der Funktion f.

Für die Ableitung der Funktion f an der Stelle x_0 gilt	$\mathbf{f'(x_0) = \lim\limits_{h \to 0} \frac{f(x_0 + h) - f(x_0)}{h}}$
oder mit $x = x_0 + h$	$\mathbf{f'(x_0) = \lim\limits_{x \to x_0} \frac{f(x) - f(x_0)}{x - x_0}}$.

Mithilfe des Differenzenquotienten kann nicht nur für jede differenzierbare Funktion f und jede Stelle $x_0 \in D_f$ die Ableitung $f'(x_0)$ berechnet werden, sondern es können auch Ableitungsregeln bewiesen werden. Solche Regeln ermöglichen häufig eine wesentlich schnellere Bestimmung der Ableitung als über den Differenzenquotienten.

Wichtige Funktionen und ihre Ableitungsfunktionen

$f(x)$	$f'(x)$
$c\ (c \in \mathbb{R})$	0
x	1
x^2	$2x$
x^3	$3x^2$
$\frac{1}{x}$	$-\frac{1}{x^2}$
$\frac{1}{x^2}$	$-\frac{2}{x^3}$
$\sqrt{x}$	$\frac{1}{2\sqrt{x}}$
$\sin x$	$\cos x$
$\cos x$	$-\sin x$

Für $f(x) = x^z$ $(z \in \mathbb{Z}\setminus\{0\})$ gilt:	$\mathbf{f'(x) = z \cdot x^{z-1}}$.	**Potenzregel**
Für $f(x) = g(x) + h(x)$ gilt:	$\mathbf{f'(x) = g'(x) + h'(x)}$.	**Summenregel**
Für $f(x) = c \cdot g(x)$ mit $c \in \mathbb{R}$ gilt:	$\mathbf{f'(x) = c \cdot g'(x)}$.	**Faktorregel**

Alle Funktionen, die sich auf die Form $x \mapsto a_n x^n + a_{n-1} x^{n-1} + \ldots + a_1 x + a_0$ bringen lassen, d. h. alle ganzrationalen Funktionen, können mithilfe der Summen-, Faktor- und Potenzregel abgeleitet werden. Sind ganzrationale Funktionen z. B. in der Form $f: x \mapsto (3x+1)^4$ oder $g: x \mapsto (2x^2 - 7x + 1)(x^4 - 3x^2 + 2x + 1)$ gegeben, so ist es oft mühsam, sie auf eine für die Anwendung dieser Regeln geeignete Form zu bringen.
Für andere Funktionen wie z. B. $h: x \mapsto \sqrt{x^2+1}$ oder $k: x \mapsto \sqrt[3]{x}$ sind die Summen- und die Faktorregel überhaupt nicht anwendbar. Die Funktion h lässt sich jedoch interpretieren als die Anwendung der Wurzelfunktion auf die Funktion $x \mapsto x^2 + 1$. Man nennt dies „Verkettung“. Die Funktion k ist als „Umkehrung“ der Funktion $x \mapsto x^3$ interpretierbar.

Ausblick: In den folgenden Abschnitten wird die „Verkettung“ von Funktionen und die „Umkehrung“ einer Funktion genauer untersucht. Es werden Ableitungsregeln für die Verkettung, das Produkt und den Quotienten zweier Funktionen sowie die „Umkehrung“ einer Funktion hergeleitet.

Aufgaben

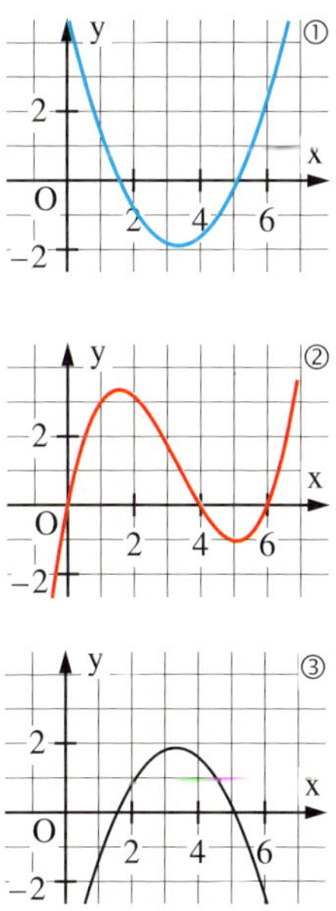

Fig. 1

2 Gegeben ist die Funktion f mit $f(x) = \frac{1}{2x}$; $x \in \mathbb{R}\setminus\{0\}$.
a) Berechnen Sie mithilfe des Differenzenquotienten die Ableitung der Funktion f an der Stelle -1.
b) Bestimmen Sie mithilfe des Differenzenquotienten die Ableitungsfunktion f'.
c) Wie lautet die Gleichung der Tangente an das Schaubild von f im Punkt $B(2|f(2))$?

3 Berechnen Sie $f'(x)$ mithilfe geeigneter Ableitungsregeln.
a) $f(x) = 2x^3 - 4x + 1$
b) $f(x) = \frac{3}{x^2} - \frac{x^2}{3}$
c) $f(x) = 2\sqrt{x} + 7x$
d) $f(x) = \frac{1}{3}\sin x - \cos x$
e) $f(x) = x \cdot (x^2 - 1)$
f) $f(x) = \frac{x^3 - 6x^2 + 2x - 4}{x}$
g) $f(x) = \frac{k}{3}x^3 + \frac{5}{6}x^2 + kx$
h) $f(x) = t\sqrt{x} - t^2$
i) $f(x) = k \cdot \cos x - \frac{1}{2}k$

4 Gegeben ist die Funktionenschar f_k mit $f_k(x) = kx^2 - k^2x$, $x \in \mathbb{R}$; $k > 0$.
a) Für welche Werte von k ist $f_k'(1) = -3$?
b) Gibt es eine Funktion der Schar, deren Schaubild im Punkt $P(2|f_k(2))$ eine waagerechte Tangente besitzt?

5 In Fig. 1 sind die Schaubilder der Funktionen f, g und g' skizziert. Welches Schaubild gehört zu welcher Funktion?

2 Verkettung von Funktionen

1 a) Eine Funktion f ist durch folgende Zuordnungsvorschrift gegeben: Verdopple eine gegebene Zahl und quadriere das Ergebnis. Wie lautet der Funktionsterm dieser Funktion? Geben Sie den Term der Funktion g an, bei der zunächst quadriert und dann verdoppelt wird.
b) Formulieren Sie die Zuordnungsvorschrift in Worten.
h_1: $x \mapsto \sqrt{x} + 1$; h_2: $x \mapsto \sqrt{x+1}$; k_1: $x \mapsto \frac{1}{x} - 1$; k_2: $x \mapsto \frac{1}{x-1}$

1 lb (ein englisches Pfund) entspricht ca. 4,45 Newton.

Aus zwei gegebenen Funktionen können mithilfe der vier Grundrechenarten neue Funktionen gebildet werden. Eine weitere Möglichkeit zeigt das folgende Anwendungsbeispiel. Die Rückschlagskraft r eines Tennisschlägers ist von der Spannung s der Saiten abhängig. Ein Hersteller gibt für sein neues Modell an: $r(s) = 0{,}04\,s + 1{,}8$ (r, s in lb) (Fig. 1). Ein frisch bespannter Schläger verliert allmählich an Spannung. Nach t Tagen beträgt sie noch $s(t) = 50 + \frac{30}{t+2}$ (Fig. 2). Will man die Rückschlagskraft bestimmen, die der Schläger 4 Tage nach der frischen Bespannung hat, ermittelt man zunächst die Spannung s(4) und setzt diesen Wert anstelle der Funktionsvariablen s der Funktion r ein.
Für den Zeitpunkt $t = 4$ gilt also mit $s(4) = 55$: $r(s(4)) = r(55) = 4{,}0$ (Fig. 2; Fig. 1).

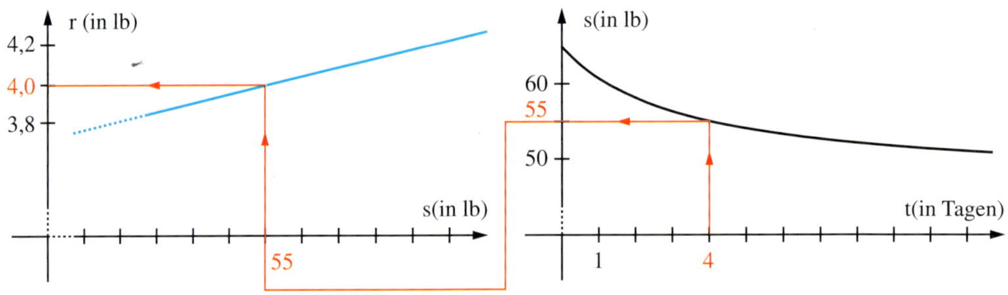

Fig. 1 Fig. 2

Auf diese Weise lässt sich die Rückschlagskraft zu jedem beliebigen Zeitpunkt herleiten:

$$r(s(t)) = 0{,}04\,s(t) + 1{,}8 = 0{,}04 \cdot \left(50 + \frac{30}{t+2}\right) + 1{,}8 = 3{,}8 + \frac{1{,}2}{t+2}.$$

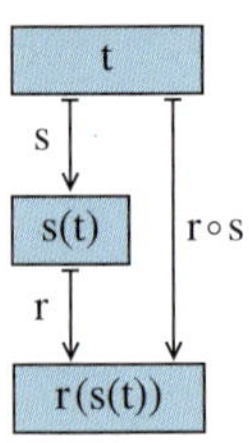

In der Funktion r wird also die Variable s durch den Term s(t) ersetzt. Die entstandene neue Funktion $t \mapsto r(s(t))$ bezeichnet man als **Verkettung** der Funktionen r und s und schreibt dafür $r \circ s$. Bei der Verkettung zweier Funktionen u und v können Probleme mit der Definitionsmenge auftreten. Ist z. B. $v(x) = x^2$ und $u(v) = \sqrt{9 - v}$, so ist u nur für $v \leqq 9$ definiert; damit u(v(x)) gebildet werden kann, können in v(x) also nur Werte mit $-3 \leqq x \leqq 3$ eingesetzt werden.

Für $u \circ v$ sagt man: „u nach v" oder „u verkettet mit v".

Für die Definitionsmenge gilt: $D_{u \circ v} = \{x \in D_v \backslash v(x) \in D_u\}$.

Definition: Gegeben sind die Funktionen v: $x \mapsto v(x)$ und u: $v \mapsto u(v)$.
Die Funktion $u \circ v$: $x \mapsto u(v(x))$, bei welcher der Funktionsterm v(x) an die Stelle v der Funktion u tritt, heißt **Verkettung** der Funktionen u und v.
Die Definitionsmenge von $u \circ v$ besteht aus allen $x \in D_v$, für die v(x) zu D_u gehört.

Bei der Verkettung $x \mapsto u(v(x))$ nennt man v die „innere" und u die „äußere" Funktion. Bildet man mit $u(x) = x^2$ und $v(x) = 2x + 1$ die Funktion $u \circ v$, so ist $v(x) = 2x + 1$ die „innere" und $u(v) = v^2$ die „äußere" Funktion. Es gilt dann: $u(v(x)) = (v(x))^2 = (2x + 1)^2$.

Bildet man dagegen $v \circ u$, so ist $u(x) = x^2$ die „innere“ und $v(u) = 2u + 1$ die „äußere“ Funktion. In diesem Fall gilt: $v(u(x)) = 2u(x) + 1 = 2x^2 + 1$.
Die Verkettung zweier Funktionen ist also nicht kommutativ, d. h. es ist im Allgemeinen $u \circ v \neq v \circ u$.
Umgekehrt lassen sich oft kompliziertere Funktionen wie $f: x \mapsto \sqrt{x^2 + 1}$ als Verkettung einfacherer Funktionen darstellen. Wählt man als innere Funktion $v: x \mapsto x^2 + 1$ und ersetzt in $f(x)$ den Term $v(x)$ durch die Variable v, so erhält man die äußere Funktion $u(v) = \sqrt{v}$. Es ist $f = u \circ v$. Die Zerlegung einer Funktion ist nicht immer eindeutig (vgl. Beispiel 3 b).

Man kann jetzt die Variablen wieder umbenennen: $u: x \mapsto \sqrt{x}$

Beispiel 1: (Verketten zweier gegebener Funktionen)
Gegeben sind die Funktionen u mit $u(x) = (1 - x)^2$ und v mit $v(x) = 2x + 1$.
Bestimmen Sie $u \circ v$ und $v \circ u$.
Lösung:
$u(v(x)) = (1 - v(x))^2 = (1 - (2x + 1))^2 = 4x^2$. Somit ist $u \circ v: x \mapsto 4x^2$.
$v(u(x)) = 2u(x) + 1 = 2(1 - x)^2 + 1 = 2x^2 - 4x + 3$. Somit ist $v \circ u: x \mapsto 2x^2 - 4x + 3$.

Beispiel 2: (Verketten zweier Funktionen; Definitionsmenge)
Gegeben sind die Funktionen u mit $u(x) = \frac{1}{2\sqrt{x}}$ und v mit $v(x) = x + 2$.
Bestimmen Sie $u \circ v$ und $v \circ u$ und geben Sie jeweils die maximale Definitionsmenge an.
Lösung:
$u(v(x)) = \frac{1}{2\sqrt{v(x)}} = \frac{1}{2\sqrt{x+2}}$. Somit ist $u \circ v: x \mapsto \frac{1}{2\sqrt{x+2}}$ mit $D_{u \circ v} = (-2; \infty)$.
$v(u(x)) = u(x) + 2 = \frac{1}{2\sqrt{x}} + 2$. Somit ist $v \circ u: x \mapsto \frac{1}{2\sqrt{x}} + 2$ mit $D_{v \circ u} = \mathbb{R}^+$.

Hier ist $D_{u \circ v} \subset D_v$.

Hier ist $D_{v \circ u} = D_v$.

Beispiel 3: (Zerlegen einer Funktion)
a) Gegeben ist die Funktion f mit $f(x) = (2x^2 - 1)^4$. Bestimmen Sie Funktionen u, v mit $u \circ v = f$.
b) Geben Sie zwei Möglichkeiten zur Zerlegung der Funktion f mit $f(x) = \frac{1}{(x+3)^2}$ an.
Lösung:
a) Innere Funktion: $v(x) = 2x^2 - 1$; äußere Funktion: $u(v) = v^4$.
Damit ist $u(v(x)) = v(x)^4 = (2x^2 - 1)^4$. Mit $v: x \mapsto 2x^2 - 1$ und $u: x \mapsto x^4$ gilt also: $f = u \circ v$.
b) 1. Möglichkeit: Mit $v(x) = x + 3$ und $u(v) = \frac{1}{v^2}$ ergibt sich $u(v(x)) = \frac{1}{(x+3)^2}$.
2. Möglichkeit: Mit $v(x) = (x + 3)^2$ und $u(v) = \frac{1}{v}$ ergibt sich $u(v(x)) = \frac{1}{(x+3)^2}$.

Aufgaben

2 Bilden Sie $f(x) = u(v(x))$ und $g(x) = v(u(x))$ mit den Termen $u(x)$ und $v(x)$.
a) $u(x) = x^2 + 1$; $v(x) = \frac{1}{x-1}$ b) $u(x) = 1 - x^2$; $v(x) = (1 - x)^2$ c) $u(x) = \frac{1}{1-x^2}$; $v(x) = \frac{2}{x}$

5 Geben Sie die Funktion $f \circ g$ und die Funktion $g \circ f$ an.
a) $f: x \mapsto (x - 1)^2$; $g: x \mapsto x + 1$ b) $f: x \mapsto 2 - x$; $g: x \mapsto 1$ c) $f: x \mapsto \frac{1}{x}$; $g: x \mapsto \frac{1}{x^2 - 4}$

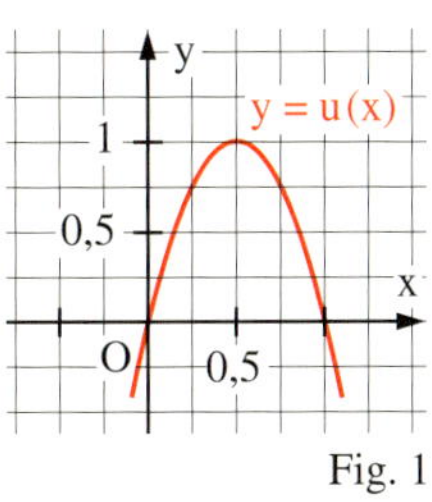

Fig. 1

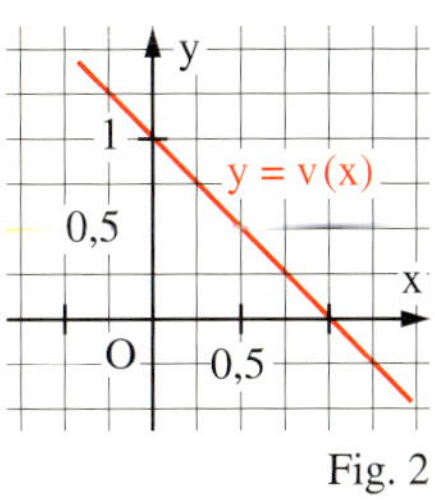

Fig. 2

4 Gegeben sind die Schaubilder der Funktionen u und v (Fig. 1; Fig. 2).
a) Bestimmen Sie für $x_0 = 0; 0{,}5; 1$ näherungsweise $u(v(x_0))$ und $v(u(x_0))$.
b) Skizzieren Sie die Schaubilder der Funktionen $f = u \circ v$ und $g = v \circ u$.
c) Es ist $u(x) = -4(x - 0{,}5)^2 + 1$ und $v(x) = -x + 1$.
Prüfen Sie Ihre Ergebnisse aus b) rechnerisch nach.

5 Es ist $f(x) = u(v(x))$. Vervollständigen Sie die Tabelle.

	f(x)	v(x)	u(x)		f(x)	v(x)	u(x)
a)		x^3	$3x + 1$	d)	$\frac{1}{2(x^2-4)}$	$x^2 - 4$	
b)		$3x + 1$	x^3	e)	$\frac{2}{x^2-4}$		$\frac{2}{x}$
c)	$(x^2 + 1)^2$		x^2	f)	$2\sqrt{3 - 0{,}5x}$		$\sqrt{x}$

6 Bestimmen Sie eine Funktion u so, dass $f = u \circ v$ ist.

a) $f(x) = (2x + 6)^3$; $v(x) = 2x + 6$
b) $f(x) = (2x + 6)^3$; $v(x) = x + 3$
c) $f(x) = \frac{3}{(x-1)^2}$; $v(x) = x - 1$
d) $f(x) = \frac{3}{(x-1)^2}$; $v(x) = (x - 1)^2$

7 Die Funktion f kann als Verkettung $u \circ v$ aufgefasst werden. Geben Sie geeignete Funktionen u und v an.

a) $f(x) = \frac{1}{x^2 - 1}$
b) $f(x) = \frac{1}{x^2} - 1$
c) $f(x) = \sin^2 x$
d) $f(x) = \sin x^2$
e) $f(x) = \sqrt{2x + x^2}$
f) $f(x) = 2^{x-3}$
g) $f(x) = 2^x - 3$
h) $f(x) = |x^2 - 1|$
i) $f(x) = \frac{3}{2(3 - x^2)}$

8 Stellen Sie die Funktion f auf zwei Arten als Verkettung zweier Funktionen u und v dar.

a) $f(x) = \frac{4}{(2x + 1)^2}$
b) $f(x) = (3x + 6)^2$
c) $f(x) = \sqrt{(x + 2)^3}$

9 Gegeben sind die Funktionen u, v und w mit $u(x) = 2x + 3$, $v(x) = x^2$ und $w(x) = \frac{3}{x}$.

a) Geben Sie die Funktion $u \circ v \circ w$ an.
b) Bestimmen Sie alle möglichen Verkettungen dieser drei Funktionen.

10 Geben Sie Funktionen u, v und w an, so dass $f = u \circ v \circ w$ ist.

a) $f(x) = \frac{1}{(2x^3 - 3x + 1)^2}$
b) $f(x) = (1 + \sqrt{x})^3$
c) $f(x) = \frac{1}{\sqrt{3x + 5}}$
d) $f(x) = \sin(1 + x^2)$
e) $f(x) = \frac{1}{\sqrt{3x}}$
f) $f(x) = 2^{\sqrt{x^2 + 1}}$

11 a) Zeigen Sie: Die Verkettung zweier linearer Funktionen ist wieder eine lineare Funktion.
b) Kann man für $u: x \mapsto 9x + 2$ und $v: x \mapsto 3x + a$ den Parameter a so bestimmen, dass $u \circ v = v \circ u$ ist?

12 Gegeben ist die Funktion u mit $u(x) = \sqrt{x}$. Geben Sie eine Funktion v an, so dass die Definitionsmenge von $u \circ v$

a) aus ganz $\mathbb{R}$ besteht
b) die leere Menge ist
c) nur die Zahl 0 enthält
d) nur die Zahl 1 enthält.

13 Entnehmen Sie der Tageszeitung die Wechselkurse Euro – US-Dollar und Euro – Schweizer Franken. Geben Sie jeweils eine Funktion an, die jedem Euro-Betrag den entsprechenden Betrag in Schweizer Franken und jedem Dollar-Betrag den entsprechenden Betrag in Euro zuordnet. Welche Funktion ordnet jedem Dollar-Betrag den entsprechenden Betrag in Franken zu?

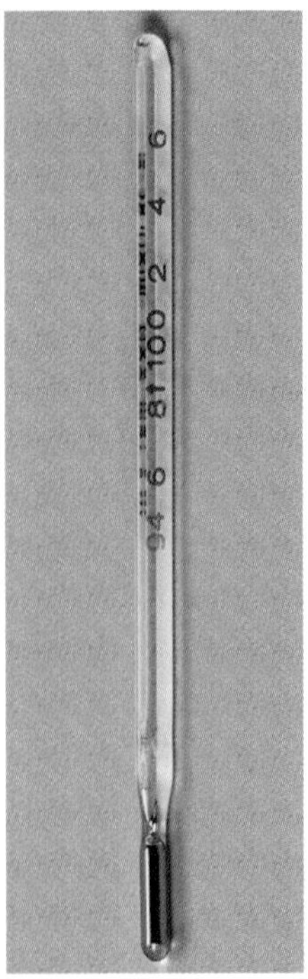

Fieberthermometer mit Fahrenheit-Skala

14 Temperaturangaben der Kelvin-Skala rechnet man in solche der Celsius-Skala um nach der Vorschrift $x \mapsto x - 273$, solche der Celsius-Skala in die Fahrenheit-Skala durch $x \mapsto 1{,}8x + 32$. Wie lautet die Vorschrift, mit der man von der Kelvin-Skala direkt in die Fahrenheit-Skala umrechnen kann?

3 Die Ableitung von Verkettungen

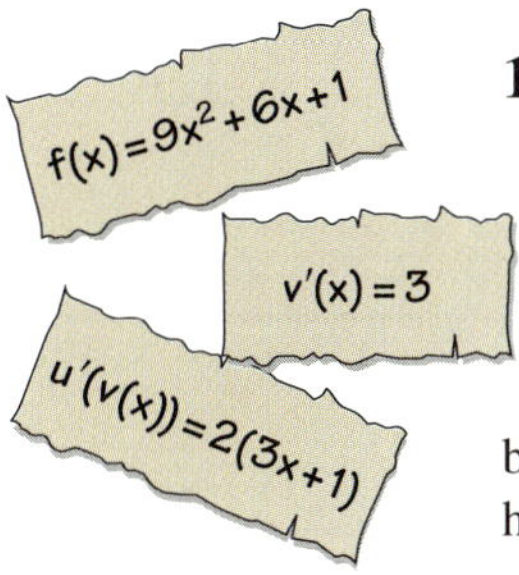

1 a) Stellen Sie möglichst viele Zusammenhänge zwischen den Funktionstermen her.

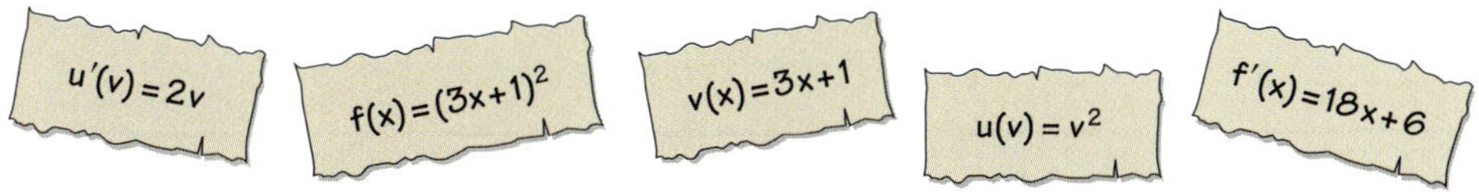

b) Führen Sie entsprechende Überlegungen für $f(x)=(x+2)^3$, $g(x)=(4x-1)^2$ und $h(x)=(x^2)^3$ durch.

Bei der Funktion f mit $f(x)=(x^2+3)^2$ liegt die Vermutung nahe, sie entsprechend der Potenzregel abzuleiten. Dies würde den Term $2(x^2+3)$ liefern. Multipliziert man aber den Funktionsterm von f aus, ergibt sich $f(x)=x^4+6x^2+9$ mit $f'(x)=4x^3+12x=4x(x^2+3)$.
Bei der Anwendung der Potenzregel fehlt also der Faktor 2x. Fasst man f als verkettete Funktion auf mit der inneren Funktion $v\colon x \mapsto x^2+3$ und der äußeren Funktion $u\colon v \mapsto v^2$, so ist der fehlende Faktor gerade die Ableitung der inneren Funktion v. Für die Funktion f gilt also: $f'(x)=u'(v(x))\cdot v'(x)$. Im Folgenden wird untersucht, ob dieser Zusammenhang allgemein bei der Verkettung zweier Funktionen gilt.

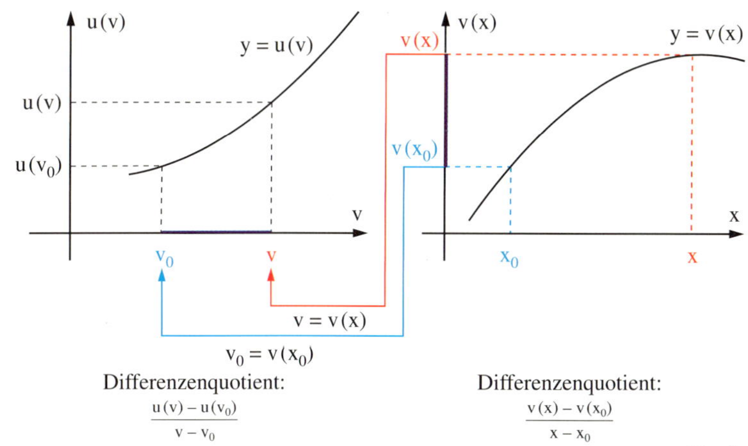

Fig. 1

Es sei $f(x)=u(v(x))$. Die innere Funktion v sei an der Stelle x_0 differenzierbar, die äußere Funktion u an der Stelle $v_0=v(x_0)$.
Um zu untersuchen, ob die Funktion f an der Stelle x_0 differenzierbar ist, betrachtet man den Differenzenquotienten von f und versucht, diesen mithilfe der Differenzenquotienten von u und v darzustellen (Fig. 1).
Es ist

$$\frac{f(x)-f(x_0)}{x-x_0}=\frac{u(v(x))-u(v(x_0))}{x-x_0}=\frac{u(v(x))-u(v(x_0))}{v(x)-v(x_0)}\cdot\frac{v(x)-v(x_0)}{x-x_0}.$$

Mit $v(x)=v$ und $v(x_0)=v_0$ ist

$$\frac{f(x)-f(x_0)}{x-x_0}=\frac{u(v)-u(v_0)}{v-v_0}\cdot\frac{v(x)-v(x_0)}{x-x_0}.$$

Wegen der Stetigkeit der Funktion v geht für $x \to x_0$ auch $v \to v_0$.
Der Grenzübergang $x \to x_0$ liefert also: $f'(x_0)=u'(v_0)\cdot v'(x_0)=u'(v(x_0))\cdot v'(x_0)$.

Satz: (Kettenregel)
Ist $f=u\circ v$ eine Verkettung zweier differenzierbarer Funktionen u und v, so ist auch f differenzierbar, und es gilt:

$$\mathbf{f'(x)=u'(v(x))\cdot v'(x)}.$$

Bemerkung: Diese Herleitung der Kettenregel gilt nur für solche Funktionen, bei denen in einer hinreichend kleinen Umgebung von x_0 die Differenz $v(x)-v(x_0)\neq 0$ ist.
Man kann aber zeigen, dass die Kettenregel für alle differenzierbaren Funktionen u und v gilt.

Beispiel: (Kettenregel)
Leiten Sie ab und vereinfachen Sie das Ergebnis.

a) $f(x) = (5 - 3x)^4$ b) $f(x) = \frac{3}{2x^2 - 1}$ c) $f(x) = \sqrt{x^2 + 1}$

Lösung:

a) Innere Funktion: $v(x) = 5 - 3x$; $v'(x) = -3$; äußere Funktion $u(v) = v^4$; $u'(v) = 4v^3$
Ableitung von f: $f'(x) = u'(v(x)) \cdot v'(x) = 4(5 - 3x)^3 \cdot (-3) = -12(5 - 3x)^3$

b) $v(x) = 2x^2 - 1$; $v'(x) = 4x$; $u(v) = \frac{3}{v}$; $u'(v) = -\frac{3}{v^2}$
$f'(x) = u'(v(x)) \cdot v'(x) = -\frac{3}{(2x^2 - 1)^2} \cdot 4x = -\frac{12x}{(2x^2 - 1)^2}$

c) $f'(x) = \frac{1}{2\sqrt{x^2 + 1}} \cdot 2x = \frac{x}{\sqrt{x^2 + 1}}$

Aufgaben

Wetten, dass Ihnen dieser Fehler auch einmal unterläuft?

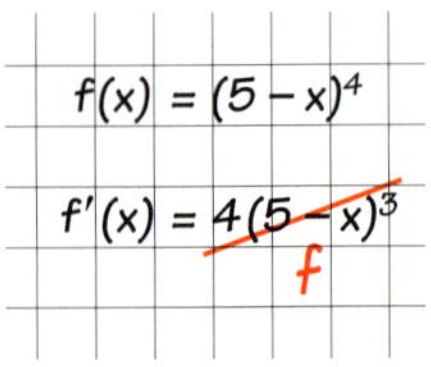

2 Leiten Sie ab und vereinfachen Sie das Ergebnis.

a) $f(x) = \left(\frac{1}{3}x + 2\right)^2$ b) $f(x) = \frac{1}{18}(3x + 2)^6$ c) $f(x) = \frac{1}{8}\left(\frac{1}{2} - x^2\right)^7$
d) $f(x) = (3 - x)^2$ e) $f(x) = (x + x^2)^2$ f) $h(x) = (2 - 3x + x^2)^3$
g) $h(x) = (1 - x + x^3)^2$ h) $f(x) = (x\sqrt{2} - x^2)^2$ i) $g(x) = 3x^2 + (x^2 - 1)^3$

3 a) $f(x) = (8x - 7)^{-1}$ b) $f(x) = 2(5 - x)^{-1}$ c) $f(x) = (15x - 3)^{-2}$
d) $f(x) = \left(\frac{1}{2}x - 5x^3\right)^{-3}$ e) $f(x) = \frac{1}{(x - 2)^2}$ f) $g(t) = \frac{3}{(5 - t)^2}$
g) $f(x) = \frac{1}{2(x - 7)^3}$ h) $g(t) = \frac{5}{(t^2 - 1)^2}$ i) $f(x) = (2x + 1)^2 + \frac{1}{(2x + 1)^2}$

Eine der Teilaufgaben geht auch ohne Kettenregel!

4 a) $f(x) = \sqrt{3x}$ b) $f(x) = \sqrt{1 + 2x}$ c) $h(r) = \sqrt{7r - r^2}$ d) $f(x) = \sin 2x$
e) $f(x) = 2\cos(1 - x)$ f) $f(x) = \frac{1}{3}\sin x^2$ g) $f(x) = (1 + \sqrt{x})^2$ h) $f(x) = 2(x^2 - 3\sqrt{x})^2$
i) $f(x) = \frac{1}{(x^3 - \sqrt{x})^2}$ j) $f(x) = \frac{1}{\sin x}$ k) $f(x) = \frac{1}{x^2} + \sin\frac{1}{x}$ l) $f(x) = \sqrt{\sin x}$

5 a) $f(x) = (ax^3 + 1)^2$ b) $f(x) = \frac{3a}{1 + x^2}$ c) $f(x) = \frac{1}{a + bx}$ d) $s(t) = \frac{a}{(bt + 1)^2}$
e) $g(x) = \sqrt{t^2 x + 2t}$ f) $f(x) = \sin ax^2$ g) $f(x) = \sin(ax)^2$ h) $f(x) = (\sin ax)^2$

Wie viele Verkettungen wären in a) bzw. in b) insgesamt möglich?

6 Gegeben sind die Funktionen u, v und w mit $u(x) = \sqrt{x}$, $v(x) = x^2 + 1$ und $w(x) = \frac{1}{x}$.
a) Bilden Sie vier Verkettungen mit je zwei dieser Funktionen und leiten Sie diese ab.
b) Bilden Sie drei Verkettungen mit je drei dieser Funktionen und leiten Sie diese ab.

7 Leiten Sie zweimal ab.

a) $f(x) = (4x - 7)^3$ b) $f(x) = \frac{3}{5 - x}$ c) $f(x) = \frac{1}{(x - 5)^3}$ d) $f(x) = \frac{1}{4}\sin(2x + 1)$

8 Leiten Sie ab.

a) $f(x) = (1 + \sqrt{3x + 2})^2$ b) $f(x) = \sqrt{2 + (1 - x)^2}$ c) $f(x) = 8(\sqrt{3x + 1})^{-3}$
d) $f(x) = (\sin 2x)^2$ e) $f(x) = \sqrt{1 - \sin^2 x}$ f) $f(x) = \sqrt{(1 - x)^3 + 1}$

9 a) Begründen Sie: Die Funktion f mit $f(x) = g(x^2)$ hat die Ableitung $f'(x) = 2x \cdot g'(x^2)$.
b) Leiten Sie entsprechend ab: $f_1(x) = g(3x)$; $f_2(x) = g(1 - x)$; $f_3(x) = g\left(\frac{1}{x}\right)$.

10 Die Funktion f sei differenzierbar, $c \in \mathbb{R}$, $n \in \mathbb{N}$. Leiten Sie ab.

a) $g_1(x) = f(cx)$ b) $g_2(x) = c f(x)$ c) $g_3(x) = f(x) + c$ d) $g_4(x) = f(x + c)$
e) $g_5(x) = f(x^n)$ f) $g_6(x) = (f(x))^n$ g) $g_7(x) = f(nx + c)$ h) $g_8(x) = f(nx) + c$

11 Es sei f eine differenzierbare Funktion mit $f(x) > 0$ für alle $x \in \mathbb{R}$.
Beweisen Sie: Eine Stelle $x_0 \in \mathbb{R}$ ist genau dann Maximalstelle von f, wenn sie eine Maximalstelle von g ist mit $g(x) = \sqrt{f(x)}$.

12 Gegeben ist die Funktion f mit $f(x) = \sqrt{25 - x^2}$.
a) Berechnen Sie f′. Geben Sie die Definitionsmengen D_f und $D_{f'}$ an.
b) Stellen Sie die Gleichungen der Tangente t und der Normalen n an das Schaubild von f im Punkt $P(a|b)$ auf. Was fällt bei der Gleichung für die Normale auf?
Zeichnen Sie das Schaubild von f sowie für $a = 3$ die Tangente und die Normale.

13 Gegeben ist die Funktion f mit $f(x) = \frac{3}{1 + x^2}$; $x \in \mathbb{R}$.
a) Für welche $x \in \mathbb{R}$ ist f streng monoton abnehmend?
b) Untersuchen Sie die Funktion f auf Extremstellen und Extremwerte.
c) Berechnen Sie $f'(1)$ und $f'(2)$. Skizzieren Sie das Schaubild von f.

14 Eine Rohrleitung soll von A nach B verlegt werden. Die Verlegekosten betragen entlang der Straße 300 € pro Meter und über die Straße 500 € pro Meter.

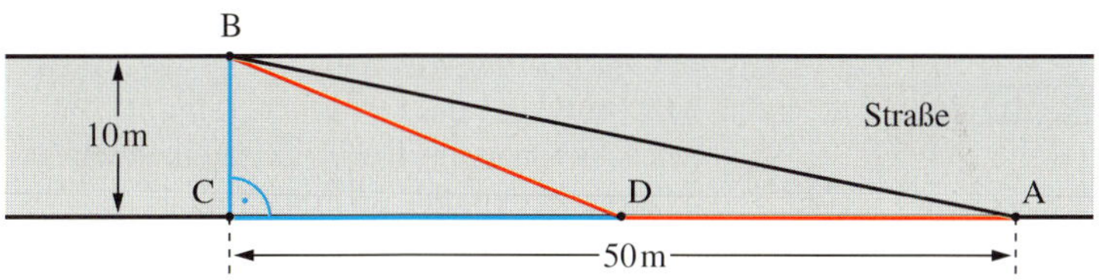

Fig. 1

a) Bestimmen Sie den Punkt D so, dass die Kosten der Verlegung von A über D nach B möglichst gering werden (nur notwendige Bedingung).
b) Vergleichen Sie die minimalen Kosten mit den Kosten bei geradliniger Verlegung von A nach B bzw. von A über C nach B.

ω hängt von Eigenschaften der Feder und der Masse des schwingenden Körpers ab.

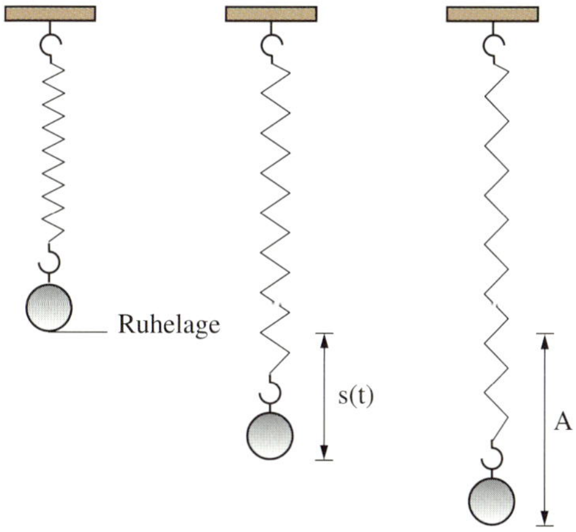

Fig. 2

15 Bei einem Federpendel nennt man den Abstand des schwingenden Körpers von seiner Ruhelage die Auslenkung s, den Betrag der maximalen Auslenkung die Amplitude A. Für den zeitlichen Verlauf der Auslenkung gilt: $s(t) = A \cdot \sin \omega t$.
a) Wie hängt die Auslenkung $s(t)$ mit der Geschwindigkeit $v(t)$ zusammen?
b) Wie groß ist die Geschwindigkeit beim Durchgang durch die Ruhelage?
c) Bestimmen Sie die Beschleunigung $a(t)$.
d) Beschreiben Sie den Zusammenhang zwischen der Auslenkung $s(t)$ und der Beschleunigung $a(t)$.

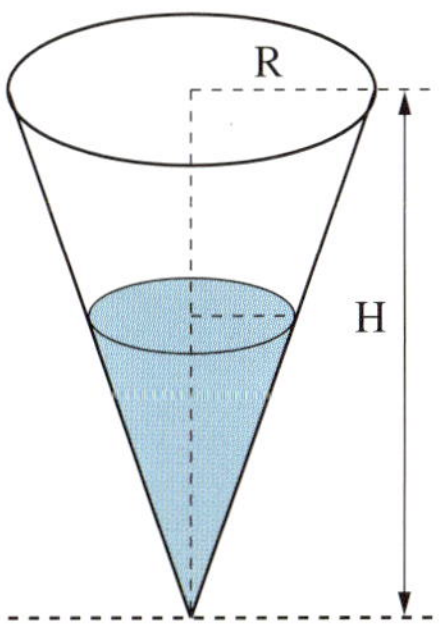

Fig. 3

16 In einen kegelförmigen Behälter (Fig. 3) mit dem Radius $R = 10\,\text{cm}$ und der Höhe $H = 30\,\text{cm}$ werden pro Sekunde $20\,\text{cm}^3$ Wasser gefüllt. Die Höhe des Wasserspiegels und das Volumen des Wassers im Behälter hängen also von der Zeit t ab.
a) Ermitteln Sie die Zuordnung $h(t) \mapsto V(t)$.
b) Während des Füllvorgangs steigt der Wasserspiegel unterschiedlich schnell. Wie schnell steigt dieser in dem Augenblick, in dem das Wasser im Behälter 5 cm hoch steht?

17 Gegeben ist die Funktion f mit $f(x) = \sqrt{2x - 3}$.
a) Bilden Sie mithilfe eines CAS die Ableitungen $f'(x)$, $f''(x)$, $f'''(x)$, …
b) Formulieren Sie eine Vermutung über $f^{(n)}(x)$. Überprüfen Sie Ihre Vermutung für $n = 10$.

4 Die Ableitung von Produkten

1 Für die Ableitung der Funktion f mit $f(x) = \sin x$ gilt:
$f'(x) = \lim\limits_{h \to 0} \frac{\sin(x+h) - \sin x}{h} = \cos x$.
a) Bestimmen Sie mithilfe dieser Beziehung die Ableitung der Funktion g mit $g(x) = x \cdot \sin x$.
b) Wie lautet die Ableitung der Funktion k mit $k(x) = x^2 \cdot \sin x$?
c) Stellen Sie eine Vermutung auf über die Ableitung des Produkts zweier Funktionen.

Ein Zahlenbeispiel:
$u(t_0) = 5$, $u(t) = 5{,}2$
$v(t_0) = 3$, $v(t) = 3{,}1$

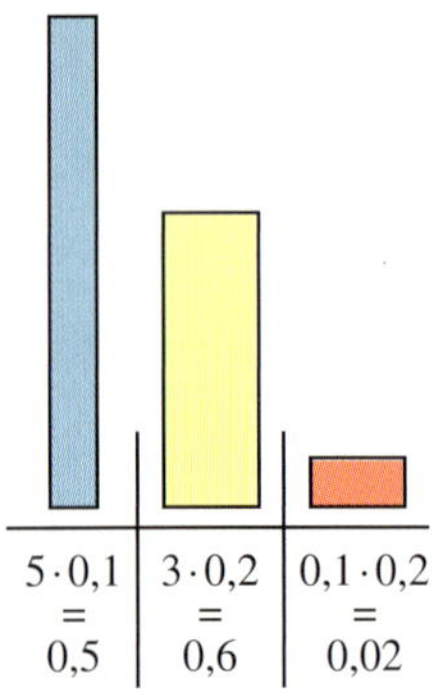

Summen von Funktionen werden gliedweise abgeleitet. Für das Produkt zweier Funktionen gilt dies nicht, wie das Beispiel $f(x) = x^2 = x \cdot x$ zeigt. Es ist $f'(x) = 2x$; multipliziert man die Ableitungen der einzelnen Faktoren, so erhält man jedoch 1.

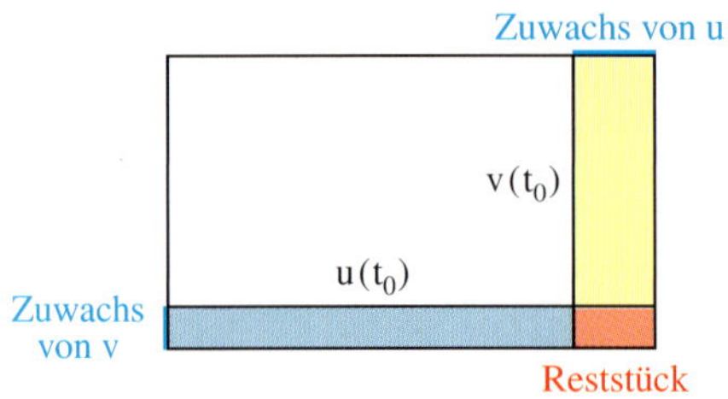

Fig. 1

Um eine Vermutung über die Ableitung eines Produkts zweier Funktionen zu erhalten, kann man den Flächeninhalt eines Rechtecks betrachten, dessen Seitenlängen u und v im Laufe der Zeit zunehmen. Für den Flächeninhalt zum Zeitpunkt t_0 gilt:
$A(t_0) = u(t_0) \cdot v(t_0)$.
Betrachtet man das Rechteck zu einem etwas späteren Zeitpunkt t, so erhält man:

Zuwachs von A = (Zuwachs von u) $\cdot\, v(t_0) + u(t_0) \cdot$ (Zuwachs von v) + Rest.

Dividiert man durch $t - t_0$, so erhält man bei Vernachlässigung des kleinen Restes:

Änderungsrate von A $\approx$ (Änderungsrate von u) $\cdot\, v(t_0) + u(t_0) \cdot$ (Änderungsrate von v).

Der Grenzübergang $t \to t_0$ liefert $A'(t_0) = u'(t_0) \cdot v(t_0) + u(t_0) \cdot v'(t_0)$.

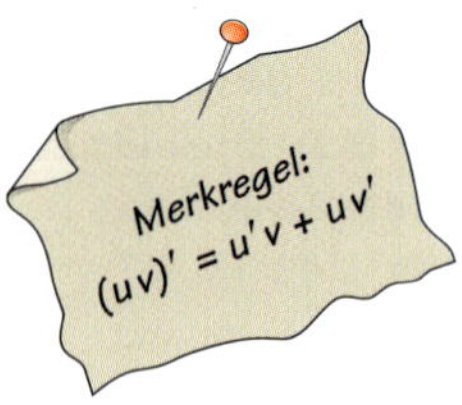

Satz: (Produktregel)
Sind die Funktionen u und v differenzierbar, so ist auch die Funktion $f = u \cdot v$ differenzierbar, und es gilt: $\mathbf{f'(x) = u'(x) \cdot v(x) + u(x) \cdot v'(x)}$.

Um den Differenzenquotienten von f auf die Differenzenquotienten
$\frac{u(x) - u(x_0)}{x - x_0}$
und
$\frac{v(x) - v(x_0)}{x - x_0}$
zurückführen zu können, wird der rot unterlegte Teil eingefügt.

Beweis:
Für den Differenzenquotienten von f gilt:

$$\frac{f(x) - f(x_0)}{x - x_0} = \frac{u(x) \cdot v(x) - u(x_0) \cdot v(x_0)}{x - x_0}$$
$$= \frac{u(x) \cdot v(x) - u(x_0) \cdot v(x) + u(x_0) \cdot v(x) - u(x_0) \cdot v(x_0)}{x - x_0}$$
$$= \frac{[u(x) - u(x_0)] \cdot v(x) + u(x_0) \cdot [v(x) - v(x_0)]}{x - x_0}$$
$$= \frac{u(x) - u(x_0)}{x - x_0} \cdot v(x) + u(x_0) \cdot \frac{v(x) - v(x_0)}{x - x_0}.$$

Die Funktionen u und v sind differenzierbar. Für $x \to x_0$ gilt daher $\frac{u(x) - u(x_0)}{x - x_0} \to u'(x_0)$; $v(x) \to v(x_0)$ und $\frac{v(x) - v(x_0)}{x - x_0} \to v'(x_0)$. Damit ist die Produktregel bewiesen.

Beispiel 1: (Produktregel)
Bestimmen Sie die Ableitung von f mit $f(x) = (x^3 + 1) \cdot \sqrt{x}$ und vereinfachen Sie.
Lösung:
Mit $u(x) = x^3 + 1$ und $v(x) = \sqrt{x}$ ist $u'(x) = 3x^2$ und $v'(x) = \frac{1}{2\sqrt{x}}$.
Mit der Produktregel gilt: $f'(x) = 3x^2 \cdot \sqrt{x} + (x^3 + 1) \cdot \frac{1}{2\sqrt{x}} = \frac{6x^3 + x^3 + 1}{2\sqrt{x}} = \frac{7x^3 + 1}{2\sqrt{x}}$.

Beispiel 2: (Produkt- und Kettenregel)
Bestimmen Sie die Ableitung der Funktion f.

a) $f(x) = (2x + 3)(1 - x^2)^4$ b) $f(x) = x\sqrt{3x + 2}$

Lösung:

a) Mit $u(x) = 2x + 3$ und $v(x) = (1 - x^2)^4$ ist
$u'(x) = 2$ und $v'(x) = 4(1 - x^2)^3(-2x) = -8x(1 - x^2)^3$.

Will man f' direkt hinschreiben, muss man Einiges im Kopf haben.

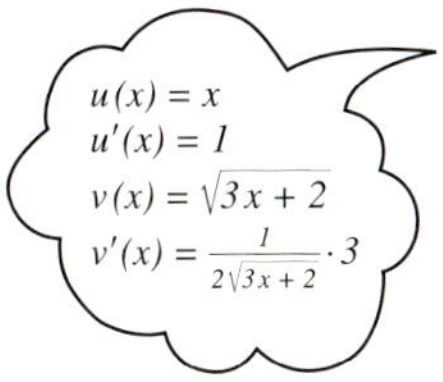

Also: $f'(x) = 2(1 - x^2)^4 + (2x + 3)(-8x)(1 - x^2)^3$
$= (1 - x^2)^3(2 - 2x^2 - 16x^2 - 24x) = (1 - x^2)^3(2 - 24x - 18x^2)$.

b) $f'(x) = 1 \cdot \sqrt{3x + 2} + x \cdot \frac{3}{2\sqrt{3x + 2}} = \frac{2(3x + 2) + 3x}{2\sqrt{3x + 2}} = \frac{9x + 4}{2\sqrt{3x + 2}}$

Aufgaben

2 Leiten Sie ab.

a) $f(x) = x\sqrt{x}$ b) $f(x) = x^2\sqrt{x}$ c) $f(t) = (3t + 2)\sqrt{t}$
d) $g(t) = (2t^2 - 3)\sqrt{t}$ e) $f(a) = \sqrt{a}(1 - 2a^3)$ f) $a(t) = \sqrt{t}(1 + t)$
g) $f(x) = x \cdot \sin x$ h) $f(x) = (x^2 + 1) \cdot \cos x$ i) $f(x) = (x + k)\sqrt{x}$
j) $f(x) = (kx + 1) \cdot \sin x$ k) $f(x) = \sqrt{x} \cdot (x - t)$ l) $f(t) = \sqrt{x} \cdot (x - t)$

3 Leiten Sie mithilfe der Produkt- und der Kettenregel ab.

a) $f(x) = (2x^2 - 1)(3x + 4)^2$ b) $f(x) = (5 - 4x)^3(1 - 4x)$ c) $f(x) = (2x + 3)^3(2x - 1)^2$
d) $f(x) = (1 - x)\sqrt{3x}$ e) $f(x) = x\sqrt{1 + x^2}$ f) $f(x) = \sin 2x \cdot \cos 2x$

4 Die Funktion g sei dreimal differenzierbar. Bestimmen Sie $f'(x)$ und $f''(x)$.

a) $f(x) = x^2 \cdot g(x)$ b) $f(x) = x \cdot g'(x)$ c) $f(x) = g(x) \cdot g'(x)$

5 Gegeben ist die Funktion f mit $f(x) = (x - 1) \cdot \sqrt{x}$.

a) Bestimmen Sie die Schnittpunkte N_1 und N_2 des Schaubildes von f mit der x-Achse.
b) Welche Steigung haben die Tangenten an das Schaubild in den Punkten N_1 und N_2?
c) In welchem Punkt hat das Schaubild von f eine waagerechte Tangente?
d) Skizzieren Sie das Schaubild von f.

Ein Tipp:
$u \cdot v \cdot w = (u \cdot v) \cdot w$.

6 a) Berechnen Sie die Ableitung der Funktion f mit $f(x) = x \cdot \sin x \cdot \cos x$.
b) Leiten Sie eine Regel für die Ableitung des Produkts dreier Funktionen her.
c) Zeigen Sie, dass für die Funktion $u \cdot v \cdot w$ gilt: $\frac{(u \cdot v \cdot w)'}{u \cdot v \cdot w} = \frac{u'}{u} + \frac{v'}{v} + \frac{w'}{w}$.

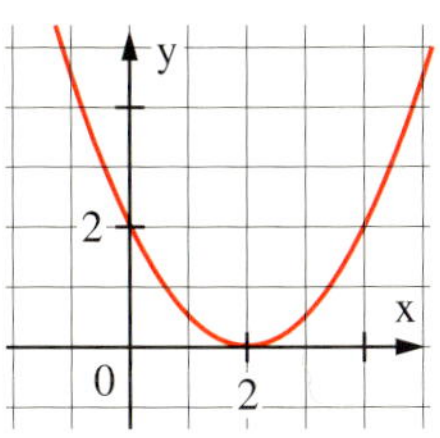

Was heißt „berühren"?

7 Das Schaubild der Funktion f berührt die x-Achse im Punkt $P(2|0)$.

a) Zeigen Sie, dass dann auch das Schaubild der Funktion g mit $g(x) = x \cdot f(x)$ die x-Achse im Punkt P berührt.
b) Wenn P ein Hochpunkt des Schaubildes von f ist mit $f''(2) < 0$, ist dann P auch ein Hochpunkt des Schaubildes von g?
c) Was ändert sich in a) bzw. b), wenn der Berührpunkt P die Koordinaten $P(-2|0)$ hat?

8 Bei einer Funktion f gelte für alle $x \in \mathbb{R}: f(x) \neq 0$; f ist differenzierbar und $f'(x) = x \cdot f(x)$.

a) Stellen Sie $f''(x)$ und $f'''(x)$ durch $f(x)$ dar.
b) Zeigen Sie, dass f an der Stelle 0 ein lokales Extremum hat. Welche Bedingung muss f erfüllen, damit es sich um ein Maximum handelt?
c) Begründen Sie, dass f keine Wendestelle besitzt.

5 Die Ableitung von Quotienten

1 Formen Sie f(x) zunächst um und berechnen Sie danach $f'(x)$.

a) $f(x) = \frac{1}{(2x+1)^4}$ b) $f(x) = \frac{x}{x+1}$ c) $f(x) = \frac{(x+2)^4}{x}$ d) $f(x) = \frac{\sin x}{x}$

Nebenbei wurde damit der Satz über die Ableitung der Kehrwertfunktion bewiesen:
Für die Funktion $k = \frac{1}{v}$ *gilt* $k'(x) = -\frac{v'(x)}{v^2(x)}$.

Um Quotienten von Funktionen ableiten zu können, fasst man $f = \frac{u}{v}$ als Produkt zweier Funktionen auf mit $f(x) = \frac{u(x)}{v(x)} = u(x) \cdot \frac{1}{v(x)}$. Für die Funktion k mit $k(x) = \frac{1}{v(x)} = v^{-1}(x)$ gilt nach der Kettenregel: $k'(x) = -1 \cdot v^{-2}(x) \cdot v'(x) = -\frac{v'(x)}{v^2(x)}$.
Somit ergibt sich für $f(x) = u(x) \cdot \frac{1}{v(x)}$ mithilfe der Produktregel

$$f'(x) = u'(x) \cdot \frac{1}{v(x)} + u(x) \cdot \left(-\frac{v'(x)}{v^2(x)}\right) = \frac{u'(x) \cdot v(x) - u(x) \cdot v'(x)}{v^2(x)}.$$

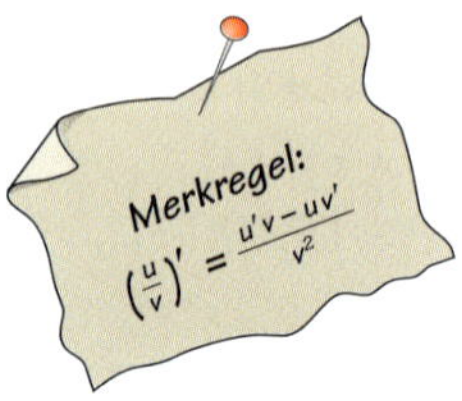

Satz: (Quotientenregel)
Sind die Funktionen u und v differenzierbar mit $v(x) \neq 0$, so ist die Funktion $f: x \mapsto \frac{u(x)}{v(x)}$ differenzierbar, und es gilt:

$$\mathbf{f'(x) = \frac{u'(x) \cdot v(x) - u(x) \cdot v'(x)}{v^2(x)}}.$$

Beachten Sie das Minuszeichen im Zähler!

Beispiel 1: (Quotientenregel)
Bestimmen Sie $f'(x)$.

a) $f(x) = \frac{2x}{1-x}$ b) $f(x) = \frac{x^2+1}{2x-1}$

Lösung:
a) Mit $u(x) = 2x$ und $v(x) = 1 - x$ ist $u'(x) = 2$ und $v'(x) = -1$.
Mit der Quotientenregel gilt:

$$f'(x) = \frac{2(1-x) - 2x \cdot (-1)}{(1-x)^2} = \frac{2}{(1-x)^2}.$$

b) $f'(x) = \frac{2x(2x-1) - (x^2+1)2}{(2x-1)^2} = \frac{2x^2 - 2x - 2}{(2x-1)^2}$

Beispiel 2: (Quotientenregel mit Kettenregel)
Bestimmen Sie die Ableitung von f mit $f(x) = \frac{(2x^2+3)^2}{x-1}$.
Lösung:
Mit $u(x) = (2x^2+3)^2$ ergibt sich nach der Kettenregel:
$u'(x) = 2(2x^2+3) \cdot 4x = 8x(2x^2+3)$; mit $v(x) = x - 1$ ist $v'(x) = 1$.
Damit ergibt sich nach der Quotientenregel:

$$f'(x) = \frac{8x(2x^2+3)(x-1) - (2x^2+3)^2 \cdot 1}{(x-1)^2} = \frac{(2x^2+3)(8x^2 - 8x - 2x^2 - 3)}{(x-1)^2} = \frac{(2x^2+3)(6x^2 - 8x - 3)}{(x-1)^2}.$$

Beispiel 3: (Zweite Ableitung mit Quotientenregel und Kettenregel)
Bestimmen Sie $f'(x)$ und $f''(x)$ für $f(x) = \frac{1}{x^2+2}$.
Lösung:

Umständlicher geht's mit der Quotientenregel.

Mit $f(x) = (x^2+2)^{-1}$ ist $f'(x) = (-1) \cdot (x^2+2)^{-2} \cdot 2x = -\frac{2x}{(x^2+2)^2}$.
Quotientenregel mit Kettenregel ergibt:

Zuerst kürzen, dann ausmultiplizieren und zusammenfassen!

$$f''(x) = -\frac{2(x^2+2)^2 - 2x \cdot 2(x^2+2) \cdot 2x}{(x^2+2)^4} = -\frac{(x^2+2)[2(x^2+2) - 8x^2]}{(x^2+2)^4} = -\frac{2(x^2+2) - 8x^2}{(x^2+2)^3} = \frac{6x^2 - 4}{(x^2+2)^3}.$$

Aufgaben

2 Leiten Sie ab und vereinfachen Sie.

a) $f(x) = \frac{x}{x+1}$ b) $f(x) = \frac{2x}{1+3x}$ c) $f(x) = \frac{1-x^2}{x+2}$ d) $f(x) = \frac{x^2+x+1}{x^2-1}$

3 a) $g(x) = \frac{3x^2-1}{x^2+4}$ b) $g(t) = \frac{2-t^3}{2+t^3}$
c) $f(t) = \frac{1-t^3}{t^2+1}$ d) $h(r) = \frac{2r^4}{r^2-1}$

4 a) $f(x) = \frac{6x}{15-x^2}$ b) $s(t) = \frac{4t^2-5}{2t+1}$
c) $h(a) = \frac{2a+a^3}{3a-4}$ d) $z(t) = \frac{t^2-1{,}5t}{1+0{,}8t}$

5 a) $f(x) = \frac{\sqrt{x}}{x+1}$ b) $f(x) = \frac{\sqrt{x}+1}{\sqrt{x}-1}$
c) $g(x) = \frac{\sqrt{x+1}}{\sqrt{x-1}}$ d) $f(x) = \frac{\sin x}{\cos x}$

Wenn man davon ausgeht, dass der Quotient f zweier Funktionen u und v eine Ableitung besitzt, so lässt sich diese auch auf andere Weise aus der Produktregel herleiten:
Aus $f = \frac{u}{v}$ folgt $f \cdot v = u.$
Produktregel: $f' \cdot v + f \cdot v' = u'$
Umformen: $f' \cdot v + \frac{u}{v} \cdot v' = u'$
$f' \cdot v = \frac{u'v - uv'}{v}$
$f' = \frac{u'v - uv'}{v^2}$

Ich mag nicht immer die Quotientenregel!

$\frac{u(x)}{v(x)}$

6 Leiten Sie ab ohne Verwendung der Quotientenregel.

a) $f(x) = \frac{4}{7-2x^2}$ b) $f(x) = \frac{2}{\sin x}$ c) $f(x) = \frac{3x^2+x-5}{4x}$ d) $f(x) = \frac{2x^2+3x+2}{x+1}$

7 Bestimmen Sie $f'(x)$.

a) $f(x) = \frac{x^4}{x^4+4}$ b) $f(x) = \frac{x^4+4}{x^4}$ c) $f(x) = \frac{x^2}{x+1}$ d) $f(x) = \frac{4}{x^2+x}$
e) $f(x) = \frac{x^2+5x}{4-x}$ f) $f(x) = \frac{x^2+5x}{4x}$ g) $f(x) = \frac{x^2-2x}{2x+1}$ h) $f(x) = \frac{x^2-2x}{2x}$

8 Gegeben ist die Funktion f mit $f(x) = \frac{4-x}{2-x}$.
Berechnen Sie die Funktionswerte an den Stellen −2; 0; 1,5; 2,5; 6 und tragen Sie die zugehörigen Punkte in ein Koordinatensystem ein. Berechnen Sie für jeden eingetragenen Punkt die Steigung. Zeichnen Sie die Tangenten in diesen Punkten und damit das Schaubild von f.

9 An welchen Stellen hat die Ableitung der Funktion f den Wert m?

a) $f(x) = \frac{x}{2} + \frac{3}{2x}$; $m = -\frac{1}{2}$ b) $f(x) = \frac{1-x^2}{x}$; $m = -5$
c) $f(x) = \frac{1}{\sqrt{x}}$; $m = -1$ d) $f(x) = \frac{x^2-9}{x+2}$; $m = \frac{6}{5}$

10 An welchen Stellen stimmen die Funktionswerte von f′ und g′ überein? Was bedeutet dies geometrisch? Zeichnen Sie die Schaubilder der Funktionen f und g.

a) $f(x) = x^2$; $g(x) = -\frac{1}{x^2}$ b) $f(x) = \frac{1}{x+1}$; $g(x) = \frac{1}{x-1}$
c) $f(x) = -x^2 + 2x - 1$; $g(x) = \frac{-4x}{x-2}$ d) $f(x) = 1 - 2x$; $g(x) = \frac{2x^2}{x+1}$

Tangentensteigung:
$m_t = f'(x_0)$
Normalensteigung:
$m_n = -\frac{1}{f'(x_0)}$

11 Geben Sie die Gleichungen der Tangenten und der Normalen in den Punkten $P(1\,|\,f(1))$ und $Q(-2\,|\,f(-2))$ an.

a) $f(x) = \frac{2}{x}$ b) $f(x) = \frac{x}{x+1}$ c) $f(x) = \frac{4x^3-2}{x}$ d) $f(x) = \frac{x^3+2x}{x^2+1}$

Unterscheiden Sie zwischen Funktionsvariable und Parameter!

12 Leiten Sie ab.

a) $f(x) = \frac{3a}{1+x^2}$ b) $f(a) = \frac{3a}{1+x^2}$ c) $f(x) = \frac{tx^2+2}{x+1}$ d) $f(x) = \frac{t^2-x}{x^2-t}$

13 a) $f(x) = \frac{a-bx}{a+bx}$ b) $f(x) = \frac{ax^2+bx+c}{ax^2-bx+c}$ c) $g(t) = \frac{ct^2-d}{ct+d}$ d) $g(x) = \frac{t^2x^3}{tx^3-1}$

14 a) $f(x) = \frac{x}{(x+2)^2}$ b) $f(x) = \frac{x-4}{(2x-3)^2}$ c) $f(x) = \frac{x^2+2x}{(1-x)^2}$ d) $f(x) = \frac{(2-x)^2}{1+2x}$

15 a) $f(x) = \frac{x}{\sqrt{1+2x}}$ b) $f(x) = \frac{\sqrt{2x^2+1}}{3x}$ c) $f(x) = \frac{\sin 2x}{0{,}5x}$ d) $f(x) = \left(\frac{1+2x}{2-x}\right)^2$

16 a) $f(x) = \frac{2x}{(t-x)^2}$ b) $f(x) = \frac{t-1}{x^2+3t}$ c) $f(x) = \frac{(2-t)^2}{\sqrt{2x}}$ d) $f(x) = \frac{x}{\cos tx}$

17 Leiten Sie zweimal ab.
a) $f(x) = \frac{3}{x^2}$ b) $f(x) = \frac{2x+1}{x^2}$ c) $f(x) = \frac{x^2-x}{x+1}$ d) $f(x) = \frac{x^3}{1+x^3}$

18 In einem betriebswirtschaftlichen Modell wird angenommen, dass beim Verkauf von x Stück eines Wirtschaftsguts der Gewinn pro Stück $\frac{1}{1+\sqrt{x}}$ Geldeinheiten beträgt.
a) Zeigen Sie, dass der Gewinn pro Stück mit wachsender Stückzahl abnimmt.
b) Zeigen Sie, dass der Gesamtgewinn mit wachsender Stückzahl zunimmt.

19 Die Konzentration eines Medikamentes (in $\frac{\text{mg}}{\text{cm}^3}$) im Blut eines Patienten lässt sich durch die Funktion K mit $K(t) = \frac{0{,}16t}{(t+2)^2}$ beschreiben (t: Zeit in h seit der Medikamenteneinnahme).
a) Berechnen Sie die anfängliche Änderungsrate der Konzentration und vergleichen Sie diese mit der mittleren Änderungsrate in den ersten 6 Minuten.
b) Wann ist die Konzentration am höchsten? Wie groß ist die maximale Konzentration? Wann ist die Konzentration nur noch halb so hoch?

20 Beweisen oder widerlegen Sie die folgende Behauptung:
Hat das Schaubild von f die x-Achse als waagerechte Tangente, dann gilt dies auch für das Schaubild von d mit $d(x) = \frac{f(x)}{x}$ $(x \neq 0)$.

21 Gegeben ist die Funktion f mit $f(x) = \frac{4x}{x^2-4}$.
a) Zeigen Sie, dass der Punkt $W(0|0)$ Wendepunkt des Schaubilds von f ist.
Geben Sie die Gleichung der zugehörigen Wendetangente an.
b) Die Parallelen zur Wendetangente berühren das Schaubild von f in B_1 und B_2. Berechnen Sie die Koordinaten von B_1 und B_2; geben Sie die Gleichungen der Tangenten in den Punkten B_1 und B_2 an.

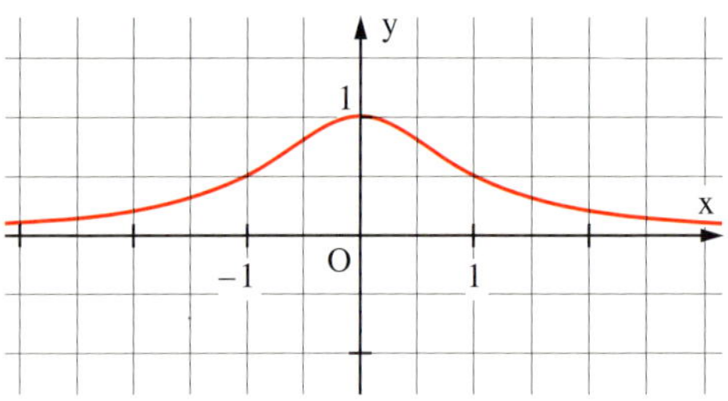

Fig. 1

22 Ein zur y-Achse symmetrisches Dreieck hat den Ursprung 0 als eine Ecke. Die beiden weiteren Ecken P_1 und P_2 liegen auf dem Schaubild von f mit $f(x) = \frac{1}{1+x^2}$.
Für welche Lage von P_1 ist der Flächeninhalt des Dreiecks extremal?
Um welche Art von Extremum handelt es sich dabei?

23 Gegeben ist die Funktionenschar f_m mit $f_m(x) = \frac{mx^2-(m+2)x+2}{2x-5}$.
Für welche $m \in \mathbb{R}$ hat das Schaubild von f_m keine Punkte mit waagerechter Tangente?

24 Die Funktion f sei dreimal differenzierbar mit $f''(x) = \frac{z(x)}{n(x)}$. Zeigen Sie: Sind für eine Stelle $x_0 \in D_f$ die Bedingung $f''(x_0) = 0$ und $z'(x_0) \neq 0$ erfüllt, so ist x_0 Wendestelle von f.

6 Die Umkehrfunktion

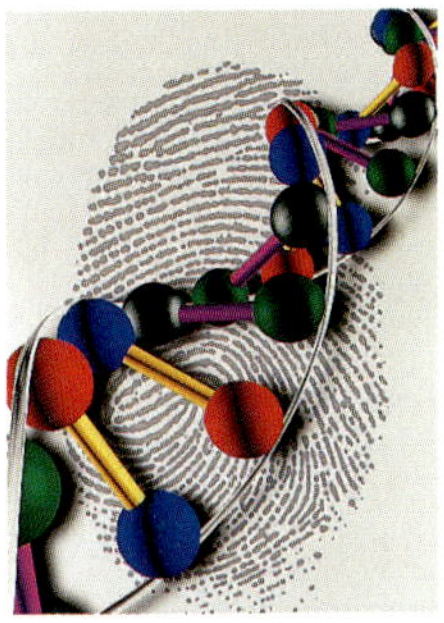

Der genetische Fingerabdruck eines Menschen gilt als unverwechselbar.

1 Im Folgenden sind Zuordnungen gegeben. Sind die umgekehrten Zuordnungen eindeutig? Welche Bedeutung könnte die Eindeutigkeit bzw. Nicht-Eindeutigkeit haben?

a) Jedem Buchtitel ist eine bestimmte ISBN-Codierung zugeordnet.
b) Jedem PKW ist eine bestimmte Marke und Farbe zugeordnet.
c) Jedem Schüler einer bestimmten Schule ist ein Name (mit Vorname) zugeordnet.
d) Jedem Menschen ist ein genetischer Fingerabdruck zugeordnet.

Bei einer Funktion f wird jeder reellen Zahl x aus einer Menge D_f genau eine reelle Zahl y zugeordnet. Im Folgenden wird untersucht, unter welchen Bedingungen die Umkehrung dieser Zuordnung ebenfalls eine Funktion ist und wie man gegebenenfalls ihren Funktionsterm erhält.

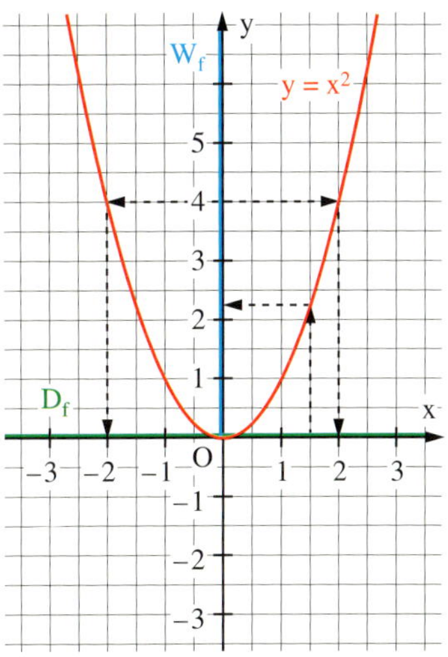

Fig. 1

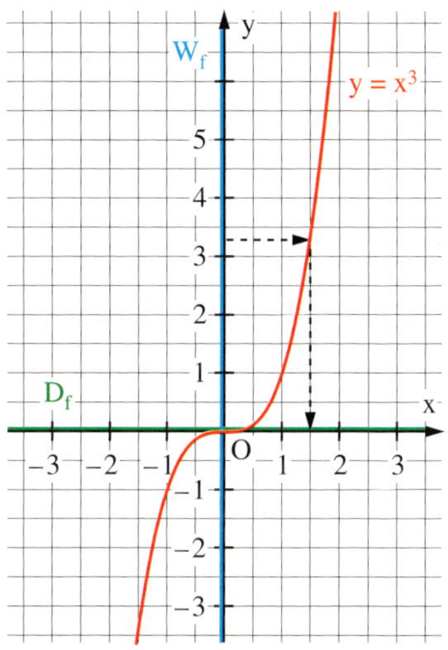

Fig. 2

Fig. 1 zeigt das Schaubild der Funktion f: $x \mapsto x^2$. Jeder Zahl x aus der Definitionsmenge D_f wird eindeutig eine Zahl y aus der Wertemenge W_f zugeordnet; z. B. $\frac{3}{2} \mapsto \frac{9}{4}$.
Geht man umgekehrt vom y-Wert 4 aus, wird man nicht zu einem eindeutig bestimmten x-Wert geführt. Sowohl –2 als auch 2 kommen in Frage. Die umgekehrte Zuordnung $y \mapsto x$ ist damit keine Funktion.
Fig. 2 zeigt das Schaubild von g: $x \mapsto x^3$. Ausgehend vom y-Wert $\frac{27}{8}$ findet man nur den x-Wert $\frac{3}{2}$. Auch für alle anderen Zahlen aus der Wertemenge findet man eindeutig einen x-Wert. Damit ist in diesem Fall die umgekehrte Zuordnung $y \mapsto x$ wieder eine Funktion.

*Aus dieser Definition folgt: f ist **nicht umkehrbar**, falls es zu einem y-Wert y_0 zwei x-Werte x_1 und x_2 mit $f(x_1) = f(x_2) = y_0$ gibt.*

Definition: Eine Funktion f: $x \mapsto y$ mit der Definitionsmenge D_f und der Wertemenge W_f heißt **umkehrbar**, falls es zu jedem $y \in W_f$ nur ein $x \in D_f$ mit $f(x) = y$ gibt.

Ist eine Funktion f: $x \mapsto y$ umkehrbar, so ist die umgekehrte Zuordnung $y \mapsto x$ eine Funktion. Diese heißt **Umkehrfunktion** von f und wird mit $\bar{f}$ (lies: f quer) bezeichnet. Ihre Definitionsmenge ist W_f, ihre Wertemenge ist D_f, kurz: $D_{\bar{f}} = W_f$, $W_{\bar{f}} = D_f$.

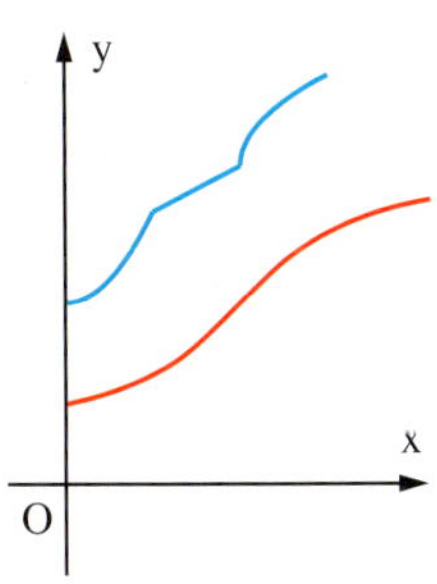

Im Schaubild lässt sich die Umkehrbarkeit von f daran erkennen, dass jede Parallele zur x-Achse das Schaubild von f höchstens einmal schneidet. Dies ist sicher der Fall, wenn f streng monoton ist. Zusammen mit dem Monotoniesatz ergibt sich das folgende Kriterium für die Umkehrbarkeit.

Satz: Jede streng monotone Funktion f ist umkehrbar.
Insbesondere ist jede in einem Intervall I differenzierbare Funktion f mit $f'(x) > 0$ (bzw. $f'(x) < 0$) für alle $x \in I$ umkehrbar.

Die Funktion $f\colon x \mapsto y$ und ihre Umkehrfunktion $\bar{f}\colon y \mapsto x$ haben in einem gemeinsamen Koordinatensystem dasselbe Schaubild. Will man für $\bar{f}$ die Darstellung $\bar{f}\colon x \mapsto y$ mit $y = \bar{f}(x)$, so muss man die Variablen umbenennen: x wird zu y und y wird zu x („Variablentausch").
Zu jedem Punkt $P(a|b)$ des Schaubilds von f gehört dann ein Punkt $\bar{P}(b|a)$ des Schaubilds von $\bar{f}$.
Man erhält das Schaubild von $\bar{f}$, indem man das Schaubild von f an der 1. Winkelhalbierenden spiegelt.

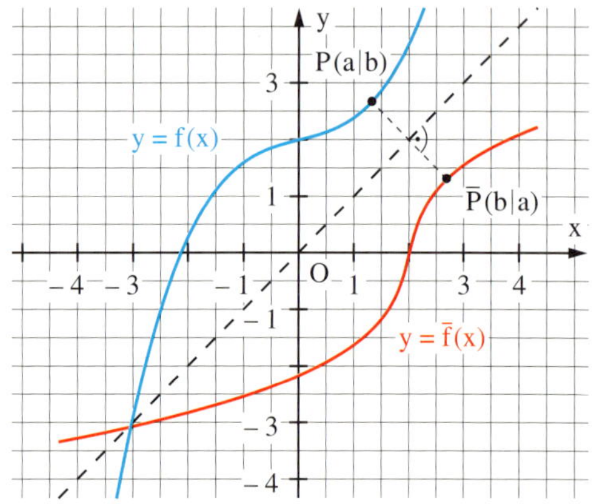

Fig. 1

An der umkehrbaren Funktion f mit $f(x) = (x + 1)^2$, $x \geqq -1$ wird nun gezeigt, wie man $\bar{f}$ ermitteln kann:

Ermittlung von $\bar{f}$

1. $D_{\bar{f}}$ bestimmen.
2. Auflösen der Gleichung $y = f(x)$ nach x.
3. Variablentausch; $\bar{f}$ angeben.

1. Es gilt $f(-1) = 0$, $f(x) \to \infty$ für $x \to \infty$, aufgrund der strengen Monotonie von f ist $D_{\bar{f}} = W_f = [0; \infty)$.
2. Mit $y = (x + 1)^2$ gilt
$\sqrt{y} = x + 1$ oder $\sqrt{y} = -(x + 1)$ und damit
$x = \sqrt{y} - 1$ (*) oder $x = -\sqrt{y} - 1$ (**).
Da $W_{\bar{f}} = D_f = [-1; \infty)$ ist, muss (**) ausgeschlossen werden.
3. Aus $x = \sqrt{y} - 1$ erhält man nun
$y = \sqrt{x} - 1$.
Damit ist $\bar{f}$ mit $\bar{f}(x) = \sqrt{x} - 1$; $x \geqq 0$ die Umkehrfunktion von f (Fig. 2).

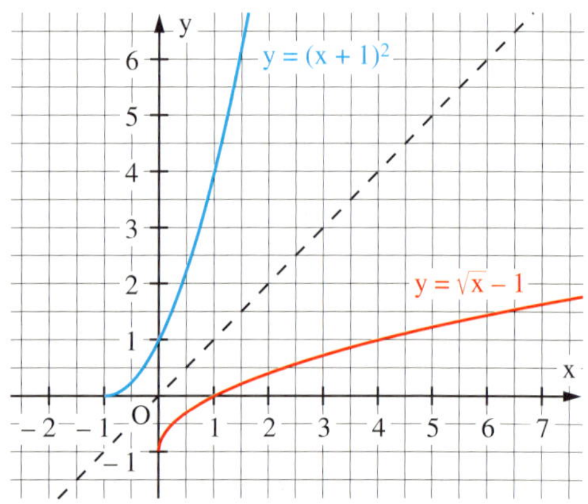

Fig. 2

Beispiel: (Untersuchung auf Umkehrbarkeit, Bestimmung der Umkehrfunktion)
Ist die Funktion f umkehrbar?
Bestimmen Sie gegebenenfalls $\bar{f}$ und zeichnen Sie die Schaubilder von f und $\bar{f}$.

a) $f(x) = \frac{3}{x-1}$; $x > 1$ b) $f(x) = x^3 - x$; $x \in \mathbb{R}$

Lösung:
a) Da $f'(x) = \frac{-3}{(x-1)^2} < 0$ ist auf dem Intervall $(1; \infty)$, ist f streng monoton fallend und damit umkehrbar.
1. $D_{\bar{f}} = W_f = (0; \infty)$ (vgl. Fig. 3).
2. Auflösung der Gleichung $y = \frac{3}{x-1}$ nach x:
$x - 1 = \frac{3}{y}$; $x = \frac{3}{y} + 1$.
3. Variablentausch: $y = \frac{3}{x} + 1$. Damit ist $\bar{f}$ mit $\bar{f}(x) = \frac{3}{x} + 1$; $x > 0$ die Umkehrfunktion von f.
b) Zum Nachweis der Nicht-Umkehrbarkeit genügt es, zwei Stellen mit gleichem Funktionswert zu finden. Wählt man z. B. $x_1 = 0$ und $x_2 = 1$, so gilt $f(x_1) = f(x_2) = 0$. Deshalb ist f nicht umkehrbar.

Oft lassen sich Teilbereiche finden, in denen f umkehrbar ist (vgl. Aufgabe 6 auf Seite 21).

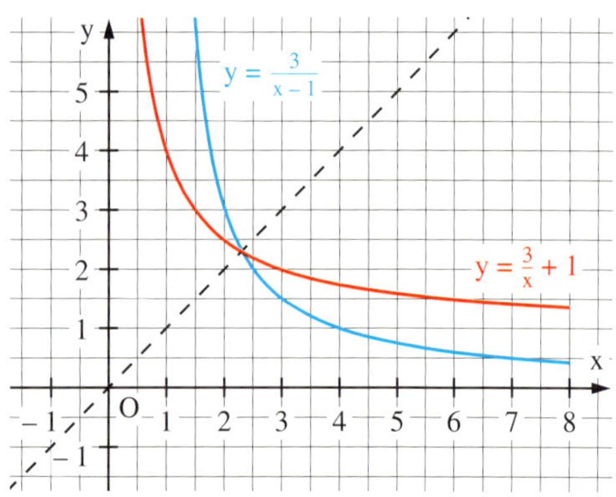

Fig. 3

Aufgaben

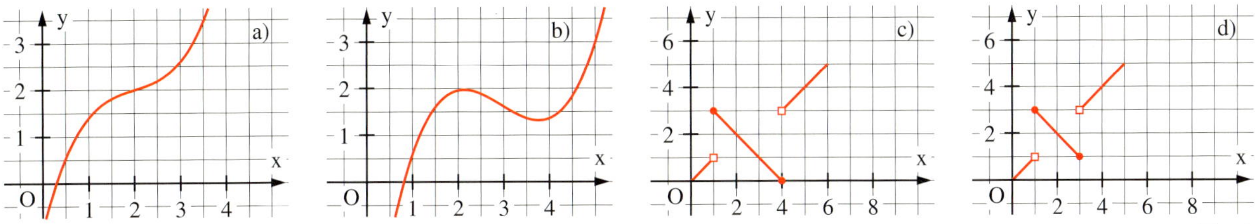

Fig. 1

2 Gehört das Schaubild in Fig. 1 zu einer umkehrbaren Funktion f? Begründen Sie.

3 Zeigen Sie mithilfe der Ableitung, dass f umkehrbar ist.
a) $f(x) = x^3 + x;\ x \in \mathbb{R}$ b) $f(x) = \frac{2}{\sqrt{x+1}};\ x \geqq 0$ c) $f(x) = x^3 - 3x + 4;\ x \geqq 2$
d) $f(x) = \frac{5}{x-2};\ x > 2$ e) $f(x) = \frac{x^2-2}{x};\ x > 0$ f) $f(x) = \frac{2x-3}{1-x};\ x < 1$

4 Untersuchen Sie die Funktion f auf Umkehrbarkeit.
a) $f(x) = -x^2 + 3;\ x > 1$ b) $f(x) = -x^2 + 3;\ x < 1$ c) $f(x) = 1 + \sin x;\ x \in [0; \pi]$
d) $f(x) = 0{,}5x^3 + 3x - 5;\ x \in \mathbb{R}$ e) $f(x) = x^3 - 2x^2 + 3;\ x \in \mathbb{R}$ f) $f(x) = \frac{1}{1+x^2};\ x \in \mathbb{R}$

Hier hilft eine Skizze des Schaubildes von f oder die Betrachtung von f′(x) weiter.

5 Zeigen Sie, dass die Funktion f umkehrbar ist. Bestimmen Sie die Umkehrfunktion $\bar{f}$. Geben Sie ihre Definitionsmenge und ihre Wertemenge an
a) $f(x) = \frac{2}{x-3};\ x > 3$ b) $f(x) = \frac{4}{x-2};\ x < 2$ c) $f(x) = 4 - \frac{6}{x};\ x < 0$
d) $f(x) = (x-3)^2 + 1;\ x \geqq 3$ e) $f(x) = \sqrt{3x+1} - 1;\ x > 1$ f) $f(x) = 2 + \frac{1}{\sqrt{x-1}};\ x > 1$

6 Auf welchen Intervallen ist f umkehrbar? Bestimmen Sie $\bar{f}(x)$ und geben Sie $D_{\bar{f}}$ an.
a) $f(x) = 4x - x^2$ b) $f(x) = \frac{2x}{x-1}$ c) $f(x) = x \cdot |x|$

7 a) Welche der linearen Funktionen f mit $f(x) = mx + b$ $(m \in \mathbb{R},\ b \in \mathbb{R})$ sind umkehrbar?
b) Welche der Potenzfunktionen f mit $f(x) = x^n$ $(n \in \mathbb{N} \setminus \{0\})$ sind umkehrbar?

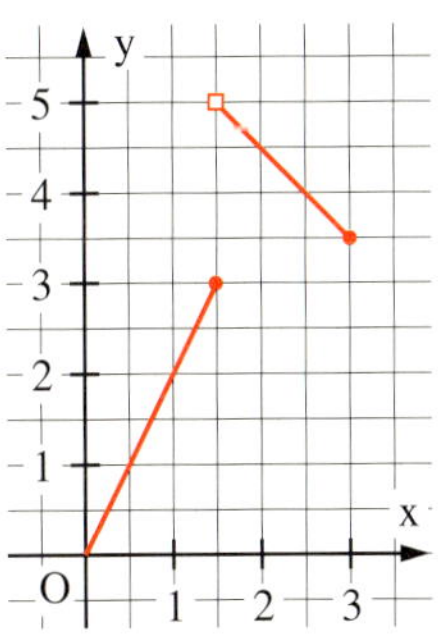

Fig. 2

8 Die Funktion f mit $f(x) = ax^3 + bx$ $(a, b \in \mathbb{R})$ sei umkehrbar. Welche Bedingung erfüllen die Koeffizienten a und b?

9 Begründen Sie die Aussage oder widerlegen Sie diese durch ein Gegenbeispiel.
a) Ist eine ganzrationale Funktion gerade, dann ist sie nicht umkehrbar.
b) Ist eine ganzrationale Funktion nicht umkehrbar, so ist sie gerade.
c) Hat eine ganzrationale Funktion keine Extremstellen, so ist sie umkehrbar.
d) Ist eine ganzrationale Funktion umkehrbar, so hat sie keine Extremstellen.
e) Jede umkehrbare Funktion ist monoton.

Wissenswertes über Ihre Stromkosten

Verbrauch in kWh:	500	1000	2000	3000	
Kosten in Euro:	...	...	...	...	
Kosten in Euro:	200	400	600	800	1000
Verbrauch in kWh:	...	...	...	...	...

Monatsgrundpreis: 6,50 Euro
Arbeitspreis: 0,116 Euro/kWh; Umsatzsteuer: 16 %

Energiewerke Munzbach

10 Ein regionales Stromversorgungsunternehmen möchte ein Faltblatt herausgeben, das zur Information über die jährlichen Stromkosten in privaten Haushalten dienen soll. Auch soll es einen direkten Vergleich mit Anbietern in anderen Regionen ermöglichen.
Berechnen Sie die noch fehlenden Werte.

7 Die Ableitung der Umkehrfunktion

1 a) Bestimmen Sie für die lineare Funktion f: $x \mapsto mx + c$ $(m \neq 0)$ die Umkehrfunktion $\bar{f}$. Vergleichen Sie $f'(x)$ mit $\bar{f}'(x)$.
b) Gegeben ist die Funktion g: $x \mapsto x^2$; $x \in \mathbb{R}^+$.
Bestimmen Sie die Steigung der Tangente an das Schaubild von g im Punkt $P(2|g(2))$.
Zeichnen Sie das Schaubild der Funktion g und die Tangente in P.
Spiegeln Sie die gesamte Figur an der 1. Winkelhalbierenden. Welche Aussage über die Ableitung der Umkehrfunktion von g können Sie aus Ihrer Zeichnung entnehmen?

Bei der Umkehrung einfacher Funktionen wie z. B. f mit $f(x) = x^3$ entstehen häufig Funktionen, die mit den bisherigen Regeln nicht abgeleitet werden können. Im Folgenden wird daher untersucht, ob man von der Ableitung einer Funktion f auf die Ableitung der Umkehrfunktion $\bar{f}$ schließen kann.

Spiegelt man das Schaubild einer Funktion f an der 1. Winkelhalbierenden, so erhält man das Schaubild ihrer Umkehrfunktion $\bar{f}$. Hat das Schaubild von f im Punkt $P(x_0|y_0)$ eine Tangente, so hat das Schaubild von $\bar{f}$ im Punkt $\bar{P}(y_0|x_0)$ ebenfalls eine Tangente.
Dies bedeutet: Ist f an der Stelle x_0 differenzierbar mit $f'(x_0) \neq 0$, dann ist $\bar{f}$ an der Stelle $y_0 = f(x_0)$ ebenfalls differenzierbar.
Aus den beiden Steigungsdreiecken der Tangenten lässt sich unmittelbar ablesen, dass $f'(x_0)$ und $\bar{f}'(y_0)$ Kehrwerte voneinander sind.
Damit ist der folgende Satz anschaulich begründet.

Ist $f'(x_0) = 0$, so ist die Tangente in P parallel zur x-Achse. Die gespiegelte Tangente durch $\bar{P}$ ist dann parallel zur y-Achse und hat damit keine Steigung, d. h. $\bar{f}$ ist an der Stelle y_0 nicht differenzierbar.

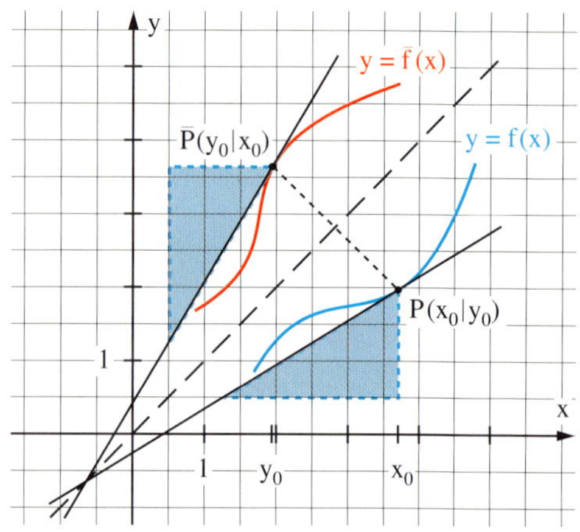

Fig. 1

Satz: Ist die Funktion f in einem Intervall I umkehrbar und differenzierbar mit $f'(x) \neq 0$ für $x \in I$, dann ist die Umkehrfunktion $\bar{f}$ ebenfalls differenzierbar, und es gilt:

$$\bar{\mathbf{f}}'(\mathbf{y}) = \frac{1}{\mathbf{f}'(\mathbf{x})} \quad \text{mit } y = f(x) \text{ bzw. } x = \bar{f}(y).$$

Beispiel: (Ableitung der Umkehrfunktion)
Gegeben ist die umkehrbare Funktion f mit $f(x) = x^3$; $x \in \mathbb{R}^+$.
Ermitteln Sie die Umkehrfunktion $\bar{f}$ sowie deren Ableitungsfunktion $\bar{f}'$.
Lösung:

1. $D_{\bar{f}} = W_f = \mathbb{R}^+$
2. Aus $y = x^3$ erhält man $x = \sqrt[3]{y} = \bar{f}(y)$.
3. $\bar{f}'(y) = \frac{1}{f'(x)} = \frac{1}{3x^2} = \frac{1}{3}x^{-2}$
4. $\bar{f}'(y) = \frac{1}{3}(\sqrt[3]{y})^{-2} = \frac{1}{3}y^{-\frac{2}{3}}$
5. $\bar{f}'(x) = \frac{1}{3}x^{-\frac{2}{3}} = \frac{1}{3 \cdot \sqrt[3]{x^2}}$

Die Funktion $\bar{f}$ mit $\bar{f}(x) = \sqrt[3]{x}$; $x \in \mathbb{R}^+$ hat die Ableitungsfunktion $\bar{f}'$ mit $\bar{f}'(x) = \frac{1}{3 \cdot \sqrt[3]{x^2}}$.

1. Definitionsmenge bestimmen.
2. $y = f(x)$ setzen und nach x auflösen.
3. Berechnen von $\bar{f}'(y)$.
4. Ersetzen von x durch $\bar{f}(y)$.
5. Ersetzen von y durch x.

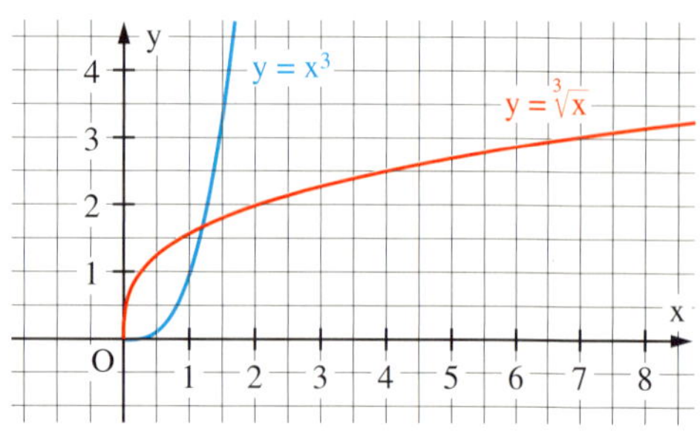

Fig. 2

Aufgaben

2 Gegeben ist die umkehrbare Funktion f mit $f(x) = x^3 - 1;\ x \in \mathbb{R}^+$.
a) Bestimmen Sie die Umkehrfunktion $\bar{f}$.
b) Berechnen Sie $\bar{f}'(7)$ und $\bar{f}'\left(\frac{19}{8}\right)$.
c) Bestimmen Sie $\bar{f}'(x)$.

3 Gegeben ist die Funktion f mit $f(x) = \frac{1}{\sqrt{x}}$.
a) Zeigen Sie, dass die Funktion f umkehrbar ist.
b) Ermitteln Sie die Umkehrfunktion $\bar{f}$.
c) Bestimmen Sie die Ableitung $\bar{f}'$ der Umkehrfunktion auf zwei Arten.

Wenn man davon ausgeht, dass die Umkehrfunktion $\bar{f}$ einer differenzierbaren Funktion f mit $f'(x) \neq 0$ eine Ableitung besitzt, so lässt sich diese auch mithilfe der Kettenregel herleiten.
Nach Definition der Umkehrfunktion gilt:
$$\bar{f}(f(x)) = x.$$
Leitet man beide Seiten dieser Gleichung ab, so erhält man
$\bar{f}'(f(x)) \cdot f'(x) = 1$ und damit
$\bar{f}'(f(x)) = \frac{1}{f'(x)}$ bzw. $\bar{f}'(y) = \frac{1}{f'(x)}$.

4 Ermitteln Sie $g'(x)$ für die Funktion g mit $g(x) = \sqrt[4]{x};\ x > 0$.

5 Für die umkehrbare Funktion f mit $f(x) = x + x^3$ kann man die Ableitung der Umkehrfunktion $\bar{f}$ an manchen Stellen berechnen, ohne $\bar{f}$ zu kennen.
Berechnen Sie $\bar{f}'(0)$; $\bar{f}'(2)$; $\bar{f}'(-10)$.

6 Gegeben ist die Funktion $f\colon x \mapsto \sin x;\ x \in \left[-\frac{\pi}{2}; \frac{\pi}{2}\right]$.
a) Zeigen Sie, dass f umkehrbar ist.
b) Bestimmen Sie $\bar{f}'(0)$; $\bar{f}'(0{,}5)$ und $\bar{f}'\left(-\frac{1}{2}\sqrt{2}\right)$.
c) Gibt es Stellen, an denen $\bar{f}$ nicht differenzierbar ist?

7 Eine Funktion f sei im Intervall $I = [0; 2]$ umkehrbar. Skizzieren Sie ein mögliches Schaubild von f, wenn f die angegebenen Bedingungen erfüllt.
a) f ist differenzierbar für alle $x \in I$; $\bar{f}$ ist an der Stelle 1 nicht differenzierbar.
b) $\bar{f}$ ist differenzierbar für alle $x \in I$; f ist an der Stelle 1 nicht differenzierbar.
c) Sowohl f als auch $\bar{f}$ sind an der Stelle 1 nicht differenzierbar.

8 Eine Sportartikelfirma produziert Lederbälle. Das nebenstehende Schaubild zeigt den Zusammenhang zwischen der täglich produzierten Anzahl an Bällen und den daraus entstehenden Kosten.

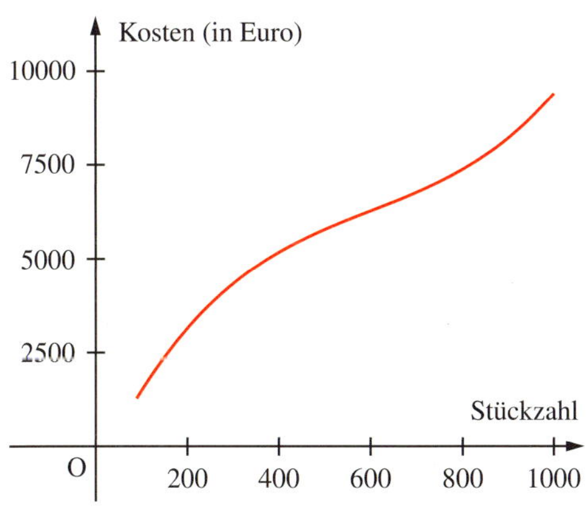

Fig. 1

a) Begründen Sie mithilfe des Schaubilds: Bei einer Tagesproduktion von 600 Bällen verursacht eine geringfügige Produktionserhöhung eine Kostensteigerung von ca. 3,80 Euro/Ball.
b) Die Sportartikelfirma investiert momentan täglich 5 000 Euro für die Produktion von Bällen und möchte diese Investition leicht erhöhen.
Wie groß ist die zu erwartende Produktionssteigerung (in Bälle/Euro)?
c) Wie groß ist die Produktionssteigerung, wenn man die augenblickliche Investition von 7 500 Euro geringfügig erhöht?

8 Vermischte Aufgaben

1 Leiten Sie ab und vereinfachen Sie soweit wie möglich.

a) $f(x) = (3x-4)^4$ b) $g(x) = \sqrt{5x^2-7x+1}$ c) $f(t) = \frac{3t^2-5}{t^4+2}$

d) $h(x) = (u+x^2)^2$ e) $h(u) = (u+x^2)^2$ f) $f(x) = x^2 \cdot \cos(x-c)$

Eine Regel kommt selten allein.

2 a) $f(x) = 2x\sqrt{x^2+3}$ b) $h(t) = \frac{2t}{(t^2-3)^2}$ c) $g(x) = \frac{x^2(x-1)}{(2x+1)^2}$

d) $f(t) = \frac{\sin(2at)}{2t+3}$ e) $a(t) = (t+1)\cdot\cos\left(\omega t - \frac{\pi}{4}\right)$ f) $g(x) = \frac{x\cdot\sqrt{cx-t}}{x-1}$

3 Berechnen Sie $f'(x)$ und $f''(x)$.

a) $f(x) = (6-5x)^3$ b) $f(x) = (x^2+2)^4$ c) $f(x) = \frac{3}{2+x^2}$

d) $f(x) = \sqrt{x^2+1}$ e) $f(x) = \frac{t}{(tx+1)^2}$ f) $f(x) = \cos(ax^2)$

4 Auf welchen Teilbereichen von D_f ist die Funktion f umkehrbar? Geben Sie jeweils $\bar{f}$ an und berechnen Sie $\bar{f}'$.

a) $f(x) = \frac{2}{x^2+3}$ b) $f(x) = \sqrt{25-4x^2}$ c) $f(x) = 4x - x^2$

Zu den Aufgaben Nr. ~~4–8~~ 7–9: Es gibt drei wichtige Typen von Aufgaben mit Tangenten.

(gegeben: blau
gesucht: rot)

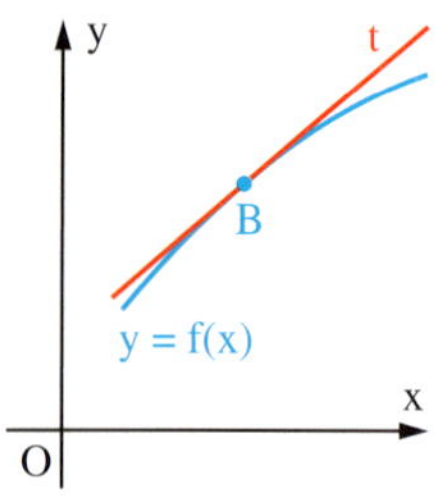

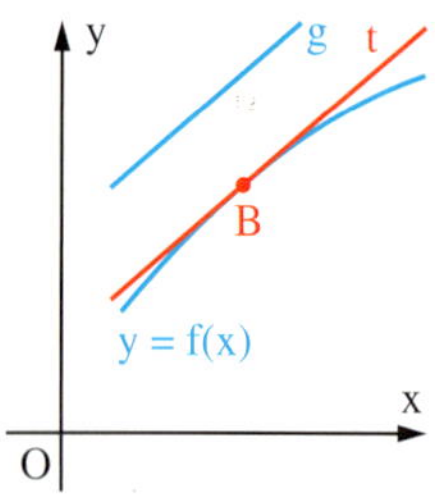

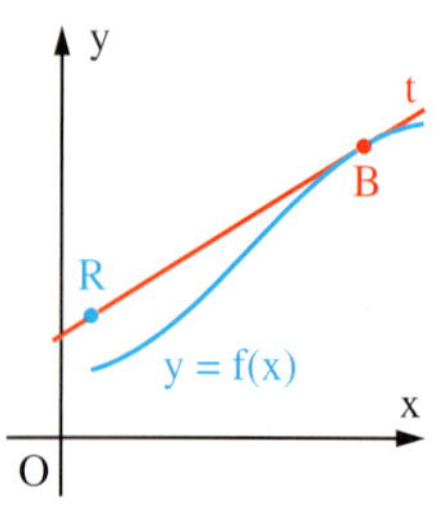

5 Ermitteln Sie die Ableitung der Funktion f mit $f(x) = \sqrt[5]{x}$. Bestimmen Sie daraus die Ableitung der Funktion g mit $g(x) = \sqrt[5]{x^2}$.

6 Welche Aussage ist wahr? Begründen Sie Ihre Antwort bzw. nennen Sie ein Gegenbeispiel.

a) Ist das Schaubild einer Funktion f symmetrisch zur y-Achse, dann ist f nicht umkehrbar.

b) Ist das Schaubild einer Funktion f punktsymmetrisch zum Ursprung, dann ist f umkehrbar.

c) Hat das Schaubild einer Funktion f eine waagerechte Tangente, dann ist f nicht umkehrbar.

Tangenten und Normalen

7 Ermitteln Sie die Gleichungen der Tangente und der Normalen an das Schaubild von f im Punkt B.

a) $f(x) = 2\cdot\sqrt{2x+1}$; $B(0|?)$ b) $f(x) = \frac{x}{1+2x^2}$; $B(1|?)$

c) $f(x) = (2-4x)^3(1-x)$; $B\left(\frac{1}{2}\middle|?\right)$ d) $f(x) = (1+x)\sqrt{3x}$; $B(3|?)$

8 Bestimmen Sie die Gleichung der Tangente t an das Schaubild von f, die parallel zur Geraden g ist.

a) $f(x) = \sqrt{25-x^2}$; g: $y = -\frac{4}{3}x + 4$ b) $f(x) = \frac{2}{x^2+1}$; g: $y = x + 3$

9 Vom Punkt R aus werden die Tangenten an das Schaubild von f gelegt. Berechnen Sie die Koordinaten der Berührpunkte und geben Sie die Gleichungen der Tangenten an.

a) $f(x) = \frac{4x-2}{x^2}$; $R(0|0)$ b) $f(x) = \frac{x}{x-3}$; $R(0|4)$ c) $f(x) = \sqrt{2x-4}$; $R(2|1)$

10 Gegeben ist die Funktion f mit $f(x) = \frac{12x}{x^2+5}$. Ihr Schaubild sei K.

a) Wo schneidet die Normale an K im Punkt $P(1|?)$ die x-Achse?

b) Die Tangente an K im Punkt $P(1|?)$ schneidet K in S.
Berechnen Sie die Koordinaten von S.

Funktionenscharen

11 Für $t \in \mathbb{R}\setminus\{0\}$ sind die Funktionen f_t gegeben durch $f_t(x) = \frac{tx}{x-1}$. Das Schaubild von f_t sei K_t.
a) Bestimmen Sie die Steigung der Tangente an K_t im Punkt $O(0|0)$. Wie lautet die Gleichung dieser Tangente?
b) Für welchen Wert von t hat K_t die erste Winkelhalbierende als Tangente?
c) Zeigen Sie, dass sich K_2 und $K_{-\frac{1}{2}}$ im Ursprung orthogonal schneiden.

12 a) Für welche $t \in \mathbb{R}$ ist die Funktion f_t mit $f_t(x) = \frac{tx+3}{x+1}$ umkehrbar?
b) Gibt es ein $t \in \mathbb{R}$, so dass f_t und $\overline{f_t}$ übereinstimmen?

13 Für $t \in \mathbb{R}\setminus\{0\}$ sind die Funktionen f_t gegeben durch $f_t(x) = \frac{tx}{(1-x)^2}$. Das Schaubild von f_t sei K_t.
a) Skizzieren Sie die Schaubilder von K_1 und K_{-1} in ein gemeinsames Koordinatensystem.
b) Welche Beziehung muss zwischen t und t* bestehen, damit sich K_t und K_{t^*} im Ursprung orthogonal schneiden?
c) Die Tangente an K_t im Ursprung hat mit K_t einen weiteren Punkt gemeinsam. Berechnen Sie die Koordinaten dieses Punktes. Für welche Werte von t schneiden sich diese Tangente und das Schaubild K_t in dem weiteren Punkt orthogonal?

Extremwertaufgaben

14 Bestimmen Sie auf dem Schaubild der Funktion f mit $f(x) = x(x-3)^2$ denjenigen Punkt $P(u|v)$ mit $0 \leqq u \leqq 3$, für den das Dreieck mit den Ecken $P_1(0|0)$, $P_2(u|0)$ und P maximalen Flächeninhalt hat. Berechnen Sie den Inhalt dieses Dreiecks.

15 Skizzieren Sie das Schaubild K der Funktion $f: x \mapsto 2\cos 2x$ für $x \in \left[-\frac{\pi}{4}; \frac{\pi}{4}\right]$.
Dem Schaubild K ist ein Rechteck, dessen eine Seite auf der x-Achse liegt, so einzubeschreiben, dass sein Umfang maximal wird.

16 Welche Punkte des Schaubildes von $f: x \mapsto x + \frac{2}{x}$ haben vom Ursprung minimalen Abstand?

Parameter k:
nur wenig größer als 2 — wesentlich größer als 2

17 Ein Fisch schwimmt in einem Bach (Fließgeschwindigkeit $2\,\frac{m}{s}$) 100 m weit stromaufwärts mit der konstanten Geschwindigkeit $x\,\frac{m}{s}$ relativ zum Wasser. Die Energie E (in Joule), die er dazu benötigt, hängt vor allem ab von seiner Form und der Zeit t, die er unterwegs ist. Aus Experimenten weiß man, dass $E = c \cdot x^k \cdot t$ ist mit $c > 0$ und $k > 2$.
a) Leiten Sie her, dass der Energieaufwand des Fisches am geringsten ist bei der Geschwindigkeit $\frac{2k}{k-1}\,\frac{m}{s}$.
b) Begründen Sie: Je „plumper" ein Fisch gebaut ist (d. h. je größer der Parameter k ist), desto kleiner ist seine energiesparendste Geschwindigkeit.

Mathematische Exkursionen

Exoten unter den Funktionen

Um eine griffige Vorstellung vom wesentlichen Inhalt einer Definition zu erhalten, versucht man häufig, den Sachverhalt anschaulich zu interpretieren, was jedoch zu fehlerhaften Vereinfachungen führen kann.
Dieses Problem soll an den beiden Begriffen Stetigkeit und Differenzierbarkeit näher demonstriert werden.

Für eine Funktion f, die auf einem Intervall I definiert ist, gilt:
Eine Funktion f heißt an der Stelle $x_0 \in I$ **stetig**,
wenn $\lim\limits_{x \to x_0} f(x)$ existiert und mit $f(x_0)$ übereinstimmt.

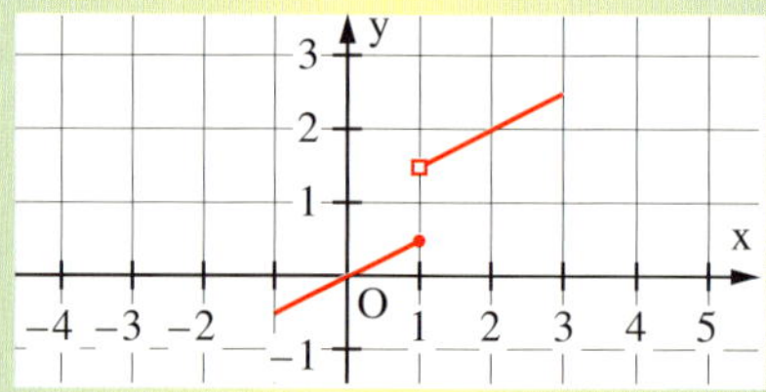

Schaubild mit „Sprung" Fig. 1

Anschaulich bedeutet dies für alle „nicht exotischen" Funktionen, dass sie dann stetig sind, wenn ihr Schaubild keinen Sprung aufweist bzw. wenn man das Schaubild „mit einem Bleistiftzug durchzeichnen" kann („Bleistiftdefinition" der Stetigkeit).

Weiterhin wird für eine Funktion f mit einem Intervall I als Definitionsmenge definiert:
Eine Funktion f heißt an der Stelle $x_0 \in I$ **differenzierbar**, wenn der Differenzenquotient $\frac{f(x) - f(x_0)}{x - x_0}$ für $x \to x_0$ einen Grenzwert besitzt.

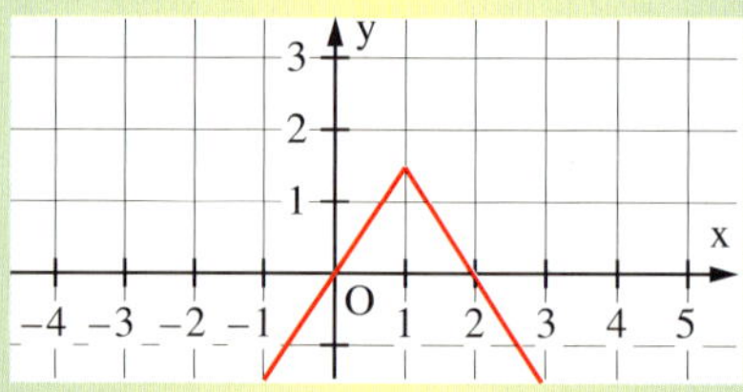

Schaubild mit „Knick" Fig. 2

Anschaulich bedeutet dies für alle „nicht exotischen" Funktionen, dass sie dann differenzierbar sind, wenn ihr Schaubild keinen Knick aufweist bzw. wenn das Schaubild „glatt durchgezeichnet" werden kann.

Es gibt jedoch Funktionen, bei denen diese anschaulichen Interpretationen versagen.

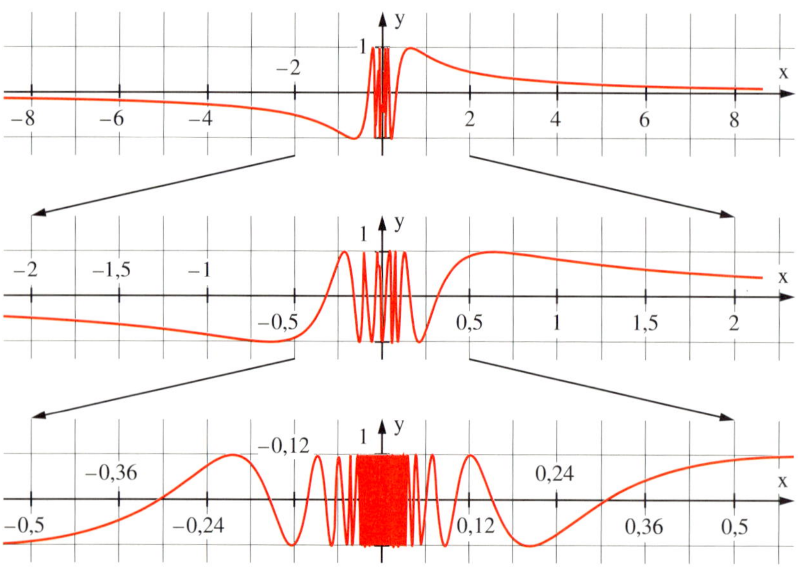

Unstetig ohne „Sprung"! Fig. 3

Exotenfunktion Nr. 1:

$$f(x) = \begin{cases} \sin\frac{1}{x} & \text{für } x \neq 0 \\ 0 & \text{für } x = 0 \end{cases}$$

Selbst wenn man das Schaubild von f in Richtung der x-Achse immer weiter streckt, entdeckt man an der Stelle 0 keinen Sprung.

Ist die Funktion f damit stetig?
NEIN!

Nähert man sich nämlich der Stelle 0, so nimmt die Funktion f in jedem noch so kleinen Intervall [−h; h] sowohl den Funktionswert 1 als auch den Wert −1 an. Das Schaubild der Funktion f oszilliert sogar um so rascher zwischen den Werten −1 und 1, je näher man der Stelle 0 kommt. Deshalb hat f(x) für $x \to 0$ keinen Grenzwert.
Die Funktion f ist also an der Stelle 0 nicht stetig!

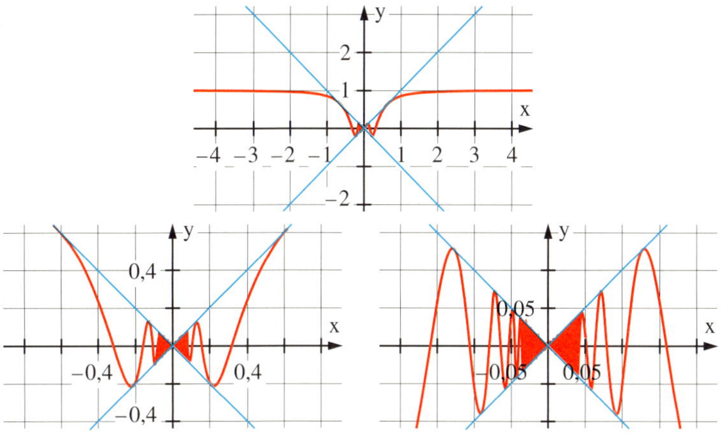

Nicht differenzierbar ohne „Knick"! Fig. 1

Exotenfunktion Nr. 2:

$$g(x) = \begin{cases} x \cdot \sin\frac{1}{x} & \text{für } x \neq 0 \\ 0 & \text{für } x = 0 \end{cases}$$

Diese Funktion ist stetig!

Der Faktor $\sin\frac{1}{x}$ nimmt nur Werte zwischen -1 und $+1$ an. Für $x \to 0$ „dämpft" der Faktor x aber die Oszillation.

Für $x \to 0$ gilt: $x \cdot \sin\frac{1}{x} \to 0$.

Da $g(0) = 0$ ist, ist die Funktion g stetig an der Stelle 0 und damit auf der gesamten Definitionsmenge $\mathbb{R}$.

Betrachtet man nun das Schaubild von g, so entdeckt man nirgends einen Knick.

Ist die Funktion g damit differenzierbar?
NEIN!

Für $x \neq 0$ liefern zwar die Ableitungsregeln $g'(x) = \sin\frac{1}{x} - \frac{1}{x}\cos\frac{1}{x}$. Aber an der Stelle 0 gilt für den Differenzenquotienten: $\frac{g(x) - g(0)}{x - 0} = \frac{x \sin\frac{1}{x} - 0}{x - 0} = \sin\frac{1}{x}$. Wie die Untersuchung der Exotenfunktion Nr. 1 gezeigt hat, besitzt $\sin\frac{1}{x}$ keinen Grenzwert für $x \to 0$. Der Differenzenquotient besitzt also keinen Grenzwert.

Damit ist die Funktion g zwar stetig, aber an der Stelle 0 nicht differenzierbar!

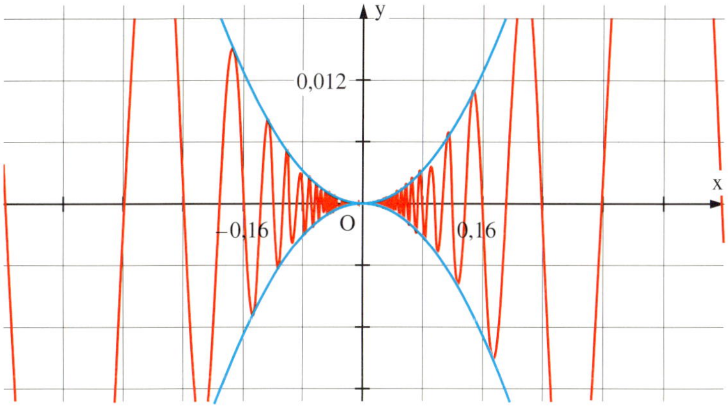

Fig. 2

Exotenfunktion Nr. 3:

$$h(x) = \begin{cases} x^2 \cdot \sin\frac{1}{x} & \text{für } x \neq 0 \\ 0 & \text{für } x = 0 \end{cases}$$

Diese Funktion ist stetig und differenzierbar!

Die Funktion h ist stetig an der Stelle 0, da $\lim\limits_{x \to x_0} x^2 \sin\frac{1}{x} = 0$ ist und mit dem Funktionswert $h(0) = 0$ übereinstimmt.

Die Funktion h ist somit stetig auf der ganzen Definitionsmenge $\mathbb{R}$. Wie steht es aber mit der Differenzierbarkeit?

Die Funktion h ist im Gegensatz zur Funktion g auch differenzierbar an der Stelle 0, da der Differenzenquotient $\frac{h(x) - h(0)}{x - 0} = \frac{x^2 \sin\frac{1}{x} - 0}{x - 0} = x \cdot \sin\frac{1}{x}$ für $x \to 0$ den Grenzwert 0 besitzt (vgl. Stetigkeit der Exotenfunktion Nr. 2).

Mithilfe der Ableitungsregeln erhält man die Ableitungsfunktion h′ mit $h'(x) = \begin{cases} 2x \sin\frac{1}{x} - \cos\frac{1}{x} & \text{für } x \neq 0 \\ 0 & \text{für } x = 0 \end{cases}$.

Die Funktion h ist somit differenzierbar auf ganz $\mathbb{R}$.
Ist die Ableitungsfunktion h′ auch stetig?

Da für $x \to 0$ zwar $2x \sin\frac{1}{x} \to 0$ gilt, aber $\cos\frac{1}{x}$ zwischen -1 und 1 oszilliert, existiert für $x \to 0$ kein Grenzwert von $2x \sin\frac{1}{x} - \cos\frac{1}{x}$.

Damit ist die Ableitungsfunktion h′ an der Stelle 0 nicht stetig.

Verkettung zweier Funktionen

Unter der Verkettung zweier Funktionen v und u versteht man die Funktion $u \circ v\colon\ x \mapsto u(v(x))$.
Man erhält den Funktionsterm von $u \circ v$, indem man den Term $v(x)$ der „inneren" Funktion für die Variable der „äußeren" Funktion u einsetzt.
Dabei gilt im Allgemeinen: $u \circ v \neq v \circ u$.

Umgekehrt lässt sich oft eine komplizierte Funktion f als Verkettung von einfacheren Funktionen u und v auffassen mit $u \circ v = f$ (Zerlegung einer Verkettung).

$u\colon x \mapsto \frac{2}{x-1}$; $v\colon x \mapsto 3x^2$
Es ist $u(v(x)) = \frac{2}{v(x)-1} = \frac{2}{3x^2-1}$.
Verkettung $u \circ v\colon\ x \mapsto \frac{2}{3x^2-1}$
Es ist $v(u(x)) = 3\cdot(u(x))^2 = 3\left(\frac{2}{x-1}\right)^2 = \frac{12}{(x-1)^2}$
Verkettung $v \circ u\colon\ x \mapsto \frac{12}{(x-1)^2}$
Zerlegung der Funktion $f\colon x \mapsto 2\sqrt{4-x}$ in die Funktionen $v\colon x \mapsto 4-x$ und $u\colon x \mapsto 2\sqrt{x}$ mit $f = u \circ v$.

Die Umkehrfunktion

Eine Funktion $f\colon x \mapsto y$ mit der Definitionsmenge D_f und der Wertemenge W_f heißt umkehrbar, falls es zu jedem $y \in W_f$ nur ein $x \in D_f$ mit $f(x) = y$ gibt.
Ist eine Funktion f umkehrbar, so ist die umgekehrte Zuordnung auch eine Funktion und heißt Umkehrfunktion $\bar{f}$ von f.
Insbesondere ist jede streng monotone Funktion umkehrbar.

Die Funktion $f\colon x \mapsto x^3 - 1$, $x > 0$ ist streng monoton zunehmend, da $f'(x) = 3x^2 > 0$ ist für $x > 0$. Daher ist die Funktion f umkehrbar mit $D_{\bar{f}} = W_f = (-1; \infty)$.
Auflösen von $y = x^3$ nach $x\colon x = \sqrt[3]{y+1}$;
Variablentausch liefert $\bar{f}\colon x \mapsto \sqrt[3]{x+1}$.

Ableitung von Verkettungen

Ist $f = u \circ v$ eine Verkettung zweier Funktionen, so gilt:

$$\mathbf{f'(x) = u'(v(x)) \cdot v'(x).}$$

$f(x) = 4(5-x^2)^3$
$v(x) = 5 - x^2$; $v'(x) = -2x$
$u(x) = 4x^3$; $u'(x) = 12x^2$
$f'(x) = 12(5-x^2)^2 \cdot (-2x) = -24x(5-x^2)^2$

Ableitung von Produkten

Ist $f = u \cdot v$ ein Produkt zweier Funktionen, so gilt:

$$\mathbf{f'(x) = u'(x) \cdot v(x) + u(x) \cdot v'(x).}$$

$f(x) = (1-x^2)\sin x$
$u(x) = 1 - x^2$; $u'(x) = -2x$
$v(x) = \sin x$; $v'(x) = \cos x$
$f'(x) = -2x\sin x + (1-x^2)\cos x$

Ableitung von Quotienten

Ist $f = \frac{u}{v}$ $(v(x) \neq 0)$ ein Quotient zweier Funktionen, so gilt:

$$\mathbf{f'(x) = \frac{u'(x)\cdot v(x) - u(x)\cdot v'(x)}{v^2(x)}}.$$

$f(x) = \frac{3x}{2-x^2}$
$u(x) = 3x$; $u'(x) = 3$
$v(x) = 2 - x^2$; $v'(x) = -2x$
$f'(x) = \frac{3(2-x^2) - 3x(-2x)}{(2-x^2)^2} = \frac{6+3x^2}{(2-x^2)^2}$

Ableitung der Umkehrfunktion

Ist die Funktion f in einem Intervall I umkehrbar und differenzierbar mit $f'(x) \neq 0$ für $x \in I$, dann ist die Umkehrfunktion $\bar{f}$ ebenfalls differenzierbar, und es gilt:

$$\mathbf{\bar{f}'(y) = \frac{1}{f'(x)}} \text{ mit } y = f(x) \text{ bzw. } x = \bar{f}(y).$$

$f\colon x \mapsto x^3 - 1$, $x > 0$ ist umkehrbar.
Mit $y = x^3 - 1$ ist $x = \sqrt[3]{y+1} = \bar{f}(y)$.
Also ist $\bar{f}'(y) = \frac{1}{f'(x)} = \frac{1}{3x^2}$.
Ersetzen von x durch $\bar{f}(y)$:
$\bar{f}'(y) = \frac{1}{3\left(\sqrt[3]{y+1}\right)^2}$.
Ersetzen von y durch x: $\bar{f}'(x) = \frac{1}{3\left(\sqrt[3]{y+1}\right)^2}$.

Aufgaben zum Üben und Wiederholen

1 Gegeben sind die Funktionen u und v. Bestimmen Sie die Funktionen $u \circ v$ und $v \circ u$. Geben Sie jeweils die maximale Definitionsmenge an.
a) $u(x) = 2x - 1$; $v(x) = 3x$ b) $u(x) = \frac{1}{x^3}$; $v(x) = x^2 + 2$ c) $u(x) = \frac{1}{x^2 - 1}$; $v(x) = \sqrt{x + 1}$

2 Die Funktion f kann als Verkettung $u \circ v$ aufgefasst werden. Geben Sie geeignete Funktionen u und v an.
a) $f(x) = (2x - 5)^3$ b) $f(x) = -\frac{2}{(x+1)^4}$ c) $f(x) = \frac{1}{2(x^2+1)^2}$ d) $f(x) = 3\sqrt{2x^2 + 1}$

3 Leiten Sie ab und vereinfachen Sie das Ergebnis.
a) $h(x) = \frac{8}{(5 - 4x)^2}$ b) $f(x) = (4x + 2)\sqrt{x}$ c) $f(x) = 3x^2 \cdot \left(\frac{1}{4}x + 1\right)^4$
d) $g(x) = \frac{1}{2}\sqrt{2x^2 + 1}$ e) $k(x) = \frac{5 - 2x}{(3x + 1)^2}$ f) $f(x) = (x^2 - 2x)^3\sqrt{x}$
g) $f(x) = \frac{2 + x^2}{4x}$ h) $g(x) = \frac{(x^2 + 1)^2}{5 - 2x}$ i) $h(x) = \frac{4x}{\sqrt{x^2 + 1}}$
j) $k(x) = \left(\frac{8x - 2}{x + 1}\right)^2$ k) $p(x) = \frac{2\sin x}{2 - 3x}$ l) $g(x) = x \cdot \sin 2x$

4 a) $f(x) = ax^2 \cdot (x + 1)^3$ b) $f(a) = \frac{2t}{(t + a)^2}$ c) $f(t) = \frac{2t}{(t + a)^2}$
d) $f(x) = \frac{kx^2 + k}{(x + 1)^2}$ e) $s(t) = a \cdot \sin(at + 0{,}5)$ f) $g(t) = \frac{1}{a}\sqrt{1 - at^2}$

5 Ist die Funktion f umkehrbar? Bestimmen Sie gegebenenfalls die Umkehrfunktion $\bar{f}$.
a) $f(x) = 2\sqrt{5 - x}$; $x \leqq 5$ b) $f(x) = 0{,}5x^2 - x - 1{,}5$; $x > 0$ c) $f(x) = \frac{1}{x^2 + 1}$; $x > 0$
d) $f(x) = \sqrt{1 - x^2}$; $-1 \leqq x \leqq 1$ e) $f(x) = \frac{3x}{x + 3}$; $x \neq -3$ f) $f(x) = \frac{2x - 4}{1 - x}$; $x \neq 1$

6 K sei das Schaubild einer Funktion f, das Schaubild ihrer Umkehrfunktion sei $\bar{K}$.
Die Tangente t im Punkt $P(4|2{,}5)$ an K hat die Steigung 1,5. Die Tangente im zum Punkt P zugehörigen Punkt $\bar{P}$ an $\bar{K}$ sei $\bar{t}$.
Die beiden Tangenten t und $\bar{t}$, die x-Achse und die y-Achse umschließen ein Viereck. Berechnen Sie dessen Inhalt.

7 Für $t \in \mathbb{R}\setminus\{0\}$ sind die Funktionen f_t gegeben durch $f_t(x) = t - \frac{2t}{x^2}$.
Das Schaubild von f_t sei K_t.
a) Zeigen Sie, dass alle Schaubilder K_t die x-Achse in denselben beiden Punkten N_1 und N_2 schneiden.
b) Für welchen Wert von t ist die Tangente an K_t im Punkt N_2 (mit $x_{N_2} > 0$) parallel zur Geraden mit der Gleichung $y = x + 1$?
c) Welche Beziehung zwischen t_1 und t_2 muss erfüllt sein, damit sich K_{t_1} und K_{t_2} im Punkt N_2 orthogonal schneiden? Schneiden sie sich dann auch im Punkt N_1 orthogonal?

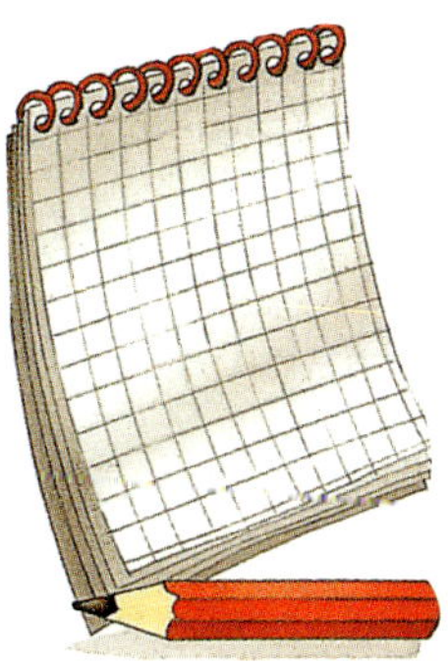

Die Lösungen zu den Aufgaben dieser Seite finden Sie auf Seite 290.

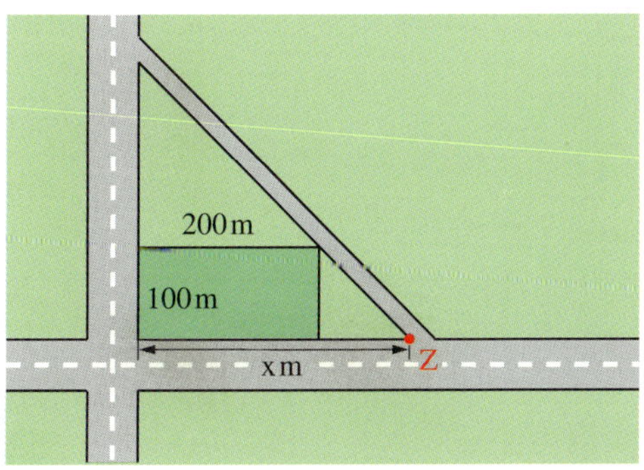

Fig. 1

9 Zur Entlastung einer Kreuzung sollen zwei sich rechtwinklig schneidende Straßen durch ein Straßenstück verbunden werden. Das neue Straßenstück darf dabei nicht durch das eingezeichnete Grundstück führen.
a) Zeigen Sie: Zweigt die neue Straße im Punkt Z ab, so ist der Inhalt des eingeschlossenen dreieckigen Flächenstücks
$A(x) = \frac{50x^2}{x - 200}$; $x > 200$.
b) Bei welcher Lage von Z wird dieser Flächeninhalt minimal?

II Gebrochenrationale Funktionen

1 Definition von gebrochenrationalen Funktionen

1 Für eine Weihnachtsaktion stellt die Arbeitsgemeinschaft „Siebdruck" einer Schule Kalender her. Die einmaligen Kosten für die Erstellung der Vorlagen usw. belaufen sich auf 400 €. Dazu kommen Kosten von 3,50 € pro Kalender.

a) Geben Sie die Funktion f an, welche die Gesamtkosten beschreibt, wenn x Kalender gedruckt werden. Zeichnen Sie ein Schaubild dieser Funktion f.

b) Welche Funktion g beschreibt die durchschnittlichen Kosten pro Kalender in Abhängigkeit von x? Skizzieren Sie ein Schaubild von g.

c) Zu welcher bekannten Klasse von Funktionen gehört die Funktion f? Nennen Sie Unterschiede zwischen den Funktionen f und g.

Beachten Sie:
Die Funktion h mit $h(x) = \frac{x^2 - x}{x - 1} = \frac{x(x-1)}{x-1}$ *hat die Definitionsmenge* $D_h = \mathbb{R} \setminus \{+1\}$; *kürzt man den Funktionsterm von h, ergibt sich eine neue Funktion k mit geänderter Definitionsmenge:* $k(x) = x$; $D_k = \mathbb{R}$.

Bei einer ganzrationalen Funktion ist der Funktionsterm ein Polynom. Bildet man den Quotienten aus zwei Polynomen, so wird man häufig zu neuen Funktionen geführt. Ist z. B.
$p(x) = x^3 + x$ und $q_1(x) = 2x^2 - 2$, ergibt sich $f(x) = \frac{p(x)}{q_1(x)} = \frac{x^3 + x}{2x^2 - 2} = \frac{x(x^2+1)}{2(x^2-1)}$; $D_f = \mathbb{R} \setminus \{\pm 1\}$.

Ist dagegen $q_2(x) = 2x^2 + 2$, ergibt sich $g(x) = \frac{p(x)}{q_2(x)} = \frac{x^3 + x}{2x^2 + 2} = \frac{x(x^2+1)}{2(x^2+1)} = \frac{x}{2}$; $D_g = \mathbb{R}$.

Durch das Kürzen ändert sich die Definitionsmenge nicht. Es ergibt sich als Nennerpolynom eine Konstante. Die zugehörige Funktion g ist also ganzrational. Bezeichnet man wie bei ganzrationalen Funktionen auch bei Polynomen $a_n x^n + a_{n-1} x^{n-1} + \ldots + a_1 x + a_0$ mit $n \in \mathbb{N}$ und $a_n \neq 0$ den Exponenten n als Grad des Polynoms, so hat eine Konstante den Grad 0.

Diese Definition einer ganzrationalen Funktion entspricht der ursprünglichen Definition aus Klasse 11.

Definition: Eine Funktion f mit der Definitionsmenge D_f, deren Term man auf die Form

$$f(x) = \frac{a_n x^n + a_{n-1} x^{n-1} + \ldots + a_1 x + a_0}{b_m x^m + b_{m-1} x^{m-1} + \ldots + b_1 x + b_0}, \quad a_i \in \mathbb{R},\ b_i \in \mathbb{R},\ a_n \neq 0,\ b_m \neq 0,$$

bringen kann, heißt **rationale** Funktion. Ist diese Darstellung für alle $x \in \mathbb{R}$ mit einem Nennerpolynom vom Grad 0 möglich, heißt f **ganzrational**, andernfalls **gebrochenrational**.

Zur größtmöglichen Definitionsmenge einer gebrochenrationalen Funktion f mit $f(x) = \frac{p(x)}{q(x)}$ gehören alle die x-Werte, für die das Nennerpolynom $q(x) \neq 0$ ist.
So wird z. B. für die Funktion f mit $f(x) = \frac{x}{x-1}$ das Nennerpolynom null für $x_0 = 1$. Die Funktion f hat also an der Stelle 1 eine Definitionslücke, deshalb ist $D_f = \mathbb{R} \setminus \{1\}$.
Das Schaubild von f besteht aus zwei nicht zusammenhängenden Teilen (Fig. 1).
Für die Funktion g mit $g(x) = \frac{8x}{x^2 + 4}$ ist $D_g = \mathbb{R}$, denn es ist $x^2 + 4 \neq 0$ für alle $x \in \mathbb{R}$ (Fig. 2).

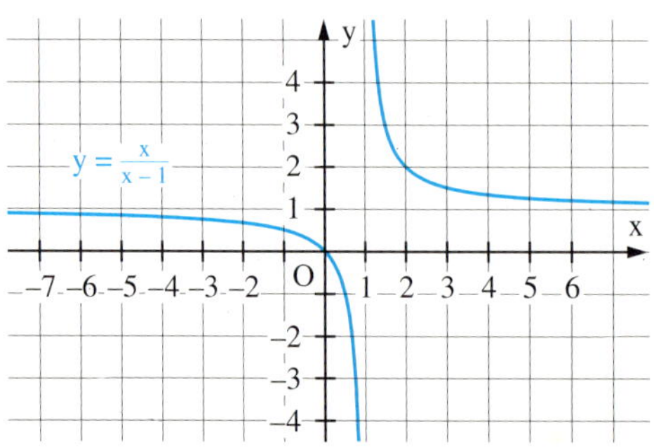

Fig. 1

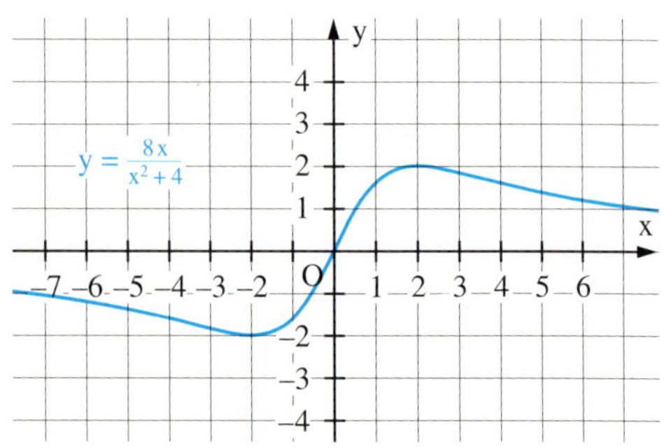

Fig. 2

Beispiel 1: (Erkennen einer gebrochenrationalen Funktion)
Untersuchen Sie, ob es sich um eine rationale Funktion handelt oder nicht; ist sie rational, entscheiden Sie, ob die Funktion ganzrational oder gebrochenrational ist. Ist sie gebrochenrational, geben Sie vom Zähler- und Nennerpolynom den Grad und die Koeffizienten an.

a) $f(x) = 3x + 2x^2 - \frac{\sqrt{2}}{x^2}$ b) $g(x) = \frac{x^4 - 1}{x^2 + 1}$ c) $h(x) = \frac{x^2 - 1}{x + 1}$ d) $k(x) = \frac{1 + \sin x}{x^2 - 1}$

Lösung:

a) Es ist $3x + 2x^2 - \frac{\sqrt{2}}{x^2} = \frac{3x^3 + 2x^4 - \sqrt{2}}{x^2} = \frac{2x^4 + 3x^2 - \sqrt{2}}{x^2}$; also ist f eine rationale Funktion.
Das Nennerpolynom ist keine Konstante; damit ist f eine gebrochenrationale Funktion.
Das Zählerpolynom hat den Grad 4; die Koeffizienten sind:
$a_4 = 2;\ a_3 = 3;\ a_2 = 0;\ a_1 = 0;\ a_0 = -\sqrt{2}$.
Das Nennerpolynom hat den Grad 2; die Koeffizienten sind: $b_2 = 1;\ b_1 = 0;\ b_0 = 0$.

b) Die Funktion g ist rational. Weiterhin ist $\frac{x^4 - 1}{x^2 + 1} = \frac{(x^2 + 1)(x^2 - 1)}{x^2 + 1} = x^2 - 1$ für alle $x \in D_g$.
Also gilt für den Term von g: $g(x) = x^2 - 1$. Damit ist g eine ganzrationale Funktion.

Beachten Sie:
Im Funktionsterm einer gebrochenrationalen Funktion kann $\sqrt{2}$ vorkommen, $\sqrt{x}$ dagegen nicht.

c) Die Funktion h ist rational. Weiterhin ist $\frac{x^2 - 1}{x + 1} = \frac{(x + 1)(x - 1)}{x + 1}$. Da sich durch Kürzen die Definitionsmenge ändern würde, ist h eine gebrochenrationale Funktion.
Das Zählerpolynom hat den Grad 2; die Koeffizienten sind: $a_2 = 1;\ a_1 = 0;\ a_0 = -1$.
Das Nennerpolynom hat den Grad 1; die Koeffizienten sind: $b_1 = 1;\ b_0 = 1$.

d) Der Zähler des Terms von k ist kein Polynom. Also ist k keine rationale Funktion.

Beispiel 2: (Definitionslücken; Definitionsmenge; Schaubild)
Gegeben ist die Funktion f mit $f(x) = \frac{x}{x^2 - 4}$.
Ermitteln Sie die Definitionslücken; geben Sie die Definitionsmenge an.
Zeichnen Sie mithilfe einer Wertetabelle ein Schaubild von f.

Lösung:
Es ist $x^2 - 4 = 0$ für $x_1 = -2;\ x_2 = +2$.
Die Funktion f hat also an den Stellen −2 und +2 Definitionslücken.
Die Definitionsmenge von f ist
$D = \mathbb{R} \setminus \{-2;\ +2\}$.
Das Schaubild von f besteht aus drei nicht zusammenhängenden Teilen (Fig. 1).

Zwei Definitionslücken zerlegen die Definitionsmenge und damit das Schaubild in drei nicht zusammenhängende Teile.

Wertetabelle:

x	± 4	± 3	$\pm 2{,}5$	$\pm 1{,}5$	± 1	0
y	$\pm\frac{1}{3}$	$\pm\frac{3}{5}$	$\pm\frac{10}{9}$	$\mp\frac{6}{7}$	$\mp\frac{1}{3}$	0

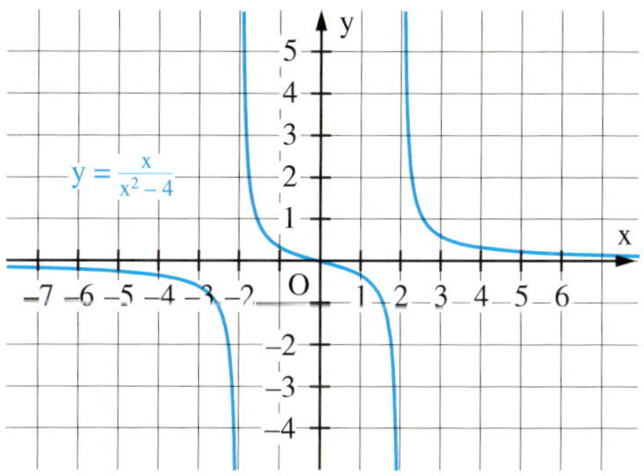

Fig. 1

Aufgaben

2 Untersuchen Sie die Funktion mit der Vorgehensweise von Beispiel 1.

a) $f(x) = \frac{2x^3 - 3x^2}{1 - x^2}$ b) $f(x) = x^2 - x + 1 - \frac{1}{x}$ c) $f(x) = \frac{2x^5 - 3x^4}{3}$ d) $f(x) = \frac{x^2 - 1}{x - 1}$

e) $f(x) = 2 - \frac{3}{x^2 + 1}$ f) $f(x) = \frac{x - \sin x}{x}$ g) $f(x) = \sqrt{x} + \frac{8}{x^2}$ h) $f(x) = \frac{x^3 + x}{2 + x^2}$

3 Ermitteln Sie die Definitionsmenge der Funktion f.

a) $f(x) = \frac{x + 1}{2x - 4}$ b) $f(x) = \frac{1}{x} + \frac{x}{x - 1}$ c) $f(x) = \frac{x^2 + x}{(x + 1)^2}$ d) $f(x) = \frac{x}{x^2 + x - 2}$

e) $f(x) = \frac{x + 1}{x^2 + 2x + 2}$ f) $f(x) = \frac{3x^2 - 1}{x^3 - 2x^2 + x}$ g) $f(x) = \frac{x^6 + x^2}{2 + 2x^4}$ h) $f(x) = \frac{x}{x^4 - 2x^2 + 1}$

4 Gegeben sind die Funktionen f, g und h mit $f(x) = \frac{1}{x}$, $g(x) = \frac{1}{x} + 2$ und $h(x) = \frac{1}{x} - 1$.
Erläutern Sie, wie das Schaubild von g bzw. h aus dem Schaubild von f entsteht.
Skizzieren Sie ein Schaubild von g bzw. h.

5 Gegeben sind die Funktionen f, g und h mit $f(x) = \frac{1}{x}$, $g(x) = \frac{1}{x-1}$ und $h(x) = \frac{1}{x+4}$.
a) An welcher Stelle hat f eine Definitionslücke? Zeichnen Sie ein Schaubild von f.
b) An welcher Stelle hat g bzw. h eine Definitionslücke?
Erläutern Sie, wie das Schaubild von g bzw. h aus dem Schaubild von f entsteht.
Skizzieren Sie ein Schaubild von g bzw. h.

6 Ermitteln Sie die Definitionsmenge. Zeichnen Sie ein Schaubild.
a) $f(x) = \frac{1}{x-3}$ b) $f(x) = \frac{x}{1+x}$ c) $f(x) = \frac{x^2-1}{x+1}$ d) $f(x) = \frac{x+1}{x^2-1}$
e) $f(x) = x + \frac{1}{x}$ f) $f(x) = \frac{1}{x} - x$ g) $f(x) = x + \frac{4}{x^2}$ h) $f(x) = \frac{4x}{x^2+4}$

7 Geben Sie eine gebrochenrationale Funktion f mit der Definitionsmenge D_f an.
a) $D_f = \mathbb{R} \setminus \{-2\}$ b) $D_f = \mathbb{R} \setminus \{-1; +1\}$ c) $D_f = \mathbb{R} \setminus \{-2; +3\}$ d) $D_f = \mathbb{R}$

8 Für jedes $t \in \mathbb{R}$ ist eine Funktion f_t gegeben durch $f_t(x) = \frac{1}{x^2+t}$.
a) Ermitteln Sie die Definitionsmenge von f_t; führen Sie dabei eine Fallunterscheidung durch.
b) Zeichnen Sie in ein gemeinsames Koordinatensystem Schaubilder für $t = -1$, $t = 0$, $t = 1$.

9 a) Der Flächeninhalt A aller Rechtecke mit gleichem Umfang U kann als Funktion einer Rechteckseite x aufgefasst werden. Notieren Sie für ein gegebenes U (in cm) die Zuordnung $x \mapsto A(x)$; geben Sie die Definitionsmenge an. Zeichnen Sie ein Schaubild für $U = 12$.
b) Der Umfang U aller Rechtecke mit gleichem Flächeninhalt A kann ebenfalls als Funktion einer Rechteckseite x aufgefasst werden. Notieren Sie für ein gegebenes A (in cm²) die Zuordnung $x \mapsto U(x)$; geben Sie die Definitionsmenge an. Zeichnen Sie ein Schaubild für $A = 6$.

Umfang U konstant

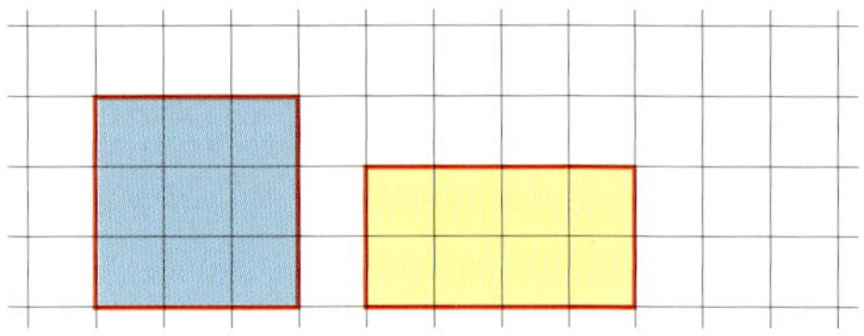

Flächeninhalt A konstant

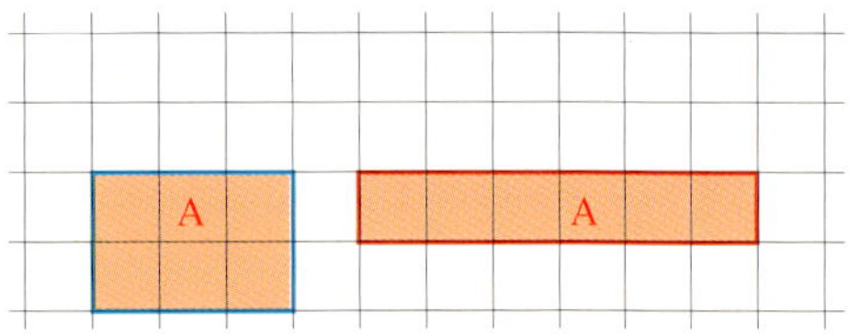

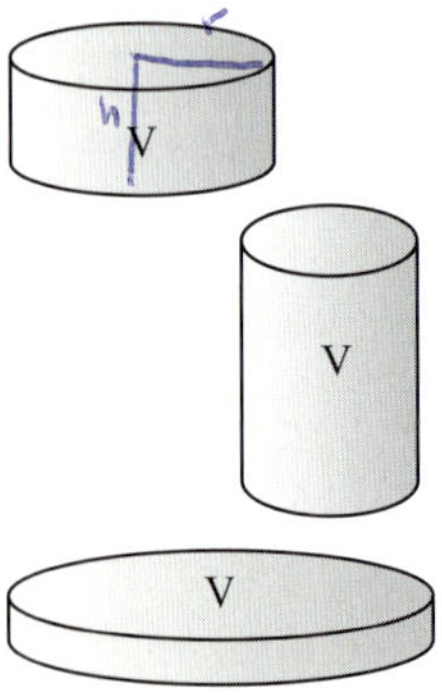

10 Die auf dem Rand abgebildeten Zylinder haben alle das gleiche Volumen V.
a) Wie hängt bei gegebenem Volumen V die Höhe h vom Radius r ab? Zeichnen Sie ein Schaubild für $V = 12$.
b) Der Radius r wird verdoppelt. Wie ändert sich die Höhe h?

Beispiel für MAPLE V:

```
>restart;
>f:=x->x^2/(x^2-4);
>plot(f(x),x=-5..5,
-10..10);
```

11 Gegeben ist die Funktion f. Erstellen Sie ein Schaubild von f; variieren Sie dabei den Zeichenbereich.
a) $f(x) = \frac{4+4x}{x^2+3}$ b) $f(x) = \frac{3}{2x^2+4x}$ c) $f(x) = \frac{x^3+x^2+4}{4x^2}$ d) $f(x) = \frac{x^3}{3(x-1)^2}$

12 Für jedes $t \in \mathbb{R}$ ist eine Funktion f_t gegeben. Erstellen Sie in einem gemeinsamen Koordinatensystem für positive und negative Werte von t Schaubilder von f_t.
a) $f_t(x) = \frac{tx^2-9}{x^2}$ b) $f_t(x) = tx - \frac{1}{x-2}$ c) $f_t(x) = \frac{4x}{x^2-tx+4}$ d) $f_t(x) = \frac{tx^2+t}{(x+2)^2}$

2 Nullstellen, Verhalten in der Umgebung von Definitionslücken

1 Gegeben ist f mit $f(x) = \frac{1}{x-3}$. Untersuchen Sie das Verhalten von f für $x \to +3$. Gibt es x-Werte, für die $f(x) > 100$ ist? Wenn ja, welche sind dies? Skizzieren Sie ein Schaubild von f.

2 Gegeben ist die Funktion f mit $f(x) = \frac{x+1}{x^2+x}$.
a) Zerlegen Sie den Nenner in Linearfaktoren; geben Sie die Definitionsmenge von f an.
b) Untersuchen Sie das Verhalten von f für $x \to -1$. Skizzieren Sie ein Schaubild von f.

Um einen Überblick über den Verlauf des Schaubildes einer gebrochenrationalen Funktion f mit $f(x) = \frac{p(x)}{q(x)}$ zu gewinnen, untersucht man f zunächst auf Nullstellen. Weiterhin ist es wichtig, das Verhalten von f in der Nähe eventuell auftretender Definitionslücken zu kennen.

Nullstellen
Bei der Funktion f mit $f(x) = \frac{x-2}{x+3}$ ist für $x_0 = 2$ der Zähler null und der Nenner ungleich null. Der Bruch ist also null, d.h. $x_0 = 2$ ist eine Nullstelle von f. Allgemein ist x_0 Nullstelle der gebrochenrationalen Funktion f, wenn $p(x_0) = 0$ und $q(x_0) \neq 0$ ist.

x	$\frac{1}{x-2}$
1,5	−2
1,8	−5
1,9	−10
1,99	−100
2,5	2
2,2	5
2,1	10
2,01	100

Polstellen
Die Funktion f mit $f(x) = \frac{1}{x-2}$ hat die Definitionsmenge $D_f = \mathbb{R} \setminus \{2\}$.
Bei linksseitiger Annäherung an $x_0 = 2$ werden die Funktionswerte beliebig klein, bei rechtsseitiger Annäherung beliebig groß (vgl. die Tabelle und Fig. 1). Man schreibt:
Für $x \to 2$ und $x < 2$ gilt: $f(x) \to -\infty$,
für $x \to 2$ und $x > 2$ gilt: $f(x) \to +\infty$;
kürzer auch: Für $x \to 2$ gilt: $|f(x)| \to +\infty$.

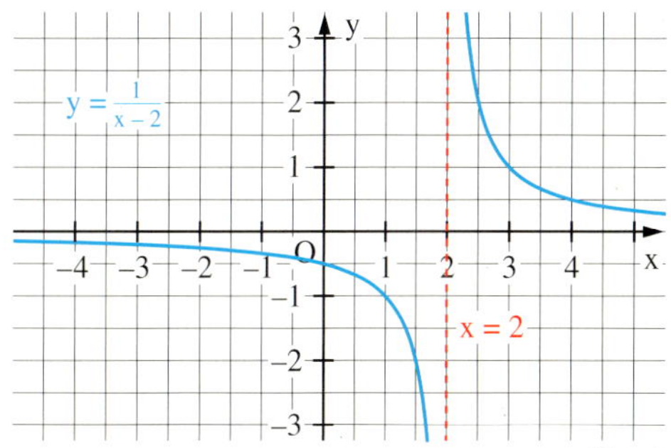

Fig. 1

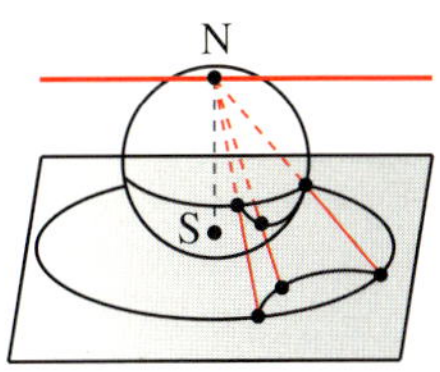

Das Wort „Polstelle" stammt aus der Kartografie:
Bei der Projektion der Erdoberfläche vom Nordpol aus auf die Tangentialebene im Südpol kann dem Nordpol kein Bildpunkt zugeordnet werden. Entsprechend kann bei der Funktion f mit $f(x) = \frac{1}{x-2}$ der Stelle 2 kein Funktionswert zugeordnet werden.

> **Definition 1:** (Polstelle; senkrechte Asymptote)
> Die Definitionslücke x_0 einer gebrochenrationalen Funktion f heißt **Polstelle**, wenn gilt:
> $$|f(x)| \to +\infty \quad \text{für } x \to x_0.$$
> Die Gerade mit der Gleichung $x = x_0$ heißt **senkrechte Asymptote** des Schaubilds von f.

In der Umgebung einer Polstelle ist das Verhalten unterschiedlich. Bei der Funktion f mit $f(x) = \frac{1}{x-2}$ sagt man (vgl. Fig. 1)
Die Funktion f hat an der Stelle 2 eine **Polstelle mit Vorzeichenwechsel** (VZW).
Bei der Funktion g mit $g(x) = \frac{1}{(x-2)^2}$ gilt für $x \to 2$ aber $g(x) \to +\infty$ sowohl für $x < 2$ als auch für $x > 2$ (vgl. Fig. 2).
Man sagt: Die Funktion g hat an der Stelle 2 eine **Polstelle ohne Vorzeichenwechsel**.

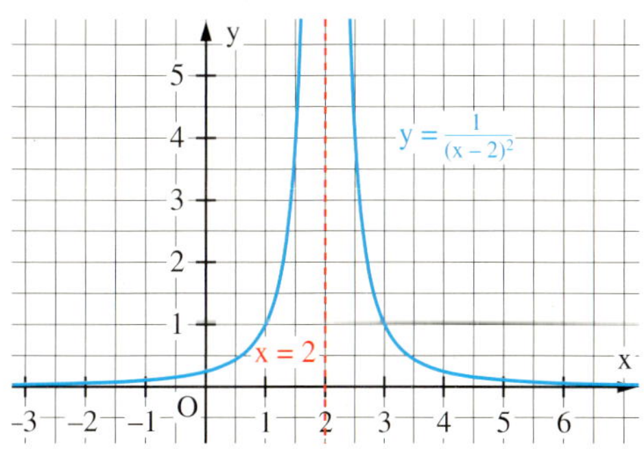

Fig. 2

Hebbare Definitionslücken

Die Funktion f mit $f(x) = \frac{2x^2 - 2x}{x-1} = \frac{2x(x-1)}{x-1}$ hat die Definitionsmenge $D_f = \mathbb{R} \setminus \{1\}$.
Für $x_0 = 1$ sind Zähler- und Nennerpolynom null. Da $\frac{2x(x-1)}{x-1} = 2x$ ist für alle $x \in D_f$, gilt: $f(x) \to 2$ für $x \to 1$, kurz $\lim\limits_{x \to 1} f(x) = 2$.
Der Punkt $P(1|2)$ gehört aber nicht zum Schaubild von f. Das Schaubild von f ist eine Ursprungsgerade mit „Loch" (Fig. 1).

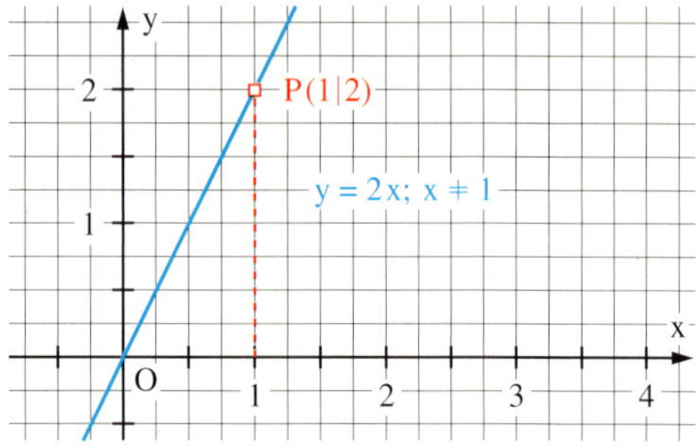

Fig.1

Existiert für eine gebrochenrationale Funktion f der Grenzwert für $x \to x_0$ und ist $\lim\limits_{x \to x_0} f(x) = y_0$ mit $y_0 = \mathbb{R}$, kann man eine neue Funktion g definieren, indem man den Funktionsterm f(x) mit dem Linearfaktor $(x - x_0)$ kürzt und damit die Definitionsmenge von f ändert.
Die Funktionswerte von g stimmen für $x \neq x_0$ mit denen von f überein. Bei dem Schaubild der Funktion g fehlt das „Loch". Weil die Funktion g an der Stelle x_0 stetig ist, spricht man auch von einer **stetigen Fortsetzung** der Funktion f und sagt: Die Definitionslücke der Funktion f ist **hebbar**.

Definition 2: (hebbare Definitionslücke)
Die Definitionslücke x_0 einer gebrochenrationalen Funktion f heißt **hebbare** Definitionslücke, wenn der Grenzwert $\lim\limits_{x \to x_0} f(x) = y_0$ mit $y_0 \in \mathbb{R}$ existiert.

Beispiel 1: (Definitionsmenge; Polstellen; senkrechte Asymptoten; Nullstellen)
Gegeben ist die Funktion f mit $f(x) = \frac{x}{(x-1)^2}$.
a) Geben Sie die Definitionsmenge an. Untersuchen Sie das Verhalten von f in der Umgebung der Definitionslücke. Geben Sie gegebenenfalls den Grenzwert oder die Gleichung der senkrechten Asymptote an.
b) Geben Sie die Nullstellen an. Zeichnen Sie ein Schaubild von f.
c) Vergleichen Sie die Schaubilder der Funktionen f und g, wobei $g(x) = \frac{x(x-1)}{(x-1)^3}$ ist.
Lösung:
a) Für $x_0 = 1$ ist das Nennerpolynom null. Also ist $D_f = \mathbb{R} \setminus \{1\}$ die Definitionsmenge von f. Das Zählerpolynom ist für $x_0 = 1$ ungleich null. Also hat f an der Stelle 1 eine Polstelle. Im Nennerterm ist der Linearfaktor $(x - 1)$ quadratisch. Für $x \to 1$ gilt $f(x) \to +\infty$ für $x < 1$ und für $x > 1$.
Somit hat die Funktion f an der Stelle 1 eine Polstelle ohne Vorzeichenwechsel.
Gleichung der senkrechten Asymptote: $x = 1$.
b) Es ist $x_1 = 0$ Nullstelle; Schnittpunkt mit der x-Achse: $N(0|0)$. Fig. 2 zeigt ein Schaubild von f.

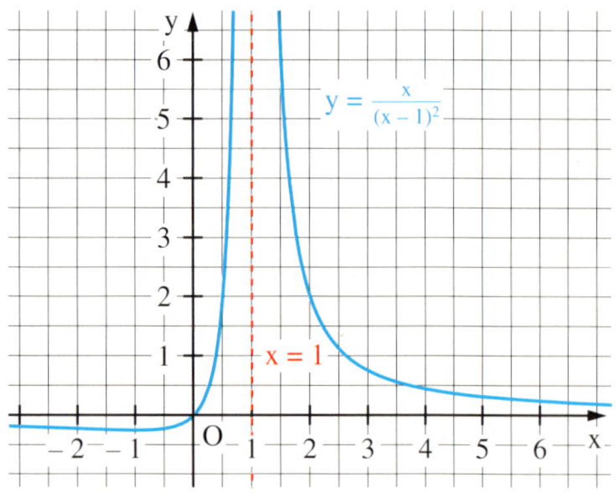

Fig. 2

c) Es ist $\frac{x(x-1)}{(x-1)^3} = \frac{x}{(x-1)^2}$ für alle $x \neq 1$. Die Schaubilder der Funktionen f und g sind identisch. Insbesondere hat auch g nur die Nullstelle $x_1 = 0$. Die Stelle $x_0 = 1$ ist auch für die Funktion g keine hebbare Definitionslücke.

Bedenken Sie bei der Untersuchung einer gebrochenrationalen Funktion:
Ohne Zerlegung des Zähler- und Nennerterms in Linearfaktoren ist eine solche Untersuchung kaum möglich.

Beispiel 2: (Definitionsmenge; Untersuchung der Definitionslücken; Nullstellen)
Gegeben ist die Funktion f mit $f(x) = \frac{x^3 - 6x^2 + 8x}{3x^2 - 9x - 12}$.
a) Geben Sie die Definitionsmenge an. Untersuchen Sie das Verhalten von f in der Umgebung der Definitionslücken. Geben Sie gegebenenfalls den Grenzwert bei Annäherung an eine Definitionslücke oder die Gleichung der senkrechten Asymptote an.
b) Untersuchen Sie f auf Nullstellen; geben Sie die Schnittpunkte des Schaubildes von f mit der x-Achse an. Zeichnen Sie ein Schaubild von f.
c) Geben Sie den Funktionsterm einer Funktion g an, deren Schaubild bis auf einzelne Punkte mit dem Schaubild von f übereinstimmt.
Lösung:
a) Es ist $f(x) = \frac{x^3 - 6x^2 + 8x}{3x^2 - 9x - 12} = \frac{x(x^2 - 6x + 8)}{3(x^2 - 3x - 4)} = \frac{x(x-2)(x-4)}{3(x+1)(x-4)}$; damit ist $D_f = \mathbb{R} \setminus \{-1; 4\}$.
Untersuchung für den x-Wert 4:
Es gilt $f(x) = \frac{x(x-2)}{3(x+1)}$ für $x \in D_f$. Hieraus folgt: $\lim\limits_{x \to 4} f(x) = \frac{8}{15}$.
Die Funktion f hat an der Stelle 4 eine hebbare Definitionslücke.
Untersuchung für den x-Wert −1:
Für diesen Wert ist $x(x-2) \neq 0$.
Für $x \to -1$ und $x < -1$ gilt: $f(x) \to -\infty$,
für $x \to -1$ und $x > -1$ gilt: $f(x) \to +\infty$.
Damit hat f an der Stelle −1 eine Polstelle mit VZW von − nach +. Gleichung der senkrechten Asymptote: $x = -1$.
b) Mit $x(x-2)(x-4)$ ist $x_1 = 0$; $x_2 = 2$; $x_3 = 4$. Da aber $x_3 \notin D_f$ ist, sind nur x_1 und x_2 Nullstellen. Schnittpunkte mit der x-Achse:
$N_1(0|0)$; $N_2(2|0)$. Fig. 1 zeigt das Schaubild.

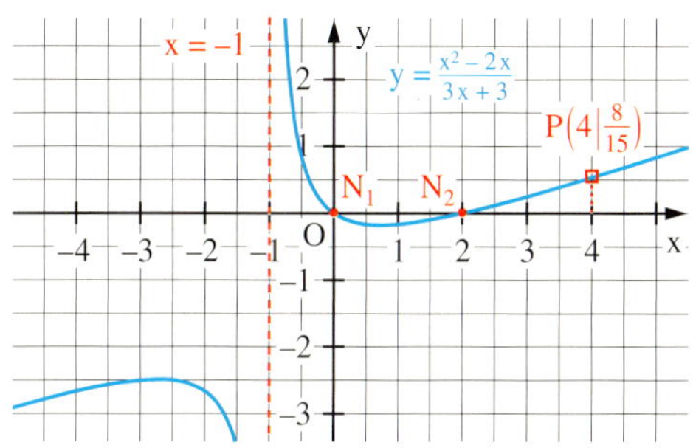

Fig. 1

c) Die Funktion g mit $g(x) = \frac{x(x-2)}{3(x+1)}$ hat die Definitionsmenge $D_g = \mathbb{R} \setminus \{-1\}$. Der Punkt $P\left(4\middle|\frac{8}{15}\right)$ gehört zum Schaubild von g, während das Schaubild von f dort ein Loch hat.

Aufgaben

Hilfsmittel bei der Zerlegung in Linearfaktoren:

1. Ausklammern:
$f(x) = \frac{x^2 - 2x}{2x + 4} = \frac{x(x-2)}{2(x+2)}$

2. Binomische Formeln „rückwärts“:
$f(x) = \frac{1}{x^2 - 9} = \frac{1}{(x+3)(x-3)}$

3. Lösen einer quadratischen Gleichung:
$f(x) = \frac{x}{x^2 - x - 6}$
Mit $x^2 - x - 6 = 0$ *ist*
$x_1 = -2$; $x_2 = 3$.
Somit gilt:
$f(x) = \frac{x}{(x+2)(x-3)}$.

3 Gegeben ist die Funktion f. Ermitteln Sie die Definitionsmenge, die Nullstellen und die Polstellen. Geben Sie die gemeinsamen Punkte des Schaubildes von f mit der x-Achse sowie die Gleichungen der senkrechten Asymptoten an. Zeichnen Sie ein Schaubild von f.
a) $f(x) = \frac{x}{x-3}$ b) $f(x) = \frac{x-1}{x+2}$ c) $f(x) = \frac{0{,}5x^2}{x-2}$ d) $f(x) = \frac{x}{x^2-4}$

4 Ermitteln Sie die Definitionsmenge von f. Untersuchen Sie f auf Nullstellen und auf Polstellen; geben Sie das Verhalten von f in der Umgebung einer Polstelle an. Notieren Sie gegebenenfalls die gemeinsamen Punkte des Schaubildes von f mit der x-Achse sowie die Gleichungen der senkrechten Asymptoten. Zerlegen Sie falls möglich zunächst Zähler und Nenner in Linearfaktoren.
a) $f(x) = \frac{x+2}{x+5}$ b) $f(x) = \frac{x+1}{1-x}$ c) $f(x) = \frac{-x+2}{2x-1}$ d) $f(x) = \frac{2x}{3+2x}$
e) $f(x) = \frac{x-4}{x^2-4}$ f) $g(x) = \frac{2x-2}{x^2+9}$ g) $h(x) = \frac{x+2}{x^2-3}$ h) $f(x) = \frac{4x^2}{2x^2+1}$

5 a) $f(x) = \frac{x^2+9}{x+2}$ b) $f(x) = \frac{x-2}{x^2+2x+1}$ c) $f(x) = \frac{x^2}{x^2-6x+9}$ d) $f(x) = \frac{x^2-x}{x^2-x-6}$
e) $g(x) = \frac{x-2}{x^2+x-2}$ f) $g(x) = \frac{x^2-x-2}{x-1}$ g) $h(x) = \frac{2x+2}{x^2-2x+1}$ h) $f(x) = \frac{x+3}{x^3+8}$

6 Untersuchen Sie f auf Nullstellen, Polstellen einschließlich Vorzeichenwechsel und auf hebbare Definitionslücken.
Geben Sie die Schnittpunkte des Schaubildes von f mit den Koordinatenachsen, die Gleichungen der senkrechten Asymptoten und gegebenenfalls den jeweiligen Grenzwert bei Annäherung an eine Definitionslücke an.
Notieren Sie im Falle einer hebbaren Definitionslücke den Funktionsterm einer Funktion g, deren Schaubild bis auf einzelne Punkte mit dem Schaubild von f übereinstimmt.

a) $f(x) = \frac{3x-3}{x-1}$ b) $f(x) = \frac{x^2+x}{x^2-x-2}$ c) $f(x) = \frac{x^2-9}{x-3}$ d) $f(x) = \frac{x^2-2x-15}{x-5}$
e) $f(x) = \frac{0{,}5x^2+2x-6}{x-2}$ f) $f(x) = \frac{x^2-2x-3}{x^2-1}$ g) $f(x) = \frac{x+4}{x^2+3x-4}$ h) $f(x) = \frac{x^2+5x+2}{(x+1)^2}$
i) $f(x) = \frac{2x^2-2x}{x^3-2x^2-x+2}$ j) $f(x) = \frac{x^2+x-2}{x^3+2x^2-x-2}$ k) $f(x) = \frac{x^3}{x^3+x^4}$ l) $f(x) = \frac{x^4-1}{x^3-x}$

7 Geben Sie eine gebrochenrationale Funktion an mit
a) Nullstelle 1 und Polstelle 3 mit VZW
b) Nullstelle 1 und Polstelle 3 ohne VZW
c) Nullstelle –5 und hebbare Definitionslücke an der Stelle 5
d) Nullstellen 2 und –2, Polstelle 1 ohne VZW, hebbare Definitionslücke an der Stelle –1
e) Nullstelle 1, Polstelle 2 mit VZW, hebbare Definitionslücke an der Stelle 3
f) Nullstelle –1, Polstelle –3 mit VZW und Polstelle 4 ohne VZW.

8 Ist die folgende Aussage für eine Funktion f mit $f(x) = \frac{p(x)}{q(x)}$ wahr oder falsch?
a) Ist x_1 Nullstelle von f, dann kann x_1 keine Polstelle von f sein.
b) Ist $p(x_1) = 0$ und $q(x_1) = 0$, dann ist x_1 weder Nullstelle noch Polstelle.
c) Ist $p(x_1) = 0$ und $q(x_1) = 0$, dann ist x_1 eine hebbare Definitionslücke.

9 Bei einer Sammellinse (Fig. 1) hängen die Brennweite f, die Bildweite b und die Gegenstandsweite g gemäß der Linsengleichung zusammen: $\frac{1}{f} = \frac{1}{g} + \frac{1}{b}$ (f, g und h in cm).
a) Geben Sie b als Funktion von f und g an. Wie groß ist für $f = 5$ und $g = 7$ die Entfernung des Gegenstandes von seinem Bild?
b) Zeichnen Sie für $f = 5$ ein Schaubild der Funktion $g \mapsto b(g)$.
c) Berechnen Sie die Bildweite b für $g = 2f$.
d) Beschreiben Sie die Lage des Bildes, wenn sich g der Brennweite f nähert.
Erläutern Sie den Grenzfall $g = f$.
e) Wo muss sich der Gegenstand befinden, wenn die Entfernung des Gegenstandes von seinem Bild möglichst klein sein soll?

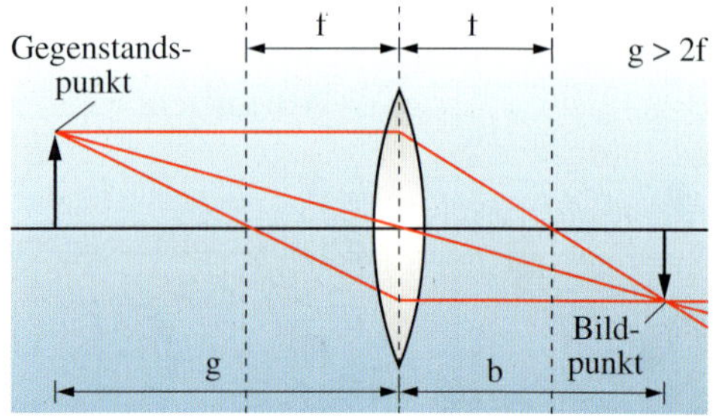

Fig. 1

10 Faktorisieren Sie das gegebene Polynom p(x).
a) $p(x) = x^3 - x^2 - x + 1$ b) $p(x) = 3x^3 + 12x^2 - 201x - 210$
c) $p(x) = x^4 - 11x^3 + 44x^2 - 76x + 48$ d) $p(x) = x^4 - 22x^3 + 157x^2 - 396x + 324$
e) $p(x) = 2x^5 + 2x^4 - 4x^3 - 4x^2 + 2x + 2$ f) $p(x) = -3x^5 + 42x^4 - 147x^3 - 48x^2 + 528x + 384$

Beispiele:

```
DERIVE:
Schreibe x^2+x-2,
Return
faKt, Return
#1 Return
Rational, Return

MAPLE V:
 >factor(x²+x-2);
```

11 Gegeben ist die Funktion f. Faktorisieren Sie das Zähler- und das Nennerpolynom. Erstellen Sie ein Schaubild von f. Erkennt Ihr Programm eine hebbare Definitionslücke? Wird diese im Computerausdruck grafisch dargestellt?
a) $f(x) = \frac{x^2+4x-5}{2x^3+6x^2-18x+10}$ b) $f(x) = \frac{x^3-8x^2+15x}{x^3-4x^2-7x+10}$
c) $f(x) = \frac{x^3-x^2-14x+24}{x^4+3x^3-18x^2-32x+96}$ d) $f(x) = \frac{2x^5-20x^4+56x^3-48x^2}{x^4-11x^3+38x^2-52x+24}$

3 Verhalten für $x \to \pm\infty$, Näherungsfunktionen

1 Ein Astronaut, der in einer Höhe h die Erde umkreist, kann nur einen Teil der Erdoberfläche beobachten. Für den Flächeninhalt dieser so genannten Kugelkappe gilt (Fig. 1) $A_K = \frac{2\pi r^2 h}{r + h}$; Erdradius $r = 6380$ (in km).
a) Die Flughöhe sei 280 km. Wie groß ist der Flächeninhalt der Kugelkappe? Wie viel Prozent der Erdoberfläche ist dies?
b) In welcher Höhe sieht ein Astronaut ein Viertel der Erdoberfläche?
c) Welche Fläche ergibt sich für $h \to \infty$? Welchen Inhalt hat diese Fläche?

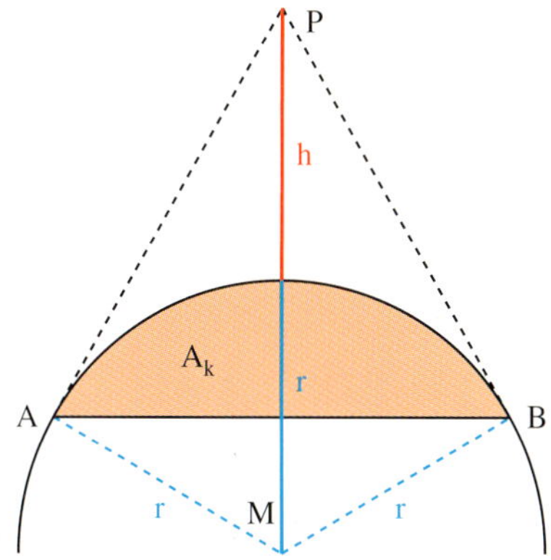

Fig. 1

Das Verhalten ganzrationaler Funktionen bei Werten von x, die beliebig groß oder beliebig klein werden, kann wie folgt beschrieben werden: Für $x \to \pm\infty$ gilt: $|f(x)| \to +\infty$.
Das „Grenzverhalten" einer gebrochenrationalen Funktion f mit $f(x) = \frac{p(x)}{q(x)}$ kann anders sein; dies hängt ab vom Grad n des Zählerpolynoms $p(x)$ und vom Grad m des Nennerpolynoms $q(x)$.

1. Fall: $n < m$
Für f mit $f(x) = \frac{3x}{x^2+1}$ ist $n = 1$ und $m = 2$.
Da für $x \to \infty$ sowohl $p(x)$ als auch $q(x)$ gegen unendlich streben, formt man um. Division von $p(x)$ und $q(x)$ durch $x \neq 0$ ergibt:
$f(x) = \frac{3}{x + \frac{1}{x}}$ in $D_f \setminus \{0\}$.
Jetzt erkennt man: $\lim\limits_{x \to \pm\infty} f(x) = 0$.

Die x-Achse ist eine **waagerechte Asymptote** mit der Gleichung $y = 0$ (Fig. 2).

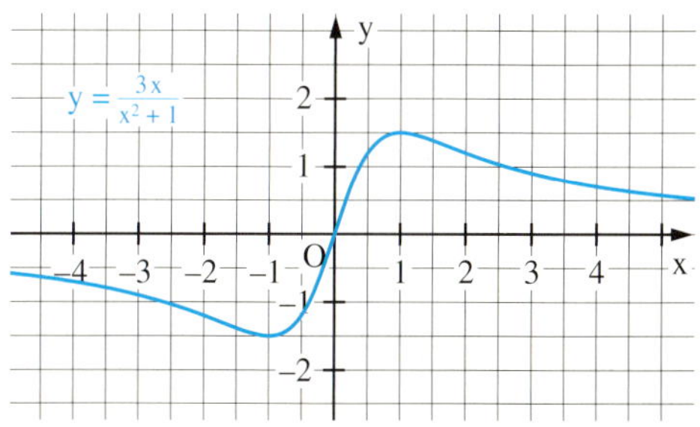

Fig. 2

2. Fall: $n = m$
Für f mit $f(x) = \frac{2x^2}{4x^2-4}$ ist $n = m = 2$.
Division des Zählers und des Nenners durch $x^2 \neq 0$ ergibt: $f(x) = \frac{2}{4 - \frac{4}{x^2}}$ in $D_f \setminus \{0\}$.
Man erkennt: $\lim\limits_{x \to \pm\infty} f(x) = \frac{2}{4} = \frac{1}{2}$.
Die Gerade mit der Gleichung $y = \frac{1}{2}$ ist eine **waagerechte Asymptote** (Fig. 3).

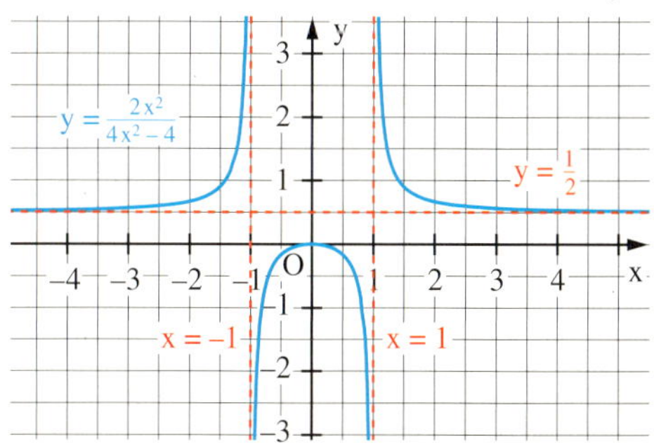

Fig. 3

3. Fall: $n = m + 1$
Für f mit $f(x) = \frac{x^2 + 1{,}5x}{2x - 1}$ ist $n = 2$ und $m = 1$. Division des Zählers und des Nenners durch $x \neq 0$ ergibt: $f(x) = \frac{x + 1{,}5}{2 - \frac{1}{x}}$. Für $x \to +\infty$ gilt somit: $f(x) \to +\infty$. Genauere Auskunft über das Verhalten der Funktionswerte von f für $x \to \pm\infty$ erhält man, wenn man das Zählerpolynom durch das Nennerpolynom dividiert.

$\lim\limits_{x \to \pm\infty} \frac{1}{2x-1} = 0$

Polynomdivision ergibt:

$$(x^2 + 1{,}5x):(2x - 1) = \tfrac{1}{2}x + 1 + \tfrac{1}{2x-1}$$
$$\underline{-(x^2 - 0{,}5x)}$$
$$2x$$
$$\underline{-(2x - 1)}$$
$$1$$

Für $x \to \pm\infty$ unterscheiden sich die Funktionswerte von f beliebig wenig von denen der Funktion g mit $g(x) = \frac{1}{2}x + 1$. Das Schaubild von g ist eine **schiefe Asymptote** (Fig. 1).

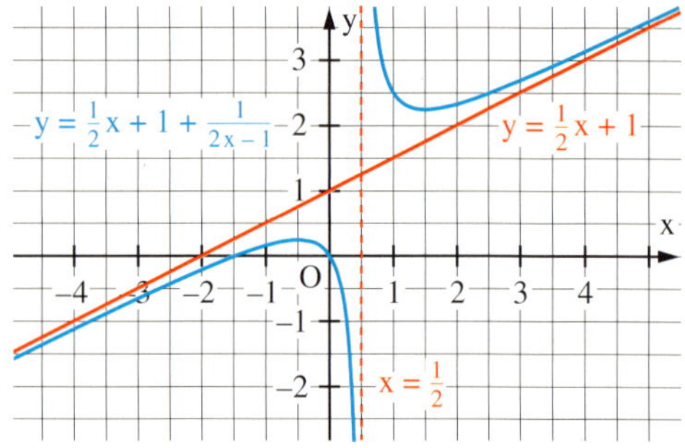

Fig. 1

4. Fall: $n > m + 1$

Für f mit $f(x) = \frac{x^3 + x + 1}{x}$ ist $n = 3$ und $m = 1$; $f(x) = x^2 + 1 + \frac{1}{x}$; $D_f = \mathbb{R} \setminus \{0\}$.

Der Anteil $x^2 + 1$ ist nicht linear. Die Funktion g mit $g(x) = x^2 + 1$ heißt ganzrationale **Näherungsfunktion**, das Schaubild mit der Gleichung $y = x^2 + 1$ **Näherungsparabel** (Fig. 2). Allgemein spricht man auch von einer **Näherungskurve** für $|x| \to \infty$.

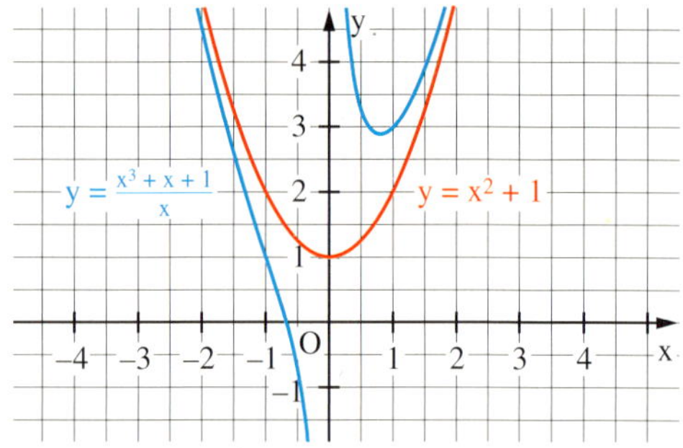

Fig. 2

Für $n \leq m$ kann man die Gleichung der Asymptote direkt aus dem Funktionsterm ablesen.
Für $n > m$ führt man die Polynomdivision durch.

Satz: Das Schaubild einer gebrochenrationalen Funktion f mit

$$f(x) = \frac{a_n x^n + a_{n-1} x^{n-1} + \ldots + a_1 x + a_0}{b_m x^m + b_{m-1} x^{m-1} + \ldots + b_1 x + b_0}, \quad a_n \neq 0,\ b_m \neq 0$$

hat für $|x| \to \infty$ im Falle

$n < m$ die x-Achse als waagerechte Asymptote,

$n = m$ die Gerade mit der Gleichung $y = \frac{a_n}{b_m}$ als waagerechte Asymptote,

$n = m + 1$ eine schiefe Asymptote, deren Gleichung man mithilfe der Polynomdivision erhält,

$n > m + 1$ eine Näherungskurve, deren Gleichung man mithilfe der Polynomdivision erhält.

Beispiel 1: (Untersuchung auf Asymptoten)
Gegeben ist die Funktion f mit $f(x) = \frac{x^2 - x - 3}{x - 2}$. Bestimmen Sie die Gleichungen aller Asymptoten des Schaubildes von f.
Lösung:
Die Definitionsmenge ist $D_f = \mathbb{R} \setminus \{2\}$. Der Zähler ist für $x_0 = 2$ ungleich null.
Gleichung der senkrechten Asymptote: $x = 2$.
Der Grad des Zählers ist 2 und somit um 1 größer als der Grad des Nenners. Also liegt eine schiefe Asymptote vor. Polynomdivision ergibt:
$f(x) = \frac{x^2 - x - 3}{x - 2} = x + 1 - \frac{1}{x - 2}$; Gleichung der schiefen Asymptote: $y = x + 1$.

Beispiel 2: (Bestimmung einer Funktion, deren Schaubild vorgegebene Asymptoten hat)
Bestimmen Sie eine gebrochenrationale Funktion, deren Schaubild die Geraden mit den Gleichungen $y = x + 2$ bzw. $x = 1$ als Asymptoten hat.
Lösung:
Die Funktion f mit $f(x) = x + 2 + \frac{1}{x - 1} = \frac{(x + 2)(x - 1) + 1}{x - 1} = \frac{x^2 + x - 1}{x - 1}$ erfüllt die Bedingungen.
Aber auch für die Funktion g mit $g(x) = x + 2 - \frac{3}{x - 1} = \frac{(x + 2)(x - 1) - 3}{x - 1} = \frac{x^2 + x - 5}{x - 1}$ ist dies der Fall.

Aufgaben

Eine Asymptote wird nie vom Schaubild der zugehörigen Funktion geschnitten!

Stimmt dies? Nein!
Untersuchen Sie die Funktion f mit $f(x) = \frac{x^2}{(x-2)^2}$.

2 Geben Sie die Gleichungen aller Asymptoten an.

a) $f(x) = \frac{4}{3x^2}$ b) $f(x) = \frac{2}{3x-4}$ c) $f(x) = \frac{2x+7}{4x-8}$ d) $f(x) = \frac{5x^2+8}{3x^2-2x}$

e) $f(x) = \frac{1}{x^2-x}$ f) $f(x) = \frac{2x+1}{x^2+3x}$ g) $f(x) = \frac{2x^2-3x}{(x-2)^2}$ h) $f(x) = 2x - \frac{1}{x+1}$

i) $f(x) = \frac{x^2-2x+3}{2x}$ j) $f(x) = \frac{x^2}{x-1}$ k) $f(x) = \frac{1-2x^2}{x+1}$ l) $f(x) = \frac{x^3}{x^2-1}$

m) $f(x) = \frac{x^3-2x}{x^2+1}$ n) $f(x) = \frac{x^3-x^2+x-1}{x^2+x-1}$ o) $f(x) = \frac{x^4-3x^3+2}{x^3-x^2}$ p) $f(x) = \frac{x^4-x^2-1}{x^3-1}$

3 Geben Sie für $x \to \pm\infty$ eine ganzrationale Näherungsfunktion an.

a) $f(x) = \frac{2x^4-32}{x^2}$ b) $f(x) = \frac{x^3-x^2+x}{x-1}$ c) $f(x) = \frac{x^3+2x^2}{x+4}$ d) $\frac{x^4-16}{x^2+9}$

4 Geben Sie eine gebrochenrationale Funktion an, deren Schaubild ungefähr den dargestellten Verlauf zeigt.

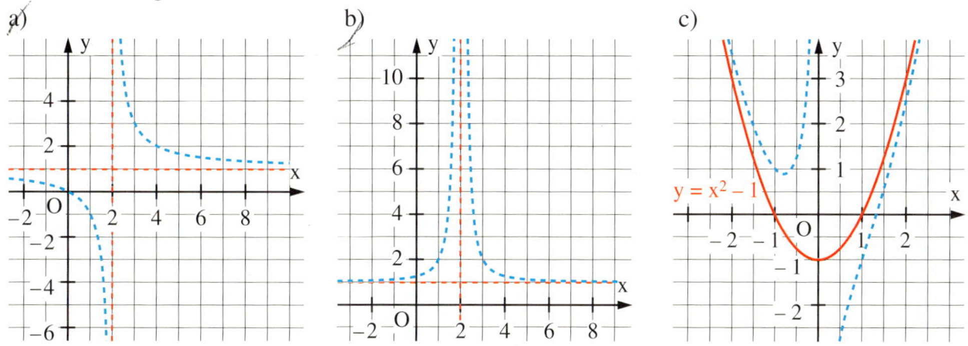

Fig. 1

5 Geben Sie eine gebrochenrationale Funktion an, deren Schaubild die Geraden g und h als Asymptoten hat.

a) g: $y = x$; h: $x = 0$ b) g: $y = -x$; h: $x = 0$ c) g: $y = 0{,}5x$; h: $x = 2$ d) g: $y = 2x + 1$; h: $x = 1$

6 Zeigen Sie: Die Schaubilder aller Funktionen f_t mit $f_t(x) = \frac{2x^2-(2t+1)x}{x-t}$, $t \in \mathbb{R}$, haben eine gemeinsame Asymptote; geben Sie die Gleichung an.

t (in Tagen)	*f(t) (in $\frac{mg}{l}$)*
0	*12,0*
1	*4,5*
2	*6,0*
3	*7,5*

7 Durch das Einwirken giftiger Substanzen kommt es in einem Teich zu einem starken Absinken des Sauerstoffgehaltes, der unter normalen Bedingungen $12\,\frac{mg}{l}$ beträgt. Danach erhöht sich dann aber durch Selbstreinigung der Sauerstoffgehalt wieder. Messungen ergaben die nebenstehenden Werte. Das Absinken und das anschließende Ansteigen des Sauerstoffgehaltes kann näherungsweise beschrieben werden durch

$f(t) = \frac{at^2+bt+c}{t^2+d}$, $t \geqq 0$ (t in Tagen, $f(t) = \frac{mg}{l}$).

a) Berechnen Sie die Konstanten a, b, c und d.
b) Zeichnen Sie ein Schaubild einschließlich der Asymptote für $0 \leqq t \leqq 14$.
c) Nach wie viel Tagen beträgt der Sauerstoffgehalt wieder 90 % des normalen Wertes?

Beispiele für Aufgabe 8:

```
DERIVE:
Schreibe (x^2-x)/(x+1)
Return
Mult, Return
#1 Return
Rational, Return

MAPLE V:
 >f:=(x^2-x)/(x+1);
 >convert(f,parfrac,x);
```

8 Führen Sie die Polynomdivision durch; geben Sie die Gleichung der schiefen Asymptote bzw. der ganzrationalen Näherungsfunktion an.

a) $f(x) = \frac{2x^3-4x^2-x+6}{4x^2+3}$ b) $f(x) = \frac{6x^3-1}{9x^2+1}$ c) $f(x) = \frac{x^3-3x^2+5x-8}{2x^2-3x+5}$

d) $f(x) = \frac{x^4-x^2+2x-8}{x^2-x+2}$ e) $f(x) = \frac{x^5-3x^3+2}{2x^3-x}$ f) $f(x) = \frac{4x^5-6x^2+x-3}{0{,}5x^3-1}$

4 Skizzieren von Schaubildern

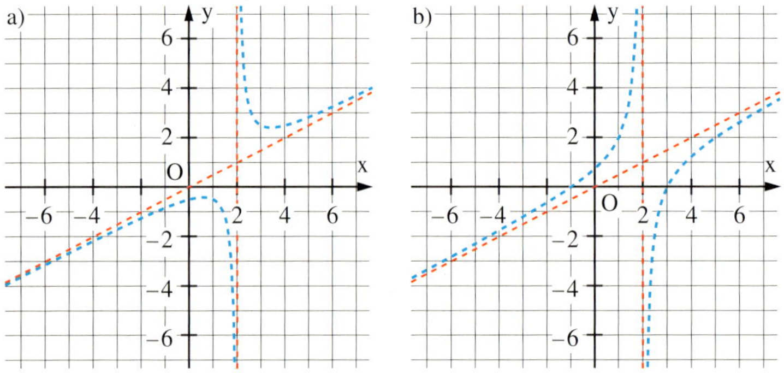

Fig. 1

1 Gegeben ist die Funktion f mit $f(x) = \frac{x^2 - 2x - 3}{2x - 4}$.
Durch welche Überlegungen könnte man entscheiden, ob a) oder b) in Fig. 1 ein mögliches Schaubild von f ist?

2 Wie kann man bei einer gebrochen-rationalen Funktion rechnerisch entscheiden, ob das Schaubild sich einer Aymptote von „oben“ oder von „unten“ nähert?

Schaubilder gebrochenrationaler Funktionen haben vielfältigere Formen als die Schaubilder ganzrationaler Funktionen. Deshalb ist es wichtig, aus dieser Vielfalt durch einfache Überlegungen herauszufinden, welcher Verlauf des Schaubildes einer gegebenen gebrochenrationalen Funktion möglich ist.

Einen ersten Überblick über den möglichen Verlauf des Schaubildes einer gebrochenrationalen Funktion erhält man, wenn man das Schaubild auf **Symmetrie**, **gemeinsame Punkte** mit den Koordinatenachsen und auf **Asymptoten** untersucht.

Zur Erinnerung:
1) Schnittpunkt mit der y-Achse: $S(0|f(0))$
2) Symmetrie:
Aus $f(-x) = f(x)$ für alle $x \in D_f$ folgt Achsensymmetrie zur y-Achse; aus $f(-x) = -f(x)$ für alle $x \in D_f$ folgt Punktsymmetrie zum Ursprung.

Beispiel 1: (Überblick über ein Schaubild)
Skizzieren Sie einen möglichen Verlauf des Schaubildes der Funktion f mit $f(x) = \frac{4 - x^2}{x^2 - 9}$.
Lösung:
1. Symmetrie:
Es ist $f(-x) = \frac{4 - (-x)^2}{(-x)^2 - 9} = \frac{4 - x^2}{x^2 - 9} = f(x)$; $x \in D_f$.
Das Schaubild von f ist achsensymmetrisch zur y-Achse.
2. Gemeinsame Punkte mit den Koodinatenachsen:
Für $x = 0$ ergibt sich $f(0) = -\frac{4}{9}$. Also ist $S\left(0\middle|-\frac{4}{9}\right)$ der Schnittpunkt mit der y-Achse.
Es ist $4 - x^2 = 0$ für $x_1 = -2$; $x_2 = 2$. Für diese x-Werte ist der Nenner ungleich null.
Gemeinsame Punkte mit der x-Achse: $N_1(-2|0)$, $N_2(2|0)$.
3. Asymptoten:
Es ist $x^2 - 9 = 0$ für $x_3 = -3$; $x_4 = 3$.
Hierfür ist der Zähler ungleich null.
Für $x \to 3$ und $x < 3$ gilt: $f(x) \to +\infty$;
für $x \to 3$ und $x > 3$ gilt: $f(x) \to -\infty$.
Es handelt sich um Polstellen mit VZW.
Senkrechte Asymptoten: $x = -3$; $x = 3$.
Zähler- und Nennerpolynom haben den gleichen Grad. Waagerechte Asymptote: $y = -1$.
4. Skizze:
Einen möglichen Verlauf des Schaubildes zeigt Fig. 2. In diesem Fall hätte das Schaubild einen Tief- und keinen Wendepunkt.

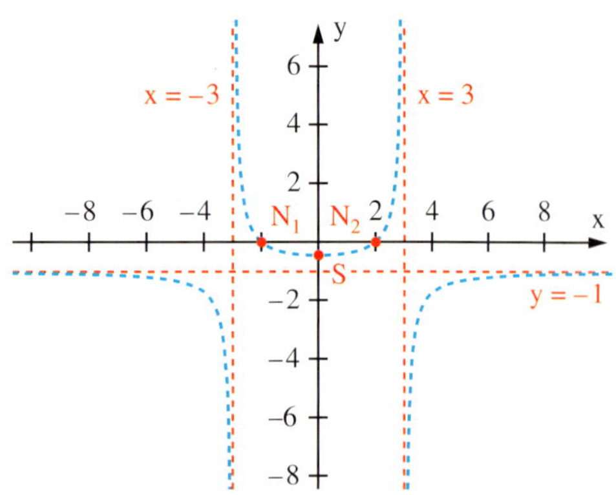

Fig. 2

Beispiel 2: (Überblick; Ordinatenaddition)
Untersuchen Sie die Funktion f mit $f(x) = \frac{x^2 - x}{2x - 4}$ auf Symmetrie, gemeinsame Punkte mit den Koordinatenachsen sowie auf Asymptoten. Entscheiden Sie aufgrund der Polynomdivision, ob das Schaubild von f sich von „oben" oder von „unten" der schiefen Asymptote nähert. Skizzieren Sie den Verlauf des Schaubildes durch Ordinatenaddition.
Lösung:
1. Symmetrie:
Es ist $f(-x) = \frac{(-x)^2 - (-x)}{2(-x) - 4} = \frac{x^2 + x}{-2x - 4}$. Also gilt weder $f(-x) = f(x)$ noch $f(-x) = -f(x)$ für alle $x \in D_f$, das Schaubild von f ist somit weder zur y-Achse noch zum Ursprung symmetrisch.
2. Gemeinsame Punkte mit den Koordinatenachsen:
Es ist $f(0) = 0$. Also ist $S(0|0)$ der Schnittpunkt mit der y-Achse.
Aus $x^2 - x = 0$ folgt $x(x - 1) = 0$ mit den Lösungen $x_1 = 0$; $x_2 = 1$. Für diese x-Werte ist der Nenner ungleich null. Gemeinsame Punkte mit der x-Achse: $N_1(0|0) = S$, $N_2(1|0)$.
3. Asymptoten:
Für $x_2 = 2$ ist der Nenner null und der Zähler ungleich null; also ist 2 eine Polstelle.
Für $x \to 2$ und $x < 2$ gilt: $f(x) \to -\infty$; für $x \to 2$ und $x > 2$ gilt: $f(x) \to +\infty$.
Es handelt sich also um eine Polstelle mit VZW von – nach +.
Die Gleichung der senkrechten Asymptote ist $x = 2$.
Wegen $f(x) = \frac{x^2 - x}{2x - 4} = \frac{1}{2}x + \frac{1}{2} + \frac{1}{x - 2}$ ergibt sich die schiefe Asymptote mit der Gleichung: $y = \frac{1}{2}x + \frac{1}{2}$.
4. Skizze:
Es ist $f(x) = g(x) + h(x)$ mit $g(x) = \frac{1}{2}x + \frac{1}{2}$ und $h(x) = \frac{1}{x - 2}$.
Für $x \to +\infty$ ist $f(x) - g(x) = h(x) > 0$, d. h. es ist $f(x) > g(x)$.
Somit nähert sich für $x \to +\infty$ das Schaubild von f der Asymptote von „oben".
Für $x \to -\infty$ ist $f(x) - g(x) = h(x) < 0$, d. h. es ist $f(x) < g(x)$.
Somit nähert sich für $x \to -\infty$ das Schaubild von f der Asymptote von „unten" (Fig. 1).

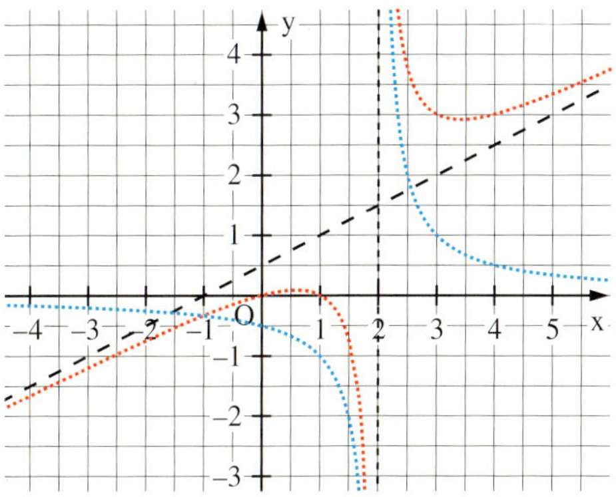

Fig. 1

Beispiel 3: (Bestimmung einer Funktion)
Geben Sie eine gebrochenrationale Funktion an, deren Schaubild die x-Achse im Punkt $N(2|0)$ schneidet und die Asymptoten mit den Gleichungen $x = 1$ bzw. $y = 2$ besitzt.
Lösung:
Das Schaubild der Funktion g mit $g(x) = \frac{x - 2}{x - 1}$ schneidet die x-Achse in $N(2|0)$ und hat eine senkrechte Asymptote mit der Gleichung $x = 1$. Nicht erfüllt ist die Bedingung einer waagerechten Asymptote mit der Gleichung $y = 2$.
Damit auch diese Bedingung erfüllt ist, muss im Zähler des Terms x durch 2x ersetzt werden, aber ohne Veränderung des Schnittpunktes mit der x-Achse. Dies ist bei dem Term $\frac{2(x - 2)}{x - 1}$ gegeben. Das Schaubild der Funktion f mit $f(x) = \frac{2(x - 2)}{x - 1}$ erfüllt alle Bedingungen.

Besonders bei dieser „umgekehrten" Fragestellung, bei der aus gegebenen Eigenschaften eine gebrochenrationale Funktion ermittelt wird, bietet sich das Arbeiten mit Linearfaktoren an.

Aufgaben

Aus den Regeln für das Symmetrieverhalten von Schaubildern ganzrationaler Funktionen darf nicht vorschnell auf solche für Schaubilder gebrochenrationaler Funktionen geschlossen werden (vgl. Aufgabe 3 b)).

3 Untersuchen Sie das Schaubild der Funktion f auf Punktsymmetrie zum Ursprung bzw. Achsensymmetrie zur y-Achse.

a) $f(x) = \frac{4}{x^2 + 3}$ b) $f(x) = \frac{2x}{x^2 + 1}$ c) $f(x) = \frac{3x + 1}{x^2}$ d) $f(x) = \frac{x^2 - 6}{x}$
e) $g(x) = x + 1 - \frac{2}{x^2}$ f) $h(x) = \frac{1}{(x - 2)^2}$ g) $f(x) = \frac{2}{x^2} + \frac{3x^2}{2}$ h) $g(x) = \frac{x^2 + 1}{(x + 1)^2}$

4 Untersuchen Sie das Schaubild der Funktion f auf Symmetrie, gemeinsame Punkte mit den Koordinatenachsen sowie auf Asymptoten bzw. ganzrationale Näherungskurven. Skizzieren Sie einen möglichen Verlauf des Schaubildes.

a) $f(x) = \frac{2x-2}{x+1}$ b) $f(x) = \frac{x^2-4}{x^2-9}$ c) $f(x) = \frac{4+4x}{x^2-16}$ d) $f(x) = \frac{4}{x^2+2}$

e) $f(x) = \frac{3}{2x^2+4x}$ f) $f(x) = \frac{x^3+8}{x^2}$ g) $f(x) = \frac{x^2-4}{x-1}$ h) $f(x) = \frac{1-x^2}{x+2}$

i) $f(x) = \frac{x^2-4x-4}{x-4}$ j) $f(x) = \frac{x^2+1}{(x+1)^2}$ k) $f(x) = \frac{x^3}{(x-1)^2}$ l) $f(x) = \frac{x^3+2x^2}{2x-2}$

Gegeben ist die Funktion f mit $f(x) = \frac{x^2-1}{x^2}$. Welches der beiden Schaubilder gehört zu f? Begründen Sie Ihre Antwort.

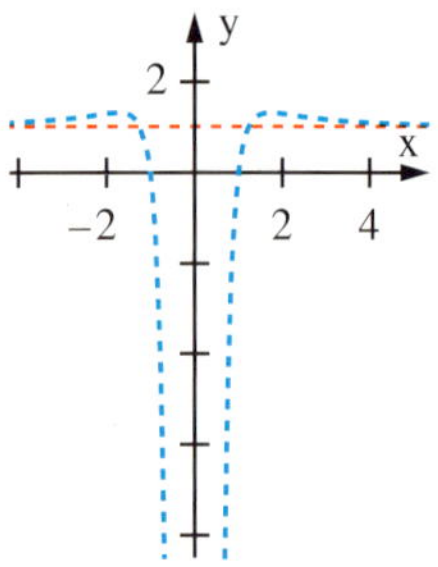

Fig. 1

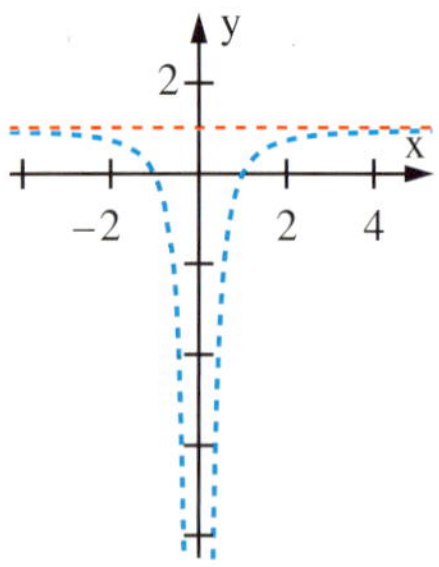

Fig. 2

5 Gegeben sind die Funktionen f, g und h. Skizzieren Sie Schaubilder von f, g und h. Erläutern Sie anhand des Funktionsterms den unterschiedlichen Verlauf der Schaubilder.

a) $f(x) = \frac{1}{x}$, $g(x) = \frac{1}{x-2}$, $h(x) = \frac{1}{(x-2)^2}$ b) $f(x) = \frac{1}{x-1}$, $g(x) = \frac{x}{x-1}$, $h(x) = \frac{x^2}{x-1}$

c) $f(x) = \frac{2}{x^2+1}$, $g(x) = \frac{2x}{x^2+1}$, $h(x) = \frac{2x^2}{x^2+1}$ d) $f(x) = \frac{1}{x+2}$, $g(x) = \frac{1}{(x+2)^2}$, $h(x) = \frac{1}{(x+2)^3}$

6 Untersuchen Sie das Schaubild der Funktion f auf Symmetrie, gemeinsame Punkte mit den Koordinatenachsen sowie auf Asymptoten. Skizzieren Sie das Schaubild durch Ordinatenaddition.

a) $f(x) = \frac{x^2+1}{x}$ b) $f(x) = \frac{1-x^2}{2x}$ c) $f(x) = \frac{2x^2+x-1}{x}$ d) $f(x) = \frac{2-x^3}{x^2}$

7 Das Schaubild einer Funktion f mit dem Funktionsterm $f(x) = ax + b + \frac{c}{x+d}$ schneidet die y-Achse im Punkt S(0 | 1) und hat Asymptoten mit den Gleichungen $x = 1$ und $y = 2x + 3$. Bestimmen Sie a, b, c und d.

8 Das Schaubild einer gebrochenrationalen Funktion f hat Asymptoten mit den Gleichungen $x = -1$ und $y = 0$.
a) Skizzieren Sie drei mögliche Schaubilder.
b) Als weitere Bedingung kommt hinzu, dass das Schaubild durch den Ursprung verläuft. Skizzieren Sie erneut drei mögliche Schaubilder.

9 Geben Sie eine gebrochenrationale Funktion an, deren Schaubild
a) punktsymmetrisch zum Ursprung ist und die Gerade g: $y = 0$ als Asymptote hat
b) zur y-Achse symmetrisch ist und die Geraden g: $y = 2$ und h: $x = 0$ als Asymptoten hat
c) die Geraden g: $y = 1$ und h: $x = 1$ als Asymptoten hat
d) die Geraden g: $y = 1 - x$ und h: $x = -1$ als Asymptoten hat
e) die x-Achse in A(1 | 0) schneidet und die Geraden g: $y = 3$ und h: $x = 2$ als Asymptoten hat.

10 Geben Sie eine gebrochenrationale Funktion an, deren Schaubild im Wesentlichen den dargestellten Verlauf hat.

a) b) c)

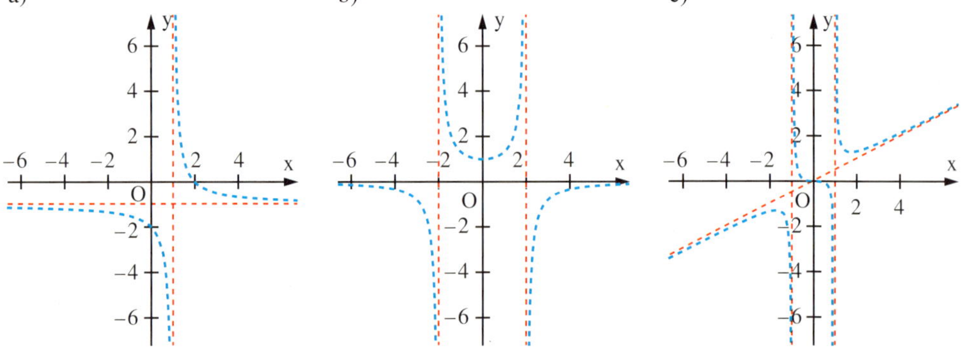

Fig. 3

5 Bestimmung von Extrem- und Wendestellen

1 Gegeben ist die Funktion f mit $f(x) = \frac{2x}{x^2+1}$.
a) Geben Sie die Definitionsmenge von f an.
b) Untersuchen Sie das Schaubild von f auf Symmetrie, gemeinsame Punkte mit den Koordinatenachsen sowie auf Asymptoten. Skizzieren Sie ein mögliches Schaubild.
c) Welche Extrempunkte hat das Schaubild vermutlich? Wie könnten Sie zeigen, dass Ihre Vermutung zutrifft?

Nachdem man sich einen Überblick über den Verlauf des Schaubildes einer gebrochenrationalen Funktion verschafft hat, geht es darum, wo die gegebenenfalls vorhandenen Extrem- und Wendestellen tatsächlich liegen. Für die Extremstellen im Innern der Definitionsmenge gelten die schon bekannten Bedingungen.

Notwendige Bedingung für Extremstellen: $f'(x_0) = 0$.
Hinreichende Bedingung für Extremstellen:
$f'(x_0) = 0$ und Vorzeichenwechsel von $f'(x)$ bei x_0 von – nach +: lokales Minimum,
$f'(x_0) = 0$ und Vorzeichenwechsel von $f'(x)$ bei x_0 von + nach –: lokales Maximum
oder
$f'(x_0) = 0$ und $f''(x_0) > 0$: lokales Minimum,
$f'(x_0) = 0$ und $f''(x_0) < 0$: lokales Maximum.

Unter einer Ortslinie versteht man allgemein eine Linie, deren Punkte durch eine bestimmte Eigenschaft beschrieben werden.

Beispiel:
Die Mittelsenkrechte einer Strecke AB ist die Ortslinie aller der Punkte, die von A und B gleich weit entfernt sind.

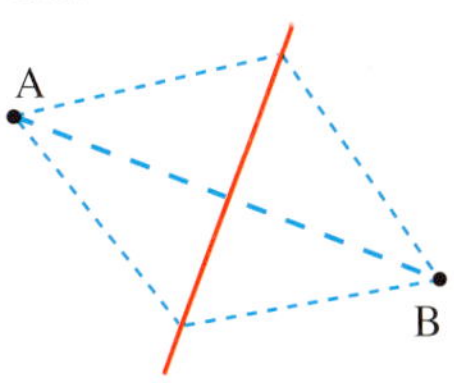

Fig. 1

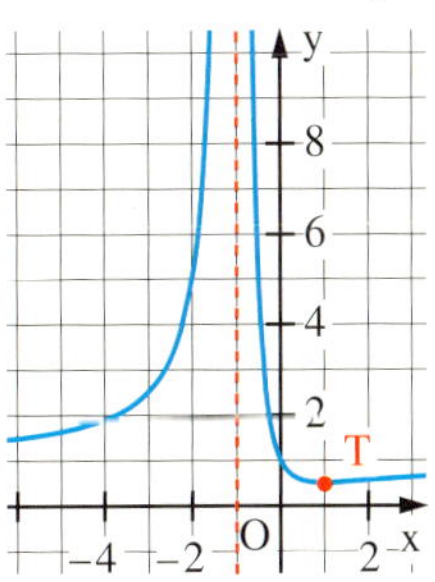

Fig. 2

Für die Wendestellen einer gebrochenrationalen Funktion gelten ebenfalls die schon bekannten Bedingungen.

Notwendige Bedingung für Wendestellen: $f''(x_0) = 0$.
Hinreichende Bedingung für Wendestellen:
$f''(x_0) = 0$ und Vorzeichenwechsel von $f''(x_0)$ bei x_0 oder $f''(x_0) = 0$ und $f'''(x_0) \neq 0$.

Ist nicht nur eine einzige Funktion f, sondern eine Funktionenschar f_t mit dem Parameter t gegeben, sind häufig die Koordinaten bestimmter Punkte P_t (z. B. Extrem- oder Wendepunkte) von t abhängig. Durchläuft t alle zugelassenen Werte, so bilden die Punkte P_t eine Kurve. Diese Kurve heißt **Ortslinie**, **Ortskurve** oder **geometrischer Ort** der Punkte P_t.
Die zugehörige Gleichung ergibt sich, indem man t aus den beiden Gleichungen $x = x(t)$; $y = y(t)$ eliminiert.

Beispiel 1: (Bestimmung von Hoch- und Tiefpunkten mithilfe des Vorzeichenwechsels)
Untersuchen Sie das Schaubild von f mit $f(x) = \frac{x^2+1}{(x+1)^2}$ auf Hoch- und Tiefpunkte.
Lösung:
$$f'(x) = \frac{2x\cdot(x+1)^2 - (x^2+1)\cdot 2\cdot(x+1)}{(x+1)^4} = \frac{(x+1)\cdot[2x(x+1) - 2(x^2+1)]}{(x+1)^4} = \frac{2x-2}{(x+1)^3}$$
Aus $f'(x) = 0$ folgt $2x - 2 = 0$; die Lösung ist $x_1 = 1$.
An der Darstellung $f'(x) = \frac{2(x-1)}{(x+1)^3}$ erkennt man: In einer Umgebung der Stelle 1 ist der Nenner positiv. An der Stelle 1 wechselt der Zähler $2(x-1)$ das Vorzeichen von – nach +. Also ist $f(1) = \frac{1}{2}$ ein lokales Minimum. Das Schaubild hat den Tiefpunkt $T\left(1 \middle| \frac{1}{2}\right)$.

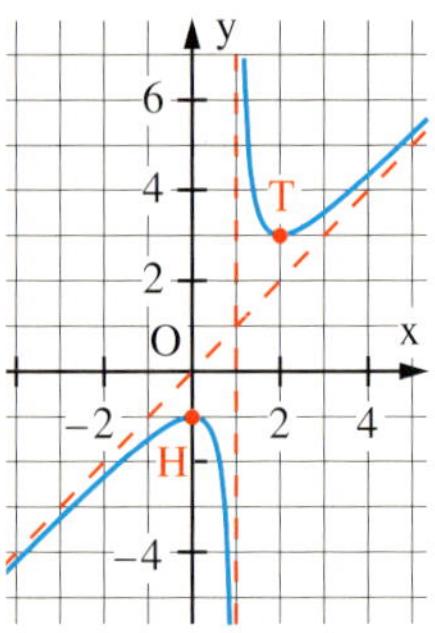

Fig. 1

Beispiel 2: (Bestimmung von Hoch- und Tiefpunkten mit der 2. Ableitung)
Untersuchen Sie das Schaubild von f mit $f(x) = \frac{x^2 - x + 1}{x - 1}$ auf Hoch- und Tiefpunkte.
Lösung:
Es ist $f(x) = \frac{x^2 - x + 1}{x - 1} = x + \frac{1}{x - 1}$;
$f'(x) = 1 - \frac{1}{(x - 1)^2}$.
Aus $f'(x) = 0$ folgt $\frac{1}{(x - 1)^2} = 1$ und hieraus $x_1 = 0$; $x_2 = 2$.
Also kommen nur diese beiden Stellen als Extremstellen in Frage.
Weiterhin gilt: $f''(x) = \frac{2}{(x - 1)^3}$.
$f''(0) = \frac{2}{(-1)^3} = -2 < 0$, also ist $f(0) = -1$ ein lokales Maximum.
$f''(2) = \frac{2}{1^3} = 2 > 0$, also ist $f(2) = 3$ ein lokales Minimum.
Das Schaubild hat den Hochpunkt $H(0|-1)$ und den Tiefpunkt $T(2|3)$.

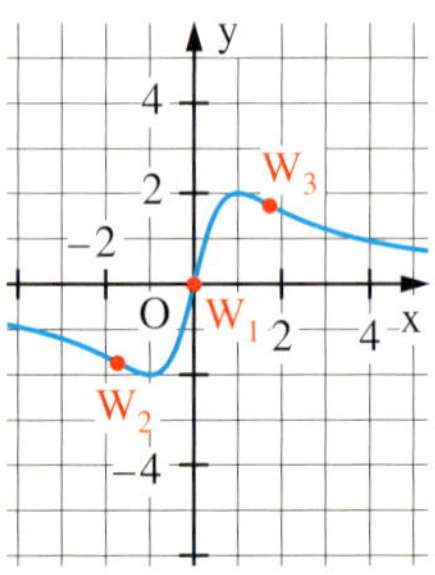

Fig. 2

Beispiel 3: (Bestimmung von Wendepunkten mit der 3. Ableitung)
Untersuchen Sie das Schaubild von f mit $f(x) = \frac{4x}{x^2 + 1}$ auf Wendepunkte.
Lösung:
$f'(x) = \frac{-4 \cdot (x^2 - 1)}{(x^2 + 1)^2}$; $f''(x) = \frac{8x \cdot (x^2 - 3)}{(x^2 + 1)^3}$; $f'''(x) = \frac{-24 \cdot (x^4 - 6x^2 + 1)}{(x^2 + 1)^4}$
Notwendige Bedingung für Wendestellen:
$f''(x) = 0$ ergibt $8x \cdot (x^2 - 3) = 0$ mit den Lösungen $x_1 = 0$; $x_2 = -\sqrt{3}$; $x_3 = +\sqrt{3}$.
Hinreichende Bedingung:
Es ist $f''(0) = 0$ und $f'''(0) = -24 \neq 0$, $f''(-\sqrt{3}) = 0$ und $f'''(-\sqrt{3}) = \frac{3}{4} \neq 0$,
$f''(+\sqrt{3}) = 0$ und $f'''(+\sqrt{3}) = \frac{3}{4} \neq 0$.
Damit sind die Stellen 0, $-\sqrt{3}$ und $+\sqrt{3}$ Wendestellen.
Das Schaubild hat die Wendepunkte $W_1(0|0)$, $W_2(-\sqrt{3}|-\sqrt{3})$, $W_3(+\sqrt{3}|+\sqrt{3})$.

Beispiel 4: (Ortslinie)
Zu jedem $t > 0$ ist eine Funktion f_t gegeben durch $f_t(x) = \frac{6x - 2t}{x^2}$. Ihr Schaubild sei K_t.
Wie lautet die Gleichung der Ortslinie C der Hochpunkte aller K_t?
Zeichnen Sie K_t für $t = 1$, $t = 2$, $t = 3$ sowie C für $0 \leqq x \leqq 5$ in ein gemeinsames Koordinatensystem.
Lösung:
$f_t(x) = \frac{6x - 2t}{x^2} = \frac{6}{x} - \frac{2t}{x^2}$;
$f'(x) = \frac{-6}{x^2} + \frac{4t}{x^3}$; $f''(x) = \frac{12}{x^3} - \frac{12t}{x^4}$.
Aus $f'(x) = 0$ folgt $-6x + 4t = 0$;
also $x_1 = \frac{2}{3}t$;
$f''\left(\frac{2}{3}t\right) = \frac{-81}{4t^3} < 0$ für $t \in \mathbb{R}^+$; $f_t\left(\frac{2}{3}t\right) = \frac{9}{2t}$;
Hochpunkte der Schar:
$H_t\left(\frac{2}{3}t \middle| \frac{9}{2t}\right)$, $t \in \mathbb{R}^+$.
Aus $x = \frac{2}{3}t$, $t > 0$ folgt zunächst
$t = \frac{3}{2}x$, $x > 0$.
Aus $y = \frac{9}{2t}$ folgt dann $y = \frac{9}{2 \cdot \frac{3}{2}x} = \frac{3}{x}$.
Als Gleichung der Ortslinie ergibt sich somit:
$y = \frac{3}{x}$, $x > 0$ (Fig. 3).

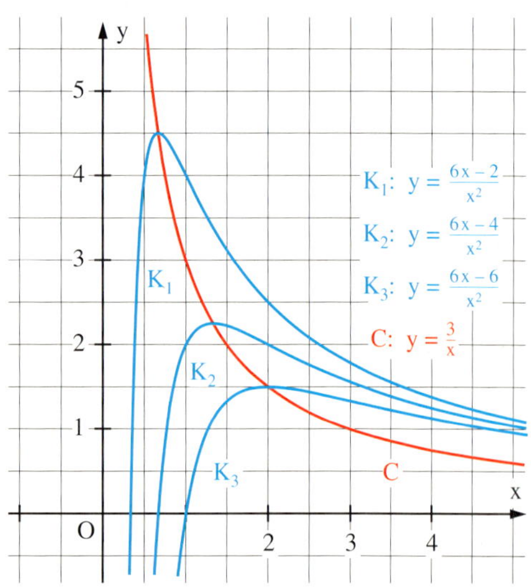

Fig. 3

Aufgaben

> ***Beachten Sie:***
> *Bei Aufgabe 2c) kann in der 2. Ableitung ausgeklammert und dann gekürzt werden für alle $x \in D$.*
> *Bei Aufgabe 2d) ist dies schon bei der 1. Ableitung der Fall.*

2 Ermitteln Sie die Extremwerte der Funktion f. Verwenden Sie für die hinreichende Bedingung die zweite Ableitung.

a) $f(x) = \frac{x^2+4}{x}$ b) $f(x) = \frac{x^2}{x-1}$ c) $f(x) = \frac{2x}{x^2+2}$ d) $f(x) = \frac{x^2-x+1}{(x+1)^2}$

3 Ermitteln Sie die Extremwerte der Funktion f. Verwenden Sie für die hinreichende Bedingung den Vorzeichenwechsel der ersten Ableitung.

a) $f(x) = \frac{3x}{(x-1)^2}$ b) $f(x) = \frac{5x}{(x+2)^3}$ c) $f(x) = \frac{x^2-4}{x^2+9}$ d) $f(x) = \frac{10(x-2)^2}{(x-3)^3}$

4 Ermitteln Sie die Wendestellen der Funktion f. Verwenden Sie für die hinreichende Bedingung die dritte Ableitung.

a) $f(x) = \frac{x+1}{x^2}$ b) $f(x) = \frac{x^3-1}{x}$ c) $f(x) = \frac{x^3-2x+1}{x}$ d) $f(x) = \frac{x^3-x^2+x}{x-1}$

5 Ermitteln Sie die Wendestellen der Funktion f. Verwenden Sie für die hinreichende Bedingung den Vorzeichenwechsel der zweiten Ableitung.

a) $f(x) = \frac{1}{x^2+1}$ b) $f(x) = \frac{x}{x^2+1}$ c) $f(x) = \frac{x^3}{(x-2)^2}$ d) $f(x) = \frac{x^3-2x}{x^2-4}$

6 Untersuchen Sie das Schaubild der Funktion auf gemeinsame Punkte mit der x-Achse sowie auf Hoch-, Tief- und Wendepunkte.

a) $f(x) = \frac{9}{x^2-4}$ b) $f(x) = \frac{12x}{x^2+3}$ c) $f(x) = \frac{4x}{x^2-8}$ d) $f(x) = \frac{6+x^2}{6-x^2}$

e) $f(x) = \frac{x^2+4}{x^2+9}$ f) $g(x) = \frac{x^2-5}{2x-6}$ g) $f(x) = \frac{x^3}{x^2-4}$ h) $f(x) = \frac{x^3-2x^2}{x-1}$

i) $f(x) = \frac{x^3}{(x-1)^2}$ j) $f(x) = \frac{4}{x^2(x+2)^2}$ k) $f(x) = \frac{1}{2x^3(x-2)^2}$ l) $f(x) = \frac{x^2+3x+2}{x^2-2x-3}$

7 K_t sei das Schaubild der Funktion f_t mit $f_t(x) = tx^2 + \frac{1}{x^2}$ und $t \in \mathbb{R} \setminus \{0\}$.

a) Zeigen Sie: K_t hat entweder Extrempunkte oder Wendepunkte.

b) Zeigen Sie: Wenn K_t Extrempunkte besitzt, dann hat K_t keine gemeinsamen Punkte mit der x-Achse.

Tangente im Wendepunkt

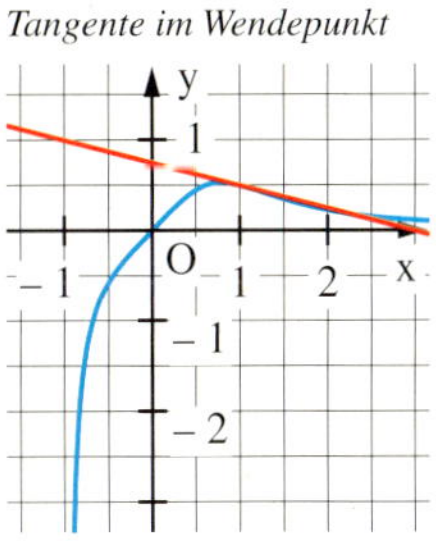

Fig. 1

8 Für jedes $t > 0$ ist eine Funktion f_t gegeben durch $f_t(x) = \frac{8x}{x^2+t^2}$. Ihr Schaubild sei K_t.

a) Zeichnen Sie K_1, K_2 und K_3 im Bereich $-5 \leqq x \leqq +5$.

b) Bestimmen Sie die Gleichung der Ortslinie, auf der die Hochpunkte aller K_t liegen. Zeichnen Sie das zugehörige Schaubild in das vorhandene Koordinatensystem ein.

9 Für jedes $t > 0$ ist eine Funktion f_t gegeben durch $f(x) = \frac{4+t^3x^3}{x^2}$. Ihr Schaubild sei K_t.
Bestimmen Sie die Gleichung der Ortslinie, auf der die Tiefpunkte aller K_t liegen.

Tangente im Flachpunkt

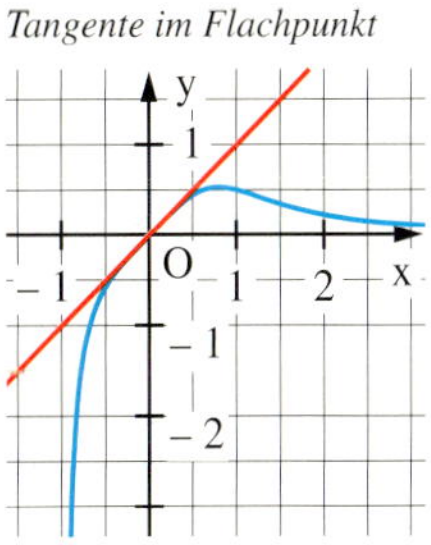

Fig. 2

10 Für jedes $t > 0$ ist eine Funktion f_t gegeben durch $f_t(x) = \frac{8}{x^2+t^2}$. Ihr Schaubild sei K_t.
Auf welcher Ortslinie liegen die Wendepunkte aller K_t?

11 Ein Punkt $P(x_0|y_0)$ des Schaubildes einer mindestens zweimal differenzierbaren Funktion f heißt **Flachpunkt**, wenn $f''(x_0) = 0$ ist und $f''(x)$ an der Stelle x_0 das Vorzeichen nicht wechselt.
Untersuchen Sie das Schaubild von f auf Hoch-, Tief-, Wende- und Flachpunkte.

a) $f(x) = \frac{x}{x^3+1}$ b) $f(x) = \frac{4}{x^4+2}$ c) $f(x) = \frac{-6x^3+6x^2-4x+1}{6x^3}$

6 Beispiele von Funktionsuntersuchungen

1 Welche einzelnen Schritte haben Sie bei der vollständigen Funktionsuntersuchung einer ganzrationalen Funktion durchgeführt? Welche Gesichtspunkte kommen bei einer gebrochenrationalen Funktion hinzu?

Die bisherigen Ergebnisse werden nun angewendet, um eine gebrochenrationale Funktion mit Hilfe der Differenzialrechnung zu untersuchen und ihr Schaubild zu zeichnen. Hierbei erweist sich die nachfolgende Vorgehensweise als zweckmäßig.

Beispiel 1: (Funktionsuntersuchung)
Gegeben ist die Funktion f mit $f(x) = \frac{x^3}{x^2-4}$. Führen Sie eine Funktionsuntersuchung durch.

Soll eine gegebene Funktion „untersucht" werden, so sind in der Regel die Punkte 1. bis 9. gemeint.

Hinweise:

1. Definitionsmenge:
$f(x) = \frac{p(x)}{q(x)}$; $D_f = \mathbb{R} \setminus \{x \mid q(x) = 0\}$.

2. Symmetrie:
Zum Ursprung: $f(-x) = -f(x)$ für alle $x \in D_f$,
zur y-Achse: $f(-x) = f(x)$ für alle $x \in D_f$

3. Polstellen; senkrechte Asymptoten:
x_0 mit $q(x_0) = 0$ und $p(x_0) \neq 0$;
für $x \to x_0$ gilt: $|f(x)| \to +\infty$.
Gleichung der senkrechten Asymptote:
$x = x_0$.

4. Verhalten für $x \to +\infty$ und $x \to -\infty$:
p(x) hat den Grad n, q(x) hat den Grad m.
$n < m$: x-Achse als Asymptote;
$n = m$: waagerechte Asymptote;
$n = m + 1$: schiefe Asymptote.
Die Gleichung der schiefen Asymptote erhält man mithilfe der Polynomdivision.

waagrechte Asympt.

Nach Nr. 5 sollte man mit der Zeichnung beginnen: Koordinatensystem zeichnen; Asymptoten und gemeinsame Punkte mit der x-Achse einzeichnen; überlegen, wie das Schaubild verläuft.

5. Nullstellen:
$x_0 \in D_f$ mit $p(x_0) = 0$ und $q(x_0) \neq 0$;
Schnittpunkt mit der x-Achse: $N(x_0|0)$.

Vor dem Ableiten sollte man sich überlegen, ob eventuell die „durchdividierte" Form des Funktionsterms leichter abzuleiten ist.

6. Ableitungen:
Höhere Ableitungen ermittelt man (wegen des zunehmenden Rechenaufwandes) nur, soweit diese von der Fragestellung her unumgänglich sind.

Lösung:

1. Definitionsmenge:
Es ist $x^2 - 4 = 0$ für $x_1 = 2$; $x_2 = -2$; also ist $D_f = \mathbb{R} \setminus \{2; -2\}$.

2. Symmetrie:
Es ist $f(-x) = \frac{(-x)^3}{(-x)^2-4} = -\frac{x^3}{x^2-4} = -f(x)$ für alle $x \in D_f$. Das Schaubild ist punktsymmetrisch zum Ursprung.

3. Polstellen; senkrechte Asymptoten:
$x^2 - 4 = 0$ liefert $x_1 = 2$; $x_2 = -2$.
Für $x \to 2$ und $x < 2$ gilt: $f(x) \to -\infty$;
für $x \to 2$ und $x > 2$ gilt: $f(x) \to +\infty$.
Also ist $x_1 = 2$ eine Polstelle mit VZW.
Auch $x_2 = -2$ ist eine Polstelle mit VZW.
Gleichungen der senkrechten Asymptoten:
$x = 2$; $x = -2$.

4. Verhalten für $x \to +\infty$ und $x \to -\infty$:
Polynomdivision ergibt
$\frac{x^3}{x^2-4} = x + \frac{4x}{x^2-4}$;
Gleichung der schiefen Asymptote: $y = x$.

5. Nullstellen:
$x^3 = 0$ ergibt $x_3 = 0$;
Schnittpunkt mit der x-Achse: $\mathbf{N(0|0)}$.

6. Ableitungen:
$f'(x) = \frac{x^4 - 12x^2}{(x^2-4)^2} = \frac{x^2(x^2-12)}{(x^2-4)^2}$,
$f''(x) = \frac{8x^3 + 96x}{(x^2-4)^3} = \frac{8x(x^2+12)}{(x^2-4)^3}$.

7. Extremstellen:
Notwendige Bedingung:
$f'(x_0) = 0$.

Hinreichende Bedingung:
VZW von $f'(x)$ bei x_0
oder
$f'(x_0) = 0$; $f''(x_0) > 0$: lokales Minimum,
$f'(x_0) = 0$; $f''(x_0) < 0$: lokales Maximum.

7. Extremstellen:
Notwendige Bedingung: $x^2(x^2 - 12) = 0$;
Lösungen: $x_3 = 0$; $x_4 = 2\sqrt{3}$; $x_5 = -2\sqrt{3}$.
Hinreichende Bedingung:
$x_3 = 0$: $f'(0) = 0$; $f''(0) = 0$ (weiter in 8.)
$x_4 = 2\sqrt{3}$: $f'(x_4) = 0$; $f''(x_4) = \frac{4}{3}\sqrt{3} > 0$;
$f(2\sqrt{3})$ ist lokales Minimum.
$x_5 = -2\sqrt{3}$: $f'(x_5) = 0$; $f''(2\sqrt{3}) = -\frac{4}{3}\sqrt{3} < 0$;
$f(-2\sqrt{3})$ ist lokales Maximum.
Extrempunkte: $\mathbf{T(2\sqrt{3}\,|\,3\sqrt{3})}$; $\mathbf{H(-2\sqrt{3}\,|\,-3\sqrt{3})}$.

8. Wendestellen:
Notwendige Bedingung:
$f''(x_0) = 0$.
Hinreichende Bedingung:
VZW von $f''(x)$ bei x_0 oder
$f''(x_0) = 0$ und $f'''(x_0) \neq 0$.

8. Wendestellen:
Notwendige Bedingung: $8x \cdot (x^2 + 12) = 0$;
Lösung: $x_3 = 0$.
Hinreichende Bedingung:
Es ist $f''(x) = \frac{8x(x^2+12)}{(x^2-4)^3}$.
Für x-Werte nahe bei 0, $x < 0$, ist $f''(x) > 0$,
für x-Werte nahe bei 0, $x > 0$, ist $f''(x) < 0$,
also wechselt $f''(x)$ bei $x_3 = 0$ das Vorzeichen.
Wendepunkt: $\mathbf{W(0\,|\,0)}$.

„Endkontrolle“ der Zeichnung:
1) Sind alle Asymptoten richtig eingezeichnet?
2) Stimmen die Schnittpunkte mit der x-Achse?
3) Stimmen die Extrem- und Wendepunkte?

9. Schaubild:
Ergänzend zu den bisherigen Ergebnissen stellt man noch eine Wertetabelle auf, wobei man die Funktionswerte sinnvoll rundet.

Falls sich f(x) in einfacher Weise faktorisieren lässt, kann man vorab eine Gebietseinteilung vornehmen.

Im vorliegenden Beispiel lässt sich f(x) in folgender Form schreiben:
$f(x) = \frac{x^3}{(x+2)(x-2)}$.

9. Schaubild: Fig. 1
Wegen der Symmetrie genügt $x \in \mathbb{R}^+$.

x	0,8	1	1,5	2,5	3	3,5	4	5
f(x)	–0,2	–0,3	–1,9	6,9	5,4	5,2	5,3	6,0

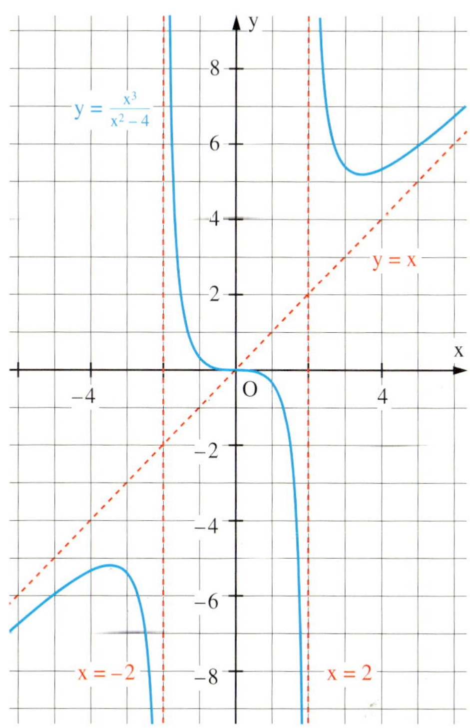

Fig. 1

Beispiel 2: (Untersuchung einer Funktionenschar)

Für jedes $t > 0$ ist eine Funktion f_t gegeben durch $f_t(x) = \frac{1}{2}x + \frac{1}{2}t + \frac{t}{x}$. Ihr Schaubild sei K_t.

a) Untersuchen Sie K_t auf Symmetrie, Asymptoten, gemeinsame Punkte mit der x-Achse sowie auf Hoch-, Tief- und Wendepunkte. Zeichnen Sie K_1 und K_3.

b) Bestimmen Sie die Gleichung der Ortslinie der Tiefpunkte aller K_t.
Zeichnen Sie das zugehörige Schaubild in das vorhandene Koordinatensystem ein.

c) Durch welchen Punkt S verlaufen alle Schaubilder K_t?

Lösung:

a) **1. Symmetrie:**

Es ist $f_t(-x) = \frac{1}{2}(-x) + \frac{1}{2}t + \frac{t}{-x} = -\frac{1}{2}x + \frac{1}{2}t - \frac{t}{x}$; keine Symmetrie erkennbar.

2. Asymptoten:

Gleichungen der Asymptoten: $x = 0$; $y = \frac{1}{2}x + \frac{1}{2}t$.

3. Gemeinsame Punkte mit der x-Achse:

Aus $\frac{1}{2}x + \frac{1}{2}t + \frac{t}{x} = 0$ folgt $x^2 + tx + 2t = 0$ und hieraus

$x_1 = -\frac{t}{2} + \frac{1}{2}\sqrt{t(t-8)}$; $x_2 = -\frac{t}{2} - \frac{1}{2}\sqrt{t(t-8)}$;

$N_1\left(-\frac{t}{2} + \frac{1}{2}\sqrt{t(t-8)}\,\middle|\,0\right)$; $N_2\left(-\frac{t}{2} - \frac{1}{2}\sqrt{t(t-8)}\,\middle|\,0\right)$ für $t \geqq 8$.

4. Extremstellen:

Bei der 2. Ableitung ist der Zähler konstant. Also kann es keine Wendepunkte geben. Damit ist die 3. Ableitung überflüssig.

$f_t'(x) = \frac{1}{2} - \frac{t}{x^2}$; $f_t''(x) = \frac{2t}{x^3}$.

Notwendige Bedingung: $\frac{1}{2} - \frac{t}{x^2} = 0$; Lösungen: $x_3 = -\sqrt{2t}$; $x_4 = +\sqrt{2t}$.

Hinreichende Bedingung:

$x_3 = -\sqrt{2t}$: $f_t'(x_3) = 0$; $f_t''(x_3) = \frac{2t}{(-\sqrt{2t})^3} = -\frac{\sqrt{2t}}{2t} < 0$ für $t > 0$: Hochpunkt: $H\left(-\sqrt{2t}\,\middle|\,-\sqrt{2t} + \frac{1}{2}t\right)$.

$x_4 = +\sqrt{2t}$: $f_t'(x_4) = 0$; $f_t''(x_4) = \frac{2t}{(\sqrt{2t})^3} = \frac{\sqrt{2t}}{2t} > 0$ für $t > 0$: Tiefpunkt: $T\left(\sqrt{2t}\,\middle|\,\sqrt{2t} + \frac{1}{2}t\right)$.

5. Wendestellen:

Notwendige Bedingung: $\frac{2t}{x^3} = 0$;
diese Gleichung hat keine Lösung für $t > 0$; also existieren keine Wendepunkte.

6. Zeichnung: Fig. 1.

b) Aus $T\left(\sqrt{2t}\,\middle|\,\sqrt{2t} + \frac{1}{2}t\right)$ folgt

$$\begin{cases} x = \sqrt{2t}; \\ y = \sqrt{2t} + \frac{1}{2}t \end{cases}; \quad t > 0;\ x > 0.$$

Setzt man $t = \frac{1}{2}x^2$ in die untere Gleichung ein, ergibt sich als Gleichung der Ortslinie, auf der die Tiefpunkte aller K_t liegen:

$y = x + \frac{1}{4}x^2 + x$; $x > 0$.

c) Wählt man $t_1 = 1$ und $t_2 = 2$, so folgt aus der Bedingung $f_1(x) = f_2(x)$ zunächst

$\frac{1}{2}x + \frac{1}{2} + \frac{1}{x} = \frac{1}{2}x + \frac{1}{2}\cdot 2 + \frac{2}{x}$;

aus $-\frac{1}{2} = \frac{1}{x}$ folgt dann $x = -2$.

Weiterhin ist $f_t(-2) = \frac{1}{2}\cdot(-2) + \frac{1}{2}t + \frac{t}{-2} = -1$.

Da beide Koordinaten des Punktes $S(-2\,|\,-1)$ von t unabhängig sind, verlaufen alle Schaubilder K_t durch diesen Punkt (Fig. 1).

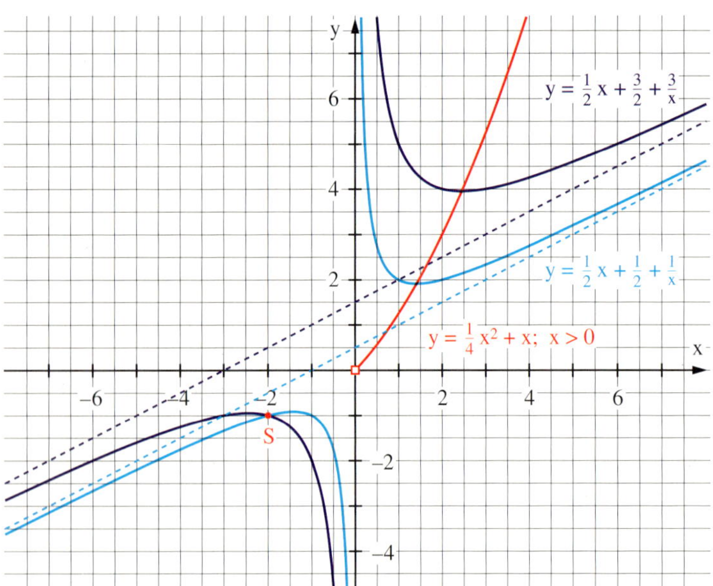

$t = 1$:

Asymptoten	$x = 0$; $y = \frac{1}{2}x + \frac{1}{2}$
Hochpunkt	$H\left(-\sqrt{2}\,\middle|\,\frac{1}{2} - \sqrt{2}\right)$
Tiefpunkt	$T\left(\sqrt{2}\,\middle|\,\frac{1}{2} + \sqrt{2}\right)$

$t = 3$:

Asymptoten	$x = 0$; $y = \frac{1}{2}x + \frac{3}{2}$
Hochpunkt	$H\left(-\sqrt{6}\,\middle|\,\frac{3}{2} - \sqrt{6}\right)$
Tiefpunkt	$T\left(\sqrt{6}\,\middle|\,\frac{3}{2} + \sqrt{6}\right)$

Fig. 1

Aufgaben

2 Führen Sie eine Funktionsuntersuchung wie in Beispiel 1 durch.

a) $f(x) = \frac{8}{4-x^2}$ b) $f(x) = \frac{2-x^2}{x^2-9}$ c) $f(x) = \frac{(1-x)^2}{2-x}$ d) $f(x) = \frac{1-x^2}{x-2}$

e) $f(x) = \frac{1}{x} - \frac{1}{x^2}$ f) $f(x) = \frac{3}{x} - \frac{12}{x^3}$ g) $f(x) = \frac{4}{x^2} - \frac{4}{x^4}$ h) $f(x) = \frac{1}{2}x + \frac{1}{2} + \frac{2}{x^2}$

i) $f(x) = \frac{x^2+2x-5}{2(x+1)}$ j) $f(x) = \frac{x^2-4}{x^2+2}$ k) $f(x) = \frac{x^2}{(x-2)^2}$ l) $f(x) = \frac{(x+1)^3}{4(x-1)^2}$

m) $f(x) = \frac{3x^2-3x}{(x-2)^2}$ n) $f(x) = \frac{x^3}{x^2+6}$ o) $f(x) = \frac{x^2+3x+2}{x^2-2x-3}$ p) $f(x) = \frac{x^2-2x}{x^3-2x^2+x-2}$

3 Führen Sie eine Funktionsuntersuchung durch. Ermitteln Sie für $x \to \pm\infty$ eine ganzrationale Näherungsfunktion g; zeichnen Sie ein Schaubild von g in das vorhandene Koordinatensystem ein.

a) $f(x) = \frac{2-x^3}{2x}$ b) $f(x) = \frac{16+x^4}{4x^2}$ c) $f(x) = \frac{x^4-8x^2+16}{2x^2}$ d) $f(x) = \frac{2x^2-x^3}{2x-2}$

4 Führen Sie mithilfe eines Computers eine Funktionsuntersuchung durch.

a) $f(x) = \frac{4(x^2-2)}{x^3-1}$ b) $f(x) = \frac{x^3+4x^2+6x+1}{x^2+1}$ c) $f(x) = \frac{8}{4x-1} - \frac{2}{x^2}$ d) $f(x) = \frac{x}{x^2-1} - \frac{1}{x^2}$

e) $f(x) = \frac{x^4+16x^2}{x^4+4}$ f) $f(x) = \frac{x^4+16x}{x^4-8}$ g) $f(x) = \frac{6x}{(x-2)^4+2}$ h) $f(x) = \frac{x^5+4x^2-20x}{x^4+4}$

Funktionenscharen

5 Für jedes $t > 0$ ist eine Funktion f_t gegeben. Führen Sie eine Funktionsuntersuchung wie in Beispiel 2a) durch. Zeichnen Sie Schaubilder für $t = 1; 2; 3$ in ein gemeinsames Koordinatensystem.

a) $f_t(x) = x - \frac{t^3}{x^2}$ b) $f_t(x) = \frac{10}{x} - \frac{10t}{x^2}$ c) $f_t(x) = \frac{6x}{x^2+t^2}$ d) $f_t(x) = \frac{10x}{(x^2+t)^2}$

Zu Aufgabe 7:
Je nach Parameterwert kann das zugehörige Schaubild sehr verschieden aussehen.

$f_{-\frac{1}{2}}(x) = \frac{4}{1-\frac{1}{2}x^2}$

$f_{\frac{1}{2}}(x) = \frac{4}{1+\frac{1}{2}x^2}$

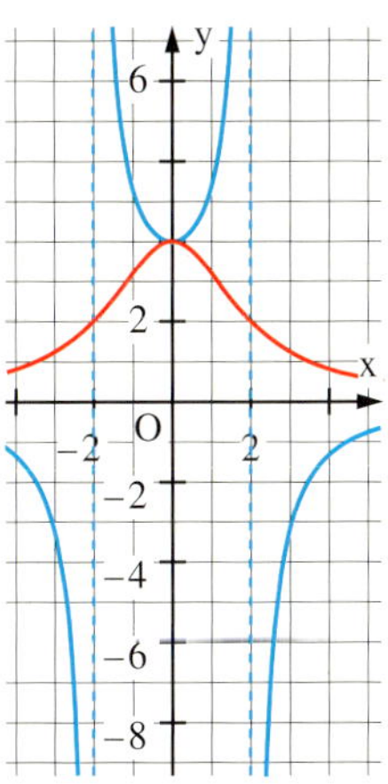

6 Welche Funktion f, deren Funktionsterm die Form $f(x) = \frac{a+bx}{x^2}$; $a, b \in \mathbb{R}$ hat, nimmt für $x = 1$ den lokalen Extremwert 2 an? Handelt es sich um ein Maximum oder Minimum?

7 Für jedes $t \neq 0$ ist eine Funktion f_t gegeben durch $f_t(x) = \frac{4}{1+tx^2}$. Ihr Schaubild sei K_t.
a) Untersuchen Sie K_t auf Symmetrie, Schnittpunkte mit der x-Achse, Hoch-, Tief- und Wendepunkte sowie auf Asymptoten. Zeichnen Sie K_t für $t = -1; 1; 2$.
b) Bestimmen Sie die Ortslinie der Wendepunkte aller K_t. Zeichnen Sie das zugehörige Schaubild in das vorhandene Koordinatensystem ein.
c) Für welchen Wert von t hat K_t Wendetangenten mit den Steigungen 1 bzw. −1?

8 Für jedes $t > 0$ mit $t \neq \sqrt{2}$ ist eine Funktion f_t gegeben durch $f_t(x) = \frac{tx^2-2}{x^2-t}$.
Ihr Schaubild sei K_t.
a) Durch welchen Punkt verlaufen alle Schaubilder K_t? Skizzieren Sie K_t für $t = 1$ und für $t = 2$.
b) Untersuchen Sie K_t auf Symmetrie, Schnittpunkte mit der x-Achse, Hoch-, Tief- und Wendepunkte sowie auf Asymptoten.

9 Für jedes $t \in \mathbb{R}$ ist eine Funktion f_t gegeben durch $f_t(x) = \frac{tx^2+4x}{x^2+x-2}$. Ihr Schaubild sei K_t.
a) Durch welchen Punkt verlaufen alle K_t? Skizzieren Sie K_t für $t = 1$ und für $t = 2$.
b) Bestimmen Sie die Anzahl der Asymptoten von K_t in Abhängigkeit von t.
c) Für welche Werte von t hat K_t keinen Punkt, einen Punkt bzw. zwei Punkte mit waagerechter Tangente?

10 Für jedes $t \in \mathbb{R}^+$ ist eine Funktion f_t gegeben durch $f_t(x) = \frac{x^2-9}{t}$ sowie deren Kehrwertfunktion g_t mit $g_t(x) = \frac{t}{x^2-9}$. Die Schaubilder von f_t und g_t seien K_t bzw. C_t.

a) Geben Sie die Nullstellen, die Extremstelle und den Extremwert von f_t an. Welche Bedeutung haben diese Stellen für g_t?

b) Zeichnen Sie die Schaubilder K_5 und C_5 für $|x| \leqq 5$ in dasselbe Koordinatensystem.

c) Für welchen Wert von t berühren sich K_t und C_t?

d) Ermitteln Sie die Anzahl der gemeinsamen Punkte von K_t und C_t in Abhängigkeit von t.

Extremwertaufgaben

Beachten Sie bei Aufg. 15: Zur Berechnung von Extremstellen kann man gegebenenfalls eine ***Ersatzfunktion*** *benutzen.*

11 Welches Rechteck mit dem Umfang 15 cm hat den größten Flächeninhalt, welches Rechteck mit dem Flächeninhalt $18\,cm^2$ hat den kleinsten Umfang?

12 Welche Punkte auf dem Schaubild der Funktion f mit $f(x) = \frac{2}{x^2}$ haben vom Ursprung den kleinsten Abstand?

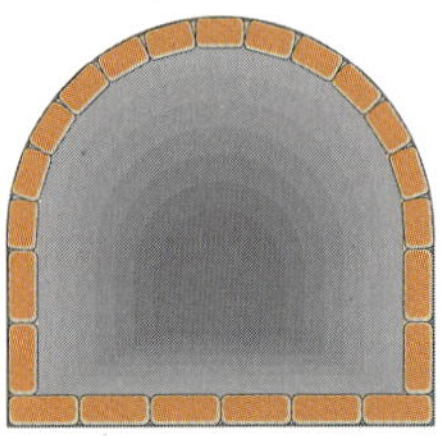

Fig. 1

13 Der Querschnitt eines unterirdischen Entwässerungskanals ist ein Rechteck mit aufgesetztem Halbkreis (Fig. 1). Wie sind Breite und Höhe des Rechtecks zu wählen, damit die Querschnittsfläche $8\,m^2$ groß ist und zur Ausmauerung des Kanals möglichst wenig Material benötigt wird?

14 Einem Würfel mit der Kantenlänge a wird ein senkrechter Kreiskegel so umbeschrieben, dass vier Eckpunkte in der Grundkreisebene und vier Eckpunkte auf dem Kegelmantel liegen (Fig. 2).

a) Zeigen Sie mithilfe des 2. Strahlensatzes, dass für das Volumen des Kegels gilt:

$V(x) = \frac{\sqrt{2}}{3} \cdot a \cdot \pi \cdot \frac{x^3}{\sqrt{2} \cdot x - a}$.

b) Für welchen Grundkreisradius wird das Volumen des Kegels am kleinsten?

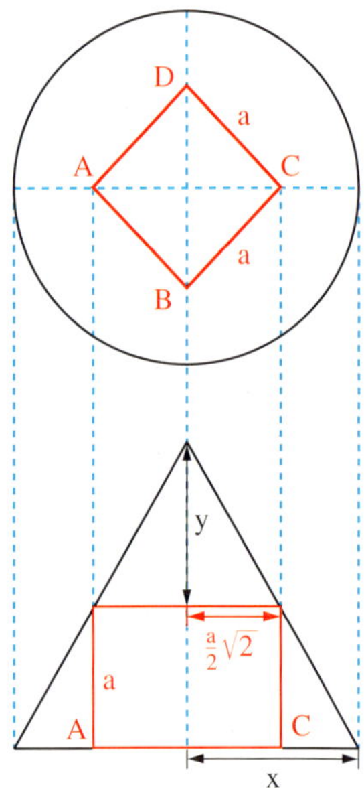

Fig. 2

Julius Pflüger war Kgl. Württ. Dolmetscher und Inhaber einer Dolmetscherschule in Stuttgart. In seinem dem Gründer des Dillmann-Gymnasiums in Stuttgart gewidmeten Buch „Die Formschönheit einfacher geometrischer Gebilde“ schreibt er: „Sollte es denn nicht möglich sein, unserem begrifflich so schwer zu fassenden und dennoch so deutlichen Gefühl für das sinnlich Schöne eine vernunftgemäße Grundlage zu schaffen?“

15 Julius Pflüger stellte im Jahre 1915 „Schönheitsbedingungen“ für „einfache geometrische Gebilde“ auf. Danach ist eine ebene, geschlossene Figur mit gegebenem Umfang dann „am schönsten“, wenn sie eine möglichst große Fläche begrenzt. Weil ähnliche Figuren dasselbe Schönheitsmaß haben sollten, definierte er den Quotienten $T = \frac{A}{U^2}$ (A: Flächeninhalt; U: Umfang) als „ästhetische Maßzahl“ für ebene Figuren.

a) Zeigen Sie: Bei n-facher Vergrößerung einer Figur bleibt das Verhältnis aus dem Flächeninhalt und dem Quadrat des Umfangs konstant.

b) Berechnen Sie T für ein gleichseitiges Dreieck, ein regelmäßiges Sechseck und für einen Kreis.

c) Welches Rechteck mit der festen Länge a und der Breite x ist „am schönsten“?

d) Welches gleichschenklige Dreieck mit der festen Grundseite a ist „am schönsten“?

e) Zeigen Sie: Ein Kreisausschnitt ist „am schönsten“, wenn sein Bogen gleich lang ist wie die beiden Kreisradien zusammen.

7 Das Verfahren von Newton

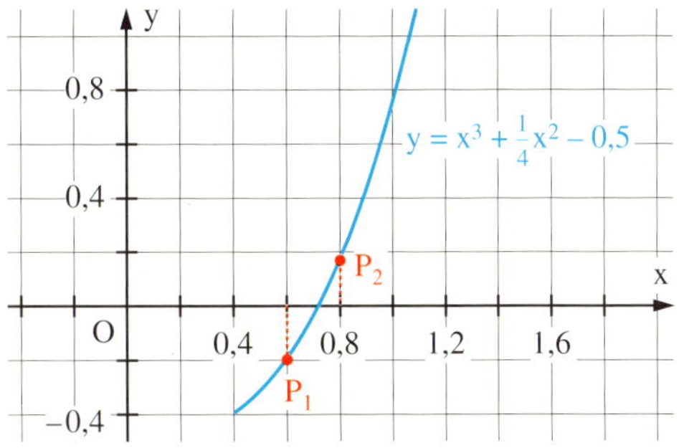

Fig. 1

1 Gegeben ist die Funktion f mit $f(x) = x^3 + \frac{1}{4}x^2 - 0{,}5$.
a) Die Punkte $P_1(0{,}6 | -0{,}194)$ und $P_2(0{,}8 | 0{,}172)$ liegen auf dem Schaubild von f. Wie kann man mithilfe der angegebenen Koordinaten einen Näherungswert für die Nullstelle von f ermitteln (Fig. 1)?
b) Welche andere Möglichkeit sehen Sie, einen Näherungswert für die Nullstelle der Funktion f zu bestimmen?

Ist eine Funktion f mit dem Term f(x) auf Nullstellen zu untersuchen, muss man die Gleichung $f(x) = 0$ lösen. Bei der Funktion $f: x \mapsto x^5 - 2x^3 - 2$ z. B. führt dies auf $x^5 - 2x^3 - 2 = 0$. Da man diese Gleichung nicht exakt lösen kann, sucht man nach einem Verfahren, bei dem ein schon gefundener Näherungswert schrittweise verbessert wird.

Ist die gegebene Funktion stetig, kann man relativ einfach feststellen, ob die Gleichung $f(x) = 0$ überhaupt eine Lösung hat und in welchem Intervall die Lösung liegt. Hierzu versucht man zwei Stellen a und b aus D_f zu ermitteln, für die f(a) und f(b) verschiedene Vorzeichen haben (Fig. 2). In diesem Fall hat f in [a; b] mindestens eine Nullstelle.

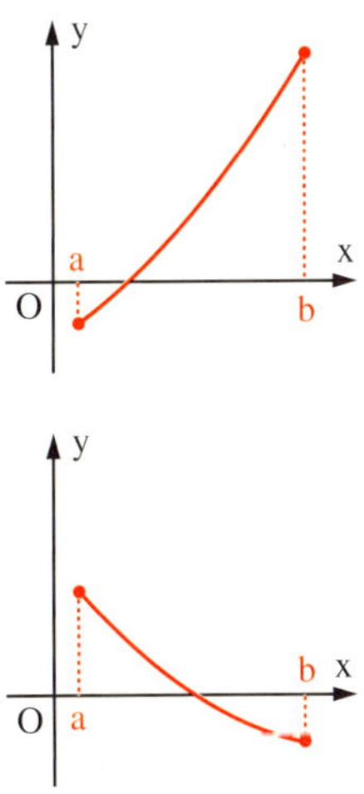

Fig. 2

Es sei $x_0 \in [a; b]$ ein Näherungswert für die gesuchte Nullstelle x^* (Fig. 3). Bei dem **Newton-Verfahren** ersetzt man in einer Umgebung von x_0 das Schaubild von f durch die Tangente im Punkt $P_0(x_0 | f(x_0))$ und berechnet die Stelle x_1, an der die Tangente die x-Achse schneidet. In vielen Fällen ist x_1 ein besserer Näherungswert für x^* als x_0. Wiederholt man dieses Verfahren, erhält man (unter gewissen Voraussetzungen) eine Folge $x_0, x_1, x_2 \ldots$ von immer besseren Näherungswerten für x^*.

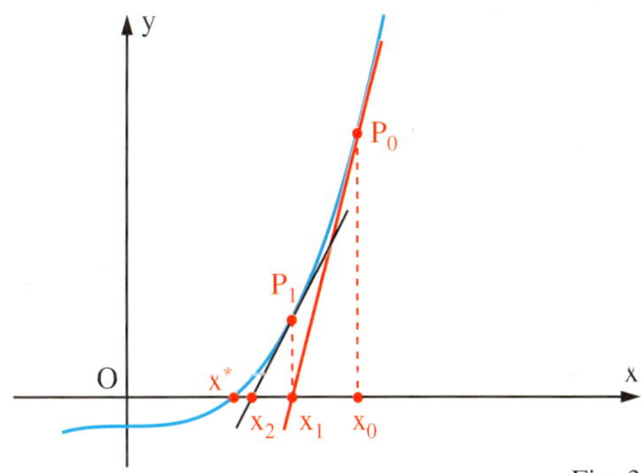

Fig. 3

Diese geometrischen Überlegungen führen zu den folgenden Schritten.
1) Aufstellung der Gleichung der Tangente im Punkt P_0:
Ist f differenzierbar, so ergibt sich als Gleichung der Tangente in P_0:
$y = f(x_0) + f'(x_0)(x - x_0)$.
2) Berechnung der Stelle, an der die Tangente die x-Achse schneidet:
Aus $f(x_0) + f'(x_0)(x - x_0) = 0$ mit $f'(x_0) \neq 0$ folgt $x = x_0 - \frac{f(x_0)}{f'(x_0)}$. Diesen x-Wert bezeichnet man mit x_1. Mit x_1 als neuem Startwert lässt sich die Rechnung wiederholen.

iterare (lat.): wiederholen

Hat die differenzierbare Funktion f eine Nullstelle, so kann man diese näherungsweise mit dem Newton-Verfahren ermitteln. Die Iterationsvorschrift mit dem Startwert x_0 lautet:

$$x_{n+1} = x_n - \frac{f(x_n)}{f'(x_n)}, \quad n \in \mathbb{N}.$$

Beachten Sie: Das NEWTON-Verfahren gilt für jede differenzierbare Funktion. Aber nicht immer führt das Verfahren zum Erfolg. Damit x_{n+1} berechnet werden kann, muss $f'(x_n) \neq 0$ sein. Aber auch wenn dies der Fall ist, kann es vorkommen, dass die errechneten x_n-Werte nicht gegen die gesuchte Nullstelle x* streben (vgl. Fig. 1, 2 und 3). In solchen Fällen muss man einen Startwert wählen, der „dichter" an der gesuchten Nullstelle x* liegt.

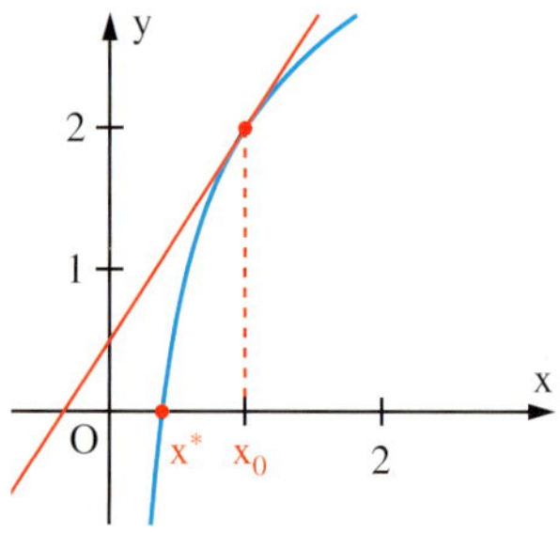

Fig. 1

$f(x) = \sqrt{x} - \frac{1}{x} + 2$
Startwert: $x_0 = 1$
x_1 liegt außerhalb der Definitionsmenge D_f.

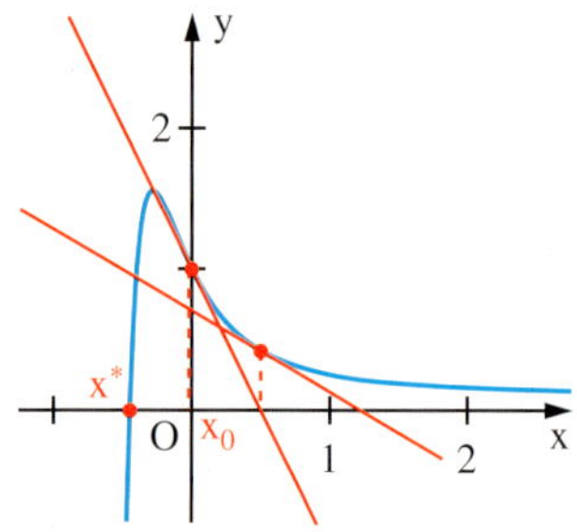

Fig. 2

$f(x) = \frac{x^3 + 2x + 1}{(x+1)^4}$
Startwert: $x_0 = 0$
Die x_n-Werte streben gegen unendlich.

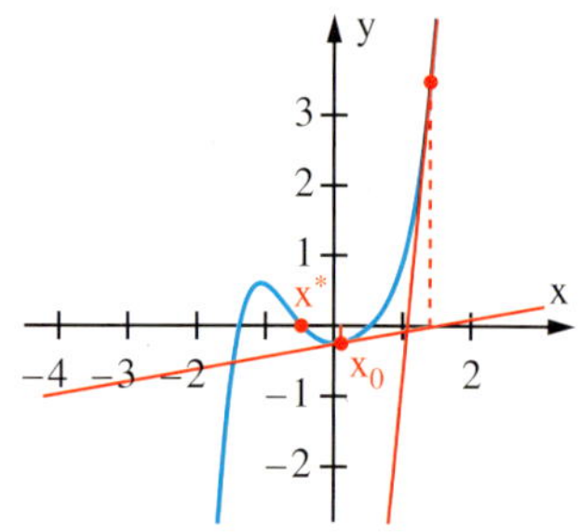

Fig. 3

$f(x) = \frac{1}{2}x^5 - \frac{1}{2}x^3 + x^2 - \frac{1}{4}$
Startwert: $x_0 = 0{,}1$
Die x_n-Werte streben gegen eine „falsche" Nullstelle.

Eine Regel zur Ermittlung eines Startwertes, die meistens zum Erfolg führt: Bestimmen Sie zunächst ein Intervall der Länge 1 mit ganzen Zahlen als Intervallenden, das die gesuchte Nullstelle enthält. Wählen Sie dann als Startwert x_0 die Mitte dieses Intervalls.

Beispiel: (Durchführung des NEWTON-Verfahrens)
Die Funktion f mit $f(x) = x^3 + 2x - 5$ hat genau eine Nullstelle x*.
a) Ermitteln Sie einen Startwert und die Iterationsvorschrift für das NEWTON-Verfahren.
b) Berechnen Sie x* mithilfe eines Taschenrechners bzw. einer Tabellenkalkulation.
Brechen Sie das Verfahren ab, wenn sich die vierte Dezimale erstmals nicht mehr ändert; runden Sie danach auf drei Dezimalen.
Lösung:
a) Mit $f(x) = x^3 + 2x - 5$ ist $f'(x) = 3x^2 + 2$. Weiterhin ist $f(1) = -2$ und $f(2) = 7$. Also ist z. B. $x_0 = 1{,}5$ ein möglicher Startwert. Die Iterationsvorschrift lautet: $x_{n+1} = x_n - \frac{x_n^3 + 2x_n - 5}{3x_n^2 + 2}$.
b) Durchführung der Iteration mit einem Taschenrechner:
Auf 3 Dezimalen gerundet ergibt sich: $x^* \approx 1{,}328$ (vgl. die Tabelle).

Bei der Durchführung des NEWTON-Verfahrens ist die Verwendung der Speicher des Taschenrechners ratsam!

n	x_n	$f(x_n)$	$f'(x_n)$	$\frac{f(x_n)}{f'(x_n)}$	x_{n+1}
0	1,5	1,375	8,75	0,157 14	1,342 86
1	1,342 86	0,107 26	7,409 82	0,014 48	1,328 38
2	1,328 38	0,000 81	7,293 78	0,000 11	1,328 27
3	1,328 27	0,000 008	7,292 90	0,000 001	1,328 269

Durchführung der Iteration mit einer Tabellenkalkulation:

Hier wird der Startwert x_0 eingesetzt!

	A	B	C	D	E	F
1	n	x_n	$f(x_n)$	$f'(x_n)$	$f(x_n)/f'(x_n)$	x_{n+1}
2	0		=B2^3+2*B2–5	=3*B2^2+2	=C2/D2	=B2–E2
3	=A2+1	=F2				
4						

Weitere Zelleninhalte erhält man durch Kopieren. Setzt man in das Feld B2 den Startwert $x_0 = 1{,}5$ ein, erhält man das gleiche Endergebnis wie mit einem Taschenrechner: $x^* \approx 1{,}328$.

Aufgaben

2 Die folgende Gleichung hat genau eine Lösung x^*. Berechnen Sie x^* nach dem NEWTON-Verfahren. Brechen Sie das Verfahren ab, wenn sich die vierte Dezimale nicht mehr ändert; runden Sie dann auf drei Dezimalen.

a) $x^3 + 2x - 1 = 0$ b) $x^3 + 3x - 6 = 0$ c) $x^3 + 3x^2 - 8 = 0$ d) $2x^3 - x^2 + x - 1 = 0$
e) $x^5 - x + 3 = 0$ f) $\sqrt{x} + x^2 - x - 2 = 0$ g) $x - 2\cdot\cos x = 0$ h) $x^3 - \cos x = 0$
i) $\frac{1}{x} + x^2 + 2 = 0$ j) $x^5 - x^3 + 1 = 0$ k) $\frac{1}{x} + x^4 - 1 = 0$ l) $4 - x + \sin 2x = 0$

Erinnerung: Eine ganzrationale Funktion vom Grad n hat höchstens n Nullstellen.

3 Die Gleichung hat mehrere Lösungen. Bestimmen Sie diese auf 3 Dezimalen gerundet.

a) $x^3 - 3x - 1 = 0$ b) $x^3 + 3x^2 - 3 = 0$
c) $x^4 - 2x^3 - 5x^2 + 1 = 0$ d) $x^4 + x^3 - 4x^2 + x + 0{,}5 = 0$

Auch in diesen Fällen kann das NEWTON-Verfahren angewendet werden.

Aufgabe 4:

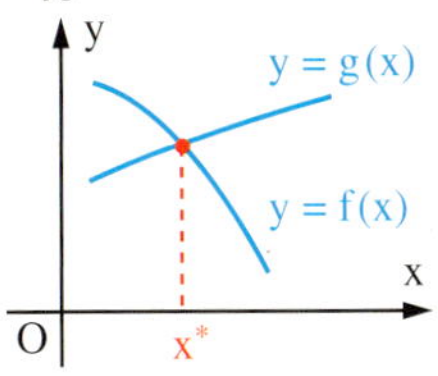

Aufgabe 5:

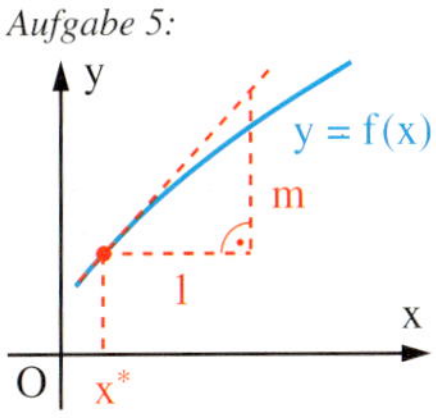

Fig. 1

4 Das Schaubild der Funktion g schneidet das Schaubild der Funktion h an genau einer Stelle x^*. Ermitteln Sie zunächst aus der Bedingung $g(x) = h(x)$ die Funktion f für die Iterationsvorschrift beim NEWTON-Verfahren. Berechnen Sie dann x^* auf 3 Dezimalen gerundet.

a) $g(x) = x^2$; $h(x) = x^3 - 1$ b) $g(x) = x^3$; $h(x) = \frac{1}{2}x^3 - 2x + 2$
c) $g(x) = \sqrt{x}$; $h(x) = \frac{1}{x} - 3$ d) $g(x) = \frac{1}{x}$; $h(x) = x^4 - 2x^3$

5 Die Funktion f hat an genau einer Stelle x^* im Intervall [2; 3] die Steigung m. Berechnen Sie x^* auf 3 Dezimalen gerundet.

a) $f(x) = 0{,}1x^4 - x^2 - x + 1$; $m = 1$ b) $f(x) = -0{,}1x^4 - x^3 + x^2 + 3$; $m = -18$
c) $f(x) = \frac{1}{10}x^3 + \frac{1}{2}x^2 - 1 + \frac{1}{x}$; $m = 4$ d) $f(x) = \sqrt{x} - \frac{1}{2}x^3 + 3$; $m = -10$
e) $f(x) = x^2 - 1 + \frac{1}{x^2}$; $m = 5$ f) $f(x) = \frac{x^3 - x^2 + 1}{x - 1}$; $m = 4$

6 a) Zeigen Sie: Das Schaubild der Funktion f mit $f(x) = x^5 + x + 1$ schneidet die x-Achse genau einmal.
b) Berechnen Sie die Abszisse dieses Schnittpunktes auf 4 Dezimalen gerundet.

7 Einer Kugel mit dem Radius $r = 9\,\text{cm}$ soll ein Zylinder einbeschrieben werden, dessen Inhalt ein Viertel des Kugelinhaltes beträgt (Fig. 3). Welche Höhe h und welchen Radius R hat der Zylinder? (2 Dezimalen)

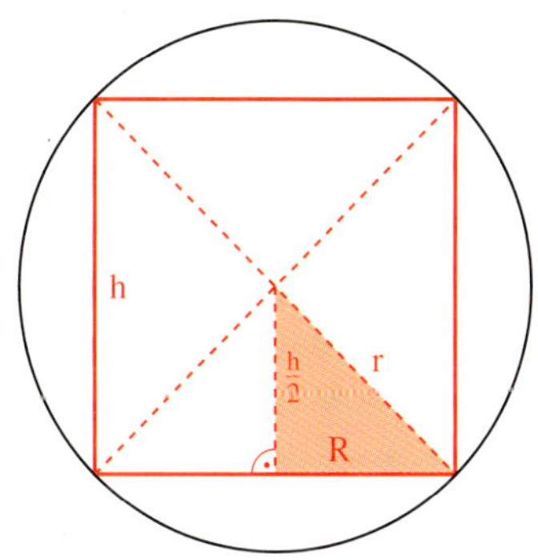

Fig. 3

Der ursprüngliche Zugang von NEWTON zum näherungsweisen Lösen seiner Gleichung ist ein anderer als der mit der Tangente.
Er betrachtet z. B. die Gleichung $x^3 - 2x - 5 = 0$ mit dem Startwert x_0.
Den Näherungswert x_1 erhält er wie folgt: Setzt man $x_1 = x_0 + h$ in die Gleichung ein, ergibt sich
$x_0^3 - 2x_0 - 5 + h(3x_0^2 - 2) + h^2\cdot 3x_0 + h^3 = 0$. Da h klein ist, vernachlässigt er die nichtlinearen Terme und löst die Gleichung
$x_0^3 - 2x_0 - 5 + h(3x_0^2 - 2) = 0$ nach h auf.
Der Engländer RAPHSON (1648–1715) hat diese Methode übernommen. Bei ihm findet man aber den Ausdruck $h = -\frac{f(x_0)}{f'(x_0)}$.
Deshalb spricht man auch vom NEWTON-RAPHSON-Verfahren.

8 Die Iterationsvorschrift beim HERON-Verfahren zur näherungsweisen Berechnung von $\sqrt{a}$ lautet: $x_{n+1} = \frac{1}{2}\left(x_n + \frac{a}{x_n}\right)$.

a) Die Funktion f mit $f(x) = x^2 - a$ hat die Nullstelle $\sqrt{a}$. Zeigen Sie:
Das NEWTON-Verfahren liefert die gleiche Vorschrift wie beim HERON-Verfahren.
b) Berechnen Sie $\sqrt{17}$ (8 Dezimalen).
c) Wie lautet die Iterationsvorschrift zur näherungsweisen Berechnung von $\sqrt[3]{a}$?
d) Berechnen Sie $\sqrt[3]{21}$ (8 Dezimalen).

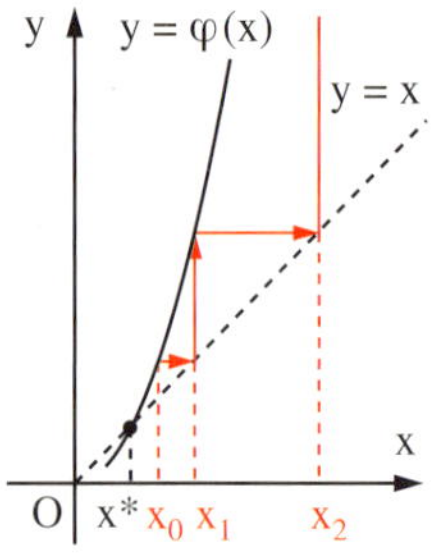

Fig. 2

Der Streckenzug führt nicht zum Schnittpunkt.

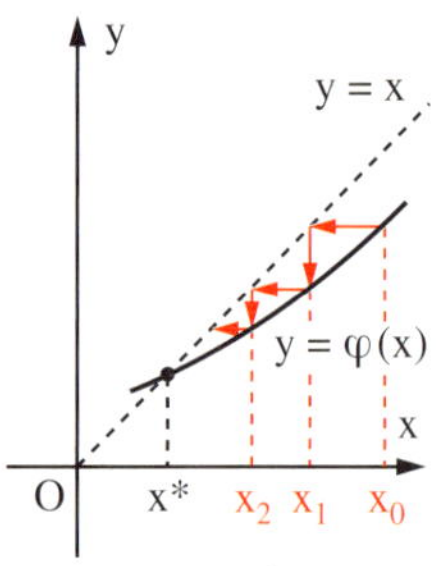

Fig. 3

Der Streckenzug führt zum Schnittpunkt.

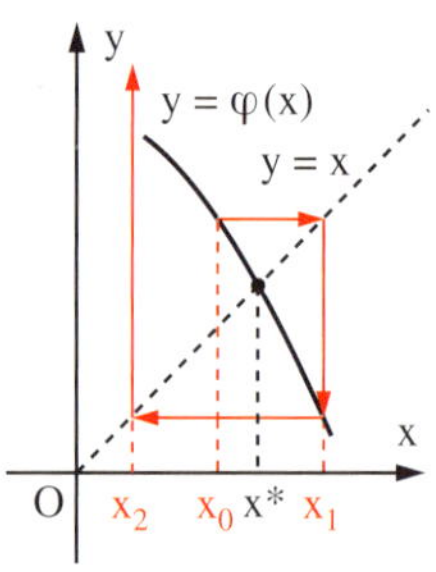

Fig. 4

Der Streckenzug führt nicht zum Schnittpunkt.

Aus $x^3 + 2x - 1$ folgt auch $x = -\frac{2}{x} + \frac{1}{x^2}$. Die Funktion φ_1 mit $\varphi_1(x) = -\frac{2}{x} + \frac{1}{x^2}$ erfüllt in [0,4; 0,5] aber nicht die Bedingungen des Satzes.

Das allgemeine Iterationsverfahren

Die Praxis zeigt, dass das NEWTON-Verfahren meistens sehr schnell brauchbare Näherungswerte für eine Lösung der Gleichung $f(x) = 0$ liefert. Es ist aber schwierig, Bedingungen zu finden, die sicherstellen, dass man tatsächlich eine Folge immer besserer Näherungswerte erhält. Bei dem folgenden **allgemeinen Iterationsverfahren** ist dies einfacher.

Die Funktion f mit $f(x) = x - \cos x$ hat genau eine Nullstelle. Um diese iterativ zu berechnen, kann man die Gleichung $x - \cos x = 0$ umformen in $x = \cos x$ und diese Gleichung dann als Schnittpunktproblem interpretieren.

Gesucht ist die Abszisse x* des Schnittpunktes der 1. Winkelhalbierenden und dem Schaubild der Funktion φ mit $\varphi(x) = \cos x$.

Mit einem Startwert x_0 berechnet man

$x_1 = \varphi(x_0) = \cos x_0$,

$x_2 = \varphi(x_1) = \cos x_1$, usw.

Fig. 1 veranschaulicht dieses Verfahren der wiederholten Einsetzung:

Der rot eingezeichnete Streckenzug führt zum Schnittpunkt.

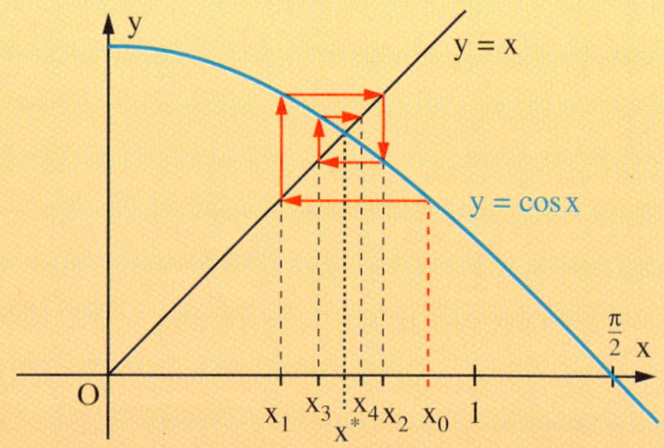

Fig. 1

Bringt man eine gegebene Gleichung auf die Form $x = \varphi(x)$, so klappt das angegebene Verfahren nicht in jedem Fall (vgl. Fig. 2, 3 und 4). Die Figuren legen aber eine Vermutung nahe: Die schrittweise Annäherung scheint zu klappen, wenn das Schaubild von φ die „richtige" Steigung hat. Die genauen Bedingungen sind die folgenden:

Satz: (Allgemeines Iterationsverfahren)
Die Gleichung $x = \varphi(x)$ habe im Intervall [a; b] eine Lösung x*. Die Funktion φ sei in [a; b] differenzierbar und es gelte $|\varphi'(x)| \leqq S < 1$ in [a; b] mit $S \in \mathbb{R}$.
Dann erhält man durch $x_{n+1} = \varphi(x_n)$ für jeden Startwert $x_0 \in [a; b]$ eine Folge von immer besseren Näherungswerten für x*.

Beispiel: (Durchführung des allgemeinen Iterationsverfahrens)
Die Gleichung $x^3 + 2x - 1 = 0$ hat im Intervall [0,4; 0,5] genau eine Lösung x*.
Berechnen Sie x* mit dem allgemeinen Iterationsverfahren auf 4 Dezimalen gerundet.

Lösung:

Aus $x^3 + 2x - 1 = 0$ folgt $x = \frac{1}{2}(1 - x^3)$.
Mit $\varphi(x) = \frac{1}{2}(1 - x^3)$ folgt $\varphi'(x) = -\frac{3}{2}x^2$.
In [0,4; 0,5] ist φ streng monoton fallend mit $|\varphi'(x)| \leqq \frac{3}{8}$. Mit $x_{n+1} = \frac{1}{2}(1 - x_n^3)$ und $x_0 = 0{,}45$ erhält man die nebenstehende Folge von Näherungswerten. Auf 4 Dezimalen gerundet ergibt sich: $x^* \approx 0{,}4534$.

$x_0 = 0{,}45$
$x_1 = 0{,}4544375$
$x_2 = 0{,}453076274$
$x_3 = 0{,}4534966794$
$x_4 = 0{,}4533671092$
$x_5 = 0{,}4534070687$
$x_6 = 0{,}4533947476$
$x_7 = 0{,}4533985469$

9 Berechnen Sie eine Lösung der Gleichung auf 3 Dezimalen gerundet. Wählen Sie dazu einen geeigneten Ansatz $x = \varphi(x)$ und einen passenden Startwert x_0.

a) $x - \cos x = 0$
b) $x - 1 + \sin x = 0$
c) $x^3 + 3x - 2 = 0$
d) $2x^3 + x^2 - 1 = 0$
e) $x - 2 = \frac{1}{x^2}$
f) $\sin x = (x + 1)(x - 1)$

8 Funktionsanpassungen

$g(x) = \frac{ax^2}{x+b}$

$h(x) = \frac{ax}{x+b}$

$k(x) = \frac{ax}{x^2+b}$

1 In einem Versuch I wurden Messungen durchgeführt und die Messwerte als Punkte in ein Koordinatensystem eingezeichnet (Fig. 1). Sollen die Punkte durch das Schaubild einer gebrochenrationalen Funktion angenähert werden, kann in diesem Fall eine Funktion f der Form $f(x) = \frac{a}{x+b}$ gewählt werden. Welcher der Terme auf dem Rand ist der für Versuch II angemessene?

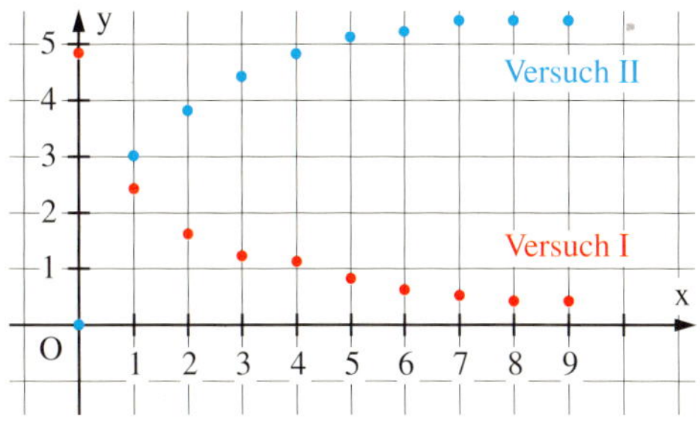

Fig. 1

Bei Anwendungen steht man häufig vor dem Problem, aus grafisch veranschaulichten Messwerten eine Funktion zu ermitteln, deren Schaubild die gezeichneten Punkte gut annähert. Im Folgenden wird erläutert, wie man eine solche „Funktionsanpassung" durchführen kann.

Die Lösbarkeit von Sauerstoff in Wasser hängt unter anderem von der Wassertemperatur ab. Bei einem konstanten Luftdruck von 1013 hPa absorbiert 1 Liter Wasser bei verschiedenen Temperaturen die in der Tabelle angegebenen Sauerstoffmengen.

Temperatur (in °C)	x	0	10	20	30	40	50
Sauerstoff (in cm^3)	y	0,0489	0,0380	0,0310	0,0261	0,0225	0,0210

(1) Messwerte in ein Koordinatensystem eintragen

(2) Gleichung für das Schaubild der vermuteten Funktion aufstellen

(3) Gleichung umformen mit dem Ziel, die Gleichung einer Geraden zu erhalten

In Fig. 2 sind diese Messwerte in ein Koordinatensystem eingezeichnet. Gesucht ist eine Funktion f, deren Schaubild die Punkte gut annähert. Aufgrund der Lage der Punkte kommt $y = \frac{a}{x+b}$ mit $x \geqq 0$ als Gleichung für das Schaubild von f in Frage.

Um a und b zu bestimmen, bildet man $\frac{1}{y} = \frac{x+b}{a} = \frac{1}{a}x + \frac{b}{a}$. In einem $x, \frac{1}{y}$-Koordinatensystem ist dies eine Geradengleichung mit der Steigung $m = \frac{1}{a}$ und dem y-Achsenabschnitt $c = \frac{b}{a}$.

x	y	$\frac{1}{y}$
0	0,0489	20,45
10	0,0380	26,32
20	0,0310	32,26
30	0,0261	38,31
40	0,0225	44,44
50	0,0210	47,62

(4) Messwerte entsprechend transformieren und in ein Koordinatensystem eintragen; Ausgleichsgerade einzeichnen

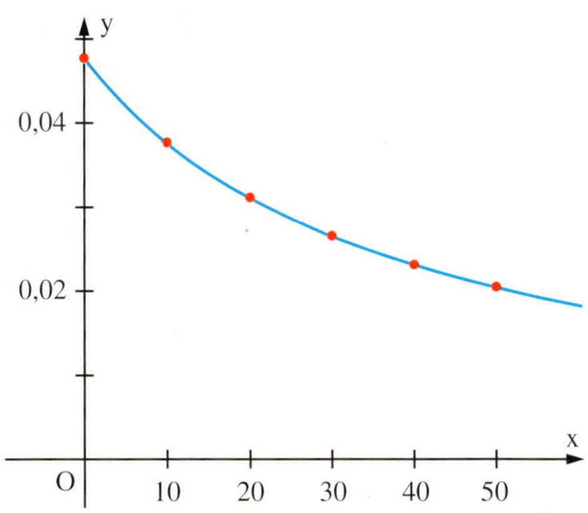

Fig. 2

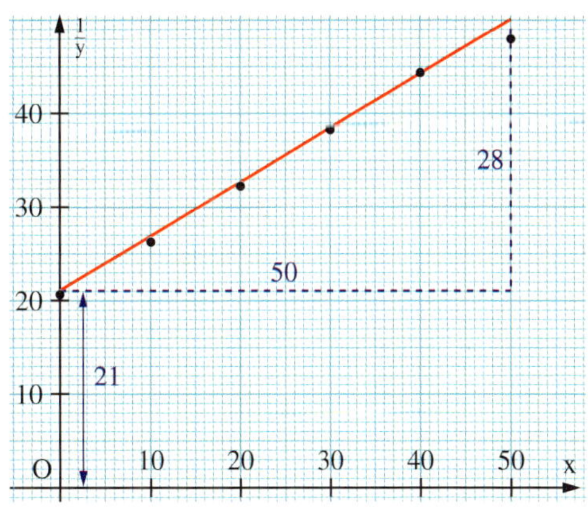

Fig. 3

(5) Parameter ermitteln

Man berechnet also jeweils $\frac{1}{y}$ (vgl. Tabelle) und trägt die Werte $\left(x \middle| \frac{1}{y}\right)$ in ein Koordinatensystem ein (Fig. 3). Liegen die Punkte näherungsweise auf einer Geraden („Ausgleichsgerade"), die man mit Augenmaß einzeichnet, ist der gewählte Funktionstyp angemessen. Fig. 3 entnimmt man: $m \approx \frac{28}{50} \approx 0{,}56$, $c \approx 21$. Hieraus folgt $a = \frac{1}{m} \approx 1{,}79$, $b = c \cdot a \approx 21 \cdot 1{,}79 \approx 37{,}59$.

Fig. 2 zeigt das Schaubild von f mit $f(x) = \frac{1{,}79}{x + 37{,}59}$. Die Annäherung ist sehr gut.

Beispiele für mögliche Gleichungen von Schaubildern:
$y = \frac{a}{x+b}$
$y = \frac{a \cdot x}{x+b}$
$y = \frac{a}{1+b \cdot x}$

Vorgehen bei einer „Funktionsanpassung“:
1) Messwerte in ein Koordinatensystem eintragen
2) Gleichung mit Parametern für das Schaubild der vermuteten Funktion aufstellen
3) Gleichung umformen mit dem Ziel, die Form einer Geradengleichung zu erhalten
4) Messwerte entsprechend transformieren und in ein neues Koordinatensystem eintragen; liegen die Punkte näherungsweise auf einer Geraden („Ausgleichsgerade“), liefert die gewählte Funktion eine passende Näherung
5) Parameter aus der Steigung und dem y-Achsenabschnitt der Ausgleichsgeraden ermitteln

Die folgende Tabelle enthält wichtige Typen gebrochenrationaler Funktionen einschließlich ihrer Transformationen.

Funktionstyp	Umformung	Transformationen	Gleichung der Geraden
$y = \frac{a}{x+b}$	$\frac{1}{y} = \frac{x+b}{a}$	$\frac{1}{y} = y^*;\ x = x^*$	$y^* = \frac{1}{a} \cdot x^* + \frac{b}{a}$
$y = \frac{a}{bx+1}$	$\frac{1}{y} = \frac{bx+1}{a}$	$\frac{1}{y} = y^*;\ x = x^*$	$y^* = \frac{b}{a} \cdot x^* + \frac{1}{a}$
$y = \frac{a \cdot x}{x+b}$	$\frac{1}{y} = \frac{x+b}{a \cdot x}$	$\frac{1}{y} = y^*;\ \frac{1}{x} = x^*$	$y^* = \frac{b}{a} \cdot x^* + \frac{1}{a}$
$y = \frac{a}{(x+b)^2}$	$\frac{1}{y} = \frac{(x+b)^2}{a}$	$\frac{1}{\sqrt{y}} = y^*;\ x = x^*$	$y^* = \frac{1}{\sqrt{a}} \cdot x^* + \frac{b}{\sqrt{a}}$
$y = \frac{a \cdot x}{x^2+b}$	$\frac{1}{y} = \frac{x^2+b}{a \cdot x}$	$\frac{x}{y} = y^*;\ x^2 = x^*$	$y^* = \frac{1}{a} \cdot x^* + \frac{b}{a}$
$y = \frac{a \cdot x^2+b}{x}$	$x \cdot y = a \cdot x^2 + b$	$x \cdot y = y^*;\ x^2 = x^*$	$y^* = a \cdot x^* + b$

Beispiel: (Funktionsanpassung; Anwendungen)
Bei der Reaktion einer Bromlösung mit einem Chlorid nimmt die Bromkonzentration c kontinuierlich mit der Zeit t ab. Bei einem Versuch erhielt man die folgenden Werte.

In der Chemie wird nach DIN eine Stoffmengenkonzentration in der Einheit Mol pro Liter ($\frac{mol}{l}$) angegeben. Dabei ist 1 Mol die Stoffmenge, die aus genauso vielen Teilchen besteht, wie Atome in zwölf Gramm des Kohlenstoff-Isotops $^{12}_{6}C$ enthalten sind; dies sind $6{,}022\,05 \cdot 10^{23}$ Teilchen.

t (in min)	0	10	20	30	40	50
c (in $\frac{mol}{l}$)	0,0247	0,0163	0,0121	0,0098	0,0083	0,0071

Für diese Reaktion lautet das Konzentrations-Zeit-Gesetz $c(t) = \frac{c_0}{1 + c_0 \cdot k \cdot t}$ mit der Anfangskonzentration c_0 zur Zeit $t = 0$ und der sog. Geschwindigkeitskonstanten k.
a) Ermitteln Sie mithilfe einer Ausgleichsgeraden c_0 und k für diese Reaktion.
b) Wie groß ist die Konzentration nach 35 Minuten?
c) Nach welcher Zeit ist die Konzentration auf $0{,}01\ \frac{mol}{l}$ gesunken?
Lösung:
a) Aus der Gleichung des Schaubildes $y = \frac{c_0}{1 + c_0 \cdot k \cdot t}$ folgt $\frac{1}{y} = k \cdot t + \frac{1}{c_0}$.
Trägt man in einem Koordinatensystem $\frac{1}{y}$ in Abhängigkeit von t ein, erhält man eine Gerade mit der Steigung k und dem y-Achsenabschnitt $\frac{1}{c_0}$ (Fig. 1).

Da das Konzentrations-Zeit-Gesetz angegeben ist, entfallen die Schritte 1) und 2).

t (in min)	0	10	20	30	40	50
y (in $\frac{mol}{l}$)	0,0247	0,0163	0,0121	0,0098	0,0083	0,0071
$\frac{1}{y}$ (in $\frac{l}{mol}$)	40,49	61,35	82,64	102,04	120,48	140,85

*Durch die Ermittlung der Steigung und des y-Achsenabschnitts der Ausgleichsgeraden werden **alle** Messwerte für die Bestimmung der Parameter verwendet.*

Der Fig. 1 entnimmt man:
$k \approx \frac{141,5-42}{50} \approx 1,99$, $\frac{1}{c_0} \approx 41,5$. Damit gilt:
Anfangskonzentration: $c_0 \approx 0,024$ (in $\frac{mol}{l}$),
Geschwindigkeitskonstante: $k \approx 1,99$ (in $\frac{l}{mol \cdot min}$).
b) Konzentrations-Zeit-Gesetz:
$c(t) = \frac{0,024}{1+0,048 \cdot t}$.
Für $t = 35$ ergibt sich:
$c(35) = \frac{0,024}{1+0,048 \cdot 35} \approx 0,009$.
Nach 35 Minuten beträgt die Konzentration ungefähr $0,009\,\frac{mol}{l}$.
c) Aus $0,01 = \frac{0,024}{1+0,048 \cdot t}$ folgt $t \approx 29,2$.
Die Konzentration $0,01\,\frac{mol}{l}$ wird nach etwas mehr als 29 Minuten erreicht.

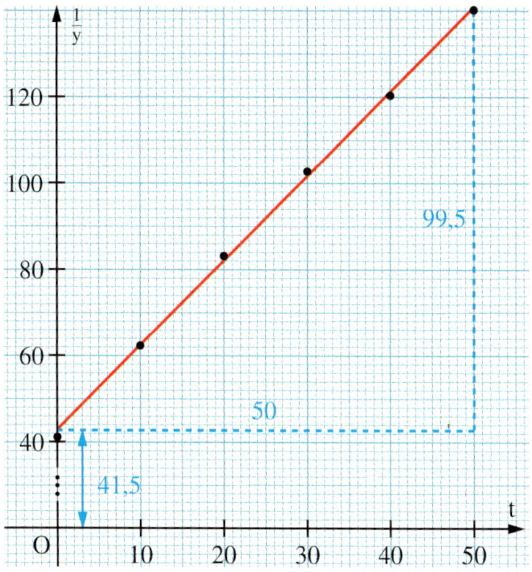

Fig. 1

Beispiel 2: (Bestimmung einer Ausgleichsgeraden mit dem Computer)
Gegeben sind die folgenden Messwerte.
Gesucht ist die Ausgleichsgerade mit

x	1	2	3	4	5	6
y	1,49	2,41	2,99	3,45	4,31	5,05

a) Derive b) Maple V c) Excel.

Lösung:

a)
```
Schreibe
Daten:=[[1,1.49],[2,2.41]
[3,2.99],[4,3.45],[5,4.31],[6,5.05]]
Schreibe
fit([x,xm+b],Daten)
approX
0.684571x+0.887333
```

b)
```
>restart:with(stats):
>Digits:=6:
>X:=[1,2,3,4,5,6]:
>Y:=[1.49,2.41,2.99,3.45,4.31,5.05]:
>fit[leastsquare[[x,y],y=m*x+b,
{a,b}]]([X,Y]);
y=.684571x+.887333
```

c) x-Werte: Zellen A1 bis A6;
y-Werte: Zellen B1 bis B6;
=Steigung(B1:B6;A1:A6)
ergibt die Steigung m,
=Achsenabschnitt(B1:B6;A1:A6)
ergibt den Achsenabschnitt b.
y=0,684571x+0,887333

Aufgaben

Die Entwicklungskosten für die Concorde betrugen rund drei Milliarden Dollar. Die sieben britischen und fünf französischen Jets fliegen mit maximal 2,2 Mach, also gut zweifacher Schallgeschwindigkeit oder mit einer Reisegeschwindigkeit von etwa 2150 Stundenkilometern in 17 bis 18 km Höhe über den Nordatlantik

2 Neben einer Straße wurden die Schwermetallgehalte im Boden (in 0 bis 2 cm Tiefe) in Abhängigkeit von der Entfernung zur Straße gemessen. Für Cadmium erhielt man:

Entfernung x (in m)	0	0,5	1	2	4	6
Cadmiumgehalt y (in $\frac{mg}{kg}$)	3	2,4	1,6	1,2	0,8	0,6

Für Entfernungen von mehr als 6 m und bis zu 100 m sank der Cadmiumgehalt angenähert linear auf $0,3\,\frac{mg}{kg}$. Führen Sie für $0 \leqq x \leqq 6$ eine Funktionsanpassung durch.

3 In einem Bericht zum Thema „Die kleiner gewordene Welt“ sind die folgenden Daten über die Entwicklung der Flugzeiten für Transatlantikflüge angegeben.

Jahr	1936	1939	1945	1949	1958
Flugzeit (in h)	52	30	15	12	7,5

a) Führen Sie eine Funktionsanpassung durch mit 1936 als Nullpunkt des Koordinatensystems.
b) Im Jahre 1970 dauerte ein Transatlantikflug von London nach New York rund 5 Stunden, seit dem Jahre 1977 fliegt die Concorde diese Strecke in rund 3,5 Stunden. Vergleichen Sie diese Flugzeiten mit den Werten, die sich mit der ermittelten Funktion ergeben.

Etherverbindungen sind oft benutzte Lösungsmittel. Die Ethersynthese mit Benzylbromid und Natriumethanolat verläuft nach der Reaktionsgleichung:
$C_6H_5CH_2Br + CH_3CH_2O^- \longrightarrow C_6H_5CH_2OCH_2CH_3 + Br^-$

4 Bei der Ethersynthese wird Natriumethanolat verbraucht. Die Werte der Tabelle zeigen, wie sich (bei 20 °C) die Konzentration c des Ethanolats mit der Zeit t verringert.

t (in s)	0	345	490	645	860	1090	1290	1560	1740
c (in $\frac{mol}{l}$)	0,424	0,350	0,326	0,308	0,280	0,236	0,245	0,233	0,212

Das Konzentrations-Zeit-Gesetz für diese Reaktion lautet: $c(t) = \frac{c_0}{1 + c_0 \cdot k \cdot t}$.

a) Zeichnen Sie die Messwerte in ein Koordinatensystem ein und führen Sie eine Funktionsanpassung wie im Beispiel durch.

b) Nach welcher Zeit ist die Konzentration auf $0{,}2\,\frac{mol}{l}$ gesunken?

5 Um die Unterschiede in der natürlichen Vegetation auf der Erde zu beschreiben, kann der Ertrag der oberirdischen Pflanzenmasse (der so genannten Biomasse) pro Flächeninhalt und Zeit herangezogen werden. Die produzierte Biomasse hängt von vielen Faktoren ab. Für das Amazonasgebiet in Brasilien wurde die Abhängigkeit vom Niederschlag untersucht.

1 a = 1 Jahr

Durchschnittl. Jahresniederschlag x (in m)	0,5	1,0	2,0	3,0	4,0
Biomasse y (in $\frac{kg}{m^2 \cdot a}$)	0,78	1,27	1,93	2,29	2,47

a) Veranschaulichen Sie die Messwerte in einem xy-Koordinatensystem.

b) Führen Sie eine Funktionsuntersuchung mit dem Ansatz $y = \frac{a \cdot x}{x + b}$ durch.

c) Zeichnen Sie das Schaubild der Funktion in das vorhandene Koordinatensystem ein.

d) Von welchem „Grenzwert" für die Biomasse $\left(\text{in } \frac{kg}{m^2 \cdot a}\right)$ bei zunehmendem durchschnittlichen Jahresniederschlag kann man nach dieser Untersuchung in dem angegebenen Gebiet ausgehen? Vervollständigen Sie die Zeichnung.

e) Berechnen Sie für die Funktion f mit $f(x) = \frac{a \cdot x}{x + b}$ den Funktionswert an der Stelle b. Verdeutlichen Sie das Ergebnis an der Zeichnung.

6 Bei der Trocknung von Champignons ergaben sich die folgenden Werte. Dabei sind die Zeit in Tagen seit Beginn der Messungen und das Gewicht in Prozent des Anfangsgewichtes angegeben.

Zeit	0	1	2	3	4	7,5	8,5	9,5	10	11	14,5	18,5	21,5	28,5
Gewicht	95,8	81,3	64,1	57,3	50,0	31,8	29,2	25,5	22,4	19,8	15,1	9,9	7,8	6,3

Untersuchen Sie verschiedene gebrochenrationale Funktionen hinsichtlich einer Funktionsanpassung.

7 Die Weltbevölkerung hat sich näherungsweise wie folgt entwickelt, wobei die Anzahl der Personen in Milliarden angegeben ist

Jahr	1700	1750	1800	1850	1900	1920	1930	1940	1950	1960	1970	1980	1990
Anzahl	0,62	0,73	0,91	1,17	1,61	1,86	2,07	2,30	2,52	3,02	3,70	4,45	5,29

Führen Sie eine Funktionsanpassung mithilfe einer gebrochenrationalen Funktion durch und interpretieren Sie das Ergebnis.

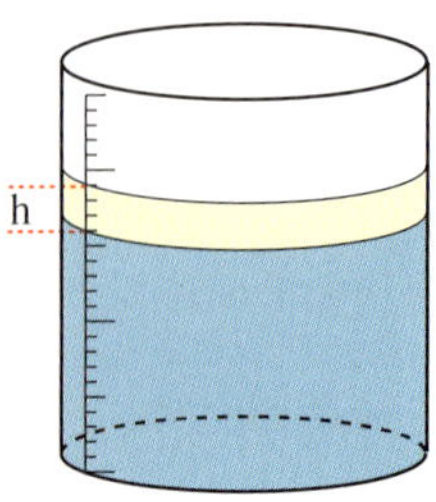

8 In einen Messzylinder wurde Bier eingefüllt und die Höhe h der Schaumschicht in Abhängigkeit von der Zeit t gemessen. Man erhielt das folgende Ergebnis.

t (in s)	0	30	60	90	120	150	180	210	240	270	300	330	360
h (in cm)	14,5	12,3	10,5	9,0	7,6	6,5	5,6	4,7	4,0	3,4	2,9	2,5	2,1

Untersuchen Sie, ob eine Funktionsanpassung mit einer gebrochenrationalen Funktion sinnvoll ist.

9 Funktionsuntersuchungen in realem Bezug

Das Hermannsdenkmal soll an den Cheruskerfürsten ARMIN erinnern, der im Jahre 9 n. Chr. den römischen Statthalter VARUS besiegte. Der Name Hermann kam im 17. Jahrhundert auf, als ARMIN dem angeblichen Kriegsgott HERIMANNUS gleichgestellt wurde.

Eine gegebene Funktion kann man mithilfe der Differenzialrechnung auf wichtige Eigenschaften wie z. B. Monotonie oder Existenz von Extremwerten untersuchen. Bei Anwendungen dagegen muss häufig erst aus der Beschreibung des Sachverhaltes eine Funktion ermittelt werden, anhand derer man dann reale Fragestellungen untersuchen kann.

Beispiel:
Ein Beobachter steht x Meter vom Sockel (Höhe b Meter) eines Denkmals entfernt. Die Statue auf dem Sockel hat eine Größe von c Metern. Dem Beobachter (Augenhöhe a Meter) erscheint die Statue unter dem Sehwinkel φ (Fig. 1).

a) Bei welcher Entfernung x wird der Sehwinkel φ am größten?

b) Das Hermannsdenkmal im Teutoburger Wald besteht aus der 26 m hohen Statue und dem 30,7 m hohen Gebäude als Sockel.
In welcher Entfernung vom Sockel sollte ein Beobachter (a = 1,6 m) das Denkmal betrachten? Wie groß ist dann der Sehwinkel?

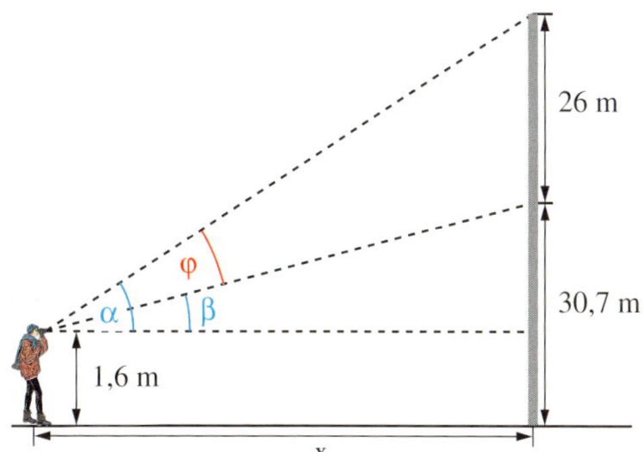

Fig. 1

Lösung:

a) Die Dreiecke ABC und ABD sind rechtwinklig. Mit $\overline{BC} = u = b - a$ und $\overline{BD} = v = c + b - a$ gilt für $x > 0$: $\tan\alpha = \frac{v}{x}$ und $\tan\beta = \frac{u}{x}$.

Also folgt $\tan\varphi = \tan(\alpha - \beta) = \frac{\tan\alpha - \tan\beta}{1 + \tan\alpha \cdot \tan\beta} = \frac{\frac{v}{x} - \frac{u}{x}}{1 + \frac{v}{x} \cdot \frac{u}{x}} = \frac{(v-u)x}{x^2 + u \cdot v}$.

Ist $\tan\varphi$ mit $0 \leqq \varphi < 90°$ maximal, so ist auch φ maximal. Deshalb untersucht man die Ersatzfunktion t mit $t(x) = \frac{(v-u)x}{x^2 + u \cdot v}$; die Funktion t ist eine gebrochenrationale Funktion. Es gilt:

$$t'(x) = \frac{(v-u)\cdot(x^2 + u \cdot v) - (v-u) \cdot x \cdot 2x}{(x^2 + u \cdot v)^2} = \frac{(v-u)\cdot(u \cdot v - x^2)}{(x^2 + u \cdot v)^2}.$$

Wie kann man aufgrund des Ergebnisses von a) den Standpunkt des Beobachters zeichnerisch ermitteln?

Aus $(v-u)\cdot(u \cdot v - x^2) = 0$ folgt $x_1 = +\sqrt{u \cdot v}$, $x_2 = -\sqrt{u \cdot v}$. Wegen $x > 0$ entfällt x_2. Bei $x_1 = +\sqrt{u \cdot v}$ hat die 1. Ableitung einen VZW. Also wird φ für $x_1 = +\sqrt{u \cdot v}$ am größten.

b) Mit $a = 1{,}6$, $b = 26$, $c = 30{,}7$ ergibt sich $u = 30{,}7 - 1{,}6 = 29{,}1$ und $v = 30{,}7 - 1{,}6 + 26 = 55{,}1$.
Hieraus folgt $x_1 = \sqrt{29{,}1 \cdot 55{,}1} \approx 40{,}0$; aus $\tan\varphi \approx \frac{(55{,}1 - 29{,}1)\cdot 40{,}0}{40{,}0^2 + 29{,}1 \cdot 55{,}1} \approx 0{,}3247$ ergibt sich $\varphi \approx 18°$.
Der Beobachter sollte also rund 40 Meter vom Sockel entfernt stehen (Sehwinkel 18°).

Aufgaben

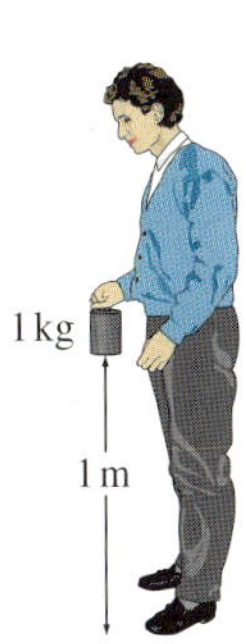

Um 1 kg um 1 m anzuheben benötigt man etwa 10 Joule.

1 Um herauszufinden, „wie hart ein Vogel arbeiten muss um zu fliegen", wurden im Windkanal Versuche mit australischen Sittichen (Körpergewicht zwischen 20 und 40 Gramm) durchgeführt. Durch Messung des Sauerstoffverbrauchs des Vogels konnte man auf den Energieverbrauch zurückschließen. Ist v die Geschwindigkeit des Vogels gegenüber der Luft beim Horizontalflug, so kann der Energieverbrauch E(v) für eine Strecke von 1 km und pro Gramm Körpergewicht näherungsweise beschrieben werden durch:

$E(v) = \frac{0{,}31\,(v - 35)^2 + 92}{v}$, $20 \leqq v \leqq 60$ (E in $\frac{J}{g \cdot km}$; v in $\frac{km}{h}$).

Wie hoch ist der Energieverbrauch pro Kilometer und Gramm bei einer Geschwindigkeit von $25\,\frac{km}{h}$? Bei welcher Geschwindigkeit ist der Energieverbrauch des Vogels am geringsten?

In Gemischen von Gasen, die nicht miteinander reagieren, setzt sich der Gesamtdruck aus den Partialdrücken der einzelnen Gase zusammen. Der Partialdruck eines Gases entspricht dem Druck, den dieses Gas ausüben würde, wenn es als einziges Gas in gleicher Menge im gleichen Volumen vorhanden wäre.

2 Der Sauerstofftransport im Blut wird überwiegend durch den Blutfarbstoff Hämoglobin geleistet. In der Lunge nimmt das Hämoglobin Sauerstoff auf und gibt diesen in den meisten Körpergeweben wieder ab. Der Zusammenhang zwischen der Sauerstoffsättigung S und dem Sauerstoffpartialdruck p kann näherungsweise beschrieben werden durch

$S_1(p) = \frac{42\,198\,p^3}{421{,}98\,p^3 + 17\,576}$, $p \geqq 0$ (p in kPa; S_1 in %).

In Muskelzellen wird Sauerstoff durch Myoglobin transportiert. Für Myoglobin gilt:

$S_2(p) = \frac{750\,p}{7{,}5\,p + 2{,}8}$, $p \geqq 0$ (p in kPa; S_2 in %).

a) Zeichnen Sie in ein gemeinsames Koordinatensystem Schaubilder der Funktionen $p \mapsto S_1(p)$ bzw. $p \mapsto S_2(p)$ einschließlich Asymptoten („Sauerstoffbindungskurven").

b) Myoglobin gibt im Unterschied zu Hämoglobin über ein breites Intervall von p nur wenig Sauerstoff ab. Vergleichen Sie hierzu für die beiden Sauerstoffbindungskurven die Funktionswerte für 3 kPa und 13 kPa.

c) Ermitteln Sie den Wendepunkt der Sauerstoffbindungskurve von Hämoglobin.

ARCHIBALD HILL (1886–1977), bedeutender englischer Physiologe; Nobelpreis für Medizin im Jahre 1922. HILL untersuchte 1910 erstmals die S-förmige Sauerstoffbindungskurve bei Hämoglobin. Den mathematischen Zusammenhang zwischen der Kraft und der Geschwindigkeit bei einer Muskelkontraktion veröffentlichte er 1938 (vgl. Aufgabe 3).

3 Belastet man einen Muskel durch ein Gewicht, so zieht sich der Muskel zusammen. Der Zusammenhang zwischen der Gewichtskraft F (in N) und der Geschwindigkeit v (in $\frac{m}{s}$), mit der sich der Muskel zusammenzieht, wird durch die HILLsche Gleichung beschrieben:

$(F + a) \cdot (v + b) = c$, wobei a, b und c vom Muskel abhängige Konstanten sind.

a) Drücken Sie die Geschwindigkeit v in Abhängigkeit von der Gewichtskraft F aus.

b) Für einen menschlichen Armmuskel ergeben sich die nebenstehenden Messwerte. Berechnen Sie a, b und c. Zeichnen Sie dann ein Schaubild der Funktion $F \mapsto v$.

F (in N)	10	50	150
v (in $\frac{m}{s}$)	7,70	2,62	0,46

c) Welche Kontraktionsgeschwindigkeit ergibt sich bei einer Belastung von 100 Newton?

d) Bei welcher Geschwindigkeit ist die mechanische Leistung $P = F \cdot v$ des Muskels am größten (P in $\frac{Nm}{s}$)?

4 Wird zum Betrieb eines Bauteils eine geringere Spannung U_X benötigt als die Spannung U_0 einer Spannungsquelle, kann man U_0 mithilfe einer Spannungsteilerschaltung reduzieren. Dabei wird ein Teil R_X des Widerstandes $R = R_V + R_X$ mit dem Widerstand R_B des Bauteils parallel geschaltet (Fig. 1).

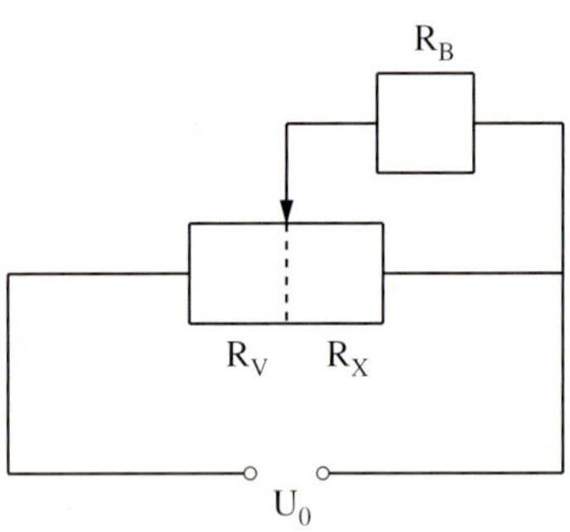

Fig. 1

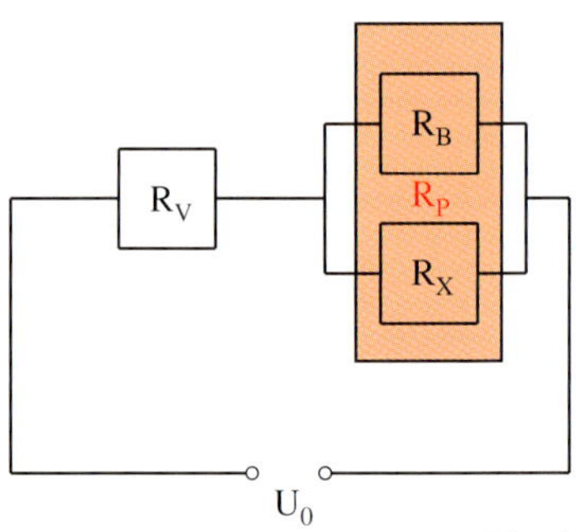

Fig. 2

Nach den Gesetzen zur Reihen- bzw. Parallelschaltung von Widerständen gilt (Fig. 2):

$R_{gesamt} = R_V + R_P$, $\frac{1}{R_P} = \frac{1}{R_X} + \frac{1}{R_B}$.

a) Berechnen Sie R_{gesamt} in Abhängigkeit von R, R_B und R_X.

b) Zeigen Sie mithilfe der Beziehung $\frac{U_X}{U_0} = \frac{R_P}{R_{gesamt}}$, dass für die gesuchte Spannung U_X gilt: $U_X = \frac{R_B \cdot R_X}{R \cdot R_B + R \cdot R_X - R_X^2} \cdot U_0$.

c) Welche Abhängigkeit besteht zwischen U_0 und U_X, wenn der Spannungsteiler unbelastet ist, d. h., wenn gilt: $R_B \to \infty$?

d) Betrachtet wird für $U_0 = 230$ Volt und $R = 1\,000$ Ohm die in b) ermittelte Funktion $R_X \mapsto U_X$ mit dem Parameter R_B (in Ohm). Geben Sie die Definitionsmenge dieser Funktion an. Durch welche Punkte verlaufen alle Schaubilder?

Zeichnen Sie Schaubilder für $R_B \in \{20; 50; 100; 200; 500; 1\,000\}$ in ein gemeinsames Achsenkreuz. Tragen Sie das Schaubild der Funktion für den unbelasteten Spannungsteiler in das vorhandene Achsenkreuz ein. Interpretieren Sie die Schaubilder.

10 Vermischte Aufgaben

1 Geben Sie die Definitionsmenge von f an. Untersuchen Sie das Schaubild von f auf Symmetrie, Schnittpunkte mit den Achsen sowie auf Asymptoten. Skizzieren Sie ein Schaubild von f.

a) $f(x) = \frac{x^2+1}{x}$ b) $f(x) = \frac{4(x^2-1)}{x^2-9}$ c) $f(x) = \frac{x+1}{x^2-1}$ d) $f(x) = \frac{x-1}{x^3-4x}$

2 Gegeben sind die Funktionen f, g und h mit $f(x) = \frac{x^2}{x^2-1}$, $g(x) = \frac{x^3}{x^2-1}$ und $h(x) = \frac{x^4}{x^2-1}$. Geben Sie die Nullstellen dieser Funktionen an. Untersuchen Sie die Schaubilder auf Symmetrie und auf Asymptoten. Skizzieren Sie in verschiedenen Achsenkreuzen Schaubilder von f, g und h.

3 Führen Sie eine vollständige Funktionsuntersuchung durch.

a) $f(x) = \frac{x^2-2}{(x-1)^2}$ b) $f(x) = \frac{4x^2-4x+4}{x^2+1}$ c) $f(x) = \frac{4x^2-4}{(x^2+1)^2}$ d) $f(x) = \frac{x^4-2x^3-8x+16}{4x^2-8x}$

4 Für jedes $t > 0$ ist eine Funktion f_t gegeben. Führen Sie eine vollständige Funktionsuntersuchung durch. Zeichnen Sie Schaubilder für $t_1 = 1$, $t_2 = 2$ im gleichen Koordinatensystem.

a) $f_t(x) = \frac{x^2+t}{x+t}$ b) $f_t(x) = \frac{tx^2}{4} + \frac{4}{x^2}$ c) $f_t(x) = \frac{2tx}{x^2+t}$ d) $f_t(x) = \frac{2tx-2x^3}{x^2+t}$

5 Gegeben ist die Funktion f mit $f(x) = \frac{2}{x^2+1}$. Ihr Schaubild sei K.

a) Nennen Sie wichtige Eigenschaften von K. Skizzieren Sie K.

b) Wie lautet die Gleichung der Tangente an das Schaubild von f im Punkt $B(-1\,|\,1)$?

c) Die Tangente im Punkt B und die Gerade mit der Gleichung $y = 3x - 1$ schneiden sich. Ermitteln Sie den Schnittwinkel.

d) K schneidet das Schaubild der Funktion g mit $g(x) = x^3 - 1$ im Punkt $S(x_0\,|\,y_0)$. Berechnen Sie x_0 mit dem NEWTON-Verfahren auf 3 Dezimalen gerundet.

e) Der Punkt $Q(u\,|\,v)$ auf dem Schaubild von f und der Punkt $P(u\,|\,0)$ sind Ecken eines zur y-Achse symmetrischen Rechtecks. Bei welchen Werten für u ist der Flächeninhalt des Rechtecks ein Extremwert? Um welche Art von Extremwert handelt es sich?

Zur Erinnerung:
Das Schaubild einer Funktion f ist punktsymmetrisch zum Punkt $P(x_0\,|\,y_0)$, wenn für alle $h \in \mathbb{R}$ mit $x_0 + h \in D$ gilt:
$y_0 = \frac{1}{2}[f(x_0-h) + f(x_0+h)]$.

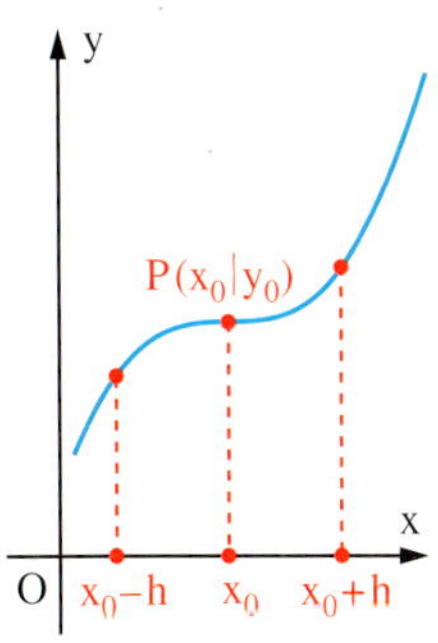

6 Es sei K das Schaubild der Funktion f mit $f(x) = \frac{x^2-18}{x-5}$.

a) Untersuchen Sie K auf Schnittpunkte mit der x-Achse, Extrempunkte und auf Asymptoten. Zeichnen Sie K.

b) Zeigen Sie, dass K zum Schnittpunkt der Asymptoten symmetrisch ist.

c) Aus welchen Parallelen zur x-Achse schneidet K eine Strecke der Länge 1,5 LE aus?

d) K und die x-Achse begrenzen eine Fläche. Dieser kann man ein Rechteck so einbeschreiben, dass jeweils eine Rechtecksseite auf der x-Achse und zwei Ecken auf K liegen. Bestimmen Sie die Koordinaten der Ecken des Rechtecks mit maximalem Flächeninhalt.

7 Durch $f_t(x) = \frac{16}{x^2-t}$ ist für jedes $t \in \mathbb{R}^+$ eine Funktion f_t gegeben. Ihr Schaubild sei K_t.

a) Geben Sie die Gleichungen der Asymptoten an.

b) Ermitteln Sie die Koordinaten des Hochpunktes H_t von K_t.

c) Zeichnen Sie K_4.

d) Zeigen Sie, dass die Schaubilder K_t und K_{t^*} für $t \neq t^*$ keinen Punkt gemeinsam haben.

e) Auf jedem Schaubild K_t gibt es außer H_t zwei weitere Punkte P_t und Q_t, für welche die Normale durch den Ursprung O geht. Berechnen Sie die Koordinaten von P_t und Q_t. Auf welcher Linie liegen alle diese Punkte?

8 Es sei K das Schaubild der Funktion f mit $f(x) = \frac{(x+4)(x^2-2)}{8(x-2)}$.

a) Untersuchen Sie K auf Schnittpunkte mit der x-Achse, Extrempunkte und Asymptoten.

b) Bestimmen Sie die Gleichung einer ganzrationalen Näherungskurve für $|x| \to \infty$. Zeichnen Sie K, die Asymptote sowie die Näherungskurve im Bereich $-7 \leqq x \leqq 5$.

c) K hat genau einen Wendepunkt W. Weisen Sie nach, dass die x-Koordinate von W im Intervall $[-1; 0]$ liegt. Berechnen Sie diese x-Koordinate mit dem NEWTON-Verfahren auf 3 Dezimalen genau.

9 Für jedes $t \in \mathbb{R}^+$ ist eine Funktion f_t gegeben durch $f_t(x) = \frac{2x}{x^2+t^2} + \frac{1}{t}$. Ihr Schaubild sei K_t.

a) Untersuchen Sie K_t auf gemeinsame Punkte mit den Koordinatenachsen, Extrem- und Wendepunkte sowie auf Asymptoten. Zeichnen Sie K_1.

b) Ermitteln Sie die Gleichungen der drei Wendetangenten. Für welchen Wert von t sind die beiden parallelen Wendetangenten von K_t zur dritten Wendetangente orthogonal?

c) Weisen Sie nach, dass die Verbindungsgerade der Wendepunkte von K_t für jedes $t \in \mathbb{R}^+$ Tangente ist an das Schaubild der Funktion g mit $g(x) = -\frac{1}{2x}$.
Geben Sie die Koordinaten des Berührpunktes an.

Anwendungen

10 Die Tragfähigkeit T eines Balkens mit rechteckigem Querschnitt ist proportional zur Breite b und zum Quadrat der Höhe h, d. h. es gilt: $T = k \cdot b \cdot h^2$.

a) Aus einem zylindrischen Stamm mit dem Durchmesser $d = 60\,\text{cm}$ soll ein Balken mit möglichst großer Tragfähigkeit geschnitten werden. Wie sind b und h zu wählen?
Berechnen Sie das Verhältnis $h : b$ für diesen Balken.

b) Für die Durchbiegung d eines Balkens der Länge e, der Breite b und der Höhe h unter der Last L gilt: $d = c \cdot L \cdot \frac{e^3}{b \cdot h^3}$. Wie ändert sich die Durchbiegung, wenn man e, b und h jeweils verdoppelt? Wie ändert sie sich, wenn man einen Balken mit dem in a) ermittelten Seitenverhältnis $h : b$ von einer der beiden möglichen Lagen in die andere kippt?

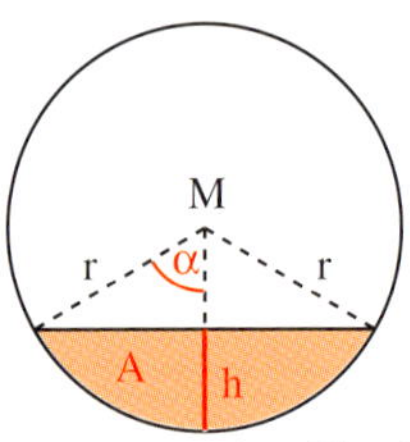

Fig. 1

Für den Flächeninhalt A des Kreisabschnitts gilt: $A = \frac{1}{2}r^2(2\alpha - \sin 2\alpha)$; weiterhin ist $\cos\alpha = 1 - 2h$.

11 Ein zylinderförmiger Kunststofftank fasst 2000 Liter, der Durchmesser der kreisförmigen Seitenwände beträgt jeweils 1 m. An einer der Seitenwände soll ein Markierungsstreifen angebracht werden, an dem man unmittelbar den gerade im Tank befindlichen Inhalt ablesen kann.

a) Zeigen Sie: Für die im Tank befindliche Flüssigkeitsmenge V (in m^3) in Abhängigkeit vom Winkel α (α im Bogenmaß) gilt: $V(\alpha) = \frac{1}{\pi}(2\alpha - \sin 2\alpha)$ (vgl. Fig. 1).

b) An welcher Stelle auf dem Markierungsstreifen ist die Marke für einen Inhalt von 200 Liter anzubringen?

c) Wo sind die Marken für 400 Liter, 600 Liter, …, 2000 Liter anzubringen?

JOHANNES VAN DER WAALS (1837–1923), niederländischer Physiker, erhielt 1910 den Nobelpreis für Physik.

12 Bei hohem Druck und niedriger Temperatur kann der Zustand eines Gases durch die VAN-DER-WAALSSCHE-Gleichung beschrieben werden: $p(V) = \frac{R \cdot T}{V-b} - \frac{a}{V^2}$; $V > b$.
Hierin sind p der Druck (in kPa), T die Temperatur (in K), V das Molvolumen (in $\frac{l}{\text{mol}}$). R die allgemeine Gaskonstante ($R = 8{,}314\,\frac{\text{kPa} \cdot l}{\text{K} \cdot \text{mol}}$) sowie a und b weitere Konstanten; für Kohlendioxyd z. B. ist $a = 364\,\frac{\text{kPa} \cdot l^2}{\text{mol}^2}$ und $b = 0{,}0427\,\frac{l}{\text{mol}}$.

a) Führen Sie für Kohlendioxyd bei T = 273,15 (273,15° K entspricht 0° C) mithilfe eines CAS-Programms eine Funktionsuntersuchung durch.

b) Zeigen Sie: Für die VAN-DER-WAALSSCHE-Gleichung folgt aus $p'(V) = 0$ die Beziehung $R \cdot T = \frac{2a(V-b)^2}{V^3}$. Ermitteln Sie hiermit die Gleichung der Ortskurve aller Extrempunkte.

c) Plotten Sie für Kohlendioxyd Schaubilder für T = 273; 283; 293; …; 343; 353 einschließlich der Ortskurve aller Extrempunkte.

Mathematische Exkursionen

Das Schluckvermögen einer Straße

Als Argument gegen die Einführung eines Tempolimits auf Autobahnen wird häufig vorgebracht, eine solche Maßnahme könnte zu zusätzlichen Staus führen. Im Folgenden wird mithilfe eines einfachen Modells der Zusammenhang zwischen Fahrzeuggeschwindigkeit, Anhalteweg und Verkehrsfluss untersucht.

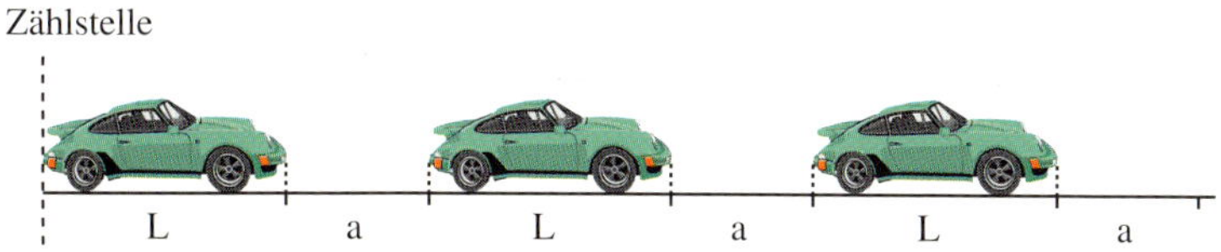

Fig. 1

Betrachtet wird eine Kolonnenfahrt unter folgenden Voraussetzungen (Fig. 1): Alle Fahrzeuge haben die gleiche Länge L (in m), fahren mit der gleichen, konstanten Geschwindigkeit v (in $\frac{\text{km}}{\text{h}}$) und alle halten den gleichen Sicherheitsabstand bzw. Anhalteweg a (in m) zum Vordermann ein.

Die Anzahl der Fahrzeuge, die pro Stunde eine Zählstelle passieren, heißt **Verkehrsdichte**, **Fahrzeugdurchsatz** oder auch **Schluckvermögen** und wird mit D bezeichnet.
Die Länge einer Kolonne, welche in einer Stunde die Zählstelle passiert, ist gleich der Fahrzeuggeschwindigkeit v multipliziert mit der Beobachtungszeit 1 Stunde. Mit v in $\frac{\text{km}}{\text{h}}$ ist diese Länge in km gleich $v \cdot 1$ bzw. in m gleich $1000\,v$. Andererseits ergibt sich die gleiche Länge, wenn man die Anzahl der Fahrzeuge dieser Kolonne mit dem Streckenbedarf $L + a$ pro Fahrzeug multipliziert. Also gilt: $1000\,v = D \cdot (L + a)$ bzw. $D = \frac{1000\,v}{L + a}$. Die verkehrsdichte D hängt also neben der Fahrzeuglänge L und der Geschwindigkeit v wesentlich vom Sicherheitsabstand a ab. Da aber auch a von v abhängt, schreibt man: $D(v) = \frac{1000\,v}{L + a(v)}$.

Bevor die Verkehrsdichte in Abhängigkeit von der gefahrenen Geschwindigkeit weiter untersucht wird, werden zunächst die wichtigsten Regeln für den Sicherheitsabstand zusammengestellt. Die ersten drei dieser Regeln sind so genannten Faustregeln, die in der „Tacho-Sprache" formuliert sind. Mithilfe dieser Regeln kann man direkt aus der gefahrenen Geschwindigkeit v (in $\frac{\text{km}}{\text{h}}$) den Sicherheitsabstand a(v) (in m) ermitteln.

Aus einem „Fahrschul-Buch":

Der Anhalteweg setzt sich zusammen aus dem Reaktionsweg, d. h. dem Weg, den das Auto während der Reaktionszeit des Fahrers zurücklegt, und dem eigentlichen Bremsweg.

Der Reaktionsweg errechnet sich wie folgt:

$$\text{Reaktionsweg} = \frac{\text{Geschw. in } \frac{\text{km}}{\text{h}}}{10} \times 3.$$

Der Bremsweg errechnet sich wie folgt:

$$\text{Bremsweg} = \frac{\text{Geschw. in } \frac{\text{km}}{\text{h}}}{10} \times \frac{\text{Geschw. in } \frac{\text{km}}{\text{h}}}{10}.$$

(1) Die „Tacho-halbe-Regel":
Der Sicherheitsabstand ist die Strecke, die sich ergibt, wenn man die Maßzahl der Tachoanzeige halbiert und mit der Einheit m versieht:
$a_1(v) = \frac{1}{2}v.$

(2) Die „2-Sekunden-Regel":
Der Sicherheitsabstand ist die Strecke, die man in 2 Sekunden zurücklegt. Wegen $1\,\frac{\text{km}}{\text{h}} = \frac{1000\,\text{m}}{3600\,\text{s}} = \frac{1\,\text{m}}{3{,}6\,\text{s}}$ ergibt sich:
$a_2(v) = \frac{v}{3{,}6} \cdot 2.$

(3) Die „Fahrschul-Regel":
$a_3(v) = \frac{v}{10} \cdot 3 + \left(\frac{v}{10}\right)^2.$

Bei der Fahrschul-Regel ergibt sich der Sicherheitsabstand zwar als Summe von Reaktionsweg und Bremsweg, nicht berücksichtigt aber werden hierbei z. B. unterschiedliche Reaktionszeiten der Fahrer und unterschiedliche Bremsverzögerungen der Fahrzeuge. Bei den beiden folgenden Regeln werden diese beiden Komponenten berücksichtigt.

Der Anhalteweg a(v) setzt sich zusammen aus dem Reaktionsweg und dem Bremsweg. Ist t_R (in s) die Reaktionszeit, b (in $\frac{m}{s^2}$) die Bremsverzögerung und v (in $\frac{m}{s}$) die Geschwindigkeit, so gilt:

$$a(v) = v \cdot t_R + \frac{1}{2b} \cdot v^2.$$

Mit v in $\frac{km}{h}$ ergibt sich als weitere Regel für den Sicherheitsabstand:

Der TÜV fordert für PKW eine Bremsverzögerung von mindestens $4\frac{m}{s^2}$. Beim Autofahren sollte man die Bremsen des voraus fahrenden Fahrzeugs immer etwas besser einschätzen als die Bremsen des eigenen Fahrzeugs.

(4) Die „Anhalte-Regel":

$$a_4(v) = \frac{v}{3{,}6} \cdot t_R + \frac{1}{2b} \cdot \frac{v^2}{3{,}6^2}.$$

Da beim Kolonnenfahren das vorausfahrende Fahrzeug nicht ruckartig stehen bleibt, kann man dessen Bremsweg vom Anhalteweg des eigenen Fahrzeugs abziehen. Ist b_1 die Bremsbeschleunigung des eigenen und b_2 die des vorausfahrenden Fahrzeugs, erhält man eine fünfte Regel für den Sicherheitsabstand:

(5) Die „Vordermann-Regel":

$$a_5(v) = \frac{v}{3{,}6} \cdot t_R + \frac{1}{2}\left(\frac{1}{b_1} - \frac{1}{b_2}\right) \cdot \frac{v^2}{3{,}6^2}.$$

Nachträglich erweist sich die Fahrschulregel als ein Spezialfall der Anhalteregel mit $t_R = 1{,}08$ und $b \approx 3{,}86$.

Mit den Abstandsregeln (1) bis (5) wird nun die Verkehrsdichte in Abhängigkeit von der gefahrenen Geschwindigkeit untersucht.

Fig. 1 zeigt Schaubilder der Funktion D mit

$$D(v) = \frac{1000\,v}{L + a(v)}$$

für die 5 Abstandsregeln mit $L = 5$, $t_R = 1$, $b = 5$ bzw. $b_1 = 5$ und $b_2 = 6$.

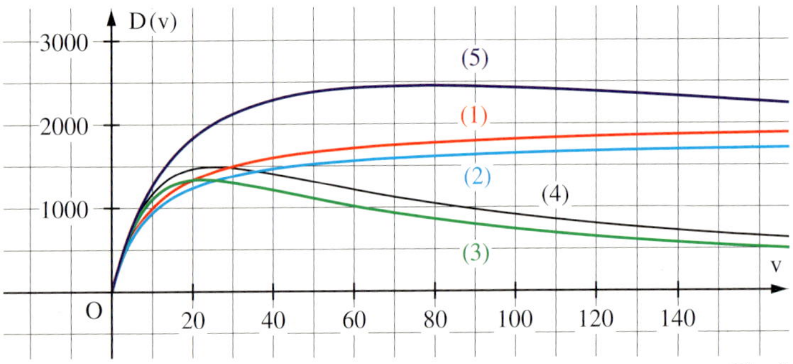

Fig. 2

1 Nach Fig. 1 zeigt die Verkehrsdichte in Abhängigkeit von der gefahrenen Geschwindigkeit bei den einzelnen Abstandsregeln einen unterschiedlichen Verlauf. Erläutern Sie diese Unterschiede.

2 Zeichnen Sie Schaubilder der Funktion $D: v \mapsto D(v)$ für die Abstandsregeln (1) bis (5) mit
a) $L = 5$, $t_R = 1$, $b = 6$ bzw. $b_1 = 6$ und $b_2 = 7$
b) $L = 5$, $t_R = 2$, $b = 6$ bzw. $b_1 = 6$ und $b_2 = 7$.

3 Zeichnen Sie Schaubilder der Funktion $D: v \mapsto D(v)$ für die Abstandsregel (4) mit
a) $L = 5$, $b = 6$ und $t_R = 1{,}2$; $1{,}4$; $1{,}6$; $1{,}8$ b) $L = 5$, $t_R = 1$ und $b = 4$; 5; 6; 7; 8.

4 a) Zeigen Sie: Für die Geschwindigkeit v_{max} bei der D(v) am größten ist, gilt $v_{max} = 3{,}6 \cdot \sqrt{2 \cdot L \cdot b}$ bei der Abstandsregel (4) und $v_{max} = 3{,}6 \cdot \sqrt{\frac{2 \cdot L \cdot b_1 \cdot b_2}{b_2 - b_1}}$ bei der Abstandsregel (5).
Inwiefern sind diese Ergebnisse überraschend? Interpretieren Sie die Ergebnisse auch hinsichtlich der Verkehrsdichte.
b) Berechnen Sie v_{max} für $L = 5$, $t_R = 1$ und $b = 5$ bei der Abstandsregel (4) und für $L = 5$, $t_R = 1$ und $b_1 = 5$, $b_2 = 6$ bei der Abstandsregel (5).
Welchen Wert hat die Vekehrsdichte dann jeweils?
c) Berechnen Sie die maximale Verkehrsdichte bei der Abstandsregel (4) für $L = 5$, $b = 6$ und $t_R = 1{,}2$; $1{,}4$; $1{,}6$; $1{,}8$.

Wenn der Stau scheinbar aus dem Nichts kommt
Welcher Autofahrer kennt nicht den Stau aus dem Nichts? Ein rätselhaftes Phänomen: Kein Unfall, keine Baustelle blockiert die Straße, und dennoch bricht der Verkehrsfluss unvermittelt zusammen. Und so schnell, wie er entstanden ist, löst sich der Stau schließlich wieder auf.
Sogenannte Trödler, einzelne Fahrer, die ohne äußeren Grund sehr viel langsamer als die anderen Verkehrsteilnehmer beschleunigen, können den Verkehrsfluss schon bei geringer Fahrzeugdichte zum Kollabieren bringen. Ihre Hintermänner treten auf die Bremse, deren Hintermänner ebenso, und da jeder Fahrer sein Fahrzeug etwas mehr verzögert als der Vordermann, kommt der Verkehr schließlich zum Erliegen. Der Verursacher hat dann den Ort des Geschehens längst hinter sich gelassen.

Aus der „Stuttgarter Zeitung“ vom 1.8.1997.

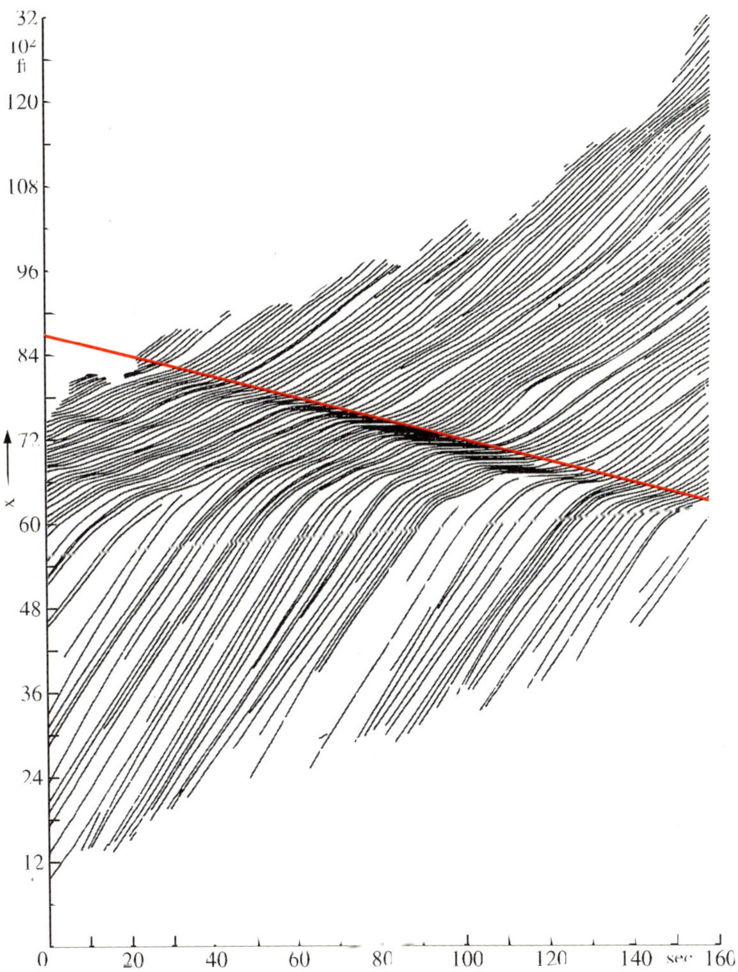

Fig. 1

Der Stau aus dem Nichts

Beim Kolonnenfahren in der Nähe der Geschwindigkeit mit maximaler Verkehrsdichte entstehen häufig sog. „Staus aus dem Nichts“ (vgl. den Zeitungsausschnitt). Fig. 1 zeigt eines der bekanntesten Diagramme der Verkehrswissenschaft. Es wurde 1965 in den USA aus Luftaufnahmen gewonnen und wird als die erste genaue Darstellung eines „Staus aus dem Nichts“ angesehen. Beobachtet wurde der Verkehr auf der rechten Spur einer zweispurigen Straße. Jede Linie beschreibt die Position eines Fahrzeugs in Abhängigkeit von der Zeit. Plötzlich endende oder neu entstehende Linien sind durch Spurwechsel bedingt.

In dem Diagramm ist die Zeit t (in s) nach rechts aufgetragen, der Ort x (in 100 ft; 1 foot = 30,48 cm) nach oben. Somit entspricht die Steigung der Linien der Geschwindigkeit der Fahrzeuge (in $100\,\frac{\text{ft}}{\text{s}}$).

5 a) Ermitteln Sie aus dem Diagramm näherungsweise die Geschwindigkeit der Kolonne in $\frac{\text{ft}}{\text{s}}$ vor Bildung des Staus. Welcher Geschwindigkeit entspricht dies in $\frac{\text{km}}{\text{h}}$?
b) Ermitteln Sie näherungsweise die Geschwindigkeit der Kolonne in $\frac{\text{km}}{\text{h}}$ nach Auflösung des Staus.

6 a) Wie groß etwa ist die Staulänge, d. h. welche Länge (in m) hat etwa die Strecke, auf der die Fahrzeuge tatsächlich stehen?
b) Wie lange steht ein Fahrzeug maximal im Stau?

7 Im Diagramm deutlich erkennbar ist die Ausbildung einer „Stauwelle“, die sich entgegen der Fahrtrichtung ausbreitet. Ermitteln Sie mithilfe der nachträglich eingezeichneten Geraden näherungsweise die Ausbreitungsgeschwindigkeit dieser Stauwelle.

8 Erläutern Sie, warum sich in dem betrachteten Fall der Stau auflösen konnte. Beachten Sie dazu die Dichte der Linien.

Gebrochenrationale Funktionen

Eine Funktion f, deren Term man auf die Form

$f(x) = \frac{a_n x^n + a_{n-1} x^{n-1} + \ldots + a_1 x + a_0}{b_m x^m + b_{m-1} x^{m-1} + \ldots + b_1 x + b_0}$, $a_i \in \mathbb{R}$, $b_i \in \mathbb{R}$, $a_n \neq 0$, $b_m \neq 0$

bringen kann, heißt rationale Funktion. Ist diese Darstellung für alle $x \in \mathbb{R}$ mit einem Nennerpolynom vom Grad 0 möglich, heißt f ganzrational, andernfalls gebrochenrational.

Mit $f(x) = \frac{p(x)}{q(x)}$ gilt für die Definitionsmenge von f:

$D = \mathbb{R} \setminus \{x \mid q(x) = 0\}$.

Beispiel: $f(x) = \frac{x}{x^2 - 4}$

Es ist $q(x) = x^2 - 4$. *Aus* $x^2 - 4 = 0$ *folgt* $x = -2$, $x = +2$. *Somit ist f eine gebrochenrationale Funktion mit* $D_f = \mathbb{R} \setminus \{-2; +2\}$.

Gegenbeispiel: $g(x) = \frac{x^3 + x}{x^2 + 1}$; $D_g = \mathbb{R}$.

Es ist $\frac{x^3 + x}{x^2 + 1} = \frac{x(x^2 + 1)}{x^2 + 1} = x$ *für alle* $x \in D_g$; *g ist eine ganzrationale Funktion mit* $g(x) = x$.

Verhalten in der Umgebung einer Definitionslücke

Die Definitionslücke x_0 einer gebrochenrationalen Funktion f heißt hebbare Definitionslücke, wenn $\lim\limits_{x \to x_0} f(x) = y_0$ existiert,

Polstelle, wenn $|f(x)| \to +\infty$ für $x \to x_0$.

Die Gerade mit der Gleichung $x = x_0$ heißt senkrechte Asymptote des Schaubildes von f.

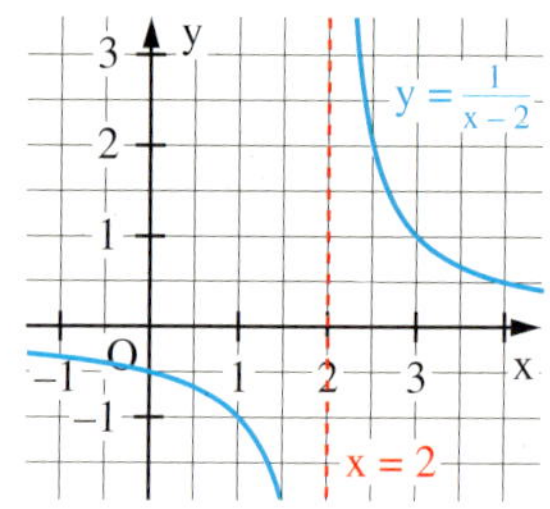

$f(x) = \frac{x - 1}{x^2 - 3x + 2} = \frac{x - 1}{(x - 1)(x - 2)}$

$\lim\limits_{x \to 1} f(x) = -1$

$|f(x)| \to +\infty$ *für* $x \to 2$;

$x_0 = 1$ *ist hebbare Definitionslücke;*

$x_1 = 2$ *ist Polstelle; Gleichung der senkrechten Asymptote:* $x = 2$.

Verhalten für $x \to \pm\infty$

Das Schaubild einer gebrochenrationalen Funktion f (a_n; $b_m \neq 0$) hat für $|x| \to \infty$ im Falle

$n < m$	die x-Achse als waagerechte Asymptote,
$n = m$	die Gerade g: $y = \frac{a_n}{b_m}$ als waagerechte Asymptote,
$n = m + 1$	eine schiefe Asymptote (Term durch Polynomdivision),
$n > m + 1$	eine Näherungskurve (Term durch Polynomdivision).

Funktion	*Asymptote für* $x \to \pm\infty$	*Näherungskurve* $x \to \pm\infty$
$g(x) = \frac{3x}{4x - 2}$	$y = \frac{3}{4}$	
$h(x) = \frac{x^2}{x - 1}$	$y = x + 1$	
$k(x) = \frac{x^3}{x - 2}$		$y = x^2 + 2x + 4$

Ortslinie

Gegeben ist eine Funktionenschar f_t mit Parameter t. Betrachtet werden Punkte $P(x(t) \mid y(t))$, deren Koordinaten von t abhängen. Durchläuft t alle zugelassenen Werte, so bilden diese Punkte die so genannte Ortslinie oder auch Ortskurve der Punkte $P(x(t) \mid y(t))$.

Die Gleichung der Ortslinie ergibt sich, indem man t aus den beiden Gleichungen $x = x(t)$, $y = y(t)$ eliminiert.

Beispiel: $f_t(x) = \frac{t^2}{x^2 + 3t}$; $t > 0$

Wendepunkte: $W\left(\pm\sqrt{t} \,\middle|\, \frac{1}{4}t\right)$

Aus $x = \pm\sqrt{t}$, $y = \frac{1}{4}t$ *folgt als Gleichung der Ortslinie der Wendepunkte:*

$y = \frac{1}{4}x^2$; $x \neq 0$.

Näherungsverfahren zur Berechnung einer Nullstelle (Newton-Verfahren)

Gegeben ist eine im Intervall [a; b] differenzierbare Funktion f mit $f(a) \cdot f(b) < 0$. Gesucht ist eine Lösung $x^* \in [a; b]$ der Gleichung $f(x) = 0$.

Ist $x_0 \in [a; b]$ ein Näherungswert für x^*, so kann man x_0 sukzessive verbessern durch die Iterationsvorschrift:

$x_{n+1} = x_n - \frac{f(x_n)}{f'(x_n)}$ mit $n \in \mathbb{N}$.

Beispiel: $x^3 - 2 - \sqrt{x} = 0$

$f(x) = x^3 - 2 - \sqrt{x}$; $f'(x) = 3x^2 - \frac{1}{2\sqrt{x}}$

$f(1) = -2 < 0$; $f(2) = 6 - \sqrt{2} > 0$; $x_0 = 1{,}5$

$x_{n+1} = x_n - \frac{x_n^3 - 2 - \sqrt{x_n}}{3x_n^2 - \frac{1}{\sqrt{2x_n}}}$

$x_1 \approx 1{,}47631$; $x_2 \approx 1{,}47589$; $x_3 \approx 1{,}47589$

$x^* \approx 1{,}4759$

1 Ermitteln Sie die Definitionsmenge.

a) $f(x) = \frac{x^2 - x}{(x+1)^2}$ b) $f(x) = \frac{2x - 1}{x^3 - x^2}$ c) $f(x) = \frac{x}{x^2 + x - 2}$ d) $f(x) = \frac{1 - 2x}{x^2 - 2x + 3}$

2 Gegeben ist die Funktion f mit $f(x) = \frac{x^2 - 1}{x^2 + 1}$.

a) Untersuchen Sie f auf Symmetrie.
b) Ermitteln Sie die Schnittpunkte mit den Koordinatenachsen.
c) Geben Sie die Gleichungen der Asymptoten an.
d) Skizzieren Sie ohne weitere Rechnung ein Schaubild von f.

3 Gegeben ist die Funktion f mit $f(x) = \frac{x^2 - 1}{x^2 - 4x + 4}$.

a) Untersuchen Sie f auf Nullstellen und Polstellen.
b) Geben Sie die Gleichungen der Asymptoten an.
c) Skizzieren Sie ohne weitere Rechnung ein Schaubild von f.

4 Gegeben ist die Funktion f mit $f(x) = \frac{x^2}{x + 1}$. Ihr Schaubild sei K.

a) Führen Sie eine Funktionsuntersuchung durch.
b) Weisen Sie nach, dass K zum Schnittpunkt der Asymptoten symmetrisch ist.
c) Wie unterscheidet sich ein Schaubild von g mit $g(x) = \frac{x^3 - x^2}{x^2 - 1}$ von einem Schaubild von f?

5 Gegeben ist die Funktion f mit $f(x) = \frac{3x^2 - 8x}{(x - 2)^2}$. Ihr Schaubild sei K.

a) Führen Sie eine Funktionsuntersuchung durch.
b) Eine Parallele zur Wendetangente berührt K in B. Berechnen Sie die Koordinaten von B; geben Sie die Gleichung der Tangente in B an.

6 Für jedes $t \in \mathbb{R}^+$ ist eine Funktion f_t gegeben durch $f_t(x) = \frac{(x^2 + t)^2}{2x}$. Ihr Schaubild sei K_t.

a) Untersuchen Sie K_t auf Symmetrie, Asymptoten, Schnittpunkte mit der x-Achse, Hoch-, Tief- und Wendepunkte.
b) Bestimmen Sie für jedes $t \in \mathbb{R}^+$ die Gleichung einer Näherungskurve für große $|x|$.
c) Zeichnen Sie K_t und die Näherungskurve für $t = 1$ im Bereich $-2 \leqq x \leqq +2$.
d) Ermitteln Sie die Gleichung der Ortslinie der Extrempunkte aller K_t.

7 Für jedes $t \in \mathbb{R} \setminus \{1\}$ ist durch $f_t(x) = \frac{tx^2 - 1}{x^2 - t}$ eine Funktion f_t gegeben. Zeigen Sie: Alle Schaubilder von f_t gehen durch zwei gemeinsame Punkte A und B. Geben Sie die Koordinaten von A und B an.

8 Gegeben ist die Funktion f. Das Schaubild von f schneidet die x-Achse in genau einem Punkt. Berechnen Sie die x-Koordinate dieses Punktes auf 3 Dezimalen gerundet.

a) $f(x) = 2x^3 + x^2 - 2$ b) $f(x) = x^3 - x^2 + x - 9$ c) $f(x) = x - 4{,}5 - 2\sin 2x$

9 Gegeben ist die Funktion f mit $f(x) = \frac{16}{x^2} + \frac{2}{(10 - x)^2}$.
Berechnen Sie die Extremstelle auf 3 Dezimalen gerundet.

10 Gegeben ist die Funktion f mit $f(x) = \frac{x^3 + 4x - 1}{x + 1}$.

a) Das Schaubild von f hat genau eine Nullstelle. Berechnen Sie die x-Koordinate dieser Nullstelle auf 3 Dezimalen gerundet.
b) Das Schaubild von f hat genau einen Tiefpunkt. Berechnen Sie die x-Koordinate dieses Tiefpunktes auf 3 Dezimalen gerundet.
c) Ermitteln Sie die Gleichung der Näherungskurve für $x \to \pm\infty$.

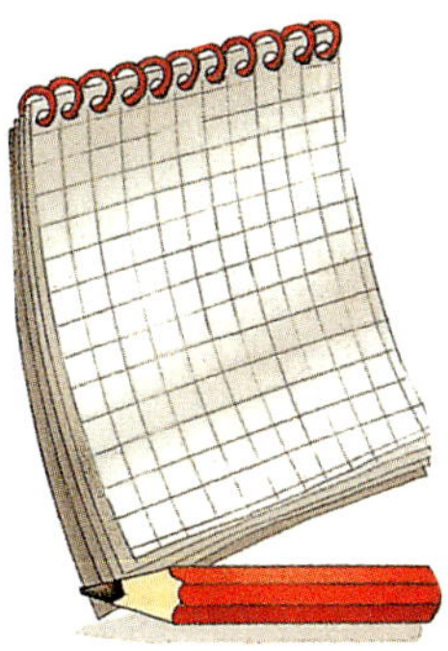

Die Lösungen zu den Aufgaben dieser Seite finden Sie auf Seite 290/291/292.

1 Folgen und ihre explizite Beschreibung

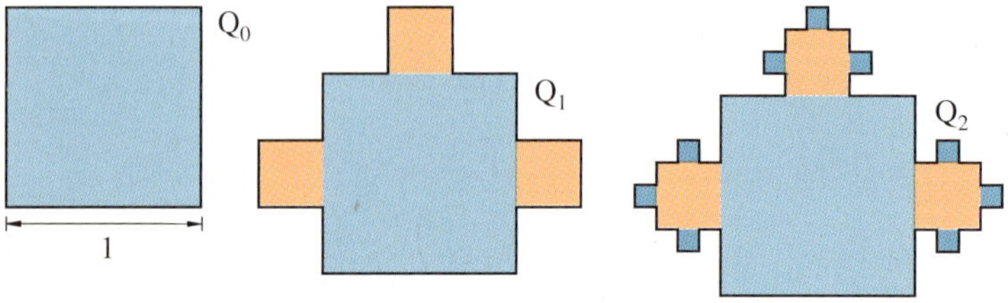

Fig. 1

1 Bei der „Quadratpflanze“ (Fig. 1) bildet sich aus dem Ausgangsquadrat Q_0 in der ersten Generation die „Pflanze“ Q_1, in der nächsten Generation die „Pflanze“ Q_2 usw. Die „Pflanze“ Q_n hat für jedes $n \in \mathbb{N}$ den Umfang U_n und den Flächeninhalt A_n.
a) Bestätigen Sie für $n = 0; 1; 2; 3,$ dass $U_n = 4 + 2 \cdot n$ und $A_n = \frac{3}{2} - \frac{1}{2} \cdot \left(\frac{1}{3}\right)^n$ gilt (Fig. 2).
b) Wie könnte man die Zuordnungen $U: n \mapsto U_n$ sowie $A: n \mapsto A_n$ veranschaulichen? Vergleichen Sie diese Schaubilder mit den Schaubildern der Funktionen f und g mit $f(x) = 4 + 2 \cdot x$ bzw. $g(x) = \frac{3}{2} - \frac{1}{2} \cdot \left(\frac{1}{3}\right)^x$.

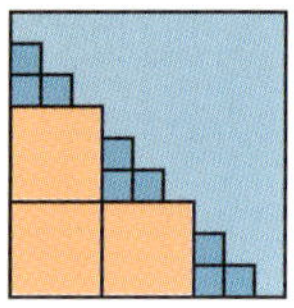
Fig. 2

*Die Neuzüchtung **Broccoli Romanesco** hat einen ähnlichen Aufbau wie die „Quadratpflanze“.*

In der Analysis wurden bisher Funktionen untersucht, die auf $\mathbb{R}$ oder auf Intervallen in $\mathbb{R}$ definiert sind. Doch gibt es auch Funktionen, deren Definitionsmenge nur aus der Menge $\mathbb{N}$ der natürlichen Zahlen oder einer Teilmenge von $\mathbb{N}$ besteht. Betrachtet man z. B. den Kontostand k(n) eines Kontos n Tage nach der Kontoeröffnung, so ist die Funktion k nur für $n \in \mathbb{N}$ definiert. Auch die Funktion a, bei der a(n) die Anzahl der Teiler von n ist, kann sinnvoll nur für $n \in \mathbb{N}$ definiert werden.

Hier ist stets
$\mathbb{N} = \{0; 1; 2; \ldots\}$.

Definition: Eine Funktion mit der Definitionsmenge $\mathbb{N}$ oder einer Teilmenge von $\mathbb{N}$ heißt **Folge.**

Die Bezeichnungen bei Folgen unterscheiden sich von den Bezeichnungen bei Funktionen:

Funktionen	**Folgen**
Funktion f mit $f(x) = x^2$	Folge (a_n) mit $a_n = n^2$
Funktion $f: x \mapsto \sqrt{x} + 2$	Folge $\left(\sqrt{n} + 2\right)$

Bei einer Folge (a_n) nennt man a_5 das 5. Folgenglied und a_n das n-te **Folgenglied**. Die Zahl 5 heißt Index oder die **Nummer** des Folgengliedes a_5. Die Folge (a_n) mit $a_n = 2n + 3$ besitzt damit das 4. Folgenglied $a_4 = 2 \cdot 4 + 3 = 11$.
Da bei der Folge (a_n) mit $2n + 3$ etwa das Folgenglied a_{17} ohne Kenntnis anderer Folgenglieder bestimmt werden kann, spricht man von einer **expliziten Beschreibung** der Folge. Im nächsten Abschnitt werden Folgen untersucht, bei denen man zur Berechnung eines Folgengliedes auch vorangehende Folgenglieder benötigt.
Für Folgen wie $(1 + 3 \cdot n)$ oder $(2 \cdot 5^n)$, bei der aufeinander folgende Folgenglieder eine konstante Differenz $d = 3$ bzw. einen konstanten Quotienten $q = 5$ haben, vereinbart man:

Definition: Die Folge
a) $(a + d \cdot n)$ heißt **arithmetische Folge** mit dem Anfangswert a und der Differenz d;
b) $(a \cdot q^n)$ heißt **geometrische Folge** mit dem Anfangswert a und dem Quotienten q.

Beispiel 1: (Berechnung von Folgengliedern)
Gegeben ist die Folge (a_n) mit $a_n = \frac{2n}{n+1}$.
Berechnen Sie die Folgenglieder $a_0; a_1; \ldots; a_6$ und zeichnen Sie ein Schaubild der Folge.
Lösung:
Man erhält $a_0 = \frac{2 \cdot 0}{0+1} = 0$, $a_1 = \frac{2 \cdot 1}{1+1} = 1$ und entsprechend $a_2 = \frac{4}{3}$, $a_3 = \frac{3}{2}$, $a_4 = \frac{8}{5}$, $a_5 = \frac{5}{3}$, $a_6 = \frac{12}{7}$. Fig. 1 zeigt ein Schaubild der Folge.

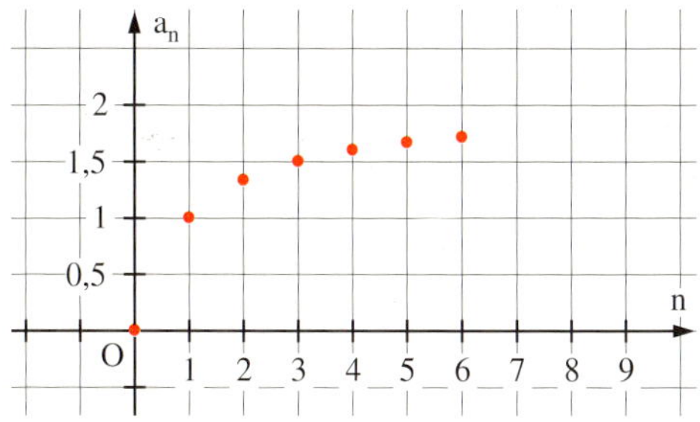

Fig. 1

Beispiel 2: (Bestimmung einer Folge)
Gegeben sind die Zahlen $z_0; z_1; \ldots; z_6$. Bestimmen Sie eine explizite Beschreibung einer Folge (a_n), deren Folgenglieder $a_0; a_1; \ldots; a_6$ die Zahlen $z_0; z_1; \ldots; z_6$ ergeben.
a) $z_0 = 1$; $z_1 = 2$; $z_2 = 5$; $z_3 = 10$; $z_4 = 17$; $z_5 = 26$; $z_6 = 37$
b) $z_0 = \frac{1}{2}$; $z_1 = 1$; $z_2 = \frac{5}{4}$; $z_3 = \frac{7}{5}$; $z_4 = \frac{3}{2}$; $z_5 = \frac{11}{7}$; $z_6 = \frac{13}{8}$
Lösung:
a) Betrachtet man die Zahlen $z_0; z_1; \ldots; z_6$, so erkennt man, dass jede Zahl z_n immer um 1 größer ist als die Quadratzahl n^2. Damit ist (a_n) mit $a_n = n^2 + 1$ eine mögliche explizite Beschreibung von (a_n).
b) Da die Folge wohl durch einen Bruchterm definiert ist, werden alle Zahlen $z_0; z_1; \ldots; z_6$ als Brüche geschrieben: $z_0 = \frac{1}{2}$; $z_1 = \frac{3}{3}$; $z_2 = \frac{5}{4}$; $z_3 = \frac{7}{5}$; $z_4 = \frac{9}{6}$; $z_5 = \frac{11}{7}$; $z_6 = \frac{13}{8}$. Die Zähler bilden die Folge $(2n + 1)$ der ungeraden Zahlen, die Nenner die Folge $(n + 2)$. Also ist $\left(\frac{2n+1}{n+2}\right)$ eine mögliche explizite Beschreibung von (a_n).

Beispiel 3: (Bestimmung einer arithmetischen Folge)
Der Preis einer Zeitungsanzeige setzt sich zusammen aus dem Preis d je Zeile sowie einem Grundpreis a. Bestimmen Sie den Preis einer n-zeiligen Anzeige, wenn eine 3-zeilige Anzeige 64€ und eine 12-zeilige Anzeige 118€ kostet.
Lösung:
Ist p_n der Preis (in €) einer n-zeiligen Anzeige, so gilt $p_n = a + d \cdot n$.
Aus $p_3 = a + d \cdot 3 = 64$ und $p_{12} = a + d \cdot 12 = 118$ ergibt sich $a = 46$ und $d = 6$.
Eine n-zeilige Anzeige kostet also $(46 + 6 \cdot n)$€.

Aufgaben

2 Bestimmen Sie die Folgenglieder bis zur angebenen Nummer n und zeichnen Sie ein Schaubild der Folge.
a) $(3n + 5)$; $n = 11$
b) $\left(\frac{n-1}{n+1}\right)$; $n = 6$
c) $\left(\frac{1}{2}n^2 + 2\right)$; $n = 5$
d) $((-1)^n)$; $n = 10$
e) $(2n + (-1)^n)$; $n = 8$
f) $((-2)^n)$; $n = 8$
g) $\left(\sqrt{2n+1}\right)$; $n = 7$
h) $\left(2n + \frac{1}{n}\right)$; $n = 7$
i) $\left(4 + \frac{1}{n}(-1)^n\right)$; $n = 8$

3 Gegeben sind die Zahlen $z_0, z_1, z_2, \ldots$ Bestimmen Sie eine Folge (a_n), deren Folgenglieder $a_0, a_1, a_2, \ldots$ mit den entsprechenden Zahlen $z_0, z_1, z_2, \ldots$ übereinstimmen.
a) $z_0 = 2$; $z_1 = 6$; $z_2 = 10$; $z_3 = 14$; $z_4 = 18$
b) $z_0 = 3$; $z_1 = 6$; $z_2 = 12$; $z_3 = 24$; $z_4 = 48$
c) $z_0 = 2$; $z_1 = 5$; $z_2 = 10$; $z_3 = 17$; $z_4 = 26$
d) $z_0 = 6$; $z_1 = 18$; $z_2 = 54$; $z_3 = 162$; $z_4 = 486$
e) $z_0 = 0$; $z_1 = \frac{1}{2}$; $z_2 = \frac{2}{3}$; $z_3 = \frac{3}{4}$; $z_4 = \frac{4}{5}$
f) $z_0 = 1$; $z_1 = \frac{1}{2}$; $z_2 = \frac{1}{5}$; $z_3 = \frac{1}{10}$; $z_4 = \frac{1}{17}$
g) $z_0 = 1$; $z_1 = -2$; $z_2 = 4$; $z_3 = -8$; $z_4 = 16$
h) $z_0 = 1$; $z_1 = \frac{2}{3}$; $z_2 = \frac{4}{9}$; $z_3 = \frac{8}{27}$; $z_4 = \frac{16}{81}$
i) $z_0 = -1$; $z_1 = 1$; $z_2 = \frac{7}{5}$; $z_3 = \frac{11}{7}$; $z_4 = \frac{5}{3}$
j) $z_0 = 0$; $z_1 = \frac{2}{3}$; $z_2 = \frac{4}{3}$; $z_3 = \frac{26}{11}$; $z_4 = \frac{40}{9}$

Zu Aufgabe 11:

Spaziergänger auf einer Autobahn?!

4 Bestimmen Sie die Folgenglieder a_7 und a_{10} für eine arithmetische Folge (a_n) mit
a) $a_0 = 2$ und $a_4 = 14$ b) $a_0 = 2$ und $a_5 = -23$ c) $a_3 = 6$ und $a_6 = 18$.

5 Bestimmen Sie die Folgenglieder g_6 und g_8 für eine geometrische Folge (g_n) mit
a) $g_0 = 4$ und $g_3 = 108$ b) $g_0 = 3$ und $g_4 = \frac{243}{16}$ c) $g_2 = 50$ und $g_5 = 6250$.

6 Es sei (a_n) eine arithmetische Folge und (g_n) eine geometrische Folge mit $g_0 \geqq 0$. Zeigen Sie, dass für alle $n \in \mathbb{N}$ gilt:
a) $a_{n+1} = \frac{1}{2}(a_n + a_{n+2})$ b) $g_{n+1} = \sqrt{g_n \cdot g_{n+2}}$.

Bei zwei positiven Zahlen z_1 und z_2 nennt man $a = \frac{1}{2}(z_1 + z_2)$ ihr **arithmetisches Mittel** und $g = \sqrt{z_1 \cdot z_2}$ ihr **geometrisches Mittel**.

7 Bestimmen Sie zwei Zahlenfolgen, die mit den angegebenen Zahlen beginnen. Geben Sie eine explizite Beschreibung sowie die nächsten beiden Glieder dieser Folgen an.
(Anleitung: Eine Beschreibung ist leicht zu erkennen, eine weitere finden Sie durch Bestimmung einer ganzrationalen Funktion.)
a) 1; 2; 4 b) 1; −1; 1 c) 0; 1; $\frac{4}{3}$; $\frac{3}{2}$

8 In Fig. 1 und Fig. 2 ist g jeweils die Zahlengerade und Strecken gleicher Farbe sind parallel. Ferner ist $h \| g$ in Fig. 1. Die Zahlen x_0; x_1; x_2; x_3; ... bilden jeweils eine Folge. Um was für Folgen handelt es sich? Begründen Sie Ihre Behauptung, indem Sie Dreiecke gleicher Farbe vergleichen.

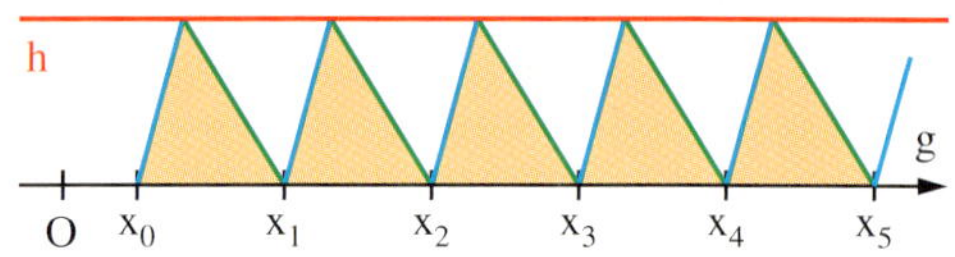

Fig. 1

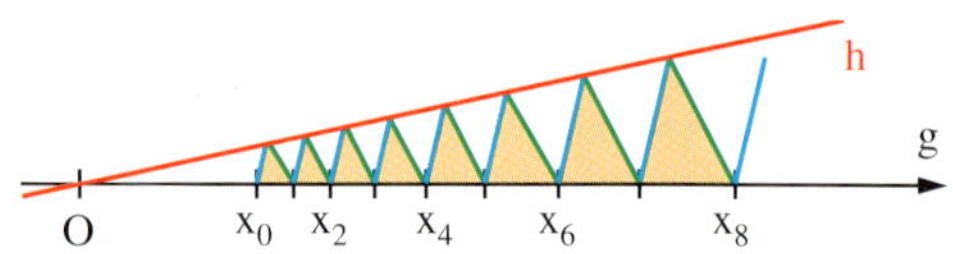

Fig. 2

9 Ein Konto weist am 1. Januar ein Kapital K_0 auf und wird jährlich mit p % verzinst.
a) Wie groß ist das Kapital K_n auf dem Konto nach n Jahren?
b) Wann hat sich das Kapital K_0 auf dem Konto verdoppelt für $p = 2{,}5$ bzw. für $p = 5$?

10 Die Entwicklung eines Films kostet 1,60 € und zusätzlich jedes Papierbild 0,23 €. Es sei p_n der Preis für die Bearbeitung eines Films mit n Aufnahmen. Geben Sie eine explizite Beschreibung der Folge (p_n) an und berechnen Sie damit die Folgenglieder p_{20}, p_{36} und p_{72}.

11 1972 betrug der Ölverbrauch $2{,}7 \cdot 10^9$ t; damals wurde prognostiziert, dass der Verbrauch jährlich um 5,1 % steigen werde. Welche Prognose des Ölverbrauchs ergibt sich damit für das Jahr 1972 + n? Welches wirtschaftspolitische Ereignis hat die Prognose 1973 wertlos gemacht?

12 Durch radioaktiven Zerfall verliert das Isotop ^{137}Cs jährlich 2,3 % seiner Masse.
a) Wie viel Prozent der ursprünglichen Masse m_0 sind nach n Jahren noch vorhanden?
b) Nach wie vielen Jahren sind noch 1 % der ursprünglichen Masse m_0 vorhanden?

13 Der in Fig. 3 bzw. Fig. 4 für n = 0; 1; 2; 3 dargestellte Vorgang wird fortgeführt.
a) Bestimmen Sie in Fig. 3 für $l_0 = 1$ die Länge l_n der roten Strecke nach n Schritten.
b) Bestimmen Sie in Fig. 4 für $A_0 = 1$ den Inhalt A_n der grünen Fläche nach n Schritten.

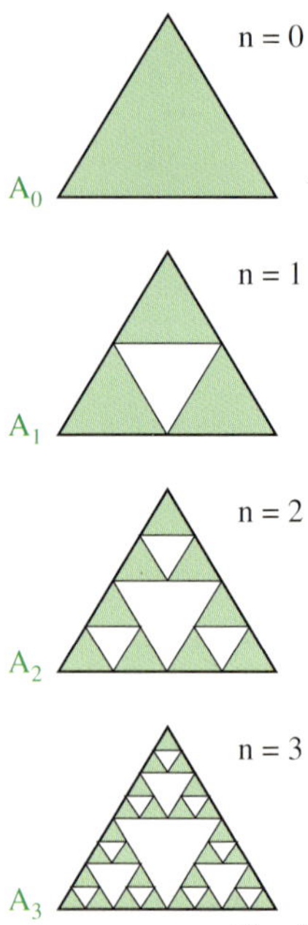

Fig. 4

Die Flächen stammen von dem polnischen Mathematiker WACLAW SIERPINSKI *(1916).*

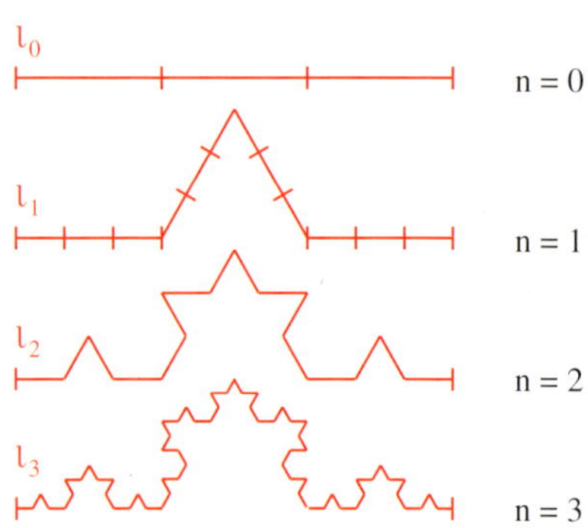

Die Kurven stammen von dem schwedischen Mathematiker HELGE VON KOCH *(1904)*

Fig. 3

2 Rekursive Beschreibung von Folgen

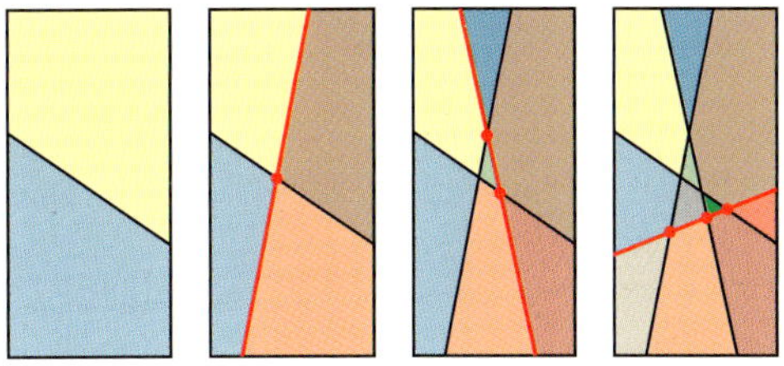

Fig. 1

1 Eine Gerade zerlegt die Ebene in zwei Gebiete, durch zwei Geraden entstehen höchstens vier Gebiete, durch drei Geraden höchstens sieben Gebiete (Fig. 1).

a) Wie viele Gebiete entstehen höchstens durch vier bzw. fünf Geraden?

b) Es sei a_n die Anzahl der Gebiete, die durch n Geraden höchstens entstehen. Geben Sie die Zahlen $a_1; a_2; \ldots; a_6$ an. Wie erhält man a_2 aus a_1, a_3 aus a_2 usw.?

c) Wie erhält man die Anzahl a_{n+1} aus der Anzahl a_n?

Wird eine Folge explizit durch einen Term beschrieben, kann mit diesem jedes beliebige Folgenglied unmittelbar bestimmt werden. Es gibt aber auch Folgen, bei denen ein solcher Term nicht unmittelbar erkennbar ist:

In ein Sparschwein werden jeden Monat stets die Hälfte des im Sparschwein vorhandenen Geldbetrags (in €) eingezahlt und dann 2 € entnommen. Wenn das Sparschwein zu Beginn (in €) den Geldbetrag $b_0 = 10$ enthält und b_n der nach n Monaten angesparte Geldbetrag ist, erhält man:

nach einem Monat: Geldbetrag im Sparschwein: $b_1 = b_0 + \frac{1}{2}b_0 - 2 = 13$;

nach zwei Monaten: Geldbetrag im Sparschwein: $b_2 = b_1 + \frac{1}{2}b_1 - 2 = 17{,}5$;

nach drei Monaten: Geldbetrag im Sparschwein: $b_3 = b_2 + \frac{1}{2}b_2 - 2 = 24{,}25$.

Dann ist $b_4 = 34{,}375$ usw. Der Geldbetrag b_{n+1} nach n + 1 Monaten kann also aus dem Geldbetrag b_n nach n Monaten berechnet werden durch $b_{n+1} = \frac{3}{2}b_n - 2$.

recurrere (lat.): zurücklaufen

Man spricht dementsprechend von einer **rekursiven Beschreibung** einer Folge (a_n), wenn jedes Folgenglied a_{n+1} durch einen Term gegeben ist, der mindestens eines der vorangehenden Folgenglieder $a_n, a_{n-1}, \ldots$ enthält.

Die arithmetischen und geometrischen Folgen lassen sich leicht rekursiv beschreiben:
Für die Folge (a_n) mit $a_n = a + d \cdot n$ gilt nämlich $a_{n+1} = a + d \cdot (n+1) = a + d \cdot n + d = d + a_n$.
Für (q_n) mit $q_n = a \cdot q^n$ erhält man entsprechend $q_{n+1} = a \cdot q^{n+1} = q \cdot a \cdot q^n = q \cdot q_n$.

Satz: Durch die rekursive Beschreibung
a) $\mathbf{a_0 = a}$ **und** $\mathbf{a_{n+1} = d + a_n}$ erhält man die arithmetische Folge $(a + d \cdot n)$;
b) $\mathbf{q_0 = a}$ **und** $\mathbf{q_{n+1} = q \cdot q_n}$ erhält man die geometrische Folge $(a \cdot q^n)$.

Neben arithmetischen und geometrischen Folgen gibt es eine weitere Klasse von Folgen, die sich rekursiv leicht beschreiben lassen:
Man beginnt mit zwei beliebigen Zahlen, z. B. 1 und 3. Damit bildet man nacheinander die Summen $1 + 3 = 4$; $3 + 4 = 7$; $4 + 7 = 11$ usw. Dieses Verfahren liefert eine Folge, die mit 1; 3; 4; 7; 11; 18; 29; ... beginnt.

Hinweise zur Namensgebung der FIBONACCI-Folgen sowie ihre explizite Beschreibung finden sich in den mathematischen Exkursionen (S. 101 ff.).

Solche Folgen, bei denen jedes Folgenglied die Summe der beiden vorangehenden Folgenglieder ist, nennt man **FIBONACCI-Folgen**. Damit ergibt sich für eine FIBONACCI Folge (a_n) mit den Anfangswerten a und b die rekursive Darstellung $\mathbf{a_0 = a}$ **und** $\mathbf{a_1 = b}$ **sowie** $\mathbf{a_{n+2} = a_n + a_{n+1}}$ für alle $n \in \mathbb{N}$. Die Folgenglieder der FIBONACCI-Folge mit den Anfangswerten 0 und 1 sind die so genannten **FIBONACCI-Zahlen** $F_0; F_1; F_2; F_3; \ldots$

Beispiel 1: (Veranschaulichungen einer Folge)
Gegeben ist die Folge (a_n) mit $a_0 = -1$ und $a_{n+1} = \frac{1}{2}a_n + 1$.
a) Bestimmen Sie die Folgenglieder a_1, a_2, a_3 und a_4.
b) Veranschaulichen Sie die Bildung der Folgenglieder von (a_n) mithilfe des Schaubildes der Funktion f: $x \mapsto \frac{1}{2}x + 1$ und der 1. Winkelhalbierenden.
c) Zeichnen Sie ein Schaubild der Folge.
Lösung:
a) Für die Folge (a_n) erhält man
$a_1 = \frac{1}{2}a_0 + 1 = \frac{1}{2}(-1) + 1 = \frac{1}{2}$;
$a_2 = \frac{1}{2}a_1 + 1 = \frac{1}{2}\cdot\frac{1}{2} + 1 = \frac{5}{4}$;
$a_3 = \frac{1}{2}\cdot\frac{5}{4} + 1 = \frac{13}{8}$; $a_4 = \frac{1}{2}\cdot\frac{13}{8} + 1 = \frac{29}{16}$.
b) Zeichnet man ein Schaubild von f sowie die 1. Winkelhalbierende, erhält man die Folgenglieder wie in Fig. 1 dargestellt.
c) Fig. 2 zeigt ein Schaubild der Folge.

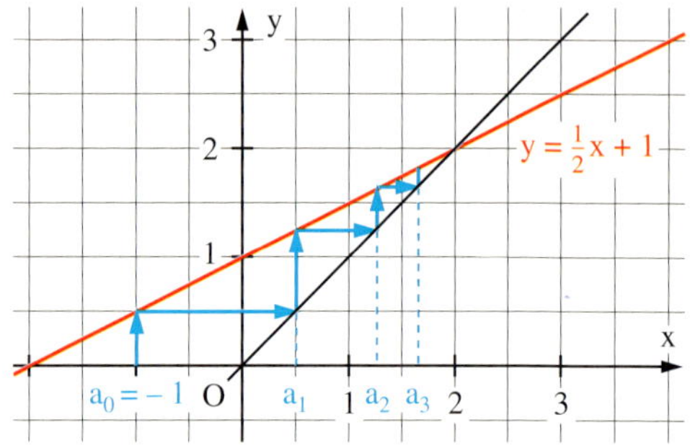

Fig. 1

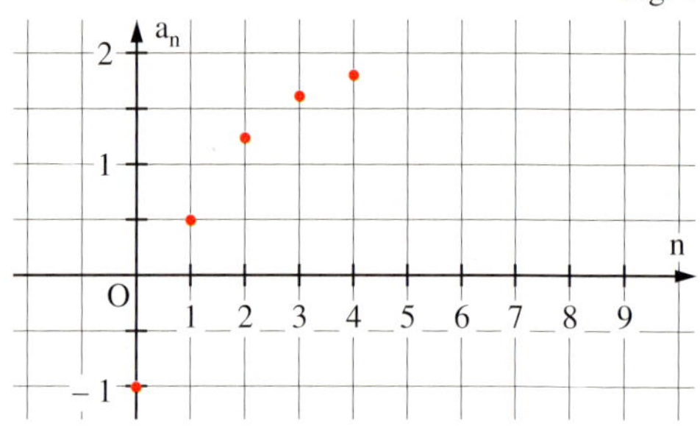

Fig. 2

Beispiel 2: (Bestimmung einer Folge)
Geben sind die Zahlen z_0; z_1; z_2; z_3; z_4; z_5. Beschreiben Sie rekursiv eine Folge (a_n), deren Folgenglieder a_0; a_1; a_2; a_3; a_4; a_5 mit den entsprechenden Zahlen z_0; z_1; z_2; z_3; z_4; z_5 übereinstimmen.
a) $z_0 = 0$; $z_1 = 3$; $z_2 = 9$; $z_3 = 21$; $z_4 = 45$; $z_5 = 93$
b) $z_0 = 2$; $z_1 = 4$; $z_2 = 12$; $z_3 = 48$; $z_4 = 240$; $z_5 = 1440$
Lösung:
a) Bildet man die Differenzen $z_{n+1} - z_n$, erhält man die Zahlen 3; 6; 12; 24; 48.
Abspalten des Faktors 3 ergibt $3\cdot1$; $3\cdot2$; $3\cdot4$; $3\cdot8$; $3\cdot16$. Also ist $z_{n+1} - z_n = 3\cdot2^n$.
Damit hat die Folge (a_n) mit $a_0 = 0$ und $a_{n+1} = a_n + 3\cdot2^n$ die geforderte Eigenschaft.
b) Bildet man die Quotienten $\frac{z_{n+1}}{z_n}$, erhält man die Zahlen 2; 3; 4; 5; 6.
Für $0 \leqq n \leqq 4$ ist damit $\frac{z_{n+1}}{z_n} = n + 2$ und somit $z_{n+1} = (n+2)\cdot z_n$.
Also ist (a_n) mit $a_0 = 2$ und $a_{n+1} = (n+2)\cdot a_n$ eine Folge mit der gewünschten Eigenschaft.

Differenz
oder
Quotient,
das ist (oft)
die Frage!

Aufgaben

2 Bestimmen Sie die Folgenglieder bis zur angebenen Nummer n.
a) $a_0 = 1$ und $a_{n+1} = 2(a_n + 1)$; $n = 6$
b) $a_0 = 0$ und $a_{n+1} = a_n + n^2$; $n = 5$
c) $a_0 = 1$ und $a_{n+1} = \frac{2}{a_n}$; $n = 7$
d) $a_0 = 4$ und $a_{n+1} = a_n + (-1)^n$; $n = 7$
e) $a_0 = 1$; $a_1 = 1$; $a_{n+2} = 3a_n - a_{n+1}$; $n = 8$
f) $a_0 = 1$; $a_1 = 1$; $a_{n+2} = a_n + a_{n+1} - n$; $n = 9$

3 Beschreiben Sie rekursiv eine Zahlenfolge, deren erste Folgenglieder mit den angebenen Zahlen in dieser Reihenfolge übereinstimmen.
a) 0; 1; 3; 6; 10; 15; 21; ...
b) 2; 2; 3; 7; 16; 32; 57; 93; ...
c) 1; 3; 4; 7; 11; 18; 29; ...
d) 5; 2; 3; −1; 4; −5; 9; −14; 23; −37; ...
e) $1; \frac{1}{2}; \frac{2}{3}; \frac{3}{5}; \frac{5}{8}; \frac{8}{13}; \frac{13}{21}; \frac{21}{34}; \ldots$
f) 0; 1; 1; 4; 7; 19; 40; 97; 217; 508; ...

$F_0 = 0$
$F_1 = 1$
$F_2 = 1$
$F_3 = 2$
$F_4 = 3$
$F_5 = 5$
$F_6 = 8$
$F_7 = 13$
$F_8 = 21$

Einige Fibonacci-Zahlen

4 Für welche natürlichen Zahlen n sind die Fibonacci-Zahlen F_n größer als 1 000 000?

5 Veranschaulichen Sie die Folge (a_n) mithilfe des Schaubildes einer geeigneten Funktion f und der 1. Winkelhalbierenden. Übertragen Sie dann die Ergebnisse in ein n-a_n-Koordinatensystem (vgl. Beispiel 1 b) und c)).

a) $a_0 = 0;\ a_{n+1} = \frac{2}{3}a_n + 2$ b) $a_0 = 8;\ a_{n+1} = \frac{-3}{4}a_n + 7$ c) $a_0 = 1;\ a_{n+1} = \frac{4}{a_n} + 1$
d) $a_0 = 0;\ a_{n+1} = 2\sqrt{a_n} + 2$ e) $a_0 = 7;\ a_{n+1} = \frac{3}{2}a_n - 4$ f) $a_0 = 2;\ a_{n+1} = 4 - \frac{2}{5}a_n^2$

6 Gegeben ist die Folge (a_n) durch eine explizite Beschreibung. Bestimmen Sie für (a_n) eine möglichst einfache rekursive Beschreibung.

a) $a_n = 2n + 1$ b) $a_n = n^2 + 2n$ c) $a_n = 2^n \cdot 3^{n+1}$ d) $a_n = 5^{-n}$

7 Gegeben ist die Folge (a_n) durch eine rekursive Beschreibung. Bestimmen Sie für (a_n) eine explizite Beschreibung. Zeigen Sie dann, dass sich aus der expliziten Beschreibung wieder die rekursive Beschreibung gewinnen lässt.

a) $a_0 = 0;\ a_{n+1} = a_n + 2n + 1$ b) $a_0 = 2;\ a_{n+1} = a_n + 2n + 1$ c) $a_0 = 5;\ a_{n+1} = -a_n$
d) $a_0 = 0;\ a_{n+1} = a_n + 2(n + 1)$ e) $a_0 = 2;\ a_{n+1} = (-3) \cdot a_n$ f) $a_0 = 1;\ a_{n+1} = (n + 1) \cdot a_n$

8 Auf einem Konto befinden sich $K_0 = 100$ €. Geben Sie eine rekursive Beschreibung für den Kontostand K_{n+1} und den Kontostand K_5 an, wenn am Ende jeden Jahres
a) 50 € eingezahlt und dann 60 % des Kapitals von dem Konto abgehoben werden
b) 60 % des Kapitals von dem Konto abgehoben und dann 50 € eingezahlt werden
c) 50 % des Kapitals auf das Konto noch zusätzlich eingezahlt und 60 € abgehoben werden.

Es ist bis heute nicht bekannt, ob eine (3n + 1)-Folge bei jedem Anfangswert $a_0 \in \mathbb{N}$ konstant wird.

9 Die (3n + 1)-Folge ist für einen beliebigen Startwert $a_0 \in \mathbb{N} \setminus \{0\}$ definiert durch

$$a_{n+1} = \begin{cases} \frac{1}{2}a_n, & \text{wenn } a_n \text{ gerade} \\ 3a_n + 1, & \text{wenn } a_n \text{ ungerade und } a_n > 1 \\ 1, & \text{wenn } a_n = 1 \end{cases}.$$

Bestimmen Sie für den Startwerte $a_0 = 97$ alle Folgenglieder, bis die Folge „konstant wird".

10 a) Die Folge (q_n) der Quadratzahlen wird in Fig. 1 veranschaulicht; sie beginnt für $n \geqq 1$ mit 1; 4; 9; 16; … Geben Sie eine rekursive und dann eine explizite Beschreibung von (q_n) an.
b) Bearbeiten Sie entsprechend zu a) die Folgen (d_n), (f_n) und (s_n) der Dreiecks-, Fünfecks- und Sechseckszahlen.

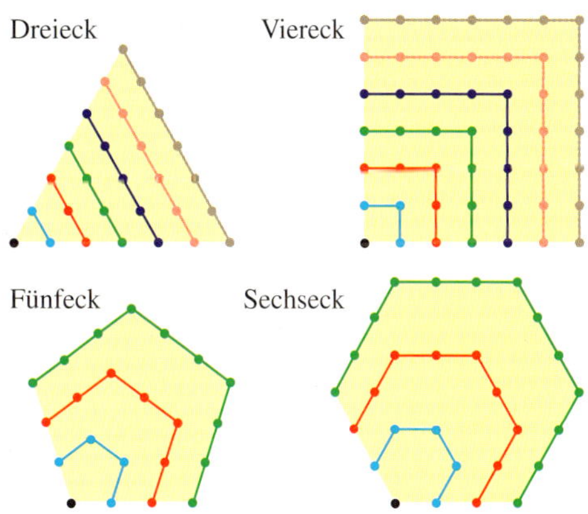

Fig. 1

11 Der in Fig. 2 für n = 0; 1; 2 dargestellte Vorgang wird fortgesetzt für n = 3; 4; … Beschreiben Sie für $A_0 = 1$ rekursiv und explizit die Folge (A_n), welche den Flächeninhalt A_n der n-ten Figur angibt.

n = 1
n = 2
n = 3
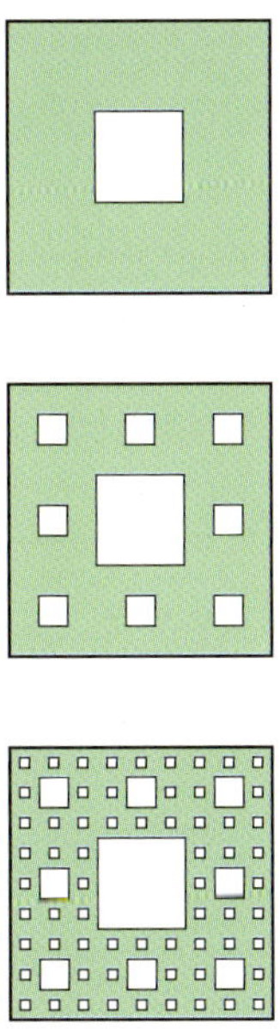
Fig. 2

12 Ein Briefträger besteigt eine Treppe mit n Stufen, dabei nimmt er eine oder zwei Stufen auf einmal. Es sei a_n die Anzahl der Möglichkeiten für eine Treppenbesteigung.

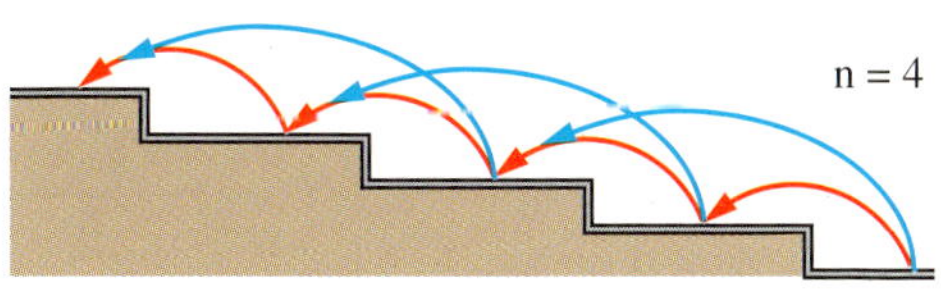

a) Bestimmen Sie a_1; a_2; a_3; a_4.
b) Zwischen a_n und den FIBONACCI-Zahlen besteht ein Zusammenhang. Finden Sie diesen Zusammenhang und begründen Sie dies.

3 Das Beweisverfahren der vollständigen Induktion

Fig. 1

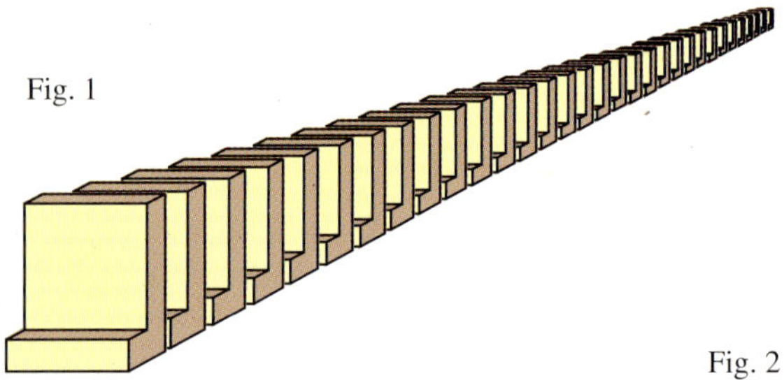

Fig. 2

1 L-förmige „Dominosteine" wie in Fig. 1 können nur über eine Kante kippen, wenn man sie anstößt. Dann allerdings kippen sie leicht. Die Steine werden in einer sehr langen Reihe aufgestellt (Fig. 2).
a) Es sollen alle Steine gekippt werden. Wie kann man dies möglichst einfach erreichen? Worauf muss man in diesem Fall beim Aufstellen der Steine achten?
b) Wie kann man ganz einfach alle Steine bis auf die ersten 5 Steine umkippen?

$1 = 1^2$
$1 + 3 = 2^2$
$1 + 3 + 5 = 3^2$
$1 + 3 + 5 + 7 = 4^2$
$1 + 3 + 5 + 7 + 9 = 5^2$

Möchte man beweisen, dass eine Aussage wie die Formel $1 + 3 + \ldots + (2n + 1) = (n + 1)^2$ für alle natürlichen Zahlen $n \in \mathbb{N}$ gilt, so stößt man auf Schwierigkeiten. Zwar kann man die Formel für jede beliebige Zahl $k \in \mathbb{N}$ durch Nachrechnen beweisen, aber ein Beweis für alle natürlichen Zahlen kann so nicht geführt werden.
Bemerkenswert ist aber die Beobachtung, dass man die Formel z. B. für $k = 50$ viel einfacher beweisen kann, wenn diese bereits für $k = 49$ als richtig erkannt wurde. Wenn nämlich

$1 + 3 + \ldots + (2 \cdot 49 + 1) = (49 + 1)^2$ gilt, ist

$1 + 3 + \ldots + (2 \cdot 49 + 1) + (2 \cdot 50 + 1) = (49 + 1)^2 + (2 \cdot 50 + 1) = 50^2 + 2 \cdot 50 + 1 = (50 + 1)^2.$

Diese Überlegungen lassen sich sogar auf jede beliebige Zahl $k \in \mathbb{N}$ übertragen. Ist nämlich

$1 + 3 + \ldots + (2 \cdot k + 1) = (k + 1)^2$, so gilt

$1 + 3 + \ldots + (2 \cdot k + 1) + (2 \cdot (k + 1) + 1) = (k + 1)^2 + 2 \cdot (k + 1) + 1 = ((k + 1) + 1)^2.$

Damit kann nun gezeigt werden, dass die Gültigkeit der Formel in $\mathbb{N}$ „kein Ende hat". Denn für $k = 0$ gilt die Formel offensichtlich und somit auch für $k = 1$. Dann gilt die Formel für $k = 2$, also auch für $k = 3$ usw. Demnach gilt die Formel für alle Zahlen $n \in \mathbb{N}$ (Fig. 3).
Dies führt zu folgendem Beweisverfahren:

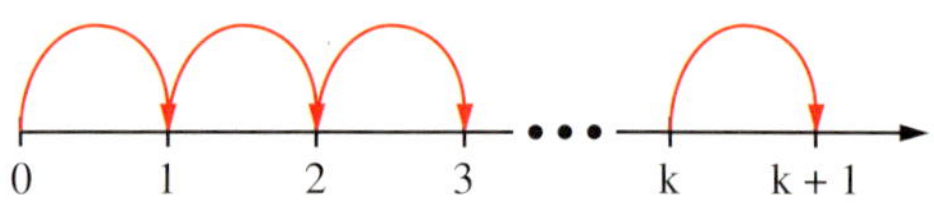

Fig. 3

Beweisverfahren der vollständigen Induktion:
Eine Aussage ist gültig für alle natürlichen Zahlen $n \in \mathbb{N}$, wenn man nachweisen kann:
(I) **Induktionsanfang:** Die Aussage gilt für $n = 0$.
(II) **Induktionsschritt:** Wenn man annimmt, dass die Aussage für $n = k$ gilt, dann kann man zeigen, dass die Aussage auch für $n = k + 1$ gilt.

inducere (lat.): hineinführen

Im Induktionsschritt muss nicht gezeigt werden, dass die betrachtete Aussage für k gilt, sondern deren Gültigkeit für k wird angenommen **(Induktionsannahme)**. Unter dieser Voraussetzung muss dann aber die Gültigkeit für $k + 1$ gezeigt werden **(Induktionsschluss)**.

Manche Aussagen gelten zwar nicht für alle $n \in \mathbb{N}$, aber für alle $n \in \mathbb{N}$ mit $n \geqq a$. Sie können bewiesen werden, indem man statt 0 als Induktionsanfang die Zahl $a \in \mathbb{N}$ wählt (Fig. 4).

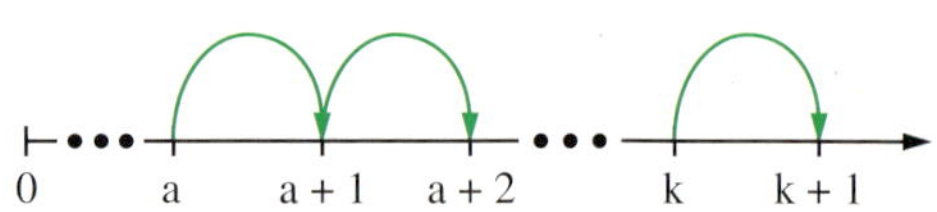

Fig. 4

Ungleichung von Bernoulli

Diese Ungleichung wie auch die gelb unterlegten Summenformeln auf dieser Seite für Potenzen (auch noch höheren Grades) stammen von Jacob Bernoulli (1654–1705) aus der berühmten Basler Gelehrtenfamilie.

Beispiel 1: (Beweis durch vollständige Induktion; Summenformel)
Zeigen Sie, dass für alle $n \in \mathbb{N}$ gilt: $2^0 + 2^1 + 2^2 + \ldots + 2^n = 2^{n+1} - 1$.
Lösung:
Beweis durch vollständige Induktion:
(I) Induktionsanfang: Für $n = 0$ ist die Aussage wahr, da $2^0 = 2^{0+1} - 1$ ist.
(II) Induktionsschritt: Es sei $k \in \mathbb{N}$ und man nimmt an, dass die Aussage für k gilt.
Dies besagt: $2^0 + 2^1 + 2^2 + \ldots + 2^k = 2^{k+1} - 1$.
Damit muss gezeigt werden, dass auch $2^0 + 2^1 + 2^2 + \ldots + 2^k + 2^{k+1} = 2^{(k+1)+1} - 1$ gilt.
Dies ergibt sich so: $2^0 + 2^1 + 2^2 + \ldots + 2^k + 2^{k+1} = (2^0 + 2^1 + 2^2 + \ldots + 2^k) + 2^{k+1}$
$= (2^{k+1} - 1) + 2^{k+1} = 2 \cdot 2^{k+1} - 1 = 2^{(k+1)+1} - 1$.
Somit gilt die Aussage auch für $k + 1$; also ist die Aussage für alle $n \in \mathbb{N}$ wahr.

Beispiel 2: (Vollständige Induktion mit geändertem Induktionsanfang; Ungleichung)
Zeigen Sie, dass für alle $n \in \mathbb{N}$ mit $n \geqq 2$ und jedes $x \in \mathbb{R}$ mit $x > -1$ und $x \neq 0$ gilt:
$\mathbf{(1 + x)^n > 1 + n \cdot x}$.
Lösung:
Beweis durch vollständige Induktion:
(I) Induktionsanfang: Für $n = 2$ ist die Aussage wahr, da sich mit der 1. binomischen Formel für $x \neq 0$ ergibt: $(1 + x)^2 = 1 + 2x + x^2 > 1 + 2x$.
(II) Induktionsschritt: Es sei $k \in \mathbb{N}$ und man nimmt an, dass die Aussage für k gilt.
Dies besagt: $(1 + x)^k > 1 + k \cdot x$, und damit muss $(1 + x)^{k+1} > 1 + (k + 1) \cdot x$ gezeigt werden.
Dies ergibt sich so: $(1 + x)^{k+1} = (1 + x)(1 + x)^k > (1 + x)(1 + k \cdot x)$
$= 1 + (k + 1)x + kx^2 > 1 + (k + 1)x$,
da $1 + x > 0$ ist für $x > -1$. Somit gilt die Aussage auch für $k + 1$.
Damit ist gezeigt, dass die Aussage für alle $n \in \mathbb{N}$ mit $n \geqq 2$ wahr ist.

Eine Zahl $n \in \mathbb{N}$ ist teilbar durch eine Zahl $t \in \mathbb{N}$, wenn es eine Zahl $s \in \mathbb{N}$ gibt mit $s \cdot t = n$.

Beispiel 3: (Beweis durch vollständige Induktion; Teilbarkeit)
Zeigen Sie, dass für alle $n \in \mathbb{N}$ mit $n \geqq 1$ gilt: $6^n - 1$ ist teilbar durch 5.
Lösung:
Beweis durch vollständige Induktion.
(I) Induktionsanfang: Für $n = 1$ ist die Aussage wahr, da $6^1 - 1 = 5$ durch 5 teilbar ist.
(II) Induktionsschritt: Es sei $k \in \mathbb{N}$ mit $k \geqq 1$ und man nimmt an, dass die Aussage für k gilt.
Dies besagt, dass $6^k - 1$ durch 5 teilbar ist. Also gibt es ein $s \in \mathbb{N}$ mit $6^k - 1 = 5 \cdot s$.
Dann ist $6^k = 1 + 5 \cdot s$ und damit muss gezeigt werden, dass auch $6^{k+1} - 1$ durch 5 teilbar ist.
Dies ergibt sich so: $6^{k+1} - 1 = 6 \cdot 6^k - 1 = 6 \cdot (1 + 5 \cdot s) - 1 = 5 \cdot (6s) + 5 = 5 \cdot (6s + 1)$.
Also ist auch $6^{k+1} - 1$ durch 5 teilbar. Somit gilt die Aussage auch für $k + 1$.
Damit ist gezeigt, dass die Aussage für alle $n \in \mathbb{N}$ mit $n \geqq 1$ wahr ist.

Aufgaben

2 Zeigen Sie mit vollständiger Induktion, dass für alle $n \in \mathbb{N}$ mit $n \geqq 1$ gilt:
a) $2 + 4 + 6 + \ldots + 2n = n(n + 1)$
b) $3 + 7 + 11 + \ldots + (4n - 1) = n(2n + 1)$
c) $1 + 4 + 7 + \ldots + (3n - 2) = \frac{1}{2}n(3n - 1)$

Summenformeln für Potenzen
a) $1 + 2 + 3 + \ldots + n = \frac{1}{2}n(n + 1)$
b) $1^2 + 2^2 + 3^2 + \ldots + n^2 = \frac{1}{6}n(n + 1)(2n + 1)$
c) $1^3 + 2^3 + 3^3 + \ldots + n^3 = \frac{1}{4}n^2(n + 1)^2$
d) $1^4 + 2^4 + 3^4 + \ldots + n^4 = \frac{1}{30}n(n + 1)(2n + 1)(3n^2 + 3n - 1)$

3 Beweisen Sie mit vollständiger Induktion die gelb unterlegten „Summenformeln für Potenzen“ für $n \geqq 1$.

4 Es sei $(a + d \cdot n)$ eine arithmetische Folge und $(a \cdot q^n)$ eine geometrische Folge.
Beweisen Sie mit vollständiger Induktion die grün unterlegten Summenformeln.

> **Summenformel für arithmetische Folgen:**
> $a_0 + a_1 + a_2 + \ldots + a_n = \frac{1}{2}(n + 1)(a_0 + a_n)$
> **Summenformel für geometrische Folgen:**
> $q_0 + q_1 + q_2 + \ldots + q_n = a \cdot \frac{1 - q^{n+1}}{1 - q}$

Wie lassen sich die Aussagen von Aufgabe 5 a) und b) verallgemeinern?

5 Zeigen Sie, dass für alle $n \in \mathbb{N}$ im angegebenen Bereich gilt:

a) 8 teilt $9^n - 1$; $n \geqq 1$ b) 9 teilt $10^n - 1$; $n \geqq 1$
c) 6 teilt $n^3 - n$; $n \geqq 2$ d) 133 teilt $11^{n+2} + 12^{2n+1}$; $n \geqq 0$
e) 9 teilt die Summe der dritten Potenzen von drei aufeinander folgenden natürlichen Zahlen.

> **Häufige Fehler bei Beweisen durch vollständige Induktion**
> 1. Der Induktionsanfang wird vergessen.
> 2. Der Induktionsschritt wird vergessen.
> 3. Es wird versucht, die Induktionsvoraussetzung, d. h. die Aussage für $n = k$ zu beweisen.
> 4. Es wird gezeigt, dass aus der Gültigkeit der Aussage für $n = k + 1$ die Gültigkeit der Aussage für $n = k$ folgt.

6 Zeigen Sie, dass für alle $n \in \mathbb{N}$ im angegebenen Bereich gilt:

a) $n^2 > 2n + 1$; $n \geqq 3$ b) $2n + 1 < 2^n$; $n \geqq 3$
c) $2^n > n^2$; $n \geqq 5$ d) $3^n > n^2$; $n \geqq 1$
e) $\frac{1}{n+1} + \frac{1}{n+2} + \frac{1}{n+3} + \ldots + \frac{1}{2n} > \frac{13}{24}$; $n \geqq 2$
f) $\frac{1}{\sqrt{1}} + \frac{1}{\sqrt{2}} + \frac{1}{\sqrt{3}} + \ldots + \frac{1}{\sqrt{n}} > \sqrt{n}$; $n \geqq 2$

(Anleitung zu c): Verwenden Sie a).
Anleitung zu f): Zeigen Sie zunächst ohne Induktion: $\frac{1}{\sqrt{k+1}} > \sqrt{k+1} - \sqrt{k}$ für $k \geqq 0$.)

7 Die Ungleichung von BERNOULLI lässt sich noch verbessern. Zeigen Sie, dass für $x \geqq 0$ und $n \geqq 2$ gilt: $(1 + x)^n \geqq 1 + n \cdot x + \frac{1}{2}(n - 1)n \cdot x^2$.

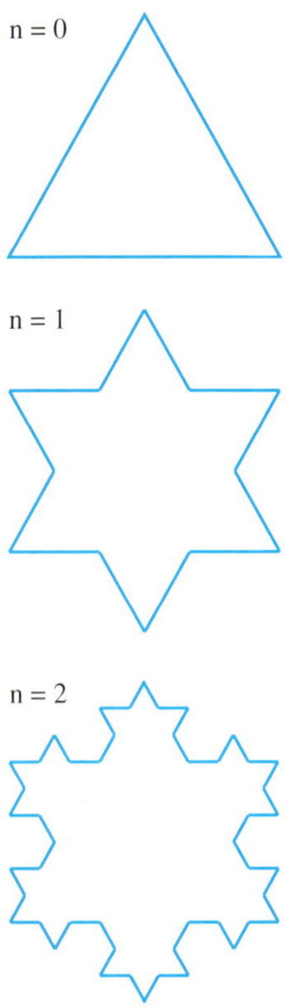

Fig. 1

8 Berechnen Sie einige Summen und stellen Sie dann eine Vermutung über eine „Summenformel" auf. Beweisen Sie dann diese Vermutung durch vollständige Induktion.

a) $\frac{1}{1 \cdot 2} + \frac{1}{2 \cdot 3} + \frac{1}{3 \cdot 4} + \frac{1}{4 \cdot 5} + \ldots + \frac{1}{n \cdot (n+1)}$ b) $\frac{1}{1 \cdot 3} + \frac{1}{3 \cdot 5} + \frac{1}{5 \cdot 7} + \frac{1}{7 \cdot 9} + \ldots + \frac{1}{(2n-1)(2n+1)}$
c) $\frac{1}{1 \cdot 4} + \frac{1}{4 \cdot 7} + \frac{1}{7 \cdot 10} + \frac{1}{10 \cdot 13} + \ldots + \frac{1}{(3n-2)(3n+1)}$ d) $\frac{1}{1 \cdot 5} + \frac{1}{5 \cdot 9} + \frac{1}{9 \cdot 13} + \frac{1}{13 \cdot 17} + \ldots + \frac{1}{(4n-3) \cdot (4n+1)}$
e) $1 \cdot 2 + 2 \cdot 3 + 3 \cdot 4 + 4 \cdot 5 + \ldots + n(n + 1)$ f) $1 \cdot 2 \cdot 3 + 2 \cdot 3 \cdot 4 + \ldots + n(n + 1)(n + 2)$

(Anleitung zu e) und f): Schreiben Sie die Summen als Produkt mit dem Faktor $\frac{1}{3}$ bzw. $\frac{1}{4}$.)

9 Die Folge (a_n) ist durch eine rekursive Beschreibung gegeben. Berechnen Sie einige Folgenglieder und stellen Sie eine Vermutung über die explizite Beschreibung von (a_n) auf. Beweisen Sie zunächst Ihre Vermutung mit vollständiger Induktion. Beweisen Sie ohne vollständige Induktion, dass sich aus der expliziten Beschreibung die rekursive Beschreibung ergibt.

a) $a_0 = 1$ und $a_{n+1} = a_n + 8(n + 1)$ b) $a_0 = 0$ und $a_{n+1} = a_n + 2(n + 1)$
c) $a_0 = 2$, $a_1 = 5$ und $a_{n+2} = 2a_{n+1} - a_n$ d) $a_0 = 2$, $a_1 = 3$ und $a_{n+2} = 3a_{n+1} - 2a_n$

10 Zeigen Sie durch vollständige Induktion für $n \geqq 1$, dass man n verschiedene Gegenstände auf $1 \cdot 2 \cdot 3 \cdot \ldots \cdot (n - 1) \cdot n$ verschiedene Arten in einer Reihe anordnen kann.
Bemerkung: Statt $1 \cdot 2 \cdot 3 \cdot \ldots \cdot (n - 1) \cdot n$ schreibt man auch $n!$.

11 Zeigen Sie durch vollständige Induktion für $n \geqq 1$ und $x \neq 1$, dass gilt:
$(x^{n+1} - 1) : (x - 1) = 1 + x + x^2 + \ldots + x^n$.

12 In Fig. 1 sind für $n \in \{0; 1; 2\}$ so genannte Schneeflocken-Kurven gezeigt. Aus wie vielen Strecken besteht für beliebiges $n \in \mathbb{N}$ die zugehörige „Schneeflocken-Kurve"? Beweisen Sie Ihre Vermutung.

13 In einem fernen Land gibt es als Zahlungsmittel nur Münzen zu 3 und 8 Einheiten. Zeigen Sie, dass man
a) jeden „ganzzahligen“ Geldbetrag größer als 13 allein mit diesen Münzen bezahlen kann, ohne dass herausgegeben werden muss.
b) mit Herausgeben jeden „ganzzahligen“ Geldbetrag mit diesen Münzen bezahlen kann.
(Anleitung zu a): Beachten Sie, ob man zum Bezahlen eine Münze zu 8 Einheiten benötigt.)

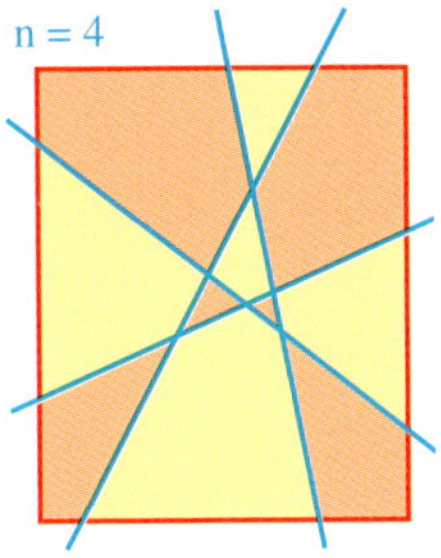

Fig. 1

14 Ein Rechteck (Fig. 1) wird durch n Geraden in Dreiecke, Vierecke, Fünfecke, ... zerlegt. Wie viele Teile entstehen höchstens? Beweisen Sie Ihre Vermutung.
(Anleitung: Wie viele Schnittpunkte hat eine neu hinzukommende Gerade höchstens?)

15 Verbindet man n Punkte auf einem Kreis auf alle mögliche Arten, so entstehen a_n Gebiete (Fig. 2).
a) Bestimmen Sie a_2, a_3, a_4 und a_5. Stellen Sie damit eine Vermutung für a_n auf.
b) Überprüfen Sie Ihre Vermutung an a_6.

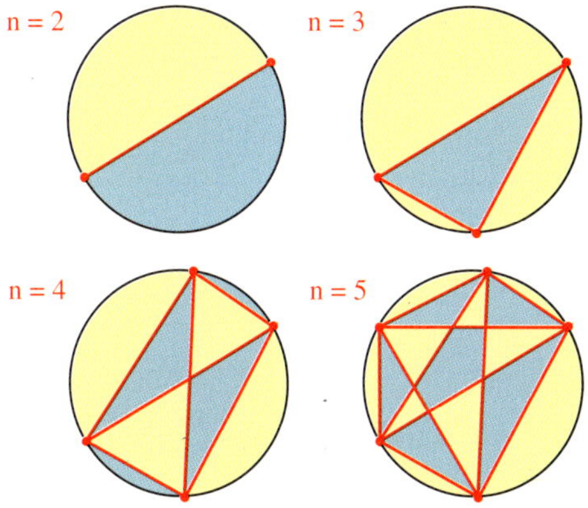

Fig. 2

Wo steckt der Fehler? Zeigen Sie, dass die Behauptungen der Aufgaben 16, 17 und 18 falsch sind. Geben Sie dann an, wo der Fehler in dem angegebenen „Beweis“ steckt.

16 Behauptung: Der Term $f(n) = n^2 - n + 41$ ergibt für jedes $n \in \mathbb{N}$ eine Primzahl.
Beweis durch vollständige Induktion:
Man erhält $f(0) = 41$, $f(1) = 41$, $f(2) = 43$, $f(3) = 47$, $f(4) = 53$, $f(5) = 61$, $f(6) = 71, \ldots$ und die Zahlen 41, 43, 47, 53, 61, 71, ... sind allesamt Primzahlen. Wenn also für eine Zahl $n \in \mathbb{N}$ der Term $f(n)$ eine Primzahl ergibt, so ist auch der nächste Term $f(n+1)$ wiederum eine Primzahl. Damit ist gezeigt, dass $f(n)$ eine Primzahl ist für jedes $n \in \mathbb{N}$.

17 Behauptung: Für jedes $n \in \mathbb{N}$ mit $n \geqq 1$ gilt $1 + 2 + 3 + \ldots + n = \frac{1}{2}n(n+1) + 1$.
Beweis durch vollständige Induktion:
(I) Induktionsanfang: Nachrechnen zeigt, dass die Behauptung für $n = 1$ offensichtlich gilt.
(II) Induktionsschritt: Es sei $k \in \mathbb{N}$ mit $k \geqq 1$ und man nimmt an, dass die Aussage für k gilt. Dies besagt: $1 + 2 + 3 + \ldots + k = \frac{1}{2}k(k+1) + 1$ und damit muss gezeigt werden, dass $1 + 2 + 3 + \ldots + k + (k+1) = \frac{1}{2}(k+1)(k+2) + 1$ gilt. Dies ergibt sich so: $1 + 2 + 3 + \ldots + k + (k+1)$ $= \frac{1}{2}k(k+1) + 1 + (k+1) = \frac{1}{2}(k+1)(k+2) + 1$. Also gilt die Aussage auch für $k + 1$.
Damit ist gezeigt, dass $1 + 2 + 3 + \ldots + n = \frac{1}{2}n(n+1) + 1$ für alle $n \in \mathbb{N}$ mit $n \geqq 1$ wahr ist.

18 Behauptung: Sind n Personen in einem Raum, so haben diese dieselbe Größe.
Beweis durch vollständige Induktion:
(I) Induktionsanfang: Für $n = 1$ ist die Behauptung offensichtlich wahr.
(II) Induktionsschritt: Es sei $k \in \mathbb{N}$ mit $k \geqq 1$ und die Behauptung gelte für k. Dies besagt, dass k Personen in einem Raum stets dieselbe Größe g haben. Wenn nun $k + 1$ Personen in einem Raum sind, so geht eine Person hinaus. Dann haben die restlichen k Personen dieselbe Größe g. Die hinaus gegangene Person kommt nun zurück und eine andere Person geht. Die restlichen k Personen haben dann wieder dieselbe Größe g. Also haben alle $k + 1$ Personen dieselbe Größe g, d.h., die Behauptung gilt auch für $k + 1$.
Damit ist gezeigt, dass die Behauptung für alle $n \in \mathbb{N}$ mit $n \geqq 1$ wahr ist.

4 Eigenschaften von Folgen

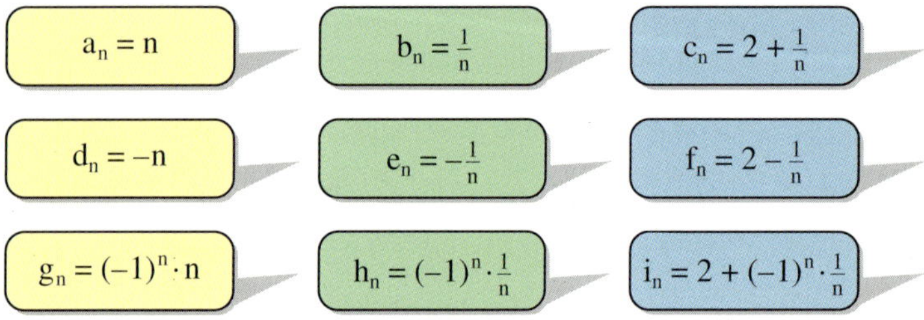

Fig. 1

1 In Fig. 1 sind Folgen (a_n), (b_n), ..., (i_n) explizit beschrieben für $n \geqq 1$. Wie könnte man diese Folgen in verschiedene Klassen einteilen, wenn man
a) bei jeder Folge die aufeinander folgenden Folgenglieder vergleicht;
b) die Folgen hinsichtlich ihrer Wertemengen vergleicht?

Da Folgen Sonderfälle von Funktionen sind, lassen sich manche Eigenschaften von Funktionen unmittelbar auf Folgen übertragen. So heißt eine Funktion f mit Definitionsmenge D monoton zunehmend, wenn für alle $x_1, x_2 \in D$ mit $x_1 < x_2$ stets $f(x_1) < f(x_2)$ gilt. Bei Folgen genügt es, nur die Folgenglieder a_n und a_{n+1} zu vergleichen. Damit lautet die entsprechende Definition für Folgen:

Definition: Eine Folge (a_n) heißt **monoton** $\left\{\begin{matrix}\textbf{zunehmend}\\ \textbf{abnehmend}\end{matrix}\right\}$, wenn $\left\{\begin{matrix}\mathbf{a_{n+1} \geqq a_n}\\ \mathbf{a_{n+1} \leqq a_n}\end{matrix}\right\}$ für jedes $n \in \mathbb{N}$ gilt.

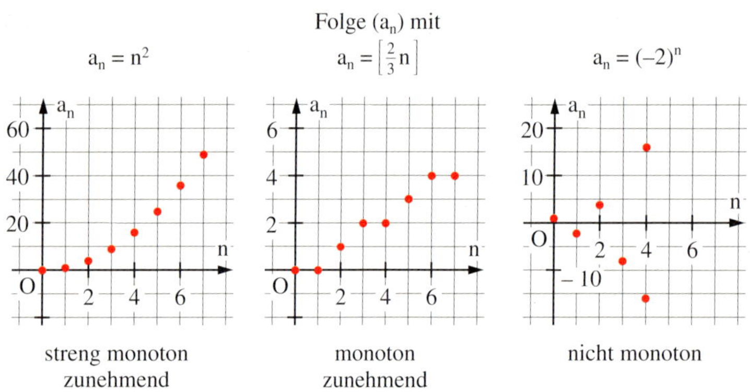

Fig. 2

Wenn statt $a_{n+1} \geqq a_n$ sogar $a_{n+1} > a_n$ gilt, ist die Folge (a_n) **streng** monoton zunehmend. Entsprechendes gilt für streng monoton abnehmende Folgen. **Monotone Folgen** sind entweder monoton zunehmend oder monoton abnehmend.
Beim Nachweis der Monotonie einer Folge ist es oft günstiger, statt $a_{n+1} \geqq a_n$ zu zeigen, dass $a_{n+1} - a_n \geqq 0$ gilt.
Bei Folgen mit positiven Folgengliedern kann auch $a_{n+1} : a_n \geqq 1$ statt $a_{n+1} \geqq a_n$ gezeigt werden (vgl. Beispiel 1).

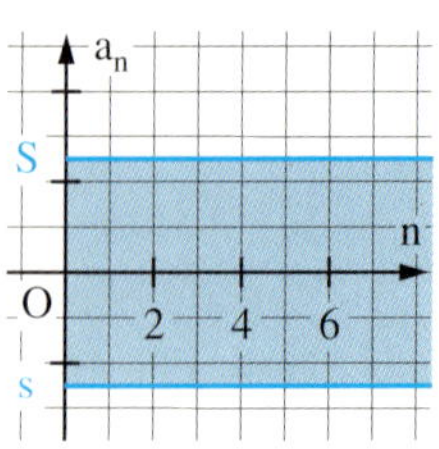

Manche Funktionen nehmen „unbeschränkt" große oder kleine Werte an wie f mit $f(x) = x^3$, andere bleiben „beschränkt" wie die Sinusfunktion. Auf Folgen übertragen ergibt dies:

Definition: Man nennt eine Folge (a_n) **nach** $\left\{\begin{matrix}\textbf{oben}\\ \textbf{unten}\end{matrix}\right\}$ **beschränkt**, wenn es eine Zahl $\left\{\begin{matrix}S \in \mathbb{R}\\ s \in \mathbb{R}\end{matrix}\right\}$ gibt mit $\left\{\begin{matrix}\mathbf{a_n \leqq S}\\ \mathbf{a_n \geqq s}\end{matrix}\right\}$ für jedes $n \in \mathbb{N}$.

Gegebenenfalls nennt man die Zahl s eine untere und die Zahl S eine obere Schranke der Folge. Eine Folge, die sowohl nach oben als auch nach unten beschränkt ist, nennt man eine **beschränkte Folge**. Für solche Folgen gibt es also zwei Schranken s und S mit $s \leqq a_n \leqq S$ für jedes $n \in \mathbb{N}$.

Eine Wertetabelle führt meist zu einer Vermutung!

Beispiel 1: (Monotonie einer Folge in expliziter Beschreibung)
Untersuchen Sie die Folge auf Monotonie.

a) (a_n) mit $a_n = \frac{4n}{n+3}$ b) (b_n) mit $b_n = 1 + (-1)^n \cdot \frac{1}{n+1}$

Lösung:

a) Für jedes $n \in \mathbb{N}$ ist $a_{n+1} - a_n = \frac{4(n+1)}{(n+1)+3} - \frac{4n}{n+3} = \frac{12}{(n+4)(n+3)} > 0$ und somit $a_{n+1} > a_n$.
Also ist die Folge (a_n) streng monoton zunehmend.

b) Es ist $b_0 = 1 + 1 = 2$, $b_1 = 1 - \frac{1}{2} = \frac{1}{2}$, $b_2 = 1 + \frac{1}{3} = \frac{4}{3}, \ldots$ Damit gilt $b_0 > b_1$ und $b_1 < b_2$.
Also ist die Folge (b_n) weder monoton abnehmend noch monoton zunehmend; sie ist damit nicht monoton.

Beispiel 2: (Beschränktheit einer Folge in expliziter Beschreibung)
Untersuchen Sie die Folge auf Beschränktheit.

a) (a_n) mit $a_n = \frac{2n+1}{n+1}$ b) (b_n) mit $b_n = \frac{n^2+1}{n+1}$

Lösung:

a) Für jedes $n \in \mathbb{N}$ ist $a_n = \frac{2n+1}{n+1} \geqq \frac{2n+1}{2n+1} = 1$ sowie $a_n = \frac{2n+1}{n+1} < \frac{2n+2}{n+1} = 2$. Also ist die Folge (a_n) beschränkt mit der unteren Schranke $s = 1$ und der oberen Schranke $S = 2$.

b) Für jedes $n \in \mathbb{N}$ gilt $b_n = \frac{n^2+1}{n+1} \geqq \frac{n+1}{n+1} = 1$ und für $n \geqq 1$ auch $b_n = \frac{n^2+1}{n+1} \geqq \frac{n^2+1}{n+n} > \frac{n^2}{2n} = \frac{1}{2}n$.
Da die Folge $\left(\frac{1}{2}n\right)$ beliebig große Werte annehmen kann, ist die Folge (b_n) zwar nach unten beschränkt mit der unteren Schranke $s = 1$, aber nach oben nicht beschränkt.

Beachten Sie:
Ein Bruch wird
größer
wenn man
bei gleichem Nenner
den Zähler
vergrößert
oder
bei gleichem Zähler
den Nenner
verkleinert

Bemerkung:
Die obigen Folgen (a_n) und (b_n) können auch mit Polynomdivision umgeformt werden.

a) Bei (a_n) erhält man $a_n = 2 - \frac{1}{n+1}$. Wegen $0 < \frac{1}{n+1} \leqq 1$ für alle $n \in \mathrm{IN}$ ist dann $1 \leqq a_n < 2$.

b) Bei (b_n) ergibt sich $b_n = n - 1 + \frac{2}{n+1}$. Da $\frac{2}{n+1} > 0$ ist für alle $n \in \mathrm{IN}$ gilt dann $b_n > n - 1$.
Dies zeigt, dass (b_n) nach oben nicht beschränkt ist.

Beispiel 3: (Monotonie einer Folge in rekursiver Beschreibung)
Zeigen Sie, dass die Folge (a_n) mit $a_0 = -\frac{1}{2}$ und $a_{n+1} = \sqrt{a_n + 1}$ streng monoton zunehmend ist.

Lösung:
Beweis durch vollständige Induktion:

(I) Induktionsanfang. Für $n = 0$ ist die Aussage wahr, denn es ist $a_0 = -\frac{1}{2} < a_1 = \sqrt{\frac{1}{2}}$.

(II) Induktionsschritt: Es sei $k \in \mathbb{N}$ und man nimmt an, dass die Aussage für k gilt. Dies besagt $a_{k+1} > a_k$ und damit muss $a_{k+2} > a_{k+1}$ gezeigt werden.
Dies ergibt sich so: $a_{k+2} = \sqrt{a_{k+1} + 1} > \sqrt{a_k + 1} = a_{k+1}$. Also gilt die Aussage auch für $k + 1$.
Damit ist gezeigt, dass die Aussage für alle $n \in \mathbb{N}$ wahr ist.

Beispiel 4: (Beschränktheit einer Folge in rekursiver Beschreibung)
Untersuchen Sie die Zahlenfolge (a_n) mit $a_0 = 0$ und $a_{n+1} = \frac{1}{2}a_n + 4$ auf Beschränktheit.

$a_0 = 0$
$a_1 = 4$
$a_2 = 6$
$a_3 = 7$
$a_4 = 7{,}5$
$a_5 = 7{,}75$
$a_6 = 7{,}875$
$a_7 = 7{,}9375$
$a_8 = \ldots$

Lösung:
Behauptung: Die Folge (a_n) ist beschränkt mit $0 \leqq a_n \leqq 8$ für alle $n \in \mathbb{N}$.
Beweis durch vollständige Induktion:

(I) Induktionsanfang: Für $n = 0$ ist die Aussage wahr, denn es ist $a_0 = 0$.

(II) Induktionsschritt: Es sei $k \in \mathbb{N}$ und man nimmt an, dass die Aussage für k gilt. Dies besagt $0 \leqq a_k \leqq 8$. Dann ist $a_{k+1} = \frac{1}{2}a_k + 4 \geqq 4$ und $a_{k+1} = \frac{1}{2}a_k + 4 \leqq \frac{1}{2} \cdot 8 + 4 = 8$. Somit gilt die Aussage auch für $k + 1$.

Aufgaben

2 Untersuchen Sie die Folge auf Monotonie.

a) $\left(\frac{4}{n+2}\right)$ b) $\left(\sqrt{n+4}\right)$
c) (2^n+3) d) $\left(\frac{1-n}{n+1}\right)$
e) $\left(\frac{2n+1}{n+2}\right)$ f) $\left(\sqrt{n^2-n}\right)$
g) $(n^2+(-1)^{n+1})$ h) (n^4-3n^3)
i) $\left(\frac{n^2+1}{1-8n}\right)$ j) $(2^n+(-2)^n)$ k) $\left(\frac{9}{n}+\frac{n}{9}\right)$; $n \geqq 1$ l) (n^{1-n})

> **„Strategie bei Monotonie"**
> 1. Vergleichen Sie a_{n+1} mit a_n.
> 2. Führt 1. zu keinem Ergebnis, so untersuchen Sie die Differenz $a_{n+1}-a_n$.
> 3. Führt 2. zu keinem Ergebnis, so untersuchen Sie den Quotienten $a_{n+1}:a_n$.

3 a) $\left(\frac{1}{n+1}+\frac{1}{n+2}+\ldots+\frac{1}{2n+1}\right)$ b) $\left(\sqrt{n}\cdot\sqrt{n+1}\cdot\ldots\cdot\sqrt{2n}\right)$ c) $\left(\frac{n}{n+1}\cdot\frac{n}{n+2}\cdot\ldots\cdot\frac{n}{2n+1}\right)$

4 Ab welchem Folgenglied ist die Folge monoton? Begründen Sie Ihre Aussage.
a) $(16-2^n)$ b) $(12n-n^2)$ c) $((n-5)^2)$ d) $(n^2\cdot 2^{-n})$ e) (n^3-7n^2) f) (5^n-2^{2n})

Bei Beschränktheit ist es nicht erforderlich, die kleinste obere oder die größte untere Schranke zu bestimmen. Es genügt, die ***Existenz von Schranken*** *nachzuweisen.*

5 Untersuchen Sie die Folge auf Beschränktheit. Geben Sie gegebenenfalls eine untere oder eine obere Schranke an.

a) $\left(\frac{n}{3n-2}\right)$ b) $\left(3+\frac{2}{n+1}\right)$ c) $\left(n-\frac{1}{2n+1}\right)$
d) $\sin\left(\frac{1}{n}\right)$; $n \geqq 1$ e) $\left(\frac{n^2}{n+2}\right)$ f) $\left(\frac{n+2}{n^2-2}\right)$
g) (2^{-n+1}) h) (n^2-n^3) i) $\left(\frac{1}{\sqrt{n+2}}\right)$

> **„Bedenken beim Beschränken"**
> 1. Kann man die Terme vereinfachen oder umformen?
> 2. Kann man Summanden geeignet vergrößern oder verkleinern?
> 3. Kann man Faktoren geeignet vergrößern oder verkleinern?

6 a) $\left(\frac{n}{n+1}\cdot\frac{n+2}{n+3}\cdot\ldots\cdot\frac{2n}{2n+1}\right)$ b) $\left(\frac{\sqrt{n}}{\sqrt{n+2}}\cdot\frac{\sqrt{n+4}}{\sqrt{n+6}}\cdot\ldots\cdot\frac{\sqrt{2n}}{\sqrt{2n+2}}\right)$
c) $\left(\frac{2}{1\cdot 3}+\frac{2}{3\cdot 5}+\ldots+\frac{2}{(2n+1)(2n+3)}\right)$ d) $\left(\frac{3}{1\cdot 6}+\frac{3}{6\cdot 11}+\ldots+\frac{3}{(5n+1)(5n+6)}\right)$
(Anleitung zu Aufgabe 6c), d): Verwenden Sie die Formel $\frac{a}{n(n+a)}=\frac{1}{n}-\frac{1}{n+a}$.)

7 Veranschaulichen Sie die Folge (a_n) mithilfe des Schaubildes einer geeigneten Funktion und der 1. Winkelhalbierenden (vgl. Beispiel 1 auf S. 72); untersuchen Sie dann (a_n) auf Monotonie.
a) $a_0=0$ und $a_{n+1}=\frac{1}{4}a_n^2+1$ b) $a_0=2$ und $a_{n+1}=\frac{6}{a_n}+1$
c) $a_0=0$ und $a_{n+1}=\sqrt{a_n}+2$ d) $a_0=2$ und $a_{n+1}=\frac{1}{4}a_n^2-a_n-1$

8 Veranschaulichen Sie die Folge (a_n) wie in Aufgabe 7 und untersuchen Sie diese dann auf Beschränktheit. Geben Sie gegebenenfalls eine untere oder eine obere Schranke von (a_n) an.
a) $a_0=0$ und $a_{n+1}=a_n^2+\frac{1}{4}$ b) $a_0=2$ und $a_{n+1}=2a_n-1$
c) $a_0=0$ und $a_{n+1}=\sqrt{6+a_n}$ d) $a_0=0$ und $a_{n+1}=\left(\sqrt{2}\right)^{a_n}$

9 Bestimmen Sie eine obere oder untere Schranke der Folge (a_n), indem Sie (a_n) wie in Aufgabe 7 veranschaulichen. Zeigen Sie zunächst durch Rechnung, dass die Folge (a_n) beschränkt ist. Beweisen Sie damit dann die Monotonie der Folge (a_n).
a) $a_0=-2$ und $a_{n+1}=\frac{1}{3}a_n+3$ b) $a_0=4$ und $a_{n+1}=\frac{1}{5}a_n^2$
c) $a_0=2$ und $a_{n+1}=6-\frac{6}{a_n}$ d) $a_0=20$ und $a_{n+1}=2\sqrt{a_n+3}+1$

10 Untersuchen Sie die Funktion f mithilfe ihrer Ableitung f' auf Monotonie und zeigen Sie damit die Monotonie der Folge $(f(n))$.
a) $f(x)=\frac{1}{10}x^3+\frac{2}{5}x^2$ b) $f(x)=\frac{x-4}{x-2}$ c) $f(x)=\sqrt{\frac{x}{x+1}}$ d) $f(x)=\frac{x+4}{3}+\frac{3}{x+4}$

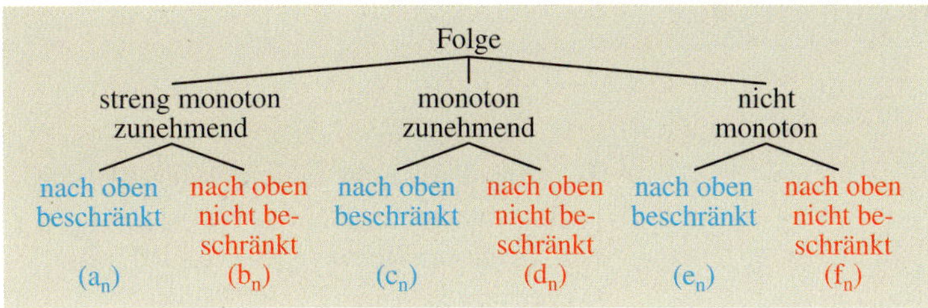

Fig. 1

11 Bestimmen Sie eine für $x \geqq 0$ nicht monotone Funktion f, bei der die Folge $(f(n))$ streng monoton abnehmend ist.

12 Geben Sie je ein Beispiel für die Folgen $(a_n), \ldots, (f_n)$ in Fig. 1 an. Wählen Sie möglichst einfache Beispiele, damit man die geforderten Eigenschaften unmittelbar erkennt.

13 Es sei (a_n) eine arithmetische Folge mit Differenz d und (g_n) eine geometrische Folge mit Quotient q. Untersuchen Sie die Folgen (a_n) und (g_n) auf Monotonie und Beschränktheit; unterscheiden Sie dabei verschiedene Fälle für d oder q.

14 Es sei (a_n) eine monton abnehmende Folge mit $a_n \neq 0$ für alle $n \in \mathbb{N}$ und (b_n) eine monoton zunehmende Folge mit $b_n > 0$ für alle $n \in \mathbb{N}$. Beweisen oder widerlegen Sie die Monotonie der Folge.

a) (c_n) mit $c_n = \frac{1}{a_n}$ b) (d_n) mit $d_n = \frac{1}{b_n}$ c) (e_n) mit $e_n = \sqrt{b_n}$ d) (f_n) mit $f_n = |a_n|$

15 Es sei (a_n) eine beschränkte Folge mit $2 \leqq a_n \leqq 4$ für alle $n \in \mathbb{N}$ und (b_n) eine beschränkte Folge mit $-1 \leqq b_n \leqq 2$ und $b_n \neq 0$ für alle $n \in \mathbb{N}$. Beweisen oder widerlegen Sie die Beschränktheit der Folge.

a) (c_n) mit $c_n = \sqrt{a_n}$ b) (d_n) mit $d_n = \frac{1}{b_n}$ c) (e_n) mit $e_n = 2^{a_n}$ d) (f_n) mit $f_n = \frac{1}{a_n}$

16 Es sei (F_n) die durch $F_0 = 0$, $F_1 = 1$ und $F_{n+2} = F_n + F_{n+1}$ definierte Folge der FIBONACCI-Zahlen. Die Quotientenfolge (Q_n) wird dann für $n \geqq 1$ definiert durch $Q_n = \frac{F_{n+1}}{F_n}$.

a) Zeigen Sie, dass $Q_{n+1} = 1 + \frac{1}{Q_n}$ gilt für alle $n \in \mathbb{N}$ mit $n \geqq 1$.

b) Untersuchen Sie die Folgen (F_n) und (Q_n) auf Monotonie und Beschränktheit.

17 Es sei (a_n) eine streng monoton zunehmende Folge und (b_n) eine Folge mit $a_n \leqq b_n \leqq a_{n+1}$ für alle $n \in \mathbb{N}$.

a) Beweisen Sie, dass die Folge (b_n) monoton zunehmend ist.

b) Zeigen Sie, dass die Folge (b_n) nicht streng monoton zunehmend sein muss.

18 Zum Test der Bauchspeicheldrüse wird in diese 0,2 g eines Farbstoffs gespritzt und dessen Ausscheidung gemessen. Eine gesunde Bauchspeicheldrüse scheidet in jeder Minute 4 % des noch vorhandenen Farbstoffes aus. Dabei sei f_n der nach n Minuten noch vorhandene Farbstoff (in g) in der Bauchspeicheldrüse.

a) Geben Sie eine explizite und eine rekursive Darstellung der Folge (f_n) an.

b) Zeigen Sie, dass die Folge (f_n) streng monoton fällt und nach unten beschränkt ist.

c) Ist eine Bauchspeicheldrüse gesund, wenn nach 30 min noch 0,1 g des Farbstoffs vorhanden ist?

Einst setzten Seefahrer auf Inseln Schafe und Ziegen aus zur Sicherung ihres Frischfleischbedarfs. Doch fanden sie bei ihrer Rückkehr oft mehr Ziegen als Schafe vor. Dabei vermehren sich Schafe stärker als Ziegen!

19 Auf einer Insel ohne Raubtiere, die Nahrung für 100 Schafe und 160 Ziegen bietet, werden $s_0 = 10$ Schafe und $z_0 = 4$ Ziegen ausgesetzt. Für die Zahlen s_{n+1} der Schafe und z_{n+1} der Ziegen nach n + 1 Monaten gelten die angegebenen Formeln.

a) Erläutern Sie, welche Annahmen zu diesen Formeln führen können, und geben Sie die Bedeutung der Zahlen an.

b) Beschreiben Sie die Entwicklung der beiden Populationen und begründen Sie diese durch Rechnung.

$$s_{n+1} = s_n + 0{,}003 \cdot s_n \cdot (100 - (s_n + z_n))$$
$$z_{n+1} = z_n + 0{,}002 \cdot z_n \cdot (160 - (s_n + z_n))$$

5 Der Grenzwert einer Folge

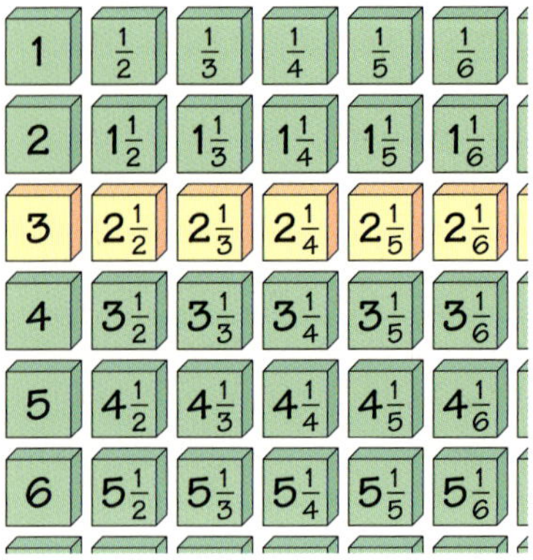

Fig. 1

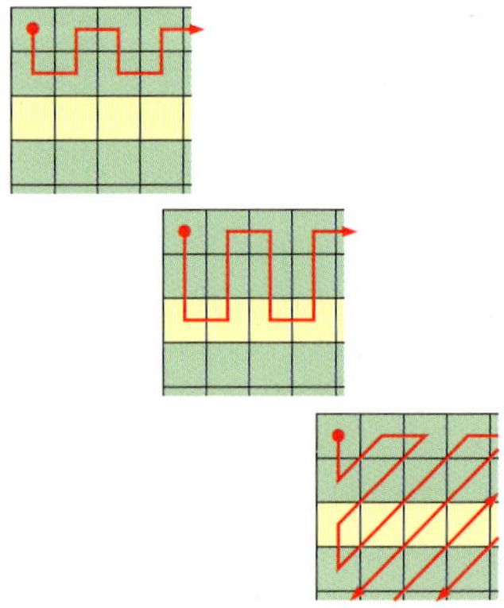
Fig. 2

1 Fig. 1 zeigt ein Zahlenmuster, das sich nach rechts und nach unten fortsetzt. Läuft man in diesem Muster auf verschiedenen Wegen, ergeben sich Zahlenfolgen.
a) Beschreiben Sie das Verhalten der Folge (a_n), die man erhält, wenn man das Muster von links nach rechts auf den gelben Feldern durchläuft.
b) Veranschaulichen Sie in einem Schaubild die Folgen (b_n), (c_n) und (d_n), die sich bei einem Durchlauf gemäß Fig. 2 ergeben.
In der Nähe welcher Werte häufen sich jeweils die Folgenglieder?

In Klasse 11 wurden bereits Grenzwerte von Funktionen im Zusammenhang mit der Ableitung oder der Stetigkeit betrachtet. Eine exakte Definition des Grenzwertes ist dabei nicht erfolgt, da die damals betrachteten Funktionen eine anschauliche Grenzwertbetrachtung zugelassen haben. So wurde etwa die Schreibweise $\lim\limits_{x \to 3} (2 + x) = 5$ verwendet. Doch gibt es Funktionen und damit auch Folgen, bei denen ein solch anschaulicher Grenzübergang nicht zum Ziel führt. In diesem Abschnitt soll exemplarisch der **Grenzwertbegriff für Folgen** präzisiert werden.

Vorüberlegungen

Eine vernünftige Forderung an einen präzisierten Grenzwertbegriff ist, dass er bei „einfachen" Folgen wie (a_n) mit $a_n = \frac{2n+1}{n+1}$ (Fig. 3) dasselbe Ergebnis liefert wie der bisherige anschauliche Grenzübergang. Für diese Folge z. B. ist $a_n = \frac{2 + \frac{1}{n}}{1 + \frac{1}{n}}$ und somit gilt anschaulich $a_n \to 2$ für $n \to \infty$.

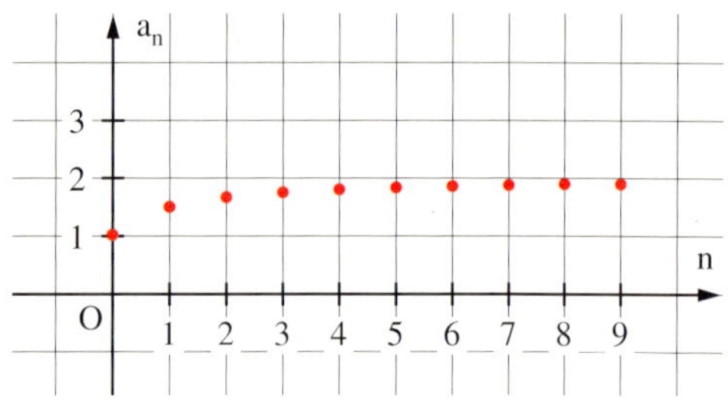

Fig. 3

Taschenrechner oder Computer helfen bei einer exakten Formulierung eines Grenzwertbegriffs wenig. Es gibt nämlich Folgen, die bei der Untersuchung des Verhaltens für $n \to \infty$ auch die schnellsten Computer überfordern (vgl. Aufgabe 9).

Zu einer Präzisierung des Grenzwertbegriffs führen die folgenden Überlegungen.

Eine Folge sollte nur einen Grenzwert haben!

Überlegung 1: Die Folge (a_n) mit $a_n = 1 + (-1)^n + \frac{1}{n}$ für $n \geqq 1$ beginnt mit $1; 2\frac{1}{2}; \frac{1}{3}; 2\frac{1}{4}; \frac{1}{5}; 2\frac{1}{6}; \frac{1}{7}; 2\frac{1}{8}; \ldots$ Ihre Werte häufen sich in der Umgebung der Zahlen 0 und 2 (Fig. 4).
Man kann auch Folgen angeben, die noch mehr „Häufungspunkte" besitzen (vgl. Aufgabe 10). Für das Arbeiten mit Grenzwerten wäre es sicherlich ungünstig, wenn eine Folge viele Grenzwerte hätte. Eine Definition für den Grenzwert einer Folge sollte deshalb so formuliert werden, dass eine Folge höchstens einen Grenzwert hat.

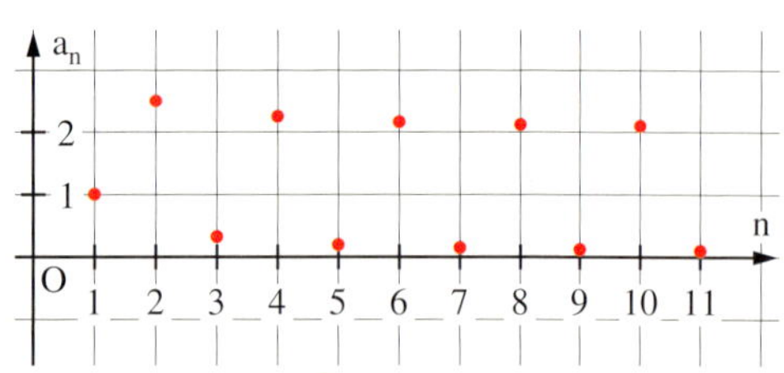

Fig. 4

Der Begriff des Strebens muss präzisiert werden!

Überlegung 2: Die nahe liegende Definition, dass eine Folge (b_n) den Grenzwert g hat, wenn die Folgenglieder gegen g streben, ist zu unpräzise. Betrachtet man die Folge (b_n), welche für $n \geqq 1$ mit
$\frac{1}{10}; \frac{2}{10}; \frac{3}{10}; \frac{4}{10}; \frac{5}{10}; \frac{1}{20}; \ldots; \frac{5}{20}; \frac{1}{30}; \ldots; \frac{5}{30}; \frac{1}{40}; \ldots$
beginnt (Fig. 1), so streben viel mehr Folgenglieder weg von 0 als hin zu 0. Trotzdem sollte man vereinbaren, dass diese Folge den Grenzwert 0 hat. Der Begriff des Strebens ist somit manchmal nicht präzise genug.

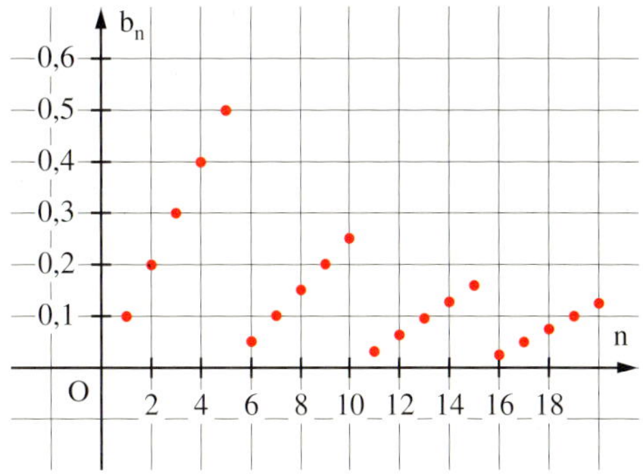

Fig. 1

Man könnte die Grenzwertbildung mit folgender Definition zu fassen versuchen: Eine Folge (a_n) hat einen Grenzwert g, wenn es Folgenglieder a_n gibt, die beliebig nahe bei der Zahl g liegen. Dabei bedeutet „beliebig nahe", dass es Folgenglieder a_n gibt, deren Abstand zu g jede positive Zahl ε unterschreitet. Dies führt zu folgendem Definitionsversuch:
Eine Zahl $g \in \mathbb{R}$ heißt Grenzwert der Zahlenfolge (a_n), wenn es zu jedem $\varepsilon > 0$ ein Folgenglied a_n gibt mit $|a_n - g| < \varepsilon$.

„Fast alle" Folgenglieder müssen „beliebig" nahe beim Grenzwert liegen!

Überlegung 3: Die Folge (c_n) mit
$$c_n = \begin{cases} n, & \text{wenn n gerade} \\ \frac{1}{n}, & \text{wenn n ungerade} \end{cases} \quad \text{(Fig. 2)}$$
beginnt mit $0; \frac{1}{1}; 2; \frac{1}{3}; 4; \frac{1}{5}; 6; \frac{1}{7}; \ldots$ Es gibt damit Glieder c_n, die beliebig nahe bei der Zahl 0 liegen. Wählt man etwa $\varepsilon = \frac{1}{100}$, so gilt $|c_{101} - 0| = \left|\frac{1}{101} - 0\right| = \frac{1}{101} < \frac{1}{100} = \varepsilon$.
Darüber hinaus gibt es aber auch Folgenglieder, die beliebig weit von der Zahl 0 entfernt sind.

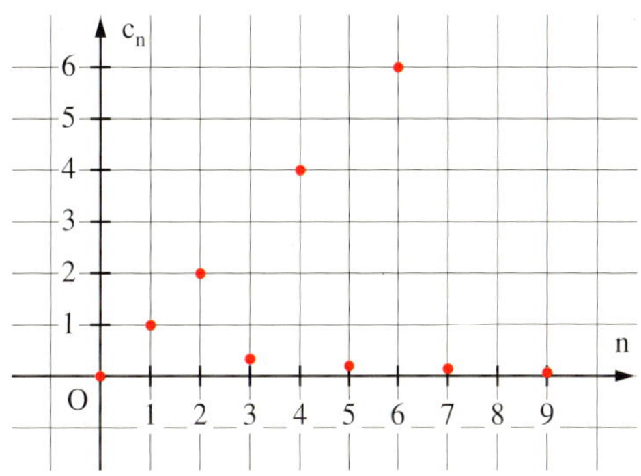

Fig. 2

Gemäß Überlegung 3 wird man deshalb in einer Definition verlangen, dass nicht nur einzelne Folgenglieder dem Grenzwert g beliebig nahe kommen; vielmehr ist sicherzustellen, dass für ein genügend großes n schließlich alle nachkommenden Folgenglieder beliebig nahe beim Grenzwert liegen. Damit ergibt sich:

ε-n_0-Definition

Definition: Eine Zahl $g \in \mathbb{R}$ heißt **Grenzwert der Zahlenfolge** (a_n), wenn es zu jedem $\varepsilon > 0$ eine Zahl $n_0 \in \mathbb{N}$ gibt mit der Eigenschaft, dass $|a_n - g| < \varepsilon$ ist für alle $n \geqq n_0$.
Man schreibt: $\lim\limits_{n \to \infty} a_n = g$.

Die Zahl $n_0 \in \mathbb{N}$ hängt im Allgemeinen von der Zahl $\varepsilon > 0$ ab, und zwar ist meist n_0 umso größer, je kleiner ε ist.

convergere *(lat.): zusammenlaufen*
divergere *(lat.): auseinanderlaufen*

Man nennt Folgen, die einen Grenzwert besitzen, **konvergente** Folgen, während Folgen ohne Grenzwert als **divergent** bezeichnet werden.
Folgen mit Grenzwert 0 heißen **Nullfolgen**. Die Aussage, dass die Folge (a_n) den Grenzwert g hat, ist gleichbedeutend mit der Aussage, dass die Folge $(a_n - g)$ eine Nullfolge ist. Dies wird beim Nachweis der Konvergenz oder Divergenz einer Folge häufig ausgenützt.

„Rechenregeln für Beträge“:

Für $a, b \in \mathbb{R}$ gilt:
$|a| \geqq 0$
$|ab| = |a| \cdot |b|$
$|a + b| = |a| + |b|$
$|a - b| = |b - a|$

Beispiel 1: (Nachweis der Konvergenz einer Folge ohne Abschätzung)

Zeigen Sie, dass die Folge (a_n) mit $a_n = \frac{2n-3}{n+1}$ konvergent ist mit Grenzwert 2.

Lösung:

Es ist $|a_n - 2| = \left|\frac{2n-3}{n+1} - 2\right| = \left|\frac{-5}{n+1}\right| = \frac{5}{n+1}$.

Ist nun die Zahl $\varepsilon > 0$ beliebig gegeben, so ist $\frac{5}{n+1} < \varepsilon$ äquivalent zu $n > \frac{5}{\varepsilon} - 1$.

Wählt man also ein $n_0 \in \mathbb{N}$ mit $n_0 > \frac{5}{\varepsilon} - 1$, so gilt für alle $n \in \mathbb{N}$ mit $n \geqq n_0$:

$|a_n - 2| = \frac{5}{n+1} \leqq \frac{5}{n_0 + 1} < \frac{5}{\left(\frac{5}{\varepsilon} - 1\right) + 1} = \varepsilon.$

Also ist (a_n) konvergent mit Grenzwert 2.

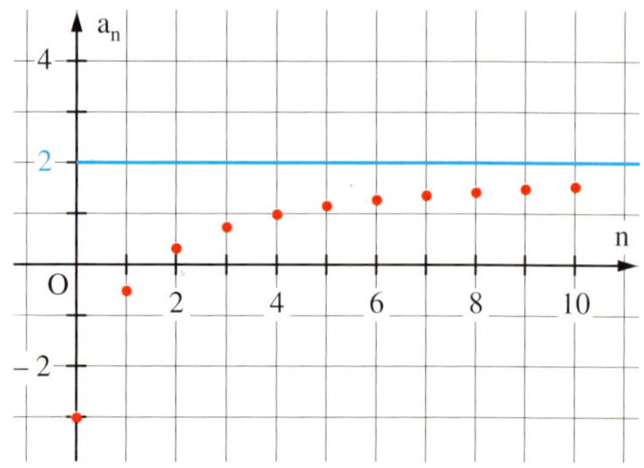

Fig. 1

Beispiel 2: (Nachweis der Konvergenz einer Folge mit einer Abschätzung)

Zeigen Sie, dass die Folge (b_n) mit $b_n = \frac{2n^2+1}{3n^2-n}$ und $n \geqq 1$ konvergent ist, und geben Sie den Grenzwert an.

Lösung:

$b_1 = 1{,}5000$
$b_{10} \approx 0{,}6931$
$b_{100} \approx 0{,}6689$
$b_{1000} \approx 0{,}6669$
$b_{10\,000} \approx 0{,}6667$

Fig. 2

Die Berechnung einiger Folgenglieder b_n führt zu der Vermutung, dass die Folge den Grenzwert $\frac{2}{3}$ hat (Fig. 2). Damit erhält man

$\left|b_n - \frac{2}{3}\right| = \left|\frac{2n^2+1}{3n^2-n} - \frac{2}{3}\right| = \frac{2n+3}{3(3n^2-n)} \leqq \frac{2n+n}{3(3n^2-n^2)} = \frac{1}{2n}$

für $n \geqq 3$.

Ist nun die Zahl $\varepsilon > 0$ beliebig gegeben, so folgt aus $\frac{1}{2n} < \varepsilon$ die Ungleichung $n > \frac{1}{2\varepsilon}$.

Wählt man also ein $n_0 \in \mathbb{N}$ mit $n_0 > \frac{1}{2\varepsilon}$ und $n_0 \geqq 3$, so gilt für alle $n \in \mathbb{N}$ mit $n \geqq n_0$:

$\left|b_n - \frac{2}{3}\right| = \frac{1}{2n} \leqq \frac{1}{2n_0} < \frac{1}{2 \cdot \frac{1}{2\varepsilon}} = \varepsilon.$

Also ist die Folge (b_n) konvergent mit dem Grenzwert $\frac{2}{3}$.

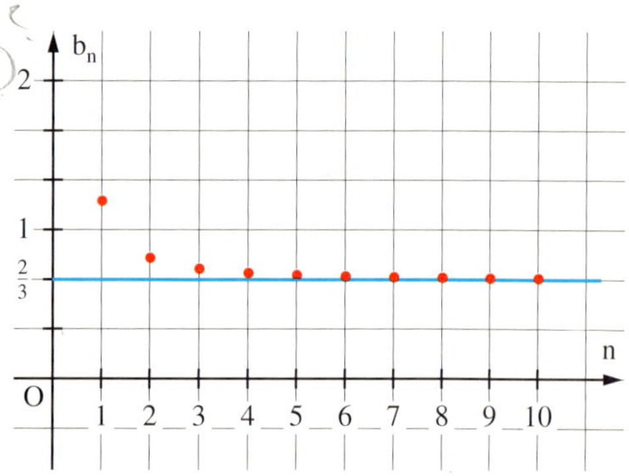

Fig. 3

Beispiel 3: (Nachweis der Divergenz einer Folge)

Zeigen Sie, dass die Folge divergent ist.

a) (c_n) mit $c_n = 3 \cdot 2^{n+2} - 5 \cdot 2^n$

b) (d_n) mit $d_n = \frac{(-1)^n \cdot n}{n+1}$

Lösung:

a) Es ist $c_n = 3 \cdot 2^{n+2} - 5 \cdot 2^n = 12 \cdot 2^n - 5 \cdot 2^n = 7 \cdot 2^n$.

Damit ist die Folge (c_n) nicht nach oben beschränkt und folglich divergent.

b) Es gilt $d_n = \begin{cases} \frac{n}{n+1}, & \text{wenn n gerade} \\ \frac{-n}{n+1}, & \text{wenn n ungerade} \end{cases}$.

Die Folgenglieder d_n häufen sich also um die Zahlen +1 und –1 (Fig. 4).

Wenn $n \geqq 0$ und n gerade ist, gilt $d_n \geqq 0$; aber für $n \geqq 1$ und n ungerade ist $d_n \leqq -\frac{1}{2}$.

Wählt man $\varepsilon = 1$, so ist $|d_n - (-1)| \geqq \varepsilon$, wenn n gerade und $n \geqq 0$ ist.

Ist aber n ungerade und $n \geqq 1$, so gilt $|d_n - (+1)| \geqq \varepsilon$.

Also ist die Folge (d_n) divergent.

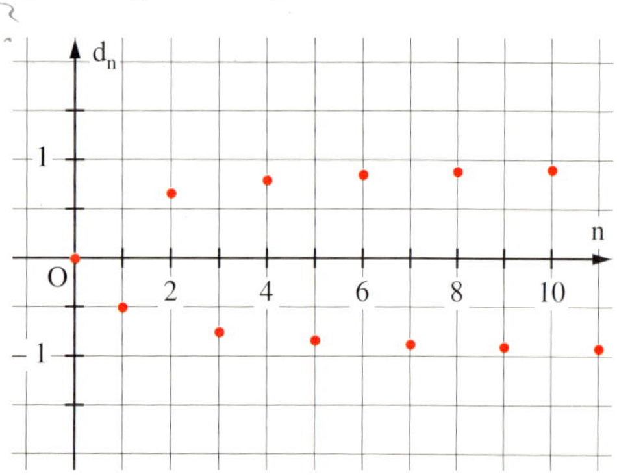

Fig. 4

![Frage:]

Frage:

Ist die Folge (a_n) mit $a_n = 4$ konvergent? Begründen Sie Ihre Aussage!

Aufgaben

2 Die Folge (a_n) hat den Grenzwert g. Bestimmen Sie für $\varepsilon = \frac{1}{500}$ die Zahl $n_0 \in \mathbb{N}$ so, dass $|a_n - g| < \varepsilon$ für alle $n \in \mathbb{N}$ mit $n \geqq n_0$ gilt.

a) $a_n = \frac{5}{n+4}$; $g = 0$ b) $a_n = \frac{2n}{3n-2}$; $g = \frac{2}{3}$ c) $a_n = \frac{6n+1}{2n-1}$; $g = 3$ d) $a_n = \frac{3n^2}{n^2+1}$; $g = 3$

e) $a_n = \frac{5n-3}{2-3n}$; $g = -\frac{5}{3}$ f) $a_n = \frac{4n^2+2}{2-n^2}$; $g = -4$ g) $a_n = \frac{5^{n+1}+2}{5^{n-1}-2}$; $g = 25$ h) $a_n = \frac{2 \cdot 3^n+1}{3^{n-1}-2}$; $g = 6$

Die heute übliche ε-n_0-Schreibweise geht hauptsächlich zurück auf KARL WEIERSTRASS (1815–1897), der zuerst Gymnasiallehrer war und später Professor in Berlin wurde.

3 Zeigen Sie, dass die Folge den Grenzwert g hat.

a) $\left(\frac{10}{n+1}\right)$; $g = 0$ b) $\left(\frac{5}{1-2n^2}\right)$; $g = 0$ c) $\left(\frac{2n+1}{n+1}\right)$; $g = 2$ d) $\left(\frac{4n-7}{2+5n}\right)$; $g = \frac{4}{5}$

e) $\left(\frac{\sqrt{n+2}}{\sqrt{n+1}}\right)$; $g = 1$ f) $\left(\frac{\sqrt{2n+5}}{\sqrt{8n-1}}\right)$; $g = \frac{1}{2}$ g) $\left(\frac{2^{n+1}-3}{2^n+1}\right)$; $g = 2$ h) $\left(\frac{5 \cdot 3^{n+1}-4}{2 \cdot 3^n+7}\right)$; $g = 7{,}5$

4 Ermitteln Sie den Grenzwert g der Folge. Berechnen Sie dazu einige Folgenglieder und zeigen Sie dann, dass die Folge konvergent mit Grenzwert g ist.

a) $\left(\frac{10}{n}\right)$; $n \geqq 1$ b) $\left(\frac{2n+1}{n}\right)$; $n \geqq 1$ c) $\left(1 + \frac{3n+1}{2n+1}\right)$; $n \geqq 1$ d) $\left(\frac{3n+1}{1-4n}\right)$

e) $\left(\frac{3n^2+1}{2n^2-5}\right)$ f) $\left(1 - \frac{2n^2+1}{n^2-2}\right)$ g) $\left(\frac{3^n+1}{3^n-5}\right)$ h) $\left(\frac{2^{n+1}+5}{2^{n+2}}\right)$

5 a) $\left(\frac{2n^2+1}{3n^2+4n}\right)$ b) $\left(\frac{2(n+1)^2}{5(2n+1)^2}\right)$ c) $\left(\frac{1-\sqrt{4n}}{3n}\right)$; $n \geqq 1$ d) $\left(\frac{n^2+2^n}{3 \cdot 2^n}\right)$

e) $\left(\frac{n^2+(-2)^n}{(-2)^n}\right)$ f) $\left(\frac{\sin n}{n}\right)$; $n \geqq 1$ g) $\left(\frac{\sin(\pi n)+(-1)^n}{n+1}\right)$ h) $(2^{-n} \cdot \sin(n^2))$

6 Untersuchen Sie die Folge auf Konvergenz. Begründen Sie Ihre Aussage.

a) $(2-5n)$ b) $\left(\frac{1}{2-5n}\right)$ c) $((-1)^n)$ d) $\left(\frac{(1-n)^2}{1+n^2}\right)$

e) $(2^{n+1}-3^n)$ f) $(\cos(n \cdot \pi))$ g) $\left(\frac{1+(-1)^n}{n}\right)$; $n \geqq 1$ h) $\left(\sin\frac{\pi}{n}\right)$; $n \geqq 1$

7 Es sei (a_n) eine Folge mit $a_1 = 1$ und $a_{n+1} = \frac{1}{n} \cdot a_n$.

a) Bestimmen Sie die ersten 5 Folgenglieder und dann eine explizite Beschreibung von (a_n).

b) Zeigen Sie, dass die Folge (a_n) konvergent ist.

8 Widerlegen Sie die folgenden Aussagen durch die Angabe eines Gegenbeispiels.

a) Jede monotone Folge ist konvergent. b) Jede streng monotone Folge ist divergent.

c) Jede beschränkte Folge ist konvergent. d) Ist (a_n) divergent, so ist $\left(\frac{1}{a_n}\right)$ konvergent.

e) Jede konvergente Folge ist monoton und beschränkt.

f) Jede divergente Folge ist nicht beschränkt.

Ergänzungen

Man kann zeigen, dass die Folge (a_n) von Aufgabe 9 nach oben nicht beschränkt ist. Doch wachsen die Folgenglieder a_n sehr langsam: Für $a_k \geqq 100$ ist $k \approx 1{,}5 \cdot 10^{43}$. Wie viele Jahre benötigt dann ein Computer zur Berechnung von a_k, wenn er (noch nicht erreichte) 10^{12} Additionen in jeder Sekunde durchführen kann?

9 Berechnen Sie für die Folge (a_n) mit $a_n = 1 + \frac{1}{2} + \frac{1}{3} + \ldots + \frac{1}{n}$ die Folgenglieder a_{10}, a_{100}, a_{1000} a_{10000}. Was fällt auf?

10 Beschreiben Sie anschaulich das Verhalten der Folgen (b_n) und (c_n) mit $b_n = n - \left[\frac{n}{4}\right] \cdot 4$ und $c_n = n - \left[\frac{n}{4}\right] \cdot 4 + \frac{1}{n}$. Veranschaulichen Sie die Folgen durch ein Schaubild.

11 Für $n \geqq 1$ wird die Folge (b_n) nach folgender Vorschrift gebildet: Zu gegebenem n bestimmt man eine Zahl $m \in \mathbb{N}$ so, dass $5m < n \leqq 5(m+1)$ ist, und bildet damit $b_n = \frac{n-5m}{10(m+1)}$. Begründen Sie anschaulich, dass man die Folge (b_n) von Überlegung 2 auf Seite 83 erhält.

6 Der Grenzwert von monotonen und beschränkten Folgen

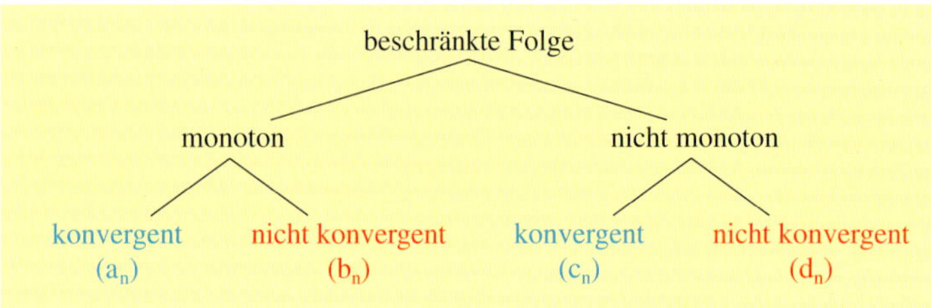

Fig. 1

1 a) Versuchen Sie beschränkte Folgen (a_n), (b_n), (c_n) und (d_n) anzugeben, welche die in Fig. 1 geforderten Eigenschaften haben.
b) Bei welchen Eigenschaften treten Schwierigkeiten auf?
c) Welcher Zusammenhang zwischen „Monotonie" und „Konvergenz" beschränkter Folgen könnte die Ursache dieser Schwierigkeiten sein?

Der Nachweis der Konvergenz einer Folge mit der ε-n_0-Definition kann mühsam sein. Bei monotonen und beschränkten Folgen garantieren diese Eigenschaften bereits die Konvergenz.

Satz: (Konvergenz von monotonen und bschränkten Folgen)
Wenn eine Folge **monoton und beschränkt** ist, dann ist diese Folge **konvergent**.

Beweis:
a) Wenn (a_n) eine monoton zunehmende und nach oben beschränkte Folge ist, so gibt es eine Schranke S von (a_n), d.h. es ist $a_n \leqq S$ für alle $n \in \mathbb{N}$. Unter den oberen Schranken S von (a_n) wird nun die kleinste obere Schranke g (Fig. 2, rechts) ausgewählt (vgl. b)). Dann ist g bereits der Grenzwert von (a_n):
Wenn nämlich eine Zahl $\varepsilon > 0$ gegeben ist, so ist $g - \varepsilon$ keine obere Schranke von (a_n), da g die kleinste obere Schranke von (a_n) ist. Also gibt es ein Folgenglied a_{n_0} mit $g - \varepsilon < a_{n_0} \leqq g$. Da (a_n) monoton zunehmend ist, gilt $g - \varepsilon < a_n \leqq g$ für alle $n \geqq n_0$. Dies aber besagt, dass g der Grenzwert von (a_n) ist.

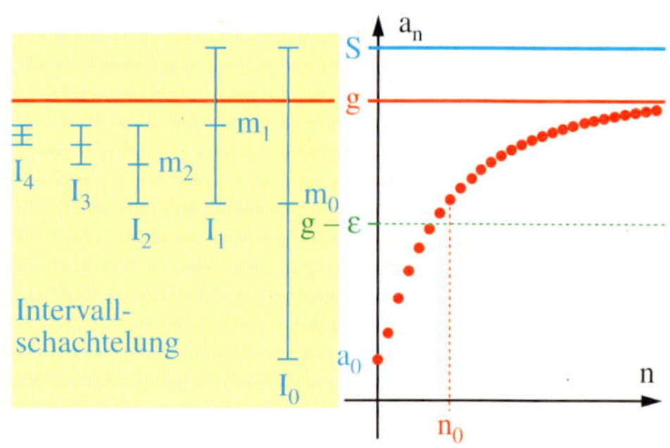

Fig. 2

b) Es muss noch gezeigt werden, dass die Folge (a_n) eine kleinste obere Schranke besitzt. Diese kann durch eine Intervallschachtelung so erfasst werden:
Als erstes Intervall dieser Schachtelung wird $I_0 = [a_0; S]$ gewählt, wobei S eine beliebige obere Schranke von (a_n) ist. Man überprüft nun, ob die Mitte m_0 von I_0 eine obere Schranke von (a_n) ist (Fig. 2, links). Dementsprechend wird das Intervall I_1 festgelegt durch $I_1 = \begin{cases} [a_0; m_0], & \text{wenn } m_0 \text{ obere Schranke} \\ [m_0; S], & \text{wenn } m_0 \text{ keine obere Schranke} \end{cases}$.
Anstatt von m_0 wird nun überprüft, ob die Mitte m_1 von I_1 eine obere Schranke von (a_n) ist und entsprechend das nächste Intervall I_2 gebildet. Die Mitte m_2 von I_2 führt auf I_3 usw.
Mit diesem **Intervallhalbierungsverfahren** erhält man eine Intervallschachtelung I_0; I_1; I_2; I_3; ..., die genau eine reelle Zahl g beschreibt. Diese Zahl g ist die kleinste obere Schranke von (a_n), denn die Intervalle I_n wurden so gebildet, dass ihr oberes Intervallende stets eine obere Schranke von (a_n) ist, ihr unteres Ende dagegen nicht.
c) Für monoton abnehmende und nach unten beschränkte Folgen zeigt man entsprechend, dass die größte untere Schranke existiert und der Grenzwert der Folge ist.

*Man nennt die reellen Zahlen $\mathbb{R}$ **vollständig**, da jede Intervallschachtelung genau eine abbrechende oder nicht abbrechende Dezimalzahl enthält. (Für die rationalen Zahlen $\mathbb{Q}$ gilt dies nicht.)*

$a_1 = 1$
$a_2 = 1{,}1$
$a_2 = 1{,}1001$
$a_3 = 1{,}100100001$

Beispiel: (Konvergenz einer monotonen und beschränkten Folge)
Zeigen Sie, dass die Folge (a_n) mit $a_n = \frac{1}{10^0} + \frac{1}{10^1} + \frac{1}{10^4} + \ldots + \frac{1}{10^{(n^2)}}$ konvergent ist.
Lösung:
Die Folge (a_n) ist monoton zunehmend, da $a_{n+1} - a_n = \frac{1}{10^{(n+1)^2}} > 0$ für alle $n \in \mathbb{N}$ ist. Ferner ist die Folge (a_n) beschränkt, da $1 \leqq a_n < 1{,}2$ für alle $n \in \mathbb{N}$. Nach dem Satz von der Konvergenz monotoner und beschränkter Folgen ist damit die Folge (a_n) konvergent.

Aufgaben

Obwohl LEONHARD EULER (1707–1783) die letzten 12 Jahre seines Lebens blind war, verfasste er in dieser Zeit mehrere hundert wissenschaftliche Arbeiten, die er einem Sekretär diktierte.

2 Zeigen Sie, dass die Folge (a_n) konvergent ist durch den Nachweis der Monotonie und der Beschränktheit der Folge. Stellen Sie eine Vermutung über den Grenzwert von (a_n) auf.
a) $a_n = \frac{n}{n+1}$ b) $a_n = 1 - \frac{1}{n^2};\ n \geqq 1$ c) $a_n = \frac{1-4n}{1+2n}$ d) $a_n = \frac{4n+15}{5n};\ n \geqq 1$
e) $a_n = \frac{2n^2-18}{3n^2+1}$ f) $a_n = \frac{(n+2)(3-n)}{(n+4)(n+5)}$ g) $a_n = \frac{1-\sqrt{2n}}{1+\sqrt{n}}$ h) $a_n = \frac{\sqrt{5n}}{\sqrt{n+1}}$

3 Zeigen Sie, dass die Folge (a_n) konvergent ist. Geben Sie den Grenzwert an und begründen Sie Ihre Aussage.
a) $a_n = \frac{n+1}{2n};\ n \geqq 1$ b) $a_n = \frac{2n^2+5}{7n^2};\ n \geqq 1$ c) $a_n = \frac{\sqrt{2n}-1}{\sqrt{3n}+1}$ d) $a_n = \frac{n\sqrt{n}+10}{n^2};\ n \geqq 1$
e) $a_n = \frac{5^{n+2}}{7^n}$ f) $a_n = \frac{3n^2+2}{2^{n+1}}$ g) $a_n = \frac{2^n-1}{2^{n+1}}$ h) $a_n = \frac{2^n+3^n}{2^n-3^n};\ n \geqq 1$

4 Es sei $k \in \mathbb{N}$ mit $k \geqq 1$. Zeigen Sie, dass
a) für $m \in \mathbb{N}$ mit $m \geqq 1$ stets $\frac{k}{(1+(m-1)k)(1+mk)} = \frac{1}{1+(m-1)k} - \frac{1}{1+mk}$ gilt.
b) die Folge (b_n) mit $b_n = \frac{1}{1\cdot(1+k)} + \frac{1}{(1+k)(1+2k)} + \frac{1}{(1+2k)(1+3k)} + \ldots + \frac{1}{(1+(n-1)k)(1+nk)}$ und $n \geqq 1$ konvergent ist. Formen Sie dabei die Summanden von b_n gemäß a) um.

Es erfordert weiter gehende Hilfsmittel, nicht nur die Konvergenz, sondern auch den Grenzwert der Folgen von Aufgabe 5 zu ermitteln. LEONHARD EULER hat 1736 bewiesen, dass sich bei a) der Grenzwert $\frac{1}{6}\pi^2$ und bei b) der Grenzwert $\frac{1}{8}\pi^2$ ergibt. Auch heute noch ist der Grenzwert der Folge $\left(\frac{1}{1^k} + \frac{1}{2^k} + \frac{1}{3^k} + \ldots + \frac{1}{n^k}\right)$ für $n \to \infty$ nur für gerade Zahlen $k \in \mathbb{N}$ bekannt.

5 Zeigen Sie, dass die Folge (a_n) konvergent ist. Zeigen Sie dabei, dass die Folge (a_n) beschränkt ist, indem Sie (a_n) mit der Folge (b_n) von Aufgabe 4b) vergleichen.
a) $a_n = \frac{1}{1^2} + \frac{1}{2^2} + \frac{1}{3^2} + \ldots + \frac{1}{n^2}$
b) $a_n = \frac{1}{1^2} + \frac{1}{3^2} + \frac{1}{5^2} + \ldots + \frac{1}{(2n+1)^2}$

6 Zeigen Sie, dass die Folge (a_n) konvergent ist, und stellen Sie eine Vermutung über ihren Grenzwert auf.
a) $a_n = \frac{1}{n+1} + \frac{1}{n+2} + \frac{1}{n+3} + \ldots + \frac{1}{2n}$ b) $a_n = \frac{1}{n+1} + \frac{1}{n+3} + \frac{1}{n+5} + \ldots + \frac{1}{3n+1}$

7 Bei der Folge (a_n) sei a_n der auf n Dezimalen abgerundete Näherungswert für $\sqrt{2}$. Die Folge (a_n) beginnt also mit 1; 1,4; 1,41; 1,414; 1,4142; ... Zeigen Sie, dass
a) die Folge (a_n) beschränkt ist
b) die Folge (a_n) keine kleinste obere Schranke in der Menge $\mathbb{Q}$ der rationalen Zahlen hat.

8 Die Folge (a_n) ist definiert durch $a_0 = 3$ und $a_{n+1} = \frac{1}{2}\left(a_n + \frac{3}{a_n}\right)$.
a) Zeigen Sie, dass (a_n) monoton abnehmend ist und $a_n \geq 0$ für alle $n \in \mathbb{N}$ gilt.
b) Bestimmen Sie wie im Beweisteil b) des Satzes von S. 86 mit dem Intervallhalbierungsverfahren die Intervalle $I_1; I_2; \ldots; I_6$, in denen die größte untere Schranke g von (a_n) liegt. Wählen Sie dabei $I_0 = [0; 3]$.

7 Die geometrische Reihe

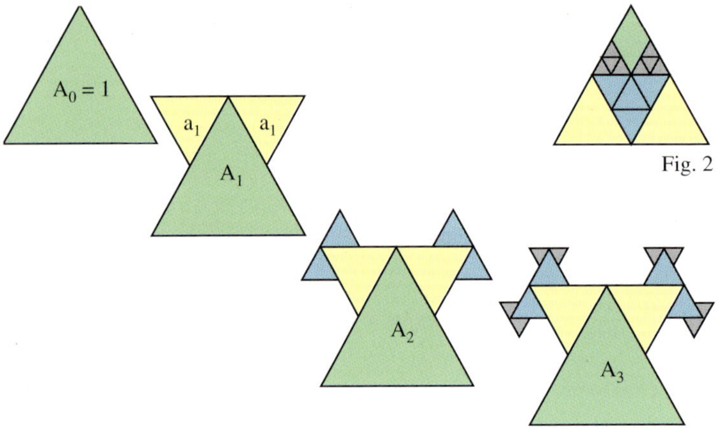

Fig. 1

Fig. 2

1 Eine „Dreieckskaktee" beginnt mit einem gleichseitigen Dreieck mit dem Flächeninhalt $A_0 = 1$. In jeder Generation bilden sich an zwei Seiten als Zuwächse neue gleichseitige Dreiecke mit halber Seitenlänge (Fig. 1).

a) Geben Sie die Flächeninhalte $a_1, a_2, \ldots, a_n$ der Zuwächse sowie die Flächeninhalte $A_1, A_2, \ldots, A_n$ der gesamten Kaktee an.

b) Die Zuwächse lassen sich wie in Fig. 2 gezeigt in der ursprünglichen Kaktee unterbringen. Gegen welchen Grenzwert g strebt damit die Folge (A_n)?

c) Stellen Sie A_1 mit a_1 und g, A_2 mit a_2 und g sowie A_n mit a_n und g dar.

In gleich bleibenden Abständen wiederkehrende Zahlungen nennt man in der Finanzmathematik ***Renten****.*

Nennen Sie einige Beispiele für Renten.

Auf ein Konto fließt zu Beginn jedes Jahres ein Betrag a, der durch Verzinsung in einem Jahr auf $a \cdot q$ anwächst. (siehe Tabelle)
Für die Summe der Folgenglieder einer geometrischen Folge vereinbart man:

Jahr 0	Kontostand: a
Jahr 1	Kontostand: $a + a \cdot q$
Jahr 2	Kontostand: $a + a \cdot q + a \cdot q^2$
Jahr 3	Kontostand: $a + a \cdot q + a \cdot q^2 + a \cdot q^3$

Definition: Ist $(a \cdot q^n)$ eine geometrische Folge, so heißt die Folge (s_n) mit $s_n = a \cdot q^0 + a \cdot q^1 + \ldots + a \cdot q^n$ **geometrische Reihe** mit Anfangswert a und Quotient q.

Das Berechnen der Folgenglieder einer geometrischen Reihe (s_n) kann sehr vereinfacht werden, wenn man beachtet, dass sich die Zahlen s_n und $q \cdot s_n$ nur in zwei Summanden unterscheiden.

Aus $\quad s_n = a \cdot q^0 + a \cdot q^1 + a \cdot q^2 + \ldots + a \cdot q^{n-1} + a \cdot q^n$

und $\quad q \cdot s_n = \quad a \cdot q^1 + a \cdot q^2 + \ldots + a \cdot q^n + a \cdot q^{n+1}$

folgt $\quad s_n - q \cdot s_n = a \cdot q^0 + 0 + 0 + \ldots + 0 - a \cdot q^{n+1}$.

Dann ist $s_n \cdot (1 - q) = a \cdot (1 - q^{n+1})$ und somit gilt für $q \neq 1$:

Satz 1: (Formel für die geometrische Reihe)
Für die geometrische Reihe (s_n) mit dem Anfangswert a und dem Quotienten $q \neq 1$ gilt

$$\mathbf{s_n = a \cdot \frac{1 - q^{n+1}}{1 - q}}.$$

Es ist anschaulich einleuchtend, dass die geometrische Folge $(a \cdot q^n)$ für $|q| < 1$ konvergent mit Grenzwert 0 ist. Mit Satz 1 ergibt sich daraus die Konvergenz von (s_n) für $|q| < 1$ (vgl. Aufgabe 5).

Satz 2: (Konvergenz von geometrischen Folgen und Reihen)
Ist $(a \cdot q^n)$ eine geometrische Folge und (s_n) die zugehörige geometrische Reihe, so gilt:
a) $(a \cdot q^n)$ ist eine Nullfolge für $|q| < 1$.
b) (s_n) ist konvergent für $|q| < 1$ mit dem Grenzwert $\frac{a}{1 - q}$.

Beispiel 1: (Bildung einer geometrischen Reihe)
Gegeben ist die geometrische Folge $(g_n) = \left(9 \cdot \left(\frac{2}{3}\right)^n\right)$. Geben Sie für die zugehörige geometrische Reihe die Folgenglieder s_0, s_1, s_2, s_3 und s_7 sowie den Grenzwert $s = \lim\limits_{n \to \infty} s_n$ an.
Lösung:
Es ist $g_0 = 9$, $g_1 = 6$, $g_2 = 4$, $g_3 = \frac{8}{3}$ und somit $s_0 = 9$, $s_1 = 9 + 6 = 15$, $s_2 = 19$, $s_3 = \frac{65}{3}$.
Mit Satz 1 erhält man $s_7 = 9 \cdot \frac{1 - \left(\frac{2}{3}\right)^7}{1 - \frac{2}{3}} = \frac{6305}{243}$, und mit Satz 2b) $s = \lim\limits_{n \to \infty} s_n = 9 \cdot \frac{1}{1 - \frac{2}{3}} = 27$.

Bemerkung: Statt $\lim\limits_{n \to \infty} s_n = 27$ schreibt man manchmal auch $9 + 6 + 4 + \frac{8}{3} + \frac{16}{9} + \ldots = 27$.

Beispiel 2: (Verwandlung einer periodischen Dezimalzahl in einen Bruch)
Schreiben Sie $2{,}3\overline{45}$ als Bruch.
Lösung:
Es gilt $2{,}3\overline{45} = \frac{23}{10} + \left(\frac{45}{1000} + \frac{45}{100000} + \frac{45}{10000000} + \ldots\right)$
$= \frac{23}{10} + \frac{45}{1000}\left(1 + \frac{1}{100} + \frac{1}{10000} + \ldots\right) = \frac{23}{10} + \left(\frac{45}{1000} \cdot \frac{1}{1 - \frac{1}{100}}\right) = \frac{23}{10} + \frac{45}{1000} \cdot \frac{100}{99} = \frac{129}{55}$.

Aufgaben

2 Berechnen Sie die Folgenglieder s_0, s_1, s_2, s_3, s_4 und s_{10} der geometrischen Reihe, die zu der geometrischen Folge (g_n) mit $g_n = a \cdot q^n$ gehört.
a) $a = 1$; $q = 2$ b) $a = 2$; $q = 3$ c) $a = 6$; $q = \frac{1}{3}$ d) $a = 4$; $q = \frac{3}{4}$
e) $g_0 = 2$; $g_1 = 4$ f) $g_0 = 5$; $g_1 = 2$ g) $g_0 = \frac{1}{5}$; $g_1 = \frac{1}{15}$ h) $g_0 = \frac{2}{3}$; $g_1 = \frac{1}{4}$

3 Verwandeln Sie die periodische Dezimalzahl in einen Bruch.
a) $0{,}\overline{21}$ b) $2{,}\overline{32}$ c) $4{,}1\overline{7}$ d) $2{,}87\overline{1}$ e) $4{,}34\overline{45}$ f) $0{,}2\overline{414}$

4 Bestimmen Sie den Grenzwert der geometrischen Reihe (s_n).
a) $s_n = 1 + \frac{1}{3} + \left(\frac{1}{3}\right)^2 + \ldots + \left(\frac{1}{3}\right)^n$ b) $s_n = 2 + \frac{1}{2} + \frac{1}{8} + \ldots + 2 \cdot \left(\frac{1}{4}\right)^n$ c) $s_n = \frac{5}{2} + \frac{1}{2} + \frac{1}{10} + \ldots + \frac{5}{2}\left(\frac{1}{5}\right)^n$
d) $s_n = 1 - \frac{1}{4} + \left(\frac{1}{4}\right)^2 - \ldots + \left(-\frac{1}{4}\right)^n$ e) $s_n = 1 - 0{,}4 + \ldots + (-0{,}4)^n$ f) $s_n = \frac{1}{10} - \frac{1}{50} + \ldots + \frac{1}{10} \cdot \left(\frac{-1}{5}\right)^n$

5 Beweisen Sie mithilfe der ε-n_0-Definition:
a) Satz 2a) b) Satz 2b).

6 Eine Stahlkugel fällt aus 50 cm Höhe auf eine Stahlplatte, prallt zurück, fällt wieder nach unten usw. Nach jedem Aufprall erreicht die Kugel noch 85 % ihrer vorigen Höhe. Wie groß sind die von der Kugel erreichten Höhen zusammen?

Fig. 1

7 In einem Land werden von Personen wie von Firmen 90 % ihres Einkommens ausgegeben und 10 % gespart. Die ausgegebenen 90 % werden Personen oder Firmen zugeführt, die wiederum 90 % ausgeben und 10 % sparen usw. Durch eine Steuerreform erhöht sich das Einkommen von Herrn S. um 50 €. Um welchen Geldbetrag erhöht sich dadurch der Geldumlauf in dem Land?

Fig. 2

8 Der „Dreiecksturm" in Fig. 2 besteht abwechselnd aus gleichschenklig-rechtwinkligen und gleichseitigen Dreiecken. Welchen Inhalt hat der nach oben unbegrenzt fortgesetzte Turm, wenn das größte blaue Dreieck den Inhalt $A_0 = 1$ hat?

8 Die eulersche Zahl e

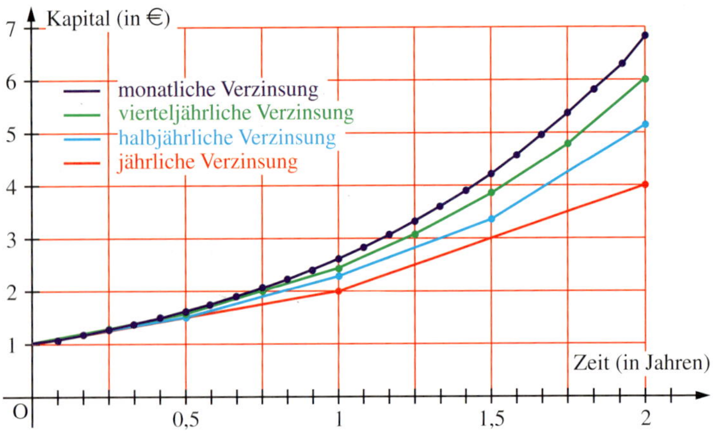

Fig. 1

1 Ein Kapital von 1 € wird für die Dauer von 2 Jahren angelegt und dabei auch verzinst.
a) Die rote Kurve in Fig. 1 zeigt die Entwicklung des Kapitals bei jährlicher Verzinsung. Wie hoch ist der Zinssatz? Beschreiben Sie die Entwicklung des Kapitals.
b) Bei halbjährlicher Verzinsung nimmt das Kapital stärker zu als bei jährlicher Verzinsung. Erklären Sie dies.
c) Je mehr Zinstermine in einem Jahr liegen, umso stärker nimmt das Kapital innerhalb der 2 Jahre zu. Welche Frage ergibt sich, wenn man die Anzahl der Zinstermine beliebig steigern könnte?

Ein Kapital a (in €) wird verzinst. Zur Vereinfachung wählt man als Zeiteinheit die Zeit T, in der sich das Kapital ohne Zinseszins verdoppelt. Bei einem jährlichen Zinssatz $p\,\% = 100\,\%$ ist damit $T = 1\,a$, bei $p\,\% = 4\,\%$ dagegen gilt $T = 25\,a$. Die Verzinsung beginnt bei $T = 0$.
Nun wird das Zeitintervall $[0;\, T]$ z. B. in drei gleich lange Teile unterteilt und das Kapital a zu den Zeiten $\frac{1}{3}T$, $\frac{2}{3}T$ und T verzinst. Mit Zinseszins beträgt das Kapital

zur Zeit $\frac{1}{3}T$: $\quad a\cdot\left(1+\frac{1}{3}\right)$,

zur Zeit $\frac{2}{3}T$: $\quad a\cdot\left(1+\frac{1}{3}\right)\cdot\left(1+\frac{1}{3}\right) = a\cdot\left(1+\frac{1}{3}\right)^2$,

zur Zeit T: $\quad a\cdot\left(1+\frac{1}{3}\right)^2\cdot\left(1+\frac{1}{3}\right) = a\cdot\left(1+\frac{1}{3}\right)^3$.

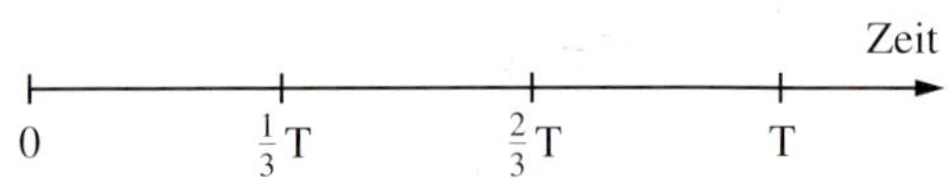

Wird das Zeitintervall $[0;\, T]$ in n gleiche Teile eingeteilt, so beträgt das Kapital mit Zinseszins zur Zeit T entsprechend $\mathbf{a\cdot\left(1+\frac{1}{n}\right)^n}$.

$e_1 = 2{,}00000$
$e_{10} \approx 2{,}59374$
$e_{100} \approx 2{,}70481$
$e_{1000} \approx 2{,}71692$
$e_{10\,000} \approx 2{,}71815$

Die Abhängigkeit des Kapitals zur Zeit T von der Anzahl n der Zinstermine führt also auf eine Untersuchung der Folge (e_n) mit $e_n = \left(1+\frac{1}{n}\right)^n$ für $n \geqq 1$. Die Tabelle enthält einige Näherungswerte für e_n, und diese lassen vermuten: Die Folge (e_n) ist konvergent mit einem Grenzwert $e \approx 2{,}718$. Der Nachweis wird mithilfe des Satzes über die Konvergenz monotoner und beschränkter Folgen geführt (vgl. S. 86).

a) Monotonie von (e_n): Für $n \geqq 1$ ist

$$\frac{e_{n+1}}{e_n} = \frac{\left(1+\frac{1}{n+1}\right)^{n+1}}{\left(1+\frac{1}{n}\right)^n} = \frac{\left(1+\frac{1}{n+1}\right)^{n+1}\cdot\left(1+\frac{1}{n}\right)}{\left(1+\frac{1}{n}\right)^{n+1}} = \left(\frac{(n+2)n}{(n+1)^2}\right)^{n+1}\cdot\left(1+\frac{1}{n}\right) = \left(1-\frac{1}{(n+1)^2}\right)^{n+1}\cdot\frac{n+1}{n}.$$

Die Ungleichung von BERNOULLI (vgl. S. 75) ergibt $\left(1-\frac{1}{(n+1)^2}\right)^{n+1} > 1-\frac{n+1}{(n+1)^2} = \frac{n}{n+1}$, und damit wird $\frac{e_{n+1}}{e_n} = \left(1-\frac{1}{(n+1)^2}\right)^{n+1}\cdot\frac{n+1}{n} > \frac{n}{n+1}\cdot\frac{n+1}{n} = 1$. Also ist (e_n) streng monoton zunehmend.

b) Beschränktheit von (e_n): Für die Folge (f_n) mit $f_n = \left(1+\frac{1}{n}\right)^{n+1}$ für $n \geqq 1$ gilt $e_n < f_n$. Entsprechend zu a) zeigt man, dass die Folge (f_n) streng monoton abnehmend ist (vgl. Aufgabe 6). Damit gilt $e_n < f_1 = \left(1+\frac{1}{1}\right)^{1+1} = 4$. Also ist die Folge (e_n) nach oben beschränkt.

Satz: Die Folge (e_n) mit $e_n = \left(1+\frac{1}{n}\right)^n$ für $n \geqq 1$ ist **konvergent**.

Hier wird durch den Grenzwert einer Folge die „neue Zahl" e definiert. Auch die Zahl π wurde auf entsprechende Weise erhalten.

Den Grenzwert der Folge (e_n) mit $e_n = \left(1 + \frac{1}{n}\right)^n$ für $n \geqq 1$ nennt man die **EULERsche Zahl e**.

Damit gilt $\lim\limits_{n \to \infty} \left(1 + \frac{1}{n}\right)^n = e$

Die eulersche Zahl e zählt neben π zu den wichtigsten Zahlen der Mathematik; sie ist keine rationale Zahl. Näherungsweise gilt für die Zahl e:

e ≈ 2,71828 18284 59045 23536.

Aufgaben

Früher wurde bei Krediten manchmal versucht, durch die Angabe eines scheinbar niedrigen Monatszinssatzes die wahre Höhe des Jahreszinssatzes zu verschleiern. Deshalb ist heute die Angabe des „effektiven Jahreszinssatzes" gesetzlich vorgeschrieben.

2 Eine Bank bietet für eine Geldanlage die nebenstehenden Zinskonditionen. Für welche Zinskondition würden Sie sich entscheiden? Begründen Sie Ihre Entscheidung durch Rechnung.

Zinssatz 4 %
bei jährlicher Zinsberechnung

Zinssatz 3,9 %
bei halbjährlicher Zinsberechnung

Zinssatz 3,8 %
bei vierteljährlicher Zinsberechnung

Zinssatz 3,5 %
bei monatlicher Zinsberechnung

3 Ein Kreditgeber verlangt für einen Kredit monatliche Zinsen von 2 % und addiert die Zinsen monatlich zur Schuld. Nach einem Jahr wird der Kredit zurückgezahlt. Welcher Jahreszinssatz ergibt sich für diesen Kredit?

4 Ein Kapital von 100 € wird für 5 Jahre angelegt. Geben Sie die Höhe des Kapitals nach dieser Zeit in einer Tabelle an bei einem Zinssatz $p\,\% = 5\,\%$ oder $p\,\% = 15\,\%$ sowie jährlicher, halbjärlicher, vierteljährlicher, monatlicher oder täglicher Zinsberechnung.

5 Berechnen Sie für die Folge (e_n) mit $e_n = \left(1 + \frac{1}{n}\right)^n$ die Folgenglieder e_5, e_{50}, e_{500}, e_{5000} und e_{50000} auf 5 Dezimalen gerundet.

6 Zeigen Sie, dass die Folge (f_n) mit $f_n = \left(1 + \frac{1}{n}\right)^{n+1}$ für $n \geqq 1$ streng monoton abnehmend ist. (Anleitung: Zeigen Sie, dass $\frac{f_n}{f_{n+1}} = \left(1 + \frac{1}{n(n+2)}\right)^{n+2} \cdot \frac{n}{n+1}$ gilt, und wenden Sie dann die Ungleichung von BERNOULLI (vgl. S. 75) auf $\left(1 + \frac{1}{n(n+2)}\right)^{n+2}$ an.)

Die Wahl des Buchstabens ***e*** *für die* ***eulersche Zahl*** *geht auf Leonhard Euler zurück und soll an* ***„exponential"*** *erinnern!*

7 Gegeben sind die Folgen (a_n) mit $a_n = \left(1 + \frac{2}{n}\right)^n$, (b_n) mit $b_n = \left(1 + \frac{3}{n}\right)^n$, (c_n) mit $c_n = \left(1 + \frac{-1}{n}\right)^n$ und (d_n) mit $d_n = \left(1 + \frac{1}{2n}\right)^n$ für $n \geqq 1$, deren Konvergenz hier vorausgesetzt wird.
a) Berechnen Sie auf 3 Dezimalen gerundete Näherungen für die Grenzwerte g_a, g_b, g_c und g_d dieser Folgen. Wie hängt die Zahl e wohl mit den Grenzwerten g_a, g_b, g_c oder g_d zusammen?
b) Welche Vermutung für den Grenzwert $\lim\limits_{n \to \infty} \left(1 + \frac{x}{n}\right)^n$ ergibt sich aus a) für $x \in \mathbb{R}$?

8 Gegeben sind die Folgen (a_n) mit $a_n = \left(1 + \frac{3}{n}\right)^n$ und (b_n) mit $b_n = \left(1 + \frac{2}{n}\right)^n$ für $n \geqq 1$.
Aus diesen Folgen werden die Folgen (c_n) mit $c_n = a_n \cdot b_n$ und (d_n) mit $d_n = a_n : b_n$ gebildet. Die Konvergenz dieser Folgen wird hier vorausgesetzt.
a) Bestimmen Sie auf 3 Dezimalen gerundete Näherungswerte für die Grenzwerte g_a, g_b, g_c und g_d dieser Folgen. Welchen Zusammenhang zwischen diesen Grenzwerten und der Zahl e vermuten Sie?
b) Mit der Vermutung von Aufgabe 7b) ergeben sich aus a) Vermutungen für $e^x \cdot e^y$ und $e^x : e^y$ für alle $x, y \in \mathbb{R}$. Geben Sie diese Vermutungen an.

9 Grenzwertsätze

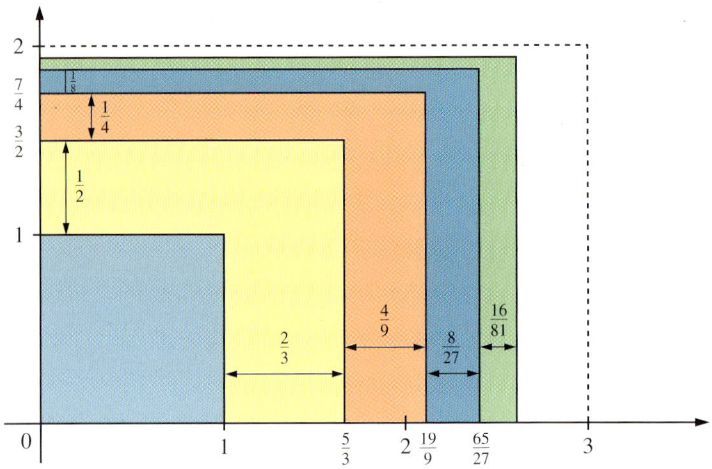

Fig. 1

1 Zu den geometrischen Folgen $\left(\frac{2}{3}\right)^n$ und $\left(\frac{1}{2}\right)^n$ werden die zugehörigen geometrischen Reihen (a_n) und (b_n) gebildet, die mit $1, \frac{5}{3}, \frac{19}{9}, \frac{65}{27}, \ldots$ bzw. $1, \frac{3}{2}, \frac{7}{4}, \frac{15}{8}, \ldots$ beginnen. Die Glieder dieser Folgen mit gleicher Nummer wie 1 und 1, $\frac{5}{3}$ und $\frac{3}{2}$, $\frac{19}{9}$ und $\frac{7}{4}$, $\frac{65}{27}$ und $\frac{15}{8}, \ldots$ ergeben die Seitenlängen von Rechtecken (Fig. 1).

a) Welche Grenzwerte haben die Seitenlängen (a_n) und (b_n) sowie deren Flächeninhalt (A_n) und deren Umfang (u_n)?

b) Welcher Zusammenhang besteht nach a) zwischen den Grenzwerten der Folgen (a_n) und (b_n) sowie den Grenzwerten der Folgen (A_n) und (u_n)?

Aus gegebenen Folgen (a_n) und (b_n) können neue Folgen gebildet werden, indem man die Folgenglieder addiert, subtrahiert, multipliziert oder dividiert. Aus (a_n) mit $a_n = \frac{n}{n+1}$ und (b_n) mit $b_n = \frac{2n}{n+1}$ erhält man durch Addition die Folge (c_n) mit $c_n = a_n + b_n = \frac{n}{n+1} + \frac{2n}{n+1} = \frac{3n}{n+1}$.

Sind die Folgen (a_n) und (b_n) konvergent, so sind die neuen Folgen ebenfalls konvergent, und ihr Grenzwert kann unmittelbar angegeben werden.

Satz: (Grenzwertsätze für Folgen)
Es seien (a_n) und (b_n) konvergente Folgen. Dann gilt:

a) Die Folge (s_n) mit $s_n = a_n + b_n$ ist konvergent mit $\lim\limits_{n\to\infty} s_n = \left(\lim\limits_{n\to\infty} a_n\right) + \left(\lim\limits_{n\to\infty} b_n\right)$.

b) Die Folge (d_n) mit $d_n = a_n - b_n$ ist konvergent mit $\lim\limits_{n\to\infty} d_n = \left(\lim\limits_{n\to\infty} a_n\right) - \left(\lim\limits_{n\to\infty} b_n\right)$.

c) Die Folge (p_n) mit $p_n = a_n \cdot b_n$ ist konvergent mit $\lim\limits_{n\to\infty} p_n = \left(\lim\limits_{n\to\infty} a_n\right) \cdot \left(\lim\limits_{n\to\infty} b_n\right)$.

d) Die Folge (q_n) mit $q_n = a_n : b_n$ ist konvergent mit $\lim\limits_{n\to\infty} q_n = \left(\lim\limits_{n\to\infty} a_n\right) : \left(\lim\limits_{n\to\infty} b_n\right)$,
wenn $b_n \neq 0$ und $\lim\limits_{n\to\infty} b_n \neq 0$ ist.

Zur Erinnerung!
Dreiecksungleichung:
Für alle $x, y \in \mathbb{R}$ gilt:
$|x+y| \leqq |x| + |y|$.

Beweis:

a) Ist $a = \lim\limits_{n\to\infty} b_n$ und $b = \lim\limits_{n\to\infty} b_n$, so gilt

$|(a_n + b_n) - (a + b)| = |(a_n - a) + (b_n - b)| \leqq |a_n - a| + |b_n - b|$.

Ist nun die Zahl $\varepsilon > 0$ beliebig vorgegeben, so ist auch $\frac{1}{2}\varepsilon > 0$. Da $a = \lim\limits_{n\to\infty} a_n$ ist, gibt es eine Zahl n_a mit $|a_n - a| < \frac{1}{2}\varepsilon$ für alle $n \geqq n_a$. Entsprechend gibt es eine Zahl n_b mit $|b_n - b| < \frac{1}{2}\varepsilon$ für alle $n \geqq n_b$. Ist n_0 die größere der Zahlen n_a und n_b, so gilt für alle $n \geqq n_0$ dann

$|(a_n + b_n) - (a + b)| \leqq |a_n - a| + |b_n - b| < \frac{1}{2}\varepsilon + \frac{1}{2}\varepsilon = \varepsilon$.

Mit den Grenzwertsätzen kann man Grenzwerte vieler Folgen auf einige grundlegende Grenzwerte (Fig. 1) zurückführen. Auch bei rekursiv beschriebenen Folgen kann mit den Grenzwertsätzen oft der Grenzwert ermittelt werden.

$\lim\limits_{n\to\infty} \frac{1}{n^\alpha} = 0$ für $\alpha > 0$

$\lim\limits_{n\to\infty} \frac{1}{a^n} = 0$ für $a > 1$

Fig. 1

Beispiel 1: (Anwendung der Grenzwertsätze)
Bestimmen Sie den Grenzwert der Folge (a_n) mit $a_n = \frac{3n^2+4n}{2n^2+1}$.
Lösung:
Es ist $a_n = \frac{3n^2+4n}{2n^2+1} = \frac{n^2\left(3+\frac{4}{n}\right)}{n^2\left(2+\frac{1}{n^2}\right)} = \frac{3+\frac{4}{n}}{2+\frac{1}{n^2}}$ und somit

$$\lim_{n\to\infty} a_n = \lim_{n\to\infty} \frac{3+\frac{4}{n}}{2+\frac{1}{n^2}} = \frac{\lim\limits_{n\to\infty}\left(3+\frac{4}{n}\right)}{\lim\limits_{n\to\infty}\left(2+\frac{1}{n^2}\right)} = \frac{\lim\limits_{n\to\infty} 3 + \lim\limits_{n\to\infty}\frac{4}{n}}{\lim\limits_{n\to\infty} 2 + \lim\limits_{n\to\infty}\frac{1}{n^2}} = \frac{3+\lim\limits_{n\to\infty} 4 \cdot \lim\limits_{n\to\infty}\frac{1}{n}}{2+0} = \frac{3+4\cdot 0}{2} = \frac{3}{2}.$$

Beispiel 2: (Grenzwert einer rekursiv beschriebenen Folge)
Die Folge (b_n) mit $b_0 = 3$ und $b_{n+1} = \frac{b_n^2+1}{b_n+2}$ hat den Grenzwert g. Bestimmen Sie g.
Lösung:
Da auch $\lim\limits_{n\to\infty} b_{n+1} = g$ gilt, ergibt sich $g = \lim\limits_{n\to\infty} \frac{b_n^2+1}{b_n+2} = \frac{\left(\lim\limits_{n\to\infty} b_n\right)^2+1}{\left(\lim\limits_{n\to\infty} b_n\right)+2} = \frac{g^2+1}{g+2}$.
Also ist $g^2 + 2g = g^2 + 1$ und folglich $g = \frac{1}{2}$.

Aufgaben

2 Zerlegen Sie zunächst die Glieder a_n der Folge (a_n) mit $n \geqq 1$ in eine Summe $a_n = b_n + c_n$, wobei (b_n) eine Nullfolge und c_n eine feste Zahl c ist. Bestimmen Sie danach mithilfe der Grenzwertsätze den Grenzwert der Folge (a_n).
a) $a_n = \frac{4+2n}{n}$ b) $a_n = \frac{3n^2+2n}{n^2}$ c) $a_n = \frac{n+3}{n+1}$ d) $a_n = \frac{2^n+16}{4\cdot 2^n}$ e) $a_n = \frac{2\sqrt{n}-4}{\sqrt{n}}$

Strategie: Im Zähler und Nenner jeweils die höchste vorkommende Potenz von n ausklammern!

3 Bestimmen Sie mithilfe der Grenzwertsätze den Grenzwert der Folge (a_n).
a) $a_n = \frac{2n^2+3n}{4n^2-5}$ b) $a_n = \frac{4n^3+5n^2}{6n^3-7n-7}$ c) $a_n = \frac{1+7n-2n^2}{5n^3+3n^2+9}$ d) $a_n = \frac{n^5-n^6}{n^6-2n^8}$ e) $\frac{4-2n^6-3n^7}{3+2n^5-5n^7}$

4 a) $a_n = \frac{(2n+1)^3}{(3n+2)^3}$ b) $a_n = \frac{(1-n)^5}{(2+n)^5}$ c) $a_n = \frac{(2+3n)^4}{(3+2n)^4}$ d) $\frac{(2-3n^2)^4}{(1+2n)^8}$ e) $a_n = \frac{(1-3n^3)^3}{(n^2+8n)^6}$

5 a) $a_n = \frac{2^n-3}{2^{n+1}+1}$ b) $a_n = \frac{2^{n+1}-2^{n-1}-4}{3-2^n}$ c) $a_n = \frac{3^n}{2+3^n}$ d) $a_n = \frac{4^n+1}{4^{n-1}+3}$ e) $\frac{3^{n+1}-4\cdot 3^{n-1}}{6\cdot 3^{n+1}+2\cdot 3^n}$

6 a) $a_n = \frac{\sqrt{n}}{\sqrt{n}+1}$ b) $a_n = \frac{4\sqrt{n}-n}{\sqrt{n}-2n}$ c) $a_n = \frac{\sqrt{3n}-\sqrt{n}}{\sqrt{n}+1}$ d) $a_n = \frac{\sqrt{5n}-\sqrt{3n}}{\sqrt{2n}-\sqrt{n}}$ e) $a_n = \frac{2\sqrt{7n}-4\sqrt{n}+1}{6\sqrt{n}+2}$

7 Beweisen Sie die Aussagen b), c) und d) der Grenzwertsätze.

8 Bestimmen Sie wie in Beispiel 2 den Grenzwert der rekursiv beschriebenen Folge (a_n).
a) $a_0 = 0;\ a_{n+1} = \frac{2}{5}a_n - 2$ b) $a_0 = -2;\ a_{n+1} = -\frac{2}{3}a_n + 4$ c) $a_0 = -\frac{1}{2};\ a_{n+1} = \frac{1-a_n}{2+a_n}$
d) $a_0 = 1;\ a_{n+1} = \frac{2-a_n^2}{3+a_n}$ e) $a_0 = -4;\ a_{n+1} = \sqrt{a_n+4}$ f) $a_0 = 4;\ a_{n+1} = \sqrt{\frac{8}{a_n}}$

9 Es sei $s = 1 + 2 + 4 + 8 + \ldots$ Dann ist $2s = 2 + 4 + 8 + 16 + \ldots = (1 + 2 + 4 + 8 + \ldots) - 1$ und somit $2s = s - 1$. Hieraus folgt $s = -1$. Wo steckt der Fehler?

10 Grenzwerte von Funktionen

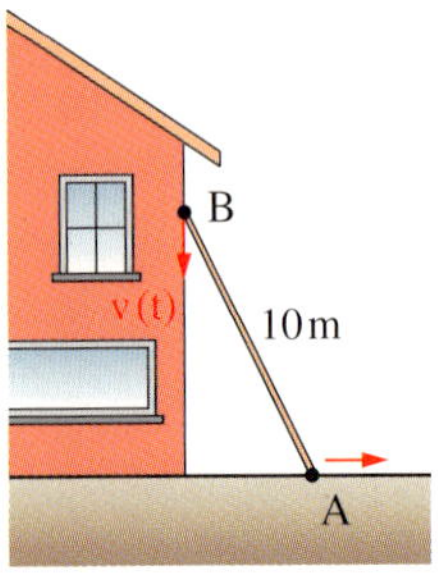

Fig. 1

1 Eine 10 m lange Leiter AB lehnt senkrecht an einer Wand. Das Ende A der Leiter wird mit einer Geschwindigkeitkeit von $0{,}5\,\frac{m}{s}$ waagerecht zur Zeit $t = 0$ beginnend weggezogen (Fig. 1).
a) Zeigen Sie, dass zur Zeit t (in s) das Ende B der Leiter die nach unten gerichtete Geschwindigkeit $v(t) = \frac{t}{2\sqrt{400 - t^2}}$ (in $\frac{m}{s}$) besitzt.
b) Nach 20 s erreicht das Ende B der Leiter den Boden. Welche Vermutung für v(t) für $t \to 20$ ergibt sich aus $v(19)$, $v(19{,}9)$, $v(19{,}99)$, ...?
c) Wie könnte man das Verfahren in b) zur Untersuchung von v(t) für $t \to 20$ unter Verwendung von Folgen verallgemeinern?

Grenzwerte von Funktionen f für $x \to x_0$ oder $x \to +\infty$ bzw. $x \to -\infty$ wurden bereits mehrfach untersucht. Dabei wurde z. B. für die Funktion f mit $f(x) = \frac{(x-2)(x+3)}{(x-2)}$ für $x \neq 2$ festgelegt: Für x gegen 2 strebt f(x) gegen 5.
Hierfür schreibt man auch: Für $x \to 2$ gilt $f(x) \to 5$.
Mithilfe von Folgen lassen sich nun diese **Sprech- und Schreibweisen präzisieren**.

n	0	1	2	3	4	5
a_n	1	3	5	7	9	11
$f(a_n)$	1	9	25	49	81	121

Fig. 2

Gegeben sind eine Funktion f und eine Folge (a_n). Wenn die Folgenglieder a_n in der Definitionsmenge von f liegen, kann man die Folge $(f(a_n))$ bilden. Beispielsweise erhält man aus der Folge (a_n) mit $a_n = 2n + 1$ und der Funktion f mit $f(x) = x^2$ die Folge $f(a_n))$ mit $f(a_n) = (2n+1)^2$ (Fig. 2). Man nennt dann (a_n) die **Urbildfolge** und $(f(a_n))$ die **Bildfolge**.

Präzisierung von $x \to a$ und $f(x) \to g$

Die Schreibweise „Für $x \to a$ gilt $f(x) \to g$“ besagt umgangssprachlich, dass für jede mögliche, beliebig genaue Annäherung der Variablen x an die Zahl a sich die zugehörigen Funktionswerte f(x) der Zahl g beliebig genau nähern (Fig. 3). Diese möglichen, beliebig genauen Annäherungen der Variablen x an die Zahl a sind aber gerade die konvergenten Folgen (x_n) mit Grenzwert a. Aus der Urbildfolge (x_n) wird die Bildfolge $(f(x_n))$, und $f(x) \to g$ besagt dann, dass die Bildfolge $(f(x_n))$ konvergent mit Grenzwert g ist.
Damit ergibt sich:

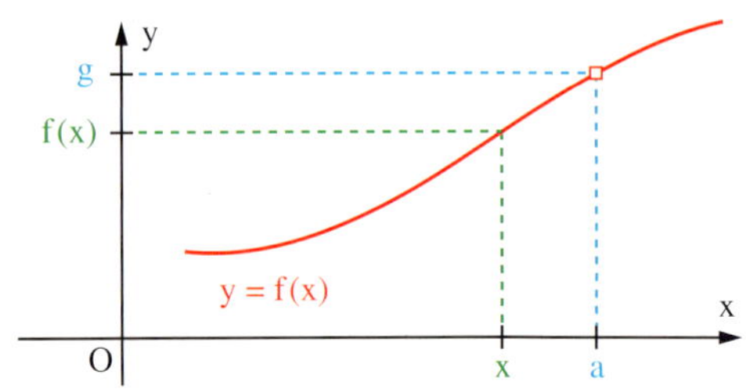

Fig. 3

Definition 1: Eine Zahl g heißt **Grenzwert der Funktion f für $x \to a$**, wenn für jede Urbildfolge (x_n) mit Grenzwert a und $x_n \in D_f$ die Bildfolge $(f(x_n))$ den Grenzwert g hat.
Man schreibt: $\lim\limits_{x \to a} f(x) = g$.

***Bemerkung:** Damit der Grenzwert der Funktion f für $x \to a$ gebildet werden kann, muss zwar f an der Stelle a nicht definiert sein, doch muss es Zahlen in D_f geben, die beliebig nahe bei a liegen.*

Bei Funktionen gibt es auch die Schreibweise „Für $x \to +\infty$ gilt $f(x) \to g$“; z. B. bei der Funktion f mit $f(x) = \frac{2x+1}{x+2}$ gilt $f(x) \to 2$ für $x \to +\infty$. Dabei besagt „$x \to +\infty$“ oder „$x \to -\infty$“ umgangssprachlich, dass die Variable x beliebig große bzw. beliebig kleine Werte annehmen kann. Überträgt man die Formulierung der ε-n_0-Definition (vgl. S. 83) sinnentsprechend auf diese Situation, erhält man:

Präzisierung von $x \to +\infty$ und $x \to -\infty$

Für eine Folge (x_n) gilt $x_n \to +\infty$, wenn es zu jedem $S \in \mathbb{R}$ eine Zahl $n_0 \in \mathbb{N}$ gibt mit der Eigenschaft, dass $x_n > S$ ist für alle $n \geqq n_0$.
Für eine Folge (x_n) gilt $x_n \to -\infty$, wenn es zu jedem $s \in \mathbb{R}$ eine Zahl $n_0 \in \mathbb{N}$ gibt mit der Eigenschaft, dass $x_n < s$ ist für alle $n \geqq n_0$.
Mit dieser Präzisierung der Schreibweise „$x \to +\infty$" und „$x \to -\infty$" ergibt sich:

Definition 2: Eine Zahl g heißt **Grenzwert der Funktion f für $x \to +\infty$ bzw. für $x \to -\infty$**, wenn für jede Urbildfolge (x_n) mit $x_n \to +\infty$ bzw. $x_n \to -\infty$ und $x_n \in D_f$ die Bildfolge $(f(x_n))$ den Grenzwert g hat.
Man schreibt: $\lim\limits_{x \to +\infty} f(x) = g$ **bzw.** $\lim\limits_{x \to -\infty} f(x) = g$.

Bemerkung: Damit der Grenzwert der Funktion f für $x \to +\infty$ bzw. für $x \to -\infty$ gebildet werden kann, muss D_f beliebig große bzw. beliebig kleine Zahlen enthalten.

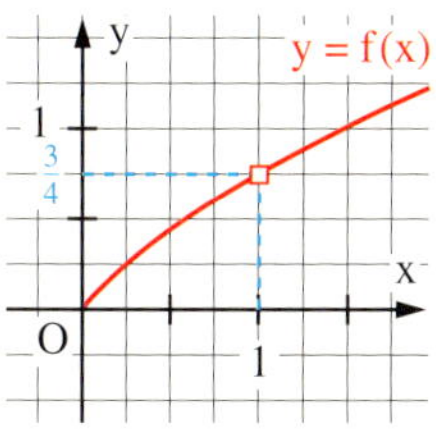

Fig. 1

Beispiel 1: (Funktionsgrenzwert für $x \to a$)
Bestimmen Sie den Grenzwert der Funktion f mit $f(x) = \frac{3x(\sqrt{x}-1)}{2(x-1)}$ und $x \neq 1$ für $x \to 1$.
Lösung:
Für $x \neq 1$ ist $f(x) = \frac{3x(\sqrt{x}-1)}{2(x-1)} = \frac{3x(\sqrt{x}-1)}{2(\sqrt{x}-1)(\sqrt{x}+1)} = \frac{3x}{2(\sqrt{x}+1)}$. Für jede Folge (x_n) mit $x_n \to 1$ und $x_n \neq 1$ für alle $n \in \mathbb{N}$ gilt damit $f(x_n) \to \frac{3}{4}$ (Fig. 1). Dies besagt $\lim\limits_{x \to 1} f(x) = \frac{3}{4}$.

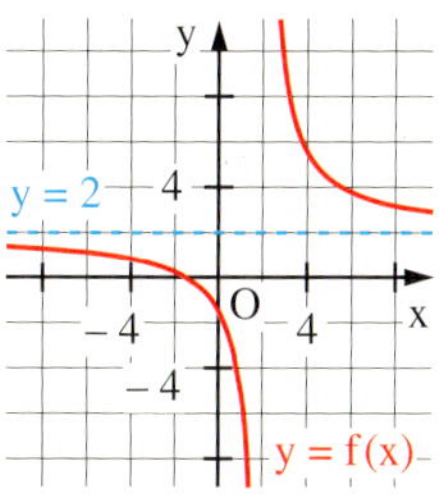

Fig. 2

Beispiel 2: (Funktionsgrenzwert für $x \to +\infty$)
Bestimmen Sie den Grenzwert der Funktion f mit $f(x) = \frac{2x+3}{x-2}$ und $x \neq 2$ für $x \to +\infty$.
Lösung:
Für $x \neq 2$ ist $f(x) = \frac{2x+3}{x-2} = \frac{2(x-2)+7}{x-2} = 2 - \frac{7}{x-2}$. Für jede Folge (x_n) mit $x_n \to +\infty$ und $x_n \neq 2$ für alle $n \in \mathbb{N}$ gilt damit $f(x_n) \to 2$ (Fig. 2). Dies besagt $\lim\limits_{x \to +\infty} f(x) = 2$.

Beispiel 3: (Kein Grenzwert vorhanden)
Zeigen Sie, dass für die Funktion f der folgende Grenzwert nicht existiert (Fig. 3).
a) $f(x) = \frac{x-2}{|x-2|}$; Grenzwert für $x \to 2$
b) $f(x) = \frac{1}{x}$; Grenzwert für $x \to 0$
c) $f(x) = \sin(\pi x)$; Grenzwert für $x \to +\infty$

Strategie:
Man sucht zwei Folgen mit demselben Grenzwert, deren Bildfolgen verschiedene Grenzwerte haben.

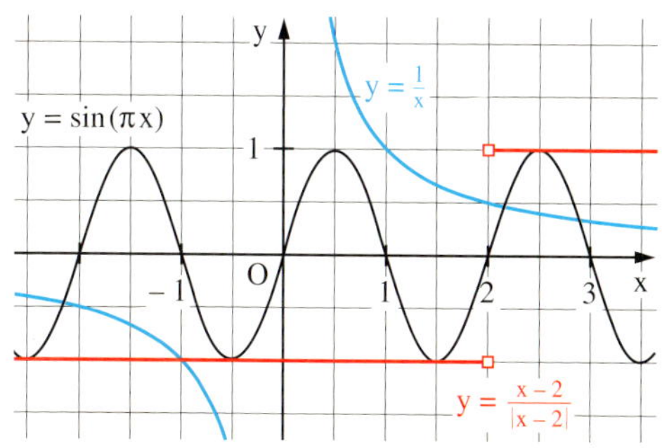

Fig. 3

Lösung:
a) Bei der Folge (x_n) mit $x_n = 2 + \frac{1}{n}$ ist $x_n > 2$ und damit $f(x_n) = 1$. Also hat die Bildfolge $(f(x_n))$ den Grenzwert 1 (Fig. 4).
Bei der Folge (z_n) mit $z_n = 2 - \frac{1}{n}$ ist $z_n < 2$ und damit $f(z_n) = -1$. Also hat die Bildfolge $(f(z_n))$ den Grenzwert -1.
b) Für die Folge (x_n) mit $x_n = \frac{1}{n}$ gilt $f(x_n) = n$. Wenn $n \to +\infty$ strebt, gilt dann $x_n \to 0$ und $f(x_n) \to +\infty$.
Wählt man dagegen die Folge (z_n) mit $z_n = -\frac{1}{n}$, so ist $f(z_n) = -n$. Für $n \to +\infty$ gilt dann wieder $z_n \to 0$, aber $f(z_n) \to -\infty$.
c) Für die Folgen (x_n), (y_n) und (z_n) mit $x_n = n$, $y_n = 2n + \frac{1}{2}$ und $z_n = 2n + \frac{3}{2}$ gilt $x_n \to +\infty$, $y_n \to +\infty$ und $z_n \to +\infty$ für $n \to +\infty$. Ferner ist $f(x_n) = 0$, $f(y_n) = 1$ und $f(z_n) = -1$.
Also gilt: $\lim\limits_{n \to +\infty} f(x_n) = 0$, $\lim\limits_{n \to +\infty} f(y_n) = 1$ und $\lim\limits_{n \to +\infty} f(z_n) = -1$.

Aufgaben

2 Untersuchen Sie das Verhalten der Funktion f.

a) $f(x) = \frac{x^2 - x - 2}{x - 2}$; $x \to 2$; $x \to +\infty$; $x \to -\infty$ b) $f(x) = \frac{2x - 6}{x^2 - 3x}$; $x \to 3$; $x \to +\infty$; $x \to -\infty$

c) $f(x) = \frac{x^4 - 1}{x - 1}$; $x \to 1$; $x \to +\infty$; $x \to -\infty$ d) $f(x) = \frac{(2x - 3)^2}{4x^2 - 2x - 6}$; $x \to \frac{3}{2}$; $x \to +\infty$; $x\ -\infty$

3 a) $f(x) = \frac{2^x}{2^{x+1} - 2}$; $x \to 1$; $x \to 0$; $x \to +\infty$ b) $f(x) = \frac{1 - 3 \cdot 2^x}{2 + 3^x}$; $x \to 0$; $x \to 1$; $x \to +\infty$

c) $f(x) = \frac{2x^2 - 10}{\sqrt{x^3}(\sqrt{5} - \sqrt{x})}$; $x \to \sqrt{5}$; $x \to 0$; $x \to +\infty$ d) $f(x) = \frac{x^2(3 - \sqrt{2x})}{2x^2 - 9x}$; $x \to \frac{9}{2}$; $x \to 0$; $x \to +\infty$

4 Geben Sie ein Beispiel an für Funktionen f und g mit den Eigenschaften:
Für $x \to 3$ haben weder f noch g einen Grenzwert, aber es gilt $\lim\limits_{x \to 3} (f(x) + g(x)) = 5$.

5 Zeichnen Sie das Schaubild der Funktion f und beschreiben Sie dann das Verhalten der Funktion f.

a) $f(x) = [x] - x$; $x \to 1$; $x \to \frac{3}{2}$; $x \to +\infty$ b) $f(x) = \left[x + \frac{1}{2}\right] + x$; $x \to 2$; $x \to \frac{5}{2}$; $x \to +\infty$

6 Gegeben ist die Funktion f mit $f(x) = \frac{x(x - 3)}{2(x - 3)}$ für $x \neq 3$.

a) Zeichnen Sie ein Schaubild der Funktion f und vereinfachen Sie den Term $\left|f(x) - \frac{3}{2}\right|$.

b) Zeigen Sie mithilfe der ε-n_0-Definition des Grenzwertes von Folgen, dass die Funktion f für $x \to 3$ den Grenzwert $\frac{3}{2}$ hat. Nehmen Sie dabei an, dass (x_n) eine beliebige Folge mit Grenzwert 3 und $x_n \neq 3$ für alle $n \in \mathbb{N}$ ist; zeigen Sie dann, dass die Folge $(f(x_n))$ den Grenzwert $\frac{3}{2}$ hat.

Zentraler Stoß

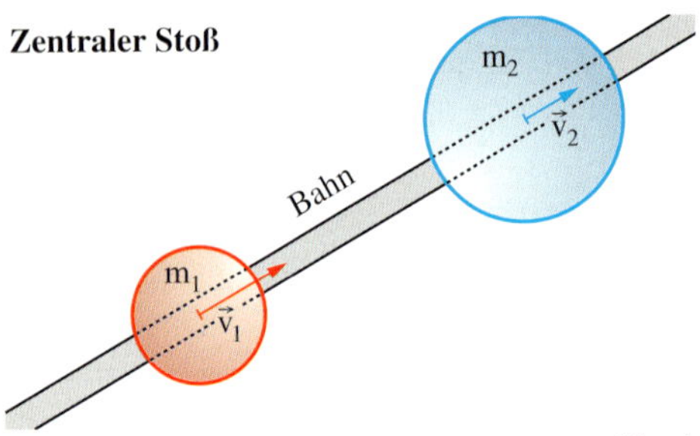

$$u_1 = \frac{2m_2v_2 + v_1(m_1 - m_2)}{m_1 + m_2}$$

$$u_2 = \frac{2m_1v_1 + v_2(m_2 - m_1)}{m_1 + m_2}$$

Fig. 1

7 Zwei Kugeln mit den Massen m_1 und m_2 sowie den Geschwindigkeiten v_1 und v_2 prallen in einem elastischen Stoß aufeinander (Fig. 1). Für ihre Geschwindigkeiten u_1 und u_2 nach dem Stoß gelten die angegebenen Formeln. Untersuchen Sie das Verhalten von u_1 und u_2 für

a) $v_2 \to 0$ b) $m_1 \to 0$ c) $m_1 \to \infty$

d) $m_2 \to \infty$ e) $m_2 \to m_1$ f) $v_2 \to -v_1$.

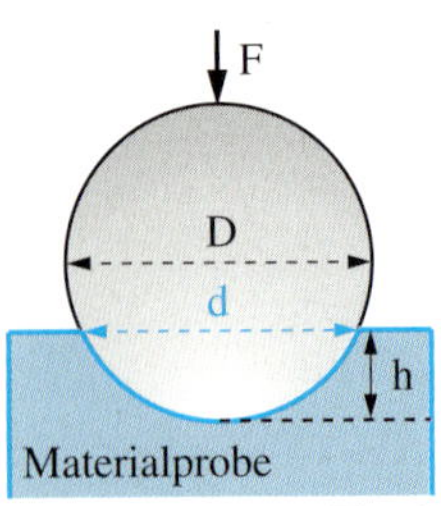

Fig. 2

Es ist $H = \frac{F}{M}$, wobei $M = \pi \cdot D \cdot h$ der Flächeninhalt des Eindrucks in der Materialprobe ist. Wie kommt man damit zu der Formel für H(d) in Aufgabe 9?

8 Die Dichte ϱ $\left(\text{in } \frac{g}{cm^3}\right)$ von Wasser ist von der Temperatur T (in °C) abhängig. Durch

$$\varrho(T) = \begin{cases} 0{,}99987 + 6{,}875 \cdot 10^{-5} \cdot T - 9{,}6875 \cdot 10^{-6} \cdot T^2 + 1{,}5625 \cdot 10^{-7} \cdot T^3 & \text{für } \quad 0 < T \leqq 8 \\ 0{,}9171 - 0{,}00016 \cdot T & \text{für } \; -20 \leqq T < 0 \end{cases}$$

wird diese Abhängigkeit näherungsweise beschrieben.

a) Zeichnen Sie in 2 Koordinatensystemen Schaubilder von ϱ für $0 < T \leqq 8$ bzw. $-20 \leqq T < 0$.

b) Hat die Funktion ϱ einen Grenzwert für $T \to 0$? Versuchen Sie das Ergebnis zu erklären.

9 Die Härte von Materialien kann man über die so genannte BRINELL-Härte H messen. Dabei wird eine kleine Metallkugel mit Durchmesser D mit der Kraft F in die zu untersuchende Materialprobe gepresst (Fig. 2). Hat der entstehende, dauerhafte Eindruck den Durchmesser d, so ist $H(d) = \frac{2F}{\pi D(D - \sqrt{D^2 - d^2})}$ die Härte des Materials. Dabei gilt $0 < d < D$.

a) Untersuchen Sie die Funktion H auf Grenzwerte für $d \to 0$ und $d \to D$.

b) In welchem Bereich liegt die BRINELL-Härte H von Materialien?

11 Stetigkeit und Nullstellensatz

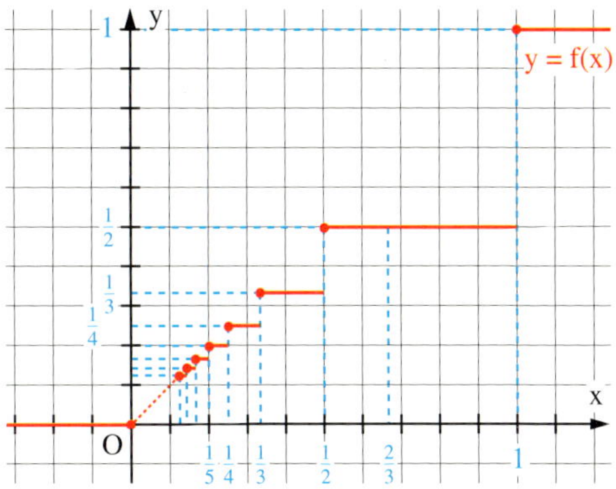

Fig. 1

1 Gegeben ist die Funktion f (Fig. 1) durch

$$f(x) = \begin{cases} 1 & \text{für} \quad x \geqq 1 \\ \frac{1}{n} & \text{für} \quad \frac{1}{n} \leqq x \leqq \frac{1}{n-1} \quad \text{und} \quad n \geqq 2 \\ 0 & \text{für} \quad x \leqq 0 \end{cases}$$

a) Welchen Grenzwert hat die Bildfolge $(f(x_n))$ für jede Folge (x_n) mit Grenzwert $\frac{2}{3}$?

b) Hat die Bildfolge $(f(y_n))$ jeder Folge (y_n) mit Grenzwert $\frac{1}{3}$ auch einen Grenzwert?

c) Begründen Sie, dass stets $|f(x)| \leqq |x|$ gilt. Was ergibt sich hieraus für die Bildfolge $(f(z_n))$ jeder Nullfolge (z_n)?

Zur Erinnerung: Die Stetigkeit einer Funktion f an einer Stelle $a \in D_f$ war – etwas verkürzt – definiert durch: „Für $x \to a$ gilt $f(x) \to f(a)$“.

Mit der Präzisierung des Begriffes Grenzwert ergibt sich:

Definition: Eine Funktion f mit Definitionsmenge D_f heißt an der Stelle $a \in D_f$ **stetig**, wenn für jede konvergente Folge (x_n) mit Grenzwert a und $x_n \in D_f$ für alle $n \in \mathbb{N}$ die Bildfolge $(f(x_n))$ konvergent ist mit Grenzwert f(a).

Ist eine Funktion f an der Stelle a differenzierbar, so ist f an dieser Stelle a insbesondere auch stetig.
Ist eine Funktion f an allen Stellen eines Intervalls [a; b] stetig, so nennt man f auf dem Intervall [a; b] stetig.
Von zentraler Bedeutung für stetige Funktionen ist der Nullstellensatz, der anschaulich unmittelbar einleuchtend ist (Fig. 2).

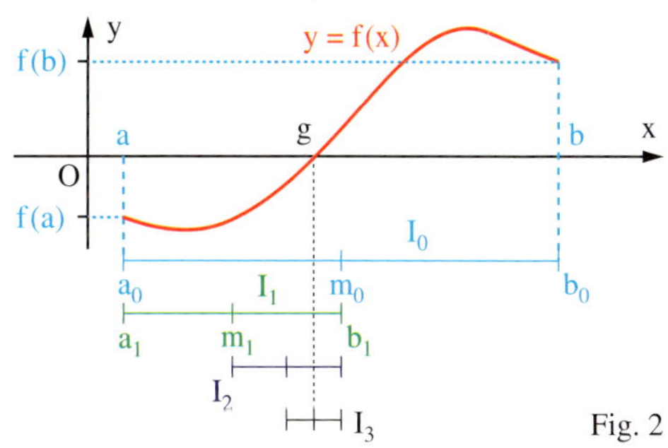

Fig. 2

Satz: (Nullstellensatz von Bolzano)
Ist die Funktion f auf dem Intervall [a; b] stetig mit $f(a) < 0$ und $f(b) > 0$ oder $f(a) > 0$ und $f(b) < 0$, so hat f im Intervall [a; b] mindestens eine Nullstelle.

Bernhard Bolzano (1781–1848) schrieb 1816 eine Arbeit mit dem Titel: „Rein analytischer Beweis des Lehrsatzes, daß zwischen je zwey Werthen, die ein entgegengesetztes Resultat gewähren, wenigstens eine reelle Wurzel der Gleichung liege.“

Beweis: (Intervallhalbierungsverfahren)
Es kann $f(a) < 0$ und $f(b) > 0$ vorausgesetzt werden. Mit $a_0 = a$ und $b_0 = b$ definiert man eine Folge $I_0; I_1; I_2; \ldots$ von Intervallen $I_n = [a_n; b_n]$ mit den Intervallmitten $m_n = \frac{1}{2}(a_n + b_n)$

durch $a_{n+1} = \begin{cases} a_n, & \text{wenn } f(m_n) > 0 \\ m_n, & \text{wenn } f(m_n) \leqq 0 \end{cases}$ und $b_{n+1} = \begin{cases} m_n, & \text{wenn } f(m_n) > 0 \\ b_n, & \text{wenn } f(m_n) \leqq 0 \end{cases}$ (Fig. 2).

Dann ist (a_n) monoton zunehmend und beschränkt wegen $a_n < b_n$, also auch konvergent (vgl. S. 86). Ebenso ergibt sich die Konvergenz von (b_n). Weil $(b_n - a_n) \to 0$ für $n \to \infty$ gilt, haben (a_n) und (b_n) denselben Grenzwert g. Aus $f(a_n) \leqq 0$ folgt $f(g) \leqq 0$; aus $f(b_n) \geqq 0$ folgt $f(g) \geqq 0$. Also ist $f(g) = 0$.

Beispiel 1: (Untersuchung auf Stetigkeit)
Untersuchen Sie die Funktion f mit $f(x) = \left[\sin\left(\frac{1}{2}\pi x\right)\right]$ auf Stetigkeit an der Stelle
a) $a = 1$ b) $b = 2$ c) $c = 3$.

Grenzwert von f für $x \to a$ und Funktionswert f(a) sind verschieden!

Lösung:
a) Es ist zwar $f(1) = \left[\sin\left(\frac{1}{2}\pi\right)\right] = [1] = 1$,
aber für $0 \leqq x < 1$ und für $1 < x \leqq 1$ gilt $f(x) = 0$ (Fig. 1). Die Folge (x_n) mit $x_n = 1 - \frac{1}{n+1}$ ist konvergent mit Grenzwert 1.
Da $f(x_n) = 0$ ist, hat die Bildfolge $(f(x_n))$ den Grenzwert 0. Wegen $f(1) = 1$ ist f an der Stelle 1 nicht stetig.

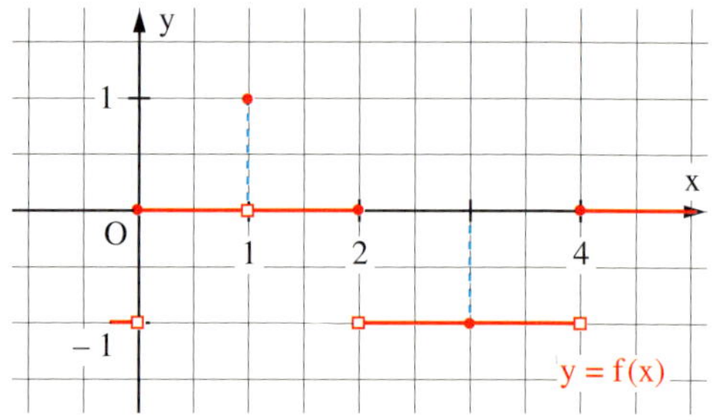

Fig. 1

Kein Grenzwert von f für $x \to b$ vorhanden!

b) Es ist $f(x) = 0$ für $1 < x \leqq 2$ und $f(x) = -1$ für $2 < x \leqq 4$.
Die Folge (x_n) mit $x_n = 2 - \frac{1}{n+2}$ hat den Grenzwert 2 und es ist $1 < x_n < 2$. Damit gilt $f(x_n) = 0$ und somit $\lim\limits_{n\to\infty} f(x_n) = 0$. Auch die Folge (y_n) mit $y_n = 2 + \frac{1}{n+2}$ hat den Grenzwert 2, aber es ist $2 < y_n \leqq 4$ und somit $f(y_n) = -1$. Also gilt $\lim\limits_{n\to\infty} f(y_n) = -1$.
Folglich ist f an der Stelle 2 nicht stetig.

Grenzwert von f für $x \to c$ und Funktionswert f(c) sind gleich!

c) Es ist $f(x) = -1$ für $2 < x < 4$. Für jede Folge (x_n) mit Grenzwert 3 und $2 < x_n < 4$ gilt damit $f(x_n) = -1$ und somit $\lim\limits_{n\to\infty} f(x_n) = -1$. Da $f(3) = -1$ gilt, ist f an der Stelle 3 stetig.

Beispiel 2: (Anwendung des Nullstellensatzes)
Zeigen Sie, dass die Funktion f mit $f(x) = x^3 - 2^x$ eine Nullstelle im Intervall (1; 2) besitzt.
Lösung:
Wegen $f(1) = -1$ und $f(2) = 4$ ist $f(1) \cdot f(2) < 0$. Da f in dem Intervall [1; 2] stetig ist, hat f nach dem Nullstellensatz eine Nullstelle im Intervall (1; 2).

Aufgaben

2 Zeigen Sie, dass f für $t = 1$ nicht stetig auf $\mathbb{R}$ ist, und bestimmen Sie dann t_0 so, dass f stetig ist. Zeichnen Sie die Schaubilder für $t = 1$ und $t = t_0$ in dasselbe Koordinatensystem.
a) $f(x) = \begin{cases} x^2 & \text{für } x \leqq 2 \\ x + t & \text{für } x > 2 \end{cases}$ b) $f(x) = \begin{cases} 2tx + 1 & \text{für } x \leqq 1 \\ \sqrt{x + t} & \text{für } x > 1 \end{cases}$ c) $f(x) = \begin{cases} tx & \text{für } x \leqq 2t \\ x^2 + 1 & \text{für } x > 2t \end{cases}$

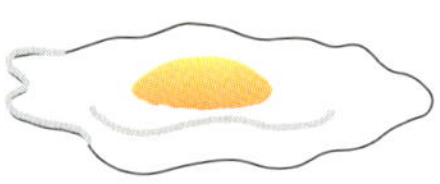

Mit dem Nullstellensatz lässt sich zeigen, dass man mit einem einzigen Schnitt sowohl Eigelb als auch Eiweiß halbieren kann. Wie geht dies?

3 Bestimmen Sie ein Intervall $(z; z+1)$ mit $z \in \mathbb{Z}$, in dem die Funktion f eine Nullstelle hat.
a) $f(x) = x^3 - 3x^2 - 3$ b) $f(x) = 2^x - x^4$ c) $f(x) = 3 \cdot 2^x - 3^x$ d) $f(x) = 2^{x+1} - 3 \cdot x^4 + 5$

4 Untersuchen Sie die Funktion f mit $f(x) = \begin{cases} x & \text{für } x \in \mathbb{Q} \\ x^2 & \text{für } x \in \mathbb{R}\setminus\mathbb{Q} \end{cases}$ auf Stetigkeit.

5 An welchen Stellen ist die Funktion f nicht stetig? Begründen Sie Ihre Aussage.
a) $f(x) = x + \left[\frac{1}{x}\right]^{-1}$ für $0 < x < 1$ b) $f(x) = \frac{5 \cdot [x^2]}{[x] + 1}$ für $x > 0$

6 Beweisen Sie mit dem Nullstellensatz den „Zwischenwertsatz“: Ist die Funktion f auf dem Intervall [a; b] stetig und $z \in \mathbb{R}$ mit $f(a) < z < f(b)$, so gibt es ein $c \in (a; b)$ mit $f(c) = z$.

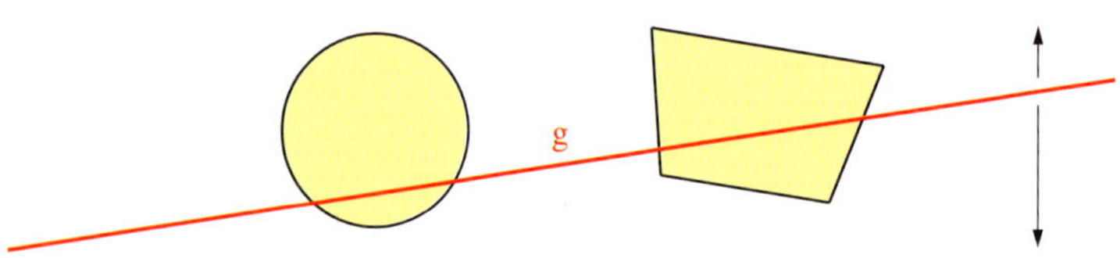

Fig. 2

7 Zeigen Sie mithilfe des Nullstellensatzes, dass man jeweils eine Gerade g so legen kann, dass g den Flächeninhalt des Kreises und des Trapezes halbiert (Fig. 2).

12 Vermischte Aufgaben

1 Geben Sie eine explizite Beschreibung der Folge (a_n) durch einen Term an, wenn gilt:
a) $a_0 = 4;\ a_1 = 2\frac{1}{2};\ a_2 = 3\frac{1}{3};\ a_3 = 2\frac{3}{4};\ a_4 = 3\frac{1}{5}$ b) $a_0 = \frac{11}{10};\ a_1 = \frac{101}{100};\ a_2 = \frac{1001}{1000};\ a_3 = \frac{10001}{10000}$

Anleitung zu Aufgabe 2: Berechnen Sie die Potenzsummen $2^0 + 2^2$; $2^1 + 2^3$; $2^0 + 2^2 + 2^4$; . . .

2 Die Folge (a_n) wird rekursiv beschrieben durch $a_0 = 0$ und $a_1 = 1$ und $a_{n+1} = \frac{1}{2}(a_{n-1} + a_n)$ für $n \geqq 1$. Bestimmen Sie eine explizite Beschreibung von (a_n).

Das Spiel wurde auf der Weltausstellung 1889 in Paris von EDOUARD LUCAS gezeigt. Es wird auch ***Turm von Hanoi*** *genannt, da es in Hanoi einen Tempel geben soll, in dem sich ein Turm aus 100 Scheiben und je einem kupfernen, silbernen und goldenen Stift befindet. Es heißt, dass die Welt untergegangen ist, ehe die Scheiben vom kupfernen auf den goldenen Stift umgesetzt sind. Kann das sein?*

3 Auf Stift I sind n Scheiben der Größe nach gestapelt (Fig. 1). Diese sollen von Stift I unter Verwendung von Stift II auf Stift III umgesetzt werden. Dabei müssen die Scheiben einzeln von einem Stift auf einen anderen gelegt werden und es darf nie eine größere Scheibe auf eine kleinere gelegt werden. Für $n \geqq 1$ sei a_n die minimale Anzahl von Umsetzungen einzelner Scheiben.
a) Bestimmen Sie a_1, a_2, a_3 und a_4.
b) Ermitteln Sie eine explizite Beschreibung.

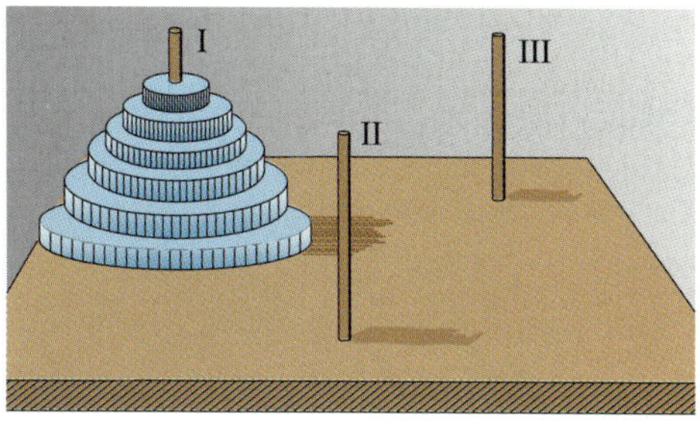

Fig. 1

c) Geben Sie eine rekursive Beschreibung der Folge (a_n) an. Überlegen Sie dabei, wie ein Turm mit n + 1 Scheiben umzusetzen ist, wenn bekannt ist, wie man einen Turm mit n Scheiben umsetzt.

4 Aus einem gleichseitigen Dreieck mit Inhalt $a_0 = 1$ und Umfang $b_0 = 1$ (Fig. 2) werden auf jeder Seite über dem mittleren Drittel je ein gleichseitiges Dreieck ausgeschnitten. Im nächsten Schritt werden zuerst über dem mittleren Drittel jeder Seite gleichseitige Dreiecke ausgeschnitten usw.

Fig. 2

a) Bestimmen Sie eine rekursive und eine explizite Beschreibung der Folge (a_n) der Flächeninhalte, der Folge (b_n) der Umfänge und der Folge (c_n) der Anzahl der Begrenzungsstücke.
b) Untersuchen Sie die Folgen auf Monotonie und Beschränktheit.
c) Welche der Folgen (a_n), (b_n) oder (c_n) sind konvergent? Begründen Sie Ihre Aussagen und geben Sie gegebenenfalls einen Grenzwert an.

Welche Vorteile und welche Nachteile hat das Beweisverfahren der vollständigen Induktion?

5 Bestimmen Sie einen einfacheren Term für $1^2 - 2^2 + 3^2 - 4^2 + \ldots + (-1)^{n-1} \cdot n^2$ und beweisen Sie die so erhaltene Aussage durch vollständige Induktion.

6 Eine Folge (a_n) wird rekursiv beschrieben durch $a_0 = 2$ und $a_1 = 3$ sowie $a_{n+1} = 3a_n - 2a_{n-1}$. Bestimmen Sie eine explizite Beschreibung von (a_n) und zeigen Sie die Übereinstimmung beider Beschreibungen durch vollständige Induktion.

7 Die Folge (a_n) wird durch die Funktion f und $a_{n+1} = f(a_n)$ rekursiv beschrieben. Zeigen Sie, dass die Folge (a_n) konvergent ist. Berechnen Sie die Folgenglieder $a_0; a_1; \ldots; a_4$. Stellen Sie eine Vermutung über den Grenzwert von (a_n) auf, indem Sie eine Lösung der Gleichung $a_n = f(a_n)$ bestimmen. Beweisen Sie dann Ihre Vermutung.
a) $a_0 = 0$ und $f(a_n) = \sqrt{a_n + 2}$ b) $a_0 = 0$ und $f(a_n) = \sqrt{a_n + 1}$
c) $a_0 = 2$ und $f(a_n) = \frac{1}{2}\left(a_n + \frac{2}{a_n}\right)$ d) $a_0 = 2$ und $f(a_n) = \frac{2}{3}\left(a_n + \frac{1}{a_n^2}\right)$

Carl Friedrich Gauss (1777–1855)

8 Eine Folge (a_n) ist sowohl monoton zunehmend als auch monoton abnehmend. Was lässt sich über die Folge aussagen?

9 Es sei (a_n) eine streng monoton abnehmende Folge und (b_n) eine Folge mit $a_{n+2} < b_{n+1} < a_n$ und $a_{n+2} < b_n < a_n$ für alle $n \in \mathbb{N}$. Beweisen Sie, dass $b_{n+1} < b_n$ für $n \geqq 1$ ist.

10 Beweisen oder widerlegen Sie die Aussage:
a) Ist die Folge $(|a_n|)$ eine Nullfolge, so ist auch die Folge (a_n) eine Nullfolge.
b) Ist die Folge (a_n) eine Nullfolge, so ist auch die Folge $(|a_n|)$ eine Nullfolge.
c) Ist die Folge $(|a_n|)$ konvergent, so ist auch die Folge (a_n) konvergent.
d) Ist die Folge (a_n) konvergent, so ist auch die Folge $(|a_n|)$ konvergent.

Da a_{n+1} das arithmetische Mittel von a_n und g_n und g_{n+1} das geometrische Mittel von a_n und g_n ist, nennt man die Folge $a_0, g_0, a_1, g_1, a_2, g_2, \ldots$ eine **arithmetisch-geometrische Folge**.
Mit den Startwerten $a_0 = 1$ $\quad g_0 = \frac{1}{\sqrt{2}}$ $\quad s_0 = \frac{1}{2}$
und der Iteration $a_{n+1} = \frac{(a_n + g_n)}{2}$; $\; g_{n+1} = \sqrt{a_n g_n}$; $\; s_{n+1} = s_n - 2^{n+1}(a_{n+1} - a_n)^2$
erhält man in $\pi_n = \frac{(a_n + g_n)^2}{2 s_n}$ sehr gute **Näherungswerte für die Zahl** π.
Zeigen Sie dies durch Berechnung von π_1, π_2 und π_3.

Das oben beschriebene Verfahren zur raschen Berechnung von Näherungswerten von π war Gauss spätestens 1799 bekannt. Es wurde aber nicht beachtet und erst 1976 wiederentdeckt.

11 Es sei $a, g \in \mathbb{R}$ mit $0 < g < a$. Die Folgen (a_n) und (g_n) werden nun definiert durch $a_0 = a$ und $g_0 = g$ sowie $a_{n+1} = \frac{1}{2}(a_n + g_n)$ und $g_{n+1} = \sqrt{a_n g_n}$. Zeigen Sie, dass gilt:
a) $g_n < a_n$ für alle $n \in \mathbb{N}$.
b) Die Folge (a_n) ist streng monoton abnehmend und die Folge (g_n) ist streng monoton zunehmend.
c) Die Folgen (a_n) und (g_n) sind beschränkt.

12 Es sei (a_n) eine Folge, aus der die Folgen (b_n) und (c_n) gebildet werden durch die Vereinbarungen $b_n = a_{2n}$ und $c_n = a_{2n+1}$.
a) Geben Sie für $a_n = \frac{1}{n+1}$ die ersten 5 Folgenglieder von (b_n) und (c_n) an.
b) Zeigen Sie, dass folgende Aussage falsch ist: Wenn die Folgen (b_n) und (c_n) konvergent sind, so ist auch die Folge (a_n) konvergent.
c) Ergänzen Sie die Aussage in b) durch eine weitere Voraussetzung zu einer wahren Aussage und beweisen Sie diese.

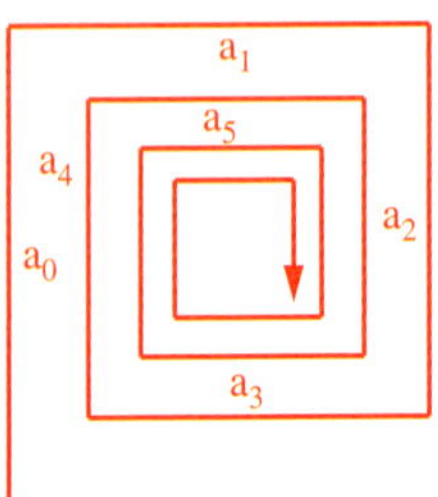

Fig. 1

13 In Fig. 1 hat die Strecke a_0 die Länge 1. Ferne ist für $n \geqq 1$ jede Strecke a_{n+1} um 10 % kürzer als die Strecke a_n.
a) Wie lang ist der gesamte, aus unendlichen vielen Teilstrecken bestehende Streckenzug?
b) Nach wie vielen Teilstrecken sind mindestens 75 % der Gesamtlänge erreicht?

14 Begründen Sie, dass $e = \lim\limits_{n \to \infty} \left(1 + \frac{1}{3n}\right)^{3n}$ ist.

15 Es sei (a_n) eine konvergente Folge mit Grenzwert g und $a_n < S$ für alle $n \in \mathbb{N}$.
a) Zeigen Sie, dass $g \leqq S$ ist.
b) Zeigen Sie durch ein Gegenbeispiel, dass die Aussage $g < S$ falsch ist.

16 Es sei (a_n) eine Nullfolge und (b_n) eine Folge mit $|b_n| \leqq |a_n|$ für alle $n \in \mathbb{N}$. Zeigen Sie, dass auch (b_n) eine Nullfolge ist.

17 Es sei (a_n) eine Nullfolge. Zeigen Sie, dass $\lim\limits_{n \to \infty} \sqrt{a_n + r} = \sqrt{r}$ gilt.

Anleitung für Aufgabe 18a:
$\sqrt{n+3} - \sqrt{n} = \frac{(\sqrt{n+3} - \sqrt{n})(\sqrt{n+3} + \sqrt{n})}{\sqrt{n+3} + \sqrt{n}}$

18 Berechnen Sie mit den Grenzwertsätzen sowie der Aussage von Aufgabe 17:
a) $\lim\limits_{n \to \infty} \left(\sqrt{n+3} - \sqrt{n}\right)$ $\quad$ b) $\lim\limits_{n \to \infty} \left(\sqrt{2n} - \sqrt{2n+2}\right)$ $\quad$ c) $\lim\limits_{n \to \infty} \left(\sqrt{2n}\left(\sqrt{n+5} - \sqrt{n}\right)\right)$
d) $\lim\limits_{n \to \infty} \left(\sqrt{n}\left(\sqrt{3n+1} - \sqrt{3n}\right)\right)$ $\quad$ e) $\lim\limits_{n \to \infty} \left(\sqrt{n^2 + 3n} - n\right)$ $\quad$ f) $\lim\limits_{n \to \infty} \left(\sqrt{4n^2 + 5n} - 2n\right)$.

Die Zahl Φ und die FIBONACCI-Zahlen

n	F_n	$\frac{F_{n+1}}{F_n}$	a_n	$\frac{a_{n+1}}{a_n}$	b_n	$\frac{b_{n+1}}{b_n}$
0	0	-------	2	2,5000	0,5	3,0000
1	1	1,0000	5	1,4000	1,5	1,3333
2	1	2,0000	7	1,7143	2,0	1,7500
3	2	1,5000	12	1,5833	3,5	1,5714
4	3	1,6667	19	1,6316	5,5	1,6364
5	5	1,6000	31	1,6129	9,0	1,6111
6	8	1,6250	50	1,6200	14,5	1,6207
7	13	1,6154	81	1,6173	23,5	1,6170
8	21	1,6190	131	1,6183	38,0	1,6184
9	34	1,6176	212	1,6179	61,5	1,6179
10	55	1,6182	343	1,6181	99,5	1,6181
11	89	1,6180	555	1,6180	161,0	1,6180
12	144		898		260,5	

Fig. 1

1 FIBONACCI-Folgen (a_n) werden bei gegebenen Anfangswerten a_0 und a_1 rekursiv beschrieben durch $a_{n+2} = a_n + a_{n+1}$. Für $a_0 = 0$ und $a_1 = 1$ erhält man die Folge (F_n) der FIBONACCI-Zahlen.
Bei positiven Zahlen a_0 und a_1 wachsen die Folgenglieder sehr schnell. Die Quotienten $\frac{a_{n+1}}{a_n}$ verhalten sich ganz anders (Fig. 1).
a) Welche Eigenschaft von FIBONACCI-Folgen lässt die Tabelle vermuten? Überprüfen Sie Ihre Vermutung an weiteren Anfangswerten a_0 und a_1.
b) Was besagt die Vermutung von a) anschaulich, wenn Sie geometrische Folgen und FIBONACCI-Folgen vergleichen?

Der Buchstabe Φ (gelesen: „phi“) soll an den griechischen Bildhauer PHIDIAS (Φιδιασ) (um 450 v. Chr.) erinnern. Von ihm ist zwar kein Werk sicher erhalten; er hat aber die Zeus-Statue in Olympia geschaffen, die zu den „Sieben Weltwundern“ der Antike zählte. Im Auftrag von Perikles überwachte er die Bauarbeiten an der Akropolis in Athen.

Es wird untersucht, wann eine geometrische Folge (aq^n) und eine FIBONACCI-Folge (a_n) übereinstimmen. Die ersten drei Folgenglieder lauten jeweils:
geometrische Folge: $a;\ aq;\ aq^2$; FIBONACCI-Folge: $a_0;\ a_1;\ a_2 = a_0 + a_1$.
Damit die beiden Folgen übereinstimmen, muss gelten: $a = a_0;\ a_1 = aq;\ a_2 = aq^2$.
Wegen $a_2 = a_0 + a_1$ gilt dann $aq^2 = a + aq$.
Diese Gleichung ist erfüllt für $a = 0$. Die Folge (0) ist aber uninteressant.
Für $a \neq 0$ folgt aus $aq^2 = a + aq$ die Gleichung $q^2 = 1 + q$. Diese quadratische Gleichung hat zwei Lösungen Φ und Φ′, für die man unmittelbar erhält:
$\Phi = \frac{1}{2}\left(1 + \sqrt{5}\right) \approx 1{,}61803$ und $\Phi' = \frac{1}{2}\left(1 - \sqrt{5}\right) \approx -0{,}61803$.
Bildet man nun die geometrische Folge $(a\Phi^n)$, so ist dies auch eine FIBONACCI-Folge (a_n). Wegen $\mathbf{\Phi^2 = 1 + \Phi}$ ist nämlich $a_n + a_{n+1} = a\Phi^n + a\Phi^{n+1} = a\Phi^n(1 + \Phi) = a\Phi^n \cdot \Phi^2 = a\Phi^{n+2} = a_{n+2}$.
Ebenso zeigt man, dass die geometrische Folge $(a(\Phi')^n)$ auch eine FIBONACCI-Folge ist. Durch algebraische Umformungen lässt sich leicht zeigen, dass $\Phi' = \frac{-1}{\Phi}$ ist (vgl. Aufgabe 2).
Damit erhält man:

Satz 1: Die Folgen $(a\Phi^n)$ und $\left(a\left(\frac{-1}{\Phi}\right)^n\right)$ sind für $\Phi = \frac{1}{2}\left(1 + \sqrt{5}\right)$ und jedes $a \in \mathbb{R}$ die einzigen Folgen, die sowohl geometrische Folgen als auch FIBONACCI-Folgen sind.

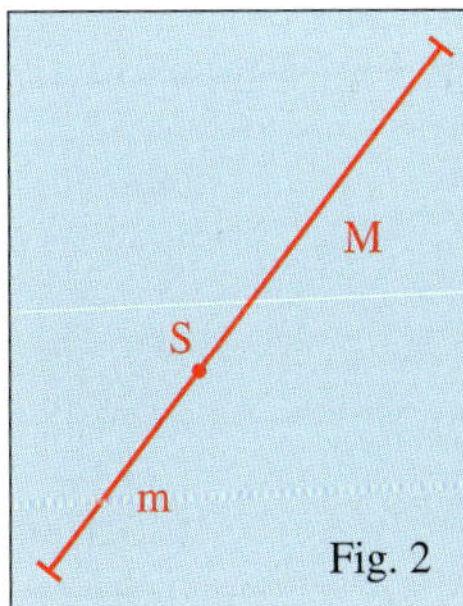

Fig. 2

Zur Zahl F wird man auch durch die so genannte stetige Teilung **(goldener Schnitt)** geführt. Dabei heißt eine Strecke AB durch dem Punkt S stetig geteilt (Fig. 2), wenn gilt $\frac{M+m}{M} = \frac{M}{m}$. Setzt man $\frac{M}{m} = x$, erhält man die Gleichung $1 + \frac{1}{x} = x$. Dann ist $x + 1 = x^2$, und diese Gleichung hat nur die positive Lösung Φ. Die Größen m und M mit $M : m = \Phi$ können an vielen Kunstwerken gefunden werden. Fig. 3 zeigt einen Ausschnitt eines Tempels in Athen.

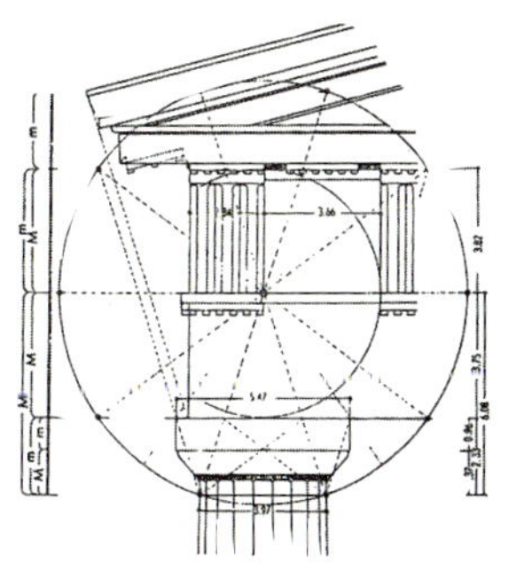

Fig. 3

Wegen $\Phi^2 = 1 + \Phi$ lassen sich die Potenzen Φ^n weitgehend vereinfachen. So ist etwa

$$\begin{aligned}\Phi^5 &= \Phi^2 \cdot \Phi^2 \cdot \Phi = (1+\Phi)(1+\Phi)\Phi \\ &= (1 + 2\Phi + \Phi^2)\Phi = (1 + 2\Phi + 1 + \Phi)\Phi \\ &= 2\Phi + 3\Phi^2 = 2\Phi + 3(1+\Phi) = 3 + 5\cdot\Phi.\end{aligned}$$

Da auch $\left(\frac{-1}{\Phi}\right)^2 = 1 + \frac{-1}{\Phi}$ gilt, zeigt man entsprechend, dass $\left(\frac{-1}{\Phi}\right)^5 = 3 + 5\cdot\frac{-1}{\Phi}$ gilt. In der Tabelle sind einige Potenzen Φ^n und einige FIBONACCI-Zahlen F_n gegenübergestellt. Durch Vergleich der Zahlen a und b in $\Phi^n = a + b\cdot\Phi$ mit den FIBONACCI-Zahlen F_n kommt man zu der Vermutung:

Potenzen Φ^n von Φ	FIBONACCI-Zahlen F_n
$\Phi^0 = 1 + 0\cdot\Phi$	$F_0 = 0$
$\Phi^1 = 0 + 1\cdot\Phi$	$F_1 = 1$
$\Phi^2 = 1 + 1\cdot\Phi$	$F_2 = 1$
$\Phi^3 = 1 + 2\cdot\Phi$	$F_3 = 2$
$\Phi^4 = 2 + 3\cdot\Phi$	$F_4 = 3$
$\Phi^5 = 3 + 5\cdot\Phi$	$F_5 = 5$
$\Phi^6 = 5 + 8\cdot\Phi$	$F_6 = 8$

Satz 2: Für jedes $n \in \mathbb{N}$ mit $n \geqq 1$ ist $\Phi^n = F_{n-1} + F_n\Phi$ und $\left(\frac{-1}{\Phi}\right)^n = F_{n-1} + F_n\left(\frac{-1}{\Phi}\right)$.

Beweis von $\Phi^n = F_{n-1} + F_n\Phi$ durch vollständige Induktion:

(I) Induktionsanfang: Für $n = 1$ ist die Aussage wahr, da $\Phi^1 = 0 + 1\cdot\Phi = F_0 + F_1\cdot\Phi$ ist.

(II) Induktionsschritt: Es sei $k \in \mathbb{N}$ mit $k \geqq 1$ und man nimmt an, dass die Aussage für k gilt. Dies besagt $\Phi^k = F_{k-1} + F_k\Phi$.

Damit muss gezeigt werden, dass auch $\Phi^{k+1} = F_k + F_{k+1}\Phi$ gilt.

Dies ergibt sich so: $\Phi^{k+1} = \Phi^k\cdot\Phi = (F_{k-1} + F_k\Phi)\cdot\Phi = F_{k-1}\Phi + F_k\Phi^2 = F_{k-1}\Phi + F_k(1+\Phi) =$
$= F_k + (F_{k-1} + F_k)\Phi = F_k + F_{k+1}\Phi.$

Also gilt die Aussage auch für $k + 1$.

Damit ist gezeigt, dass die Aussage für alle $n \in \mathbb{N}$ mit $n \geqq 1$ wahr ist.

Entsprechend wird $\left(\frac{-1}{\Phi}\right)^n = F_{n-1} + F_n\left(\frac{-1}{\Phi}\right)$ durch vollständige Induktion bewiesen.

*Zur „**Kaninchenaufgabe**“:*

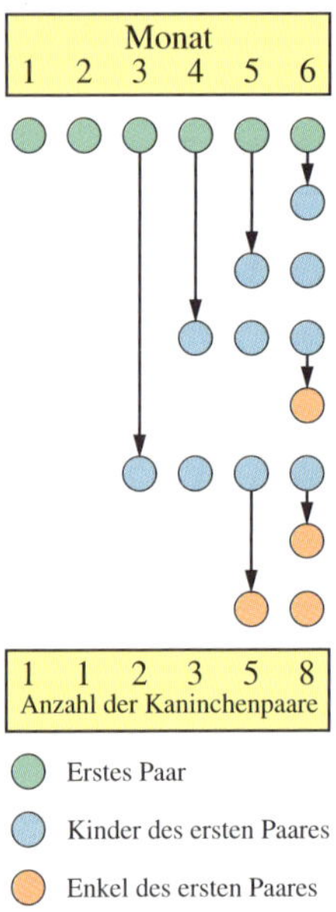

Fig. 1

Mit Satz 2 kann eine explizite Beschreibung der FIBONACCI-Zahlen bestimmt werden.

Aus $\left(\frac{-1}{\Phi}\right)^n = F_{n-1} + F_n\left(\frac{-1}{\Phi}\right)$ und $\Phi^n = F_{n-1} + F_n\Phi$ ergibt sich $\Phi^n - \left(\frac{-1}{\Phi}\right)^n = F_n\left(\Phi + \frac{1}{\Phi}\right)$ durch Subtraktion. Dabei ist $\Phi + \frac{1}{\Phi} = \frac{1+\sqrt{5}}{2} + \frac{2}{1+\sqrt{5}} = \frac{(1+\sqrt{5})^2 + 2^2}{2(1+\sqrt{5})} = \frac{10 + 2\sqrt{5}}{2 + 2\sqrt{5}} = \frac{\sqrt{5}(2 + 2\sqrt{5})}{2 + 2\sqrt{5}} = \sqrt{5}$. Damit gilt $F_n = \frac{1}{\sqrt{5}}\left(\Phi^n - \left(\frac{-1}{\Phi}\right)^n\right)$ für $n \geqq 1$. Offensichtlich ist die letzte Formel auch für F_0 gültig.

Satz 3: (Formel von BINET):
Für die FIBONACCI-Zahlen F_n gilt
$F_n = \frac{1}{\sqrt{5}}\left(\Phi^n - \left(\frac{-1}{\Phi}\right)^n\right)$.

JACQUES PHILIPPE MARIE BINET (1786–1856) bewies 1843 die nach ihm benannte Formel. Diese war jedoch schon über 100 Jahre vorher bekannt, ohne dass BINET dies wusste. BINET beschäftigte sich vor allem mit Fragen der Mechanik.

*LEONARDO VON PISA (≈ 1180 – ≈ 1250), der auch **FIBONACCI** (d. h. Sohn des Bonacci) genannt wurde, war ein Kaufmann, der auf seinen Reisen die arabische Mathematik kennen gelernt hatte. 1202 fasste er in dem Buch „Liber abacci“ (d. h. Buch des Abakus) die zeitgenössische Arithmetik und Algebra zusammen. Hierin findet sich die folgende **„Kaninchenaufgabe“**, die man heute so stellen kann: „Bekanntlich haben die Kaninchen eine zahlreiche Nachkommenschaft. Man geht davon aus, dass im 1. Monat ein Kaninchenpaar vorhanden ist. Dieses wird wie alle seine Nachkommen nach 2 Monaten fortpflanzungsfähig und bringt jeden Monat ein neues Kaninchenpaar zur Welt. Wie erhält man die Zahl der Kaninchenpaar nach n Monaten?“*
*Die Lösung dieser Aufgabe führt auf die **FIBONACCI-Zahlen** $F_1; F_2; F_3; F_4; \ldots$ (Fig. 1)*

Fragen:

Warum gilt $F_n \approx 10^{0,21 \cdot n - 0,35}$ *?*

Wie groß ist dann etwa F_{250}*?*

Beispiel 1:

Bestimmen Sie mit dem Taschenrechner auf vier Dezimalen gerundete Näherungswerte für Φ^{15} und $\left(\frac{-1}{\Phi}\right)^{15}$ und damit dann die FIBONACCI-Zahl F_{15}.

Lösung:

Man erhält $\Phi^{15} \approx 1364{,}0007$ und $\left(\frac{-1}{\Phi}\right)^{15} \approx -0{,}0007$. Damit gilt

$F_{15} = \frac{1}{\sqrt{5}}\left(\Phi^{15} - \left(\frac{-1}{\Phi}\right)^{15}\right) \approx \frac{1}{\sqrt{5}}(1364{,}0007 + 0{,}0007) \approx 610{,}0000.$ Also gilt $F_{15} = 610$.

Mit der Formel von BINET können nicht nur die FIBONACCI-Zahlen $F_0; F_1; F_2; \ldots$ sondern sogar die Glieder jeder FIBONACCI-Folge explizit beschrieben werden:

Wegen $F_0 = 0$ und $F_1 = F_2 = 1$ erhält man aus $a_0 = a_0 F_1 + a_1 F_0$ und $a_1 = a_0 F_0 + a_1 F_1$:

$a_2 = a_0 + a_1 = (a_0 F_1 + a_1 F_0) + (a_0 F_0 + a_1 F_1) = a_0(F_0 + F_1) + a_1(F_0 + F_1) = a_0 F_1 + a_1 F_2;$

$a_3 = a_1 + a_2 = (a_0 F_0 + a_1 F_1) + (a_0 F_1 + a_1 F_2) = a_0(F_0 + F_1) + a_1(F_1 + F_2) = a_0 F_2 + a_1 F_3.$

Ebenso ergibt sich $a_4 = a_0 F_3 + a_1 F_4$, $a_5 = a_0 F_4 + a_1 F_5, \ldots$ Dies führt zu

Satz 4: Ist (a_n) eine FIBONACCI-Folge, so gilt für jedes $n \in \mathbb{N}$ mit $n \geqq 1$:

$$a_{n+1} = a_0 F_n + a_1 F_{n+1} \text{ und } a_{n+2} = a_0 F_{n+1} + a_1 F_{n+2}.$$

Beweis durch vollständige Induktion:

(I) Induktionsanfang: Für $n = 1$ ist die Aussage wahr, denn, wie bereits vor Satz 4 dargelegt wurde, gilt $a_2 = a_0 F_1 + a_1 F_2$ und $a_3 = a_0 F_2 + a_1 F_3$.

(II) Induktionsschritt: Es sei $k \in \mathbb{N}$ mit $k \geqq 1$ und man nimmt an, dass die Aussage für k gilt.

Dies besagt: $a_{k+1} = a_0 F_k + a_1 F_{k+1}$ und $a_{k+2} = a_0 F_{k+1} + a_1 F_{k+2}$.

Damit muss gezeigt werden, dass auch $a_{k+3} = a_0 F_{k+2} + a_1 F_{k+3}$.

Dies ergibt sich so: $a_{k+3} = a_{k+1} + a_{k+2} = (a_0 F_k + a_1 F_{k+1}) + (a_0 F_{k+1} + a_1 F_{k+2})$

$= a_0(F_k + F_{k+1}) + a_1(F_{k+1} + F_{k+2}) = a_0 F_{k+2} + a_1 F_{k+3}.$

Also gilt die Aussage auch für $k + 1$. Somit ist die Aussage für alle $n \in \mathbb{N}$ mit $n \geqq 1$ wahr.

Die FIBONACCI-Zahlen besitzen viele überraschende Eigenschaften. Man kann z. B. beweisen, dass gilt:

a) Ist t der größte gemeinsame Teiler von m und n, so ist F_t *der größte gemeinsame Teiler von* F_m *und* F_n.

b) Sind m und n teilerfremd, so ist $F_{m \cdot n}$ *teilbar durch* $F_m \cdot F_n$.

Beispiel 2:

Bestimmen Sie a_{11} für die FIBONACCI-Folge (a_n) mit $a_0 = 7$ und $a_1 = 11$.

Lösung:

Mit $F_{10} = 55$ und $F_{11} = 89$ erhält man $a_{11} = a_0 F_{10} + a_1 F_{11} = 7 \cdot 55 + 11 \cdot 89 = 1364$.

Aufgaben

Es gibt sogar eine vierteljährlich erscheinende Zeitschrift, die sich nur mit FIBONACCI-Zahlen befasst.

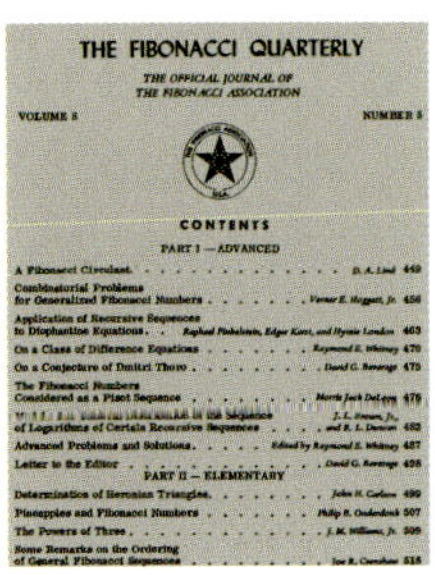
THE FIBONACCI QUARTERLY
THE OFFICIAL JOURNAL OF THE FIBONACCI ASSOCIATION
CONTENTS
PART I — ADVANCED
PART II — ELEMENTARY

2 Es sei $\Phi = \frac{1}{2}(1 + \sqrt{5})$ und $\Phi' = \frac{1}{2}(1 - \sqrt{5})$.

a) Zeigen Sie, dass $\Phi' = \frac{-1}{\Phi}$ gilt.

b) Schreiben Sie Φ^7 in der Form $a + b\Phi$.

3 a) Berechnen Sie mit der Formel von BINET die FIBONACCI-Zahlen $F_{14}; F_{16}; F_{17}; F_{18}$.

b) Berechnen Sie $a_{15}; \ldots; a_{18}$ der FIBONACCI-Folge (a_n) mit $a_0 = 12$ und $a_1 = 17$ mit Satz 4.

4 Zeigen Sie für die FIBONACCI-Zahlen $F_0; F_1; F_2; F_3; \ldots$

a) $F_0 + F_1 + F_2 + \ldots + F_n = F_{n+2} - 1$

b) $F_0 + F_2 + F_4 + \ldots + F_{2n} = F_{2n+1} - 1$

c) $F_1 + F_3 + F_5 + \ldots + F_{2n-1} = F_{2n}$

d) $F_0^2 + F_1^2 + F_2^2 + \ldots + F_n^2 = F_n F_{n+1}$

(Anleitung zu a): Addieren Sie die Gleichungen $F_0 = F_2 - F_1$; $F_1 = F_3 - F_2$; $F_2 = F_4 - F_3; \ldots$)

5 Zeigen Sie $F_{n+1}^2 = F_n \cdot F_{n+2} + (-1)^n$ mit vollständiger Induktion für die FIBONACCI-Zahlen F_n.

Eine **Folge** ist eine auf ℕ oder einer Teilmenge von ℕ definierte Funktion.

Folge der Quadratzahlen:
1; 4; 9; 16; 25; . . .

Eine Folge (a_n) kann
explizit beschrieben werden, indem für jedes Folgenglied a_n ein Term mit der Variablen n angegeben wird;
rekursiv beschrieben werden, indem für jedes Folgenglied a_n angegeben wird, wie man es aus den vorangehenden Folgengliedern a_{n-1}; a_{n-2}; . . . erhält.

Folge (a_n) der Quadratzahlen:
Explizite Beschreibung:
$a_n = n^2$
Rekursive Beschreibung:
$a_0 = 1$ *und* $a_{n+1} = a_n + 2n + 1$

Eigenschaften von Folgen:
Ein Folge (a_n) ist

monoton zunehmend, wenn $a_{n+1} \geqq a_n$ gilt für jedes $n \in \mathbb{N}$;
monoton abnehmend, wenn $a_{n+1} \leqq a_n$ gilt für jedes $n \in \mathbb{N}$;

nach oben beschränkt, wenn $a_n \leqq S$ gilt für jedes $n \in \mathbb{N}$;
nach unten beschränkt, wenn $a_n \geqq s$ gilt für jedes $n \in \mathbb{N}$;

konvergent mit Grenzwert g, wenn es zu jedem $\varepsilon > 0$ eine Zahl $n_0 \in \mathbb{N}$ gibt mit der Eigenschaft, dass $|a_n - g| < \varepsilon$ ist für alle $n \geqq n_0$.

Die Folge (a_n) mit $a_n = \frac{3n-1}{2n}$ für $n \geqq 1$ ist monoton zunehmend, da gilt:
$a_{n+1} - a_n = \frac{3(n+1)-1}{2(n+1)} - \frac{3n-1}{2n} = \frac{1}{2n(n+1)} > 0;$
nach oben beschränkt, da gilt:
$a_n = \frac{3n-1}{2n} = \frac{3}{2} - \frac{1}{2n} < \frac{3}{2};$
konvergent mit Grenzwert $\frac{3}{2}$, da gilt:
$\left|a_n - \frac{3}{2}\right| = \frac{1}{2n}$, *und* $\frac{1}{2n} < \varepsilon$ *ist äquivalent mit* $n > \frac{1}{2\varepsilon}$. *Ist also* $n_0 \geqq \frac{1}{2\varepsilon}$, *so gilt für alle* $n \geqq n_0$ *dann* $\left|a_n - \frac{3}{2}\right| < \varepsilon$.

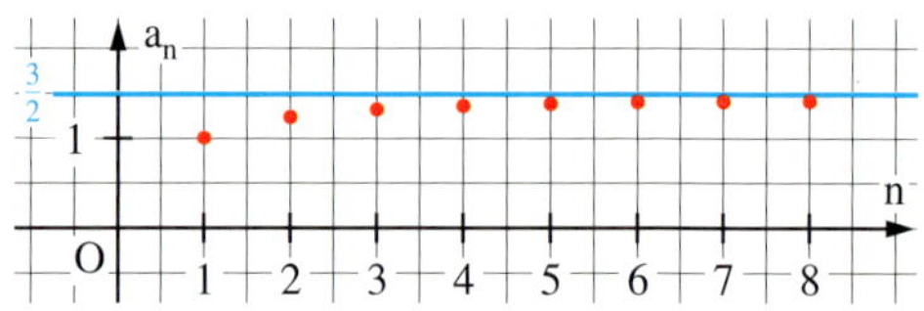

Eine hinreichende Bedingung für die Konvergenz einer Folge:
Wenn eine Folge **monoton und beschränkt** ist,
dann ist die Folge **konvergent**.

Wichtige Folgen und ihre Eigenschaften:
Die **geometrische Folge** (g_n) mit Anfangswert a und Quotient q wird explizit beschrieben durch $g_n = a \cdot q^n$,
wird rekursiv beschrieben durch $g_0 = a$ und $g_{n+1} = q \cdot g_n$.
Die geometrische Folge (g_n) ist für $|q| < 1$ eine Nullfolge.

Ist (g_n) eine geometrische Folge, so nennt man die Folge (s_n) mit $s_n = g_0 + g_1 + \ldots + g_n$ eine **geometrische Reihe**.
Die geometrische Reihe (s_n) ist für $|q| < 1$ konvergent mit dem Grenzwert $\frac{a}{1-q}$.

Die geometrische Folge (g_n) mit Anfangswert 2 und Quotient $\frac{1}{4}$ wird explizit beschrieben durch $g_n = 2 \cdot \left(\frac{1}{4}\right)^n$; *rekursiv beschrieben durch* $g_0 = 2$ *und* $g_{n+1} = \frac{1}{4} \cdot g_n$.
Die geometrische Reihe (s_n) mit
$s_n = 2 + \frac{1}{2} + \frac{1}{8} + \ldots + 2 \cdot \left(\frac{1}{4}\right)^n$
hat den Grenzwert $\frac{2}{1-\frac{1}{4}} = \frac{8}{3}$.

Stetige Funktionen und eine ihrer Eigenschaften:
Eine Funktion f ist an der Stelle $a \in D_f$ **stetig**, wenn für jede konvergente Folge (x_n) mit Grenzwert a und $x_n \in D_f$ die Folge $(f(x_n))$ konvergent ist mit dem Grenzwert f(a).
Ist eine Funktion f auf [a; b] stetig und $f(a) \cdot f(b) < 0$, so hat f in (a; b) mindestens eine Nullstelle **(Nullstellensatz)**.

f: $x \mapsto x + 1 - 4 \cdot \sin x$ *hat Nullstelle in (0; 1)*

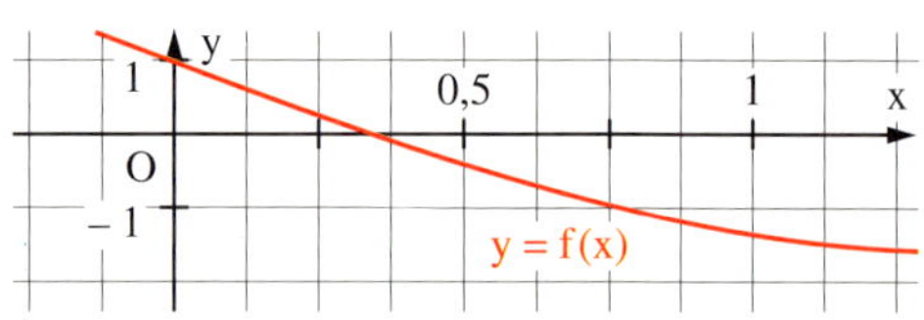

Das Beweisverfahren der vollständigen Induktion
Eine Aussage gilt für alle natürlichen Zahlen $n \in \mathbb{N}$ mit $n \geqq a \in \mathbb{N}$, wenn gezeigt werden kann:
(I) Induktionsanfang: Die Aussage gilt für $n = a$.
(II) Induktionsschritt: Wenn man annimmt, dass die Aussage für eine Zahl $k \in \mathbb{N}$ mit $k \geqq a$ gilt, so kann bewiesen werden, dass die Aussage auch für die nachfolgende Zahl $k + 1$ gilt.

Behauptung: $1 + 3 + 5 + \ldots + (2n-1) = n^2$ *für jedes* $n \in \mathbb{N}$ *mit* $n \geqq 1$.
Beweis durch vollständige Induktion:
(I) Für $n = 1$ *gilt* $1 = 1^2$.
(II) Aus $1 + 3 + \ldots + (2k-1) = k^2$ *folgt*
$1 + 3 + \ldots + (2k-1) + (2k+1) = k^2 + 2k + 1 = (k+1)^2$. *Damit ist die Beh. bewiesen.*

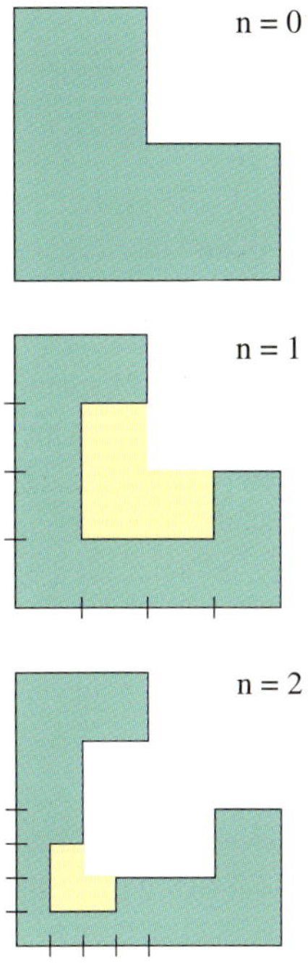

Fig. 1

1 In Fig. 1 besitzt die linke Fläche den Inhalt $a_0 = 3$ und den Umfang $b_0 = 8$, die mittlere, grüne Fläche den Inhalt a_1 und den Umfang b_1, die nächste grüne Fläche den Inhalt a_2 und dem Umfang b_2 usw. Bestimmen Sie eine explizite und eine rekursive Beschreibung der Folgen (a_n) und (b_n).

2 Eine Folge wird rekursiv beschrieben durch $a_0 = 1$, $a_1 = 3$ und $a_{n+2} = 6a_n + a_{n+1}$. Beschreiben Sie (a_n) explizit und zeigen Sie die Übereinstimmung beider Beschreibungen.

3 Beweisen Sie durch vollständige Induktion.
a) Für $n \geqq 5$ ist $n < 2^{n-2}$.
b) Für $n \geqq 1$ ist $2^{3n} - 1$ durch 7 teilbar.

4 Für $n \geqq 1$ ist n! definiert durch $n! = 1 \cdot 2 \cdot 3 \cdot \ldots \cdot n$. Ermitteln Sie einen einfachen Term für die Summe $1 \cdot 1! + 2 \cdot 2! + 3 \cdot 3! + \ldots + n \cdot n!$ und beweisen Sie die Gültigkeit Ihrer Formel durch vollständige Induktion.

5 Untersuchen Sie die Folge (a_n) auf Monotonie und Beschränktheit.
a) $a_n = \frac{4n+1}{n+4}$
b) $a_n = (n+1)^2 - (-1)^n$
c) $a_0 = 3$ und $a_{n+1} = \sqrt{a_n + 5}$
d) $a_0 = 0$ und $a_{n+1} = 4 - \frac{3}{4}a_n$

6 a) Es seien (a_n) und (b_n) beschränkte Folgen. Zeigen Sie, dass die Folgen (s_n) und (p_n) mit $s_n = a_n + b_n$ und $p_n = a_n \cdot b_n$ ebenfalls beschränkt sind.
b) Bleibt die Aussage von a) gültig, wenn man das Wort „beschränkt" durch das Wort „monoton" ersetzt?
c) Sind bei beschränkten Folgen (a_n) und (b_n) mit $b_n \neq 0$ für alle $n \in \mathbb{N}$ auch die Folgen (d_n) und (q_n) mit $d_n = a_n - b_n$ und $q_n = a_n : b_n$ beschränkt?

7 Zeigen Sie mithilfe der ε-n_0-Definition die Konvergenz der Folge (a_n) mit $a_n = \frac{5-3n^2}{n^2+1}$.

8 Gegeben ist die Folge (a_n) durch $a_0 = 3$ und $a_{n+1} = 7 - \frac{6}{a_n}$.
a) Untersuchen Sie die Folge mithilfe von Monotonie und Beschränktheit auf Konvergenz.
b) Welchen Grenzwert vermuten Sie? Beweisen Sie diese Vermutung.
c) Bearbeiten Sie a) und b) für die Folge (a_n) mit $a_0 = 4$ und $a_{n+1} = \frac{1}{10}a_n^2 + \frac{9}{10}$.

9 Begründen Sie ohne Rechnung, dass die Folge (a_n) von Aufgabe 1 konvergent ist. Bestimmen Sie deren Grenzwert.

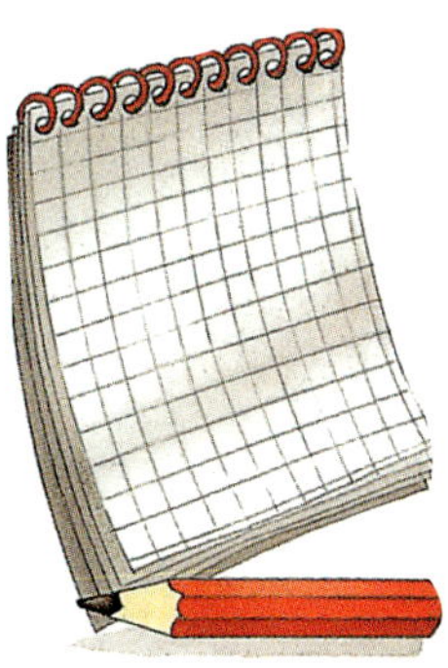

Die Lösungen zu den Aufgaben dieser Seite finden Sie auf Seite 292/293/294.

10 In Fig. 2 werden die Halbkreisbögen nach rechts immer weiter fortgesetzt. Bestimmen Sie die Länge der ersten 20 Halbkreisbögen näherungsweise sowie die exakte Gesamtlänge der Kurve.

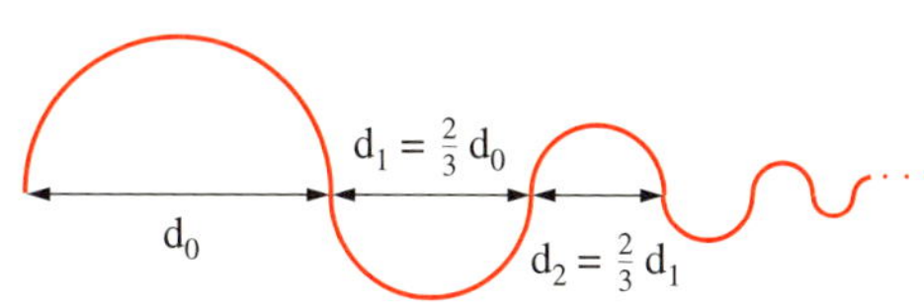

Fig. 2

11 Berechnen Sie mit den Grenzwertsätzen.
a) $\lim\limits_{n\to\infty} \frac{2n^3 - n^2 + 10}{2 - n - 5n^3}$
b) $\lim\limits_{n\to\infty} \frac{(2+n^2)^3}{(1-2n^2)^3}$
c) $\lim\limits_{n\to\infty} \frac{\sqrt{3n}+2}{2\sqrt{n}-1}$
d) $\lim\limits_{n\to\infty} \frac{5^n - 3^n}{2 \cdot 5^{n+1} - 3^n}$

12 Untersuchen Sie das Verhalten der Funktion f.
a) $f(x) = \frac{2x^2 - x - 6}{x^2 - 3x + 2}$ für $x \to 2$; $x \to 1$; $x \to +\infty$
b) $f(x) = \frac{x - 9}{\sqrt{x}(\sqrt{4x} - 6)}$ für $x \to 9$; $x \to 0$; $x \to +\infty$

13 Untersuchen Sie die Funktion f mit $f(x) = x \cdot [x]$ auf Stetigkeit.

IV Einführung in die Integralrechnung

1 Beispiele, die zur Integralrechnung führen

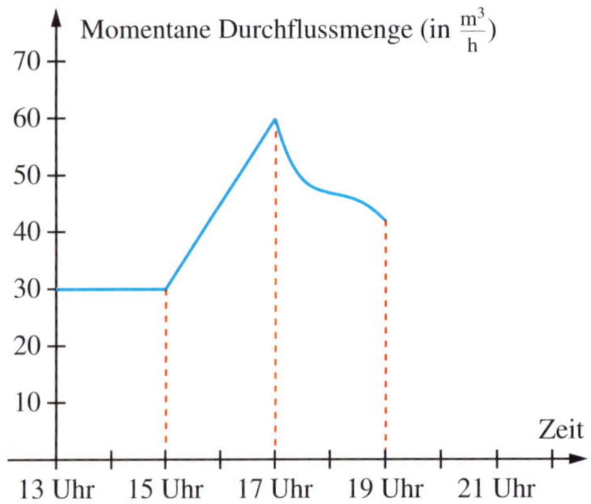

Fig. 1

1 Die Messstelle einer Ölpipeline zeigt zu jedem Zeitpunkt die momentane Durchflussmenge an (Fig. 1). Sie wird mit Hilfe eines im Rohr befestigten Propellers bestimmt.
a) Wie viel Erdöl floss zwischen 13 Uhr und 15 Uhr durch die Pipeline? Wie lässt sich dieses Ergebnis in Fig. 1 veranschaulichen?
b) Bearbeiten Sie die Fragen aus a) für die Zeitspanne von 15 Uhr bis 17 Uhr.
c) Auch für den Zeitraum von 17 Uhr bis 19 Uhr soll die geförderte Ölmenge veranschaulicht werden. Stellen Sie eine Vermutung auf.

Bisher:	*Jetzt:*
Differenzial-rechnung	***Integral-rechnung***

Beide Gebiete werden auch unter dem Namen ***Infinitesimalrechnung*** *zusammengefasst.*

Im bisherigen Gang der Analysis war die Ableitung ein zentraler Begriff, mit dessen Hilfe man den Verlauf von Schaubildern bestimmen und vielerlei Anwendungsaufgaben lösen konnte. Im Folgenden wird in einen neuen Problemkreis eingeführt, zu dessen Lösung wie bei der Ableitung der Grenzwertbegriff herangezogen werden muss.

Im Kamin eines Kraftwerks wird ständig die in der Abluft enthaltene Menge eines Schadstoffs gemessen. Fig. 2 zeigt ein dazugehöriges Messdiagramm. Aus einem solchen Diagramm kann man die Gesamtmenge des ausgetretenen Schadstoffs bestimmen.

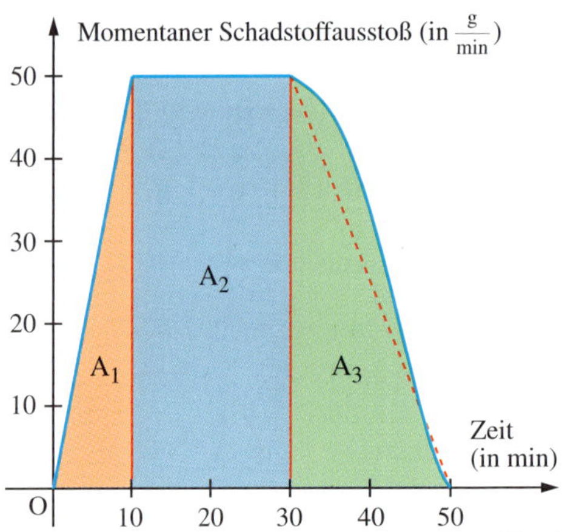

Fig. 2

Am einfachsten erhält man die im Zeitraum von 10 min bis 30 min entwichene Schadstoffmenge M_2 (in g):

$$M_2 = 20 \cdot 50 = 1000.$$

Dies entspricht dem Flächeninhalt A_2.
Die im Zeitraum von 0 min bis 10 min ausgetretene Menge M_1 ist die gleiche, die bei einem zehnminütigen konstanten Schadstoffausstoß von $25\,\frac{g}{min}$ zusammengekommen wäre.
Für M_1 (in g) gilt: $M_1 = 10 \cdot 25 = 250$.
Dies entspricht dem Flächeninhalt A_1.
Es liegt die Vermutung nahe, dass die gesuchte Schadstoffmenge dem Inhalt der unter der Kurve liegenden Fläche entspricht.

Somit kann man die zwischen 30 min und 50 min ausgetretene Schadstoffmenge bestimmen, indem man den Flächeninhalt A_3 berechnet. Nähert man das Schaubild durch ein Geradenstück an, ergibt sich für M_3 (in g) näherungsweise: $M_3 \approx 20 \cdot 25 = 500$.

Bei Anwendungen kann man häufig die gesuchte Größe als **Flächeninhalt unter einer Kurve** deuten. Deshalb sucht man nach Methoden zur Bestimmung solcher Flächeninhalte.

Beispiel: (Geschwindigkeit und zurückgelegte Strecke)
a) Berechnen Sie anhand des Geschwindigkeit-Zeit-Diagramms in Fig. 1 die im Zeitraum von 0 s bis 20 s zurückgelegte Strecke s. Deuten Sie das Ergebnis in Fig. 1.
b) Bestimmen Sie näherungsweise die im Zeitraum von 20 s bis 30 s zurückgelegte Strecke.
Lösung:
a) Im Zeitraum von 0 s bis 15 s gilt für die zurückgelegte Strecke s_1 (in m):
$s_1 = 15 \cdot 20 = 300.$
Im Zeitraum von 15 s bis 20 s beträgt die Durchschnittsgeschwindigkeit $10\,\frac{m}{s}$.
Für s_2 (in m) gilt: $s_2 = 5 \cdot 10 = 50.$
Den zurückgelegten Teilstrecken entsprechen die Flächeninhalte A_1 bzw. A_2.
b) Der Teilstrecke s_3 entspricht der Flächeninhalt A_3. Zur näherungsweisen Berechnung von s_3 nähert man das Schaubild durch ein Geradenstück an. Es ergibt sich
$s_3 \approx \frac{1}{2} \cdot 10 \cdot 15 = 75.$
Insgesamt gilt $s \approx 425\,m$.

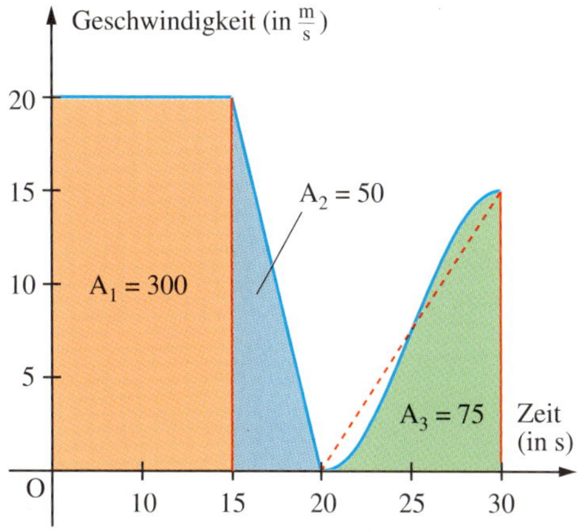

Fig. 1

Aufgaben

2 a) Berechnen Sie in Fig. 2 die von 16 Uhr bis 18 Uhr zurückgelegte Strecke s.
b) Bestimmen Sie in Fig. 3 näherungsweise die von 7 Uhr bis 9 Uhr zurückgelegte Strecke s.

Zum Ausmessen von Flächeninhalten gibt es besondere Geräte, die so genannten Planimeter. *Nach Umfahren der Fläche mit einem Stift kann man den Flächeninhalt ablesen.*

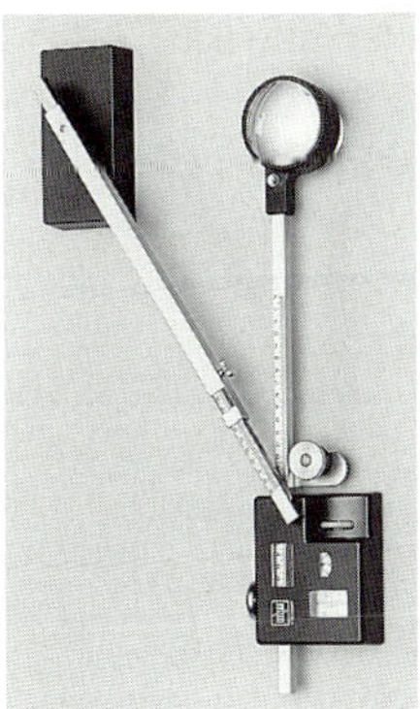

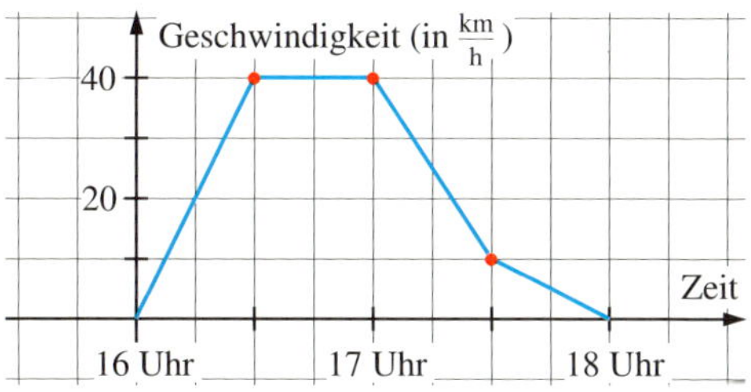

Fig. 2

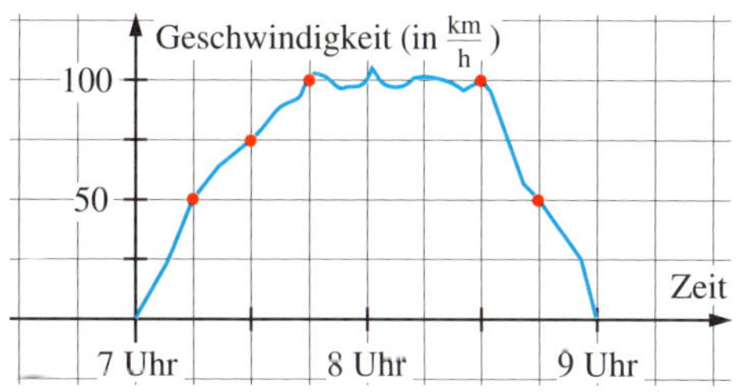

Fig. 3

3 Aus dem Pegelstand eines Flusses kann auf die Abflussmenge pro Zeit geschlossen werden. Bestimmen Sie näherungsweise die am 14.3.98 abgeflossene Wassermenge (Fig. 4).

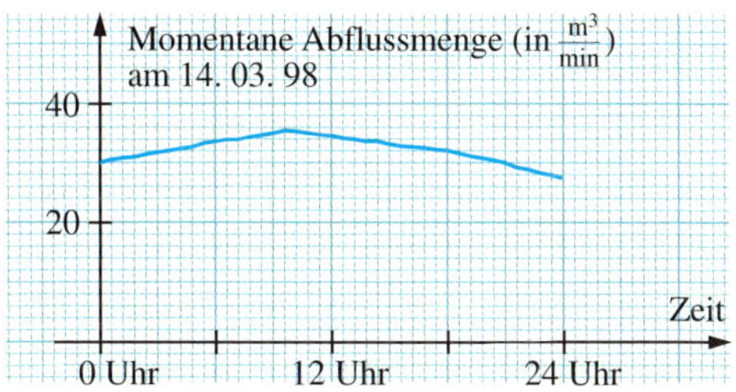

Fig. 4

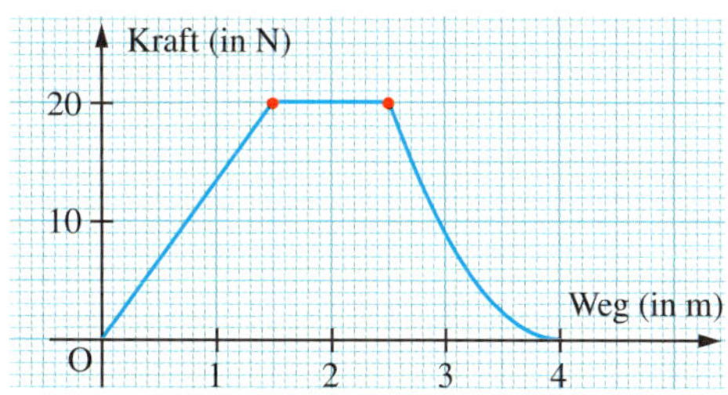

Fig. 5

4 a) Ein Auto wird 50 m mit der konstanten Kraft $F = 300\,N$ angeschoben. Zeichnen Sie ein F-s-Diagramm und deuten Sie darin die verrichtete Arbeit $W = F \cdot s$.
b) Bestimmen Sie näherungsweise die verrichtete Arbeit in Fig. 5.

2 Näherungsweise Berechnung von Flächeninhalten

1 Zeichnen Sie das Schaubild der Funktion f mit $f(x) = \sqrt{x}$. Färben Sie die von folgenden Linien begrenzte Fläche: die x-Achse, die Gerade mit der Gleichung $x = 4$ und das Schaubild von f. Wie kann man den Inhalt A dieser Fläche näherungsweise berechnen?

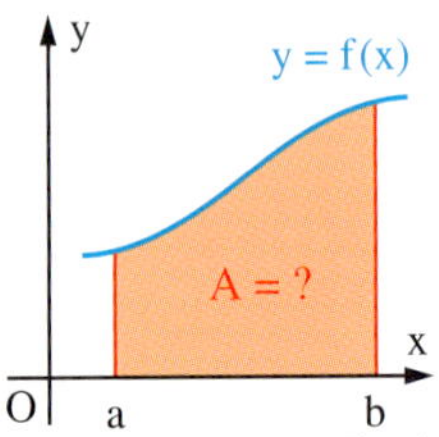

Fig. 1

Im Folgenden wird eine Methode zur näherungsweisen Berechnung der Inhalte von krummlinig begrenzten Flächen entwickelt, die vom Schaubild einer stetigen Funktion f mit $f(x) \geqq 0$, der x-Achse und den Parallelen zur y-Achse mit den Gleichungen $x = a$ und $x = b$ begrenzt werden (Fig. 1). Eine solche Fläche beschreibt man auch so: Die Fläche zwischen dem Schaubild von f und der x-Achse über dem Intervall [a; b].

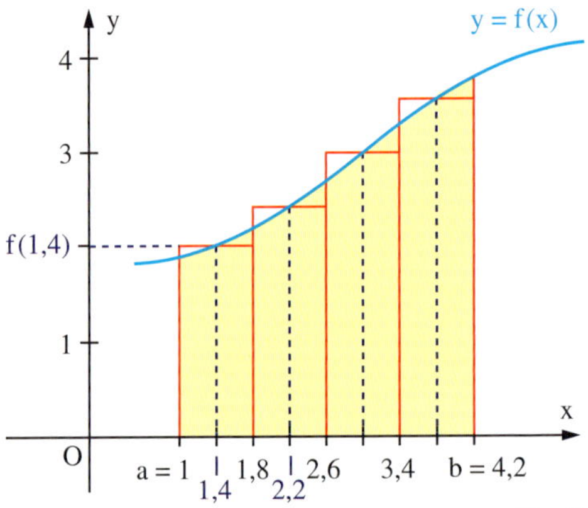

Fig. 3

Zur näherungsweisen Ermittlung des Inhaltes A solcher Flächen nähert man diese durch Rechtecke an. Dazu zerlegt man z. B. das Intervall [1; 4,2] in 4 gleich breite Teilintervalle der Breite $\frac{4,2-1}{4} = 0,8$ (Fig. 3).

Wählt man als Höhen der Rechtecke jeweils die Funktionswerte z. B. an den Intervallmitten, so ergibt sich:

$S_4 = 0,8 \cdot f(1,4) + 0,8 \cdot f(2,2) + 0,8 \cdot f(3) + 0,8 \cdot f(3,8)$.

S_4 ist ein Näherungswert für den gesuchten Flächeninhalt A.

Eine andere Wahl als die Intervallmitten zur Bestimmung der Rechteckshöhen ergibt einen anderen Näherungswert für A.

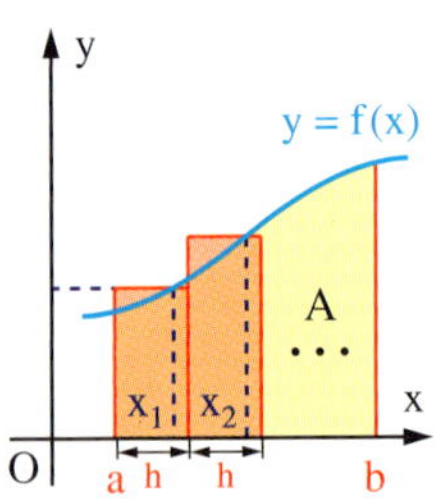

Fig. 2

Gegeben ist die stetige Funktion f mit $f(x) \geqq 0$ für $x \in [a; b]$. Zur näherungsweisen Berechnung des Inhaltes A der Fläche zwischen dem Schaubild von f und der x-Achse über dem Intervall [a; b] kann man so vorgehen:

1. Man wählt eine feste Zahl n und unterteilt das Intervall [a; b] in n Teilintervalle der Breite $h = \frac{b-a}{n}$.
2. Aus jedem Teilintervall wählt man eine Stelle x_i für $i = 1, 2, \ldots, n$ und berechnet den zugehörigen Funktionswert $f(x_i)$.
3. Man berechnet als Näherungswert für den Flächeninhalt die **Zerlegungssumme**
   $\mathbf{S_n = h \cdot f(x_1) + h \cdot f(x_2) + \ldots + h \cdot f(x_n) = h \cdot [f(x_1) + f(x_2) + \ldots + f(x_n)]}$.

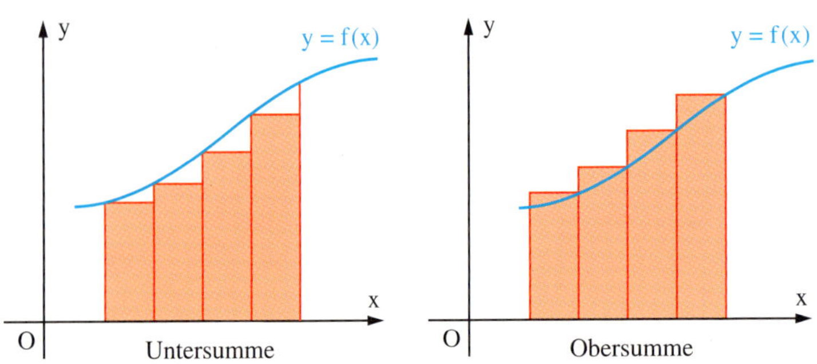

Fig. 4

Zur Berechnung eines Näherungswertes von A ist jede Stelle x_i im zugehörigen Teilintervall möglich. Soll dagegen A „nach unten“ bzw. „nach oben“ abgeschätzt werden, wählt man für die Höhe jedes Rechtecks den kleinsten bzw. den größten Funktionswert (Fig. 4).

Die zugehörigen Zerlegungssummen heißen **Untersumme U_n** bzw. **Obersumme O_n**.

Es gilt: $U_n \leqq A \leqq O_n$.

Auch wenn kein Schaubild verlangt ist, sollten Sie sich vor der Rechnung anhand einer Skizze einen Überblick verschaffen.

Beispiel: (Näherungsweise Berechnung und Abschätzung eines Flächeninhaltes)
Gegeben ist die Funktion f mit $f(x) = -0{,}25\,x^2 + 4$.
a) Bestimmen Sie mit Hilfe einer Zerlegungssumme S_6 näherungsweise den Inhalt A der Fläche zwischen dem Schaubild von f und der x-Achse über [0; 3].
b) Schätzen die den Flächeninhalt A mit Hilfe der Ober- und Untersumme ab.
Lösung:
a) Für h gilt: $h = \frac{3-0}{6} = 0{,}5$.
Wählt man für x_i aus jedem Teilintervall jeweils die Mitte, ergibt sich die folgende Tabelle.

x_i	0,25	0,75	1,25	1,75	2,25	2,75
$f(x_i)$	3,984	3,859	3,609	3,234	2,734	2,109

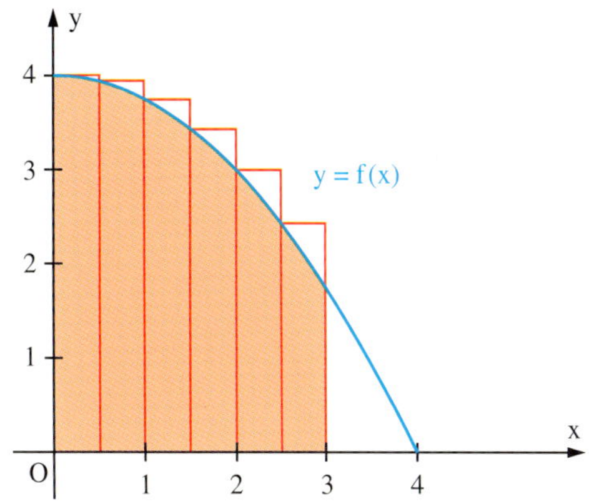

Fig. 1

Falls der Taschenrechner bei der Berechnung der Obersumme z. B. 10,282 anzeigt, darf man nicht auf 10,28 runden, sondern muss 10,29 verwenden.

Für S_6 gilt: $S_6 \approx 0{,}5 \cdot [3{,}984 + 3{,}859 + 3{,}609 + 3{,}234 + 2{,}734 + 2{,}109] \approx 9{,}76$.
Der gesuchte Flächeninhalt beträgt näherungsweise $A \approx 9{,}76$.
b) Zur Berechnung der Obersumme muss in diesem Fall für x_i jeweils der linke Rand jedes Teilintervalls gewählt werden, also $x_1 = 0,\ x_2 = 0{,}5,\ \ldots,\ x_6 = 2{,}5$ (Fig. 1).
Es gilt: $O_6 \approx 0{,}5 \cdot [4{,}000 + 3{,}938 + 3{,}750 + 3{,}438 + 3{,}000 + 2{,}438] \approx 10{,}29$.
Die Untersumme U_6 ergibt sich entsprechend mit Hilfe der rechten Intervallränder:
$U_6 \approx 0{,}5 \cdot [3{,}937 + 3{,}750 + 3{,}437 + 3{,}000 + 2{,}437 + 1{,}750] \approx 9{,}15$.
Für den gesuchten Flächeninhalt A gilt: $9{,}15 \leqq A \leqq 10{,}29$.

Aufgaben

2 Zeichnen Sie das Schaubild der Funktion f und markieren Sie mit Farbe die Fläche zwischen dem Schaubild von f und der x-Achse über dem Intervall [a; b]. Bestimmen Sie mit Hilfe einer Zerlegungssumme S_6 näherungsweise den Inhalt A dieser Fläche.
a) $f(x) = \frac{1}{x}$; a = 1; b = 4
b) $f(x) = \sqrt{x}$; a = 1; b = 4
c) $f(x) = 0{,}5\,x^2 + 1$; a = 0; b = 1,5
d) $f(x) = \sin x$; a = 0; b = π

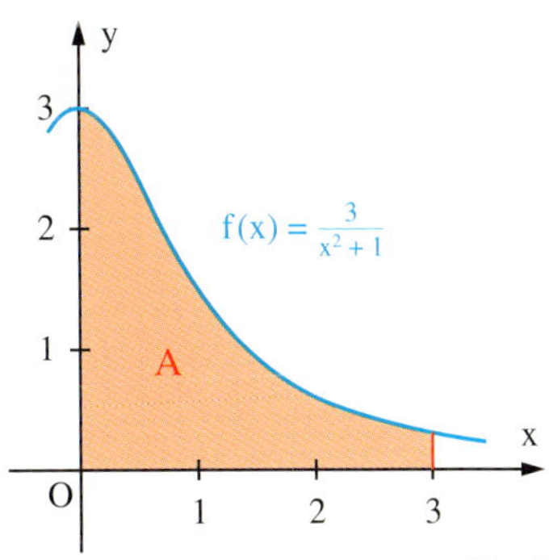

Fig. 2

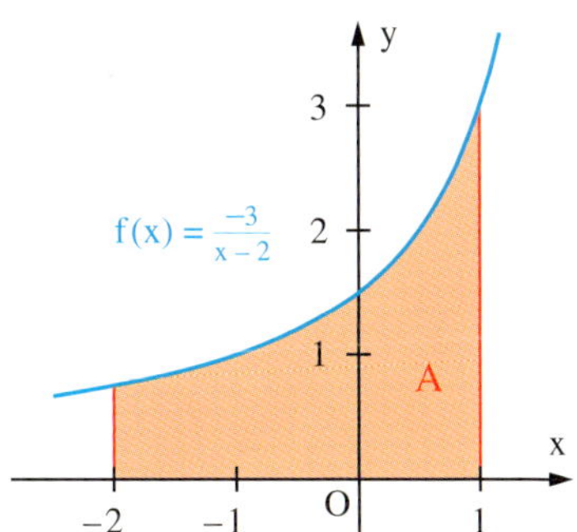

Fig. 3

3 Schätzen Sie den Inhalt der Fläche zwischen dem Schaubild von f und der x-Achse über [a; b] mit Hilfe der Ober- und Untersumme O_8 bzw. U_8 ab.
a) $f(x) = 0{,}25\,x^2 + 2$; a = 0; b = 4
b) $f(x) = -0{,}5\,x^2 + 5$; a = 1; b = 3

4 Geben Sie einen Näherungswert für den Inhalt A der gefärbten Fläche in Fig. 2 bzw. Fig. 3 an und schätzen Sie A ab. Verwenden Sie dazu eine Zerlegung in 6 Teilintervalle.

Zur Bearbeitung dieser Aufgaben ist ein Computer mit Tabellenkalkulation geeignet.

5 Bestimmen Sie für die Fläche zwischen dem Schaubild von f und der x-Achse O_{20} und U_{20}.
a) $f(x) = \frac{1}{16}x^3 - \frac{3}{8}x^2 + 2$; a = 0; b = 4
b) $f(x) = \sqrt{1 - x^2}$; a = −1; b = 1
Geben Sie mithilfe des Ergebnisses von Teilaufgabe b) einen Näherungswert für π an.

3 Der Flächeninhalt als Grenzwert

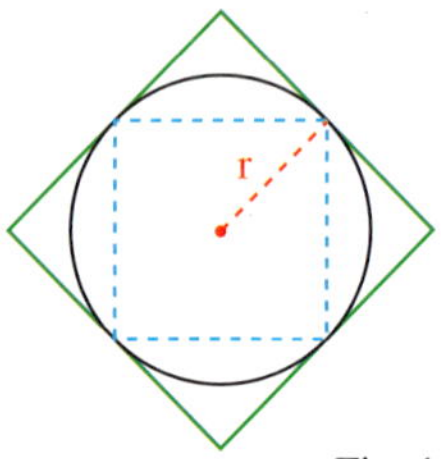

Fig. 1

1 a) Zeigen Sie, dass für den Kreisinhalt A die Abschätzung $2r^2 < A < 4r^2$ gilt.
b) Beschreiben Sie eine Methode zur Bestimmung von A. Was ist der Unterschied zur Flächeninhaltsberechnung von Vielecken?

Bisher wurde anschaulich davon ausgegangen, dass eine krummlinig begrenzte Fläche einen eindeutig bestimmten Inhalt hat. Dies ist aber nicht von vornherein klar. Im Folgenden wird aufgezeigt, wie der Inhalt einer solchen Fläche definiert werden kann.

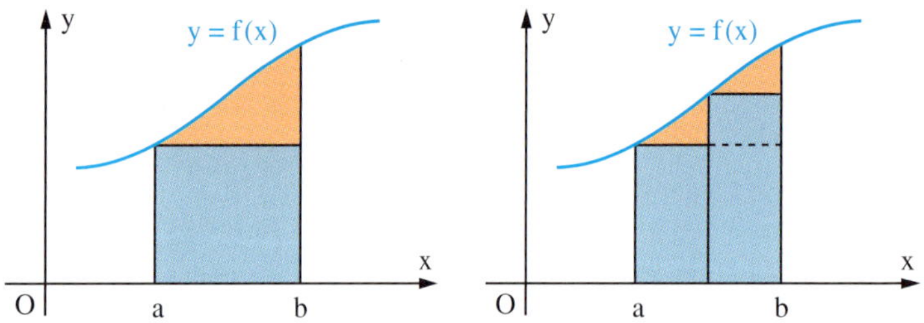

Fig. 2

Vergrößert man bei der Untersumme U_n die Zahl der Rechtecke, werden die Restflächen im Allgemeinen kleiner (rot in Fig. 2). Es liegt also nahe, das Intervall [a; b] in immer kleinere Teilintervalle zu unterteilen und die sich ergebenden Untersummen U_n auf einen Grenzwert für $n \to \infty$ zu untersuchen. Entsprechend verfährt man mit den Obersummen O_n.

Das Vorgehen wird am Beispiel der Fläche zwischen dem Schaubild von f mit $f(x) = x^2$ und der x-Achse über [0; 2] erläutert. Teilt man das Intervall [0; 2] in n Teile der Breite $\frac{2}{n}$, ergibt sich für die Obersumme O_n:

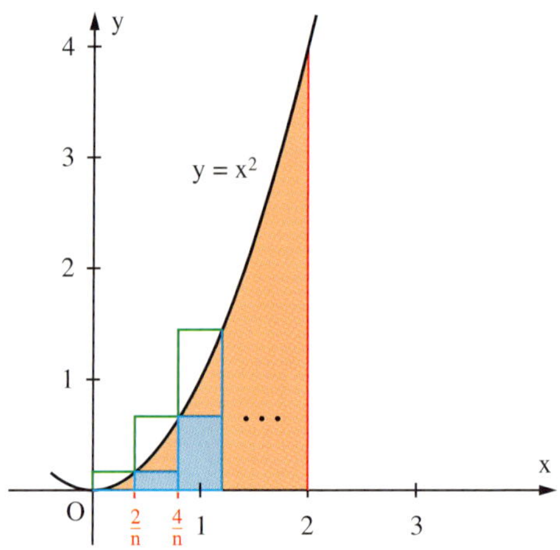

Fig. 3

$$O_n = \frac{2}{n}\left[\left(\frac{2}{n}\right)^2 + \left(2\cdot\frac{2}{n}\right)^2 + \ldots + \left(n\cdot\frac{2}{n}\right)^2\right]$$
$$= \frac{2^3}{n^3}[1 + 2^2 + 3^2 + \ldots + n^2].$$ Wegen
$$1^2 + 2^2 + 3^2 + \ldots + z^2 = \frac{1}{6}z(z+1)(2z+1)$$
folgt (siehe Randspalte):
$$O_n = \frac{8}{n^3}\cdot\frac{1}{6}\cdot n(n+1)(2n+1) = \frac{4}{3}\cdot\frac{n+1}{n}\cdot\frac{2n+1}{n}$$
$$= \frac{4}{3}\left(1 + \frac{1}{n}\right)\left(2 + \frac{1}{n}\right).$$
Somit ist $\lim\limits_{n\to\infty} O_n = \frac{4}{3}\cdot 2 = \frac{8}{3}$.

Für die Rechnung ist folgende Summenformel notwendig:
$1^2 + 2^2 + 3^2 + \ldots + z^2 = \frac{1}{6}\cdot z(z+1)(2z+1)$.
(Siehe Seite 112, Aufgabe 6 b))

Für U_n ergibt sich entsprechend:
$$U_n = \frac{2}{n}\left[0^2 + \left(\frac{2}{n}\right)^2 + \left(2\cdot\frac{2}{n}\right)^2 + \ldots + \left((n-1)\cdot\frac{2}{n}\right)^2\right]$$
$$= \frac{2^3}{n^3}[1 + 2^2 + 3^2 + \ldots + (n-1)^2].$$
$$= \frac{8}{n^3}\cdot\frac{1}{6}\cdot(n-1)n(2n-1) = \frac{4}{3}\cdot\left(1-\frac{1}{n}\right)\cdot\left(2-\frac{1}{n}\right).$$
Es gilt: $\lim\limits_{n\to\infty} U_n = \frac{8}{3}$.

Da sich im Beispiel auch bei verschiedener Breite der Teilintervalle immer derselbe Grenzwert $\frac{8}{3}$ ergeben würde (ohne Beweis), ist es sinnvoll, diesen als den gesuchten Flächeninhalt zu nehmen.

Definition: Gegeben ist die Funktion f mit $f(x) \geqq 0$ für $x \in [a; b]$.
Existieren für jede Folge von Untersummen (U_n) und für jede Folge von Obersummen (O_n) die Grenzwerte $\lim\limits_{n\to\infty} U_n$ und die Grenzwerte $\lim\limits_{n\to\infty} O_n$, und sind diese Grenzwerte alle gleich, dann ist durch diesen gemeinsamen Grenzwert der Inhalt der Fläche zwischen dem Schaubild von f und der x-Achse über [a; b] definiert.

Ist f stetig, dann gilt:
$\lim\limits_{n \to \infty} O_n = \lim\limits_{n \to \infty} U_n = \lim\limits_{n \to \infty} S_n$.

Man kann zeigen, dass bei einer auf dem Intervall [a; b] stetigen Funktion f jede Folge von Obersummen bzw. Untersummen sowie jede andere Folge von Zerlegungssummen S_n ein und denselben Grenzwert für $n \to \infty$ haben. Dieser Grenzwert ist unabhängig von der Wahl der Stellen x_i und unabhängig davon, ob die Teilintervalle gleiche oder verschiedene Breite haben. Deshalb genügt bei einer stetigen Funktion für die Berechnung eines Flächeninhaltes die Bestimmung des Grenzwertes von nur einer Zerlegungssumme.

Ein Beispiel einer Zerlegungssumme mit verschiedener Breite der Teilintervalle finden Sie auf Seite 137.

Beispiel: (Berechnung eines Flächeninhalts)
Berechnen Sie den Flächeninhalt A der Fläche zwischen dem Schaubild der Funktion f mit $f(x) = \frac{1}{5}x^3$ und der x-Achse über dem Intervall [0; 3].
Lösung:
Da die Funktion f stetig ist, ergibt sich für jede Zerlegungssumme derselbe Grenzwert. Es genügt also z. B. die Betrachtung von Obersummen.

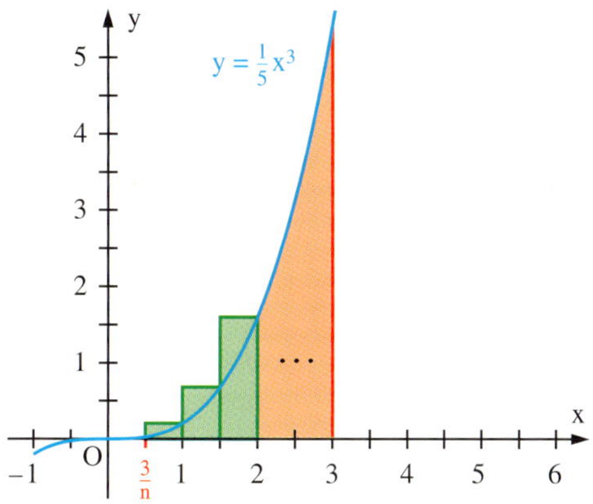

Fig. 1

Zur Bestimmung dieses Flächeninhalts ist folgende Summenformel notwendig:
$1^3 + 2^3 + 3^3 + \ldots + z^3 = \frac{1}{4}z^2(z+1)^2$.
(Siehe Aufgabe 6)

Man teilt das Intervall [0; 3] in n Teile der Breite $\frac{3}{n}$. Dann gilt:

$$O_n = \frac{3}{n}\left[\frac{1}{5}\cdot\left(\frac{3}{n}\right)^3 + \frac{1}{5}\cdot\left(2\cdot\frac{3}{n}\right)^3 + \ldots + \frac{1}{5}\cdot\left(n\cdot\frac{3}{n}\right)^3\right]$$
$$= \frac{3^4}{n^4}\cdot\frac{1}{5}\cdot[1^3 + 2^3 + 3^3 + \ldots + n^3].$$

Wegen $1^3 + 2^3 + 3^3 + \ldots + z^3 = \frac{1}{4}\cdot z^2\cdot(z+1)^2$ folgt (siehe Randspalte):

$$O_n = \frac{81}{n^4}\cdot\frac{1}{5}\cdot\frac{1}{4}\cdot n^2(n+1)^2 = \frac{81}{20}\cdot\frac{(n+1)^2}{n^2}$$
$$= \frac{81}{20}\cdot\left(1+\frac{1}{n}\right)\left(1+\frac{1}{n}\right).$$

Somit ist $\lim\limits_{n\to\infty} O_n = \frac{81}{20}$.

Der gesuchte Flächeninhalt ist $A = \frac{81}{20}$.

Aufgaben

2 Berechnen Sie den Inhalt der Fläche zwischen dem Schaubild der Parabel mit $y = x^2$ und der x-Achse über dem Intervall [a; b].
a) $a = 0$; $b = 1$ b) $a = 0$; $b = 3$ c) $a = 0$; $b = 10$

3 Der Inhalt der Fläche zwischen dem Schaubild der Parabel mit $y = x^2$ und der x-Achse über [0; 2] ist $\frac{8}{3}$ (siehe Seite 110). Berechnen Sie den Inhalt der gefärbten Fläche mithilfe dieses Ergebnisses.

a)
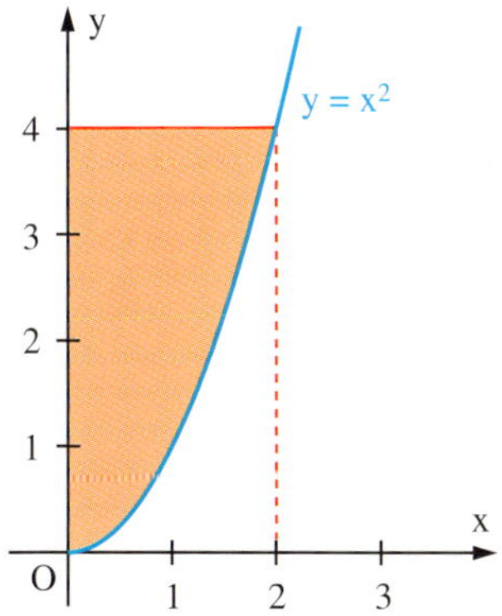

Fig. 2

b)
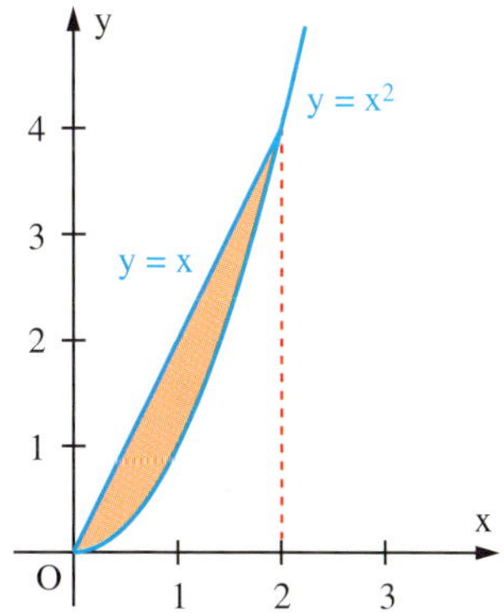

Fig. 3

c)
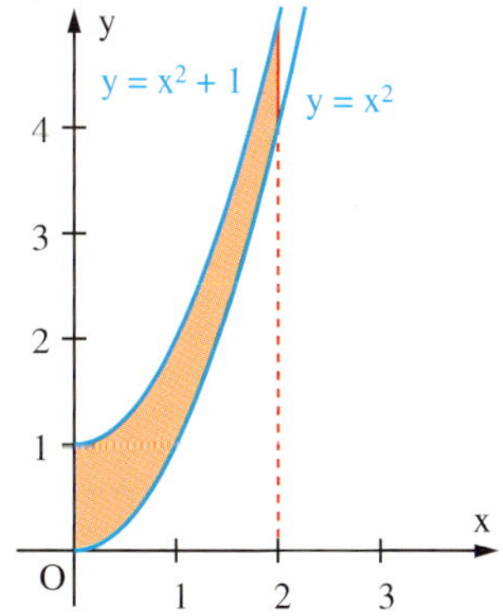

Fig. 4

4 Zeigen Sie, dass im Beispiel bei Verwendung von Untersummen der errechnete Grenzwert der gleiche ist wie bei der Verwendung von Obersummen.

Bei Aufgabe 5 wird folgende Summenformel benötigt:
$1^3 + 2^3 + 3^3 + \ldots + z^3 = \frac{1}{4}z^2(z+1)^2$.

5 a) Zeichnen Sie ein Schaubild der Funktion f mit $f(x) = x^3$. Das Schaubild, die x-Achse und die Gerade mit der Gleichung $y = 2$ begrenzen eine Fläche. Bestimmen Sie deren Inhalt als Grenzwert der Obersummen O_n. (Anleitung: Benutzen Sie die Formel auf der Randspalte.)
b) Zeigen Sie, dass man bei Verwendung von Untersummen denselben Grenzwert erhält.

$k = 1$:	$0^2 = 1^2 - 2\cdot 1 + 1$
$k = 2$:	$1^2 = 2^2 - 2\cdot 2 + 1$
$k = 3$:	$2^2 = 3^2 - 2\cdot 3 + 1$
$\vdots$	$\vdots \;=\; \ldots\ldots\ldots$
$\vdots$	$\vdots$
$k = n-1$:	$(n-2)^2 = (n-1)^2 - 2\cdot(n-1) + 1$
$k = n$	$(n-1)^2 = n^2 \quad - 2\cdot n \quad + 1$

$$0^2 + 1^2 + \ldots + (n-1)^2 = 1^2 + 2^2 + \ldots + n^2 - 2\cdot(1 + 2 + \ldots + n) + n$$

6 a) Die angegebenen Gleichungen entstehen, wenn man zunächst in
$(k-1)^2 = k^2 - 2k + 1$
nacheinander die Zahlen 1; 2; 3; …; $(n-1)$; n einsetzt und dann die entstehenden Gleichungen addiert. Zeigen Sie, dass aus der letzten Gleichung folgt:
$1 + 2 + 3 + \ldots + n = \frac{1}{2}\cdot n(n+1)$.

b) Leiten Sie mithilfe von $(k-1)^3 = k^3 - 3k^2 + 3k - 1$ auf entsprechende Weise her:
$1^2 + 2^2 + 3^2 + \ldots + (n-1)^2 + n^2 = \frac{1}{6}\cdot n(n+1)(2n+1)$. Verwenden Sie dabei das Ergebnis aus a).
c) Zeigen Sie: $1^3 + 2^3 + 3^3 + \ldots + n^3 = \frac{1}{4}\cdot n^2(n+1)^2$.

7 a) Leiten Sie mithilfe von $(k-1)^5 = k^5 - 5\cdot k^4 + 10\cdot k^3 - 10\cdot k^2 + 5\cdot k - 1$ wie in Aufgabe 6 her: $1^4 + 2^4 + \ldots n^4 = \frac{1}{30}\cdot n(n+1)(2n+1)(3n^2 + 3n - 1)$.
b) Zeigen Sie, dass für den Inhalt der Fläche zwischen der Parabel mit der Gleichung $y = x^4$ und der x-Achse über dem Intervall [0; 2] gilt: $\lim\limits_{n\to\infty} U_n = \lim\limits_{n\to\infty} O_n = \frac{1}{5}\cdot 2^5$.

8 Für den Inhalt A der gefärbten Fläche in Fig. 1 gilt $A = \frac{b^2}{2} - \frac{a^2}{2}$. Leiten Sie ensprechende Formeln für die Inhalte der gefärbten Flächen in Fig. 2 bis 4 her.

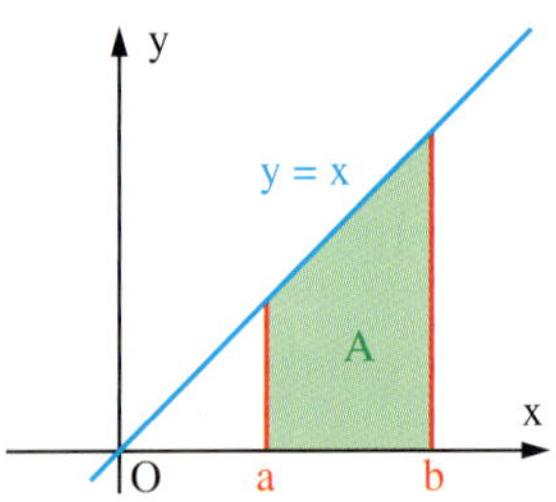

Fig. 1

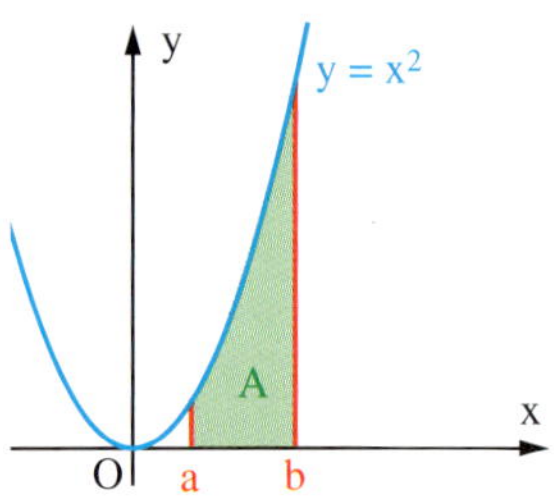

Fig. 2

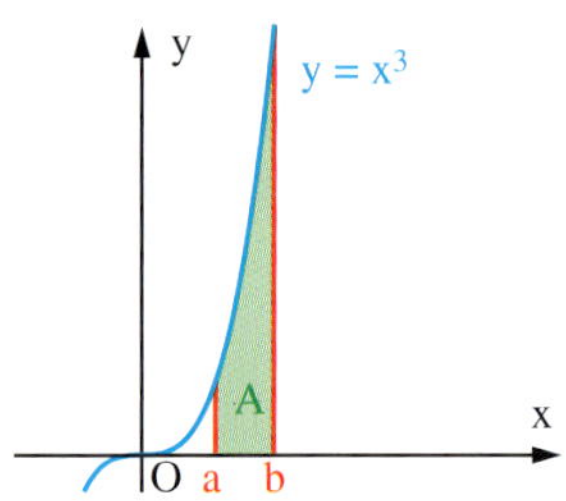

Fig. 3

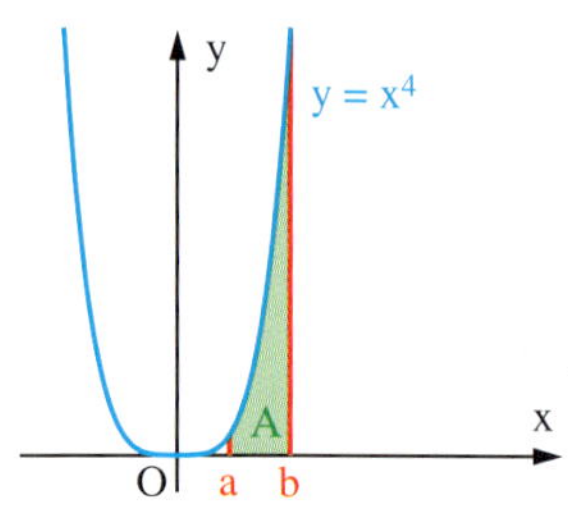

Fig. 4

9 a) Untersuchen Sie am Beispiel der Funktionen f mit $f(x) = x^2$ und g mit $g(x) = 5\cdot x^2$, wie sich ein konstanter Faktor auf den Inhalt der Fläche zwischen dem Schaubild einer Funktion und der x-Achse über einem Intervall auswirkt.
b) Formulieren Sie den in a) vermuteten Zusammenhang allgemein für stetige Funktionen f mit $f(x) \geqq 0$ und $c\cdot f$ mit $c > 0$. Beweisen Sie die Vermutung.
c) Warum kann man die in Teilaufgabe b) für Flächeninhalte gefundene Regel nicht für $c < 0$ verwenden? Kann man sie für diesen Fall entsprechend abändern?

10 Die Funktion f mit $f(x) = \begin{cases} 1; & x \in Q \\ 2; & x \notin Q \end{cases}$ ist an jeder Stelle $x \in \mathbb{R}$ unstetig.

Zeigen Sie, dass über dem Intervall [0; 1] die Grenzwerte $\lim\limits_{n\to\infty} O_n$ und $\lim\limits_{n\to\infty} U_n$ existieren, aber nicht gleich sind.

4 Einführung des Integrals

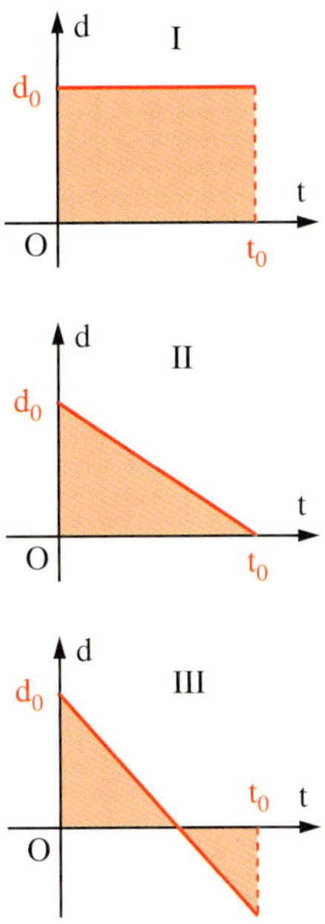

Fig. 1

1 In einem Gezeitenkraftwerk strömt bei Flut das Wasser in einen Speicher und bei Ebbe wieder heraus. Das durchfließende Wasser treibt dabei Turbinen zur Stromerzeugung an. Die momentane Durchflussmenge d (in $\frac{m^3}{s}$) des Wassers in den Speicher kann man messen. Die Schaubilder in Fig. 1 zeigen Beispiele dafür, wie sich d mit der Zeit ändert.

a) Beschreiben Sie in I, II und III den Verlauf von d. Was besagt es, wenn das Schaubild unterhalb der t-Achse verläuft?

b) Welche anschauliche Bedeutung hat jeweils der Inhalt der gefärbten Fläche?

Für die Bestimmung des Flächeninhaltes unter dem Schaubild einer stetigen Funktion f über dem Intervall [a; b] wurde bisher $f(x) \geqq 0$ vorausgesetzt. Im Folgenden wird auch $f(x) < 0$ sowie $a > b$ zugelassen.

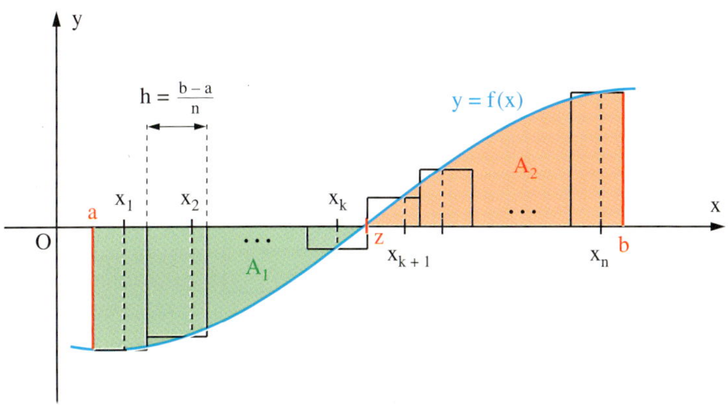

Fig. 2

In Fig. 2 ist $f(x) \leqq 0$ für $x \in [a; z]$ und $f(x) \geqq 0$ für $x \in [z; b]$. Deshalb haben die Summanden einer Zerlegungssumme S_n über [a; b] verschiedene Vorzeichen:

$$S_n = \underbrace{hf(x_1) + \ldots + hf(x_k)}_{\leqq 0} + \underbrace{hf(x_{k+1}) + \ldots + f(x_n)}_{\geqq 0}.$$

Der Grenzwert $\lim\limits_{n \to \infty} S_n$ gewichtet A_1 mit einem negativen Vorzeichen und A_2 mit einem positiven Vorzeichen.

Es gilt: $\lim\limits_{n \to \infty} S_n = -A_1 + A_2$. Man spricht dann vom **orientierten Flächeninhalt**.

Im Fall $a > b$ ändern die Summe S_n und der Grenzwert $\lim\limits_{n \to \infty} S_n$ lediglich das Vorzeichen.

Die Integralschreibweise wurde von GOTTFRIED WILHELM LEIBNIZ (1646–1716) eingeführt.
Das Zeichen $\int$ ist aus einem S (von summa) entstanden; dx steht für die immer kleiner werdenden Intervalle.

Definition: Die Funktion f sei auf dem Intervall I stetig und a, b ∈ I. Es sei (S_n) mit $S_n = h \cdot f(x_1) + h \cdot f(x_2) + \ldots + h \cdot f(x_n)$ und $h = \frac{b-a}{n}$ eine Folge von Zerlegungssummen.
Dann heißt der Grenzwert $\lim\limits_{n \to \infty} S_n$ das **Integral der Funktion f** zwischen den Grenzen a und b.

Man schreibt dafür: $\mathbf{\lim\limits_{n \to \infty} S_n = \int\limits_a^b f(x)\,dx}$ (lies: Integral von f(x) dx von a bis b).

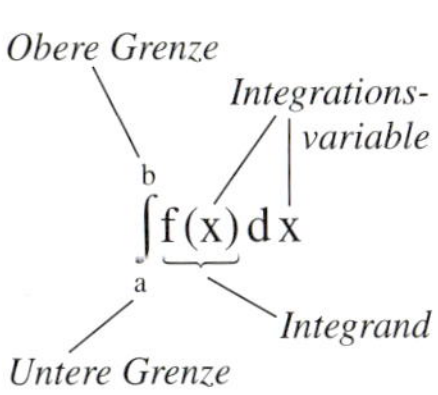

Im Ausdruck $\int\limits_a^b f(x)\,dx$ wird für f(x) auch die Bezeichnung **„Integrand“** und für x die Bezeichnung **„Integrationsvariable“** verwendet. Die Grenzen a und b heißen untere und obere Integrationsgrenze. Da z. B. f mit $f(x) = x^2$ bzw. $f(t) = t^2$ dieselbe Funktion bezeichnet, gilt $\int\limits_a^b f(x)\,dx = \int\limits_a^b f(t)\,dt$.

Beispiel: (Deutung und Berechnung eines Integrals)
Deuten Sie das Integral als orientierten Flächeninhalt. Berechnen Sie das Integral.

a) $\int_0^2 x^2\,dx$ b) $\int_{-1}^0 -2\,dz$ c) $\int_{-2}^1 0{,}5\,x\,dx$

Lösung:

a)

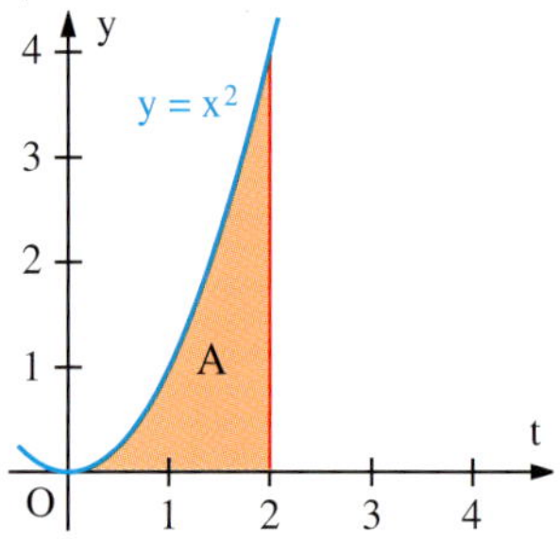

Fig. 2

$\int_0^2 x^2\,dx = A = \frac{8}{3}$ (siehe S. 110).

b)

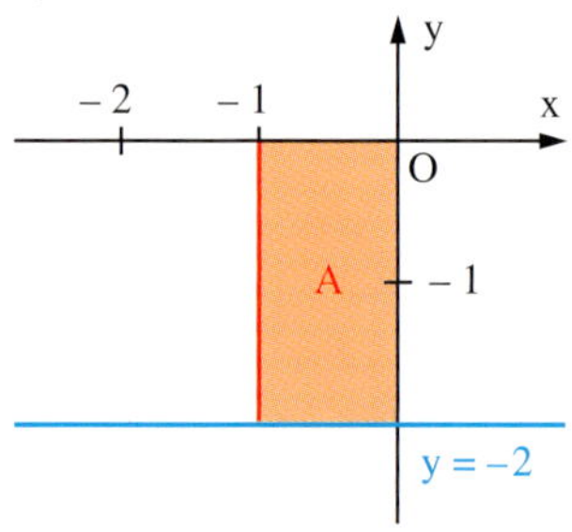

Fig. 3

$\int_{-1}^0 -2\,dz = -A = -2.$

c)

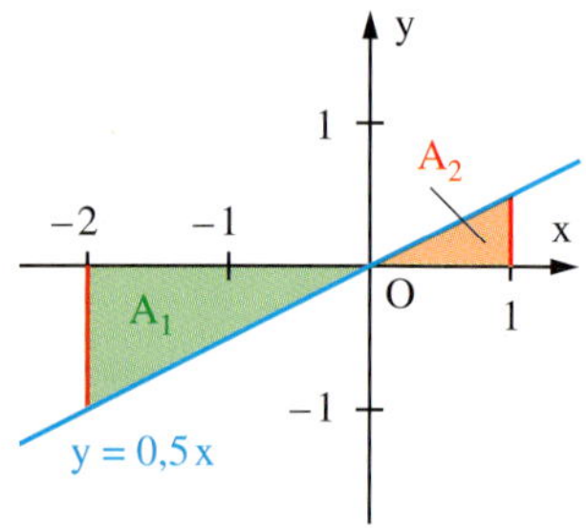

Fig. 4

$\int_{-2}^1 0{,}5\,x\,dx = -A_1 + A_2$
$= -\left(\frac{1}{2}\cdot 2\cdot 1\right) + \frac{1}{2}\cdot 1\cdot\frac{1}{2}$
$= -0{,}75.$

Aufgaben

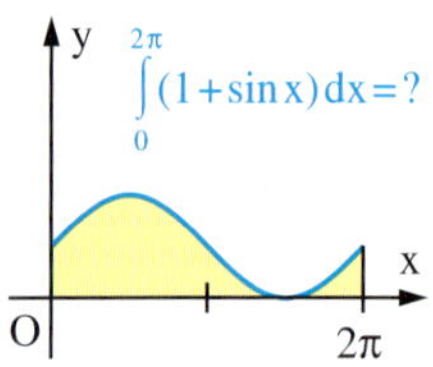

Fig. 1

Viele physikalische Größen sind als Integral gegeben:

$W = \int_{s_1}^{s_2} F(s)\,ds$

$s = \int_{t_1}^{t_2} v(t)\,dt$

$W = \int_{t_1}^{t_2} P(t)\,dt$

t: Zeit
s: Weg
v: Geschwindigkeit
F: Kraft
W: Arbeit
P: Leistung

2 Schreiben Sie den Inhalt der gefärbten Fläche als Integral.

a)

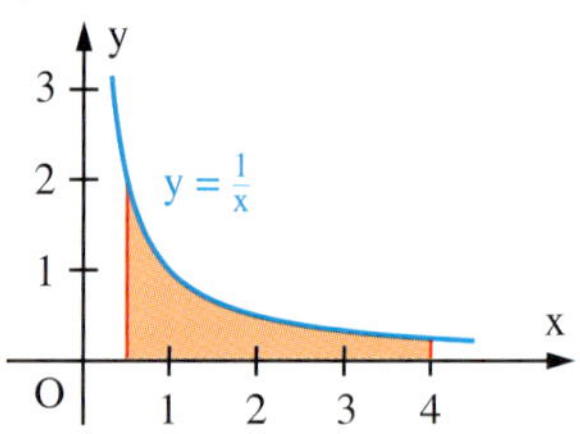

Fig. 5

b)

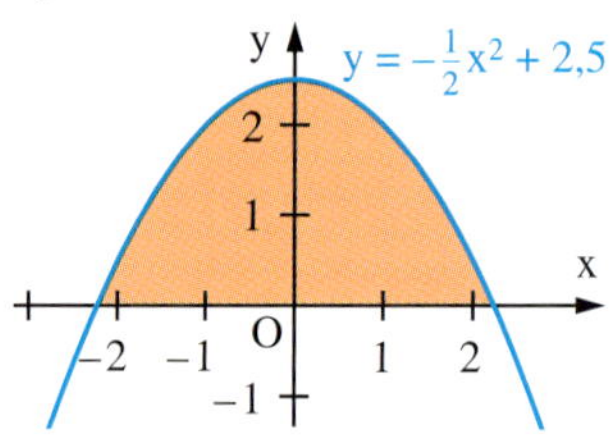

Fig. 6

c)

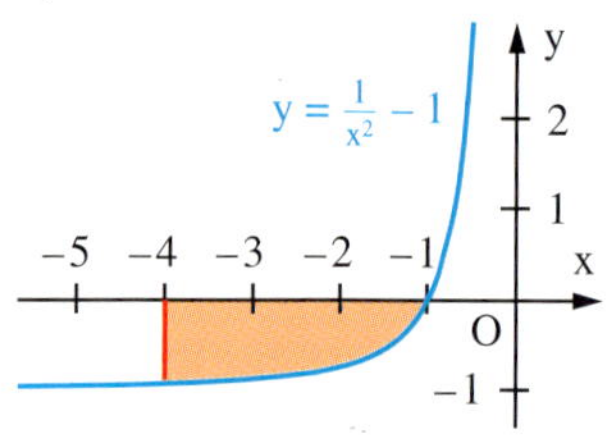

Fig. 7

3 Deuten Sie die folgenden Integrale anhand einer Figur als orientierte Flächeninhalte.

a) $\int_2^{3,5} x^2\,dx$ b) $\int_0^1 (x^2-4)\,dx$ c) $\int_{-4}^{-2} 1{,}5\,dx$ d) $\int_{-1,5}^{1,5} z^3\,dz$ e) $\int_{-2}^4 dx$ f) $\int_{-2}^0 -|u|\,du$

4 Beim senkrechten Wurf nach oben mit der Abwurfgeschwindigkeit $v_0 = 20$ (in $\frac{m}{s}$) nimmt die Geschwindigkeit v eines Körpers linear ab. Es gilt $v(t) = 20 - 10\cdot t$ (t in s). Berechnen Sie $\int_0^4 v(t)\,dt$. Deuten Sie das Integral als orientierten Flächeninhalt und als physikalische Größe.

5 Bei der Funktion v bedeutet x die Zeit (in s), v(x) die Geschwindigkeit (in $\frac{m}{s}$) eines sich geradlinig bewegenden Körpers.
a) Beschreiben Sie den Ablauf der Bewegung in Worten.
b) Drücken Sie die zurückgelegte Strecke zwischen $x_1 = 0$ und $x_2 = 8$ als Integral aus. Berechnen Sie dieses Integral.

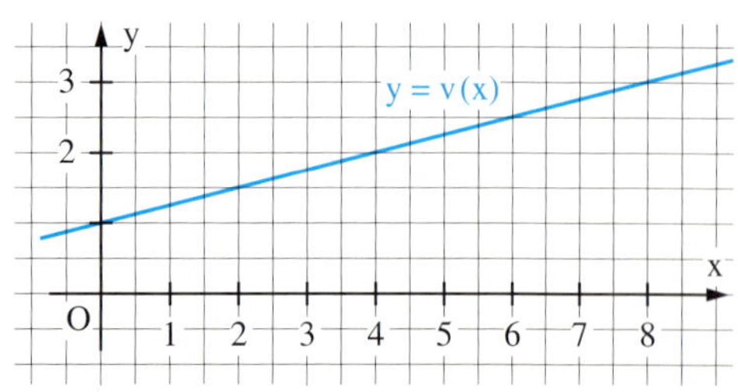

Fig. 8

5 Integralfunktionen

1 Bestimmen Sie $\int_0^2 (0{,}5\,x + 1)\,dx$, $\int_0^4 (0{,}5\,x + 1)\,dx$ und $\int_0^8 (0{,}5\,x + 1)\,dx$ (Fig. 1).

2 Wie kann man die Integrale aus Aufgabe 1 mithilfe nur eines einzigen Integrals lösen?

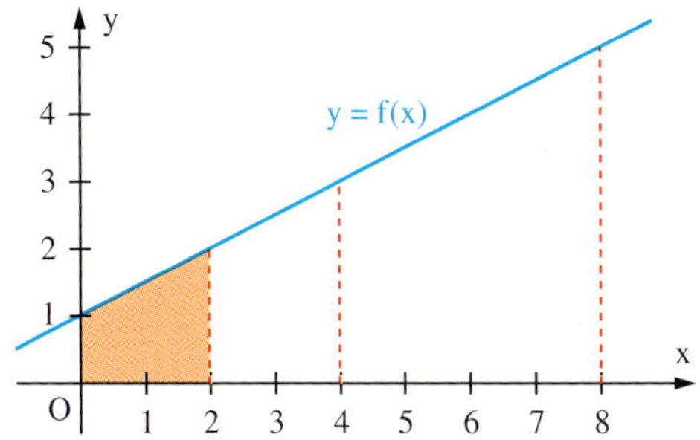

Fig. 1

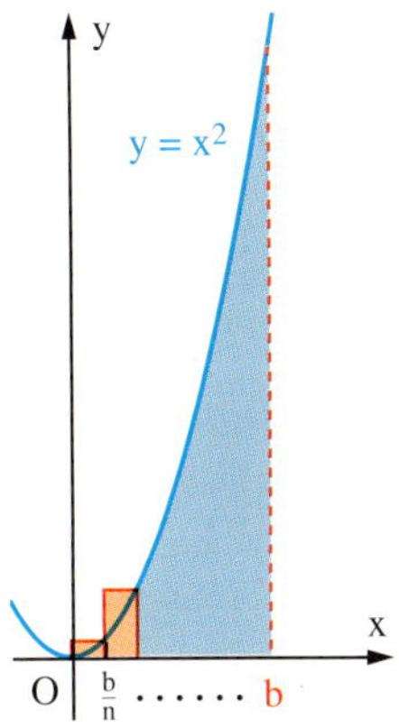

Fig. 2

Die Berechnung eines Integrals ist im Allgemeinen schwierig und aufwändig. Man kann etwas an Aufwand sparen, indem man Integrale wie $\int_0^2 x^2\,dx$ und $\int_0^3 x^2\,dx$, die sich nur in der oberen Grenze unterscheiden, als Integral $\int_0^b x^2\,dx$ mit variabler oberer Grenze b bestimmt.

Um das Integral $\int_0^b x^2\,dx$ zu bestimmen, geht man wie auf Seite 110 vor. Man teilt das Intervall [0; b] in n gleiche Teile der Breite $h = \frac{b}{n}$. Dann gilt für O_n:

$$O_n = \frac{b^3}{n^3}[1^2 + 2^2 + 3^2 + \ldots + n^2]$$
$$= \frac{b^3}{6n^3}n(n+1)(2n+1) = \frac{b^3}{6}\left(1 + \frac{1}{n}\right)\left(2 + \frac{1}{n}\right).$$

Das gesuchte Integral ergibt sich als Grenzwert für $n \to \infty$: $\int_0^b x^2\,dx = \lim\limits_{n \to \infty} O_n = \frac{1}{3}b^3$.

Ordnet man jeder Zahl $b \geqq 0$ die Zahl $\int_0^b x^2\,dx = \frac{1}{3}b^3$ zu, erhält man eine Funktion. Um deutlich zu machen, dass bei dieser Funktion die obere Grenze die Variable ist, schreibt man statt $\int_0^b x^2\,dx$ auch $\int_0^x t^2\,dt$. Diese Funktion ist auch für $x < 0$ definiert. Wählt man anstelle von 0 eine andere untere Grenze, erhält man ebenfalls eine Funktion.

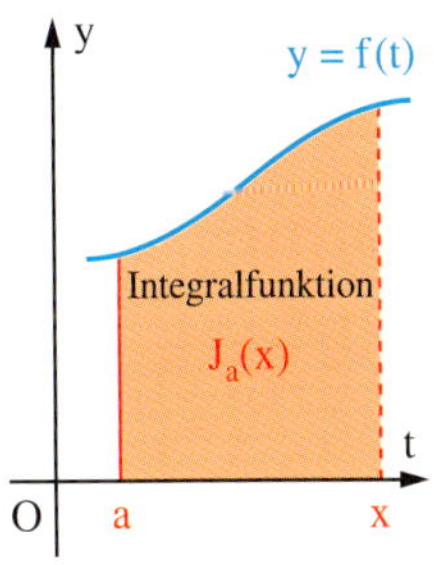

Fig. 3

Definition: Die Funktion $f: t \mapsto f(t)$ sei in einem Intervall I stetig und $a \in I$. Dann heißt die Funktion

$$J_a \text{ mit } J_a(x) = \int_a^x f(t)\,dt \text{ für } x \in I$$

Integralfunktion von f zur unteren Grenze a.

Ist eine Integralfunktion von f z. B. zur unteren Grenze 0 gegeben, kann man daraus eine Integralfunktion von f zu einer unteren Grenze c erhalten. Aus Fig. 4 ergibt sich:

$$\int_c^x f(t)\,dt = \int_0^x f(t)\,dt \quad \int_0^c f(t)\,dt.$$

Es gilt also $J_c(x) = J_0(x) - J_0(c)$ für $x \in I$.

Den exakten Nachweis führt man mithilfe der Definition des Integrals.

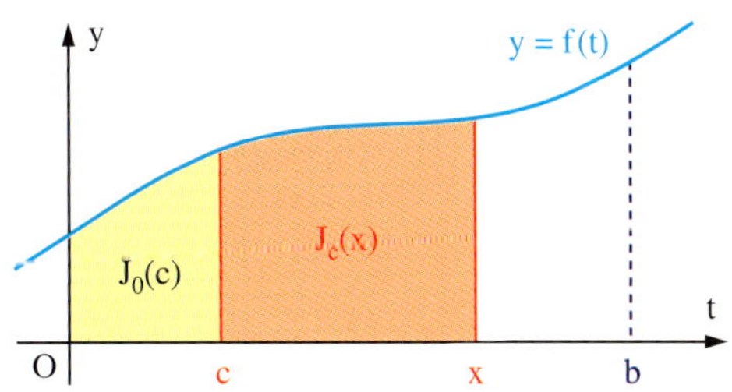

Fig. 4

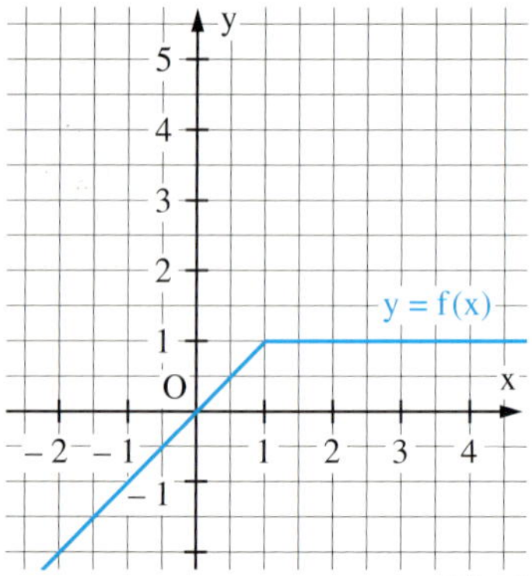

Fig. 1

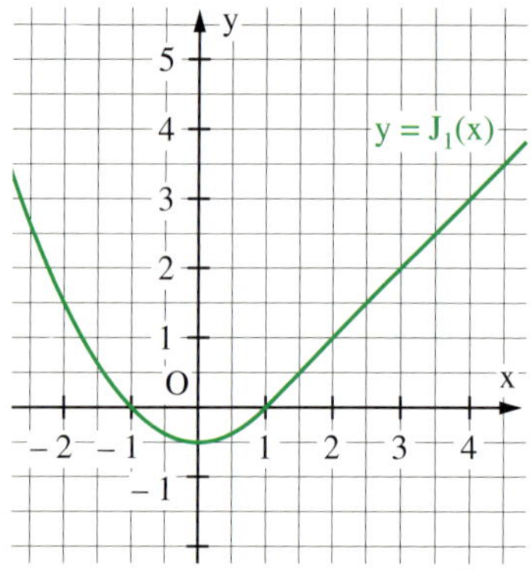

Fig. 2

Beispiel: (Bestimmung einer Integralfunktion)
Ermitteln Sie zu der in Fig. 1 veranschaulichten Funktion f die Integralfunktion J_1.
Skizzieren Sie ein Schaubild von J_1.
Lösung:
Flächenbetrachtungen zeigen:
Für $x \geqq 1$ ist $J_1(x) = (x-1) \cdot 1 = x - 1$.
Für $x < 1$ ist $J_1(x) = -\left(\frac{1}{2} - \frac{1}{2}x^2\right) = \frac{1}{2}x^2 - \frac{1}{2}$.
Damit ergibt sich für J_1:

$$J_1(x) = \begin{cases} \frac{1}{2}x^2 - \frac{1}{2} & \text{für } x < 1 \\ x - 1 & \text{für } x \geqq 1 \end{cases}.$$

Ein Schaubild von J_1 zeigt Fig. 2.

Aufgaben

3 Berechnen Sie mit Hilfe der Integralfunktion J_0 mit $J_0(x) = \int_0^x t^2\,dt = \frac{1}{3}x^3$ das Integral

a) $\int_0^6 t^2\,dt$ b) $\int_0^{1,5} x^2\,dx$ c) $\int_4^7 z^2\,dz$ d) $\int_8^8 x^2\,dx$ e) $\int_{-2}^0 x^2\,dx$.

4 Zeichnen Sie das Schaubild der Funktion f und bestimmen Sie einen Funktionsterm der Integralfunktion J_a von f zur unteren Grenze a. Berechnen Sie dazu die Inhalte geeigneter Dreiecke, Rechtecke usw.

a) $f(x) = 2;\ a = 1$ b) $f(x) = 3x;\ a = 0$ c) $f(x) = 2x - 2;\ a = 4$

Zu Aufg. 4:

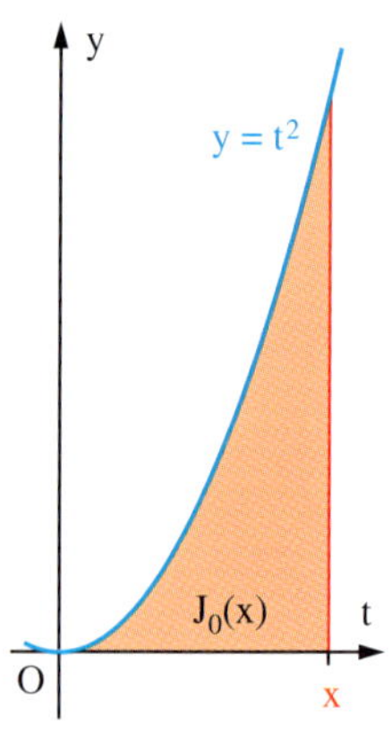

$J_0(x) = \frac{1}{3}x^3$

5 Bestimmen Sie mit Hilfe der Integralfunktion J_0 mit $J_0(x) = \int_0^x t^2\,dt = \frac{1}{3}x^3$ eine Integralfunktion zur unteren Grenze 0 für die im Schaubild veranschaulichte Funktion f.

a)

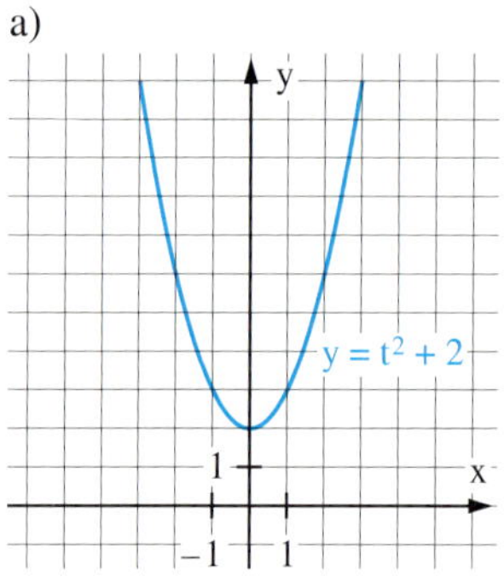

b)

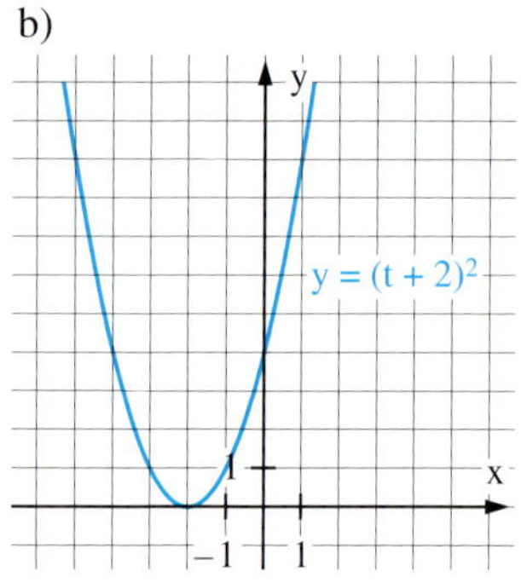

c)

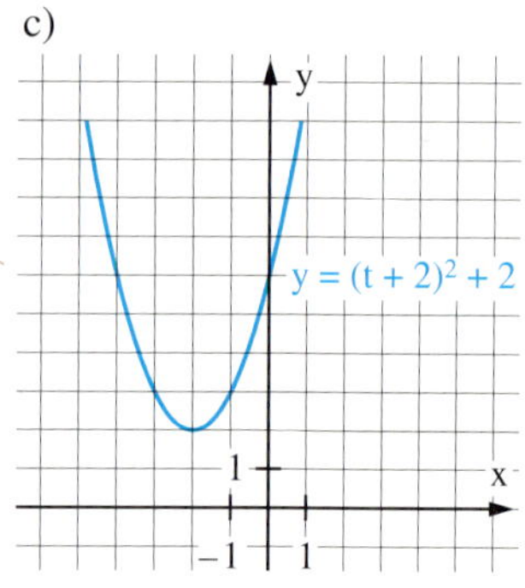

6 Bestimmen Sie eine Formel zur Berechnung des Integrals $\int_a^b t^3\,dt$.

7 Die in Fig. 3 veranschaulichte Funktion f ist auf dem Intervall [1; 5] definiert.
a) Bestimmen Sie $J_1(1)$.
b) Skizzieren Sie ein Schaubild von J_1.
c) Entspricht dem Hochpunkt im Schaubild von f ein besonderer Punkt im Schaubild von J_1?
d) Skizzieren Sie ein Schaubild von J_5.

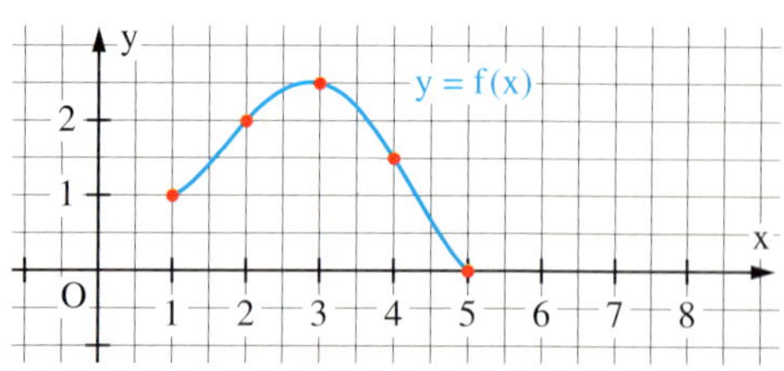

Fig. 3

6 Stammfunktionen

1 Geben Sie eine Funktion F an, so dass gilt
a) $F'(x) = x$ b) $F'(x) = 2x + 1$ c) $F'(x) = x^2 - 1$ d) $F'(x) = 2x^3 + x$.

2 a) Geben Sie zur Funktion f mit $f(x) = x$ die Integralfunktionen J_0, J_1 und J_2 an.
b) Welcher Zusammenhang besteht zwischen jeder dieser Integralfunktionen und der Funktion f?

$f(x)$	2	$\frac{1}{2}x$	$\frac{1}{2}x + 1$	x^2
$J_0(x)$	$2x$	$\frac{1}{4}x^2$	$\frac{1}{4}x^2 + x$	$\frac{1}{3}x^3$
$J_1(x)$	$2x - 2$	$\frac{1}{4}x^2 - 0{,}25$	$\frac{1}{4}x^2 + x - 1{,}25$	$\frac{1}{3}x^3 - \frac{1}{3}$

Die Tabelle enthält für einige Funktionen die Integralfunktionen J_0 und J_1 von f. Vergleicht man f mit J_0, so gilt für die aufgeführten Beispiele: f ist die Ableitungsfunktion der Integralfunktion J_0 von f.

Ein entsprechender Zusammenhang gilt für f und J_1: Bei den angeführten Beispielen ist die Funktion f die Ableitungsfunktion der Integralfunktion J_1 von f.
Dieser Sachverhalt führt auf die Vermutung, dass man eine Integralfunktion J_a von f erhalten kann, indem man eine Funktion F mit $F'(x) = f(x)$ sucht.

Definition: Gegeben sei eine auf einem Intervall I definierte Funktion f.
Eine Funktion F heißt **Stammfunktion** von f im Intervall I, wenn für alle $x \in I$ gilt:

$$\mathbf{F'(x) = f(x)}.$$

Hier muss man prüfen: Gilt $F'(x) = f(x)$?

In der Tabelle ist zu einigen Funktionen eine Stammfunktion angegeben.

$f(x)$	x^2	x	1	0	x^{-2}	x^{-3}	$\frac{1}{2\sqrt{x}}$	$\cos x$	$\sin x$
$F(x)$	$\frac{1}{3}x^3$	$\frac{1}{2}x^2$	x	c	$-x^{-1}$	$-\frac{1}{2}x^{-2}$	$\sqrt{x}$	$\sin x$	$-\cos x$

So findet man zu einer Potenzfunktion eine Stammfunktion:
1. Hochzahl plus 1
2. Mit dem Kehrwert der neuen Hochzahl multiplizieren.

Die Tabelle zeigt auch, wie man zu einer **Potenzfunktion** eine Stammfunktion finden kann:
Es gilt: Zu f mit $\mathbf{f(x) = x^z}$ $(z \in \mathbb{Z} \setminus \{-1\})$ ist F mit $\mathbf{F(x) = \frac{1}{z+1}x^{z+1}}$ eine Stammfunktion, da $F'(x) = \frac{z+1}{z+1}x^z = x^z = f(x)$ ist.

Um bei einer zusammengesetzten Funktion wie z. B. f mit $f(x) = x^2 + \cos x$ eine Stammfunktion zu finden, beachtet man die Ableitungsregel $(u + v)' = u' + v'$ für Summen von Funktionen: Danach ist F mit $F(x) = \frac{1}{3}x^3 + \sin x$ eine Stammfunktion von f.
Entsprechend kann man die Ableitungsregeln $(c \cdot f)' = c \cdot f'$ und $(f(rx + s))' = r \cdot f'(rx + s)$ zum Auffinden von Stammfunktionen benützen.

*Aus $f(x) = u(x) \cdot v(x)$ folgt i. Allg. **nicht** $F(x) = U(x) \cdot V(x)$.*

Satz 1:

	Funktion f	Stammfunktion F von f
Potenzfunktionen	$f(x) = x^z$	$F(x) = \frac{1}{z+1}x^{z+1}$ für $z \in \mathbb{Z} \setminus \{-1\}$
Sind U und V Stammfunktionen von u bzw. v, dann gilt:		
	$f(x) = u(x) + v(x)$	$F(x) = U(x) + V(x)$
	$f(x) = c \cdot u(x)$	$F(x) = c \cdot U(x)$
(Lineare Verkettung)	$f(x) = u(rx + s)$	$F(x) = \frac{1}{r}U(rx + s)$.

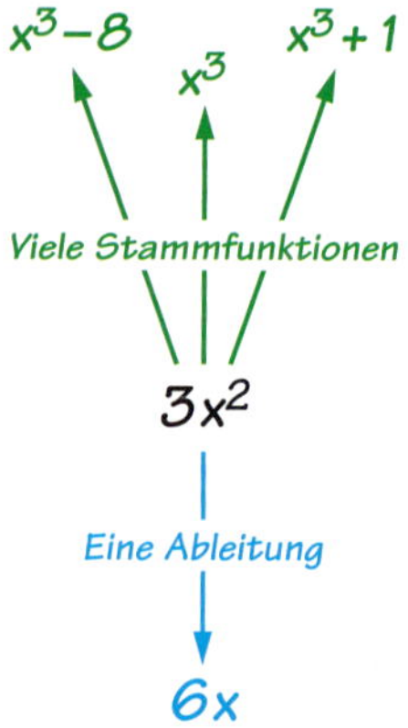

Besitzt f eine Stammfunktion F in I, dann ist auch G mit $G(x) = F(x) + c$ (c ist eine beliebige Konstante) eine Stammfunktion von f, da $(F + c)' = F' + c' = f$ gilt.

Gibt es auch Stammfunktionen von f, die nicht die Form $F + c$ haben?
Sei G irgendeine weitere Stammfunktion von f in I. Dann gilt für die Ableitung der Differenzfunktion $F - G$: $(F - G)'(x) = F'(x) - G'(x) = f(x) - f(x) = 0$. Die Funktion $F - G$ hat somit an jeder Stelle die Ableitung 0. Dies bedeutet, dass $F - G$ auf I eine konstante Funktion sein muss. Es gilt also $G(x) = F(x) + c$ (vgl. Aufg. 24).

Satz 2: Ist F eine Stammfunktion von f in I, so gilt für alle weiteren Stammfunktionen G von f in I $\qquad G(x) = F(x) + c,\ x \in I$
mit einer Konstanten c.

Im Beispiel 1 ist die Funktion g mit $g(x) = \frac{x-1}{x+1}$ auch im Intervall $(-\infty; -1)$ eine Stammfunktion von f.

Beispiel 1: (Nachweis einer Stammfunktion)
Zeigen Sie, dass die Funktion g mit $g(x) = \frac{x-1}{x+1}$ im Intervall $(-1; \infty)$ eine Stammfunktion von f mit $f(x) = \frac{2}{(x+1)^2}$ ist. Geben Sie eine weitere Stammfunktion von f an.
Lösung:
Es ist $g'(x) = \frac{1 \cdot (x+1) - (x-1) \cdot 1}{(x+1)^2} = \frac{2}{(x+1)^2} = f(x)$ in $(-1; \infty)$.
Also ist g eine Stammfunktion von f.
Eine weitere Stammfunktion ist z. B. F mit $F(x) = \frac{x-1}{x+1} + 1 = \frac{2x}{x+1}$.

Beispiel 2: (Stammfunktion einer zusammengesetzten Funktion)
Geben Sie eine Stammfunktion von f an.
a) $f(x) = -\frac{2}{x^3}$ b) $f(x) = 7x^5 - 0{,}5x$ c) $f(x) = (x^2 + 1)^2$ d) $f(x) = (2x + 1)^3$
Lösung:
a) Es gilt $f(x) = -2x^{-3}$. Eine Stammfunktion von f ist F mit $F(x) = -2 \cdot \left(\frac{1}{-2}x^{-2}\right) = x^{-2} = \frac{1}{x^2}$.
b) Eine Stammfunktion von u mit $u(x) = 7x^5$ ist U mit $U(x) = 7\left(\frac{1}{6}x^6\right) = \frac{7}{6}x^6$.
Eine Stammfunktion von v mit $v(x) = 0{,}5x$ ist V mit $V(x) = 0{,}5\left(\frac{1}{2}x^2\right) = \frac{1}{4}x^2$.
Also ist F mit $F(x) = \frac{7}{6}x^6 - \frac{1}{4}x^2$ eine Stammfunktion von f.
c) Die Funktion f kann als Summe von Funktionen geschrieben werden:
$f(x) = x^4 + 2x^2 + 1$.
Also ist F mit $F(x) = \frac{1}{5}x^5 + \frac{2}{3}x^3 + x$ eine Stammfunktion von f.
d) Die Funktion f ist eine lineare Verkettung:
$f(x) = u(v(x))$ mit $u(x) = x^3$ und $v(x) = 2x + 1$.
Somit ist F mit $F(x) = \frac{1}{2}\left(\frac{1}{4}(2x + 1)^4\right) = \frac{1}{8}(2x + 1)^4$ eine Stammfunktion von f.

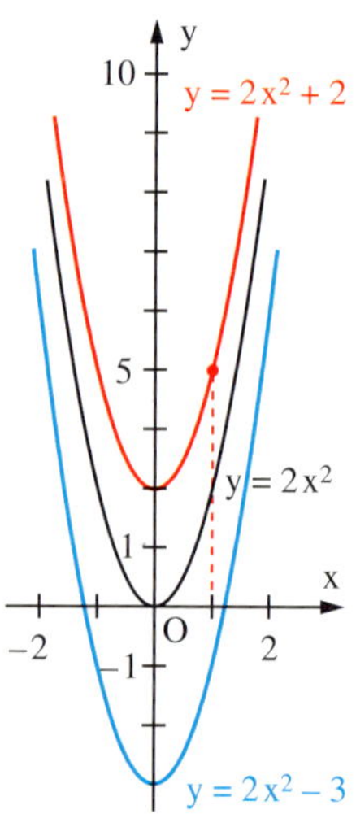

Beispiel 3: (Stammfunktion mit besonderer Eigenschaft)
Gegeben ist die Funktion f mit $f(x) = 4x$.
a) Bestimmen Sie alle Stammfunktionen von f.
b) Geben Sie eine Stammfunktion G von f an, die an der Stelle 1 den Funktionswert 4 annimmt.
Lösung:
a) Für jede Stammfunktion F von f gilt: $F(x) = 2x^2 + c$ mit einer Konstanten $c \in \mathbb{R}$.
b) Es gilt: $G(1) = 2 \cdot 1^2 + c = 4$; $c = 4 - 2 \cdot 1^2 = 2$.
Die gesuchte Stammfunktion ist G mit $G(x) = 2x^2 + 2$.

Ist die Stammfunktion richtig bestimmt? Ableiten bringt Sicherheit!

Aufgaben

3 Geben Sie eine Stammfunktion an.

a) $f(x) = 3x$ b) $f(x) = 0{,}5x$ c) $f(x) = \sqrt{2}\,x$ d) $f(x) = 4$
e) $f(x) = 0$ f) $f(x) = 2x - 1$ g) $f(x) = 2(x-4)$ h) $f(x) = (1-3x)^2$
i) $f(x) = \frac{1+2x}{2}$ j) $f(x) = \frac{x-2}{4}$ k) $f(x) = \frac{3x-3}{-2}$ l) $f(x) = -2(x+2)$

4 a) $f(x) = 2x^2$ b) $f(x) = 0{,}4x^2$ c) $f(x) = -0{,}5x^2$ d) $f(x) = \frac{2}{3}x^2$
e) $f(x) = -\frac{1}{4}x^2$ f) $f(x) = 5x^3$ g) $f(x) = -\frac{1}{6}x^3$ h) $f(x) = 2x^4$
i) $f(x) = -0{,}8x^5$ j) $f(x) = 21x^6$ k) $f(x) = (x^2)^2$ l) $f(x) = (-3x)^2$

5 a) $f(x) = x^3 - 6x^2 + x$ b) $f(x) = 0{,}1x^4 - \sqrt{2}\,x^2$ c) $f(x) = -\frac{4}{5}x^3 + 18^3 x$
d) $f(x) = 2\pi x^2 - (x^2)^2$ e) $f(x) = (-2x)^3 - 2x^2$ f) $f(x) = -10^3 x^3 + \frac{1}{\sqrt{3}}x$

Hier schreibt man z. B. für $f(x) = \frac{1}{x^3}$ zunächst $f(x) = x^{-3}$.

6 a) $f(x) = 2x^{-2}$ b) $f(x) = -4x^{-2}$ c) $f(x) = -\sqrt{3}\,x^{-3}$ d) $f(x) = 5\frac{1}{x^2}$
e) $f(x) = -0{,}6\frac{1}{x^3}$ f) $f(x) = 1{,}2^3\frac{1}{x^2}$ g) $f(x) = \frac{-8}{x^4}$ h) $f(x) = -\frac{-1}{x^2}$
i) $f(x) = -\left(\frac{2}{x}\right)^2$ j) $f(x) = -\frac{6}{(x^2)^2}$ k) $f(x) = -\frac{2}{3x^2}$ l) $f(x) = \frac{-2}{(3x)^2}$

7 a) $f(x) = \frac{1}{x^3} + \frac{1}{2}x^{-2}$ b) $f(x) = \sqrt{5}^{\,3}x^3 - x^{-3}$ c) $f(x) = \frac{-2}{3x^4} - (-3)x^{-2}$ d) $f(x) = -\left(-\frac{6}{x^2}\right) - \frac{6}{-x^2}$

8 Geben Sie eine Stammfunktion an. Dabei sind die Hochzahlen ganze Zahlen, die von –1 verschieden sind.

a) $f(x) = x^n$ b) $f(x) = x^{n-1}$ c) $f(x) = x^{2n}$ d) $f(x) = x^{1-2k}$
e) $f(x) = \frac{1}{2}x^{-2-n}$ f) $f(x) = \frac{-2}{x^n}$ g) $f(x) = -\frac{3}{2x^{n-1}}$ h) $f(x) = c\cdot\frac{1}{-x^{-n}}$

9 Geben Sie eine Stammfunktion an, ohne den Funktionsterm auszumultiplizieren.

a) $f(x) = (x+4)^3$ b) $f(x) = (4x+1)^3$ c) $f(x) = (9-2x)^2$
d) $f(x) = (0{,}5x-20)^3$ e) $f(x) = 2(x+3)^3$ f) $f(x) = -5(8-8x)^2$
g) $f(x) = -(-x-1)^4$ h) $f(x) = -0{,}8(\sqrt{2}\,x - \sqrt{3})^3$ i) $f(x) = \frac{1}{2}\left(\frac{1}{2}x + \frac{1}{2}\right)^2$

Schreibe z. B. für f mit $f(x) = \frac{1}{(2x+5)^4}$ zunächst $f(x) = (2x+5)^{-4}$.

10 a) $f(x) = (x+1)^{-2}$ b) $f(x) = (2x-4)^{-3}$ c) $f(x) = \frac{1}{(2x-3)^2}$ d) $f(x) = \frac{-6}{2(3-4x)^3}$
e) $f(x) = \frac{2}{(-2x+\sqrt{2})^3}$ f) $f(x) = -4\cdot\frac{4}{3(x-1)^2}$ g) $f(x) = \frac{6x}{2x(2x-1)^2}$ h) $f(x) = \frac{1}{x^2+2x+1}$

11 Geben Sie eine Stammfunktion an.

a) $f(x) = 2\sin x$ b) $f(x) = -0{,}5\sin x$ c) $f(x) = 3\cos x$ d) $f(x) = 2\cos x + \sin x$
e) $f(x) = 6(4\sin x - \cos x)$ f) $f(x) = \sin(-x)$ g) $f(x) = \sin 2x$ h) $f(x) = 0{,}5\cos 4x$

$a\cdot\sin(bx+c)$
$-\frac{a}{b}\cdot\cos bx$
$a\cdot\cos(bx+c)$
$\frac{a}{b}\sin bx$

12 a) $f(x) = \frac{1}{2\sqrt{x}}$ b) $f(x) = \frac{1}{\sqrt{x}}$ c) $f(x) = -\frac{4}{\sqrt{x}}$ d) $f(x) = -6\cdot(\sqrt{x})^{-1}$
e) $f(x) = 3x^4 - \frac{1}{\sqrt{x}}$ f) $f(x) = \frac{1}{2\sqrt{4x+1}}$ g) $f(x) = \frac{1}{\sqrt{1-x}}$ h) $f(x) = x\cdot\left(x^2 - \frac{1}{\sqrt{x^3}}\right)$

Obwohl nachweislich jede stetige Funktion Stammfunktionen hat, ist es oft schwer, manchmal sogar unmöglich, diese mithilfe der uns bekannten Funktionen anzugeben.
$f(x) = \frac{1}{x}$; $F(x) = ?$

13 a) $f(x) = (ax-b)^3$ b) $f(x) = 2(ax-4)^2$ c) $f(x) = \frac{1}{(ax+b)^2}$ d) $f(x) = a\cdot\cos x$
e) $f(x) = \sin ax$ f) $f(x) = \frac{1}{2\sqrt{ax+1}}$ g) $f(x) = \frac{1}{-\sqrt{ax+b}}$ h) $f(x) = a^2\cdot\cos(a^2x)$

14 Geben Sie eine Stammfunktion von f an. Schreiben Sie dazu den Funktionsterm von f als Summe.

a) $f(x) = \frac{x^2+2x}{x^4}$ b) $f(x) = \frac{x^3+1}{2x^2}$ c) $f(x) = \frac{1+x+x^3}{3x^3}$ d) $f(x) = \frac{(2x+1)^2-1}{x}$

15 Überprüfen Sie, ob F eine Stammfunktion von f ist.

a) $f(x) = \frac{x}{\sqrt{x^2 - 1}}$; $F(x) = \sqrt{x^2 - 1}$ b) $f(x) = \sin x \cdot \cos x$; $F(x) = \sin^2 x$

c) $f(x) = \frac{x^2(2x - 3)}{(x - 1)^2}$; $F(x) = \frac{x^3 - 2x}{x - 1}$ d) $f(x) = \frac{1}{\cos^2 x}$; $F(x) = \frac{\sin x}{\cos x}$

16 Zeigen Sie, dass F und G Stammfunktionen derselben Funktion f sind. Was folgt daraus für die Schaubilder von F und G?

a) $F(x) = -\frac{1}{x + 1}$; $G(x) = \frac{x - 1}{2x + 2}$ b) $F(x) = \frac{x^2 - 1}{x^2 + 1}$; $G(x) = \frac{-(x^2 + 3)}{x^2 + 1}$

17 Geben Sie eine Stammfunktion F mit $F(0) = 2$ an.

a) $f(x) = 3x^2 + 1$ b) $f(x) = x^3 + x^2 + x$ c) $f(x) = 2\sin x$ d) $f(x) = x + \cos x$

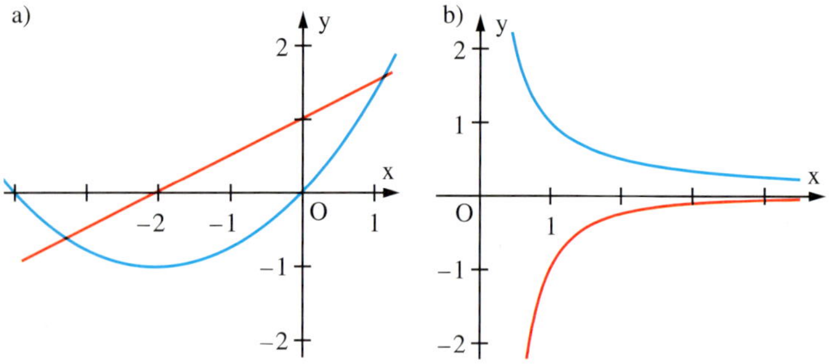

Fig. 1

18 Im gleichen Koordinatensystem sind das Schaubild einer Funktion f und das Schaubild einer Stammfunktion F von f gezeichnet (Fig. 1). Welches Schaubild gehört zu f, welches zu F?

19 Welche Stammfunktion der Funktion f nimmt an der Stelle 1 den Funktionswert 2 an?

a) $f(x) = 3x^2$ b) $f(x) = x^3 - 2x^2 + 1$

20 Gegeben ist die Funktion f mit $f(x) = x^2 - x$.

a) Welche Stammfunktion F von f nimmt an der Stelle −2 den Funktionswert 10 an? Welche Steigung hat F an der Stelle −2?

b) Welche Stammfunktion G von f hat ein Schaubild, dessen Wendepunkt die y-Koordinate 2 hat?

21 a) Das Schaubild einer Stammfunktion von f mit $f(x) = x^3$ hat in den Schnittpunkten mit der x-Achse Tangenten, die orthogonal zueinander sind. Bestimmen Sie diese Stammfunktion.

b) Welche Stammfunktionen von f mit $f(x) = 1 - 3x$ haben nur negative Funktionswerte?

c) Welche Stammfunktionen von f mit $f(x) = x^2$ haben an ihrer Nullstelle die Ableitung 2?

22 Stimmt die Aussage? Begründen oder widerlegen Sie.

a) Falls eine Funktion f mit $D_f \in \mathbb{R}$ überhaupt eine Stammfunktion hat, dann hat f auch eine Stammfunktion, deren Schaubild durch den Ursprung geht.

b) Bildet man zu einer Funktion f eine Stammfunktion, dann zu dieser Stammfunktion wieder eine Stammfunktion usw., erhält man nie wieder die Funktion f.

23 Bestimmen Sie zu f mit $f(x) = 3x^3 + x$ drei verschiedene Stammfunktionen F, G und H. Berechnen Sie die Differenzen $F(5) - F(1)$, $G(5) - G(1)$ und $H(5) - H(1)$. Was fällt Ihnen auf? Begründen Sie, dass dieses Ergebnis kein Zufall ist.

24 Zur Funktion f mit $f(x) = \frac{1}{x^2}$ ist sowohl für $x \in \mathbb{R}^-$ als auch für $x \in \mathbb{R}^+$ die Funktion F mit $F(x) = -\frac{1}{x}$ eine Stammfunktion. Für die Funktion G mit $G(x) = \begin{cases} -\frac{1}{x}; & x \in \mathbb{R}^- \\ -\frac{1}{x} + 5; & x \in \mathbb{R}^+ \end{cases}$ gilt $G'(x) = f(x)$ für alle $x \in \mathbb{R} \setminus \{0\}$, jedoch ist $G(x) \neq F(x) + c$. Warum ist dies kein Widerspruch zu Satz 2?

7 Der Hauptsatz der Differenzial- und Integralrechnung

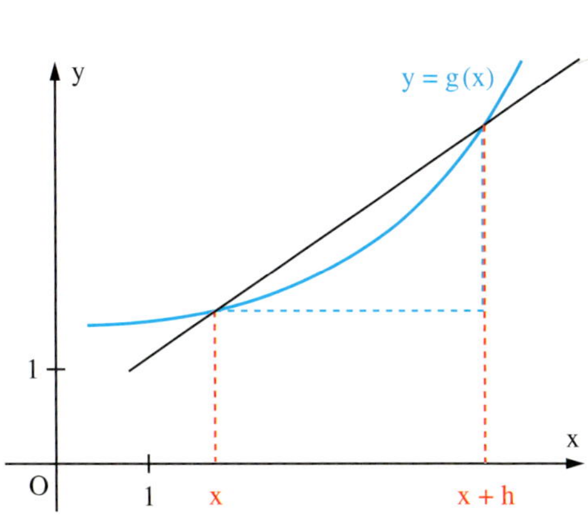

Fig. 1

1 Geben Sie mit den Bezeichnungen aus Fig. 1 den Differenzenquotienten von g an der Stelle x an.
Wie erhält man daraus $g'(x)$?

2 Zu f mit $f(t) = t$ ist J_0 mit $J_0(x) = \int_0^x t\,dt = 0{,}5\,x^2$ die Integralfunktion zur unteren Grenze 0.
Zeichnen Sie das Schaubild von f und veranschaulichen Sie $J_0(3)$, $J_0(4)$ und $J_0(4) - J_0(3)$ als Flächeninhalte.

Die Bestimmung eines Integrals oder einer Integralfunktion als Grenzwert einer Zerlegungssumme ist mühsam und schwierig. Es besteht nun die Vermutung, dass man die Integralfunktion J_a einer Funktion f als Stammfunktion von f erhalten kann.

Integralrechnung (integrieren) und Differenzialrechnung (ableiten) hängen auf das Engste zusammen:
$$\left(\int_a^x f(t)\,dt\right)' = f(x).$$

Satz 1: Die Funktion $f: t \mapsto f(t)$ sei im Intervall I stetig und $a \in I$.
Dann ist die Integralfunktion J_a mit $J_a(x) = \int_a^x f(t)\,dt$ differenzierbar und es gilt:
$$\mathbf{J_a'(x) = f(x)} \quad \text{für } x \in I.$$
Kurz: Die Integralfunktion J_a von f ist eine Stammfunktion von f.

Beweis: Für den Differenzenquotienten von J_a an der Stelle x gilt: $\frac{J_a(x+h) - J_a(x)}{h}$.

Beim Beweis wurde $f(t) \geqq 0$ und $h > 0$ und $x > a$ vorausgesetzt. Ohne diese Einschränkungen wird der Beweis entsprechend geführt.

Dabei entspricht $J_a(x+h) - J_a(x)$ dem Inhalt des rot markierten Streifens in Fig. 2. Da f stetig ist, hat f im Intervall $[x; x+h]$ einen größten Funktionswert M_h und einen kleinsten Funktionswert m_h. Es gilt:
$$m_h \cdot h \leqq J_a(x+h) - J_a(x) \leqq M_h \cdot h$$
oder $$m_h \leqq \frac{J_a(x+h) - J_a(x)}{h} \leqq M_h.$$
Da f stetig ist, streben für $h \to 0$ sowohl m_h als auch M_h gegen $f(x)$. Also strebt auch der Differenzenquotient für $h \to 0$ gegen $f(x)$.
Damit gilt $J_a'(x) = \lim\limits_{h \to 0} \frac{J_a(x+h) - J_a(x)}{h} = f(x)$.

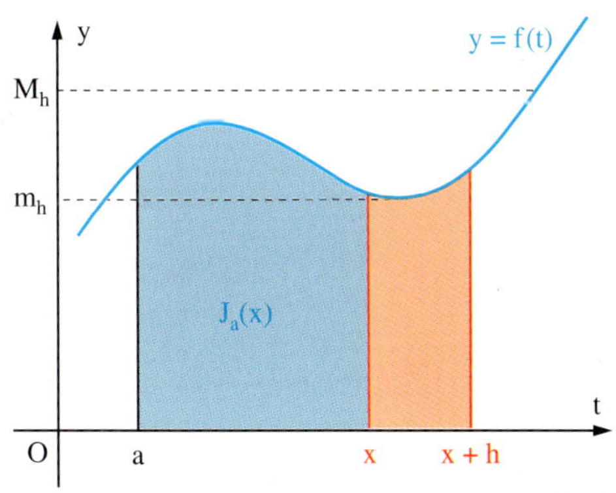

Fig. 2

Wie kann man nun mit Hilfe von Satz 1 ein Integral wie $\int_a^b f(x)\,dx = J_a(b)$ berechnen?

Ist F irgendeine Stammfunktion von f, dann gilt nach Satz 1 und Satz 2 von Seite 118:
$J_a(x) = F(x) + c$. Die Konstante c ergibt sich aus der anschaulichen Feststellung $J_a(a) = 0$, also $c = -F(a)$. Somit gilt für die gesuchte Integralfunktion $J_a(x) = F(x) - F(a)$. Insbesondere ist $J_a(b) = F(b) - F(a)$.

*Der Zusammenhang von Differenzial- und Integralrechnung ist im **Hauptsatz** niedergelegt. Der Hauptsatz ist eine der bedeutenden geistigen Leistungen des 17. Jahrhunderts und gehört zu den großen mathematischen Entdeckungen.*

Satz 2: (Hauptsatz der Differenzial- und Integralrechnung)
Die Funktion f sei auf dem Intervall I stetig. Ist F eine beliebige Stammfunktion von f in I, dann gilt für $a \in I$ und $b \in I$:

$$\int_a^b f(x)\,dx = F(b) - F(a).$$

Statt $F(b) - F(a)$ schreibt man auch $[F(x)]_a^b$; es ist dann $\int_a^b f(x)\,dx = [F(x)]_a^b$.

Gesucht: $\int_a^b f(x)\,dx$

1. Schritt: Stammfunktion F bestimmen

2. Schritt: $\int_a^b f(x)\,dx = F(b) - F(a)$

Beispiel 1: (Flächeninhaltsberechnung)
Berechnen Sie den Inhalt der Fläche, welche das Schaubild der Funktion f mit $f(x) = 3x^2 - x^3$ mit der x-Achse einschließt.
Lösung:
Bestimmung der Nullstellen:
Aus $3x^2 - x^3 = 0$ folgt $x_1 = 0$; $x_2 = 3$.
Der Inhalt der Fläche ist $A = \int_0^3 (3x^2 - x^3)\,dx$
$= \left[x^3 - \frac{1}{4}x^4\right]_0^3 = \left(27 - \frac{81}{4}\right) - 0 = \frac{27}{4}$.

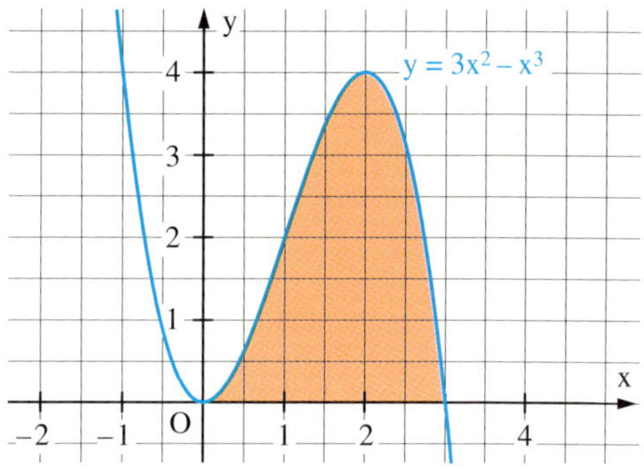

Fig. 1

In Beispiel 1 ist die Fläche ohne Angabe der linken und rechten Grenze beschrieben. Das Wort „einschließen" bedeutet, dass die Fläche ausschließlich vom Schaubild von f und der x-Achse umschlossen wird. Die Grenzen a und b sind hier also die Nullstellen von f.

Beispiel 2: (Berechnung und Deutung des Integrals)
Berechnen Sie das Integral und deuten Sie es als Flächeninhalt.

a) $\int_{-3}^{-1} \frac{2}{x^3}\,dx$

b) $\int_{0,5}^{-1} (x^3 + 2)\,dx$

Lösung:

a) $\int_{-3}^{-1} \frac{2}{x^3}\,dx = \left[-\frac{1}{x^2}\right]_{-3}^{-1} = (-1) - \left(-\frac{1}{9}\right) = -\frac{8}{9}$.

Das Integral entspricht dem orientierten Flächeninhalt.

Es gilt $\int_{-3}^{-1} \frac{2}{x^3}\,dx = -A$ (Fig. 2).

b) $\int_{0,5}^{-1} (x^3 + 2)\,dx = \left[\frac{1}{4}x^4 + 2x\right]_{0,5}^{-1}$
$= \frac{1}{4}(-1)^4 - 2 - \left(\frac{1}{4} \cdot 0{,}5^4 + 1\right) \approx -2{,}77$.

Da $\int_{0,5}^{-1} (x^3 + 2)\,dx = -\int_{-1}^{0,5} (x^3 + 2)\,dx$ gilt, ist
$\int_{0,5}^{-1} (x^3 + 2)\,dx = -A$ (Fig. 3).

Zu Beispiel 2 b):

Zeigen Sie mit dem Hauptsatz:
$\int_b^a f(x)\,dx = -\int_a^b f(x)\,dx.$

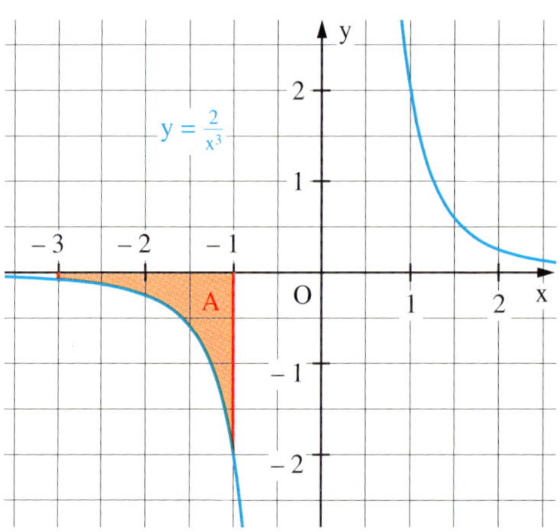

Fig. 2

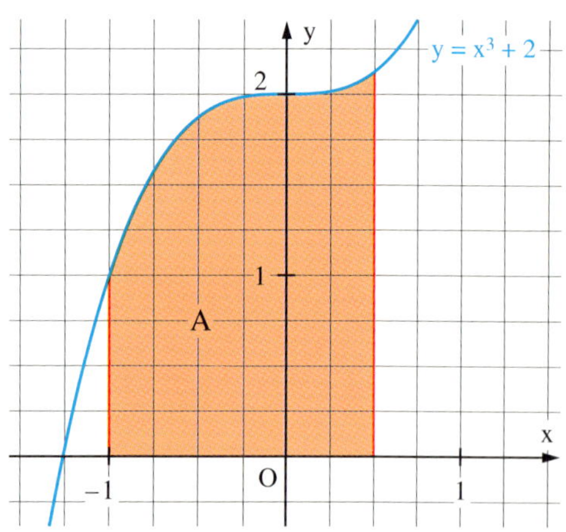

Fig. 3

Aufgaben

3 Berechnen Sie das Integral mithilfe des Hauptsatzes.

a) $\int_1^4 x\,dx$ b) $\int_1^3 x^2\,dx$ c) $\int_{-2}^4 x^3\,dx$ d) $\int_{0,5}^2 \frac{1}{x^2}\,dx$

e) $\int_2^4 \frac{-1}{x^3}\,dx$ f) $\int_{-2}^{-10} x^2\,dx$ g) $\int_{-8}^{-4} (1-3x^2)\,dx$ h) $\int_{-4}^{-3} \left(\frac{1}{10}x^5-6\right)dx$

4 a) $\int_{-2}^0 (2+x)^2\,dx$ b) $\int_2^3 (2-x)^3\,dx$ c) $\int_1^2 \left(x-\frac{1}{x^2}\right)dx$ d) $\int_3^2 (4-2x)^4\,dx$

e) $\int_{-3}^{-5} \frac{1}{(2-x)^2}\,dx$ f) $\int_{-2}^0 \frac{-2}{(1-x)^3}\,dx$ g) $\int_1^6 \frac{1}{\sqrt{x}}\,dx$ h) $\int_0^4 \frac{1}{\sqrt{3x+2}}\,dx$

5 Berechnen Sie das Integral und deuten Sie es als Flächeninhalt.

a) $\int_{-1}^0 (-x^4+5)\,dx$ b) $\int_1^3 \left(\frac{1}{x^2}-1\right)dx$ c) $\int_0^{2\pi} \sin x\,dx$ d) $\int_{-\frac{\pi}{2}}^{\pi} 2\cos x\,dx$

6 Berechnen Sie den Inhalt der gefärbten Fläche.

a)

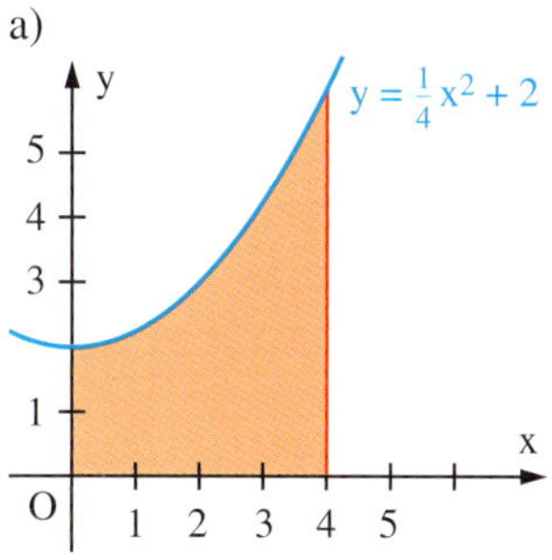

b)

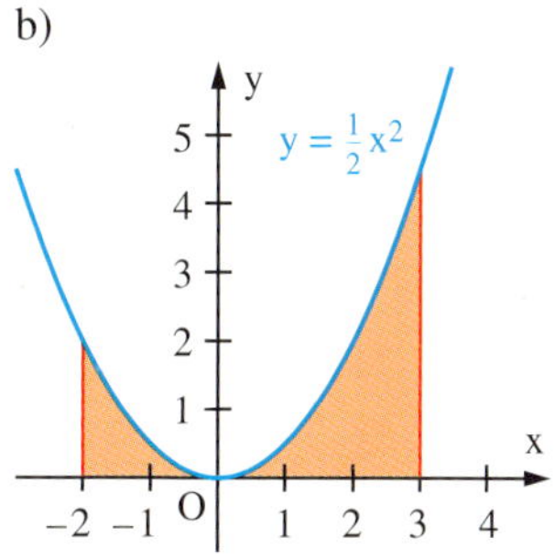

c)

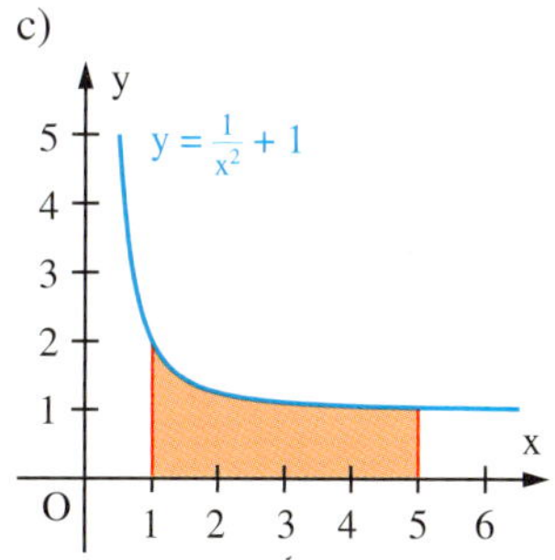

Gottfried Wilhelm Leibniz (1646–1716) *Isaac Newton (1643–1727)*

In Klasse 11 steht der Begriff der Ableitung im Mittelpunkt, in Klasse 12 der Begriff des Integrals. G. W. Leibniz und I. Newton erkannten als Erste, dass sich eine große Vielfalt von Problemen auf die zwei Grundaufgaben zurückführen lassen, die Ableitung bzw. das Integral zu ermitteln. Zudem entdeckten sie unabhängig voneinander den Zusammenhang zwischen Ableitung und Integral.

7 Skizzieren Sie zunächst das Schaubild der Funktion f über dem angegebenen Intervall [a; b]. Berechnen Sie den Inhalt der Fläche zwischen dem Schaubild von f und der x-Achse über [a; b].

a) $f(x)=0,5x+2$; [0; 4] b) $f(x)=x^2$; [0; 2,5]

c) $f(x)=x^3$; [0; 2] d) $f(x)=\frac{1}{x^2}$; [1; 5]

e) $f(x)=x^2+1$; [−2; 1] f) $f(x)=\frac{2}{x^2}$; [−4; −0,5]

8 a) $f(x)=\frac{1}{x^3}$; [0,5; 1] b) $f(x)=(x+2)^2$; [−1; 1]

c) $f(x)=\frac{1}{x^2}+2$; [2; 4] d) $f(x)=\sin x$; $[0; \frac{\pi}{2}]$

e) $f(x)=\frac{1}{(2x+1)^2}$; [1; 4] f) $f(x)=\frac{1}{\sqrt{x}}$; [1; 4]

9 Berechnen Sie den Inhalt der Fläche, welche das Schaubild von f mit der x-Achse einschließt.

a) $f(x)=-x^2+4$ b) $f(x)=-\frac{1}{4}x^2+2$

c) $f(x)=-\frac{1}{2}x^2+2x$ d) $f(x)=-x^2+x+2$

e) $f(x)=\frac{1}{5}x^3-2x^2+5x$ f) $f(x)=-\frac{1}{4}x^4+x^3$

8 Eigenschaften des Integrals

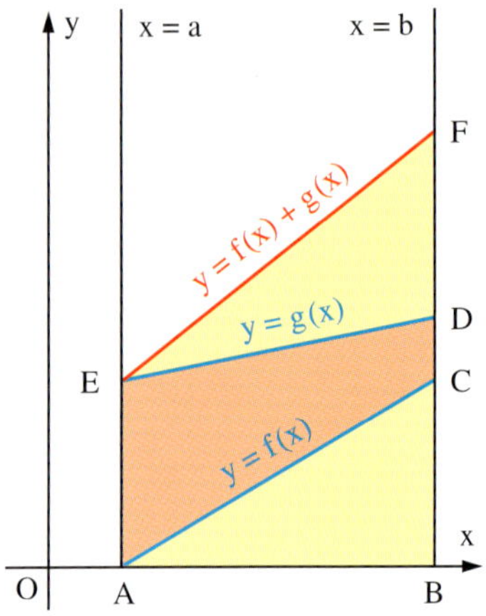

Fig. 1

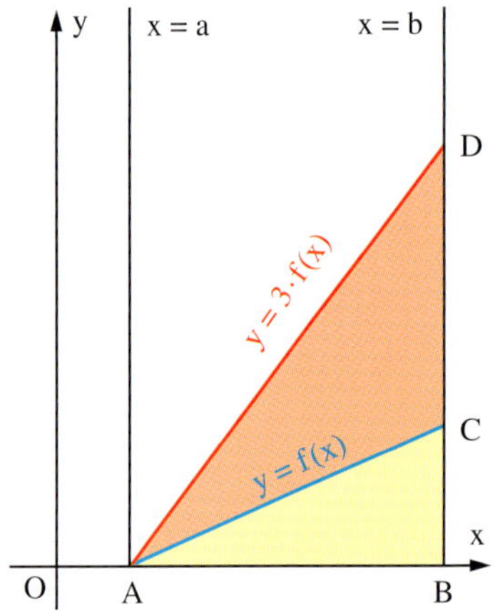

Fig. 2

1 Veranschaulichen Sie für f: $x \mapsto 0{,}5\,x + 1$ die Integrale $\int_0^1 f(x)\,dx$, $\int_1^3 f(x)\,dx$ und $\int_0^3 f(x)\,dx$ in einer Skizze. Welcher Zusammenhang besteht zwischen diesen Integralen?

2 In Fig. 1 und Fig. 2 sind die Schaubilder linearer Funktionen dargestellt.
Vergleichen Sie in Fig. 1 den Flächeninhalt des Dreiecks ABC mit dem der Vierecke ABDE und ABFE sowie in Fig. 2 die Inhalte der Dreiecke ABC und ABD.
Notieren Sie dabei die Flächeninhalte mit Integralen.

Aus $\int_a^b f(x)\,dx = F(b) - F(a)$ und aus Eigenschaften von Stammfunktionen ergeben sich einige **„Rechenregeln für Integrale“**.

Satz 1: Sind die Funktionen f und g auf dem Intervall I stetig und sind $a, b, c \in I$ sowie $r \in \mathbb{R}$, so gilt:

a) $\int_a^b f(x)\,dx + \int_b^c f(x)\,dx = \int_a^c f(x)\,dx$ **(Intervalladditivität des Integrals)**

b) $\int_a^b (f(x) + g(x))\,dx = \int_a^b f(x)\,dx + \int_a^b g(x)\,dx$

und **(Linearität des Integrals)**.

$\int_a^b r \cdot f(x)\,dx = r \cdot \int_a^b f(x)\,dx$

Die Begründungen verlaufen nach folgendem Schema:

1. Die Definition des Integrals führt zu einem Term mit Stammfunktionen.

2. Dieser Term wird geeignet umgeformt.

3. Der umgeformte Term wird als Integral geschrieben.

Beweis:
Wenn F eine Stammfunktion von f und G eine Stammfunktion von g ist, gilt:

a) $\int_a^b f(x)\,dx + \int_b^c f(x)\,dx = (F(b) - F(a)) + (F(c) - F(b)) = F(c) - F(a) = \int_a^c f(x)\,dx.$

b) $F + G$ ist eine Stammfunktion von $f + g$ und $r \cdot F$ eine Stammfunktion von $r \cdot f$.
Also ist:

$$\int_a^b (f(x) + g(x))\,dx = (F + G)(b) - (F + G)(a) = (F(b) + G(b)) - (F(a) + G(a))$$

$$= (F(b) - F(a)) + (G(b) - G(a)) = \int_a^b f(x)\,dx + \int_a^b g(x)\,dx;$$

$$\int_a^b r \cdot f(x)\,dx = (r \cdot F)(b) - (r \cdot F)(a) = r \cdot F(b) - r \cdot F(a)$$

$$= r \cdot (F(b) - F(a)) = r \cdot \int_a^b f(x)\,dx.$$

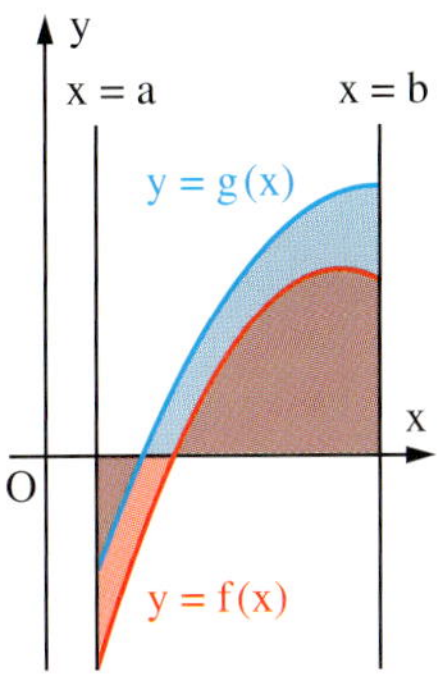

Fig. 1

Aus $f(x) \leqq g(x)$ für alle $x \in [a; b]$ (Fig. 1) ergibt sich $g(x) - f(x) \geqq 0$ für alle $x \in [a; b]$.
Dann ist $\int\limits_a^b (g(x) - f(x))\,dx \geqq 0$ und folglich gilt nach Satz 1 b): $\int\limits_a^b g(x)\,dx - \int\limits_a^b f(x)\,dx \geqq 0$.
Damit ergibt sich: $\int\limits_a^b f(x)\,dx \leqq \int\limits_a^b g(x)\,dx$.
Hiermit kann man „Integrale abschätzen", d.h. Schranken für Integrale berechnen, wenn eine Stammfunktion nicht bestimmt werden kann (vgl. Beispiel 3).

> **Satz 2:** Sind die Funktionen f und g auf dem Intervall [a; b] stetig und ist $f(x) \leqq g(x)$ für alle $x \in [a; b]$, so gilt
> $\int\limits_a^b f(x)\,dx \leqq \int\limits_a^b g(x)\,dx$. **(Monotonie des Integrals)**

Beispiel 1: (Anwendung der Intervalladditivität des Integrals)
Berechnen Sie $J = \int\limits_{-1}^{1,5} \left|\frac{1}{3}x^3\right| dx$.
Lösung:
Für $x \geqq 0$ ist $\left|\frac{1}{3}x^3\right| = \frac{1}{3}x^3$ und
für $x \leqq 0$ ist $\left|\frac{1}{3}x^3\right| = -\frac{1}{3}x^3$.
Also gilt

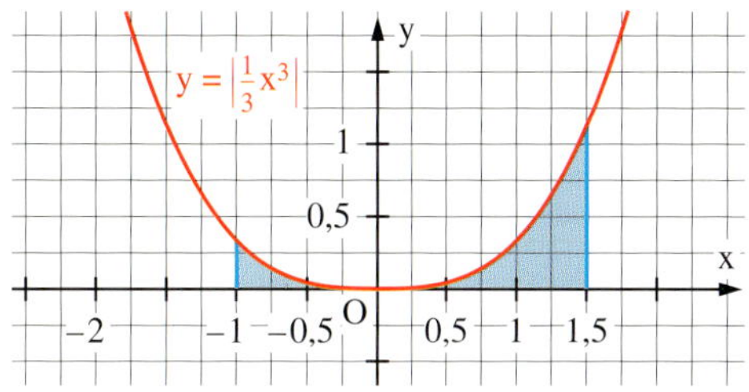

Fig. 2

$$J = \int\limits_{-1}^{0} \left(-\frac{1}{3}x^3\right) dx + \int\limits_{0}^{1,5} \frac{1}{3}x^3\,dx = \left[-\frac{1}{12}x^4\right]_{-1}^{0} + \left[\frac{1}{12}x^4\right]_{0}^{1,5} = \frac{1}{12} + \frac{27}{64} = \frac{97}{192}.$$

Beispiel 2: (Anwendung der Linearität des Integrals)
Berechnen Sie:
a) $\int\limits_1^2 \frac{1+2x}{x^3}\,dx$ b) $\int\limits_1^4 \frac{x+1}{\sqrt{x}}\,dx - \int\limits_1^4 \frac{x}{\sqrt{x}}\,dx$.

Die Formeln von Satz 1 kann man

von links nach rechts

von rechts nach links

lesen.

Lösung:
a) $\int\limits_1^2 \frac{1+2x}{x^3}\,dx = \int\limits_1^2 \left(\frac{1}{x^3} + \frac{2}{x^2}\right) dx = \int\limits_1^2 \frac{1}{x^3}\,dx + 2\int\limits_1^2 \frac{1}{x^2}\,dx = \left[\frac{-1}{2x^2}\right]_1^2 + 2\left[\frac{-1}{x}\right]_1^2 = \frac{11}{8}$
b) $\int\limits_1^4 \frac{x+1}{\sqrt{x}}\,dx - \int\limits_1^4 \frac{x}{\sqrt{x}}\,dx = \int\limits_1^4 \left(\frac{x+1}{\sqrt{x}} - \frac{x}{\sqrt{x}}\right) dx = \int\limits_1^4 \frac{1}{\sqrt{x}}\,dx = [2\sqrt{x}]_1^4 = 2$

Beispiel 3: (Anwendung der Monotonie des Integrals)
Für $f\colon x \mapsto \frac{4}{x}$ und $g\colon x \mapsto \frac{4}{x^2} + 1$ gilt
$f(x) \leqq g(x)$ für alle $x > 0$ (Fig. 3).
Zeigen Sie, dass $\int\limits_1^4 \frac{4}{x}\,dx \leqq 6$ ist.
Lösung:
Man erhält mit Satz 2 folgende Abschätzung:
$\int\limits_1^4 \frac{4}{x}\,dx \leqq \int\limits_1^4 \left(\frac{4}{x^2} + 1\right) dx = \left[\frac{-4}{x} + x\right]_1^4 = 6.$

Ist folgende Aussage auch wahr?

Sind die Funktionen f und g in [a; b] differenzierbar und ist $f(x) \leqq g(x)$ für alle $x \in [a; b]$, so ist $f'(x) \leqq g'(x)$ für alle $x \in [a; b]$.

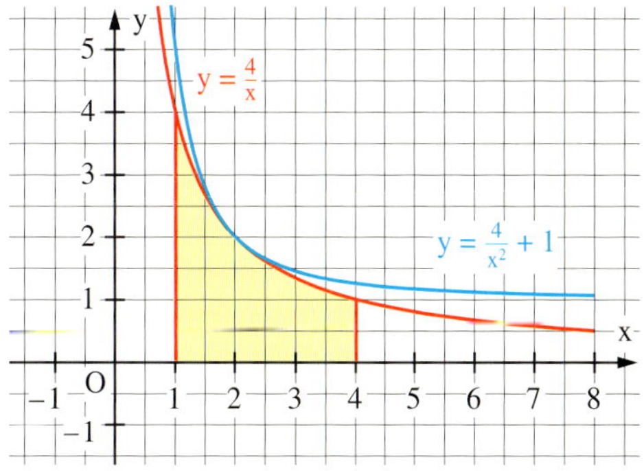

Fig. 3

Aufgaben

3 Berechnen Sie möglichst geschickt.

a) $\int_1^{3,1} 3x^2\,dx + \int_{3,1}^{4} 3x^2\,dx$ b) $\int_{-1}^{4} (x + 2^x)\,dx - \int_{-1}^{4} 2^x\,dx$ c) $\int_2^{2,5} \frac{-2}{(1-x)^2}\,dx - \int_{2,5}^{3} \frac{2}{(1-x)^2}\,dx$

d) $\int_1^3 \frac{3-2x^2}{x^2}\,dx$ e) $\int_1^2 \left(\frac{x^2+1}{x}\right)^2 dx$ f) $\int_0^2 \frac{x^2+2x+2}{(x+1)^2}\,dx$

Wo steckt der Fehler?

$\frac{1}{x^2} > 0$ für $x \neq 0$

aber

$\int_{-2}^{2} \frac{1}{x^2}\,dx = \left[\frac{-1}{x}\right]_{-2}^{2} = -1$!!!

4 Berechnen Sie das Integral als Summe von Integralen.

a) $\int_{-2}^{3} \left|\frac{1}{2}x\right| dx$ b) $\int_1^4 |2x-3|\,dx$ c) $\int_{-1}^{2} 2x \cdot |x^2 - 1|\,dx$

5 Skizzieren Sie ein Schaubild der Funktion f mit $f(x) = \frac{1}{x^2+1}$. Schätzen Sie das Integral $\int_1^{100} f(x)\,dx$ mithilfe der Funktionen g mit $g(x) = \frac{1}{x^2}$ und h mit $h(x) = \frac{1}{2x^2}$ ab.

6 Schätzen Sie $\int_1^4 \frac{1}{x}\,dx$ mithilfe von zwei Funktionen nach oben und nach unten ab.

7 Es sei $\int_0^2 f(x)\,dx = 3$, $\int_2^5 f(x)\,dx = 5$ und $\int_0^2 g(x)\,dx = 8$. Bestimmen Sie:

a) $\int_0^5 f(x)\,dx$ b) $\int_0^2 (f(x) - 2g(x))\,dx$ c) $\int_2^0 (4 \cdot g(x) - \frac{1}{5}f(x))\,dx$.

8 Vereinfachen Sie soweit wie möglich.

a) $\int_a^0 x^2\,dx + \int_0^a x^2\,dx$ b) $\int_a^0 x^2\,dx - \int_{-a}^{0} x^2\,dx + \int_{-a}^{a} x^2\,dx$ c) $\int_a^{2a} (x^2 + x^3)\,dx - \int_a^{2a} x^2\,dx + \int_0^{2a} (-x^3)\,dx$

9 Für eine Funktion f gilt: $\int_{-1}^{1} f(x)\,dx = \int_{-1}^{3} f(x)\,dx$. Skizzieren Sie mögliche Schaubilder von f.

10 Gibt es zwei stetige Funktionen f und g mit der Eigenschaft $\int_a^b (f(x) - g(x))\,dx = 0$ $(a < b)$ und $f(x) \neq g(x)$ für alle $x \in [a; b]$? Begründen Sie Ihre Antwort.

11 Geben Sie jeweils zwei Beispiele an, bei denen die Aussage $\left(\int_0^1 f(x)\,dx\right)^2 = \int_0^1 (f(x))^2\,dx$ stimmt bzw. nicht stimmt.

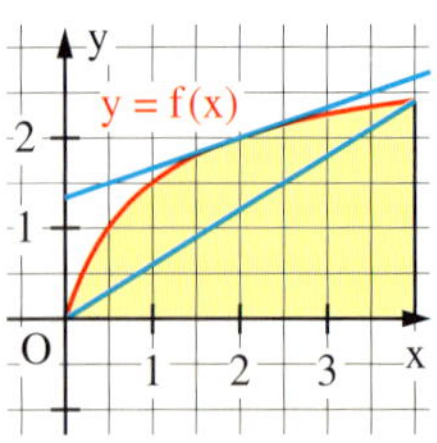

Fig. 1

12 Gegeben ist auf dem Intervall [a; b] mit $a = 0$ und $b = 4$ die Funktion f durch $f(x) = \frac{3x}{x+1}$. Für f kann bisher keine Stammfunktion bestimmt werden, doch verläuft das Schaubild von f zwischen den Schaubildern der linearen Funktionen g_1 und g_2 (Fig. 1). Dabei ist die Funktion g_1 festgelegt durch die Bedingungen $g_1(a) = f(a)$ und $g_1(b) = f(b)$ und die Funktion g_2 durch die Bedingungen $g_2\left(\frac{a+b}{2}\right) = f\left(\frac{a+b}{2}\right)$ und $g_2'\left(\frac{a+b}{2}\right) = f'\left(\frac{a+b}{2}\right)$.

a) Zeigen Sie mithilfe der Ableitung von f, dass f auf [a; b] streng monoton ist.
b) Was besagen die Bedingungen für g_1 und g_2 anschaulich?
c) Bestimmen Sie Funktionsterme für die Funktionen g_1 und g_2.
d) Berechnen Sie $\int_a^b g_1(x)\,dx$ und $\int_a^b g_2(x)\,dx$. In welchem Intervall liegt damit $\int_a^b f(x)\,dx$?
e) Bearbeiten Sie die Teilaufgaben a), b), c) und d) für f mit $f(x) = \frac{2}{x}$ und $a = 2$, $b = 4$.

9 Flächen unterhalb der x-Achse

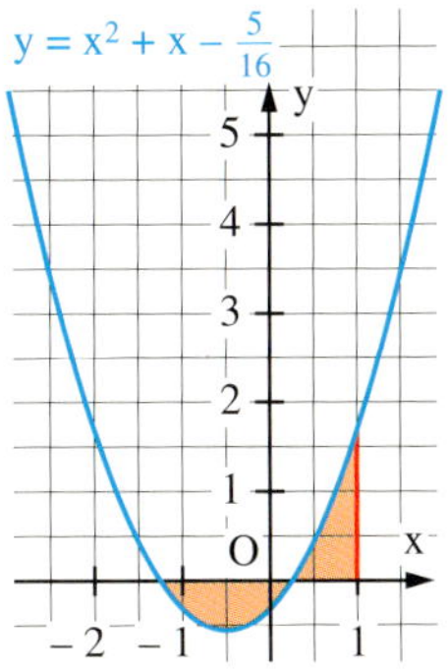

Fig. 1

Man kann den gesuchten Flächeninhalt auch mit Hilfe von Betragsstrichen ausdrücken.

$$A = \int_a^{x_1} |f(x)|\,dx + \int_{x_1}^{x_2} |f(x)|\,dx + \int_{x_2}^{b} |f(x)|\,dx$$

Zur Berechnung muss jedoch immer das Vorzeichen von f(x) bestimmt werden.

1 Drücken Sie den Inhalt der gefärbten Fläche in Fig. 1 mithilfe von Integralen aus. Beschreiben Sie die Schritte Ihres Vorgehens.

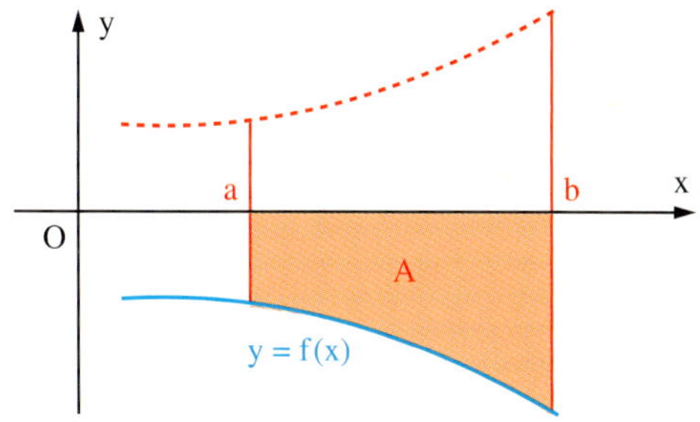

Fig. 2

Bei dem gesuchten Flächeninhalt A in Fig. 2 ist $f(x) \leqq 0$ für $x \in [a; b]$. Durch Spiegelung an der x-Achse ergibt sich eine Fläche mit demselben Inhalt. Für diesen Inhalt gilt:

$A = \int_a^b -f(x)\,dx$ oder

$A = -\int_a^b f(x)\,dx$ (Linearität des Integrals).

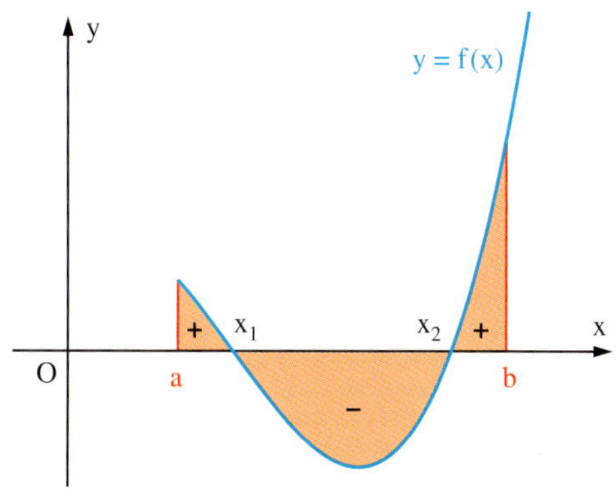

Fig. 3

Nimmt f in [a; b] sowohl positive als auch negative Werte an, muss man die Inhalte der Teilflächen getrennt berechnen.
Dazu geht man so vor:
1. Schritt: Berechnung der Nullstellen von f
2. Schritt: Bestimmung des Vorzeichens von f(x) in den Teilintervallen
3. Schritt: Berechnung des Flächeninhaltes.

In Fig. 3 gilt:

$$A = \int_a^{x_1} f(x)\,dx + \int_{x_1}^{x_2} -f(x)\,dx + \int_{x_2}^{b} f(x)\,dx.$$

In Fig. 3 erhält man durch $\int_a^b f(x)\,dx$ nicht den Flächeninhalt A. Das Integral zählt Flächen oberhalb der x-Achse positiv und Flächen unterhalb der x-Achse negativ.

> **Satz:** Es sei f eine auf dem Intervall [a; b] stetige Funktion. Dann ist $\int_a^b f(x)\,dx$ der orientierte Inhalt der Fläche zwischen dem Schaubild von f und der x-Achse über [a; b].

Beispiel 1: (Fläche unterhalb der x-Achse)
Gegeben ist die Funktion f mit $f(x) = -\frac{1}{4}x^2$.
Berechnen Sie den Inhalt der gefärbten Fläche in Fig. 4.
Lösung:
Es gilt $f(x) \leqq 0$ für $x \in [-1; 3]$. Somit gilt

$$A = \int_{-1}^{3} -\left(-\tfrac{1}{4}x^2\right)dx = \int_{-1}^{3} \tfrac{1}{4}x^2\,dx = \left[\tfrac{1}{12}x^3\right]_{-1}^{3}$$

$$= \tfrac{1}{12}\cdot 3^3 - \left(\tfrac{1}{12}(-1)^3\right) = \tfrac{9}{4} + \tfrac{1}{12} = \tfrac{28}{12}.$$

Der Flächeninhalt ist $A = \frac{7}{3}$.

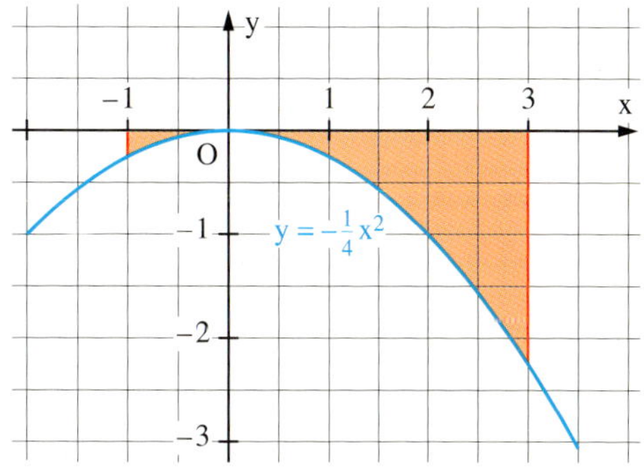

Fig. 4

*Die Beschreibung „über dem Intervall [–1; 2,5]" bedeutet: Es sind **alle** Flächen im Bereich des Intervalls gemeint, die vom Schaubild von f, der x-Achse und den Geraden mit den Gleichungen x = –1 bzw. x = 2,5 begrenzt werden.*

Beispiel 2: (Fläche teilweise unterhalb, teilweise oberhalb der x-Achse)
Gegeben ist die Funktion f mit
$f(x) = 0{,}5x^3 - 2x$ (Fig. 1).
Berechnen Sie den Inhalt der Fläche, die das Schaubild von f und die x-Achse über dem Intervall [–1; 2,5] einschließt.

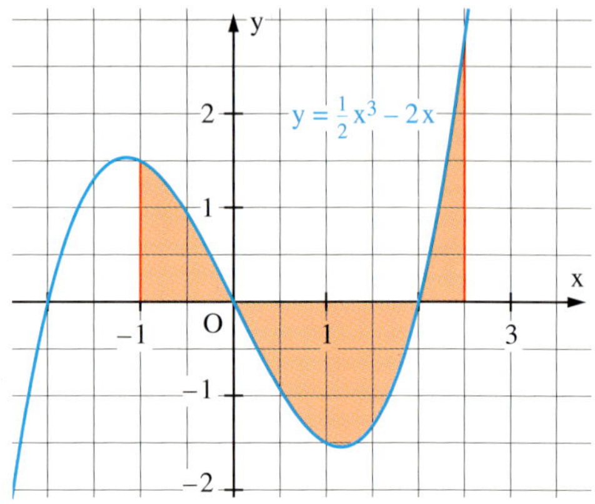

Fig. 1

Lösung:
1. Schritt: $x(0{,}5x^2 - 2) = 0$;
$x_1 = 0$; $x_2 = -2$; $x_3 = 2$

Wie kommt man auf $f(x) \geqq 0$ für $-2 \leqq x \leqq 0$? Da f stetig ist, genügt es z. B. $f(-1) = 1{,}5$ zu berechnen.

2. Schritt: $f(x) \geqq 0$ für $-2 \leqq x \leqq 0$,
$f(x) \leqq 0$ für $0 \leqq x \leqq 2$,
$f(x) \geqq 0$ für $2 \leqq x \leqq 2{,}5$

3. Schritt:
$$A = \int_{-1}^{0}(0{,}5x^3 - 2x)\,dx + \int_{0}^{2} -(0{,}5x^3 - 2x)\,dx + \int_{2}^{2{,}5}(0{,}5x^3 - 2x)\,dx$$
$$= \left[\tfrac{1}{8}x^4 - x^2\right]_{-1}^{0} + \left[-\tfrac{1}{8}x^4 + x^2\right]_{0}^{2} + \left[\tfrac{1}{8}x^4 - x^2\right]_{2}^{2{,}5} = \tfrac{7}{8} + 2 + \tfrac{81}{128} \approx 3{,}51$$
Der Flächeninhalt ist $A \approx 3{,}51$.

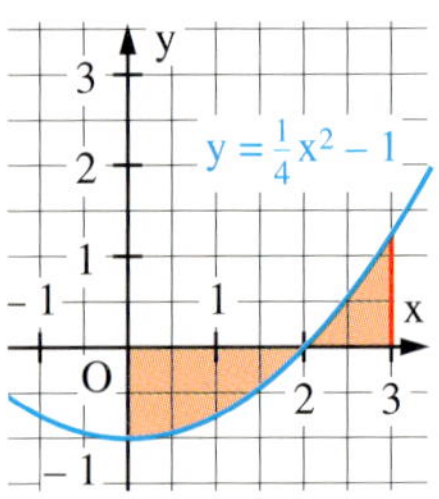

Fig. 2

Beispiel 3: (Anwendung des orientierten Flächeninhalts)
Für jedes $c \in \mathbb{R}$ ist eine Funktion f_c gegeben durch $f_c(x) = \frac{1}{4}x^2 - c$. Bestimmen Sie c so, dass die x-Achse die Fläche zwischen dem Schaubild von f_c und der x-Achse über dem Intervall [0; 3] halbiert.
Lösung:
Die x-Achse halbiert die Fläche, wenn deren orientierter Flächeninhalt null ist.
$$0 = \int_{0}^{3}\left(\tfrac{1}{4}x^2 - c\right)dx = \left[\tfrac{1}{12}x^3 - cx\right]_{0}^{3} = \tfrac{27}{12} - 3c.$$ Also ist $c = \frac{3}{4}$.

Aufgaben

2 Berechnen Sie den Inhalt der Fläche zwischen dem Schaubild von f und der x-Achse über dem Intervall [a; b].
a) $f(x) = -0{,}5x^2$; [0; 4]   b) $f(x) = \frac{1}{3}x^3 - 3x$; [0; 2]   c) $f(x) = -\frac{1}{x^2}$; [–10; –5]

3 Bestimmen Sie den Inhalt der Fläche, die das Schaubild von f mit der x-Achse einschließt.
a) $f(x) = 0{,}5x^2 - 3x$ b) $f(x) = (x-1)^2 - 1$ c) $f(x) = x^4 - 4x^2$
d) $f(x) = -\frac{1}{5}x^3 + 2x^2 - 5x$ e) $f(x) = -3x - 7 + \frac{4}{x^2}$ f) $f(x) = x(3 - x^2)$

4 Berechnen Sie den Inhalt der Fläche zwischen dem Schaubild von f und der x-Achse über dem Intervall [a; b].
a) $f(x) = x^2 - 3x$; [–1; 4]   b) $f(x) = \frac{1}{x^2} - 1$; [0,5; 2]   c) $f(x) = \cos x$; [0; 2]

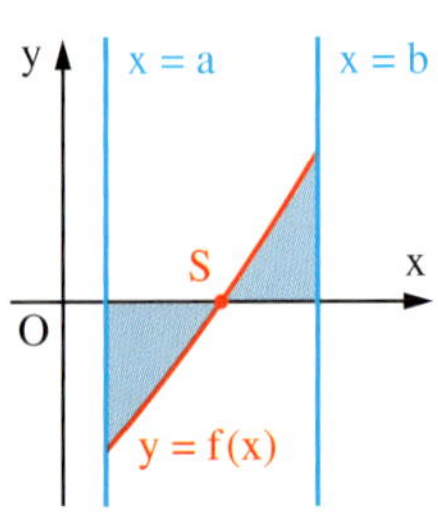

Fig. 3

5 Die Funktion f_c hat bei geeigneter Wahl von c im Intervall [a; b] genau eine Nullstelle x_0. Das Schaubild von f_c, die x-Achse sowie die Geraden mit den Gleichungen x = a und x = b begrenzen eine Fläche, die aus zwei Teilen besteht (Fig. 3). Bestimmen Sie c so, dass die beiden Teilflächen denselben Inhalt haben.
a) $f_c(x) = x^3 - x + c$; a = 0; b = 2   b) $f_c(x) = x^3 - cx - 1$; a = 0; b = 2

10 Flächen zwischen zwei Schaubildern

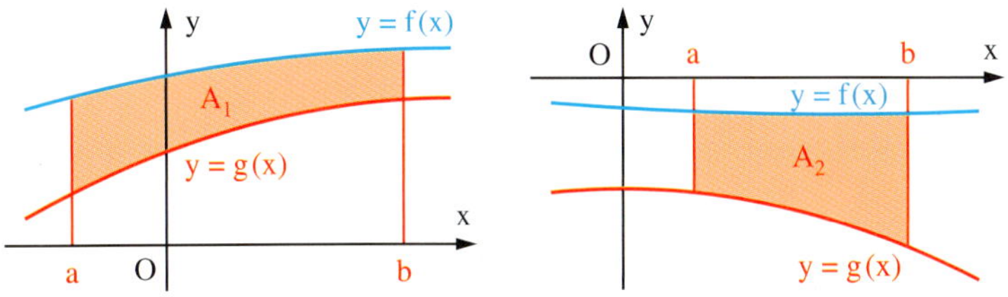

Fig. 1

1 a) Schreiben Sie den Inhalt der orangefarbenen Flächen in Fig. 1 als Differenz bzw. als Summe von Integralen.
b) Drücken Sie diese Integrale mit Hilfe von Stammfunktionen aus. Formulieren Sie für beide Fälle eine gemeinsame Regel zur Bestimmung des Flächeninhalts.

Es soll der Inhalt einer Fläche bestimmt werden, die wie die gefärbte Fläche in Fig. 2 von den Schaubildern zweier Funktionen und den Geraden mit den Gleichungen $x = a$ und $x = b$ begrenzt wird. Dabei wird $f(x) \geqq g(x)$ für $x \in [a; b]$ vorausgesetzt, und F und G seien Stammfunktionen von f bzw. g.

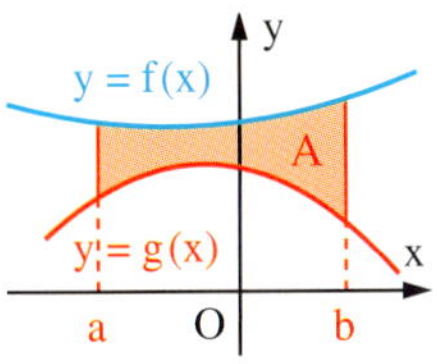

Fig. 2

Für den Inhalt A in Fig. 2 gilt:

$$A = \int_a^b f(x)\,dx - \int_a^b g(x)\,dx = F(b) - F(a) - (G(b) - G(a)) = F(b) - G(b) - (F(a) - F(b))$$
$$= [F(x) - G(x)]_a^b = \int_a^b (f(x) - g(x))\,dx.$$

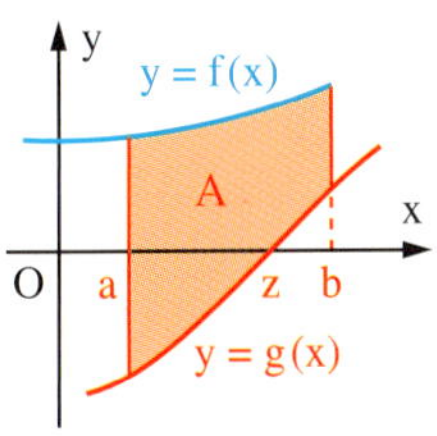

Fig. 3

In Fig. 3 nimmt die Funktion g im Intervall [a; b] auch negative Funktionswerte an.
Für A gilt:

$$A = \int_a^b f(x)\,dx + \int_a^z -g(x)\,dx - \int_z^b g(x)\,dx = F(b) - F(a) + (-G(z) - (-G(a)) - (G(b) - G(z))$$
$$= (F(b) - G(b)) - (F(a) - G(a)).$$

Faustregel:
Falls sich die Schaubilder von f und g nicht schneiden, gilt für einen Flächeninhalt A zwischen den Schaubildern:
A =
∫(obere Fu. – untere Fu.).

Die angeführten Beispiele zeigen, dass es bei der Berechnung des Inhalts einer Fläche zwischen zwei Schaubildern, die sich nicht schneiden, nur auf die Differenzfunktion ankommt.

Satz: Es seien f und g stetige Funktionen mit $f(x) \geqq g(x)$ für $x \in [a; b]$. Dann gilt für den Inhalt A der Fläche zwischen den Schaubildern von f und g über dem Intervall [a; b]:

$$\mathbf{A = \int_a^b (f(x) - g(x))\,dx.}$$

Falls sich die Schaubilder von f und g im Intervall [a; b] schneiden, gilt teilweise $f(x) \geqq g(x)$ und teilweise $g(x) \geqq f(x)$. Zur Bestimmung von A geht man deshalb so vor (Fig. 4):
1. Schritt: Berechnung der Schnittstellen von f und g
2. Schritt: Bestimmung, in welchen Teilintervallen $f(x) \geqq g(x)$ bzw. $g(x) \geqq f(x)$ gilt
3. Schritt: Berechnung des Flächeninhaltes.

$$A = \int_a^z (f(x) - g(x))\,dx + \int_z^b (g(x) - f(x))\,dx$$

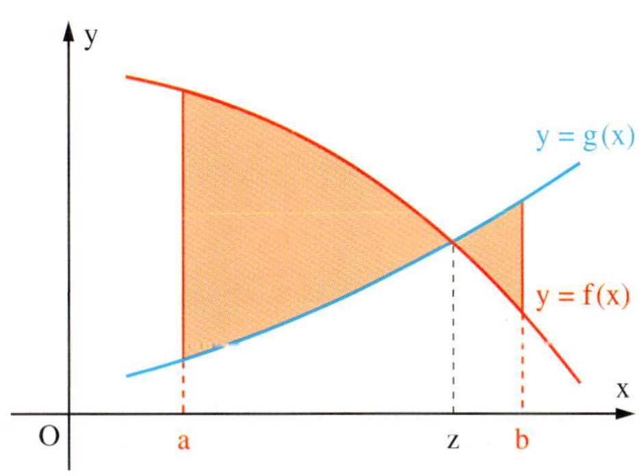

Fig. 4

Beispiel 1: (Die Schaubilder von f und g schneiden sich nicht)

Gegeben ist die Funktion f mit

$f(x) = \frac{1}{8}x^2 + 1$

und die Funktion g mit

$g(x) = -\frac{1}{2}x^2 + 3x - 4.$

Berechnen Sie den Inhalt A der Fläche, die von den Schaubildern der Funktionen f und g über [1; 3] eingeschlossen wird (Fig. 1).

Lösung:

Im Intervall [1; 3] gilt: $f(x) \geqq g(x)$.

Also gilt:

Wie stellt man fest, ob $f(x) \geqq g(x)$ für $x \in [1; 3]$ gilt?
Oft schafft ein Schaubild Klarheit. Rein rechnerisch kann man z. B. zeigen, dass die Funktion $f - g$ mit $(f-g)(x) = \frac{5}{8}x^2 - 3x + 5$ in [1; 3] keine Nullstellen hat. Da $f - g$ stetig ist, genügt es dann z. B. $(f-g)(2) \geqq 0$ nachzuweisen.

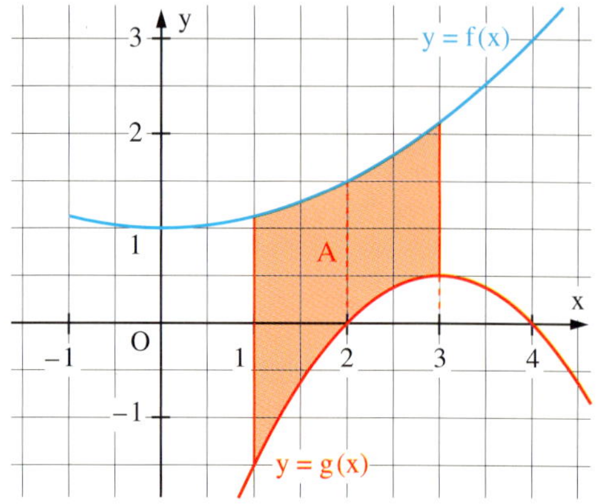

Fig. 1

$$A = \int_1^3 \left(\left(\tfrac{1}{8}x^2 + 1\right) - \left(-\tfrac{1}{2}x^2 + 3x - 4\right)\right)dx = \int_1^3 \left(\tfrac{5}{8}x^2 - 3x + 5\right)dx = \left[\tfrac{5}{24}x^3 - \tfrac{3}{2}x^2 + 5x\right]_1^3 = \tfrac{41}{12}.$$

Der gesuchte Flächeninhalt ist $A = \frac{41}{12}$.

Beispiel 2: (Die Schaubilder von f und g schneiden sich)

Berechnen Sie den Inhalt A der Fläche, die von den Schaubildern von f mit $f(x) = x^3 - 6x^2 + 9x$ und g mit $g(x) = -\frac{1}{2}x^2 + 2x$ eingeschlossen wird (Fig. 2).

schnittpunkte!

Lösung:

1. Schritt: $x^3 - 6x^2 + 9x = -\frac{1}{2}x^2 + 2x$

$x(2x^2 - 11x + 14) = 0$

$x_1 = 0;\ x_2 = 2;\ x_3 = 3{,}5$

2. Schritt: Für $0 \leqq x \leqq 2$ ist $f(x) \geqq g(x)$;

für $2 \leqq x \leqq 3{,}5$ ist $g(x) \geqq f(x)$.

Die Ergebnisse des 2. Schrittes ergeben sich oft aus dem Schaubild. Da f und g stetig sind, genügt es auch z. B. $f(1) \geqq g(1)$ und $f(3) \leqq g(3)$ nachzuweisen.

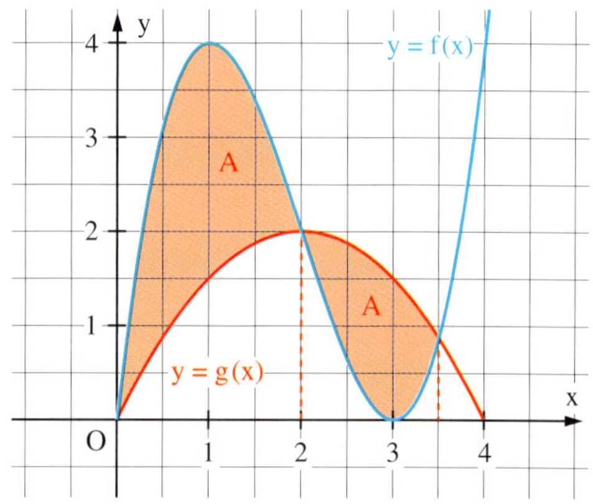

Fig. 2

3. Schritt:

$$A = \int_0^2 (f(x) - g(x))\,dx + \int_2^{3,5} (g(x) - f(x))\,dx = \int_0^2 (x^3 - 5{,}5x^2 + 7x)\,dx + \int_2^{3,5} (-x^3 + 5{,}5x^2 - 7x)\,dx$$

$$= \left[\tfrac{1}{4}x^4 - \tfrac{11}{6}x^3 + \tfrac{7}{2}x^2\right]_0^2 + \left[-\tfrac{1}{4}x^4 + \tfrac{11}{6}x^3 - \tfrac{7}{2}x^2\right]_2^{3,5} = \tfrac{937}{192} \approx 4{,}88.$$

Der gesuchte Flächeninhalt ist $A = \frac{937}{192}$.

Aufgaben

2 Geben Sie den Inhalt der Fläche mit Hilfe von Integralen an.

a) b) c)

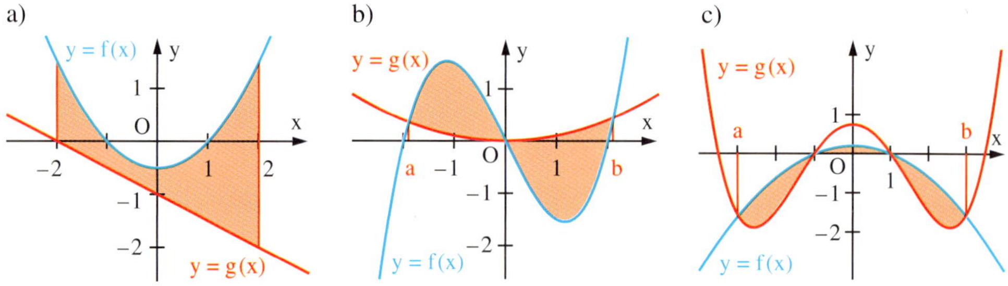

Fig. 3

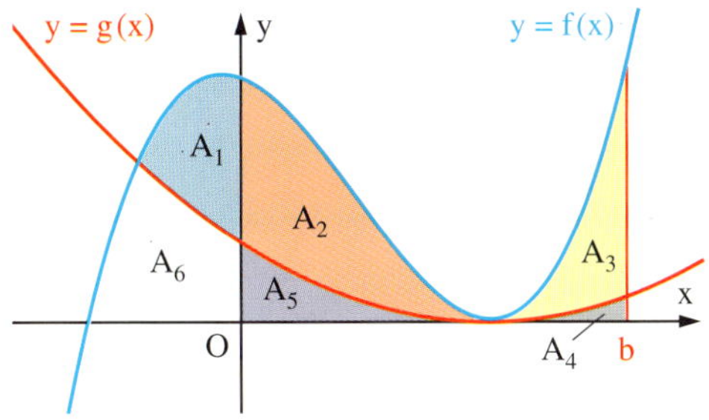

Fig. 1

3 Drücken Sie den Inhalt der Fläche als Summe von $A_1, A_2, \ldots, A_6$ aus (Fig. 2).
a) Die Fläche, die von den Schaubildern von f und g begrenzt wird.
b) Die Fläche, die von den Schaubildern von f und g sowie der x-Achse begrenzt wird.
c) Die Fläche, welche die Schaubilder von f und g über dem Intervall [0; b] begrenzen.

4 Berechnen Sie den Inhalt der Fläche, die von den Schaubildern von f und g sowie den Geraden mit den Gleichungen $x = a$ und $x = b$ begrenzt wird.
a) $f(x) = x^2;\ g(x) = -x^2 + 4;\ a = -3;\ b = 3$
b) $f(x) = x^3;\ g(x) = x;\ a = 0;\ b = 2$
c) $f(x) = 2x^2;\ g(x) = \frac{1}{2x^2};\ a = 0{,}5;\ b = 2$
d) $f(x) = x(x^2 - 4);\ g(x) = -\frac{1}{2}x;\ a = -0{,}5;\ b = 1$

5 Wie groß ist die Fläche, die von den Schaubildern von f und g begrenzt wird?
a) $f(x) = x^2;\ g(x) = -x^2 + 4x$
b) $f(x) = x^2;\ g(x) = -x^3 + 3x^2$
c) $f(x) = -\frac{1}{x^2};\ g(x) = 2{,}5x - 5{,}25$
d) $f(x) = x^3 - x;\ g(x) = -x^3 + x^2$

Zu Aufgabe 6:

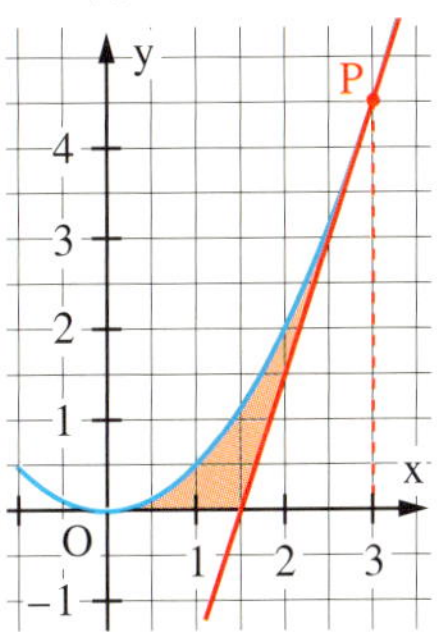

6 Berechnen Sie den Inhalt der Fläche, die vom Schaubild von f, der Tangente in P und der x-Achse begrenzt wird.
a) $f(x) = \frac{1}{2}x^2;\ P(3|4{,}5)$
b) $f(x) = (x - 2)^4;\ P(0|16)$
c) $f(x) = \frac{1}{x^2} - \frac{1}{4}\ P(0{,}5|3{,}5)$

7 Berechnen Sie den Inhalt der Fläche, die vom Schaubild von f, der Normalen in P und der x-Achse begrenzt wird.
a) $f(x) = -x^2;\ P(1|-1)$
b) $f(x) = x^3;\ P(1|1)$
c) $f(x) = -\frac{1}{4}x^3 + 2;\ P(-2|4)$

8 Berechnen Sie den Inhalt der Fläche zwischen dem Schaubild von f und der Normalen im Wendepunkt von f.
a) $f(x) = -x^3 + x$
b) $f(x) = -\frac{1}{3}x^3 + 2x$
c) $f(x) = -0{,}5x^3 - 1{,}5x^2 - 0{,}5x - 0{,}5$

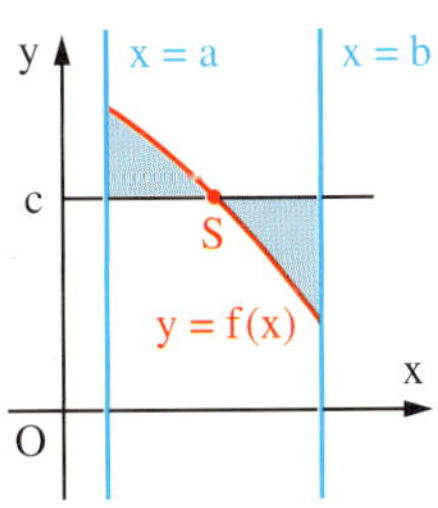

Fig. 2

9 Die Funktion f ist auf dem Intervall [a; b] definiert und es ist $f(a) \neq f(b)$. Wenn $c \in \mathbb{R}$ mit $f(a) < c < f(b)$ oder $f(b) < c < f(a)$ ist, begrenzen das Schaubild von f sowie die Geraden mit den Gleichungen $x = a,\ x = b$ und $y = c$ eine Fläche, die aus zwei Teilen besteht (Fig. 2). Bestimmen Sie c so, dass die beiden Teilflächen denselben Inhalt haben.
a) $f(x) = 4x - x^2;\ a = 0;\ b = 2$
b) $f(x) = \frac{6}{(x+2)^2};\ a = -1;\ b = 4$
c) $f(x) = \sin x;\ a = 0;\ b = \frac{\pi}{2}$
d) $f(x) = \frac{4}{\sqrt{x+3}};\ a = -2;\ b = 6$

10 Für jedes $t \in \mathbb{R}^+$ ist eine Funktion f_t gegeben durch $f_t(x) = tx^3 - 3(t + 1)x$.
Die Gerade mit der Gleichung $y = -3x$ schließt mit dem Schaubild von f_t eine Fläche mit dem Inhalt A(t) ein. Bestimmen Sie A(t).

11 Für jedes $t \in \mathbb{R}^+$ ist eine Funktion f_t gegeben durch $f_t(x) = \frac{tx^2 - 4}{x^2}$. Das Schaubild von f_t schließt im 1. Quadranten mit den Koordinatenachsen und den Geraden mit den Gleichungen $x = \frac{4}{\sqrt{t}}$ und $y = t$ eine Fläche ein. Berechnen Sie deren Inhalt in Abhängigkeit von t.

12 Die Schaubilder der Funktionen f_a mit $f_a(x) = a \cdot \sin x$ und g_a mit $g_a(x) = -\frac{1}{a} \cdot \sin x$ begrenzen für $x \in [0; \pi]$ eine Fläche. Für welche Werte von a ist der Flächeninhalt minimal? Geben Sie den minimalen Inhalt an.

11 Vermischte Aufgaben

1 Gegeben ist die Funktion f mit $f(x) = \frac{1}{3}x^3 + 2x^2 + 3x$ (Fig. 1). Berechnen Sie den Inhalt der Fläche

a) die das Schaubild von f mit der x-Achse einschließt

b) zwischen dem Schaubild von f und der x-Achse über dem Intervall $[-4; 0]$

c) die das Schaubild von f und die Gerade mit der Gleichung $y = \frac{1}{3}x$ einschließt

d) die vom Schaubild von f, der Normalen in $P\left(-2\,\middle|\,-\frac{2}{3}\right)$ und der Normalen im Ursprung begrenzt wird.

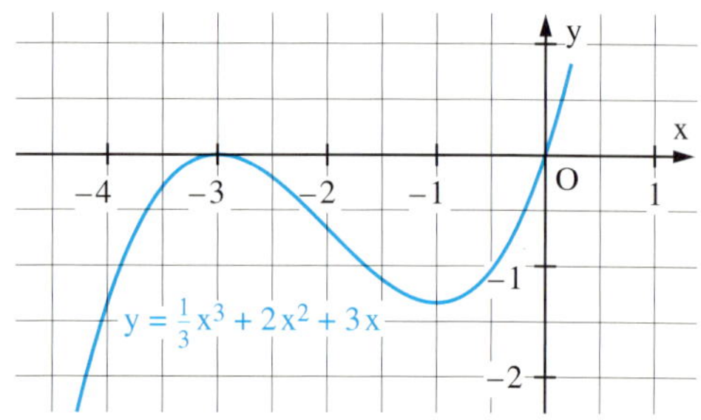

Fig. 1

2 Skizzieren Sie die Schaubilder der Funktionen f mit $f(x) = -x^2 + 4{,}25$ und g mit $g(x) = \frac{1}{x^2}$. Bestimmen Sie den Inhalt der Fläche, die

a) von den Schaubildern von f und g eingeschlossen wird

b) von den Schaubildern von f und g sowie der x-Achse begrenzt wird.

3 Berechnen Sie den Inhalt der gefärbten Fläche.

Bei dieser Aufgabe muss zunächst der Inhalt einer geeigneten Fläche mithilfe eines Integrals berechnet werden. Daraus kann man dann den gesuchten Flächeninhalt bestimmen.

a) b) c)

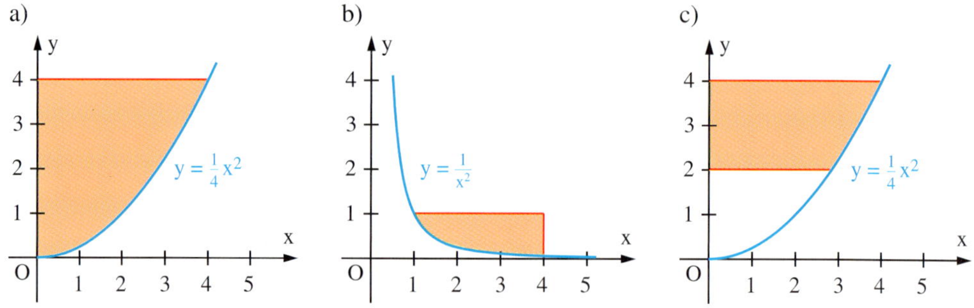

Fig. 3

4 Bestimmen Sie die obere Grenze b bzw. die untere Grenze a.

a) $\int_0^b x^2\,dx = 9$ b) $\int_a^5 x^2\,dx = 63$ c) $\int_1^b 2x^3\,dx = 40$ d) $\int_a^{10} \frac{1}{x^2}\,dx = 0{,}5$

5 Bestimmen Sie die Ableitung der Integralfunktion J.

a) $J(x) = \int_0^x (t^2 - 2t)\,dt$ b) $J(x) = \int_{-5}^x (t^2 - 2t)\,dt$ c) $J(x) = \int_x^0 (t^2 - 2t)\,dt$

6 Begründen Sie, dass jede Integralfunktion $J(x) = \int_a^x f(t)\,dt$ mindestens eine Nullstelle hat.

7 Skizzieren Sie ohne weitere Rechnung ein Schaubild der Integralfunktion J.

a) $J_0(x) = \int_0^x t^2\,dt$ b) $J_0(x) = \int_0^x |t|\,dt$ c) $J_1(x) = \int_1^x \frac{1}{t}\,dt \quad (x > 0)$

8 Bestimmen Sie den Wertebereich der Integralfunktion J_0 mit $J_0(x) = \int_0^x (z^5 + 1)\,dz$.

9 Gegeben ist die Funktion f mit $f(x) = 2 - \frac{2}{x^2 + 1}$. Skizzieren Sie ein Schaubild von f.
a) Zeigen Sie, dass für die Funktion g mit $g(x) = 2 - \frac{2}{x^2}$ gilt: $g(x) < f(x)$ für alle $x \in \mathbb{R}$.
b) Das Schaubild von f, die x-Achse und die Geraden mit den Gleichungen $x = 4$ und $x = 10$ begrenzen eine Fläche. Untersuchen Sie, wie groß der Inhalt dieser Fläche mindestens ist.

10 a) Zeigen Sie, dass alle Parabeln der Form $y = \frac{2}{t^2}x - \frac{1}{t^3}x^2$ $(t > 0)$ mit der x-Achse gleich große Flächen einschließen.
b) Bestimmen Sie die Gleichung der Ortslinie, auf der die Scheitel aller Parabeln liegen.

11 Bestimmen Sie $t > 1$ so, dass die von der Parabel der Form $y = tx - x^2$ und der x-Achse eingeschlossene Fläche von der ersten Winkelhalbierenden halbiert wird.

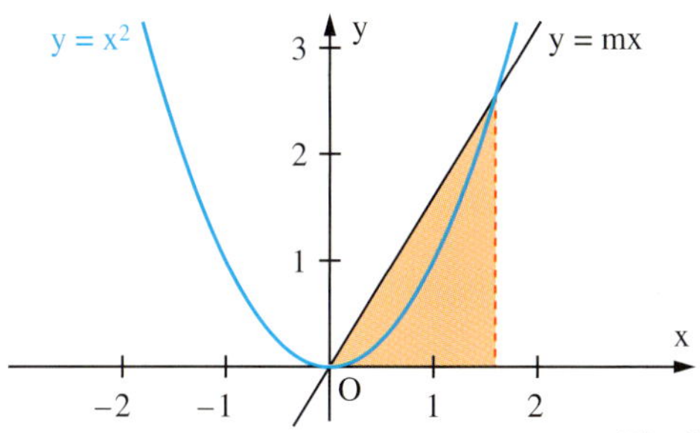

Fig. 1

12 a) Die Parabel mit der Gleichung $y = x^2$ schließt mit einer Geraden der Form $y = mx$ mit $m \geqq 0$ eine Fläche ein (Fig. 1).
Geben Sie diesen Inhalt in Abhängigkeit von m an.
b) Die Parabel teilt die orangerot gefärbte Fläche in Fig. 1 in zwei Teile. Zeigen Sie, dass die Inhalte dieser Teilflächen unabhängig von m im gleichen Verhältnis stehen.

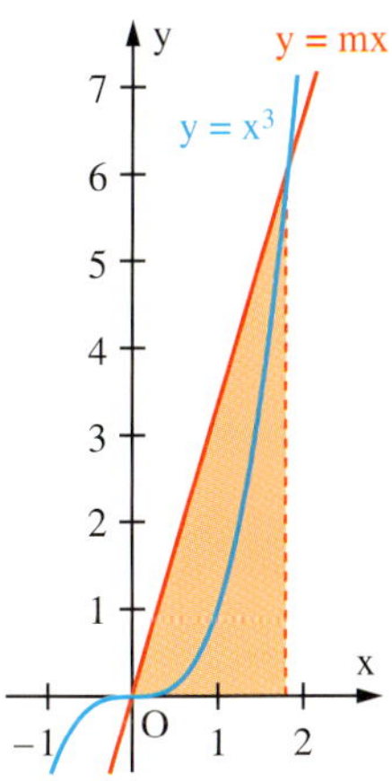

Fig. 2

13 Gegeben ist die Funktion f mit $f(x) = x^3$. Eine Gerade der Form $y = mx$ mit $m \geqq 0$ schließt im 1. Feld mit dem Schaubild von f eine Fläche ein (Fig. 2). Bestimmen Sie m so, dass der Inhalt dieser Fläche 2,25 ist. Drücken Sie dazu die gesuchte Schnittstelle der Schaubilder und den Flächeninhalt in Abhängigkeit von m aus. Zeigen Sie, dass die Parabel das rot gefärbte Dreieck für jedes m mit $m \geqq 0$ in zwei flächengleiche Teile teilt.

14 a) Berechnen Sie in Fig. 4 für $m = 0{,}5$ die Inhalte der blau und der rot gefärbten Flächen.
b) Für welchen Wert von m ist die rote Fläche in Fig. 3 gleich groß wie die blaue? Drücken Sie dazu zunächst die Flächeninhalte in Abhängigkeit von z aus und bestimmen Sie daraus m.

15 Für welches t $(t > 0)$ hat die Fläche zwischen der Parabel mit der Gleichung $y = -x^2 + tx$ und der x-Achse den Inhalt 288?

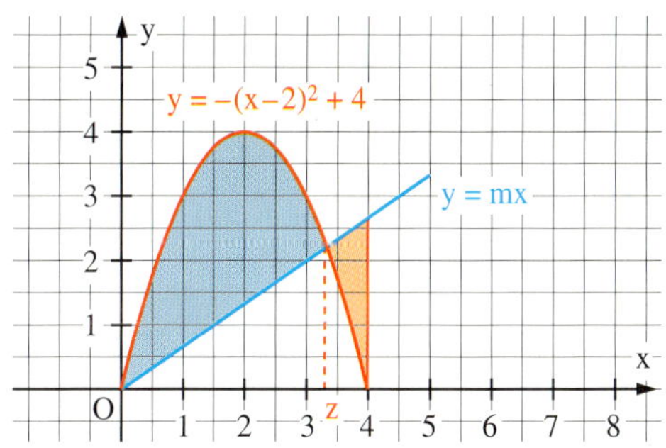

Fig. 3

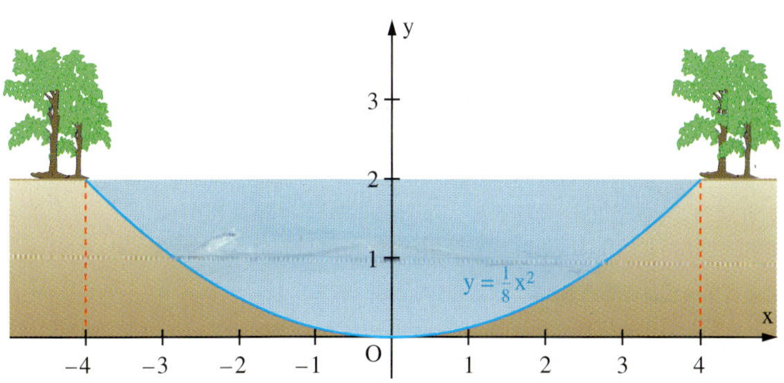

Fig. 4

16 Der Boden eines 2 km langen Kanals hat die Form einer Parabel mit der Gleichung $y = \frac{1}{8}x^2$ (Fig. 4). Dabei entspricht einer Längeneinheit 1 m in der Wirklichkeit.
a) Berechnen Sie den Inhalt der Querschnittsfläche des Kanals.
b) Wie viel Wasser befindet sich im Kanal, wenn er ganz gefüllt ist?
c) Wie viel Prozent der maximalen Wassermenge befindet sich im Kanal, wenn er nur bis zur halben Höhe gefüllt ist?

Kurvendiskussion mit Flächenberechnung

17 Gegeben ist die Funktion f mit $f(x) = x^2(x^2 - 4)$. Ihr Schaubild sei K.
a) Untersuchen Sie f und zeichnen Sie ein Schaubild.
b) Wie groß ist der Inhalt der Fläche, die K mit der x-Achse einschließt?
c) Die Tangente in den Tiefpunkten von K begrenzt mit K eine Fläche.
Berechnen Sie den Inhalt dieser Fläche.

18 Gegeben ist die Funktion f mit $f(x) = -\frac{x^2 + 4x}{(x+2)^2}$; $x \in \mathbb{R} \setminus \{-2\}$. Ihr Schaubild sei K.
a) Untersuchen Sie f und zeichnen Sie ein Schaubild.
b) Berechnen Sie den Inhalt der Fläche, die von K, der y-Achse, der waagerechten Asymptote und der Geraden mit der Gleichung $x = 2$ begrenzt wird.
c) Der Punkt P mit der x-Koordinate -1 liegt auf K. Die zur 2. Winkelhalbierenden parallele Gerade g durch P umschließt mit K eine Fläche. Berechnen Sie den Inhalt dieser Fläche.

19 Gegeben ist die Funktion g mit $g(x) = \frac{4}{x}$ und für jedes $t \in \mathbb{R}^+$ ist eine Funktion f_t durch $f_t(x) = \frac{4}{x} - \frac{4t}{x^2}$; $x \in \mathbb{R} \setminus \{0\}$.
a) Untersuchen Sie die Funktion f_t und zeichnen Sie ein Schaubild von f_1 und von g in ein gemeinsames Koordinatensystem.
b) Die Geraden mit den Gleichungen $x = 2t$ und $x = u$ $(u > 2t)$, das Schaubild von f_t sowie das Schaubild der Funktion g umschließen eine Fläche.
Bestimmen Sie den Inhalt dieser Fläche in Abhängigkeit von t und u.

20 Für jedes $t \in \mathbb{R} \setminus \{0\}$ ist eine Funktion f_t gegeben durch $f_t(x) = \frac{1}{2}x^3 - tx^2 + \frac{1}{2}t^2 x$.
Ihr Schaubild sei K_t.
a) Untersuchen Sie K_t und zeichnen Sie ein Schaubild von K_3.
b) Eine Parabel zweiter Ordnung P_t geht durch die Punkte von K_t mit der x-Achse und berührt K_t im Ursprung. Bestimmen Sie eine Gleichung von P_t und weisen Sie nach, dass K_t und P_t keine weiteren gemeinsamen Punkte haben.
c) K_t teilt die von P_t und der x-Achse eingeschlossene Fläche. In welchem Verhältnis stehen die Inhalte der Teilflächen?

Aus der Physik

Viele physikalische Formeln haben eine ähnliche Form:

Spannarbeit
$W = \frac{1}{2}Ds^2$

Fallstrecke
$s = \frac{1}{2}gt^2$

Bewegungsenergie
$W = \frac{1}{2}mv^2$

Der rein mathematische Hintergrund ist jeweils der Gleiche (siehe Aufg. 22).

21 Ein Wagen wird zunächst über eine ebene Fläche und dann eine immer steiler werdende Anhöhe hinauf geschoben.
Fig. 1 zeigt das dazugehörige F-s-Diagramm.
a) Bestimmen Sie die im Bereich $0\,\text{m} \leqq s \leqq 20\,\text{m}$ verrichtete Arbeit $W = F \cdot s$ und veranschaulichen Sie diese im F-s-Diagramm.
b) Bestimmen Sie mit Hilfe eines geeigneten Flächeninhaltes die verrichtete Arbeit im Bereich $20\,\text{m} \leqq s \leqq 50\,\text{m}$.

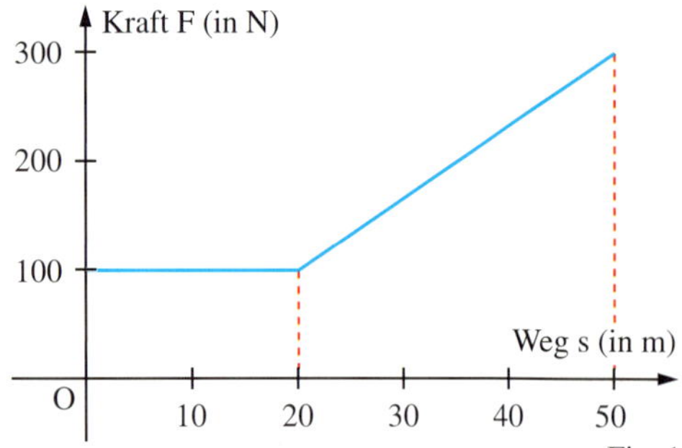

Fig. 1

22 a) Bei vom Weg s abhängiger Kraft $F = D \cdot s$ gilt für die verrichtete Arbeit $W = \int_0^{s_0} F(s)\,ds$.
Leiten Sie damit die für das Spannen einer Feder nötige Arbeit $W = \frac{1}{2}D \cdot s_0^2$ her.
b) Beim freien Fall wächst die Geschwindigkeit gemäß $v(t) = g \cdot t$. Leiten Sie mit Hilfe eines Integrals die Formel für die Fallstrecke $s = \frac{1}{2}g \cdot t^2$ her.

Flächeninhaltsbestimmung vor der Entdeckung des Hauptsatzes

Wenn man wie im Folgenden von stetigen Funktionen ausgeht, existieren alle diese Grenzwerte und sind gleich. Es genügt somit, lediglich einen Grenzwert zu bestimmen.

Der Flächeninhalt krummlinig begrenzter Flächen ist als Grenzwert definiert (siehe Seite 110).

$A = \lim\limits_{n \to \infty} \frac{b-a}{n}[f(x_1) + f(x_2) + \ldots + f(x_n)]$.

Die dabei auftretenden Grenzwerte unendlicher Summen sind i. Allg. nur sehr schwer oder gar nicht bestimmbar. Die Bedeutung des Hauptsatzes der Differenzial- und Integralrechnung liegt darin, dass man mit seiner Hilfe diese Grenzwerte auf ganz andere und einfache Weise mithilfe von Stammfunktionen bestimmen kann.

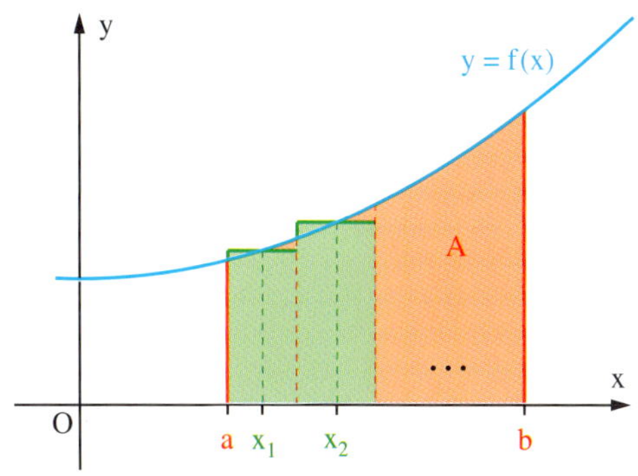

Fig. 1

Für die Mathematiker, die sich vor der Entdeckung des Hauptsatzes mit dem Flächeninhalt krummlinig begrenzter Flächen beschäftigten, stellte die Bestimmung des Grenzwertes der dabei auftretenden unendlichen Summe ein großes Hindernis dar. Im Folgenden wird beschrieben, wie ARCHIMEDES (287 bis 212 v. Chr.) und FERMAT (1601 – 1665) jeweils durch einen geschickten Ansatz Flächeninhalte bestimmen konnten.

Exhaustion (lat.): Ausschöpfung

Die archimedische Exhaustion

ARCHIMEDES werden legendäre Sprüche zugeschrieben. Nach seiner Erfindung des Flaschenzugs: „Gebt mir einen festen Punkt und ich hebe die Welt aus den Angeln". Zu einem plündernden römischen Soldaten, der ihn anschließend erschlagen haben soll: „Zerstöre meine Kreise nicht".

ARCHIMEDES lebte in Syrakus auf Sizilien. Er wurde schon von seinen Zeitgenossen als bedeutender Gelehrter anerkannt. Während einer Reise nach Ägypten studierte er am berühmten Museion in Alexandria und lernte dort die Mathematiker DOSITHEOS und ERATOSTHENES kennen. Sein überliefertes Werk „Die Quadratur der Parabel" sind Briefe an DOSITHEOS. Es heißt dort:

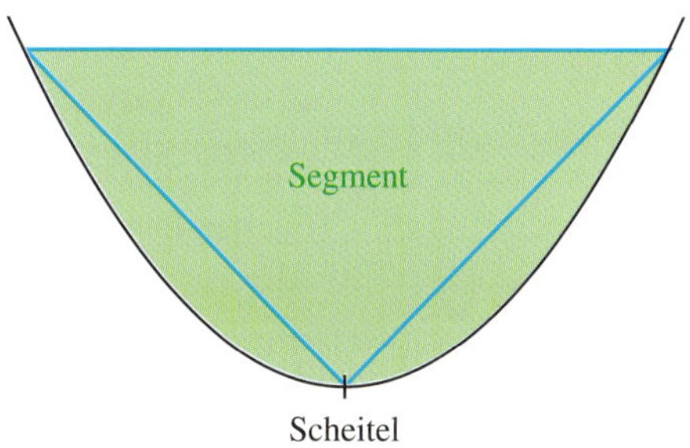

Fig. 2

> *ARCHIMEDES grüßt den DOSITHEOS.*
> *. . . Von den Forschern, die sich früher mit Geometrie beschäftigten, versuchten einige zu zeigen, dass es möglich sei, eine geradlinig begrenzte Fläche zu konstruieren, die mit einem Kreis flächengleich ist . . . Dass aber je ein Mathematiker versucht hätte, die Fläche eines Parabelsegments zu quadrieren, wie es mir gelungen ist, ist mir nicht bekannt. Ich zeige nämlich, dass der Inhalt jedes Parabelsegments um ein Drittel größer ist als das Dreieck, das mit ihm gleiche Grundlinie und Höhe hat.*

1 Was bedeutet im Text der Ausdruck „die Fläche eines Parabelsegments quadrieren"? Ist das Problem der Quadratur des Kreises heute gelöst?

2 Bestätigen Sie mit den Mitteln der Integralrechnung die Behauptung von ARCHIMEDES über den Flächeninhalt eines Parabelsegments. Führen Sie dazu ein geeignetes Koordinatensystem ein.

Im Folgenden soll das Ergebnis von ARCHIMEDES mit der von ihm verwendeten Methode, also ohne Verwendung der Integralrechnung, hergeleitet werden. Das Besondere dabei ist, dass man nicht auf die für die Streifenmethode typischen komplizierten Potenzsummen geführt wird, sondern lediglich auf eine geometrische Reihe (siehe Seite 88). Dasselbe gilt für das anschließend beschriebene Vorgehen von FERMAT.

Die Idee von ARCHIMEDES besteht darin, das Parabelsegment mit einer Folge von Dreiecken „auszuschöpfen" (blau, grün, rot, usw. in Fig. 1). Aus Symmetriegründen kann man sich auf das halbe Segment beschränken. Zur Berechnung des Inhalts A des halben Parabelsegments muss der Grenzwert $A = \lim_{n \to \infty} [A_1 + A_2 + A_3 + \ldots + A_n]$ bestimmt werden. Die Behauptung von ARCHIMEDES lautet dann: $A = \frac{4}{3} A_1$.

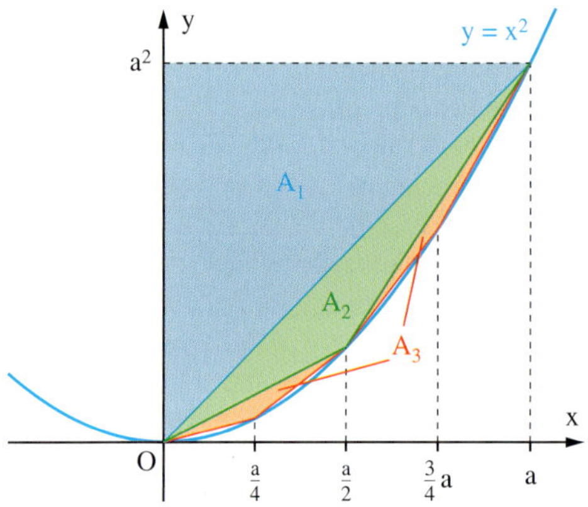

Fig. 1

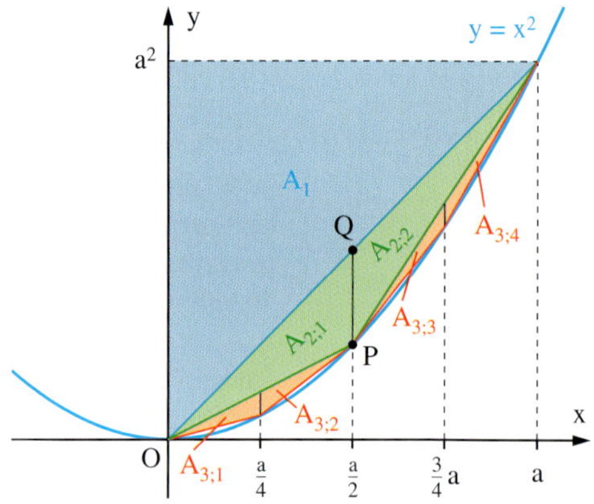

Fig. 2

ARCHIMEDES hatte natürlich kein Koordinatensystem zur Verfügung, das uns die Rechnung wesentlich vereinfacht. Er arbeitete mit den für die Parabel gültigen Verhältnisgleichungen, z. B. $c : d = a^2 : b^2$.

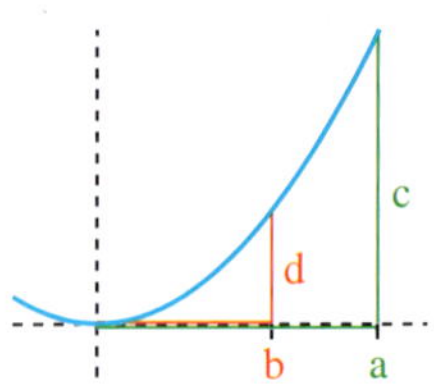

$A_1 = \frac{a^3}{2}$; $A_2 = \frac{a^3}{8}$; $A_3 = \frac{a^3}{32}$; $A_4 = ?$

Zur Bestimmung des Grenzwertes werden zunächst die Flächeninhalte $A_1, A_2, A_3, \ldots$ berechnet.
Für A_1 gilt: $A_1 = \frac{1}{2} a^3$.
Zur Bestimmung von A_2 unterteilt man das grün gefärbte Dreieck in zwei Dreiecke mit gleicher Grundseite PQ und gleicher Höhe der Länge $\frac{a}{2}$ (Fig. 2). Für die y-Werte von P und Q gilt:
$y_P = \left(\frac{a}{2}\right)^2$ und $y_Q = \frac{1}{2} a^2$.
Für $\overline{PQ}$ gilt damit: $\overline{PQ} = \frac{1}{2} a^2 - \left(\frac{a}{2}\right)^2 = \frac{a^2}{4}$.
Für den Inhalt eines grünen Teildreiecks ergibt sich: $A_{2;1} = A_{2;2} = \frac{1}{2} \cdot \frac{a^2}{4} \cdot \frac{a}{2} = \frac{1}{16} a^3$.
Also ist $A_2 = \frac{1}{8} a^3$.

3 a) Zeigen Sie: $A_3 = A_{3;1} + A_{3;2} + A_{3;3} + A_{3;4} = 4 \cdot \frac{1}{128} a^3 = \frac{1}{32} a^3$.
b) Formulieren Sie eine Vermutung über die Flächeninhalte A_4, A_5, und A_n.

Eine entscheidende Stelle im Gedankengang von ARCHIMEDES ist der Nachweis der Beziehung $A_{n+1} = \frac{1}{4} A_n$. Dazu zeigt man anhand von Fig. 3: $A_{PSQ} + A_{QTR} = \frac{1}{4} A_{PQR}$.

Hier liegt formal ein Beweis mit vollständiger Induktion vor.

Behauptung:
$A_n = \frac{a^3}{2}\left(\frac{1}{4}\right)^{n-1}$.

Induktionsanfang:
$A_1 = \frac{a^3}{2}\left(\frac{1}{4}\right)^0 = \frac{a^3}{2}$ *ist richtig.*

Induktionsschritt:
Aus $A_n = \frac{a^3}{2}\left(\frac{1}{4}\right)^{n-1}$ *folgt* $A_{n+1} = \frac{a^3}{2}\left(\frac{1}{4}\right)^n$ *wird nebenstehend gezeigt.*

Aus Gründen der Übersichtlichkeit wird auf die formale Durchführung verzichtet.

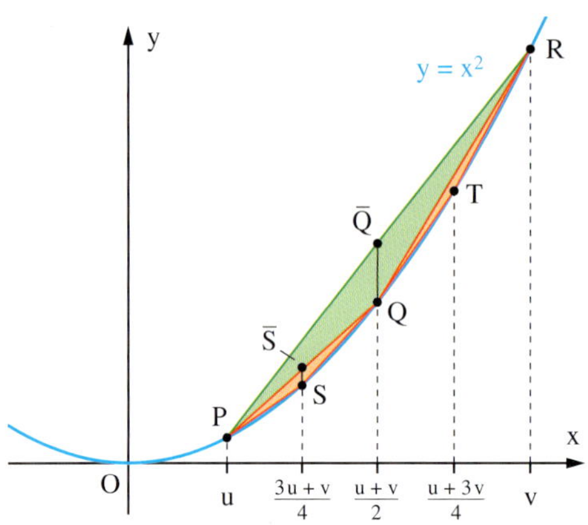

Fig. 3

Bestimmung von A_{PQR}:
$\overline{Q}$ hat den y-Wert $\frac{u^2 + v^2}{2}$,
Q hat den y-Wert $\left(\frac{u+v}{2}\right)^2$. Also gilt
$A_{PQR} = \left[\frac{u^2 + v^2}{2} - \left(\frac{u+v}{2}\right)^2\right] \cdot \frac{v-u}{2}$. (*)
Bestimmung von A_{PSQ}:
$\overline{S}$ hat den y-Wert $\frac{u^2 + \left(\frac{u+v}{2}\right)^2}{2}$,
S hat den y-Wert $\left(\frac{3u+v}{4}\right)^2$. Also gilt
$A_{PSQ} = \left[\frac{u^2 + \left(\frac{u+v}{2}\right)^2}{2} - \left(\frac{3u+v}{4}\right)^2\right] \cdot \frac{v-u}{4}$. (*)

4 a) Zeigen Sie durch Umformung der Terme (*): $A_{PQR} = \frac{(v-u)^3}{8}$ und $A_{PSQ} = \frac{(v-u)^3}{64}$.

b) Weisen Sie entsprechend nach: $A_{QTR} = \frac{(u-v)^3}{64}$.

c) Wie folgt aus a) und b) die Behauptung $A_{n+1} = \frac{1}{4}A_n$?

Summenformel für geometrische Reihen:
$(1 + q + q^2 + q^3 + \ldots) = \frac{1}{1-q}$
für $0 \leqq q < 1$.

5 a) Zeigen Sie, dass für die unendliche Summe A der Dreiecksinhalte gilt:
$A = \frac{1}{2}a^3\left(1 + \frac{1}{4} + \frac{1}{16} + \frac{1}{64} + \ldots\right)$ und $A = \frac{2}{3}a^3$.

b) Wie folgt daraus die Behauptung des ARCHIMEDES: $A = \frac{4}{3}A_1$?

FERMAT kannte das ∫-Zeichen nicht. Es wird hier nur wegen der einfachen Formulierung verwendet.

Die FERMAT'sche Berechnung des Integrals $\int_a^b \frac{1}{x^2}dx = \frac{1}{a} - \frac{1}{b}$

Das Ziel von FERMAT war es, die Inhalte von Flächen unter dem Schaubild der Hyperbel mit der Gleichung $y = \frac{1}{x^2}$ zu bestimmen. Er hat dieses Ziel mit der Idee von ARCHIMEDES erreicht. Dieser hatte das Parabelsegment mit Dreiecken „ausgeschöpft", um bei der Grenzwertbestimmung auf eine geometrische Reihe zu kommen, deren Grenzwert bekannt war. Entsprechend suchte FERMAT nach einer „Ausschöpfung", bei der die Grenzwertbestimmung ebenfalls auf eine geometrische Reihe führt. Dazu nähert er die nach rechts unbegrenzte Fläche unter dem Schaubild der Hyperbel durch Rechtecke verschiedener Breite an (Fig. 1).

FERMAT (1601 – 1665) lebte fast 2000 Jahre nach ARCHIMEDES. Während dieser Zeit, dem Mittelalter, gab es in Europa keine wesentlichen mathematischen Entdeckungen. Das wird durch die beiden dargestellten Methoden bestätigt. Die großen Fortschritte in den Wissenschaften begannen erst im 17. Jahrhundert mit dem Zeitalter des Rationalismus und der Aufklärung.

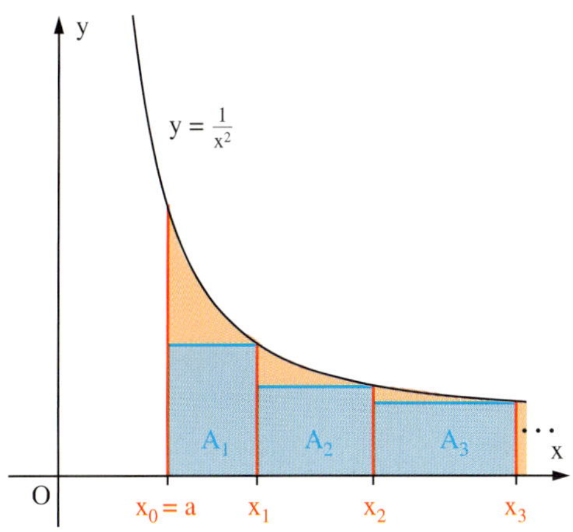

Fig. 1

Die Breite der Rechtecke wird mit $h > 1$ so festgelegt:

$x_0 = a;\ x_1 = ah;\ x_2 = ah^2$ usw.

Für den Inhalt der Rechtecke gilt:

$A_1 = (ah - a)\frac{1}{(ah)^2} = \frac{h-1}{ah^2}$

$A_2 = (ah^2 - ah)\frac{1}{(ah^2)^2} = \frac{h-1}{ah^3}$

$A_3 = (ah^3 - ah^2)\frac{1}{(ah^3)^2} = \frac{h-1}{ah^4}$ usw.

Für die unendliche Summe der Rechteckinhalte gilt für festes $h > 1$:

$A_1 + A_2 + A_3 + \ldots = \frac{h-1}{ah^2}\left(1 + \frac{1}{h} + \frac{1}{h^2} + \ldots\right)$
$= \frac{h-1}{ah^2} \cdot \frac{1}{1 - \frac{1}{h}} = \frac{h-1}{ah^2} \cdot \frac{h}{h-1} = \frac{1}{ah}$

Daraus folgt: $\lim_{h \to 1}(A_1 + A_2 + A_3 + \ldots) = \lim_{h \to 1}\frac{1}{ah} = \frac{1}{a}$.

Damit hat die von $x_0 = a$ nach rechts hin unbegrenzte Fläche den Inhalt $\frac{1}{a}$. Für den Inhalt der Fläche über dem Intervall [a; b] gilt somit $\frac{1}{a} - \frac{1}{b}$.

6 Zeigen Sie mit der Methode von FERMAT für $0 < a < b$:

a) $\int_a^b \frac{1}{x^3}dx = \frac{1}{2a^2} - \frac{1}{2b^2}$ b) $\int_a^b \frac{1}{x^4}dx = \frac{1}{3a^3} - \frac{1}{3b^3}$ c) $\int_a^b \frac{1}{x^k}dx = \frac{1}{(k-1)\cdot a^{k-1}} - \frac{1}{(k-1)\cdot b^{k-1}}$ mit $k > 1$.

Bei Aufgabe 7 kostet es viel Mühe, bis der Inhalt A des Parabelsegments bestimmt ist:
$A = \frac{3}{4}a^4$.
Mithilfe der Integralrechnung ist das eine Kleinigkeit.

7 Mit der Methode von ARCHIMEDES kann man auch den Inhalt A des Parabelsegments für die Parabel mit der Gleichung $y = x^3$ bestimmen.

a) Zeigen Sie: $A_1 = \frac{1}{2}a^4$; $A_2 = \frac{3}{16}a^4$; $A_3 = \frac{3}{64}a^4$; $A_4 = \frac{3}{256}a^4$.

b) Weisen Sie nach: Für $n \geqq 2$ gilt: $A_{n+1} = \frac{1}{4}A_n$.

Zeigen Sie damit: $\lim_{n \to \infty}(A_2 + A_3 + \ldots + A_n) = \frac{1}{4}a^4$ und $A = \frac{3}{4}a^4$.

Definition des Integrals
Bei einer stetigen Funktion f ist das Integral der Grenzwert einer Zerlegungssumme.

$$\int_b^a f(x)\,dx = \lim_{n\to\infty} \frac{b-a}{n}\left[(f(x_1) + f(x_2) + \ldots + f(x_n)\right].$$

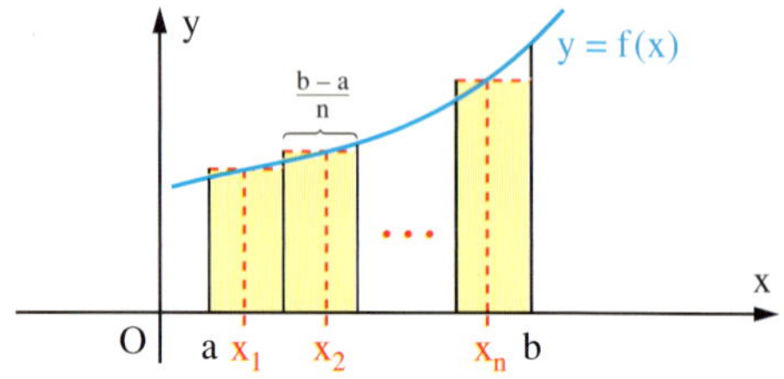

Stammfunktionen
F heißt Stammfunktion von f, falls $F'(x) = f(x)$ ist. Ist F eine Stammfunktion von f, dann auch G mit $G(x) = F(x) + c$.

Zu f mit $f(x) = 3x^2 + \frac{1}{x^2}$ sind F mit $F(x) = x^3 - \frac{1}{x}$ und G mit $G(x) = x^3 - \frac{1}{x} - 2$ Stammfunktionen.

Berechnung von Integralen
Integrale kann man mit Hilfe von Stammfunktionen berechnen.
Ist F eine beliebige Stammfunktion von f, so gilt:

$$\int_b^a f(x)\,dx = F(b) - F(a).$$

Gegeben: f mit $f(x) = 1{,}5x^2$.
Stammfunktion von f ist F mit $F(x) = 0{,}5x^3$.

$$\int_1^4 1{,}5x^2\,dx = \left[0{,}5x^3\right]_1^4 = 32 - 0{,}5 = 31{,}5.$$

Eigenschaften des Integrals

$$\int_a^b f(x)\,dx + \int_b^c f(x)\,dx = \int_a^c f(x)\,dx \qquad \text{(Additivität)}$$

$$\int_a^b (r\cdot f(x) + s\cdot g(x))\,dx = r\int_a^b f(x)\,dx + s\int_a^b g(x)\,dx \qquad \text{(Linearität)}$$

$$\int_0^2 x^2\,dx + \int_2^5 x^2\,dx = \int_0^5 x^2\,dx$$

$$\int_0^1 (2x^2 + 3x)\,dx = 2\int_0^1 x^2\,dx + 3\int_0^1 x\,dx$$

Abschätzbarkeit
Ist $f(x) \leqq g(x)$ für $x \in [a; b]$, dann gilt $\int_a^b f(x)\,dx \leqq \int_a^b g(x)\,dx$.

Da $\frac{1}{x} \leqq \frac{1}{\sqrt{x}}$ für $x \in [1; 4]$, folgt

$$\int_1^4 \frac{1}{x}\,dx \leqq \int_1^4 \frac{1}{\sqrt{x}}\,dx = \left[2\sqrt{x}\,\right]_1^4 = 2.$$

Berechnung von Flächeninhalten
a) Flächen zwischen einer Kurve und der x-Achse
Bei der Berechnung des Flächeninhalts ist zu unterscheiden, ob die Fläche oberhalb oder unterhalb der x-Achse liegt.

$$A_1 = \int_a^b f(x)\,dx;$$

$$A_2 = \int_b^c -f(x)\,dx.$$

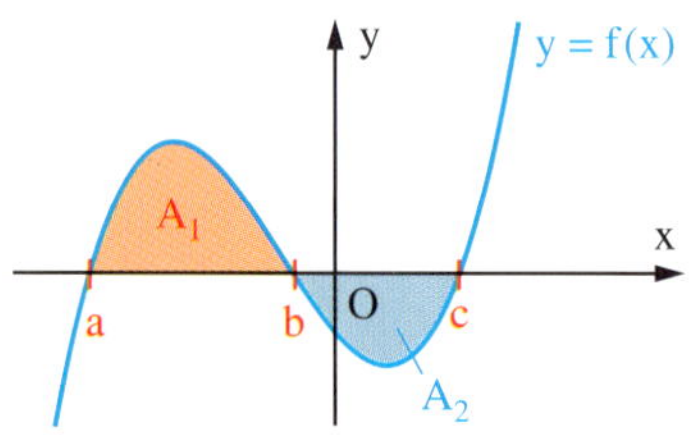

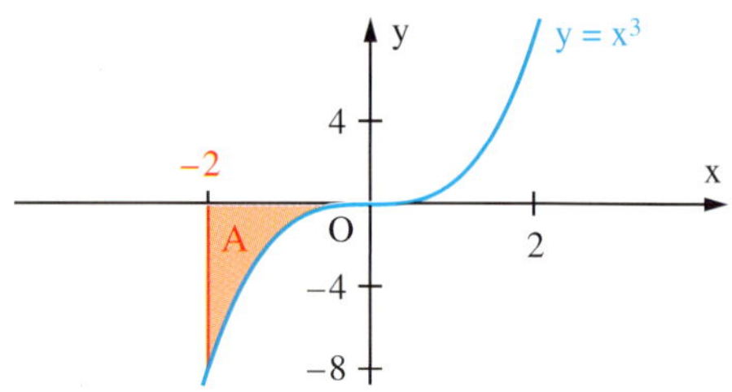

$$A = \int_{-2}^0 -x^3\,dx = \left[-0{,}25x^4\right]_{-2}^0 = 0 - (-4) = 4.$$

b) Flächen zwischen zwei Kurven
Zur Berechnung des Flächeninhalts ist zunächst zu klären, welche Kurve in welchen Bereichen oberhalb der anderen Kurve liegt.
Dazu müssen die Schnittstellen der Schaubilder bestimmt werden.

$$A_1 = \int_b^a (f(x) - g(x))\,dx;$$

$$A_2 = \int_b^c (g(x) - f(x))\,dx.$$

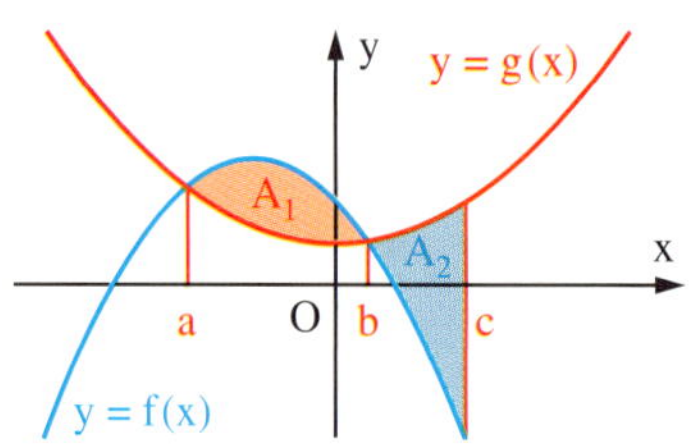

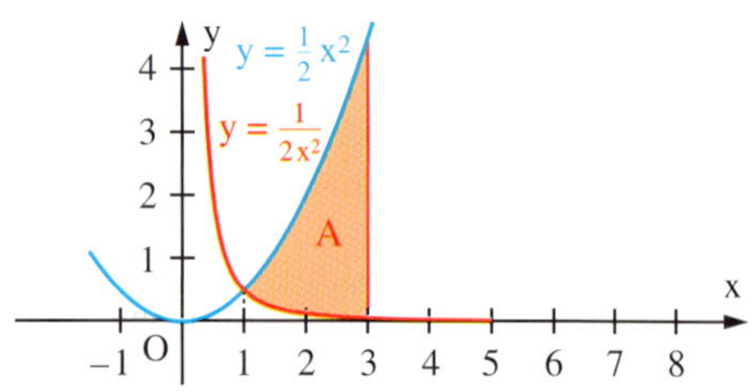

$$A = \int_1^3 \left(\tfrac{1}{2}x^2 - \tfrac{1}{2x^2}\right)dx = \left[\tfrac{1}{6}x^3 + \tfrac{1}{2x}\right]_1^3$$

$$= \left(\tfrac{27}{6} + \tfrac{1}{6}\right) - \left(\tfrac{1}{6} + \tfrac{1}{2}\right) = 4.$$

1 Bestimmen Sie das Integral.

a) $\int_{-2}^{-1}\left(3x^2 - \frac{4}{x^2}\right)dx$ b) $\int_{-1}^{1}\frac{2}{(x+3)^2}dx$ c) $\int_{-4}^{-2}\frac{4x^3-1}{2x^2}dx$ d) $\int_{1}^{2}6\left(x^3 - \frac{2}{x}\right)dx + \int_{1}^{2}\left(1 + \frac{12}{x}\right)dx$

2 Gegeben ist die Funktion f mit $f(x) = 0{,}5\,x^2(x^2 - 4)$ (Fig. 1).

a) Wie groß ist die Fläche, die das Schaubild von f mit der x-Achse einschließt?

b) Das Schaubild von f und die Gerade mit der Gleichung $y = -2$ begrenzen eine Fläche. Berechnen Sie ihren Inhalt.

c) Bestimmen Sie den Inhalt der rot gefärbten Fläche.

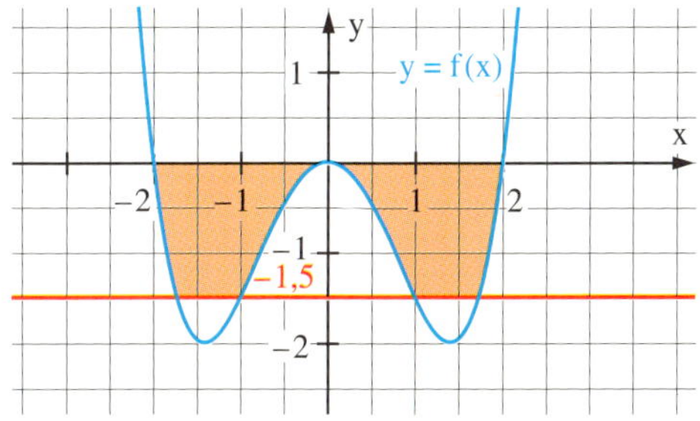

Fig. 1

3 a) Berechnen Sie das Integral $\int_{0}^{3}\frac{1}{(x-4)^2}dx$. Veranschaulichen Sie das Integral anhand einer Zeichnung.

b) Das Schaubild von f mit $f(x) = \frac{1}{(x-4)^2}$ begrenzt mit den Koordinatenachsen und den Geraden mit den Gleichungen $x = 4$ und $y = 4$ eine Fläche. Berechnen Sie deren Inhalt.

4 Gegeben ist die Funktion f mit $f(x) = \frac{1}{2}x^3 - 2x^2$. Ihr Schaubild sei K.

a) Untersuchen Sie f und zeichnen Sie ein Schaubild.

b) Berechnen Sie den Inhalt der Fläche, die K mit der x-Achse einschließt.

c) Bestimmen Sie den Inhalt der Fläche, die von K, der y-Achse und der Geraden mit der Gleichung $y = -4$ im 4. Feld eingeschlossen wird.

5 Gegeben sind die Funktionen f mit $f(x) = x(x-3)^2$ und g mit $g(x) = (x - 2{,}5)^2 + 1{,}75$. Berechnen Sie den Inhalt der von den Schaubildern von f und g eingeschlossenen Fläche.

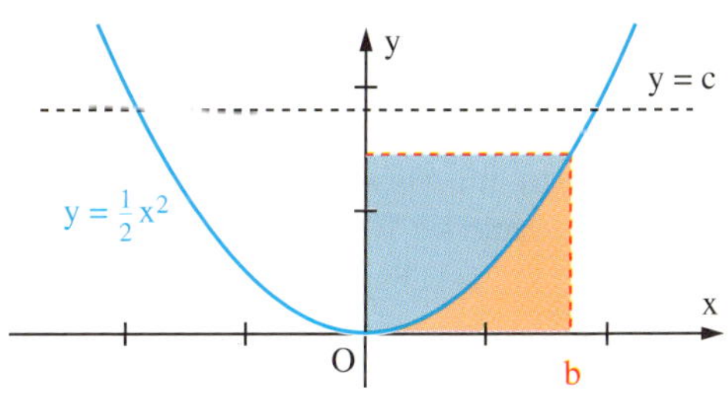

Fig. 2

6 a) In Fig. 2 soll die orangerot gefärbte Fläche den Inhalt 288 haben. Bestimmen Sie b.

b) Wie muss b gewählt werden, damit die blau gefärbte Fläche den Inhalt 288 hat?

c) Bestimmen Sie c so, dass die Fläche zwischen der Parabel und der Geraden mit der Gleichung $y = c$ den Inhalt 72 hat.

7 Schätzen Sie das Integral $\int_{2}^{3}\frac{2}{x-1}dx$ mithilfe der Funktionen g mit $g(x) = \frac{2}{(x-1)^2}$ und f mit $f(x) = \frac{2}{\sqrt{x-1}}$ ab.

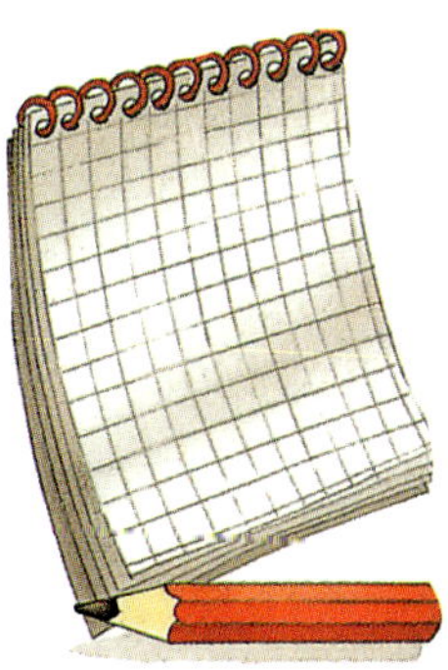

Die Lösungen zu den Aufgaben dieser Seite finden Sie auf Seite 294/295.

8 Zu jedem $t \in \mathbb{R}^+$ ist die Funktion f_t mit $f_t(x) = \frac{1}{4}x^4 - t^2x^2$ gegeben.

a) Untersuchen Sie f_t und zeichnen Sie ein Schaubild von f_1.

b) Ermitteln Sie die Gleichung der Ortslinie C, auf der die Tiefpunkte aller Schaubilder von f_t liegen. Zeichnen Sie C in das vorhandene Koordinatensystem ein.

c) Berechnen Sie den Inhalt A(t) der Fläche, die von C und dem Schaubild von f_t im 4. Feld umschlossen wird. Zeigen Sie, dass die Gerade mit der Gleichung $x = t$ diese Fläche in einem von t unabhängigen Verhältnis teilt.

1 Wiederholung von Eigenschaften der Funktion f: $x \mapsto c \cdot a^x$

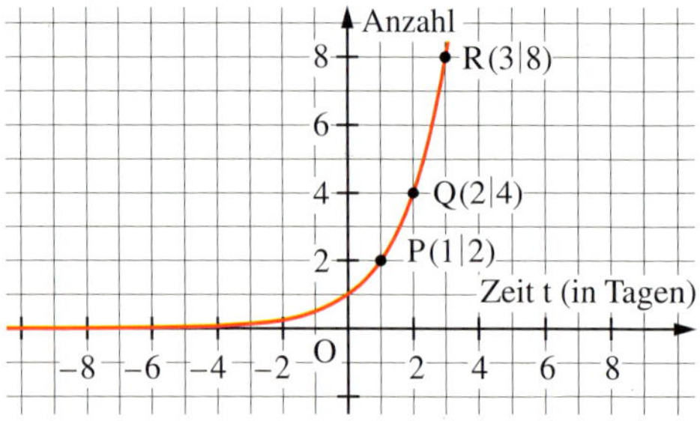

Fig. 1

1 Ein Gerücht verbreitet sich durch Gespräche von Person zu Person. Jeden Tag informiert jede Person, die dieses Gerücht kennt, genau eine andere, die es nicht kennt.
a) Deuten Sie diese Situation am nebenstehenden Schaubild.
b) Geben Sie an, wie viele Personen nach 1 (2, 3, 4, 10) Tagen das Gerücht kennen.
c) Geben Sie die zugehörige Funktion an.

Inflationsrate unverändert

Bonn (dpa). Nach neuesten Mitteilungen ist die Inflationsrate in Frankreich seit mehreren Jahren nahezu unverändert bei 4 %. Dies teilte das …

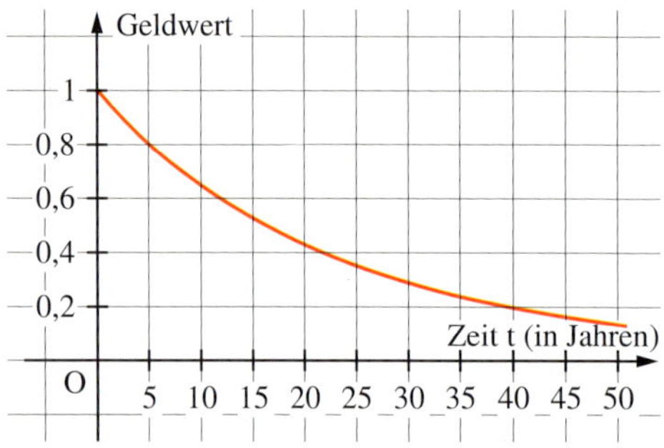

Fig. 2

2 In einem Land beträgt die durchschnittliche jährliche Inflationsrate 4,0 %. Der Wert der Währungseinheit sinkt damit innerhalb eines Jahres auf das $\frac{100}{104}$fache.
a) Geben Sie den Wert der Währungseinheit nach 5 (10, 20, 40) Jahren an. Wie lautet der zugehörige Funktionsterm?
b) Lesen Sie aus dem Schaubild (Fig. 2) ab, wann sich der Geldwert gegenüber dem Beobachtungsbeginn halbiert hat.

Zahlreiche Vorgänge in Natur und Alltag wie z. B. das Pflanzenwachstum oder der radioaktive Zerfall lassen sich in gewissen Bereichen durch eine Funktion f mit $f(t) = c \cdot a^t$ beschreiben. Dabei ist $f(0) = c$ der Anfangsbestand. Da $f(t+1) = c \cdot a^{t+1} = a \cdot (c \cdot a^t) = a \cdot f(t)$ ist, ändert sich der Funktionswert f(t) an der Stelle t beim „Schritt um 1 nach rechts“ um den Faktor a. Diese Zahl heißt Wachstumsfaktor.

Da $1^x = 1$ gilt für alle $x \in \mathbb{R}$, ist die konstante Funktion f mit $f(x) = 1$ die zu $a = 1$ gehörige Exponentialfunktion.

Funktionen f mit $f(x) = a^x$ oder auch g mit $g(x) = c \cdot a^x$, $c \in \mathbb{R}$, $a > 0$, $x \in \mathbb{R}$, nennt man **Exponentialfunktionen zur Basis a**. Ein Vorgang, der durch eine Exponentialfunktion beschrieben werden kann, wird exponentielles Wachstum genannt. Exponentialfunktionen nennt man deshalb bei Anwendungen auch **Wachstums-** bzw. **Zerfallsfunktionen**.

Eigenschaften von Exponentialfunktionen:
a) Die Schaubilder von Funktionen f mit $f(x) = a^x$ verlaufen immer oberhalb der x-Achse. Da $a^0 = 1$ ist für alle $a > 0$, gehen alle Schaubilder durch A(0|1).
b) Für $a > 1$ ist mit $x_2 > x_1$ auch $a^{x_2} > a^{x_1}$; das Schaubild von f steigt. Für $a < 1$ folgt aus $x_2 > x_1$ stets $a^{x_2} < a^{x_1}$; das Schaubild von f fällt.
c) Für $a > 1$ gilt: $a^x \to 0$ für $x \to -\infty$; die x-Achse ist waagerechte Asymptote.
Für $0 < a < 1$ und $x \to +\infty$ ist die x-Achse ebenfalls Asymptote.

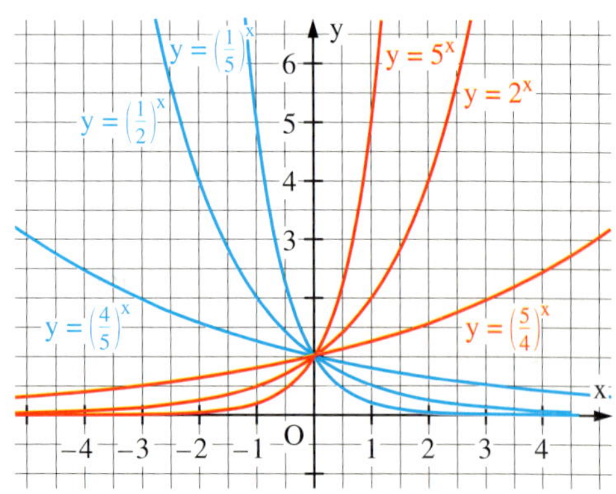

Fig. 3

Ein einziger Punkt legt das Schaubild einer Exponentialfunktion $x \mapsto a^x$ fest!

Beispiel 1: (Exponentialfunktion angeben)
Das Schaubild einer Exponentialfunktion f mit $f(x) = a^x$ geht durch den Punkt P(3|2).
a) Bestimmen Sie a; geben Sie den Funktionsterm von f an.
b) Beschreiben Sie den Verlauf des Schaubilds von f und zeichnen Sie es.
Lösung:
a) Wegen $f(3) = 2$ ist $a^3 = 2$, also $a = 2^{\frac{1}{3}}$.
Es ist $f(x) = (2^{\frac{1}{3}})^x$ oder $f(x) = \left(\sqrt[3]{2}\right)^x$.
b) Wegen $a = 2^{\frac{1}{3}} > 1$ ist das Schaubild K von f streng monoton zunehmend. Die negative x-Achse ist Asymptote. A(0|1) liegt auf K.

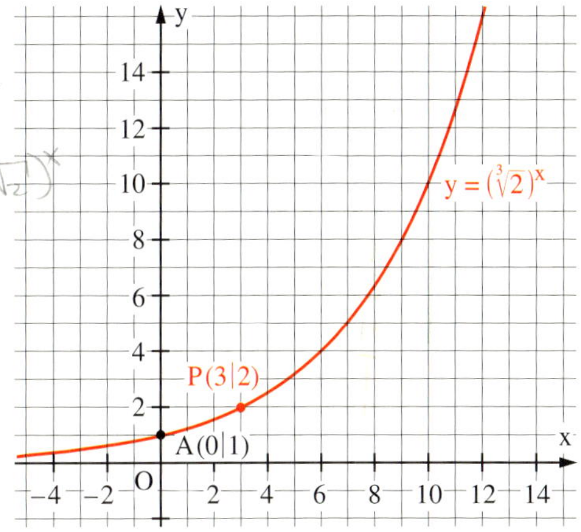

Fig. 1

Beispiel 2: (Zerfallsfunktion aufstellen)
Die Arbeitslosenzahl beträgt in einem Land derzeit 4,8 Mio. Sie soll innerhalb von 5 Jahren halbiert werden. Wie groß ist die jährliche Abnahme in Prozent, wenn exponentielle Abnahme vorausgesetzt wird?

Zwei Punkte legen das Schaubild einer Exponentialfunktion $x \mapsto c \cdot a^x$ fest.

Lösung:
f(t) ist die Arbeitslosenzahl in Millionen zum Zeitpunkt t (in Jahren). Da exponentielle Abnahme vorausgesetzt wird, muss gelten $f(t) = c \cdot a^t$. Weiterhin ist $f(0) = 4{,}8$ und $f(5) = 2{,}4$.
Aus $f(0) = 4{,}8$ folgt $c \cdot a^0 = 4{,}8$. Aus $f(5) = 2{,}4$ folgt $c \cdot a^5 = 2{,}4$. Also ist $c = 4{,}8$ und $a^5 = \frac{1}{2}$ oder $a = \left(\frac{1}{2}\right)^{\frac{1}{5}} = \sqrt[5]{0{,}5} \approx 0{,}8706$. Die Wachstumsfunktion ist somit f mit $f(t) = 4{,}8 \cdot \left[\left(\frac{1}{2}\right)^{\frac{1}{5}}\right]^t$.
Da $f(t+1) = a \cdot f(t)$ für $a = \left(\frac{1}{2}\right)^{\frac{1}{5}} \approx 0{,}8706$ ist, fällt die Arbeitslosenzahl innerhalb jedes Jahres ungefähr auf das 0,87fache, d. h. sie nimmt um rund 13 % jährlich ab.

Aufgaben

3 Zeichnen Sie ein Schaubild der Exponentialfunktion f mit
a) $f(x) = 3^x$ b) $f(x) = \left(\frac{1}{3}\right)^x$ c) $f(x) = \frac{1}{2} \cdot \left(\frac{1}{3}\right)^x$ d) $f(x) = -2 \cdot \left(\frac{1}{3}\right)^x$ e) $f(x) = 2{,}75^x$.

Ohne sie geht nichts!

Die Potenzgesetze:
$a^x \cdot a^y = a^{x+y}$
$\frac{a^x}{a^y} = a^{x-y}$
$(a^x)^y = a^{x \cdot y}$

4 Das Schaubild der Exponentialfunktion f mit $f(x) = a^x$ geht durch den Punkt P. Bestimmen Sie den zugehörigen Funktionsterm.
a) P(1|3) b) $P\left(1\middle|\frac{1}{4}\right)$ c) P(2|6) d) P(−1|3) e) $P\left(-\frac{1}{2}\middle|\frac{1}{16}\right)$

5 Das Schaubild einer Exponentialfunktion f mit $f(x) = c \cdot a^x$ geht durch die Punkte P und Q. Berechnen Sie c und a.
a) P(1|1), Q(2|2) b) P(1|1), Q(3|3) c) P(−1|5), Q(0|7)
d) P(−1|0,5), Q(2|4) e) P(4|5), Q(5|6) f) $P\left(\frac{1}{2}\middle|3\right)$, Q(2|4)

6 Suchen Sie mithilfe des Taschenrechners die kleinste ganze Zahl x, für die gilt
a) $2{,}5^x > 100\,000$ b) $0{,}000005 \leqq 2^x$ c) $\left(\frac{2}{3}\right)^x \geqq 0{,}00007$ d) $6 \cdot 10^{-8} \leqq 0{,}5^x$.

7 Am 1. Januar 1950 wurde ein Betrag von umgerechnet 100,00 € auf ein Bankkonto eingezahlt. Dabei wurde ein langjähriger Festzinssatz von 5 % pro Jahr vereinbart. Welchen Betrag weist das Konto am 1. Januar 2010 auf, wenn der Zins jährlich dem Konto gutgeschrieben wird und keine weiteren Ein- oder Auszahlungen erfolgt sind bzw. erfolgen?

Beispiel:
$f(x) = 2^{3x-\frac{1}{2}} = 2^{3x} \cdot 2^{-\frac{1}{2}}$
$= \frac{1}{2^{\frac{1}{2}}} \cdot (2^3)^x = \frac{1}{\sqrt{2}} \cdot 8^x$

8 Schreiben Sie den Funktionsterm der Funktion f in der Form $f(x) = c \cdot a^x$.
a) $f(x) = 3^{2x+3}$ b) $f(x) = 16^{2x+0{,}5}$ c) $f(x) = \frac{1}{2^{1+x}}$ d) $f(x) = \frac{1}{2^{x-1}}$
e) $f(x) = \left(\frac{1}{2}\right)^{x-2}$ f) $f(x) = 3^{\frac{1}{3}x-3}$ g) $f(x) = \left(\frac{1}{4}\right)^{\frac{1}{4}x-\frac{1}{4}}$ h) $f(x) = \frac{48}{4^{-0{,}5x+2}}$

9 Das Schaubild der Funktion f mit $f(x) = 2^x$ wird abgebildet. Dadurch entsteht ein neues Schaubild. Geben Sie die zugehörige Funktion g an, wenn es sich um folgende Abbildung handelt:
a) Spiegelung an der x-Achse
b) Spiegelung an der y-Achse
c) Verschiebung um 1 in Richtung der positiven y-Achse
d) Verschiebung um 1 in Richtung der positiven x-Achse
e) Verschiebung um 3 in Richtung der negativen y-Achse

10 Lösen Sie die Gleichung näherungsweise mithilfe einer Zeichnung.
a) $3^x = 8$ b) $3^x = 1{,}5$ c) $3^x = 5$ d) $3^x = -1$ e) $3^x = 0$

$a^x = a^y$ mit $a \neq 1$ tritt genau dann ein, wenn $x = y$.

11 Lösen Sie die Gleichung.
a) $5^x = 125$ b) $5^x = \frac{1}{25}$ c) $5^x = 625$ d) $3^{x-1} = 9$
e) $3^{x+2} = 3^{2x}$ f) $0{,}5^x = 2$ g) $2^{3x-4} = 8$ h) $3 \cdot \left(\frac{1}{3}\right)^{3x+2} = \frac{1}{27}$
i) $\frac{1}{16} \cdot 4^{\frac{1}{2}x-2} = 2^{3x}$ j) $\left(\frac{2}{3}\right)^{x-1} = \left(\frac{8}{27}\right)^{x+2}$ k) $0{,}5^x = 2^{x+1}$ l) $2 \cdot 0{,}25^x = 4^x$

Es ist
$a \cdot b = 0$, wenn entweder
1. $a = 0$ oder
2. $b = 0$ oder
3. $a = 0$ und $b = 0$ ist.

12 a) $(x-1) \cdot 4^x = 0$ b) $(2x+5) \cdot 1{,}5^x = 0$ c) $(x-1) \cdot 2^x = 2^x$
d) $\left(x + \frac{1}{2}\right) \cdot 2^x = x + \frac{1}{2}$ e) $2 \cdot \left(\frac{1}{2}\right)^{2x+1} \cdot \left(3x - \frac{1}{4}\right) = 6x - \frac{1}{2}$ f) $x^2 \cdot 3^{2x-1} - 2x \cdot \frac{1}{3} \cdot 3^{2x} = 0$

13 In einem Gebiet vermehrt sich ein Heuschreckenschwarm exponentiell, und zwar wöchentlich um 50 %. Der Schwarm hat zu Beginn der Beobachtung ungefähr 10000 Tiere.
a) Wie lautet die zugehörige Wachstumsfunktion?
b) Welcher Zuwachs ist in 6 Wochen zu erwarten? Um wie viel Prozent hat sich der Bestand dabei vergrößert?

14 Der Zerfall eines Bestandes kann näherungsweise durch die Funktion f mit $f(t) = 20 \cdot 0{,}95^t$ (t in Tagen) beschrieben werden.
a) Wie groß ist die Bestandsabnahme in den ersten drei Tagen?
b) Berechnen Sie die wöchentliche Abnahme in Prozent.

Blaise Pascal (1623–1662) war überzeugt, „dass die Quecksilbersäule im Barometer vom Luftdruck getragen wird, so dass ihre Höhe auf dem Berg kleiner sein muss als im Tal“. 1648 führte sein Schwager Périer in seinem Auftrag ein entsprechendes Experiment am Fuße und am Gipfel des Puy de Dôme durch.

15 Zaire hatte 1998 eine Einwohnerzahl von 41 Millionen. Für die nächsten Jahre wird ein Wachstum von jährlich 3,4 % erwartet.
a) Bestimmen Sie die zugehörige Wachstumsfunktion. Welche Einwohnerzahl hat Zaire voraussichtlich im Jahr 2005 bzw. 2020?
b) Berechnen Sie die Einwohnerzahl vor 2, 5, 10 bzw. 20 Jahren.

16 Der Luftdruck beträgt in Meereshöhe etwa 1000 hPa (Hektopascal). Mit zunehmender Höhe nimmt der Luftdruck exponentiell ab. Bei gleich bleibender Temperatur sinkt der Luftdruck innerhalb von 1 km Aufstieg auf das 0,88fache.
a) Bestimmen Sie die zugehörige Wachstumsfunktion (barometrische Höhenformel).
b) Wie groß ist der Luftdruck etwa auf dem Feldberg im Schwarzwald (1493 m), der Zugspitze (2963 m), dem Mt. Blanc (4807 m) und dem Mt. Everest (8848 m)?
c) Um wie viel Prozent nimmt der Luftdruck nach der barometrischen Höhenformel beim Anstieg um jeweils 100 m bzw. 10 m ab?

2 Die natürliche Exponentialfunktion f: $x \mapsto e^x$

Die natürliche Exponentialfunktion

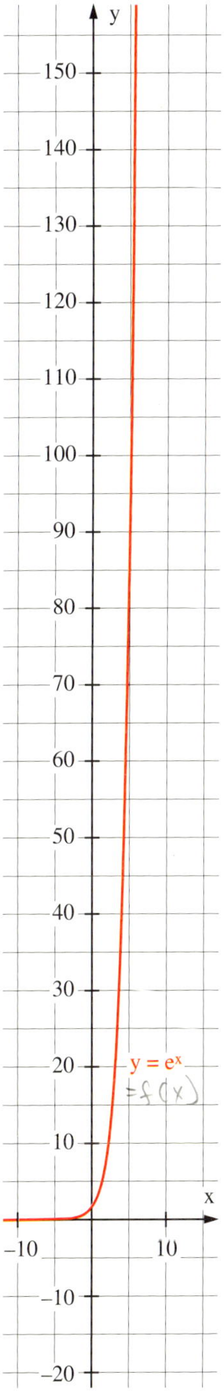

Fig. 1

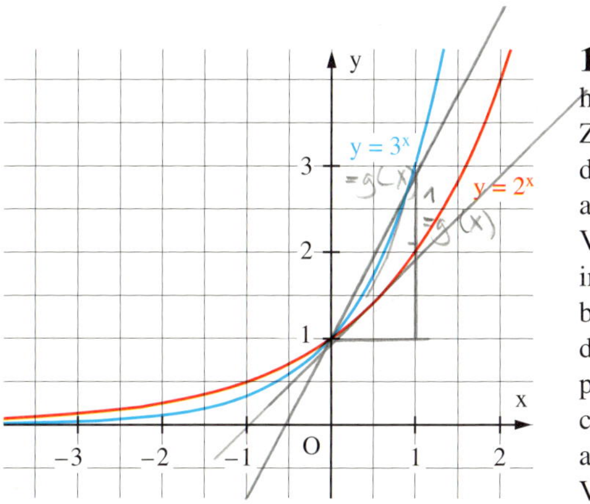

Fig. 2

1 Gegeben sind die Funktionen $g: x \mapsto 2^x$, $h: x \mapsto 3^x$ und $f: x \mapsto e^x$ mit der eulerschen Zahl $e = 2{,}71828\ldots$ Fig. 2 zeigt Schaubilder der Funktionen g und h.

a) Welche Lage hat das Schaubild von f im Vergleich zu denen von g und h? Zeichnen Sie im Heft Schaubilder von g, h und f.

b) Zwischen welchen Werten liegt vermutlich die Steigung des Schaubilds von f im Schnittpunkt mit der y-Achse?

c) Wie lautet der Differenzenquotient von f an der Stelle 0? Überprüfen Sie damit Ihre Vermutung aus b) mit dem Taschenrechner.

Um die momentane Änderungsrate von Wachstumsfunktionen, auch Wachstumsgeschwindigkeit genannt, berechnen zu können, wird die Ableitung von $f: x \mapsto a^x$ benötigt. Es wird sich zeigen, dass die Ableitung von f mit der Funktion f übereinstimmt, wenn die Basis a die eulersche Zahl e ist.

Um die Ableitung von f mit $f(x) = a^x$ an einer Stelle x_0 zu bestimmen, wird zunächst der Differenzenquotient von f an der Stelle x_0 betrachtet:

$$m(h) = \frac{a^{x_0+h} - a^{x_0}}{h} = \frac{a^{x_0} \cdot a^h - a^{x_0}}{h} = a^{x_0} \cdot \frac{a^h - 1}{h}.$$

Für $h \to 0$ ergibt sich zunächst:

$$f'(x_0) = \lim_{h \to 0} m(h) = \lim_{h \to 0} a^{x_0} \cdot \frac{a^h - 1}{h} = a^{x_0} \cdot \lim_{h \to 0} \frac{a^h - 1}{h} = a^{x_0} \cdot k(a).$$

Bei den folgenden Überlegungen wird vorausgesetzt, dass $k(a)$ für jede reelle Zahl $a > 0$ existiert. Für das Schaubild K der Exponentialfunktion f mit $f(x) = a^x$ bedeutet dies, dass K im Schnittpunkt mit der y-Achse die Steigung $k(a)$ besitzt.

Die Ableitung $f'(x_0) = a^{x_0} \cdot k(a)$ wird besonders einfach, wenn $k(a) = 1$ ist. Es wird untersucht, für welche Basis a dies der Fall ist. Dazu dient die folgende Plausibilitätsbetrachtung.
Wenn es eine Basis a gibt mit $k(a) = 1$, muss wegen $\lim_{h \to 0} \frac{a^h - 1}{h} = 1$ für sehr kleine Werte von $|h|$ gelten: $\frac{a^h - 1}{h} \approx 1$. Nach a aufgelöst ergibt sich: $a^h \approx 1 + h$ oder $a \approx (1 + h)^{\frac{1}{h}}$.

Setzt man $h = \frac{1}{n}$ mit $n \in \mathbb{N}^*$, so ist $a \approx \left(1 + \frac{1}{n}\right)^n$. Nach Seite 91 ist $\lim_{n \to \infty} \left(1 + \frac{1}{n}\right)^n = e$, also liegt die Vermutung nahe, dass für $a = e$ gilt: $k(a) = 1$.

Die Exponentialfunktion f mit $f(x) = e^x$ (eulersche Zahl, $e = 2{,}71828\ldots$) nennt man **natürliche Exponentialfunktion**. Für sie gilt nach diesen Überlegungen $f'(x_0) = e^{x_0}$. Insbesondere ist $f'(0) = 1$ (Fig. 3).
Aus $f'(x_0) = e^{x_0}$ folgt:
$f''(x_0) = e^{x_0}$, $f'''(x_0) = e^{x_0}$, usw.
Entsprechend ist F mit $F(x) = e^x$ eine Stammfunktion von f.

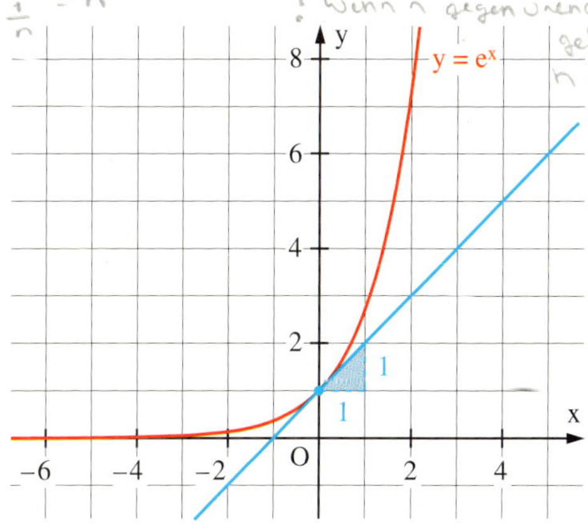

Fig. 3

$f(x) = f'(x) = f''(x) = f'''(x) = f^{(IV)}(x) = f^{(V)}(x) = \ldots = e^x$

Satz: Die **natürliche Exponentialfunktion** f mit $f(x) = e^x$ hat die Ableitungsfunktion f′ mit $f'(x) = e^x$. Eine Stammfunktion ist F mit $F(x) = e^x$.

Vorgehensweise beim exakten Nachweis von $\lim\limits_{h \to 0} \frac{e^h - 1}{h} = 1$:

Auf eine Durchführung der Überlegungen für den linksseitigen Grenzwert wird verzichtet.

(1) Man ersetzt h zunächst durch $\frac{1}{n}$ bzw. durch $-\frac{1}{n}$ und errechnet den **rechts- und den linksseitigen Grenzwert** für $n \to \infty$.
(2) Will man nicht der Anschauung entnehmen, dass im Punkt $P(0|1)$ genau eine Tangente existiert, muss noch gezeigt werden, dass der Grenzwert für **jede Zahlenfolge** derselbe ist.

(1) Rechtsseitiger Grenzwert mit der Nullfolge $\left(\frac{1}{n}\right)$, $n \in \mathbb{N}\setminus\{1\}$:
Abzuschätzen ist also $\frac{e^{\frac{1}{n}} - 1}{\frac{1}{n}}$.
Nach Seite 90 gilt für alle n:
$\left(1 + \frac{1}{n}\right)^n < e < \left(1 + \frac{1}{n}\right)^{n+1}$, also auch
$\left(1 + \frac{1}{n}\right)^n < e < \left(1 + \frac{1}{n-1}\right)^n$.
Zu dieser letzten Ungleichung sind die folgenden Ungleichungen äquivalent:

$$1 + \frac{1}{n} < e^{\frac{1}{n}} < 1 + \frac{1}{n-1};$$
$$\frac{1}{n} < e^{\frac{1}{n}} - 1 < \frac{1}{n-1};$$
$$1 < \frac{e^{\frac{1}{n}} - 1}{\frac{1}{n}} < \frac{\frac{1}{n-1}}{\frac{1}{n}};$$
$$1 < \frac{e^{\frac{1}{n}} - 1}{\frac{1}{n}} < \frac{n}{n-1};$$
$$1 < \frac{e^{\frac{1}{n}} - 1}{\frac{1}{n}} < 1 + \frac{1}{n-1};$$

Für $n \to \infty$ konvergieren die linke und die rechte Grenze jeweils gegen 1. Also gilt:

$$\lim_{n \to \infty} \frac{e^{\frac{1}{n}} - 1}{\frac{1}{n}} = 1.$$

(2) Rechtsseitiger Grenzwert mit der Nullfolge (h_m), $h_m > 0$.
Zu jedem h_m gibt es eine Zahl $n \in \mathbb{N}$ mit

$$\frac{1}{n} \leqq h_m \leqq \frac{1}{n-1}.$$

$h_m \to 0$ ist gleichbedeutend mit $n \to \infty$.
Da die natürliche Exponentialfunktion wegen $e > 1$ streng monoton zunimmt, folgt:

$$e^{\frac{1}{n}} \leqq e^{h_m} \leqq e^{\frac{1}{n-1}}.$$

Zu dieser Ungleichung sind die folgenden Ungleichungen äquivalent:

$$e^{\frac{1}{n}} - 1 \leqq e^{h_m} - 1 \leqq e^{\frac{1}{n-1}} - 1;$$
$$\frac{e^{\frac{1}{n}} - 1}{h_m} \leqq \frac{e^{h_m} - 1}{h_m} \leqq \frac{e^{\frac{1}{n-1}} - 1}{h_m}$$
$$\frac{e^{\frac{1}{n}} - 1}{\frac{1}{n}} \cdot \frac{1}{n \cdot h_m} \leqq \frac{e^{h_m} - 1}{h_m} \leqq \frac{e^{\frac{1}{n-1}} - 1}{\frac{1}{n-1}} \cdot \frac{1}{(n-1) \cdot h_m} \quad (*).$$

Aus $\frac{1}{n} \leqq h_m \leqq \frac{1}{n-1}$ folgt:
$\frac{n-1}{n} \leqq h_m \cdot (n-1) \leqq 1$ bzw. $1 \leqq h_m \cdot n \leqq \frac{n}{n-1}$.
Damit gilt:
$\lim\limits_{n \to \infty} h_m \cdot (n-1) = 1$ bzw. $\lim\limits_{n \to \infty} h_m \cdot n = 1$.
Somit konvergieren die linke und die rechte Seite von (*) gegen 1. Also gilt:

$$\lim_{h_m \to 0} \frac{e^{h_m} - 1}{h_m} = \lim_{h \to 0} \frac{e^h - 1}{h} = 1.$$

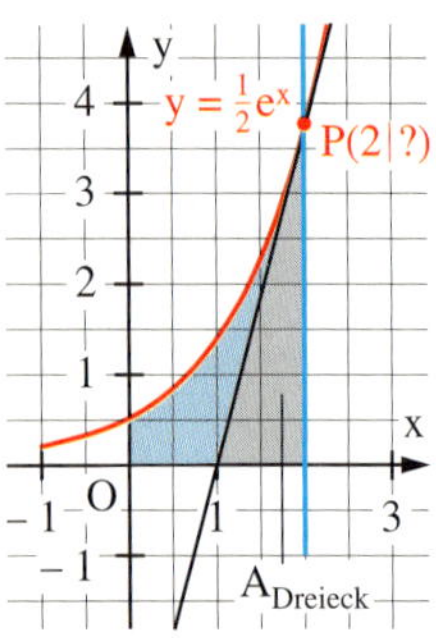

Fig. 1

Beispiel: (Tangente und Fläche)
Gegeben ist die Funktion f mit $f(x) = \frac{1}{2}e^x$.
a) Ermitteln Sie die Gleichung der Tangente im Punkt $P(2|f(2))$ an das Schaubild von f.
b) Wie groß ist der Inhalt der Fläche, die von den Koordinatenachsen, der Tangente und dem Schaubild von f eingeschlossen wird?
Lösung:
a) Es ist $f(2) = \frac{1}{2}e^2$; aus $f'(x) = \frac{1}{2}e^x$ folgt $f'(2) = \frac{1}{2}e^2$.
Mithilfe der Punktsteigungsform $\frac{y - \frac{1}{2}e^2}{x - 2} = \frac{1}{2}e^2$ erhält man die Gleichung der Tangente:
$y = \frac{1}{2}e^2(x - 1)$.
b) Schnittpunkt mit der x-Achse ist $S(1|0)$.

$$A = \int_0^2 \frac{1}{2}e^x\,dx - A_{Dreieck} = \int_0^2 \frac{1}{2}e^x\,dx - \frac{1}{2} \cdot 1 \cdot \frac{1}{2}e^2 = \frac{1}{2}[e^x]_0^2 - \frac{1}{4}e^2 = \frac{1}{2}(e^2 - 1) - \frac{1}{4}e^2 = \frac{1}{4}e^2 - \frac{1}{2} \approx 1{,}3473.$$

Aufgaben

2 Zeichnen Sie zunächst ein Schaubild der natürlichen Exponentialfunktion f mit $f(x) = e^x$ in einem selbst zu wählenden Bereich. Skizzieren Sie damit ein Schaubild von
a) f_1 mit $f_1(x) = e^x + 1$ b) f_2 mit $f_2(x) = 2 \cdot e^x$ c) f_3 mit $f_3(x) = e^{x-1}$.

3 Leiten Sie ab.
a) $f(x) = e^x + 1$ b) $f(x) = e \cdot e^x - x$ c) $f(x) = e^{x+2} + 5x^2$ d) $f(x) = \sin x + e^x$
e) $f(t) = \frac{3}{e}e^t$ f) $f(t) = \frac{1}{2}e^{t-1} - 7$ g) $f(t) = \frac{1}{2}\sqrt{2} \cdot e^{t-2} + 4t$ h) $f(t) = e \cdot e^t + t \cdot \sqrt{e}$

4 Gegeben ist das Schaubild K der natürlichen Exponentialfunktion.
a) Bestimmen Sie die Gleichungen der Tangenten an K in den Punkten $A(1|e)$ und $B\left(-1\middle|\frac{1}{e}\right)$.
b) Berechnen Sie den Schnittpunkt der Tangente an K im Punkt A mit der x-Achse.
c) Geben Sie die Steigungen der Normalen an K in den Punkten A und B an.

5 Gegeben ist die Funktionenschar f_c mit $f_c(x) = c \cdot e^x$. Bestimmen Sie c so, dass das zu f_c zugehörige Schaubild im Schnittpunkt mit der y-Achse die Steigung 0,4 hat.

6 Geben Sie die Gleichung der Tangente an das Schaubild der Exponentialfunktion an, die durch den Ursprung verläuft. Bestimmen Sie auch den Berührpunkt.

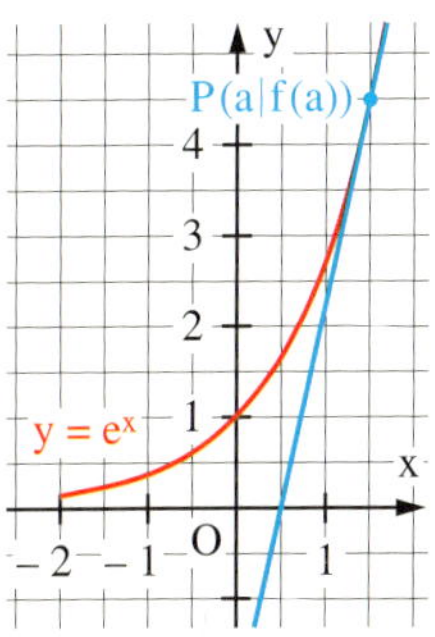

Fig. 1

7 Berechnen Sie den Inhalt der Fläche zwischen der x-Achse, dem Schaubild der natürlichen Exponentialfunktion und den Geraden mit den Gleichungen $x = a$ und $x = b$ für
a) $a = 0,\ b = 2$ b) $a = 0,\ b = 100$ c) $a = -2,\ b = 2$ d) $a = -1000,\ b = 0$.

8 a) Gegeben ist das Schaubild K der natürlichen Exponentialfunktion f (Fig. 1). In einem Punkt $P(a|f(a))$ wird die Tangente an K gelegt. Berechnen Sie die Koordinaten des Schnittpunktes Q dieser Tangente mit der x-Achse.
b) Vergleichen Sie die x-Werte der Punkte P und Q. Wie kann man also in einem gegebenen Punkt die Tangente an K konstruieren?

9 Berechnen Sie den Inhalt der gefärbten Fläche

a)

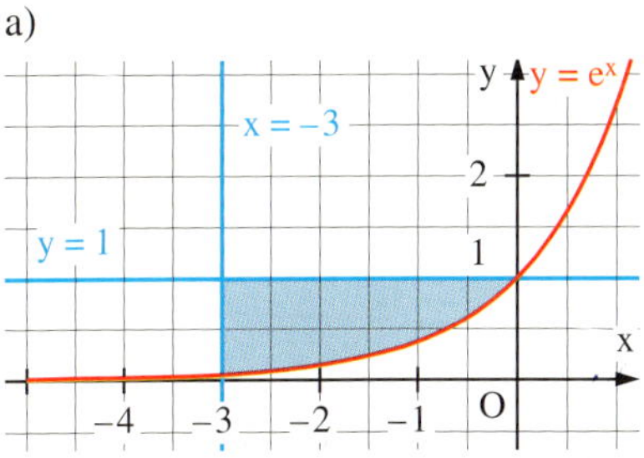

Fig. 2

b)

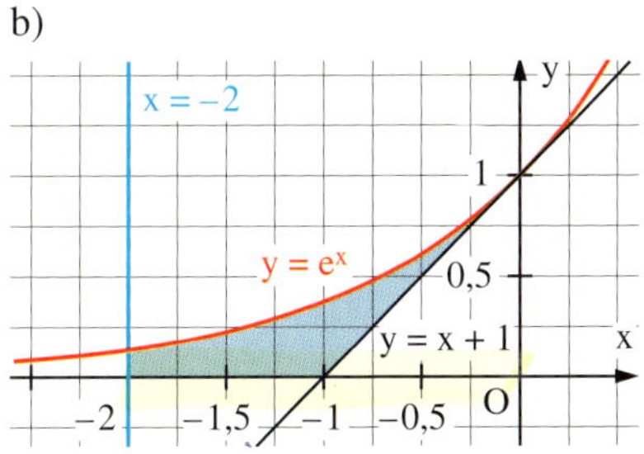

Fig. 3

c)

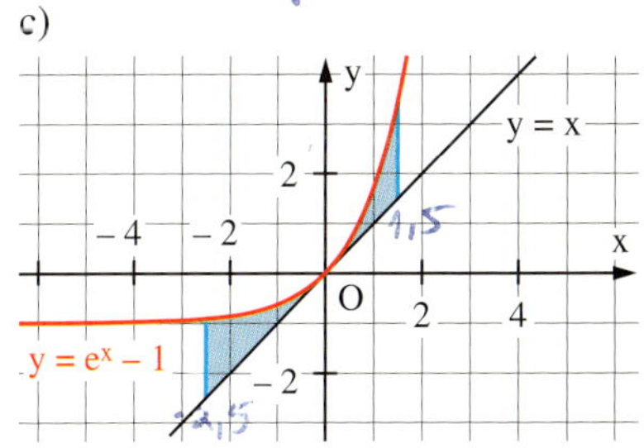

Fig. 4

10 Untersuchen Sie die Aussage auf ihren Wahrheitsgehalt und versuchen Sie sie gegebenenfalls zu widerlegen oder zu begründen.
a) Verschiebt man das Schaubild K der natürlichen Exponentialfunktion um 3 Einheiten nach rechts, so ist die entstandene Kurve das Schaubild von g mit $g(x) = e^x + 3$.
b) Die Schaubilder von f mit $f(x) = e^x$ und g mit $g(x) = e^{-x}$ liegen symmetrisch zur y-Achse.
c) Verbindet man zwei Punkte, die auf dem Schaubild K der natürlichen Exponentialfunktion liegen, durch eine Strecke, so ist die Ordinate ihres Mittelpunktes stets größer als der zur gleichen Abszisse gehörige Punkt des Schaubildes K.

3 Ableiten und Integrieren zusammengesetzter Funktionen

$h_1(x) = x^2 + 1 - e^x$, $h_2(x) = e^x \cdot (x^2 + 1)$, $h_3(x) = \frac{e^x}{x^2+1}$,

$h_4(x) = \frac{x^2+1}{e^x}$, $h_5(x) = e^{x^2+1}$, $h_6(x) = (e^x)^2 + 1$.

1 Wie erhält man die links angegebenen Funktionen aus den Funktionen f mit $f(x) = e^x$ und g mit $g(x) = x^2 + 1$? Bestimmen Sie jeweils die 1. Ableitung.

Durch Addition, Subtraktion, Multiplikation, Division oder Verkettung lassen sich aus der natürlichen Exponentialfunktion und einer weiteren Funktion neue Funktionen gewinnen. Für die Ableitung dieser Funktionen gelten die bekannten Ableitungsregeln. Besonders wichtig ist die Kettenregel.

Satz: Die Funktion f mit $f(x) = e^{v(x)}$ ist eine Verkettung der Funktion $v: x \mapsto v(x)$ mit der Exponentialfunktion $u: v \mapsto e^v$. Existiert die Ableitung v', so gilt nach der Kettenregel

$$\mathbf{f'(x) = e^{v(x)} \cdot v'(x)}.$$

Ist insbesondere v eine lineare Funktion mit $v(x) = mx + c$, also $f(x) = e^{mx+c}$, so ist $f'(x) = m \cdot e^{mx+c}$. Eine Stammfunktion der Funktion f ist dann F mit $F(x) = \frac{1}{m} \cdot e^{mx+c}$, $m \neq 0$.

Beispiel 1: (Anwendung der Kettenregel)

Leiten Sie die Funktion f ab und geben Sie, wenn möglich, eine Stammfunktion F von f an.

a) $f(x) = e^{3x-2}$ b) $f(x) = \frac{2}{3} \cdot e^{-\frac{1}{2}x^2+1}$

Lösung:

a) Es ist $v(x) = 3x - 2$. Damit gilt: $f'(x) = e^{v(x)} \cdot v'(x) = e^{3x-2} \cdot 3 = 3 \cdot e^{3x-2}$, $F(x) = \frac{1}{3} \cdot e^{3x-2}$.

b) Mit $v(x) = -\frac{1}{2}x^2 + 1$ gilt: $f'(x) = \frac{2}{3} \cdot e^{v(x)} \cdot v'(x) = -\frac{2}{3} \cdot e^{-\frac{1}{2}x^2+1} \cdot (-x) = -\frac{2}{3}x \cdot e^{-\frac{1}{2}x^2+1}$.

Eine Stammfunktion von f können wir nicht angeben!

Beispiel 2: (Anwendung der Produktregel; vollständige Induktion)

Zeigen Sie, dass für die n-te Ableitung $f^{(n)}$ von f mit $f(x) = x \cdot e^{2x-3}$ gilt:

$f^{(n)}(x) = 2^{n-1} \cdot (2x + n) \cdot e^{2x-3}$.

Leiten Sie f mit $f(x) = xe^{2x-3}$ wiederholt ab. Welche Vermutung liegt für $f^{(n)}(x)$ nahe?

Beweis:

(I) Induktionsanfang: Für $n = 1$ (1. Ableitung) gilt nach der Produktregel:

$f'(x) = 1 \cdot e^{2x-3} + 2x \cdot e^{2x-3} = (2x + 1) \cdot e^{2x-3} = 2^{1-1} \cdot (2x + 1) \cdot e^{2x-3}$; richtig für $n = 1$.

(II) Induktionsschritt: Die Behauptung gelte für die Zahl $k \in \mathbb{N}$, d.h.

$f^{(k)}(x) = 2^{k-1} \cdot (2x + k) \cdot e^{2x-3}$.

Man erhält dann durch Ableiten von $f^{(k)}$ für die Funktion $f^{(k+1)}$:

$f^{(k+1)}(x) = 2^{k-1} \cdot [2 \cdot e^{2x-3} + (2x + k) \cdot 2e^{2x-3}] = 2^k \cdot (1 + 2x + k) \cdot e^{2x-3} = 2^k \cdot (2x + (k+1)) \cdot e^{2x-3}$

Die Behauptung gilt also auch für $k + 1$ und damit für alle natürlichen Zahlen.

Beispiel 3: (Flächeninhalt)

Die Schaubilder von f mit $f(x) = \frac{1}{2}(e^{\frac{1}{2}x+2} - e^2)$ und g mit $g(x) = \frac{1}{2}(e^{\frac{2}{3}x} - e^x)$ schneiden sich für $x_0 = 0$ und $x_1 = 2$. Berechnen Sie den Inhalt der eingeschlossenen Fläche.

Lösung:

Fig. 1 zeigt die Schaubilder der Funktionen f und g. Da in [0; 2] gilt $f(x) > g(x)$, erhält man:

$$A = \int_0^2 (f(x) - g(x))\,dx = \frac{1}{2} \cdot \int_0^2 \left[(e^{\frac{1}{2}x+2} - e^2) - (e^{\frac{2}{3}x} - e^x)\right] dx = \frac{1}{2} \cdot \left[2e^{\frac{1}{2}x+2} - e^2 \cdot x - \frac{2}{3}e^{\frac{2}{3}x} + e^x\right]_0^2 =$$

$$= \frac{1}{2} \cdot [2e^3 - 2e^2 - \frac{2}{3}e^3 + e^2 - 2e^2 + \frac{2}{3} - 1] = \frac{2}{3}e^3 - \frac{2}{3}e^2 - \frac{1}{6} \approx 2{,}1401.$$

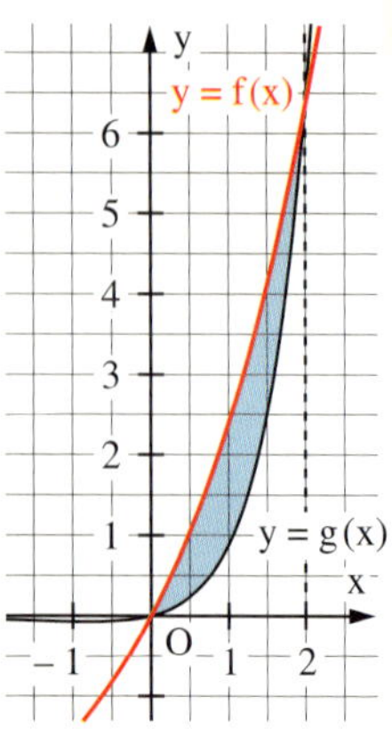

Fig. 1

Aufgaben

$f(x) = e^{2x}$ kann man auf mehrere Arten ableiten:

(1) Kettenregel:
$f(x) = u(v(x))$
$f'(x) = 2 \cdot e^{2x}$

(2) Produktregel:
$f(x) = e^{2x} = e^x \cdot e^x$
$f'(x) = e^x \cdot e^x + e^x \cdot e^x = 2 \cdot e^{2x}$

(3) Potenz- und Kettenregel:
$f(x) = (e^x)^2$
$f'(x) = 2 \cdot e^x \cdot e^x = 2 \cdot e^{2x}$

(4) Quotientenregel:
$f(x) = \frac{e^x}{e^{-x}}$
$f'(x) = \frac{e^x \cdot e^{-x} - (-e^{-x}) \cdot e^x}{(e^{-x})^2} = 2 \cdot e^{2x}$

2 Leiten Sie ab.
a) $f(x) = e^{-x} + 2x^2$ b) $f(x) = 2\sqrt{x} - 3e^{3x}$ c) $f(x) = e^{2x} + \sin x$ d) $f(x) = x^9 - 9 \cdot e^{-\frac{1}{9}x}$

3 a) $f(x) = e^{x^2}$ b) $f(x) = e^{kx^2}$ c) $f(x) = e^{2x^k}$ d) $f(x) = e^{tx^k}$
e) $f(x) = e^{\frac{t}{x}}$ f) $f(x) = 2e^{tx}$ g) $f(t) = \frac{2}{5}e^{\sin t + \frac{2}{5}x}$ h) $f(t) = 2\pi \cdot e^{-\sqrt{t} + \pi}$

4 Geben Sie eine Stammfunktion von f an.
a) $f(x) = e^{2x}$ b) $f(x) = e^{-\frac{1}{2}x}$ c) $f(x) = 2e^{2x-7}$ d) $f(x) = -0{,}15e^{-x+4}$
e) $f(x) = -\frac{2}{3} \cdot e^{-\frac{2}{3}x - 2}$ f) $f(x) = e^x + \frac{1}{e^{2x}}$ g) $f(t) = 3 \cdot e^{-\frac{3}{2}t + \frac{3}{7}}$ h) $f(t) = (1 + e^{-t})^2$

5 Bilden Sie die erste Ableitung.
a) $f(x) = 2x \cdot e^x$ b) $f(x) = \frac{1}{2}x^{-1} \cdot e^x$ c) $f(x) = x^2 \cdot e^{-2x}$ d) $f(t) = \frac{1}{2}t^{-2} \cdot e^{-t}$
e) $f(x) = \frac{e^x}{x+1}$ f) $f(x) = \frac{1+e^x}{1-e^x}$ g) $f(t) = 2 \cdot \frac{e^{(t+1)^2}}{t-2}$ h) $f(t) = \frac{3}{t} \cdot e^{-\frac{1}{t^2}}$

6 Bilden Sie die erste und zweite Ableitung.
a) $f(x) = -\frac{2}{k} \cdot e^{2kx^2}$ b) $f(t) = 40t \cdot e^{-kt^2}$ c) $f(t) = x \cdot e^{\frac{k}{x}+1}$ d) $f(x) = x \cdot e^{t\sqrt{x}+0{,}5}$
e) $f(t) = \frac{\sin(tx)}{e^{tx}}$ f) $f(x) = (k + e^{-x})^2$ g) $f(t) = \frac{k \cdot e^{k \sin t}}{t}$ h) $f(k) = \frac{k \cdot e^{k \sin t}}{t}$

Beispiele von Umformungen, die das Ableiten vereinfachen können:
(1) Quotienten in Produkte umwandeln: $\frac{e^x}{x^2} = e^x \cdot x^{-2}$
(2) Faktoren vorziehen: $\frac{2e^{-4x}}{3(x-1)} = \frac{2}{3} \cdot \frac{e^{-4x}}{x-1}$
(3) Terme vereinfachen und $e^{u(x)}$ ausklammern:
$(x-1)e^{2x} + e^{2x} = (x-1+1)e^{2x} = x \cdot e^{2x}$

7 a) Gegeben ist die Funktion f mit $f(x) = e^{kx}$. Bestimmen Sie k so, dass das Schaubild von f im Schnittpunkt mit der y-Achse die Steigung 2 hat.
b) Für welche Funktion f mit $f(x) = c \cdot e^{kx}$ gilt $f(0) = 3$ und $f'(0) = 0{,}5$?

8 Beweisen Sie durch vollständige Induktion, dass die Funktion f die angegebenen Ableitungen besitzt ($n \in \mathbb{N}$).
a) $f(x) = e^{2 \cdot x}$; $f^{(n)}(x) = 2^n \cdot e^{2 \cdot x}$ b) $f(x) = x \cdot e^x$; $f^{(n)}(x) = (x + n) \cdot e^x$
c) $f(x) = \frac{x}{e^x}$; $f^{(n)}(x) = (-1)^n \cdot \frac{(x-n)}{e^x}$ d) $f(x) = (1-x)e^{-kx}$; $f^{(n)}(x) = (-k)^{n-1} \cdot e^{-kx} \cdot (kx - k - n)$

9 Leiten Sie f mehrmals ab und versuchen Sie eine Vermutung über die n-te Ableitung $f^{(n)}(x)$ aufzustellen. Beweisen Sie diese durch vollständige Induktion.
a) $f(x) = e^{kx}$ b) $f(x) = e^{-kx+a}$ c) $f(x) = x \cdot e^{kx}$ d) $f(x) = x^2e^x$

10 Berechnen Sie das Integral.
a) $\int_0^{\frac{1}{2}} 2e^{2x+1}\,dx$ b) $\int_1^3 (x + e^{-x+1})\,dx$ c) $\int_{-1}^1 (e^x + e^{-x})^2\,dx$ d) $\int_0^1 (1 + e^{-t})^2\,dt$

11 a) Für welchen Wert von t hat die Funktion f_t mit $f_t(x) = x + t^2 \cdot e^{-x^2}$ an der Stelle $x_0 = 1$ die Ableitung $\frac{1}{2}$?
b) Kann man t so bestimmen, dass das Schaubild einer Stammfunktion F_t von f_t mit $f_t(x) = x + t^2 \cdot e^{-x}$ durch die Punkte $P(0|0)$ und $Q(1|1{,}5)$ verläuft? Berechnen Sie gegebenenfalls t.

12 Es sei f eine Funktion mit der Definitionsmenge $\mathbb{R}$ und der Eigenschaft $f'(x) = f(x)$ für alle $x \in \mathbb{R}$. Zeigen Sie, dass der Quotient $\frac{f(x)}{e^x}$ die Ableitung 0 hat für alle $x \in \mathbb{R}$. Was folgt daraus für f(x)?

4 Die natürliche Logarithmusfunktion und ihre Ableitung

$y = e^x$; $x = {}_e\log y \to x = \ln y$

e log a = ln a

1 Gegeben ist die natürliche Exponentialfunktion $f: x \mapsto e^x$ mit $x \in \mathbb{R}$.
a) Zeichnen Sie ihr Schaubild und spiegeln Sie dieses an der 1. Winkelhalbierenden. Zeigen Sie, dass sich dabei wieder ein Schaubild einer Funktion g ergibt.
b) Bestimmen Sie die Funktionswerte von g an den Stellen e, e^2, e^{-1} und $\sqrt{e}$.
c) Geben Sie die Funktion g an.

Die natürliche Exponentialfunktion $f: x \mapsto e^x$ mit $D_f = \mathbb{R}$ und $W_f = (0, \infty)$ ist streng monoton steigend, da $f'(x) = e^x > 0$ ist für alle $x \in \mathbb{R}$. Damit ist f in $\mathbb{R}$ umkehrbar.
Aus $e^x = y$ folgt $x = \log_e y$. Nach Vertauschen von x und y ergibt sich $\bar{f}: x \mapsto \log_e x$ mit $D_{\bar{f}} = \mathbb{R}^+$ und $W_{\bar{f}} = \mathbb{R}$. Für $\log_e x$ schreibt man kurz $\ln x$.

$\log_e x = \ln x$

Definition: Die Umkehrfunktion der natürlichen Exponentialfunktion heißt **natürliche Logarithmusfunktion**. Sie wird mit $x \mapsto \ln x$; $x \in \mathbb{R}^+$, bezeichnet.

Kaum zu glauben:
Wenn man an der Wandtafel die Einheit in x- und y-Richtung zu je 1 dm wählt, so erreicht das Schaubild der ln-Funktion eine 3 m hohe Decke für $x = e^{30}$ dm > 10^9 km. Die Entfernung der Sonne von der Erde beträgt „nur“ $1{,}5 \cdot 10^8$ km.

Eigenschaften von $f: x \mapsto \ln x$:
a) Für $x < 0$ gilt $0 < e^x < 1$, also folgt:
$\ln x < 0$ für $0 < x < 1$.
b) Für $x > 0$ gilt $e^x > 1$, also folgt:
$\ln x > 0$ für $x > 1$.
c) Wegen $e^0 = 1$ erhält man
$\ln 1 = 0$.
d) Für $x \to +\infty$ gilt: $\ln x \to +\infty$.
e) Für $x \to 0$ gilt: $\ln x \to -\infty$;
die y-Achse ist senkrechte Asymptote des Schaubildes.

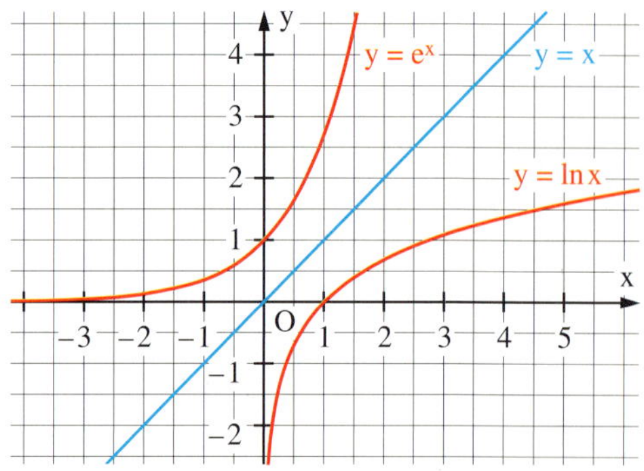

Fig. 1

Das Schaubild der natürlichen Logarithmusfunktion hat an der Stelle $x_0 = 1$ die Steigung 1.

Die **Ableitung** der natürlichen Logarithmusfunktion erhält man unter Verwendung der Beziehung $\bar{f}'(y) = \frac{1}{f'(x)}$ (vgl. Seite 22).
Es ist also $(\ln y)' = \frac{1}{e^x}$. Wegen $e^x = y$ folgt: $(\ln y)' = \frac{1}{y}$. Ersetzt man noch y durch x und x durch y, so ergibt sich: $(\ln x)' = \frac{1}{x}$.

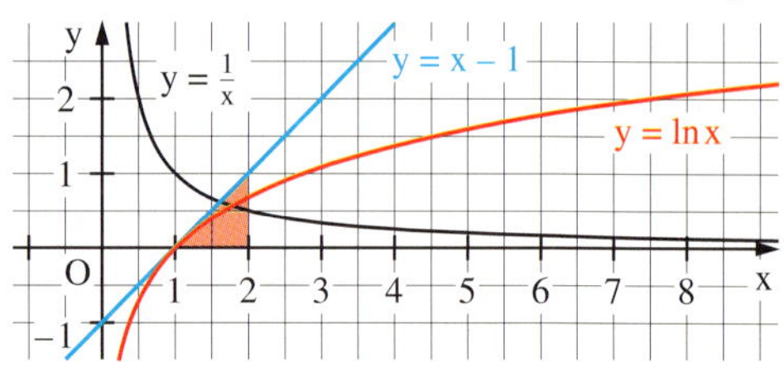

Fig. 2

Satz 1: Die natürliche Logarithmusfunktion f mit $f(x) = \ln x$, $x \in \mathbb{R}^+$, hat die Ableitungsfunktion f' mit $f'(x) = \frac{1}{x}$.

Zu f mit $f(x) = \frac{1}{x}$ konnten wir bisher keine Stammfunktion angeben.

Damit ist die natürliche Logarithmusfunktion $x \mapsto \ln x$ eine Stammfunktion von f mit $f(x) = \frac{1}{x}$ für $x > 0$. Um auch für $x < 0$ eine Stammfunktion zu finden, betrachtet man die Funktion F mit $F(x) = \ln(-x)$. Ihre Ableitung ist $F'(x) = \frac{1}{-x} \cdot (-1) = \frac{1}{x}$; also ist auch F mit $F(x) = \ln(-x)$, $x < 0$, eine Stammfunktion von f mit $f(x) = \frac{1}{x}$.
Die Fälle $x > 0$ und $x < 0$ können mithilfe der Betragschreibweise zusammengefasst werden.

Satz 2: Eine Stammfunktion der Funktion f mit $f(x) = \frac{1}{x}$, $x \neq 0$, ist die Funktion F mit
$F(x) = \ln|x|$.

Daraus ergibt sich: Die Funktion f mit $f(x) = \frac{a}{bx+c}$ hat die Funktion F mit $f(x) = \frac{a}{b} \cdot \ln|bx+c|$ als Stammfunktion, denn es gilt: $F'(x) = \frac{a}{b} \cdot \frac{1}{bx+c} \cdot b = \frac{a}{bx+c}$.

Ist u eine differenzierbare Funktion, so gilt für die Funktion f mit $f(x) = \ln|u(x)|$ nach der Kettenregel und Satz 2: $f'(x) = \frac{1}{u(x)} \cdot u'(x) = \frac{u'(x)}{u(x)}$.

Satz 3: Eine Stammfunktion der Funktion f mit $f(x) = \frac{u'(x)}{u(x)}$ ist die Funktion F mit
$F(x) = \ln|u(x)|$.

Es gelten auch für den natürlichen Logarithmus die **Logarithmengesetze**:
(1) $\ln(uv) = \ln u + \ln v$
(2) $\ln\frac{u}{v} = \ln u - \ln v$
(3) $\ln(u^k) = k \cdot \ln u$
mit $u, v \in \mathbb{R}^+$

Beispiel 1: (Ableitungen)
Berechnen Sie die Ableitung.
a) $f(x) = (\ln x)^2$, $x > 0$ b) $g(x) = \ln x^2$, $x \neq 0$
Lösung:
a) $f'(x) = 2 \cdot (\ln x) \cdot \frac{1}{x} = \frac{2 \cdot \ln x}{x}$
b) Wegen $g(x) = 2 \cdot \ln|x|$ ist $g'(x) = \frac{2}{x}$.

So geht's auch:
$g'(x) = \frac{1}{x^2} \cdot 2x = \frac{2}{x}$

Beispiel 2: (Flächenberechnung)
Berechnen Sie den Inhalt der Fläche zwischen dem Schaubild von f mit $f(x) = \frac{2}{x}$ und der x-Achse über dem Intervall
a) [1; e] b) [−2; −0,5].
Lösung:
a) $A_1 = \int_1^e \frac{2}{x}\,dx = [2 \cdot \ln|x|]_1^e = 2 \cdot (\ln e - \ln 0) = 2$
b) $A_2 = \int_{-2}^{-0,5} \left(0 - \frac{2}{x}\right) dx = [-2 \cdot \ln|x|]_{-2}^{-0,5}$
$= -2 \cdot \left(\ln\frac{1}{2} - \ln 2\right) = -2 \cdot (-\ln 2 - \ln 2)$
$= 4 \cdot \ln 2$

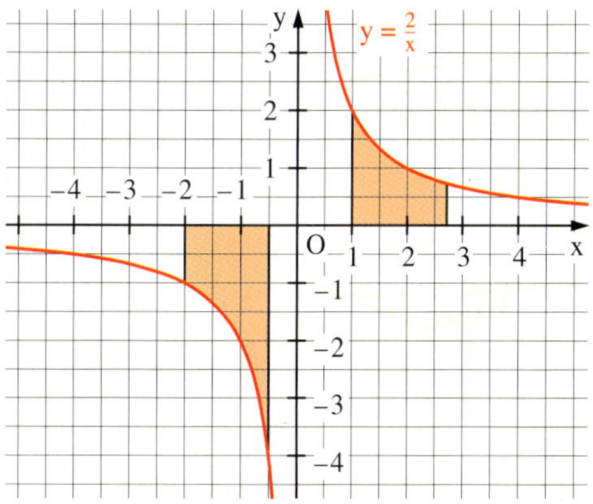

Fig. 1

Beispiel 3: (Berechnung einer Stammfunktion nach Satz 3)
Berechnen Sie eine Stammfunktion von f.
a) $f(x) = \frac{x^3}{x^4+1}$ b) $f(x) = \frac{\sin x}{\cos x}$
Lösung:
a) Da die Zählerfunktion bis auf den Faktor 4 die Ableitung der Nennerfunktion ist, schreibt man $f(x) = \frac{1}{4} \cdot \frac{4x^3}{x^4+1}$. Also ist F mit $F(x) = \frac{1}{4} \cdot \ln(x^4+1)$ eine mögliche Stammfunktion.
b) Da $(\cos x)' = -\sin x$ ist, gilt $F(x) = -\ln|\cos x|$.

F mit $F(x) = -\ln|\cos x|$ ist also Stammfunktion von f mit $f(x) = \tan x$.

*$\ln(cx)$ existiert nur für $cx > 0$, d.h. $c > 0$ **und** $x > 0$ oder $c < 0$ **und** $x < 0$. Es ist $\ln(cx) = \ln c + \ln x$, wenn $c > 0$ **und** $x > 0$, aber $\ln(cx) = \ln(-c) + \ln(-x)$, wenn $c < 0$ **und** $x < 0$.*

Aufgaben

2 Bestimmen Sie die maximale Definitionsmenge der Funktion f.
a) $f(x) = \ln x$ b) $f(x) = \ln(x^2)$ c) $f(x) = \ln(cx)$; $c < 0$ d) $f(x) = \ln\sqrt{x}$
e) $f(x) = \ln(1+x)$ f) $f(x) = \ln\frac{x}{x+1}$ g) $f(x) = \ln\frac{1-x}{1+x}$ h) $f(x) = \ln\frac{c^2}{x}$, $c \neq 0$

$f(x) = \ln\frac{3}{x}$ kann man ableiten nach der Kettenregel:

$f'(x) = \frac{1}{\frac{3}{x}} \cdot \left(-\frac{3}{x^2}\right)$

$= -\frac{x}{3} \cdot \frac{3}{x^2} = -\frac{1}{x}$

Einfacher geht's mit der Zerlegung:

$f(x) = \ln 3 - \ln x$; also

$f'(x) = -\frac{1}{x}$

3 Bilden Sie die 1. Ableitung.

a) $f(x) = 1 + \ln x$ b) $f(x) = x + \ln x$ c) $f(x) = 2x + \ln(2x)$ d) $f(x) = x^2 + \ln(tx)$

e) $f(x) = \ln\frac{1}{x}$ f) $f(x) = \ln\frac{t}{x}$ g) $f(t) = \ln\frac{t}{x}$ h) $f(t) = \ln(t + x)$

4 a) $f(x) = \ln\sqrt{x}$ b) $f(x) = \ln(1 + 3x^2)$ c) $f(x) = \ln(1 - x^2)$ d) $f(x) = 3\ln\sqrt{4x}$

e) $f(x) = \sqrt{\ln x}$ f) $f(x) = \ln(\sin x)$ g) $f(x) = \sin(\ln x)$ h) $f(x) = (\ln x)^{-1}$

5 Bilden Sie die 1. und 2. Ableitung.

a) $f(t) = \ln(t^4)$ b) $f(t) = (\ln t)^4$ c) $f(u) = \ln\frac{u}{u+1}$ d) $f(t) = k \cdot \ln\sqrt[3]{2t}$

e) $f(a) = \ln(x - a)^2$ f) $f(s) = (\ln(s - a))^3$ g) $f(x) = x \cdot \ln x$ h) $f(x) = \sqrt{x} \cdot \ln x$

i) $f(x) = \sqrt{x} \cdot \ln(kx)$ j) $f(x) = \frac{1}{\ln x}$ k) $f(x) = \frac{x}{\ln x}$ l) $f(x) = \frac{\ln\sqrt{x}}{\ln x}$

6 Geben Sie für jedes Intervall, auf dem die Funktion f definiert ist, eine Stammfunktion an.

a) $f(x) = \frac{4}{x}$ b) $f(x) = \frac{3}{4x}$ c) $f(x) = \frac{2}{x-1}$ d) $f(x) = \frac{1}{(x-3)^3}$

e) $f(x) = \frac{1}{2x-1}$ f) $f(t) = \frac{3}{2-5t}$ g) $f(t) = \frac{4}{3t-\sqrt{2}}$ h) $f(t) = (1 - 3s)^{-1}$

7 a) $f(x) = \frac{2x}{x^2+1}$ b) $f(x) = \frac{2x+1}{x^2+x}$ c) $f(x) = \frac{x}{x^2-1}$ d) $f(x) = \frac{\cos x}{\sin x}$

e) $f(x) = \frac{2x^3}{x^4+1}$ f) $f(x) = \frac{x^{n-1}}{ax^n+b}$ g) $f(x) = \frac{cx^{n-1}}{ax^n+b}$ h) $f(x) = \frac{x+\frac{b}{2a}}{ax^2+bx}$

8 Zeichnen Sie ein Schaubild der Funktion von f mit $f(x) = \ln x$. Beschreiben Sie, wie daraus ein Schaubild der Funktion g erstellt werden kann. Skizzieren Sie ein Schaubild von g.

a) $g(x) = \ln x + 1$ b) $g(x) = \ln(x - 1)$ c) $g(x) = \ln(-x)$ d) $g(x) = -\ln(-x)$

Simples kann sehr wichtig sein:

$\frac{a+b}{c} = \frac{a}{c} + \frac{b}{c}$

9 Berechnen Sie das Integral.

a) $\int_{-10}^{-1} \frac{5}{x}dx$ b) $\int_{1}^{e} \frac{2x+5}{x}dx$ c) $\int_{e}^{2e} \frac{x^2-1}{x}dx$ d) $\int_{10}^{100} \left(\frac{1}{x^2} - \frac{1}{x}\right)dx$ e) $\int_{-e}^{-1} \frac{2+|x|}{x^2}dx$ f) $\int_{1}^{10} \frac{x^2+4x+3}{2x}dx$

10 Berechnen Sie den Inhalt der gefärbten Fläche.

a)

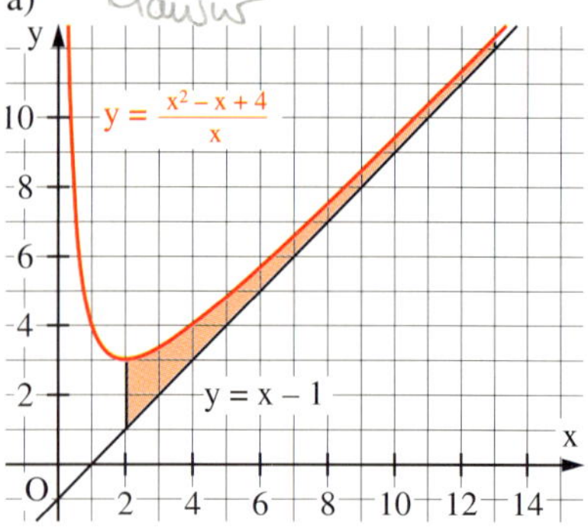

Fig. 1

b)

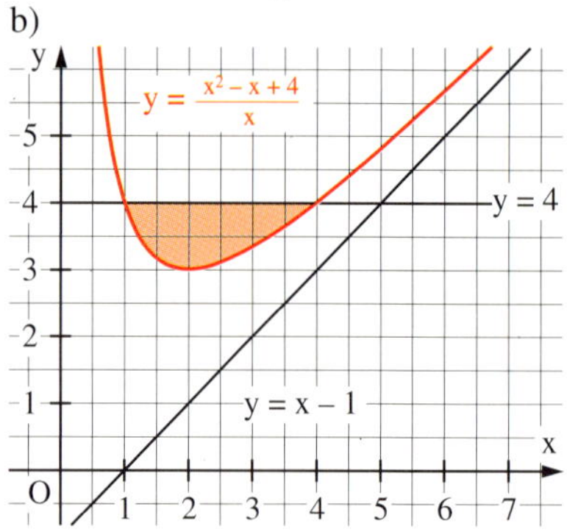

Fig. 2

c)

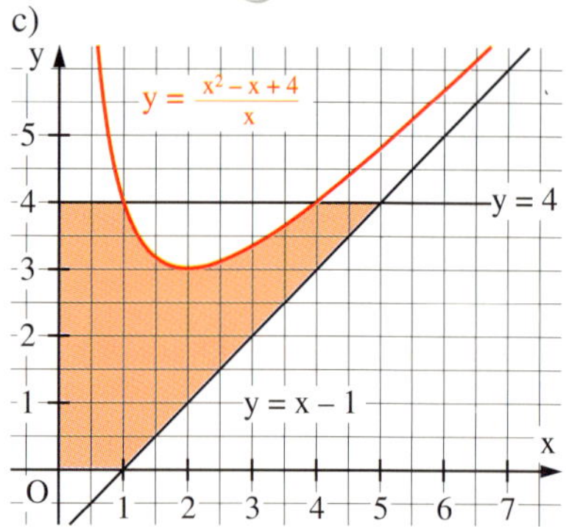

Fig. 3

11 Welche der zur y-Achse symmetrischen Parabeln zweiter Ordnung schneiden das Schaubild von $f: x \mapsto \ln x$ orthogonal?

12 Gegeben ist eine Kurrvenschar durch die Funktionen f_k mit $f_k(x) = \ln(kx)$, $k \in \mathbb{R}$.

a) Zeigen Sie, dass es für jedes k einen Tangente an das Schaubild der Funktion f_k gibt, die durch $A(0|2)$ verläuft.

b) Berechnen Sie mithilfe eines Näherungsverfahrens den Punkt P des Schaubildes f_1, dessen Normale durch den Nullpunkt verläuft.

5 Gleichungen, Funktionen mit beliebigen Basen → für Ableitung

1 Berechnen Sie $x \in \mathbb{R}$ so, dass $2 \cdot e^x = 2^x$ ist. Können Sie weitere Lösungswege angeben?

2 Bestimmen Sie eine Zahl k so, dass die Funktion f mit $f(x) = 2^x$ für alle reelle Zahlen $x \in \mathbb{R}$ in der Form $f(x) = e^{kx}$ angegeben werden kann.

Bei der Exponentialfunktion $f\colon x \mapsto e^x$ ist oft der Funktionswert vorgegeben und der zugehörige x-Wert gesucht. Dann ist die **Exponentialgleichung** $e^x = y$ zu lösen. Ihre Lösung ist $x = \ln y$. Damit gilt definitionsgemäß: $e^{\ln y} = y$ und $\ln(e^x) = x$.
Hiermit kann man Terme vereinfachen und Gleichungen lösen.

Satz 1: Für alle $y > 0$ gilt: $e^{\ln y} = y$. Für alle $x \in \mathbb{R}$ gilt: $\ln(e^x) = x$.

Mit Satz 1 ist es möglich, jede Exponentialfunktion f mit $f(x) = a^x$ mit der Basis e darzustellen: $a^x = (e^{\ln a})^x = e^{x \ln a}$.
Ferner kann jede Logarithmusfunktion f mit $f(x) = \log_a x$ durch die natürliche Logarithmusfunktion ausgedrückt werden: Aus $y = a^x$ folgt nämlich einerseits $x = \log_a y$, wegen $y = e^{x \ln a}$ folgt andererseits $\ln y = x \cdot \ln a$ bzw. $x = \frac{\ln y}{\ln a}$. Damit gilt: $\log_a y = \frac{\ln y}{\ln a}$.

Jetzt erkennt man die Bedeutung der natürlichen Exponentialfunktion und der natürlichen Logarithmusfunktion.

Satz 2: Jede Exponentialfunktion f mit $f(x) = a^x$, $a > 0$, $x \in \mathbb{R}$, ist darstellbar mithilfe der Basis e: $f(x) = e^{x \ln a}$.
Jede Logarithmusfunktion f mit $f(x) = \log_a x$, $a > 0$, $x > 0$, ist darstellbar mithilfe des natürlichen Logarithmus: $f(x) = \frac{\ln x}{\ln a}$.

Wie kann man in Beispiel 1 a) auch noch anders umformen?

Beispiel 1: (Vereinfachen von Termen)
Vereinfachen Sie.
a) $e^{2 \cdot \ln(4x)}$ b) $\ln e^{\sqrt{x}}$ c) $\ln\left(\frac{1}{2}e^2\right)$
Lösung:
a) $e^{2 \cdot \ln(4x)} = e^{\ln((4x)^2)} = (4x)^2 = 16x^2$ b) $\ln e^{\sqrt{x}} = \sqrt{x}$ c) $\ln\left(\frac{1}{2}e^2\right) = \ln\frac{1}{2} + \ln(e^2) = 2 + \ln\frac{1}{2}$

Beispiel 2: (Exponentialgleichung, logarithmische Gleichung)
Bestimmen Sie die Lösung von a) $2 \cdot e^{2x-3} = e^{-x}$ b) $\ln(5x^2) = 4 \cdot \ln\sqrt{x} + 3$, $x > 0$
Lösung:

Anwendung der Definition

a) 1. Möglichkeit:
$2 \cdot e^{2x-3} = e^{-x} \quad | \cdot \frac{1}{2}e^x$
$e^{3x-3} = \frac{1}{2}$
$3x - 3 = \ln\frac{1}{2}$
$x = 1 - \frac{1}{3}\ln 2;\ x \approx 0{,}7690$

Beidseitiges Logarithmieren bzw. Anwenden der Logarithmengesetze

2. Möglichkeit:
$\ln(2 \cdot e^{2x-3}) = \ln(e^{-x})$
$\ln 2 + (2x - 3) = -x$
$3x = 3 - \ln 2$
$x = 1 - \frac{1}{3}\ln 2 \approx 0{,}7690$

b) 1. Möglichkeit:
$\ln(5x^2) = 4 \cdot \ln\sqrt{x} + 3,\ x > 0$
$5x^2 = e^{4 \cdot \ln\sqrt{x} + 3}$
$5x^2 = e^{\ln(x^2)} \cdot e^3 = x^2 \cdot e^3$
$(e^3 - 5) \cdot x^2 = 0$
Diese Gleichung hat keine Lösung.
2. Möglichkeit:
$\ln 5 + \ln(x^2) = \ln(x^2) + 3$
$\ln 5 = 3$
Diese Gleichung hat keine Lösung.

Beispiel 3: (Umschreiben von Funktionen)
Schreiben Sie die Funktion um und leiten Sie sie ab.

a) $f(x) = 3^x$ b) $g(x) = \log_6 x$

Lösung:

Eine Stammfunktion zu f mit $f(x) = 3^x$ ist demnach F mit $F(x) = \frac{1}{\ln 3} \cdot 3^x$.

a) $f(x) = (e^{\ln 3})^x = e^{x \ln 3}$;
$f'(x) = \ln 3 \cdot e^{x \cdot \ln 3} = \ln 3 \cdot 3^x \approx 1{,}0986 \cdot 3^x$

b) $g(x) = \frac{\ln x}{\ln 6}$
$g'(x) = \frac{1}{\ln 6} \cdot \frac{1}{x} \approx 0{,}5581 \cdot \frac{1}{x}$

Aufgaben

3 Vereinfachen Sie.
a) $e^{\ln 4}$ b) $e^{-\ln 2}$ c) $e^{3 \cdot \ln 2}$ d) $e^{-\frac{1}{3} \cdot \ln \frac{1}{8}}$ e) $e^{0{,}5 \ln 0{,}25}$ f) $(e^{\ln 4})^2$
g) $\ln e^2$ h) $\ln \frac{1}{e}$ i) $\ln\left(\frac{1}{2} \cdot e^3\right)$ j) $\ln\left(\frac{1}{3} \cdot \sqrt{e}\right)$ k) $\ln\left(\sqrt{e}^{\,3}\right)$ l) $\ln \sqrt{\pi \cdot e}$

4 Zeigen Sie die Gültigkeit der Gleichung.
a) $\frac{\ln(a^r)}{\ln(a^s)} = \frac{r}{s}$ für $a > 0$ b) $a^{\frac{\ln b}{\ln a}} = b$ für $a > 0,\ b > 0$ c) $a^{\frac{1}{\ln a}} = e$ für $a > 0$

5 Lösen Sie die Gleichung und geben Sie die Lösung auf 4 Dezimalen gerundet an.
a) $e^x = \sqrt{2}$ b) $e^{x^2} = 1000$ c) $e^{2x} = 0{,}1$ d) $e^{0{,}2 \cdot \sqrt{x}} = 10$ e) $e^{\sqrt[4]{x}} = -1$

6 Lösen Sie die Gleichung auf möglichst einfache Art.
a) $e^{-x} = \sqrt{e}$ b) $e^{2t+10} = e^{-100}$ c) $e^x = \frac{1}{e^2}$ d) $e^x = \sqrt{\frac{1}{e^x}}$ e) $e^x = e \cdot e^{\frac{2}{3}}$

7 Lösen Sie die Gleichung und geben Sie die Lösung auf 4 Dezimalen gerundet an.
a) $2 \cdot e^{x+2} = 5$ b) $0{,}5 \cdot e^{2x+1} = 1$ c) $e^{-\frac{1}{2}x^2+3} - 2 = 0$ d) $e^{3 \cdot \ln \sqrt{x}} = x^2$
e) $\ln \frac{1}{x} - \ln x = 4$ f) $2 \cdot \ln \sqrt{x} + \ln(x^2) - 1 = 0$ g) $3 \cdot \ln(x^3) = 9$ h) $\sqrt{\ln(1-x)} = e$

8 a) $2^x = 3$ b) $2^{x^2+1} = 3$ c) $2^{\sqrt{x-1}} = 3$ d) $3^{1-\sqrt{x}} = 2$ e) $2^{x-2} = -2$
f) $2^{x-1} - 3^x = 0$ g) $\left(\frac{1}{2}\right)^x = \left(\frac{2}{3}\right)^{x-1}$ h) $2^{\sqrt{x}} = 5^x$ i) $\left(\frac{1}{3}\right)^{x-0{,}5} = 4$ j) $5^{\ln x} = 2$

9 a) $(e^x - 1) \cdot (e^{-x} + 1) = 0$ b) $(e^x - 2) \cdot (e^{2x} - 2) = 0$ c) $\ln x \cdot (\ln x - 3) = 0$
d) $(\ln x)^3 \ln(1-x) = 0$ e) $(e^x - 1) \cdot (\ln x - 1) = 0$ f) $x^3 \cdot \ln(x^3) = 0$

10 Lösen Sie die Gleichung mithilfe einer Substitution.
a) $e^{2x} - 2e^x + 1 = 0$ b) $e^{2x} - 5e^x = 6$ c) $e^{2x} - 4e^{-2x} - 3 = 0$ d) $e^{4x} - 7e^{2x} + 10 = 0$

11 Lösen Sie die Gleichung nach x auf. Drücken Sie x nur in Potenzen mit der Basis e und natürlichen Logarithmen aus.
a) $y = \frac{1}{1+e^x}$ b) $y = \frac{a}{b + c \cdot e^{kx}}$ c) $y = \frac{3}{4} \cdot \ln(a - x)$ d) $y = S \cdot (1 + a^{kx})$ e) $y = \log_2(3^{kx})$
f) $e^y = \ln(k^x)$ g) $e^y = \ln(x^k)$ h) $\log_5 y = \log_3(e^x)$ i) $3^y = 7^{2x+1}$ j) $y = a^{\log_b x}$

$f(x) = 1{,}06^x = e^{\ln 1{,}06^x} = e^{x \ln 1{,}06} \approx e^{0{,}0583\,x}$

12 Schreiben Sie den Term von f mit der Basis e. Bilden Sie die 1. Ableitung der Funktion und geben Sie eine Stammfunktion an.
a) $f(x) = 4^x$ b) $f(x) = \left(\frac{2}{3}\right)^x$ c) $f(x) = 2^{x-2}$ d) $f(x) = 0{,}5^{2x-1}$ e) $f(x) = 2^{3x}$

$f(x) = \log_{2{,}04} x = \frac{\ln x}{\ln 2{,}04} \approx 1{,}4026 \cdot \ln x$

13 Schreiben Sie den Term von f mithilfe der ln-Funktion. Leiten Sie f einmal ab.
a) $f(x) = \log_2 x$ b) $f(x) = \log_{10} x$ c) $f(x) = \log_2(x-1)$ d) $f(x) = \log_4(x+1)$
e) $f(x) = \log_2(x^2)$ f) $f(x) = \log_2 \sqrt{x}$ g) $f(x) = \log_2(2^x)$ h) $f(x) = \log_2(2^{x^2})$

6 Grenzwertbestimmung und die Regel von DE L'HOSPITAL

1 Gegeben ist die Funktion f mit $f(x) = \frac{\ln(x+1)}{x}$; $D_f = \{x \mid x > -1, x \neq 0\}$.

a) Zeichnen Sie ein Schaubild der Funktion f.

b) Versuchen Sie mithilfe des Taschenrechners eine Aussage über den Grenzwert der Funktion f für $x \to 0$ zu erhalten. Um welche Art von Definitionslücke handelt es sich?

c) Leiten Sie die Zählerfunktion und Nennerfunktion ab; bilden Sie den Quotienten der Ableitungsterme. Welcher Grenzwert ergibt sich jetzt für $x \to 0$?

d) Gegeben ist die Funktion f mit $f(x) = \frac{u(x)}{v(x)}$, wobei $u(x) = e^x - 1$ und $v(x) = 3x$ mit $x \neq 0$ ist. Untersuchen Sie das Verhalten von f und das von g mit $g(x) = \frac{u'(x)}{v'(x)}$ für $x \to 0$. Stellen Sie eine Vermutung auf.

Beim Berechnen von Grenzwerten bei Quotienten treten Probleme auf, wenn Zähler- und Nennerterm bei Annäherung an eine Stelle a beide gegen 0 oder gegen ∞ streben. In diesem Fall ist der Grenzwertsatz für den Quotienten nicht anwendbar. Ein Beispiel ist die Funktion f mit $f(x) = \frac{e^x - 1}{x}$ für $x \to 0$. In solchen Fällen hilft die folgende Regel.

Die Regel gilt auch dann, wenn (1) ersetzt wird durch $\lim\limits_{x \to a} u(x) = 0$, $\lim\limits_{x \to a} v(x) = 0$.

Regel von DE L'HOSPITAL:
Lässt sich eine Funktion f in Form eines Quotienten $f(x) = \frac{u(x)}{v(x)}$ darstellen und gibt es eine Stelle a mit folgenden Eigenschaften:
(1) $u(a) = v(a) = 0$,
(2) u und v sind in einer gemeinsamen Umgebung von a differenzierbar mit $v'(x) \neq 0$,
(3) $\lim\limits_{x \to a} \frac{u'(x)}{v'(x)}$ existiert,
so gilt: $$\lim_{x \to a} \frac{u(x)}{v(x)} = \lim_{x \to a} \frac{u'(x)}{v'(x)}.$$

Marquis DE L'HOSPITAL, ein französischer Adeliger, war von der Mathematik so begeistert, dass er JOHANN BERNOULLI als Hauslehrer engagierte. Er bot ihm ein hohes Gehalt mit der Vereinbarung, dass ihm BERNOULLI seine Entdeckungen zur freien Verfügung überlasse. Die ursprünglich von J. BERNOULLI gefundenen Regeln wurden 1696 von L'HOSPITAL ohne Beweis veröffentlicht.

Diese Aussage kann hier nicht bewiesen werden. Man kann sie aber plausibel machen: Gegeben sind zwei in einer Umgebung einer Stelle a differenzierbare Funktionen u und v. Ihre Schaubilder können an der Stelle a durch ihre Tangenten angenähert werden (Fig. 1):

$u(x) \approx u'(a) \cdot (x - a) + u(a)$;
$v(x) \approx v'(a) \cdot (x - a) + v(a)$.

Ist $v'(x) \neq 0$ in einer Umgebung von a, so gilt wegen $u(a) = v(a) = 0$ näherungsweise:

$$\frac{u(x)}{v(x)} \approx \frac{u'(a) \cdot (x-a)}{v'(a) \cdot (x-a)} = \frac{u'(a)}{v'(a)}.$$

Für die Funktion f mit $f(x) = \frac{u(x)}{v(x)}$ liegt daher die Vermutung nahe:

$$\lim_{x \to a} f(x) = \lim_{x \to a} \frac{u(x)}{v(x)} = \lim_{x \to a} \frac{u'(x)}{v'(x)} = \frac{u'(a)}{v'(a)}.$$

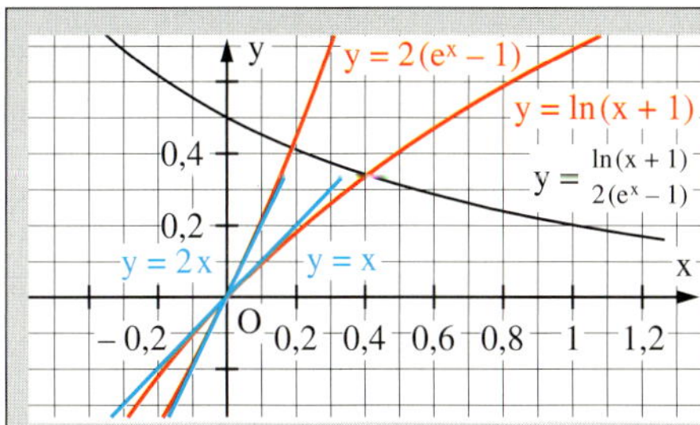

Fig. 1

In Fig. 1 ist $f(x) = \frac{\ln(x+1)}{2 \cdot (e^x - 1)}$ für $x \neq 0$.
Für x nahe 0 gilt: $u(x) = \ln(x+1) \approx x$;
$v(x) = 2 \cdot (e^x - 1) \approx 2x$,
also $\lim\limits_{x \to 0} f(x) = \lim\limits_{x \to 0} \frac{x}{2x} = \lim\limits_{x \to 0} \frac{1}{2} = \frac{1}{2}$.

Es gibt weitere Regeln von DE L'HOSPITAL:

1. Die Regel gilt für $\lim\limits_{x \to +\infty} \frac{u(x)}{v(x)}$ und $\lim\limits_{x \to -\infty} \frac{u(x)}{v(x)}$, falls Zähler und Nenner gegen 0 streben.
2. Die Regel gilt für $\lim\limits_{x \to a} \frac{u(x)}{v(x)}$ und $\lim\limits_{x \to \infty} \frac{u(x)}{v(x)}$, falls Zähler und Nenner beide gegen $+\infty$ gehen.

Beispiel: (Grenzwertbestimmung mit $\ln x$ und e^x)
Berechnen Sie den Grenzwert

a) $\lim\limits_{x \to 0} \frac{e^x - 1}{2x}$ b) $\lim\limits_{x \to 0} (x^n \cdot \ln x)$, $n > 0$ c) $\lim\limits_{x \to \infty} x^n \cdot e^{-x}$, $n > 0$.

Lösung:

a) Mit $u(x) = e^x - 1$ und $v(x) = 2x$ sind die drei Voraussetzungen der Regel erfüllt:
(1) $u(0) = 0$, $v(0) = 0$ (2) $u'(x) = e^x$, $v'(x) = 2$ (3) $\lim\limits_{x \to 0} \frac{e^x}{2} = \frac{1}{2}$.
Deshalb gilt: $\lim\limits_{x \to 0} \frac{e^x - 1}{2x} = \lim\limits_{x \to 0} \frac{e^x}{2} = \frac{1}{2}$.

b) Um die Regel anwenden zu können, betrachtet man den Grenzwert der Funktion f mit $f(x) = -x^n \cdot \ln x$. Es ist dann $\lim\limits_{x \to 0} (-x^n \cdot \ln x) = \lim\limits_{x \to 0} \frac{-\ln x}{x^{-n}}$.
Mit $u(x) = -\ln x$ und $v(x) = x^{-n}$ sind die Voraussetzungen der Regel erfüllt:
(1) $u(x) \to \infty$ und $v(x) \to \infty$ für $x \to 0$. (2) $u'(x) = -\frac{1}{x}$, $v'(x) = -n x^{-n-1}$ (3) $\lim\limits_{x \to 0} \frac{-\frac{1}{x}}{-n x^{-n-1}} = \lim\limits_{x \to 0} \frac{x^n}{n} = 0$
Deshalb gilt: $\lim\limits_{x \to 0} (-x^n \cdot \ln x) = 0$ und damit auch $\lim\limits_{x \to 0} (x^n \cdot \ln x) = 0$, $n > 0$.

Wichtige Grenzwerte:

> Für $n > 0$ gilt
> $\lim\limits_{x \to \infty} (x^n \cdot e^{-x}) = 0$
> $\lim\limits_{x \to 0} (x^n \cdot \ln x) = 0$.

c) $\lim\limits_{x \to \infty} (x^n \cdot e^{-x})$ lautet in Quotientenschreibweise $\lim\limits_{x \to \infty} \frac{x^n}{e^x}$.
Mit $u(x) = x^n$ und $v(x) = e^x$ sind die Voraussetzungen der Regel erfüllt:
(1) $u(x) \to \infty$ und $v(x) \to \infty$ für $x \to \infty$. (2) $u'(x) = n x^{n-1}$, $v'(x) = e^x$.
(3) Für $n = 1$ gilt: $\lim\limits_{x \to \infty} \frac{1}{e^x} = 0$.
Man erhält damit $\lim\limits_{x \to \infty} \frac{x}{e^x} = 0$.
Für $n > 1$ sind mit $\lim\limits_{x \to \infty} \frac{n x^{n-1}}{e^x}$ ebenfalls wieder alle Voraussetzungen erfüllt.
Die Regel ist somit wiederholt bis zur n-ten Ableitung anwendbar:
$\lim\limits_{x \to \infty} \frac{x^n}{e^x} = \lim\limits_{x \to \infty} \frac{n x^{n-1}}{e^x} = \lim\limits_{x \to \infty} \frac{n(n-1) x^{n-2}}{e^x} = \ldots = \lim\limits_{x \to \infty} \frac{n!}{e^x}$.
Da $\lim\limits_{x \to \infty} \frac{n!}{e^x} = 0$ ist, gilt also $\lim\limits_{x \to \infty} \frac{x^n}{e^x} = 0$.

Die Exponentialfunktion wächst stärker als jede Potenzfunktion.

Aufgaben

2 Berechnen Sie den Grenzwert.

a) $\lim\limits_{x \to 3} \frac{x^2 - 3^2}{x - 3}$ b) $\lim\limits_{x \to 3} \frac{x^3 - 3^3}{x - 3}$ c) $\lim\limits_{x \to 3} \frac{x^4 - 3^4}{x - 3}$ d) $\lim\limits_{x \to 3} \frac{x^n - 3^n}{x - 3}$; $n > 0$ e) $\lim\limits_{x \to 3} \frac{x - 3}{x^2 - 3^2}$

f) $\lim\limits_{x \to 3} \frac{x - 3}{x^5 - 3^5}$ g) $\lim\limits_{x \to 3} \frac{x^2 - 3^2}{x^3 - 3^3}$ h) $\lim\limits_{x \to 3} \frac{x^4 - 3^4}{x^8 - 3^8}$ i) $\lim\limits_{x \to 3} \frac{x^k - 3^k}{x^n - 3^n}$; $k, n > 0$ j) $\lim\limits_{x \to a} \frac{x^k - a^k}{x^n - a^n}$; $k, n > 0$

3 a) $\lim\limits_{x \to 0} \frac{\ln(1 + kx)}{x}$ b) $\lim\limits_{x \to 0} \frac{\ln(a + x) - \ln a}{x}$ c) $\lim\limits_{h \to 0} \frac{e^h - 1}{h}$ d) $\lim\limits_{x \to 0} \frac{x}{\ln(1 + x)}$ e) $\lim\limits_{x \to 0} \frac{\ln(1 + kx)}{\ln(1 + mx)}$

4 a) $\lim\limits_{\substack{x \to a \\ x > a}} \frac{\sqrt{x} - \sqrt{a}}{x - a}$ b) $\lim\limits_{x \to 0} \frac{a^x - b^x}{x}$ c) $\lim\limits_{x \to 0} \frac{e^x + e^{-x} - 2}{1 - \cos x}$ d) $\lim\limits_{x \to 0} \frac{x - \sin x}{x^3}$ e) $\lim\limits_{x \to 0} \frac{x^p}{x^q}$, $p > q$

f) $\lim\limits_{x \to \infty} \frac{x^2}{x^3}$ g) $\lim\limits_{x \to \infty} \frac{\ln(x + k)}{\ln x}$ h) $\lim\limits_{x \to \infty} \frac{\ln x}{\sqrt{x}}$ i) $\lim\limits_{x \to \infty} \frac{\ln x}{\sqrt[n]{x}}$, $n \geqq 2$ j) $\lim\limits_{x \to \infty} \frac{e^x}{a^x}$

5 a) $f(x) = \frac{\ln x - 1}{x - e}$ b) $f(x) = \frac{e^{2x} - 1}{3x}$ c) $f(x) = \frac{e^{2x} - e^x}{x}$ d) $f(x) = \frac{e^x - e^{-x}}{\sin x}$ e) $f(x) = \frac{x - 1}{e^x - 1}$

6 Berechnen Sie $\lim\limits_{x \to \infty} f(x)$ für f mit $f(x) = \frac{2x}{x + \sin x}$.
a) Berechnen Sie den Grenzwert, indem Sie Zähler- und Nennerterm mit $\frac{1}{x}$ erweitern.
b) Bilden Sie die Ableitungen von Zähler- und Nennerfunktion und untersuchen Sie die Voraussetzungen (1) bis (3) der Regel von DE L'HOSPITAL. Welche Feststellung können Sie machen?

Beachten Sie:
Auch wenn für einen Quotienten die Voraussetzungen (1) bis (3) nicht erfüllt sind, kann der Grenzwert existieren.

7 Beispiele von Funktionsuntersuchungen

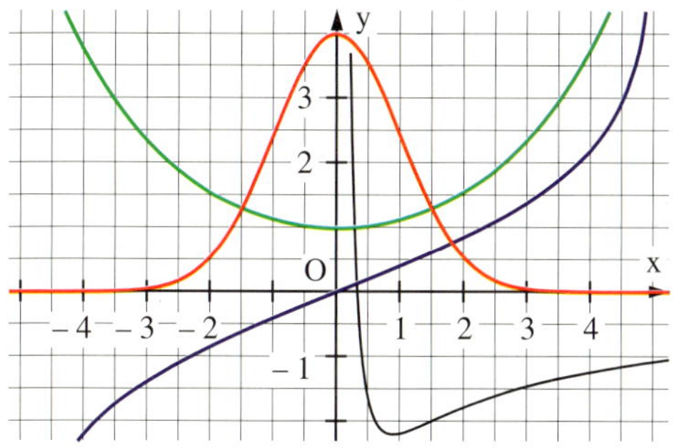

Fig. 1

1 Welches Schaubild von Fig. 1 könnte zu welcher Funktion f gehören? Versuchen Sie anhand eines oder mehrerer Merkmale die Zuordnung vorzunehmen.

a) $f(x) = 4 \cdot e^{-\frac{1}{4}x^2}$ b) $f(x) = \ln\frac{5+x}{5-x}$

c) $f(x) = \frac{1}{2}\cdot\left(e^{\frac{1}{2}x} + e^{-\frac{1}{2}x}\right)$ d) $f(x) = -2\cdot\frac{\ln(3x)}{x}$

2 Geben Sie sämtliche Asymptoten der zugehörigen Schaubilder von Fig. 1 an.

Im Folgenden wird die bekannte Schrittfolge für **Funktionsuntersuchungen** verwendet.

Beispiel 1: (Untersuchung einer Funktion ohne Parameter)

Untersuchen Sie die Funktion f mit $f(x) = 10x\cdot e^{-\frac{1}{2}x^2}$ mit $D_f = \mathbb{R}$. Zeichnen Sie ein Schaubild von f.

Lösung:

1. Symmetrie

$f(-x) = 10\cdot(-x)\cdot e^{-\frac{1}{2}(-x)^2} = -10x\cdot e^{-\frac{1}{2}x^2} = -f(x)$, also ist das Schaubild von f punktsymmetrisch zum Ursprung.

2. Nullstellen; Funktionswert an der Stelle 0

$f(x) = 0$, d.h. $10x\cdot e^{-\frac{1}{2}x^2} = 0$, also $x_1 = 0$, da $e^{-\frac{1}{2}x^2} > 0$ für alle $x \in \mathbb{R}$. Also ist $N(0|0)$ einziger Schnittpunkt mit der x-Achse. Wegen $f(0) = 0$ ist N auch Schnittpunkt mit der y-Achse.

3. Verhalten für $|x| \to \infty$

Nach der Regel von de l'Hospital gilt: $\lim\limits_{x\to\infty} 10x\cdot e^{-\frac{1}{2}x^2} = 10\cdot\lim\limits_{x\to\infty}\frac{x}{e^{\frac{1}{2}x^2}} = 10\cdot\lim\limits_{x\to\infty}\frac{1}{2x\cdot e^{\frac{1}{2}x^2}} = 0.$

Die x-Achse ist Asymptote für $x \to +\infty$ und wegen der Punktsymmetrie auch für $x \to -\infty$.

4. Ableitungen

$f'(x) = 10\cdot(1-x^2)\cdot e^{-\frac{1}{2}x^2}$; $f''(x) = 10\cdot(x^2-3)\cdot e^{-\frac{1}{2}x^2}$; $f'''(x) = 10\cdot e^{-\frac{1}{2}x^2}\cdot(x^4-6x^2+3)$

5. Extremstellen

$f'(x) = 0$ liefert $x_2 = -1$ und $x_3 = 1$ als mögliche Extremstellen. Es ist $f''(x_2) = 20\cdot e^{-\frac{1}{2}} > 0$ und $f(x_2) = -10\cdot e^{-\frac{1}{2}} \approx -6{,}0653$. Daher ist $T\left(-1\,\middle|\,-\frac{10}{\sqrt{e}}\right)$ Tiefpunkt. Wegen der Punktsymmetrie ist $H\left(1\,\middle|\,\frac{10}{\sqrt{e}}\right)$ Hochpunkt.

6. Wendestellen

$f''(x) = 0$ ergibt drei mögliche Wendestellen: $x_4 = 0$, $x_5 = -\sqrt{3}$ und $x_6 = \sqrt{3}$. An allen drei Stellen ist die 3. Ableitung von null verschieden. Unter Verwendung der Punktsymmetrie erhält man die Wendepunkte

$W_1(0|0)$, $W_2\left(\sqrt{3}\,\middle|\,\frac{10\sqrt{3}}{e\sqrt{e}}\right) \approx W_2(1{,}73|3{,}86)$ und

$W_3\left(-\sqrt{3}\,\middle|\,-\frac{10\sqrt{3}}{e\sqrt{e}}\right) \approx W_3(-1{,}73|-3{,}86)$.

Beachten Sie: Man käme auch ohne 3. Ableitung aus, da für $f''(x) = 10x(x^2-3)\cdot e^{-\frac{1}{2}x^2}$ beim Durchgang durch die Stellen $x_4 = 2$, $x_5 = -\sqrt{3}$, $x_6 = \sqrt{3}$ jeweils ein Vorzeichenwechsel stattfindet.

7. Schaubild: Siehe Fig. 2.

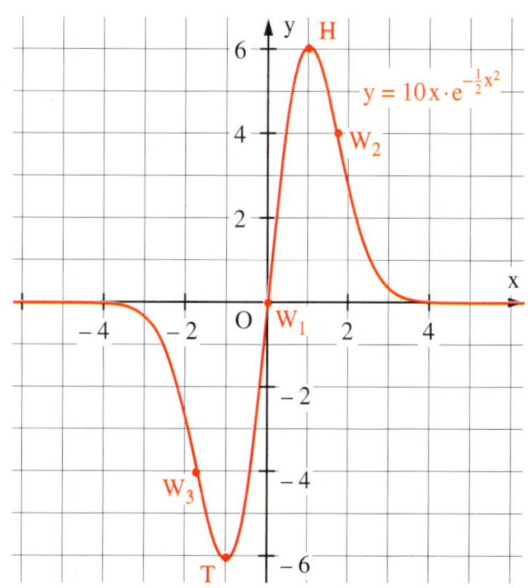

Fig. 2

Beispiel 2: (Untersuchung einer Funktionenschar)

Ein Parameter t wird wie eine Konstante behandelt!

Gegeben ist die Funktionenschar f_t mit $f_t(x) = (\ln x)^2 + t \cdot \ln x$, $x \in \mathbb{R}^+$ und $t \in \mathbb{R}$.
a) Untersuchen Sie die Funktionenschar f_t und zeichnen Sie Schaubilder für $t = -1$, 0 und 2.
b) Auf welcher Ortskurve liegen die Extrempunkte der Schaubilder von f_t? Zeichnen Sie die Ortskurve in das vorhandene Koordinatensystem ein.
Lösung:
a) **1. Symmetrie**
Das Schaubild von f_t kann wegen $D_{f_t} = \mathbb{R}^+$ weder achsensymmetrisch zur y-Achse noch punktsymmetrisch zum Ursprung sein.

2. Nullstellen; Funktionswert an der Stelle 0

Beachten Sie: Der Schnittpunkt $N_1(1|0)$ mit der x-Achse ist unabhängig von t. Alle Schaubilder gehen daher durch diesen Punkt.

$f_t(x) = 0$, d.h. $\ln x \cdot (\ln x + t) = 0$ ergibt $\ln x = 0$ oder $\ln x = -t$, also sind $x_1 = 1$ und $x_2 = e^{-t}$ die einzigen Nullstellen. Die Schnittpunkte mit der x-Achse sind damit $N_1(1|0)$ und $N_2(e^{-t}|0)$.
Wegen $x > 0$ gibt es keinen Schnittpunkt mit der y-Achse.

3. Asymptoten
Für $x \to \infty$ gilt $\ln x \to \infty$. Da $f_t(x) = \ln x \cdot (\ln x + t)$ ist, wachsen bei festem t beide Faktoren über alle Grenzen. Daher gilt für $x \to \infty$: $f_t(x) \to \infty$. Es gibt keine Asymptote für $x \to \infty$.
Für $x \to 0$ gilt $\ln x \to -\infty$ und damit auch $f_t(x) \to +\infty$. Damit ist die Gerade mit der Gleichung $x = 0$ Asymptote.

4. Ableitungen
$f_t'(x) = \frac{1}{x} \cdot (2 \cdot \ln x + t)$; $f_t''(x) = -\frac{1}{x^2} \cdot (2 \cdot \ln x + t - 2)$; $f_t'''(x) = \frac{2}{x^3} \cdot (2 \cdot \ln x + t - 3)$

5. Extremstellen
$f_t'(x) = 0$ ergibt $2 \cdot \ln x = -t$, also ist $x_3 = e^{-\frac{1}{2}t}$ einzig mögliche Extremstelle.
Es ist $f_t''(x_3) = -\frac{1}{e^{-t}} \cdot (-t + t - 2) = 2e^t > 0$. Also ist $f_t(x_3) = -\frac{t}{2} \cdot \left(-\frac{t}{2} + t\right) = -\frac{t^2}{4}$ lokales Minimum;
$T_t\left(e^{-\frac{1}{2}t} \middle| -\frac{t^2}{4}\right)$ ist Tiefpunkt.

6. Wendestellen
$f_t''(x) = 0$ ergibt $2 \cdot \ln x = 2 - t$, also ist $x_4 = e^{1-\frac{t}{2}}$ einzig mögliche Wendestelle. Es ist
$f_t'''(x_4) = \frac{2}{e^{3-\frac{3}{2}t}}(2 - t + t - 3) = -2e^{\frac{3}{2}t - 3} \neq 0$ und $f(x_4) = \left(1 - \frac{t}{2}\right)^2 + t \cdot \left(1 - \frac{t}{2}\right) = 1 - \frac{t^2}{4}$.

Also liegt in $W_t\left(e^{1-\frac{t}{2}} \middle| 1 - \frac{t^2}{4}\right)$ ein Wendepunkt vor. Die Steigung des Schaubilds beträgt dort $f'(x_4) = 2 \cdot e^{\frac{t}{2} - 1}$.

7. Schaubilder für $t = -1$, 0 und 2

t	−1	0	2
Asymptoten	$x = 0$	$x = 0$	$x = 0$
Nullstellen	1 und e	1	0 und $\frac{1}{e^2}$
Tiefpunkt	$T_{-1}\left(\sqrt{e} \middle| -\frac{1}{4}\right)$	$T_0(1\|0)$	$T_2\left(\frac{1}{e} \middle| -1\right)$
Wendepunkt	$W_{-1}\left(e\sqrt{e} \middle| \frac{3}{4}\right)$	$W_0(e\|1)$	$W_2(1\|0)$

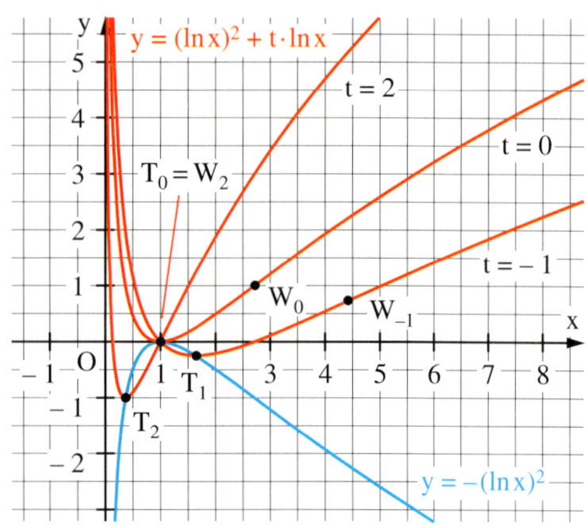

Fig. 1

Man erhält die Gleichung der Ortskurve von $P(u(t)|v(t))$, indem man die Gleichung $x = u(t)$ nach t auflöst und in $y = v(t)$ einsetzt.

b) Ortskurve der Extrem- und Wendepunkte
Die Ortskurve der Tiefpunkte $T_t\left(e^{-\frac{1}{2}t} \middle| -\frac{t^2}{4}\right)$ bestimmt man durch Eliminieren der Variablen t aus $x = e^{-\frac{1}{2}t}$ und $y = -\frac{t^2}{4}$. Aus der ersten Gleichung ergibt sich: $\ln x = -\frac{1}{2}t$ oder $t = -2 \cdot \ln x$, eingesetzt in $y = -\frac{t^2}{4}$ erhält man $y = -(\ln x)^2$.
Das Schaubild zeigt Fig. 1.

Aufgaben

3 Führen Sie eine Funktionsuntersuchung durch und zeichnen Sie ein Schaubild.

a) $f(x) = x - e^x$ b) $f(x) = e \cdot x + e^{-x}$ c) $f(x) = x - \ln x$ d) $f(x) = x + \ln\frac{2}{x}$

4 a) $f(x) = (x-2) \cdot e^x$ b) $f(x) = x \cdot e^{-2x} + 2$ c) $f(x) = 4 \cdot x^2 \cdot e^{-x}$ d) $f(x) = 3 \cdot e^{-x^2}$

e) $f(x) = x^3 \cdot e^{-x}$ f) $f(x) = \frac{x}{\sqrt{e^x}}$ g) $f(x) = 3 \cdot \frac{x\sqrt{x}}{e^x}$ h) $f(x) = \frac{x^2 + x}{e^x}$

5 a) $f(x) = \ln(1 + x^2)$ b) $f(x) = (\ln x)^2$ c) $f(x) = x \cdot (1 - \ln x)$ d) $f(x) = \sqrt{x} \cdot \ln x$

e) $f(x) = \frac{x}{\ln x}$ f) $f(x) = 8 \cdot \frac{\ln(x+1)}{x+1}$ g) $f(x) = x \cdot \ln|x|$ h) $f(x) = x^2 \cdot \ln|x|$

6 Untersuchen Sie die Funktionenschar.

a) $f_t(x) = e^{tx} - x,\ t > 0$ b) $f_t(x) = \ln(x+t) - x,\ t < 0$ c) $f_t(x) = \frac{\ln x}{t \cdot x},\ 0 < t \leqq 1$

7 Das Schaubild der Funktion f mit $f(x) = e \cdot x + e^{-x}$ schließt mit den Koordinatenachsen eine Fläche ein. Berechnen Sie den Inhalt dieser Fläche.

8 Gegeben ist die Funktionenschar f_t mit $f_t(x) = -\frac{2x}{t} \cdot e^{t \cdot x}$ und $t > 0$. Untersuchen Sie die Funktionenschar und bestimmen Sie die Ortskurve der Wendepunkte.

9 Durch $f_t(x) = \frac{te^x}{t + e^x}$ ist für jedes $t \in \mathbb{R}^+$ eine Funktion f_t gegeben. Ihr Schaubild sei K_t.

a) Untersuchen Sie f_t und zeichnen Sie K_1 und K_3.

b) Zeigen Sie, dass K_t punktsymmetrisch zum Wendepunkt ist.

c) Die Wendetangente von K_t schneide die y-Achse in $P(0|c)$. Welche Werte nimmt c an, wenn t die positiven reellen Zahlen durchläuft? Gibt es ein t, so dass die Wendetangente durch den Ursprung verläuft?

10 Zu jedem $t > 0$ ist eine Funktion f_t gegeben durch $f_t(x) = t \cdot [\ln(x+t)]^2$. Ihr Schaubild sei K_t.

a) Untersuchen Sie f_t und zeichnen Sie K_2 mit der zugehörigen Asymptote.

b) P_t sei das Schaubild der Funktion g mit $g_t(x) = t \cdot (x+t)^2$. Zeigen Sie: P_t schneidet K_t in einem Punkt $S_t(u_t|v_t)$. Berechnen Sie u_t für $t = 2$ mit einem Iterationsverfahren auf 4 Dezimalen.

11 Für jedes $t \in \mathbb{R}$ ist eine Funktion f_t gegeben durch $f_t(x) = \frac{t + \ln x}{x}$. Ihr Schaubild sei K_t.

a) Untersuchen Sie f_t und zeichnen Sie K_0 und K_2 mit der Längeneinheit 2 cm.

b) Bestimmen Sie die Gleichung der Ortskurve, auf der die Hochpunkte aller K_t liegen.

c) Die Kurve K_t, die x-Achse und die zur y-Achse parallelen Geraden durch den Hochpunkt und den Wendepunkt von K_t umschließen eine Fläche. Zeigen Sie, dass ihr Inhalt unabhängig von t ist. Deuten Sie das Ergebnis an den Schaubildern.

12 Das Schaubild der Funktion f_a mit $f_a(x) = \frac{x}{x^2 + a^2}$ mit $a > 0$, die x-Achse und die Geraden mit den Gleichungen $x = u$ und $x = 2u$ $(u > 0)$ begrenzen eine Fläche $A(u)$.

a) Berechnen Sie $A(u)$ und zeigen Sie, dass $A(u)$ streng monoton zunimmt.

b) Bestimmen Sie den Grenzwert von $A(u)$ für $u \to \infty$.

13 Gegeben ist die Funktion f mit $f(x) = x^x$ mit $x > 0$.

a) Berechnen Sie das globale Minimum von f.

b) Zeigen Sie, dass das Schaubild von f keinen Wendepunkt besitzt.

c) Berechnen Sie den Grenzwert für $x \to 0$ und zeichnen Sie ein Schaubild von f.

Funktionsuntersuchungen in realem Bezug

Suchen Sie zu den Aufgaben dieser Seite weitere Fragestellungen

14 In trübes Wasser tritt Sonnenlicht senkrecht von oben mit der Intensität I_0 ein. In 1 m Tiefe beträgt die Intensität nur noch 30 % von I_0. Im Modell nimmt man an, dass die Lichtintensität I mit der Tiefe x nach der Formel $I = I_0 \cdot e^{-\alpha x}$ abnimmt.
a) Berechnen Sie den so genannten Extinktionskoeffizienten α.
b) In welcher Tiefe hat die Lichtintensität um 95 % abgenommen?

15 Das Seil einer Hängebrücke einer Breite von 200 m kann angenähert durch eine leicht abgeänderte Kettenlinie beschrieben werden. Diese ist das Schaubild einer Funktion f_c mit $f_c(x) = \frac{a}{2c}(e^{cx} + e^{-cx})$ mit $a, c > 0$, x in Meter, y in Meter.
a) Zeigen Sie, dass das Schaubild von f_c symmetrisch zur y-Achse liegt.
b) Berechnen Sie das Minimum der Funktion f_c.
c) Bestimmen Sie a und c so, dass das Seil den tiefsten Punkt mit 5 m erreicht und die beiden Aufhängepunkte einen Abstand von 200 m haben und je 30 m hoch sind.

Im Folgenden ist die in c) berechnete Funktion zu verwenden.
d) Welches Gefälle in Prozent haben die Seile an den Aufhängepunkten?
e) An welchen Stellen ist das Seil ca. 15 m über dem Boden?
f) Auf welcher Strecke könnte ein Stuntman das Seil mit einem Motorrad befahren, wenn er noch eine Steigung von 20 % bewältigen kann?

16 Je weiter man von Meereshöhe aufsteigt, umso geringer wird der Luftdruck. Zwischen Luftdruck, Temperatur und Meereshöhe besteht folgender Zusammenhang:
$p = p_0 \cdot e^{\left(-\frac{0{,}03417}{T}h\right)}$. Dabei wird T gemessen in Grad Kelvin, p und p_0 in hPa (= 10^2 Pascal) und h in Metern. p_0 ist der Luftdruck auf Meereshöhe.

$1\,hPa = 10^2\,Pa = 1\,mbar = 10^2 \frac{N}{m^2}$

a) Welchen Luftdruck misst ein Wanderer auf seinem Barometer auf dem Mont Blanc (4800 m) bei 2° C und einem Luftdruck von 980 hPa auf Meereshöhe?
b) Meist verwendet man das Barometer als Höhenmesser. Dabei wird aus dem Luftdruck und der Temperatur die Höhe berechnet. Geben Sie h an in Abhängigkeit vom Luftdruck p und der Temperatur T.
c) Bei gleichbleibend schönem Wetter mit einem Luftdruck auf Meereshöhe von 1000 hPa und einem Luftdruck von 780 hPa am Ausgangsort und gleichbleibender Temperatur von 17 °C stellt ein Wanderer nach einem Aufstieg eine Abnahme des Luftdrucks um 56 hPa fest. Welche Höhe hat er überwunden?

17 In den letzten 10 Jahren nutzen zunehmend mehr Kunden in Deutschland das Mobilfunknetz. Die Entwicklung seit 1992 zeigt die folgende Tabelle.

Jahr	1992	1993	1994	1995	1996	1997	1998	2002
Kunden in Millionen	1	1,8	2,5	3,7	5,5	9,2	13,6	?

Es ist geschickt, die Jahreszahl 1992 durch 0 zu ersetzen, entsprechend 1993 durch 1, usw.

a) Bestimmen Sie die Funktion f mit $f(t) = c \cdot e^{kt}$ durch die Parameter c und k mithilfe von 2 Wertepaaren und untersuchen Sie die Abweichungen von den nicht verwendeten Werten.
b) Welche Kundenzahl ergibt sich für das Jahr 2002?
c) Inwieweit ist ein solcher Ansatz realistisch? Argumentieren Sie.

8 Vermischte Aufgaben

1 Schreiben Sie den Funktionsterm in der Form $f(x) = c \cdot e^{kx}$.

a) $f(x) = e^{0{,}5x-2}$ b) $f(x) = e^{2x+4}$ c) $f(x) = \left(\frac{1}{2}\right)^{x+2}$ d) $f(x) = \frac{1}{2}e^{x+\ln 2}$

2 Skizzieren Sie ein Schaubild von f.

a) $f(x) = \ln(2x)$ b) $f(x) = \ln(x^2)$ c) $f(x) = 2 + \ln x$ d) $f(x) = \ln(x-2)$

3 Für welche $x \in \mathbb{R}$ gilt $f(x) = g(x)$?

a) $f(x) = \ln(x^2)$; $g(x) = 2 \cdot \ln x$ b) $f(x) = \ln(x^2 + x)$; $g(x) = \ln x + \ln(x+1)$

c) $f(x) = \ln\frac{x-1}{x+1}$; $g(x) = \ln(x-1) - \ln(x+1)$ d) $f(x) = \ln\left|\frac{x}{x-2}\right|$; $g(x) = \ln|x| - \ln|x-2|$

4 a) Zeigen Sie, dass die Gerade $y = ex - 2$ das Schaubild der Funktion f mit $f(x) = \ln x$ berührt. Berechnen Sie die Koordinaten des Berührpunktes.

b) Welche der Geraden mit den Gleichungen $y = x + c$ berührt das Schaubild der Funktion f mit $f(x) = e^{2x}$?

5 Berechnen Sie das Integral.

a) $\int_1^4 \frac{2}{x}\,dx$ b) $\int_2^{10} \frac{2}{3x-5}\,dx$ c) $\int_0^1 \frac{6}{4+12x}\,dx$ d) $\int_1^3 \frac{5x+1}{x}\,dx$ e) $\int_1^2 \frac{2x^2-3x+4}{x}\,dx$

6 Berechnen Sie für $x > 0$ alle lokalen Extremstellen und Extremwerte von f in Abhängigkeit von n, $n \in \mathbb{N}$, $n > 0$. Handelt es sich um Maxima oder Minima?

a) $f(x) = x^n \cdot e^{-x}$ b) $f(x) = x \cdot e^{-n \cdot x}$ c) $f(x) = x^n \ln x$ d) $f(x) = x \cdot \ln(x^n)$

7 Berechnen Sie die Grenzwerte für $x \to a$, $x \to -\infty$ und $x \to +\infty$ der Funktion f.

a) $f(x) = \frac{e^x - 1}{e^{2x} - 1}$, $a = 0$ b) $f(x) = \frac{1 - \ln|x|}{2 - \ln(x^2)}$, $a = e$ c) $f(x) = x \cdot \ln(|x|^k)$, $k > 0$, $a = 0$

d) $f(x) = \frac{(1-x)^k}{e^{x^2} + 1}$, $a = 0$ e) $f(x) = \frac{\ln((x+1)^2)}{x}$, $a = 0$ f) $f(x) = \frac{e^{\sin(2x)} - e^{\sin x}}{x}$, $a = 0$

Funktionsuntersuchungen, Funktionenscharen

8 Führen Sie für die Funktion f eine Funktionsuntersuchung durch. Zeichnen Sie ein Schaubild.

a) $f(x) = 2x \cdot e^{1-x}$ b) $f(x) = x + e^{-x}$ c) $f(x) = 3x \cdot e^{-\frac{1}{2}x^2}$ d) $f(x) = 2 - \frac{4e^x}{e^x + 1}$

9 a) $f(x) = 2 \cdot (\ln(x+2))^2$ b) $f(x) = \frac{4 + 8\ln x}{x}$ c) $f(x) = x \cdot \ln\frac{x^4}{2}$ d) $f(x) = x - \ln|x|$

10 Gegeben ist die Funktion f mit $f(x) = 5 \cdot \frac{e^x - 2}{e^{2x}}$.

a) Geben Sie die Schnittpunkte mit den Koordinatenachsen an.

b) Schreiben Sie $f(x)$ quotientenfrei und ermitteln Sie anschließend das Verhalten von f für $x \to +\infty$ und $x \to -\infty$?

c) Bestimmen Sie die Extrem- und Wendepunkte sowie die Steigung im Wendepunkt.

d) Zeichnen Sie ein Schaubild von f.

e) Berechnen Sie den Inhalt der Fläche zwischen den Achsen und der Kurve.

f) Zeigen Sie, dass die Funktion f in $[2 \cdot \ln 2; \infty[$ umkehrbar ist. Ermitteln Sie die Umkehrfunktion $\bar{f}$ und zeichnen Sie ein Schaubild von $\bar{f}$.

11 Gegeben ist die Funktion f durch $f(x) = x \cdot \ln(x^2)$ mit $x \neq 0$.

a) Untersuchen Sie die Funktion f.

b) Eine neue Funktion g ist definiert durch $g(x) = \begin{cases} f(x) & \text{für } x \neq 0 \\ \lim\limits_{x \to 0} f(x) & \text{für } x = 0 \end{cases}$.

Untersuchen Sie, ob g an der Stelle $x = 0$ differenzierbar ist. Zeichnen Sie ein Schaubild von g in einem geeigneten Bereich mit großen Längeneinheiten.

12 Zu jedem $t \in \mathbb{R}$ ist eine Funktion f_t gegeben durch $f_t(x) = e^{tx - \frac{1}{2}x^2}$.

a) Untersuchen Sie f_t. Zeigen Sie, dass für jedes t das Schaubild symmetrisch zur Geraden mit der Gleichung $x = x_H$ ist, wobei x_H die x-Koordinate des Hochpunktes ist. Zeichnen Sie die Schaubilder für $t = 0$ und $t = 2$.

b) Bestimmen Sie die Anzahl der Tangenten vom Ursprung an K_t in Abhängigkeit von t.

13 Für jedes $t \in \mathbb{R}$ ist eine Funktion f_t gegeben durch $f_t(x) = (t - e^x)^2$.

a) Untersuchen Sie die Funktionen f_t und zeichnen Sie Schaubilder von f_1 und f_{-1}.

b) Beschreiben Sie in Worten, wie sich die zugehörigen Schaubilder ändern, wenn t die reellen Zahlen durchläuft.

c) Welche Bedingung müssen t und t* erfüllen, damit sich die zugehörigen Schaubilder schneiden? Welche Schaubilder schneiden sich auf der y-Achse? Gibt es Schaubilder, die sich auf der y-Achse orthogonal schneiden?

d) Für $t > 0$ begrenzt das Schaubild f_t, seine Asymptote und die Gerade mit der Gleichung $x = u$ $(u < 0)$ eine Fläche.

Berechnen Sie ihren Inhalt A(u). Bestimmen Sie $\lim\limits_{u \to -\infty} A(u)$.

14 Zu jedem $t > 0$ ist eine Funktion f_t gegeben durch $f_t(x) = \ln\left(t \cdot \frac{1+x}{1-x}\right)$ mit der Definitionsmenge D_t. Ihr Schaubild sei K_t.

a) Bestimmen Sie die maximale Definitionsmenge D_t.

Untersuchen Sie K_t auf Schnittpunkte mit den Koordinatenachsen, Asymptoten und Wendepunkte. Zeichnen Sie K_1.

b) Wie entsteht K_t aus K_1?

c) Zeigen Sie, dass f_t streng monoton zunimmt. Welche Werte können die Tangentensteigungen von K_t annehmen?

d) Für welchen Wert von t berührt K_t die Gerade mit der Gleichung $y = 2x - 3$?

e) Geben Sie die Ortslinie der Wendepunkte aller K_t an.

f) $\overline{K}_t$ sei das Schaubild der Umkehrfunktion $\overline{f}_t$ zu f_t. Geben Sie $\overline{f}_t$ an. Wie geht $\overline{K}_t$ aus $\overline{K}_1$ hervor? Welche Werte können die Tangentensteigungen von $\overline{K}_t$ annehmen?

g) Zeigen Sie, dass für $a = b$, $x + a > 0$, $x + b > 0$ die Funktion G mit $G(x) = \frac{1}{b-a} \ln \frac{x+a}{x+b}$ eine Stammfunktion von g mit $g(x) = \frac{1}{(x+a)(x+b)}$ ist.

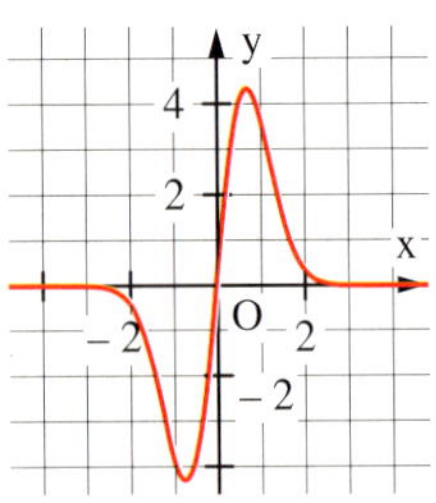

Fig. 1

Extremwerte

15 Gegeben ist eine Funktion f durch $f(x) = 10x \cdot e^{-x^2}$. Fig. 1 zeigt ihr Schaubild.
Durch den Ursprung O, einen Punkt $A(a|0)$ und $P(a|f(a))$ wird ein Dreieck bestimmt.
Berechnen Sie den maximalen Inhalt, den ein solches Dreieck annehmen kann.

16 Gegeben sind die Funktionen f durch $f(x) = \frac{2}{1-x^2}$ mit $x \in (-1; 1)$ und g mit $g(x) = \ln\frac{1+x}{1-x}$.
Skizzieren Sie ihre Schaubilder.
Jede der Geraden mit der Gleichung $x = u$ $(0 < u < 1)$ schneidet das Schaubild der Funktion f im Punkt P_u und das Schaubild der Funktion g im Punkt Q_u. Für welchen Wert u ist der Abstand $\overline{P_uQ_u}$ minimal?

17 Bestimmen Sie unter den Schaubildern der Funktionen f_t mit $f_t(x) = \frac{1}{\sqrt{x}} \cdot (tx + 2e^{1-t})$, $t > 0$ und $x > 0$ die Kurve, deren Tiefpunkt am höchsten liegt.

Funktionsuntersuchungen in realem Bezug

18 Der Querschnitt eines Geländestücks kann durch die Funktion f mit $f(x) = x + e^{-0,5x}$ beschrieben werden (Fig. 2).
Für eine Trasse muss ein 4 m breiter Aushub bis zur x-Achse erfolgen. Er ist in Fig. 2 gefärbt dargestellt. Berechnen Sie die Stelle $x = a$, an der der Aushub beginnen muß, wenn man möglichst wenig Material bewegen will.

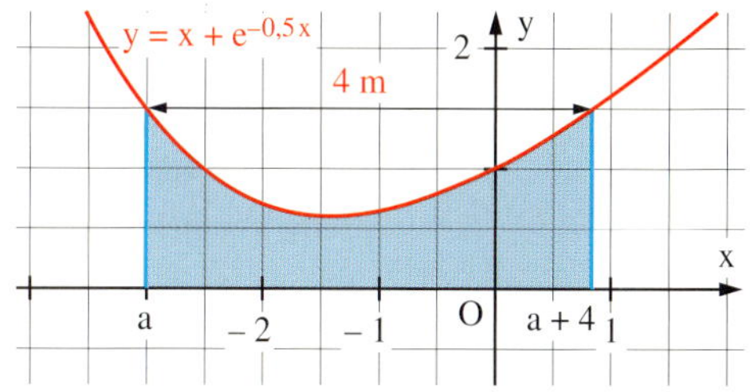

Fig. 2

19 In der Grafik von Fig. 3 ist die Arbeitszeit seit 1825 aufgetragen.
a) Berechnen Sie die jährliche Arbeitszeitverkürzung. Ermitteln Sie den Zeitraum, in dem sie am größten war.
b) Der Verlauf der Arbeitszeitverkürzung kann näherungsweise durch ein Schaubild der Funktion f mit

$$f(t) = 82 \cdot e^{-0,00437 \cdot t}$$

beschrieben werden. Zeichnen Sie ein Schaubild von f und geben Sie die größte prozentuale Abweichung an.
c) Zeigen Sie, dass die durchschnittliche jährliche Arbeitszeit im Zeitraum von 1825 bis 2000 bei etwas mehr als 57 Stunden pro Woche liegt.
Verwenden Sie dazu die Funktion f von Aufgabenteil b) als Näherung.
Welche Arbeitszeit ergibt sich für das Jahr 2020?

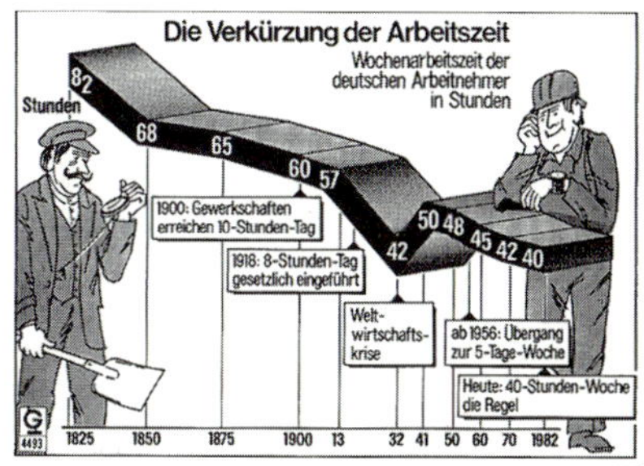

Fig. 3

Jahre	*Wahrscheinlichkeit in Prozent*
0	*38*
2	*32*
5	*20*
8	*12*
12	*8*

Fig. 1

nach Stamatiadis-Smidt, Thema Krebs, Springer Verlag 1993

20 Die Wahrscheinlichkeit, dass ein Raucher an Lungenkrebs stirbt, der über Jahre hinweg 20 Zigaretten oder mehr pro Tag geraucht hat, nimmt nach dem Aufhören des Rauchens mit der Zeit kontinuierlich ab. So gilt in der Literatur die Tabelle von Fig. 1 als relativ gesichert. Dabei gibt die angegebene Wahrscheinlichkeit an, um wie viel mal höher das Risiko an Lungenkrebs zu sterben größer ist als die eines Nichtrauchers.
a) Zeigen Sie, dass das Risiko an Lungenkrebs zu erkranken, exponentiell abnimmt, d. h. es kann durch eine Funktion f mit $f(t) = c \cdot e^{-kt}$ beschrieben werden. Bestimmen Sie aus den Werten für 2 und 8 Jahre die Konstanten c und k.
b) Nach welcher Zeit liegt das Risiko bei 5 %?
c) In welchem Zeitraum sinkt das Risiko auf die Hälfte, wenn man schon zehn Jahre nicht mehr geraucht hat? Vergleichen Sie diesen Zeitabschnitt mit dem ab dem 5. Jahr.

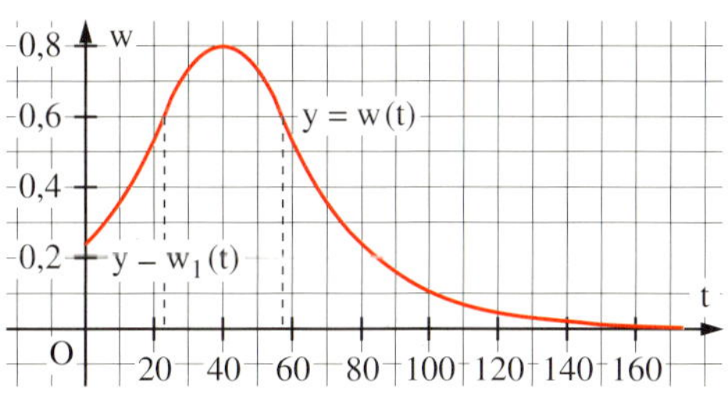

Fig. 4

21 Fig. 4 zeigt das Wachstum pro Jahr w(t) (in m/a) nach t Jahren nach Pflanzen eines Fichtensetzlings. Dabei kann w(t) in den ersten 25 Jahren angenähert werden durch

$w_1(t) = 0,24\,e^{0,04\,t}$ (t in a; $w_1(t)$ in m/a).

Eine Fichte gilt als ausgewachsen, wenn sie ab einem bestimmten Zeitpunkt in der Folgezeit nur noch maximal 2 m wächst. Berechnen Sie unter Verwendung der Symmetrieeigenschaften des angegebenen Schaubildes, wann dies der Fall ist.

Die Glockenkurve von Gauss

Größen x_i	Prozent $p(x_i)$
37	0
38	0,2
39	1,2
40	3,8
41	11,8
42	20,8
43	24,5
44	17,4
45	10,5
46	7,9
47	1,2
48	0,6
49	0,1

Fig. 1

Eine Häufigkeitsverteilung für die im Jahre 1998 verkauften Größen bei Herrenstraßenschuhen zeigt Fig. 1. Es fällt auf, dass offensichtlich die meisten Herren die Schuhgröße 42 bis 43 haben. Fig. 2 zeigt die grafische Veranschaulichung dieser Verteilung.
In Fig. 3 ist die Häufigkeitsverteilung der Augensummen beim Werfen mit zwei Würfeln bei 1000 Würfen dargestellt. Auch hier liegt näherungsweise eine eingipflige symmetrische Verteilung um den Mittelwert $\mu = 7$ vor.

Der Göttinger Mathematikprofessor Gauss (1777–1855) entdeckte, dass sich in der Praxis viele Häufigkeitsverteilungen durch eine Glockenkurve annähern lassen. Alle diese Verteilungen sind annähernd symmetrisch in Bezug auf eine zur Hochachse parallele Gerade durch den Hochpunkt der Kurve.

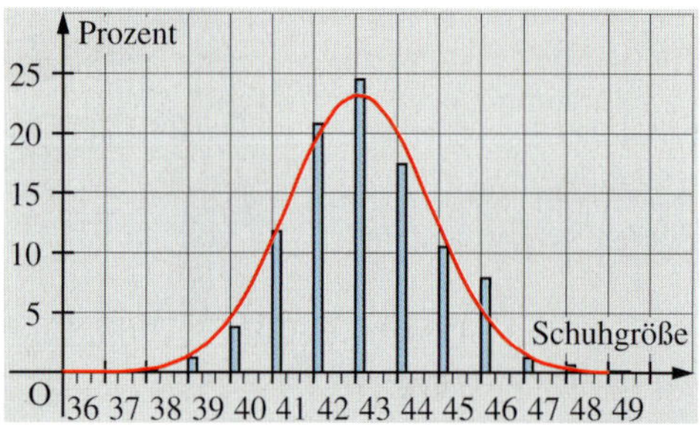

Fig. 2

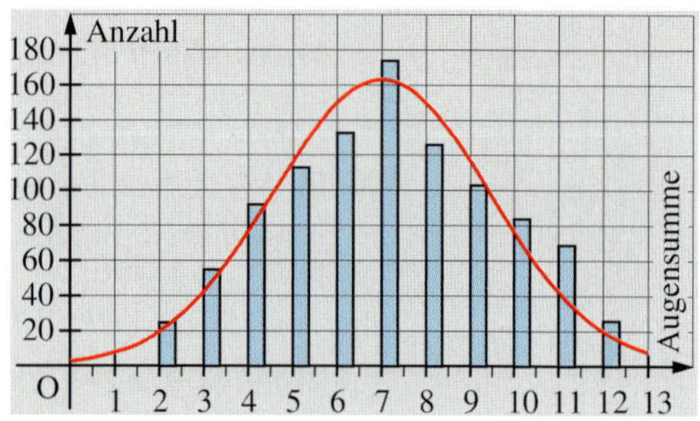

Fig. 3

Für die Herrenschuhe erhält man:
$\mu = \frac{1}{100} \cdot \sum_{i=1}^{13} x_i \cdot p(x_i) = 43{,}09;$
$\sigma^2 = \frac{1}{100} \cdot \sum_{i=1}^{13} (x_i - \mu)^2 \cdot p(x_i) = 2{,}939,$
also
$\sigma = 1{,}71.$

Der x-Wert des Hochpunktes ist der Mittelwert μ der Verteilung. Dabei ist $\mu = \frac{1}{n} \sum_{i=1}^{n} x_i$.
Gibt man die relativen Häufigkeiten der verschiedenen Werte $x_1, x_2, \ldots, x_k$ mit den Prozentzahlen $p(x_1), p(x_2), \ldots, p(x_k)$ an, so gilt auch: $\mu = \frac{1}{100} \cdot \sum_{i=1}^{k} x_i \cdot p(x_i)$.
Der y-Wert des Hochpunktes wird durch die Standardabweichung σ bestimmt, ebenso wie die „Breite der Glocke". Dabei ist $\sigma^2 = \frac{\sum_{i=1}^{n} (x_i - \mu)^2}{n}$ bzw. $\sigma^2 = \frac{1}{100} \cdot \sum_{i=1}^{k} (x_i - \mu)^2 \cdot p(x_i)$.
Sind noch zusätzlich die Bedingungen erfüllt, dass
68 % der Messwerte zwischen $\pm 1\sigma$ vom Mittelwert μ aus liegen,
95 % der Messwerte zwischen $\pm 2\sigma$ vom Mittelwert μ aus liegen,
99,7 % der Messwerte zwischen $\pm 3\sigma$ vom Mittelwert μ aus liegen,
so kann man diese Daten durch eine so genannte gaußsche Glockenkurve annähern.

Ist dies für die Schuhe näherungsweise erfüllt?

Es wird im Folgenden gezeigt, dass sich eine solche Kurve durch eine Funktion f mit $f(x) = \frac{1}{\sigma \cdot \sqrt{2\pi}} \cdot e^{-\frac{1}{2}\left(\frac{x-\mu}{\sigma}\right)^2}$ beschreiben lässt, wobei μ der Mittelwert und σ die Standardabweichung der Verteilung ist.

Aus der Kurvenuntersuchung bei Exponentialfunktionen ist bekannt, dass das Schaubild von f mit $f(x) = e^{-x^2}$ die Form einer Glocke hat.

Fig. 4 zeigt ein Schaubild der Funktion f mit $f(x) = e^{-\frac{1}{2}x^2}$. Es besitzt den Hochpunkt $H(0|1)$, Wendepunkte sind $W_1\left(-1\left|e^{-\frac{1}{2}}\right.\right)$ und $W_2\left(1\left|e^{-\frac{1}{2}}\right.\right)$.
Fig. 4 zeigt auch das Schaubild der Funktion f_1, das aus dem von f durch Verschiebung um den Mittelwert μ in x-Richtung entsteht. Es besitzt nunmehr den Hochpunkt $H(\mu|1)$.

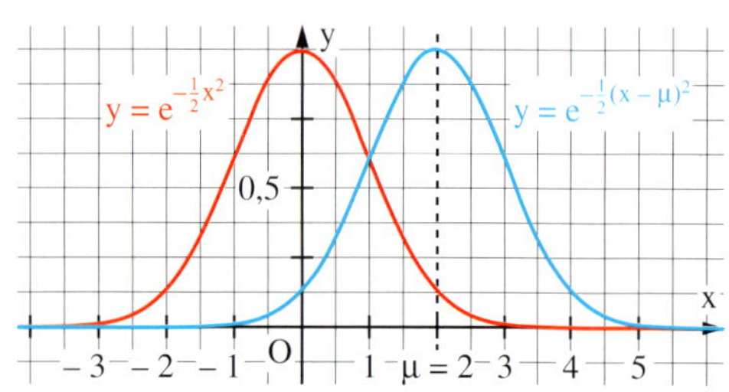

Fig. 4

Mathematische Exkursionen

Die „Breite“ des Schaubildes wird von der Streuung σ bestimmt. Ist σ klein, so muss das Schaubild „enger“ werden. Dies wird dadurch erreicht, dass $x-\mu$ durch $\frac{x-\mu}{\sigma}$ ersetzt wird. Man erhält somit die Funktion f_2 mit $f_2(x) = e^{-\frac{1}{2}\left(\frac{x-\mu}{\sigma}\right)^2}$ (Fig. 1). Ihr Hochpunkt ändert sich dabei nicht. Wendepunkte sind $W_1\left(\mu-\sigma \,\middle|\, e^{-\frac{1}{2}}\right)$ und $W_2\left(\mu+\sigma \,\middle|\, e^{-\frac{1}{2}}\right)$.

Das ist von Hand leicht nachzurechnen!

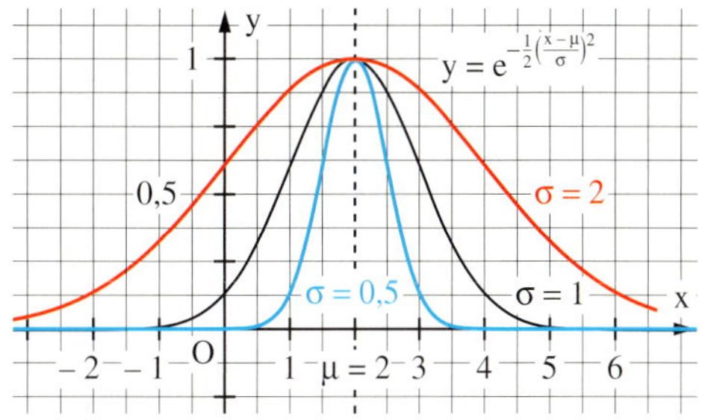

Fig. 1

Die Summe der relativen Häufigkeiten einer Verteilung ist 1. Also muss bei Annäherung durch die Glockenkurve gelten:

$$\lim_{u\to\infty} \int_{-u}^{u} k\cdot e^{-\frac{1}{2}\left(\frac{x-\mu}{\sigma}\right)^2} dx = 1$$

oder $\lim\limits_{u\to\infty} \int_{-u}^{u} e^{-\frac{1}{2}\left(\frac{x-\mu}{\sigma}\right)^2} dx = \frac{1}{k}$.

Mit einem CAS-Programm kann man das Integral $\lim\limits_{u\to\infty} \int_{-u}^{u} e^{-\frac{1}{2}\left(\frac{x-\mu}{\sigma}\right)^2} dx$ berechnen.

Zu f_2 lässt sich keine Stammfunktion angeben. Man kann jedoch zeigen, dass $\lim\limits_{u\to\infty} \int_{-u}^{u} e^{-\frac{1}{2}\left(\frac{x-\mu}{\sigma}\right)^2} dx = \sigma\cdot\sqrt{2\pi}$ ist. Damit erhält man $k = \frac{1}{\sigma\cdot\sqrt{2\pi}}$.

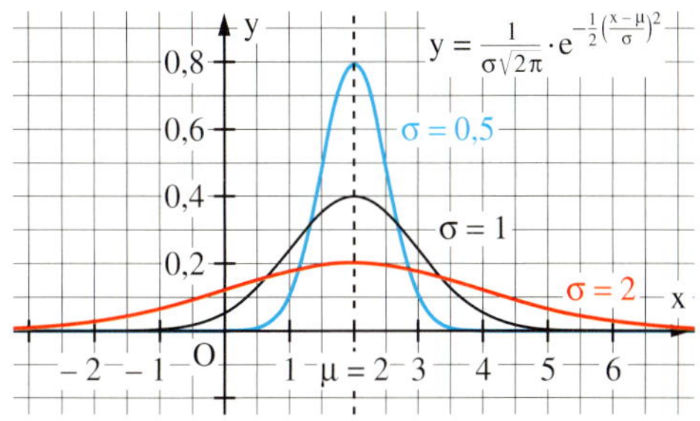

Fig. 2

Die Funktion mit der besten Annäherung ist somit g mit $g(x) = \frac{1}{\sigma\cdot\sqrt{2\pi}}\cdot e^{-\frac{1}{2}\left(\frac{x-\mu}{\sigma}\right)^2}$. Schaubilder von g zeigt Fig. 2. Dabei ist der Flächeninhalt zwischen Kurve und x-Achse stets 1.

Statt $\lim\limits_{u\to\infty} \int_{-u}^{x} g(t)\,dt$ schreibt man kurz: $\int_{-\infty}^{x} g(t)\,dt$.

$P(k_1 \leqq X \leqq k_2) = \int_{-\infty}^{k_2} \frac{1}{\sigma\cdot\sqrt{2\pi}}\cdot e^{-\frac{1}{2}\left(\frac{x-\mu}{\sigma}\right)^2} dx - \int_{-\infty}^{k_1} \frac{1}{\sigma\cdot\sqrt{2\pi}}\cdot e^{-\frac{1}{2}\left(\frac{x-\mu}{\sigma}\right)^2} dx$

Um Wahrscheinlichkeiten wie $P(X \leqq k)$, $P(X \geqq k)$ oder $P(k_1 \leqq X \leqq k_2)$ zu bestimmen, muss man die Werte der Integralfunktion

$$F_{\mu;\sigma}(x) = \int_{-\infty}^{x} \frac{1}{\sigma\cdot\sqrt{2\pi}}\cdot e^{-\frac{1}{2}\left(\frac{u-\mu}{\sigma}\right)^2} du$$

kennen. Sie besitzt keine Stammfunktion in Form eines Terms. Jeder Funktionswert von $F_{\mu;\sigma}$ an der Stelle x kann aber aus dem Funktionswert der Funktion $F_{0;1}$ mit

$$F_{0;1}(z) = \int_{-\infty}^{z} \frac{1}{\sqrt{2\pi}}\cdot e^{-\frac{1}{2}t^2} dt$$

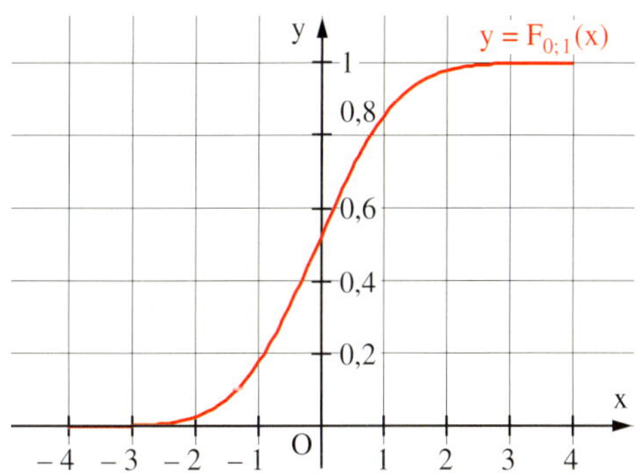

Fig. 3

berechnet werden. Das Schaubild von $F_{0;1}$ zeigt Fig. 3. Die Funktionswerte von $F_{0;1}$ sind meist tabelliert und auf dem Taschenrechner oder in CAS-Programmen abrufbar.

Meist wird die Funktion $F_{0;1}$ mit Φ bezeichnet.

Aufgaben

1 Zeigen Sie, dass gilt: $F_{\mu;\sigma}(x) = F_{0;1}\left(\frac{x-\mu}{\sigma}\right)$.

Hinweis zu a): Ersetzen Sie die Integrationsvariable t in $F_{0;1}$ durch $t(u) = \frac{u-\mu}{\sigma}$. Dann ist, wie auf Seite 189 gezeigt wird, $dt = t'(u)\,du$.

2 Prüfen Sie nach mithilfe eines geeigneten Programms.

a) $P(|X-\mu| \leqq \sigma) = 0{,}6827 = F_{\mu;\sigma}(\mu+\sigma) - F_{\mu;\sigma}(\mu-\sigma) = F_{0;1}(1) - F_{0;1}(-1)$

b) $P(|X-\mu| \leqq 2\sigma) = 0{,}9545 = F_{\mu;\sigma}(\mu+2\sigma) - F_{\mu;\sigma}(\mu-2\sigma) = F_{0;1}(2) - F_{0;1}(-2)$

c) $P(|X-\mu| \leqq 3\sigma) = 0{,}9973 = F_{\mu;\sigma}(\mu+3\sigma) - F_{\mu;\sigma}(\mu-3\sigma) = F_{0;1}(3) - F_{0;1}(-3)$

Exponentialfunktionen

Die Funktion g mit $g(x) = c \cdot a^x$ heißt Exponentialfunktion.
Bei der natürlichen Exponentialfunktion f mit $f(x) = e^x$ ist die eulersche Zahl $e = 2{,}71828\ldots$ die Basis.
Es gilt: $f'(x) = e^x$.
F mit $F(x) = e^x$ ist eine Stammfunktion von f.

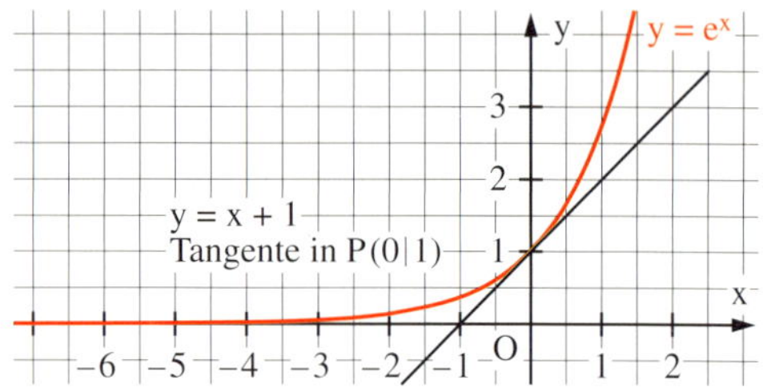

Die Funktion f mit $f(x) = e^{u(x)}$ hat die Ableitung $f'(x) = u'(x) \cdot e^{u(x)}$.
Sonderfall: Ist $u(x) = mx + c$, so ist $f(x) = e^{mx+c}$.

$$f'(x) = m \cdot e^{mx+c}.$$
$$F(x) = \frac{1}{m} \cdot e^{mx+c}.$$

Funktion: $f(x) = e^{-0{,}5x}$
Ableitung: $f'(x) = -0{,}5 \cdot e^{-0{,}5x}$
Stammfunktion: $F(x) = \frac{1}{-0{,}5} \cdot e^{-0{,}5x} = 2 \cdot e^{-0{,}5x}$.

Die natürliche Logarithmusfunktion

Die Funktion f mit $f(x) = \ln x$, $x \in \mathbb{R}^+$ heißt natürliche Logarithmusfunktion. Sie ist die Umkehrfunktion der natürlichen Exponentialfunktion g mit $g(x) = e^x$, $x \in \mathbb{R}$.
Für die Ableitung von f mit $f(x) = \ln x$, $x \in \mathbb{R}^+$ gilt $f'(x) = \frac{1}{x}$.
Die Funktion F mit $F(x) = \ln|x|$, $x \neq 0$,
ist eine Stammfunktion von f mit $f(x) = \frac{1}{x}$.
Die Funktion g mit $g(x) = \frac{f'(x)}{f(x)}$
hat als Stammfunktion die Funktion G mit $G(x) = \ln|f(x)|$.

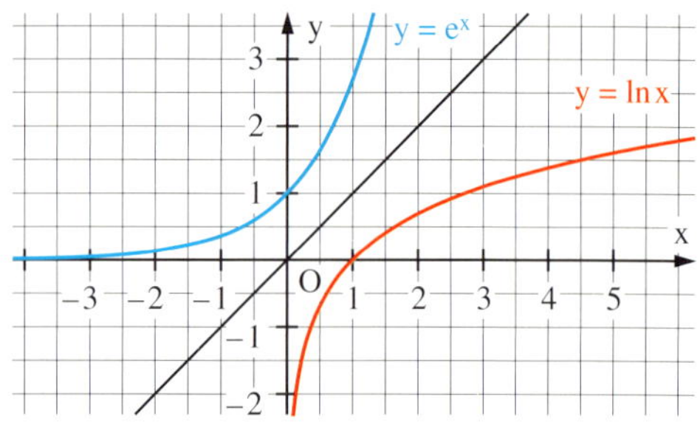

Für $f(x) = \ln(x^2 + 1)$ *gilt:* $f'(x) = \frac{2x}{x^2+1}$.
F mit $F(x) = \ln|x^2 + 1|$ *ist eine Stammfunktion von f mit* $f(x) = \frac{2x}{x^2+1}$.

Lösen von Exponential- und Logarithmusgleichungen

Eine Exponentialgleichung der Form $e^x = c$ hat die Lösung $\mathbf{x = \ln c}$.
Es ist $\ln x = \log_e x$.
Für das Lösen von Gleichungen und das Ableiten sind folgende Aussagen wichtig:

$$\ln(e^x) = x$$
$$e^{\ln x} = x$$

$e^x = 2$ hat die Lösung $x = \ln 2 \approx -1{,}3863$
$\ln x^2 = 2$ schreibt man um: $x^2 = e^2$ und erhält $x_1 = -e$ und $x_2 = e$ als Lösungen.

$e^{\sqrt{x}-2} = 1$	$\ln(\sqrt{x} - 2) = 1$
$\ln e^{\sqrt{x}-2} = \ln 1$	$e^{\ln(\sqrt{x}-2)} = e^1$
$\sqrt{x} - 2 = 0$	$\sqrt{x} - 2 = e$
$x = 4$	$x = (e + 2)^2$

Beliebige Exponential- und Logarithmusfunktionen

f mit $f(x) = a^x$, $x \in \mathbb{R}$, kann man umschreiben in eine Exponentialfunktion mit der Basis e: $f(x) = e^{x \cdot \ln a}$.
f mit $f(x) = \log_a x$, $x \in \mathbb{R}^+$, kann man ausdrücken durch die natürliche Logarithmusfunktion: $f(x) = \frac{\ln x}{\ln a}$.

Aus $f(x) = 3^{x-2}$ *wird* $f(x) = e^{\ln 3^{x-2}} = e^{(x-2)\cdot\ln 3}$.
$f'(x) = \ln 3 \cdot e^{(x-2)\cdot\ln 3} = \ln 3 \cdot 3^{x-2}$.
$F(x) = \frac{1}{\ln 3} \cdot e^{(x-2)\cdot\ln 3} = \frac{1}{\ln 3} \cdot 3^{x-2}$.
Aus $f(x) = \log_3 x$ *wird* $f(x) = \frac{\ln x}{\ln 3}$.
$f'(x) = \frac{1}{x} \cdot \frac{1}{\ln 3}$.

Regel von DE L'HOSPITAL

Lässt sich der Term einer Funktion f in Form eines Quotienten $f(x) = \frac{u(x)}{v(x)}$ darstellen und gibt es eine Stelle a mit folgenden Eigenschaften:
(1) $u(a) = v(a) = 0$ oder $\lim\limits_{x \to a} u(a) = \lim\limits_{x \to a} v(a) = 0$,
(2) u und v sind in einer gemeinsamen Umgebung von a differenzierbar mit $v'(x) \neq 0$,
(3) $\lim\limits_{x \to a} \frac{u'(x)}{v'(x)}$ existiert, so gilt: $\lim\limits_{x \to a} \frac{u(x)}{v(x)} = \lim\limits_{x \to a} \frac{u'(x)}{v'(x)}$.

$\lim\limits_{x \to 0} \frac{\ln(x+1)}{\sin x}$, $u(x) = \ln(x+1)$, $v(x) = \sin x$
(1) $u(0) = 0$, $v(0) = 0$
(2) $u'(x) = \frac{1}{x+1}$; $v'(x) = \cos x$
(3) $\lim\limits_{x \to 0} \frac{1}{(x+1)\cdot\cos x} = 1$, *also gilt* $\lim\limits_{x \to 0} \frac{\ln(x+1)}{\sin x} = 1$.
Wichtige Grenzwerte $(n > 0)$:
$\lim\limits_{x \to \infty} (x^n \cdot e^{-x}) = 0$
$\lim\limits_{x \to 0} (x^n \cdot \ln x) = 0$

1 Leiten Sie zweimal ab.

a) $f(x) = x^2 + e^{-2x}$ b) $f(x) = \ln(2x)$ c) $f(x) = x^2 \cdot e^{-x}$ d) $f(x) = \ln(x \cdot e^x) + e^{x^2}$

2 Berechnen Sie (auf 4 Dezimalen gerundet).

a) $\int_{-10}^{2} \frac{1}{2}e^x\,dx$ b) $\int_{-10}^{2} 2e^{2x}\,dx$ c) $\int_{-10}^{2} \frac{1}{2}e^{-x+1}\,dx$ d) $\int_{-10}^{2} \frac{1}{2}(e^x + e^{-x})\,dx$

3 Bestimmen Sie die Nullstellen der Funktion.

a) $f(x) = e^{2x} - 1$ b) $f(x) = \ln(3x - 2) - 1$ c) $f(x) = (\ln x)^2 - \ln x$ d) $f(x) = e^{-x} + e^x$

4 Bestimmen Sie die Extremwerte von f und das Verhalten für $x \to \pm\infty$.

a) $f(x) = e^x + e^{-2x}$ b) $f(x) = \frac{\ln x}{x}$ c) $f(x) = x^3 \cdot e^{-x}$ d) $f(x) = x \cdot (\ln x)^3$

5 Gegeben ist die Funktion f mit $f(x) = e^x \cdot (e^x - 2)$. Das Schaubild von f sei K.

a) Untersuchen Sie K auf Schnittpunkte mit den Koordinatenachsen, Asymptoten, Extrem- und Wendepunkte. Welche Wertemenge hat f? Zeichnen Sie K.

b) Berechnen Sie den Inhalt A(u) der Fläche, die von K, den Koordinatenachsen und der Geraden mit der Gleichung $x = -e^2$ begrenzt wird.

6 Für jedes $t > 0$ ist eine Funktion f_t gegeben durch $f_t(x) = \frac{1}{2} \cdot (tx - \ln x)$. Das Schaubild von f_t sei K_t.

a) Bestimmen Sie den Tiefpunkt von K_t. Für welchen Wert von t liegt der Tiefpunkt auf der Geraden mit der Gleichung $y = 1$; für welchen Wert von t liegt er auf der x-Achse?

b) Untersuchen Sie, ob es Schaubilder K_t gibt, die einen Wendepunkt haben.

c) Für welchen Wert von t hat K_t mit der x-Achse einen Punkt gemeinsam?

d) Von $A(0|0{,}5)$ aus wird an jedes Schaubild K_t die Tangente gelegt. Berechnen Sie die Koordinaten der Berührpunkte. Geben Sie den geometrischen Ort aller Berührpunkte an.

7 Für jedes $t > 0$ ist eine Funktion f_t gegeben durch $f_t(x) = tx + \frac{1}{tx}$. Für welchen Wert von t wird der Flächeninhalt, den das Schaubild von f_t mit der x-Achse über dem Intervall [1; 2] einschließt, minimal?

8 Zeigen Sie, dass die Funktion f umkehrbar ist. Ermitteln Sie die zugehörige Umkehrfunktion und skizzieren Sie Schaubilder von f und $\bar{f}$.

a) $f(x) = 2 - \frac{1}{2}e^x$ b) $f(x) = \ln(2x + 3)$ c) $f(x) = 10e^{-0{,}5x^2}$, $x \geqq 0$ d) $f(x) = (\ln x)^2$, $x \geqq 1$

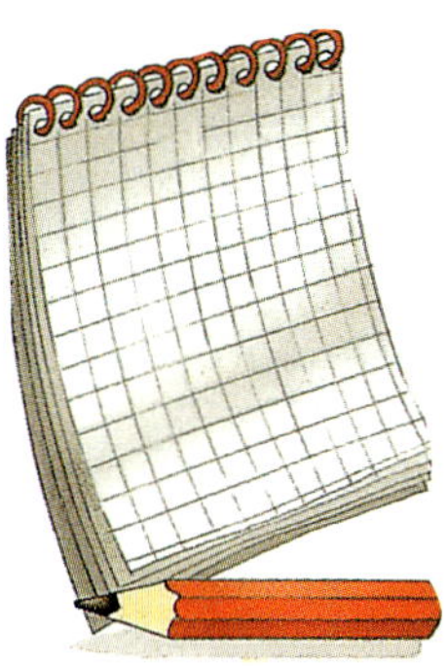

Die Lösungen zu den Aufgaben dieser Seite finden Sie auf Seite 295/296/297.

9 Gegeben ist die natürliche Logarithmusfunktion und ihr Schaubild K.

a) Berechnen Sie den Inhalt der Fläche, die von K, den Koordinatenachsen und der Geraden mit der Gleichung $y = 1$ eingeschlossen wird.
(Anleitung: Verwenden Sie die Umkehrfunktion der natürlichen Exponentialfunktion.)

b) Berechnen Sie mithilfe des Ergebnisses von a) den Inhalt der Fläche, die von K, der x-Achse und der Geraden mit der Gleichung $x = e$ begrenzt wird.

c) Weisen Sie nach, dass die Funktion F mit $F(x) = x \cdot (\ln x - 1)$ eine Stammfunktion der natürlichen Logarithmusfunktion ist. Bestätigen Sie damit die Ergebnisse von a) und b).

10 a) Wie muss die Basis a gewählt werden, damit sich die Schaubilder von f und g mit $f(x) = a^x$ und $g(x) = a^{-x}$ orthogonal schneiden?

b) Welche Beziehung muss zwischen den Basen a und b der Funktionen f und g mit $f(x) = a^x$ bzw. $g(x) = b^x$ bestehen, damit sich die Schaubilder orthogonal schneiden?

1 Uneigentliche Integrale

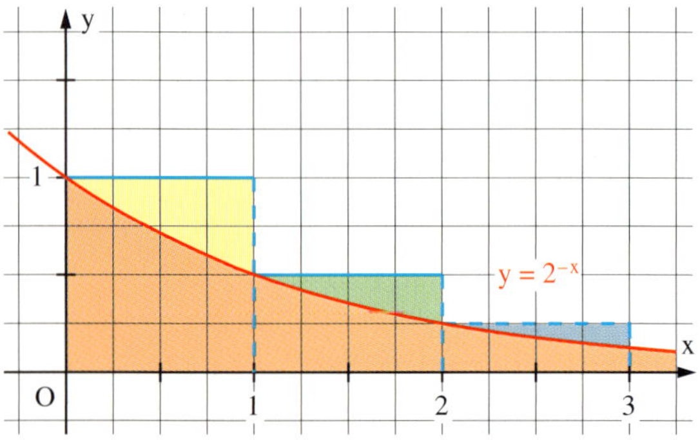

Fig. 1

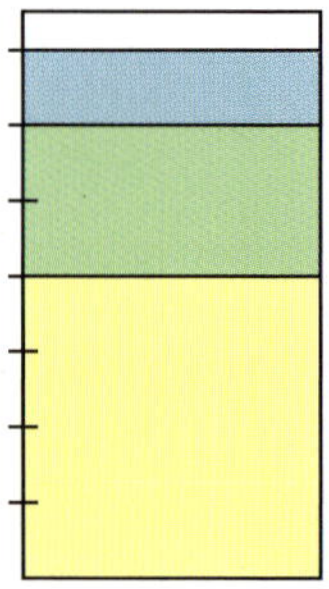

Fig. 2

1 In Fig. 1 begrenzt das Schaubild der Funktion f: $x \mapsto 2^{-x}$ mit den Koordinatenachsen eine „rechts ins Unendliche reichende“, rot gefärbte Fläche mit Inhalt A. Sicher ist A kleiner als der Inhalt T der Fläche unter der blau gezeichneten Treppenfunktion. In Fig. 2 sind einige Rechtecke unter der Treppenfunktion „gestapelt“.
a) Gegen welchen Grenzwert strebt damit T?
b) Was ergibt sich daraus für den Flächeninhalt A?

Bisher wurden bei gegebener Funktion f nur Integrale über abgeschlossene Intervalle [a; b] betrachtet. Hier wird mit Hilfe der Integralrechnung untersucht, ob man auch „ins Unendliche reichenden“ Flächen wie in Fig. 1 einen (endlichen) Flächeninhalt zuordnen kann.

Fig. 3 zeigt das Schaubild der Funktion f mit $f(x) = \frac{2}{x^2}$. Die Fläche zwischen dem Schaubild von f und der x-Achse über dem Intervall [1; b] hat den Inhalt

$A_f(b) = \int_1^b \frac{2}{x^2}\,dx = \left[\frac{-2}{x}\right]_1^b = 2 - \frac{2}{b}$.

Für $b \to +\infty$ strebt $2 - \frac{2}{b} \to 2$, und damit hat $A_f(b)$ für $b \to +\infty$ den Grenzwert 2. Dies besagt, dass der „rechts ins Unendliche reichenden“ Fläche zwischen dem Schaubild von f und der x-Achse über $[1; +\infty)$ der Flächeninhalt 2 zugeordnet werden kann.

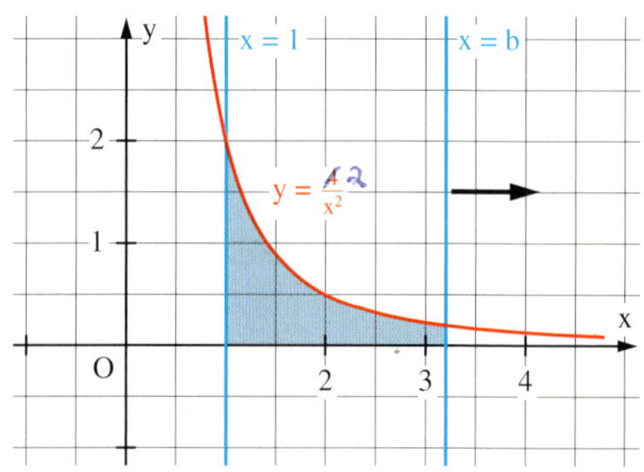

Fig. 3

Eine entsprechende Überlegung für die Funktion g mit $g(x) = \frac{1}{\sqrt{x}}$ ergibt (Fig. 4):

$A_g(b) = \int_1^b \frac{1}{\sqrt{x}}\,dx = [2\sqrt{x}\,]_1^b = 2\sqrt{b} - 2$.

Für $b \to +\infty$ hat damit $A_g(b)$ keinen Grenzwert. Also kann der „rechts ins Unendliche reichenden“ Fläche zwischen dem Schaubild von g und der x-Achse über $[1; +\infty)$ kein (endlicher) Flächeninhalt zugeordnet werden.

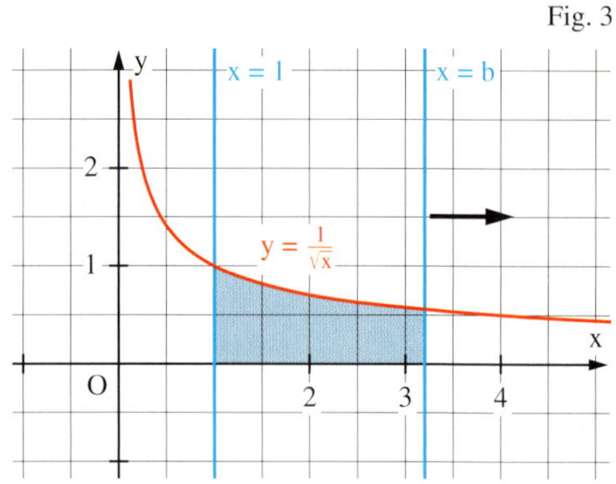

Fig. 4

Schreibweise:

$\lim\limits_{b \to \infty} \int_a^b f(x)\,dx = \int_a^\infty f(x)\,dx$

Definition 1: Ist die Funktion f auf dem Intervall $[a; +\infty)$ stetig und existiert der Grenzwert

$\lim\limits_{b \to \infty} \int_a^b f(x)\,dx$, so heißt dieser Grenzwert das **uneigentliche Integral von f über $[a; +\infty)$**.

Entsprechend wird das uneigentliche Integral von f über $(-\infty; b]$ definiert.

Bei den bisherigen uneigentlichen Integralen wurde der Begriff des Integrals auf unbeschränkte Intervalle ausgedehnt. Auch bei beschränkten Intervallen lässt sich der Begriff des Integrals noch erweitern.

Fig. 1 zeigt das Schaubild der Funktion f mit $f(x) = \frac{2}{\sqrt{x}}$. Für $a > 0$ hat die rot gefärbte Fläche über dem Intervall [a; 2] den Inhalt

$A_f(a) = \int_a^2 \frac{2}{\sqrt{x}}\,dx = [4\sqrt{x}\,]_a^2 = 4\sqrt{2} - 4\sqrt{a}$.

Damit gilt für $a \to 0$ dann $A_f(a) \to 4\sqrt{2}$.
Also hat die „oben ins Unendliche reichende" Fläche zwischen dem Schaubild von f und der x-Achse über (0; 2] den Inhalt $4\sqrt{2}$.
Für die Funktion g mit $g(x) = \frac{1}{x^2}$ ergibt sich analog (Fig. 2) $A_g(b) = \int_a^2 \frac{1}{x^2}\,dx = \left[\frac{-1}{x}\right]_a^2 = \frac{1}{a} - \frac{1}{2}$.

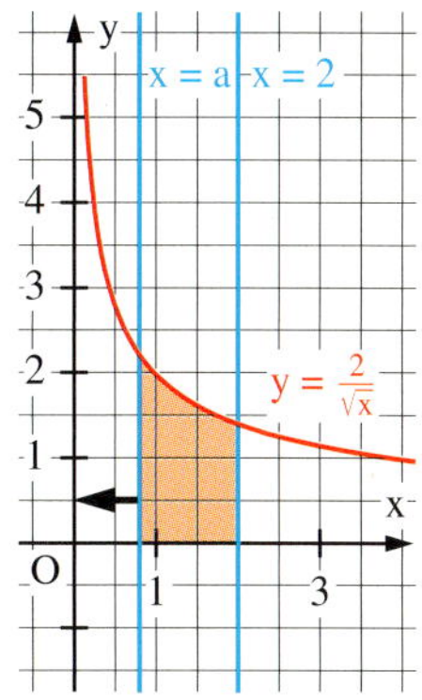

Fig. 1

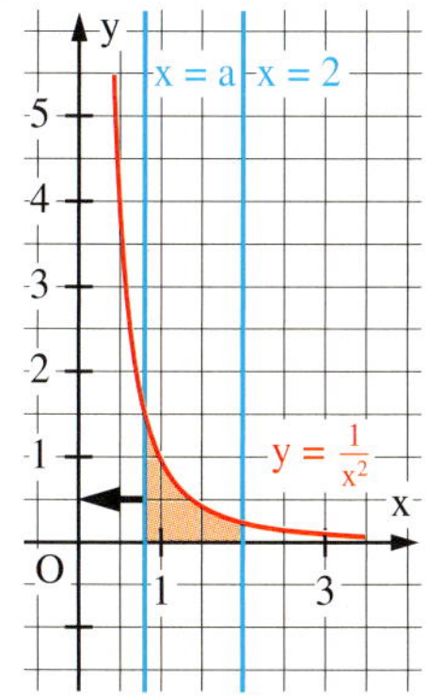

Fig. 2

Für $a \to 0$ hat $A_g(b)$ keinen Grenzwert. Also hat die „oben ins Unendliche reichende" Fläche zwischen dem Schaubild von g und der x-Achse über dem Intervall (0; 2] keinen (endlichen) Flächeninhalt.

Schreibweise:

$\lim\limits_{z \to a} \int_z^b f(x)\,dx = \int_a^b f(x)\,dx$

Definition 2: Ist die Funktion f auf dem Intervall (a; b] stetig und existiert der Grenzwert $\lim\limits_{z \to a} \int_z^b f(x)\,dx$, so heißt dieser Grenzwert das **uneigentliche Integral von f über (a; b]**.
Entsprechend wird das uneigentliche Integral von f über [a; b) definiert.

Beispiel 1: (Berechnung des Inhaltes einer „rechts ins Unendliche reichenden" Fläche)
Gegeben ist die Funktion f mit $f(x) = e^{-x}$.
Zeigen Sie, dass die Fläche zwischen dem Schaubild von f und den Koordinatenachsen (Fig. 3) einen Flächeninhalt A hat, und geben Sie diesen Flächeninhalt A an.
Lösung:

Für $b > 0$ ist $A(b) = \int_0^b e^{-x}\,dx = [-e^{-x}]_0^b = 1 - e^{-b}$. Für $b \to \infty$ gilt $1 - e^{-b} \to 1$,

d. h. der Flächeninhalt A (b) hat den Grenzwert 1 für $b \to \infty$.
Damit ist $A = \lim\limits_{b \to \infty} A(b) = 1$.

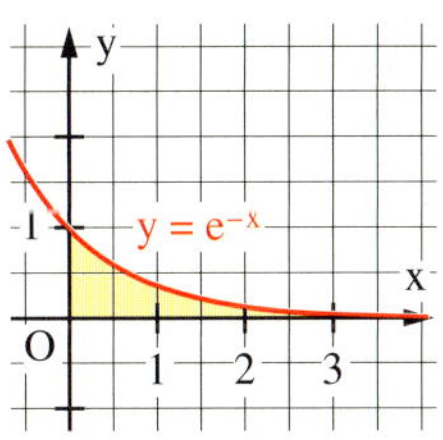

Fig. 3

Beispiel 2: (Berechnung des Inhaltes einer „oben ins Unendliche reichenden" Fläche)
Gegeben ist die Funktion f mit $f(x) = x + \frac{1}{4\sqrt{x}}$ für $x > 0$.
Zeigen Sie, dass die Fläche zwischen dem Schaubild von f, den Koordinatenachsen und der Geraden mit der Gleichung $x = 1$ (Fig. 4) einen Flächeninhalt A hat, und geben Sie diesen Flächeninhalt A an.
Lösung:

Für $a > 0$ gilt $A(a) = \int_a^1 \left(x + \frac{1}{4\sqrt{x}}\right)dx = \left[\frac{1}{2}x^2 + \frac{1}{2}\sqrt{x}\,\right]_a^1 = 1 - \frac{1}{2}a^2 - \frac{1}{2}\sqrt{a}$.

Für $a \to 0$ hat der Flächeninhalt A (a) den Grenzwert 1.
Folglich ist $A = \lim\limits_{a \to 0} A(a) = 1$.

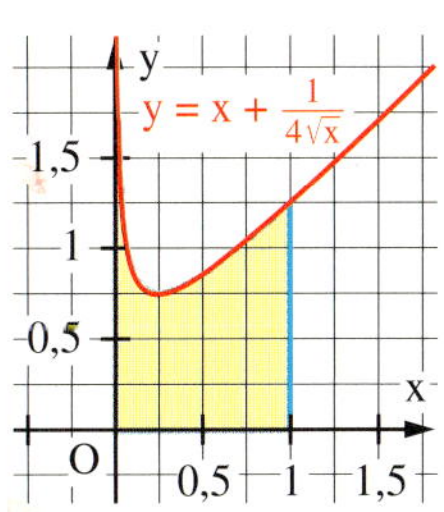

Fig. 4

Aufgaben

Beachten Sie:
Es gibt zwei Arten von uneigentlichen Integralen, nämlich bei

a) Integration über ein nach links oder rechts unbeschränktes Intervall

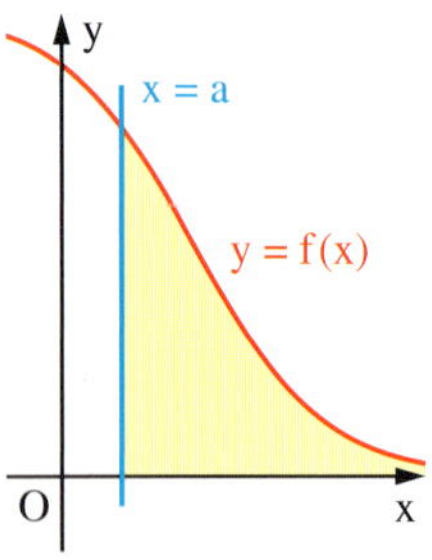

b) Integration über ein Intervall, an dessen Rand der Integrand nicht definiert ist.

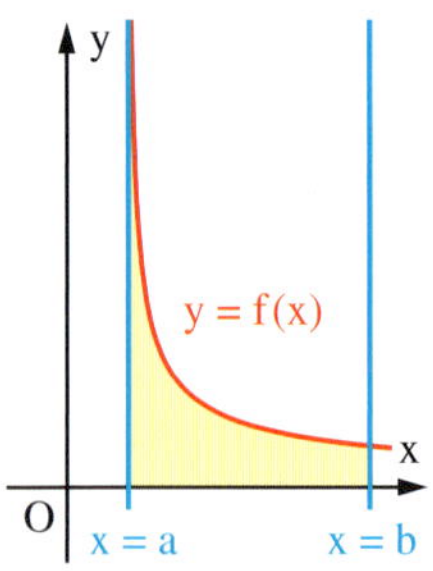

2 Untersuchen Sie, ob die vom Schaubild von f und der x-Achse über dem Intervall $[c; +\infty)$ bzw. $(-\infty; c]$ begrenzte, „ins Unendliche reichende" Fläche einen Flächeninhalt A besitzt. Geben Sie gegebenenfalls A an.

a) $f(x) = \frac{3}{x^4}$; $[1; +\infty)$ b) $f(x) = -4x^{-3}$; $(-\infty; -1]$ c) $f(x) = \frac{6}{\sqrt{2x+1}}$; $(0; +\infty)$

d) $f(x) = 3e^{0{,}2x+1}$; $(-\infty; 0]$ e) $f(x) = \frac{2}{(1+2x)^2}$; $[0; +\infty)$ f) $f(x) = \frac{4}{\sqrt{4-x}}$; $(-\infty; 3]$

3 Zeichnen Sie das Schaubild der Funktion f sowie dessen Asymptote für $x \to +\infty$ bzw. $x \to -\infty$. Die Gerade mit der Gleichung $x = c$, das Schaubild von f und die Asymptote begrenzen eine nach links bzw. rechts unbeschränkte Fläche. Untersuchen Sie, ob diese Fläche einen Inhalt A besitzt. Geben Sie gegebenenfalls A an.

a) $f(x) = \frac{1}{2}x + \frac{2}{x^2}$; $c = 2$, nach rechts b) $f(x) = \frac{x^3-1}{3x^2}$; $c = -1$, nach links

c) $f(x) = \frac{1}{4}x + \frac{2}{\sqrt{x+2}}$; $c = -1$, nach rechts d) $f(x) = \frac{-1}{3}x + e^x$; $c = 1$, nach links

4 Untersuchen Sie, ob die vom Schaubild von f, den Geraden mit den Gleichungen $x = a$ und $x = b$ sowie der x-Achse begrenzte und „oben oder unten ins Unendliche reichende" Fläche einen Flächeninhalt A besitzt. Geben Sie gegebenenfalls A an.

a) $f(x) = \frac{4}{\sqrt{x}}$; $a = 0$; $b = 1$ b) $f(x) = \frac{1+\sqrt{x}}{\sqrt{x}}$; $a = 0$; $b = 4$ c) $f(x) = \frac{1}{(x-3)^2}$; $a = -1$; $b = 3$

d) $f(x) = \frac{6}{x^4}$; $a = -3$; $b = 0$ e) $f(x) = \frac{5}{\sqrt{3x-6}}$; $a = 2$; $b = 5$ f) $f(x) = \frac{4}{(2x+3)^3}$; $a = -1{,}5$; $b = 0$

5 Gegeben ist die Funktion f und die Zahl $a \in \mathbb{R}$. Das Schaubild von f, die Gerade mit der Gleichung $x = a$ und die x-Achse begrenzen eine nach rechts offene Fläche. Bestimmen Sie die Zahl $r \in \mathbb{R}$ so, dass die Gerade mit der Gleichung $x = r$ diese Fläche halbiert.

a) $f(x) = \frac{8}{x^2}$; $a = 2$ b) $f(x) = \frac{4}{x^2} - \frac{2}{x^3}$; $a = 1$ c) $f(x) = e^{-x}$; $a = 1$ d) $f(x) = 2e^{1-2x}$; $a = 0$

6 Die Schüttung einer Quelle, die zu Beginn $4{,}0\,\frac{m^3}{min}$ beträgt, nimmt etwa exponentiell ab und beträgt nach 20 Tagen $0{,}50\,\frac{m^3}{min}$. Berechnen Sie die Wassermenge, die von der Quelle

a) in 30 Tagen geliefert wird

b) insgesamt geliefert wird. Bestimmen Sie dazu einen geeigneten Grenzwert.

7 a) Wie viel Prozent von $\int_1^{\infty} e^{-x}\,dx$ sind $\int_1^{a} e^{-x}\,dx$ für $a = 2$; 5; 10; 20; 50; 100?

b) Bearbeiten Sie a) für die Funktion f mit $f(x) = x^{-2}$ anstatt der Funktion f mit $f(x) = e^{-x}$.

Zahlenangaben zu Aufgabe 8:

$M = 5{,}97 \cdot 10^{24}$ kg
$\gamma = 6{,}67 \cdot 10^{-11}\,\frac{m^3}{kg \cdot s^2}$
$m = 1000$ kg
Erdradius: $h_1 = 6370$ km
Höhe einer geostationären Bahn: $h_2 = 4{,}22 \cdot 10^4$ km

8 Aus der Physik ist bekannt: Um einen Körper der Masse m aus der Höhe h_1 über dem Erdmittelpunkt auf die Höhe h_2 über dem Erdmittelpunkt zu bringen, benötigt man die Arbeit

$$W = \int_{h_1}^{h_2} F(s)\,ds \quad \text{mit} \quad F(s) = \gamma \frac{m \cdot M}{s^2}.$$

Dabei ist M die Masse der Erde und γ die Gravitationskonstante. Welche Arbeit ist notwendig, um einen Satelliten der Masse m von der Erdoberfläche

a) in eine geostationäre Bahn zu bringen

b) aus dem Anziehungsbereich der Erde „hinauszubefördern"?

Eine geostationäre Bahn liegt so über dem Äquator, dass der Satellit immer am gleichen Ort am Himmel zu stehen scheint.

2 Rauminhalte von Rotationskörpern

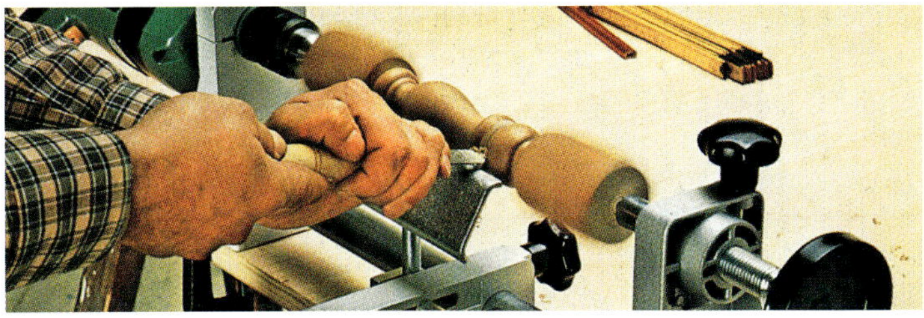

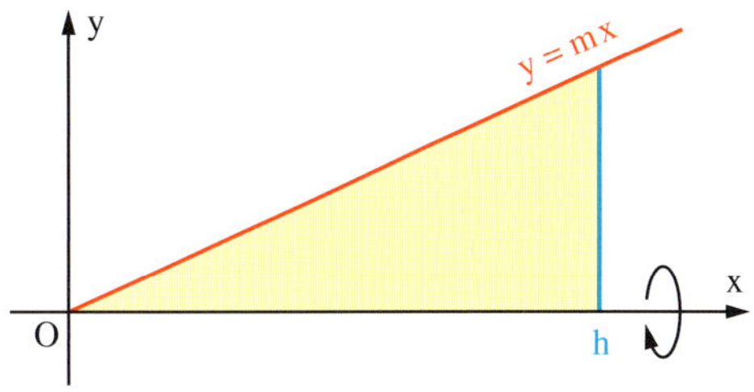

Fig. 1

1 Welche gemeinsamen Eigenschaften haben Körper, die ein Drechsler herstellt?

2 Gegeben ist die Funktion f mit $f(x) = mx$ und $m > 0$ (Fig. 1). Dreht sich die in Fig. 1 gefärbte Fläche um die x-Achse, so entsteht ein Kegel.
a) Zeigen Sie, dass dieser Kegel das Volumen $V = \frac{1}{3}\pi m^2 h^3$ hat.
b) Es ist $V = \int_0^h q(x)\,dx$. Bestimmen Sie die Funktion q und beschreiben Sie deren Bedeutung.

Gegeben ist eine auf dem Intervall [a; b] stetige Funktion f. Das Schaubild von f schließt mit der x-Achse und den Geraden mit den Gleichungen $x = a$ und $x = b$ eine Fläche ein. Rotiert diese Fläche um die x-Achse (Fig. 2), entsteht ein Dreh- oder **Rotationskörper**.

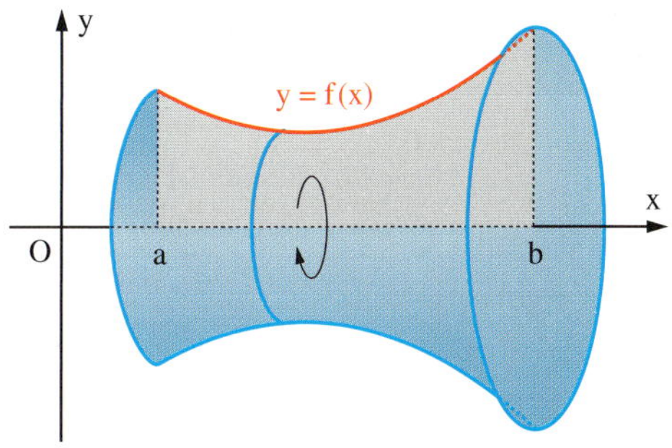

Fig. 2

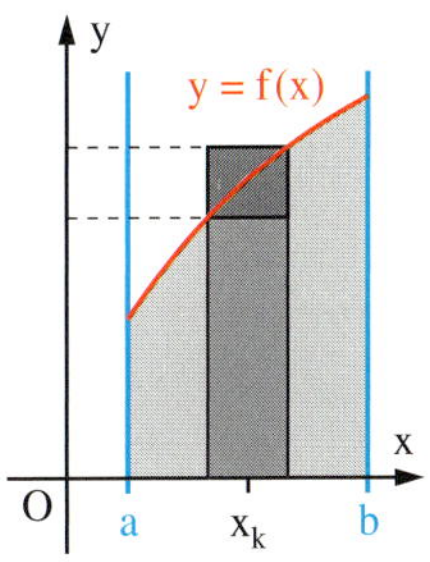

Fig. 3

Die Berechnung des Volumens V dieses Rotationskörpers K schließt sich eng an das Verfahren zur Bestimmung von „Flächeninhalten unter Schaubildern" an (Fig. 3). Dabei wird [a; b] wieder in n Teilintervalle gleicher Länge h eingeteilt. Zu jedem Teilintervall gibt es einen Zylinder, der K von außen, und einen Zylinder, der K von innen berührt (Fig. 4). Man wählt nun x_k im k-ten Teilintervall so, dass $f(x_k)$ zwischen den Radien des inneren und des äußeren Zylinders liegt. Damit erhält man für das Volumen von K die Zerlegungssumme
$V_n = \pi(f(x_1))^2 \cdot h + \pi(f(x_2))^2 \cdot h + \ldots + \pi(f(x_n))^2 \cdot h.$
Für $n \to \infty$ strebt diese Summe V_n gegen das Integral $\pi\int_a^b (f(x))^2\,dx$.

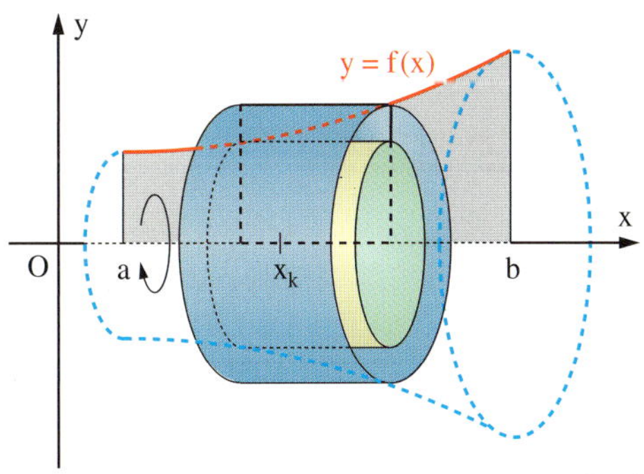

Fig. 4

Satz 1: Ist die Funktion f auf dem Intervall [a; b] stetig, so entsteht bei Rotation der Fläche zwischen dem Schaubild von f und der x-Achse über [a; b] ein Körper mit dem Volumen

$$\mathbf{V = \pi\int_a^b (f(x))^2\,dx.}$$

Merkregel!

Rotation um die x-Achse:

$V_x = \pi \int_a^b y^2\, dx$

Rotation um die y-Achse:

$V_y = \pi \int_c^d x^2\, dx$

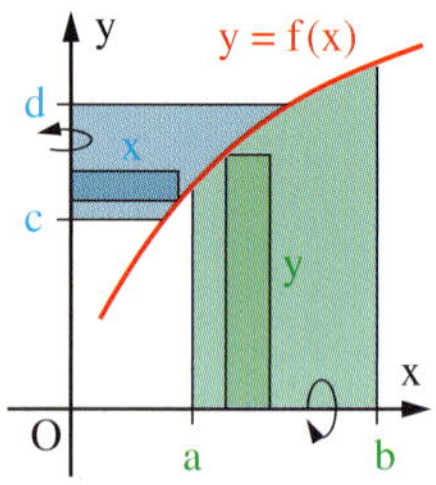

Eine Fläche A wird begrenzt durch das Schaubild K einer Funktion f, der y-Achse und den Geraden mit den Gleichungen $y = c$ und $y = d$ (Fig. 1). Wenn diese Fläche um die y-Achse rotiert, entsteht ebenfalls ein Rotationskörper.

Um sein Volumen V zu bestimmen, wird K an der 1. Winkelhalbierenden gespiegelt. Wenn nun f auf einer geeigneten Definitionsmenge D stetig und umkehrbar ist, entsteht aus K das Schaubild $\overline{K}$ der Umkehrfunktion $\overline{f}$ von f.

Aus der Fläche A wird die Fläche $\overline{A}$. Bei Rotation von $\overline{A}$ um die x-Achse und A um die y-Achse entstehen Rotationskörper mit demselben Volumen V. Nach Satz 1 gilt dann

$V = \pi \int_c^d (\overline{f}(x))^2\, dx.$

Bezeichnet man die Integrationsvariable mit y, da „entlang der y-Achse integriert wird“, ergibt sich:

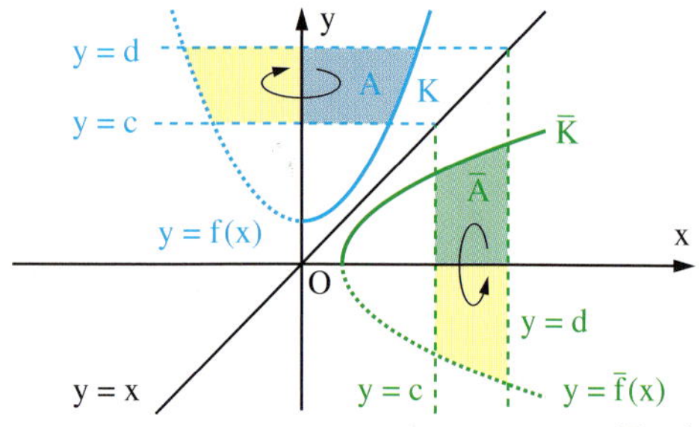

Fig. 1

Satz 2: Ist die Funktion f stetig und umkehrbar mit der Umkehrfunktion $\overline{f}$, so entsteht bei Rotation der Fläche zwischen dem Schaubild von f, der y-Achse und den Geraden mit den Gleichungen $y = c$ und $y = d$ ein Rotationskörper mit dem Volumen

$$\mathbf{V = \pi \int_c^d (\overline{f}(y))^2\, dy.}$$

Beispiel 1: (Rauminhalt eines Rotationskörpers bei Rotation um die x-Achse)

Das Schaubild der Funktion f mit $f(x) = \frac{1}{2}\sqrt{x^2 + 4}$ begrenzt mit den Koordinatenachsen und der Geraden mit der Gleichung $x = 4$ eine Fläche (Fig. 2). Bestimmen Sie das Volumen V des Rotationskörpers, der entsteht, wenn diese Fläche um die x-Achse rotiert.

Lösung:

Das Volumen V ist

$V = \pi \cdot \int_0^4 (f(x))^2\, dx = \pi \cdot \int_0^4 \left(\frac{1}{2}\sqrt{x^2 + 4}\right)^2 dx$

$= \pi \cdot \int_0^4 \left(\frac{1}{4}x^2 + 1\right) dx = \pi \left[\frac{1}{12}x^3 + x\right]_0^4$

$= \frac{28}{3}\pi \approx 29{,}32.$

Zum Vergleich:
V ist näherungsweise das Volumen des Kegelstumpfes, der durch Rotation der Strecke durch P(0|1) und Q(4|f(4)) entsteht.
Wie groß ist der prozentuale Fehler?

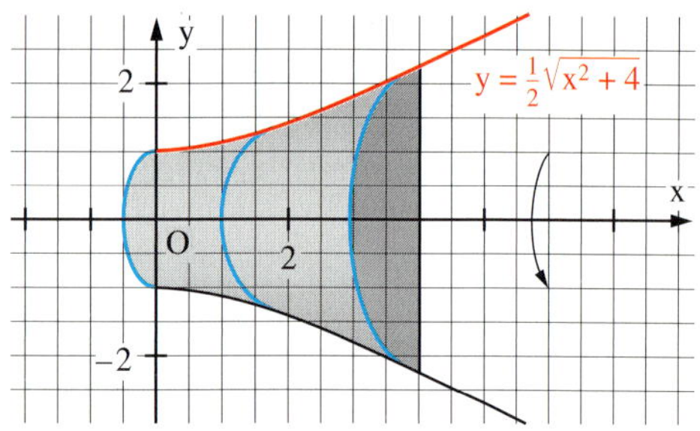

Fig. 2

Beispiel 2: (Rauminhalt eines Rotationskörpers bei Rotation um die y-Achse)

Das Schaubild der Funktion f mit $f(x) = \frac{1}{4}x^2 + 1$ begrenzt mit der y-Achse und den Geraden mit den Gleichungen $y = 2$ und $y = 3$ eine Fläche (Fig. 3), die um die y-Achse rotiert. Bestimmen Sie das Volumen V des entstehenden Rotationskörpers.

Lösung:

Aus $y = f(x) = \frac{1}{4}x^2 + 1$ folgt

$x^2 = (\overline{f}(y))^2 = 4y - 4.$ Dann ist nach Satz 2

$V = \pi \cdot \int_2^3 (\overline{f}(y))^2\, dy = \pi \cdot \int_2^3 (4y - 4)\, dy$

$= \pi \left[2y^2 - 4y\right]_2^3 = 6\pi \approx 18{,}85.$

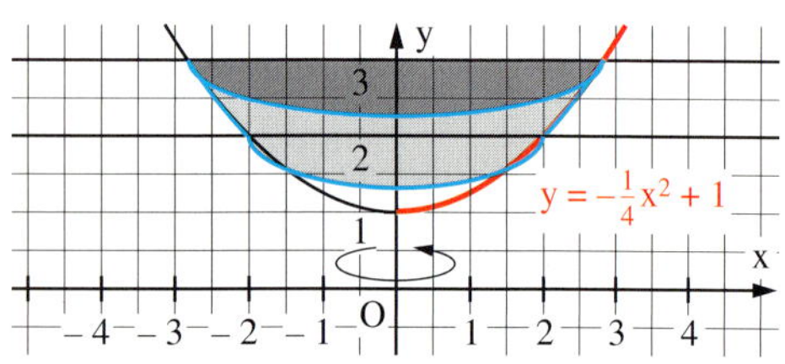

Fig. 3

Aufgaben

Zu Aufgabe 3:

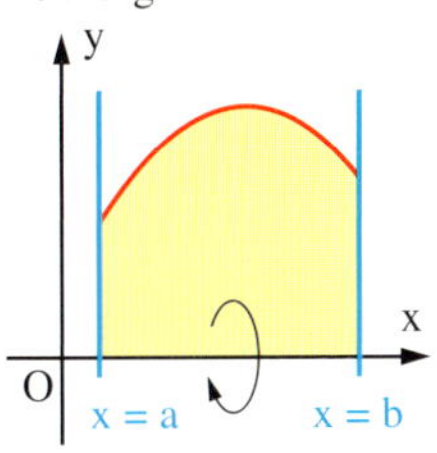

Zu Aufgabe 4:

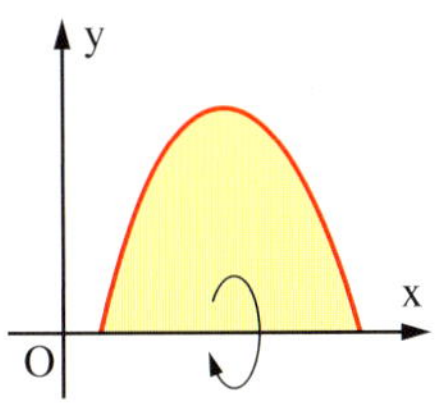

Zu Aufgabe 5:

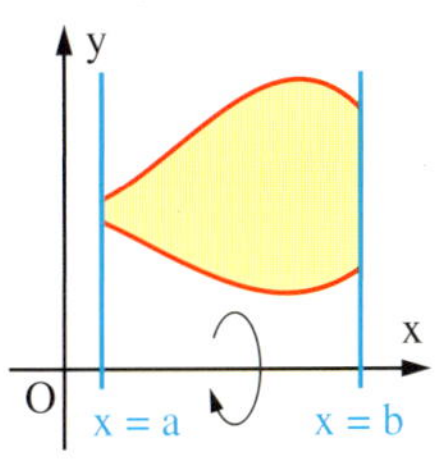

Zu Aufgabe 6:

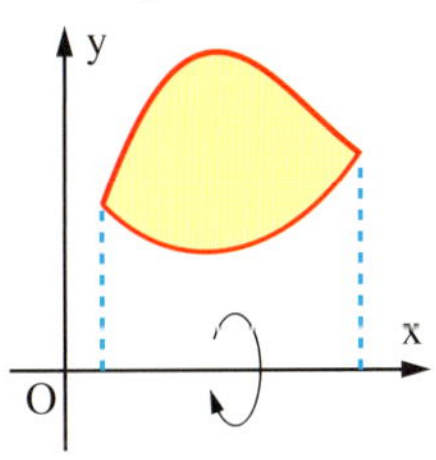

3 Skizzieren Sie das Schaubild K der Funktion f. Berechnen Sie das Volumen des entstehenden Drehkörpers, wenn die Fläche zwischen K und der x-Achse über [a; b] um die x-Achse rotiert.

a) $f(x) = \frac{1}{2}x^2 + 1;\ a = 1;\ b = 3$
b) $f(x) = \frac{1}{2}\sqrt{x+2};\ a = -1;\ b = 7$
c) $f(x) = 0{,}5 \cdot e^{2x};\ a = 0;\ b = 1$
d) $f(x) = \frac{1}{2}e^{x} - \frac{1}{4}e^{-0{,}25x};\ a = 0;\ b = 2$

4 Das Schaubild K der Funktion f begrenzt mit der x-Achse eine Fläche, die um die x-Achse rotiert. Skizzieren Sie das Schaubild K und berechnen Sie das Volumen des entstehenden Drehkörpers.

a) $f(x) = 3x - \frac{1}{2}x^2$
b) $f(x) = x^2 - \frac{1}{6}x^3$
c) $f(x) = \frac{1}{2}x\sqrt{4-x}$
d) $f(x) = \frac{1}{4}x^2\sqrt{16-x^2}$

5 Die Fläche zwischen den Schaubildern von f und g sowie den Geraden mit den Gleichungen $x = a$ und $x = b$ rotiert um die x-Achse. Skizzieren Sie die Schaubilder und berechnen Sie das Volumen des Rotationskörpers.

a) $f(x) = \sqrt{x+1};\ g(x) = 1;\ a = 3;\ b = 8$
b) $f(x) = x^2 + 1;\ g(x) = e^{0{,}5x};\ a = 1;\ b = 2$
c) $f(x) = \sqrt{x+1};\ g(x) = \sqrt{x};\ a = 0;\ b = 7$

Achtung:
Bei Aufgabe 5 und 6 ist
$$V = \pi \int_a^b \left((u(x))^2 - (v(x))^2\right) dx$$
aber $V \neq \pi \int_a^b (u(x) - v(x))^2\,dx$.
Begründen Sie dies anschaulich!

6 Die Schaubilder der Funktionen f und g begrenzen eine Fläche, die um die x-Achse rotiert. Skizzieren Sie die Schaubilder und berechnen Sie das Volumen des Rotationskörpers.

a) $f(x) = \frac{1}{2}x;\ g(x) = \sqrt{x}$
b) $f(x) = 3x^2 - x^3;\ g(x) = x^2$
c) $f(x) = 3x^2 - x^3;\ g(x) = 2x$

7 Das Schaubild K der Funktion f, die y-Achse und die Geraden mit den Gleichungen $y = c$ und $y = d$ begrenzen eine Fläche, die um die y-Achse rotiert. Skizzieren Sie K und bestimmen Sie den Rauminhalt des entstehenden Rotationskörpers.

a) $f(x) = \frac{1}{3}x - 2;\ c = 1;\ d = 3$
b) $f(x) = \frac{1}{2}x^2 - 2;\ c = 0;\ d = 3{,}5$
c) $f(x) = \sqrt{2x+4};\ c = 2;\ d = 4$
d) $f(x) = \frac{-6}{x};\ c = -6;\ d = -1$
e) $f(x) = 1 + \ln x;\ c = 1;\ d = e$
f) $f(x) = \frac{8}{4-x^2};\ c = 3;\ d = 4$

8 Die Funktion f ist auf dem Intervall [a; b] definiert. In den Endpunkten $P(a\,|\,f(a))$ und $Q(b\,|\,f(b))$ des Schaubildes K von f werden die Parallelen zu den Koordinatenachsen gezeichnet (Fig. 1). Diese Parallelen, K und die Koordinatenachsen begrenzen zwei Flächen A_x und A_y, welche um die x-Achse bzw. um die y-Achse rotieren. Bestimmen Sie die Volumina V_x und V_y der entstehenden Rotationskörper.

a) $f(x) = x^2 + 1;\ a = 1;\ b = 2$
b) $f(x) = x;\ a = 1;\ b = 4$
c) $f(x) = \frac{6}{x};\ a = 2;\ b = 6$
d) $f(x) = \frac{4}{(x+1)^2};\ a = 0;\ b = 3$

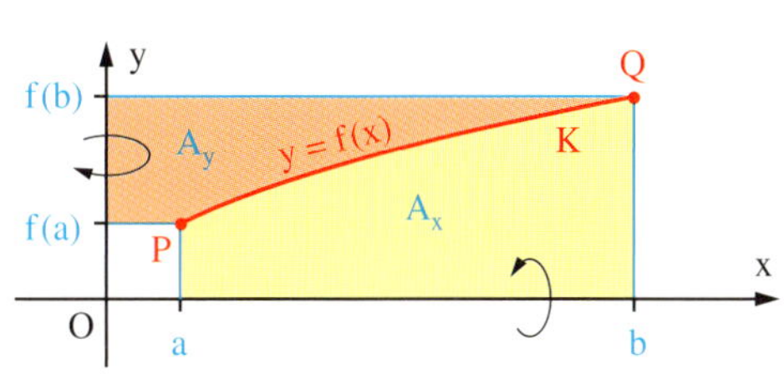

Fig. 1

9 Gegeben ist die Funktion f mit $f(x) = -\frac{1}{8}x^3 + \frac{3}{4}x^2$; ihr Schaubild sei K. Die x-Achse und K begrenzen eine Fläche F_1; die Gerade mit der Gleichung $y = 4$ und K begrenzen eine Fläche F_2. Beide Flächen rotieren um die x-Achse; dabei entstehen Rotationskörper mit den Rauminhalten V_1 und V_2. Bestimmen Sie das Verhältnis $V_1 : V_2$.

10 Das Schaubild der Funktion f, die x-Achse und die Gerade mit der Gleichung $x = a$ begrenzen eine nach rechts offene Fläche, die um die x-Achse rotiert. Dabei entsteht ein nach rechts unbegrenzter Körper K. Untersuchen Sie, ob K ein (endliches) Volumen besitzt.
a) $f(x) = 2e^{-x};\ a = 0$ b) $f(x) = \frac{4}{x};\ a = 1$ c) $f(x) = \frac{2}{(x-2)^2};\ a = 3$

11 Das Schaubild der Funktion f, die y-Achse und die Gerade mit der Gleichung $y = a$ begrenzen eine nach oben offene Fläche, die um die y-Achse rotiert. Dabei entsteht ein nach oben unbegrenzter Körper K.
Untersuchen Sie, ob K ein endliches Volumen besitzt.
a) $f(x) = \frac{6}{x};\ a = 1$ b) $f(x) = \frac{2}{\sqrt{x}};\ a = 2$ c) $f(x) = -\ln x;\ a = 0$

12 Ein Körper wie der Ball beim „american football" entsteht durch Rotation der Fläche zwischen den Schaubildern mit den Gleichungen $y = -0{,}0944\,x^2 + 3{,}4$; $x = 5{,}5$; $x = -5{,}5$ und $y = 0$ um die x-Achse (alle Angaben in inch).
Zeigen Sie, dass sein Volumen 232 inch³ beträgt.

13 Durch Rotation der Flächen in Fig. 1 um die x-Achse entstehen „Ringe". Bestimmen Sie jeweils das Volumen des Ringes durch Integration.

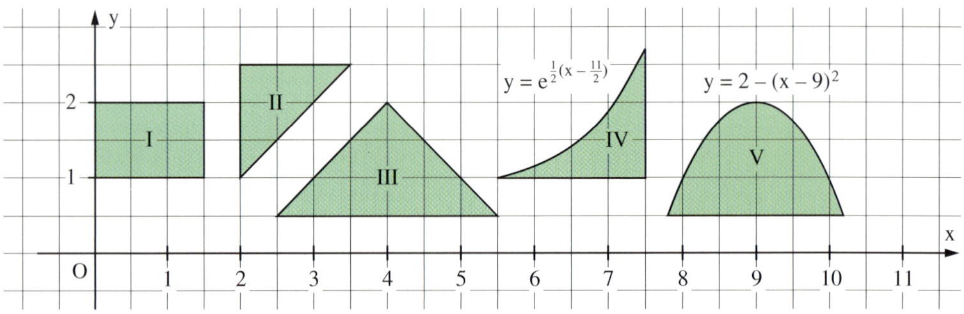

Fig. 1

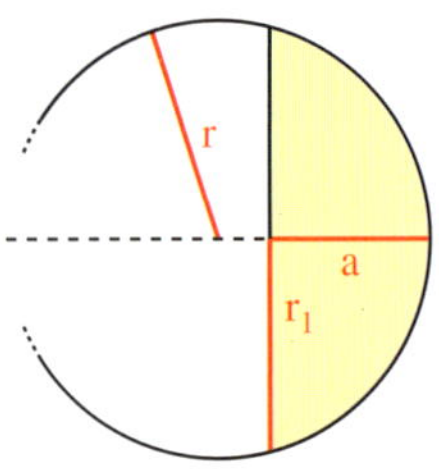

Kugel	$V = \frac{4\pi}{3} r^3$
Kugelabschnitt	$V = \frac{\pi}{3} a^2 (3r - a)$
	$= \frac{\pi}{6} a (3r_1^2 + a^2)$

Fig. 2

14 In einer Formelsammlung finden sich Formeln über Kugelteile (Fig. 2).
Beweisen Sie diese Formeln.
(Anleitung: Das Schaubild von f mit $f(x) = \sqrt{r^2 - x^2}$ rotiere um die x-Achse.)

15 Ein Wok ist ein chinesischer Kochtopf. Er hat oben einen Durchmesser von 30 cm und ist innen 10 cm hoch. Bestimmen Sie näherungsweise das Fassungsvermögen des Wok als Rotationskörper. Wählen Sie dazu eine geeignete Funktion, deren Schaubild um die y-Achse rotiert.

16 Gegeben sind die auf [a; b] stetigen Funktionen f und g mit $f(x) \geqq g(x)$ für alle $x \in [a; b]$. Die Fläche zwischen den Schaubildern von f und g und den Geraden mit den Gleichungen $x = a$ und $x = b$ rotiert um die y-Achse. Begründen Sie, dass der entstehende Rotationskörper K das Volumen $V = \pi \int_{x=a}^{x=b} 2x \cdot (f(x) - g(x))\,dx$ hat.
(Anleitung: Zerlegen Sie K in geeignete Hohlzylinder der Höhe $f(x) - g(x)$.)

Mit dem Ergebnis von Aufgabe 16 können auch die Aufgaben 14 und 15 bearbeitet werden.

3 Näherungsweise Berechnung von Integralen

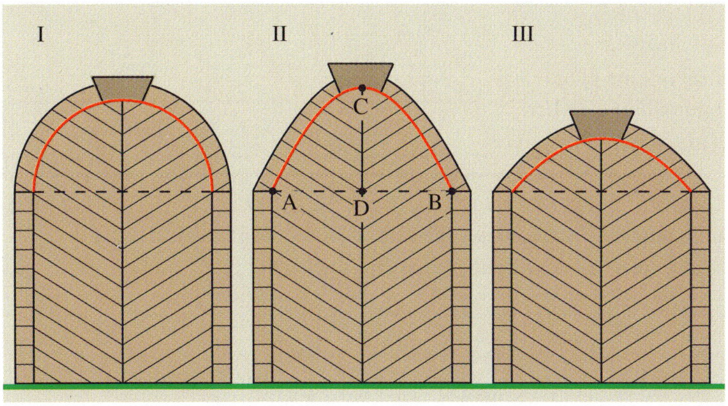

Fig. 1

1 Große Tore werden aus statischen Gründen oft oben mit einem Bogen abgeschlossen (Fig. 1). Bei Tor I ist dies ein Kreisbogen.
a) Durch welche Kurven kann man die Bögen der Tore II und III annähern und wie kann man eine Gleichung dieser Kurven erhalten?
b) Wie kann man nun den Flächeninhalt der Tore II und III näherungsweise bestimmen?

2 Durch wie viele Punkte ist eine Parabel zweiter Ordnung eindeutig bestimmt?

Näherungsverfahren haben in der Technik eine große Bedeutung.

Ein Ingenieur, der berechnet hat, dass ein Werkstück eine Länge von $\sqrt{3}$ cm haben sollte, wird der Werkstatt mitteilen, dass die geforderte Länge 1,73 cm betragen muss.

Es ist überraschend, dass der Term der Funktion g, d. h. die Zahlen r, s und t überhaupt nicht bestimmt werden müssen.

Um ein Integral $J = \int_a^b f(x)\,dx$ zu berechnen, benötigt man eine Stammfunktion F von f. Kann F nicht bestimmt werden, muss man sich mit einem Näherungswert von J begnügen.

Ersetzt man das Schaubild von f zwischen den Punkten $P(a|f(a))$ und $Q(b|f(b))$ durch eine Gerade durch diese Punkte (Fig. 2), ergibt sich: $J \approx \frac{1}{2}(b-a)(f(a)+f(b))$. Meist erhält man einen besseren Näherungswert für J, wenn man das Schaubild von f zwischen P und Q durch eine Parabel (Fig. 2) ersetzt, die durch die Punkte P, Q und $R\left(\frac{a+b}{2}\middle|f\left(\frac{a+b}{2}\right)\right)$ verläuft.
Ist diese Parabel das Schaubild der Funktion g mit $g(x) = rx^2 + sx + t$, so gilt
$f(a) = g(a) = ra^2 + sa + t$,
$f(b) = g(b) = rb^2 + sb + t$ und
$f\left(\frac{a+b}{2}\right) = g\left(\frac{a+b}{2}\right) = r\cdot\left(\frac{a+b}{2}\right)^2 + s\cdot\frac{a+b}{2} + t$.
Damit wird

$$J \approx \int_a^b g(x)\,dx = \int_a^b (rx^2 + sx + t)\,dx$$
$$= \left[\tfrac{1}{3}rx^3 + \tfrac{1}{2}sx^2 + tx\right]_a^b$$
$$= \tfrac{1}{3}r(b^3-a^3) + \tfrac{1}{2}s(b^2-a^2) + t(b-a).$$

Wegen $b^3 - a^3 = (b-a)(b^2+ab+a^2)$ kann $b-a$ ausgeklammert werden. Dies ergibt

$$J \approx \tfrac{1}{6}(b-a)[2r(a^2+ab+b^2) + 3s(a+b) + 6t]$$

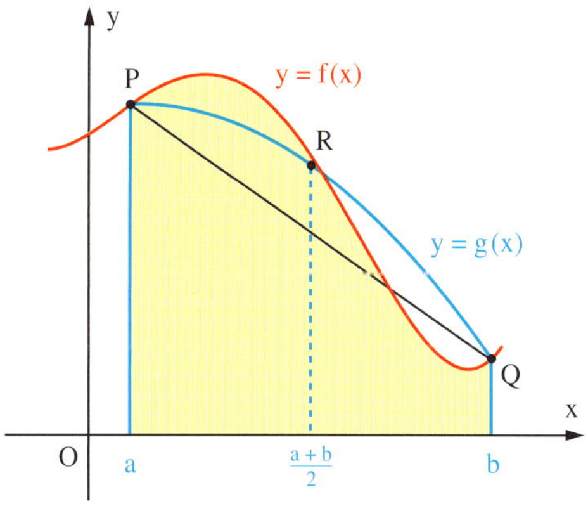

Fig. 2

$$= \tfrac{1}{6}(b-a)[(ra^2+sa+t) + (rb^2+sb+t) + r(a^2+2ab+b^2) + 2s(a+b) + 4t]$$
$$= \tfrac{1}{6}(b-a)\left[f(a) + f(b) + 4r\cdot\left(\tfrac{a+b}{2}\right)^2 + 4s\cdot\tfrac{a+b}{2} + 4t\right] = \tfrac{1}{6}(b-a)\left[f(a) + f(b) + 4\cdot f\left(\tfrac{a+b}{2}\right)\right].$$

Fassregel von Kepler: Ist f eine auf dem Intervall [a; b] stetige Funktion, so gilt

$$\int_a^b f(x)\,dx \approx \frac{1}{6}(b-a)\left[f(a) + 4\cdot f\left(\frac{a+b}{2}\right) + f(b)\right].$$

Die Schaubilder stetiger Funktionen f, die auf einem Intervall [a; b] definiert sind, lassen sich oft nur sehr grob durch eine einzelne Parabel zweiter Ordnung annähern. Deshalb versucht man, mehrere Parabeln an solche Schaubilder abschnittsweise anzupassen. Dazu wird das Intervall [a; b] in eine gerade Anzahl $n = 2m$ von Teilintervallen gleicher Länge $h = \frac{b-a}{n}$ unterteilt (Fig. 1).

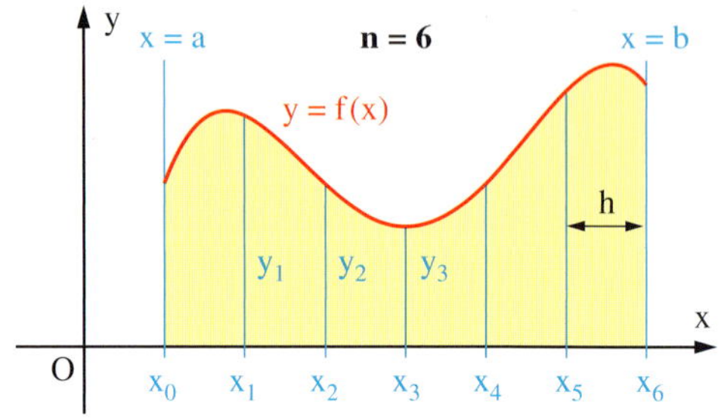

Fig. 1

Man erhält dabei die n + 1 Zahlen $x_0 = a$, $x_1 = a + h$, $x_2 = a + 2h$, …, $x_{n-1} = a + (n-1)h$ und $x_n = a + nh = b$. Wendet man nun die Fassregel auf die Funktion f in den Intervallen $[x_0; x_2]$, $[x_2; x_4]$, …, $[x_{n-2}; x_n]$ an und setzt zur Abkürzung $y_0 = f(x_0)$, $y_1 = f(x_1)$, $y_2 = f(x_2)$, …, $y_n = f(x_n)$, erhält man:

$$\int_a^b f(x)\,dx \approx \frac{1}{6}\cdot 2h(y_0 + 4y_1 + y_2) + \frac{1}{6}\cdot 2h(y_2 + 4y_3 + y_4) + \ldots + \frac{1}{6}\cdot 2h(y_{n-2} + 4y_{n-1} + y_n)$$
$$= \frac{1}{3}h(y_0 + 4y_1 + 2y_2 + 4y_3 + 2y_4 + \ldots + 4y_{n-2} + 2y_{n-1} + y_n).$$

Dies ergibt:

Regel von SIMPSON: Es sei f eine auf dem Intervall [a; b] stetige Funktion und $n > 2$ eine gerade Zahl. Setzt man $h = \frac{b-a}{n}$ und $y_0 = f(x_0)$, $y_1 = f(x_1)$, …, $y_n = f(x_n)$, so gilt

$$\int_a^b f(x)\,dx \approx \frac{1}{3}h[(y_0 + y_n) + 4(y_1 + y_3 + \ldots + y_{n-1}) + 2(y_2 + y_4 + \ldots + y_{n-2})].$$

Beispiel: (Anwendung der Regeln von KEPLER und SIMPSON)

Bestimmen Sie für f mit $f(x) = \sqrt{9 - x^2}$ (Fig. 2) einen Näherungswert für $\int_0^3 f(x)\,dx$ mit

a) der Fassregel von KEPLER b) der Regel von SIMPSON für $n = 6$.

Lösung:

Tabelle der auf vier Dezimalen gerundeten Funktionswerte:

x_k	0	0,5	1,0	1,5	2,0	2,5	3,0
$y_k = f(x_k)$	3	2,9580	2,8284	2,5981	2,2361	1,6583	0

a) Berechnung eines Näherungswertes mit der Fassregel von KEPLER:

$$\int_0^3 \sqrt{9 - x^2}\,dx \approx \frac{1}{6}(3 - 0)(3 + 4\cdot 2{,}5981 + 0) \approx 6{,}696.$$

b) Berechnung eines Näherungswertes mit der Regel von SIMPSON für $n = 6$:

$$\int_0^3 \sqrt{9 - x^2}\,dx \approx \frac{1}{3}\cdot\frac{3-0}{6}\cdot[(3 + 0) + 4\cdot(2{,}9580 + 2{,}5981 + 1{,}6583) + 2\cdot(2{,}8284 + 2{,}2361)] \approx 6{,}998.$$

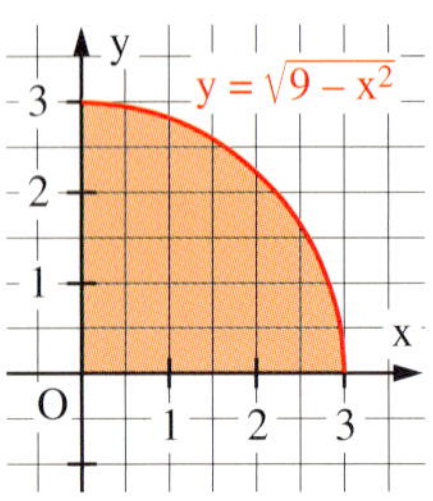

Fig. 2

Hinweis: *Der exakte Wert des Integrals im Beispiel beträgt offensichtlich $\frac{9}{4}\pi \approx 7{,}069$. Wie groß sind damit die prozentualen Fehler jeweils?*

Aufgaben

3 Berechnen Sie für das Integral mit der Fassregel von KEPLER einen auf drei Dezimalen gerundeten Näherungswert.

a) $\int_2^4 \frac{1}{2 + x^3}\,dx$ b) $\int_0^4 \frac{4}{1 + x^3}\,dx$ c) $\int_0^3 \sqrt{1 + x^2}\,dx$ d) $\int_1^3 \frac{2}{x}\cdot e^x\,dx$ e) $\int_{-1}^1 e^{(x^2)}\,dx$

4 Berechnen Sie für das Integral mit der Regel von SIMPSON für $n = 6$ einen auf vier Dezimalen gerundeten Näherungswert.

a) $\int_{-3}^{1} x\sqrt{1 + x^2}\,dx$ b) $\int_{-0,5}^{0,5} \cos(x^2)\,dx$ c) $\int_{0}^{2} \frac{\sqrt{1 + 2x}}{5 - 2x}\,dx$ d) $\int_{1}^{4} \frac{x - 1}{x^2 + 4}\,dx$ e) $\int_{0}^{2} \ln(x^2 + 2)\,dx$

5 Berechnen Sie für das Integral mit der Regel von SIMPSON für $n = 4$ und $n = 8$ je einen auf sechs Dezimalen gerundeten Näherungswert.

a) $\int_{0}^{4} \sqrt{1 + x^3}\,dx$ b) $\int_{1}^{5} \sin\left(\frac{1}{x}\right)dx$ c) $\int_{0}^{2} \frac{e^x}{6 - x}\,dx$ d) $\int_{1}^{3} \frac{1}{x}\cdot\ln(3 + x^3)\,dx$ e) $\int_{-2}^{6} \frac{x^2 + 1}{x^2 + 4}\,dx$

JOHANNES KEPLER (1571–1630) entwickelte viele Verfahren zur Volumenberechnung von Fässern, die er sich aus Kegelstümpfen, Zylindern, … zusammengesetzt dachte. In heutiger Sprechweise erhielt er einen guten Näherungswert für das Volumen V eines Fasses durch

$V = \frac{1}{6}\cdot a\cdot(q_1 + 4\cdot q_2 + q_3)$.

Dabei ist a die Länge des Fasses, und q_1, q_2 und q_3 sind die Inhalte der Querschnittsflächen links, in der Mitte und rechts im Fass (Fig. 1). Von dieser Formel kommt der Name „Fassregel".

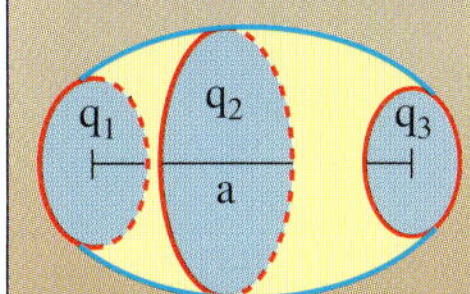

Fig. 1

THOMAS SIMPSON (1710–1761) arbeitete zunächst als Weber, dann als Lehrer. Mathematische Kenntnisse hat er sich dabei im Selbststudium erarbeitet. Später war er Professor an einer Militärakademie bei London und Verfasser erfolgreicher mathematischer Lehrbücher.

6 Berechnen Sie für $J = \int_a^b f(x)\,dx$ einen Näherungswert $\overline{J}_2$ mit der Fassregel von KEPLER sowie Näherungswerte $\overline{J}_4$ und $\overline{J}_8$ mit der Regel von SIMPSON für $n = 4$ sowie $n = 8$. Geben Sie die Näherungswerte auf fünf Dezimalen gerundet an. Berechnen Sie dann den exakten Wert von J und bestimmen Sie die prozentuale Abweichung der Näherungswerte $\overline{J}_2$, $\overline{J}_4$ und $\overline{J}_8$ von J.
Tragen Sie die Ergebnisse in eine geeignete Tabelle ein.

a) $f(x) = x^5 - 2x^3 + 3$; $a = 0$; $b = 2$
b) $f(x) = x(x^2 - 9)$; $a = -6$; $b = 0$
c) $f(x) = 4\cdot e^{-0{,}1x}$, $a = -3$; $b = 3$
d) $f(x) = \frac{4}{3x + 4}$; $a = -1$; $b = 3$
e) $f(x) = \frac{12}{(2 + x)^3}$; $a = -1$; $b = 7$
f) $f(x) = \frac{4}{\sqrt{1 - \frac{1}{2}x}}$; $a = -2$; $b = 1$

7 Der Bogen der Parabel mit der Gleichung $y = x^2$ zwischen den Punkten $O(0|0)$ und $P(2|4)$ hat die Länge $L = \int_0^2 \sqrt{1 + 4x^2}\,dx$ (vgl. Seite 264).
Bestimmen Sie mit der Regel von SIMPSON für $n = 8$ einen auf drei Dezimalen gerundeten Näherungswert $\overline{L}$ für L sowie die prozentuale Abweichung des Nährungswertes $\overline{L}$ vom exakten Wert $L = \sqrt{17} - \frac{1}{4}\cdot\ln(\sqrt{17} - 4)$.

8 Man kann zeigen, dass $\pi = \int_0^1 \frac{4}{1 + x^2}\,dx$ ist.
a) Welcher Näherungswert für π ergibt sich hieraus mit der Fassregel von KEPLER?
b) Wie groß ist n zu wählen, dass sich mit der Regel von SIMPSON die Zahl π auf 6 Dezimalen genau ergibt?

9 Bei einer Fahrt mit dem Intercity-Express wird in Intervallen von 3 min die Geschwindigkeit v des Zuges angezeigt. Dabei ergab sich die nebenstehende Tabelle. Bestimmen Sie mit der Regel von Simpson die in der beobachteten Zeit zurückgelegte Strecke.

Zeit (in min)	0	3	6	9
v (in $\frac{km}{h}$)	142	153	172	188
Zeit (in min)	12	15	18	21
v (in $\frac{km}{h}$)	202	215	214	199

10 Verbinden Sie in einer Landkarte die Städte Basel und Würzburg. Bestimmen Sie dann die Länge d der in Baden-Württemberg liegenden Teilstrecke s. Teilen Sie s in 8 Teile gleicher Länge ein und zeichnen Sie in den 7 inneren Teilpunkten die Normalen n_1, $n_2, \ldots, n_7$ auf s ein bis zur Landesgrenze. Bestimmen Sie die Längen $d_1, d_2, \ldots, d_7$ dieser Normalen. Bestimmen Sie mit d und $d_1, d_2, \ldots, d_7$ sowie der Regel von SIMPSON näherungsweise den Flächeninhalt von Baden-Württemberg in km².

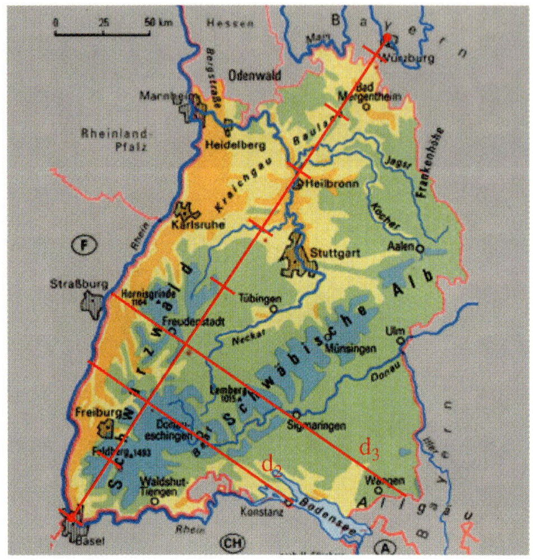

11 Man kann angeben, wie groß der Fehler bei der Regel von SIMPSON höchstens ist; es gilt nämlich:
Es sei f eine Funktion, deren Ableitung $f^{(IV)}$ auf dem Intervall [a; b] stetig ist. Wenn dann $|f^{(IV)}(x)| \leqq M$ für alle $x \in [a; b]$ gilt und $\bar{J}$ der mit der Regel von SIMPSON berechnete Näherungswert von $J = \int_a^b f(x)\,dx$ ist, gilt für den Fehler $|J - \bar{J}|$ bei Anwendung der Regel von SIMPSON stets $|J - \bar{J}| \leqq \frac{1}{180 \cdot n^4}(b-a)^5 M$.
Bestimmen Sie $\bar{J}$ und den maximalen Fehler.

Ohne die Angabe des maximalen Fehlers sind viele Näherungswerte ohne großen Nutzen!

a) $f(x) = e^{x^2}$; $a = 0$; $b = 2$; $n = 4$
b) $f(x) = \sin(x^2)$; $a = 0$; $b = \frac{\pi}{4}$; $n = 4$
c) $f(x) = \frac{1}{\ln x}$; $a = e$; $b = 3e$; $n = 6$
d) $f(x) = \frac{e^x}{x}$; $a = 1$; $b = 3$; $n = 8$

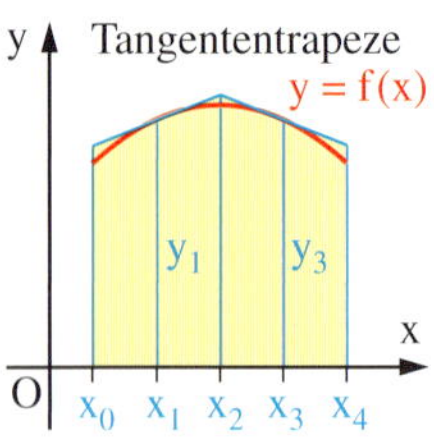

Fig. 1

12 Bestimmen Sie die gerade Zahl n so, dass der mögliche Fehler bei Anwendung der Regel von SIMPSON auf $\int_a^b f(x)\,dx$ kleiner als 0,01 ist. Verwenden Sie dabei die Abschätzung für $|J - \bar{J}|$ von Aufgabe 11.

a) $f(x) = e^{x^2}$; $a = 0$; $b = 2$
b) $f(x) = \frac{1}{\ln x}$; $a = e$; $b = 3e$
c) $f(x) = \frac{e^x}{x}$; $a = 1$; $b = 3$

Tangententrapezregel: $\int_a^b f(x)\,dx \approx 2h(y_1 + y_3 + y_5 + \ldots + y_{n-1})$

Sehnentrapezregel: $\int_a^b f(x)\,dx \approx \frac{1}{2}h(y_0 + 2y_1 + \ldots + 2y_{n-1} + y_n)$

13 Es sei f eine auf dem Intervall [a; b] stetige Funktion und $n \geqq 2$ eine gerade Zahl. Man setzt $h = \frac{b-a}{n}$ sowie $y_k = f(a + k \cdot h)$ für $k = 0, 1, 2, \ldots, n$. Begründen Sie die Tangententrapezregel (Fig. 1) und die Sehnentrapezregel (Fig. 2) zuerst für $n = 2$ mithilfe einer Zeichnung und damit dann für $n > 2$.

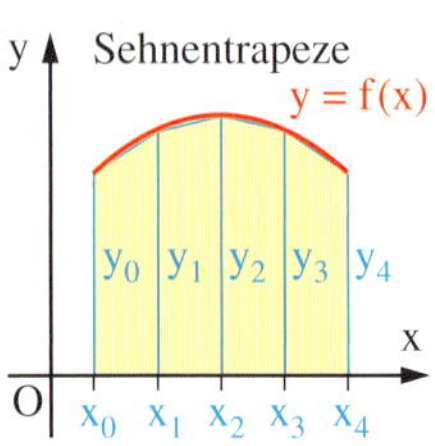

Fig. 2

14 Bestimmen Sie $\int_0^1 4(\sqrt{x} - x)\,dx$ mithilfe einer Stammfunktion sowie näherungsweise mit der Tangententrapezregel, der Sehnentrapezregel sowie der Regel von SIMPSON jeweils für $n = 2$ und $n = 4$. Geben Sie dann den prozentualen Fehler der Näherungswerte an.

15 Es sei $S_n = \frac{1}{2}h(y_0 + 2y_1 + \ldots + 2y_{n-1} + y_n)$ und $T_n = 2h(y_1 + y_3 + y_5 + \ldots + y_{n-1})$. Bestimmen Sie die Zahl a so, dass der Term $\frac{1}{a+1}(a \cdot S_n + T_n)$ die Näherungsformel der Regel von SIMPSON ergibt. Deuten Sie dieses Ergebnis anschaulich.

4 Mittelwerte von Funktionen

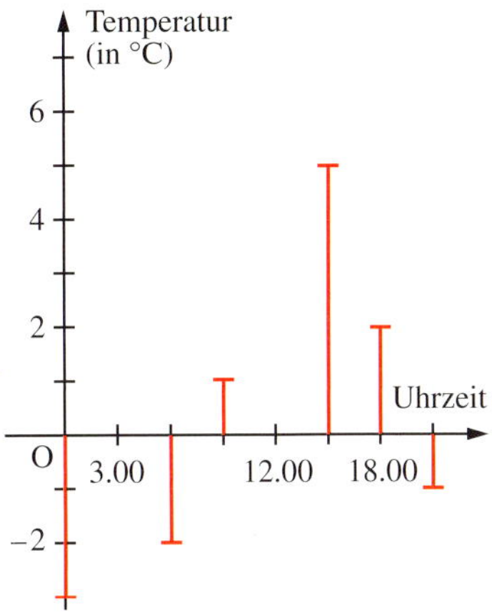

Fig. 1

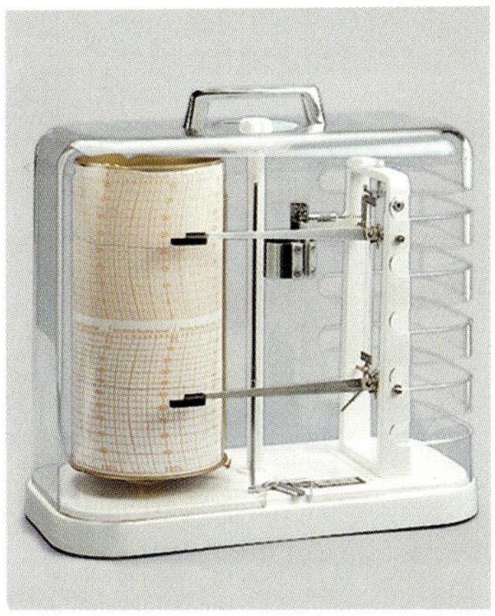
Fig. 2

1 An einem Ort wurde mehrmals am Tage die Temperatur gemessen. Fig. 1 zeigt das zugehörige Stabdiagramm. Wie könnte man damit eine mittlere Tagestemperatur bestimmen?

2 Ein Temperaturschreiber (Fig. 2) liefert einen kontinuierlichen Verlauf der Temperatur.
a) Wie könnte man mit einem solchen Schaubild eine mittlere Tagestemperatur festlegen?
b) Welche weitere Möglichkeit für die Festlegung einer mittleren Tagestemperatur gibt es, wenn der Verlauf der Temperatur sogar durch das Schaubild einer bekannten Funktion angenähert werden kann?

Sind n Zahlen $z_1, z_2, \ldots, z_n$ gegeben, so nennt man die Zahl $m_n = \frac{1}{n}(z_1 + z_2 + \ldots + z_n)$ ihren Mittelwert oder genauer ihr arithmetisches Mittel.
Die Bildung eines Mittelwertes soll nun auf die Funktionswerte f(x) einer auf einem Intervall [a; b] stetigen Funktion f übertragen werden.

Dazu teilt man das Intervall [a; b] in n Teilintervalle der Länge $h = \frac{b-a}{n}$ ein. Aus jedem Teilintervall wird eine Stelle ausgewählt (Fig. 3); man erhält so n zugehörige Funktionswerte $f(x_1), f(x_2), \ldots, f(x_n)$. Bildet man den Mittelwert m_n dieser Funktionswerte und ersetzt $\frac{1}{n}$ durch $\frac{h}{b-a}$, ergibt sich:

$$m_n = \frac{1}{n}(f(x_1) + f(x_2) + \ldots + f(x_n))$$

$$= \frac{1}{b-a}(f(x_1)\cdot h + f(x_2)\cdot h + \ldots + f(x_n)\cdot h).$$

Für $n \to \infty$ gilt $h \to 0$ und damit

$$m_n \to \frac{1}{b-a}\int_a^b f(x)\,dx.$$

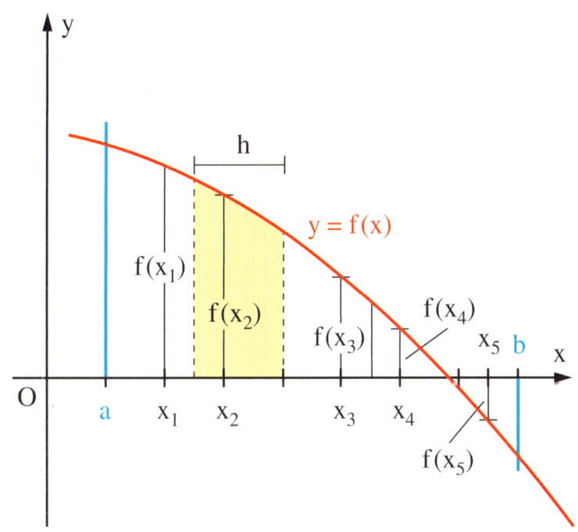

Fig. 3

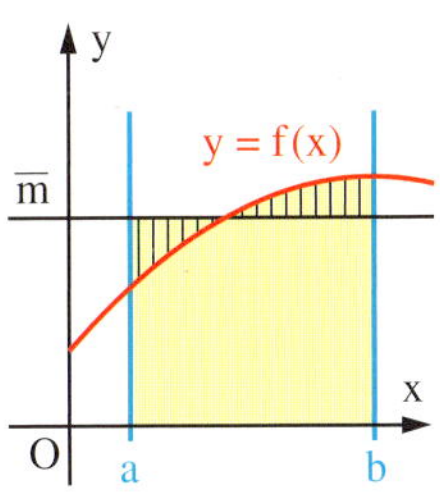

Fig. 4

Anschaulich ist der Mittelwert $\overline{m}$ der Funktionswerte von f die Breite eines Rechtecks (Fig. 4), welches dieselbe Länge und denselben Inhalt hat wie die Fläche zwischen dem Schaubild von f und der x-Achse über dem Intervall [a; b].

Definition: Für eine auf einem Intervall [a; b] stetige Funktion f heißt
$\frac{1}{b-a}\int_a^b f(x)\,dx$ der **Mittelwert $\overline{m}$ der Funktionswerte von f auf [a; b].**

Beispiel 1: (Berechnung eines Mittelwertes)
Bestimmen Sie für f mit $f(x) = e^x$ den Mittelwert $\overline{m}$ der Funktionswerte auf [−1; 1].
Lösung:
Für den Mittelwert $\overline{m}$ gilt: $\overline{m} = \frac{1}{1-(-1)}\int_{-1}^{1} e^x\,dx = \frac{1}{2}[e^x]_{-1}^{1} = \frac{1}{2}\left(e - \frac{1}{e}\right) \approx 1{,}175.$

Beispiel 2: (Anwendung der Mittelwertbildung)
Die Schüttung S (in $\frac{m^3}{s}$) einer Quelle hängt ab von der Zeit t (in Tagen). Messungen ergaben, dass für $0 \leqq t \leqq 10$ etwa $S(t) = \frac{90}{(t+5)^2}$ gilt.
Bestimmen Sie den Mittelwert $\overline{S}$ der Schüttung in diesem Zeitraum.
Lösung:
Die mittlere Schüttung der Quelle beträgt

$$\overline{S} = \frac{1}{10-0}\int_0^{10} \frac{90}{(t+5)^2}\,dt = \frac{1}{10}\left[\frac{-90}{t+5}\right]_0^{10} = 1{,}2.$$

Der Mittelwert der Schüttung ist $1{,}2\,\frac{m^3}{s}$.

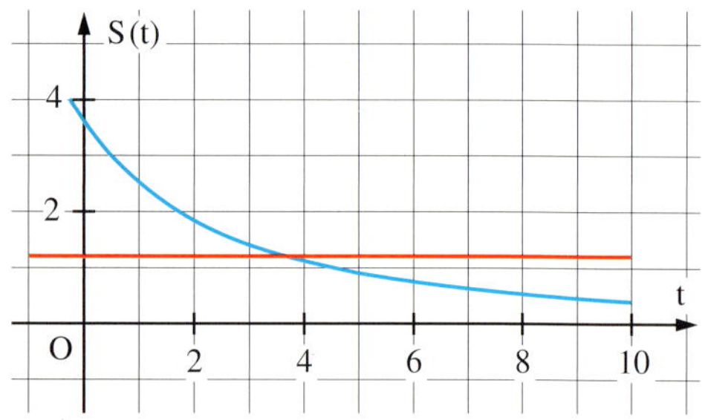

Fig. 1

Aufgaben

3 Bestimmen Sie den Mittelwert $\overline{m}$ der Funktionswerte von f auf [a; b]; zeichnen Sie ein Schaubild von f und die Gerade mit der Gleichung $y = \overline{m}$.

a) $f(x) = x^2 - 4x;\ a = 0;\ b = 4$
b) $f(x) = x^2 - \frac{1}{5}x^3 - 2;\ a = 0;\ b = 5$
c) $f(x) = 2 - \left(\frac{2}{x}\right)^2;\ a = 1;\ b = 4$
d) $f(x) = \frac{6}{(x-2)^2};\ a = 3;\ b = 8$
e) $f(x) = 4 - e^{-0{,}2x};\ a = -10;\ b = 10$
f) $f(x) = \frac{1}{2}x^2 - e^{-0{,}5x};\ a = -2;\ b = 2$

Die Lunge eines Erwachsenen hat eine innere Oberfläche von etwa 90 m² und enthält etwa 850 000 000 Lungenbläschen.

4 Bei einem Atmungszyklus, der 5 s dauert, gibt $V(t) = -0{,}037 \cdot t^3 + 0{,}152 \cdot t^2 + 0{,}173 \cdot t$ das Volumen (in dm^3) der Luft in den Lungen an zur Zeit t (in s). Bestimmen Sie das mittlere Volumen der Atemluft in den Lungen während eines Atmungszyklus.

Windgeschwindigkeit (in $\frac{m}{s}$)			
	5,2	6,2	7,2
7^{00}	15	21	36
13^{00}	27	30	42
19^{00}	30	33	24

Fig. 2

5 Eine Messung der Windgeschwindigkeit v (in $\frac{m}{s}$) an drei Tagen ergab die Tabelle von Fig. 2.
Bestimmen Sie einen Mittelwert von v und v^2 für die Zeit zwischen 7^{00} und 19^{00}
a) durch Bildung des arithmetischen Mittels
b) durch näherungsweise Integration mit der Fassregel von KEPLER.
Hinweis: Die Energie von Wind ist proportional zu v^2.

6 Ein Fahrzeug, das zur Zeit $t = 0\,s$ im dritten Gang mit einer Geschwindigkeit von $40\,\frac{km}{h}$ fährt, beschleunigt im gleichen Gang und erreicht nach $t = 12\,s$ seine Endgeschwindigkeit von $85\,\frac{km}{h}$. Bestimmen Sie
a) einen quadratischen Term für die Geschwindigkeit v(t) zur Zeit t für $0 \leqq t \leqq 12$, der den in Fig. 3 gezeigten Verlauf ergibt.
b) die mittlere Geschwindigkeit $\overline{v}$ des Fahrzeuges zwischen 0 s und 12 s.
c) die Strecke, welche das Fahrzeug nach 12 s gefahren ist. (Es gibt 2 Lösungswege!)

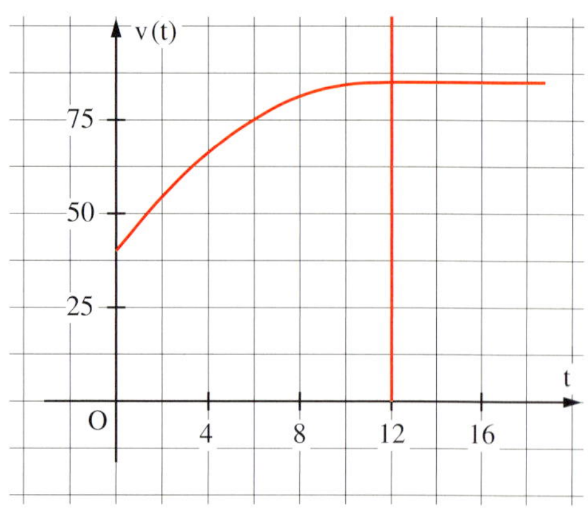

Fig. 3

5 Anwendungen der Integration

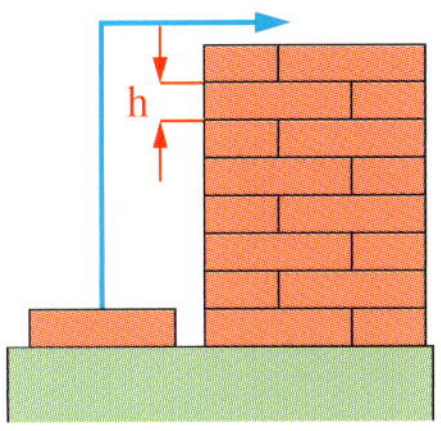

Fig. 1

1 Ziegelsteine der Höhe h, die nebeneinander auf der Erde liegen, werden zu einem Quader gestapelt (Fig. 1). Um die Steine einer Schicht zu heben, benötigt man die Kraft F.

a) Welche Arbeit ΔW wird verrichtet, wenn die 3. Schicht auf ihre Höhe gehoben wird?

b) Wie kann man die gesamte Arbeit W bestimmen, die für einen Quader der Höhe H erforderlich ist. Gegen welchen Term strebt W, wenn bei festem H die Höhe h immer kleiner wird?

Neben Flächeninhalten sind auch viele andere Größen Grenzwerte von Zerlegungssummen und lassen sich mit Hilfe von Integralen berechnen. Dies wird an zwei Beispielen erläutert.

Beispiel 1: (Berechnung eines Anteils)
Eine Telefongesellschaft hat die Dauer t (in min) von Telefongesprächen gemessen. Als Ergebnis gibt sie an, dass für den Anteil a(t) der Gespräche mit der Dauer t gilt: $a(t) = 0{,}3 \cdot e^{-0{,}3t}$.
a) In Fig. 2 sind das Schaubild von a (in rot) sowie das Schaubild einer „Treppenfunktion" f (in blau) eingezeichnet. Erläutern Sie, wie man aus Messungen ein Schaubild ähnlich zu dem von f erhält. Wie ergibt sich hieraus a?
b) Wie groß ist der Anteil $a_{5;\,10}$ der Gespräche, die zwischen 5 und 10 Minuten dauern?
Lösung:
a) Bei Messungen werden die Gesprächsdauern in Bereiche eingeteilt. Z. B. können Gespräche, die zwischen $1\frac{1}{4}$ min und $1\frac{3}{4}$ min dauern, als Gespräche mit der Dauer $1\frac{1}{2}$ min gezählt werden. Dies ergibt das Schaubild von f. Nachträglich wird dann die Funktion a an diese Daten angepasst.

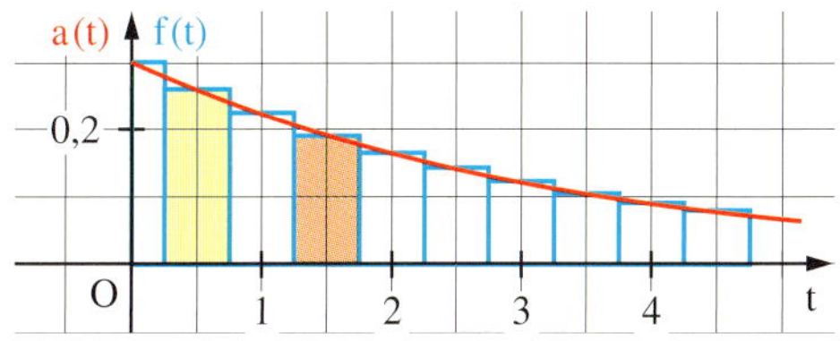

Fig. 2

b) Die Anzahl a lässt sich deuten als Fläche unter dem Schaubild von $a_{5;\,10}$ über dem Intervall [5; 10]. Dies ergibt $a_{5;\,10} = \int_5^{10} a(t)\,dt = \int_5^{10} 0{,}3 \cdot e^{-0{,}3t}\,dt = [e^{-0{,}3t}]_5^{10} \approx 0{,}17$.
Zwischen 5 und 10 Minuten dauern etwa 17 % der Gespräche.

Beispiel 2: (Berechnung einer physikalischen Arbeit)
Ein Wasserspeicher hat innen die Form eines Körpers, der durch Rotation des Schaubildes von $f: x \mapsto \frac{1}{4}x^2$ mit $0 \leqq x \leqq 4$ um die y-Achse entsteht (Fig. 3). Der volle Speicher wird über den oberen Rand leergepumpt. Welche Arbeit wird dabei verrichtet? Dabei werden x und f(x) in m gemessen, die Gewichtskraft von $1\,m^3$ Wasser beträgt etwa 10^4 N.

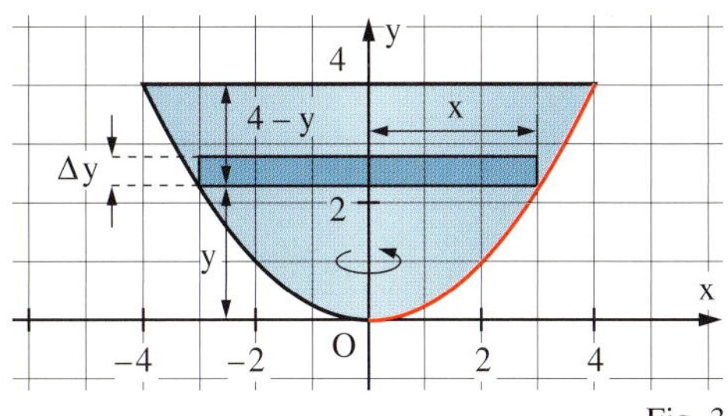

Fig. 3

Wasserspeicher haben innen selten quaderförmige Gestalt, da sonst das Wasser in den Ecken zu wenig umgewälzt wird und dadurch die Qualität leidet.

Lösung:
Es wird eine zylinderförmige Wasserschicht betrachtet, die sich in der Höhe y befindet und den Radius x sowie die Höhe Δy hat.
Gewichtskraft der Wasserschicht (in N): $\Delta F = \pi x^2 \Delta y \cdot 10^4 = \pi \cdot 4y \cdot \Delta y \cdot 10^4$.
Beim Heben der Schicht verrichtete Arbeit (in J): $\Delta W = \Delta F \cdot (4 - y) = 4 \cdot 10^4 \cdot \pi \cdot y(4 - y) \cdot \Delta y$.
Gesamtarbeit (in J): $W = \int_0^4 4 \cdot 10^4 \cdot \pi \cdot y(4-y)\,dy = 4 \cdot 10^4 \pi \cdot \left[2y^2 - \frac{1}{3}y^3\right]_0^4 = \frac{128}{3} \cdot 10^4 \pi \approx 1{,}3 \cdot 10^6$.
Die zum Leerpumpen des Speichers benötigte Arbeit beträgt etwa $1{,}3 \cdot 10^6$ J.

Aufgaben

Aus dem Lexikon:

Emulsion:
Feine, jedoch nicht molekulare Verteilung eines Stoffes in einer Flüssigkeit, z. B. Öltröpfchen in Wasser.

2 Ein zylinderförmiges Gefäß mit $15\,\text{cm}^2$ Querschnittsfläche ist bis in eine Höhe von 20 cm mit einer Emulsion gefüllt, in der Teilchen einer Substanz A schweben. Der Gehalt (in $\frac{\text{g}}{\text{cm}^3}$) von A in der Höhe h (in cm) beträgt $\rho(h) = 0{,}25 \cdot e^{-0{,}032 \cdot h}$.
Bestimmen Sie die Masse der in der Emulsion insgesamt enthaltenen Substanz A.

3 Der Bohrkern einer Bodenprobe ist 2,0 m lang, seine Querschnittsfläche beträgt $A = 30\,\text{cm}^2$ (Fig. 1). In dem Kern ist Wasser gespeichert. Der Wassergehalt ρ (in $\frac{\text{g}}{\text{cm}^3}$) in der Höhe x (in cm) beträgt $\rho(x) = 2{,}4 \cdot e^{-0{,}48x}$. Wie viel Wasser ist im ganzen Bohrkern enthalten?

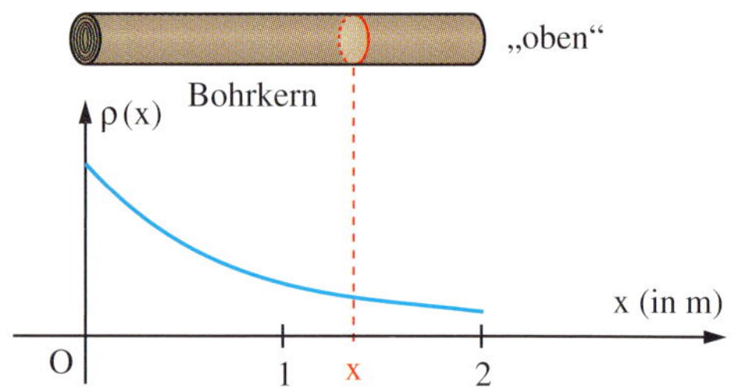

Fig. 1

4 Die Anzahl der Schädlinge in einem Wald nimmt in einem gewissen Zeitraum exponentiell zu. Zu Beginn der Beobachtung wird ihr Bestand auf $2{,}0 \cdot 10^4$ Tiere geschätzt. Nach 6 Tagen hat sich ihre Anzahl verdoppelt. Jeden Tag vertilgt jeder Schädling eine Blattfläche von $4{,}0\,\text{cm}^2$. Wie groß ist die von den Schädlingen in 20 Tagen abgefressene Blattfläche?

5 Der jährliche Ertrag e(t) (in 10^3 kg) einer Obstplantage hängt vom Alter t (in Jahren) der Bäume ab (Fig. 2; vgl. Beispiel 1).
a) Wie kommt man zu diesem Schaubild?
b) Das Schaubild von e ist näherungsweise eine Parabel. Ermitteln Sie e.
c) Welchen Ertrag wirft die Plantage insgesamt ab, wenn die Bäume nach 60 Jahren gefällt werden?

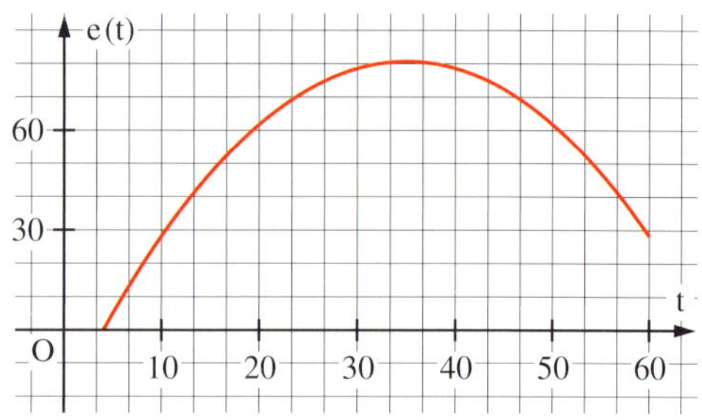

Fig. 2

Warum ist $\int_0^2 a(t)\,dt = 1$ *?*

6 Bei einer Klausur steht Schülern eine Arbeitszeit von 2 h zur Verfügung. Für den Anteil a(t) der Schüler, die zur Zeit t (in h) mit $0 \leqq t \leqq 2$ die Klausur beenden, gilt $a(t) = \frac{1}{4}t^3$.
a) Wie viel Prozent der Schüler arbeiten zwischen 100 und 120 Minuten?
b) Wie groß ist die mittlere Arbeitszeit der Schüler?

7 Bei großen Aktien- oder Rentenfonds finden täglich viele Aus- und Einzahlungen statt. Wenn man die Entwicklung eines solchen Kapitals untersucht, ist es deshalb praktisch, von einer stetigen Einzahlung und einer stetigen Verzinsung auszugehen. Auf ein Konto wird während n Jahren jährlich ein Geldbetrag B (in €) eingezahlt und jährlich mit p % verzinst.
a) Begründen Sie, dass das eingezahlte Kapital heute den Wert $\int_0^n B \cdot e^{0{,}01 \cdot pt}\,dt$ (in €) hat.
b) Was ergibt sich in a) für $n = 30$, $B = 100$ und $p = 5$?

Teil eines Eisenmeteoriten, der auf einer Eisscholle in der Antarktis gefunden wurde. Der Meteorit ist etwa 15 cm lang.

8 Ein Meteor, der sich in der Entfernung r von der Erde befindet, wird von dieser mit der Kraft $F(r) = \frac{C}{r^2}$ angezogen, wobei C eine Konstante ist. Zeigen Sie, dass
$\sqrt{F(r_1) \cdot F(r_2)}$
die mittlere Anziehungskraft zwischen den Entfernungen r_1 und r_2 ist.

9 Die Wassermenge, welche durch die Turbinen eines Staudammes fließt, hängt von der Tageszeit ab. Wenn t die seit 0^{00} Uhr vergangene Zeit (in h) angibt, ist $d(t) = 12\,000 \cdot \sin\frac{\pi t}{24}$ die momentane Durchflussmenge (in $\frac{m^3}{h}$). Wie viel Wasser fließt im Laufe eines Tages durch die Turbinen?

10 a) Wenn man eine entspannte Feder um die Strecke x (in cm) verlängert, so benötigt man dazu eine Kraft F(x) (in N), für die $F(x) = 1{,}5 \cdot x$ gilt (Gesetz von HOOKE). Berechnen Sie mit Integration die Arbeit W, die zum Verlängern der entspannten Feder um 20 cm benötigt wird.
b) Wenn man ein bestimmtes, ungespanntes Gummiband um die Strecke x (in cm) verlängert, so gilt für die dazu erforderliche Kraft F(x) (in N) nun $F(x) = \frac{1}{20}x^3 - \frac{3}{10}x^2 + \frac{4}{5}x$.
Welche Arbeit W ist erforderlich, um das ungespannte Band um 5 cm zu verlängern?

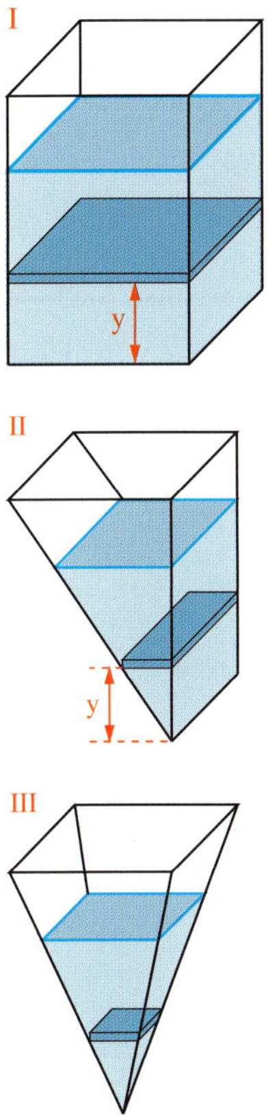

Fig. 1

11 Ein Fahrzeug hat zur Zeit $t = 0\,s$ die Geschwindigkeit $v_0 = 40\,\frac{m}{s}$ und eine Verzögerung von $a_0 = 4{,}5\,\frac{m}{s^2}$. Die Verzögerung nimmt etwa linear ab und erreicht nach 15 s den Wert 0.
a) Bestimmen Sie die erreichte Geschwindigkeit v(t) zur Zeit t für $0\,s \leqq t \leqq 15\,s$.
b) Bestimmen Sie den zurückgelegten Weg s(t) zur Zeit t für $0\,s \leqq t \leqq 15\,s$.
c) Zeichnen Sie die Schaubilder der Funktionen s und v in ein gemeinsames Koordinatensystem. Wählen Sie dabei geeignete Maßstäbe.

12 Die drei abgebildeten Behälter (Fig. 1) sind alle 8,0 m hoch, haben als obere Fläche ein Quadrat mit der Seitenlänge 5,0 m und sind bis 2,0 m unter dem oberen Rand mit Wasser gefüllt. 1 Liter Wasser erfährt eine Gewichtskraft von etwa 10 N. Welche Arbeit ist jeweils nötig,
a) um eine quaderförmige Wasserschicht der (sehr kleinen) Dicke Δy, die sich in der Höhe y befindet, bis zum oberen Behälterrand zu heben?
b) um den Behälter über den oberen Behälterrand ganz zu entleeren?

13 Ein kugelförmiger Öltank hat einen Innendurchmesser von 2,4 m. Er ist zur Hälfte mit Heizöl gefüllt, von dem 1 Liter etwa eine Gewichtskraft von 8,2 N erfährt. Welche Arbeit wird verrichtet, wenn man den Tank durch ein Loch im höchsten Punkt der Kugel leerpumpt?

14 Ein Wasserbehälter (Fig. 2) hat die Form eines Halbzylinders und ist bis zum Rand mit Wasser gefüllt. Die Gewichtskraft von 1 Liter Wasser beträgt etwa 10 N. Welche Arbeit ist nötig, um das Becken
a) vollständig leer zu pumpen
b) soweit leer zu pumpen, bis das Wasser nur noch 50 cm hoch in ihm steht?

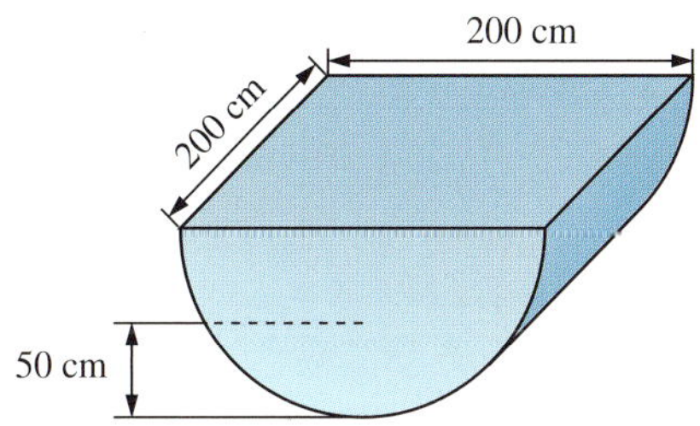

Fig. 2

15 Der Wasserbehälter von Aufgabe 14 wird um 180° so um eine waagerechte Achse gedreht, dass seine unten liegende Grundfläche ein Quadrat mit der Seitenlänge 200 cm ist.
Bestimmen Sie nun die in Aufgabe 14 a) und b) verlangte Arbeit.

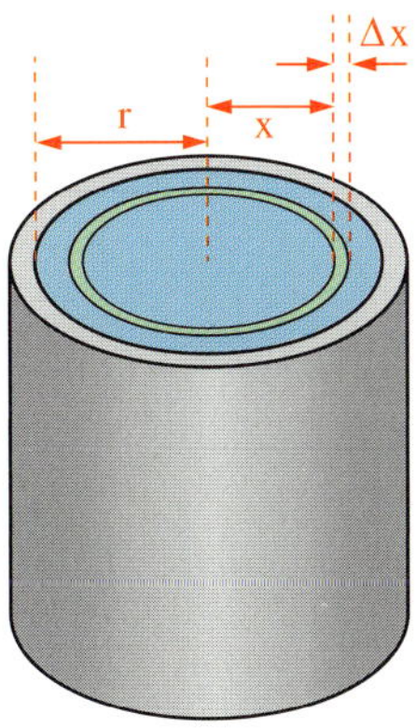

Fig. 3

16 In einem Rohr mit dem Innenradius $r = 3{,}0\,cm$ fließt Wasser (Fig. 3). Seine Geschwindigkeit v (in $\frac{m}{s}$) hängt vom Abstand x (in cm) von der Rohrmitte ab; es gilt $v(x) = 2(9 - x^2)$.
a) Wie groß ist etwa das Volumen ΔV des Wassers, das in 5 s durch die ringförmige Fläche mit dem Innenradius x und dem Außenradius $x + \Delta x$ fließt?
b) Bestimmen Sie durch Integration das Volumen V des Wassers, das in 5 s durch eine Querschnittsfläche des Rohres fließt.
c) Wie groß ist die mittlere Geschwindigkeit $\overline{v}$ des fließenden Wassers?

6 Integration von Produkten

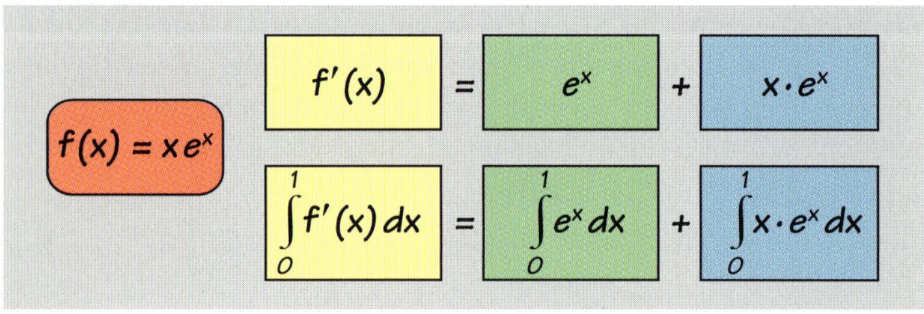

Fig. 1

1 In Fig. 1 ist die Ableitung f′ der Funktion f mit $f(x) = x \cdot e^x$ angegeben. Durch Integration von 0 bis 1 über die Funktion f′ erhält man die darunter stehenden Integrale.
a) Zwei Integrale können sofort bestimmt werden. Welche Ergebnisse erhalten Sie?
b) Welches Integral kann mit den Ergebnissen von a) auch bestimmt werden?

Aus der Produktregel kann ein Verfahren zur Bestimmung von Integralen gewonnen werden. Aus $f = u \cdot v$ folgt $f' = u'v + uv'$. Integration über die Funktion f′ von a bis b ergibt:
$\int_a^b f'(x)\,dx = \int_a^b u'(x) \cdot v(x)\,dx + \int_a^b u(x) \cdot v'(x)\,dx$. Wegen $\int_a^b f'(x)\,dx = [f(x)]_a^b = [u(x) \cdot v(x)]_a^b$ gilt:

Satz 1: Sind u und v auf dem Intervall [a; b] differenzierbare Funktionen mit stetigen Ableitungsfunktionen u′ bzw. v′, so gilt

$$\int_a^b u(x) \cdot v'(x)\,dx = [u(x) \cdot v(x)]_a^b - \int_a^b u'(x) \cdot v(x)\,dx. \qquad \textbf{(Produktintegration)}$$

Man spricht statt von Produktintegration auch von **partieller Integration**; die Funktion $u \cdot v'$ wird nämlich in obigem Satz nur teilweise integriert, indem ihre Integration auf die Integration der Funktion $u' \cdot v$ zurückgeführt wird. Wenn man also von $u' \cdot v$ eine Stammfunktion bestimmen kann, so kann damit auch das Integral über $u \cdot v'$ bestimmt werden.

Mit der Produktintegration lässt sich auch eine Stammfunktion der Logarithmusfunktion f mit $f(x) = \ln x$ bestimmen. Man schreibt dazu $f(x) = (\ln x) \cdot 1$. Mit $u(x) = \ln x$ und $v'(x) = 1$ erhält man $u'(x) = \frac{1}{x}$ und $v(x) = x$. Damit ergibt sich für a, b > 0

$$\int_a^b \ln x\,dx = \int_a^b (\ln x) \cdot 1\,dx = [(\ln x) \cdot x]_a^b - \int_b^a \tfrac{1}{x} \cdot x\,dx = [(\ln x) \cdot x]_a^b - [x]_a^b = [(\ln x) \cdot x - x]_a^b.$$

Satz 2: Eine Stammfunktion der Funktion f mit $f(x) = \ln x$ ist die Funktion F mit
$$\mathbf{F(x) = x \cdot \ln x - x.}$$

Beispiel 1: (Produktintegration)
Bestimmen Sie $\int_0^1 3x \cdot e^{2x}\,dx$.
Lösung:
Setzt man $u(x) = 3x$ und $v'(x) = e^{2x}$, so ist $u'(x) = 3$ und $v(x) = \frac{1}{2}e^{2x}$. Also gilt:

$$\int_0^1 3x \cdot e^{2x}\,dx = \int_0^1 u(x) \cdot v'(x)\,dx = [u(x) \cdot v(x)]_0^1 - \int_0^1 u'(x) \cdot v(x)\,dx$$
$$= \left[3x \cdot \tfrac{1}{2}e^{2x}\right]_0^1 - \int_0^1 3 \cdot \tfrac{1}{2}e^{2x}\,dx = \tfrac{3}{2}e^2 - \left[\tfrac{3}{4}e^{2x}\right]_0^1 = \tfrac{3}{4}e^2 + \tfrac{3}{4}.$$

Bemerkung: Setzt man $u(x) = e^{2x}$ und $v'(x) = 3x$, dann ist $u'(x) = 2 \cdot e^{2x}$ und $v(x) = \frac{3}{2}x^2$.
Damit gilt $\int_0^1 e^{2x} \cdot 3x\,dx = \left[e^{2x} \cdot \frac{3}{2}x^2\right]_0^1 - \int_0^1 2e^{2x} \cdot \frac{3}{2}x^2\,dx$. Das letzte Integral kann nicht bestimmt werden. Diese Wahl von u und v ist also ungeeignet.

Beispiel 2: (Produktintegration; ein Sonderfall)

Bestimmen Sie $\int_0^{\frac{1}{2}\pi} \sin x \cdot \cos x\,dx$.

Lösung:

Mit $u(x) = \sin x$ und $v'(x) = \cos x$ erhält man $u'(x) = \cos x$ und $v(x) = \sin x$. Dies ergibt:

$$\int_0^{\frac{1}{2}\pi} \sin x \cdot \cos x\,dx = [\sin x \cdot \sin x]_0^{\frac{1}{2}\pi} - \int_0^{\frac{1}{2}\pi} \cos x \cdot \sin x\,dx.$$

Zusammenfassen derselben Integrale liefert:

$$2\int_0^{\frac{1}{2}\pi} \sin x \cdot \cos x\,dx = [\sin^2 x]_0^{\frac{1}{2}\pi} \text{ und somit } \int_0^{\frac{1}{2}\pi} \sin x \cdot \cos x\,dx = \frac{1}{2}[\sin^2 x]_0^{\frac{1}{2}\pi} = \frac{1}{2}.$$

Beispiel 3: (Integration der Logarithmusfunktion)

Bestimmen Sie $\int_1^e \ln x\,dx$.

Lösung:

$$\int_1^e \ln x\,dx = [x \cdot \ln x - x]_1^e$$
$$= (e \cdot \ln e - e) - (1 \cdot \ln 1 - 1)$$
$$= 1$$

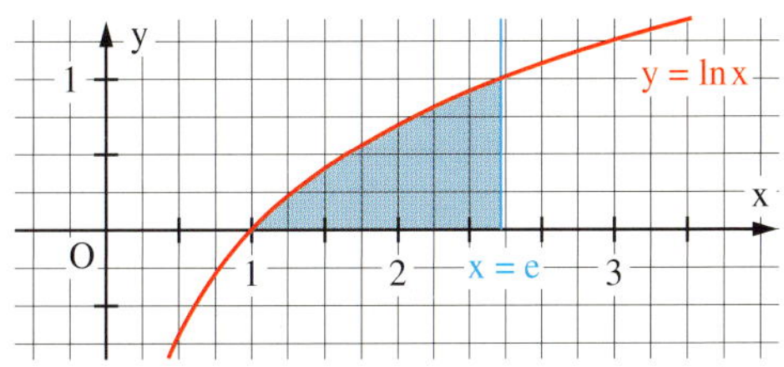

Fig. 1

Aufgaben

Strategie I

Wähle u und v' so, dass

u' · v
„einfacher"
als u · v'

wird.

2 Berechnen Sie das Integral.

a) $\int_{-1}^{1} x \cdot e^x\,dx$ b) $\int_0^{\pi} x \cdot \sin x\,dx$ c) $\int_0^3 x \cdot (x-3)^5\,dx$

d) $\int_1^e x \cdot \ln x\,dx$ e) $\int_0^3 \frac{2}{3}x \cdot e^{2x}\,dx$ f) $\int_{-\pi}^{\pi} (2x+3) \cdot \cos x\,dx$

g) $\int_0^{\pi} 2x \cdot \sin\left(x - \frac{\pi}{4}\right)dx$ h) $\int_{-1}^{3} 4x \cdot (3-2x)^6\,dx$ i) $\int_{-2}^{0} 8x \cdot \ln(2-5x)\,dx$

j) $\int_4^5 (2x-5) \cdot \ln\frac{x}{x+1}\,dx$ k) $\int_4^5 x \cdot \ln(x^2-9)\,dx$ l) $\int_4^5 (3-2x) \cdot \ln(x^2)\,dx$

Strategie II

Wähle u und v' so, dass

u' · v
„ähnlich"
zu u · v'

wird.

3 Berechnen Sie das Integral wie in Beispiel 2, beachten Sie dabei die Formel von Fig. 2.

a) $\int_0^{\pi} \sin^2 x\,dx$ b) $\int_{-1}^{1} \cos^2 \pi x\,dx$ c) $\int_{-2}^{2} e^x \cdot \cos x\,dx$ d) $\int_0^2 e^{2x} \cdot \sin \pi x\,dx$

e) $\int_0^2 e^{-x} \cdot \cos(\pi x)\,dx$ f) $\int_0^1 \frac{\sin \pi x}{e^{2x}}\,dx$

g) $\int_{-2}^{2} \sin^2 x \cdot (1-2x)^3\,dx$ h) $\int_{-2}^{2} \sin^2 x \cdot \cos x\,dx$

Aus einer Formelsammlung:

$$\sin^2 x + \cos^2 x = 1$$

Fig. 2

4 Bestimmen Sie das Integral durch mehrmalige Anwendung der Produktintegration.

a) $\int_0^2 x^2 \cdot e^x \, dx$ b) $\int_\pi^{-\pi} x^2 \cdot \cos x \, dx$ c) $\int_0^{2,5} x^2 \cdot (2x-5)^4 \, dx$ d) $\int_0^\pi x^2 \cdot \sin(x+1) \, dx$

e) $\int_0^3 -\frac{2}{3}x^3 \cdot e^{2x+1} \, dx$ f) $\int_1^2 (x+1)^3 \cdot \ln x \, dx$ g) $\int_0^1 x^4 \cdot e^{5-4x} \, dx$ h) $\int_{-1}^3 4x^3 \cdot (3-2x)^6 \, dx$

5 Bestimmen Sie eine Stammfunktion von f mit

a) $f(x) = x \cdot \ln x$ b) $f(x) = x^n \cdot \ln x;\ n \in \mathbb{N}$ c) $f(x) = \frac{1}{x} \cdot \ln x$ d) $f(x) = \frac{1}{x^n} \cdot \ln x;\ n \in \mathbb{N}$.

6 Bestimmen Sie eine Stammfunktion von f; beachten Sie dabei die Beispiele 2 und 3.

a) $f(x) = \sin(\ln x)$ b) $f(x) = \cos(\ln x)$

7 Gegeben sind die auf dem Intervall $[a; b]$ zweimal differenzierbaren Funktionen u und v mit stetigen Ableitungsfunktionen u'' bzw. v''. Zeigen Sie, dass gilt:

$$\int_a^b u(x) \cdot v''(x) \, dx = [u(x) \cdot v'(x) - u'(x) \cdot v(x)]_a^b + \int_a^b u''(x) \cdot v(x) \, dx.$$

8 Für $n \in \mathbb{N}$ sei $J_n = \int_0^\infty x^n \cdot e^{-x} \, dx$. Zeigen Sie:

a) $J_n = n \cdot J_{n-1}$ für $n > 1$ b) $J_n = n \cdot (n-1) \cdot \ldots \cdot 2 \cdot 1$ mithilfe von a) und vollständiger Induktion.

9 Gegeben ist die Funktion f mit $f(x) = 2x \cdot e^{1-x}$; ihr Schaubild sei K.

a) Das Schaubild K teilt das Quadrat OABC mit $O(0|0)$, $A(1|0)$ und $B(1|1)$ und $C(0|1)$ in zwei Teilflächen mit den Inhalten A_1 und A_2. Bestimmen Sie das Verhältnis $A_1 : A_2$.

b) Das Schaubild K, seine Wendetangente und die y-Achse begrenzen eine Fläche mit dem Inhalt A. Bestimmen Sie A.

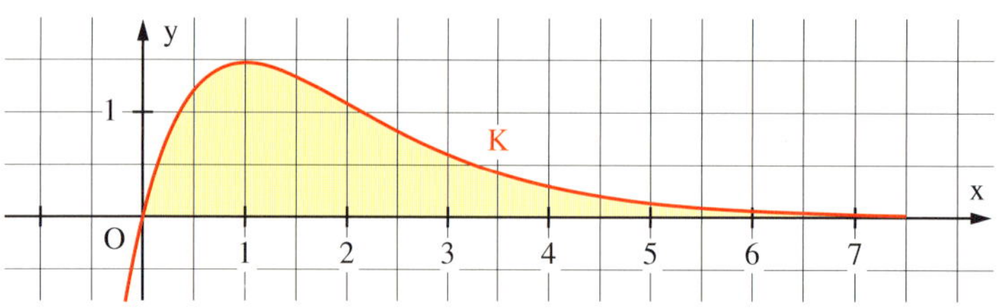

Fig. 1

10 Gegeben ist das Schaubild K der Funktion f mit $f(x) = 4x \cdot e^{-x}$.
Die x-Achse und K begrenzen im ersten Feld eine nach rechts offene Fläche, welche um die x-Achse rotiert.
Bestimmen Sie den Inhalt A der Fläche und das Volumen V des Rotationskörpers.

11 Für die Auslenkung $a(t)$ (in cm) einer gedämpften Schwingung zur Zeit t (in s) gilt $a(t) = 8 \cdot e^{-0{,}2t} \cdot \sin t$.
Skizzieren Sie das Schaubild von a für $0 \leqq t \leqq 15$ und berechnen Sie den Mittelwert der Auslenkung in diesem Zeitintervall.

12 Für die Geschwindigkeit $v(t)$ (in $\frac{m}{s}$) einer senkrecht startenden Rakete zur Zeit t (in s) gilt $v(t) = u \cdot \ln\frac{m}{m - rt} - gt$. Dabei ist $m = 3{,}4 \cdot 10^6\,kg$ die Masse der Rakete einschließlich Treibstoff beim Start, $u = 3{,}0 \cdot 10^3\,\frac{m}{s}$ die Ausströmungsgeschwindigkeit der Verbrennungsgase, $r = 1{,}4 \cdot 10^4\,\frac{kg}{s}$ die „Verbrauchsgeschwindigkeit“ des Treibstoffs und $g = 10\,\frac{m}{s^2}$ die Gravitationskonstante. Nach 2,5 min ist Brennschluss, d. h. der Treibstoff ist verbraucht.

a) Wie viel Treibstoff hat die Rakete bei Brennschluss verbraucht und welche Geschwindigkeit hat sie dann?

b) Welche Höhe hat die Rakete bei Brennschluss?

7 Integration durch Substitution

$F(x) = x^3$ $f(x) = 3x^2 \cdot \square$	$F(x) = (2x + 3)^3$ $f(x) = 3(2x + 3)^2 \cdot \square$	$F(x) = (2x^4 + 1)^3$ $f(x) = 3(2x^4 + 1)^2 \cdot \square$
$F(x) = (x + 1)^3$ $f(x) = 3(x + 1)^2 \cdot \square$	$F(x) = (x^2 + 1)^3$ $f(x) = 3(x^2 + 1)^2 \cdot \square$	$F(x) = (2e^{4x} + x)^3$ $f(x) = 3(2e^{4x} + x)^2 \cdot \square$

Fig. 1

1 Eine auf $\mathbb{R}$ definierte und differenzierbare Funktion F ist eine Stammfunktion der Funktion f, wenn $F' = f$ gilt.
a) Ergänzen Sie in Fig. 1 jeweils den Term von f so, dass F eine Stammfunktion von f ist.
b) Es sei $F(x) = (g(x))^3$ und $f(x) = 3 \cdot (g(x))^2 \cdot \square$.
Welcher Term ist stets für $\square$ zu wählen?

Die Grundlage der Produktintegration ist die Produktregel beim Ableiten. Entsprechend kann man aus der Kettenregel ein Integrationsverfahren herleiten.
Es sei F eine Stammfunktion von f und g eine weitere differenzierbare Funktion. Kann man die Verkettung H mit $H(x) = F(g(x))$ bilden, so gilt $H'(x) = F'(g(x)) \cdot g'(x) = f(g(x)) \cdot g'(x)$ nach der Kettenregel. Folglich ist H eine Stammfunktion von h mit $h(x) = f(g(x)) \cdot g'(x)$. Also gilt, wenn man die Variable von f und F mit z bezeichnet:

$$\int_a^b f(g(x)) \cdot g'(x)\,dx = [F(g(x))]_a^b = F(g(b)) - F(g(a)) = [F(z)]_{g(a)}^{g(b)} = \int_{g(a)}^{g(b)} f(z)\,dz.$$

Damit ergibt sich folgende Integrationsformel:

substituere (lat.): ersetzen

Satz 1: Es sei f eine auf dem Intervall [a; b] stetige Funktion und g eine auf diesem Intervall differenzierbare Funktion mit stetiger Ableitungsfunktion g′. Wenn die Verkettung $f \circ g$ existiert, gilt:

$$\int_a^b f(g(x)) \cdot g'(x)\,dx = \int_{g(a)}^{g(b)} f(z)\,dz \qquad \textbf{(Integration durch Substitution).}$$

Das Verfahren der Substitution kann in zwei häufig vorkommenden Fällen verkürzt werden:
a) Wenn $g(x) = rx + s$ mit $r \neq 0$ und F eine Stammfunktion von f ist, gilt $g'(x) = r$, und aus Satz 1 erhält man $\int_a^b f(rx + s) \cdot r\,dx = \int_{g(a)}^{g(b)} f(z)\,dz = [F(z)]_{g(a)}^{g(b)} = [F(rx + s)]_a^b$.
b) Wenn $f(z) = \frac{1}{z}$ gilt, ist F mit $F(x) = \ln|f(x)|$ eine Stammfunktion von f. Damit ergibt sich:

$$\int_a^b f(g(x)) \cdot g'(x)\,dx = \int_a^b \frac{1}{g(x)} \cdot g'(x)\,dx = \int_{g(a)}^{g(b)} f(z)\,dz = [\ln|z|]_{g(a)}^{g(b)} = [\ln|g(x)|]_a^b.$$

Integration für Kenner, wenn Zähler gleich Ableitung vom Nenner!

Satz 2:
a) Ist F eine Stammfunktion von f und $r \neq 0$, so gilt:

$$\int_a^b f(rx + s)\,dx = \frac{1}{r} \cdot [F(rx + s)]_a^b \qquad \textbf{(Integration durch lineare Substitution).}$$

b) Ist g auf dem Intervall [a; b] differenzierbar mit $g(x) > 0$ für alle $x \in [a; b]$, so gilt:

$$\int_a^b \frac{g'(x)}{g(x)}\,dx = [\ln|g(x)|] \qquad \textbf{(Logarithmische Integration).}$$

Strategie:
Man versucht die „innere Funktione g“ und die „äußere Funktion f“ so zu wählen, dass
a) die Ableitung g' im Integranden als Faktor auftritt
b) eine Stammfunktion F von f bekannt ist.

Beispiel 1: (Integration durch Substitution)

Bestimmen Sie $\int_0^2 \frac{4x}{\sqrt{1+2x^2}}\,dx$.

Lösung:

Subsitution: $g(x) = 1 + 2x^2$ und $f(z) = \frac{1}{\sqrt{z}}$

Ableitung: $g'(x) = 4x$

Umrechung der Grenzen: Aus der Grenze 0 wird die Grenze $g(0) = 1$;
aus der Grenze 2 wird die Grenze $g(2) = 9$.

Durchführung der Integration:

$$\int_0^2 \frac{4x}{\sqrt{1+2x^2}}\,dx = \int_0^2 \frac{1}{\sqrt{1+2x^2}}\cdot 4x\,dx = \int_0^2 f(g(x))\cdot g'(x)\,dx = \int_1^9 f(z)\,dz = \int_1^9 \frac{1}{\sqrt{z}}\,dz = \left[2\sqrt{z}\right]_1^9 = 4.$$

Beachten Sie:

Die Grenzen müssen sich immer auf die Variable des Integranden beziehen.

Bemerkung: Man kann in Beispiel 1 die Substitution $g(x) = 1 + 2x^2$ rückgängig machen.

Dies ergibt: $\int_0^2 \frac{4x}{\sqrt{1+2x^2}}\,dx = \ldots = \left[2\sqrt{z}\right]_1^9 = \left[2\sqrt{1+2x^2}\right]_0^2 = 4.$

Bei der Bestimmung einer Stammfunktion mithilfe der Integration durch Substitution ist es unumgänglich, die Substitution rückgängig zu machen. Das Vorgehen zeigt Beispiel 2.

Beispiel 2: (Bestimmung einer Stammfunktion)

Bestimmen Sie eine Stammfunktion für f mit $f(x) = \frac{2x}{(1+x^2)^3}$.

Lösung:

Man berechnet $\int_a^b \frac{2x}{(1+x^2)^3}\,dx$ für beliebige Zahlen $a, b \in D_f$ durch eine Substitution.

Substitution: $g(x) = 1 + x^2$ und $f(z) = \frac{1}{z^3}$.

Ableitung: $g'(x) = 2x$

Umrechnung der Grenzen: Aus der Grenze a wird die Grenze g(a);
aus der Grenze b wird die Grenze g(b).

Durchführung der Integration:

$$\int_a^b \frac{2x}{(1+x^2)^3}\,dx = \int_a^b \frac{1}{(1+x^2)^3}\cdot 2x\,dx = \int_{g(a)}^{g(b)} \frac{1}{z^3}\,dz = \left[\frac{-1}{2z^2}\right]_{g(a)}^{g(b)} = \left[\frac{-1}{2(1+x^2)^2}\right]_a^b$$

Also ist F mit $F(x) = \frac{-1}{2(1+x^2)^2}$ eine Stammfunktion von f mit $f(x) = \frac{2x}{(1+x^2)^3}$.

Ableiten bringt Sicherheit!

Beispiel 3: (Integration durch lineare Substitution und logarithmische Integration)

Berechnen Sie das Integral.

a) $\int_0^1 \frac{2}{(3x+2)^2}\,dx$ b) $\int_0^{\ln 2} \frac{e^x}{e^x+2}\,dx$

Lösung:

a) Mit $g(x) = 3x + 2$ und $f(z) = \frac{2}{z^2}$ ist $r = 3$, $F(z) = \frac{-2}{z}$. Satz 2a) ergibt dann:

$$\int_0^1 \frac{2}{(3x+2)^2}\,dx = \frac{1}{3}\cdot\left[\frac{-2}{3x+2}\right]_0^1 = 0{,}2.$$

b) Mit $g(x) = e^x + 2$ ergibt sich $g'(x) = e^x$.
Nach Satz 2b) ist dann

$$\int_0^{\ln 2} \frac{e^x}{e^x+2}\,dx = \left[\ln|e^x+2|\right]_0^{\ln 2} = \ln\frac{4}{3} \approx 0{,}2877.$$

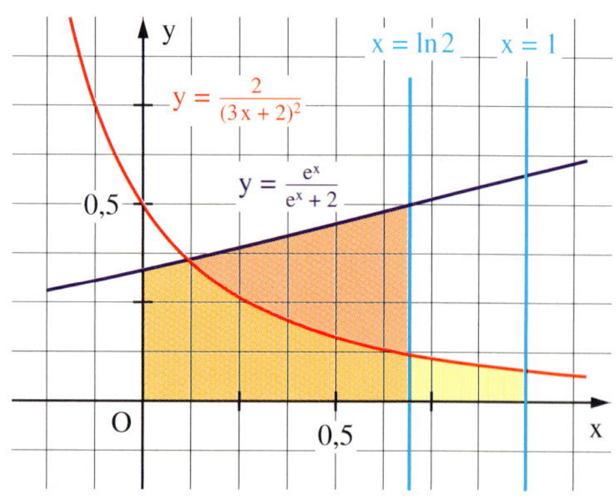

Fig. 1

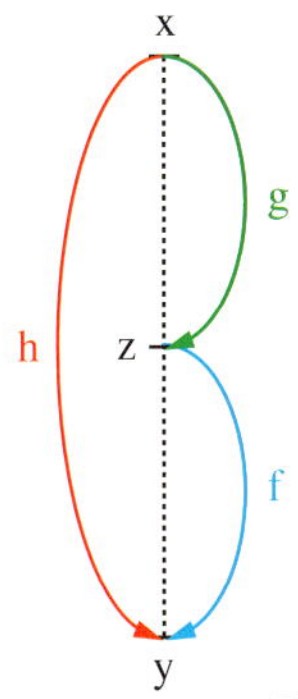

Fig. 1

Die Technik des Substituierens lässt sich schematisieren, wenn man eine **„Differenzialschreibweise“** verwendet, die bereits GOTTFRIED WILHELM LEIBNIZ 1675 entwickelt hat.

Ausgehend von

$z = g(x)$

bezeichnet man die Ableitung von g an der Stelle x mit $\frac{dz}{dx}$; d.h. man schreibt

$g'(x) = \frac{dz}{dx}$.

Dabei nennt man die Zeichen dx und dz Differenziale. Verwendet man diese Differenziale, lautet die Formel von Satz 1:

$$\int_a^b f(g(x)) \cdot \frac{dz}{dx} dx = \int_{g(a)}^{g(b)} f(z)\,dz.$$

Bei der Substitution ist also formal im Integranden

$g'(x)\,dx$ durch **dz**

zu ersetzen. Dies ergibt folgendes Schema für das Verfahren der Integration durch Substitution:

Beispiel 4: (Formale Durchführung der Substitution)

Bestimmen Sie $\int_1^2 x \cdot \cos\left(\frac{1}{2}\pi x^2\right) dx$.

Lösung:

Substitution:	$z = g(x) = \frac{1}{2}\pi x^2$
Ableitung:	$g'(x) = \frac{dz}{dx} = \pi x$
Berechnung des Differenzials dz:	$dz = \pi x\,dx$
Umrechnung der Grenzen:	Aus der Grenze 1 wird die Grenze $\frac{1}{2}\pi$; aus der Grenze 2 wird die Grenze 2π.

Durchführung der Integration:

$$\int_1^2 x \cdot \cos\left(\frac{1}{2}\pi x^2\right) dx = \frac{1}{\pi} \cdot \int_1^2 \cos\left(\frac{1}{2}\pi x^2\right) \cdot \pi x\,dx = \frac{1}{\pi} \cdot \int_{\frac{1}{2}\pi}^{2\pi} \cos z\,dz = \frac{1}{\pi} \cdot [\sin z]_{\frac{1}{2}\pi}^{2\pi} = -\frac{1}{\pi}$$

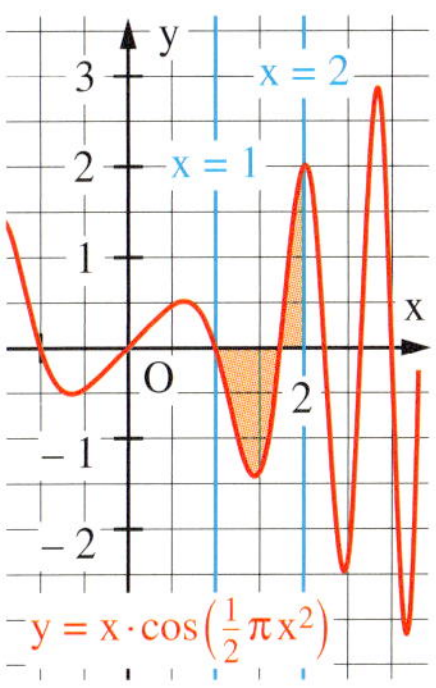

Fig. 2

Aufgaben

2 Berechnen Sie das Integral mit der angegebenen Substitution.

a) $\int_0^2 \frac{4x}{\sqrt{1+2x^2}} dx$; $g(x) = 1 + 2x^2$

b) $\int_{-1}^1 \frac{-2x}{(4-3x^2)^2} dx$; $g(x) = 4 - 3x^2$

c) $\int_0^1 x^2 e^{x^3+1} dx$; $g(x) = x^3 + 1$

d) $\int_0^1 x \cdot \sin(x^2) dx$; $g(x) = x^2$

e) $\int_1^e x^3 \cdot \ln(x^4) dx$; $g(x) = x^4$

f) $\int_1^2 \frac{4x^2}{(3x^3+2)^2} dx$; $g(x) = 3x^3 + 2$

3 Geben Sie mit Satz 2a) zuerst eine Stammfunktion des Integranden an und berechnen Sie dann das Integral.

a) $\int_1^3 \frac{10}{(3x+1)^2} dx$

b) $\int_{-2}^0 \frac{3}{\sqrt{1-4x}} dx$

c) $\int_5^6 \frac{5}{(4x-5)^4} dx$

d) $\int_{-1}^3 3 \cdot \sin(\pi x)\,dx$

e) $\int_1^e 8 \cdot e^{-2x} dx$

f) $\int_0^4 4 \cdot e^{3-\frac{1}{2}x} dx$

g) $\int_{-2}^3 \cos\left(\frac{1}{3}\pi x\right) dx$

h) $\int_{-1}^2 \frac{-2}{\sqrt[5]{2-\frac{3}{4}x}}$

i) $\int_1^4 \ln\left(\frac{2}{5}x - \frac{1}{5}\right) dx$

j) $\int_0^{0,5e} \ln\left(e - \frac{4}{3}x\right) dx$

k) $\int_{-2}^{-1} \frac{-4}{(3x-2)^4} dx$

l) $\int_{-2}^3 \frac{2}{(6x+19)^5} dx$

4 Bestimmen Sie eine Stammfunktion des Integranden und berechnen Sie das Integral. Beachten Sie dabei Satz 2b).

a) $\int_0^3 \frac{2x}{1+x^2}dx$ b) $\int_0^2 \frac{4}{2x+5}dx$ c) $\int_{-1}^0 \frac{8x^2}{1-4x^3}dx$ d) $\int_{-1}^2 \frac{e^x}{2+e^x}dx$

e) $\int_{\frac{1}{3}}^{\frac{1}{2}} \frac{\pi \cdot \cos \pi x}{\sin \pi x}dx$ f) $\int_e^{e^2} \frac{4}{x \cdot \ln x}dx$ g) $\int_0^2 \frac{4x+6}{x^2+3x+5}dx$ h) $\int_0^{\ln 3} \frac{2e^x-2e^{-x}}{e^x+e^{-x}}dx$

5 Geben Sie verschiedene Funktionen u an, bei denen das Integral durch Substitution berechnet werden kann.

a) $\int_a^b (x^2+x)^3 \cdot u(x)dx$ b) $\int_a^b e^{x^2+2} \cdot u(x)dx$ c) $\int_a^b \sin(\sqrt{\pi x}) \cdot u(x)dx$ d) $\int_a^b \frac{4 \cdot u(x)}{\sqrt{1-3x^2}}dx$

e) $\int_a^b \frac{4x^2}{\sqrt{u(x)}}dx$ f) $\int_a^b (u(x))^2 \cdot 4x^3 dx$ g) $\int_a^b \frac{2x^3+x}{(u(x))^4}dx$ h) $\int_a^b e^{u(x)} \cdot (x^2+1)dx$

Frage:

Offensichtlich gilt $\frac{1}{x(x+1)} = \frac{1}{x} - \frac{1}{x+1}$. *Gilt auch* $\int_1^\infty \frac{1}{x(x+1)} = \int_1^\infty \frac{1}{x} - \int_1^\infty \frac{1}{x+1}$? *Begründen Sie Ihre Antwort!*

6 Bestimmen Sie das Integral mit einer geeigneten Substitution.

a) $\int_2^4 \frac{x+1}{\sqrt{2x+x^2}}dx$ b) $\int_0^1 \frac{3x-4}{(3x^2-8x+10)^3}dx$ c) $\int_0^{\ln 4} \frac{2e^x}{\sqrt{5-e^x}}dx$ d) $\int_0^3 \frac{1}{8}x \cdot e^{-x^2}dx$

e) $\int_0^2 \frac{x}{\sqrt{16-x^2}}dx$ f) $\int_0^4 \frac{x\sqrt{x}}{1+x^2\sqrt{x}}dx$ g) $\int_1^{2e} \frac{4}{x(2+\ln x)}dx$ h) $\int_1^{2e} \frac{(1+\ln x)^2}{3x}dx$

i) $\int_{\ln 2}^{\ln 5} e^{2x} \cdot (4-e^{2x})^3 dx$ j) $\int_1^2 (x^4+2x)^3 \cdot \left(x^3+\frac{1}{2}x\right)dx$

7 Bestimmen Sie für $n \in \mathbb{N}$ und $n > 0$ eine Stammfunktion von f.

a) $f(x) = \frac{e^x}{(e^x+4)^n}$ b) $f(x) = \frac{\cos x}{\sin^n x}$ c) $f(x) = \frac{1}{x} \cdot (\ln x)^n$ d) $f(x) = \frac{1}{x \cdot (\ln x)^n}$

8 Die folgenden Integrale lassen sich sowohl durch Integration mit Substitution als auch durch Produktintegration bestimmen. Berechnen Sie jedes Integral auf zwei verschiedene Arten.

a) $\int_1^{2e} \frac{1}{x} \cdot \ln x\, dx$ b) $\int_{0,5\pi}^{1,5\pi} \sin x \cdot \cos x\, dx$ c) $\int_0^{\pi} \sin^2 x \cdot \cos x\, dx$ d) $\int_0^{\pi} \sin x \cdot \cos^3 x$

Zum „Forschen"
Man könnte vermuten, dass es auch ein Integrationsverfahren gibt, das sich aus der Quotientenregel ableiten lässt. Wie könnte man zeigen, dass dieses Verfahren keine neuen Integrationsmöglichkeiten ergibt?

9 Führen Sie zuerst eine Substitution durch und berechnen Sie dann das Integral durch Produktintegration.

a) $\int_{\ln 2}^{\ln 3} (e^{2x}+e^x) \cdot \ln(1+e^x)dx$ b) $\int_0^2 (2x^3+2x) \cdot \cos\left(x^2+1\right)dx$

10 Untersuchen Sie, ob das uneigentliche Integral existiert.

a) $\int_0^\infty \frac{x^3}{(1+x^4)^2}dx$ b) $\int_0^e \frac{\ln x}{x}dx$ c) $\int_\pi^\infty \frac{1}{x^2} \cdot \sin\frac{1}{x}dx$ d) $\int_0^1 \frac{1-2x}{\sqrt{x-x^2}}dx$

11 Gegeben ist die Funktion f mit $f(x) = \frac{5e^x}{e^x+5}$. Skizzieren Sie das Schaubild K von f.

a) Zeigen Sie, dass die nach links offene Fläche zwischen K und den Koordinatenachsen einen endlichen Inhalt hat, und geben Sie diesen Inhalt an.

b) Die Geraden mit den Gleichungen $x = a$ und $x = a + e$ begrenzen mit K und der x-Achse ein Flächenstück. Bestimmen Sie a so, dass diese Fläche den Inhalt 5 hat.

8 Integration durch Substitution der Integrationsvariablen

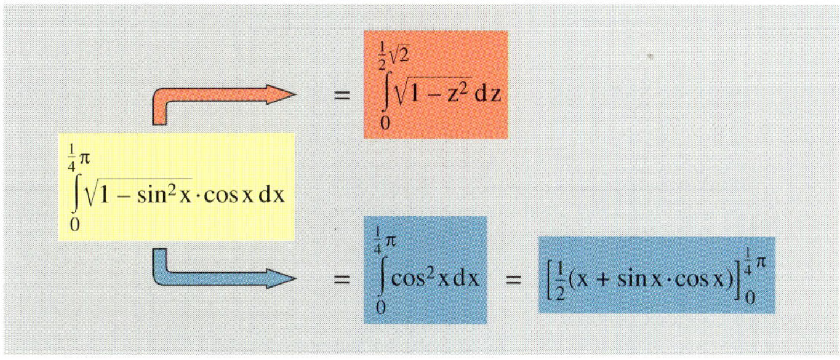

Fig. 1

1 Das gelb unterlegte Integral kann auf mehrere Arten umgeformt werden.
a) Welche Substitution wird in Richtung des roten Pfeils durchgeführt?
b) Wie geht man vor, wenn man das Integral in Richtung des blauen Pfeils bestimmt?
c) Welches Integral wird durch die Überlegungen von a) und b) berechenbar und welche Substitution führt zum Ziel?

Das bisher behandelte Verfahren der Integration durch Substitution kann abgewandelt werden.

Mit leicht veränderten Bezeichnungen galt $\int_\alpha^\beta f(g(t)) \cdot g'(t)\, dt = \int_{g(\alpha)}^{g(\beta)} f(x)\, dx$.

Man setzt nun $g(\alpha) = a$ und $g(\beta) = b$. Wenn nun die Funktion g umkehrbar ist mit der Umkehrfunktion $\overline{g}$, erhält man $\alpha = \overline{g}(a)$, $\beta = \overline{g}(b)$. Dies ergibt:

Hier wird also die Variable x als Bild einer neuen Variablen t bei einer geeigneten Funktion g aufgefasst:
$x = g(t)$; $t = \overline{g}(x)$.

Satz: Es sei f eine auf dem Intervall [a; b] stetige Funktion und g eine auf diesem Intervall differenzierbare und umkehrbare Funktion mit stetiger Ableitungsfunktion g′. Wenn die Verkettung $f \circ g$ existiert, gilt

$$\int_a^b f(x)\, dx = \int_{\overline{g}(a)}^{\overline{g}(b)} f(g(t)) \cdot g'(t)\, dt$$ **(Substitution der Integrationsvariablen).**

Beispiel 1: (Integration durch Substitution der Integrationsvariablen)

Bestimmen Sie $\int_0^{\ln 2} \frac{e^{2x}}{e^x + 4} dx$.

Lösung:
Substitution: $t = e^x + 4 = \overline{g}(x)$ ergibt $\ln(t-4) = g(t)$.
Ableitung: $g'(t) = \frac{1}{t-4}$
Umrechnung der Grenzen: Aus der Grenze 0 wird die Grenze 5, aus der Grenze ln 2 wird die Grenze 6.
Durchführung der Integration: Mit $f(x) = \frac{e^{2x}}{e^x + 4}$ gilt:

$$\int_0^{\ln 2} \frac{e^{2x}}{e^x+4} dx = \int_5^6 \frac{e^{2\cdot\ln(t-4)}}{t} \cdot \frac{1}{t-4} dt = \int_5^6 \frac{(t-4)^2}{t} \cdot \frac{1}{t-4} dt = \int_5^6 \left(1 - \frac{4}{t}\right) dt = [t - 4 \cdot \ln t]_5^6 = 1 + 4 \cdot \ln \frac{5}{6}.$$

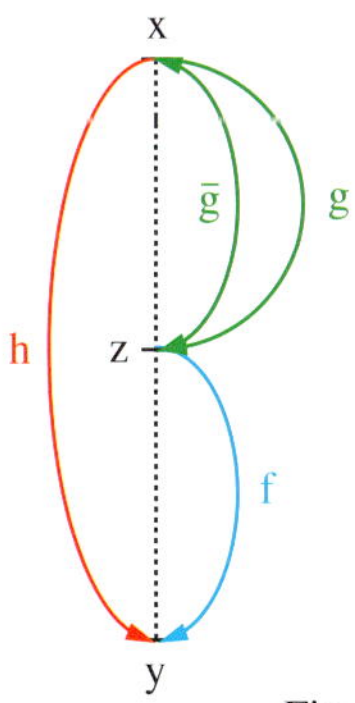

Fig. 2

Bemerkung: Macht man in Beispiel 1 die Substitution $t = e^x + 4$ wieder rückgängig, ergibt sich: $\int_0^{\ln 2} \frac{e^{2x}}{e^x+4} dx = \ldots = [t - 4 \cdot \ln t]_5^6 = [e^x + 4 - 4 \cdot \ln(e^x + 4)]_0^{\ln 2}$.

Hieraus folgt, dass F mit $F(x) = e^x + 4 - 4 \cdot \ln(e^x + 4)$ eine Stammfunktion von f mit $f(x) = \frac{e^{2x}}{e^x + 4}$ ist.

Durch Ableiten von F kann man dies leicht bestätigen.

Leonhard Euler (1707–1783), der wohl produktivste Mathematiker, war ein Meister der geschickten Substitution. Bei trigonometrischen Funktionen im Integranden arbeitete er erfolgreich mit den Substitutionen

$\sin x = \frac{2t}{1+t^2}$
$\cos x = \frac{1-t^2}{1+t^2}$
$\tan x = \frac{2t}{1-t^2}$.

Bei der Substitution der Integrationsvariablen scheint es, dass ein einfacher Integrand durch einen komplexeren Intergranden ersetzt wird. Beispiel 1 zeigt jedoch, dass dies bei geeigneter Substitution nur scheinbar der Fall ist. Das Vorgehen beim Substituieren kann wie in 7. mithilfe der Differenzialschreibweise formalisiert werden. Man setzt $\frac{dx}{dt} = g'(t)$ und ersetzt dann formal
dx durch **g′(t)dt**.

Beispiel 2: (Formale Durchführung der Substitution)

Bestimmen Sie $\int_0^1 \sqrt{1-x^2}\,dx$.

Lösung:

Substitution: $x = \sin t = g(t)$ mit $x \in [0; 1]$ und $t \in \left[0; \frac{1}{2}\pi\right]$

Ableitung: $g'(t) = \frac{dx}{dt} = \cos t$

Berechnung des Differenzials dx: $dx = \cos t\,dt$

Umrechnung der Grenzen: Aus der Grenze 0 wird die Grenze 0; aus der Grenze 1 wird die Grenze $\frac{1}{2}\pi$.

Durchführung der Integration:

Substitution der Variablen und anschließende Produktintegration liefert:

$$\int_0^1 \sqrt{1-x^2}\,dx = \int_0^{\frac{1}{2}\pi} \sqrt{1-\sin^2 t}\cdot\cos t\,dt = \int_0^{\frac{1}{2}\pi} \cos^2 t\,dt = \left[\frac{1}{2}t + \frac{1}{2}\cdot\sin t\cdot\cos t\right]_0^{\frac{1}{2}\pi} = \frac{1}{4}\pi.$$

Beispiel 3: (Volumen bei Rotation um die y-Achse)

Es sei K das Schaubild der Funktion f mit $f(x) = 3x^2 - x^3$ und $x \in [0; 2]$. Die y-Achse, die Gerade mit der Gleichung $y = 4$ und K begrenzen eine Fläche, die um die y-Achse rotiert (Fig. 1).

Bestimmen Sie das Volumen V des Rotationskörpers.

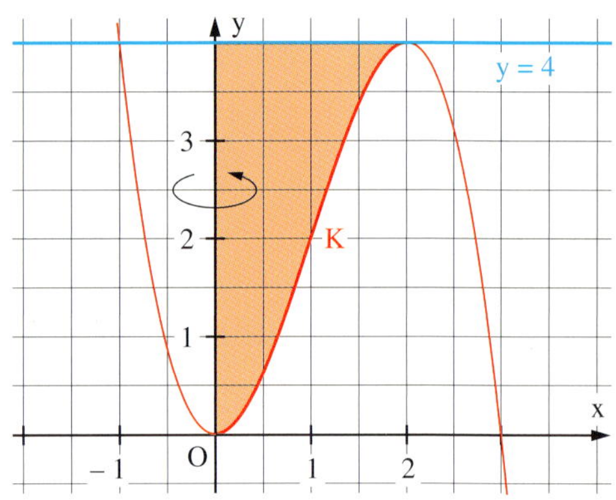

Fig. 1

Lösung:

Substitution: $y = 3x^2 - x^3 = f(x)$ mit $y \in [0; 4]$ und $x \in [0; 2]$.

Ableitung: $f'(x) = \frac{dy}{dx} = 6x - 3x^2$

Berechnung des Differenzials dy:

$dy = (6x - 3x^2)\,dx$

Umrechnung der Grenzen: Aus der Grenze 0 wird die Grenze 0; aus der Grenze 4 wird die Grenze 2.

Durchführung der Integration: Da $\overline{f}(f(x)) = x$ ist, ergibt sich:

$$V = \pi\int_0^4 (\overline{f}(y))^2\,dy = \pi\int_0^2 x^2\cdot f'(x)\,dx = \pi\int_0^2 x^2\cdot(6x - 3x^2)\,dx = \pi\left[\frac{3}{2}x^4 - \frac{3}{5}x^5\right]_0^2 = \frac{24}{5}\pi \approx 15{,}0796.$$

Aufgaben

Die Integrale von Aufgabe 2 können auch ohne Substitution bestimmt werden. Zeigen Sie dies.

2 Berechnen Sie das Integral mit der angegebenen Substitution.

a) $\int_2^4 \frac{2x+3}{x+1}\,dx$; $t = x + 1$

b) $\int_0^2 \frac{x^2-2x}{2x+1}\,dx$; $t = 2x + 1$

c) $\int_{-1}^0 \frac{2x^2+3x+1}{1-2x}\,dx$; $t = 1 - 2x$

d) $\int_0^1 \frac{x^3}{4-2x}\,dx$; $t = 4 - 2x$

3 Berechnen Sie das Integral mit der angegebenen Substitution.

a) $\int_0^{-\ln 2} \frac{e^{4x}}{e^{2x}+3}\,dx;\ t = e^{2x}+3$ b) $\int_1^{2} \frac{2x+3}{(x+2)^2};\ t = x+2$

c) $\int_{0,5}^{7} \frac{x}{\sqrt{4x-1}}\,dx;\ t = 4x-1$ d) $\int_0^{4} \frac{4}{1+2\sqrt{x}}\,dx;\ t = 1+2\sqrt{x}$

e) $\int_1^{4} \frac{1+\ln x}{x(2-\ln x)}\,dx;\ t = 2-\ln x$ f) $\int_0^{\ln 2} \frac{4e^x}{\sqrt{e^x+2}}\,dx;\ t = e^x+2$

4 Bestimmen Sie eine Stammfunktion von f mit der angegebenen Substitution.

a) $f(x) = \frac{1}{x^2\sqrt{1-x^2}};\ x = \frac{1}{t}$ b) $f(x) = \sqrt{1+x^2};\ x = \frac{1}{2}(e^t - e^{-t})$

c) $f(x) = \frac{1}{\sqrt{1+x^2}};\ x = \frac{1}{2}(e^t - e^{-t})$ d) $f(x) = \frac{1}{\sqrt{3+3x^2}};\ x = \frac{t^2-1}{2t}$

5 Berechnen Sie das Integral mit einer geeigneten Substitution.

Nicht jeder Versuch führt zum Erfolg

a) $\int_1^{2} \frac{5x^2+x}{2x-1}\,dx$ b) $\int_4^{6} \frac{2x-1}{x^2-6x+9}\,dx$ c) $\int_0^{3} x\cdot\ln(1+x^2)\,dx$ d) $\int_{\ln 3}^{\ln 4} \frac{e^x}{(e^x-2)^3}\,dx$

e) $\int_1^{4} \frac{1-\sqrt{x}}{1+\sqrt{x}}\,dx$ f) $\int_0^{\sqrt{5}} \frac{2x^3}{\sqrt{9-x^2}}\,dx$ g) $\int_0^{9} \frac{\sqrt{x}}{4+\sqrt{x}}\,dx$ h) $\int_0^{\ln 5} \frac{e^x-1}{e^x+1}\,dx$

6 Das Schaubild der Funktion f, die y-Achse und die Geraden mit den Gleichungen $y = a$ und $y = b$ begrenzen eine Fläche, die um die y-Achse rotiert. Berechnen Sie das Volumen des entstehenden Rotationskörpers.

a) $f(x) = \frac{1}{4}x^3 + x - 3;\ a = -3;\ b = 1$ b) $f(x) = x^4 + x^2 - 4;\ a = -2;\ b = 16$

c) $f(x) = \frac{e^x}{x}$ mit $x \geqq 1;\ a = e;\ b = \frac{e^2}{2}$ d) $f(x) = \ln\frac{x^2}{x+1};\ a = -\ln 2;\ b = \ln\frac{9}{4}$

7 Integranden wie $\sqrt{4-x^2}$ oder $\frac{1}{\sqrt{4-x^2}}$ lassen sich entsprechend zu Beispiel 2 durch eine so genannte **trigonometrische Substitution** wie $x = 2\cdot\sin t$ oder $x = 2\cdot\cos t$ umformen. Bestimmen Sie mit einer trigonometrischen Substitution das Integral.

a) $\int_0^{1,5} \sqrt{9-x^2}\,dx$ b) $\int_{0,75}^{1,5} \frac{8}{\sqrt{9-4x^2}}\,dx$ c) $\int_0^{2} \frac{3}{\sqrt{16-x^2}}\,dx$ d) $\int_0^{0,5} \sqrt{\frac{1}{2}-x^2}\,dx$

8 a) Zeigen Sie, dass für alle $m, n \in \mathbb{N}$ gilt: $\int_0^1 x^m(1-x)^n\,dx = \int_0^1 x^n(1-x)^m\,dx$.

b) Bestimmen Sie mit a) das Integral $\int_0^1 x^2(1-x)^8\,dx$.

Doughnuts sind essbare Tori!

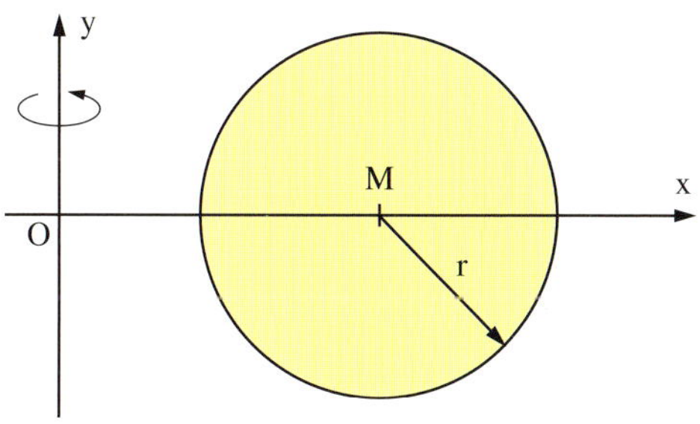

Fig. 1

9 a) Durch Rotation eines Kreises mit Radius r und Mittelpunkt $M(kr|0)$ mit $k > 1$ um die y-Achse (Fig. 1) entsteht ein Torus. Zeigen Sie, dass sein Volumen $V = 2k\pi^2 r^3$ ist.

b) Welchen Radius r^* hat eine Kugel mit dem gleichen Volumen V?

c) Für welche k passt diese Kugel etwa durch die „Öffnung“ des Torus?

9 Integration durch Partialbruchzerlegung

$$f(x) = \frac{7x-6}{(x+2)(x-3)} = \frac{4}{x+2} + \frac{3}{x-3}$$

$$g(x) = \frac{9x^2-36x+12}{(x+2)(x-3)(x-4)} = \frac{4}{x+2} + \frac{3}{x-3} + \frac{2}{x-4}$$

$$h(x) = \frac{7x^2-22x+28}{(x+2)(x-3)^2} = \frac{4}{x+2} + \frac{3}{x-3} + \frac{5}{(x-3)^2}$$

Fig. 1

1 Die Funktionsterme von vielen gebrochenrationalen Funktionen kann man nicht nur als Quotient, sondern häufig auch als Summe darstellen (Fig. 1).
a) Warum sind Summen bei der Bestimmung von Stammfunktionen vorteilhaft?
b) Vergleichen Sie die Nenner der Quotienten und der Summanden. Welche Vermutungen ergeben sich?

Für jede gebrochenrationale Funktion f kann man eine Stammfunktion bestimmen, indem man den Funktionsterm f(x) in eine geeignete Summe zerlegt (vgl. Fig. 1). Der Nachweis, dass eine solche **Partialbruchzerlegung** stets existiert, ist sehr aufwändig und soll hier nur im einfachsten Fall erbracht werden.

Satz: Ist $f(x) = \frac{ax+b}{(x-x_1)(x-x_2)}$ mit $a, b, x_1, x_2 \in \mathbb{R}$ und $x_1 \neq x_2$, so gibt es $A, B \in \mathbb{R}$ mit

$$\mathbf{f(x) = \frac{A}{x-x_1} + \frac{B}{x-x_2}}.$$

Das hier angewandte Verfahren nennt man ***Koeffizientenvergleich****:*

Es werden dabei die Koeffizienten von $ax+b$ und $(A+B)x + (-Ax_2 - Bx_1)$ miteinander verglichen.

Beweis: Die Zahlen A und B gibt es genau dann, wenn die Gleichung

$$\frac{ax+b}{(x-x_1)(x-x_2)} = \frac{A}{x-x_1} + \frac{B}{x-x_2}$$

mit der Variablen x die Lösungsmenge $\mathbb{R} \setminus \{x_1; x_2\}$ besitzt.

Durch Umformen erhält man $ax + b = A(x-x_2) + B(x-x_1)$

und dann $ax + b = (A+B)x + (-Ax_2 - Bx_1)$.

Diese Gleichung hat dann die Lösungsmenge $\mathbb{R}$, wenn

$$a = A + B \quad \text{und} \quad b = -Ax_2 - Bx_1$$

gilt. Hieraus folgt $B = a - A$ und dann durch Einsetzen $b = -Ax_2 - (a-A)x_1$. Also ist $b = A(x_1 - x_2) - ax_1$ und wegen $x_1 \neq x_2$ dann

$$A = \frac{ax_1+b}{x_1-x_2} \quad \text{und} \quad B = a - A = \frac{ax_2+b}{x_2-x_1}.$$

Mit $A = \frac{ax_1+b}{x_1-x_2}$ und $B = \frac{ax_2+b}{x_2-x_1}$ ergibt sich also die Behauptung.

Lässt sich der Nenner eines Integranden nicht in Linearfaktoren $(x-x_1)\cdot(x-x_2)$ zerlegen wie bei $\int_0^4 \frac{1}{1+x^2}dx$, ist die Integration zwar möglich, aber nicht mit „Logarithmusfunktionen“. Man benötigt dann die Umkehrfunktion von „Tangensfunktionen“. Wir gehen darauf nicht weiter ein.

Beispiel: (Integration durch Partialbruchzerlegung)

Berechnen Sie $\int_0^2 \frac{7x-13}{(x+1)(x-3)}dx$, indem Sie zuerst den Integranden in Partialbrüche zerlegen.

Lösung:

Partialbruchzerlegung: Aus $\frac{7x-13}{(x+1)(x-3)} = \frac{A}{x+1} + \frac{B}{x-3}$ folgt $7x - 13 = A(x-3) + B(x+1)$ und dann $7x - 13 = (A+B)x + (-3A+B)$. Koeffizientenvergleich ergibt: $7 = A + B$ und $-13 = -3A + B$. Hieraus folgt $A = 5$ und $B = 2$, also gilt $\frac{7x-13}{(x+1)(x-3)} = \frac{5}{x+1} + \frac{2}{x-3}$.

Durchführung der Integration:

$$\int_0^2 \frac{7x-13}{(x+1)(x-3)}dx = \int_0^2 \left(\frac{5}{x+1} + \frac{2}{x-3}\right)dx = [5\cdot\ln|x+1| + 2\cdot\ln|x-3|]_0^2 = 3\cdot\ln 3$$

Aufgaben

Das Verfahren der Partialbruchzerlegung wurde 1702 von JOHANN BERNOULLI *(1667–1748) veröffentlicht. Auch die Stammfunktion von Aufgabe 7 stammt von ihm.*

2 Berechnen Sie die folgenden Integrale durch Partialbruchzerlegung des Integranden.

a) $\int_1^2 \frac{4x+18}{x(x+3)}\,dx$ b) $\int_{-1}^1 \frac{x+7}{(x-2)(5-x)}\,dx$ c) $\int_3^5 \frac{6}{x(x+2)}\,dx$ d) $\int_{-1}^0 \frac{30}{(x-4)(x+2)}\,dx$

3 a) $\int_5^9 \frac{9x-24}{x^2-4x}\,dx$ b) $\int_0^2 \frac{2}{x^2-13x+36}\,dx$ c) $\int_0^{0,5} \frac{9x+3}{x^2-1}\,dx$ d) $\int_0^2 \frac{2x+14}{x^2-x-6}\,dx$

4 Berechnen Sie die folgenden Integrale durch Partialbruchzerlegung; formen Sie dabei zuerst den Integranden durch Polynomdivision um.

a) $\int_0^1 \frac{4x^2+10x-15}{2x^2+3x-9}\,dx$ b) $\int_0^1 \frac{x^3-8x^2+14x-2}{x^2-8x+12}\,dx$ c) $\int_{-1}^1 \frac{x^3-4x^2+2x+20}{2x^2-8}\,dx$ d) $\int_{-2}^0 \frac{2x^3+7x^2+4x+14}{4x^2+14x-8}\,dx$

5 Die folgenden Integrale lassen sich bestimmen, indem Sie zuerst den Nenner des Integranden als Produkt schreiben und dann eine Partialbruchzerlegung mit einer der grün unterlegten Formel (I), (II) oder (III) bei Aufgabe 8 durchführen.

a) $\int_3^4 \frac{x^2-8x-4}{2x^2-x^3}\,dx$ b) $\int_1^2 \frac{27-x-2x^2}{x^3-6x^2+9x}\,dx$ c) $\int_4^5 \frac{13x+9}{x^3-4x^2+3x}\,dx$ d) $\int_{-1}^1 \frac{4x^2-19x+20}{x^3-6x^2+12x-8}\,dx$

6 Bestimmen Sie eine Stammfunktion der Funktion f mit $f(x) = \frac{1}{(x-a)(x-b)}$. Unterscheiden Sie dabei die Fälle $a = b$ und $a \neq b$.

7 Für jedes $t \in \mathbb{R}$ ist eine Funktion f_t gegeben durch $f_t(x) = \frac{1}{x^2-t^2}$. Geben Sie den maximalen Definitionsbereich von f_t an. Bestimmen Sie eine Stammfunktion F_t von f_t. Achten Sie dabei darauf, dass f_t und F_t denselben Definitionsbereich besitzen.

In (I), (II) und (III) ist $P_k(x)$ ein Polynom vom Grade höchstens k; $A_1, A_2, \ldots, A_n, A_{21}, A_{22} \in \mathbb{R}$ und die Zahlen $x_1, x_2, \ldots, x_n$ paarweise verschieden.

(I) $\frac{P_2(x)}{(x-x_1)(x-x_2)^2} = \frac{A_1}{x-x_1} + \frac{A_{21}}{x-x_2} + \frac{A_{22}}{(x-x_2)^2}$

(II) $\frac{P_{n-1}(x)}{(x-x_1)(x-x_2)\cdots(x-x_n)} = \frac{A_1}{x-x_1} + \frac{A_2}{x-x_2} + \ldots + \frac{A_n}{x-x_n}$

(III) $\frac{P_{n-1}(x)}{(x-x_1)^n} = \frac{A_1}{x-x_1} + \frac{A_2}{(x-x_1)^2} + \ldots + \frac{A_n}{(x-x_1)^n}$

8 Bestimmen Sie in (I) zu einem gegebenen beliebigen Polynom $P_2(x) = ax^2 + bx + c$ und beliebigen, verschiedenen Zahlen x_1 und x_2 die Zahlen A_1, A_{21} und A_{22}.

9 Gegeben ist in (III) ein beliebiges Polynom $P_{n-1}(x)$ und die Zahl x_1.
a) Zeigen Sie, dass es eine Zahl A_n und ein Polynom $P_{n-2}(x)$ gibt mit
$\frac{P_{n-1}(x)}{(x-x_1)^n} = \frac{A_n}{(x-x_1)^n} + \frac{P_{n-2}(x)}{(x-x_1)^{n-1}}$.
b) Beweisen Sie (III) durch vollständige Induktion mithilfe von a).

10 Skizzieren Sie das Schaubild K der Funktion f mit $f(x) = \frac{7}{16-x^2}$ für $|x| \leqq 3{,}5$ und berechnen Sie den Inhalt der Fläche zwischen K und der Geraden mit der Gleichung $y = 1$.

11 Für eine umkehrbare Funktion f gilt $f'(x) = 2 \cdot f(x) \cdot (4 - f(x))$ sowie $f(0) = 1$.
a) Zeigen Sie, dass für die Umkehrfunktion $\bar{f}$ von f gilt: $\bar{f}'(y) = \frac{1}{2 \cdot y \cdot (4-y)}$.
b) Bestimmen Sie $\bar{f}(3)$, indem Sie die „Differenzialgleichung" $\bar{f}'(y) = \frac{1}{2 \cdot y \cdot (4-y)}$ von 1 bis 3 integrieren. Für welches x ist $f(x) = 3$?

10 Integrierbare Funktionen

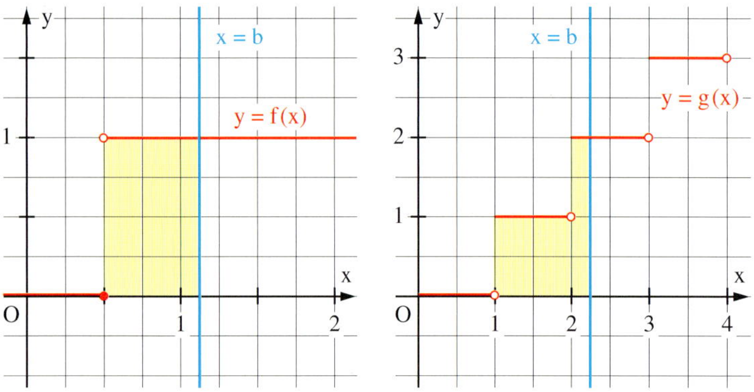

Fig. 1

1 Gegeben sind die Funktionen f und g durch $f(x) = \begin{cases} 1 & \text{für } x > \frac{1}{2} \\ 0 & \text{für } x \leqq \frac{1}{2} \end{cases}$ und $g(x) = [x]$ mit den abgebildeten Schaubildern (Fig. 1).
a) Die Funktionen f und g sind nicht an allen Stellen ihres Definitionsbereichs stetig. An welchen Stellen sind sie unstetig?
b) Haben f oder g eine Stammfunktion?
c) Lässt sich ein Integral wie $\int_0^b f(x)\,dx$ oder $\int_0^b g(x)\,dx$ für $b > 0$ über Flächeninhalte deuten?

Die Überlegungen bei der Einführung des Integrals waren auf stetige Funktionen beschränkt. Doch auch wenn eine auf dem Intervall [a; b] definierte Funktion f nicht stetig ist, kann man ebenso wie bei der Einführung des Integrals bei stetigen Funktionen vorgehen:

GUSTAV LEJEUNE DIRICHLET (1805–1859) war der Nachfolger von C. F. GAUSS als Professor in Göttingen.

Man teilt das Intervall [a; b] in n Teilintervalle gleicher Länge. Die Fläche zwischen dem Schaubild von f und der x-Achse über [a; b] (Fig. 2) wird wieder angenähert durch einbeschriebene (blau) und umbeschriebene Rechtecke (blau und gelb). Dabei nennt man den Inhalt der einbeschriebenen Rechtecke die Untersumme U_n und entsprechend den Inhalt der umbeschriebenen Rechtecke die Obersumme O_n.
Eine Funktion f heißt dann (etwas vereinfacht) **integrierbar** auf [a; b], wenn U_n und O_n für $n \to \infty$ denselben Grenzwert haben.

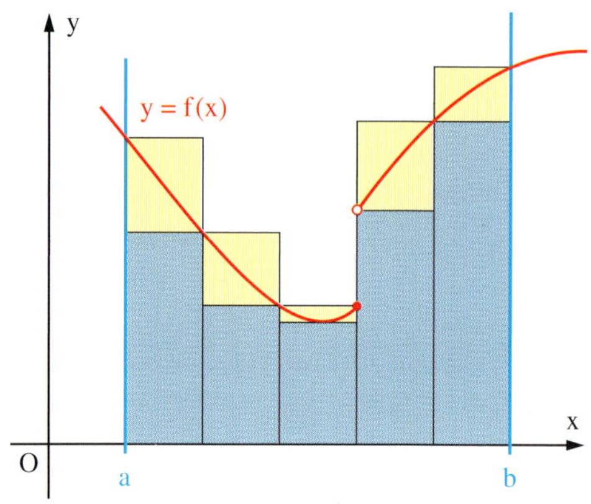

Fig. 2

Da stetige Funktionen stets integrierbar sind (vgl. Seite 111), stellt sich die Frage, ob es auch Funktionen gibt, die auf einem Intervall [a; b] nicht integrierbar sind.
Eine solche ist die 1829 von GUSTAV LEJEUNE DIRICHLET eingeführte Funktion D mit

$$D(x) = \begin{cases} 0 & \text{für } x \in \mathbb{Q} \\ 1 & \text{für } x \notin \mathbb{Q} \end{cases}.$$

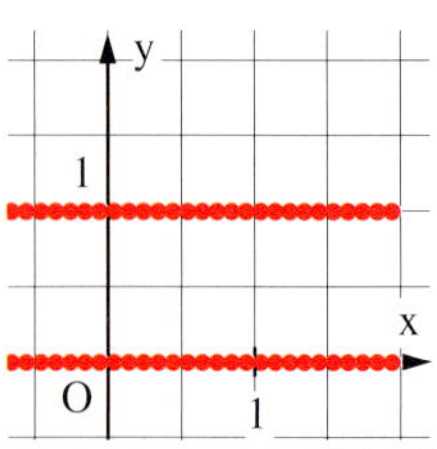

Fig. 3

Ein Schaubild von D kann nicht gezeichnet werden, aber in Fig. 3 wird die Funktion veranschaulicht. Die Funktion D ist nicht integrierbar. Es gibt nämlich in jedem beliebigen Intervall [a; b] sowohl rationale als auch irrationale Zahlen; also gibt es in [a; b] auch stets die beiden Funktionswerte 0 und 1.
Damit ist für jedes $n \in \mathbb{N}$ die Untersumme $U_n = 0$ und die Obersumme $O_n = b - a$.
Für $n \to \infty$ gilt somit $U_n \to 0$ aber $O_n \to b - a > 0$.

Satz: Es gibt Funktionen, die nicht integrierbar sind.

Zwischen den Begriffen Integrierbarkeit, Existenz einer Stammfunktion und Stetigkeit bestehen vielfältige Zusammenhänge und Unterschiede, die hier zusammengestellt sind (Fig. 1).
Dabei wird die Integrierbarkeit hier nur auf einem abgeschlossenen Intervall [a; b] betrachtet; uneigentliche Integrale wie auf Seite 166 werden nicht untersucht.

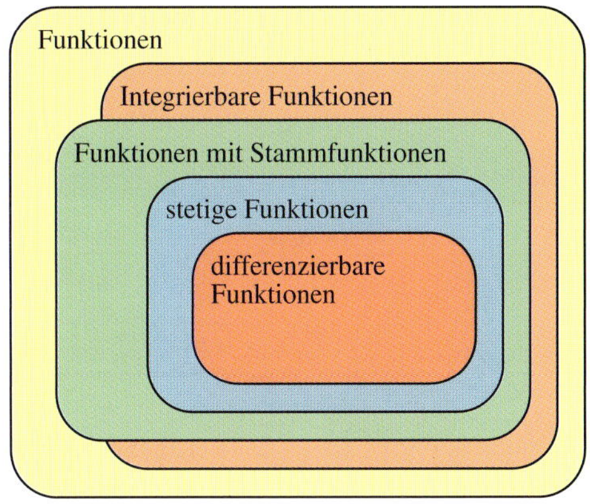

Fig. 1

a) **Stetigkeit und Integrierbarkeit:**
Zwar sind stetige Funktionen stets integrierbar (vgl. Seite 111), doch gibt es auch unstetige Funktionen, die integrierbar sind (vgl. Aufgabe 2).

Das Problem der Existenz einer Stammfunktion und der Integrierbarkeit ist zu unterscheiden von dem Problem der Berechnung von Stammfunktionen und Integralen.

b) **Stetigkeit und Existenz einer Stammfunktion:**
Stetige Funktionen f sind integrierbar und haben damit in F mit $F(x) = \int_a^x f(t)\,dt$ stets eine Stammfunktion.
Erstaunlich ist, dass es Funktionen gibt, die eine Stammfunktion besitzen, aber nicht stetig sind (vgl. Aufgabe 4).
c) **Existenz einer Stammfunktion und Integrierbarkeit:**
Bei unstetigen Funktionen sind diese Begriffe weitgehend unabhängig voneinander. Es gibt sowohl integrierbare Funktionen ohne Stammfunktion (vgl. Aufgabe 2) als auch Funktionen mit Stammfunktion, die nicht integrierbar sind (vgl. Aufgabe 4).

1835 zeigte JOSEPH LIOUVILLE (1809–1882), dass bereits die Stammfunktionen so elementarer Funktionen wie $f\colon x \mapsto \frac{\sin x}{x}$ mit den „üblichen Funktionen“ nicht gebildet werden können.

Aufgaben

2 Gegeben ist die Funktion f mit
$f(x) = \begin{cases} 2 & \text{für } x \geqq 1 \\ 1 & \text{für } x < 1 \end{cases}$.
a) Zeigen Sie, dass f nicht stetig ist und keine Stammfunktion besitzt.
b) Begründen Sie anschaulich, dass f integrierbar ist.

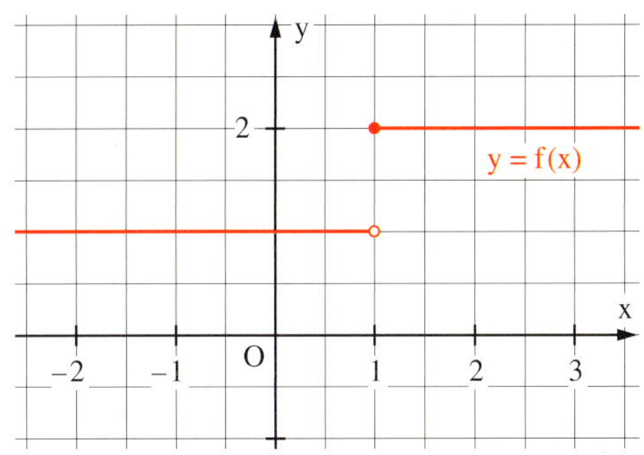

Fig. 2

3 Gegeben ist die Funktion f mit
$f(x) = \begin{cases} 2 & \text{für } x \leqq 3 \\ \frac{2}{3}x & \text{für } x > 3 \end{cases}$.
a) Untersuchen Sie f auf Stetigkeit und zeichnen Sie das Schaubild von f.
b) Begründen Sie ohne weitere Rechnung, dass f eine Stammfunktion F besitzt.
c) Geben Sie einen Term für eine Stammfunktion F von f an.

4 Gegeben ist die Funktion f mit $f(x) = \begin{cases} \frac{3}{2}\sqrt{x}\cdot\sin\left(\frac{1}{x}\right) - \frac{1}{\sqrt{x}}\cos\left(\frac{1}{x}\right) & \text{für } x > 0 \\ 0 & \text{für } x = 0 \end{cases}$.
a) Zeigen Sie, dass F mit $F(x) = \begin{cases} x\sqrt{x}\cdot\sin\left(\frac{1}{x}\right) & \text{für } x > 0 \\ 0 & \text{für } x = 0 \end{cases}$ eine Stammfunktion der Funktion f ist.
b) Skizzieren Sie das Schaubild von f und erläutern an ihm, dass f im Intervall [0; b] mit $b > 0$ nicht integrierbar und damit nicht stetig ist.

11 Vermischte Aufgaben

$f(x) = \sin^3 x$ $f(x) = \cos^4 x$ $f(x) = \cos^3 x$ $f(x) = \sin x \cdot \cos^3 x$

$f(x) = \cos^2 x$ $f(x) = \sin^2 x \cdot \cos^2 x$ $f(x) = \sin^2 x$ $f(x) = \sin^4 x$

$f(x) = \sin^2 x \cdot \cos x$ $f(x) = \sin x \cdot \cos x$ $f(x) = \sin^3 x \cdot \cos x$

$f(x) = \sin x \cdot \cos^2 x$

1 Durch Produktintegration kann man je eine Stammfunktion der durch Fig. 1 gegebenen Funktionen f bestimmen. Überlegen Sie sich dabei eine Reihenfolge des Vorgehens, da einige Ergebnisse bei weiteren Berechnungen nützlich sind.

2 Berechnen Sie das Integral.

a) $\int_0^{\ln 3} (1 - x^2) \cdot e^x \, dx$ b) $\int_0^1 \frac{\sin \sqrt{\pi x}}{2\sqrt{x}} \, dx$ c) $\int_0^{\ln 2} \frac{x + 2}{e^{2x}} \, dx$ d) $\int_0^1 \sqrt{e^{3x} + e^{2x}} \, dx$

e) $\int_1^2 4x \cdot e^{x^2 + 2} \, dx$ f) $\int_e^{2e} \frac{1}{x} \cdot \sqrt{\ln x} \, dx$ g) $\int_2^4 x^2 \sqrt{3x - 4} \, dx$ h) $\int_2^4 \frac{4}{x^2 + x - 2} \, dx$

i) $\int_1^4 e^{\sqrt{x}} \, dx$ j) $\int_0^1 \frac{x}{\sqrt{4 - x^2}} \, dx$ k) $\int_0^2 \frac{x + 2}{(4 - x)^2} \, dx$ l) $\int_{0{,}25}^{0{,}5} \frac{\cos(\pi x)}{\sin(\pi x)} \, dx$

3 Die folgenden Integrale lassen sich auf mindestens zwei verschiedene Arten bestimmen. Berechnen Sie jedes Integral auf zwei verschiedene Arten.

a) $\int_2^4 \frac{2x + 3}{x + 1} \, dx$ b) $\int_0^2 \frac{x^2 - 2x}{2x + 1} \, dx$ c) $\int_{-2}^1 \frac{x + 1}{(2 - x)^2} \, dx$ d) $\int_0^1 \frac{x^2 - 3x + 1}{(4 - 3x)^3} \, dx$

4 Beweisen Sie die folgenden „Rekursionsformeln“ für $n \in \mathbb{N}$ und $n > 1$.

a) $n \cdot \int_a^b \sin^n x \, dx = [-\sin^{n-1} x \cdot \cos x]_a^b + (n - 1) \cdot \int_a^b \sin^{n-2} x \, dx$

b) $\int_a^b \ln^n x \, dx = [x \cdot \ln^n x]_a^b - n \cdot \int_a^b \ln^{n-1} x \, dx$

5 Berechnen Sie das Integral durch Partialbruchzerlegung des Integranden.

a) $\int_{-1}^0 \frac{30}{(x - 4)(x + 2)} \, dx$ b) $\int_5^6 \frac{-8}{x(x + 4)} \, dx$ c) $\int_0^5 \frac{x - 3}{(x + 2)(x + 1)} \, dx$ d) $\int_{-8}^8 \frac{45 - x}{(x - 9)(x + 9)} \, dx$

e) $\int_2^3 \frac{x - 10}{2x^2 + 5x} \, dx$ f) $\int_0^2 \frac{14}{3 + 5x - 2x^2} \, dx$ g) $\int_1^2 \frac{12x - 19}{6x^2 - 19x + 10} \, dx$ h) $\int_{-2}^{-1} \frac{5x + 2}{24x^2 - 60x + 24} \, dx$

Flächen- und Rauminhalte

6 Die Schaubilder der Funktionen f und g sowie die Geraden mit den Gleichungen $x = 1$ und $x = z$ mit $z > 1$ schließen eine Fläche ein. Bestimmen Sie den Inhalt $A(z)$ dieser Fläche sowie den Grenzwert $A = \lim\limits_{z \to +\infty} A(z)$.

a) $f(x) = \frac{1}{2}x^2 + \frac{2}{x^2}$; $g(x) = \frac{1}{2}x^2$ b) $f(x) = \frac{x^4 + 16}{4x^2}$; $g(x) = \frac{1}{4}x^2$

c) $f(x) = e^{-x}$; $g(x) = 2 \cdot e^{1-x}$ d) $f(x) = \frac{1}{\sqrt{x}}$; $g(x) = \frac{2}{\sqrt{x + 1}}$

7 Bearbeiten Sie Aufgabe 6 a) und b) für $x = -2$; $z < -2$ und $A = \lim\limits_{z \to -\infty} A(z)$.

8 Gegeben sind die Funktionen f und g_t durch $f(x) = \frac{1}{x^3}$ und $g_t(x) = \frac{t}{x^2}$ für $x \neq 0$ und $t > 0$. Ihre Schaubilder sind K bzw. C_t.
a) Bestimmen Sie die Abszisse s_t des Schnittpunktes S_t von K und C_t in Abhängigkeit von t.
b) Das Schaubild C_t und die Geraden mit den Gleichungen $x = s$ und $y = 0$ begrenzen eine „rechts ins Unendliche reichende“ Fläche. Zeigen Sie, dass K diese Fläche halbiert.

9 Jede Parabel mit der Gleichung $y = tx - x^3$ für $t > 0$ schließt mit der x-Achse im 1. Feld eine Fläche ein, die durch die 1. Winkelhalbierende in zwei Teilflächen A_1 und A_2 zerlegt wird.
a) Bestimmen Sie die Zahl $t > 1$ so, dass die beiden Teilflächen denselben Inhalt besitzen.
b) Die beiden Teilflächen A_1 und A_2 mit demselben Flächeninhalt rotieren um die x-Achse; dabei entstehen Rotationskörper mit den Volumina V_1 und V_2. Berechnen Sie $V_1 : V_2$.

10 Bestimmen Sie die Zahl $t > 1$ so, dass das Schaubild der Funktion f_t mit $f_t(x) = (1 - t)x^2 - tx$ mit der x-Achse eine Fläche einschließt, die
a) einen möglichst kleinen Flächeninhalt hat
b) bei Rotation um die x-Achse einen Drehkörper mit möglichst kleinem Volumen ergibt.

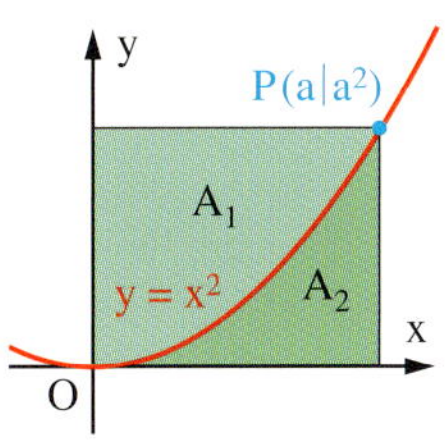

Fig. 1

11 Für $a \neq 0$ bilden die Parallelen zu den Koordinatenachsen durch den Punkt $P(a|a^2)$ mit den Koordinatenachsen ein Rechteck. Dieses wird durch die Kurve mit der Gleichung $y = x^2$ in zwei Teilflächen A_1 und A_2 zerlegt (Fig. 1), die jeweils sowohl um die x-Achse wie um die y-Achse rotieren. Bei Rotation von A_1 um die x-Achse entsteht ein Rotationskörper mit dem Volumen V_{1x}; bei Rotation von A_1 um die y-Achse ein Rotationskörper mit dem Volumen V_{1y}. Entsprechend erhält man die Volumina V_{2x} und V_{2y}. Bestimmen Sie a so, dass gilt:
a) $V_{1x} = V_{2x}$ b) $V_{1x} = V_{2y}$ c) $V_{1y} = V_{2x}$ d) $V_{1y} = V_{2y}$.

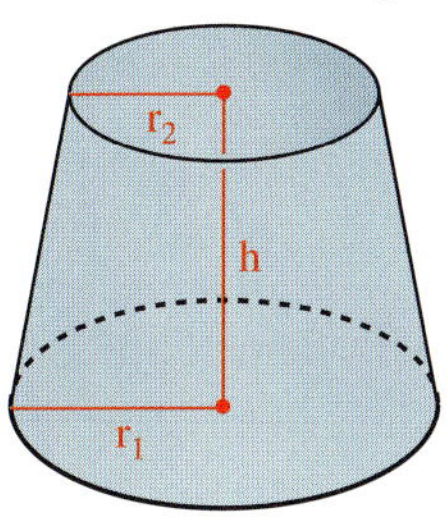

Fig. 2

12 Für das Volumen eines Kegelstumpfes (Fig. 2) gilt $V = \frac{1}{3}\pi h(r_1^2 + r_1 r_2 + r_2^2)$. Bestätigen Sie dies durch Integration, wobei das Schaubild von f mit $f(x) = mx$ um die x-Achse rotiert.

13 Von einer monotonen und stetigen Funktion f sind nur die Funktionswerte f(a), f(b) und $f\left(\frac{a+b}{2}\right)$ bekannt. Skizzieren Sie ein mögliches Schaubild von f und berechnen Sie mit der Fassregel von KEPLER einen Näherungswert für $\int_a^b f(x)\,dx$.
a) $f(0) = 1$; $f(3) = 6$; $f(6) = 8$ b) $f(-2) = 6$; $f(1) = 2$; $f(4) = 0$ c) $f(1) = -2$; $f(4) = 0$; $f(7) = 6$

Anwendungen

14 Ein Trinkglas hat innen die in Fig. 3 gezeigte Form. Der gekrümmte Teil ist ein Parabelbogen, der sich ohne Knick an die vorangehende Strecke anschließt.
a) Welches Volumen fasst das Glas?
b) Wie hoch stehen 0,15 Liter Flüssigkeit etwa in diesem Glas?

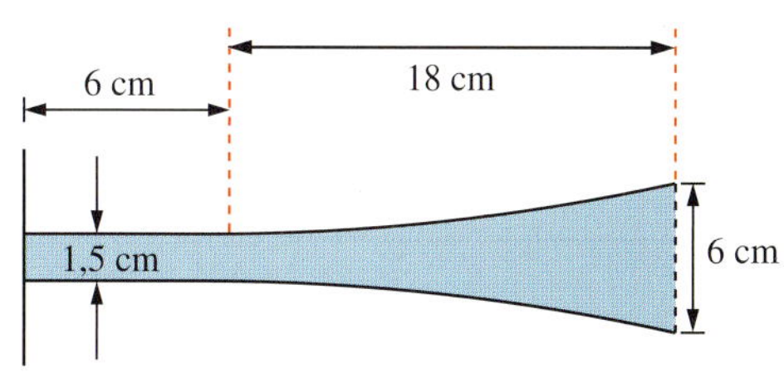

Fig. 3

15 Welche Arbeit wird verrichtet, wenn man ein 80 cm langes Seil, das senkrecht an einem Tisch hängt, vollständig auf den Tisch zieht (Fig. 4)? Das Seil erfährt eine Gewichtskraft von 15 N, die Reibung wird vernachlässigt.

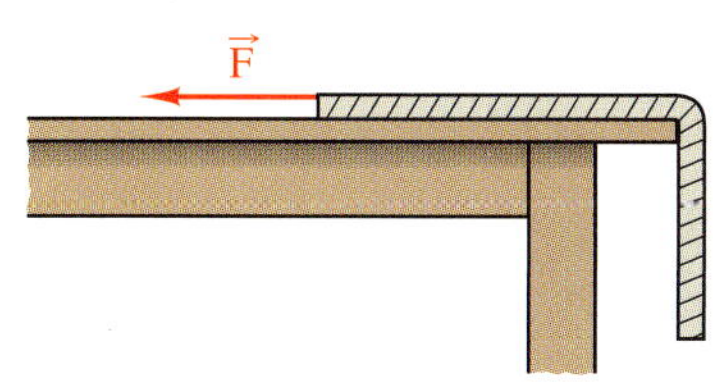

Fig. 4

16 Eine 20 m lange Kette, deren Gewicht 1200 N beträgt und die auf dem Boden liegt, wird mit einem Kran angehoben (Fig. 1).
a) Welche Kraft F(s) benötigt man, wenn bereits s Meter der Kette am Kran hängen, aber die restlichen $20 - s$ Meter noch am Boden liegen?
b) Welche Arbeit wird verrichtet, wenn die Kette so angehoben wird, dass sie senkrecht hängt und ein Ende den Boden berührt?

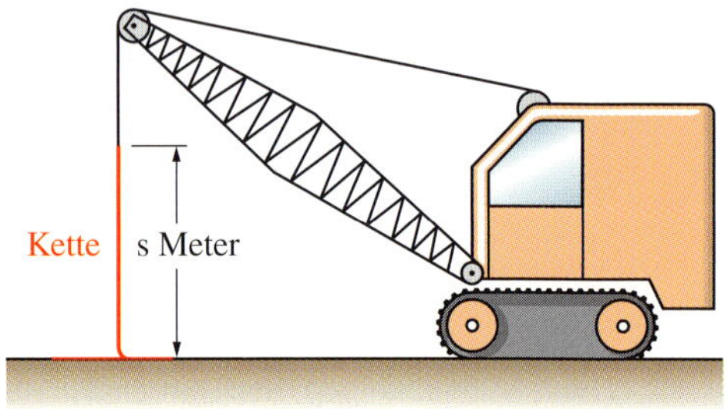

Fig. 1

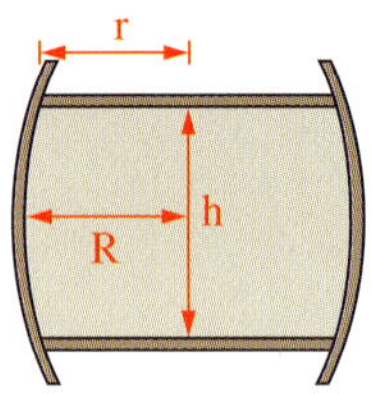

Fig. 2

17 Ein Fass hat innen die Höhe $h = 1{,}2\,m$, die Radien sind oben und unten $r = 0{,}80\,m$ und in der Mitte $R = 1{,}0\,m$ (Fig. 2).
a) Bestimmen Sie sein Volumen V. Wählen Sie dazu ein geeignetes Koordinatensystem und bestimmen Sie eine quadratische Funktion f, über deren Schaubild Sie das Fass als Rotationskörper erhalten.
b) Vergleichen Sie V mit den Volumina V_1 und V_2 von Zylindern, welche dieselbe Höhe h, aber die Radien $r_1 = \frac{1}{2}(R + r)$ bzw. $r_2 = \frac{1}{3}(2R + r)$ besitzen. Geben Sie die prozentualen Abweichungen von V_1 bzw. V_2 von V auf 2 Dezimalen gerundet an.

Die Wahrscheinlichkeitsverteilung von Aufgabe 18 wird ***Exponentialverteilung*** *genannt.*

18 Untersucht man die Lebensdauer von Geräten, so geht man oft davon aus, dass ein bestimmtes Gerät mit der Wahrscheinlichkeit $p(t) = \lambda \cdot e^{-\lambda t}$ mit $\lambda > 0$ im Zeitintervall $[t;\, t + \Delta t]$ einen Funktionsfehler zeigt.
a) Berechnen Sie durch Integration die Wahrscheinlichkeit p(t), mit der dieses Gerät im Zeitintervall [0; t] mindestens einen Funktionsfehler zeigt.
b) Zeigen Sie, dass $\lim\limits_{t \to \infty} p(t) = 1$ gilt. Was besagt dies anschaulich? Zeichnen Sie ein Schaubild der „Wahrscheinlichkeitsverteilung“ $p\colon t \mapsto p(t)$.
c) Für den „Erwartungswert E(p) von p“ gilt $E(p) = \int\limits_0^\infty s \cdot p(s)\,ds$. Zeigen Sie, dass F mit $F(x) = \frac{e^{ax}}{a^2}(ax - 1)$ eine Stammfunktion von $f\colon x \mapsto x \cdot e^{ax}$ ist und berechnen Sie damit E(p).
d) Berechnen Sie λ so, dass $p(3) = 0{,}5$ ist. Bestimmen Sie damit den Erwartungswert E(p), die Wahrscheinlichkeit p(6) sowie die Zeit t mit $p(t) = 0{,}9$.

Beweise und Anwendungen in Sätzen

Was besagt das Ergebnis von Aufgabe 19a) eigentlich?

19 a) Gegeben ist eine Funktion f mit $f(x) = px^3 + qx^2 + rx + s$. Zeigen Sie:
$\int\limits_a^b f(x)\,dx = \frac{1}{6}(b - a)\left[f(a) + 4 \cdot f\left(\frac{a+b}{2}\right) + f(b)\right]$.
b) Berechnen Sie das Integral $\int\limits_0^4 \left(\frac{1}{2}x^3 - 2x + 1\right)dx$ auf zwei verschiedene Arten.

Erläutern Sie die Fassregel von Kepler an den Schaubildern der Funktionen f und g von Aufgabe 20c).

20 Zu einer auf dem Intervall [a; b] definierten Funktion f wird die Funktion g definiert durch
$$g(x) = f(a) + \frac{f(b) - f(a)}{b - a} \cdot (x - a) + 2 \cdot \frac{f(a) - 2 \cdot f\left(\frac{a+b}{2}\right) + f(b)}{(b - a)^2}(x - a)(x - b).$$
a) Zeigen Sie, dass $g(a) = f(a)$, $g\left(\frac{a+b}{2}\right) = f\left(\frac{a+b}{2}\right)$ und $g(b) = f(b)$ gilt.
b) Begründen Sie, dass $\int\limits_a^b g(x)\,dx = \frac{1}{6}(b - a) \cdot \left[f(a) + 4 \cdot f\left(\frac{a+b}{2}\right) + f(b)\right]$ gilt.
c) Geben Sie g an für f mit $f(x) = \frac{4x^2}{x^2 + 4}$; $a = -2$ und $b = 4$.

Mathematische Exkursionen

Spiralen

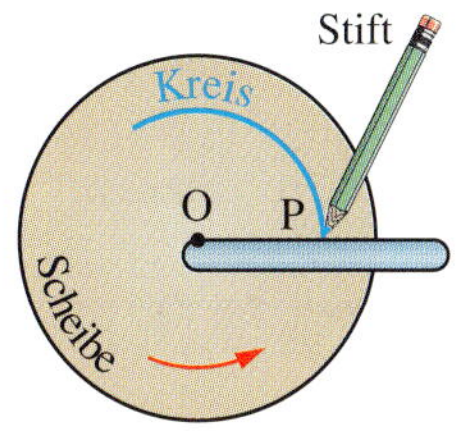

Fig. 1

1 Ein Blatt Papier liegt auf einer Scheibe, die sich um den Punkt O gleichmäßig entgegen dem Uhrzeiger dreht (Fig. 1). Hält man einen Zeichenstift am Punkt P der Führungsschiene an das Papier, so entsteht auf diesem offensichtlich ein Kreis. Wie kann man mit diesem Zeichengerät Spiralen erhalten, die den abgebildeten Figuren ähneln?

Auf einem Zeiger, der sich entgegengesetzt zum Uhrzeiger dreht, krabbelt ein Käfer P vom Mittelpunkt O gleichförmig zur Zeigerspitze.
Wenn sich der Zeiger in der Zeit t um den Winkel φ dreht und der Käfer dabei die Strecke s zurücklegt, so kann ein Beobachter leicht punktweise die Bahnkurve k konstruieren, auf der sich der Käfer bewegt (Fig. 2).

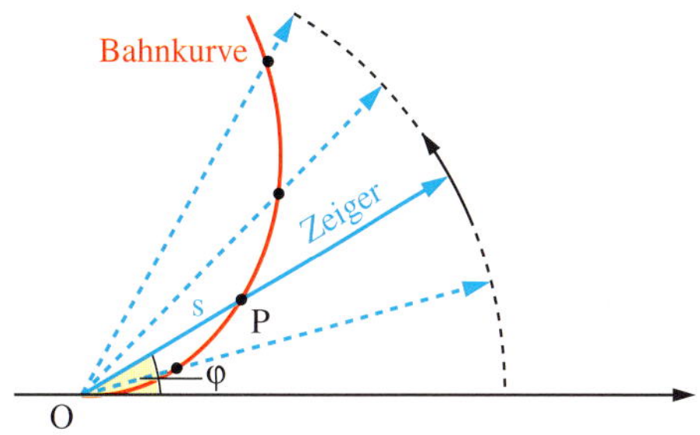

Fig. 2

Es ist aufwändig, die Bahnkurve k in einem kartesischen Koordinatensystem durch eine Gleichung zu beschreiben. Wird jedoch die Lage des Punktes P durch den Abstand r von O und den Winkel φ gegen eine Achse beschrieben, so schreibt man $P(r|\varphi)$ und spricht von den **Polarkoordinaten** (vgl. LS 11, S. 74f.) des Punktes P. Dabei werden Winkel hier immer im Bogenmaß gemessen. In Polarkoordinaten kann man eine Gleichung von k leicht angeben.
Wenn sich der Käfer auf dem Zeiger mit der Geschwindigkeit v bewegt, so gilt $r = v \cdot t$, und in dieser Zeit t dreht sich der Zeiger um den Winkel $\varphi = k \cdot t$. Eliminiert man t aus $r = v \cdot t$ und $\varphi = k \cdot t$, ergibt sich $r = c \cdot \varphi$ mit $c = \frac{v}{k}$.

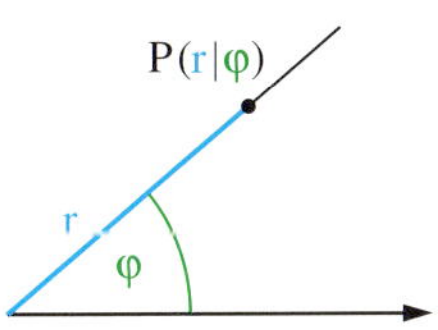

Bei dem erhaltenen Schaubild mit der Gleichung $r = c \cdot \varphi$, das Spirale von ARCHIMEDES heißt, wird zu jedem Winkel φ der Radius r geliefert durch die Funktion f mit $f(\varphi) = c \cdot \varphi$.
Viele elementare Funktionen mit bekannten Schaubildern in einem kartesischen Koordinatensystem haben ihre Entsprechung in Polarkoordinaten mit $r > 0$ und $\varphi \geqq 0$ oder $\varphi > 0$.

kartesische Koordinaten		**Polarkoordinaten**	
Gerade parallel zur x-Achse	$y = a$	Kreis um O mit Radius c	$r = c$
Gerade durch O	$y = ax$	**Spirale von ARCHIMEDES**	$r = c \cdot \varphi$
Parabel durch O	$y = ax^2$	Spirale von GALILEI	$r = c \cdot \varphi^2$
Schaubild der Wurzelfunktion $f: x \mapsto a \cdot \sqrt{x}$	$y = a \cdot \sqrt{x}$	Spirale von FERMAT	$r = c \cdot \sqrt{\varphi}$
Hyperbel	$y = \frac{a}{x}$	**hyperbolische Spirale**	$r = \frac{c}{\varphi}$
Schaubild der Funktion $f: x \mapsto \frac{a}{\sqrt{x}}$	$y = \frac{a}{\sqrt{x}}$	Lituus oder „Krummstab"	$r = \frac{c}{\sqrt{\varphi}}$
Schaubild der Exponentialfunktion $f: x \mapsto a \cdot e^x$	$y = a \cdot e^x$	**logarithmische Spirale**	$r = c \cdot e^{\varphi}$

Mathematische Exkursionen

Polarkoordinatenpapier

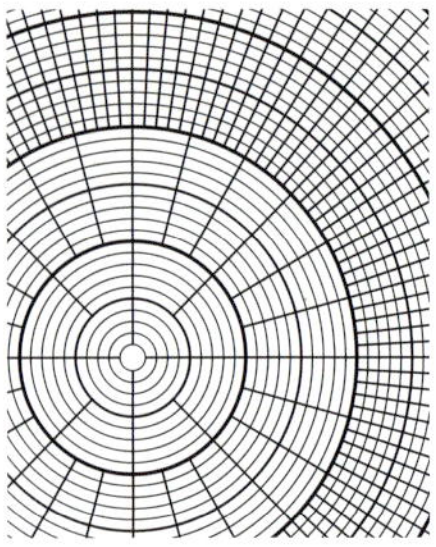

Das mühsame Zeichnen von Spiralen wird durch so genanntes Polarkoordinatenpapier sehr erleichtert. Mit einem Computer-Algebra-System wie MAPLE V kann das Zeichnen einer archimedischen Spirale durch ein Programm wie in Fig. 1 in einem Computer übertragen werden. Durch kleine Änderungen des Programms erhält man andere Spiralen.

```
restart: with(plots):
anfang:=0: ende:=8*Pi:
plot([2*phi,phi,
      phi=anfang..ende],
      coords=polar,
      scaling=constrained);
```

Fig. 1

In Fig. 2 bis Fig. 7 sind Beispiele für die verschiedenen Spiralen dargestellt.

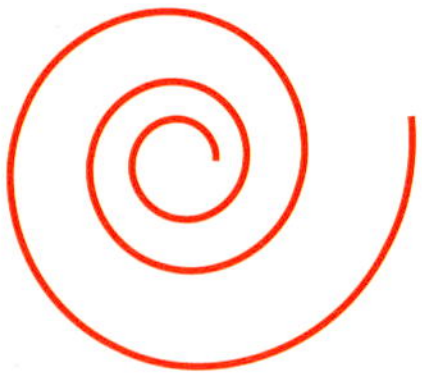

logarithmische Spirale
Fig. 5

Spirale von ARCHIMEDES
Fig. 2

Spirale von GALILEI
Fig. 3

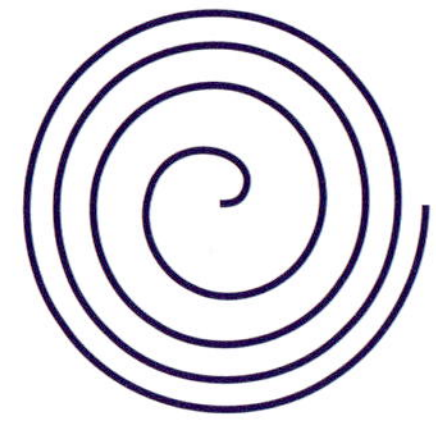

Spirale von FERMAT
Fig. 4

Fig. 6

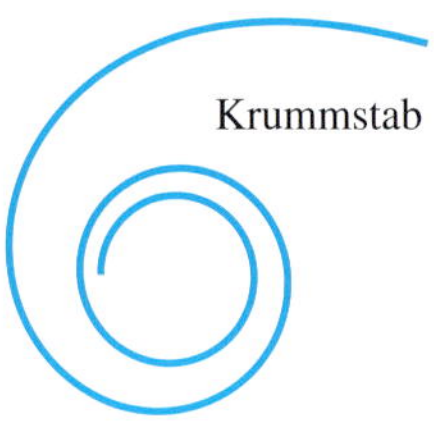

Fig. 7

2 Zeichnen Sie ein Schaubild mit der folgenden Gleichung im angegebenen Bereich.

a) $r = 0{,}5 \cdot \varphi$ für $0 \leqq \varphi \leqq 4\pi$ b) $r = \frac{6}{\varphi}$ für $\frac{1}{4}\pi \leqq \varphi \leqq 3\pi$ c) $r = 0{,}25 \cdot e^{\varphi}$ für $0 \leqq \varphi \leqq \pi$

3 Erstellen Sie ein Schaubild zu der folgenden Gleichung. Wählen Sie dabei einen geeigneten Bereich für die Winkelgröße φ.

a) $r = 0{,}4 \cdot \varphi$ b) $r = 1{,}2 \cdot \varphi$ c) $r = \frac{2}{\varphi}$ d) $r = \frac{1}{2\varphi}$ e) $r = 2 \cdot e^{\varphi}$
f) $f = 0{,}01 \cdot e^{0{,}1\varphi}$ g) $r = 0{,}05 \cdot \varphi^2$ h) $r = 2 \cdot \varphi^2$ i) $r = 3 \cdot \sqrt{\varphi}$ j) $r = \frac{0{,}1}{\sqrt{\varphi}}$

Man kann zwar die Ableitung einer Funktion f mit $f(\varphi) = 3 \cdot \varphi^2$, deren Schaubild in Polarkoordinaten die Spirale von GALILEI ist, unmittelbar berechnen. Doch ist die geometrische Bedeutung dieser Ableitung nicht unmittelbar einsichtig.

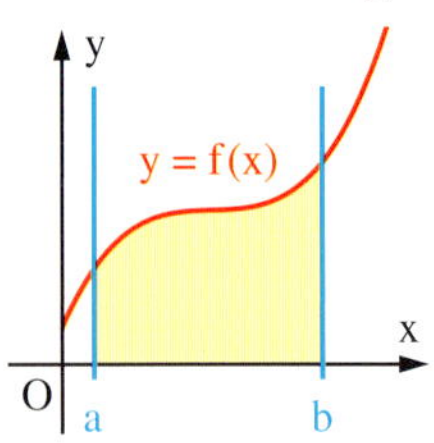

Fig. 8

Einfacher lässt sich das Problem der Flächenberechnung übertragen auf Kurven in Polarkoordinaten. Statt der Fläche zwischen einem Schaubild und der x-Achse über dem Intervall [a; b] (Fig. 8) soll der Inhalt der Fläche bestimmt werden zwischen einem Schaubild mit der Gleichung $r = f(\varphi)$ und den Geraden durch O, die mit der Achse die Winkel α und β einschließen mit $\alpha < \beta$ (Fig. 9). Es gilt:

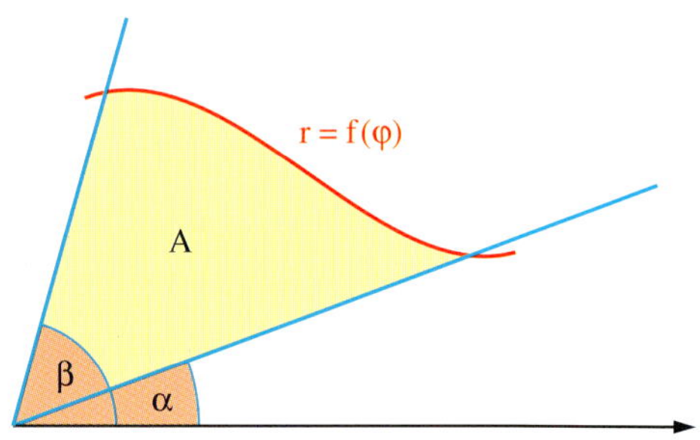

Fig. 9

Satz: Die Funktion f sei stetig auf dem Intervall $[\alpha; \beta]$ mit $\alpha \geqq 0$ und $f(\varphi) \geqq 0$ für alle $\varphi \in [\alpha; \beta]$. Dann gilt in Polarkoordinaten für den Inhalt A der Fläche zwischen dem Schaubild von f und den Geraden durch O, die mit der Achse die Winkel α und β einschließen:

$$A = \frac{1}{2}\int_{\alpha}^{\beta} (f(\varphi))^2 \, d\varphi. \qquad \textbf{(Sektorformel von Leibniz)}$$

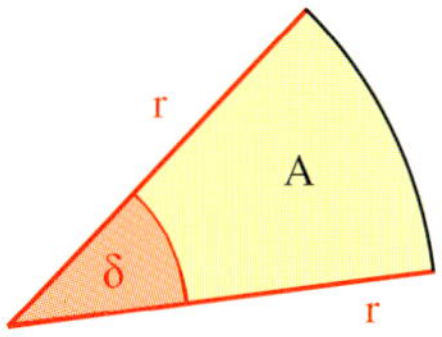

Fig. 1

Der Beweis der Sektorformel wird in Aufgabe 4 angeleitet. Dabei wird verwendet, dass ein Kreisausschnitt mit dem Radius r und dem Winkel δ den Inhalt $A = \pi r^2 \cdot \frac{\delta}{2\pi} = \frac{1}{2} \cdot r^2 \cdot \delta$ hat.

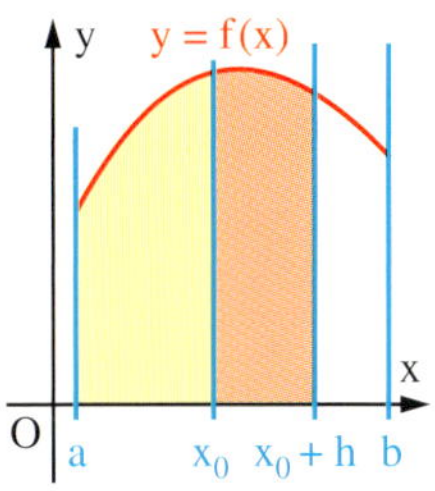

Fig. 2

4 Die Funktion f besitze die in der Sektorformel vorausgesetzten Eigenschaften.

a) Zeigen Sie, dass mit den Bezeichnungen von Fig. 3 gilt:
$\frac{1}{2}(f(\varphi_0))^2 \cdot \delta \leqq A(\varphi_0 + \delta) - A(\varphi_0) \leqq \frac{1}{2}(f(\varphi_0 + \delta))^2 \cdot \delta$.
Beachten Sie dabei, dass $\overline{OP} = f(\varphi_0)$ und $\overline{OQ} = f(\varphi_0 + \delta)$ ist. Vergleichen Sie dann den Inhalt der braun gefärbten Fläche mit dem Inhalt geeigneter Kreisausschnitte.

b) Welche Werte sind statt $f(\varphi_0 + \delta)$ und $f(\varphi_0)$ zu nehmen, wenn f nicht monoton ist?

c) Zeigen Sie mit der Behauptung von a), dass $A'(\varphi_0) = \frac{1}{2}(f(\varphi_0))^2$ gilt; leiten Sie damit durch Integration die Sektorformel her.

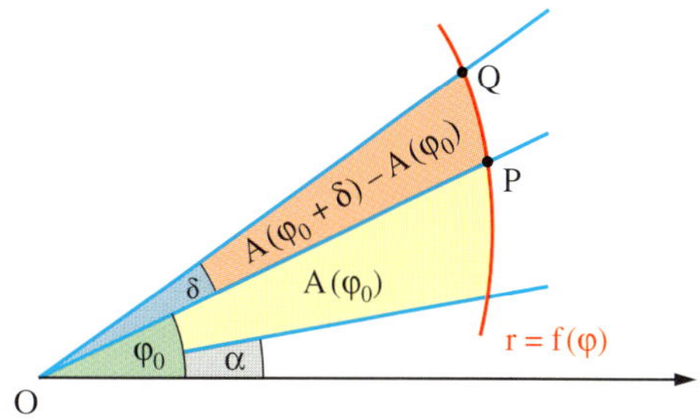

Fig. 3

5 Berechnen Sie den Inhalt der Fläche zwischen der archimedischen Spirale s und den Geraden durch O, die mit der Achse die Winkel α und β einschließen.

a) s: $r = 0{,}5 \cdot \varphi$; $\alpha = 0$ und $\beta = \frac{1}{2}\pi$

b) s: $r = 2 \cdot \varphi$; $\alpha = \frac{1}{4}\pi$ und $\beta = \frac{3}{4}\pi$

6 Zeichnen Sie das Schaubild k der Funktion f und berechnen Sie den Inhalt der Fläche zwischen k und den Geraden durch O, die mit der Achse die Winkel α und β einschließen.

a) $f(\varphi) = 0{,}5 \cdot \varphi^2$; $\alpha = 0$; $\beta = \pi$

b) $f(\varphi) = 2 \cdot \sqrt{\varphi}$; $\alpha = 0$; $\beta = \pi$

c) $f(\varphi) = \frac{3\pi}{2\varphi}$; $\alpha = \frac{1}{6}\pi$; $\beta = 2\pi$

d) $f(\varphi) = e^{0{,}2\varphi}$; $\alpha = 0$; $\beta = \frac{3}{2}\pi$

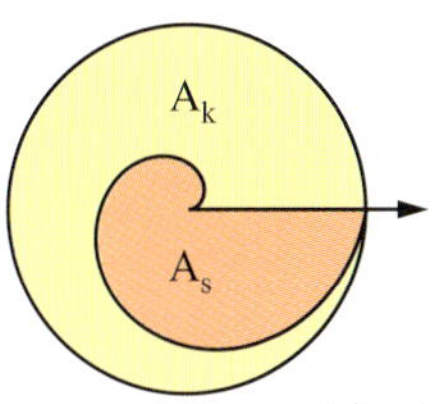

Fig. 4

7 In Fig. 4 sei A_s der Inhalt der von der archimedischen Spirale eingeschlossenen Fläche und A_k der Inhalt der Kreisfläche. Zeigen Sie, dass $A_k = 3A_s$ gilt.

8 Berechnen Sie den Inhalt der Fläche zwischen den Schaubildern von
f: $\varphi \mapsto 2 \cdot \varphi$ und g: $\varphi \mapsto 4 \cdot \sqrt{\varphi}$
sowie der Achse (Fig. 5).

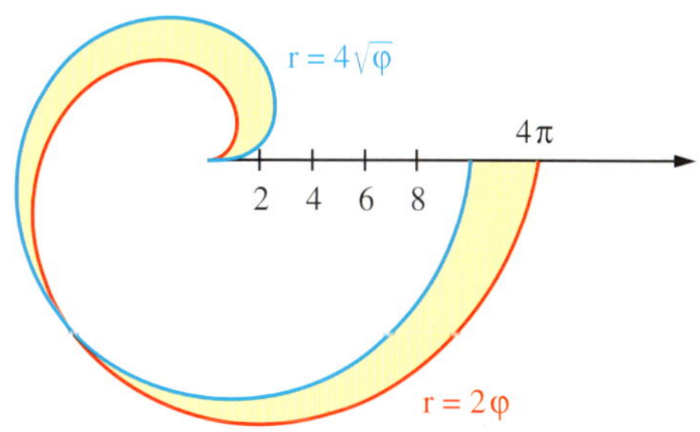

Fig. 5

Mosaik aus der Nähe von Pompeji (um 100 v. Chr.), das griechische Philosophen bei der „Arbeit" zeigt.

ARCHIMEDES (287–212 v. Chr.) schrieb ein Buch „Über Spiralen", in dem er die nach ihm benannte Spirale untersuchte. Er kannte bereits die Aussage von Aufgabe 7. Nach Plutarch fand er *„... im Allgemeinen jede Tätigkeit, die wegen praktischem Nutzen ausgeübt wird, niedrig und unedel, und er richtete sein Streben nur auf Dinge, die in ihrer Schönheit und Vortrefflichkeit außerhalb von jeglichem Kontakt mit der Nützlichkeit bleiben ... "*
Er erfand aber viele praktische Geräte wie den Flaschenzug und entdeckte physikalische Gesetze wie das Hebelgesetz.

Uneigentliche Integrale

Es gibt zwei Arten von uneigentlichen Integralen. Man untersucht

a) den Grenzwert von $\int_a^b f(x)\,dx$ für $b \to \infty$

b) den Grenzwert von $\int_z^b f(x)\,dx$ für $z \to a$

Für $b \to \infty$ gilt: $\int_1^b \frac{1}{x^2}\,dx = 1 - \frac{1}{b} \to 1$.

Für $z \to 0$ gilt: $\int_z^4 \frac{1}{2\sqrt{x}}\,dx = 2 - \sqrt{z} \to 2$.

Rauminhalte von Rotationskörpern

a) Rotation um die x-Achse
der Fläche zwischen dem Schaubild von f, der x-Achse und den Geraden mit den Gleichungen $x = a$ sowie $x = b$:

Volumen des Rotationskörpers: $V_x = \pi \cdot \int_a^b (f(x))^2\,dx$.

b) Rotation um die y-Achse
der Fläche zwischen dem Schaubild von f, der y-Achse und den Geraden mit den Gleichungen $y = c$ sowie $y = d$:

Volumen des Rotationskörpers: $V_y = \pi \cdot \int_c^d (\bar{f}(x))^2\,dx$.

$f(x) = \sqrt{x^2 + 1}$ mit $x \geqq 0$,
a) Rotation um die x-Achse:
$a = 0$ und $b = 3$ ergeben

$$V_x = \pi \int_0^3 (\sqrt{x^2 + 1})^2\,dx = \pi \int_0^3 (x^2 + 1)\,dx = 12\pi.$$

b) Rotation um die y-Achse:
$f(y) = \sqrt{y^2 - 1}$; $c = 1$ und $d = 2$ ergeben

$$V_x = \pi \int_1^2 (\sqrt{y^2 - 1})^2\,dx = \pi \int_1^2 (y^2 - 1)\,dy = \tfrac{4}{3}\pi.$$

Näherungsweise Berechnung von Integralen

a) KEPLER-Regel: $\int_a^b f(x)\,dx \approx \frac{1}{6}(b - a)\left[f(a) + 4 \cdot f\left(\frac{a+b}{2}\right) + f(b)\right]$

b) SIMPSON-Regel:

$$\int_a^b f(x)\,dx \approx \frac{1}{3} \cdot \frac{b-a}{n} \cdot [y_0 + y_n + 4 \cdot (y_1 + \ldots + y_{n-1}) + 2 \cdot (y_2 + \ldots + y_{n-2})]$$

a) KEPLER-Regel: $\int_1^5 \frac{13}{1 + x^2}\,dx$

$$\approx \tfrac{1}{6}(5 - 1)\left[\tfrac{13}{2} + 4 \cdot \tfrac{13}{10} + \tfrac{1}{2}\right] = \tfrac{122}{15}$$

b) SIMPSON-Regel mit $n = 4$: $\int_1^5 \frac{13}{1 + x^2}\,dx$

$$\approx \tfrac{1}{3}\,\tfrac{5-1}{4}\left(\tfrac{13}{2} + \tfrac{1}{2} + 4\left(\tfrac{13}{5} + \tfrac{13}{17}\right) + 2 \cdot \tfrac{13}{10}\right) = \tfrac{392}{51}$$

Mittelwert von Funktionen

$\overline{m} = \frac{1}{b-a} \cdot \int_a^b f(x)\,dx$ ist der Mittelwert der Funktion f auf [a; b].

$f(x) = 4 - x^2$, $a = 0$ und $b = 3$ ergeben

$$\overline{m} = \tfrac{1}{3-0} \int_0^3 (4 - x^2)\,dx = \tfrac{1}{3}\left[4x - \tfrac{1}{3}x^3\right]_0^3 = 1.$$

Integration von Produkten

$$\int_a^b u(x) \cdot v'(x)\,dx = [u(x) \cdot v(x)]_a^b - \int_a^b u'(x) \cdot v(x)\,dx$$

$$\int_0^1 x \cdot e^{2x}\,dx = \left[x \cdot \tfrac{1}{2}e^{2x}\right]_0^1 - \int_0^1 1 \cdot \tfrac{1}{2}e^{2x}\,dx = \tfrac{1}{4}(e^2 + 1)$$

Integration durch Substitution

$\int_a^b f(g(x)) \cdot g'(x)\,dx = \int_{g(a)}^{g(b)} f(z)\,dz$; Sonderfall: $\int_a^b \frac{g'(x)}{g(x)}\,dx = [\ln|g(x)|]_a^b$

$$\int_0^1 (1 + x^2)^5 \cdot 2x\,dx = \int_1^2 z^5\,dz = \tfrac{21}{2}$$

mit $z = g(x) = 1 + x^2$

Integration durch Substitution der Integrationsvariablen

$$\int_a^b f(x)\,dx = \int_{\bar{g}(a)}^{\bar{g}(b)} f(g(t)) \cdot g'(t)\,dt$$

$$\int_0^1 \frac{512x^3}{\sqrt{25 - 16x^2}}\,dx = \int_{25}^9 \frac{t - 25}{\sqrt{t}}\,dt = \tfrac{104}{3}$$

mit $t = \bar{g}(x) = 25 - 16x^2$

Integration durch Partialbruchzerlegung

Umformung des Integranden gemäß $\frac{ax + b}{(x - x_1)(x - x_2)} = \frac{A}{x - x_1} + \frac{B}{x - x_2}$

$$\int_0^1 \frac{4x + 1}{(x + 2)(x - 5)}\,dx = \int_0^1 \left(\frac{1}{x + 2} + \frac{3}{x - 5}\right)dx = \ln\frac{96}{125}$$

1 Das Schaubild von f und die x-Achse begrenzen über dem angegebenen Intervall eine Fläche. Zeigen Sie, dass diese Fläche einen (endlichen) Flächeninhalt hat, und geben Sie diesen an.

a) $f(x) = \frac{6}{x^2}$; $[1; \infty)$ b) $f(x) = \frac{3}{(2x-5)^2}$; $(-\infty; 2]$ c) $f(x) = e^{3-2x}$; $[0; \infty)$

d) $f(x) = 4 \cdot e^{5+2x}$; $(-\infty; 2]$ e) $f(x) = \frac{2}{\sqrt{x-2}}$; $(2; 6]$ f) $f(x) = \frac{2+3\sqrt{1-2x}}{\sqrt{1-2x}}$; $\left[-4; \frac{1}{2}\right)$

2 Die beschriebene Fläche rotiert um die x-Achse. Bestimmen Sie das Volumen des entstehenden Rotationskörpers.

a) Fläche zwischen dem Schaubild von $f: x \mapsto \frac{1}{2x}$ und der x-Achse über $[1; 4]$.

b) Fläche zwischen dem Schaubild von $f: x \mapsto 4 - x^2$ und der x-Achse.

c) Fläche zwischen den Schaubildern von $f: x \mapsto e^x$ und $g: x \mapsto \frac{1}{2}x$ über $[0; 3]$.

d) Fläche zwischen den Schaubildern von $f: x \mapsto \frac{6}{x}$ und $g: x \mapsto -x + 7$.

3 Die beschriebene Fläche rotiert um die y-Achse. Bestimmen Sie das Volumen des entstehenden Rotationskörpers.

a) Fläche zwischen dem Schaubild von $f: x \mapsto \frac{24}{x}$ für $x > 0$, den Geraden mit den Gleichungen $y = 1$ und $y = 4$ sowie der y-Achse.

b) Fläche zwischen den Schaubildern von $f: x \mapsto \frac{3}{x}$ und $g: x - \frac{6}{x}$ für $x > 0$ sowie den Geraden mit den Gleichungen $y = 1$ und $y = 3$.

4 Das Schaubild der Funktion f mit $f(x) = x^2$ und die Gerade mit der Gleichung $y = 2x$ begrenzen im ersten Feld eine Fläche A. Rotiert A um die x-Achse bzw. die y-Achse, entstehen zwei Rotationskörper mit den Volumina V_x bzw. V_y. Berechnen Sie V_x, V_y sowie $V_x : V_y$.

5 Berechnen Sie mit der Fassregel von KEPLER sowie mit der Regel von SIMPSON für $n = 4$ und $n = 6$ je einen auf vier Dezimalen gerundeten Näherungswert für die folgenden Integrale.

a) $\int_0^4 \frac{6}{x^2+2}\,dx$ b) $\int_0^2 \sqrt{16+4x^2}\,dx$ c) $\int_1^2 \frac{e^{2x^2}}{x+1}\,dx$ d) $\int_\pi^{2\pi} \sin\frac{x^2}{2\pi}\,dx$

6 Bestimmen Sie den Mittelwert der Funktion f mit $f(x) = x^3 - 9x$ auf dem Intervall $[-2; 3]$.

7 Ein Behälter (Fig. 1) hat eine quadratische Grundfläche mit der Seitenlänge 1 m und der Höhe 1 m; er ist ganz mit Öl gefüllt. Ein Liter Öl erfährt eine Gewichtskraft von 9,1 N.
Welche Arbeit ist nötig, um den Behälter über die obere Kante ganz zu entleeren?

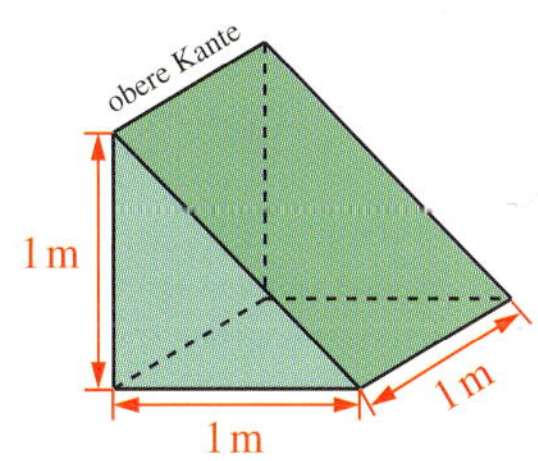

Fig. 1

8 Berechnen Sie durch Produktintegration.

a) $\int_0^2 x \cdot (x-2)^4\,dx$ b) $\int_0^1 x \cdot e^{3-2x}\,dx$ c) $\int_1^2 (2x-4) \cdot e^{x-1}\,dx$ d) $\int_0^{2\pi} x^2 \cdot \sin(1-x)\,dx$

9 Berechnen Sie mit einer geeigneten Substitution.

a) $\int_0^2 6x \cdot \sqrt{4+3x^2}\,dx$ b) $\int_1^3 \frac{x+1}{2x+x^2}\,dx$ c) $\int_1^2 2x \cdot e^{4-x^2}\,dx$ d) $\int_0^3 4x \cdot \sin(\pi x^2)\,dx$

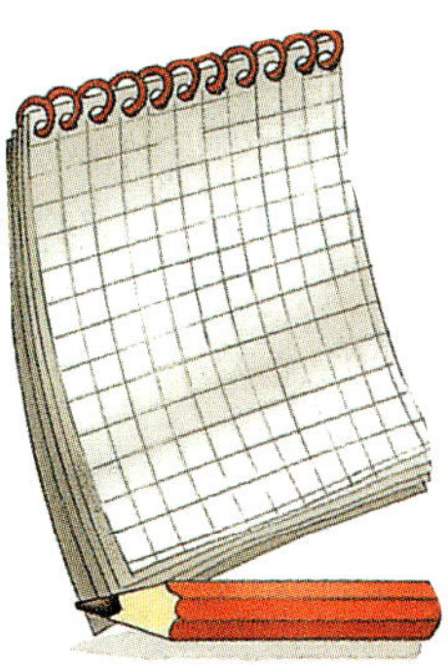

Die Lösungen zu den Aufgaben dieser Seite finden Sie auf Seite 297.

10 Berechnen Sie durch Substitution der Integrationsvariablen.

a) $\int_1^2 \frac{x+1}{(x-3)^2}\,dx$ b) $\int_{1,5}^4 \frac{x}{\sqrt{1+2x}}\,dx$ c) $\int_0^{\ln 2} \frac{e^x+2}{e^x+1}\,dx$ d) $\int_0^{0,5} \sqrt{1-4x^2}\,dx$

1 Trigonometrische Funktionen und ihre Ableitungen

Steigungswinkel α = 10°

Steigungswinkel α = 20°

Steigungswinkel α = 80°

1 a) Welche Zahl ist auf dem Verkehrsschild für die Passstraße einzutragen?
b) Welche Einträge würden sich ergeben, wollte man bei der Bergbahn und der Klettersteilwand ebenfalls „Verkehrsschilder" anbringen?
c) Für $\alpha \in (0°; 45°)$ gilt $\tan 2\alpha > 2\tan\alpha$. Bestätigen Sie dies rechnerisch und zeichnerisch anhand von Beispielen.
d) Warum lässt sich $\tan 90°$ nicht sinnvoll definieren?

Periodische Vorgänge treten in Natur und Technik häufig auf. Zu ihrer Beschreibung sind die trigonometrischen Funktionen von besonderer Bedeutung.
Im Folgenden werden bisherige Kenntnisse über die Sinus- und Kosinusfunktion zusammengefasst (vgl. LS 10, S. 200 ff. und LS 11, S. 142 ff.) und die Tangensfunktion eingeführt.

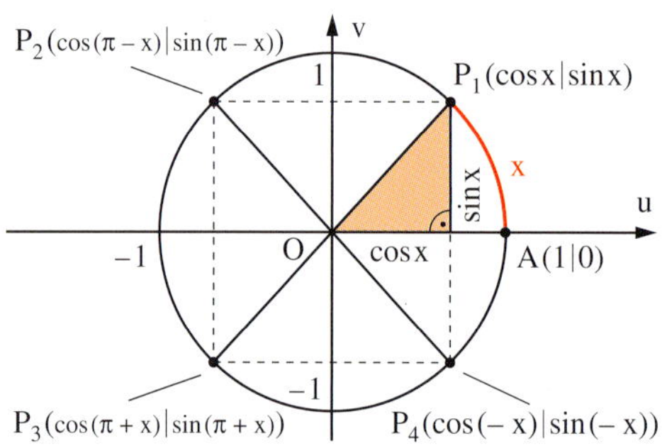

Fig. 1

Fig. 1 veranschaulicht die Zuordnung bei der Sinusfunktion bzw. der Kosinusfunktion: Sie ordnet der Maßzahl x der Länge des Bogens AP_1 im Einheitskreis die Ordinate bzw. die Abszisse von P_1 zu.
Für jede ganze Zahl k ist $\sin(x + k\cdot 2\pi) = \sin x$ bzw. $\cos(x + k\cdot 2\pi) = \cos x$.
Damit ist die Sinusfunktion $f: x \mapsto \sin x$ bzw. die Kosinusfunktion $g: x \mapsto \cos x$ auf $\mathbb{R}$ definiert.

Hat f die Periode p, so gilt $f(x + k\cdot p) = f(x)$ für jede ganze Zahl k und alle x, $x + k\cdot p \in D_f$.

Eine Funktion f heißt **periodisch**, wenn es eine Zahl $p \neq 0$ gibt, sodass $f(x + p) = f(x)$ für alle $x, x + p \in D_f$ gilt. Die kleinste positive Zahl p mit dieser Eigenschaft nennt man **Periode** von f. Die Sinusfunktion und die Kosinusfunktion sind periodisch mit der Periode 2π. Ihre Schaubilder sind daher jeweils verschiebungssymmetrisch.

Fig. 1 zeigt, dass $\sin(-x) = -\sin x$ und $\sin x = \sin(\pi - x)$ ist. Damit ist das Schaubild der Sinusfunktion symmetrisch zum Ursprung und zur Geraden mit der Gleichung $x = \frac{1}{2}\pi$.
Fig. 1 zeigt auch, dass $\cos(-x) = -\cos x$ und $\cos x = -\cos(\pi - x)$ ist. Das Schaubild der Kosinusfunktion ist damit symmetrisch zur y-Achse und zum Punkt $P\left(\frac{1}{2}\pi \middle| 0\right)$.
Für f mit $f(x) = \sin x$ ist $f'(x) = \cos x$, für g mit $g(x) = \cos x$ ist $g'(x) = -\sin x$. Die Wertemenge von f und g ist jeweils $[-1; 1]$, der Betrag der Steigungen der Schaubilder ist höchstens 1.

Mithilfe der hier angegebenen Symmetrien lässt sich das gesamte Schaubild der Sinus- bzw. der Kosinusfunktion jeweils aus dem Teilstück über dem Intervall $[0; \frac{1}{2}\pi]$ erzeugen.

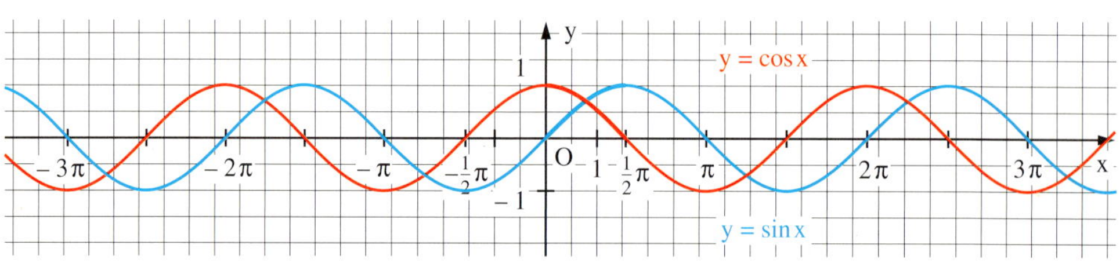

Fig. 2

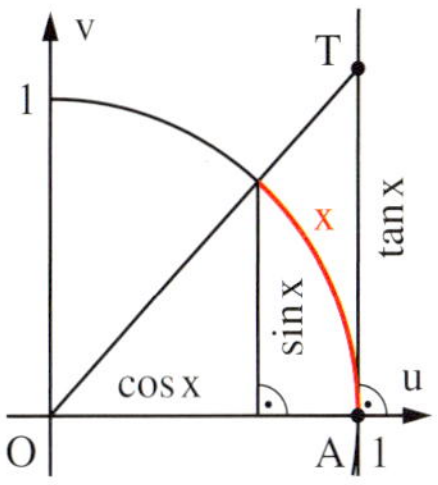

Fig. 1

Versteht man unter tan x für $x \in \left[0; \frac{1}{2}\pi\right)$ die Maßzahl der Streckenlänge von AT (vgl. Fig. 1), so gilt $\tan x : 1 = \sin x : \cos x$. Dieser Zusammenhang wird benutzt, um tan x auch außerhalb dieses Intervalls festzulegen: $\mathbf{\tan x} = \frac{\sin x}{\cos x}$.

Hierbei sind die Nullstellen von cos x $(\ldots, -\frac{3}{2}\pi, -\frac{1}{2}\pi, \frac{1}{2}\pi, \frac{3}{2}\pi, \ldots)$ Definitionslücken.

Die Funktion $h: x \mapsto \tan x$ heißt **Tangensfunktion**.

Für $x \to \frac{1}{2}\pi$ und $x < \frac{1}{2}\pi$ gilt $\tan x \to \infty$, die Gerade mit der Gleichung $x = \frac{1}{2}\pi$ ist also senkrechte Asymptote des Schaubilds der Tangensfunktion.

Wegen $\tan(-x) = \frac{\sin(-x)}{\cos(-x)} = \frac{-\sin x}{\cos x} = -\tan x$ ist das Schaubild punktsymmetrisch zum Ursprung.

Es gilt $\tan(x + \pi) = \frac{\sin(x + \pi)}{\cos(x + \pi)} = \frac{-\sin x}{-\cos x} = \tan x$.

Die Periode der Tangensfunktion ist daher π, ihr Schaubild ist verschiebungssymmetrisch.

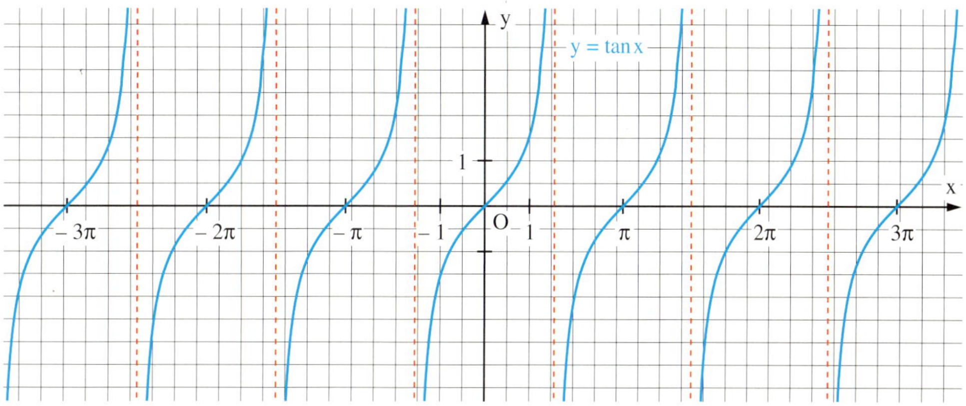

Fig. 2

Die Ableitung von h mit $h(x) = \tan x$ erhält man mit der Quotientenregel:

Mit $\tan x = \frac{\sin x}{\cos x}$ ist $h'(x) = \frac{\cos x \cdot \cos x - \sin x \cdot (-\sin x)}{\cos^2 x} = \frac{\cos^2 x + \sin^2 x}{\cos^2 x} = \frac{1}{\cos^2 x}$.

Überblick über die trigonometrischen Funktionen				
Funktion	Ableitung	Periode	Definitionsmenge	Wertemenge
f mit $f(x) = \sin x$	$f'(x) = \cos x$	2π	$D_f = \mathbb{R}$	$W_f = [-1; 1]$
g mit $g(x) = \cos x$	$g'(x) = -\sin x$	2π	$D_g = \mathbb{R}$	$W_g = [-1; 1]$
h mit $h(x) = \tan x$	$h'(x) = \frac{1}{\cos^2 x}$	π	$D_h = \mathbb{R} \setminus \left\{x \mid x = \frac{1}{2}\pi + k\pi;\ k \in \mathbb{Z}\right\}$	$W_h = \mathbb{R}$

Beispiel: (Ableitung und Stammfunktion)

a) Bestimmen Sie die Ableitung von f mit $f(x) = \frac{1}{2}\tan(x^2 + 1)$.

b) Bestimmen Sie eine Stammfunktion von h mit $h(x) = \tan x$.

Lösung:

a) Mit der Kettenregel gilt: $f'(x) = \frac{1}{2} \cdot \frac{2x}{\cos^2(x^2 + 1)} = \frac{x}{\cos^2(x^2 + 1)}$.

b) Es gilt $h(x) = \frac{\sin x}{\cos x} = -\frac{-\sin x}{\cos x}$; mit $u(x) = \cos x$ ist $u'(x) = -\sin x$ und $h(x) = -\frac{u'(x)}{u(x)}$.

Somit ist nach Satz 2, Seite 185 die Funktion H mit $H(x) = -\ln|\cos x|$ eine Stammfunktion von h.

Aufgaben

$180° \triangleq \pi \approx 3$
$60° \triangleq \frac{1}{3}\pi \approx 1$

2 Geben Sie die Winkel im Bogenmaß als Bruchteile von π an.
a) 30°; 45°; 60°; 9°; 24°; 15°; 10°; 75°; 90° b) 150°; 135°; 100°; 225°; 200°; 330°

3 Geben Sie die Winkel im Gradmaß an (ggf. auf eine Dezimale gerundet).
a) $\frac{1}{20}\pi$; $\frac{1}{8}\pi$; $\frac{1}{6}\pi$; $\frac{1}{3}\pi$ b) $\frac{5}{6}\pi$; $\frac{13}{12}\pi$; $\frac{11}{9}\pi$; $\frac{7}{24}\pi$
c) 0,1; 0,45; 1; 1,22 d) 2,25; 3,56; 2,34; 6

Bei Berechnungen im Bogenmaß:
Taschenrechner auf RAD umstellen!

4 Bestimmen Sie den Tangenswert (ggf. auf zwei Dezimalen gerundet).
a) $\tan 0{,}5$ b) $\tan\frac{\pi}{6}$ c) $\tan 1$
d) $\tan(-1{,}5)$ e) $\tan\left(\frac{\pi}{2} - 0{,}001\right)$ f) $\tan(-12)$

Wenn möglich sind stets die exakten Werte anzugeben!

5 Bestimmen Sie die Lösungen im Intervall $[0; 2\pi)$. Runden Sie ggf. auf 2 Dezimalen.
a) $\tan x = 1$ b) $\tan x = 2$ c) $\tan x = -0{,}4$
d) $\tan x = \sqrt{3}$ e) $\tan x = 1000$ f) $\tan x = 1001$

x	sin x	cos x	tan x
0	0	1	0
$\frac{1}{6}\pi$	$\frac{1}{2}$	$\frac{\sqrt{3}}{2}$	$\frac{\sqrt{3}}{3}$
$\frac{1}{4}\pi$	$\frac{\sqrt{2}}{2}$	$\frac{\sqrt{2}}{2}$	1
$\frac{1}{3}\pi$	$\frac{\sqrt{3}}{2}$	$\frac{1}{2}$	$\sqrt{3}$
$\frac{1}{2}\pi$	1	0	–

Exakte Werte der trigonometrischen Funktionen lassen sich bestimmen für ganzzahlige Vielfache von:
$\frac{1}{6}\pi, \frac{1}{4}\pi, \frac{1}{3}\pi, \frac{1}{2}\pi, \pi.$

6 Bestimmen Sie alle $x \in \mathbb{R}$, für die gilt.
a) $\tan x = -1$ b) $|\tan x| = \sqrt{3}$ c) $\tan x < 0$
d) $\tan x < \frac{\sqrt{3}}{3}$ e) $-1 < \tan x < \sqrt{3}$ f) $|\tan x| < \frac{\sqrt{3}}{3}$

7 Bestimmen Sie sin x, cos x, tan x und die Ableitung der Tangensfunktion an der Stelle x.
a) $x = \frac{1}{3}\pi$ b) $x = \frac{3}{4}\pi$ c) $x = -\frac{1}{6}\pi$ d) $x = \frac{9}{2}\pi$
e) $x = \frac{31}{6}\pi$ f) $x = -\frac{13}{4}\pi$ g) $x = -\frac{40}{3}\pi$ h) $x = -6\frac{1}{6}\pi$

8 Bestimmen Sie f′(x).
a) $f(x) = \sin x + \tan x$ b) $f(x) = \sin x \cdot \tan x$ c) $f(x) = \frac{\cos x}{\tan x}$ d) $f(x) = \frac{\tan x}{2}$
e) $f(x) = \tan(2x)$ f) $f(x) = \tan(x^2)$ g) $f(x) = \tan^2 x$ h) $f(x) = \frac{2}{\tan x}$

9 Bestimmen Sie eine Stammfunktion von f.
a) $f(x) = -2 \cdot \sin x$ b) $f(x) = 2 + x - \cos x$ c) $f(x) = 2 \cdot \sin x \cdot \cos x$ d) $f(x) = 4(\cos x)^{-2}$
e) $f(x) = \frac{1}{\tan x}$ f) $f(x) = 1 + \tan^2 x$ g) $f(x) = \tan^2 x$ h) $f(x) = \frac{1}{\sin x \cdot \cos x}$

10 Gegeben ist die Funktion f mit $f(x) = \tan x - x$; hierbei ist $-\frac{3}{2}\pi < x < \frac{3}{2}\pi$ und $x \neq \pm\frac{1}{2}\pi$. Ihr Schaubild sei K.
a) Untersuchen Sie K auf Symmetrie.
b) Ermitteln Sie die Schnittpunkte von K mit der x-Achse; verwenden Sie ggf. das NEWTON-Verfahren.
c) Ermitteln Sie die Punkte mit waagerechter Tangente sowie die Wendepunkte von K.
d) Skizzieren Sie K.

11 Der Term **cot x** (lies: Kotangens x) ist durch $\cot(x) = \frac{\cos x}{\sin x}$ festgelegt.
Die Funktion $k: x \mapsto \cot x$ heißt **Kotangensfunktion**.
a) Bestimmen Sie die Definitionsmenge der Kotangensfunktion.
b) Untersuchen Sie das Schaubild der Kotangensfunktion auf Symmetrien.
c) Skizzieren Sie ein Schaubild der Kotangensfunktion.

2 Die Funktionen $f: x \mapsto a \cdot \sin[b(x-c)]$ und ihre Schaubilder

1 Die Funktion f (vgl. Panorama-Aufnahme) ordnet der Zeitdauer t (in Std.) nach Mitternacht die Sonnenhöhe bezüglich der eingetragenen Achse auf den Bildern (in mm) zu. Die Funktion f lässt sich durch $f(t) = a \cdot \sin[b(t-c)]$ mit $-2 \leqq t \leqq 13$ beschreiben.

a) Begründen Sie, dass der Ansatz $f(t) = \sin[b(t-c)]$ sinnvoll ist.

b) Versuchen Sie b und c zu ermitteln, z. B. mithilfe von Punktproben.

Viele periodische Vorgänge lassen sich zwar nicht mit der Sinusfunktion, aber doch durch eine Funktion f mit $f(x) = a \cdot \sin[b(x-c)]$ beschreiben.
Im Folgenden wird am Beispiel der Funktion f_3 mit $f_3(x) = 3 \cdot \sin\left[2\left(x - \frac{1}{2}\pi\right)\right]$ gezeigt, wie man sich ihr Schaubild in drei Schritten aus dem Schaubild der Sinusfunktion entstanden denken kann.

Durchläuft x die Zahlen von 0 bis π, so durchläuft 2x bereits die Zahlen von 0 bis 2π, also eine volle Periode der Sinusfunktion (vgl. Fig. 1). Die Periode von f_2 ist damit π.

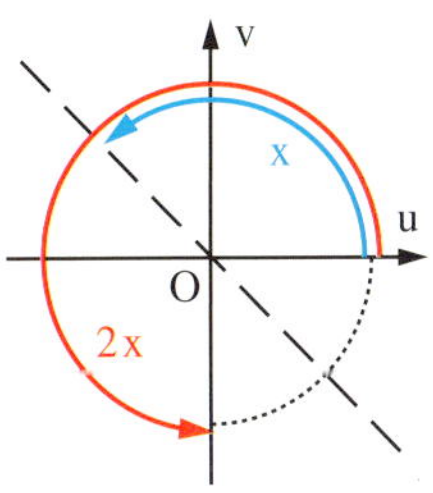

Fig. 1

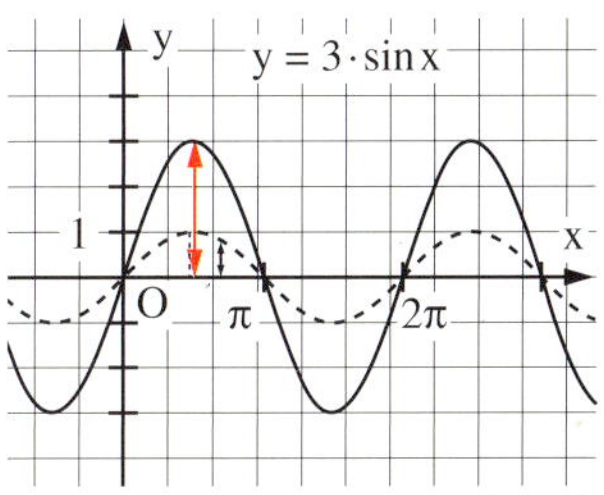

Fig. 2

Das Schaubild von f_1 mit $f_1(x) = 3 \cdot \sin x$ kann man sich aus dem Schaubild der Sinusfunktion durch eine Streckung in y-Richtung mit dem Faktor 3 entstanden denken.

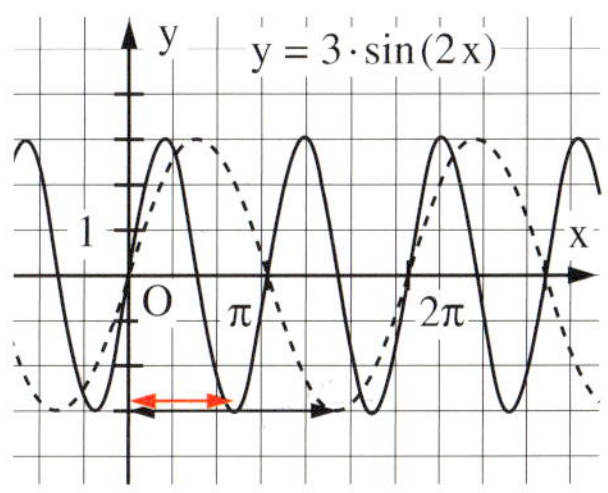

Fig. 3

Das Schaubild von f_2 mit $f_2(x) = 3 \cdot \sin(2x)$ kann man sich aus dem Schaubild von f_1 durch eine Streckung in x-Richtung mit dem Faktor $\frac{1}{2}$ entstanden denken (vgl. Randspalte).

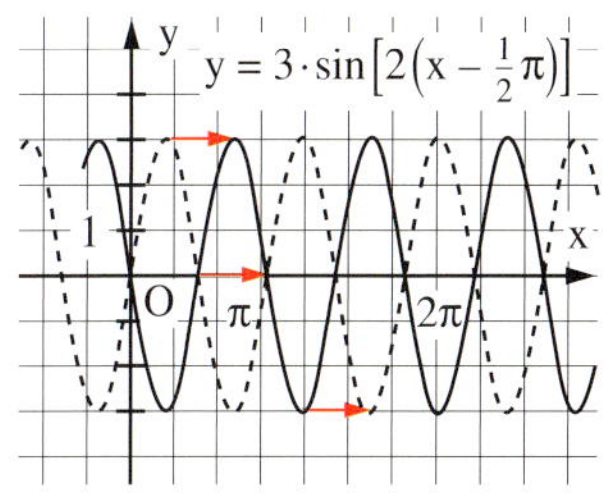

Fig. 4

Das Schaubild von f_3 mit $f_3(x) = 3 \cdot \sin\left[2\left(x - \frac{1}{2}\pi\right)\right]$ kann man sich aus dem Schaubild von f_2 durch eine Verschiebung um $\frac{1}{2}\pi$ in x-Richtung entstanden denken.

Wie äußert sich eine Verschiebung um d in y-Richtung im Funktionsterm?

Entsprechende Überlegungen gelten für beliebige $a > 0$, $b > 0$ und $c \in \mathbb{R}$.
Für die Periode p von f gilt damit allgemein: $p = \frac{2\pi}{b}$.

In den Fällen $a < 0$ bzw. $b < 0$ geht man vom Schaubild der Funktion k mit $k(x) = -\sin x$ aus bzw. man formt $f(x)$ zunächst mithilfe der Beziehung $a \cdot \sin[b(x-c)] = -a \cdot \sin[-b(x-c)]$ um (vgl. Aufg. 3c), d), e) und f), Seite 208).

> Das Schaubild von f mit $f(x) = a \cdot \sin[b(x-c)]$ und $a > 0$, $b > 0$, $c \in \mathbb{R}$ kann man sich aus dem Schaubild der Sinusfunktion schrittweise entstanden denken durch:
> – Streckung in y-Richtung mit dem Faktor a, → Amplitude
> – Streckung in x-Richtung mit dem Faktor $\frac{1}{b}$,
> – Verschiebung in x-Richtung um c.
> Für die Periode p von f gilt: $p = \frac{2\pi}{b}$.

Beispiel: (Beschreiben und Skizzieren eines Schaubilds)
Wie kann man sich das Schaubild K der Funktion f mit $f(x) = 2{,}5 \cdot \sin\left(\frac{1}{2}x + \frac{1}{2}\pi\right)$ aus dem Schaubild der Sinusfunktion entstanden denken?
Bestimmen Sie die Periode p von f und nennen Sie für das Intervall [0; p) die gemeinsamen Punkte mit der x-Achse sowie die Extrem- und Wendepunkte. Skizzieren Sie K.

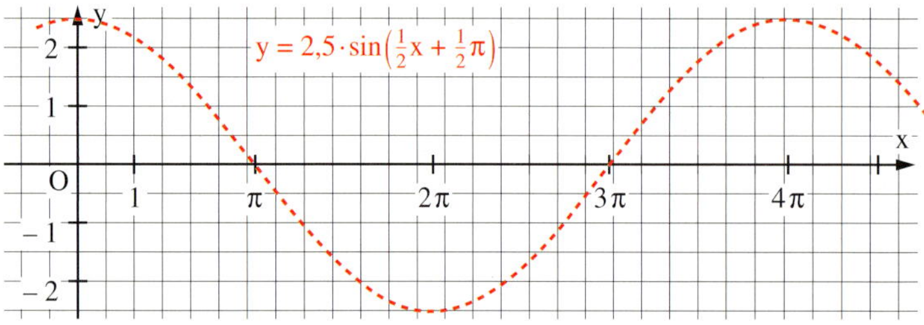

Fig. 1

Lösung:
Es gilt $f(x) = 2{,}5 \cdot \sin\left[\frac{1}{2}(x - (-\pi))\right]$, also:
Streckung in y-Richtung mit dem Faktor 2,5,
Streckung in x-Richtung mit dem Faktor 2,
Verschiebung in x-Richtung um $-\pi$.
Es gilt $p = 4\pi$. In $[0; 4\pi)$ sind $N_1(\pi|0)$ und $N_2(3\pi|0)$ Schnittpunkte mit der x-Achse und Wendepunkte. $T(2\pi|-2{,}5)$ ist ein Tiefpunkt und $H(0|2{,}5)$ ist ein Hochpunkt von K.

Aufgaben

Beim Skizzieren von Sinuskurven ist die „$\frac{1}{3}$:$\frac{1}{2}$-Regel" nützlich:

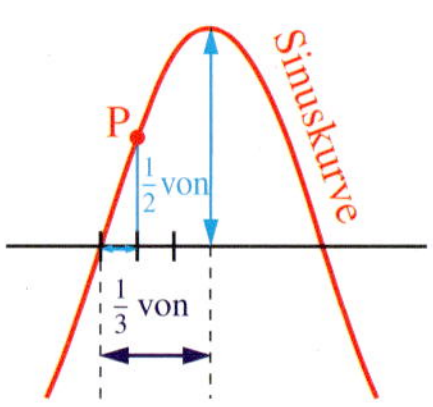

Fig. 2

2 Wie kann man sich das Schaubild K der Funktion f aus dem Schaubild der Sinusfunktion entstanden denken?
Bestimmen Sie die Periode p von f und nennen Sie für das Intervall [0; p) die gemeinsamen Punkte mit der x-Achse sowie die Extrem- und Wendepunkte. Skizzieren Sie K.

a) $f(x) = 3 \cdot \sin\left[\frac{1}{2}(x - \pi)\right]$
b) $f(x) = 2 \cdot \sin\left(\frac{2}{3}x\right)$
c) $f(t) = 4 \cdot \sin\left(t - \frac{\pi}{6}\right)$
d) $f(z) = \sin\left(\frac{1}{4}z - \frac{\pi}{2}\right)$
e) $f(t) = \sin\left[4\left(t + \frac{\pi}{10}\right)\right]$
f) $f(r) = 25 \cdot \sin\left(\frac{1}{10}r + \frac{\pi}{2}\right)$

3 Bestimmen Sie die Periode p der Funktion f und skizzieren Sie das Schaubild K von f in [–p; p).

a) $f(x) = \sin\left[\frac{1}{2}(x + \pi)\right] - 1$
b) $f(x) = 1{,}5 \cdot \sin\left(\frac{2}{3}\pi x + \frac{\pi}{2}\right) + 2$
c) $f(x) = \sin(-\pi x - 0{,}25\pi)$
d) $f(x) = 4 \cdot \sin(-2\pi x + 0{,}2\pi)$
e) $f(x) = -\sin\left(2x + \frac{\pi}{6}\right)$
f) $f(x) = -3 \cdot \sin(-2\pi x - 0{,}2\pi)$

4 Bestimmen Sie den zugehörigen Funktionsterm in der Form $f(x) = a \cdot \sin(bx + e)$.

Schreiben Sie f(x) zunächst in der Form $f(x) = a \cdot \sin[b(x-c)]$.

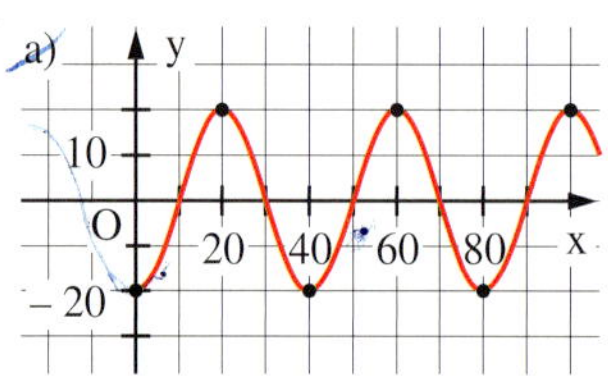

Fig. 3

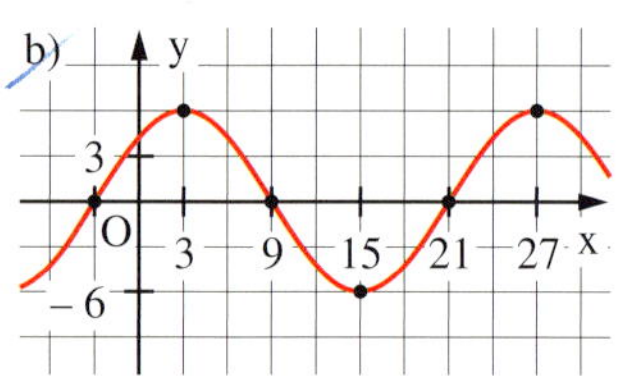

Fig. 4

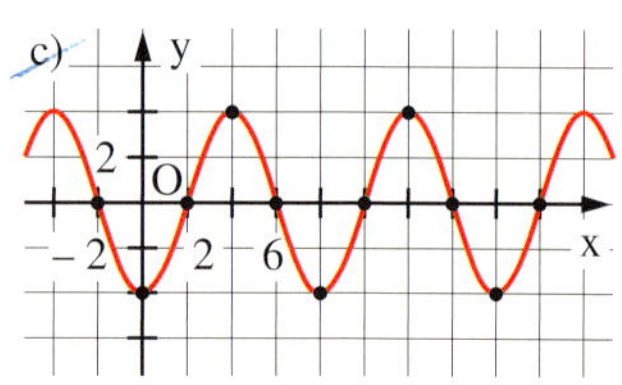

Fig. 5

5 Das langjährige Monatsmittel der Lufttemperatur (in °C) an einem bestimmten Ort lässt sich in Abhängigkeit vom betreffenden Monat (1: Januar, 2: Februar, ...) oft näherungsweise beschreiben durch eine Funktion f mit $f(t) = a \cdot \sin(bt + e) + d$, $t \in \{1; 2; ...; 12\}$.
Bestimmen Sie f unter der Annahme, dass jeweils im Januar und im Juli die Extrema auftreten.

a) Stuttgart: Jan: 1 °C/Juli 19 °C
b) Jakutsk: Jan: –43 °C/Juli: 19 °C
c) Sydney: Jan: 22 °C/Juli: 12 °C
d) Singapur: Jan: 26 °C/Juli: 27 °C

Zugefrorene Flüsse werden während der Wintermonate im nördlichen Sibirien zu ausgezeichneten Verkehrswegen. Bevor das Eis taut, müssen natürlich die Verkehrszeichen eingesammelt werden.

6 a) Skizzieren Sie ein zur Aufgabe 5 b) gehörendes Schaubild und geben Sie die Dauer des „Winters" in Jakutsk an.
b) Schätzen Sie das Juni-Monatsmittel von Jakutsk auf unterschiedliche Weise und vergleichen Sie die Schätzungen mit dem tatsächlichen Wert von 15 °C.

3 Trigonometrische Gleichungen

Viele Maschinen enthalten so genannte Schubkurbelgetriebe. Bei der Untersuchung von Materialbeanspruchungen sind die Kenntnis der gegenseitigen Lage der Gelenke sowie die auftretenden Geschwindigkeiten von Bedeutung.

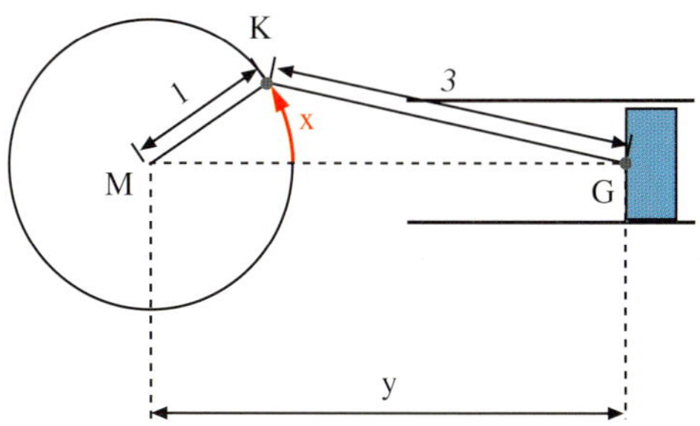

Fig. 1

1 Bei einem Schubkurbelgetriebe wird eine Hin- und Herbewegung, beispielsweise eines Kolbens, in eine Drehbewegung umgesetzt.
Die Lage y des Gelenkkopfes G und die Lage x des Kurbelzapfens K an den Enden der Pleuelstange sind voneinander abhängig (Fig. 1). Für welche Werte von x gilt jeweils $y = 2$; $y = \sqrt{8}$; $y = 3$; $y = \sqrt{10}$; $y = 4$ bzw. $y = 5$?

Neben dem Ableiten von Funktionen ist das Lösen von Gleichungen bei der Untersuchung von Funktionen von zentraler Bedeutung. Im Allgemeinen ist dies jedoch nur näherungsweise, z. B. mit dem NEWTON-Verfahren, möglich.

Die Lösungsmenge einer trigonometrischen Gleichung lässt sich bestimmen, wenn eine Rückführung auf Gleichungen der Form $\sin x = a$, $\cos x = a$ bzw. $\tan x = a$ $(a \in \mathbb{R})$ gelingt.
Die wichtigsten Hilfsmittel dazu sind:
– die Durchführung einer Substitution, z. B. $z = x - 1$ oder $z = \sin x$;
– die Verwendung trigonometrischer Beziehungen, z. B. $\tan x = \frac{\sin x}{\cos x}$ oder $\sin^2 x + \cos^2 x = 1$.

Beispiel 1: (Substitution)
Bestimmen Sie die Lösungsmenge L der Gleichung $\sin\left(2x + \frac{1}{6}\pi\right) = 1$.
Lösung:
Setzt man $z = 2x + \frac{1}{6}\pi$, so ist $\sin z = 1$ bzw. $z = \frac{1}{2}\pi + k \cdot 2\pi$; $k \in \mathbb{Z}$. Die Rück-Substitution liefert $2x + \frac{1}{6}\pi = \frac{1}{2}\pi + k \cdot 2\pi$, $k \in \mathbb{Z}$. Damit ist $L = \left\{x \mid x = \frac{1}{6}\pi + k \cdot \pi;\ k \in \mathbb{Z}\right\}$.

Beispiel 2: (Lösen einer quadratischen Gleichung nach Substitution)
Bestimmen Sie die Lösungsmenge L der Gleichung $8 \cdot \sin^2 x - 2 \cdot \sin x - 3 = 0$; $x \in [0; 2\pi)$.
Lösung:
Ersetzt man in der Gleichung $8 \cdot \sin^2 x - 2 \cdot \sin x - 3 = 0$ den Term $\sin x$ durch z, so ergibt sich aus der zugehörigen quadratischen Gleichung $8z^2 - 2z - 3 = 0$, dass $z = -\frac{1}{2}$ oder $z = \frac{3}{4}$ ist.
Die Rück-Substitution ergibt: $\sin x = -\frac{1}{2}$ oder $\sin x = \frac{3}{4}$.

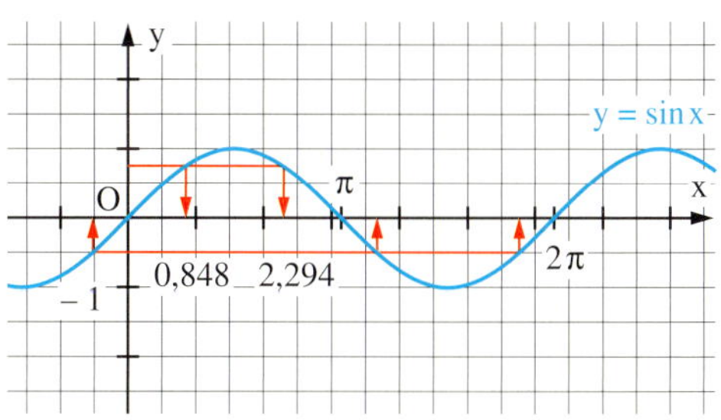

Fig. 2

Die Gleichung $\sin x = -\frac{1}{2}$ hat im Intervall $[0; 2\pi)$ die Lösungen $x_1 = \frac{7}{6}\pi$ sowie $x_2 = \frac{11}{6}\pi$ (vgl. Fig. 2).
Zur Gleichung $\sin x = \frac{3}{4}$ liefert der Taschenrechner die Lösung $x_3 \approx 0{,}848$.
Für das Intervall $[0; 2\pi)$ lässt sich eine weitere Lösung x_4 ermitteln:
$x_4 = \pi - x_3 \approx 2{,}294$ (vgl. Fig. 2).
Damit ist $L = \{0{,}484;\ 2{,}294;\ \frac{7}{6}\pi;\ \frac{11}{6}\pi\}$.

Beispiel 3: (Verwenden trigonometrischer Beziehungen)
Bestimmen Sie die Lösungsmenge L der Gleichung a) $2 \cdot \sin x = \tan x$ b) $\sin^2 x + 5 \cdot \cos^2 x = 2$.
Lösung:

Mit $u(x) \cdot v(x) = 0$ ist $u(x) = 0$ oder $v(x) = 0$.

a) Mit $\tan x = \frac{\sin x}{\cos x}$ erhält man $2 \cdot \sin x = \frac{\sin x}{\cos x}$; $2 \cdot \sin x - \frac{\sin}{\cos x} = 0$ bzw. $(\sin x) \cdot \left(2 - \frac{1}{\cos x}\right) = 0$.
Also gilt $\sin x = 0$ oder $2 - \frac{1}{\cos x} = 0$ bzw. $\sin x = 0$ oder $\cos x = \frac{1}{2}$.
Damit ist $L = \left\{x \mid x = k \cdot \pi \text{ oder } x = \frac{1}{3}\pi + k \cdot 2\pi \text{ oder } \frac{5}{3}\pi + k \cdot 2\pi;\ k \in \mathbb{Z}\right\}$.
b) Mit $\sin^2 x + \cos^2 x = 1$ bzw. $\cos^2 x = 1 - \sin^2 x$ erhält man
$\sin^2 x + 5(1 - \sin^2 x) = 2$ bzw. $\sin^2 x = \frac{3}{4}$. Also gilt $\sin x = \frac{\sqrt{3}}{2}$ oder $\sin x = -\frac{\sqrt{3}}{2}$.
Damit ist $L = \left\{x \mid x = \frac{1}{3}\pi + k \cdot \pi \text{ oder } x = \frac{2}{3}\pi + k \cdot \pi;\ k \in \mathbb{Z}\right\}$.

Aufgaben

Existieren Lösungen, so liefert der Taschenrechner zur Gleichung:
– $\sin x = a$ eine Lösung aus $\left[-\frac{1}{2}\pi; \frac{1}{2}\pi\right]$;
– $\cos x = a$ eine Lösung aus $[0; \pi]$;
– $\tan x = a$ eine Lösung aus $\left(-\frac{1}{2}\pi; \frac{1}{2}\pi\right)$.
Weitere Lösungen ergeben sich aus den Symmetrieeigenschaften der zugehörigen Schaubilder – vgl. Beispiel 2.

2 Bestimmen Sie die exakten Lösungen im Intervall $[0; 2\pi)$.
a) $\sin x = -0{,}5$ b) $\cos x = 0$ c) $\tan x = 1$ d) $\sin^2 x = 0{,}5$ e) $\cos^2 x = 0{,}75$ f) $\tan^2 x = 3$

3 Bestimmen Sie die Lösungsmenge.
a) $2 \cdot \sin x = 3$ b) $1 = 2{,}5 - \tan x$ c) $5 \cdot \sin x = 4 - 3 \cdot \sin x$ d) $2 \cdot \cos x - \cos x = \cos x$
e) $\sin(4x) = \frac{1}{2}$ f) $\sin\left(2\pi x - \frac{1}{3}\pi\right) = \frac{\sqrt{3}}{2}$ g) $\cos\left(\frac{1}{2}x\right) = 0{,}3$ h) $\tan(3x - 1) = 1$

4 Bestimmen Sie die Lösungen im Intervall $[-2\pi; 2\pi)$.
a) $\sin x = 2 \cdot \cos x$ b) $3 \cdot \cos^2 x - 1 = \sin^2 x$ c) $4 \cdot \sin x - 3 \cdot \cos x = 0$
d) $\sin x + 3 \cdot \tan x = 0$ e) $\tan x \cdot \cos x = -0{,}7$ f) $\cos^2 x - 3 \cdot \cos x = 0$
g) $\sin x \cdot \tan x = \cos x$ h) $10 \cdot \sin^2 x - 5 \cdot \sin x = -6$ i) $\frac{3}{2} \cdot \tan x = \cos x$
j) $\tan^2 x + 9 \cdot \tan x = 10$ k) $2 \cdot \cos^2 x - 7 \cdot \cos x = -3$ l) $10 \cdot \sin^2 x = 9 + 3 \cdot \cos x$

5 Geben Sie eine trigonometrische Gleichung mit folgender Lösungsmenge L an.
a) $L = \{x \mid x = \pi + k \cdot 4\pi;\ k \in \mathbb{Z}\}$ b) $L = \left\{x \mid x = \frac{1}{3}\pi + k \cdot \pi \text{ oder } x = \frac{2}{3}\pi + k \cdot \pi;\ k \in \mathbb{Z}\right\}$

6 Bestimmen Sie mit einem Näherungsverfahren die Koordinaten der Schnittpunkte der Schaubilder von f und g auf 3 Dezimalen gerundet.
a) $f(x) = 1 + \sin^2 x$; $g(x) = x$ b) $f(x) = \cos x$; $g(x) = x^2$ c) $f(x) = \sin x$; $g(x) = x^3$

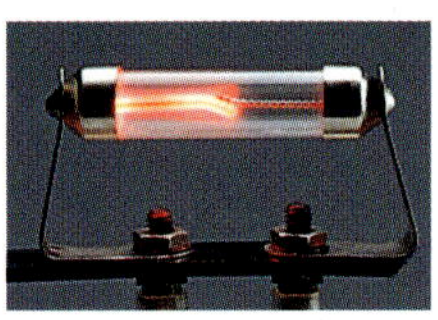

Eine Glimmlampe kennt nur stabile Zustände:
1. „Lampe leuchtet“
2. „Lampe leuchtet nicht“.

7 Eine leuchtende Glimmlampe erlischt, falls der Betrag der anliegenden Spannung $U(t)$ die Löschspannung U_L unterschreitet. Der umgekehrte Fall tritt ein, falls der Betrag der anliegenden Spannung $U(t)$ die Zündspannung U_Z überschreitet.
Gegeben sind $U(t) = 230\sqrt{2} \cdot \sin(100\pi t)$ in Abhängigkeit von der Zeit t (in s) sowie $U_L = 150$ (in V) und $U_Z = 200$ (in V). Wie lange leuchtet die Lampe im Zeitintervall $[0; 0{,}1]$?

8 Das Bogenmaß des Mittelpunktwinkels α in Fig. 1 sei x. Die Funktion, die jedem $x \in [0; 2\pi]$ den Flächeninhalt des zugehörigen Kreissegments bzw. Kreissektors zuordnet, heiße F bzw. F*.
a) Skizzieren Sie die Schaubilder von F und F* in ein Koordinatensystem und geben Sie an, für welche Werte von x der momentane Zuwachs von F klein ist.
b) Zeigen Sie, dass für den Flächeninhalt des Kreissegments gilt: $F(x) = \frac{1}{2}r^2(x - \sin x)$.
c) Für welches α überdeckt das Kreissegment 70 % der Kreisfläche (2 Dezimalen)?

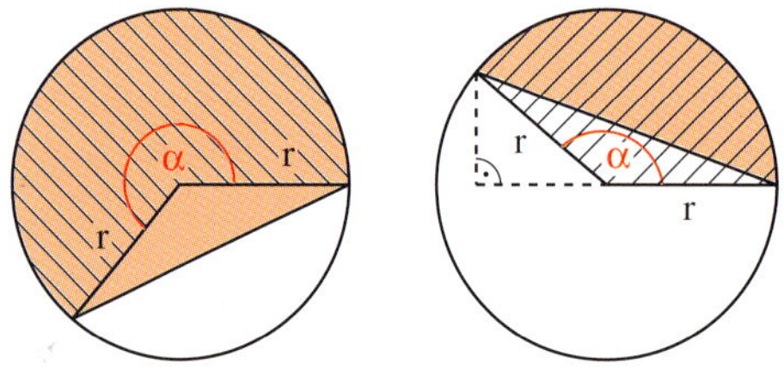

Fig. 1

4 Untersuchung trigonometrischer Funktionen

1 Ein kreisrunder Pokertisch vom Radius 1 m soll durch eine über seiner Mitte hängende, höhenverstellbare Lampe beleuchtet werden. Für die Beleuchtungsstärke E (in Lux) einer am Tischrand liegenden Spielkarte gilt $E = J \cdot \frac{\cos x}{d^2}$. Dabei ist J (in Candela) die Lichtstärke der Lampe, d die Entfernung von der Lichtquelle zur Spielkarte (in m) und x das Bogenmaß des Winkels zwischen dem Lichtbündel zur Spielkarte und der Normalen zum Tisch.
a) Fertigen Sie eine Skizze und zeigen Sie, dass $E(x) = J \cdot \sin^2 x \cdot \cos x$ gilt.
b) Für welchen Wert von x wird die Spielkarte möglichst hell beleuchtet? Wie hoch hängt die Lampe dann?

Beispiel: (Funktionsuntersuchung)
Gegeben ist die Funktion f mit $f(x) = 2 \cdot \cos x + 2 \cdot \sin x \cdot \cos x$; ihr Schaubild sei K.
a) Untersuchen Sie K für $0 \leqq x \leqq 2\pi$ auf gemeinsame Punkte mit der x-Achse, Hoch-, Tief- und Wendepunkte. Zeichnen Sie K für $0 \leqq x \leqq 2\pi$.
Geben Sie die Periode von f an und erweitern Sie die Zeichnung auf das Intervall $[-\pi; 3\pi]$.
b) Zu welchen Punkten ist K symmetrisch? Führen Sie jeweils den Nachweis.
Lösung:
a) **1. Nullstellen:**
Bedingung: $2 \cdot \cos x + 2 \cdot \sin x \cdot \cos x = 0$; $2 \cdot \cos x \cdot (1 + \sin x) = 0$; Lösungen: $x_1 = \frac{1}{2}\pi$; $x_2 = \frac{3}{2}\pi$.
Also sind $N_1\left(\frac{1}{2}\pi \middle| 0\right)$ und $N_2\left(\frac{3}{2}\pi \middle| 0\right)$ die gemeinsamen Punkte mit der x-Achse für $0 \leqq x \leqq 2\pi$.
2. Ableitungen:
$f'(x) = -2 \cdot \sin x + 2(\cos^2 x - \sin^2 x) = -2 \cdot \sin x + 2(1 - 2 \cdot \sin^2 x) = -4 \cdot \sin^2 x - 2 \cdot \sin x + 2$;
$f''(x) = -8 \cdot \sin x \cdot \cos x - 2 \cdot \cos x$;
$f'''(x) = -8(\cos^2 x - \sin^2 x) + 2 \cdot \sin x = -8(1 - 2 \cdot \sin^2 x) + 2 \cdot \sin x = 16 \cdot \sin^2 x + 2 \cdot \sin x - 8$
3. Extremstellen:
Notwendige Bedingung: $-4 \cdot \sin^2 x - 2 \cdot \sin x + 2 = 0$; Lösungen: $x_3 = \frac{1}{6}\pi$; $x_4 = \frac{5}{6}\pi$; $x_2 = \frac{3}{2}\pi$.
Hinreichende Bedingung:
$x_3 = \frac{1}{6}\pi$: $f'(x_3) = 0$; $f''(x_3) = -3\sqrt{3} < 0$; $f\left(\frac{1}{6}\pi\right) = \frac{3}{2}\sqrt{3}$ ist ein lokales Maximum;
$x_4 = \frac{5}{6}\pi$: $f'(x_4) = 0$; $f''(x_4) = +3\sqrt{3} > 0$; $f\left(\frac{5}{6}\pi\right) = -\frac{3}{2}\sqrt{3}$ ist ein lokales Minimum;
$x_5 = \frac{3}{2}\pi$; $f'(x_5) = 0$; $f''(x_5) = 0$; hiermit ist keine Aussage möglich (weiter in 4.);
Extrempunkte für $0 \leqq x \leqq 2\pi$ sind der Hochpunkt $H\left(\frac{1}{6}\pi \middle| \frac{3}{2}\sqrt{3}\right)$ und der Tiefpunkt $T\left(\frac{5}{6}\pi \middle| -\frac{3}{2}\sqrt{3}\right)$.
4. Wendestellen:
Notwendige Bedingung: $-8 \cdot \sin x \cdot \cos x - 2 \cdot \cos x = 0$ bzw. $(\cos x) \cdot (4 \cdot \sin x + 1) = 0$
Lösungen: $x_6 = \frac{1}{2}\pi = x_1$; $x_7 = \frac{3}{2}\pi = x_2$; $x_8 \approx 3{,}394$; $x_9 \approx 6{,}031$. Hinreichende Bedingung:
$x_6 = \frac{1}{2}\pi$; $f''(x_6) = 0$; $f'''(x_6) = 10 \neq 0$;
$x_7 = \frac{3}{2}\pi$; $f''(x_7) = 0$; $f'''(x_7) = 6 \neq 0$;
$x_8 \approx 3{,}394$; $f''(x_8) = 0$; $f'''(x_8) = -7{,}5 \neq 0$;
$x_9 \approx 6{,}031$; $f''(x_9) = 0$; $f'''(x_9) = -7{,}5 \neq 0$.
Im Intervall $[0; 2\pi]$ hat K die Wendepunkte $W_1\left(\frac{1}{2}\pi \middle| 0\right)$, $W_2(3{,}394 | -1{,}452)$, $W_3(6{,}031 | 1{,}452)$ und $S\left(\frac{3}{2}\pi \middle| 0\right)$ (Sattelpunkt).
5. Schaubild: Vgl. Fig. 1
6. Periode: Die Periode von f ist $p = 2\pi$.

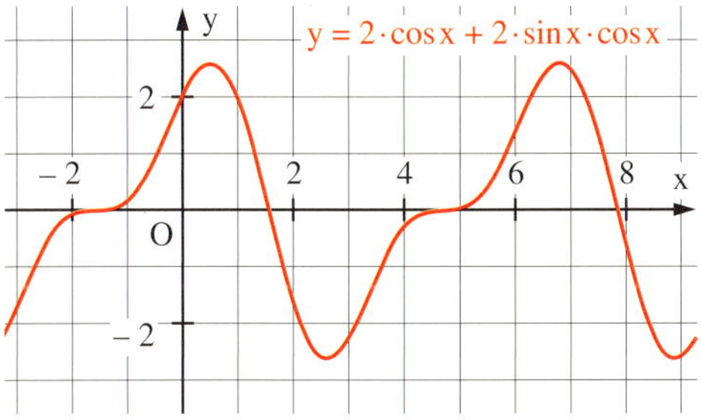

Fig. 1

Die Punktsymmetrie von K zum Punkt $S\left(\frac{3}{2}\pi \middle| 0\right)$ lässt sich mithilfe der Gleichung $f\left(\frac{3}{2}\pi + x\right) = -f\left(\frac{3}{2}\pi - x\right)$ oder der Gleichung $f(2\pi - x) = -f(\pi + x)$ nachweisen.

b) K ist punktsymmetrisch zu $W_1\left(\frac{1}{2}\pi \middle| 0\right)$, denn es gilt
$f(\pi - x) = 2\cdot\cos(\pi - x) + 2\cdot\sin(\pi - x)\cdot\cos(\pi - x) = -2\cdot\cos x + 2\cdot\sin x\cdot(-\cos x) = -f(x)$.
K ist auch punktsymmetrisch zu $S\left(\frac{3}{2}\pi \middle| 0\right)$, denn es gilt
$f(2\pi - x) = 2\cdot\cos(2\pi - x) + 2\cdot\sin(2\pi - x)\cdot\cos(2\pi - x) = -2\cdot\cos(\pi + x) + 2\cdot\sin(\pi + x)\cdot(-\cos(\pi + x))$
$= -f(\pi + x)$. Damit ist K punktsymmetrisch zu den Punkten $P_k\left(\frac{1}{2}\pi + k\pi \middle| 0\right)$, $k \in \mathbb{Z}$.

Aufgaben

2 Gegeben ist die Funktion f; ihr Schaubild sei K.
Untersuchen Sie K für $0 \leqq x \leqq 2\pi$ auf gemeinsame Punkte mit der x-Achse, Hoch-, Tief- und Wendepunkte. Zeichnen Sie K für $0 \leqq x \leqq 2\pi$.
Geben Sie die Periode von f an und erweitern Sie die Zeichnung auf das Intervall $[-\pi; 3\pi]$.
a) $f(x) = \sqrt{2}\cdot(\sin x + \cos x)$ b) $f(x) = 2\cdot\sin x + 2\cdot\sin x\cdot\cos x$
(Zu b): Zu welchen Punkten ist K symmetrisch? Führen Sie jeweils den Nachweis.)

3 Gegeben ist die Funktion f, ihr Schaubild sei K. Untersuchen Sie K auf Extrem- und Wendestellen. Zeichnen Sie K mittels Ordinatenaddition in einem geeigneten Bereich.
a) $f(x) = x + \sin x$ b) $f(x) = x - \sin x$ c) $f(x) = \frac{1}{2}x - 2\cdot\cos\left(\frac{1}{2}x\right)$

Achtung: Die bekannten Ableitungsregeln $(\sin x)' = \cos x$ und $(\cos x)' = -\sin x$ gelten nur bei der Verwendung des Bogenmaßes für x!

4 Zur Funktion f mit $f(x) = 2 - 2\cdot\sin^2 x$ soll die Periode p in mehreren Schritten ermittelt werden.
a) Begründen Sie, dass p höchstens 2π beträgt.
b) Berechnen Sie die Nullstellen von f und begründen Sie damit, dass $p = 2\pi$ oder $p = \pi$ gilt.
c) Zeigen Sie, dass $f(x + \pi) = f(x)$ gilt. Geben Sie p an.

5 Für welchen Wert von $\alpha \in (0°; 180°)$ ist der Flächeninhalt des gleichschenkligen Dreiecks ABC (Fig. 1) maximal? Geben Sie den maximalen Inhalt an.
a) Argumentieren Sie ohne trigonometrische Überlegungen.
b) Verwenden Sie eine trigonometrische Funktion, wobei x das Bogenmaß von α ist.

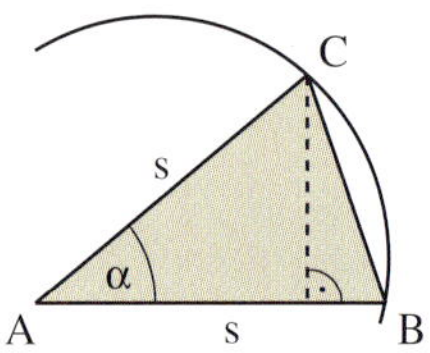

Fig. 1

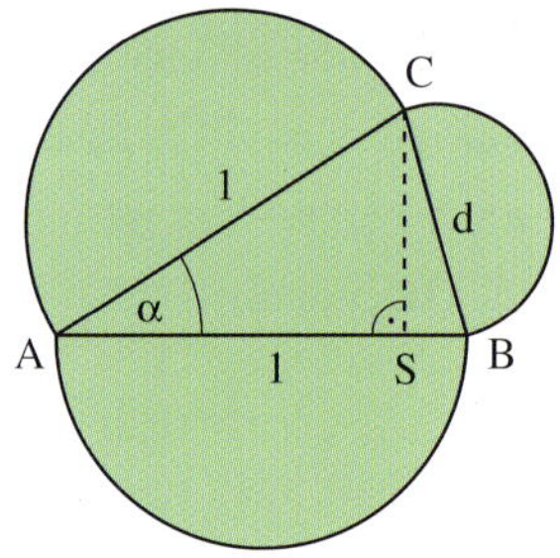

Fig. 2

6 Für $x \in [0; \pi]$ sei $A(x)$ der Flächeninhalt von Fig. 2; x sei das Bogenmaß von α.
a) Zeigen Sie mithilfe des Kosinussatzes, dass gilt: $d^2 = 2(1 - \cos x)$.
b) Es gilt $A(x) = \frac{1}{2}\pi - \frac{1}{4}\pi\cdot\cos x + \frac{1}{2}\cdot\sin x$.
Bestätigen Sie die Gültigkeit zunächst für einige Spezialfälle und beweisen Sie diese dann.
c) Bestimmen Sie das Minimum und das Maximum des Flächeninhalts. Schätzen Sie zuerst.

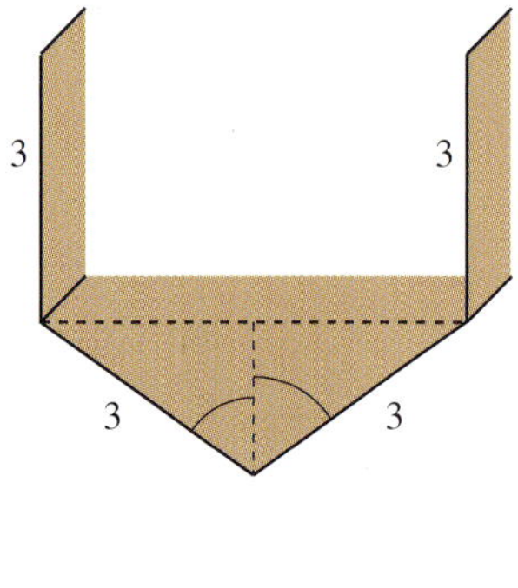

Fig. 3

7 Aus vier gleich breiten Brettern soll eine oben offene Rinne (Fig. 3) hergestellt werden, so dass zwei ihrer Wände parallel sind. Wie ist der Winkel α zwischen den beiden anderen Wänden zu wählen, damit das Fassungsvermögen der Rinne möglichst groß wird?

8 Gegeben ist die Funktion f mit $f(x) = \frac{\cos x}{1 - \sin x}$; ihr Schaubild sei K.
a) Bestimmen Sie den Definitionsbereich und geben Sie die Periode von f an.
b) Untersuchen Sie K auf Asymptoten, gemeinsame Punkte mit der x-Achse, Hoch-, Tief- und Wendepunkte. Zeichnen Sie K für $-2\pi \leqq x \leqq 2\pi$.
c) Bestimmen Sie den Inhalt der Fläche, den K mit den Koordinatenachsen im 2. Feld einschließt.
d) Die Form von K erinnert an das Schaubild einer bereits bekannten Funktion. Versuchen Sie f(x) mithilfe dieser Funktion zu beschreiben und testen Sie die Übereinstimmung.

Bei der Teilaufgabe d) empfiehlt sich der Einsatz eines PC-Programms zum Zeichnen von Schaubildern!

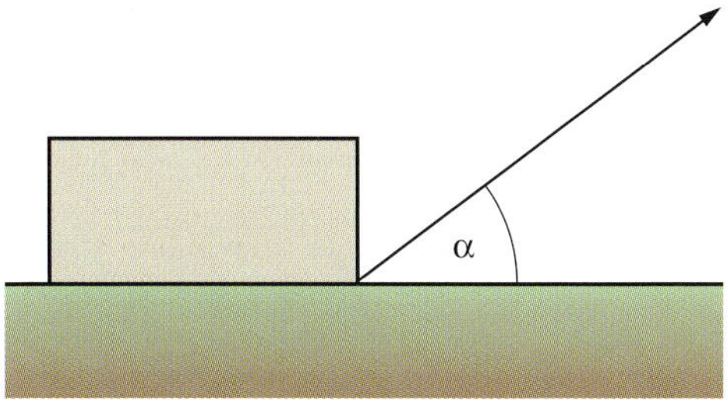

9 Auf einen Körper mit der Gewichtskraft G (in Newton) auf horizonaler Unterlage wirke eine Kraft F, die mit der Horizontalen einen Winkel α bildet.
Im Folgenden sei x das Bogenmaß von α.
Um den Körper über die Unterlage zu ziehen, ist die Kraft F mit
$F(x) = \frac{\mu G}{\cos x + \mu \sin x}$ $\left(0 \leqq x < \frac{1}{2}\pi\right)$
erforderlich; μ ist die Gleitreibungszahl.
a) Es sei $G = 100$, $\mu = 0{,}4$. Berechnen Sie die erforderliche Kraft für $\alpha = 10°$, $\alpha = 30°$ und $\alpha = 50°$. Für welches α ist die erforderliche Kraft F(x) minimal? Um wie viel Prozent ist die ermittelte Minimalkraft kleiner als die bei horizontaler Kraftrichtung erforderliche Kraft F(0)?
b) Bei welcher Gleitreibungszahl μ beträgt die Minimalkraft 80 % von F(0)?

Beispiele für Gleitreibungszahlen μ:
Gummi auf Beton: μ = 0,5
Stahl auf Eis: μ = 0,014

10 An einem Sommertag in Stuttgart wurden um 14.00 Uhr als höchste Temperatur 30 °C gemessen, am frühen Morgen dieses Tages betrug die tiefste Temperatur 16 °C. Im Folgenden wird angenommen, die Funktion f(t) mit $f(t) = a \cdot \sin\left(\frac{1}{12}\pi t + e\right) + d$ beschreibe die Temperatur (in °C) an diesem Tag in Abhängigkeit von der Zeit t (in Stunden) nach Mitternacht.
a) Bestimmen Sie a, e, und d.
b) Um wie viel Uhr ist die momentane Temperaturänderung maximal?
c) Zeigen Sie, dass in diesem Modell die folgende Berechnung der mittleren Tagestemperatur mithilfe der Temperatur zu den „Mannheimer Stunden" eine gute Näherung liefert:
[Temperatur um 7.00 Uhr + Temperatur um 14.00 Uhr + 2 · Temperatur um 21.00 Uhr] : 4.

Kritik an dieser Modellannahme?

So wird die mittlere Tagestemperatur seit über 200 Jahren berechnet (Einführung durch die kurpfälzische Akademie in Mannheim).

11 Eine an einer Feder befestigte Kugel schwingt auf und ab. Ihre Höhe h (in dm) über einem Tisch wird in Abhängigkeit von der Zeit t (in s) modellhaft beschrieben durch
$h(t) = e^{kt} \cdot \sin(bt) + d$ (Fig. 1). Ermitteln Sie „passende" Werte für die Parameter k, b und d.

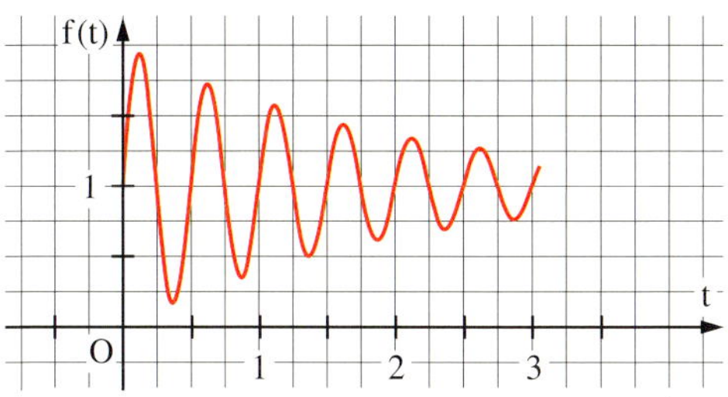

Fig. 1

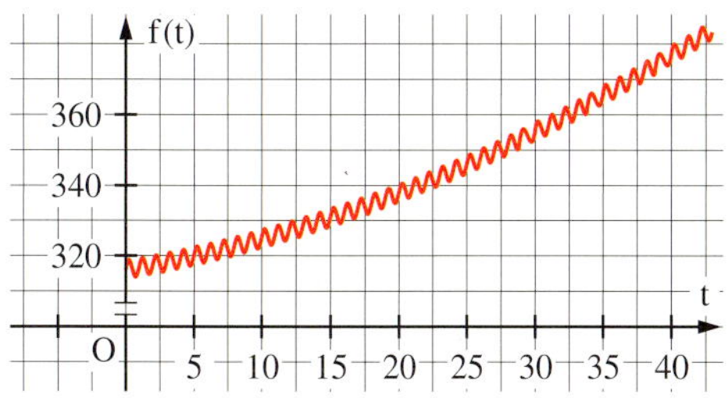

Fig. 2

Jährliche Schwankungen des CO_2-Gehalts hängen unter anderem mit dem Rhythmus des Pflanzenwachstums zusammen.

Als Folge eines erhöhten CO_2-Gehalts wird wegen des Treibhauseffekts eine globale Erwärmung befürchtet.

12 Fig. 2 zeigt die Entwicklung des CO_2-Gehalts f (in ppm) der Erdatmosphäre.
a) Beschreiben und begründen Sie die Entwicklung des CO_2-Gehalts.
b) f lässt sich beschreiben durch $f(t) = (k_0 + k_1 t + k_2 t^2) + a \cdot \sin(bt)$, hierbei ist t die Zeit (in Jahren) nach 1960. Ermitteln Sie „passende" Werte für die Parameter k_0, k_1, k_2, a und b.

5 Arkusfunktionen

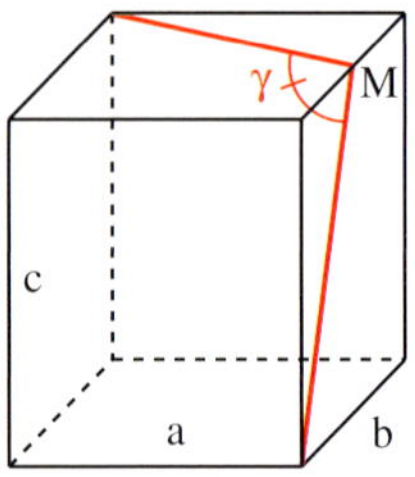

Fig. 1

1 Ein Quader hat die Kantenlängen a, b, und c; M ist Kantenmitte (Fig. 1).

a) Begründen Sie, dass γ kein rechter Winkel ist.

b) Wie lässt sich γ berechnen? Versuchen Sie einen Term zur Berechnung von γ aufzustellen.

2 Nennen Sie möglichst große Intervalle aus dem jeweiligen Definitionsbereich der Sinus-, Kosinus- und Tangensfunktion, auf denen diese umkehrbar sind.

Arcus (lat.): Bogen

Die Sinus-, Kosinus- und Tangensfunktion ist auf ihrer jeweiligen maximalen Definitionsmenge nicht umkehrbar. Betrachtet man dagegen die Einschränkungen

– f: $x \mapsto \sin x,\ x \in \left[-\frac{1}{2}\pi; \frac{1}{2}\pi\right]$,

– g: $x \mapsto \cos x,\ x \in [0; \pi]$,

– h: $x \mapsto \tan x,\ x \in \left(-\frac{1}{2}\pi; \frac{1}{2}\pi\right)$,

so liegt strenge Monotonie und damit Umkehrbarkeit vor.

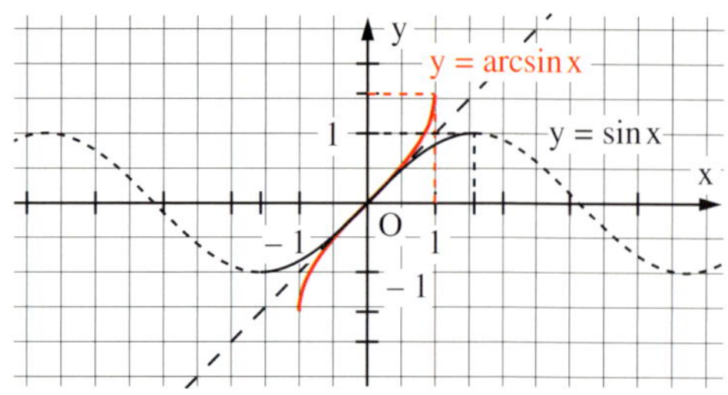

Fig. 2

Beispiele:

$\arcsin\frac{1}{2}$ *ist der Winkel b (im Bogenmaß) mit* $\sin b = \frac{1}{2}$.
Also gilt: $\arcsin\frac{1}{2} = \frac{1}{6}\pi$.

Die Umkehrfunktion von f heißt **Arkussinusfunktion**. Sie liefert zu jedem Sinuswert x aus $[-1; 1]$ das zugehörige Bogenmaß **arcsin x** (lies: Arkussinus x) aus $\left[-\frac{1}{2}\pi; \frac{1}{2}\pi\right]$.

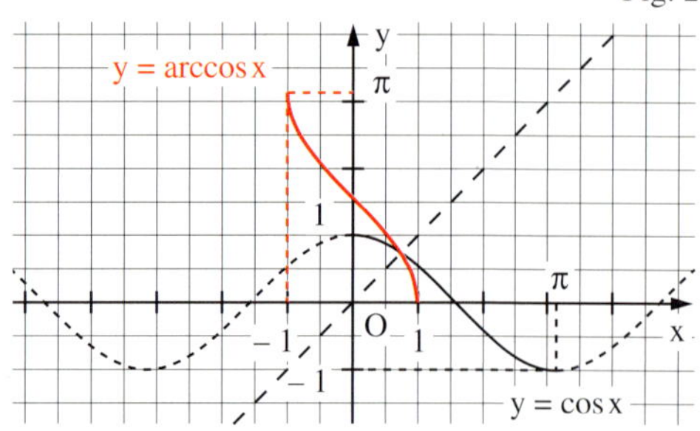

Fig. 3

$\arccos(-1)$ *ist der Winkel b (im Bogenmaß) mit* $\cos b = -1$.
Also gilt: $\arccos(-1) = \pi$.

Die Umkehrfunktion von g heißt **Arkuskosinusfunktion**. Sie liefert zu jedem Kosinuswert x aus $[-1; 1]$ das zugehörige Bogenmaß **arccos x** (lies: Arkuskosinus x) aus $[0; \pi]$.

$\arctan\sqrt{3}$ *ist der Winkel b (im Bogenmaß) mit* $\tan b = \sqrt{3}$.
Also gilt: $\arctan\sqrt{3} = \frac{1}{3}\pi$.

Die Umkehrfunktion von h heißt **Arkustangensfunktion**. Sie liefert zu jedem Tangenswert x aus $\mathbb{R}$ das zugehörige Bogenmaß **arctan x** (lies: Arkustangens x) aus $\left(-\frac{1}{2}\pi; \frac{1}{2}\pi\right)$.

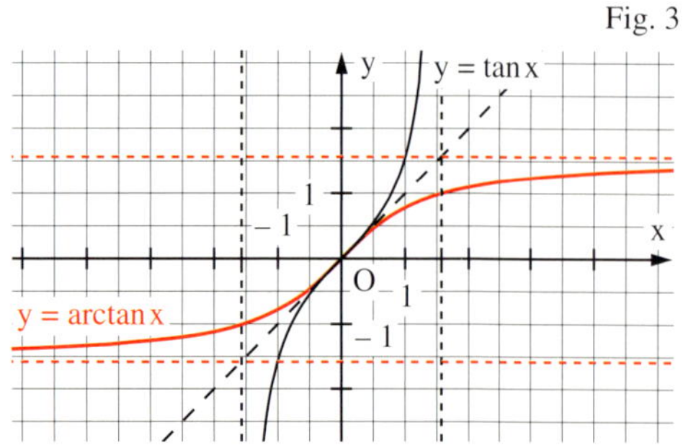

Fig. 4

Entsprechend der hier getroffenen Festlegung lassen sich auch Arkuswerte im Gradmaß verwenden.

Arkusfunktion	Definitionsmenge	Wertemenge
$\overline{f}: x \mapsto \arcsin x$	$[-1; 1]$	$\left[-\frac{1}{2}\pi; \frac{1}{2}\pi\right]$
$\overline{g}: x \mapsto \arccos x$	$[-1; 1]$	$[0; \pi]$
$\overline{h}: x \mapsto \arctan x$	$\mathbb{R}$	$\left(-\frac{1}{2}\pi; \frac{1}{2}\pi\right)$

Beispiel: (Funktionswerte der Arkusfunktionen)

a) Ermitteln Sie den exakten Funktionswert: $\arcsin\left(-\frac{1}{2}\sqrt{2}\right)$; $\arccos\left(\frac{1}{2}\sqrt{3}\right)$.

b) Berechnen Sie mit dem Taschenrechner auf 4 Dezimalen gerundet: $\arcsin 0{,}8$; $\arctan(-2)$.

Lösung:

Taschenrechner auf „RAD" einstellen, dann $\sin^{-1}$*, inv/sin, arc/sin o. ä. verwenden!*

a) $\arcsin\left(-\frac{1}{2}\sqrt{2}\right) = -\frac{1}{4}\pi$, denn $\sin\left(-\frac{1}{4}\pi\right) = -\frac{1}{2}\sqrt{2}$; $\arccos\left(\frac{1}{2}\sqrt{3}\right) = \frac{1}{6}\pi$, denn $\cos\left(\frac{1}{6}\pi\right) = \frac{1}{2}\sqrt{3}$.

b) $\arcsin 0{,}8 \approx 0{,}9273$; $\arctan(-2) \approx -1{,}1071$

Aufgaben

3 Ermitteln Sie den exakten Wert und begründen Sie das Ergebnis.
a) $\arcsin 1$ b) $\arccos 1$ c) $\arctan 1$ d) $\arcsin 0$ e) $\arccos 0$
f) $\arctan 0$ g) $\arcsin\left(\frac{1}{2}\sqrt{2}\right)$ h) $\arccos\left(-\frac{1}{2}\sqrt{3}\right)$ i) $\arctan\left(\frac{1}{3}\sqrt{3}\right)$ j) $\arctan\sqrt{3}$

4 Berechnen Sie mit dem Taschenrechner (auf 4 Dezimalen gerundet):
a) $\arcsin 0{,}6$ b) $\arccos 0{,}81$ c) $\arctan(-10)$ d) $\arcsin(-0{,}1)$ e) $\arccos(-0{,}91)$

5 Geben Sie die Lösung auf 4 Dezimalen gerundet an.
a) $\arctan x = 1{,}4$ b) $\arcsin x = 1{,}3$ c) $\arccos x = 3$ d) $\arcsin x = \frac{1}{5}\pi$ e) $\arctan x = \frac{2}{7}\pi$

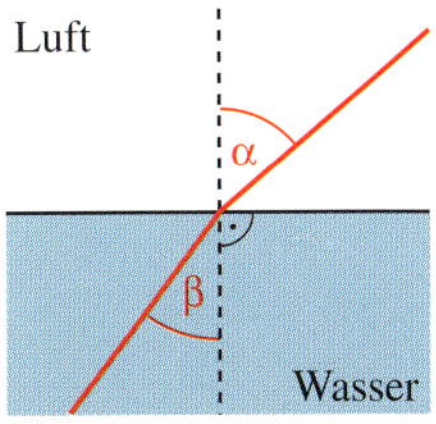

Fig. 1

6 Bestimmen Sie die Definitions- und die Wertemenge von f und skizzieren Sie ein Schaubild.
a) $f(x) = \arcsin(2x)$ b) $f(x) = \arccos(0{,}2x)$ c) $f(x) = \arccos(4x + 1)$ d) $f(x) = \arcsin(x^2)$

7 Zeigen Sie am Einheitskreis, dass gilt:
$\cos(\arcsin a) = \sqrt{1 - a^2},\ a \in [-1; 1]$ bzw. $\sin(\arccos a) = \sqrt{1 - a^2},\ a \in [-1; 1]$.

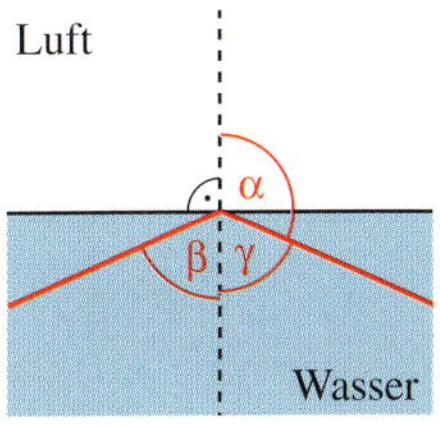

Fig. 2

8 Wenn ein Lichtstrahl von Luft in Wasser übergeht, so wird er zum Einfallslot hin gebrochen (Fig. 1). Nach dem Brechungsgesetz von SNELLIUS (vgl. S. 221) gilt $\sin\alpha : \sin\beta = 4:3$.
a) Geben Sie β in Abhängigkeit von α an. Welchem Grenzwinkel β_g nähert sich β für $\alpha \to 90°$?
b) Beim umgekehrten Übergang von Wasser in Luft wird der Lichtstrahl in entsprechender Weise vom Einfallslot weg gebrochen. Wird hierbei β_g überschritten, so wird der Lichtstrahl in das Wasser zurückreflektiert (Fig. 2); es gilt $\beta = \gamma$.
Zeichnen Sie ein Schaubild der Funktion $f: \beta \mapsto \alpha$ für $0° < \beta < 90°$.
Welche Besonderheit weist die Funktion f auf?

$\varphi > 0$ … Nordhalbkugel
$\varphi < 0$ … Südhalbkugel

Stuttgart (Deutschland): 48° 50' nördl. Breite

Oslo (Norwegen): 59° 56' nördl. Breite

Entebbe (Uganda): 00° 03' nördl. Breite

Rio de Janeiro (Brasilien): 22° 54' südl. Breite

9 Die Zeitspanne T (in h) zwischen Sonnenaufgang und -untergang (Tageslänge) hängt nur von der geografischen Breite φ des Standorts und vom Datum ab. Es gilt:

$$T = 2 \cdot \frac{1}{15°} \cdot \arccos \frac{-\tan\varphi}{},$$

hierbei ist n die Nummer des Tages im Jahresablauf.
a) Versuchen Sie die auftretenden Zahlen und Gradangaben zu interpretieren.
b) Berechnen Sie die Tageslänge von Stuttgart, Oslo, Entebbe und Rio de Janeiro am 21. Juni.
c) Legen Sie mithilfe einer Tabellenkalkulation eine Übersicht an, die die jeweilige Tageslänge bei einer systematischen Variation von n und φ zeigt. Hierbei müssen Sie alle Gradangaben ins Bogenmaß übertragen. In welchen Fällen liefert die angegebene Formel keinen Wert für T?
d) Es sei φ fest gewählt. Für welche n ergibt sich dieselbe Tageslänge?
e) Es sei $\varphi > 0$ (Nordhalbkugel) fest gewählt. Für welches n ist T maximal?

f) Es sei $n \in \{81; \ldots; 263\}$ fest gewählt und $\varphi > 0$. Wie verändert sich T für wachsendes φ?
g) Bei der Erstellung der Gleichung wurde angenommen, die Sonne sei punktförmig. Welche Zeitspanne gibt T also tatsächlich an?
h) Wie lässt sich mithilfe von T der Zeitpunkt (Ortszeit) des Sonnenaufgangs und Sonnenuntergangs bestimmen? Wieso ist keine Übereinstimmung mit der Anzeige von Uhren zu erwarten?

6 Ableiten von Arkusfunktionen

1 a) Zeichnen Sie das Schaubild der Arkustangensfunktion f.
b) Sammeln Sie Informationen über f′ (Definitionslücken, Funktionswert an der Stelle 0) bzw. das zugehörige Schaubild (Asymptote, Symmetrie).
c) f′ ist eine gebrochenrationale Funktion. Äußern Sie eine Vermutung über den Funktionsterm.
d) Überprüfen Sie Ihre Vermutung anhand der Werte von $f'(1)$ und $f'(\sqrt{3})$.

Im Folgenden werden die Ableitungen der Arkusfunktionen ermittelt. Hilfsmittel ist hierbei der Satz über die Ableitung der Umkehrfunktion (S. 22).

Die Sinusfunktion f ist im Intervall $\left(-\frac{1}{2}\pi; \frac{1}{2}\pi\right)$ differenzierbar und es gilt dort $f'(x) \neq 0$.
Also ist die Arkussinusfunktion $\overline{f}$ ebenfalls differenzierbar und es gilt
$\overline{f}'(y) = \frac{1}{f'(x)}$, hierbei ist $y = \sin x$ und $x \in \left(-\frac{1}{2}\pi; \frac{1}{2}\pi\right)$ bzw. $x = \arcsin y$ und $y \in (-1; 1)$.
Damit gilt $\overline{f}'(y) = \frac{1}{\cos x} = \frac{1}{\sqrt{1-\sin^2 x}} = \frac{1}{\sqrt{1-y^2}}$.

Für die Kosinusfunktion g in $(0; \pi)$ und die Arkuskosinusfunktion $\overline{g}$ gilt entsprechend:
$\overline{g}'(y) = \frac{1}{g'(x)}$, hierbei ist $y = \cos x$ und $x \in (0; \pi)$ bzw. $x = \arccos y$ und $y \in (-1; 1)$.
Damit gilt $\overline{g}'(y) = \frac{1}{-\sin x} = \frac{-1}{\sqrt{1-\cos^2 x}} = \frac{-1}{\sqrt{1-y^2}}$.

Für die Tangensfunktion h in $\left(-\frac{1}{2}\pi; \frac{1}{2}\pi\right)$ und die Arkustangensfunktion $\overline{h}$ gilt entsprechend:
$\overline{h}'(y) = \frac{1}{h'(x)}$, hierbei ist $y = \tan x$ und $x \in \left(-\frac{1}{2}\pi; \frac{1}{2}\pi\right)$ bzw. $x = \arctan y$ und $y \in \mathbb{R}$.
Damit gilt $\overline{h}'(y) = \frac{1}{\frac{1}{\cos^2 x}} = \frac{\cos^2 x}{1} = \frac{\cos^2 x}{\sin^2 x + \cos^2 x} = \frac{1}{\frac{\sin^2 x}{\cos^2 x} + \frac{\cos^2 x}{\cos^2 x}} = \frac{1}{\tan^2 x + 1} = \frac{1}{1+y^2}$.

Schreibt man für die Funktionsvariable x statt y, so ergibt sich insgesamt:

Satz: Für $f(x) = \arcsin x$ ist $f'(x) = \frac{1}{\sqrt{1-x^2}}$, $x \in (-1; 1)$.
Für $f(x) = \arccos x$ ist $f'(x) = \frac{-1}{\sqrt{1-x^2}}$, $x \in (-1; 1)$.
Für $f(x) = \arctan x$ ist $f'(x) = \frac{1}{1+x^2}$, $x \in \mathbb{R}$.

Beispiel 1: (Ableiten zusammengesetzter Funktionen)
Bestimmen Sie die Ableitung der Funktion f mit $f(x) = \arcsin(1-2x)$.
Lösung:
Mit der Kettenregel gilt: $f'(x) = \frac{1}{\sqrt{1-(1-2x)^2}} \cdot (-2) = \frac{-2}{\sqrt{4x-4x^2}} = \frac{-1}{\sqrt{x-x^2}}$.

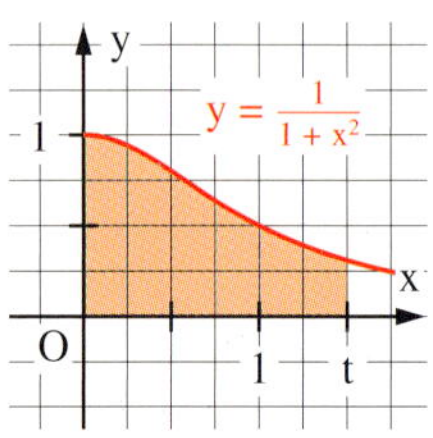

Fig. 1

Beispiel 2: (Integralfunktion)
Bestimmen Sie den Grenzwert der Funktion F mit $F(t) = \int_0^t \frac{1}{1+x^2}dx$ für $t \to \infty$ (vgl. Fig. 1).
Lösung:
$F(t) = \int_0^t \frac{1}{1+x^2}dx = [\arctan x]_0^t = \arctan t - \arctan 0 = \arctan t$. Also gilt: $F(t) \to \frac{1}{2}\pi$ für $t \to \infty$.

Aufgaben

2 Leiten Sie ab.

a) $f(x) = \arccos(3x)$ b) $f(x) = \arcsin(0{,}5x)$ c) $f(x) = \arctan(5x)$
d) $g(x) = 4x - \arcsin(1 - 4x)$ e) $h(t) = t + 3 \cdot \arccos(2t - 1)$ f) $h(a) = b + \arctan(1 + a^2)$
g) $f(x) = \arcsin(x^2)$ h) $h(p) = \arctan\sqrt{x}$ i) $f(x) = 2 \cdot \arcsin\sqrt{1 - x^2}$
j) $f(x) = \arccos^2 x$ k) $g(k) = \arctan^2\left(\frac{1}{k}\right)$ l) $h(v) = u + \arcsin 1$

3 Berechnen Sie das Integral.

a) $\int_0^{0,5} \frac{1}{\sqrt{1-x^2}}\,dx$ b) $\int_0^{0,5} \frac{-3}{\sqrt{16-16x^2}}\,dx$ c) $\int_1^2 \frac{4x}{x^3+x}\,dx$ d) $\int_1^2 \frac{2+x^2}{1+x^2}\,dx$

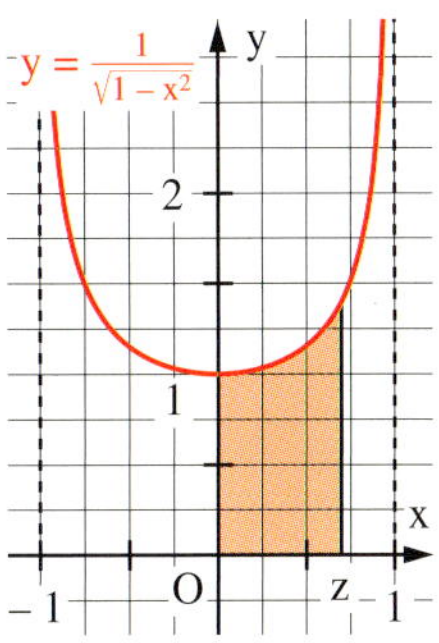

Fig. 1

4 Fig. 1 zeigt das Schaubild K der Funktion f mit $f(x) = \frac{1}{\sqrt{1-x^2}}$; $x \in (-1; 1)$.

a) Berechnen Sie den Inhalt A(z) der Fläche zwischen K und der x-Achse über dem Intervall [0; z].
b) Untersuchen Sie, ob dieser Inhalt A(z) für $z \to 1$ einen Grenzwert hat.

5 Gegeben ist die Funktion f mit $f(x) = \arcsin\sqrt{x}$, $x \in D_f$. Ihr Schaubild sei K.

a) Bestimmen Sie die Definitionsmenge D_f von f und untersuchen Sie K auf gemeinsame Punkte mit der x-Achse, Extrem- und Wendepunkte. Für welche $x \in D_f$ ist f nicht differenzierbar?
b) Zeichnen Sie K samt der Wendetangente in einem geeigneten Maßstab.

6 Gegeben ist die Funktion f mit $f(x) = \arccos\frac{x}{1+x^2}$, $x \in D_f$. Ihr Schaubild sei K.

a) Ermitteln Sie die Definitionsmenge D_f von f und untersuchen Sie K auf Asymptoten, Schnittpunkte mit den Koordinatenachsen und Extrempunkte.
b) Zeichnen Sie K in einem geeigneten Maßstab. Weisen Sie nach, dass K symmetrisch ist.

7 Gegeben ist die Funktion f mit $f(x) = \frac{x^3+x-2}{x^2+1}$, $x \in \mathbb{R}$. Ihr Schaubild sei K.

a) Untersuchen Sie K auf Asymptoten, Schnittpunkte mit den Koordinatenachsen, Extrem- und Wendepunkte. Zeichnen Sie K in einem geeigneten Maßstab.
b) Berechnen Sie den Inhalt der Fläche, die von K und den Koordinatenachsen begrenzt wird.

In der sibirischen Taiga beträgt die Vegetationsperiode nur etwa drei Monate. Wie groß ist somit der maximale Zuwachs an einem Tag?

8 Die Höhe h einer Fichte (in m) in Abhängigkeit von der Zeit t (in Jahren) wird modellhaft beschrieben durch
$h(t) = 15 + 15 \cdot \arctan[0{,}05(t - 30)]$.

a) Wie hoch ist der Fichtensetzling bei Beobachtungsbeginn?
b) Wie hoch wird die Fichte maximal? Wann hat sie 95 % ihrer Maximalhöhe erreicht?
c) Wann beträgt die momentane Wachstumsgeschwindigkeit 0,5 m pro Jahr?
d) Wie groß ist die maximale Wachstumsgeschwindigkeit? Wann tritt sie auf?
e) Zeichnen Sie ein Schaubild der Funktion h.

9 Es gilt $\int_0^1 \frac{1}{1+x^2}\,dx = \arctan 1 = \frac{1}{4}\pi$ (vgl. Beispiel 2, S. 216). Mithilfe von Ober- und Untersummen zum entsprechenden Flächenstück lässt sich eine Intervallschachtelung für $\frac{1}{4}\pi$ festlegen. Ermitteln Sie auf diese Weise, z. B. mit einer Tabellenkalkulation, eine Näherung für $\frac{1}{4}\pi$ bzw. für π.

7 Ableiten von Wurzelfunktionen

1 Für $f(x) = \sqrt{x}$ gilt $f'(x) = \frac{1}{2\sqrt{x}}$, für $f(x) = \sqrt[3]{x}$ gilt $f'(x) = \frac{1}{3(\sqrt[3]{x})^2}$ (vgl. S. 22).

a) Zeigen Sie, dass hiermit eine Erweiterung der bisher nur für ganze Hochzahlen bewiesenen Potenzregel vorliegt.

b) Zeigen Sie mithilfe der Kettenregel, dass für $f(x) = x^{\frac{n}{3}}$ und $n \in \mathbb{Z}$ gilt: $f'(x) = \frac{n}{3} \cdot x^{\frac{n}{3}-1}$.

Eine Funktion f mit $f(x) = x^{\frac{p}{q}} = \sqrt[q]{x^p}$; $x > 0$ $(p \in \mathbb{Z},\ q \in \mathbb{N} \setminus \{0; 1\})$ heißt **Wurzelfunktion**. Deren Ableitung ergibt sich aus dem folgenden Satz.

Satz: (Potenzregel für rationale Hochzahlen)
Für jede Funktion f mit $f(x) = x^r$ gilt $f'(x) = r \cdot x^{r-1}$
$(x > 0$ und $r \in \mathbb{Q}$ bzw. $x \geqq 0$ und $r \in \mathbb{Q},\ r \geqq 1)$.

Beweis: Zunächst sei $r = \frac{1}{q}$ mit $q \in \mathbb{N} \setminus \{0\}$.
Die Funktion $\overline{f}$ mit $\overline{f}(x) = x^{\frac{1}{q}}$; $x > 0$ ist die Umkehrfunktion von f mit $f(x) = x^q$, $x > 0$.
Nach dem Satz über die Ableitung der Umkehrfunktion (S. 22) gilt mit $x = \overline{f}(y) = y^{\frac{1}{q}}$:

$\overline{f}'(y) = \frac{1}{f'(x)} = \frac{1}{q \cdot x^{q-1}} = \frac{1}{q \cdot (y^{\frac{1}{q}})^{q-1}} = \frac{1}{q} \cdot y^{\frac{1}{q}-1}$.

Dies zeigt, dass die Potenzregel auch für Hochzahlen der Form $\frac{1}{q}$ $(q \in \mathbb{N} \setminus \{0\})$ gültig ist. Mit der Kettenregel folgt, dass diese sogar für beliebige rationale Hochzahlen gilt:
Für f mit $f(x) = x^{\frac{p}{q}} = (x^{\frac{1}{q}})^p$ ist

$f'(x) = p \cdot (x^{\frac{1}{q}})^{p-1} \cdot \frac{1}{q} \cdot x^{\frac{1}{q}-1} = \frac{p}{q} \cdot x^{\frac{p}{q}-1}$.

Dabei ist $x > 0$; $p \in \mathbb{Z}$ und $q \in \mathbb{N} \setminus \{0\}$.

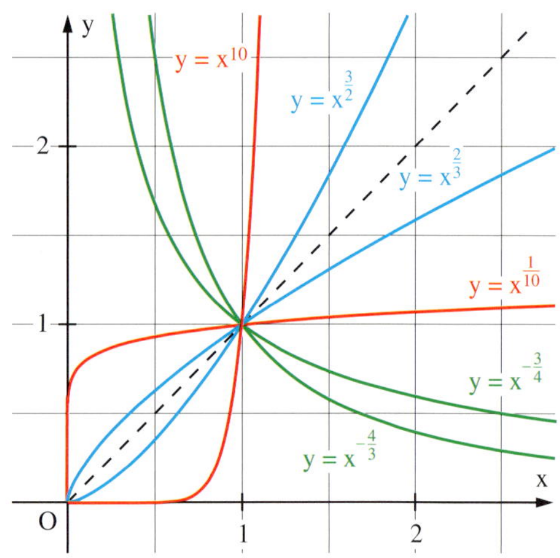

Fig. 1

Erweitert man den Definitionsbereich von f durch die Festlegung $f(0) = 0$ und untersucht den Differenzenquotienten im Intervall $[0; h]$ für $h \to 0$, so stellt man fest: Die Potenzregel gilt im Falle $r \geqq 1$ auch für $x = 0$ (vgl. Fig. 1 und Aufgabe 10, S. 219).

Beispiel: (Anwendung der Potenzregel)
Bestimmen Sie die Ableitung und eine Stammfunktion von f mit

a) $f(x) = \sqrt[3]{x^2}$ b) $f(x) = \sqrt[4]{8 - 3x}$.

Lösung:

a) Mit $f(x) = x^{\frac{2}{3}}$ ist $f'(x) = \frac{2}{3} \cdot x^{\frac{2}{3}-1} = \frac{2}{3} \cdot x^{-\frac{1}{3}} = \frac{2}{3} \cdot \frac{1}{\sqrt[3]{x}}$; $F(x) = \frac{1}{\frac{2}{3}+1} \cdot x^{\frac{2}{3}+1} = \frac{3}{5} \cdot x^{\frac{5}{3}} = \frac{3}{5} \cdot \sqrt[3]{x^5}$.

b) Mit $f(x) = (8 - 3x)^{\frac{1}{4}}$ ist

$f'(x) = \frac{1}{4} \cdot (8 - 3x)^{\frac{1}{4}-1} \cdot (-3) = \left(-\frac{3}{4}\right) \cdot (8 - 3x)^{-\frac{3}{4}} = \left(-\frac{3}{4}\right) \cdot \frac{1}{\sqrt[4]{(8 - 3x)^3}}$;

$F(x) = \frac{1}{(-3)} \cdot \frac{1}{\frac{1}{4}+1} \cdot (8 - 3x)^{\frac{1}{4}+1} = \left(-\frac{4}{15}\right) \cdot (8 - 3x)^{\frac{5}{4}} = \left(-\frac{4}{15}\right) \cdot \sqrt[4]{(8 - 3x)^5}$.

Aufgaben

2 Skizzieren Sie Schaubilder der Funktionen f, g und h in ein Koordinatensystem.

a) $f(x) = x^{\frac{1}{3}}$; $g(x) = x^{\frac{2}{3}}$; $h(x) = x^{\frac{4}{3}}$ b) $f(x) = x^{\frac{5}{3}}$; $g(x) = x^{\frac{3}{5}}$; $h(x) = x^{-1,5}$

3 Bestimmen Sie die Ableitung und eine Stammfunktion von $f\colon x \mapsto f(x)$; $x > 0$.

a) $f(x) = x^{\frac{1}{5}}$ b) $f(x) = x^{\frac{4}{3}}$ c) $f(x) = x^{\frac{3}{4}}$ d) $f(x) = x^{0,7}$ e) $f(x) = x^{-0,7}$

f) $f(x) = \sqrt[4]{x^5}$ g) $f(x) = \sqrt[5]{x^4}$ h) $f(x) = \sqrt{x^7}$ i) $f(x) = \frac{1}{\sqrt[3]{x}}$ j) $f(x) = \frac{1}{\sqrt[3]{x^5}}$

4 a) $f(x) = x \cdot x^{\frac{3}{5}}$ b) $f(x) = x^2 \cdot \sqrt[4]{x^3}$ c) $f(x) = \frac{x^3}{\sqrt[3]{x}}$ d) $f(x) = \frac{x\sqrt[4]{x^3}}{\sqrt{x}}$

5 a) $f(x) = (2x + 1)^{\frac{1}{3}}$ b) $f(x) = \left(\frac{2}{7}x - 3\right)^{\frac{3}{4}}$ c) $f(x) = \sqrt[5]{5 - 2x}$ d) $f(x) = \sqrt[3]{(1 - 3x)^2}$

6 Bestimmen Sie zur Funktion f die Ableitung und eine Stammfunktion ($n, p, q \in \mathbb{N} \setminus \{0\}$).

a) $f(x) = x^{-p}$ b) $f(x) = x^{-\frac{2}{n}}$ c) $f(x) = x^{-2p-1}$ d) $f(x) = x^{-\frac{p}{p+1}}$ e) $f(x) = p \cdot x^{-\frac{p}{q}-1}$

7 Berechnen Sie den Inhalt des Flächenstücks zwischen dem Schaubild von f und der x-Achse über dem Intervall [a; b].

a) $f(x) = \sqrt[3]{x}$; $a = 0$; $b = 8$ b) $f(x) = 1 + \sqrt[4]{x}$; $a = 0$; $b = 2$

c) $f(x) = x + \sqrt[5]{x}$; $a = 0$; $b = 32$ d) $f(x) = 2x^{\frac{5}{3}}$; $a = 1$; $b = 8$

8 Die Schaubilder der Funktionen f mit $f(x) = \sqrt[10]{x}$ und g mit $g(x) = x^{\frac{3}{2}}$ begrenzen im 1. Feld ein Flächenstück.

a) Berechnen Sie den Inhalt des Flächenstücks.

b) Das Flächenstück rotiert um die x-Achse. Welches Volumen hat der Rotationskörper?

9 Sand lässt sich in der Form eines Kreiskegels aufschütten. Der Neigungswinkel β des entstehenden Kegels bzw. das Verhältnis von Grundkreisradius r zur Kegelhöhe h hängt nur von der Art des Sandes (Korngröße, Zurundungsgrad), nicht aber von der Größe des Kegels ab.
Ein Förderband beginnt um 9.00 Uhr, pro Sekunde $50\,dm^3$ Sand aufzuschütten.

a) Bestimmen Sie das Verhältnis r : h in dem nebenstehenden Bild.

b) Wie hoch ist der Kegel zum Zeitpunkt 9.15 Uhr?

c) Bestimmen Sie die Kegelhöhe in Abhängigkeit von der Zeitdauer nach 9.00 Uhr.

d) Obwohl über das Förderband gleichmäßig Sand zugeführt wird, hat ein Beobachter den Eindruck, dass nach einiger Zeit der Berg kaum noch wächst.
Bestätigen Sie diese Beobachtung, indem Sie die momentane Wachstumsgeschwindigkeit der Kegelhöhe zu den Zeitpunkten 9.01 Uhr, 9.15 Uhr und 10.00 Uhr vergleichen.

10 Der Definitionsbereich von Wurzelfunktionen sei durch die Festlegung $f(0) = 0$ erweitert. Untersuchen Sie diese Funktionen auf Stetigkeit und Differenzierbarkeit an der Stelle 0 in Abhängigkeit vom Exponent $\frac{p}{q}$. Geben Sie gegebenenfalls $f'(0)$ an.

8 Untersuchung von Wurzelfunktionen

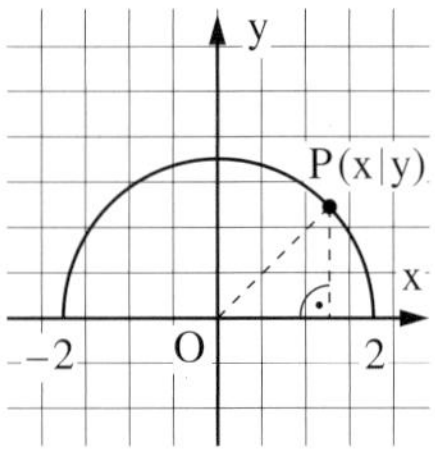

Fig. 1

1 Der Halbkreis oberhalb der x-Achse mit dem Radius 2 und dem Ursprung als Mittelpunkt (Fig. 1) ist Schaubild einer Funktion f.

a) Geben Sie den zugehörigen Funktionsterm einschließlich Definitionsbereich an.

b) An welchen Stellen ist f nicht differenzierbar?

Bei Wurzelfunktionen und deren Verkettungen (vgl. das folgende Beispiel) kann es

- ganze Intervalle geben, für die der Funktionsterm nicht definiert ist. Dies im Gegensatz zu den gebrochenrationalen Funktionen, deren Definitionsmenge alle reellen Zahlen bis auf höchstens endlich viele Ausnahmen umfasst;
- Stellen des Definitionsbereichs geben, an denen keine Differenzierbarkeit vorliegt. Dies im Gegensatz zu den rationalen Funktionen.

Beispiel: (Funktionsuntersuchung)

Untersuchen Sie die Funktion f mit $f(x) = \frac{1}{3}x\sqrt{16 - x^2}$.

Berücksichtigen Sie beim Zeichnen des Schaubilds K das Verhalten von $f'(x)$ für $x \to -4$ sowie für $x \to 4$.

Lösung:

1. Definitionsmenge:

Radikand ≧ 0!

Es gilt $16 - x^2 \geqq 0$ für $x \in [-4; 4]$.

Damit ist die Definitionsmenge $D_f = [-4; 4]$.

2. Symmetrie:

Wegen $f(-x) = \frac{1}{3}(-x)\sqrt{16 - (-x)^2} = -\frac{1}{3}x\sqrt{16 - x^2} = -f(x)$ ist K symmetrisch zum Ursprung.

3. Nullstellen:

$\frac{1}{3}x\sqrt{16 - x^2} = 0$ liefert $x_1 = 0$, $x_2 = -4$ und $x_3 = 4$.

Die gemeinsamen Punkte von K mit der x-Achse sind $N_1(0|0)$, $N_2(-4|0)$ und $N_3(4|0)$.

4. Ableitungen:

Die Potenzregel setzt hier einen Basis > 0 voraus, deshalb −4 < x < 4.

$f(x) = \frac{1}{3}x(16 - x^2)^{\frac{1}{2}}$; für $x \in (-4; 4)$ gilt

$$f'(x) = \frac{1}{3}(16 - x^2)^{\frac{1}{2}} + \frac{1}{3}x \cdot \frac{1}{2}(16 - x^2)^{-\frac{1}{2}}(-2x) = \frac{1}{3} \cdot \frac{(16 - x^2) - x^2}{(16 \cdot x^2)^{\frac{1}{2}}} = \frac{2}{3} \cdot \frac{8 - x^2}{\sqrt{16 - x^2}};$$

$$f''(x) = \frac{2}{3} \cdot \frac{(-2x)(16 - x^2)^{\frac{1}{2}} - (8 - x^2) \cdot \frac{1}{2}(16 - x^2)^{-\frac{1}{2}}(-2x)}{(16 - x^2)} = \frac{2}{3} \cdot \frac{(-2x)(16 - x^2) + x(8 - x^2)}{(16 - x^2)^{\frac{3}{2}}} = \frac{2}{3} \cdot \frac{x(x^2 - 24)}{(16 - x^2)^{\frac{3}{2}}}.$$

5. Extremstellen:

Notwendige Bedingung für innere Extremstellen $8 - x^2 = 0$; Lösungen: $x_4 = 2\sqrt{2}$; $x_5 = -2\sqrt{2}$.

Hinreichende Bedingung:

$x_4 = 2\sqrt{2}$: $f'(x_4) = 0$ und $f''(x) = -\frac{4}{3} < 0$; $f(2\sqrt{2}) = \frac{8}{3}$ ist ein lokales Maximum;

$x_5 = -2\sqrt{2}$; $f'(x_5) = 0$ und $f''(x_5) = \frac{4}{3} > 0$; $f(-2\sqrt{2}) = -\frac{8}{3}$ ist ein lokales Minimum.

Randwerte:

Wegen $f(x) > 0$ für $x \in (0; 4)$ ist $f(4) = 0$ ein lokales Minimum; aus Symmetriegründen ist $f(-4) = 0$ ein lokales Maximum.

Also sind $H_1\left(2\sqrt{2}\,\middle|\,\frac{8}{3}\right)$ und $H_2(-4|0)$ Hochpunkte und $T_1\left(-2\sqrt{2}\,\middle|\,-\frac{8}{3}\right)$ und $T_2(4|0)$ Tiefpunkte von K.

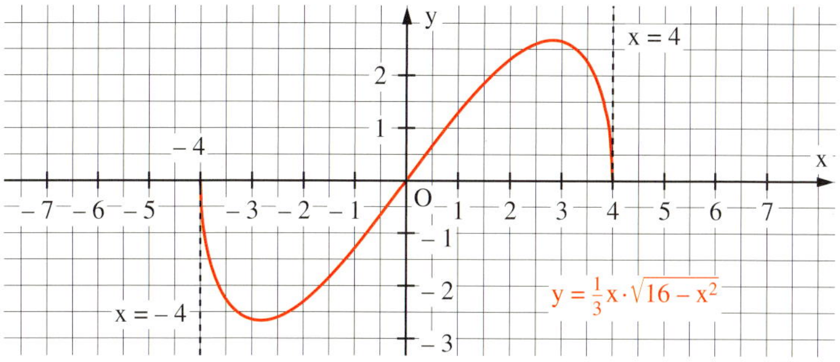

Fig. 1

6. Wendestellen:
Notwendige Bedingung $f''(x) = 0$:
$x(x^2 - 24) = 0$; in D_f gibt es nur die Lösung $x_6 = 0$, denn es gilt $x^2 - 24 < 0$ für $x \in [-4; 4]$.
Hinreichende Bedingung:
$f''(x)$ hat bei $x_6 = 0$ einen VZW.
$W(0|0)$ ist Wendepunkt von K.
7. Schaubild:
Vgl. Fig. 1; es gilt
$f'(x) \to -\infty$ für $x \to 4$ und für $x \to -4$.

Man kann die Geraden mit den Gleichungen $x = -4$ und $x = 4$ als „senkrechte Tangenten" auffassen.

Aufgaben

2 Führen Sie eine Funktionsuntersuchung durch. Zeichnen Sie ein Schaubild.
a) $f(x) = x - \sqrt{x}$ b) $f(x) = \sqrt{2x} - x^2$ c) $f(x) = \frac{1}{3}\sqrt{x^3 - 3x^2}$ d) $f(x) = \frac{3x}{\sqrt{9 + x^2}}$

3 Vom Aussiedlerhof A aus soll zum Aussiedlerhof B eine Telefonleitung gelegt werden. Nur entlang der Landstraße ist eine Freileitung über Masten möglich (die Kosten belaufen sich auf 30 000 Euro pro km), ansonsten ist ein Erdkabel (hier belaufen sich die Kosten auf 110 000 Euro pro km) geplant. Die bautechnischen Vorschriften sehen eine Leitungsführung über die Landstraße und nach einer rechtwinkligen Abzweigung entlang der Hofzufahrt vor. Wie viel Prozent der Kosten könnte man höchstens einsparen, wenn man den Abzweigungspunkt beliebig wählen und das Erdkabel quer durch die Felder verlegen könnte?

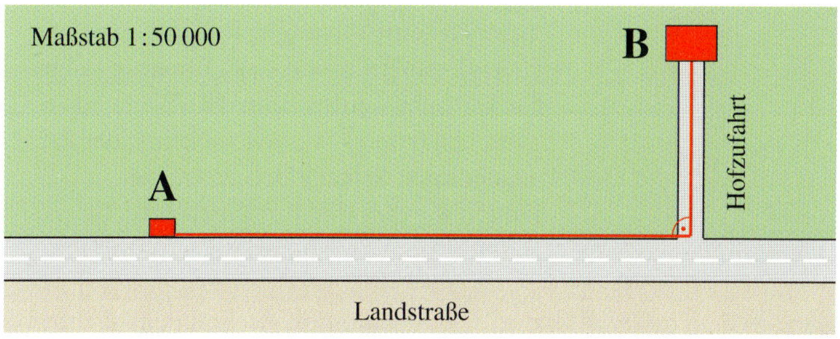

Fig. 2

4 Für $t > 0$ ist die Funktionenschar f_t mit $f_t(x) = \frac{8}{x}(\sqrt{x} - t)$ mit den Schaubildern K_t gegeben.
a) Untersuchen Sie K_t auf gemeinsame Punkte mit der x-Achse, Extrem- und Wendepunkte.
b) Zeichnen Sie K_1. Berechnen Sie den Inhalt der Fläche zwischen K_1, x-Achse und g: $x = 5$.
c) Auf welcher Kurve liegen die Hochpunkte aller Schaubilder K_t?
d) Für welchen Wert von t berührt das Schaubild K_t die Gerade h: $y = \frac{1}{4}x$?

5 Für jedes $t \in \mathbb{R}$ ist durch $f_t(x) = \frac{tx}{\sqrt{1 + tx^2}}$ eine Funktion f_t mit dem Schaubild K_t gegeben.
a) Untersuchen Sie K_t für $t > 0$ auf Monotonie sowie auf Symmetrie. Zeichnen Sie K_1.
b) Verfahren Sie mit K_t für $t < 0$ wie in a). Zeichnen Sie K_{-1} ins vorhandene Achsenkreuz.
c) Zeigen Sie unter Verwendung der Umkehrfunktion $\overline{f_t}$ von f_t, dass für jedes $t \neq 0$ die Schaubilder K_t und $K_{-\frac{1}{t}}$ kongruent sind.
d) Bestimmen Sie den Inhalt der Fläche zwischen der x-Achse, K_t und g: $x = t$ $(t > 0)$.

Der holländische Mathematiker SNELLIUS *fand das nach ihm benannte Gesetz der Lichtbrechung $\sin\alpha : \sin\beta = const.$ experimentell. Ein Beispiel dazu findet sich in Aufg. 8, S. 215. Der französische Mathematiker* FERMAT *(1601–1665) postulierte eine minimale „Laufzeit" und bewies das Gesetz auf die in Aufg. 6 beschriebene Weise.*

6 Ein Körper bewegt sich geradlinig mit der Geschwindigkeit c_1 von $A(0|a)$ nach $P(u|0)$ und mit der Geschwindigkeit c_2 von P nach $B(l|-b)$, vgl. Fig. 2. Begründen Sie, dass die benötigte Gesamtzeit von A nach B minimal ist, wenn $\sin\alpha : \sin\beta = c_1 : c_2$ ist.

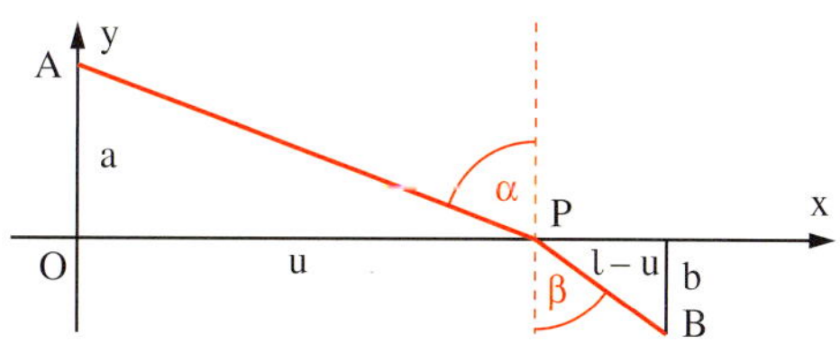

Fig. 3

9 Vermischte Aufgaben

1 Führen Sie ohne Verwendung von f′ bzw. f″ eine Funktionsuntersuchung durch. Bestimmen Sie den Inhalt eines der Flächenstücke zwischen der x-Achse und dem Schaubild von f.
a) $f(x) = 5 \cdot \sin\left(\frac{1}{24}\pi x\right)$ b) $f(x) = 3 \cdot \sin\left(x - \frac{1}{4}\pi\right)$ c) $f(x) = 2 \cdot \sin\left(2x + \frac{1}{4}\pi\right) + 1$

2 Ermitteln Sie zur Funktion f mit $f(x) = a \cdot \sin[b(x - c)] + d$ „passende" Werte für a, b, c, d.

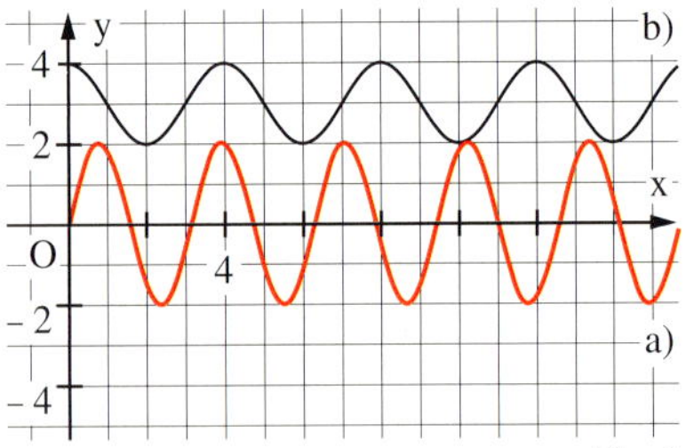

Fig. 1

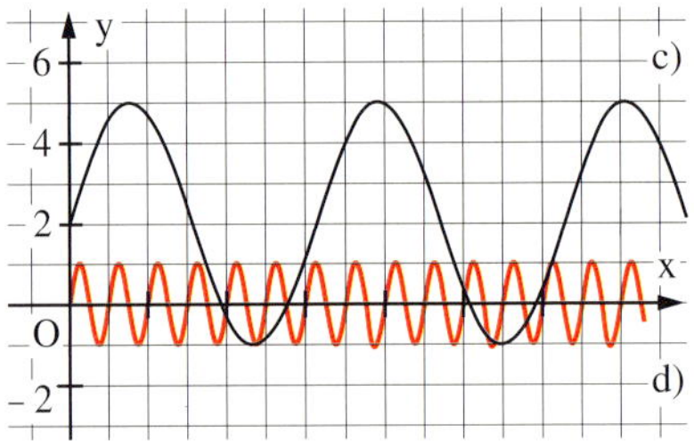

Fig. 2

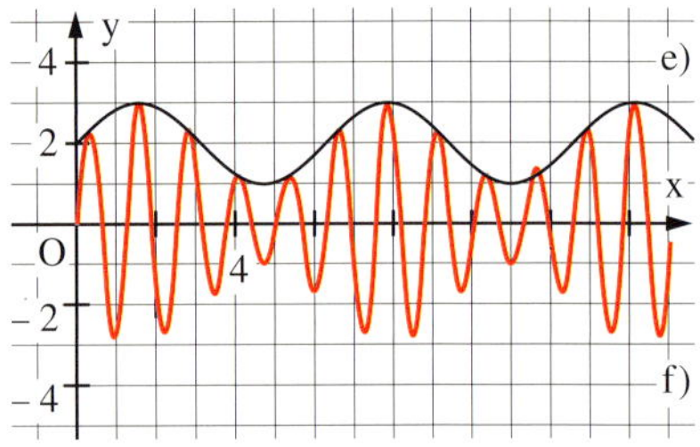

Fig. 3

Befehlsfolge für MAPLE V:

```
> restart; with(plots):
> f:=x->a*sin(b*(x-c))+d:
> b:=0.5*Pi: c:=0: d:=3:
> animate(f(x),x=-Pi..Pi,a=0..4,view=-2..8);
```

Fig. 4

3 Fig. 4 zeigt, wie der Einfluss des Parameters a beim Schaubild der Funktion f mit $f(x) = a \cdot \sin[b(x - c)] + d$ „filmartig" sichtbar gemacht werden kann. Für Werte von a zwischen 0 und 4 werden nacheinander die zugehörigen Schaubilder gezeichnet. Führen Sie dies und Entsprechendes für die anderen Parameter durch.

4 Ermitteln Sie Lösungen aus dem Intervall $[-\pi; \pi]$, ggf. näherungsweise mit dem NEWTON-Verfahren.
a) $\sin^2(3x) + \sin(3x) = 0$ b) $\tan\left(\frac{1}{2}x\right) = 2x$ c) $-\sin(x + 3) + 2 \cdot \cos^2(x + 3) = 1$

5 Die Funktionen f und g sind gegeben durch $f(x) = \sin x - 0{,}25$, $x \in [0; \pi]$ mit dem Schaubild K_f und $g(x) = \sin^2 x$, $x \in [0; \pi]$ mit dem Schaubild K_g.
a) Untersuchen Sie K_g auf gemeinsame Punkte mit den Koordinatenachsen, Extrem- und Wendepunkte.
b) Bestimmen Sie die Berührpunkte von K_f und K_g. Zeichnen Sie K_f und K_g genügend groß.
c) K_f und K_g begrenzen zusammen ein Flächenstück. Berechnen Sie seinen Inhalt.

Man unterscheidet den systolischen Blutdruck als höchsten Druck bei der Zusammenziehung des Herzmuskels und Auswurf des Blutes sowie den diastolischen Blutdruck als niedrigsten Druck bei Erschlaffung des Herzens.

6 Der Blutdruck B einer Sportlerin (in mm Hg) wird modellhaft beschrieben durch $B(t) = 100 + 20 \cdot \sin(2\pi t)$ im Ruhezustand und durch $B(t) = 140 + 60 \cdot \sin(5\pi t)$ beim Waldlauf. Hierbei bezeichnet t die Zeit (in s). Ermitteln Sie jeweils die Pulsfrequenz (in $\frac{1}{\text{min}}$).

Heizperiode:
Ist hier die Zeitspanne mit einer Temperatur von höchstens 12 °C.
*Oft gewünschte **Raumtemperatur**: 20 °C*

7 Die Lufttemperatur (in °C) in Stuttgart wird in Abhängigkeit von der Zeit t (in Monaten nach Jahresbeginn) im Folgenden modellhaft beschrieben durch die Funktion f mit
$f(t) = 10 + 9 \cdot \sin\left(\frac{1}{6}\pi t - \frac{7}{12}\pi\right)$; $t \in [0; 12]$.
a) Bestimmen Sie zeichnerisch und rechnerisch Beginn t_B und Ende t_E der Heizperiode.
b) Berechnen Sie $\int_0^{t_E} (20 - f(t))\,dt + \int_{t_B}^{12} (20 - f(t))\,dt$. Wie lässt sich diese Zahl interpretieren?

8 Fig. 1 zeigt für die Mittelmeerstadt Algier die langjährigen Mittelwerte der monatlichen Niederschlagssummen – im Folgenden kurz als „Monatsniederschläge" bezeichnet.

Jan. (1):	*110 mm*
Feb. (2):	*83 mm*
März (3):	*74 mm*
Apr. (4):	*41 mm*
Mai (5):	*46 mm*
Juni (6):	*17 mm*
Juli (7):	*2 mm*
Aug. (8):	*4 mm*
Sep. (9):	*42 mm*
Okt. (10):	*80 mm*
Nov. (11):	*128 mm*
Dez. (12):	*135 mm*
Summe:	*762 mm*

Fig. 1

a) Stellen Sie die angegebenen Werte in geeigneter Weise grafisch dar.

b) Die Monatsniederschläge lassen sich näherungsweise mithilfe der Funktion f mit $f(t) = a \cdot \sin\left[\frac{\pi}{6}(t + c)\right] + d,\ t \in \{1; \ldots; 12\}$ beschreiben. Geben Sie die maximale Abweichung von den tatsächlichen Monatsniederschlägen für $a = 60,\ c = 2$ und $d = 60$ an.

c) Wählen Sie in Teilaufgabe b) andere Werte für a, c und d. Hierbei soll die genannte maximale Abweichung möglichst klein werden. Welches ist Ihre „beste" Lösung?

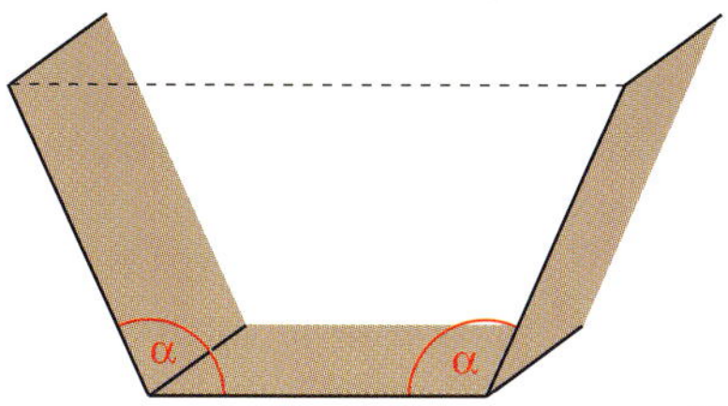

Fig. 2

9 Aus drei gleich breiten Brettern soll eine Rinne hergestellt werden, die oben offen ist – Fig. 2 zeigt einen Querschnitt dieser Rinne.
Wie ist der Winkel α zu wählen, damit das Fassungsvermögen der Rinne möglichst groß wird?

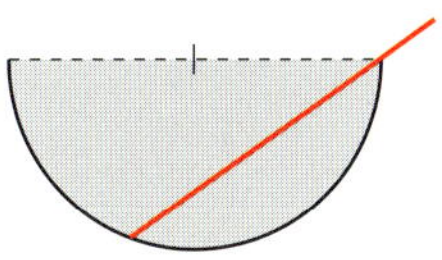

Fig. 3

10 In eine halbkugelförmige Schale mit dem Radius 1 wird ein Stab der Länge 2 gelegt (vgl. Fig. 3). Bei welcher Lage des Stabes liegt sein Mittelpunkt am tiefsten (Gleichgewichtslage)? Wie tief liegt er dann?

a) Lösen Sie die Aufgabe näherungsweise zeichnerisch.

b) Lösen Sie die Aufgabe rechnerisch.

11 Gegeben ist die Funktion f mit $f(x) = 3 \cdot \sqrt{\sin x - 0{,}5}$; $D_f = \left[\frac{1}{6}\pi; \frac{5}{6}\pi\right]$. Ihr Schaubild sei K.

a) Untersuchen Sie K auf Symmetrie, gemeinsame Punkte mit den Koordinatenachsen, Extrem- und Wendepunkte.

b) Untersuchen Sie das Verhalten von f′ an den Rändern von D_f. Zeichnen Sie K.

c) K schließt mit der x-Achse ein Flächenstück ein. Berechnen Sie dessen Inhalt näherungsweise mit der Simpsonregel für $n = 8$.

d) Auf welchen Teilintervallen von D_f ist f umkehrbar? Geben Sie jeweils die Umkehrfunktion an.

12 Gegeben ist die Funktion f mit $f(x) = 2 \cdot \arctan\sqrt{\frac{1-x}{1+x}}$; $x \in D_f$. Ihr Schaubild sei K.

a) Ermitteln Sie D_f. Zeigen Sie, dass f streng monoton abnimmt.
(Zur Kontrolle: $f'(x) = \frac{-1}{\sqrt{1-x^2}}$.)

b) Ermitteln Sie den Wendepunkt von K und die Gleichung der Wendetangente.

c) Untersuchen Sie das Verhalten von f und f′ an den Rändern von D_f. Zeichnen Sie K.

d) Bezeichnet $\overline{g}$ die Arkuskosinusfunktion, so gilt $f'(x) = \overline{g}'(x)$ auf D_f. Welcher Zusammenhang besteht damit zwischen K und dem Schaubild von $\overline{g}$?

e) Berechnen Sie den Inhalt des Flächenstücks, das K und die Koordinatenachsen im 1. Feld einschließen.

f) K ist symmetrisch zum Wendepunkt. Ermitteln Sie den Inhalt des Flächenstücks zwischen der x-Achse, K und der Geraden mit der Gleichung $x = -1$ auf unterschiedliche Weise.

Zu Teilaufgabe e):
1. Möglichkeit:
Führen Sie zunächst eine Produktintegration mit $u'(x) = f(x)$ und $v(x) = 1$ durch.
2. Möglichkeit:
Verwenden Sie die Informationen aus Teilaufgabe d).

Lokale Bedingungen – globale Auswirkungen

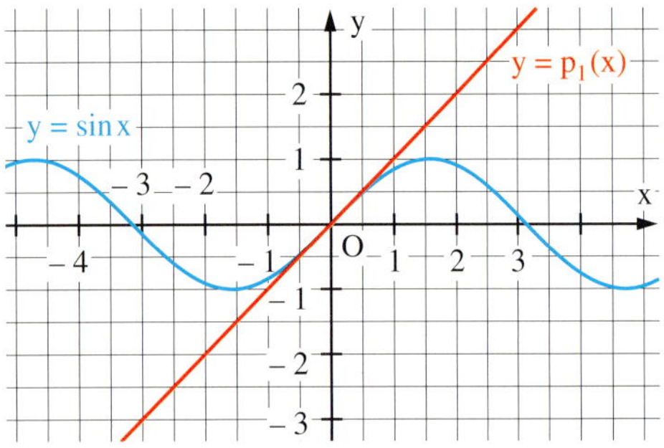

Fig. 1

Näherungen von Funktionswerten wie z. B. der Sinusfunktion sind durch den Taschenrechner oder PC zugänglich. Wie sie ausschließlich mithilfe der Grundrechenarten ermittelt werden können, wird in dieser Exkursion gezeigt. Vor allem dient dies als Anlass, über eine erstaunliche Eigenschaft vieler Funktionen zu berichten.

Das Schaubild der Sinusfunktion f hat im Ursprung die 1. Winkelhalbierende als Tangente, sie wird also vom Schaubild der Funktion p_1 mit $p_1(x) = x$ in einer Umgebung des Ursprungs angenähert (vgl. Fig. 1).
Es gilt: $p_1(0) = f(0) = 0$ und $p_1'(0) = f'(0) = 1$.

Die Forderung nach der Übereinstimmung auch in der 2. und 3. Ableitung an der Stelle 0 lässt sich durch eine ganzrationale Funktion p_3 vom Grad 3 erfüllen.

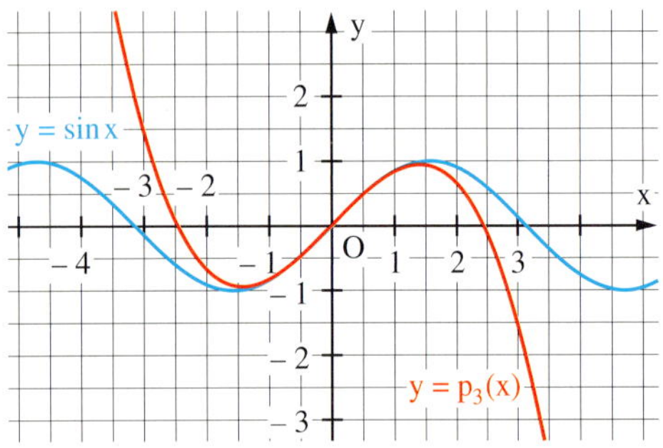

Fig. 2

Der Ansatz $p_3(x) = a_0 + a_1 x + a_2 x^2 + a_3 x^3$
mit den Bedingungen $p_3(0) = f(0)$; $p_3'(0) = f'(0)$
$p_3''(0) = f''(0)$ und $p_3'''(0) = f'''(0)$
führt zu den Koeffizienten $a_0 = f(0) = 0$; $a_1 = f'(0) = 1$;
$a_2 = \frac{1}{2} f''(0) = 0$ und $a_3 = \frac{1}{3 \cdot 2} f'''(0) = -\frac{1}{3 \cdot 2}$
bzw. zum Funktionsterm $p_3(x) = x - \frac{1}{3 \cdot 2} x^3$.

Als Näherungsfunktion der Sinusfunktion ist p_3 „besser“ als p_1, denn das Intervall, in dem p_3 die Sinuskurve annähert, ist offensichtlich größer (vgl. Fig. 2).

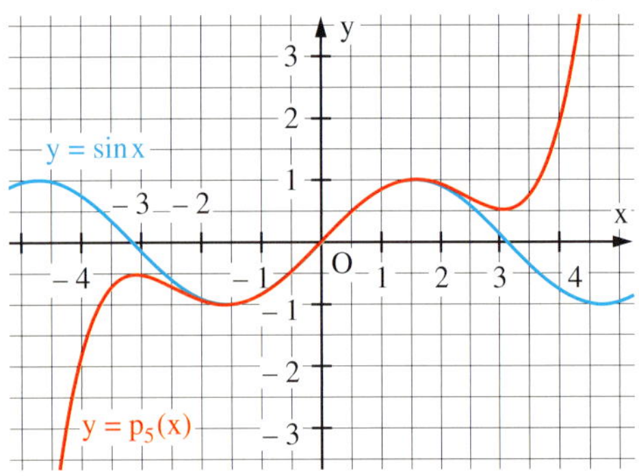

Fig. 3

Die Forderung nach Übereinstimmung bis zur 5. Ableitung an der Stelle 0 liefert p_5 mit $p_5(x) = x - \frac{1}{3 \cdot 2} x^3 + \frac{1}{5 \cdot 4 \cdot 3 \cdot 2} x^5$, offensichtlich eine weitere Verbesserung (vgl. Fig. 3).
Darüber hinaus scheint die Näherung an konkreten Stellen genauer zu sein (vgl. Aufg. 2).

Allgemein gilt:
Die ganzrationale Funktion $(2n-1)$-ten Grades $\mathbf{p_{2n-1}}$ $(n \in \mathbb{N} \setminus \{0\})$ mit $p_{2n-1}(x) = x - \frac{1}{3!} x^3 + \frac{1}{5!} x^5 - + \ldots + (-1)^{n-1} \frac{1}{(2n-1)!} x^{2n-1}$
stimmt für $x = 0$ mit der Sinusfunktion sowohl im Funktionswert als auch in den ersten $(2n-1)$ Ableitungen überein.

Die Sinusfunktion lässt sich offensichtlich durch ganzrationale Funktionen vom Typ p_{2n-1} nicht nur beim Ursprung gut annähern (vgl. Fig. 4).

Dabei wurden zur Bestimmung von p_{2n-1} nur Übereinstimmungen mit der Sinusfunktion im Funktionswert und den Ableitungen an einer einzigen Stelle („lokal“) gefordert!

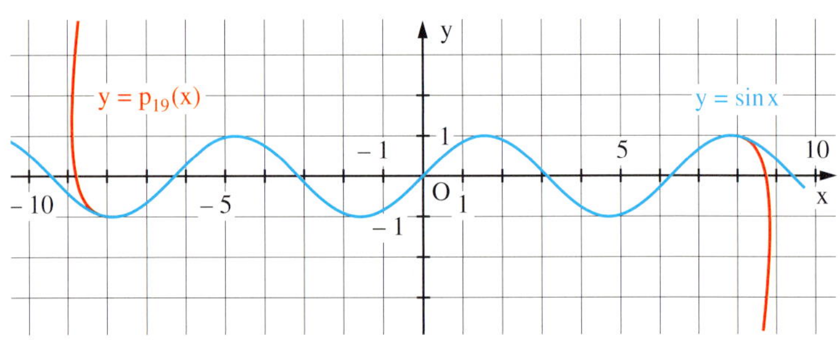

Fig. 4

Dass sogar für jedes fest gewählte $x \in \mathbb{R}$ die Zahlenfolge $(p_{2n-1}(x))$ gegen $\sin x$ konvergiert, folgt u. a. aus der wiederholten Anwendung der Monotonieeigenschaft des Integrals:

I) Für $x>0$ (Entsprechendes gilt für $x<0$) ist $\sin x < x$ bzw. $\sin x < p_1(x)$.

II) Wegen $\int_0^x \sin t\,dt < \int_0^x t\,dt$ ist $\cos x > 1 - \frac{1}{2}x^2$.

III) Wegen $\int_0^x \cos t\,dt > \int_0^x \left(1 - \frac{1}{2}t^2\right)dt$ ist $\sin x > x - \frac{1}{3!}x^3$ bzw. $\sin x > p_3(x)$.

IV) Wegen $\int_0^x \sin t\,dt > \int_0^x \left(t - \frac{1}{3!}t^3\right)dt$ ist $\cos x < 1 - \frac{1}{2}x^2 + \frac{1}{4!}x^4$.

V) Wegen $\int_0^x \cos t\,dt < \int_0^x \left(1 - \frac{1}{2}t^2 + \frac{1}{4!}t^4\right)dt$ ist $\sin x < x - \frac{1}{3!}x^3 + \frac{1}{5!}x^5$ bzw. $\sin x < p_5(x)$ usw.

Mit I) und III) gilt $p_3(x) < \sin x < p_1(x)$. Wegen $p_1(x) - p_3(x) = \frac{1}{3!}x^3$ ist $\sin x - p_3(x) < \frac{1}{3!}x^3$.

Man kann die Sinusfunktion auch auf diese Weise definieren, ohne Bezug zum Einheitskreis und Bogenmaß!

Mit III) und V) gilt $p_3(x) < \sin x < p_5(x)$. Wegen $p_5(x) - p_3(x) = \frac{1}{5!}x^5$ ist $p_5(x) - \sin x < \frac{1}{5!}x^5$.

Allgemein gilt für $n \in \mathbb{N}\setminus\{0\}$: $|p_{2n-1}(x) - \sin x| < \frac{1}{(2n-1)!}x^{2n-1}$.

Da $\frac{1}{k!}x^k \to 0$ für $k \to \infty$ gilt (ohne Beweis), ist $\mathbf{\sin x = \lim\limits_{n\to\infty} p_{2n-1}(x)}$.

Für die Sinusfunktion wie auch für viele andere beliebig oft differenzierbare Funktionen f gilt:

$$f(x) = \lim_{n\to\infty}\left(f(0) + \frac{f'(0)}{1!}x + \frac{f''(0)}{2!}x^2 + \frac{f'''(0)}{3!}x^3 + \ldots + \frac{f^{(n)}(0)}{n!}x^n\right).$$

In diesem Fall nennt man diese Darstellung eine **TAYLOR-Entwicklung von f**.

Damit ist f auf ganz $\mathbb{R}$ bereits durch den Funktionswert und die Werte der Ableitungen allein an der Stelle 0 festgelegt!

BROOK TAYLOR (1685–1731) war Mitglied der Royal Society. Sein Werk „Methodus incrementorum directa et inversa“ handelt von so genannten TAYLOR-Entwicklungen.

Aufgaben

1 Zeichnen Sie im Intervall $[-2\pi; 2\pi]$ die beiden Schaubilder der Sinusfunktion und p_{2n-1} ($n = 4$; $n = 5$; $n = 6$) verschiedenfarbig in ein gemeinsames Koordinatensystem. Für welches Intervall scheinen diese deckungsgleich?

2 Nennen Sie für sin 1 die Anzahl der übereinstimmenden Dezimalen mit $p_1(1)$, $p_3(1)$ und $p_5(1)$.

```
Eingabe: x, Genauigkeit
n:=...; Vorzeichen:=...; Sinus-Wert:=...;
Potenz:=...; Koeffizient:=...;
Wiederhole
   n:=n+2;
   Koeffizient:=Koeffizient/(n*(n-1));
   Vorzeichen:=Vorzeichen*(-1);
   Potenz:=Potenz*x*x;
   Summand:=Koeffizient*Potenz;
   Sinus-Wert:=Sinus-Wert+Vorzeichen*Summand;
Bis Summand<Genauigkeit;
Ausgabe: Sinus-Wert.
```

3 Berechnung eines Wertes von $\sin x$

a) Welche Anfangswerte müssen die Variablen in nebenstehendem Programm erhalten?

b) Schreiben und testen Sie ein zugehöriges Programm.

(Bei der internen Programmierung von Taschenrechner und PC werden aus Gründen der Speicherplatz- und Laufzeitoptimierung raffiniertere, dafür aber weniger durchsichtige Methoden als hier verwendet.)

4 Die Kosinusfunktion und die natürliche Exponentialfunktion besitzen jeweils eine TAYLOR-Entwicklung. Geben Sie diese an.

5 Die Funktion f besitzt nur auf einem Teilbereich T ihrer Definitionsmenge eine TAYLOR-Entwicklung. Ermitteln Sie diese und äußern Sie eine Vermutung für T (Schaubildvergleiche!).

a) $f(x) = \ln(1 + x)$ b) $f(x) = \sqrt{1 + x}$ c) $f(x) = \frac{1}{1-x}$

Tangensfunktion

Mit der Definition $\tan x = \frac{\sin x}{\cos x}$; $x \neq \frac{1}{2}\pi + k\cdot\pi$ $(k \in \mathbb{Z})$ ist die Tangensfunktion $h: x \mapsto \tan x$ festgelegt.

Diese hat die Periode π, für ihre Ableitung gilt $h'(x) = \frac{1}{\cos^2 x}$.

Ihr Schaubild ist verschiebungssymmetrisch und punktsymmetrisch zu den gemeinsamen Punkten mit der x-Achse.

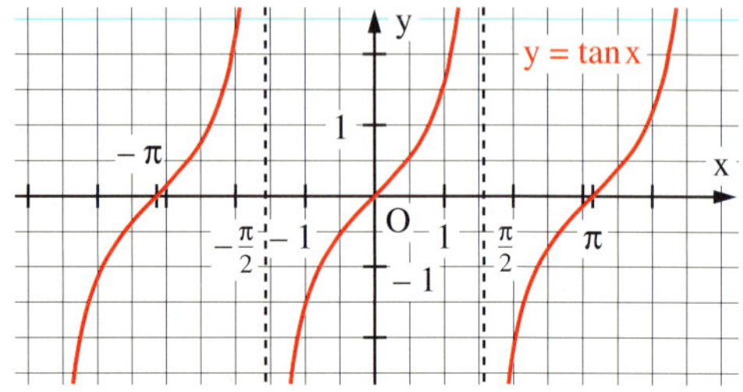

Fig. 1

Funktionen f mit $f(x) = a\cdot\sin[b(x - c)] + d$

Die Periode p von f ist $p = \frac{2\pi}{b}$.

Für $a > 0$ und $b > 0$:

Das Schaubild von f lässt sich aus dem Schaubild der Sinusfunktion schrittweise entstanden denken durch:

- Streckung in y-Richtung mit dem Faktor a
- Streckung in x-Richtung mit dem Faktor $\frac{1}{b}$
- Verschiebung in x-Richtung um c
- Verschiebung in y-Richtung um d

Beispiel:

f mit $f(x) = 3\cdot\sin\left(4x + \frac{1}{3}\pi\right) - 2$

$= 3\cdot\sin\left[4\left(x - \left(-\frac{1}{12}\pi\right)\right)\right] - 2$

- *Streckung in y-Richtung mit dem Faktor 3*
- *Streckung in x-Richtung mit dem Faktor* $\frac{1}{4}$
- *Verschiebung in x-Richtung um* $-\frac{1}{12}\pi$
- *Verschiebung in y-Richtung um –2.*

Trigonometrische Gleichungen

Rückführen auf Gleichungen der Form

$\sin x = a$, $\cos x = a$ bzw. $\tan x = a$ $(a \in \mathbb{R})$ durch:

- Substitution
- Lösen einer quadratischen Gleichung nach Substitution
- Verwenden der Beziehung $\tan x = \frac{\sin x}{\cos x}$
- Verwenden der Beziehung $\sin^2 x + \cos^2 x = 1$
- Verwenden der Äquivalenzumformung: Mit $u(x)\cdot v(x) = 0$ ist $u(x) = 0$ oder $v(x) = 0$.

Beispiel:

$\tan x = \sqrt{2}\cdot\cos x$

Mit $\tan x = \frac{\sin x}{\cos x}$ *gilt* $\frac{\sin x}{\cos x} = \sqrt{2}\cdot\cos x$; *mit* $\cos^2 x = 1 - \sin^2 x$ *gilt* $\sin x = \sqrt{2}\,(1 - \sin^2 x)$

bzw. $\sin^2 x + \frac{\sqrt{2}}{2}\cdot\sin x - 1 = 0.$

Substitution $z = \sin x$: $z^2 + \frac{\sqrt{2}}{2}z - 1 = 0$;

$z = -\sqrt{2}$ *oder* $z = \frac{\sqrt{2}}{2}$; $\sin x = -\sqrt{2}$ *oder*

$\sin x = \frac{\sqrt{2}}{2}$; $x = \frac{1}{4}\pi + k\cdot 2\pi$ *oder*

$x = \frac{3}{4}\pi + k\cdot 2\pi$ $(k \in \mathbb{Z})$.

Arkusfunktionen

Arkusfunktionen sind die Umkehrfunktionen der trigonometrischen Funktionen bei eingeschränktem Definitionsbereich.

Funktion	Umkehr-funktion	Definitions-bereich	Ableitung
$f: x \mapsto \sin x$, $x \in \left[-\frac{1}{2}\pi; \frac{1}{2}\pi\right]$	$\bar{f}: x \mapsto \arcsin x$	$[-1; 1]$	$\bar{f}'(x) = \frac{1}{\sqrt{1 - x^2}}$; $x \neq \pm 1$
$g: x \mapsto \cos x$, $x \in [0; \pi]$	$\bar{g}: x \mapsto \arccos x$	$[-1; 1]$	$\bar{g}'(x) = \frac{-1}{\sqrt{1 - x^2}}$; $x \neq \pm 1$
$h: x \mapsto \tan x$, $x \in \left(-\frac{1}{2}\pi; \frac{1}{2}\pi\right)$	$\bar{h}: x \mapsto \arctan x$	$\mathbb{R}$	$\bar{h}'(x) = \frac{1}{1 + x^2}$

Beispiele:

Es gilt $\arcsin(-1) = -\frac{1}{2}\pi$, *denn es ist* $\sin\left(-\frac{1}{2}\pi\right) = -1$.

Mit $f(x) = \arcsin(2x + 1)$ *ist*

$f'(x) = \frac{2}{\sqrt{1 - (2x + 1)^2}} = \frac{1}{\sqrt{-x - x^2}}$.

Potenzregel für rationale Hochzahlen

Für jede Funktion f mit $f(x) = x^r$ gilt $f'(x) = r\cdot x^{r-1}$;
hierbei ist $x > 0$ und $r \in \mathbb{Q}$ bzw. $x \geqq 0$ und $r \in \mathbb{Q}$, $r \geqq 1$.

Beispiel:

$f(x) = x^{\frac{3}{5}} = \sqrt[5]{x^3}$; $f'(x) = \frac{3}{5}x^{-\frac{2}{5}} = \frac{3}{5}\cdot\frac{1}{\sqrt[5]{x^2}}$

1 Führen Sie ohne Verwendung von f′ bzw. f″ eine Funktionsuntersuchung durch. Bestimmen Sie den Inhalt von einem der Flächenstücke zwischen der x-Achse und dem Schaubild von f.

a) $f(x) = 2{,}5 \cdot \sin\left(\frac{1}{6}\pi x\right)$
b) $f(x) = 4 \cdot \sin\left(x + \frac{1}{4}\pi\right)$
c) $f(z) = 5 \cdot \sin(4z + \pi) + 2{,}5$
d) $f(v) = 4 \cdot \sin\left(3\pi v - \frac{1}{2}\pi\right) - 2$

2 Der Wasserstand h (in m) bei Spiekeroog an der Nordseeküste schwankt zwischen 0 m bei Niedrigwasser und etwa 3 m bei Hochwasser. Er lässt sich in Abhängigkeit von der Zeit t (in Std. nach Niedrigwasser) modellhaft beschreiben durch $h(t) = a + b \cdot \cos\left(\frac{1}{6}\pi \cdot t\right)$.

a) Bestimmen Sie die Parameter a und b. Skizzieren Sie ein Schaubild von h.
b) Überprüfen Sie die Richtigkeit der Faustregel: Der Wasserstand steigt im zweiten Drittel der Zeitspanne zwischen Niedrig- und Hochwasser um die Hälfte der Gesamtzunahme.

Tageslänge: Zeitspanne zwischen Sonnenauf- und -untergang;
$\varphi > 0$ ... Nordhalbkugel,
$\varphi < 0$ ... Südhalbkugel;
$\pi \frac{\varphi}{180°}$ gibt die geografische Breite eines Ortes im Bogenmaß an!

3 Die Gleichung $\cos\left(\frac{1}{24}\pi \cdot T\right) = -\frac{1}{2{,}3} \cdot \tan\left(\pi \cdot \frac{\varphi}{180°}\right)$ gibt einen Zusammenhang zwischen der Tageslänge T (in h) am 21. Juni und der geografischen Breite φ des betreffenden Standorts an.

a) Berechnen Sie T für Reykjavik (φ = 64° 08′ N), Athen (φ = 37° 58′ N) und Sydney (φ = 33° 52′ S).
b) Für welche europäische Großstadt gilt $T \approx 16$, für welche gilt $T \approx 18$?
c) Für welche φ liefert die Gleichung keinen Wert für T? Welche Werte kann T dann haben?

4 Ermitteln Sie die Lösungen im Intervall $[0; 2\pi]$.

a) $2 \cdot \cos(2x) = -1$
b) $\sin^3 x - 0{,}75 \cdot \sin x = 0$
c) $2 \cdot \cos^2 x = 1 + \sin x$
d) $2 \cdot \sin x \cdot \cos x = \tan x$
e) $\sqrt{3} = 3 \cdot \tan(\pi - x)$
f) $3 \cdot \tan x = -2 \cdot \cos x$

5 Gegeben ist die Funktion f mit $f(x) = 3 \cdot \sin x - 3 \cdot \sin x \cdot \cos x$, ihr Schaubild sei K.

a) Untersuchen Sie K für $0 \leqq x \leqq 2\pi$ auf gemeinsame Punkte mit der x-Achse, Hoch-, Tief- und Wendepunkte.
b) Zeigen Sie, dass f die Periode 2π hat, und zeichnen Sie k für $-\pi \leqq x \leqq 3\pi$.
c) Untersuchen Sie K auf Punktsymmetrie.
d) Bestimmen Sie den Inhalt eines der Flächenstücke zwischen der x-Achse und K.

6 Einer Halbkugel mit dem Radius 1 soll ein Zylinder mit dem größtmöglichen Volumen einbeschrieben werden – einen Querschnitt zeigt Fig. 1.

a) Ermitteln Sie je eine Funktion, die das Zylindervolumen in Abhängigkeit von r, von h bzw. von α beschreibt.
b) Welche der drei Funktionen aus a) würden Sie als Zielfunktion zur Lösung des Extremalproblems verwenden? Begründen Sie.

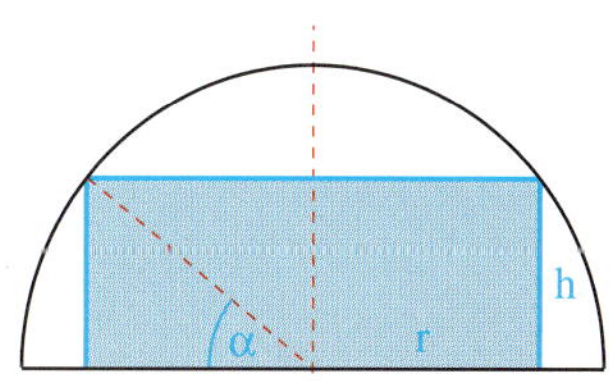

Fig. 1

7 Gegeben ist die Funktion f mit $f(x) = x \cdot \sin(x^2)$; ihr Schaubild sei K.

a) Untersuchen Sie K auf Symmetrie sowie auf gemeinsame Punkte mit den Koordinatenachsen. Zeigen Sie, dass $f'(0) = 0$ ist und skizzieren Sie K für $x \in [-4; 4]$.
b) Die Tangente an K in $P(\sqrt{\pi}\,|\,0)$ umschließt mit K und der y-Achse ein Flächenstück. Berechnen Sie dessen Inhalt exakt und mithilfe der keplerschen Fassregel. Vergleichen Sie die Ergebnisse.
c) Zeigen Sie, dass die 1. Winkelhalbierende eine Tangente an K mit unendlich vielen Berührpunkten ist. Geben Sie diese Berührpunkte an.

Die Lösungen zu den Aufgaben dieser Seite finden Sie auf Seite 297/298/299.

8 K und K* sind Schaubilder der Funktionen f mit $f(x) = \sqrt[3]{6 - x}$ und g mit $g(x) = x^{\frac{2}{3}}$. Die x-Achse begrenzt zusammen mit K und K* im 1. Feld ein Flächenstück.

a) Berechnen Sie den Inhalt des Flächenstücks.
b) Das Flächenstück rotiert um die x-Achse. Welches Volumen hat der Rotationskörper?

1 Exponentielles Wachsen und Fallen

1 In einem Waldstück wird der derzeitige Holzbestand auf 4000 fm (Festmeter) geschätzt. Der Holzzuwachs beträgt momentan 2 % jährlich.
a) Stellen Sie die zeitliche Entwicklung des Holzbestandes H in der Form $H(t) = c \cdot a^t$ (t in Jahren) dar. Wie lautet die Funktion H in der Form $H(t) = c \cdot e^{k \cdot t}$?
b) Wie hängen der jährliche prozentuale Holzzuwachs p und die Konstante k voneinander ab?

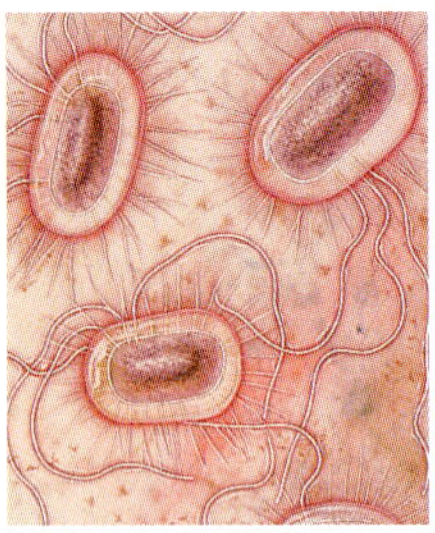

z. B. Escherichia coli, normaler Darmbewohner. Erreger von Harnwegsinfekten, Blutvergiftung, Durchfall und Nierenversagen

Bei einer Kultur von Coli-Bakterien wird in stündlichen Abständen die Bakterienzahl pro ml Nährlösung bestimmt (Fig. 1). Da in der Tabelle $\frac{f(t+1)}{f(t)} = a = 1{,}82 = 1 + \frac{82}{100}$ ist, wächst die Bakterienzahl f(t) bei einem Zeitschritt von 1 h jeweils näherungsweise um den konstanten Faktor a = 1,82 (Wachstumsfaktor).
In jeder Stunde nimmt die Bakterienzahl also um 82 % zu. Damit ist f eine Wachstumsfunktion mit dem Funktionsterm $f(t) = c \cdot a^t$, $c = f(0) = 80$ Millionen und $a = 1{,}82$. Stellt man die Wachstumsfunktion als Funktion f mit $f(t) = c \cdot e^{kt}$ dar, so erhält man mit $k = \ln a$ den Funktionsterm $f(t) = 80 \cdot e^{\ln(1{,}82) \cdot t}$ (vgl. Seite 151).

Zeit t (in h)	Bakterienzahl f(t) (in Mio)	$\frac{f(t+1)}{f(t)}$
0	80,0	
		1,824
1	145,9	
		1,826
2	266,4	
		1,811
3	482,4	
		1,815
4	875,7	
		1,825
5	1597,8	
	gemittelt: a = 1,82	

Fig. 1

Die mathematische Nachbildung einer realen Situation nennt man ***Modellierung.***

Exponentielles Wachsen und Fallen kann durch Funktionen f mit $f(t) = c \cdot a^t$ bzw. $f(t) = c \cdot e^{kt}$ mit $k = \ln a$ beschrieben werden.
Dabei ist $c \in \mathbb{R}$ der Anfangsbestand zum Zeitpunkt $t = 0$, f(t) der Bestand zum Zeitpunkt t und a der Wachstumsfaktor.
Für $k > 0$ heißt k Wachstumskonstante und f Wachstumsfunktion;
für $k < 0$ heißt k Zerfallskonstante und f Zerfallsfunktion.

Beispiel 1: (Bestimmung einer Zerfallsfunktion)
Zur Untersuchung der Langzeitwirkung eines Medikamentes wurde einer Versuchsperson eine Dosis von 70 mg verabreicht und im täglichen Abstand die Konzentration des Medikamentes im Blut gemessen.

Zeit t (in Tagen)	0	1	2	3	4	5
Konzentration (in mg/*l*)	10	7,20	5,18	3,72	2,68	1,93

a) Weisen Sie nach, dass es sich im angegebenen Zeitraum um exponentielles Fallen handelt. Bestimmen Sie die Zerfallskonstante und die Zerfallsfunktion.
b) Nach wie vielen Tagen sinkt die Konzentration erstmals unter 0,5 mg/*l*?
Lösung:
a) Der Quotient aufeinander folgender Konzentrationen des Medikamentes ergibt gemittelt den Wachstumsfaktor a = 0,72. Daher kann in guter Näherung von einem exponentiellen Zerfall ausgegangen werden. Die Zerfallskonstante ist $k = \ln a = \ln 0{,}72 \approx -0{,}3285$. Mit der Anfangskonzentration 10 erhält man die Zerfallsfunktion f mit $f(t) = 10 \cdot e^{-0{,}3285 \cdot t}$.
b) Aus $10 \cdot e^{-0{,}3285 \cdot t} = 0{,}5$ erhält man $e^{-0{,}3285 \cdot t} = 0{,}05$ und hieraus $t = \frac{\ln 0{,}05}{-0{,}3285} \approx 9{,}12$.
Am zehnten Tag ist die Konzentration erstmals unter 0,5 mg/*l* gesunken.

Konzentration f (in mg/l)	$\frac{f(t+1)}{f(t)}$
10	
	0,720
7,20	
	0,7194
5,18	
	0,7181
3,72	
	0,7204
2,68	
	0,7201
1,93	

gemittelt: a = 0,72

Das in der Natur vorkommende Radon wird teilweise zu therapeutischen Zwecken benutzt.

Masse f (in mg)	$\frac{f(t+30)}{f(t)}$
400	
274	*0,6850*
187,8	*0,6854*
128,7	*0,6853*
88,2	*0,6853*
60,4	*0,6848*
41,4	*0,6854*

gemittelt: a = 0,685

Anderer Zeitschritt
⇒ anderer Wachstumsfaktor a
⇒ andere Wachstumskonstante k

Beispiel 2: (Zerfallsfunktion mit größerem Zeitschritt)
Bei einem Experiment zum radioaktiven Zerfall von Radon 220 misst man zu Beginn der Beobachtung eine Masse von 400 mg. Im Fortgang des Experimentes wird die verbleibende Masse alle 30 s bestimmt.

Zeit t (in s)	0	30	60	90	120	150	180
Masse (in mg)	400	274	187,8	128,7	88,2	60,4	41,4

a) Weisen Sie nach, dass exponentielles Fallen vorliegt. Geben Sie den Wachstumsfaktor a für den Zeitschritt 30 s und die zugehörige Zerfallsfunktion an.
b) Bestimmen Sie neben der Zerfallsfunktion auch die Zerfallskonstante zum Zeitschritt 1 s.
Lösung:
a) Der Quotient aufeinander folgender Messungen der noch vorhandenen Masse liefert gemittelt den konstanten Wachstumsfaktor $a = 0{,}685$. Die Zerfallskonstante zum Zeitschritt 30 s ist $k^* = \ln a = \ln 0{,}685 \approx -0{,}3783$. Damit ergibt sich die Zerfallsfunktion f mit $f(t^*) = 400 \cdot e^{-0{,}3783 \cdot t^*}$ (t^* gemessen in Zeitschritten von jeweils 30 s).
b) Da der Zeitschritt $t^* = 1$ einer Zeitdauer von $t = 30\,\text{s}$ entspricht, folgt $t^* = \frac{1}{30} \cdot t$. Damit gilt $e^{-0{,}3783 \cdot t^*} = e^{-0{,}3783 \cdot \frac{1}{30} t} = e^{-\frac{0{,}3783}{30} \cdot t} = e^{-0{,}01261 \cdot t}$. Somit ergibt sich die Zerfallsfunktion f mit $f(t) = 400 \cdot e^{-0{,}01261 \cdot t}$ (t in s); die Zerfallskonstante ist $k = \frac{k^*}{30} = \frac{\ln 0{,}685}{30} \approx -0{,}0126$.

Mit der Wachstums- bzw. Zerfallskonstanten k verbindet man keine direkte anschauliche Vorstellung. Meist wird deshalb z. B. das Wachstum durch die prozentuale Zunahme p pro Zeitschritt angegeben. Aus $f(t+1) = a \cdot f(t) = f(t) + \frac{p}{100} \cdot f(t) = \left(1 + \frac{p}{100}\right) \cdot f(t)$ folgt $a = 1 + \frac{p}{100}$.
Mit $k = \ln a$ ergibt sich $k = \ln\left(1 + \frac{p}{100}\right)$. Löst man diese Gleichung nach p auf, so erhält man $p = 100 \cdot (e^k - 1)$.
Bei einem Zerfallsprozess mit der prozentualen Abnahme p pro Zeitschritt ergibt sich:
$k = \ln\left(1 - \frac{p}{100}\right)$ bzw. $p = 100 \cdot (1 - e^k)$.

Eine für Wachstums- bzw. Zerfallsprozesse charakteristische Größe ist die so genannte Verdoppelungszeit T_V bzw. die Halbwertszeit T_H, d. h. die Zeit, in der sich ein Bestand jeweils verdoppelt bzw. halbiert.
Die Halbwertszeit T_H eines Zerfalls berechnet man folgendermaßen:
Aus $f(t + T_H) = \frac{1}{2} \cdot f(t)$ folgt mit $f(t) = c \cdot e^{k \cdot t}$ die Gleichung $c \cdot e^{k \cdot (t + T_H)} = \frac{1}{2} \cdot c \cdot e^{k \cdot t}$ und hieraus $c \cdot e^{k \cdot t} \cdot e^{k \cdot T_H} = \frac{1}{2} \cdot c \cdot e^{k \cdot t}$. Aus $e^{k \cdot T_H} = \frac{1}{2}$ folgt $T_H = \frac{\ln \frac{1}{2}}{k} = -\frac{\ln 2}{k}$.

k > 0: Wachstum

k < 0: Zerfall

Wird exponentielles Wachsen oder Fallen durch eine Funktion f mit $f(t) = c \cdot e^{k \cdot t}$, $c > 0$, beschrieben, und ist p ($p > 0$) die prozentuale Zu- bzw. Abnahme pro Zeitschritt, so gilt:

Wachstumskonstante: $k = \ln\left(1 + \frac{p}{100}\right)$, **Verdoppelungszeit:** $T_V = \frac{\ln 2}{k}$,

Zerfallskonstante: $k = \ln\left(1 - \frac{p}{100}\right)$, **Halbwertszeit:** $T_H = -\frac{\ln 2}{k}$.

Beim Kernreaktorunfall in Tschernobyl (1986) wurden u. a. große Mengen Cäsium freigesetzt.

Beispiel 3: (Zusammenhang zwischen p, k und T_H)
Von dem radioaktiven Element Cäsium 137 zerfallen innerhalb eines Jahres etwa 2,3 % seiner Masse.
a) Bestimmen Sie die zugehörige Zerfallskonstante k und die Halbwertszeit T_H.
b) Nach welcher Zeit sind mindestens 90 % zerfallen?

Lösung:

a) Aus $p = 2{,}3$ und $k = \ln\left(1 - \frac{2{,}3}{100}\right) \approx -0{,}02327$ folgt $T_H = -\frac{\ln 2}{-0{,}02327} \approx 29{,}79$.

b) Der Zerfall kann durch die Funktion f mit $f(t) = f(0) \cdot e^{-0{,}02327 \cdot t}$ beschrieben werden. Da $10\,\% = 0{,}1$ der Stoffmenge noch strahlen sollen, erhält man $f(t) = 0{,}1 \cdot f(0)$. Also folgt $e^{-0{,}02327 \cdot t} = 0{,}1$. Daraus ergibt sich $t = \frac{\ln 0{,}1}{-0{,}02327} \approx 98{,}95$. Bei einer Halbwertszeit von etwa 30 Jahren sind nach rund 99 Jahren mindestens 90 % der Ausgangsmenge zerfallen.

Aufgaben

Robert Koch (1843–1910) entdeckte u. a. 1882 das Tuberkulosebakterium, 1883 den Choleraerreger. Er war der Hauptbegründer der modernen Bakteriologie. 1905 erhielt er den Nobelpreis für Medizin.

2 Bei einer Bakterienkultur wird die Anzahl der Bakterien stündlich bestimmt.

Zeit t (in h)	0	1	2	3	4	5	6
Bakterienzahl (in Mio)	7,1	7,7	8,3	9,0	9,7	10,5	11,3

a) Zeigen Sie, dass in diesem Zeitraum die Bakterienzahl angenähert exponentiell wächst.
b) Bestimmen Sie die Wachstumskonstante k und die Wachstumsfunktion f.
c) Wie viele Bakterien sind es nach 2,5 h, wie viele eine Stunde vor Beobachtungsbeginn?

3 Cholera wird durch den Bazillus *Vibrio cholerae* hervorgerufen. Zu Beginn eines Experimentes wird eine Kolonie von 400 Bazillen in eine Nährlösung gebracht. Zwei Stunden später zählt man bereits 30 000. In diesem Stadium wird von einer exponentiellen Vermehrung der Bazillen ausgegangen.
a) Bestimmen Sie die zugehörige Wachstumsfunktion zum Zeitschritt 2 Stunden.
b) Wie lautet die Wachstumskonstante und die Wachstumsfunktion zum Zeitschritt 1 h bzw. zum Zeitschritt 1 min? Wie viele Bakterien sind es nach 30 Minuten?

4 Nach einer Volkszählung hatte ein Staat vor zwei Jahren 81 Millionen Einwohner. Es wird angenommen, dass das jährliche Bevölkerungswachstum 2 % beträgt.
a) Bestimmen Sie jeweils die Wachstumskonstante zu den Zeitschritten 1; 5 bzw. 10 Jahre.
b) Wann hatte dieser Staat bei gleich bleibendem Wachstum 50 Millionen Einwohner?
c) Wann wird die Einwohnerzahl von 100 Millionen voraussichtlich überschritten?
d) Welche Verdoppelungszeit für die Bevölkerung ergibt sich bei gleich bleibendem Wachstum? Ist dies realistisch?

Für kleine p gilt:
$|k| \approx \frac{p}{100}$

5 a) Bestätigen Sie, dass bei Wachstums- und Zerfallsfunktionen nur für kleine Werte von p gilt: $|k| \approx \frac{p}{100}$. Berechnen Sie hierzu für $p = 0{,}5;\ 1;\ 2;\ 5;\ 10;\ 15;\ 20$ jeweils die zugehörige Wachstums- und Zerfallskonstante.
b) Begründen Sie mit a) für kleine Werte von p die Faustformeln $p \cdot T_V \approx 70$ bzw. $p \cdot T_H \approx 70$.
c) In welcher Zeit halbiert sich die Kaufkraft einer Währung bei 2 % Inflation jährlich nach der Faustformel?

	k	p	T_V / T_H
a)	0,4		
b)		2,5	
c)	−0,2		
d)			20
e)		15	
f)			340

Fig. 1

6 Berechnen Sie jeweils die fehlenden Größen für einen Wachstums- bzw. Zerfallsprozess f mit $f(t) = c \cdot e^{kt}$ (Fig. 1).

7 Plutonium ist ein radioaktives, in der Natur nicht vorkommendes Element mit einer Halbwertszeit von 24 400 Jahren. Bereits beim Einatmen von wenigen millionstel Gramm treten strahlenbedingte Erkrankungen auf.
a) In einem Zwischenlager sind derzeit 3000 kg Plutonium eingelagert. Welche Menge war es vor 10 Jahren, welche wird es in 100 Jahren bei unveränderten Bedingungen noch sein?
b) Entwickeln Sie einige neue Fragestellungen zu diesem Thema und beantworten Sie diese.

Weltweit entstehen jährlich in den Kernkraftwerken ca. 20 t Plutonium neu.

2 Funktionsanpassung bei exponentiellen Wachstumsprozessen

1 Bei einer Messung erhielt man die folgenden Messwerte.

x	1	3	5	7	9
y	0,3	0,7	1,3	2,3	4,7

Welches der in Fig. 1 abgebildeten Schaubilder nähert die Messwerte am besten an? Welcher Funktionstyp liegt vermutlich vor?

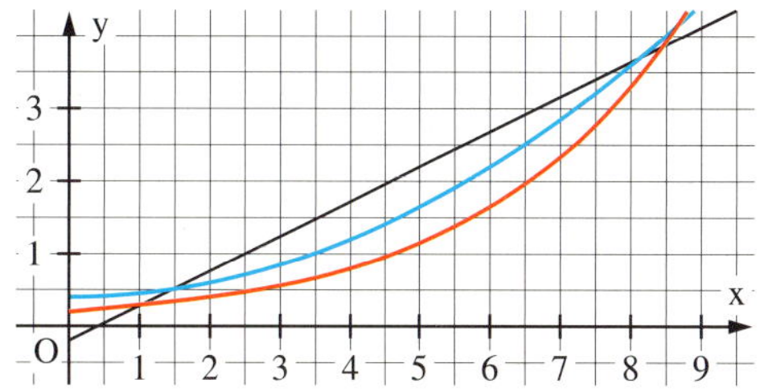

Fig. 1

Aus grafisch veranschaulichten Messwerten eines Wachstumsvorganges soll eine Funktion ermittelt werden, deren Schaubild die gezeichneten Punkte möglichst gut annähert.
Liegen diese Messpunkte näherungsweise auf dem Schaubild $y = c \cdot e^{kt}$, so erhält man die fehlenden Parameter c und k für diese Funktionsanpassung wie folgt:
Aus $y = c \cdot e^{kt}$ erhält man durch Logarithmieren $\ln y = \ln(c \cdot e^{kt}) = k \cdot t + \ln c$.
In einem (t, ln y)-Koordinatensystem ist dies die Gleichung einer Geraden („Ausgleichsgerade“) mit der Steigung $m = k$ und dem y-Achsenabschnitt $b = \ln c$.

Jahr	CO_2 Emission (in Mrd. Tonnen)
1860	0,55
1880	1,00
1900	1,80
1920	3,90
1940	4,90
1960	8,95
1980	19,53
1990	22,10

Fig. 2

Liegen gegebene Messpunkte in einem (t, ln y)-Koordinatensystem näherungsweise auf dem Schaubild einer Geraden mit der Steigung m und dem y-Achsenabschnitt b, so ist eine Wachstumsfunktion f mit $f(t) = c \cdot e^{kt}$ und $k = m$, $c = e^b$ eine geeignete Näherungsfunktion.

Vorgehen bei einer Funktionsanpassung:

(1) Messwerte in ein Koordinatensystem eintragen.

(2) Gleichung für das Schaubild der vermuteten Funktion aufstellen.

(3) Gleichung umformen mit dem Ziel, die Gleichung einer Geraden zu erhalten.

(4) Messwerte entsprechend tranformieren und in ein Koordinatensystem eintragen; Ausgleichsgerade einzeichnen.

(5) Parameter ermitteln.

Beispiel: (Funktionsanpassung)
Die globale Kohlendioxid-Emission von 1860 bis 1990 zeigt die Tabelle in Fig. 2.
a) Führen Sie eine Funktionsanpassung durch mit dem Jahr 1860 als Nullpunkt des Koordinatensystems. Zeichnen Sie ein Schaubild der gefundenen Funktion f.
b) Verwenden Sie zur Funktionsanpassung die Programme Derive, Maple bzw. Excel.
Lösung:
a) In Fig. 3 sind die Messwerte in ein Koordinatensystem eingezeichnet. Aufgrund der Lage der Punkte kommt $y = c \cdot e^{kt}$ mit $t \geqq 0$ als Gleichung für das Schaubild von f in Frage.
Aus der Gleichung des Schaubildes $y = c \cdot e^{kt}$ folgt $\ln y = k \cdot t + \ln c$.
Trägt man in einem Koordinatensystem ln y in Abhängigkeit von t ein, so erhält man näherungsweise eine Gerade mit der Steigung k und dem y-Achsenabschnitt ln c (Fig. 4).
Ablesen aus Fig. 4 ergibt: $k \approx \frac{3{,}1-(-0{,}6)}{130} \approx 0{,}028$, $\ln c \approx -0{,}6$, also $c \approx 0{,}55$.
Die Näherungsfunktion ist f mit $f(t) = 0{,}55 \cdot e^{0{,}028\,t}$. Ein Schaubild von f zeigt Fig. 3.

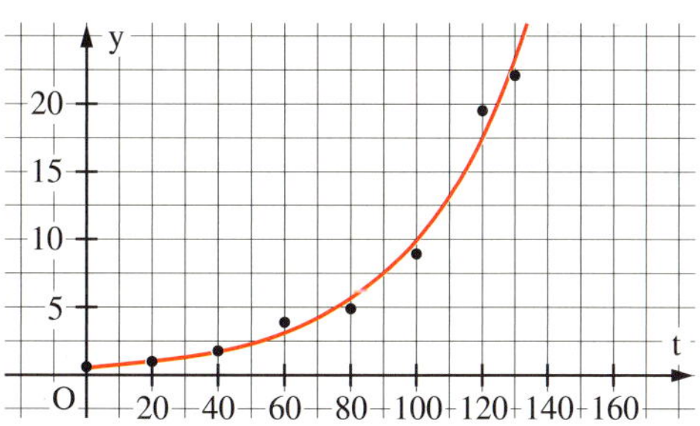

Fig. 3

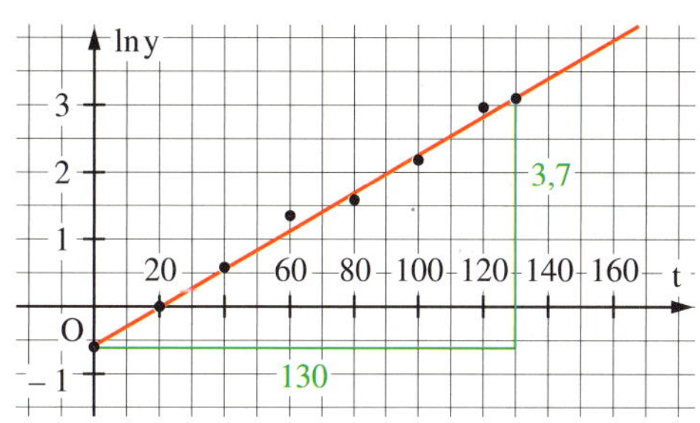

Fig. 4

b) Funktionsanpassung mit

I. Derive

```
Schreibe
Daten:=[[0,ln0.55],[20,ln1],
[40,ln1.8],[60,ln3.9],[80,ln4.9],
[100,ln8.95],[120,ln19.53],
[130,ln22.1]]
Schreibe
exp(fit([t,mt+b],Daten))
approX
0.573591·e^0.0284473t
```

II. Maple

```
>restart:with(stats)
>Digits:=6
>T:=[0,20,40,60,80,100,120,130]:
>Y:=[0.55,1,1.8,3.9,4.9,8.95,19.53,22.1]:
>f:=exp(rhs(fit[leastsquare[[t,y],
 y=m*t+b]](T,map(ln,Y))));
 f:=e^(.0284474t-.555843)
>expand(f);
 .573589 e^(.0284474t)
```

III. Excel

t-Werte: Zellen A1 bis A8;
y-Werte: Zellen B1 bis B8;
= Steigung (ln (B1:B8); A1:A8) ergibt die Steigung m = 0,02844737 der Ausgleichsgeraden
= Achsenabschnitt (ln (B1:B8); A1:A8) ergibt den zugehörigen Achsenabschnitt b = –0,55583849. Mit $c = e^b$ gilt: $f(t) = 0{,}573591 \cdot e^{0{,}028447t}$

Aufgaben

2 Der jährliche Wasserverbrauch w der Erdbevölkerung ist in der Tabelle dargestellt.

Jahr	1900	1940	1950	1960	1970	1980
$w\left(\text{in } \frac{km^3}{a}\right)$	33,0	69,8	88,6	122,4	142,6	174,2

a) Übertragen Sie die Werte in ein Koordinatensystem. Geben Sie gegebenenfalls die Wachstumsfunktion an, die den Verbrauch näherungsweise beschreibt.
b) Vergleichen Sie den Funktionswert w(1995) mit dem tatsächlichen Verbrauch im Jahre 1995 von 200,5 km^3. Welchen Schluss ziehen Sie daraus?

Enterprise Resource Planing (ERP) bedeutet die computergestützte Lenkung eines Unternehmens.

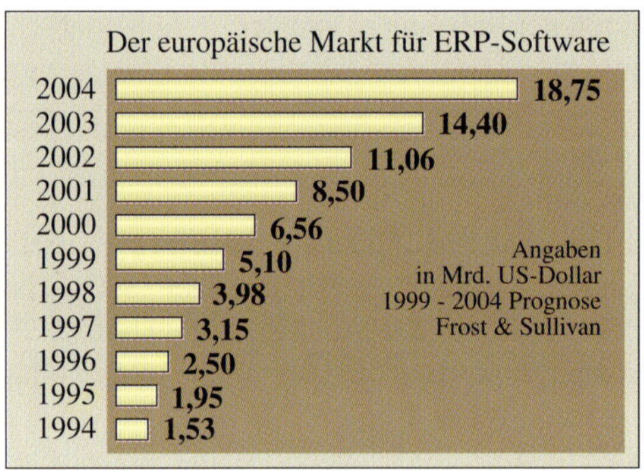

3 Die Grafik informiert über den europäischen Markt für ERP-Software von 1994 bis 2004.
a) Versuchen Sie die prognostizierten Umsatzzahlen durch eine geeignete Funktionsanpassung in etwa zu bestätigen.
b) Machen Sie Angaben über die Abweichung ihrer Berechnungen von den prognostizierten Werten.
c) Berechnen Sie für den gesamten Zeitraum das mittlere jährliche prozentuale Wachstum.

4 In einer Ärztezeitschrift wurde unter dem Titel: „Die Veränderung der Arztdichte in Deutschland seit 1885“ die folgende Tabelle veröffentlicht.

Jahr	1885	1905	1925	1945	1965	1985	1997
Einwohner je berufstätigem Arzt	2800	1978	1500	1038	725	391	290

a) Prüfen Sie, ob eine Funktionsanpassung mithilfe einer Wachstumsfunktion sinnvoll ist.
b) Es wird für 1999 eine „Arztdichte“ von 260 angegeben. Welchen Wert erhalten Sie in Ihrem Modell? Worauf führen Sie die Abweichung zurück?

Sao Paulo ist eine der „Megastädte“ unserer Erde.

Jahr	Bevölkerung (in 1000)
1900	290
1910	460
1920	660
1930	1100
1940	1470
1950	2650
1960	4820
1970	8080
1980	12500
1990	15100

Fig. 1

5 Die Entwicklung der Bevölkerung von Sao Paulo in Brasilien zeigt die Tabelle in Fig. 1.
a) Führen Sie jeweils mit den Daten für die Zeiträume von 1900 – 1960 und von 1900 – 1980 eine Funktionsanpassung durch. Welche liefert für 1990 den besseren Näherungswert? Welche Schlüsse ziehen Sie daraus?
b) Überlegen Sie sich weitere Fragestellungen zu Verdoppelungszeiten, prozentualem Wachstum usw. und versuchen Sie diese zu beantworten.

3 Die Differenzialgleichung des exponentiellen Wachstums

1 Auf einem Kartoffelfeld breitet sich der Kartoffelkäfer aus. Beobachtungen haben ergeben, dass sich der Bestand an Schädlingen näherungsweise durch eine Wachstumsfunktion f mit $f(t) = 5000 \cdot e^{0{,}025t}$ beschreiben lässt (t in Tagen).

a) Berechnen Sie die momentane Änderungsrate des Schädlingsbestandes nach 1, 2, 3, 5 und 10 Tagen.

b) Wie hängen die momentane Änderungsrate und der Funktionswert zum Zeitpunkt t zusammen?

f′(t) heißt auch Aktivität. Einheit: 1 Bq (Becquerel)

Beim Zerfall radioaktiver Elemente ergeben Messungen, dass der momentane Bestand f(t) an noch nicht zerfallenen Kernen dieses Elements proportional ist zur Anzahl der pro Zeiteinheit zerfallenden Kerne f′(t). Also gilt $f'(t) = k \cdot f(t)$ mit einer Konstanten $k < 0$.
Gleichungen dieser Art, in denen von einer Funktion f neben der Variablen t, der Funktion f auch ihre Ableitungen f′, f″, … auftreten, heißen **Differenzialgleichungen**.
Die Differenzialgleichung $f'(t) = k \cdot f(t)$ gibt zwar einen Zusammenhang zwischen einer Funktion und ihrer Ableitung an, nicht aber die Funktion selbst. Um die gesuchte Funktion f zu bestimmen, geht man wie folgt vor:
Mit $f'(t) = k \cdot f(t)$ ergibt sich für $f(t) \neq 0$ die Gleichung $\frac{f'(t)}{f(t)} = k$.
Geht man auf beiden Seiten zu Stammfunktionen über, so erhält man:
$\ln|f(t)| = k \cdot t + c_1$ und hieraus $|f(t)| = e^{kt + c_1} = e^{c_1} \cdot e^{kt} = c_2 \cdot e^{kt}$.
Für $f(t) > 0$ ergibt sich $f(t) = c_2 \cdot e^{kt}$. Für $f(t) < 0$ ergibt sich $-f(t) = c_2 \cdot e^{kt}$ oder $f(t) = -c_2 \cdot e^{kt}$.
Insgesamt erhält man als Lösungen von $f'(t) = k \cdot f(t)$ alle Funktionen f der Form $f(t) = c \cdot e^{kt}$.
Man nennt $\mathbf{f'(t) = k \cdot f(t)}$ die Differenzialgleichung des **exponentiellen Wachstums**.
Mit ihr hat man eine andere mathematische Beschreibung für exponentielle Wachstums- und Zerfallsprozesse gefunden. Bei diesen Prozessen ist die momentane Änderungsrate f′(t) proportional zum augenblicklich vorhandenen Bestand f(t). Der Proportionalitätsfaktor k ist dabei die Wachstums- bzw. Zerfallskonstante.

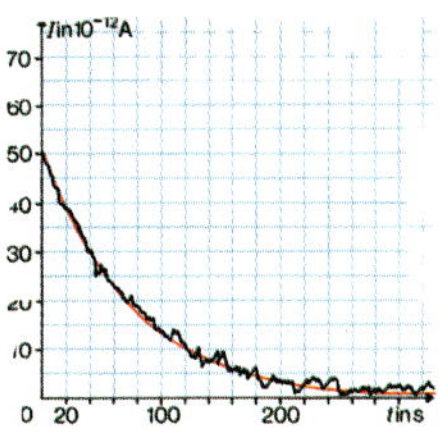

Fig. 1

Fig. 1 zeigt die zeitliche Abhängigkeit des Ionisationsstroms beim Zerfall von Rn 220.

k legt die Exponentialfunktion fest; c = f(0) bestimmt den Punkt auf der y Achse.

Jede Differenzialgleichung der Form $\mathbf{f'(t) = k \cdot f(t)}$ mit $k \neq 0$ beschreibt exponentielles Wachsen oder Fallen. Die Funktionen f mit $f(t) = c \cdot e^{kt}$ und $c \in \mathbb{R}\setminus\{0\}$ sind alle Lösungen dieser Differenzialgleichung.

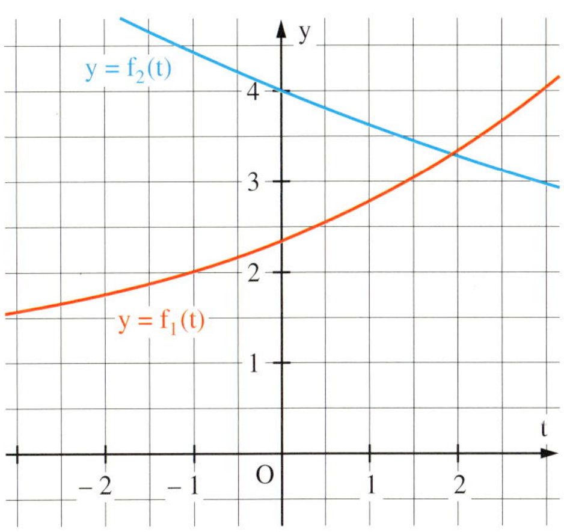

Fig. 2

Beispiel 1: (Lösung einer Differenzialgleichung)
Gegeben ist die Differenzialgleichung $f'(t) = 0{,}2 \cdot f(t)$.
a) Geben Sie alle Funktionen an, die Lösung der Differenzialgleichung $f'(t) = 0{,}2 \cdot f(t)$ sind. Welche dieser Lösungen erfüllt die Bedingung $f(5) = 6$? Zeichnen Sie ein Schaubild.
b) Wie lauten die Lösungen der Differenzialgleichung $f'(t) = -0{,}1 \cdot f(t)$? Für welche dieser Lösungen gilt $f(0) = 4$? Zeichnen Sie ein Schaubild.
Lösung:
a) Die Funktionen f der Form $f(t) = c \cdot e^{0{,}2 \cdot t}$ und $c \in \mathbb{R}\setminus\{0\}$ sind alle Lösungen der Differenzialgleichung. Aus $f(5) = 6$ folgt $6 = c \cdot e^{0{,}2 \cdot 5}$; also ist f_1 mit $f_1(t) = \frac{6}{e} \cdot e^{0{,}2 \cdot t}$ die gesuchte Lösung (Fig. 2).
b) Die Funktionen f der Form $f(t) = c \cdot e^{-0{,}1 \cdot t}$ und $c \in \mathbb{R}\setminus\{0\}$ sind alle Lösungen. Aus $f(0) = 4$ erhält man die Lösung f_2 mit $f_2(t) = 4 \cdot e^{-0{,}1 \cdot t}$ (Fig. 2).

Statt von momentaner Änderungsrate spricht man bei Anwendungen auch von momentaner Wachstumsgeschwindigkeit.

Beispiel 2: (Abkühlung heißer Getränke)
Heißer Kaffee in einer Tasse kühlt sich allmählich auf Raumtemperatur ab. Gibt dabei die Funktion u zu jedem Zeitpunkt t den Unterschied zwischen Kaffee- und Raumtemperatur an, so ist nach dem newtonschen Abkühlungsgesetz die Abkühlungsgeschwindigkeit $u'(t)$ proportional zum momentanen Temperaturunterschied.
a) Geben Sie die Form der Differenzialgleichung und die Funktion u an, die diesen Abkühlungsvorgang allgemein beschreibt.
b) Bei einer konstanten Raumtemperatur von 20 °C wurde beim Einschenken eine Kaffeetemperatur von 70 °C gemessen. 10 Minuten später betrug die Temperatur noch 58 °C. Bestimmen Sie hiermit die fehlenden Parameter in der Gleichung der Funktion u und skizzieren Sie ein Schaubild von u.

Lösung:
a) Da $u'(t) \sim u(t)$ ist, lautet die Form der Differenzialgleichung $u'(t) = k \cdot u(t)$. Da der Kaffee sich abkühlt, ist k eine Zerfallskonstante und damit $k < 0$.
Die Funktion u hat die Form $u(t) = c \cdot e^{kt}$.
b) Aus den Messwerten erhält man unter Berücksichtigung der Raumtemperatur für die Funktion u die Wertepaare $(0|50)$ und $(10|38)$. Da $u(0) = 50$ ist, gilt $u(t) = 50 \cdot e^{kt}$.
Aus $u(10) = 38 = 50 \cdot e^{k \cdot 10}$ folgt
$k = \frac{1}{10} \ln \frac{38}{50} = -0{,}027$. Die Funktion u lautet damit $u(t) = 50 \cdot e^{-0{,}027t}$ (t in min).
Ein Schaubild der Funktion u zeigt Fig. 1.

Der konkrete Wert für k wird aus den Funktionswerten bestimmt.

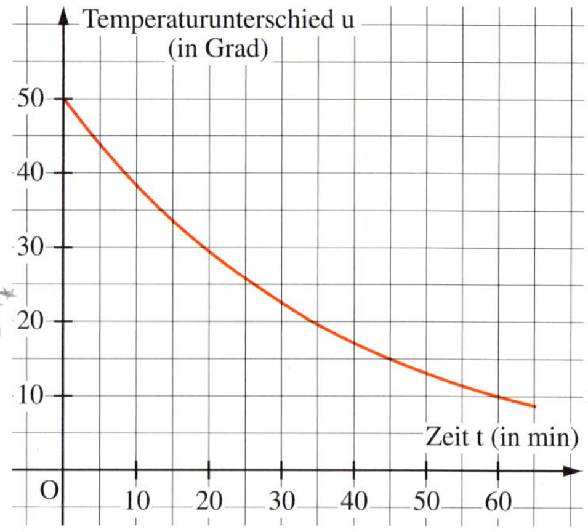

Fig. 1

Sie wollen frischen, allerdings zu heißen Kaffee möglichst bald mit Milch trinken.
Welche der Strategien ist besser:
1. Zuerst die Milch zugießen und dann warten oder
2. Zuerst den Kaffee abkühlen lassen und dann die Milch zugeben?

Aufgaben

Differenzialgleichung des linearen Wachstums:
$f'(t) = k$.
Lösung:
f mit $f(t) = kt + c$

2 Eine Funktion f ist Lösung der Differenzialgleichung $f'(t) = 0{,}01 \cdot f(t)$. Es ist $f(0) = 5000$.
a) Geben Sie den Funktionsterm von f an und berechnen Sie $f(50)$.
b) Für welches t nimmt die Funktion den Wert 10 000 an?

3 Eine Funktion f erfüllt die Differenzialgleichung $f'(t) = -0{,}12 \cdot f(t)$. Es ist $f(4) = 2000$. Bestimmen Sie $f(0)$ und $f(60)$.

4 Gegeben sind Schaubilder einer Funktion f und ihrer Ableitung f′. Entscheiden Sie, ob die Differenzialgleichung $f'(t) = k \cdot f(t)$ erfüllt ist. Bestimmen Sie gegebenenfalls k näherungsweise.

a)
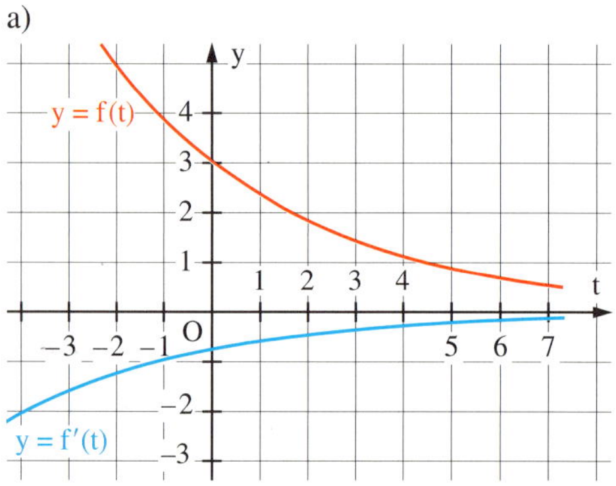

Fig. 2

b)
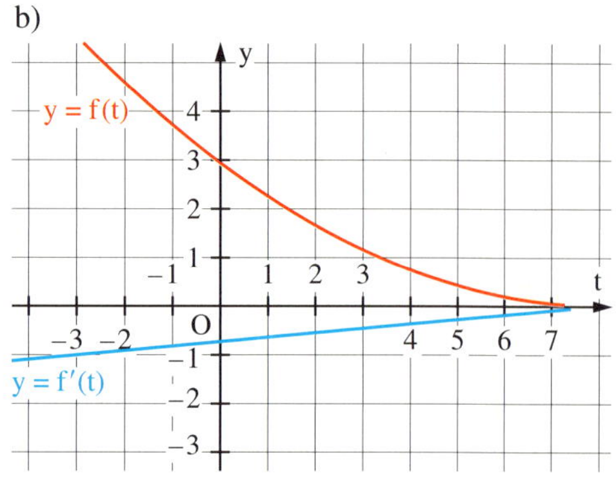

Fig. 3

5 In der folgenden Tabelle sind von einer Funktion f sowohl f(t) als auch f′(t) an einigen Stellen t vorgegeben. Überprüfen Sie, ob die Differenzialgleichung $f'(t) = k \cdot f(t)$ näherungsweise erfüllt ist, und geben Sie gegebenenfalls k an.

a)

t	0	1	2	3	4
f(t)	20	19,506	19,025	18,555	18,097
f′(t)	−0,5	−0,488	−0,476	−0,464	−0,452

b)

t	0	1	2	3	4
f(t)	30	34,821	42,51	59,302	63,56
f′(t)	1,2	1,41	1,984	2,016	4,449

Aktuelles Projekt der ESO

Das Very Large Telescope (VLT) besteht aus einer Anordnung von vier Teleskopen mit Hauptspiegeln von je 8,2 m Durchmesser. Mit dem VLT sind Objekte in Entfernungen von über 10 Mrd. Lichtjahren beobachtbar. Man erwartet u. a. Erkenntnisse zur Entstehung des Universums und über die wahre Natur der dunklen Materie.

6 Für die europäische Südsternwarte (ESO) in La Silla (Chile) wurden in den letzten Jahrzehnten verschiedene Teleskopspiegel gegossen. Bei einem dieser Herstellungsprozesse dauerte es nach dem Verfestigen des Materials bei 800 °C weitere 30 Tage, bis sich der Spiegel auf 100 °C abgekühlt hatte.
a) Bestimmen Sie die Funktion u, die den Temperaturunterschied zwischen der Spiegel- und der konstanten Umgebungstemperatur von 20 °C beschreibt.
b) Nach welcher Zeit ist die Spiegeltemperatur erstmals unter 21 °C gesunken?

7 Beim radioaktiven Zerfall ist zu jedem Zeitpunkt t die Zerfallsgeschwindigkeit m′(t) proportional zur vorhandenen Masse m(t) des Elements. Wie lautet die zugehörige Differenzialgleichung, wenn die Halbwertszeit des Elements 28 Jahre beträgt?

8 Eine Nährlösung enthielt zu Beginn der Beobachtung 3000 Bakterien, nach 20 Stunden 50 000. Untersuchungen ergaben, dass in diesem Zeitraum die Geschwindigkeit, mit der sich die Bakterien vermehren, proportional zur momentanen Bakterienzahl ist.
a) Stellen Sie die Differenzialgleichung auf, die dieses Wachstum beschreibt, und bestimmen Sie die zugehörige Wachstumsfunktion.
b) Wann enthielt die Nährlösung 18 000 Bakterien? Berechnen Sie die Verdoppelungszeit.

9 Der Bestand einer Population von Feldmäusen entwickelt sich ungefähr nach der Differenzialgleichung $f'(t) = 0{,}07 \cdot f(t)$, wobei f(t) die Zahl der Mäuse zum Zeitpunkt t (in Monaten) angibt.
a) Wie lange dauert es, bis sich eine Population von 170 Feldmäusen auf 3000 vermehrt?
b) Wenn die Mäusepopulation auf ca. 3000 Mäuse pro Hektar angewachsen ist, kommt es zu einem Zusammenbruch der Population, der durch den Gedrängeschock vermittels Blutzuckersenkung verursacht wird und der die Population auf ca. $\frac{1}{30}$ ihrer Größe dezimiert. Berechnen Sie die Zeitdauer zwischen je zwei solcher Zusammenbrüche der Population.

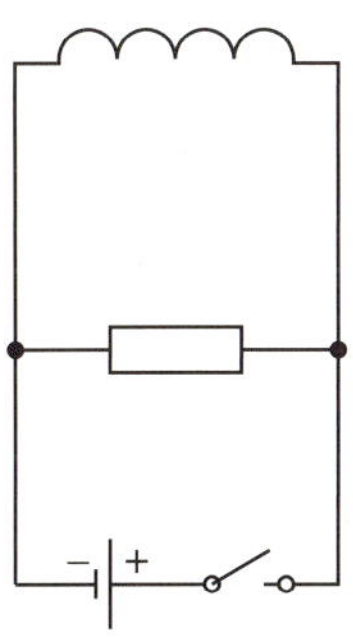

10 Liegen ein ohmscher Widerstand und eine Spule parallel an einer Gleichspannungsquelle, so sinkt der Strom beim Abschalten der Spannungsquelle nicht schlagartig, weil bei abnehmender Stromstärke in der Spule nach dem Induktionsgesetz eine Gegenspannung $U(t) = -L \cdot I'(t)$ induziert wird.
Für diese Gegenspannung gilt nach dem ohmschen Gesetz ebenfalls $U(t) = R \cdot I(t)$.
a) Welche Differenzialgleichung gilt damit für die Stromstärke I? Geben Sie die Funktion I an, wenn zur Zeit $t = 0$ der Strom I_0 fließt.
b) Zeichnen Sie ein Schaubild der Stromstärke nach dem Ausschalten für $L = 4$ Henry, $R = 1$ Ohm und $I_0 = 3$ Ampere.

4 Beschränktes Wachsen und Fallen

1 In einem landwirtschaftlich genutzten Gebiet mit einer Gesamtfläche von 700 ha beginnen einige Bauern auf einer Fläche von 80 ha damit, ihre Felder ökologisch zu bewirtschaften. Sie erwarten, dass sich in jedem der folgenden Jahre die Besitzer von 10 % der jeweils restlichen Anbaufläche ihrer Anbaumethode anschließen werden.
a) Bestimmen Sie für die nächsten 5 Jahre die jeweils ökologisch genutzte Ackerfläche.
b) Skizzieren Sie ein Schaubild, wie sich unter der genannten Erwartung die ökologisch genutzte Ackerfläche in Abhängigkeit von der Zeit verändert.

Man spricht von ***beschränktem Wachstum****.*

In der Natur gibt es Wachstumsvorgänge, die nur in der Anfangsphase oder über kürzere Zeiträume exponentiell verlaufen. Auf lange Sicht ist dem Anwachsen bzw. dem Fallen eines Bestandes eine natürliche Schranke gesetzt, da verschiedene Einflüsse den zugrunde liegenden Prozess behindern. So können z. B. Seerosen sich nur so lange auf einem See ausbreiten, bis er vollständig damit bedeckt ist. In vielen Fällen ist dabei die Zu- bzw. Abnahme pro Zeiteinheit umso geringer, je mehr sich der momentane Bestand $f(t)$ der Sättigungsgrenze S nähert, je kleiner also die Differenz $|S - f(t)|$ ist.

$S - f(t)$: Sättigungsmanko

Oft erscheint die Annahme gerechtfertigt, dass die momentane Wachstumsgeschwindigkeit $f'(t)$ proportional ist zur Differenz $S - f(t)$. Es gilt dann $\mathbf{f'(t) = k \cdot (S - f(t))}$ mit einer Konstanten $k > 0$. Aus dieser **Differenzialgleichung des beschränkten Wachstums** erhält man
$\frac{-f'(t)}{S - f(t)} = -k$ für $S - f(t) \neq 0$.

Zur Erinnerung:
Zu g mit $g(x) = \frac{v'(x)}{v(x)}$ ist G mit $G(x) = \ln|v(x)|$ eine Stammfunktion.

Der Übergang zu Stammfunktionen liefert
$\ln|S - f(t)| = -k \cdot t + c_1$, somit $|S - f(t)| = e^{-kt + c_1} = e^{c_1} \cdot e^{-kt} = c_2 \cdot e^{-kt}$ mit $c_2 = e^{c_1} > 0$.
Das Auflösen des Betrages ergibt zwei Fälle.
1. Fall: $S - f(t) = c_2 \cdot e^{-kt}$.
Hieraus folgt: $f(t) = S - c_2 \cdot e^{-kt}$.
2. Fall: $S - f(t) = -c_2 \cdot e^{-kt}$.
Hieraus folgt: $f(t) = S + c_2 \cdot e^{-kt}$.
Mit $c = c_2 > 0$ (Fig. 1) bzw. $c = -c_2 < 0$ (Fig. 2) erhält man die Funktion f mit $f(t) = S - c \cdot e^{-kt}$ als Lösung der Differenzialgleichung.

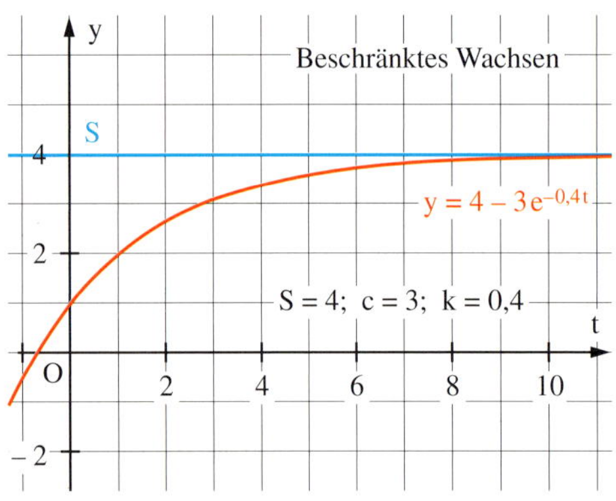

Fig. 1

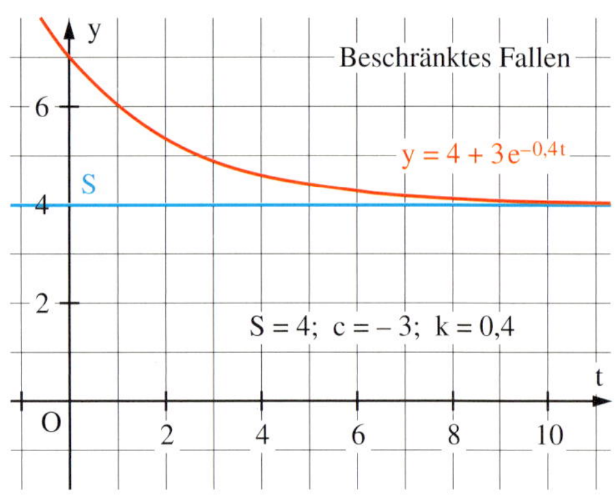

Fig. 2

Die momentane Wachstumsgeschwindigkeit ist proportional zum Sättigungsmanko.

Jede Differenzialgleichung der Form $f'(t) = k \cdot (S - f(t))$ mit $k > 0$, $S \in \mathbb{R}$ beschreibt **beschränktes Wachsen** oder **Fallen**. Die Funktionen f mit $f(t) = S - c \cdot e^{-kt}$ und $c \in \mathbb{R} \setminus \{0\}$ sind alle Lösungen dieser Differenzialgleichung. Dabei wird durch $c > 0$ ein beschränktes Wachsen und durch $c < 0$ ein beschränktes Fallen beschrieben.

Beispiel 1: (Beschränktes Wachsen)
Eine Flüssigkeit hat im Kühlschrank eine Temperatur von 5 °C. Nimmt man sie heraus und gießt sie in ein Glas, so erwärmt sie sich allmählich auf die umgebende Raumtemperatur von 20 °C. Nach dem newtonschen Abkühlungs- bzw. Erwärmungsgesetz ist dabei die Erwärmungsgeschwindigkeit proportional zur Differenz von Raum- und Flüssigkeitstemperatur.

Der Verlauf der Erwärmung hängt u. a. von der Menge und Art der Flüssigkeit sowie der Form des Glases ab.

a) Welche Form hat die Differenzialgleichung, die diesen Erwärmungsvorgang beschreibt?
b) Geben Sie die Lösung dieser Differenzialgleichung an und skizzieren Sie Schaubilder von zwei möglichen Verläufen für die Erwärmung.

Lösung:
a) Beschreibt die Funktion f zu jedem Zeitpunkt t die Temperatur der Flüssigkeit, so hat die gesuchte Differenzialgleichung die Form $f'(t) = k \cdot (20 - f(t))$.
b) Die Lösungen dieser Differenzialgleichung sind die Funktionen f mit $f(t) = 20 - c \cdot e^{-kt}$.
Wegen $f(0) = 20 - c \cdot e^{-k \cdot 0}$ gilt $c = 20 - f(0)$.
Aus $f(0) = 5$ folgt also $c = 20 - 5 = 15$.
Insgesamt ergibt sich f mit $f(t) = 20 - 15 \cdot e^{-kt}$.
Schaubilder für $k = 0{,}05$ bzw. $k = 0{,}15$ zeigt Fig. 1.

c kann z. B. aus der Anfangstemperatur bestimmt werden.
Um k zu bestimmen muss noch mindestens eine Messung durchgeführt werden.

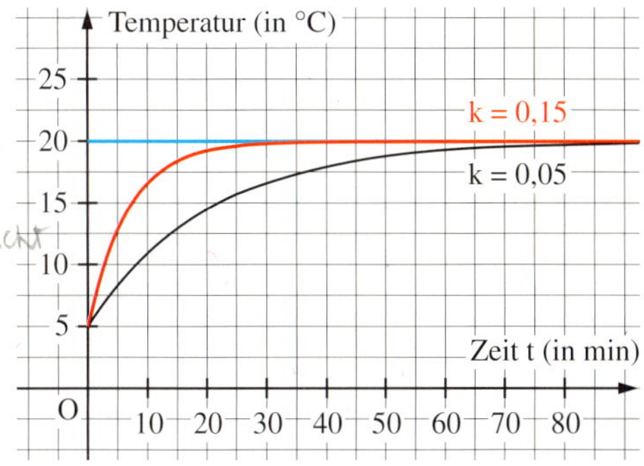

Fig. 1

Beispiel 2: (Beschränktes Fallen; Aufstellen einer Differenzialgleichung)
Ein Land, das 1990 noch 50 Millionen Einwohner hatte, würde infolge geringer Geburtenzahl einen Bevölkerungsschwund von jährlich 0,6 % verzeichnen, wenn es nicht jährlich 96 000 Einwanderer aufnehmen würde.
a) Stellen Sie eine Differenzialgleichung auf, mit der sich die Entwicklung der Einwohnerzahl näherungsweise beschreiben lässt.
b) Wie viele Einwohner erwartet man im Jahr 2010? Wie wird sich die Einwohnerzahl in diesem Modell langfristig entwickeln?

Vergleichen Sie bei einem Zinssatz von 1 % bzw. 30 % die Entwicklung eines Kapitals von 100 Euro in 10 Jahren bei
a) jährlicher
b) momentaner Verzinsung.
In welchem Zusammenhang stehen diese Ergebnisse zu nebenstehendem Beispiel 2?

Lösung:
a) f(t) ist die Einwohnerzahl zum Zeitpunkt t (in Jahren ab 1990). Betrachtet man einen kleinen Zeitraum h (in Jahren), so gilt näherungsweise:
Durch die Einwanderer nimmt die Einwohnerzahl in diesem Zeitraum um $96\,000 \cdot h$ zu. Infolge der geringen Geburtenzahl nimmt die Einwohnerzahl in diesem Zeitraum um $0{,}006 \cdot f(t) \cdot h$ ab.
Für die Änderung der Einwohnerzahl in diesem Zeitraum h erhält man:
$f(t+h) - f(t) \approx 96\,000 \cdot h - 0{,}006 \cdot f(t) \cdot h$, also $\frac{f(t+h) - f(t)}{h} \approx 96\,000 - 0{,}006 \cdot f(t)$.
Diese Überlegung legt bei einer differenzierbaren Funktion f für h gegen 0 die Differenzialgleichung $f'(t) = 96\,000 - 0{,}006 \cdot f(t) = 0{,}006 \cdot (16\,000\,000 - f(t))$ nahe.

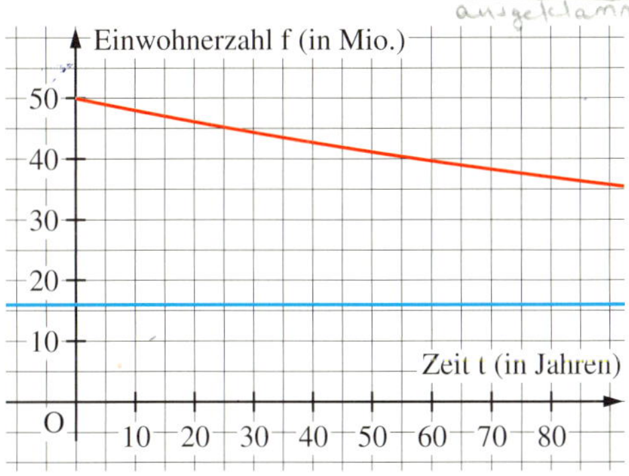

Fig. 2

b) Die Funktion $t \mapsto f(t)$ erfüllt die Differenzialgleichung des beschränkten Wachstums, d. h. es ist $f(t) = 16\,000\,000 - \bar{c} \cdot e^{-0{,}006 \cdot t}$ oder mit f(t) in Millionen: $f(t) = 16 - c \cdot e^{-0{,}006 \cdot t}$.
Mit der Einwohnerzahl von 1990 ergibt sich $f(0) = 50 = 16 - c$, also $c = -34$ und hiermit $f(t) = 16 + 34 \cdot e^{-0{,}006 \cdot t}$ (f(t) in Mio., t in Jahren ab 1990). Für die erwartete Einwohnerzahl im Jahr 2010 gilt: $f(20) = 16 + 34 \cdot e^{-0{,}006 \cdot 20} \approx 46{,}2$ (in Mio.). Langfristig erwartet man in diesem Modell etwa 16 Millionen Einwohner, denn es ist $\lim_{t \to \infty} (16 + 34 \cdot e^{-0{,}006 \cdot t}) = 16$.

Halten Sie diese Entwicklung langfristig für realistisch?

Aufgaben

2 Bei einem Wachstumsprozess kann der momentane Bestand durch die Funktion f mit $f(t) = 8 - 3 \cdot e^{-0{,}02t}$ (t in min) beschrieben werden.
a) Berechnen Sie den Anfangsbestand (t = 0) und den Bestand nach 2 Stunden.
b) Durch welche Schranke S ist das Wachstum begrenzt? Wie lange dauert es, bis der Bestand 90 % von S erreicht hat?
c) Welche Differenzialgleichung erfüllt dieser Wachstumsprozess?
d) Nach welcher Zeit beträgt der Zuwachs pro Minute weniger als 1 %?

3 In einer Stadt gibt es 40 000 Haushalte, von denen nach Meinungsumfragen etwa jeder fünfte für den Kauf eines neu auf den Markt gebrachten Haushaltsartikels in Frage kommt. Es ist damit zu rechnen, dass der Absatz des Artikels im Laufe der Zeit zunehmend schwieriger wird, da der Kreis der möglichen Käufer und deren Kauflust abnimmt. In den ersten drei Monaten werden 1700 Stück des Artikels verkauft. Kann der Hersteller davon ausgehen, dass innerhalb des ersten Jahres mindestens 5500 Stück verkauft werden?

Ist $f(0) = 0$, so ist $f(t) = S \cdot (1 - e^{-kt})$.

4 Beim Lösen von Kochsalz (NaCl) in destilliertem Wasser beschreibt die Funktion m (in g) die zur Zeit t bereits gelöste Menge an Kochsalz. Die gelöste Salzmenge kann einen bestimmten Wert m_0, die Sättigungsgrenze, nicht überschreiten. Beobachtungen haben gezeigt, dass die Geschwindigkeit, mit der sich m(t) ändert, näherungsweise proportional zur Menge des noch lösbaren Salzes ist.
a) Stellen Sie die zugehörige Differenzialgleichung auf, wenn die Sättigungsgrenze bei 100 g destilliertem Wasser 36 g Kochsalz beträgt.
b) Bestimmen Sie den Funktionsterm m(t), wenn für t = 0 noch kein Kochsalz in 100 g destilliertem Wasser gelöst war, nach 30 Minuten aber 28 g.

Die Fallgeschwindigkeit darf dabei nicht zu groß werden.

a ist die Beschleunigung. Es gilt $a(t) = v'(t)$.

5 Auf einen Fallschirmspringer der Gesamtmasse m (in kg), der sofort nach dem Absprung seinen Fallschirm öffnet, wirken Kräfte: einerseits die Gewichtskraft $G = m \cdot g$ mit $g = 9{,}81$ (in $\frac{m}{s^2}$) nach unten, andererseits der Luftwiderstand $F_L = c \cdot v(t)$, der der Bewegung entgegengesetzt gerichtet und annäherung proportional zur momentanen Fallgeschwindigkeit v (in $\frac{m}{s}$) ist. Mithilfe der Grundgleichung der Mechanik ergibt sich: $m \cdot a(t) = m \cdot g - c \cdot v(t)$.
a) Zeigen Sie, dass die momentane Geschwindigkeit v die Differenzialgleichung des beschränkten Wachstums erfüllt, und geben Sie eine Lösung für v an, wenn $v(0) = 0$ ist.
b) Geben Sie eine Gleichung für die maximale Geschwindigkeit v_{max} an. Es sei $v_{max} = 5$ (in $\frac{m}{s}$) und $m = 95$ (in kg). Bestimmen Sie hiermit die Konstante c und zeichnen Sie ein Schaubild der Funktion v. Wann hat der Fallschirmspringer die halbe Endgeschwindigkeit erreicht?

6 Einem Patienten wird über eine Tropfinfusion ein Medikament verabreicht, das zuvor im Körper nicht vorhanden war. Pro Minute gelangt dabei eine Menge von 4 mg ins Blut. Andererseits beginnt die Niere das im Blut angereicherte Medikament wieder auszuscheiden; die momentane Ausscheidungsrate beträgt dabei 5 % pro Minute der jeweils im Blut aktuell vorhandenen Menge des Medikamentes m(t).
a) Welche Differenzialgleichung legt die zeitliche Entwicklung der Menge m(t) nahe?
b) Geben Sie den Term der Funktion an, die diese Differenzialgleichung löst. Zeigen Sie, dass diese Tropfinfusion auf lange Sicht zu einer konstanten Menge des Medikamentes im Blut führt. Geben Sie diesen maximalen Wert an. Wann ist dieser zu 90 % erreicht?

7 a) Nennen Sie weitere Sachsituationen, die durch beschränktes Wachstum charakterisiert sind.
b) Welche typischen Fragestellungen sind hierbei von Interesse?

8 Heißer Kaffee von 70 °C kühlt sich bei einer Zimmertemperatur von 20 °C innerhalb von 10 Minuten auf 48 °C ab. Danach bleibt er weitere 20 Minuten stehen. Anschließend wird er zur Herstellung von Eiskaffee in die Tiefkühltruhe mit −18 °C gestellt. Wie lange dauert es insgesamt, bis sich der Kaffee von 70 °C auf 5 °C abgekühlt hat? Wann erreicht er die Temperatur 0 °C? Formulieren Sie ähnliche Abkühlungsvorgänge; bearbeiten Sie diese.

Die Parameter c, k und S müssen bestimmt werden. Die Parameter c und k werden durch Messwerte festgelegt. Ist f(0) = 0, so ist S = c, ansonsten muss sich S aus der Problemstellung ergeben, oder es sind weitere Annahmen nötig.

Funktionsanpassung durch Funktionen f der Form $f(t) = S - c \cdot e^{-kt}$:
Aus $y = S - c \cdot e^{-kt}$ erhält man $S - y = c \cdot e^{-kt}$.
Logarithmieren liefert beim beschränkten Wachsen (c > 0): $\ln(S - y) = -k \cdot t + \ln c$;
Gleichung der Ausgleichsgeraden: $y^* = m \cdot t + b$ mit $y^* = \ln(S - y)$, $m = -k$ und $b = \ln c$.
Aus den abgelesenen Werten für m und b erhält man: $k = -m$ und $c = e^b$.

9 Folgende Gewichtstabelle findet man in Büchern zur Entwicklung des Kleinkindes.

Alter (in Monaten)	2	3	4	5	6	8	10	12	18	24
Gewicht (in kg)	5,0	5,8	6,6	7,3	7,8	8,8	9,6	10,2	11,5	12,7

a) Übertragen Sie die Werte in ein Koordinatensystem. Wählen Sie das Schaubild der Funktion f mit $f(t) = 14 - c \cdot e^{-kt}$ als Näherungskurve.
b) Bestimmen Sie die Gleichung der Ausgleichsgeraden. Geben Sie k und c an. Zeichnen Sie ein Schaubild von f. Wann sind 90 % der Sättigungsgrenze S erreicht?
c) Welchen Schluss lässt das Ergebnis von f(t) für $t \to \infty$ zu?

Zeit t (in min)	*Anzahl der genannten Tiere*
2	*20*
4	*30*
6	*37,5*
8	*43,3*
10	*46,1*
12	*48,5*
14	*49,5*
16	*50,2*

Fig. 1

Führen Sie diesen Test doch einmal selbst durch!

10 Im Jahre 1950 führte BOUSFIELD einen Test zur Assoziationsfähigkeit durch. Studenten sollten zum Begriff „Säugetier“ einzelne Tierarten nennen. Nach jeweils 2 Minuten wurde die Anzahl aller bisher genannten Tierarten notiert (Fig. 1).
a) Nehmen Sie eine geeignete Funktionsanpassung anhand der Tabelle vor.
b) Nach welcher Zeit sind 20 %, 50 % bzw. 90 % der Sättigungsgrenze erreicht?

11 Die Tabelle zeigt die bei olympischen Spielen erzielten Siegerzeiten im Freistilschwimmen über eine Distanz von 1500 m (Männer).

Jahr	1908	1924	1936	1956	1964	1968	1972	1984	1992
Zeit (in min : s)	22:48,4	20:06,6	19:13,7	17:58,9	17:01,7	16:38,9	15:52,58	15:05,20	14:43,48

Beachten Sie: $y - S > 0$

a) Übertragen Sie die Werte in ein Koordinatensystem. Legen Sie eine Sättigungsgrenze S fest und bestimmen Sie, beschränktes Fallen vorausgesetzt, eine Näherungsfunktion.
b) Welche Siegerzeit erwarten Sie demnach bei den olympischen Spielen 2004?
c) Benutzen Sie als Näherungsfunktion eine Gerade, um die Messwerte anzunähern. Geben Sie die Geradengleichung an. Wie bewerten Sie diese lineare Annäherung?

Warum ist die Unternehmensleitung trotz steigender Umsätze nicht zufrieden?

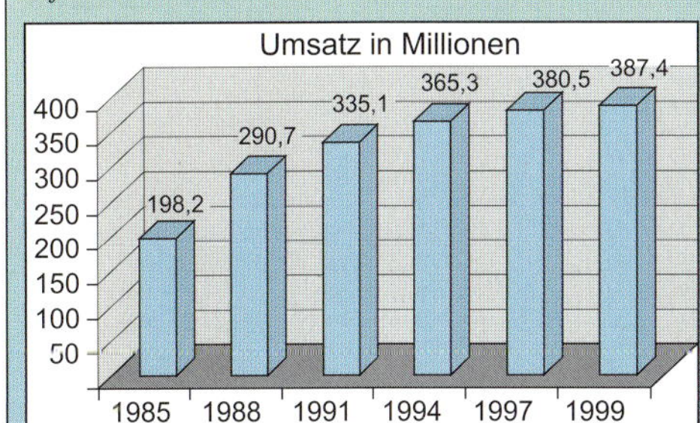

12 Die Grafik zeigt den Jahresumsatz in Millionen eines mittelständischen Unternehmens.
a) Führen Sie eine geeignete Funktionsanpassung durch.
b) Welchen Umsatz erwarten Sie im Jahr 2000?
c) Durch Innovationen wird ab 2000 ein jährliches Wachstum im Umsatz von 5 % erwartet. Stellen Sie die Umsatzentwicklung bis ins Jahr 2005 dar.
d) Entwickeln Sie zusätzliche Fragestellungen und beantworten Sie diese.

5 Logistisches Wachsen

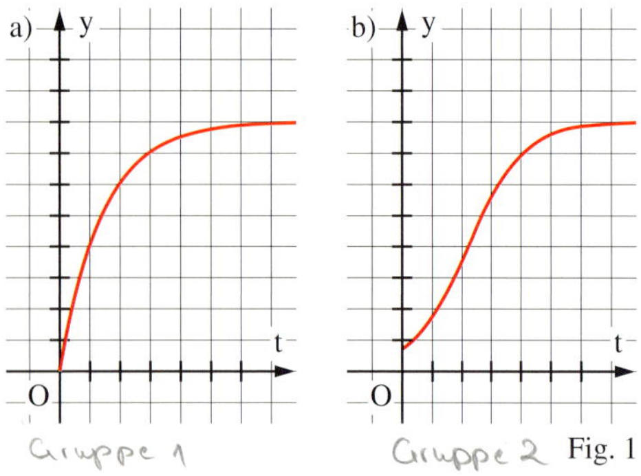

Fig. 1

1 Bei zwei unterschiedlichen Gruppen von amerikanischen Farmern wurde untersucht, wie sich Informationen zu einem neuen Düngemittel verbreiten. Die Farmer der ersten Gruppe lebten weitgehend isoliert und erhielten ihre Informationen vorwiegend aus Fachzeitschriften und Massenmedien. Die der zweiten Gruppe hatten intensiven Umgang miteinander und wurden überwiegend durch „Mund-zu-Mund-Propaganda" informiert. Für den Informationsgrad in Abhängigkeit von der Zeit ergaben sich die beiden Schaubilder in Fig. 1a) bzw. 1b). Ordnen Sie die Schaubilder den Farmergruppen zu und begründen Sie Ihre Entscheidung.

Bei vielen Wachstumsvorgängen in der Natur fällt auf, dass das Wachstum anfangs annähernd exponentiell verläuft. Mit zunehmender Zeitdauer verlangsamt es sich allerdings und kommt schließlich zum Erliegen.

Beschreibt man diesen Verlauf mithilfe der momentanen Wachstumsgeschwindigkeit $f'(t)$, so ist anfangs, wenn das Wachstum annähernd exponentiell verläuft, $f'(t)$ in etwa proportional zum momentanen Bestand $f(t)$. Gegen Ende des Beobachtungszeitraumes nähert sich das Wachstum dem beschränkten Wachstum, damit ist $f'(t)$ näherungsweise proportional zur Differenz $S - f(t)$, wobei S die Sättigungsgrenze ist.

Insgesamt kann bei der beschriebenen Situation angenommen werden, dass $f'(t)$ zum Produkt aus $f(t)$ und $S - f(t)$ proportional ist. Wachstum, das in dieser Form beschrieben werden kann, heißt **logistisches Wachstum**. Die zugehörige **Differenzialgleichung** ist $\mathbf{f'(t) = k \cdot f(t) \cdot (S - f(t))}$ mit einer Konstanten $k > 0$.

Logistisches Wachstum ist eine weitere Form des begrenzten Wachstums.

Um die Funktionen f zu bestimmen, die diese Differenzialgleichung erfüllen, schreibt man:

$$\frac{f'(t)}{f(t) \cdot (S - f(t))} = k.$$

Durch Partialbruchzerlegung erhält man:

$$\frac{f'(t)}{S \cdot f(t)} + \frac{f'(t)}{S \cdot (S - f(t))} = k \quad \text{bzw.} \quad \frac{f'(t)}{S \cdot f(t)} - \frac{-f'(t)}{S \cdot (S - f(t))} = k.$$

Aus $\frac{1}{f(t) \cdot (S - f(t))} = \frac{A}{f(t)} + \frac{B}{S - f(t)}$ ergibt sich $A \cdot S = 1$ und $B - A = 0$, also $A = B = \frac{1}{S}$.

Der Übergang zu Stammfunktionen liefert:

$$\frac{1}{S} \cdot \ln|f(t)| - \frac{1}{S} \cdot \ln|S - f(t)| = kt + c_1 \quad \text{bzw.}$$

$$\ln\left|\frac{S - f(t)}{f(t)}\right| = -Skt - Sc_1.$$

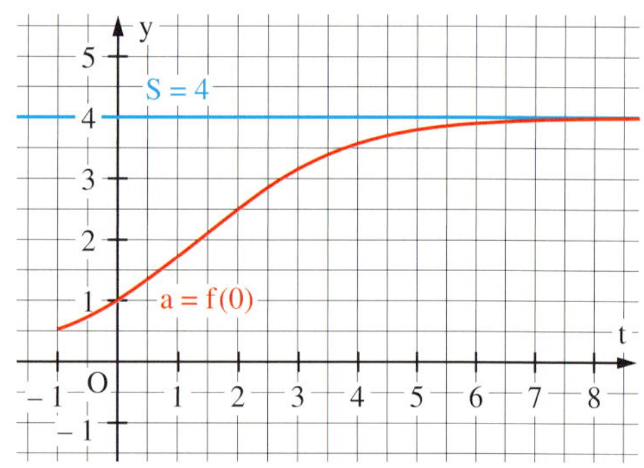

Fig. 2

Beschränkt man sich auf logistisches Wachsen mit $S > f(t) > 0$ (Fig. 2), so ist $\frac{S - f(t)}{f(t)} > 0$ und damit $\frac{S - f(t)}{f(t)} = e^{-Skt - Sc_1}$ oder $\frac{S - f(t)}{f(t)} = c_2 e^{-Skt}$ mit $c_2 = e^{-Sc_1} > 0$.

Logistisches Fallen wird nicht untersucht.

Also erhält man als Lösung die Funktionen f mit $f(t) = \frac{S}{1 + c_2 \cdot e^{-Skt}}$.

Setzt man $f(0) = \frac{S}{1 + c_2} = a$ bzw. $c_2 = \frac{S - a}{a}$, so ist $f(t) = \frac{S}{1 + \frac{S - a}{a} \cdot e^{-Skt}} = \frac{a \cdot S}{a + (S - a) \cdot e^{-Skt}}$.

Aus $S > 0$ und $c_2 > 0$ folgt mit $a = \frac{S}{1 + c_2}$ die Beziehung $0 < a < S$.

Der Name „logistisches Wachstum" stammt von dem Belgier VERHULST (1804–1849). Gründe für diese Namensgebung sind nicht bekannt.

> Jede Differenzialgleichung der Form $f'(t) = k \cdot f(t) \cdot (S - f(t))$ mit $k > 0$ und $S > 0$ beschreibt **logistisches Wachsen**. Die Funktionen f mit $f(t) = \frac{a \cdot S}{a + (S - a) \cdot e^{-Skt}}$ sind alle Lösungen der Differenzialgleichung. Dabei ist $a = f(0)$ der Anfangsbestand mit $0 < a < S$.

Die Sättigungsgrenze S wird geschätzt.

Der fehlende Parameter wird durch einen Messpunkt festgelegt.

Beispiel: (Hopfen und Malz ...)
Hopfen, der zur Herstellung von Bier benötigt wird, ist eine schnell wachsende Schlingpflanze. Um Aussagen über das Höhenwachstum zu machen, wurde bei einer Untersuchung die folgende Messreihe aufgenommen.

Zeit t (in Wochen)	0	2	4	6	8	10	12	16
Höhe f (in m)	0,6	1,2	2,0	3,3	4,1	5,0	5,5	5,8

a) Tragen Sie die Messwerte in ein geeignetes Koordinatensystem ein. Welche Form des Wachsens erscheint für die Höhe f der Hopfenpflanze sinnvoll?
b) Legen Sie anhand der Tabelle den Anfangswert a und die Sättigungsgrenze S des Wachstums fest. Wie lautet die zugehörige Differenzialgleichung, wenn man logistisches Wachsen voraussetzt?
c) Bestimmen Sie den fehlenden Parameter mithilfe eines Messpunktes und geben Sie hiermit eine mögliche Funktion f an. Zeichnen Sie ein Schaubild von f in das vorhandene Koordinatensystem ein. Bestimmen Sie die Höhe des Hopfens nach 18 Wochen.
d) Wächst der Hopfen nach 8 Wochen schneller als nach 4 Wochen? ges. moment. Änd. rate → f'(4); f'(8)

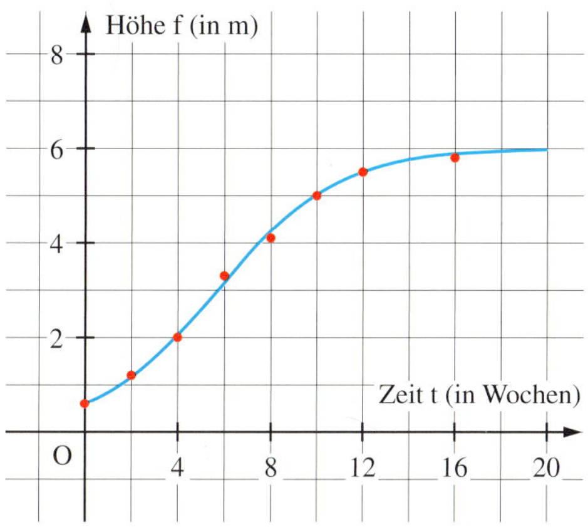

Fig. 1

Lösung:
a) Die Messwerte sind in Fig. 1 eingetragen. Einerseits wächst der Hopfen in den ersten Wochen stark, andererseits vermindert sich das Wachstum nach etwa 8 Wochen und kommt schließlich beinahe zum Erliegen. Der Ansatz eines logistischen Wachstums erscheint deshalb sinnvoll.
b) Anfangswert: $a = f(0) = 0{,}6$ (in m).
Als Sättigungsgrenze erscheint $S = 6$ (in m) sinnvoll.
Differenzialgleichung: $f'(t) = k \cdot f(t) \cdot (6 - f(t))$.
c) Es ist f mit
$f(t) = \frac{0{,}6 \cdot 6}{0{,}6 + (6 - 0{,}6) \cdot e^{-6kt}} = \frac{3{,}6}{0{,}6 + 5{,}4 \cdot e^{-6kt}}$
eine Lösung der Differenzialgleichung.

Mit dem Messpunkt $f(12) = 5{,}5$ ergibt sich $5{,}5 = \frac{3{,}6}{0{,}6 + 5{,}4 \cdot e^{-72k}}$, also $k \approx 0{,}0638$.
Man erhält die Funktion f mit $f(t) = \frac{3{,}6}{0{,}6 + 5{,}4 \cdot e^{-0{,}3828 \cdot t}}$. Ein Schaubild von f zeigt die Fig. 1, in guter Übereinstimmung mit den Messwerten.
Es ist $f(18) \approx 5{,}9$; der Hopfen ist also nach 18 Wochen etwa 5,9 m hoch.
d) Mit $f'(t) = \frac{7{,}44 \cdot e^{-0{,}3828t}}{(0{,}6 + 5{,}4e^{-0{,}3828t})^2}$ ergibt sich $f'(4) \approx 0{,}51$ und $f'(8) \approx 0{,}48$ (jeweils in $\frac{\text{m}}{\text{Woche}}$).
Nach 4 Wochen wächst der Hopfen etwas schneller als nach 8 Wochen.

Aufgaben

2 Gegeben ist die Funktion f mit $f(t) = \frac{20}{2 + 8 \cdot e^{-0{,}4 \cdot t}}$. Geben Sie den Anfangsbestand a und die Schranke S des Wachstums an. Skizzieren Sie ein Schaubild von f. Wann übersteigen die Funktionswerte den Wert $\frac{1}{2}S$?

3 Geben Sie eine Funktion f an, welche die folgenden Bedingungen erfüllt. An welcher Stelle ist das Schaubild der Funktion am steilsten?
a) $f'(t) = 0{,}5 \cdot f(t) \cdot (6 - f(t))$; $f(0) = 2$
b) $f'(t) = 2{,}1 \cdot f(t) - 0{,}3 \cdot (f(t))^2$; $f(1) = 3$

4 Bestimmen Sie die Konstanten k und S so, dass die Funktion f mit $f(t) = \frac{6}{1+5e^{-t}}$ die Differenzialgleichung $f'(t) = k \cdot f(t) \cdot (S - f(t))$ erfüllt.

Weitere Form einer logistischen Funktion:
f mit $f(t) = \frac{A}{1 + B \cdot e^{-kt}}$

5 Gegeben ist die Differenzialgleichung des logistischen Wachsens $f'(t) = k \cdot f(t) \cdot (S - f(t))$. Jede Lösung f dieser Differenzialgleichung heißt logistische Funktion. Zeigen Sie, dass f mit $f(t) = \frac{b \cdot S}{b + e^{-Skt}}$ eine logistische Funktion ist. Wie hängen b und f(0) zusammen?

6 Gegeben ist für $a > 0$ die Funktionenschar f_a mit $f_a(t) = \frac{4a}{a + (4-a) \cdot e^{-0{,}8t}}$. Ihr Schaubild ist K_a.
a) Untersuchen und zeichnen Sie K_1.
b) Untersuchen Sie K_a auf Wendepunkte. Für welche a hat K_a keinen Wendepunkt? Geben Sie sonst die Lage des Wendepunktes in Abhängigkeit von a an.

7 Im tropischen Regenwald lebt isoliert ein 5000 Menschen zählender Indianerstamm. Einer seiner Bewohner wird unabsichtlich mit einer ungefährlichen, aber sehr ansteckenden Grippe infiziert. Durch gegenseitige Ansteckung in den darauf folgenden Wochen zählt man nach 4 Wochen bereits 300 Kranke.
a) Um die Ausbreitung dieser Grippe zu modellieren, geht man von logistischem Wachstum der Anzahl K der Erkrankten aus. Was spricht für diese Annahme?
b) Bestimmen Sie den Funktionsterm K(t). Nach welcher Zeit ist die Hälfte der Stammesbewohner krank? Welche Bedeutung hat dieser Zeitpunkt für die weitere Ausbreitung der Krankheit?
c) Wie groß ist in den ersten 2 Monaten die mittlere Zunahme an Erkrankten pro Woche?

„Vitalitätsknick": Stelle, an der $\frac{S}{2}$ erreicht wird.

Jahr	Schienennetz (in km)
1840	ca. 500
1870	ca. 16600
1913	ca. 63700
1939	64518

Fig. 1

8 Die Fig. 1 zeigt die Entwicklung der Länge des Schienennetzes in Deutschland. Setzt man logistisches Wachstum voraus, so beschreibt die Funktion f mit $f(t) = \frac{35035000}{539 + 64641 \cdot e^{-0{,}1196 \cdot t}}$ näherungsweise die Länge des Schienennetzes (in km) ab dem Jahr 1840.
a) Geben Sie f(0) und die Sättigungsgrenze S an. Wie lang war das Schienennetz im Jahr 1900? Wann war es etwa 30000 km lang?
b) Welchen Wert erwarten Sie im Jahr 1990? Vergleichen Sie mit dem tatsächlichen Wert 40989 km. Welche Schlüsse ziehen Sie hieraus?

9 In einer Stadt von 750000 Einwohnern wird die Verbreitung von Mobiltelefonen untersucht. Umfragen ergeben, dass als Käufer etwa 60 % der Bevölkerung in Frage kommen. Vor zwei Jahren besaßen 5000 Personen ein Mobiltelefon. In diesem Jahr sind es bereits 32000. Die Funktion f zähle die Besitzer eines Mobiltelefons.
Bestimmen Sie die Funktion f sowohl mithilfe des beschränkten als auch des logistischen Wachstums. Welche Gründe sprechen für die jeweilige Modellierung?

Formulieren Sie anhand der Vorgaben weitere Fragen. Beantworten Sie diese für beide Modellierungen.

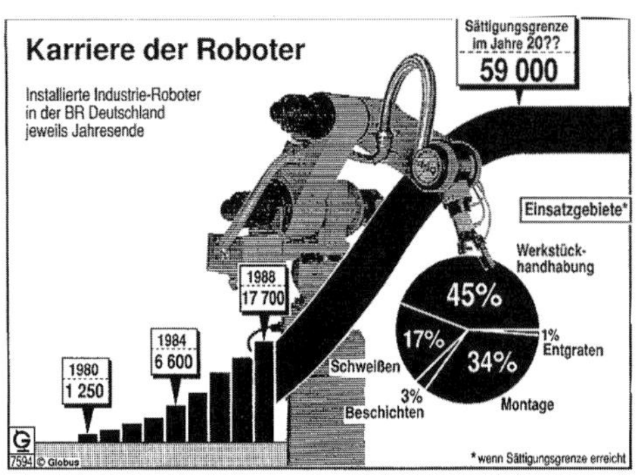

Fig. 2

10 Die nebenstehende Grafik zeigt die Anzahl der in Deutschland ab 1980 installierten Industrieroboter.
a) Bestimmen Sie eine Funktion f, deren Schaubild den Verlauf der Grafik möglichst gut annähert.
b) Wie viele Roboter sind die diesem Modell im Jahr 2005 in Betrieb? Wann werden 30000 Roboter installiert sein?
c) Berechnen Sie für die ersten 20 Jahre das mittlere jährliche prozentuale Wachstum.

Überlegen Sie sich anhand der Grafik mindestens zwei weitere Fragen und beantworten Sie diese.

Die Parameter a, k und S müssen bestimmt werden.

Dabei gilt:
Die Parameter a und k werden durch Messwerte festgelegt.
Die Sättigungsgrenze S muss sich aus der Problemstellung direkt ergeben oder es sind weitere Vorgaben bzw. Annahmen nötig.

Funktionsanpassung durch Funktionen f der Form $f(t) = \frac{a \cdot S}{a + (S - a) \cdot e^{-Skt}}$:
Aus $y = \frac{a \cdot S}{a + (S - a) \cdot e^{-Skt}}$ erhält man $\frac{1}{y} - \frac{1}{S} = \frac{(S - a)e^{-Skt}}{a \cdot S}$.
Logarithmieren liefert: $\ln\left(\frac{1}{y} - \frac{1}{S}\right) = -S k \cdot t + \ln\left(\frac{S-a}{aS}\right)$;
Gleichung der Ausgleichsgeraden: $y^* = m \cdot t + b$ mit $y^* = \ln\left(\frac{1}{y} - \frac{1}{S}\right)$, $m = -S \cdot k$; $b = \ln\left(\frac{S-a}{aS}\right)$.
Aus den abgelesenen Werten für m und b erhält man: $k = -\frac{m}{S}$ und $a = \frac{S}{1 + S \cdot e^{b}}$.

11 Auf einem See mit einer Oberfläche von $2000\,m^2$ breitet sich im Sommer eine Algenpest aus. Für die von den Algen bedeckte Fläche erhielt man das folgende Ergebnis.

Zeit t (in Tagen)	0	5	10	20	25	35	40
Bedeckte Fläche (in m^2)	150	280	500	1140	1460	1830	1910

a) Übertragen Sie die Werte in ein Koordinatensystem. Nehmen Sie eine Funktionsanpassung vor, wenn logistisches Wachsen vorausgesetzt wird.
b) Welche Fläche ist voraussichtlich nach 50 Tagen bedeckt? Wann sind 80 % der Gesamtfläche des Sees bedeckt?

Jahr	*PKW-Dichte*
1950	*24*
1955	*48*
1960	*84*
1965	*154,8*
1970	*222,6*

Fig. 1

1970 wurde eine Sättigungsgrenze S = 300 prognostiziert.

12 In den siebziger Jahren wurde die Tabelle (Fig. 1) zur PKW-Dichte (d. h. die Anzahl der PKW je 1000 Einwohner) in Deutschland veröffentlicht.
a) Stellen Sie mithilfe eines Schaubildes eine Vermutung zur Sättigungsgrenze auf und führen Sie anschließend, logistisches Wachstum vorausgesetzt, eine Funktionsanpassung durch.
b) Welchen Wert erhalten Sie für die PKW-Dichte im Jahr 1990? Vergleichen sie mit dem tatsächlichen Wert 490.
Verändern Sie gegebenenfalls Ihre Funktionsanpassung und prognostizieren Sie die PKW-Dichte für das Jahr 2010.

Jahr	*Bevölkerung (in Mio.)*
1790	*3,93*
1810	*7,24*
1830	*12,87*
1850	*23,19*
1870	*38,56*
1890	*62,95*
1910	*92,41*
1930	*123,08*
1950	*152,27*
1970	*205,05*
1990	*249,44*

Fig. 2

13 Die Fig. 2 zeigt die Bevölkerungsentwicklung der USA in den letzten 200 Jahren.
a) Wählen Sie vier Wertepaare aus und führen Sie mit der angenommenen Sättigungsgrenze S = 350 (in Mio.) eine Funktionsanpassung durch, wenn logistisches Wachstum vorliegt. Welche Bevölkerungszahl erwarten Sie demzufolge im Jahr 2010? Vergleichen Sie mit Schätzungen des U. S. Census Bureau (http://www.census.gov).
b) Benutzen Sie ein Tabellenkalkulations- bzw. CAS-Programm für die folgenden Überlegungen. Nehmen Sie eine Funktionsanpassung mit allen Wertepaaren vor, wenn logistisches Wachstum vorausgesetzt wird. Verändern Sie die Sättigungsgrenze S und beurteilen Sie das jeweilige Ergebnis Ihrer Funktionsanpassung.
c) Suchen Sie weitere neue Fragestellungen und versuchen Sie diese zu beantworten.

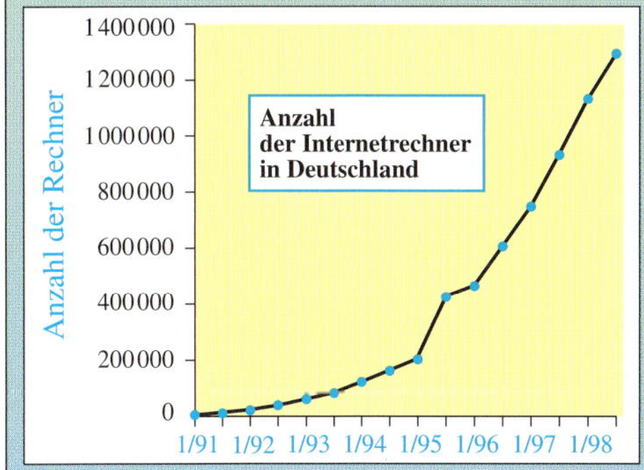

14 Die Grafik zeigt die Anzahl der Internetrechner in Deutschland ab 1991.
a) Führen Sie unter der Annahme von exponentiellem Wachstum eine Funktionsanpassung durch.
b) Führen Sie für verschiedene Werte für die Sättigungsgrenze S eine Funktionsanpassung unter der Annahme eines logistischen Wachstums aus.
Welches Wachstumsmodell erscheint Ihnen sinnvoller?
c) Versuchen Sie zusätzliche Informationen zu finden, z. B. zur Sättigungsgrenze bzw. zur aktuellen Anzahl von Internetrechnern, und verbessern Sie damit Ihre Funktionsanpassung.

6 Weitere Wachstumsformen

1 Das Wachstum von Populationen wird durch Geburten und Sterbefälle bestimmt.
a) Wie lautet die Differenzialgleichung des exponentiellen Wachstums, wenn sich die Wachstumskonstante k aus einer Geburtenrate a und einer Sterberate b zusammensetzt?
b) In dem Wachstumsprozess mit der Differenzialgleichung $\frac{f'(t)}{f(t)} = a - b \cdot f(t)$ ist die Geburtenrate a konstant und die Sterberate b proportional zum Bestand. Welches Wachstum wird dadurch beschrieben?

Neben den bisher behandelten Wachstums- und Zerfallsprozessen gibt es noch viele weitere Formen. Die Gemeinsamkeit der folgenden Beispiele ist eine Differenzialgleichung der Form $\frac{f'(t)}{f(t)} = k(t)$ mit einer zeitabhängigen Funktion k.

Die jeweils vorhandene Giftmenge ist vom momentanen Bestand der Population unabhängig.

c ist ein Maß für die toxische Wirkung des Antibiotikums.

Eine Bakterienkultur enthält zu Beobachtungsbeginn etwa 2 Millionen Bakterien und vermehrt sich momentan stündlich mit der Wachstumskonstanten $k = 0{,}2$. Um die toxische Wirkung eines neuen Antibiotikums zu untersuchen, setzt man nach und nach der Bakterienkultur eine zunehmende Menge A des Antibiotikums zu. Beim **vergifteten Wachstum** steigt dabei die Menge des vorhandenen Giftes A linear mit der Zeit an. Hierbei gelte: $A(t) = 1{,}5 \cdot t$ (A in mg, t in h).
Für die mathematische Modellierung dieses Sachverhaltes erscheinen die folgenden Annahmen gerechtfertigt:
Solange kein Antibiotikum zugefügt wird, erfolgt die Bakterienvermehrung ungestört, d. h. die Bakterienanzahl f(t) erfüllt die Differenzialgleichung des exponentiellen Wachstums $f'(t) = 0{,}2 \cdot f(t)$. Die durch das Antibiotikum bewirkte Wachstumsgeschwindigkeit f′(t) der Bakterien wird negativ und in etwa proportional zur Anzahl der Bakterien f(t) und zur Menge A(t) sein. Also ist der Ansatz $f'(t) = -c \cdot f(t) \cdot A(t)$ mit $c > 0$ naheliegend.

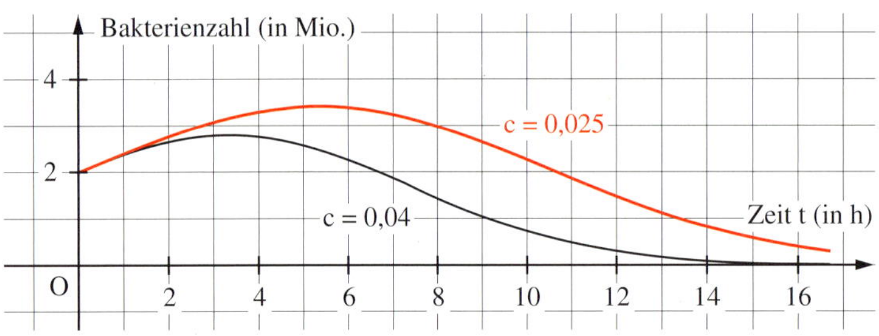

Fig. 1

Insgesamt erhält man die Differenzialgleichung $f'(t) = (0{,}2 - c \cdot 1{,}5\,t) \cdot f(t)$ bzw. $\frac{f'(t)}{f(t)} = 0{,}2 - 1{,}5\,c\,t$.
Löst man diese Gleichung, indem man zu Stammfunktionen übergeht, so ergibt sich schließlich die Lösung f mit
$f(t) = f(0) \cdot e^{0{,}2 \cdot t - 0{,}75 c \cdot t^2}$
bzw.
$f(t) = 2 \cdot e^{0{,}2 \cdot t - 0{,}75 c \cdot t^2}$
(f(t) in Millionen, t in h).
Der fehlende Parameter c muss noch durch einen zusätzlichen Messwert bestimmt werden. Das Schaubild von f für zwei möglich Werte von c zeigt die Fig. 1.

Ist f(0) gegeben, so ist $f(t) = f(0) \cdot e^{kt - \frac{1}{2}bt^2}$ *die einzige Lösung.*

Jede Differenzialgleichung der Form $f'(t) = (k - b \cdot t) \cdot f(t)$ mit $k, b > 0$ beschreibt **vergiftetes Wachstum**. Die Funktionen f mit $f(t) = d \cdot e^{kt - \frac{1}{2}bt^2}$ und $d \in \mathbb{R}$ sind alle Lösungen dieser Differenzialgleichung.

Es gibt aber auch Prozesse, bei denen eine Population selbst Gifte (z. B. Stoffwechselrückstände) produziert, die sich im Laufe der Zeit schädlich auf das Wachstum auswirken. Dies tritt beim Wachstum mit Selbstvergiftung auf und wird am folgenden Sachverhalt erläutert.

Beim Vergären von zuckerhaltigen Lösungen durch Hefebakterien entsteht u. a. Alkohol. Dieser wirkt als Gift und hemmt mit der Zeit die Vermehrung der Bakterien. Wird der Alkohol nicht abgebaut, so sind die folgenden Annahmen für eine Modellierung sinnvoll:
Anfangs, wenn der Alkoholgehalt noch gering ist, entwickelt sich der Bestand $f(t)$ an Bakterien nahezu ungestört exponentiell; damit gilt angenähert $f'(t) = k \cdot f(t)$ mit $k > 0$.

Jede Hefebakterie produziert hier den gleichen Anteil an Alkohol.

Die Menge A des produzierten Alkohols wird sich ebenfalls angenähert exponentiell in der Form $A(t) = b \cdot e^{k \cdot t}$ mit $b > 0$ entwickeln. Die durch den Alkohol bewirkte Wachstumsgeschwindigkeit $f'(t)$ des Bestandes wird negativ und in etwa proportional zur Anzahl der Bakterien $f(t)$ und zur Giftmenge $A(t)$ sein. Damit ist der Ansatz $f'(t) = -c \cdot f(t) \cdot e^{k \cdot t}$ mit $c > 0$ naheliegend. Insgesamt erhält man die Differenzialgleichung $\mathbf{f'(t) = (k - c \cdot e^{kt}) \cdot f(t)}$ bzw. $\frac{f'(t)}{f(t)} = k - c \cdot e^{kt}$. Geht man zu Stammfunktionen über, so erhält man die Lösungen.

Ist f(0) gegeben, so ist $f(t) = d \cdot e^{kt - \frac{c}{k} \cdot e^{kt}}$ *mit* $d = f(0) \cdot e^{\frac{c}{k}}$ *die einzige Lösung.*

Jede Differenzialgleichung der Form $f'(t) = (k - c \cdot e^{kt}) \cdot f(t)$ mit $k, c > 0$ beschreibt **Wachstum mit Selbstvergiftung**. Die Funktionen f mit $f(t) = d \cdot e^{kt - \frac{c}{k} \cdot e^{kt}}$ und $d \in \mathbb{R}$ sind alle Lösungen dieser Differenzialgleichung.

Beispiel: (Wachstum mit Selbstvergiftung)
Beim Brauen von Bier werden einer Mischung aus Hopfen, Malz und Wasser anfangs Hefebakterien zugesetzt, und zwar etwa 12 Millionen auf 1 ml Mischung. Zu Beginn vermehren sich die Hefebakterien täglich mit der Wachstumskonstanten $k = 0{,}6$.
a) Welche Form hat die Differenzialgleichung, die diesen Vorgang beschreibt?
b) Bestimmen Sie die Lösung dieser Differenzialgleichung, wenn nach 4 Tagen in 1 ml Mischung 110 Millionen Bakterien vorhanden sind. Zeichnen Sie das zugehörige Schaubild.

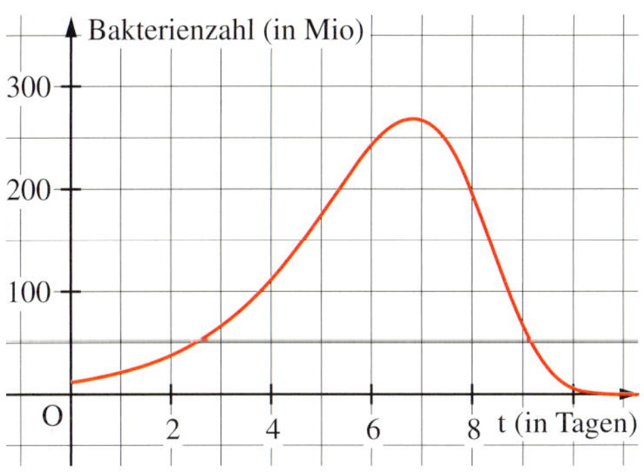

Fig. 1

Lösung:
a) Gibt die Funktion f (in Millionen) den Bestand an Bakterien in 1 ml Mischung zu jedem Zeitpunkt t (in Tagen) an, so hat die Differenzialgleichung die Form
$f'(t) = (0{,}6 - c \cdot e^{0{,}6t}) \cdot f(t)$.
b) Mit $f(0) = 12$ erhält man die Lösungen f mit $f(t) = 12 \cdot e^{\frac{c}{0{,}6}} \cdot e^{0{,}6t - \frac{c}{0{,}6} \cdot e^{0{,}6t}}$.
Aus $f(4) = 110$ erhält man $c \approx 0{,}01$ und hiermit $f(t) = 12 \cdot e^{\frac{1}{60}} \cdot e^{0{,}6t - \frac{1}{60} \cdot e^{0{,}6t}}$.
Fig. 1 zeigt ein Schaubild von f.

Aufgaben

2 Eine Population entwickelt sich näherungsweise gemäß $f'(t) = (0{,}1 - 0{,}05t) \cdot f(t)$.
a) Bestimmen Sie die Funktion f, wenn $f(0) = 10$ ist, und zeichnen Sie ein Schaubild.
b) Zeichnen Sie ein Schaubild der Wachstumsgeschwindigkeit in das vorhandene Koordinatensystem. Wann erreicht die Population ihren maximalen Wert? Ab wann gilt $f(t) \leqq 1$?

Formulieren Sie weitere sinnvolle Fragen und versuchen Sie diese zu beantworten.

3 Auf einer kleinen Insel leben zu Beginn der Beobachtung 100 Kaninchen, deren Anzahl f sich näherungsweise gemäß $f'(t) = (0{,}08 - 0{,}01 \cdot e^{0{,}08t}) \cdot f(t)$ (t in Monaten) entwickelt.
a) Geben Sie die Funktion f an. Zeichnen Sie ein Schaubild von f. Berechnen Sie f(20).
b) Ab wann kann aufgrund des Vergiftungseffekts die Kaninchenzahl nicht mehr steigen?

7 Die Differenzialgleichung der harmonischen Schwingung

1 Ein Punkt P bewegt sich mit gleich bleibender Geschwindigkeit um das Quadrat in Fig. 1a) bzw. um den Kreis in Fig. 1b).

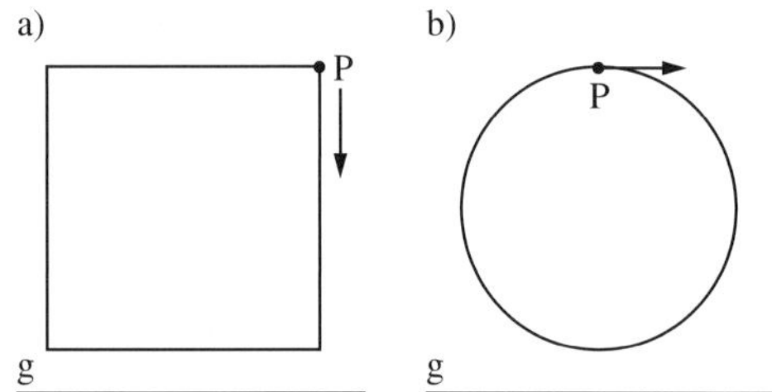

Fig. 1

a) Skizzieren Sie jeweils das Schaubild der Funktion f, die den Abstand des Punktes P von der Geraden g in Abhängigkeit von der Zeit beschreibt.
b) Wie verändern sich die Schaubilder, wenn der Punkt P sich mit größerer (kleinerer) Geschwindigkeit bewegt bzw. wenn er sich anfangs an einer anderen Stelle auf dem Quadrat bzw. Kreis befindet?

Häufig lassen sich Prozesse, bei denen eine Größe in regelmäßigen Abständen zu- bzw. abnimmt, auch mithilfe einer Differenzialgleichung beschreiben.

In der Ruhelage gilt: Gewichtskraft G des Körpers = Federkraft F_S

$s(t) > 0$: Feder gedehnt
$s(t) < 0$: Feder gestaucht

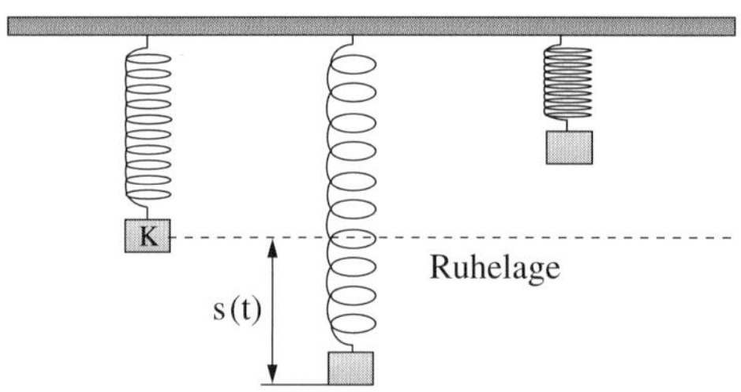

Fig. 2

Ein an einer Schraubenfeder hängender Körper K der Masse m (Fig. 2) wird aus der Ruhelage um eine Strecke ausgelenkt. Wird er anschließend losgelassen, so führt er eine periodische Bewegung um seine Ruhelage aus. Es soll nun die Funktion s bestimmt werden, welche die momentane Auslenkung des Körpers aus der Ruhelage in Abhängigkeit von der Zeit t beschreibt (Weg-Zeit-Gesetz der Bewegung).

Während seiner Bewegung erfährt der Körper eine zur Ruhelage gerichtete rücktreibende Kraft F proportional zur momentanen Auslenkung s(t). Nach dem hookeschen Gesetz ist

$$F = -D \cdot s(t).$$

Ist $s(t)$ der zurückgelegte Weg, so ist $s'(t)$ die Geschwindigkeit und $s''(t)$ die Beschleunigung.

Dabei ist D die Federkonstante mit $D > 0$. Wirken auf den Körper keine zusätzlichen Kräfte (bzw. sind die Gewichtskraft der Feder, Reibung usw. vernachlässigbar klein), so lässt sich F mithilfe des Grundgesetzes der Mechanik auch in der Form

$$F = m \cdot a(t) = m \cdot s''(t)$$

darstellen. Dabei ist a(t) die zum Zeitpunkt t wirkende Beschleunigung. Insgesamt gilt also:

$$m \cdot s''(t) = -D \cdot s(t) \quad \text{bzw.} \quad s''(t) = -\tfrac{D}{m} \cdot s(t).$$

Da $\frac{D}{m} > 0$ ist, schreibt man $\frac{D}{m} = k^2$ und erhält hiermit die **Differenzialgleichung der harmonischen Schwingung $s''(t) = -k^2 \cdot s(t)$.**

Aufgrund der Form der Differenzialgleichung liegt es nahe, als Lösungen Funktionen s der Form

$s(t) = A \cdot \sin(bt + c)$ zu prüfen.

Aus $s(t) = A \cdot \sin(bt + c)$ folgt $s'(t) = Ab \cdot \cos(bt + c)$ und $s''(t) = -Ab^2 \cdot \sin(bt + c)$, d.h. für $b = k$ erfüllt s die Differenzialgleichung.

Man kann darüber hinaus zeigen, dass dies die einzigen Lösungen sind.

Eine periodische Bewegung, bei der die rücktreibende Kraft proportional zur Auslenkung ist, nennt man harmonische Schwingung.

Jede Differenzialgleichung der Form $f''(t) = -k^2 \cdot f(t)$ mit $k > 0$ beschreibt eine **harmonische Schwingung**. Die Funktionen f mit $f(t) = A \cdot \sin(kt + c)$ mit $A, c \in \mathbb{R}$ sind alle Lösungen dieser Differenzialgleichung.

Die Reibung soll nicht berücksichtigt werden.

Beispiel 1: (Schraubenfeder; Bedeutung der Konstanten A und c)
Ein Körper K der Masse $m = 0{,}5$ (in kg) wird an einer Feder mit der Federkonstanten $D = 10$ (in $\frac{N}{m}$) aus seiner Ruhelage um 15 cm nach unten ausgelenkt und dann losgelassen.
a) Welche Differenzialgleichung erfüllt die Funktion s, welche die Auslenkung (in m) des Körpers aus der Ruhelage beschreibt?
b) Geben Sie die Funktion s an und zeichnen Sie ein Schaubild. Welche Bedeutungen haben die Konstanten A und c?
c) Bestimmen Sie die Periodendauer T dieser Schwingung. Wo befindet sich der Körper nach der Zeit $\frac{1}{4}T$ bzw. $\frac{3}{4}T$?
d) Wo erreicht der Körper jeweils seine maximale Geschwindigkeit? Wie groß ist sie? Zeichnen Sie ein Schaubild der Funktion s′.

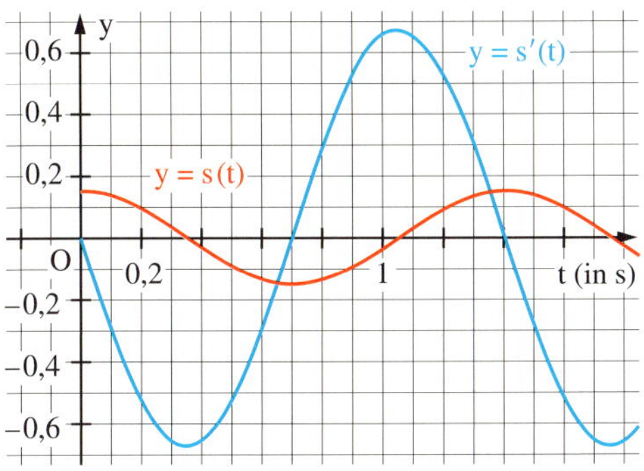

Fig. 1

Lösung:
a) Die Funktion s erfüllt die Differenzialgleichung der harmonischen Schwingung $s''(t) = -\frac{D}{m} \cdot s(t)$, also $s''(t) = -20 \cdot s(t)$.
b) Es ist $s(t) = A \cdot \sin\left(\sqrt{20} \cdot t + c\right)$ und $s'(t) = A \cdot \sqrt{20} \cdot \cos\left(\sqrt{20} \cdot t + c\right)$.
Beginnt die Zeitmessung beim Loslassen des Körpers, so gilt:
$s'(0) = 0 = A \cdot \sqrt{20} \cdot \cos c$, also $c = \frac{\pi}{2}$;
$s(0) = 0{,}15 = A \cdot \sin\frac{\pi}{2}$, also $A = 0{,}15$.
Insgesamt gilt $s(t) = 0{,}15 \cdot \sin\left(\sqrt{20} \cdot t + \frac{\pi}{2}\right)$.
Ein Schaubild der Funktion s zeigt Fig. 1.

A: Amplitude

A ist die maximale Auslenkung des Körpers aus seiner Ruhelage.
Da die Zeitmessung nicht beim Durchgang durch die Ruhelage beginnt, tritt eine Phasenverschiebung c auf.
c) Eine Periodendauer T ist z. B. dann verstrichen, wenn der Körper nach dem Loslassen erstmals wieder an seinen Ausgangspunkt zurückgekehrt ist.

Allgemein: $T = 2\pi\sqrt{\frac{m}{D}}$

Aus $s(T) = 0{,}15$ erhält man $\sin\left(\sqrt{20} \cdot T + \frac{\pi}{2}\right) = 1$ und damit die Lösung
$\sqrt{20} \cdot T + \frac{\pi}{2} = \frac{\pi}{2} + 2\pi$, also $T = \frac{2\pi}{\sqrt{20}} \approx 1{,}4$ (in s).
Da $s\left(\frac{1}{4}T\right) = 0{,}15 \cdot \sin\pi = 0$ bzw. $s\left(\frac{3}{4}T\right) = 0{,}15 \cdot \sin 2\pi = 0$ ist, wird jeweils die Ruhelage durchlaufen.

$\mathbb{N}^* = \mathbb{N} \setminus \{0\} = \{1; 2; 3; \ldots\}$

d) Mit $s'(t) = v(t) = 0{,}15 \cdot \sqrt{20} \cdot \cos\left(\sqrt{20} \cdot t + \frac{\pi}{2}\right)$ erreicht der Körper seine maximale Geschwindigkeit für $\left|\cos\left(\sqrt{20} \cdot t + \frac{\pi}{2}\right)\right| = 1$, also für $\sqrt{20} \cdot t + \frac{\pi}{2} = n \cdot \pi$ bzw. $t = \frac{n \cdot \pi - \frac{\pi}{2}}{\sqrt{20}}$ mit $n \in \mathbb{N}^*$.
Für $n = 1, 2, \ldots$ erhält man $t = \frac{1}{4}T, \frac{3}{4}T, \ldots$
Beim Durchgang durch die Ruhelage wird die betragsmäßig maximale Geschwindigkeit erreicht. Sie beträgt $0{,}15 \cdot \sqrt{20} \approx 0{,}67$ (in $\frac{m}{s}$). Ein Schaubild von $s' = v$ zeigt Fig. 1.

Auch Vorgänge in der Natur lassen sich manchmal näherungsweise mithilfe der Differenzialgleichunger der harmonischen Schwingung beschreiben.

Beispiel 2: (Räuber und Beute)
In einem Wildrevier leben normalerweise etwa 200 Füchse (Räuber) und 1000 Hasen (Beute). Es soll untersucht werden, wie sich der Wildbestand ändert, wenn das Verhältnis zwischen Räubern und Beute „aus dem Gleichgewicht gerät“. Es sei r(t) die 200 übersteigende Zahl an Räubern zur Zeit t (t in Monaten) und b(t) entsprechend die 1000 übersteigende Zahl an Beutetieren.
a) Für die Wachstumsgeschwindigkeit der Räuber gelte $r'(t) = 0{,}02 \cdot b(t)$. Entsprechend gilt für die Beute $b'(t) = -0{,}5 \cdot r(t)$. Erläutern Sie das Zustandekommen dieser Differenzialgleichungen.

b) Erstellen Sie aus den beiden Differenzialgleichungen eine, die nur noch die Funktion b bzw. ihre Ableitungen enthält. Geben Sie die Funktion b an.
c) Zum Zeitpunkt $t = 0$ leben im Revier 180 Füchse und 1050 Hasen. Untersuchen Sie die weitere Entwicklung der beiden Populationen.
Lösung:

Differenzialgleichungen der Räuber-Beute-Beziehung: $r'(t) = 0{,}02 \cdot b(t)$ und $b'(t) = -0{,}5 \cdot r(t)$

a) Die Vermehrung der Räuber ist abhängig vom Nahrungsangebot. Die Wachstumsgeschwindigkeit r' wird als proportional zum Überschuss an Beutetieren angenommen. Umgekehrt hängt die Wachstumsgeschwindigkeit b' vom Überschuss an Räubern ab. Auch hier wird Proportionalität angenommen. Der Proportionalitätsfaktor muss hier allerdings negativ sein, da eine Zunahme der Räuber zu einer Abnahme bei den Beutetieren führt.
b) Aus $b'(t) = -0{,}5 \cdot r(t)$ erhält man durch Differenzieren $b''(t) = -0{,}5 \cdot r'(t)$ bzw. $r'(t) = -2 \cdot b''(t)$. Zusammen mit $r'(t) = 0{,}02 \cdot b(t)$ ergibt sich $-2 \cdot b''(t) = 0{,}02 \cdot b(t)$ bzw. $b''(t) = -0{,}01 \cdot b(t)$.

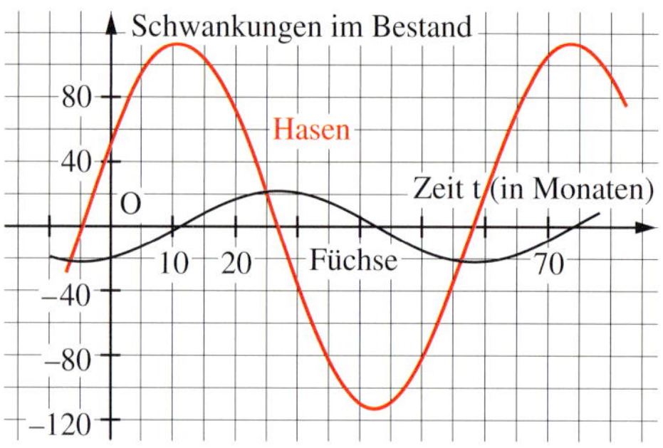

Fig. 1

Dies ist die Differenzialgleichung der harmonischen Schwingung, somit gilt:
$b(t) = A \cdot \sin(0{,}1 \cdot t + c)$.

Bestimmung von c: Aus $A \cdot \sin(c) = 50$ und $0{,}1 A \cdot \cos(c) = 10$ folgt durch Division $\tan(c) = 0{,}5$.

c) Es ist $r(0) = -20$ und $b(0) = 50$. Aus $b(0) = A \cdot \sin(c)$ und $b'(0) = 0{,}1 \cdot A \cdot \cos(c) = -0{,}5 \cdot r(0)$ folgt $c \approx 0{,}46$ und $A \approx 113$, also $b(t) = 113 \cdot \sin(0{,}1\,t + 0{,}46)$. Entsprechend gilt $r(t) = 22 \cdot \sin(0{,}1\,t - 1{,}11)$. Den Verlauf der Schwankungen im Bestand der Füchse und Hasen zeigt Fig. 1. Die „Periodendauer" T beträgt $\frac{2\pi}{0{,}1} \approx 63$, d.h. etwa 5 Jahre.

Aufgaben

2 Welche Funktion f erfüllt die folgenden Bedingungen?
a) $f''(t) = -4 \cdot f(t)$ mit $f(0) = 0$, $f'(0) = 2$
b) $f''(t) = -4 \cdot f(t)$ mit $f(0) = 1$, $f'(0) = 2$

3 Bei einem an einer Schraubenfeder schwingenden Körper gilt für den Ausschlag f (in m) die Differenzialgleichung $f''(t) = -50 \cdot f(t)$. Die Amplitude beträgt $A = 0{,}40$ (in m) und wird zum Zeitpunkt $t = 0$ (in s) erreicht.
a) Bestimmen Sie die Schwingungsdauer der Feder. Geben Sie die Funktion f an.
b) Welche maximale Geschwindigkeit erreicht der Körper? Welche Geschwindigkeit hat er zum Zeitpunkt $t = 0{,}2$ bzw. $0{,}3$?
c) Zeichnen Sie in dasselbe Koordinatensystem ein Schaubild von f und f'.
d) Berechnen Sie den Weg, den der Körper in der ersten halben Sekunde zurücklegt.

4 Ein Körper der Masse $m = 250$ (in g) führt an einer Schraubenfeder in einer halben Minute 50 Schwingungen aus. Bestimmen Sie die Federkonstante D der Feder und die maximale Geschwindigkeit des Körpers, wenn die Amplitude $A = 0{,}3$ (in m) beträgt.

5 In einem Dorf leben im Durchschnitt etwa 120 Katzen (Räuber) und 3400 Mäuse (Beute). Die Funktionen r und b beschreiben die Schwankungen der Populationen um die Ausgangswerte. Es gelten die Differenzialgleichungen $r'(t) = 0{,}01 \cdot b(t)$ und $b'(t) = -0{,}7 \cdot r(t)$.
a) Zeigen Sie, dass die Funktionen r und b jeweils der Differenzialgleichung der harmonischen Schwingung genügen. Welche Bedeutung hat die Schwingungsdauer T?
b) Bestimmen Sie r und b, wenn $r(0) = 200$ und $b(0) = 2800$ beträgt. Wann nimmt die Zahl der Mäuse am stärksten ab? Zeichnen Sie die Schaubilder von r und b.

8 Vermischte Aufgaben

Mensch und Umwelt

1 Ein Fieberthermometer zeigt die Temperatur 20 °C. Nach einer halben Minute liest man 29 °C ab. Wie lange muss man warten, bis eine Fiebertemperatur von 39 °C auf 0,1 °C genau angezeigt wird?

2 **Radiocarbonmethode** (^{14}C-Methode): In der Atmosphäre und in Tieren und Pflanzen ist seit Jahrtausenden das Verhältnis zwischen dem stabilen ^{12}C und dem radioaktiven ^{14}C (Halbwertszeit 5730 Jahre) nahezu konstant (vorhandenes ^{14}C zerfällt zwar laufend, gleichzeitig entsteht in der Atmosphäre aufgrund der Strahlung aus dem Weltall dauernd neues ^{14}C). Stirbt aber ein Organismus ab, so wird kein ^{14}C mehr aufgenommen, während das vorhandene weiterhin zerfällt. Dadurch ändert sich das Verhältnis beider Kohlenstoffarten in dem untersuchten Organismus fortwährend und kann so zur Altersbestimmung desselben benutzt werden.
a) Bei der Untersuchung des Turiner Grabtuches, welches von vielen Gläubigen als das Grabtuch Jesu angesehen wird, stellte man eine Aktivität von 13,84 Zerfällen pro Gramm Kohlenstoff und Minute fest. Wie alt ist das Tuch vermutlich, wenn noch lebendes organisches Material eine Aktivität von 15,3 Zerfällen pro Gramm und Minute aufweist?
b) Im Jahr 1991 wurde in den Ötztaler Alpen die Gletschermumie „Ötzi“ gefunden. Untersuchungen ergaben, dass die Mumie noch 53,3 % des Kohlenstoffs ^{14}C enthält, der in lebendem Gewebe vorhanden ist. Vor wie vielen Jahren starb „Ötzi“?

Zeit t (in h)	Zahl der gelernten Wörter
1	50
1,5	72
2	85
2,5	101
3	113

Fig. 1

3 Bei einer Untersuchung zur Lernfähigkeit musste eine Testperson versuchen, 200 unbekannte Vokabeln zu lernen. Man erhielt die Werte der nebenstehenden Tabelle (Fig. 1).
Die Funktion f zähle die Anzahl der gelernten Wörter.
a) Übertragen Sie die Wertepaare in ein Koordinatensystem und führen Sie für f eine Funktionsanpassung durch. Wie viele Vokabeln hat die Testperson nach 4 Stunden gelernt?
b) Nach welcher Zeit hätte die Testperson alle Vokabeln gelernt, wenn ihre Lernfähigkeit ab der 2. Stunde konstant bliebe?

4 Radioaktive Milch hat eine Aktivität von 600 Becquerel (Bq), d. h., es finden pro Sekunde 600 Kernzerfälle statt. Diese Zerfälle stammen zu 75 % von Jod 131 mit einer Halbwertszeit von 8 Tagen und zu 25 % von Strontium 89 mit einer Halbwertszeit von 50 Tagen.
a) Welche Aktivität hat die Milch in 15 Tagen, welche in 6 Monaten?
b) Bestimmen Sie mithilfe des Computers, wann die Aktivität unter 50 Bq fällt.

Internetadresse:
http://www.census.gov

U.S. Census Bureau

U.S. POPClock Projection

According to the U.S. Bureau of the Census, the resident population of the United States, Projected to 12/25/99 at 1:53:20 PM EST is

274,191,749

COMPONENT SETTINGS

One birth every .... 8 seconds
One death every .... 12 seconds
One international migrant (net) every ... 42 seconds
One Federal U.S. citizen (net)
returning every .... 4744 seconds
Net gain of one person every .... 17 seconds

Fig. 2

5 Fig. 2 informiert über die aktuelle Bevölkerungsentwicklung der USA.
a) Welche Faktoren werden berücksichtigt?
b) Berechnen Sie den absoluten Zuwachs der Bevölkerungszahl innerhalb eines Jahres bei gleich bleibendem Wachstum.
c) Wann wird bei dieser Modellierung die 300-Millionen-Grenze überschritten?
d) Wann wird bei einem jährlichen Wachstum von 0,95 % die 300-Millionen-Grenze überschritten?

6 Durch radioaktives Jod 131 belastete Pilze haben die Aktivität 5000 Becquerel (Bq), d.h., es finden pro Sekunde 5000 Kernzerfälle statt. Die Aktivität nimmt innerhalb von 3 Tagen jeweils um 23 % ab.
a) Wie lautet die Gleichung der Funktion f, die die Aktivität der Pilze beschreibt?
b) Um wie viel Prozent nimmt die Aktivität innerhalb von 1 Tag bzw. von 30 Tagen ab?
c) Wann unterschreitet die Aktivität den Wert 100 Bq?
d) Wie viele Kernzerfälle finden innerhalb der ersten Stunde statt? Wie viel am 1. Tag?

Natur und Technik

Jahr	Länge (in km)
1840	26
1850	114
1860	3359
1870	4018
1890	22533
1895	25712
1899	27755
1900	29435

Fig. 1

7 Im letzten Jahrhundert wurde das kanadische Eisenbahnnetz ausgebaut (Fig. 1).
a) Zeichnen Sie die Punkte in ein geeignetes Koordinatensystem ein. Welche Art von Wachstum scheint vorzuliegen?
b) Die Funktion f gibt die Länge des Schienennetzes zum Zeitpunkt t (in Jahren ab 1840) an. Bestimmen Sie einen möglichen Funktionsterm für f, wenn als obere Schranke für die Länge des Schienennetzes 35 000 (in km) angenommen wird.
c) Bestimmen Sie die Umkehrfunktion von f. Wann war das Schienennetz 15 000 km lang?

8 Im Jahr 1920 wurde experimentell die Vermehrung der Fruchtfliege (Drosophila) untersucht. Ist f(t) die Populationsgröße, so beschreibt die Differenzialgleichung
$f'(t) = \frac{1}{5}f(t) - \frac{1}{5175}(f(t))^2$ (t in Tagen) die Vermehrung der Population.
a) Zeigen Sie, dass es sich um logistisches Wachstum handelt. Wie lauten k und S?
b) Anfänglich sind 10 Fruchtfliegen vorhanden. Wie viele sind es nach 12 Tagen?
c) Bestimmen Sie den mittleren täglichen Zuwachs der Population für die ersten 20 Tage.

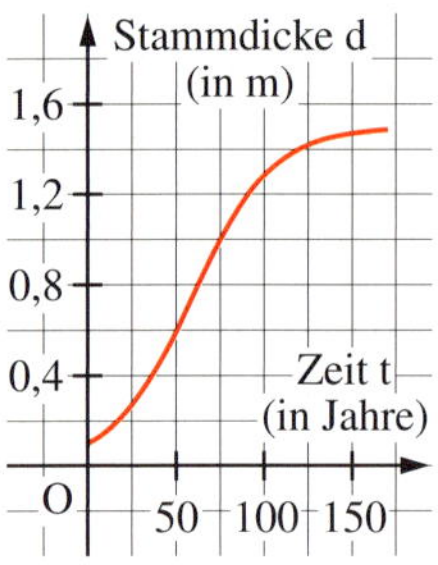

Fig. 2

9 Die Dicke d einer Nadelbaumart wird zu forstwirtschaftlichen Zwecken gemessen. Fig. 2 stellt dar, wie sich die Dicke d (in m) im Laufe der Zeit t (in Jahren nach dem Einpflanzen) statistisch entwickelt.
a) Bestimmen Sie anhand des Schaubildes die Dicke nach 50 Jahren, die Zunahme der Dicke in den nächsten 50 Jahren und die mittlere jährliche Zunahme der Dicke in den ersten 50 bzw. 100 Jahren nach dem Einpflanzen.
b) Entnehmen Sie dem Schaubild die nötigen Werte und bestimmen Sie einen möglichen Funktionsterm für d. Suchen Sie sich zusätzliche Fragen und beantworten Sie diese.

10 Beim Laden eines elektronischen Blitzgerätes für eine Fotokamera steigt die Spannung U während des Ladesvorgangs von 0 auf 400 V. Zur Modellierung dieses Ladevorgangs dient der Ansatz $U'(t) \sim (400 - U(t))$ (t in s).
a) Begründen Sie, warum dieser Ansatz sinnvoll erscheint. Wie lautet dann die zugehörige Differenzialgleichung? Um welche Art von Wachstum handelt es sich damit?
b) Wie lautet der Funktionsterm U(t), wenn die Spannung nach 4 s den Wert 250 V erreicht hat? Skizzieren Sie ein Schaubild von U für die ersten 20 s des Ladevorgangs.
c) Nach welcher Ladezeit ist das Blitzgerät einsatzbereit (Mindestspannung 350 V)?

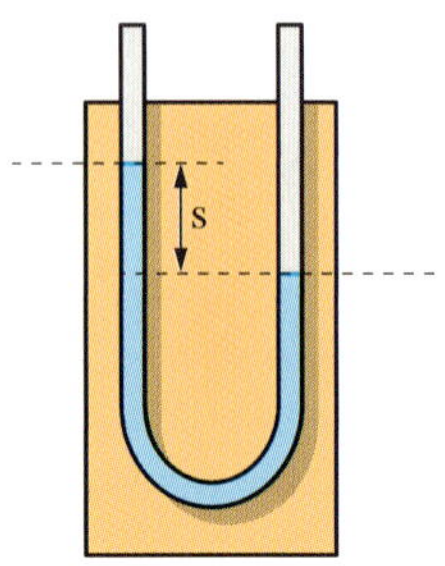

Fig. 3

11 Fig. 3 zeigt ein U-Rohr zur Untersuchung der Schwingung einer Flüssigkeit. In das Rohr mit der Querschnittsfläche $A = 1\,cm^2$ werden 300 g Quecksilber (Dichte $\varrho = 13{,}6\,\frac{g}{cm^3}$) eingefüllt. Nach einer Auslenkung um $s = 4\,cm$ beginnt die Flüssigkeit zu schwingen.
a) Bestimmen Sie die rücktreibende Kraft F und zeigen Sie, dass die entstehende Schwingung harmonisch ist. Berechnen Sie die zugehörige Periodendauer.
b) Suchen Sie weitere Fragen zu diesem Schwingungsvorgang und beantworten Sie diese.

THOMAS MALTHUS (1766–1834), englischer Ökonom

Überlegungen zum Bevölkerungswachstum

Die Frage nach der größtmöglichen Bevölkerung, die die Erde noch ernähren kann, hat eine lange Geschichte. So beobachtete der englische Wirtschaftswissenschaftler THOMAS MALTHUS Ende des 18. Jahrhunderts, dass die Bevölkerung rascher wächst als die landwirtschaftliche Produktion. MALTHUS nahm an, dass die Bevölkerung exponentiell, die Nahrungserzeugung jedoch nur linear wächst.

Es gibt optimistische Schätzungen, die davon ausgehen, dass die Erde mehr als 100 Milliarden Menschen ernähren kann. Die meisten Schätzungen gehen aber davon aus, dass die Obergrenze zwischen 8 und 12 Milliarden liegt.
1999 betrug die Erdbevölkerung 6,0 Mrd. Bewohner. Die zwei Tabellen geben einige Wachstumsraten aus dem Jahre 1998 an.

Länder mit der höchsten jährlichen Bevölkerungszunahme in Prozent		
1.	Gaza	4,6
2.	Komoren	3,6
3.	Libyen	3,6
4.	Jemen	3,5
5.	Togo	3,5
6.	Benin	3,4
7.	Niger	3,4
8.	Oman	3,4
9.	Zaire	3,4
10.	Madagaskar	3,3

Länder mit der niedrigsten jährlichen Bevölkerungszunahme in Prozent		
10.	Deutschland	−0,1
9.	Rumänien	−0,2
8.	Tschechien	−0,2
7.	Weißrussland	−0,4
6.	Ungarn	−0,4
5.	Russland	−0,5
4.	Estland	−0,5
3.	Bulgarien	−0,5
2.	Ukraine	−0,6
1.	Lettland	−0,7

Fig. 1

Exponentielles Wachstum
Fig. 2 zeigt die relative Entwicklung der Bevölkerung einzelner Länder bezogen auf die 1998 gültigen Wachstumsraten. Die Bevölkerungszahl im Jahre 1990 ist jeweils auf 100 % gesetzt.

1 a) Geht man von einem exponentiellen Wachstum aus, kann man mithilfe der Daten von Fig. 1 die Verdopplungszeit der Bevölkerung von Gaza berechnen. Vergleichen Sie Ihr Ergebnis mit Fig. 2.
b) Wann hat sich die Bevölkerung Lettlands halbiert? Wann ist die Bevölkerungszahl Lettlands auf 10 % gegenüber dem heutigen Stand geschrumpft? Was setzen Sie dazu voraus?
c) Berechnen Sie die Bevölkerungszahl von Deutschland für die Jahre 2010, 2030 und 2050. Machen Sie die derzeitige Bevölkerungszahl ausfindig. Wie gut ist die Übereinstimmung mit einem angenommenen exponentiellen Wachstum?

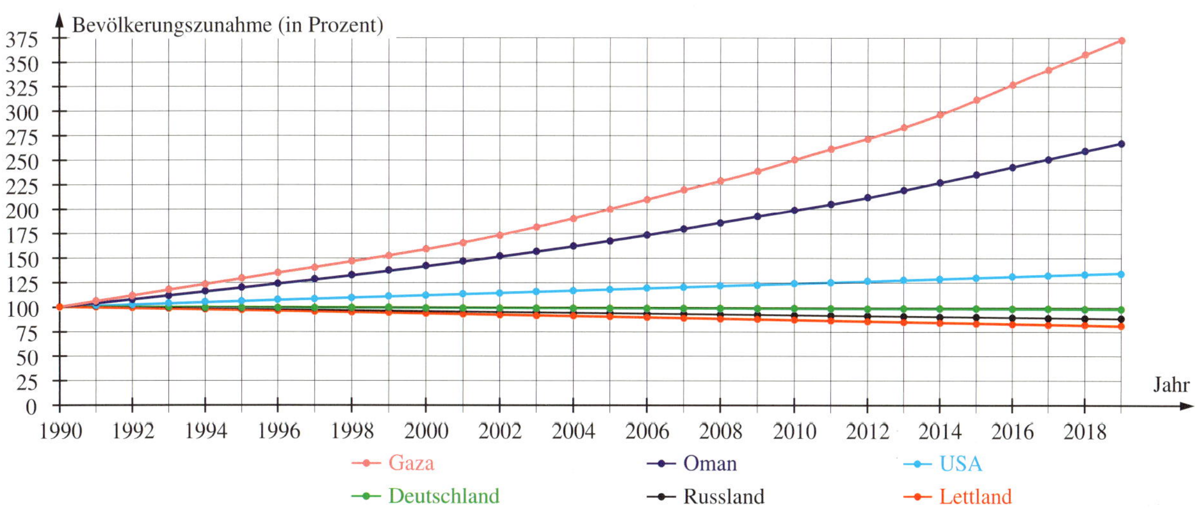

Fig. 2

Es soll nachgeprüft werden, ob die mathematischen Annahmen über das exponentielle Wachstum der Bevölkerung mit der Realität übereinstimmen. Dazu wird das Bevölkerungswachstum von 1700 bis 1998 (Fig. 1) untersucht.

t (in a)	1700	1750	1800	1850	1900	1925	1950	1960	1970	1980	1990	1995	1998
y (in Mrd.)	0,594	0,707	0,841	1,000	1,542	1,915	2,555	3,039	3,771	4,454	5,278	5,687	5,925
ln y	−0,516	−0,347	−0,173	0,000	0,433	0,650	0,938	1,197	1,327	1,494	1,664	1,738	1,779

Fig. 1

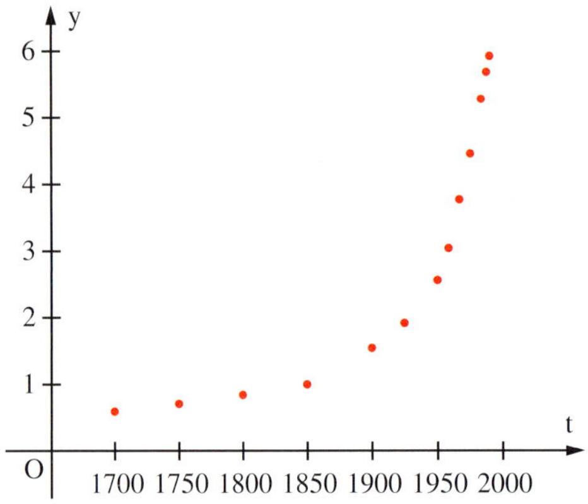

Fig. 2

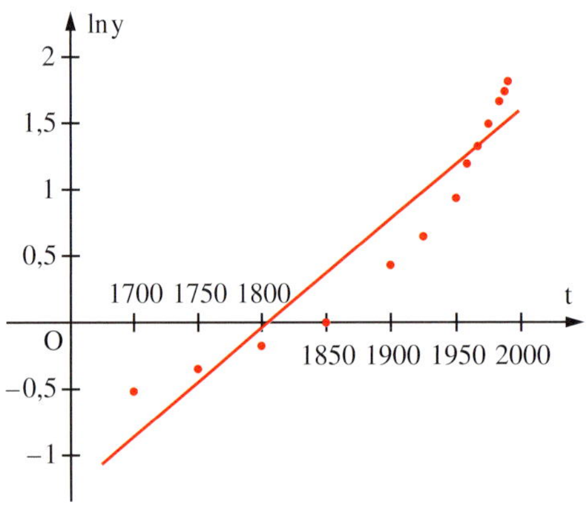

Fig. 3

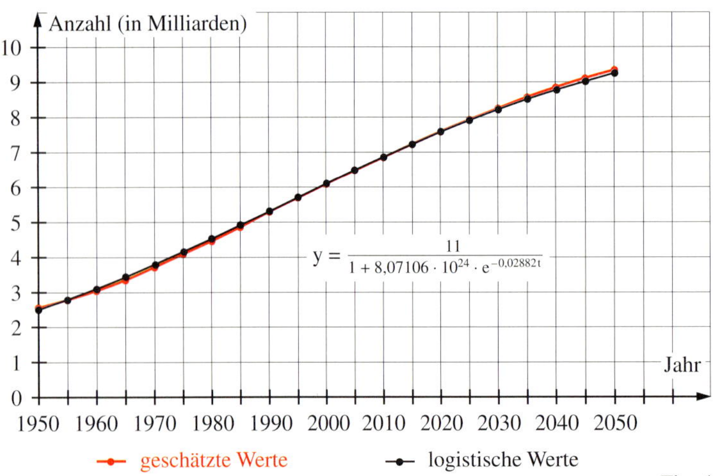

Fig. 4

Zunächst trägt man die Bevölkerungszahlen in Abhängigkeit von den Jahreszahlen in ein Koordinatensystem ein (Fig. 2). Dabei zeigt sich, dass die Bevölkerungskurve ab etwa 1880 sehr stark zunimmt.

Um festzustellen, ob zumindest näherungsweise exponentielles Wachstum vorliegt, trägt man die Wertepaare $(t \mid \ln y)$ der Tabelle (Fig. 1) als Punkte P* in ein Koordinatensystem ein. Bestimmt man anschließend durch eine Funktionsanpassung die zugehörige Ausgleichsgerade (Fig. 3), so stellt man fest, dass diese eine sehr schlechte Näherung darstellt.

Die Punkte P* liegen statt dessen auf einer Kurve, die mit zunehmender Jahreszahl immer steiler wird. Es liegt also ein Wachstum vor, das stärker als exponentiell ist. Man spricht in solchen Fällen von einem „überexponentiellen" Wachstum.

Beschränkt man sich auf kürzere Zeiträume z. B. von 1700 – 1850, so erkennt man, dass die Punkte P* (Fig. 3) in sehr guter Näherung auf einer Geraden liegen. In diesem Bereich wuchs die Weltbevölkerung also exponentiell. Das jährliche Wachstum betrug etwa 0,35 %.

Logistisches Wachstum

Mathematische Untersuchungen sind auch bei Prognosen zu weiteren Entwicklungen hilfreich.

Die von der Fachwelt geschätzte Entwicklung der Weltbevölkerung von 1950 bis 2050 wird nach dem Kenntnisstand von 1998 den Verlauf von Fig. 4 haben. Dieser Verlauf kann näherungsweise durch eine Funktion f der Form

$$f(t) = \frac{11}{1 + 8{,}07106 \cdot 10^{24} \cdot e^{-0{,}02882t}}$$

mit $1950 \leqq t \leqq 2050$ beschrieben werden. Anhand dieser Prognose ist zu erkennen, dass die Vorhersagen von einem logistischen Wachsen der Weltbevölkerung ausgehen.

2 a) Berechnen Sie den Wendepunkt des Schaubilds dieser Funktion f. Vergleichen Sie Ihr Ergebnis mit dem Kurvenverlauf von Fig. 4 auf Seite 122 und geben Sie eine Deutung des Wendepunktes.
b) Berechnen Sie den Grenzwert für $t \to \pm\infty$ und interpretieren Sie das Ergebnis.

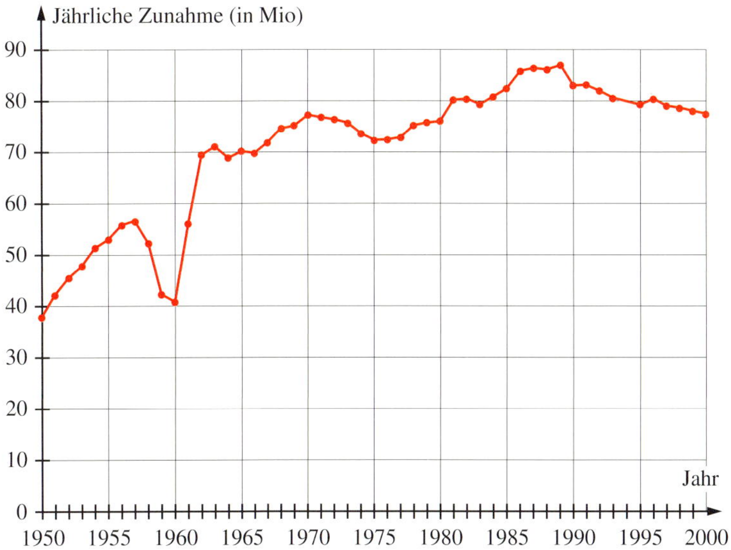

Fig. 1

Abweichungen vom Modell

Betrachtet man den durchschnittlichen jährlichen Bevölkerungszuwachs im Rückblick, so findet man von 1950 bis 2000 den in Fig. 1 dargestellten Verlauf.
Wie man sieht, unterliegt er unterschiedlichen Schwankungen, die allerdings nicht sehr groß sind, wenn man den Zeitraum nach 1965 betrachtet.

3 Wie ist die Abweichung um das Jahr 1960 zu erklären?
Empfehlenswert sind hierzu die INTERNET-Adressen:
http://www.igc.apc.org,
http://www.census.gov,
http://www.demographie.de.

Prognosen anhand verschiedener Modelle

Sehr wichtig und auch interessant sind Überlegungen zur Bevölkerungszunahme in den nächsten 100 Jahren. Fig. 2 zeigt verschiedene Projektionen.

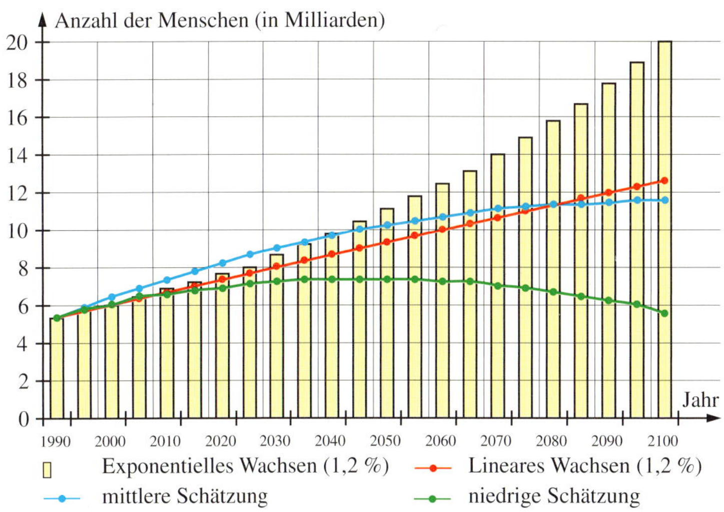

Fig. 2

4 a) Berechnen Sie die Bevölkerungszahl für das Jahr 2100 bei exponentiellem Wachstum von 1,2 % jährlich. Die Wachstumsrate lag 1998 sogar bei etwa 1,5 %.
b) Die niedrigste Schätzung geht davon aus, dass das Wachstum gebremst werden kann. Lesen Sie aus Fig. 2 die maximale Bevölkerungszahl ab. Wann wird dieser Höchststand erreicht?
c) Von welchem Maximum geht man bei der mittleren Schätzung aus? Um welche Art von Wachstum handelt es sich dabei?
d) Diskutieren Sie die verschiedenen Schätzungen. Welche der vier Schätzungen halten Sie für unrealistisch? Argumentieren Sie unter Zuhilfenahme der neuesten Daten und Prognosen.

Die Überlegungen zeigen, dass es im Modell zwar sehr einfach ist, Prognosen für die Bevölkerungsentwicklung zu machen. Ob sie allerdings in der Realität eintreten, hängt ab von politischen Entscheidungen, religiösen Vorstellungen, von Energiemangel und Nahrungsmittelproduktion und nicht zuletzt von übertragbaren Krankheiten.

Exponentielles Wachsen und Fallen

Jede Differenzialgleichung der Form $f'(t) = k \cdot f(t)$ mit $k \neq 0$ beschreibt exponentielles Wachsen und Fallen. Die Funktionen f mit $f(t) = c \cdot e^{kt}$ und $c \in \mathbb{R}$ sind die Lösungen der Differenzialgleichung.
k heißt Wachstumskonstante für $k > 0$, Zerfallskonstante für $k < 0$.
Bezeichnet p die prozentuale Zu- bzw. Abnahme in der Zeiteinheit (p positiv), so lautet die zugehörige
Wachstumskonstante $k = \ln\left(1 + \frac{p}{100}\right)$
Zerfallskonstante $k = \ln\left(1 - \frac{p}{100}\right)$
Verdoppelungszeit $T_V = \frac{\ln 2}{k}$, **Halbwertszeit** $T_H = -\frac{\ln 2}{k}$

Beispiel 1:
Eine Vogelart hat zu Beobachtungsbeginn einen Bestand von 100 Exemplaren. Jährlich vermehrt sie sich um $4\,\% = \frac{4}{100}$.
Bei exponentiellem Wachstum beträgt der Bestand nach t Jahren:
$f(t) = 100 \cdot 1{,}04^t$ bzw. $f(t) = 100 \cdot (e^{\ln 1{,}04})^t$
Wachstumskonstante: $k = \ln 1{,}04 \approx 0{,}0392$
Verdoppelungszeit:
$T_V = \frac{\ln 2}{\ln 1{,}04} \approx 17{,}7$ (in Jahren)

Beschränktes Wachsen und Fallen

Jede Differenzialgleichung der Form $f'(t) = k \cdot (S - f(t))$ mit $k > 0$, $S \in \mathbb{R}$ beschreibt beschränktes Wachsen oder Fallen.
Die Funktionen f mit $f(t) = S - c \cdot e^{-kt}$ und $c \in \mathbb{R}$ sind alle Lösungen dieser Differenzialgleichung. Dabei wird durch $c > 0$ ein beschränktes Wachsen und durch $c < 0$ ein beschränktes Fallen beschrieben.
S heißt Sättigungsgrenze.
$c = S - f(0)$; ist speziell: $f(0) = 0$, so gilt $f(t) = S \cdot (1 - e^{-kt})$.

Beispiel 2:
5 °C kaltes Wasser erwärmt sich im Glas nach dem Herausnehmen aus dem Kühlschrank auf die Raumtemperatur 20 °C.
Differenzialgleichung: $f'(t) = k \cdot (20 - f(t))$
Lösungen: f mit $f(t) = 20 - 15e^{-kt}$.
Aus $f(10) = 15$ folgt $k \approx 0{,}11$.

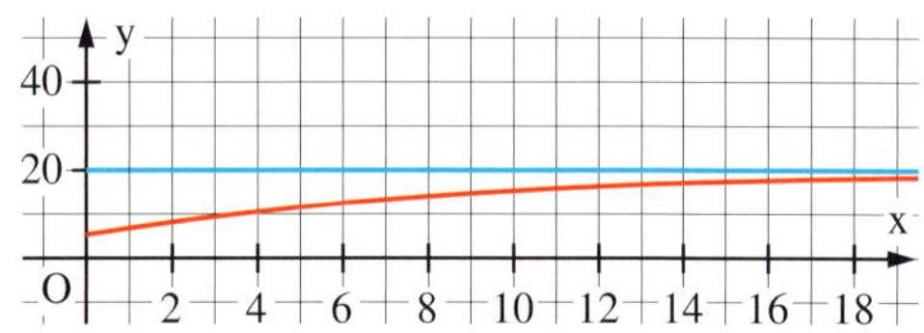

Logistisches Wachsen

Jede Differenzialgleichung der Form $f'(t) = k \cdot f(t) \cdot (S - f(t))$ mit $k > 0$ und $S > 0$ beschreibt logistisches Wachsen.
Die Funktionen f mit $f(t) = \frac{a \cdot S}{a + (S - a) \cdot e^{-Skt}}$ sind alle Lösungen dieser Differenzialgleichung.
$a = f(0)$ ist der Anfangsbestand mit $0 < a < S$ und S die Sättigungsgrenze.

Beispiel 3:
Stangenbohnen erreichen eine maximale Höhe von 2,30 m. Eine erste Messung ergibt eine Höhe von 0,2 m; 18 Tage später 1,4 m.
Also: $a = 0{,}2$; $S = 2{,}3$; $f(t) = \frac{0{,}2 \cdot 2{,}3}{0{,}2 + 2{,}1\,e^{-2{,}3kt}}$
Aus $f(18) = 1{,}4$ folgt $k \approx 0{,}0675$.

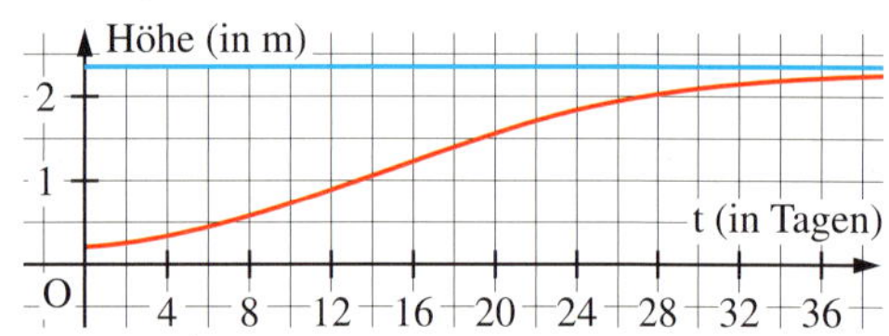

Harmonische Schwingung

Jede Differenzialgleichung der Form $f''(t) = -k^2 \cdot f(t)$ mit $k > 0$ beschreibt eine harmonische Schwingung.
Die Funktionen f mit $f(t) = A \cdot \sin(kt + c)$ mit $A, c \in \mathbb{R}$ sind alle Lösungen dieser Differenzialgleichung.
A ist die maximale Auslenkung (Amplitude);
c heißt Phasenverschiebung und tritt auf, wenn die Zeitmessung nicht beim Durchgang durch die Ruhelage beginnt.
Periodendauer: $T = \frac{2\pi}{k}$

Beispiel 4:
Ein schwingender Körper an einer Feder erfüllt $f''(t) = -36 \cdot f(t)$; also ist $f(t) = a \cdot \sin(6t + c)$.
Mit $a = 0{,}2$ für $t = 0$ ist $f(t) = 0{,}2 \cdot \sin\left(6t + \frac{\pi}{2}\right)$.
Periodendauer: $T = \frac{2\pi}{6} \approx 1{,}05$.

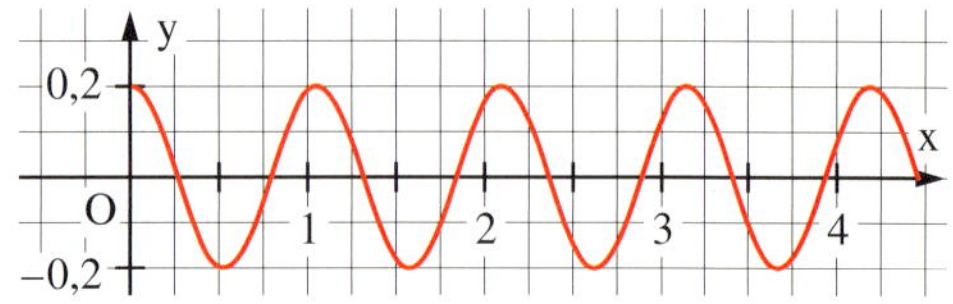

1 Ein natürlicher Zerfallsvorgang erfüllt die Differenzialgleichung $f'(t) = -0{,}17 \cdot f(t)$.
Zum Zeitpunkt $t = 5$ betrug der Bestand 40000.
a) Wie groß war der Bestand zu Beobachtungsbeginn, wie groß nach 60 Zeitschritten?
b) Wie groß ist der prozentuale Zerfall pro Zeitschritt? Wann sind 90 % zerfallen?

Body-Mass-Index (BMI)
$BMI = \frac{\text{Gewicht in kg}}{(\text{Körpergröße in m})^2}$
Übergewicht:
Männer: BMI > 22,7
Frauen: BMI > 22,4

2 Bei einer Fastenkur beträgt zu Beginn die anfängliche Abnahmerate 2000 g pro Woche. Leider verringert sich diese Abnahmerate kontinuierlich um 15 % pro Woche. Wie viel nimmt man bei dieser Fastenkur in den ersten vier Wochen ab?

3 Eine Nährlösung enthält zu Beginn der Beobachtung 50000 Colibakterien. Täglich vermehrt sich ihre Zahl um 15 %.
a) Wie lautet die zugehörige Wachstumsfunktion bei exponentiellem Wachsen?
b) Nach welcher Zeit verdoppelt sich die Bakterienzahl jeweils? Wann übersteigt die Bakterienzahl den Wert 1000000? Wie viele Bakterien sind es im Mittel in den ersten 10 Tagen?
c) Wann steigt die Zahl der Bakterien erstmals um mehr als 150000 pro Tag an?

4 Bei einem unterirdischen Atomtest wurde unbeabsichtigt radioaktives Strontium 90 mit der Halbwertszeit 28 Jahre freigesetzt. Nach dem Test liegen die Strahlungswerte in der Umgebung um 30 % über der noch zulässigen Toleranzgrenze. Nach wie vielen Jahren kann das Testgelände wieder betreten werden?

5 Für eine Prüfung hat sich ein Prüfling einen gewissen Prüfungsstoff eingeprägt. Nach der Prüfung ($t = 0$) wird er mit der Zeit einiges davon vergessen. Sei $w(t)$ der Prozentsatz des Wissens, das nach der Zeit t noch vorhanden ist.

Modell des Vergessens nach dem deutschen Psychologen H. Ebbinghaus (1850–1909)

a) Begründen Sie den Ansatz $w'(t) \sim w(t) - b$, wobei b der Prozentsatz des Stoffes ist, den der Prüfling nie vergisst ($0 < b < 100$). Welche Bedeutung hat dabei $w'(t)$?
b) Bestimmen Sie die Funktion w, wenn $w(0) = 100$, $w(4) = 50$ und $b = 10$ ist. Nach welcher Zeit sind 80 % des gelernten Stoffs vergessen?

6 Von einer ungestört wachsenden Sonnenblume weiß man, dass sie eine Höhe von etwa 250 cm erreicht. Bei einer ersten Messung hat sie eine Höhe von 30 cm, bei einer weiteren Messung 4 Wochen später ist sie bereits 116 cm hoch.
a) Die Funktion h beschreibt die Höhe der Sonnenblume. Bestimmen Sie h, wenn logistisches Wachsen vorausgesetzt wird.
b) Wann hat die Sonnenblume die halbe Endhöhe erreicht? Wie schnell wächst die Sonnenblume nach 4 Wochen bzw. nach 9 Wochen?

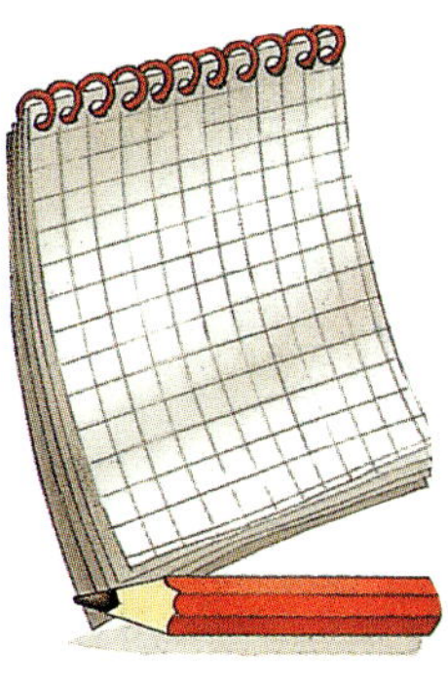

Die Lösungen zu den Aufgaben dieser Seite finden Sie auf Seite 299.

7 In einem Gelände, das für höchstens 500 Kaninchen Lebensraum bietet, werden 12 Kaninchen ausgesetzt. Nach einem Vierteljahr hat sich die Anzahl der Kaninchen verdoppelt.
a) Führen Sie eine geeignete Modellierung durch. Wann wird die Populationsgröße von 250 Kaninchen überschritten werden?
b) Wie stark wächst die Population im 20. Monat voraussichtlich an?

8 An einer vertikalen Feder schwingt ein Körper der Masse $m = 200$ (in g) mit der Periodendauer $T = 2$ (in s). Seine Amplitude beträgt $A = 25$ (in cm).
a) Welche Differenzialgleichung erfüllt die Auslenkung s des Körpers?
b) Bestimmen Sie die maximale Geschwindigkeit des Körpers. Wann erreicht der Körper innerhalb der ersten Periode die Geschwindigkeit 0,5 (in $\frac{m}{s}$)?
c) Wann erreicht die Beschleunigung ihren maximalen Betrag? Wie groß ist dann die rücktreibende Kraft?

1 Parameterdarstellung von Kurven

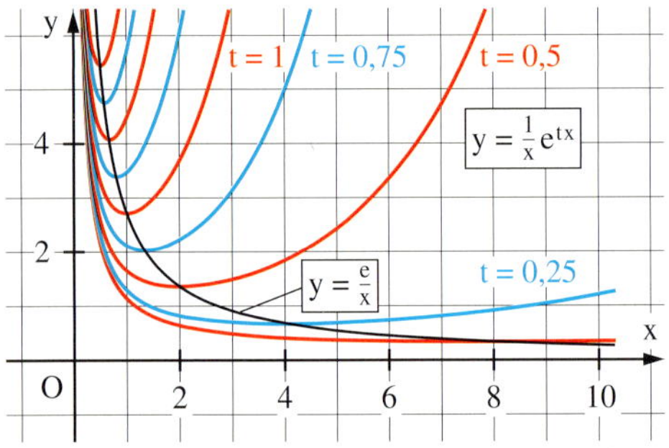

Fig. 1

1 Gegeben ist die Funktionenschar f_t mit $f_t(x) = \frac{1}{x} \cdot e^{tx}$, $t > 0$, $x > 0$. Fig. 1 zeigt Schaubilder K_t für einige Werte von t.

a) Berechnen Sie die Koordinaten des Tiefpunktes $T_t(x_t|y_t)$ des Schaubilds von f_t.

b) Setzen Sie verschiedene Zahlen für den Parameter t ein und berechnen Sie die zugehörigen Koordinaten von T_t (Fig. 1).

c) Bestimmen Sie die Funktion g, auf deren Schaubild die Tiefpunkte liegen.

d) Geben Sie die wesentlichen Schritte an, wie Sie aus den Koordinaten der Punkte die Funktion erhalten.

Bei einer Funktion wird jedem x-Wert genau ein y-Wert zugeordnet. Die grafische Veranschaulichung einer solchen Zuordnung nennen wir Schaubild. Werden aber gewissen x-Werten mehrere y-Werte zugeordnet, spricht man allgemein von einer **Kurve**. Es stellt sich die Frage, ob man auch Kurven mathematisch so beschreiben kann, dass zu ihrer Untersuchung die bei Funktionen üblichen Hilfsmittel eingesetzt werden können.

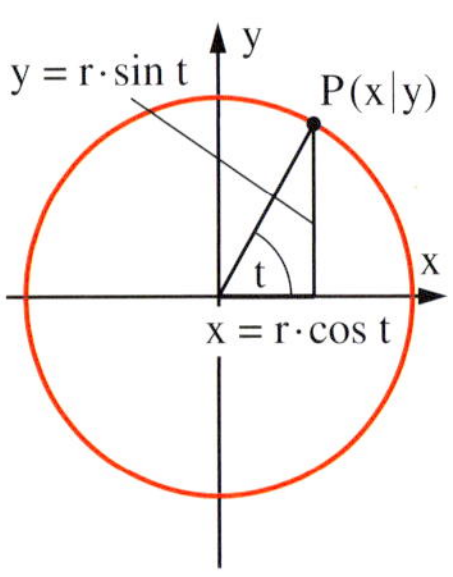

Fig. 2

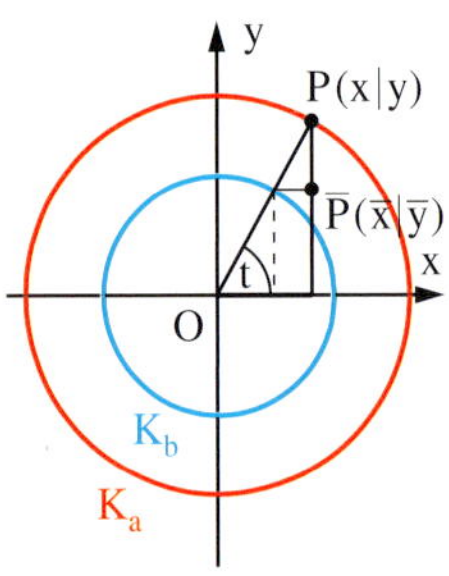

Fig. 3

Fig. 2 zeigt einen Kreis um den Ursprung O mit Radius r. Zwischen den Koordinaten x und y eines Kreispunktes P(x|y) gilt die Beziehung $x^2 + y^2 = r^2$. Der Kreis ist nicht Schaubild einer Funktion, da zu jedem x-Wert mit $-r \leqq x \leqq r$ zwei y-Werte existieren: $y = \pm\sqrt{r^2 - x^2}$.
Gibt man die Koordinaten der Kreispunkte in Abhängigkeit vom Winkel t zwischen der positiven x-Achse und dem Radius OP an, so gilt: $x = r \cdot \cos t$, $y = r \cdot \sin t$ mit $0 \leqq t < 2\pi$. Mit diesen beiden Gleichungen hat man eine neue Darstellung des Kreises gefunden. Der Winkel t, gemessen im Bogenmaß, ist eine Hilfsvariable und wird **Parameter** genannt.

Konstruktion der Ellipse:
1. Verbinden Sie einen beliebigen Kreispunkt P von K_a mit O.
2. Zeichnen Sie im Schnittpunkt von K_b mit OP die Parallele zur x-Achse.
3. Ihr Schnittpunkt mit der Parallelen zur y-Achse durch P liefert den Punkt $\overline{P}$.

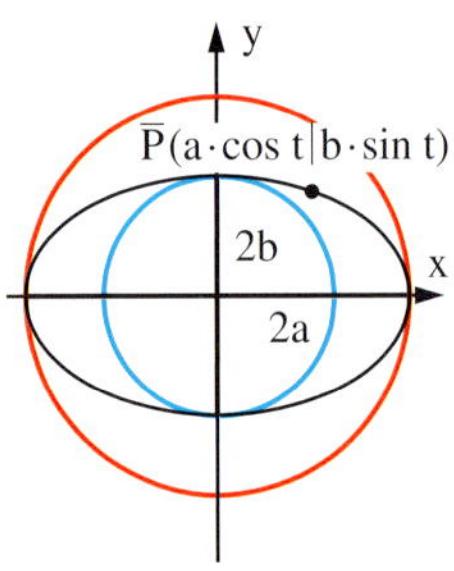

Fig. 4

In Fig. 3 sind zwei Kreise K_a und K_b um O mit den Radien a und b gezeichnet. Ein Kreispunkt P(x|y) auf K_a wird nach der Konstruktionsvorschrift auf dem Rand auf einen Punkt $\overline{P}(\overline{x}|\overline{y})$ abgebildet.
Fig. 3 entnimmt man:
$\overline{x} = a \cdot \cos t$ wird $\overline{y} = b \cdot \sin t$, wobei $0 \leqq t < 2\pi$.
Mit diesen beiden Gleichungen hat man die Darstellung einer **Ellipse** mit den Achsen 2a und 2b erhalten. Fig. 4 zeigt eine solche Ellipse in einem x,y-Koordinatensystem. Eine Gleichung zwischen $\overline{x}$ und $\overline{y}$ ist nicht direkt erkennbar.

t kann unterschiedlich gedeutet werden, z. B. als Winkel oder auch als zeitlicher Ablauf.

Gegeben seien zwei Funktionen $t \mapsto x$ mit $x = u(t)$ und $t \mapsto y$ mit $y = v(t)$ mit der gemeinsamen Definitionsmenge D_t. Die Gesamtheit aller Punkte P(x|y), dargestellt in einem x,y-Koordinatensystem, heißt **Kurve**. Die Art der Beschreibung nennt man **Parameterdarstellung der Kurve**.

Im Folgenden sind x und y stetige und differenzierbare Funktionen einer in einem gemeinsamen Intervall definierten Variablen t.

Ohne Computer läuft hier nicht mehr viel!

Beispiel 1: (Kurve mit Überschneidung)
Eine Kurve K ist gegeben durch die beiden Gleichungen $x = t^2$ und $y = 2t - \frac{t^3}{2}$ mit $t \in \mathbb{R}$.
a) Zeichnen Sie die Kurve K.
b) Berechnen Sie die zu $x = 2$ gehörigen Punkte der Kurve.
Lösung:
a) Mithilfe einer Wertetabelle kann man näherungsweise die Kurve zeichnen (Fig. 1).

t	−2,5	−2	−1	0	1	2	2,5
x	6,25	4	1	0	1	4	6,25
y	2,8125	0	−1,5	0	1,5	0	−2,8125

b) Aus $2 = t^2$ erhält man $t_1 = \sqrt{2}$ oder $t_2 = -\sqrt{2}$. Eingesetzt in $y = 2t - \frac{t^3}{2}$ ergibt sich:
$y_1 = 2\sqrt{2} - \frac{2\sqrt{2}}{2} = \sqrt{2}$, $y_2 = -2\sqrt{2} + \frac{2\sqrt{2}}{2} = -\sqrt{2}$.
Damit sind die gesuchten Punkte $P_1(2|\sqrt{2})$ und $P_2(2|-\sqrt{2})$.

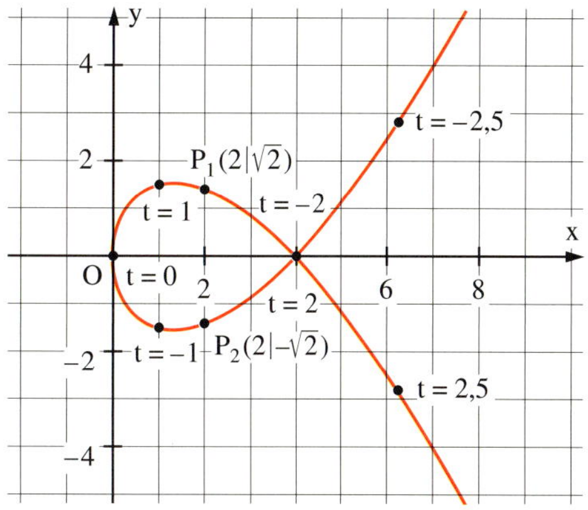

Fig. 1

```
MAPLE V:
>restart:
>plot([t^2,2*t-1/2*t^3,t=-3..3]);
```

Parameterdarstellungen von Kurven treten häufig dann auf, wenn die Bahn eines Punktes bei einer Bewegung beschrieben werden soll.

Beispiel 2: (Fußpunktkurve)
Eine Strecke AB der Länge c sei beweglich zwischen den Achsen (in allen 4 Quadranten) gelagert, so dass A auf der x-Achse und B auf der y-Achse liegt (Fig. 2). Von O aus wird das Lot auf AB gefällt.
Geben Sie eine Parameterdarstellung der Kurve an, auf der sich der Lotfußpunkt P bewegt, wenn die Strecke AB alle möglichen Lagen annimmt.
Zeichnen Sie die Kurve für $c = 4$.
Lösung:
Im Dreieck OAB ist $\beta = 90° - \alpha$. Daraus ergibt sich, da das Dreieck OAP rechtwinklig ist, $\gamma = 90° - \beta = \alpha$. Damit ist
(1) $x = \overline{OH} = r \cdot \cos\alpha$; $y = \overline{PH} = r \cdot \sin\alpha$.
Zu berechnen bleibt r.
Im Dreieck OPB gilt: $\sin\alpha = \frac{r}{\overline{OB}}$, also
(2) $r = \overline{OB} \cdot \sin\alpha$.
$\overline{OB}$ entnimmt man dem Dreieck OAB:
$\cos\alpha = \frac{\overline{OB}}{c}$, also $\overline{OB} = c \cdot \cos\alpha$;
eingesetzt in (2): $r = c \cdot \cos\alpha \cdot \sin\alpha$.

Aus der Formelsammlung: $2\sin t \cdot \cos t = \sin(2t)$

Setzt man dies in (1) ein und schreibt $t = \alpha$, so erhält man die Parameterdarstellung der Fußpunktkurve:
$x = c \cdot \cos t \cdot \sin t \cdot \cos t = \frac{c}{2} \cdot \sin 2t \cdot \cos t$;
$y = c \cdot \cos t \cdot \sin t \cdot \sin t = \frac{c}{2} \cdot \sin 2t \cdot \sin t$ mit $0 \leqq t < \frac{\pi}{2}$.

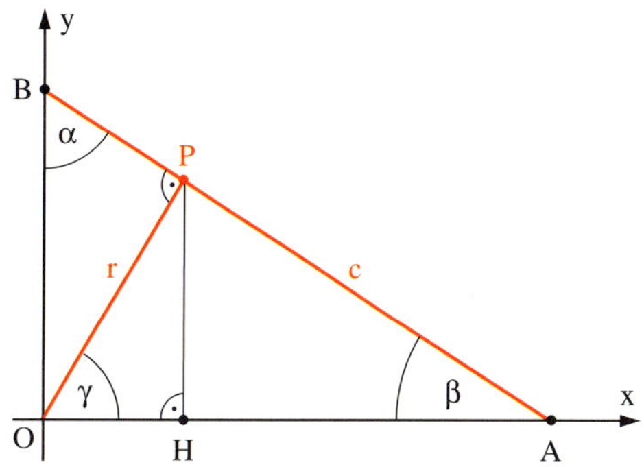

Fig. 2

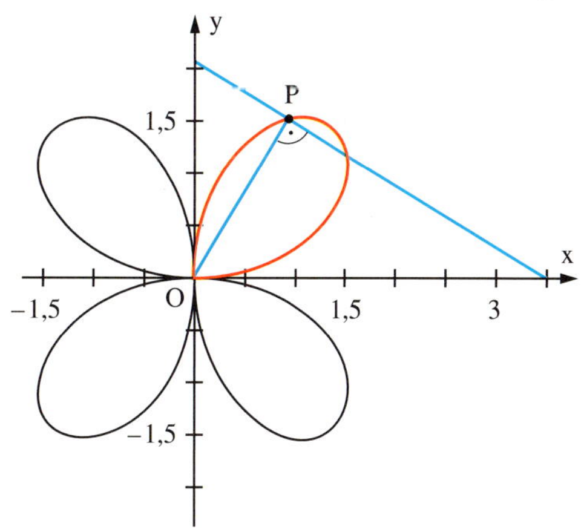

Fig. 3

Welches Blatt der Fußpunktkurve gehört zu
(1) $\frac{1}{2}\pi \leqq t < \pi$
(2) $\pi \leqq t < \frac{3}{2}\pi$
(3) $\frac{3}{2}\pi \leqq t < 2\pi$?

Fig. 3 zeigt die Kurve für $0 \leqq t < 2\pi$ (rot für $0 \leqq t < \frac{\pi}{2}$). Man erkennt, dass diese Kurve nicht das Schaubild einer Funktion sein kann. Hier gehören zu einem x-Wert bis auf wenige Ausnahmen sogar vier Kurvenpunkte.

Aufgaben

Alle Geraden lassen sich in Parameterform darstellen. Welche Geraden lassen sich nicht durch eine Funktionsgleichung beschreiben?

2 Gegeben ist die Parameterdarstellung einer Geraden. Stellen Sie wenn möglich die Gerade in der Form f mit $f(x) = mx + b$ dar.

a) $\begin{pmatrix} x_1 \\ x_2 \end{pmatrix} = \begin{pmatrix} 7 \\ 0 \end{pmatrix} + t \cdot \begin{pmatrix} 1 \\ 5 \end{pmatrix}$ b) $\begin{pmatrix} x_1 \\ x_2 \end{pmatrix} = \begin{pmatrix} 0 \\ -2 \end{pmatrix} + t \cdot \begin{pmatrix} 1 \\ 0 \end{pmatrix}$ c) $\begin{pmatrix} x_1 \\ x_2 \end{pmatrix} = \begin{pmatrix} 1 \\ 0 \end{pmatrix} + t \cdot \begin{pmatrix} 0 \\ 1 \end{pmatrix}$

Das Schaubild einer beliebigen Funktion f besitzt immer eine Parameterdarstellung: $x = t$, $y = f(t)$.

3 Zeichnen Sie punktweise die Kurve K mit der angegebenen Parameterdarstellung.

a) $x = t$, $y = 2 \cdot t^2 - 1$ mit $t \in [-2; 2]$ b) $x = t^2$, $y = t^3 + 1$ mit $t \in [-1; 1]$

c) $x = 2 \cdot \cos t$, $y = \sin t$ mit $t \in [0; 2\pi]$ d) $x = -t^2$, $y = 1 + \sqrt{t^3}$ mit $t \in [0; 3]$

4 Eine Kurve K ist gegeben durch $x = t^2 - 1$ und $y = t - \frac{t^5}{5}$ mit $t \in [-2; 2]$.

a) Zeichnen Sie die Kurve K.

b) Berechnen Sie die zu $x = 1$ bzw. $x = 3$ gehörigen Punkte der Kurve.

5 Gegeben ist die **archimedische Spirale** durch $x = t \cdot \cos t$; $y = t \cdot \sin t$ mit $t \in \mathbb{R}^+$.

a) Zeichnen Sie mithilfe eines geeigneten CAS-Programms diese Spirale.

b) Die Spirale schneidet die positive x-Achse nach einer Umdrehung (2π) an einer Stelle x_0. Berechnen Sie x_0 und bestimmen Sie alle Stellen, in denen die Spirale die x-Achse schneidet. Laufen die Windungen der Spirale mit wachsendem t auseinander oder werden sie enger oder bleiben sie gleich?

c) Bestimmen Sie alle Punkte, in denen die archimedische Spirale die y-Achse schneidet.

Fast wie in der Natur: Rosenkurven mit $n = 4$ und $n = 10$

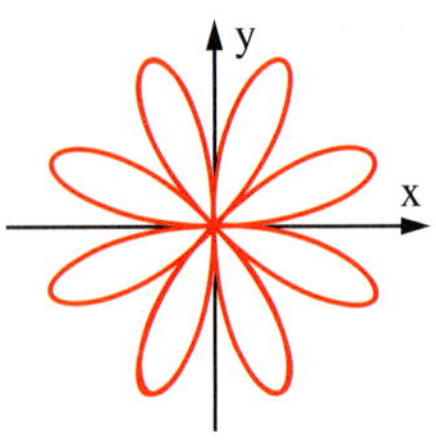

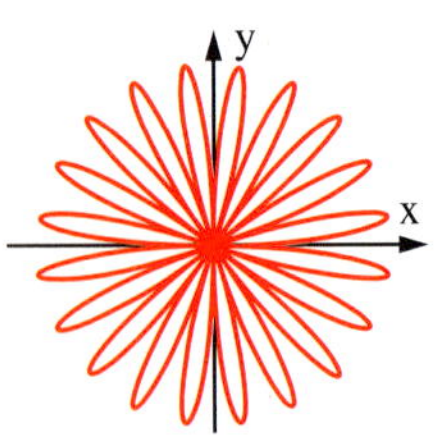

6 GRANDI (1671 – 1742) entdeckte die so genannten **Rosenkurven**. Dies sind Kurven mit $x = \sin(n \cdot t) \cdot \cos t$, $y = \sin(n \cdot t) \cdot \sin t$, $t \in \mathbb{R}$ und $n \in \mathbb{R}$.

a) Zeichnen Sie die Kurve für $n = 3$ und $t \in [0; \pi]$, $t \in [0; 2\pi]$ und $t \in [0; 3\pi]$.

b) Setzen Sie für n verschiedene natürliche Zahlen ein und zeichnen Sie die zugehörigen Kurven. Geben Sie dazu den Bereich von t an, für den die Kurve genau einmal durchlaufen wird.

c) Unterscheiden sich die Kurven, wenn man ein positives n durch ein negatives ersetzt?

d) Untersuchen Sie die Kurven, wenn n eine Bruchzahl ist: $n = \frac{1}{2}$, $n = \frac{1}{3}$, $n = \frac{2}{3}$, ...

7 Eine Leiter der Länge $c = a + b$ gleitet eine Hauswand hinunter (Fig. 1). Ermitteln Sie die Parameterdarstellung der Kurve, auf der sich ein Punkt P bewegt, der

a) Mittelpunkt der Strecke AB ist

b) die Strecke AB im Verhältnis $b : a$ teilt mit $a \neq b$.

Zeichnen Sie die Kurve.

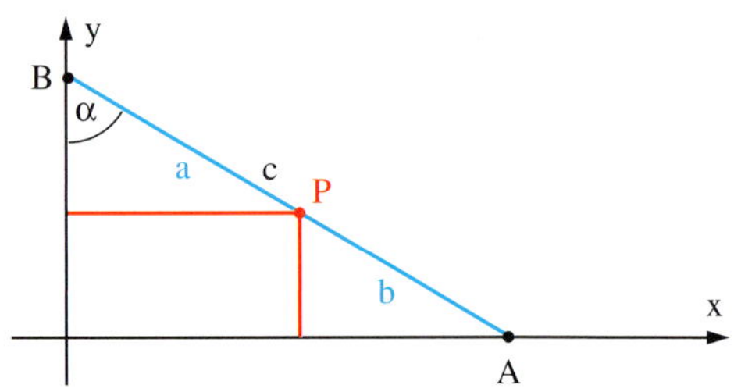

Fig. 1

8 Gegeben ist in einem Koordinatensystem ein Kreis mit Radius c um den Punkt $M(c|0)$. Vom Ursprung O aus wird auf die Tangente in einem beliebigen Kreispunkt T das Lot gefällt. Der Lotfußpunkt sei P.

Geben Sie die Parameterdarstellung der Kurve an, auf der sich der Fußpunkt P des Lotes bewegt, wenn T den Kreis durchläuft.

Diese Kurve heißt **Kardioide** (Herzkurve).

Zeichnen Sie die Kurve.

Tipp:
1. Der kleine Kreis hat den Mittelpunkt $M\left(\frac{c}{2}\middle|0\right)$ und den Durchmesser c.
2. Es ist $\overline{OP} = \overline{OQ} + \overline{QP}$. Drücken Sie $\overline{OQ}$ durch c und den Winkel t aus.

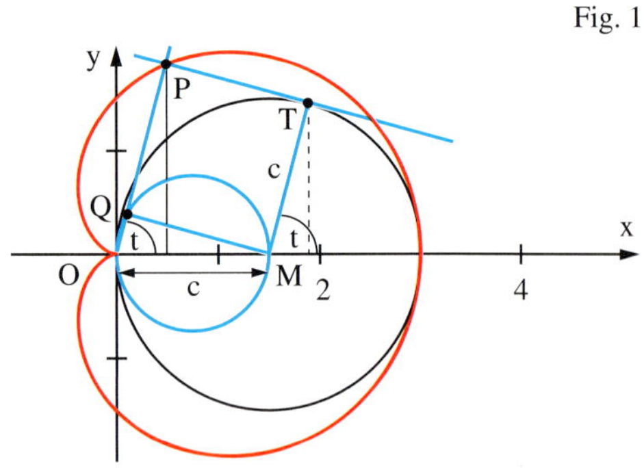

Fig. 2

2 Kurven und Schaubilder

Welche der Geraden ist nicht Schaubild einer Funktion?

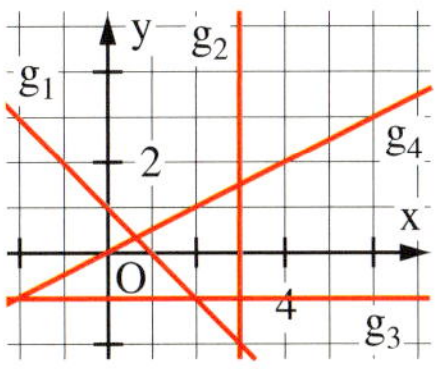

1 Eine Ellipse E um den Ursprung ist in Parameterdarstellung $x = 5 \cdot \cos t$, $y = 3 \cdot \sin t$, $t \in [0;\, 2\pi)$ gegeben. Man kann E aus den Schaubildern zweier Funktionen f_1 und f_2 zusammensetzen. Geben Sie die zu f_1 und f_2 gehörigen Teilintervalle von $[0;\, 2\pi)$ an. Können Sie die Funktionsterme von f_1 bzw. f_2 angeben?

Ist eine Parameterdarstellung einer Kurve $x = u(t)$, $y = v(t)$ mit stetigen Funktionen u und v in einem gemeinsamen Intervall I gegeben, so ist die Kurve nicht immer das Schaubild einer Funktion f. Von wenigen Ausnahmen abgesehen lässt sich die Kurve jedoch in Teilkurven zerlegen, die Schaubilder von Funktionen sind.

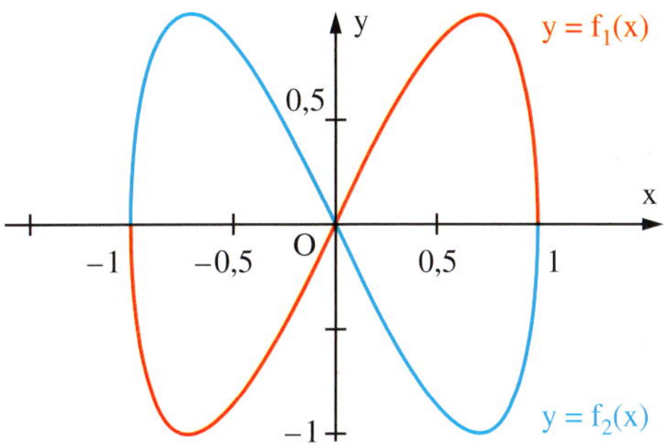

Fig. 1

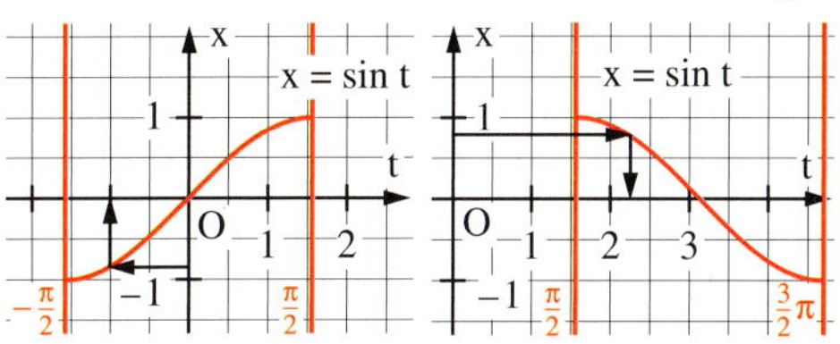

Fig. 2

So ist z. B. die Kurve mit der Parameterdarstellung $x = \sin t$, $y = \sin(2t)$, $-\frac{\pi}{2} \leqq t \leqq \frac{3\pi}{2}$ nicht das Schaubild einer Funktion (Fig. 1).
Sie setzt sich jedoch aus den Schaubildern zweier Funktionen f_1 und f_2 zusammen. In Fig. 1 ist das Schaubild von f_1 rot, das von f_2 blau gezeichnet.
Die Teilintervalle von t, in denen die Kurve Schaubild einer Funktion ist, bestimmt man wie folgt: Die Gleichung $x = \sin t$ ist theoretisch sowohl für $-\frac{\pi}{2} \leqq t \leqq \frac{\pi}{2}$ als auch für $\frac{\pi}{2} < t \leqq \frac{3\pi}{2}$ eindeutig nach t auflösbar (Fig. 2). Damit ist in jedem dieser Intervalle das entsprechende Kurvenstück Schaubild einer Funktion.
Die Teilfunktionen können wir allerdings nicht angeben, da wir nicht die Hilfsmittel kennengelernt haben, um $x = \sin t$ nach t aufzulösen.
Theoretisch erhält man die Funktion f auf dem betrachteten Teilintervall I* von I, indem man die Gleichung $x = u(t)$ nach t auflöst: $t = \bar{u}(x)$.
Damit eliminiert man in $y = v(t)$ den Parameter t: $y = v(\bar{u}(x))$.
Dann ist $f\colon x \mapsto v(\bar{u}(x))$ die gesuchte Funktion.

Ist $u'(x) \neq 0$ in einem Intervall I, so ist dort $u'(x) > 0$ oder $u'(x) < 0$. u ist damit in I streng monoton. Dann gibt es in I zu jedem y-Wert genau einen x-Wert.

Gegeben ist die Parameterdarstellung $x = u(t)$, $y = v(t)$ mit stetigen Funktionen u und v in einem Intervall I. Durch Einschränkung von t auf Teilintervalle kann die zugehörige Kurve (von wenigen Ausnahmen abgesehen) in Schaubilder von Funktionen zerlegt werden. $x = u(t)$ kann in dem entsprechenden Intervall (theoretisch) eindeutig nach t aufgelöst werden. $f\colon x \mapsto v(\bar{u}(x))$ ist dann die zugehörige Funktion.

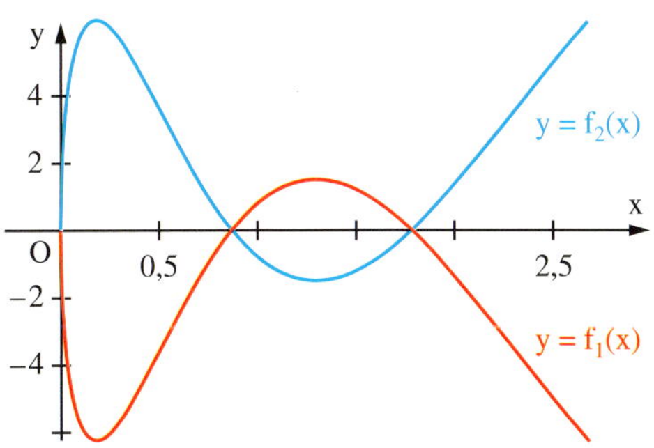

Fig. 3

Beispiel: (Zerlegung einer Kurve)
In welchen Intervallen ist die durch $x = t^2$, $y = 3t + 5 \cdot \sin(4t)$ mit $-\frac{\pi}{2} \leqq t \leqq \frac{\pi}{2}$ gegebene Kurve K Schaubild einer Funktion?
Zeichnen Sie K und geben Sie die Funktionen an.
Lösung:
Für $t \in \left[-\frac{\pi}{2};\, 0\right)$ gilt $t = -\sqrt{x}$, für $t \in \left[0;\, \frac{\pi}{2}\right]$ ist entsprechend $t = \sqrt{x}$.
Damit gilt
für $\left[-\frac{\pi}{2};\, 0\right)$: $f_1(x) = -3\sqrt{x} + 5 \cdot \sin(-4\sqrt{x})$,
für $\left[0;\, \frac{\pi}{2}\right]$: $f_2(x) = 3\sqrt{x} + 5 \cdot \sin(4\sqrt{x})$.

Aufgaben

2 a) Eine Kurve K_1 ist gegeben durch die Parameterdarstellung $x = -2t,\ y = 4t^2$ mit $t \in \mathbb{R}$. Zeichnen Sie die Kurve K_1. Handelt es sich dabei um das Schaubild einer Funktion f?
b) Eine Kurve K_2 ist gegeben durch $x = 4t^2,\ y = -2t$ mit $t \in \mathbb{R}$.
Zeichnen Sie K_2. Zeigen Sie, dass es sich nicht um das Schaubild einer Funktion handelt.
K_2 kann man aus den Schaubildern zweier Funktionen f und g zusammensetzen. Berechnen Sie f und g.

3 Gegeben ist die Parameterdarstellung einer Kurve K. Zeichnen Sie K. Kann man K aus den Schaubildern zweier Funktionen f_1 und f_2 zusammensetzen? Bestimmen Sie gegebenenfalls die zugehörigen Teilintervalle und wenn möglich die Funktionsterme.
a) $x = t^2,\ y = \frac{1}{2}t^3$ mit $t \in [-2; 2]$
b) $x = \frac{16}{25}t^2,\ y = 0{,}5 \cdot t^2 + t$ mit $t \in [-4; 4]$
c) $x = \sqrt{t},\ y = \frac{1}{8} + \sqrt{t}$ mit $t \in [0; 16]$
d) $x = \frac{1}{16}t^4,\ y = 40 \cdot \sin t,\ t \in [-2\pi; 2\pi]$

4 Gegeben ist eine Ellipse E durch $x = a \cdot \cos t,\ y = b \cdot \sin t$ mit $0 \leqq t < 2\pi,\ a, b \in \mathbb{R}$.
a) Zeichnen Sie E für $a = 5,\ b = 2$ bzw. für $a = 4,\ b = 8$.
b) Berechnen Sie für die Ellipse mit $a = 5$ und $b = 2$ die zu $x_0 = \frac{5}{2}$ gehörigen Kurvenpunkte.
c) Geben Sie die Teilintervalle von $[0; 2\pi)$ an, in denen die allgemeine Ellipse E jeweils Schaubild einer Funktion ist.
d) Zeigen Sie, dass $\frac{x^2}{a^2} + \frac{y^2}{b^2} = 1$ eine parameterfreie Darstellung der Ellipse E ist. Berechnen Sie damit die beiden Funktionen f und g, aus denen das Schaubild zusammengesetzt ist.

Antoine LISSAJOUS (1822–1880) entdeckte die so genannten Lissajouskurven.

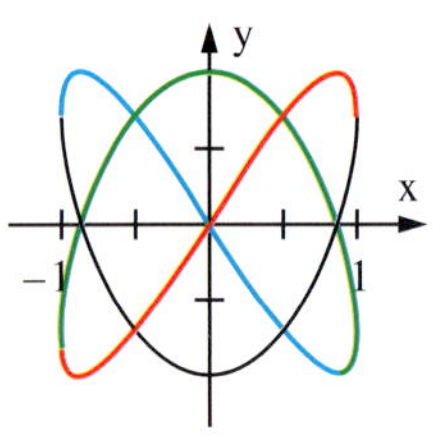

Diese Kurve (m = 2, n = 3) besteht aus den Schaubildern von 4 Funktionen.

5 Durch die Parameterdarstellung der Form $x = \sin(mt),\ y = \sin(nt),\ t \in \left[-\frac{\pi}{2}; \frac{3\pi}{2}\right]$, $m, n \in \mathbb{Z}$, wird eine so genannte Lissajouskurve erzeugt. Sie entsteht durch Überlagerung zweier Sinuskurven.
Zerlegen Sie die zu $m = 1,\ n = 4$ gehörende Kurve in 2 Teilkurven, die jeweils Schaubilder von Funktionen sind.
Geben Sie die zugehörigen t-Intervalle an und bestätigen Sie das Ergebnis rechnerisch.

In MAPLE V kann man mehrere Kurven in dasselbe Koordinatensystem einzeichnen:

```
>restart:with(plots):
>fig1:=plot([sin(2*t),sin(3*t),t
     =-Pi/4..Pi/4],colour=red):
>fig2:=plot([sin(2*t),sin(3*t),t
     =Pi/4..3/4*Pi],colour=blue):
>display([fig1,fig2]);
```

Weisen Sie nach:
$\delta = t$ (im Bogenmaß)
$x = \overline{OA} + \widehat{FQ} \cdot \sin t$
$y = \overline{AQ} - \widehat{FQ} \cdot \cos t$

6 Gegeben ist ein Kreis um den Ursprung O mit Radius r. Auf der Tangente in einem beliebigen Punkt Q des Kreises wird von Q aus die Länge des Bogens $\widehat{FQ}$ abgetragen (Fig. 1).
a) Zeigen Sie, dass sich der Endpunkt der Strecke QP bei wanderndem Q auf einer Kurve bewegt mit der Parameterdarstellung $x = r \cdot (\cos t + t \cdot \sin t),\ y = r \cdot (\sin t - t \cdot \cos t)$, $0 \leqq t \leqq 2\pi$. Die Kurve heißt **Kreisevolvente**.
Berechnen Sie die Kurvenpunkte für $t = 0, \frac{\pi}{2}, \pi, \frac{3\pi}{2}$ und 2π.

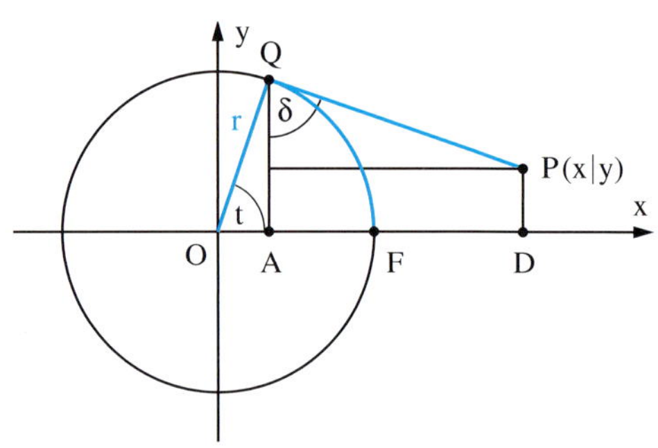

Fig. 1

b) Zeichnen Sie die Kurve mit einem CAS-Programm für $r = 1$. Zerlegen Sie das Definitionsintervall $[0; 2\pi]$ in Teilintervalle, so dass in jedem dieser Teilintervalle die Kurve Schaubild einer Funktion ist.
c) Berechnen Sie näherungsweise die Punkte der Kurve $(r = 1)$, die zu $x_0 = 0$ bzw. $x_0 = 1$ gehören.

3 Steigungen in Kurvenpunkten

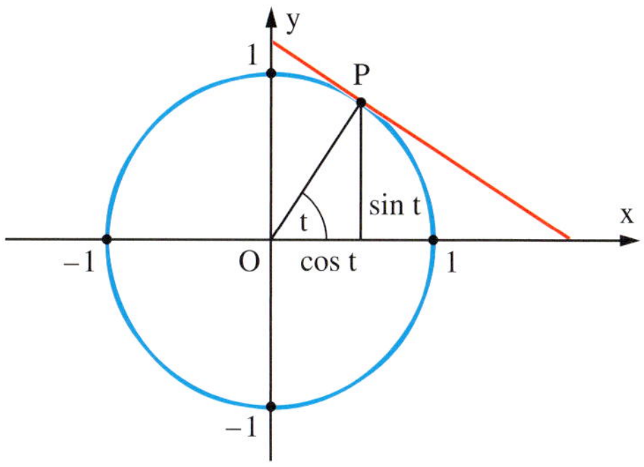

1 Gegeben ist ein Kreis K durch seine Parameterdarstellung $x(t) = \cos t;\ y(t) = \sin t$.

a) Bestimmen Sie den zum Punkt $P_0\left(\frac{1}{2}\middle|\frac{1}{2}\sqrt{3}\right)$ gehörigen Wert t_0. Wie groß ist die Steigung in P_0?

b) Bilden Sie die Ableitungen $x'(t_0)$ und $y'(t_0)$. Wie hängt die Steigung der Kurve in $P_0\left(\frac{1}{2}\middle|\frac{1}{2}\sqrt{3}\right)$ mit $x'(t_0)$ und $y'(t_0)$ zusammen?

c) Können Sie diesen Zusammenhang auf einen beliebigen Punkt des Kreises K erweitern?

Durch $x = u(t)$ und $y = v(t)$ mit t aus einem Intervall I sei eine Kurve K gegeben. u und v seien in I differenzierbare Funktionen. Gesucht ist die Steigung der Kurve in einem Punkt $P_0(x_0|y_0)$ von K. Zur Berechnung der Steigung betrachtet man P_0 auf einem Teilstück von K, das Schaubild einer Funktion ist. Dieses Teilstück erhält man durch Einschränkung von I auf ein Teilintervall I*.

K ist dann das Schaubild einer differenzierbaren Funktion $f\colon x \mapsto v(\bar{u}(x))$, deren Term häufig nicht angebbar ist.

Mit $x = u(t)$, $f(x) = v(t)$, wobei $t = \bar{u}(x)$ ist, berechnet man die Ableitung an der Stelle $x_0 = u(t_0)$:

$$f'(x_0) = \lim_{x \to x_0} \frac{f(x) - f(x_0)}{x - x_0} = \lim_{x \to x_0} \frac{f(x) - f(x_0)}{t - t_0} \cdot \frac{t - t_0}{x - x_0}$$

$$= \lim_{t \to t_0} \frac{\frac{v(t) - v(t_0)}{t - t_0}}{\frac{u(t) - u(t_0)}{t - t_0}} = \frac{\lim\limits_{t \to t_0} \frac{v(t) - v(t_0)}{t - t_0}}{\lim\limits_{t \to t_0} \frac{u(t) - u(t_0)}{t - t_0}} = \frac{v'(t_0)}{u'(t_0)}.$$

Ist die Umkehrfunktion $\bar{u}$ einer Funktion u bekannt ebenso wie die Beziehung $\bar{u}'(x) = \frac{1}{u'(t)}$ zwischen ihrer Ableitung und der ihrer Umkehrfunktion, so vereinfacht sich das Ableiten erheblich:
Wegen $f(x) = v(\bar{u}(x))$ gilt nach der Kettenregel:
$f'(x) = v'(t) \cdot \bar{u}'(x) = v'(t) \cdot \frac{1}{u'(t)} = \frac{v'(t)}{u'(t)}$.

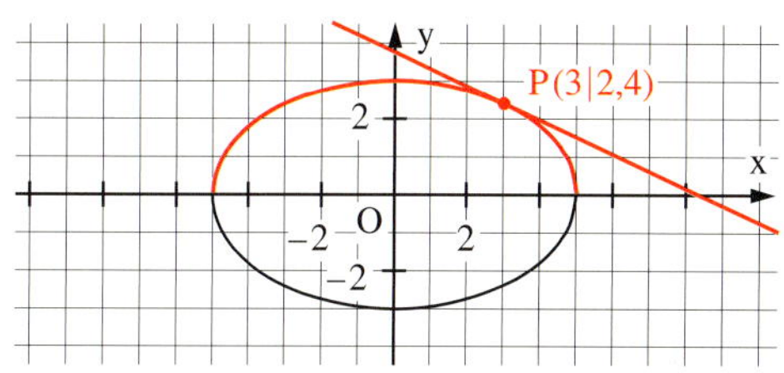

K hat die Darstellung $x = 5 \cdot \cos t$, $y = 3 \cdot \sin t$ mit $t \in [0;\ 2\pi)$. Die Teilkurve K_1 (rot) mit $t \in [0;\ \pi)$ ist Schaubild einer differenzierbaren Funktion f und hat in $P(3|2{,}4)$ die Steigung $-\frac{9}{20}$.

Damit lassen sich mit der Ableitung zusammenhängende Fragestellungen auch für Kurven mit Parameterdarstellung beantworten.

Satz: $x = u(t)$, $y = v(t)$ mit $t \in I$ sei eine Parameterdarstellung der Kurve K mit differenzierbaren Funktionen u und v. Ist in I zudem $x = u(t)$ umkehrbar, so gibt es eine Funktion $f\colon x \mapsto v(\bar{u}(x))$, die jedem Wert von x einen Wert y zuordnet. Für f gilt dann:

$$f'(x_0) = \frac{v'(t_0)}{u'(t_0)}.$$

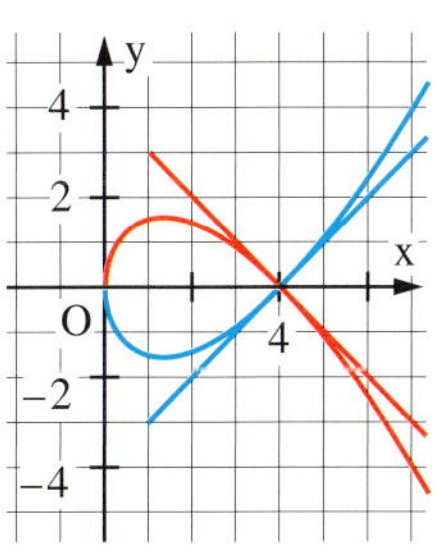

Fig. 1

Beispiel 1: (Steigungen einer Kurve in einem Schnittpunkt)
$x = t^2$, $y = 2t - \frac{t^3}{2}$ mit $t \in \mathbb{R}$ ist eine Parameterdarstellung einer Kurve K (vgl. Fig. 1).
Berechnen Sie die Steigungen von K an der Stelle $x_0 = 4$ und den Schnittwinkel der beiden Kurvenäste.
Lösung:
Aus $4 = t^2$ erhält man $t_1 = 2$ und $t_2 = -2$. Aus $u'(t) = 2t$ und $v'(t) = 2 - \frac{3}{2}t^2$ ergibt sich für $t_1 = 2$: $f_1'(2) = \frac{v'(t_1)}{u'(t_1)} = \frac{-4}{4} = -1$ (in Fig. 1 rot), für $t_2 = -2$ ist $f_2'(2) = 1$. Damit beträgt der Schnittwinkel 90°.

Beispiel 2: (Kurvenuntersuchung)
Gegeben ist die Kurve K mit $x = \cos t + \sin t$, $y = \sin t$ mit $\frac{\pi}{4} \leqq t \leqq \frac{9\pi}{4}$.
a) Zeichnen Sie K und bestimmen Sie Intervalle $\left[\frac{\pi}{4};\, t_2\right)$ und $\left[t_2;\, \frac{9\pi}{4}\right]$, in denen K jeweils das Schaubild einer Funktion ist.
b) Berechnen Sie die Koordinaten der Punkte von K mit waagerechter Tangente. In welchen Punkten besitzt K keine Steigung?
Lösung:
a) Aus dem Schaubild der Funktion u mit $u(t) = \cos t + \sin t$ im Intervall $\left[\frac{\pi}{4};\, \frac{9\pi}{4}\right]$ (Fig. 2) erkennt man, dass u für $\frac{\pi}{4} \leqq t < \frac{5\pi}{4}$ streng monoton fällt und für $\frac{5\pi}{4} \leqq t \leqq \frac{9\pi}{4}$ streng monoton zunimmt. Dort ist dann $x = \cos t + \sin t$ jeweils eindeutig nach x auflösbar und die Kurve ist dort Schaubild einer (nicht bekannten) Funktion:
f_1: $x \mapsto v(\bar{u}(x))$ für $\frac{\pi}{4} \leqq t < \frac{5\pi}{4}$ bzw.
f_2: $x \mapsto v(\bar{u}(x))$ für $\frac{5\pi}{4} \leqq t \leqq \frac{9\pi}{4}$ (Fig. 1).

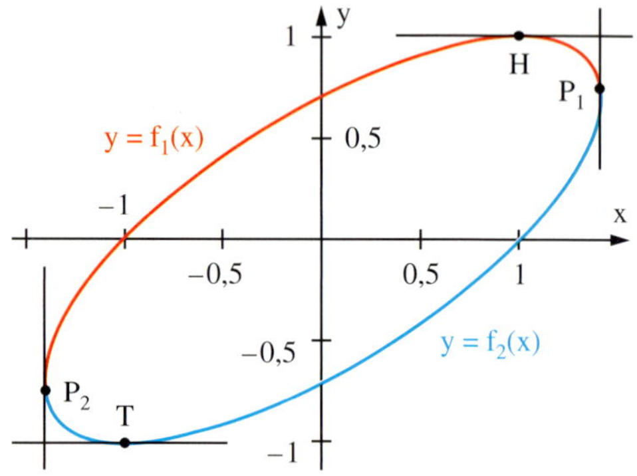

Fig. 1

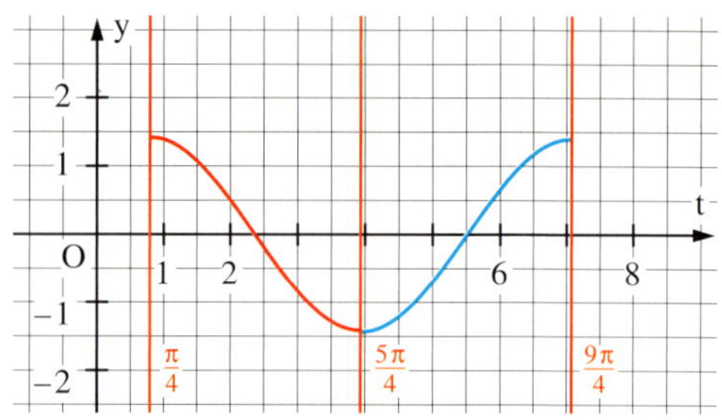

Fig. 2

Eine Kurve kann viele Punkte mit waagerechter Tangente besitzen, wie z. B. die Spirale
$x = \sqrt{t} \cdot \cos t$;
$y = \sqrt{t} \cdot \sin t$
mit $t > 0$.

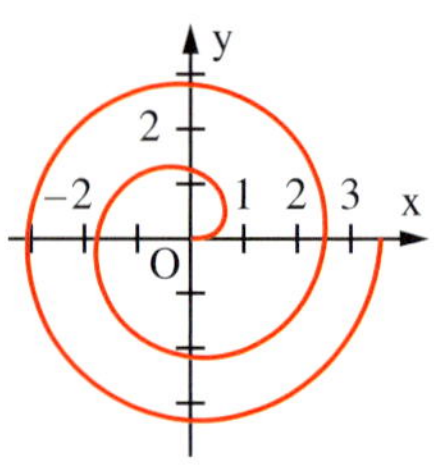

b) Aus $u'(t) = -\sin t + \cos t$ und $v'(t) = \cos t$ folgt $f_1'(x) = \frac{\cos t}{-\sin t + \cos t}$ in $\frac{\pi}{4} \leqq t < \frac{5\pi}{4}$ bzw. $f_2'(x) = \frac{\cos t}{-\sin t + \cos t}$ in $\frac{5\pi}{4} \leqq t \leqq \frac{9\pi}{4}$.
$f_1'(x) = 0$ ergibt $\cos t = 0$. Wegen $\frac{\pi}{4} \leqq t < \frac{5\pi}{4}$ ist $t_1 = \frac{\pi}{2}$. Damit erhält man:
$x_1 = \cos\frac{\pi}{2} + \sin\frac{\pi}{2} = 1$ und $y = \sin\frac{\pi}{2} = 1$, also den Punkt $H(1\,|\,1)$.
Für $\frac{5\pi}{4} \leqq t \leqq \frac{9\pi}{4}$ ergibt sich aus $\cos t = 0$ für t der Wert $t_2 = \frac{3\pi}{2}$ und damit der Punkt $T(-1\,|\,-1)$.
Es existieren keine Ableitungen für $u'(t) = 0$. Dies ergibt $\sin t = \cos t$ oder $\tan t = 1$, also $t_3 = \frac{\pi}{4}$ in $\left[\frac{\pi}{4};\, \frac{5\pi}{4}\right)$ bzw. $t_4 = \frac{5\pi}{4}$ in $\left[\frac{5\pi}{4};\, \frac{9\pi}{4}\right]$ (Fig. 1).
Die Kurve hat damit in den Punkten $P_1\left(\sqrt{2}\,\middle|\,\frac{\sqrt{2}}{2}\right)$ und $P_2\left(-\sqrt{2}\,\middle|\,-\frac{\sqrt{2}}{2}\right)$ Tangenten senkrecht zur x-Achse.

Aufgaben

2 Durch $x = t^2 - 1$, $y = t^3 - t$ mit $t \in [-1{,}5;\, 1{,}5]$ ist eine Kurve K gegeben.
a) Ermitteln Sie die sich für $t = -1{,}5; -1; -0{,}5; 0; 0{,}5; 1; 1{,}5$ ergebenden Kurvenpunkte und die zugehörigen Steigungen. Zeichnen Sie die Kurve.
b) Berechnen Sie die Punkte P der Kurve, in denen die Kurve die Steigung 1 hat.

3 Berechnen Sie die „Ableitungen nach x“, wenn die Funktion durch eine Parameterdarstellung $x = u(t)$, $y = v(t)$ gegeben ist.
a) $u(t) = 2 \cdot \sin t$, $v(t) = 3 \cdot \cos t$
b) $u(t) = 3 \cdot (\cos t)^3$, $v(t) = 3 \cdot (\sin t)^3$
c) $u(t) = 1 - t^2$, $v(t) = t - t^3$
d) $u(t) = t \cdot (1 - \sin t)$, $v(t) = t \cdot \cos t$
Zeichnen Sie die Kurven mithilfe eines CAS-Programms.

4 Ermitteln Sie die Steigung in dem angegebenen Punkt an die gegebene Kurve.
a) $x = 3 \cdot \cos t$, $y = 4 \cdot \sin t$, $P\left(\frac{3}{2}\sqrt{2}\,\middle|\,2\sqrt{2}\right)$
b) $x = t - t^4$, $y = t^2 - t^3$, $P(0\,|\,0)$
c) $x = t^3 + 1$, $y = t^2 + t + 1$, $P(1\,|\,1)$
d) $x = 2 \cdot \cos t$, $y = \sin t$, $P\left(1\,\middle|\,-\frac{\sqrt{3}}{2}\right)$
Zeichnen Sie die Kurven und überprüfen Sie Ihr Ergebnis.

5 Stellen Sie die Gleichungen von Tangente und Normale an die gegebene Kurve auf für den angegebenen Parameterwert t_0.

a) $x = 2e^t$, $y = e^{-t}$ für $t_0 = 0$
b) $x = \sin t$, $y = \cos 2t$ für $t_0 = \frac{\pi}{6}$
c) $x = \frac{3t}{1+t^2}$, $y = \frac{3t^2}{1+t^2}$ für $t_0 = 2$
d) $x = \sin t$, $y = 1{,}3^t$ für $t_0 = 0$

Zeichnen Sie die Kurven mit einem CAS-Programm und kontrollieren Sie Ihr Ergebnis.

6 Es ist $x = t^2$, $y = 2t - \frac{t^4}{4}$ mit $t \in [-2; 2]$ eine Parameterdarstellung einer Kurve K.

a) Zeichnen Sie diese Kurve in einem x,y-Koordinatensystem.

b) Berechnen Sie die Koordinaten der Punkte, in denen die Kurve die x-Achse schneidet. Berechnen Sie wenn möglich die Steigung der Kurve in diesen Punkten.

c) Berechnen Sie die Koordinaten des Punktes H mit waagerechter Tangente.

d) K setzt sich aus den Schaubildern zweier Funktionen f und g zusammen. Ermitteln Sie f und g. Berechnen Sie mithilfe dieser Funktionen die Stellen x mit waagerechter Tangente und kontrollieren Sie damit das Ergebnis von Aufgabenteil c).

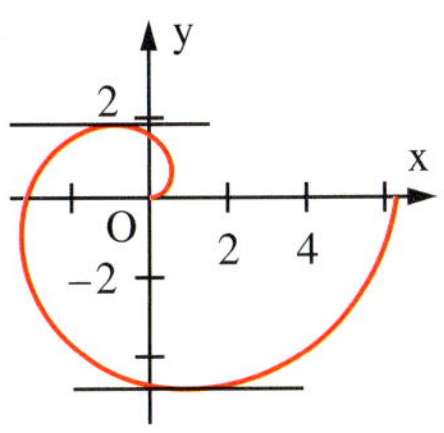

Fig. 1

7 Die Kurve K ist durch eine Parameterdarstellung gegeben. Zeichnen Sie K mithilfe eines CAS-Programms. Berechnen Sie die Punkte mit waagerechter Tangente und die Punkte, in denen keine Steigung existiert.

a) $x = t^3$, $y = 2t - \frac{t^4}{4}$ mit $t \in [-2; 2]$
b) $x = t^4$, $y = 2t - \frac{t^4}{4}$ mit $t \in [-2; 2]$

8 Gegeben ist die archimedische Spirale K durch $x = t \cdot \cos t$, $y = t \cdot \sin t$ mit $0 \leqq t \leqq 2\pi$.

a) Zeichnen Sie mithilfe eines CAS-Programms die Kurve.

b) Bestimmen Sie die Koordinaten der Punkte $P(x|y)$ mit waagerechter Tangente. Verwenden Sie dazu das NEWTON-Verfahren.

WARUM wird bei einem Wurf mit dem Abwurfwinkel α dieselbe Wurfweite erzielt wie mit dem Abwurfwinkel 90° − α?

9 Beim Kugelstoßen (schiefer Wurf) kann man sich die Bewegung der Kugel in zwei Teilbewegungen zerlegt denken: eine waagerechte Bewegung in x-Richtung und eine vertikale Bewegung in y-Richtung. Ist α der Abwurfwinkel, so gilt (sofern der Luftwiderstand vernachlässigt wird) für die Koordinaten der Bahnkurve der Kugel in m:
$x = v_0 t \cdot \cos\alpha$, $y = v_0 t \cdot \sin\alpha - \frac{1}{2} \cdot g t^2$ mit der Fallbeschleunigung $g \approx 10 \frac{m}{s^2}$.

a) Berechnen Sie allgemein die maximale Wurfhöhe und die Wurfweite der Kugel. Welche Wurfhöhe erhält man beim senkrechten Wurf nach oben?

b) Bei welchem Winkel ist die Wurfweite am größten?

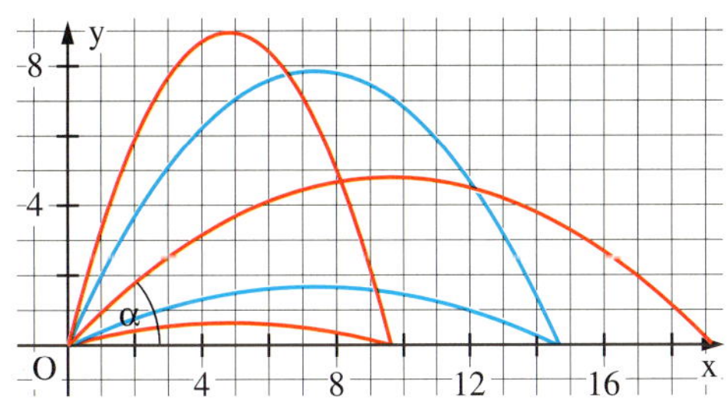

Fig. 2

Dazu ist kein Computer nötig!

Überlegen Sie:
1. Wie groß ist der Weg x nach der Zeit t (in min), wenn die Geschwindigkeit $v = 2\frac{m}{min}$ ist?
2. Berechnen Sie den zu diesem x gehörigen Weg y, wobei x und y über die Leiterlänge zusammenhängen.

10 Eine Leiter der Länge 10 m sei mit dem einen Ende B gegen eine Wand gelehnt und stehe mit dem anderen Ende A auf dem Boden. Das untere Ende A entferne sich von der Wand mit einer konstanten Geschwindigkeit von $2\frac{m}{min}$.

a) Berechnen Sie die Momentangeschwindigkeit, mit der das obere Ende B der Leiter nach unten rutscht.

b) Berechnen Sie die Geschwindigkeit von Punkt B zu dem Zeitpunkt, zu dem Punkt A 6 m von der Wand entfernt ist.

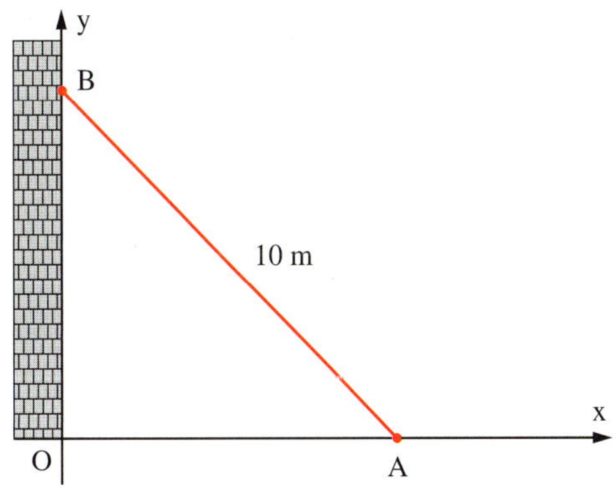

Fig. 3

4 Länge eines Kurvenstücks

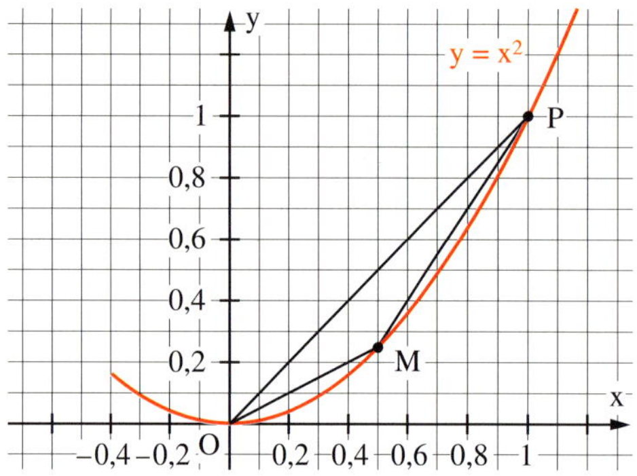

Fig. 1

1 Gegeben ist das Schaubild der Funktion f mit $f(x) = x^2$, die Normalparabel (Fig. 1).
a) Zeichnen Sie das Schaubild von f und berechnen Sie die Länge der Strecke OP mit $O(0|0)$ und $P(1|1)$.
b) Berechnen Sie die Länge des Streckenzuges OMP mit $M\left(\frac{1}{2}\middle|\frac{1}{4}\right)$.
c) Versuchen Sie, die Länge des Parabelbogens von O bis P näherungsweise möglichst genau zu berechnen. Orientieren Sie sich dazu an den Gliedern einer Kette.

Einem durch das Schaubild einer Funktion f festgelegten Kurvenstück K kann man unter bestimmten Voraussetzungen eine Länge s zuordnen. Die Funktion f sei dazu im Intervall $I = [a; b]$ differenzierbar und f′ außerdem noch stetig. Zur Ermittlung der Länge wird das Kurvenstück K durch einen Streckenzug angenähert, die einzelnen Längen der Teilstrecken werden addiert und der Grenzübergang zu unendlich vielen Strecken vollzogen. Dies entspricht dem Vorgehen in der Integralrechnung. Im Einzelnen sieht dies wie folgt aus (Fig. 2):

Beachten Sie: Δx wurde in der Integralrechnung mit h bezeichnet.

Das Intervall [a; b] wird in n gleich lange Teilintervalle der Länge $\Delta x = \frac{b-a}{n}$ aufgeteilt.
Die den x-Werten $a = x_0, x_1, x_2, \dots, x_n = b$ zugeordneten Punkte auf dem Kurvenstück bilden einen Sehnenzug $P_0P_1P_2 \dots P_n$ (Fig. 2).

Für die Gesamtlänge der Sehnen gilt dann

$$s_n = \sqrt{(\Delta x)^2 + (\Delta y_1)^2} + \sqrt{(\Delta x)^2 + (\Delta y_2)^2} + \dots + \sqrt{(\Delta x)^2 + (\Delta y_n)^2} \text{ oder}$$

$$s_n = \Delta x \cdot \left(\sqrt{1 + \left(\frac{\Delta y_1}{\Delta x}\right)^2} + \sqrt{1 + \left(\frac{\Delta y_2}{\Delta x}\right)^2} + \dots + \sqrt{1 + \left(\frac{\Delta y_n}{\Delta x}\right)^2} \right) \quad (1)$$

mit $\Delta x = x_k - x_{k-1} = \frac{b-a}{n}$ und
$\Delta y_k = f(x_k) - f(x_{k-1})$, $k = 1, 2, \dots, n$ (Fig. 2).
Dabei ist $\frac{\Delta y_k}{\Delta x}$ die Änderungsrate von f im Intervall $[x_{k-1}; x_k]$. Geht man in der Intervallteilung mit $n \to \infty$, so gilt $\Delta x \to 0$.
Weiterhin strebt $\frac{\Delta y_k}{\Delta x}$ gegen die momentane Änderungsrate $f'(x_k)$. Nach Definition des Integrals geht dann (1) über in

$$s = \int_a^b \sqrt{1 + (f'(x))^2}\, dx.$$

Warum wurde vorausgesetzt, f′ sei stetig?

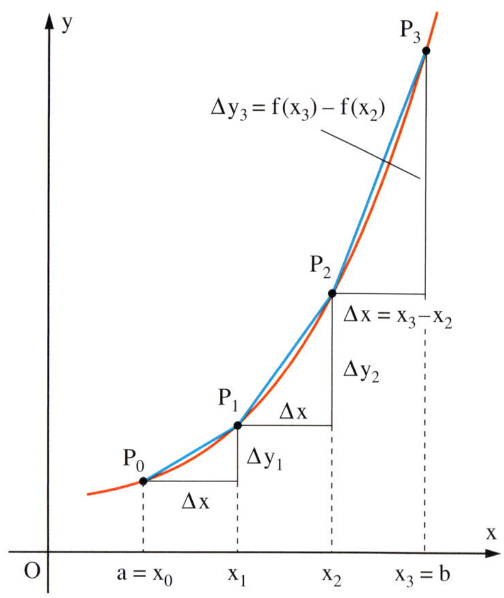

Fig. 2

Satz: Die Funktion $f: x \mapsto f(x)$ sei im Intervall $I = [a; b]$ differenzierbar und f′ sei in I stetig. Das Schaubild K der Funktion f besitzt dann zwischen $A(a|f(a))$ und $B(b|f(b))$ die Bogenlänge s mit

$$s = \int_a^b \sqrt{1 + (f'(x))^2}\, dx.$$

Es gilt
$\frac{1}{u'(t)}dx = dt$.
Auf einen Nachweis wird hier verzichtet.

Ist eine Kurve K in Parameterdarstellung gegeben, so ist K in Teilkurven zerlegbar, die Schaubilder von Funktionen sind. Es sei f auf $[t_1; t_2]$ eine solche Funktion. Wegen $f'(x) = \frac{v'(t)}{u'(t)}$ kann man das Integral auch mit der Variablen t schreiben:

$$s = \int_a^b \sqrt{1 + \left(\frac{v'(t)}{u'(t)}\right)^2}\, dx = \int_a^b \sqrt{(u'(t))^2 + (v'(t))^2} \cdot \frac{1}{u(t)}\, dx = \int_\alpha^\beta \sqrt{(u'(t))^2 + (v'(t))^2}\, dt.$$ Damit gilt:

Statt Länge eines Kurvenstücks K sagt man häufig auch Bogenlänge der Kurve K.

> Das Kurvenstück K habe die Parameterdarstellung $x = u(t)$, $y = v(t)$ mit $t \in [t_1; t_2]$ und sei das Schaubild der differenzierbaren Funktion f auf [a; b] mit $x_1 = u(t_1)$ und $x_2 = u(t_2)$. Sind u′, v′ in $[t_1; t_2]$ stetig, so besitzt die Kurve zwischen x_1 und x_2 die Länge
> $$s = \int_{t_1}^{t_2} \sqrt{(u'(t))^2 + (v'(t))^2}\, dt.$$

Beispiel 1: (Länge eines Kurvenbogens)
Gegeben ist die Funktion f mit $f(x) = \frac{1}{6}\sqrt{x}^3$ für $x \geqq 0$.
a) Berechnen Sie die Länge des Kurvenstücks über dem Intervall [0; 8].
b) Ermitteln Sie die Länge der Strecke OP mit $P\left(8 \middle| \frac{8}{3}\sqrt{2}\right)$ (Fig. 1). Berechnen Sie die prozentuale Abweichung der Länge dieser Strecke von der Länge des Kurvenstücks.

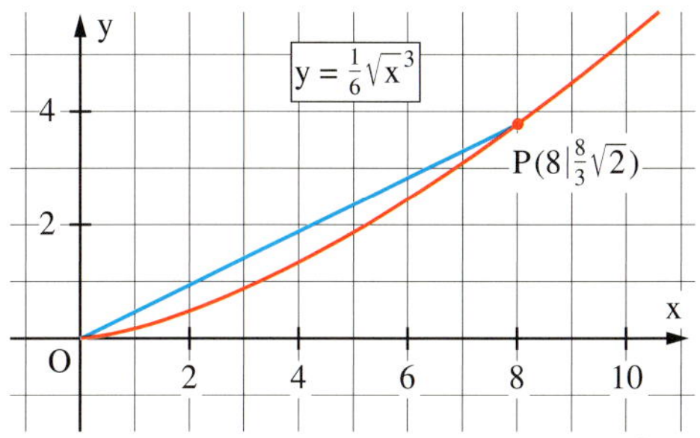

Fig. 1

Lösung:
a) Da $f(x) = \frac{1}{6} \cdot x^{\frac{3}{2}}$ ist, folgt $f'(x) = \frac{1}{4}\sqrt{x}$. Damit ist $\sqrt{1 + (f'(x))^2} = \sqrt{1 + \frac{1}{16}x} = \frac{1}{4} \cdot \sqrt{16 + x}$.

$$s = \int_0^8 \frac{1}{4}\sqrt{16 + x}\, dx = \left[\frac{1}{4} \cdot \frac{2}{3}\sqrt{16 + x}^3\right]_0^8 = \frac{1}{6} \cdot \left(\sqrt{24}^3 - \sqrt{16}^3\right) = 8\sqrt{6} - \frac{32}{3} \approx 8{,}92925.$$

Und so erhält man die prozentuale Abweichung des Näherungswertes n vom exakten Wert e:
$\frac{|n - e|}{e} \cdot 100\,\%$.

b) Länge der Strecke OP: $\sqrt{8^2 + \left(\frac{8}{3}\sqrt{2}\right)^2} = \frac{8}{3}\sqrt{11} \approx 8{,}84433$.

Prozentuale Abweichung: $\dfrac{\left(8\sqrt{6} - \frac{32}{3}\right) - \frac{8}{3}\sqrt{11}}{8\sqrt{6} - \frac{32}{3}} \cdot 100\,\% \approx 0{,}951\,\% \approx 1\,\%$.

Beispiel 2: (Zykloide; Bogenlänge)
Ein Rad mit dem Radius a $(a > 0)$ rollt in x-Richtung ab (Fig. 2).
a) Geben Sie die Parameterdarstellung der Kurve an, die ein Punkt P auf der Radoberfläche beschreibt, der zu Beginn der Rollbewegung in O(0|0) liegt.
b) Zeichnen Sie diese Kurve für $a = 1$ und $t \in [-2\pi; 4\pi]$ mithilfe des Computers.

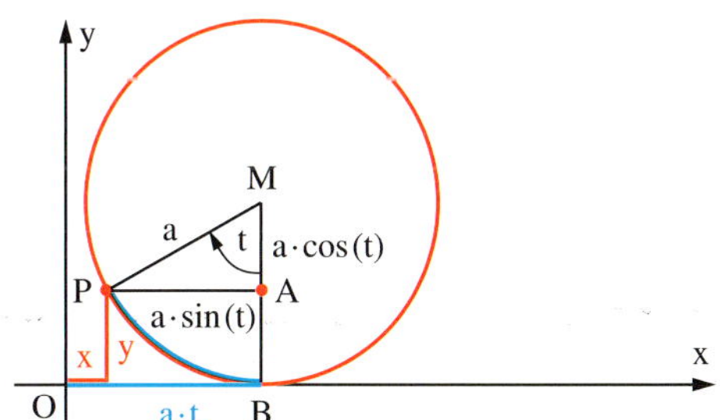

Fig. 2

Handelt es sich bei dieser Kurve um das Schaubild einer Funktion f? Kann man f angeben?
c) Welchen Weg legt P bei einer Radumdrehung zurück? Wie groß ist die prozentuale Abweichung gegenüber dem Weg des Mittelpunktes bei einer Radumdrehung?
Lösung:
a) Man wählt als Parameter den Winkel t im Bogenmaß, um den sich der Kreis seit dem Start in O(0|0) gedreht hat (Fig. 2). Der Kreisbogen PB hat die Länge $a \cdot t$ und hat damit die gleiche Länge wie die Strecke OB. Wegen $\overline{AP} = a \cdot \sin t$ und $\overline{AM} = a \cdot \cos t$ erhält man als Bahnkurve von P: $x = a \cdot t - a \cdot \sin t$, $y = a - a \cdot \cos t$ mit $a \in \mathbb{R}$.

b) Zeichnung mithilfe eines CAS-Programms:

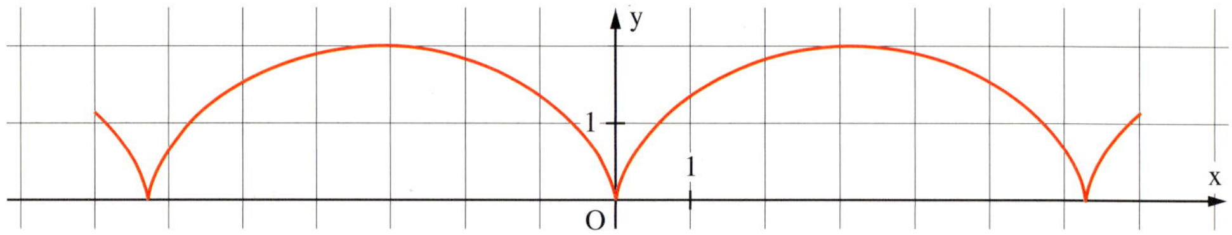

Aus der Formelsammlung:
$\sin^2\alpha + \cos^2\alpha = 1$
$1 - \cos\alpha = 2\cdot\sin^2\frac{\alpha}{2}$

Zeigen Sie: Ein Punkt am Reifenrand legt bei einer Radumdrehung eine ca. 27 % längere Strecke zurück als die Nabe.

Bei der Kurve handelt es sich um eine Funktion f, da jedem $x \in \mathbb{R}$ genau ein y zugeordnet ist. Es ist jedoch nicht möglich, den Parameter t zu eliminieren oder gar den zugehörigen Funktionsterm f(x) anzugeben.

c) Aus $u'(t) = a\cdot(1-\cos t)$ und $v'(x) = a\cdot\sin t$ ergibt sich $(u'(t))^2 + (v'(t))^2 =$
$= a^2\cdot(1 - 2\cdot\cos t + \cos^2 t) + a^2\cdot\sin^2 t = a^2\cdot(2 - 2\cos t) = 2a^2\cdot(1-\cos t) = 2a^2\cdot 2\cdot\sin^2\left(\frac{1}{2}t\right).$
Daraus bestimmt man die Bogenlänge bei einer Radumdrehung:

$$s = \int_0^{2\pi}\sqrt{(u'(t))^2 + (v'(t))^2}\,dt = \int_0^{2\pi}\sqrt{4a^2\cdot\sin^2\tfrac{t}{2}}\,dt = 2a\cdot\int_0^{2\pi}\sin\tfrac{t}{2}\,dt = 2a\cdot\left[-2\cos\tfrac{t}{2}\right]_0^{2\pi} = 8a.$$

Aufgaben

2 Berechnen Sie mithilfe vom Satz über die Bogenlänge die Länge der Strecke PQ.
a) P(1|2), Q(6|8) b) P(0|0), Q(4|0) c) P(–20|3), Q(10|6)
Kontrollieren Sie, indem Sie die Länge mithilfe des Satzes von Pythagoras berechnen.

3 Es ist $x = \cos t$, $y = \sin t$ mit $t \in \mathbb{R}$ die Parameterdarstellung eines Kreises mit Radius 1. Berechnen Sie den Umfang dieses Kreises mithilfe des Satzes über die Kurvenlänge.

4 Gegeben ist das Schaubild K der Funktion f mit $f(x) = x\sqrt{x}$ mit $x \geqq 0$. Zeichnen Sie ein Schaubild dieser Funktion und berechnen Sie die Bogenlänge des entsprechenden Kurvenstücks von O(0|0) bis $A\left(\frac{5}{9}\middle|f\left(\frac{5}{9}\right)\right)$.

5 Gegeben ist die Normalparabel mit der Gleichung $y = x^2$ im Intervall [0; 10].
a) Berechnen Sie die Länge der Normalparabel von O(0|0) bis A(10|100) exakt mithilfe eines CAS-Programms.
b) Vergleichen Sie diesen Wert mit dem Wert, den man erhält, wenn man das Integral mithilfe der keplerschen Fassregel berechnet. Wie groß ist die prozentuale Abweichung?

6 Es ist $x = \frac{1}{2}t^2$, $y = \frac{1}{3}t^3$ mit $0 \leqq t \leqq 1$ die Parameterdarstellung einer Kurve.
a) Zeichnen Sie diese Kurve mithilfe eines CAS-Programms.
b) Ermitteln Sie die Länge des gezeichneten Kurvenstücks mithilfe eines CAS-Programms, indem Sie das Integral approximieren mit den im CAS-Programm vorhandenen Hilfsmitteln.
c) Berechnen Sie die Länge des gezeichneten Kurvenstücks näherungsweise mithilfe der keplerschen Fassregel. Wie groß ist die Abweichung in Prozent?

Tipp: Verwenden Sie die Überlegungen von Beispiel 2 zusammen mit Fig. 2.

7 a) Zeigen Sie: Hat ein Punkt P eines Rades mit dem Radius r einen Abstand b vom Radmittelpunkt, so beschreibt P bei einer Umdrehung eine Kurve mit $x = r\cdot t - b\cdot\sin t$, $y = r - b\cdot\cos t$.
b) Untersuchen Sie mithilfe eines CAS-Programms die Kurven für $b > r$ und $b < r$. In welchen Fällen ist die Kurve das Schaubild einer Funktion?
c) Berechnen Sie mithilfe des Computers näherungsweise die Wege von P bei einer Radumdrehung, wenn $b = \frac{1}{2}r$ bzw. $b = \frac{3}{2}r$ ist bzw. $b = 0$ ist.

Dazu braucht man hier:
$\sin\alpha \cdot \cos\alpha = \frac{1}{2} \cdot \sin(2\alpha)$

8 Die Parameterdarstellung der Kurve K von Fig. 1 ist $x = (\cos t)^3$, $y = (\sin t)^3$ mit $t \in [0; 2\pi)$. Die Kurve heißt **Astroide**.
a) Zeichnen Sie die Astroide und geben Sie das t-Intervall an, durch das der Bogen im ersten Feld erzeugt wird.
b) Zeigen Sie, dass ein einzelner Bogen die Länge 1,5 hat.
c) Berechnen Sie die Länge des Bogens im ersten Feld mithilfe der keplerschen Fassregel und berechnen Sie die Abweichung vom tatsächlichen Wert in Prozent.

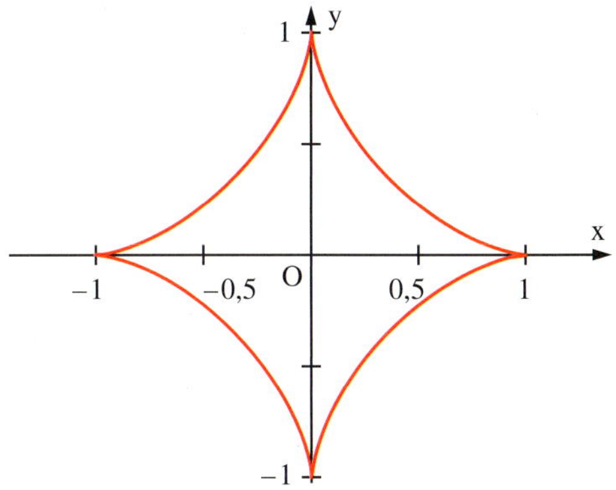

Fig. 1

9 Eine Ellipse besitzt folgende Parameterdarstellung: $x = 4 \cdot \cos t$, $y = 2 \cdot \sin t$ mit $t \in [0; 2\pi)$. Zeichnen Sie die Ellipse und berechnen Sie näherungsweise ihren Umfang mit den Hilfsmitteln, die Ihnen der Computer zur Verfügung stellt.
Versuchen Sie mithilfe des Computers für eine Ellipse mit den Achsen 2a und 2b mit der Parameterdarstellung $x = a \cdot \cos t$, $y = b \cdot \sin t$, $0 \leqq t \leqq 2\pi$ den Umfang zu ermitteln.

Das Brachistochrone-Problem oder „der schnellste Weg“
JOHANN BERNOULLI (1667 – 1748) stellte 1696 in der Zeitschrift „Acta eruditorum“ folgendes Problem:
Es soll die Kurve bestimmt werden, auf der ein reibungsfrei gleitender Körper vom Punkt A zum Punkt B in der kürzesten Zeit gelangt.
Schon GALILEI (1564 – 1642) hatte erkannt, dass dies nicht der kürzeste Weg, nämlich die Strecke von A nach B sein könne. Er war davon überzeugt, dass A und B auf einem Kreisbogen liegen. JOHANN BERNOULLI zeigte, dass sich GALILEI geirrt hatte. Das von JOHANN BERNOULLI gestellte Brachistochrone-Problem wurde von ihm selbst sowie von NEWTON, LEIBNIZ, L'HOSPITAL und JAKOB BERNOULLI in kurzer Zeit gelöst. Es stellte sich heraus, dass es sich um ein umgekehrtes Zykloid, also die in Beispiel 2 behandelte Kurve handelt. Das Erstaunlichste an der Lösung ist, dass ein anderer in einem Punkt C der Zykloide unterhalb von A und höher als B aus der Ruhe gestartete Körper exakt die gleiche Zeit benötigt, um B zu erreichen.
Der Name Brachistochrone kommt aus dem Griechischen und bedeutet kürzeste Zeit (brachys – kurz, chronos – Zeit).

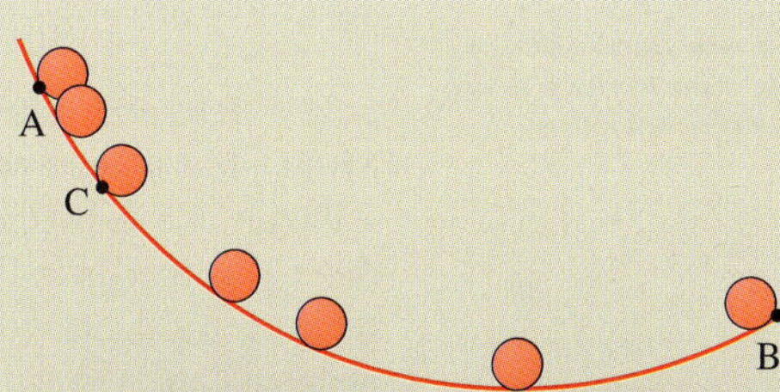

$x = 3 \cdot \sin t - \sin(2t)$
$y = 1{,}5 \cdot \cos t - \cos(2t)$
liefert ein Herz.
Hat es einen Umfang größer als 13?

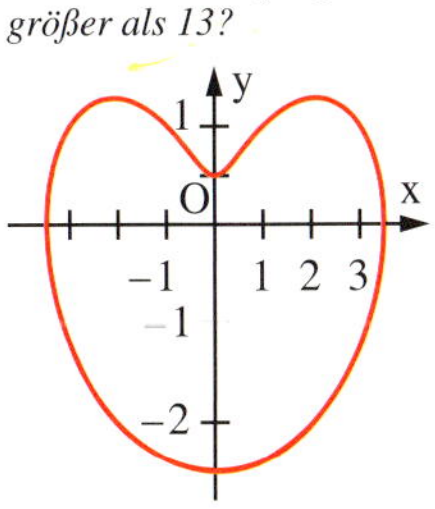

10 Die Kettenlinie ist das Schaubild einer Funktion f_c mit $f_c(x) = \frac{1}{2c} \cdot (e^{cx} + e^{-cx})$ mit $c > 0$.
Hochspannungsleitungen sind angenähert Kettenlinien.
a) Zeigen Sie, dass die Länge der Kettenlinie über dem Intervall [0; a] den Wert $s = \frac{1}{2c} \cdot (e^{ac} - e^{-ac})$ hat.
b) Zwischen zwei Masten im Abstand 200 m ist eine Hochspannungsleitung gelegt, die durch f mit $c = 0{,}0036586$ beschrieben werden kann. Berechnen Sie die Länge der Leitung.
c) Wie groß ist der Durchhang d (Fig. 2)?

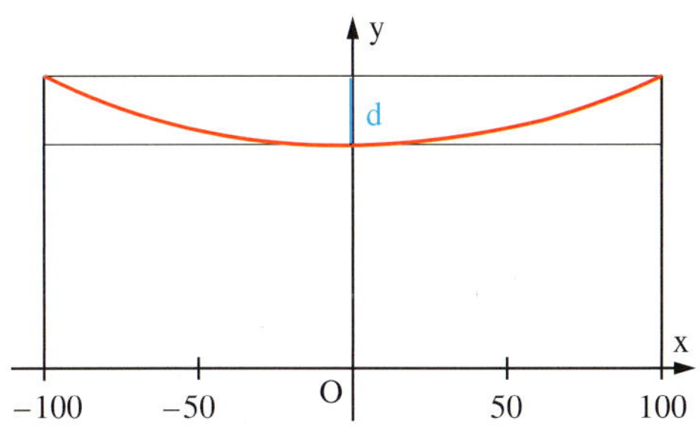

Fig. 2

__Paradoxie__ (gr.-lat.): eine scheinbar zugleich wahre und falsche Aussage.

1 Paradoxien des unendlich Großen

O Ewigkeit, o Ewigkeit!
Wie lang bist du, o Ewigkeit!
Zu zählen ist der Sterne Heer,
Die Tropfen und der Sand am Meer
Und was sonst lebend in der Zeit,
Du aber nicht, o Ewigkeit!
(Geistliches Volkslied, 17. Jahrh.)

Die Zahl der Sterne wird oft als Gleichnis für eine sehr große Zahl genommen. Kann es eine Zahl geben, die größer ist als jede natürliche Zahl? Die folgenden historischen Texte führen in das Problem ein, ein Maß für unendliche Anzahlen zu finden.

Galilei stellt die Frage: __Wie viele Quadratzahlen gibt es im Vergleich zu den natürlichen Zahlen?__

Aus Galileo Galilei: Unterredungen und mathematische Demonstrationen (1638)

Salv. Ich setze voraus, Ihr wisset, welche Zahlen Quadratzahlen sind, und welche nicht.
Simpl. Mir ist sehr wohl bekannt, dass eine Quadratzahl aus der Multiplikation einer beliebigen Zahl mit sich selbst entsteht, so sind 4, 9 Quadratzahlen, die aus 2, 3 gebildet sind.
Salv. Vortrefflich; Ihr erinnert Euch auch, dass ebenso wie die Produkte Quadrate heißen, diejenigen Zahlen, welche mit sich selbst multipliziert werden, Wurzeln genannt werden. Die anderen Zahlen, welche nicht aus zwei gleichen Faktoren bestehen, sind nicht Quadrate. Wenn ich nun sage, alle Zahlen, Quadrat- und Nichtquadratzahlen zusammen, sind mehr, als alle Quadratzahlen allein, so ist das doch eine durchaus richtige Behauptung, nicht?
Simpl.. Dem kann man nicht widersprechen.
Salv. Frage ich nun, wieviel Quadratzahlen es gibt, so kann man in Wahrheit antworten, eben so viel, als es Wurzeln gibt, denn jedes Quadrat hat eine Wurzel, jede Wurzel hat ihr Quadrat, kein Quadrat hat mehr als eine Wurzel, keine Wurzel mehr als ein Quadrat.
Simpl. Vollkommen richtig.
Salv. Wenn ich nun aber frage, wieviel Wurzeln gibt es, so kann man nicht leugnen, dass sie eben so zahlreich sind wie die gesamte Zahlenreihe, denn es gibt keine Zahl, die nicht Wurzel eines Quadrates wäre. Steht dieses fest, so muss man sagen, dass es eben so viel Quadrate als Wurzeln gibt, da sie an Zahl ebenso groß als ihre Wurzeln sind, und alle Zahlen sind Wurzeln; und doch sagten wir anfangs, alle Zahlen seien mehr als alle Quadrate, da der größere Teil derselben Nichtquadrate sind. Und wirklich nimmt die Zahl der Quadrate immer mehr ab, je größer die Zahlen werden; denn bis 100 gibt es 10 Quadrate, d. h. der 10te Teil ist quadratisch; bis 10 000 ist der 100ste Teil bloß quadratisch, bis 1 000 000 nur der 1000ste Teil; und bis zu einer unendlich großen Zahl, wenn wir sie erfassen könnten, müssten wir sagen, gibt es so viel Quadrate wie alle Zahlen zusammen.
Sagr. Was ist denn zu tun, um einen Abschluss zu gewinnen?
Salv. Ich sehe keinen anderen Ausweg als zu sagen, unendlich ist die Anzahl aller Zahlen, unendlich die der Quadrate, unendlich die der Wurzeln; weder ist die Menge der Quadrate kleiner als die der Zahlen, noch ist die Menge der letzteren größer; und schließlich haben die Attribute des Gleichen, des Größeren und des Kleineren nicht statt bei Unendlichem, sondern sie gelten nur bei endlichen Größen.

Das Werk hat die Form eines aufgezeichneten Gesprächs zwischen drei Männern (Dialogform). Salviati ist der überlegene Gesprächsführer, in der Regel die Stimme Galileis selbst. Sagredo ist ein ebenbürtiger Partner, der präzise fragt und zum Gelingen der Gespräche beiträgt. Diese Figuren sind nicht erdacht, sondern waren Freunde von Galilei. Simplicio (d. h. der Einfältige) ist eine Symbolfigur. In den Gesprächen über die Lehren des Kopernikus zeichnet er sich durch geistige Befangenheit und Beschränktheit aus. An einer Stelle lässt Galilei den Simplicio wörtlich ein Argument von Papst Urban VIII vortragen, wodurch er sich dessen Feindschaft zuzieht.

GALILEI hat unter „natürliche Zahlen" die Zahlen 1, 2, 3, ... verstanden. Seine Argumente gelten aber genauso für die Zahlen aus $\mathbb{N} = \{0; 1; 2; 3; \ldots\}$.

PASCAL stellt die Frage: ***Welche Eigenschaften hat eine unendlich große Zahl?***

1 a) Beschreiben Sie die Argumentation GALILEIS zum Nachweis der Aussagen
A_1: Die Anzahl der Quadratzahlen ist kleiner als die Anzahl aller natürlichen Zahlen.
A_2: Die Anzahl der Quadratzahlen ist gleich der Anzahl aller natürlichen Zahlen.
b) Auf welche Weise löst GALILEI diese widersprüchliche Situation auf?

Aus BLAISE PASCAL: Gedanken (1653)
Die Einheit, dem Unendlichen hinzugefügt, vermehrt dieses um nichts, sowenig als ein Fuß, der zu einem unendlichen Maß hinzugefügt wird, dieses vermehrt...
Wir erkennen, dass es ein Unendliches gibt, und wissen nichts von seiner Natur. Da wir wissen, dass es falsch ist, dass die Zahlen endlich sind, muss es wahr sein, dass es eine Unendlichkeit von Zahlen gibt, aber wir wissen nicht, was sie ist. Es ist falsch, dass sie gerade ist, es ist falsch, dass sie ungerade ist; denn durch das Hinzufügen der Einheit verändert sie ihre Natur nicht. Und doch handelt es sich um eine Zahl, und jede Zahl ist gerade oder ungerade. Es ist wahr, dass das von jeder endlichen Zahl gilt.

1. Vergleiche von unendlich großen Zahlenmengen führen zu einem Widerspruch
Beispiel: (Die Argumente von GALILEI)
Wie viele Quadratzahlen gibt es im Vergleich zu den natürlichen Zahlen?
Erste Behauptung: Es gibt gleich viele Quadratzahlen wie natürliche Zahlen, da man beide Zahlenreihen so übereinander schreiben kann, dass jede natürliche Zahl genau eine Quadratzahl zum Partner hat.

0	1	2	3	4	5	6	7	8	9	10	...
↕	↕	↕	↕	↕	↕	↕	↕	↕	↕	↕	
0	1	4	9	16	25	36	49	64	81	100	...

Zweite Behauptung: Es gibt weniger Quadratzahlen als natürliche Zahlen, da z.B. die Zahlen 2, 3, 5 natürliche Zahlen sind, jedoch keine Quadratzahlen.
Die beiden Behauptungen widersprechen sich offensichtlich.

2. Die Annahme der Existenz einer unendlich großen Zahl führt zu einem Widerspruch
Beispiel: (Die Argumente von PASCAL)
Angenommen, es gibt eine unendlich große Zahl, dargestellt z.B. durch das Symbol U.
Nimmt man zu unendlich vielen Zahlen eine Zahl dazu, hat man immer noch unendlich viele Zahlen. Es gilt also $U + 1 = U$. Dies ist für PASCAL ein Widerspruch.

Ein weiterer Widerspruch scheint sich zu ergeben, wenn man untersucht, ob U gerade oder ungerade ist.
a) Ist U eine gerade Zahl, dann ist $U + 1$ ungerade. Wegen $U + 1 = U$ folgt andererseits: U gerade.
b) Ist U eine ungerade Zahl, dann ist $U + 1$ gerade. Wegen $U + 1 = U$ folgt: U ungerade.
In beiden Fällen ergibt sich für PASCAL ein Widerspruch.

2 a) Erläutern Sie, in welcher Weise sich für PASCAL ein Widerspruch zu ergeben scheint, falls man „dem Unendlichen die Einheit dazufügt".
b) PASCAL versucht dem Unendlichen Eigenschaften zuzuordnen. Beschreiben Sie, wie er dabei auf eine Paradoxie stößt.

Die angeführten historischen Texte spiegeln die grundsätzlichen Überlegungen wider, die zu Paradoxien des Unendlichen geführt haben und die bis gegen Ende des letzten Jahrhunderts Bestand hatten. Es waren im Wesentlichen zwei Gedankengänge, die nebenstehend zusammengefasst sind.
Viele bedeutende Mathematiker haben aus diesen Gründen den Begriff „unendlich" sorgfältig vermieden. Er taucht in EUKLIDS bedeutendem Werk **Die Elemente** nicht auf. Dort heißt es z.B.

Es gibt mehr Primzahlen, als jede vorgelegte Anzahl von Primzahlen (und nicht: *Es gibt unendlich viele Primzahlen*).

DESCARTES sagt dazu:
Nur der, welcher seinen Geist für unendlich hält, kann glauben hierüber nachdenken zu müssen.
Über 2000 Jahre nach EUKLID lautet bei GAUSS eine oft zitierte Briefstelle:
„Was nun aber ... betrifft, so protestiere ich zuvörderst gegen den Gebrauch einer unendlichen Größe als einer Vollendeten, welcher in der Mathematik niemals erlaubt ist."

2 Gleichmächtigkeit von Mengen

Die Entwicklung mathematischer Begriffe und Theorien geschieht gewöhnlich in kleinen Schritten und unter Mitarbeit vieler Mathematiker. Bei der Untersuchung des Begriffs des unendlich Großen war dies jedoch anders. Bei diesem neuartigen Gebiet hat im Wesentlichen ein Forscher die wichtigsten Begriffe und Ergebnisse erarbeitet. Dieser Mathematiker war Georg Cantor (1845–1918), Professor an der Universität Halle. Er hat die im vorhergehenden Paragraphen beschriebenen Paradoxien analysiert und aufgelöst. Zu diesem Zweck hat er grundlegende neue mathematische Begriffe geschaffen.

Was ist eine Menge? Das zu sagen hat sich als äußerst schwierig herausgestellt. Wir beschränken uns darauf genau festzulegen, was man mit Mengen tun kann. Dieses Verfahren ist in der Mathematik üblich. So legt man in der Geometrie auch nicht fest, was ein Punkt oder eine Gerade ist, sondern beschreibt stattdessen, was man mit diesen Objekten tun kann.

In diesem Paragraphen wird der umgangssprachliche Begriff „gleichviel" mit dem Ziel einer Definition analysiert. Dazu werden zunächst einige Grundlagen der von Cantor begründeten Mengenlehre angesprochen.

Jede Menge (außer der leeren Menge { }) besitzt Elemente. Ist x ein Element der Menge A, dann schreibt man $x \in A$.
Element einer Menge kann eine Zahl, ein Mensch oder ein Stein sein. Insbesondere kann auch eine Menge selbst wieder Element einer Menge sein.
Ist jedes Element von A auch Element von B, nennt man A eine Teilmenge von B und schreibt $A \subseteq B$. Daraus folgt, dass für jede Menge A gilt: $A \subseteq A$.

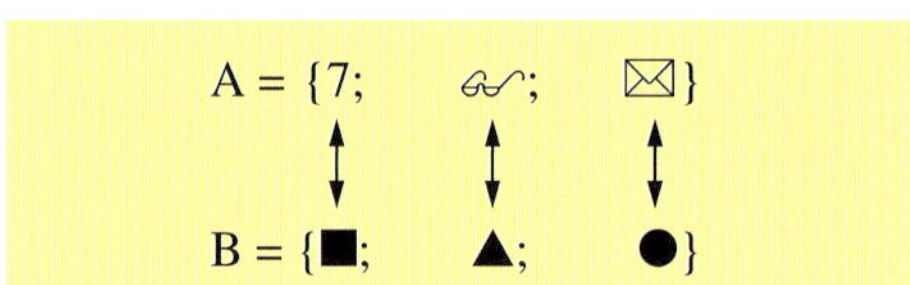

Fig. 1

Um zu zeigen, dass zwei Mengen A und B gleichviel Elemente haben, muss man diese nicht unbedingt abzählen. Es genügt zu zeigen, dass die Elemente von A und B paarweise gegenübergestellt werden können (Fig. 1).

Definition 1: Eine Funktion $f: A \mapsto B$ heißt **bijektiv**, falls gilt:
a) Aus $a_1, a_2 \in A$ mit $a_1 \neq a_2$ folgt $f(a_1) \neq f(a_2)$ und
b) Zu jedem $b \in B$ gibt es ein $a \in A$ mit $f(a) = b$.
Man nennt die Funktion f dann auch eine **Bijektion** von A nach B.

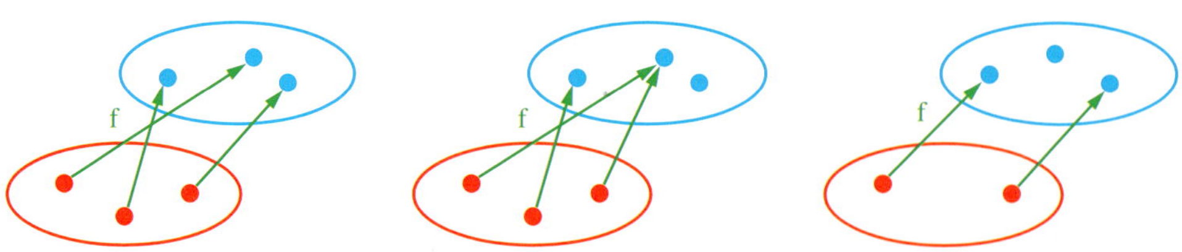

f ist eine Bijektion — f ist keine Bijektion — f ist keine Bijektion

Fig. 2

Aus Definition 1 folgt: Gibt es eine Bijektion (z. B. f) von A nach B, dann gibt es auch eine Bijektion (z. B. die Umkehrfunktion $\bar{f}$ von f) von B nach A.

Hier ist das umgangssprachliche „gleichviel" exakt definiert.

Definition 2: Zwei Mengen A und B heißen **gleichmächtig**, wenn es eine Bijektion von A nach B gibt.

Aus den Definitionen 1 und 2 folgt:
a) Jede Menge A ist zu sich selbst gleichmächtig.
Beweis: Die Funktion $f: A \mapsto A$ mit $f(a) = a$ für jedes $a \in A$ ist eine Bijektion von A nach A.
b) Sind A und B gleichmächtig und B und C gleichmächtig, dann sind auch A und C gleichmächtig.
Beweis: Da A und B gleichmächtig sind, gibt es eine Bijektion f von A nach B. Entsprechend gibt es eine Bijektion g von B nach C. Dann ist die Verkettung $g \circ f$ eine Bijektion von A nach C.

Bemerkung: Zwischen gleichmächtigen Mengen A und B mit mindestens zwei Elementen gibt es immer auch Zuordnungen, die nicht bijektiv sind. Deshalb darf man aus der Existenz einer nicht-bijektiven Zuordnung zwischen zwei solchen Mengen nicht folgern, dass diese deshalb nicht gleichmächtig sind.

0	1	2	3	4	5	6	7	8	…
↕	↕	↕	↕	↕	↕	↕	↕	↕	
0	2	4	6	8	10	12	14	16	…

0	1	2	3	4	5	6	7	8	9	…
↕		↕		↕		↕		↕		…
0		2		4		6		8		…

Es wird nun untersucht, ob nach dieser Definition die Menge ℕ der natürlichen Zahlen und die Menge G der geraden Zahlen gleichmächtig sind. Die nebenstehende Anordnung zeigt eine Bijektion von ℕ nach G. Die Mengen sind gleichmächtig.

Selbstverständlich kann man die Elemente der beiden Mengen auch nicht-bijektiv zuordnen. Dies führt wieder auf die Paradoxie von GALILEI.

Alle Widersprüche auf Seite 269 rühren vom gleichen Denkfehler her, gewohnte Eigenschaften auf neuartige Objekte einfach zu übertragen. Das Überwinden solcher Denkgewohnheiten ist sehr schwer, auch in anderen Wissenschaften. Z. B. zeigen alle unsere Alltagserfahrungen, dass die Zeit unabhängig von anderen Größen dahinfließt. Dieser absolute Zeitbegriff ist uns in Fleisch und Blut übergegangen. Das Schwierige am Verständnis der Relativitätstheorie ist nicht der mathematische Formalismus, sondern die Überwindung dieser Denkgewohnheit. Sie ist nämlich falsch, und der Fehler ist bei sehr großen Geschwindigkeiten auch messbar.

Analyse und Überwindung der Paradoxie
GALILEIS Argumentation ist sinngemäß die folgende: Die zweite Zuordnung zeigt, dass die Menge G der geraden Zahlen eine echte Teilmenge von ℕ ist. Eine echte Teilmenge hat jedoch weniger Elemente als die Menge selbst.
Der Denkfehler liegt in der Aussage: *Eine Menge und eine echte Teilmenge dieser Menge können nicht gleichmächtig sein.* Diese Aussage stimmt mit aller unserer bisherigen Erfahrung überein. Allerdings bezieht sich unsere Erfahrung ausschließlich auf endliche Mengen, und für diese stimmt die Aussage auch. Wenn man jedoch unendliche Mengen untersucht, darf man diesen keine Eigenschaften unterstellen, die man von endlichen Mengen her gewohnt ist. Man muss also das Ungewohnte akzeptieren: *Unendliche Mengen haben die Eigenschaft, dass sie gleichmächtig zu einer echten Teilmenge sind.*

Der Mathematiker DEDEKIND (1831–1916) hat diese Besonderheit zum Inhalt einer Definition des unendlich Großen gemacht: *Eine Menge M heiße unendlich, wenn sie einem echten Teil ihrer selbst gleichmächtig ist.*

Aufgaben

1 Zeigen Sie, dass die Menge M zur Menge $\mathbb{N}$ der natürlichen Zahlen gleichmächtig ist.

a) $M = \{n \in \mathbb{N} \mid n \text{ ungerade})$ b) $M = \{10^n \mid n \in \mathbb{N}\}$

c) $M = \left\{\frac{1}{n} \mid n \in \mathbb{N} \setminus \{0\}\right\}$ d) $M = \{z \mid z \in \mathbb{Z} \text{ und } z \geqq -100\}$

Ist eine Menge M gleichmächtig zu $\mathbb{N}$, kann man dies auf folgende Arten anschaulich deuten:
a) Man kann die Elemente der Menge M mit den natürlichen Zahlen durchnummerieren
b) Man kann die Elemente von M wie Perlen an einer endlosen Schnur hintereinander anordnen.

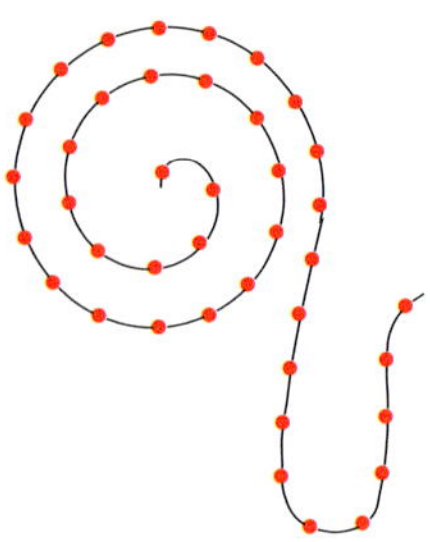

2 Die nebenstehende Zuordnung zeigt, dass die Menge $\mathbb{N}$ der natürlichen Zahlen und die Menge $\mathbb{Z}$ der ganzen Zahlen gleichmächtig sind. Zeigen Sie entsprechend die Gleichmächtigkeit von $\mathbb{Z}$ und M.

0	1	2	3	4	5	6	7	8	…
↕	↕	↕	↕	↕	↕	↕	↕	↕	
0	1	−1	2	−2	3	−3	4	−4	…

a) $M = \left\{\frac{1}{z} \mid z \in \mathbb{Z} \setminus \{0\}\right\}$ b) $M = \{r \in \mathbb{R} \mid r^2 = n \text{ und } n \in \mathbb{N}\}$

3 M sei eine unendliche Teilmenge von $\mathbb{N}$. Begründen Sie: M und $\mathbb{N}$ sind gleichmächtig.

4 Eine endlose Schnur ist in Abständen von 1 cm mit roter Farbe markiert. M sei die Menge der rot markierten Punkte. Beurteilen Sie, ob sich die Mächtigkeit von M ändert, wenn man die Schnur in Abständen von 1 mm rot markiert.

5 M sei die Menge der Punkte der Ebene, die auf den Koordinatenachsen liegen und die ganzzahlige Koordinaten haben. Die nebenstehende Abbildung zeigt, dass M und $\mathbb{N}$ gleichmächtig sind.
a) Zeigen Sie, dass die Menge aller Punkte der Ebene mit ganzzahligen Koordinaten gleichmächtig zu $\mathbb{N}$ ist.
b) Bilden Sie weitere zu $\mathbb{N}$ gleichmächtige Punktmengen.

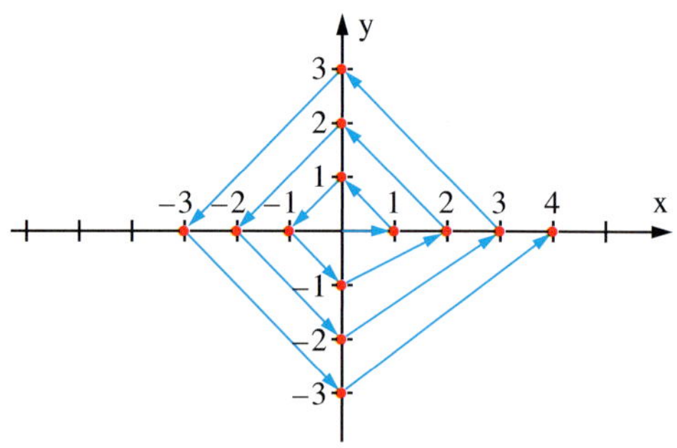

In Aufgabe 6 wird die Menge M_1 auch mit $\mathbb{N} \times \mathbb{N}$ und die Menge M_2 mit $\mathbb{Z} \times \mathbb{N}$ bezeichnet.

6 a) Gegeben ist die Menge $M_1 = \{(m; n) \mid m, n \in \mathbb{N}\}$. Veranschaulichen Sie M_1 als Punktmenge in der Koordinatenebene. Zeigen Sie, dass M_1 und $\mathbb{N}$ gleichmächtig sind.
b) Zeigen Sie, dass die Mengen $M_2 = \{(z; n) \mid z \in \mathbb{Z};\ n \in \mathbb{N}\}$ und $\mathbb{N}$ gleichmächtig sind.
c) Begründen Sie, dass die Menge $\mathbb{Q}$ der rationalen Zahlen gleichmächtig zu einer Teilmenge von M_2 ist. Wie kann man damit die Gleichmächtigkeit von $\mathbb{Q}$ und $\mathbb{N}$ zeigen?

Obwohl schon zwischen 1 und 2 unendlich viele rationale Zahlen liegen, sind $\mathbb{Q}$ und $\mathbb{N}$ gleichmächtig.

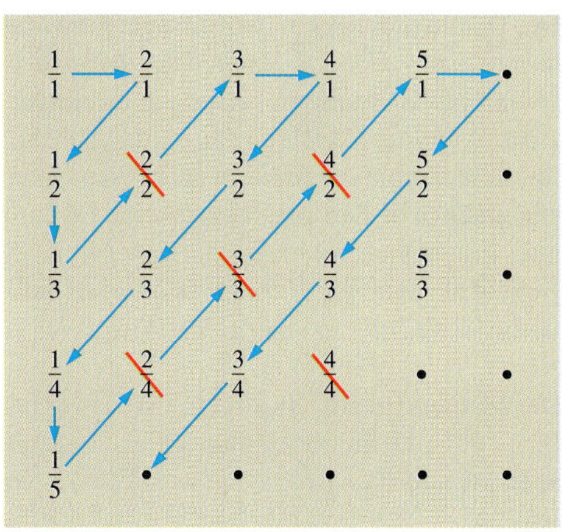

7 Im nebenstehenden Schema sind alle positiven rationalen Zahlen angeordnet, wobei auch Zahlen mehrfach auftreten.
a) In welcher Zeile bzw. in welcher Spalte steht die Zahl $\frac{204}{81}$?
b) Man denkt sich nun die Zahlen entlang der Pfeile aufgereiht, wobei man die schon vorgekommenen Zahlen streicht. Was kann man jetzt über die Mächtigkeit der Menge der positiven rationalen Zahlen sagen?

8 Zeigen Sie durch eine entsprechende Anordnung wie in Aufgabe 7, dass die Menge $\mathbb{Q}$ der rationalen Zahlen und $\mathbb{N}$ gleichmächtig sind.

3 Abzählbare Mengen, die Kardinalzahl $\aleph_0$

Im vorhergehenden Paragraphen wurde gezeigt, dass die rechts aufgeführten Mengen zur Menge $\mathbb{N}$ gleichmächtig sind.

$M_1 = \mathbb{Z}$ (Menge der ganzen Zahlen)
$M_2 = \mathbb{Q}$ (Menge der rationalen Zahlen)
$M_3 = \{(m; n) \mid m \in \mathbb{N};\ n \in \mathbb{N}\}$

Es liegt nun nahe, die Mächtigkeit dieser Mengen mit einer Zahl zu kennzeichnen, so wie die Mächtigkeit von Mengen mit drei Elementen mit der Zahl 3 gekennzeichnet wird. Cantor bezeichnete die Mächtigkeit von $\mathbb{N}$ mit $\aleph_0$ (sprich: Aleph Null). Die natürlichen Zahlen 0, 1, 2, 3 usw. und die Zahl $\aleph_0$ werden unter dem Oberbegriff **Kardinalzahlen** zusammengefasst.

CANTOR: Alle so genannten Beweise wider die Möglichkeit unendlicher Zahlen sind der Hauptsache nach dadurch fehlerhaft, dass sie von vornherein den in Frage stehenden Zahlen alle Eigenschaften der endlichen Zahlen zumuten oder vielmehr aufdrängen, während die unendlichen Zahlen doch andererseits ein ganz neues Zahlengeschlecht konstituieren müssen, dessen Beschaffenheit Gegenstand der Forschung und nicht unserer Willkür ist.“

Definition 1: Ist eine Menge M zur Menge $\mathbb{N}$ der natürlichen Zahlen gleichmächtig, dann hat M die **Mächtigkeit $\aleph_0$** (sprich: Aleph Null). Man sagt auch: M ist **abzählbar unendlich.** Für „M hat die Mächtigkeit k“ schreibt man kurz: $|M| = k$.

Die Zahl $\aleph_0$ ist eine neue Zahl, der man keine Eigenschaften der natürlichen Zahlen wie „gerade oder ungerade“ zuschreiben darf (Paradoxie von PASCAL). Auch muss die Bedeutung z. B. des Rechenzeichens „+“ im Zusammenhang mit $\aleph_0$ erst festgelegt werden.

Rechnen mit Kardinalzahlen (Kardinalzahlarithmetik)
Sind in einer Tüte 3 und in einer anderen 2 Gegenstände und soll ein Kind feststellen, wieviel $3 + 2$ ist, so könnte es alle Gegenstände zusammenlegen und dann abzählen.
Sinngemäß geht man bei der Definition der Summe zweier Kardinalzahlen vor.

Zwei Mengen heißen elementfremd (oder disjunkt), wenn sie kein gemeinsames Element besitzen.

Definition 2: Sind m und n zwei beliebige Kardinalzahlen und A und B zwei elementfremde Mengen mit der Kardinalzahl m bzw. n, dann versteht man unter der **Summe m + n** die Kardinalzahl $|A \cup B|$.

Die Menge $A \times B$ hat als Elemente geordnete Paare.

Zur Definition des Produkts zweier Kardinalzahlen benötigt man den Begriff des direkten Produkts $A \times B$ zweier Mengen A und B: $A \times B = \{(a; b) \mid a \in A;\ b \in B\}$.

Definition 3: Sind m und n zwei beliebige Kardinalzahlen und A und B zwei Mengen mit der Kardinalzahl m bzw. n, dann versteht man unter dem **Produkt m·n** die Kardinalzahl $|A \times B|$.

Aufgaben

Tipp zu Aufgabe 2c: Die Funktion f mit $f(m; n; s) = 2^m \cdot 3^n \cdot 5^s$ ist eine Bijektion von $\mathbb{N} \times \mathbb{N} \times \mathbb{N}$ auf eine Teilmenge von $\mathbb{N}$.

1 Zeigen Sie
a) $\aleph_0 + 2 = \aleph_0$ b) $\aleph_0 + k = \aleph_0$ $(k \in \mathbb{N})$ c) $\aleph_0 + \aleph_0 = \aleph_0$.

2 a) $2 \cdot \aleph_0 = \aleph_0$ b) $\aleph_0 \cdot \aleph_0 = \aleph_0$ c) $\aleph_0 \cdot \aleph_0 \cdot \aleph_0 = \aleph_0$

Das hilbertsche Hotel

Zur Veranschaulichung der ungewohnten und unanschaulichen CANTORschen Begriffsbildungen kursiert in den mathematischen Instituten der Welt die Geschichte vom HILBERTschen Hotel. HILBERT war der bedeutendste Mathematiker des beginnenden 20. Jahrhunderts und ein Verfechter von CANTORS Ideen. Es ist nicht bekannt, ob die Geschichte von ihm stammt.

Das in einer beliebten Ausflugsgegend gelegene HILBERTsche Hotel hat eine einzigartige Besonderheit zu bieten. Es besitzt als weltweit einziges Hotel unendlich viele Zimmer. Genau gesagt sind es abzählbar viele, durchnummeriert mit 1, 2, 3, …
Alle Zimmer sind Einzelzimmer.

An einem Sommerabend in den großen Ferien sind alle Zimmer belegt. Als es dunkelt, kommt noch ein müder Wanderer und bittet um Aufnahme. Der Portier weist ihn unter Hinweis auf die volle Belegung aller Zimmer ab. Zu allem Überfluss zieht noch ein Gewitter auf, und der Wanderer wendet sich verzweifelt hinaus in die gefahrvolle Nacht.
Da kommt der Direktor vorbei und herrscht den Portier an:
„Wie können Sie den Mann abweisen? Natürlich bekommt er ein Zimmer.“

$\aleph_0 + 1 = \aleph_0$

Der Direktor bittet den Gast aus Zimmer 1, in das Zimmer 2 umzuziehen. Den Gast aus Zimmer 2 bittet er, in Zimmer 3 umzuziehen, den aus Zimmer 3 in Zimmer 4 usw. Die Gäste sind sehr verständnisvoll. Der glückliche Wanderer erhält Zimmer 1.

$\aleph_0 + 40 = \aleph_0$

Gerade als wieder Ruhe eingekehrt ist, fährt ein Reisebus mit 40 neuen Gästen vor. Der Portier will sie abweisen, aber der Direktor greift wieder ein. Leider muss er den Wanderer in Zimmer 1 nochmals stören. Er bittet ihn, in das Zimmer 41 umzuziehen, den Gast aus Zimmer 2 komplimentiert er in das Zimmer 42 usw. Die Gäste sind wirklich außerordentlich liebenswürdig. Die Busgesellschaft kann jetzt die ersten 40 Zimmer beziehen.
Gerade als der Portier sich zur Ruhe begeben will, hört er auf dem Parkplatz wieder Motorenlärm. Das ist aber eine unruhige Nacht, denkt er sich noch, als ihm auch schon der Schreck in die Glieder fährt. Denn der Reisebus, der angekommen ist, hat nicht 40 Gäste, auch nicht 80, sondern *abzählbar unendlich* viele. Der Portier rennt in die Besenkammer und schließt sich ein, doch der Direktor findet nach kurzem Nachdenken mit der Hilfe der Reisenden (es handelt sich um einen großen Leistungskurs Mathematik) eine Lösung.

$\aleph_0 + \aleph_0 = \aleph_0$

Mit dem Versprechen, ein Frühstücksei gratis zu spendieren, bittet der Direktor den Gast aus Zimmer 1 in Zimmer 2, den Gast aus Zimmer 2 in Zimmer 4, d. h. den Gast aus Zimmer n in Zimmer 2n. Dadurch sind alle Zimmer mit ungerader Nummer frei geworden, in die jetzt die abzählbar unendlich vielen Busreisenden einziehen können.

$\aleph_0 \cdot \aleph_0 = \aleph_0$

Kurz vor Mitternacht bricht die Katastrophe herein. Auf den Parkplatz fahren *abzählbar unendlich viele Busse* mit jeweils *abzählbar unendlich vielen Insassen*. Der Portier kündigt auf der Stelle. Der Direktor weckt den Mathematiklehrer und bittet ihn um Hilfe.

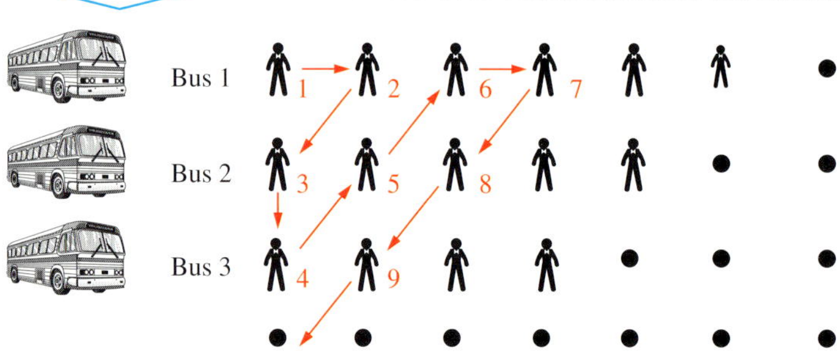

Dieser geht auf den Parkplatz und lässt die Insassen jedes Busses vor ihrem Bus in einer Reihe Aufstellung nehmen. Dann geht er entlang des Streckenzuges durch die Reihen und verteilt rote Nummern 1, 2, 3, 4, …, die die Gäste an die Jacke heften müssen. Dabei wendet er sich an den Direktor:
„Alle Gäste sind mit 1, 2, 3, 4, … durchnummeriert. Sie können jetzt das vorige Verfahren wenden.“

4 Überabzählbare Mengen

Alle bisher betrachteten Mengen haben sich als abzählbar unendlich erwiesen. Unter anderen gehören dazu die Menge $\mathbb{Q}$ der rationalen Zahlen und die Menge der Punkte der Ebene mit ganzzahligen Koordinaten. Aufgrund dieser Ergebnisse könnte man annehmen, dass jede unendliche Menge abzählbar ist. Damit gäbe es keine Differenzierung des unendlich Großen. Dies ist jedoch nicht der Fall. CANTOR machte die bedeutende Entdeckung, dass die Menge $\mathbb{R}$ der reellen Zahlen nicht abzählbar ist.
Im Folgenden wird zunächst gezeigt, dass die Menge $I = (0; 1)$ nicht abzählbar ist. Da I eine Teilmenge von $\mathbb{R}$ ist, ist die Menge der reellen Zahlen ebenfalls nicht abzählbar.

Anschaulich bedeutet das: Man kann die reellen Zahlen nicht durchnummerieren.

Satz: Die Menge der reellen Zahlen r mit $0 < r < 1$ ist nicht abzählbar.
Daraus folgt: Die Menge $\mathbb{R}$ der reellen Zahlen ist **nicht abzählbar** (ist **überabzählbar**).

Beweis: Man geht nach der Methode des indirekten Beweises vor. Dazu geht man versuchsweise von der Annahme aus, dass der Satz falsch ist. Das Ziel ist nun, aufgrund dieser Annahme zu einem Widerspruch zu gelangen. In diesem Fall muss die Annahme falsch sein und ihr Gegenteil richtig.
Annahme: Die Menge (0; 1) ist abzählbar. Dann gibt es eine Bijektion von $\mathbb{N}$ nach (0; 1), dargestellt in folgender Anordnung.

In der nebenstehenden Anordnung bedeutet z_{ij} eine Ziffer. Sie steht in der i-ten Zeile an der j-ten Stelle hinter dem Komma. Im Beispiel ist $z_{13} = 0$; $z_{57} = 5$.

$\mathbb{N}$		(0; 1)
0	↔	$0, z_{11}\ z_{12}\ z_{13}\ z_{14}\ z_{15}\ z_{16} \ldots$
1	↔	$0, z_{21}\ z_{22}\ z_{23}\ z_{24}\ z_{25}\ z_{26} \ldots$
2	↔	$0, z_{31}\ z_{32}\ z_{33}\ z_{34}\ z_{35}\ z_{36} \ldots$
3	↔	$0, z_{41}\ z_{42}\ z_{43}\ z_{44}\ z_{45}\ z_{46} \ldots$
4	↔	$0, z_{51}\ z_{52}\ z_{53}\ z_{54}\ z_{55}\ z_{56} \ldots$
5	↔	$0, z_{61}\ z_{62}\ z_{63}\ z_{64}\ z_{65}\ z_{66} \ldots$
6	↔	…

Beispiel		
0	↔	0, 4 1 0 8 4 7 1 1 8 …
1	↔	0, 8 5 2 2 2 2 2 2 2 …
2	↔	0, 1 4 1 4 6 8 4 3 2 …
3	↔	0, 3 3 3 3 3 3 3 3 3 …
4	↔	0, 9 9 8 0 0 0 5 0 5 …
5	↔	0, 5 0 0 0 0 0 0 0 0 …
6	↔	…

Die Idee dieses Beweises wird als **„CANTORsches Diagonalverfahren"** *bezeichnet. Es hat für viele mathematische Argumentationen als Muster gedient.*

Das Ziel ist nun, eine Zahl $a \in (0; 1)$ anzugeben, die in der Liste nicht vorkommen kann. Die Ziffern a_i dieser Zahl $a = a_1 a_2 a_3 a_4 a_5 \ldots$ bildet man mithilfe der auf der diagonalen Linie liegenden Ziffern z_{ii} auf folgende Weise:

$a_i = 1$, falls $z_{ii} \neq 1$
$a_i = 2$, falls $z_{ii} = 1$

Im Beispiel gilt für a:
$a = 0,112111\ldots$

Diese Zahl a kann in der Liste nicht vorkommen, da sie sich von der n-ten Zahl der Liste an der n-ten Ziffer unterscheidet. Damit ist die Annahme widerlegt und der Satz ist richtig.

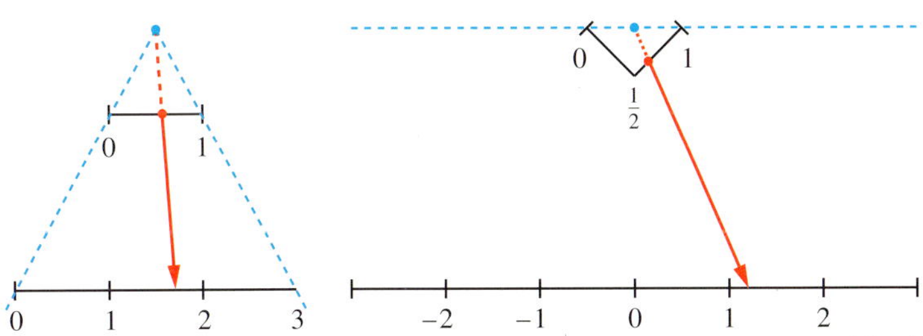

Fig. 1

Einfache geometrische Überlegungen zeigen, dass auch andere Teilmengen von $\mathbb{R}$ wie z. B. die Menge (0; 3) und sogar die Menge $\mathbb{R}$ der reellen Zahlen die gleiche Mächtigkeit wie die Menge (0; 1) hat.
Die in Fig. 1 dargestellten Zuordnungen stellen eine Bijektion von (0; 1) nach (0; 3) bzw. von (0; 1) nach $\mathbb{R}$ dar.

Aufgaben

1 Zeigen Sie die Gleichmächtigkeit der angegebenen Zahlenmengen M_1 und M_2, indem Sie die Mengen als Punktmengen auffassen und auf geometrischem Weg eine bijektive Beziehung herstellen.

a) $M_1 = [0; 1]$; $M_2 = [0; 4]$
b) $M_1 = \mathbb{R}$; $M_2 = \mathbb{R}^+$
c) $M_1 = \{(x; y) \mid x^2 + y^2 = 1\}$; $M_2 = \{(x; y) \mid x^2 + y^2 = 9\}$

$\mathbb{N}$		Folge
0	↔	1; 0; 1; 1; 1; 0; 0; 1; 1; …
1	↔	0; 0; 0; 1; 1; 1; 1; 1; 0; …
2	↔	1; 1; 1; 0; 1; 1; 0; 0; 0; …
3	↔	1; 0; 1; 0; 0; 0; 0; 1; 1; …
4	↔	1; 1; 1; 1; 1; 1; 1; 1; 1; …

2 Es sei F die Menge aller Folgen, deren Glieder nur aus den Zahlen 0 bzw. 1 bestehen. Zeigen Sie, dass F überabzählbar ist.
Gehen Sie dazu wie beim CANTORschen Diagonalverfahren (Seite 275) von der Annahme aus, dass F abzählbar ist, und führen Sie diese Annahme auf einen Widerspruch.

3 Jede Folge, deren Glieder nur aus den Zahlen 0 bzw. 1 bestehen, kann als Funktion f mit $D_f = \mathbb{N}$ und $W_f = \{0; 1\}$ aufgefasst werden.
a) Begründen Sie: Jeder solchen Funktion f kann mit $A = \{n \in \mathbb{N} \mid f(n) = 1\}$ bijektiv eine Teilmenge A von $\mathbb{N}$ zugeordnet werden.
b) Beweisen Sie mithilfe von Teilaufgabe a) und des Ergebnisses von Aufgabe 2 den Satz: Die Menge $P(\mathbb{N})$, deren Elemente die Teilmengen von $\mathbb{N}$ sind, ist nicht abzählbar.

Eine überraschende Entdeckung bei der Suche nach Mengen mit immer höherer Mächtigkeit: Mengen höherer Dimension haben nicht unbedingt auch eine höhere Mächtigkeit.

Fig. 1

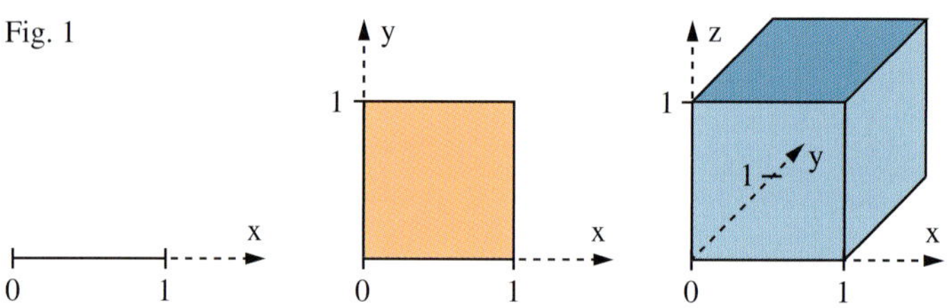

CANTOR schrieb zu seiner Entdeckung: „Je le vois, mais je ne le crois pas!“ („Ich sehe es, aber ich glaube es nicht!“)

4 Es soll eine Zuordnung konstruiert werden, die zeigt, dass die Anzahl der Punkte des Einheitsquadrates nicht größer als die Anzahl der Punkte der Einheitsstrecke sein kann. Dazu ordnet man dem Punkt $P(0{,}x_1x_2x_3\ldots \mid 0{,}y_1y_2y_3\ldots)$ des Einheitsquadrates die Zahl $r = 0{,}x_1y_1x_2y_2x_3y_3\ldots$ zu. (Um Mehrdeutigkeiten zu vermeiden, schreibt man z. B. 0,25 statt 0,24999…)
Überzeugen Sie sich an Beispielen, dass verschiedenen Punkten des Einheitsquadrates verschiedene Punkte der Einheitsstrecke zugeordnet sind. (Die beschriebene Zuordnung ist eine Bijektion zwischen der Menge der Punkte des Einheitsquadrates und einer echten Teilmenge der Menge der Punkte der Einheitsstrecke, da z. B. kein Punkt des Quadrats der Zahl $r = 0{,}2140909090\ldots$ zugeordnet wird.)

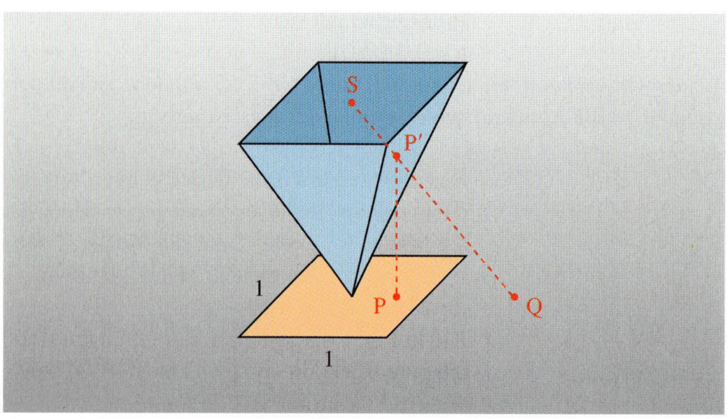

Fig. 2

5 a) Beschreiben Sie anhand Fig. 2, wie man jedem Punkt des Einheitsquadrates (ohne Ränder) bijektiv einen Punkt der Ebene zuordnen kann.
b) Geben Sie eine entsprechende Methode an, mittels der man jedem Punkt des Einheitskreises (ohne Rand) bijektiv einen Punkt der Ebene zuordnen kann.

5 Unendlich und kein Ende

Es blieb lange Zeit offen, ob c die nächstgrößere Kardinalzahl $\aleph_1$ nach $\aleph_0$ ist. Die Vermutung, dass dies so ist, wird als Kontinuumshypothese bezeichnet. Man kann zeigen: Die Kontinuumshypothese ist weder beweisbar noch widerlegbar.

Bisher wurden zwei Klassen von unendlichen Mengen betrachtet: zum einen abzählbar unendliche Mengen (z. B. $\mathbb{N}$, $\mathbb{Z}$, $\mathbb{Q}$) mit der Mächtigkeit $\aleph_0$ und zum anderen überabzählbare Mengen (z. B. $\mathbb{R}$). Alle angeführten überabzählbaren Mengen haben die Mächtigkeit der Menge $\mathbb{R}$ der reellen Zahlen. Diese Mächtigkeit wird mit c (für Continuum) bezeichnet. Im Folgenden wird gezeigt, wie man Mengen mit immer größerer Mächtigkeit erhalten kann.

Bei der Suche nach Mengen mit immer höherer Mächtigkeit spielt der Begriff der **Potenzmenge** P(M) einer Menge M eine zentrale Rolle. P(M) besteht aus allen Teilmengen der Menge M.
Z. B. ist die Potenzmenge von $M = \{1; 2\}$ die Menge $P(M) = \{\{\}; \{1\}; \{2\}; \{1; 2\}\}$.

1 a) Geben Sie die Potenzmenge P(M) der Menge $M = \{1; 2; 3\}$ an.
b) Wie verändert sich die Zahl der Elemente von P(M), wenn man M um das Element 4 erweitert?
c) Zeigen Sie mit vollständiger Induktion: Ist $|M| = n$ $(n \in \mathbb{N})$, dann gilt: $|P(M)| = 2^n$.

Satz: Die **Potenzmenge P(A)** einer Menge A hat eine höhere Mächtigkeit als die Menge A.

Ist M die Menge der natürlichen Zahlen, kann man sich die Zuordnung f z. B. so vorstellen:

$0 \leftrightarrow \{0; 4; 34\}$
$1 \leftrightarrow \{2; 4; 6; 8; \ldots\}$
$2 \leftrightarrow \{\}$
$3 \leftrightarrow \{1; 2; \ldots; 9\}$
$4 \leftrightarrow \mathbb{N}\setminus\{4\}$
$5 \leftrightarrow$ Menge der Primzahlen
...
$B = \{1; 2; 4; \ldots\}$ unterscheidet sich von jeder der rechts aufgeführten Mengen in mindestens einem Element.

Beweis: Der Beweis wird indirekt geführt. Gegeben ist eine beliebige Menge M. Angenommen, P(M) und M sind gleichmächtig. Dann gibt es eine Funktion f, die die Elemente von M und P(M) einander bijektiv zuordnet. Zu einem Element $a \in M$ ist der Funktionswert f(a) also eine Teilmenge von M. Man kann nun zu einem Widerspruch gelangen, indem man ein Element B von P(M) angibt, für das es kein Element $w \in M$ mit $f(w) = B$ gibt.
Um diese Teilmenge B zu konstruieren, beachtet man, dass es für jedes Element a von M zwei Möglichkeiten gibt: Entweder ist $a \in f(a)$ oder $a \notin f(a)$. Nun definiert man die Menge
$B = \{a \in M \mid a \notin f(a)\}$.
B ist eine Teilmenge von M. Da nach Annahme f eine Bijektion von M nach P(M) ist, gibt es ein $w \in M$ mit $f(w) = B$. Für w gilt: $w \in B$ oder $w \notin B$.
Gilt $w \in B = f(w)$, dann folgt nach Definition von B: $w \notin f(w)$.
Gilt $w \notin B = f(w)$, dann folgt nach Definition von B: $w \in f(w)$.
Da sich in beiden Fällen ein Widerspruch ergibt, gibt es kein $w \in M$ mit $f(w) = B$.
Die Annahme, dass es eine Bijektion f von M nach P(M) gibt, ist widerlegt.

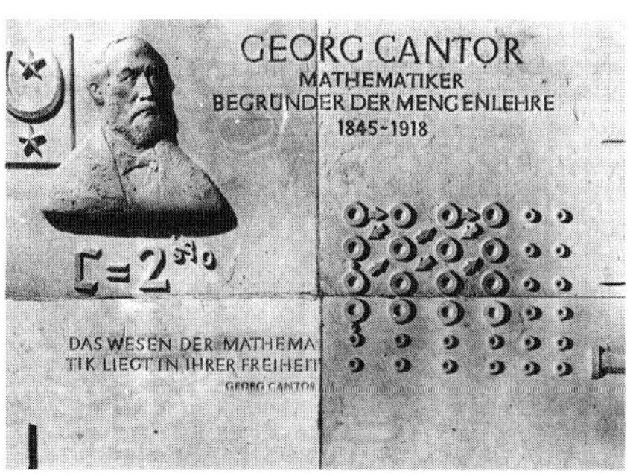

Die nebenstehende Abbildung zeigt ein GEORG CANTOR gewidmetes Bronzerelief in Halle. Auf der rechten Hälfte ist das Abzählverfahren für die Menge der rationalen Zahlen angedeutet (siehe Aufg. 7, Seite 272).
Die Gleichung $c = 2^{\aleph_0}$ ist die formale Form des von CANTOR bewiesenen Satzes: Hat eine Menge M die Mächtigkeit $\aleph_0$, dann hat P(M) die Mächtigkeit c.
Der Satz darunter bringt CANTORS Meinung zum Ausdruck, nach dem die Mathematik in ihrer Entwicklung völlig frei ist und nur auf die Widerspruchsfreiheit ihrer Begriffsbildungen Rücksicht nehmen muss.

Aufgaben zur Vorbereitung des schriftlichen Abiturs

Geometrische Reihe

1 Ein Sparer zahlt – beginnend mit dem 1.1.2005 – jeweils zu Jahresbeginn 10 000 Euro auf ein Konto mit einem Zinssatz von 6 %.
a) Wie hoch ist der Kontostand am 1.1.2015 einschließlich der letzten Einzahlung?
b) Der Sparer zahlt nur an den ersten 6 Zahltagen ein. Wie hoch ist bei dieser Zahlweise der Kontostand am 1.1.2015?

Rekursive Folge

2 Gegeben ist die Folge (a_n) mit $a_0 = 1{,}5$ und $a_{n+1} = 5 - \frac{4}{a_n}$.
a) Berechnen Sie die Folgenglieder a_n für $n \leqq 4$. Zeichnen Sie in ein Koordinatensystem Schaubilder der Funktion f mit $f(x) = 5 - \frac{4}{x}$ und g mit $g(x) = x$. Veranschaulichen Sie die ersten 5 Folgenglieder in diesem Koordinatensystem.
b) Untersuchen Sie die Folge (a_n) auf Monotonie, Beschränktheit und Konvergenz.
c) Welchen Grenzwert der Folge (a_n) vermuten Sie? Beweisen Sie diese Vermutung.

Ganzrationale Funktion in realem Bezug

3 Ein Öltank hat die Form einer Kugel; der innere Durchmesser beträgt 2 Meter.
a) Wie viel Liter fasst der Tank?
b) Der Tank wird bis zur Höhe h (in dm; $0 \leqq h \leqq 20$) gefüllt und enthält dann V (h) Liter Öl. Skizzieren Sie ohne weitere Rechnung den Verlauf der Funktion $h \mapsto V(h)$.
c) Zeigen Sie mithilfe der Integralrechnung: $V(h) = \frac{2}{3} \cdot h^2 \cdot (30 - h)$.
d) Um den Tank zu füllen, werden aus einem Tankwagen pro Minute 200 Liter Öl von oben durch eine Öffnung in den Tank gepumpt.
Skizzieren Sie ohne Rechnung den Verlauf der Funktion $t \mapsto V(t)$, die während des Füllvorgangs zu jeder Zeitdauer t (in min; seit Beginn des Füllens) den vorhandenen Ölinhalt des Tanks angibt. Skizzieren Sie in einem neuen Koordinatensystem, wie sich die Höhe h des Ölspiegels mit der Zeit t ändert.
e) Während des Füllvorgangs (vgl. Teilaufgabe d)) steigt der Ölspiegel im Tank unterschiedlich schnell. Am langsamsten steigt er, wenn der Tank halb voll ist. Wie schnell steigt er in diesem Moment?

Gebrochenrationale Funktion ohne Parameter

4 Gegeben ist die Funktion f durch $f(x) = \frac{1}{(x-1)^2}$. Ihr Schaubild sei K.
a) Geben Sie die Asymptoten von K an. Skizzieren Sie K für $-2 \leqq x \leqq 6$.
b) Der Punkt $P(u\,|\,v)$ liegt auf K. Für welchen Wert von u geht die Tangente im Punkt P an K durch den Ursprung?
c) Für $0 \leqq x \leqq 2$ sei g eine ganzrationale Funktion 2. Grades, deren Schaubild zur senkrechten Asymptote von K symmetrisch ist. Die Funktion h ist gegeben durch

$$h(x) = \begin{cases} f(x) & \text{für } x < 0 \text{ oder } x > 2 \\ g(x) & \text{für } 0 \leqq x \leqq 2 \end{cases}.$$

Bestimmen Sie g so, dass h stetig und differenzierbar ist. Zeichnen Sie ein Schaubild von g in das vorhandene Koordinatensystem ein.
d) Die Funktion F ist für $x > 1$ gegeben durch $F(x) = \int_2^x f(t)\,dt$. Ermitteln Sie F(x) durch Integration. Berechnen Sie die Koordinaten des Schnittpunktes der Schaubilder von f und F. Zeichnen Sie ein Schaubild von F einschließlich Asymptoten in das vorhandene Koordinatensystem ein.
e) Das Schaubild K, die Gerade mit der Gleichung $x = 2$ und die x-Achse begrenzen eine ins Unendliche reichende Fläche. Geben Sie aufgrund der bisherigen Ergebnisse den Inhalt dieser Fläche an.

Gebrochenrationale Funktion ohne Parameter

5 Gegeben ist die Funktion f mit $f(x) = \frac{4(x-1)}{x^2}$. Ihr Schaubild sei K.

a) Führen Sie eine vollständige Funktionsuntersuchung durch. Zeichnen Sie K für $|x| \leqq 6$.

b) Die Tangente im Schnittpunkt mit der x-Achse hat mit K einen weiteren Punkt P gemeinsam. Berechnen Sie die Koordinaten von P.

c) Das Schaubild K, die x-Achse und die Gerade g mit der Gleichung $x = z$ $(z > 1)$ begrenzen eine Fläche. Berechnen Sie deren Inhalt A(z). Wie verhält sich A(z) für $z \longrightarrow +\infty$?

d) Die in Teilaufgabe c) betrachtete Fläche mit dem Inhalt A(z) rotiere um die x-Achse. Berechnen Sie den Rauminhalt V(z) des entstehenden Drehkörpers. Wie verhält sich V(z) für $z \longrightarrow +\infty$?

e) Untersuchen Sie das Verhalten der Funktion J mit $J(x) = \int_1^x f(t)\,dt$ mit $x \in \mathbb{R}^+$ für $x \longrightarrow 0$.

Welches ist der kleinste Funktionswert, den die Funktion J annimmt?

f) Zeigen Sie, dass die Funktion J* mit $J^*(x) = \frac{1}{x}\int_1^x J(t)\,dt$ mit $x \in \mathbb{R}^+$ monoton zunimmt.

Hat J* für $x \longrightarrow +\infty$ einen Grenzwert?

Gebrochenrationale Funktion mit Parameter

6 Für jedes $t \in \mathbb{R}^+$ ist eine Funktion f_t gegeben durch $f_t(x) = \frac{2x}{x^2 + t^2}$. Ihr Schaubild sei K_t.

a) Führen Sie eine vollständige Funktionsuntersuchung durch. Zeichnen Sie K_1 und $K_{0,5}$ in ein gemeinsames Koordinatensystem.

b) Bestimmen Sie die Gleichung der Ortslinie, auf der alle Hochpunkte liegen.

c) Die Schaubilder K_t für $t = t_1$ und $t = t_2$ mit $t_1 < t_2$ sowie die Gerade mit der Gleichung $x = z$, $z > 0$ begrenzen im 1. Feld eine Fläche. Berechnen Sie deren Inhalt A(z).
Gegen welchen Grenzwert A* strebt A(z) für $z \longrightarrow +\infty$?
Wie groß ist A* bei den gezeichneten Schaubildern?

d) Bestimmen Sie die Menge der Punkte $P(x|y)$ im 1. Feld, durch die kein Schaubild K_t geht. Kennzeichnen Sie im vorhandenen Koordinatensystem die Menge dieser Punkte durch Schraffur.

e) Es sei $P(u|v)$ ein beliebiger Punkt auf K_t im 1. Feld. Das Dreieck mit den Ecken $O(0|0)$, $Q(u|0)$, $P(u|v)$ erzeugt bei Rotation um die x-Achse einen Kegel. Bestimmen Sie P so, dass der Rauminhalt dieses Kegels extremal wird. Untersuchen Sie, ob es sich um ein Maximum oder um ein Minimum handelt.

f) Zeigen Sie: K_t und die Ursprungsgerade durch den Hochpunkt von K_t schließen eine Fläche ein, die für alle K_t denselben Inhalt hat.

Gebrochenrationale Funktion mit realem Bezug

7 Ein sauberer Teich, dessen Sauerstoffgehalt bisher den Wert 1 hatte, wird zur Zeit $t = 0$ durch organische Abfälle verunreinigt. Durch Verrottung der Abfälle verändert sich der Sauerstoffgehalt im Teich. Dabei gilt für den Sauerstoffgehalt f(t) zur Zeit t (in Wochen):

$$f(t) = \frac{t^2 - t + 1}{t^2 + 1}.$$

a) Begründen Sie, dass für $t > 0$ stets $0 < f(t) < 1$ gilt; formen Sie hierzu für den ersten Teil des Nachweises die sich ergebende Ungleichung mit einer binomischen Formel um.
Wann erreicht der Sauerstoffgehalt seinen kleinsten Wert und wie groß ist dieser?

b) Zeichnen Sie ein Schaubild der Funktion f für $0 \leqq t \leqq 10$.

c) Wann ist der Sauerstoffgehalt nach Erreichen seines kleinsten Wertes wieder auf 70 % seines ursprünglichen Wertes angestiegen?

d) Es soll ein Näherungswert für den mittleren Sauerstoffgehalt $\overline{f}$ des Teiches für $0 \leqq t \leqq 10$ ermittelt werden. Zerlegen Sie hierzu das Intervall [0; 10] in 10 Teilintervalle; berechnen Sie mithilfe der SIMPSON-Regel zunächst einen Näherungswert für $\int_0^{10} f(t)\,dt$ und damit dann einen Näherungswert für $\overline{f}$.

e) Berechnen Sie $\overline{f}$ (vgl. Teilaufgabe d)) exakt. Um wie viel Prozent weicht der Näherungswert aus d) vom exakten Ergebnis ab?

Exponentialfunktion ohne Parameter

8 Gegeben ist die Funktion f mit $f(x) = (e^{-x} - 1)^2$.
a) Führen Sie eine vollständige Funktionsunteruchung durch. Zeichnen Sie ein Schaubild von f für $-1 \leqq x \leqq 4$ (LE 2 cm).
b) Berechnen Sie die Koordinaten des Schnittpunktes des Schaubildes von f und der waagerechten Asymptote.
Das Schaubild von f und die Geraden mit den Gleichungen $y = 1$ bzw. $x = z$ $(z > 0)$ schließen eine Fläche ein. Berechnen Sie deren Inhalt A(z). Bestimmen Sie $\lim\limits_{z \to +\infty} A(z)$.
c) Welche ganzrationale Funktion g vom Grad 3 stimmt für $x = 0$ mit der Funktion f sowohl im Funktionswert als auch in den ersten drei Ableitungen überein?
Zeichnen Sie ein Schaubild von g für $-1 \leqq x \leqq 1{,}5$ in das vorhandene Koordinatensystem ein.
d) Zeichnen Sie im vorhandenen Koordinatensystem für $-0{,}5 \leqq x \leqq 4$ ein Schaubild der Funktion h mit $h(x) = \left(\frac{x}{x+1}\right)^2$.
Prüfen Sie, ob h an der Stelle $x = 0$ ebenso wie g im Funktionswert und den ersten drei Ableitungen mit der Funktion f übereinstimmt.
e) Das Schaubild von h (vgl. Teilaufgabe d)), seine waagerechte Asymptote und die Gerade mit der Gleichung $x = z$ $(z > 0)$ schließen eine Fläche ein. Berechnen Sie deren Inhalt A*(z).
Wie verhält sich A*(z) für $z \to +\infty$? Vergleichen Sie das Ergebnis mit dem in b).
f) In einem Punkt $P(u|v)$ des Schaubildes von g sei die Normale gezeichnet; ihr Schnittpunkt mit der y-Achse sei S. Welchem Grenzpunkt S_0 nähert sich S für $u \to 0$?

Exponentialfunktion ohne Parameter in realem Bezug

9 Gegeben ist die Funktion f mit $f(x) = (1 - 4x) \cdot e^{-0{,}5x}$. Ihr Schaubild sei K.
a) Führen Sie eine vollständige Funktionsunteruchung durch. Zeichnen Sie das Schaubild K für $-1 \leqq x \leqq 6$. Berechnen Sie den Winkel, unter dem K die y-Achse schneidet.
b) Das Schaubild K begrenzt zusammen mit der Geraden mit der Gleichung $x = u$ $(u > \frac{1}{4})$ im 4. Feld eine Fläche mit dem Inhalt A(u). Berechnen Sie A(u) und $\lim\limits_{u \to +\infty} A(u)$.
c) Von zwei Rohstoffen sind zu Beobachtungsbeginn jeweils 6000 Einheiten vorhanden.
Für beide Rohstoffe beträgt die anfängliche jährliche Verbrauchsrate (Änderungsrate) jeweils 70 Einheiten pro Jahr.
Für die im Laufe der Jahre zunehmende Verbrauchsrate v_A des Rohstoffs A gilt $v_A(t) = 70 \cdot e^{0{,}05t}$ mit t in Jahren.
Für die abnehmende Verbrauchsrate v_B des Rohstoffs B gilt $v_B(t) = 70 \cdot e^{-0{,}05t}$.
Berechnen Sie den Jahresverbrauch der Rohstoffe A und B im 15. Jahr nach Beobachtungsbeginn.
Um wie viel Prozent nimmt die Verbrauchsrate für A jährlich zu bzw. für B jährlich ab?
d) Berechnen Sie die jeweilige Menge, die von den beiden Rohstoffen nach 15 Jahren noch vorhanden ist. Wie lange reicht der Rohstoff A?

Exponentialfunktion mit Parameter

10 Für jede natürliche Zahl n ist eine Funktion f_n gegeben durch $f_n(x) = x^n \cdot e^{-x}$.
Das Schaubild von f_n sei K_n.
a) Führen Sie für $n = 1$ eine vollständige Funktionsunteruchung durch. Zeichnen Sie K_1.
b) Das Schaubild K_1, die x-Achse und die Gerade mit der Gleichung $x = z$ $(z > 0)$ schließen eine Fläche mit dem Inhalt A(z) ein. Berechnen Sie A(z) und $\lim\limits_{z \to +\infty} A(z)$.
c) Zeigen Sie, dass alle Schaubilder K_n durch den Hochpunkt H_1 von K_1 gehen.
d) Berechnen Sie den Inhalt der Fläche, die von K_1 und K_2 begrenzt wird.
e) A_n sei der Inhalt der Fläche, die von K_1 und K_n begrenzt wird. Welchem Grenzwert nähert sich die Folge (A_n) für $n \to +\infty$?
f) Ermitteln Sie die Gleichung der Ortslinie C, auf der die Hochpunkte aller K_n liegen.
Weisen Sie mithilfe der Beziehung $x^x = e^{x \cdot \ln x}$ für $x \in \mathbb{R}^+$ nach, dass sich das Schaubild C für $x \to 0$ $(x \in \mathbb{R}^+)$ einem Grenzpunkt P nähert. Geben Sie die Koordinaten von P an.
g) Zeigen Sie, dass C einen Tiefpunkt T hat. Geben Sie die Koordinaten von T an.

Trigonometrische Funktionen mit Parameter

11 Für jedes $t \in \mathbb{R}^+$ sind die Funktionen f_t und g_t gegeben durch
$f_t(x) = t \cdot \sin 2x,\ 0 \leqq x \leqq \frac{\pi}{2}$ und $g_t(x) = t \cdot \cos 2x,\ 0 \leqq x \leqq \frac{\pi}{2}$.
a) Zeichnen Sie in ein gemeinsames Koordinatensystem Schaubilder der Funktionen f_2 und g_2.
b) Ermitteln Sie für allgemeines t die Gleichungen der Tangenten und Normalen in den gemeinsamen Punkten A und B des Schaubildes von f_t mit der x-Achse.
Der Schnittpunkt der Tangenten sei T, der Schnittpunkt der Normalen sei N.
Für welchen Wert von t haben die Dreiecke ABT und ABN den gleichen Flächeninhalt?
c) Durch welchen Punkt P_t schneiden sich für einen gegebenen Wert von t die Schaubilder von f_t und g_t? Für welchen Wert von t schneiden sich die beiden Schaubilder orthogonal?
d) Das Schaubild der Funktion h_t mit $h_t(x) = x + 2 \cdot \sin 2x,\ 0 \leqq x \leqq \frac{\pi}{2}$, und die 1. Winkelhalbierende umschließen eine Fläche, die um die x-Achse rotiert.
Berechnen Sie das Volumen des Rotationskörpers.

Wachstumsprozesse

12 a) In einer Bakterienkultur werden zur Zeit $t = 0$ (in Std.) 100 Bakterien gezählt.
Die Zahl der Bakterien verdoppelt sich jeweils im Verlauf von 40 Minuten.
Wie viele Bakterien sind nach t Stunden vorhanden?
Um wie viel Prozent nimmt die Zahl der Bakterien stündlich zu?
Zeichnen Sie für $0 \leqq t \leqq 3$ ein Schaubild der Funktion f, die jeder Zeit t (in Std.) die Zahl der vorhandenen Bakterien zuordnet.
b) Nach 3 Stunden beginnt sich das Wachstum in der Bakterienkultur wegen Nahrungsmangel zu verlangsamen. Der Zuwachs in der Zeiteinheit („Wachstumsgeschwindigkeit“ in Bakterien pro Std.) verringert sich nun stündlich um ein Drittel.
Wie groß ist die Wachstumsgeschwindigkeit zur Zeit $t = 3$?
Bestimmen Sie die Wachstumsgeschwindigkeit zur Zeit t für $t > 3$.
c) Wie viele Bakterien sind zur Zeit $t = 3$ vorhanden? Ermitteln Sie die Anzahl f(t) der Bakterien zur Zeit t für $t > 3$. Wie ändert sich die Anzahl der Bakterien langfristig?
Ergänzen Sie das vorhandene Schaubild für $3 \leqq t \leqq 6$.
Nach welcher Zeit ist die Wachstumsgeschwindigkeit auf 20 % des ursprünglich (d. h. zur Zeit $t = 0$) vorhandenen Wertes abgesunken?
d) Zeigen Sie: Für $t > 3$ gibt es eine Konstante c so, dass die Wachstumsgeschwindigkeit der Bakterien zur Differenz $c - f(t)$ proportional ist. Welche anschauliche Bedeutung hat c?

Wachstumsprozesse

13 a) In einer Stadt, die zu Beginn der Beobachtung 500 000 Einwohner hatte, kommt jährlich auf 40 Einwohner eine Geburt und auf 30 Einwohner ein Todesfall.
Um wie viel Prozent ändert sich die Einwohnerzahl jährlich? Nimmt die Einwohnerzahl zu, oder nimmt sie ab?
Wie groß ist die Änderungsgeschwindigkeit der Einwohnerzahl (in Personen pro Jahr) zur Zeit t (t: Jahre seit Beobachtungsbeginn)?
Wie viel Einwohner hatte die Stadt 10 Jahre nach dem Beginn der Beobachtung?
b) Infolge einer veränderten Infrastruktur setzte 10 Jahre nach dem Beginn der Beobachtung eine Fluktuation der Bevölkerung ein, so dass in den folgenden Jahren jährlich 12 000 Personen neu in die Stadt zuzogen und gleichzeitig jährlich 7000 Personen aus der Stadt wegzogen. Mit welcher Geschwindigkeit (in Personen pro Jahr) ändert sich nun die Einwohnerzahl? Nimmt die Einwohnerzahl für $t > 0$ zu, oder nimmt sie ab?
Ermitteln Sie die Einwohnerzahl zur Zeit t für $t > 10$.
Wann hat die Stadt wieder dieselbe Einwohnerzahl wie zu Beginn der Beobachtung?
c) Um wie viel müsste die gleich bleibende Zahl der jährlich zuziehenden die ebenfalls gleich bleibende Zahl der jährlich wegziehenden Personen übersteigen, um die Einwohnerzahl über Jahre hinweg auf dem Stand von 10 Jahre nach Beobachtungsbeginn zu halten?

Aufgaben zur Vorbereitung des mündlichen Abiturs

1 a) Skizzieren Sie die Schaubilder K: $y = x^2$ und L: $y = 4 - x^2$ im gleichen Koordinatensystem.
b) K und L gehören zu den Scharen K_a: $y = a^2x^2$ und L_a: $y = 4a^2 - x^2$ mit $a \in \mathbb{R}^+$.
Zwei zum gleichen Parameterwert gehörende Schaubilder K_a und L_a schneiden sich im 1. Feld in einem Punkt S_a. Berechnen Sie die Koordinaten von S_a.
Wie verhält sich S_a für $a \rightarrow 0$ bzw. $a \rightarrow +\infty$?
c) Für welchen Wert von a liegt S_a am weitesten rechts?
d) Mit welcher Richtung nähert sich die Ortslinie der Punkte S_a dem Nullpunkt?

2 a) Skizzieren Sie die Schaubilder der Funktionen
$x \mapsto e^x$; $x \mapsto e^{-x}$; $x \mapsto -e^{-x}$; $x \mapsto 1 - e^{-x}$; $x \mapsto 2(1 - e^{-x})$.
b) Wie ändert sich das Schaubild einer Funktion $x \mapsto a(1 - e^{-kx})$ mit $a \in \mathbb{R}^+$ und $k \in \mathbb{R}^+$, wenn man k konstant lässt und a variiert bzw. wenn man a konstant lässt und k variiert?
c) Es sei $f(x) = 2(1 - e^{-x})$. Geben Sie eine gebrochenrationale Funktion g an mit
$g(0) = f(0)$, $g'(0) = f'(0)$ und $\lim\limits_{x \to +\infty} g(x) = \lim\limits_{x \to +\infty} f(x)$.

3 a) Das Dreieck mit den Ecken $O(0|0)$, $A(2|0)$, $B(2|1)$ rotiere um die x-Achse. Welchen Rauminhalt hat der entstehende Kegel?
b) Ermitteln Sie mithilfe der Integralrechnung die Formel für den Rauminhalt eines senkrechten Kreiskegels.
c) Wie lässt sich entsprechend die Formel für den Rauminhalt eines senkrechten Kegelstumpfes mit den Radien r und R und der Höhe h herleiten?
d) Wie könnte man vorgehen, um den Rauminhalt eines Fasses zu ermitteln, von dem der minimale Radius r, der maximale Radius R und die Höhe h bekannt sind?

4 Gegeben ist die Funktion f mit
$f(x) = (1 + x)\sqrt{1 - x^2}$.
a) Bestimmen Sie f(0), die maximale Definitionsmenge und die Nullstellen von f.
Berechnen Sie $f'(x)$.
b) Für welchen positiven x-Wert wird f(x) maximal? Bestimmen Sie das Maximum.
c) Einem Kreis mit $r = 1$ LE soll ein Dreieck maximalen Inhalts einbeschrieben werden (vgl. Fig. 1).
Berechnen Sie den Dreiecksinhalt A in Abhängigkeit von x. Vergleichen Sie das Ergebnis mit der Funktion f.

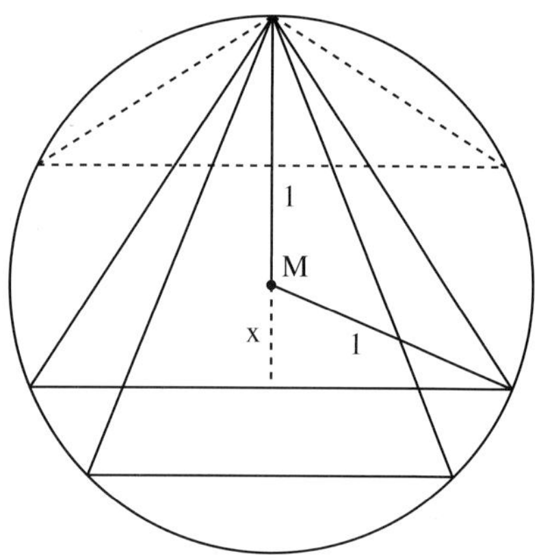

Fig. 1

5 a) Geben Sie für $f(x) = \frac{1}{x}$ die Ableitung $f'(x)$ an. Welche Aussage über f liefert f′ in diesem Fall?
b) Begründen Sie ohne Verwendung der Potenzregel, dass die Funktion f: $x \mapsto \frac{1}{x}$ die Ableitung f′: $x \mapsto -\frac{1}{x^2}$ hat.
c) Welche geometrische Bedeutung hat die erste (die zweite) Ableitung einer Funktion?
d) Erläutern Sie die inhaltliche Bedeutung der 1. Ableitung einer Funktion f, die bei einem fahrenden Auto jederzeit t den bis dahin zurückgelegten Weg zuordnet.

6 Gegeben ist die Funktion f mit $f(x) = \frac{x^2 - 4}{x^3}$.
a) Untersuchen Sie das Schaubild von f auf Symmetrie, gemeinsame Punkte mit den Koordinatenachsen sowie auf Asymptoten. Skizzieren Sie damit ein mögliches Schaubild von f.
b) Notieren Sie eine gebrochenrationale Funktion mit Definitionsbereich $\mathbb{R}$.
Geben Sie eine gebrochenrationale Funktion an, deren Schaubild keine Asymptote hat.
c) Wie kann man die Quotientenregel mithilfe der Produkt- und Kettenregel beweisen? S. 17

7 a) Skizzieren Sie Schaubilder der Funktionen $x \mapsto \sin x$, $x \mapsto \sin(x + 1)$, $x \mapsto \sin 2x$.
Wie ändert sich das Schaubild einer Funktion f, wenn man im Funktionsterm x durch $x + 1$ bzw. durch $2x$ ersetzt?
b) Zeigen Sie durch Rechnung: Die vom Schaubild einer Funktion $f_k: x \mapsto k \cdot \sin kx$, $x \in \left[0; \frac{\pi}{k}\right]$, $k \in \mathbb{R}^+$ und der x-Achse eingeschlossene Fläche hat für alle Werte von k denselben Inhalt.
c) Ist x das Bogenmaß eines Winkels, so gilt für $f(x) = \sin x$ bekanntlich $f'(x) = \cos x$.
Wie lautet die Ableitung der Funktion $\alpha \mapsto \sin\alpha$, wenn α das Gradmaß eines Winkels bezeichnet?

8 a) Welches ist der kleinste Funktionswert, den die Funktion $f: x \mapsto x \cdot \ln x$ annimmt?
Skizzieren Sie ein Schaubild von f.
b) Hat die Funktion f ein lokales (ein globales) Maximum?
c) Nennen Sie hinreichende Bedingungen dafür, dass eine in einem Intervall I differenzierbare Funktion f an einer inneren Stelle von I einen Extremwert annimmt.
Erläutern Sie Vor- und Nachteile der einzelnen Bedingungen.
d) Zeigen Sie, dass die Aussage „$f'(x) > 0$ für alle $x \in D_f$" nicht zu der Aussage „f ist in D_f streng monoton fallend" äquivalent ist. Welche Beziehung besteht zwischen den beiden Aussagen?

9 a) Geben Sie eine ganzrationale Funktion f an, welche die Nullstellen $x_1 = 0$, $x_2 = 1$ und $x_3 = 2$ hat. Skizzieren Sie ein Schaubild von f.
b) Ermitteln Sie anhand des gezeichneten Schaubildes ohne Rechnung den Verlauf der Integralfunktion $J: x \mapsto \int_1^x f(t)\,dt$.
Skizzieren Sie ein Schaubild von J, insbesondere seine Extrem- und Wendestellen, im vorhandenen Koordinatensystem.
c) Wie ändert sich das Schaubild von J, wenn man nicht 1, sondern 2 als untere Grenze wählt?

10 Für das Wachstum eines Waldes gelte $f(t) = 1000 \cdot e^{0{,}02\,t}$; dabei sei t die Zeit (in Jahren) und $f(t)$ der Holzbestand (in fm).
a) Berechnen Sie den Zuwachs im Zeitintervall [0; 5], den prozentualen Zuwachs im Intervall [0; 5], den durchschnittlichen Zuwachs im Zeitintervall [0; 5] und den momentanen Zuwachs zum Zeitpunkt $t = 2$.
b) Um wie viel Prozent nimmt der Holzbestand jährlich zu?
c) Bestimmen Sie die Wachstumskonstante k einer Wachstumsfunktion f mit $f(t) = a \cdot e^{kt}$ (t in Jahren), wenn der Bestand $f(t)$ jährlich um $p\,\%$ zunimmt.
Begründen Sie, weshalb bei dieser Fragestellung häufig die Näherung $k \approx \frac{p}{100}$ verwendet wird.
Wann ist diese Näherung nicht erlaubt?
d) Warum sind Wachstumsfunktionen mit $f(t) = a \cdot e^{kt}$ nicht geeignet, das Wachstum eines Waldes langfristig zu beschreiben?
Geben Sie andere Funktionstypen an, die hierfür geeignet erscheinen.

Geschichtlicher Überblick

Zeit	Zur Geschichte der Analysis	*Allg. Geschichte*
	Die Anfänge der Integralrechnung reichen bis in die Antike zurück. Ausgangspunkt ist die Beschäftigung der Griechen mit Inhaltsproblemen, wobei sie Inhalte einzelner Figuren nicht messen, sondern untereinander vergleichen. Ihr Bestreben ist es, eine krummlinig begrenzte Figur in ein flächengleiches Quadrat oder allgemeines Dreieck zu verwandeln. Deshalb spricht man bei einer Flächeninhaltsbestimmung auch von einer Quadratur.	
–370	EUDOXOS von Knidos (400–347 v. Chr.) gilt als der Urheber einer Methode zum strengen Beweis von Formeln für Flächen- und Rauminhalte. Man hat diese Methode später (im 17. Jahrhundert) „Exhaustionsmethode“ genannt um auszudrücken, dass z. B. der Inhalt eines Kegels durch die Inhalte von Zylindern „ausgeschöpft“ werden kann.	*Aristoteles (384–322 v. Chr.)* *Alexander der Große (336–323 v. Chr.)*
–250	ARCHIMEDES von Syrakus (287–212 v. Chr.) vervollkommnet die Exhaustionsmethode zu einer äußerst wirksamen Beweismethode. Um z. B. den Rauminhalt eines Rotationskörpers zu bestimmen, denkt er sich den Körper in Schichten zerlegt und diese dann durch ein- und umbeschriebene Zylinder approximiert. In der Schrift „Die Quadratur der Parabel“ beweist ARCHIMEDES, dass der Inhalt eines Parabelsegmentes um den dritten Teil größer ist als der Inhalt eines Dreiecks, das mit dem Segment die gleiche Grundlinie und die gleiche Höhe hat. Der Beweis läuft darauf hinaus, dass das Parabelsegment durch einbeschriebene Teildreiecke ausgeschöpft wird.	*Ende des 2. Punischen Krieges (201 v. Chr.): Rom beherrscht das westliche Mittelmeer*
1544	In Basel erscheinen die Schriften des ARCHIMEDES in einer Ausgabe des griechischen Textes mit lateinischer Übersetzung.	*Reichstag in Worms (1521)*
1614	Einführung der Logarithmen durch den Schotten NEPER (1550–1617) und den Engländer BRIGGS (1561–1631). Dadurch wird es möglich, multiplikative Rechnungen additiv zu behandeln.	
1615 1616	KEPLER (1571–1630) knüpft an ARCHIMEDES an, bricht aber mit dessen Strenge in der Beweisführung. 1615 erscheint die „Nova stereometria doliorum vinariorum“ (Neue Stereometrie der Weinfässer), 1616 der „Auszug aus der Uralten Messekunst Archimedes“. In diesen Schriften benutzt er anschauliche Methoden. Um z. B. den Flächeninhalt eines Kreises zu bestimmen, zerlegt er den Kreis in viele sehr kleine Dreiecke mit einer gemeinsamen Ecke im Mittelpunkt und summiert die Inhalte dieser infinitesimalen Dreiecke. Mit KEPLER findet die für die Folgezeit so wichtige, wenn auch unpräzise Vorstellung des „unendlich Kleinen“ Eingang in die Mathematik.	*30-jähriger Krieg: Westfälischer Friede (1648)*
1638	Mit GALILEI (1564–1642) beginnt die systematische Beschäftigung mit Bewegungsproblemen. Er fasst die Fläche eines Dreiecks als „Gesamtheit“ (lat. omnia) von parallelen Strecken auf. Mit dieser Vorstellung, bei der also die infinitesimalen Elemente Strecken sind, gelingt es ihm, aus dem Geschwindigkeit-Zeit-Gesetz $v = b \cdot t$ der gleichförmig beschleunigten Bewegung das Weg-Zeit-Gesetz $s = \frac{1}{2} b \cdot t^2$ herzuleiten.	*Peterskirche in Rom wird fertig gestellt (1626)*

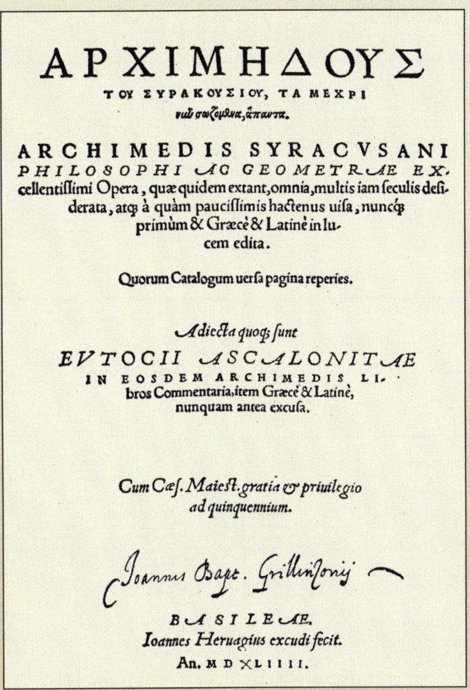

ΑΡΧΙΜΗΔΟΥΣ
ΤΟΥ ΣΥΡΑΚΟΥΣΙΟΥ, ΤΑ ΜΕΧΡΙ
νῦν σωζόμενα, ἅπαντα.

ARCHIMEDIS SYRACVSANI
PHILOSOPHI AC GEOMETRAE EX-
cellentissimi Opera, quæ quidem extant, omnia, multis iam seculis desi-
derata, atq; à quàm paucissimis hactenus uisa, nuncq;
primùm & Græcè & Latinè in lu-
cem edita.

Quorum Catalogum uersa pagina reperies.

Adiecta quoq; sunt
EVTOCII ASCALONITAE
IN EOSDEM ARCHIMEDIS LI-
bros Commentaria, item Græcè & Latinè,
nunquam antea excusa.

Cum Cæs. Maiest. gratia & priuilegio
ad quinquennium.

Joannes Bapt. Grillinzonij

BASILEAE.
Ioannes Heruagius excudi fecit.
An. M D XLIIII.

Titelblatt der ARCHIMEDES-Ausgabe von 1544

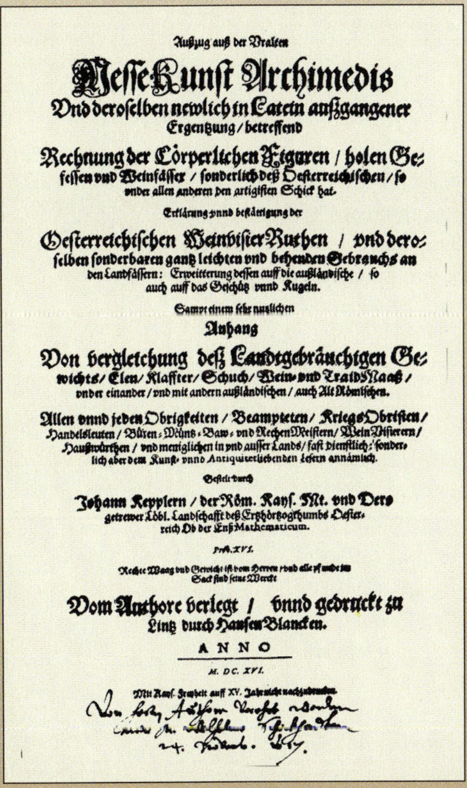

Außzug auß der Vralten
Messe Kunst Archimedis
Vnd deroselben newlich in Latein außgangener
Ergentzung / betreffend
Rechnung der Cörperlichen Figuren / holen Ge-
fessen vnd Weinfässer / sonderlich deß Oesterreichischen / so
vnder allen anderen den artigisten Schick hat.
Erklärung vnnd bestättigung der
Oesterreichischen Weinvisier Ruthen / vnd dero-
selben sonderbaren gantz leichten vnd behenden Gebrauchs an
den Landfässern: Erweitterung dessen auff die außländische / so
auch auff das Geschütz vnnd Kugeln.
Sampt einem sehr nutzlichen
Anhang
Von vergleichung deß Landtgebräuchigen Ge-
wichts / Elen / Klaffter / Schuch / Wein- vnd Traid Maaß /
vnder einander / vnd mit andern außländischen / auch Alt Römischen.
Allen vnnd jeden Obrigkeiten / Beampteten / Kriegs Obristen /
Handelsleuten / Büren- Müntz- Baw- vnd Rechen Meistern / Wein Visierern /
Haußwürthen / vnd menigklichen in vnd ausser Lands / fast dienstlich: sonder-
lich aber dem Kunst- vnnd Antiquitetliebenden Lesern annämlich.
Gestelt durch
Johann Kepplern / der Röm. Kays. Mt. vnd Dero
getrewer Löbl. Landschafft deß Ertzhertzogthumbs Oester-
reich Ob der Enß Mathematicum.
Prov. XVI.
Rechte Waag vnd Gewicht ist vom Herren / vnd alle Pfunde im
Sack sind seine Wercke
Vom Authore verlegt / vnnd gedruckt zu
Lintz durch Hansen Blancken.
ANNO
M. DC. XVI.
Mit Kays. Freyheit auff XV. Jahr nicht nachzudrucken.

Titelblatt

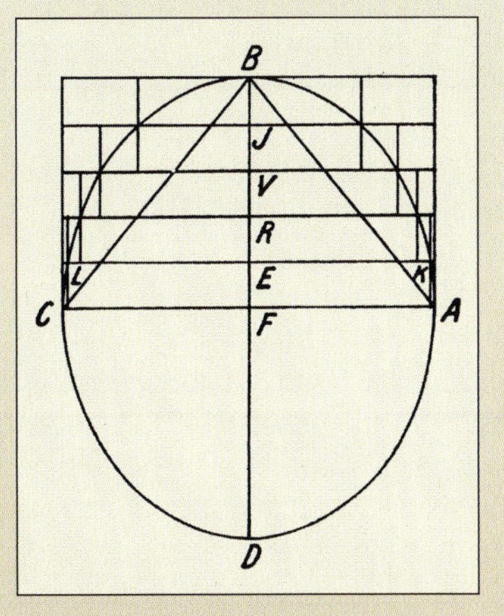

In der Schrift „Über Paraboloide, Hyperboloide und Ellipsoide" zeigt ARCHIMEDES: Die Hälfte eines Ellipsoides ist doppelt so groß wie der Kegel mit dem Dreieck ABC als Schnittfläche.

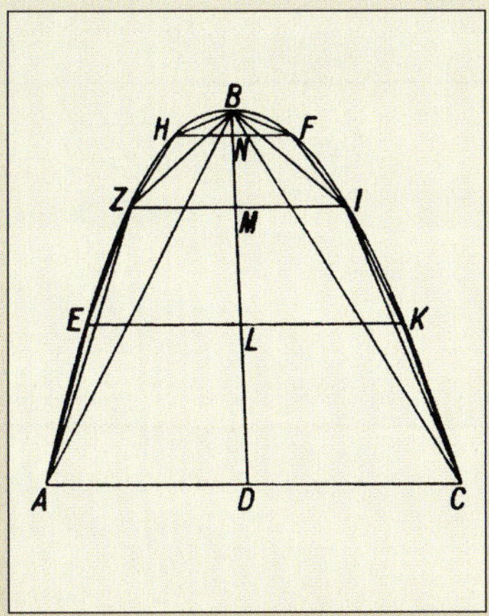

In der Schrift „Die Quadratur der Parabel" zeigt ARCHIMEDES: Jedes Parabelsegment ist um den dritten Teil größer als das Dreieck, das mit ihm gleiche Grundlinie und Höhe hat.

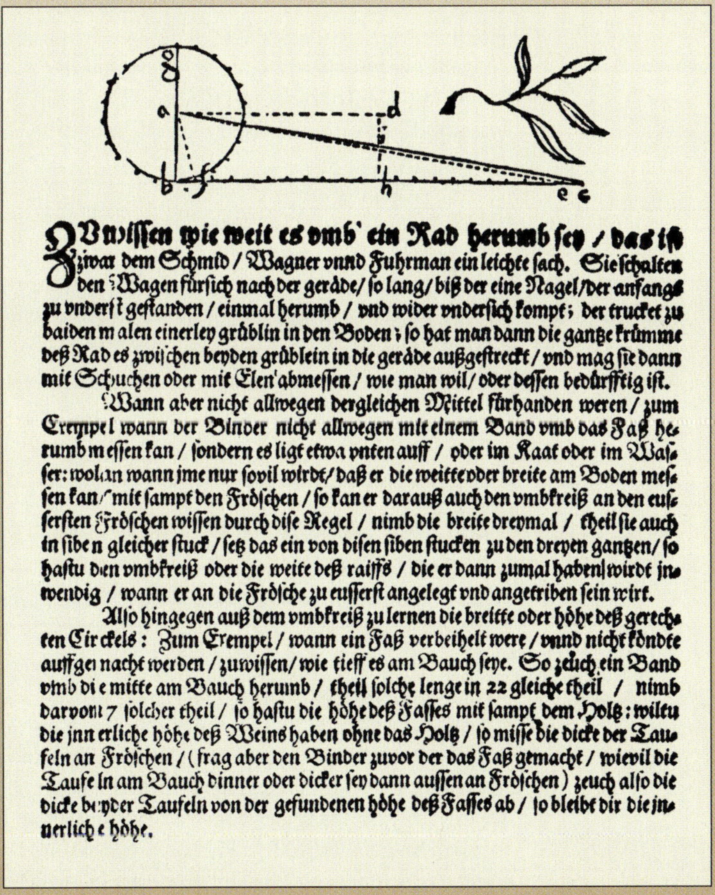

ZV wissen wie weit es vmb ein Rad herumb sey / das ist zwar dem Schmid / Wagner vnnd Fuhrman ein leichte sach. Sie schalten den Wagen fürsich nach der geräde / so lang / biß der eine Nagel / der anfangs zu vnderst gestanden / einmal herumb / vnd wider vndersich kompt; der trucket zu baiden malen einerley grüblin in den Boden; so hat man dann die gantze krümme deß Rades zwischen beyden grüblein in die geräde außgestreckt / vnd mag sie dann mit Schuchen oder mit Elen abmessen / wie man wil / oder dessen bedürfftig ist.

Wann aber nicht allwegen dergleichen Mittel fürhanden weren / zum Exempel wann der Binder nicht allwegen mit einem Band vmb das Faß herumb messen kan / sondern es ligt etwa vnten auff / oder im Kaat oder im Wasser: wolan wann jme nur sovil wirdt / daß er die weitte oder breite am Boden messen kan / mit sampt den Fröschen / so kan er darauß auch den vmbkreiß an den eussersten Fröschen wissen durch dise Regel / nimb die breite dreymal / theil sie auch in siben gleicher stuck / setz das ein von disen siben stucken zu den dreyen gantzen / so hastu den vmbkreiß oder die weite deß raiffs / die er dann zumal haben wirdt inwendig / wann er an die Frösche zu eusserst angelegt vnd angetriben sein wirt.

Also hingegen auß dem vmbkreiß zu lernen die breitte oder höhe deß gerechten Circkels: Zum Exempel / wann ein Faß verbeihelt were / vnnd nicht köndte auffgemacht werden / zuwissen / wie tieff es am Bauch seye. So zeuch ein Band vmb die mitte am Bauch herumb / theil solche lenge in 22 gleiche theil / nimb darvon 7 solcher theil / so hastu die höhe deß Fasses mit sampt dem Holtz: wiltu die jnnerliche höhe deß Weins haben ohne das Holtz / so misse die dicke der Taufeln an Fröschen / (frag aber den Binder zuvor der das Faß gemacht / wievil die Taufeln am Bauch dinner oder dicker sey dann aussen an Fröschen) zeuch also die dicke beyder Taufeln von der gefundenen höhe deß Fasses ab / so bleibt dir die innerliche höhe.

Ausschnitt aus der „Messekunst"

Zeit	Zur Geschichte der Analysis	Allg. Geschichte
1635	Bei CAVALIERI (1598 – 1647), einem Schüler von GALILEI, heißen die infinitesimalen Elemente Indivisibeln. Dieses Wort entwickelte sich in der scholastischen Philosophie aus der antiken Tradition, nach der die Materie aus unteilbaren Bestandteilen zusammengesetzt ist. Aus dem griechischen Wort „atomos" (unteilbar) wird im Lateinischen „indivisibilis" (nicht teilbar). CAVALIERI fasst eine ebene Figur auf als Gesamtheit der in ihr enthaltenen Strecken, entsprechend einen Körper als Gesamtheit einer unbestimmten Anzahl paralleler Ebenen. Obwohl er nirgends Indivisibeln definiert und deshalb heftig angefeindet wird, gelingt es ihm, Flächen unterhalb des Schaubildes von Funktionen f mit $f(x) = x^n$ für $n = 2; 3; \ldots; 9$ zu ermitteln.	*Edikt von Nantes (1598): Religionsfreiheit für die Hugenotten* *Rembrandt (1606 – 1669)*
1643	TORRICELLI (1608 – 1647) gelingt die Berechnung des Volumens eines ins Unendliche reichenden Rotationskörpers. Er erkennt, dass man einem solchen Körper ein endliches Volumen zuordnen kann.	
1645	FERMAT (1601 – 1665) wendet systematisch die von ihm und DESCARTES entwickelte Sichtweise der analytischen Geometrie auf Probleme der Flächeninhaltsberechnung bei Funktionen an. Um z. B. die Inhalte von Flächen unterhalb der Schaubilder von Funktionen f mit $f(x) = x^n$ zu ermitteln, verwendet er keine äquidistante Einteilung auf der x-Achse, sondern er wählt Punkte mit den Abszissen $x, rx, r^2x, r^3x, \ldots$ mit $r < 1$. In heutiger Schreibweise findet FERMAT mit dieser für alle möglichen Fälle einheitlichen Methode das Ergebnis $$\int_0^a x^n\,dx = \frac{1}{n+1}a^{n+1}, \text{ n rational, } n \neq -1.$$	*Richelieu wird Minister (1624)* *Ludwig XIV. (1643 – 1715)*
1647	Der Jesuit GREGOIRE DE SAINT-VINCENTE (1584 – 1667) berechnet den Inhalt der Fläche unterhalb der Hyperbel. Er löst den bisher ungelösten Fall $n = -1$. Die von ihm angewendete Methode bezeichnet er als „Exhaustions-Methode". Sein Schüler SARASA (1618 – 1667) formuliert den Sachverhalt dann so: Der Inhalt einer Fläche unterhalb der Hyperbel bei fester unterer Grenze 1 lässt sich berechnen als Logarithmus der oberen Grenze. NEWTON findet 1665 diesen Zusammenhang zwischen der Hyperbel und den Logarithmen.	*Westfälischer Friede (1648)*
1670	BARROW (1630 – 1677), der Lehrer von NEWTON, erkennt deutlich den Zusammenhang zwischen Tangenten- und Flächeninhaltsproblem. Dieser Sachverhalt wird heute als der sog. Hauptsatz der Differenzial- und Integralrechnung bezeichnet. Mit diesem Satz werden Integrale mithilfe von Stammfunktionen berechnet. Dies heißt aber die Differenziation umzukehren. BARROW arbeitet nicht mit kartesischen Koordinaten und Funktionen. Er konstruiert zu einer gegebenen Kurve eine zweite, die den zugehörigen Flächeninhalt unter der gegebenen Kurve angibt; anschließend betrachtet er die Tangentensteigung der neuen Kurve und erhält die Ausgangskurve zurück. Die geometrisch verklausulierte Fassung bei BARROW verhindert es, hinter der gefundenen Einsicht eine allgemeine Methode zu entdecken.	*Bürgerkrieg in England: Hinrichtung von Karl I. (1649)*

CAVALIERI

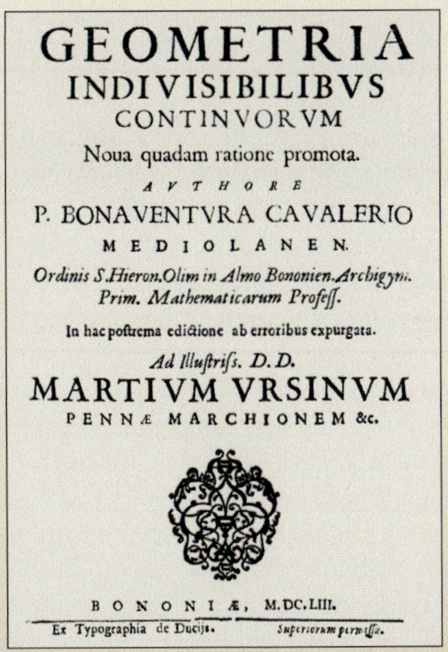

GEOMETRIA
INDIVISIBILIBVS
CONTINVORVM
Noua quadam ratione promota.
AVTHORE
P. BONAVENTVRA CAVALERIO
MEDIOLANEN.
Ordinis S.Hieron.Olim in Almo Bononien.Archigym.
Prim. Mathematicarum Profeſſ.
In hac poſtrema editione ab erroribus expurgata.
Ad Illuſtriſ. D.D.
MARTIVM VRSINVM
PENNÆ MARCHIONEM &c.

BONONIÆ, M.DC.LIII.
Ex Typographia de Ducijs. *Superiorum permiſſu.*

TORRICELLI

FERMAT

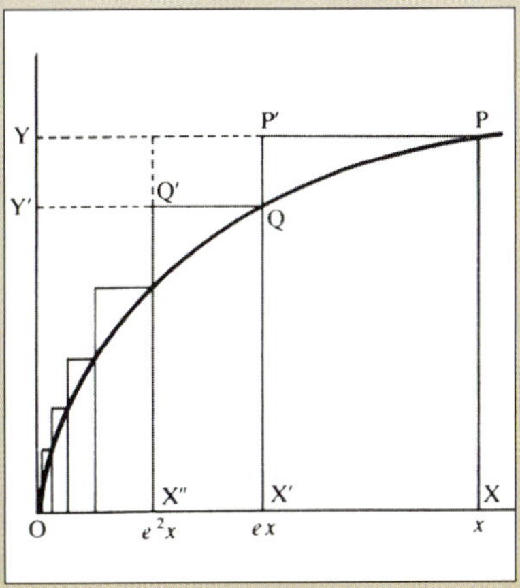

FERMAT wählt bei seinen Integrationen eine Einteilung, bei der die x-Werte eine sog. geometrische Folge bilden. Bei einer solchen Folge ist der Quotient zweier aufeinander folgenden Werte konstant. Mit dieser Methode kann er „auf einen Schlag" alle Funktionen f mit $f(x) = x^n$ mit n rational, $n \neq -1$, „quadrieren".

BARROW

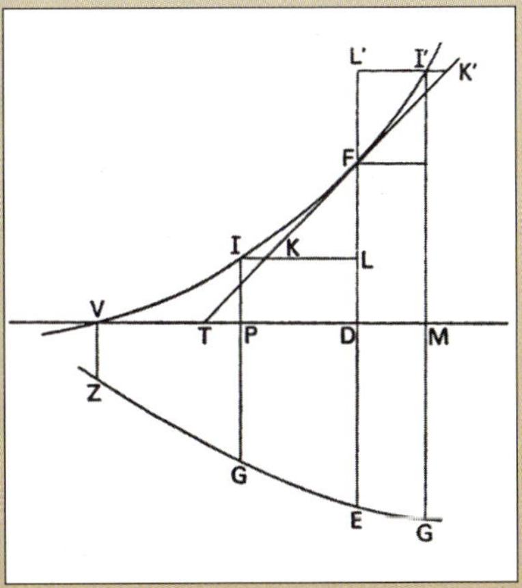

Mithilfe dieser Figur beweist BARROW ein geometrisches Äquivalent zum sog. Hauptsatz. Die „obere" Kurve VIFI′ gibt den Flächeninhalt zwischen der „unteren" Kurve ZGEG und der Achse VM an. Dann zeigt er, dass an der Stelle D die Ableitung der „oberen" Kurve gleich dem Funktionswert der „unteren" Kurve ist.

Zeit	Zur Geschichte der Analysis	*Allg. Geschichte*
	Nachdem bis um die Mitte des 17. Jahrhunderts infinitesimale Überlegungen stets beispielbezogen mit jeweils auf das Problem zugeschnittenen Methoden angestellt worden sind, erkennen NEWTON (1642–1727) und LEIBNIZ (1646–1716) (vgl. LS 11, S. 212), dass alle diese Einzelprobleme letztlich auf zwei Grundprobleme hinaus liefen, die sich allgemein als „Tangentenproblem" und „Flächenproblem" beschreiben lassen.	*Gründung der Royal Society (Königliche Akademie der Wissenschaften) (1662)*
1664 bis 1666	NEWTON entwickelt seine Ideen aus einer kinematischen Vorstellung heraus. Er sieht eine Kurve als Spur eines sich bewegenden Punktes, eine Fläche als Spur einer sich bewegenden Strecke. Variable Größen fasst er als abhängig von der Zeit auf; er nennt sie Fluenten (Fließende) und bezeichnet sie mit z, y, x. Die zugehörigen Geschwindigkeiten nennt er Fluxionen und bezeichnet diese mit $\dot{z}$, $\dot{y}$, $\dot{x}$. NEWTON formuliert klar das Grundproblem der Differenzial- und Integralrechnung: Ist die Beziehung zwischen den Fluenten gegeben, sucht man die Beziehung zwischen den Fluxionen und umgekehrt. Er stellt den Begriff der Fluente an die Spitze seiner Überlegungen zum Integral. Nach seiner Vorstellung stellt die Ordinate y die Geschwindigkeit und die Abszisse x die Zeit dar. Das Integral gewinnt er dann aus der Änderung der Fläche in einem Punkt.	*Habeas-Corpus-Akte in England: Schutz vor willkürlicher Verhaftung (1679)* *Declaration of Rights (1689)*
1672 bis 1676	LEIBNIZ denkt sich im Unterschied zu NEWTON die Ordinate y einer Kurve zusammengesetzt als Summe von unendlich kleinen Differenzen. Er bezeichnet diese mit dy und schreibt deshalb $y = \int dy$ mit einem stilisierten S als Summenzeichen. Indem er bei der Abszisse x entsprechend überlegt, findet er für die Fläche unter einer Kurve die Darstellung $\int y\,dx$ als Summe von Rechtecken. Für die Steigung der Tangente ergibt sich die Darstellung $\frac{dy}{dx}$. Entscheidend für LEIBNIZ sind nun allgemeine Regeln, die es erlauben, zu einer gegebenen Funktion den Quotienten $\frac{dy}{dx}$ zu finden (wie z. B. die Produkt- und Quotientenregel).	*Friedrich Wilhelm I., der Große Kurfürst (1640–1688)*
	NEWTON veröffentlicht seine Arbeiten zunächst nicht. Um aber seine Priorität zu sichern ohne seine Methoden zu verraten, sendet er 1676 zwei Briefe an LEIBNIZ. Einer der Briefe enthält sog. Anagramme, d. h. aus durcheinandergewürfelten Buchstaben und Zahlen bestehende Nachrichten. In seinem Notizbuch hält NEWTON die Auflösungen fest.	*Belagerung Wiens durch die Türken (1683)*
1689	JAKOB BERNOULLI (1655–1705) formuliert die Aufgabe: „Eine Summe Geldes sei auf Zinsen angelegt, dass in den einzelnen Augenblicken ein proportionaler Teil der Jahreszinsen zum Kapital geschlagen wird." In einem Manuskript von 1727 oder 1728 führt EULER (1707–1783) für den zugehörigen Grenzwert den Buchstaben e ein.	*Johann Sebastian Bach (1685–1750)*
	In der Zeit nach NEWTON und LEIBNIZ werden die in den neuen Methoden liegenden Möglichkeiten rasch erkannt. Die verbleibenden begrifflichen Unklarheiten werden aber erst im 19. Jahrhundert gelöst (vgl. LS 11, S. 214).	

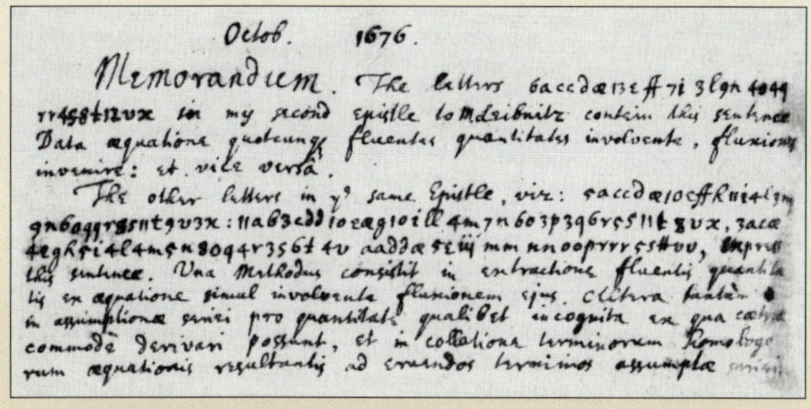

Octob. 1676.

Memorandum. The letters 6accdæ13eff7i3l9n4o4qrr4s8t12vx in my second epistle to M. Leibnitz contain this sentence Data æquatione quotcunque fluentes quantitates involvente, fluxiones invenire: et vice versa.

The other letters in ye same Epistle, viz: [illegible] express this sentence. Una Methodus consistit in extractione fluentis quantitatis ex æquatione simul involvente fluxionem ejus. Altera tantum in assumptione seriei pro quantitate qualibet incognita ex qua cætera commode derivari possunt, et in collatione terminorum homologorum æquationis resultantis ad eruendos terminos assumptæ seriei.

Eintrag aus dem Notizbuch von NEWTON (1676):
Das 1. Anagramm *6accdae13eff7i3l9n4o 4qrr4s8t12vx* ist also eine Verschlüsselung des Satzes: „Data aequatione quotcunque fluentes quantitates involvente, fluxiones invenire: et vice versa."
(Zu einer gegebenen Gleichung, die eine beliebige Anzahl von Fluenten enthält, bestimme man die Fluxionen und umgekehrt.)

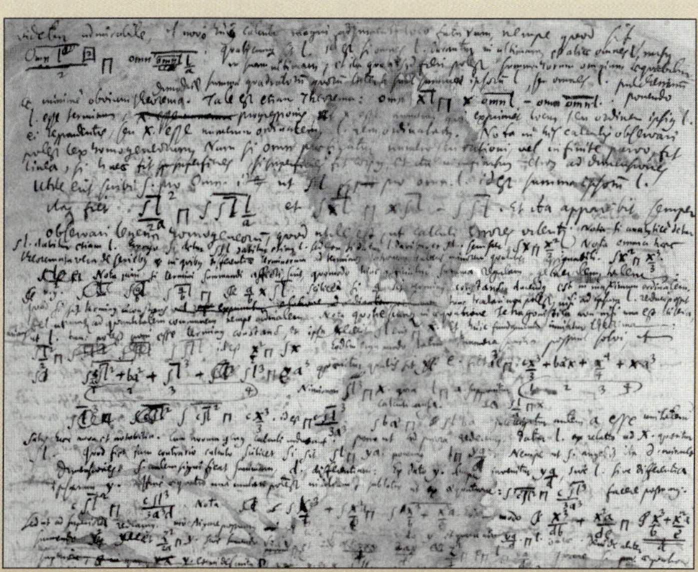

Aufzeichnung von LEIBNIZ aus dem Jahr 1675; in der 10. Zeile von oben heißt es: *„Utile erit scribi ∫ pro omn."* („Es wird nützlich sein, ∫ statt omn. zu schreiben.")

„Bei den Bezeichnungen ist darauf zu achten, dass sie für das Erfinden bequem sind. Dies ist am meisten der Fall, so oft sie die innerste Natur der Sache mit Wenigem ausdrücken und gleichsam abbilden. So wird nämlich auf wunderbare Weise die Denkarbeit vermindert."
Aus einem Brief von LEIBNIZ an TSCHIRNHAUS aus dem Jahre 1678.

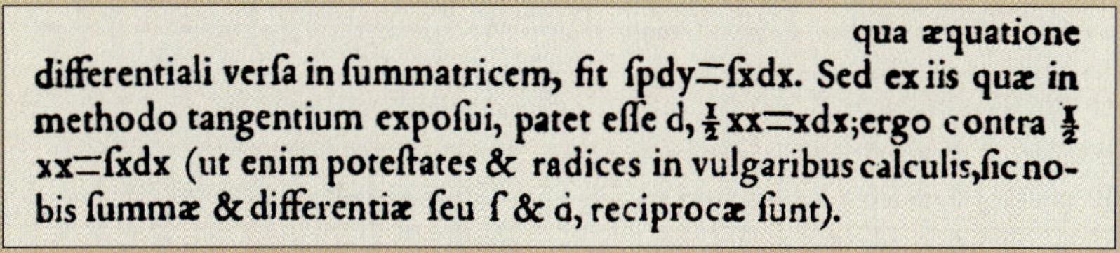

qua æquatione differentiali versa in summatricem, fit ſpdy=ſxdx. Sed ex iis quæ in methodo tangentium exposui, patet esse d, ½xx=xdx; ergo contra ½xx=ſxdx (ut enim potestates & radices in vulgaribus calculis, sic nobis summæ & differentiæ seu ſ & d, reciprocæ sunt).

Aus einer Veröffentlichung von LEIBNIZ aus dem Jahre 1686 in den *Acta eruditorum*; sie zeigt das erste Auftreten eines gedruckten Integralsymbols in der Form eines „s". Ab 1691 verwendet LEIBNIZ dann auch im Druck die Form ∫.

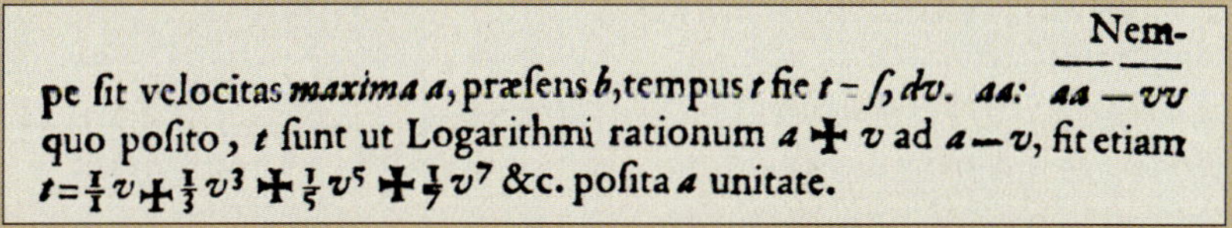

Nempe sit velocitas *maxima a*, præsens *b*, tempus *t* fie *t* − *ſ, dv. aa: aa — vv* quo posito, *t* sunt ut Logarithmi rationum *a* ✛ *v* ad *a* — *v*, fit etiam *t*=$\frac{1}{1}$*v*✛$\frac{1}{3}$*v*³ ✛$\frac{1}{5}$*v*⁵ ✛$\frac{1}{7}$*v*⁷ &c. posita *a* unitate.

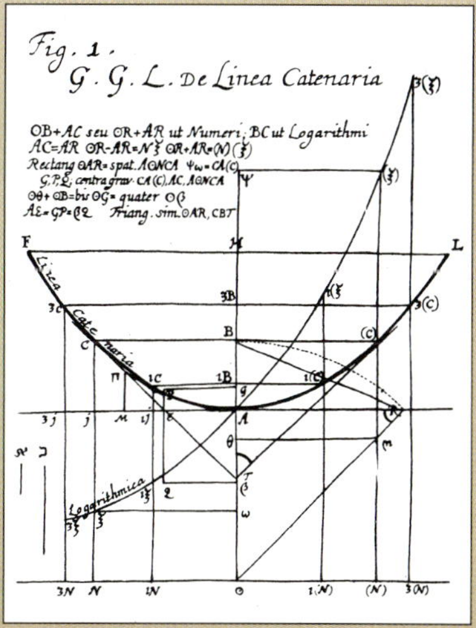

1690 stellt JAKOB BERNOULLI die folgende Aufgabe:
„Man finde die Kurve, die von einer an zwei festen Punkten frei hängenden Kette angenommen wird."
Die Figur zeigt die Konstruktion der Kettenlinie von LEIBNIZ.

Aufgaben zum Üben und Wiederholen, Seite 29

1

a) $u \circ v$: $x \mapsto 6x - 1$; $D = \mathbb{R}$

$v \circ u$: $x \mapsto 6x - 3$; $D = \mathbb{R}$

b) $u \circ v$: $x \mapsto \frac{1}{(x^2+2)^3}$; $D = \mathbb{R} \setminus \{-3\}$

$v \circ u$: $x \mapsto \frac{1}{x^6} + 2$; $D = \mathbb{R} \setminus \{0\}$

c) $u \circ v$: $x \mapsto \frac{1}{x}$; $D = \mathbb{R} \setminus \{0\}$

$v \circ u$: $x \mapsto \sqrt{\frac{x^2}{x^2 - 1}}$; $D = \mathbb{R} \setminus [-1; 1]$

2

a) $u(x) = x^3$; $v(x) = 2x - 5$

b) $u(x) = -\frac{2}{x^4}$; $v(x) = x + 1$

c) $u(x) = \frac{1}{2x^2}$; $v(x) = x^2 + 1$

d) $u(x) = 3\sqrt{x}$; $v(x) = 2x^2 + 1$

3

a) $h'(x) = \frac{64}{(5 - 4x)^3}$ b) $f'(x) = 6\sqrt{x} + \frac{1}{\sqrt{x}}$

c) $f'(x) = 3x \cdot \left(\frac{1}{4}x + 1\right)^3 \cdot \left(\frac{3}{2}x + 2\right)$

d) $g'(x) = \frac{x}{\sqrt{2x^2 + 1}}$ e) $k'(x) = \frac{6x - 32}{(3x + 1)^3}$

f) $f'(x) = \frac{1}{2}x^2\sqrt{x} \cdot (x - 2)^2 \cdot (13x - 14)$

g) $f'(x) = \frac{1}{4} - \frac{1}{2x^2} = \frac{x^2 - 2}{4x^2}$

h) $g'(x) = \frac{(x^2 + 1)(-6x^2 + 20x + 2)}{(5 - 2x)^2}$

i) $f'(x) = \frac{4}{(x^2 + 1)\sqrt{x^2 + 1}}$

j) $k'(x) = \frac{40(4x - 1)}{(x + 1)^3}$

k) $p'(x) = 2 \cdot \frac{\cos x \cdot (2 - 3x) + 3\sin x}{(2 - 3x)^2}$

l) $g'(x) = \sin 2x + 2x\cos 2x$

4

a) $f'(x) = ax(x + 1)^2 \cdot (5x + 2)$

b) $f'(a) = \frac{-4t}{(t + a)^3}$ c) $f'(t) = \frac{-2(t - a)}{(t + a)^3}$

d) $f'(x) = \frac{2k(x - 1)}{(x + 1)^3}$

e) $s'(t) = a^2 \cdot \cos(at + 0{,}5)$

f) $g'(t) = \frac{-t}{\sqrt{1 - at^2}}$

5

a) $f'(x) = \frac{-1}{\sqrt{5 - x}} < 0$ für $x < 5$; d.h. f ist streng monoton fallend für $x \leqq 5$, also umkehrbar. Umkehrfunktion $\bar{f}$: $x \mapsto 5 - \frac{1}{4}x^2$; $x \geqq 0$.

b) Wegen $f'(x) = x - 1$ ist f für $x > 0$ nicht monoton, also nicht umkehrbar.

c) Mit wachsendem x ($x > 0$) wird $x^2 + 1$ immer größer und damit $\frac{1}{x^2 + 1}$ immer kleiner; f ist also umkehrbar. Umkehrfunktion $\bar{f}$: $x \mapsto \sqrt{\frac{1}{x} - 1}$; $0 < x \leqq 1$.

d) f ist nicht umkehrbar, da z.B. $f(-1) = f(1) = 0$ ist.

e) $f(x) = 3 - \frac{9}{x + 3}$; $f'(x) = \frac{9}{(x + 3)^2} > 0$ für $x \neq -3$.

Für $x < -3$ gilt: $f(x) > 3$ und f streng monoton steigend, für $x > -3$ gilt: $f(x) < 3$ und f streng monoton steigend. f ist also umkehrbar.

$\bar{f}$: $x \mapsto \frac{3x}{3 - x}$; $x \neq 3$.

f) $f(x) = -2 - \frac{2}{1 - x}$; $f'(x) = -\frac{2}{(1 - x)^2} < 0$ für $x \neq 1$.

Es ist $f(x) < -2$ für $x < 1$ und $f(x) > -2$ für $x > 1$; auf jeder Teildefinitionsmenge ist f streng monoton, also ist f umkehrbar.

$\bar{f}$: $x \mapsto \frac{x + 4}{x + 2}$; $x \neq -2$.

6

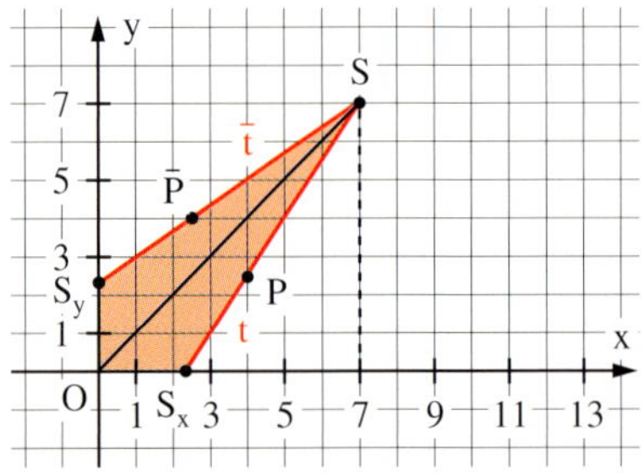

Es ist $\bar{P}(2{,}5|4)$. Steigung von $\bar{t}$: $\frac{1}{1{,}5} = \frac{2}{3}$.

Achsenschnittpunkte der Tangenten:

$S_y\left(0\middle|\frac{7}{3}\right)$; $S_x\left(\frac{7}{3}\middle|0\right)$

Schnittpunkt der Tangenten: $S(7|7)$

Flächeninhalt des Dreiecks OS_xS:

$\frac{1}{2} \cdot \frac{7}{3} \cdot 7 = \frac{49}{6}$. Flächeninhalt des Vierecks OS_xSS_y: $2 \cdot \frac{49}{6} = \frac{49}{3}$.

7

a) $f_t(x) = 0$ hat die beiden (von t unabhängigen) Lösungen $-\sqrt{2}$ und $\sqrt{2}$. Also: $N_1(-\sqrt{2}|0)$; $N_2(\sqrt{2}|0)$.

b) $f_t'(x) = \frac{4t}{x^3}$; $f_t'(\sqrt{2}) = \sqrt{2} \cdot t$; Tangente ist parallel zur Geraden $y = x + 1$ für $t = \frac{1}{2}\sqrt{2}$.

c) K_{t_1} und K_{t_2} sind orthogonal in N_2, wenn $t_1 \cdot t_2 = -\frac{1}{2}$ ist. Sie schneiden sich dann auch in N_1 orthogonal.

8

a) Länge der 2. Dreiecksseite: $y \cdot m$

Strahlensatz (Zentrum Z): $\frac{y}{100} = \frac{x}{x - 200}$,

also $y = \frac{100x}{x - 200}$. Dreiecksfläche:

$A(x) = \frac{1}{2}xy = \frac{1}{2}x \cdot \frac{100x}{x - 200} = \frac{50x^2}{x - 200}$.

b) $A'(x) = \frac{50x(x - 400)}{x - 200}$; $A'(x) = 0$ für $x_1 = 400$.

$A'(x)$ hat an der Stelle x_1 einen VZW von „–“ nach „+“; d.h. x_1 ist Minimalstelle. Der Punkt Z muss also 400 m vor der Kreuzung sein.

Aufgaben zum Üben und Wiederholen, Seite 67

1

a) $D = \mathbb{R} \setminus \{1\}$ b) $D = \mathbb{R} \setminus \{0; 1\}$

c) $D = \mathbb{R} \setminus \{-2; 1\}$ d) $D = \mathbb{R}$

2

a) $f(-x) = \frac{(-x)^2 - 1}{(-x)^2 + 1} = \frac{x^2 - 1}{x^2 + 1} = f(x)$

Das Schaubild von f ist achsensymmetrisch zur y-Achse.

b) Schnittpunkt mit der y-Achse:

$f(0) = -1$; $S(0|-1)$

Schnittpunkte mit der x-Achse:

$x^2 - 1 = 0$; $x_1 = -1$; $x_2 = +1$

$N_1(-1|0)$; $N_2(+1|0)$

c) Waagerechte Asymptote: $y = 1$

d) Skizze:

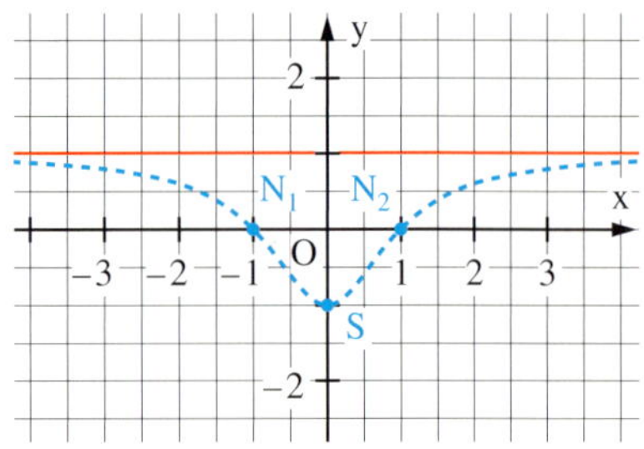

3

$f(x) = \frac{x^2 - 1}{x^2 - 4x + 4} = \frac{(x + 1)(x - 1)}{(x - 2)^2}$

a) Nullstellen: $x_1 = -1$; $x_2 = 1$

Polstelle: $x_3 = 2$

b) Senkrechte Asymptote: $x = 2$

Waagerechte Asymptote: $y = 1$

c) Skizze:

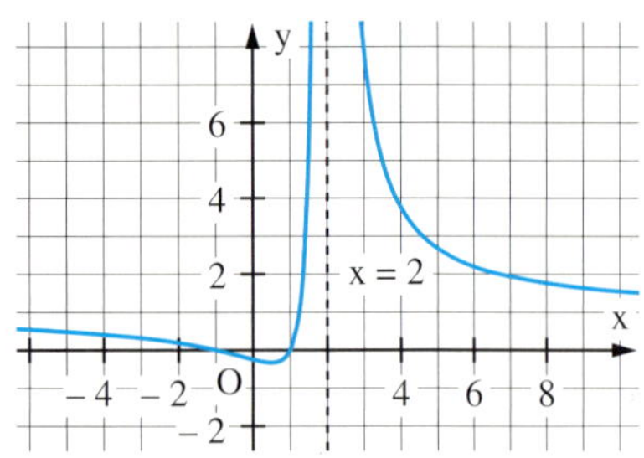

4

a) Funktionsuntersuchung

1. Definitionsmenge: $D_f = \mathbb{R} \setminus \{-1\}$

2. Symmetrie: $f(-x) = \frac{(-x)^2}{-x+1} = \frac{x^2}{-x+1}$; keine Symmetrie erkennbar.

3. Polstellen; senkrechte Asymptoten: $x_1 = -1$; senkrechte Asymptote: $x = -1$

4. Verhalten für $x \to +\infty$ und $x \to -\infty$: schiefe Asymptote: $y = x - 1$

5. Nullstellen: $x_1 = 0$ gemeinsamer Punkt mit der x-Achse: $N(0|0)$

6. Ableitungen: $f'(x) = \frac{x(x+2)}{(x+1)^2}$; $f''(x) = \frac{2}{(x+1)^3}$

7. Extremstellen: $x_1 = 0$; $x_2 = -2$ $f''(0) = 2 > 0$; $f(0)$ ist lokales Minimum; $f''(-2) = -2 < 0$; $f(-2)$ ist lokales Maximum; Extrempunkte: $T(0|0)$; $H(-2|-4)$

8. Wendestellen: Es gibt keine Wendestellen, denn es ist $f''(x) \neq 0$ für $x \in D_f$.

9. Schaubild:

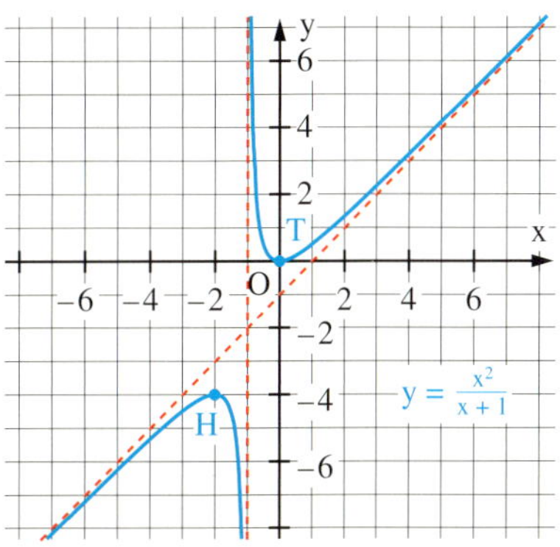

b) Schnittpunkt der Asymptoten: $S(-1|-2)$. Nachweis, dass K punktsymmetrisch zu S ist:

$\frac{1}{2}[f(-1+h) + f(-1-h)]$

$= \frac{1}{2}\left[\frac{(-1+h)^2}{-1+h+1} + \frac{(-1-h)^2}{-1-h+1}\right]$

$= \frac{1}{2}\left[\frac{h^2-2h+1}{h} + \frac{h^2+2h+1}{-h}\right]$

$= -2$

c) Es gilt: $g(x) = \frac{x^2(x-1)}{(x+1)(x-1)}$; also ist $D_g = \mathbb{R} \setminus \{-1; +1\}$.

Im Unterschied zu dem Schaubild von f hat das Schaubild von g eine weitere Definitionslücke bei +1. Diese ist hebbar mit $f(+1) = 0{,}5$.

5

a) Funktionsuntersuchung

1. Definitionsmenge: $D = \mathbb{R} \setminus \{2\}$

2. Symmetrie: $f(-x) = \frac{3(-x)^2 - 8(-x)}{(-x-2)^2} = \frac{3x^2+8x}{(x+2)^2}$; keine Symmetrie erkennbar.

3. Polstellen; senkrechte Asymptoten; senkrechte Asymptote: $x = 2$

4. Verhalten für $x \to +\infty$ und $x \to -\infty$: waagerechte Asymptote: $y = 3$

5. Nullstellen: $x_1 = 0$; $x_2 = \frac{8}{3}$ Schnittpunkte mit der x-Achse: $N_1(0|0)$; $N_2\left(\frac{8}{3}\middle|0\right)$

6. Ableitungen: $f'(x) = \frac{-4(x-4)}{(x-2)^3}$; $f''(x) = \frac{8(x-5)}{(x-2)^4}$

7. Extremstellen: $x_1 = 4$ $f''(4) = -\frac{1}{2} < 0$; $f(4)$ ist lokales Maximum; Hochpunkt: $H(4|4)$

8. Wendestellen: $x_1 = 5$ $f''(x)$ wechselt bei $x_1 = 5$ das Vorzeichen; Wendepunkt: $W\left(5\middle|\frac{35}{9}\right)$

9. Schaubild:

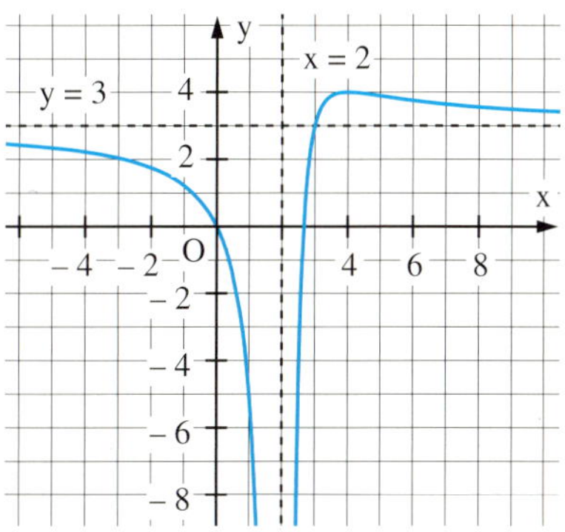

b) Es ist $f'(5) = -\frac{4}{27}$. Aus $\frac{-4(x-4)}{(x-2)^3} = -\frac{4}{27}$ folgt $0 = x^3 - 6x^2 - 15x + 100$; weiterhin ist $(x^3 - 6x^2 - 15x + 100):(x-5)^2 = x + 4$; also hat die Gleichung $x^3 - 6x^2 + 15x + 100 = 0$ die Lösungen $x_1 = 5$; $x_2 = -4$. Damit gilt: $B\left(-4\middle|\frac{20}{9}\right)$.

Gleichung der Tangente in B: $y = -\frac{2}{13}x + \frac{188}{117}$

6

a) Symmetrie: $f_t(-x) = \frac{(x^2+t)^2}{-2x} = -\frac{(x^2+t)^2}{2x} = -f_t(x)$; also ist K_t punktsymmetrisch zum Ursprung.

Asymptoten: senkrechte Asymptote: $x = 0$

Schnittpunkte mit der x-Achse: keine.

Ableitungen: $f_t'(x) = \frac{(x^2+t)(3x^2-t)}{2x^2}$; $f_t''(x) = \frac{3x^4+t^2}{x^3}$

Hochpunkt: $H_t\left(+\sqrt{\frac{t}{3}}\,\middle|\,+\frac{8}{3}t\sqrt{\frac{t}{3}}\right)$;

Tiefpunkt: $T_t\left(-\sqrt{\frac{t}{3}}\,\middle|\,-\frac{8}{3}t\sqrt{\frac{t}{3}}\right)$;

keine Wendepunkte

b) Gleichung einer Näherungskurve: $y = \frac{1}{2}x^3 + tx$

c) Schaubild und Näherungskurve für $t = 1$:

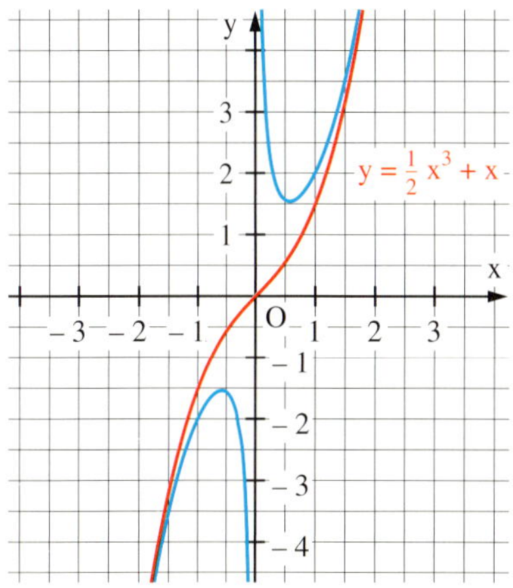

d) Gleichung der Ortslinie der Extrempunkte: $y = 8x^3$; $x \neq 0$

7

Für $x = 1$ ist $f_t(1) = \frac{t-1}{1-t} = -1$;

für $x = -1$ ist $f_t(-1) = \frac{t-1}{1-t} = -1$;

also: $A(1|-1)$; $B(-1|-1)$.

8

a) $f'(x) = 6x^2 + 2x$

$x_{n+1} = x_n - \frac{2x_n^3 + x_n^2 - 2}{6x_n^2 + 2x_n}$

Startwert z. B.: $x_0 = 0{,}5$

Auf drei Dezimalen gerundet ergibt sich: $x^* \approx 0{,}858$.

b) $f'(x) = 3x^2 - 2x + 1$

$x_{n+1} = x_n - \frac{x_n^3 - x_n^2 + x_n - 9}{3x_n^2 - 2x_n + 1}$

Startwert z. B.: $x_0 = 2{,}5$

Auf drei Dezimalen gerundet ergibt sich: $x^* \approx 2{,}285$.

c) $f'(x) = 1 - 4\cdot\cos 2x$

$x_{n+1} = x_n - \frac{x_n - 4{,}5 - 2\cdot\sin 2x_n}{1 - 4\cdot\cos 2x_n}$

Startwert z. B.: $x_0 = 4{,}5$

Auf drei Dezimalen gerundet ergibt sich: $x^* \approx 4{,}670$.

9

$f'(x) = \frac{4(9x^3 - 240x^2 + 2400x - 8000)}{x^3(10-x)^3}$

Gesucht ist also die Nullstelle der Funktion g mit $g(x) = 9x^3 - 240x^2 + 2400x - 8000$.

$g'(x) = 27x^2 - 480x + 2400$

$x_{n+1} = x_n - \frac{9x_n^3 - 240x_n^2 + 2400x_n - 8000}{27x_n^2 - 480x_n + 2400}$

Startwert z. B.: $x_0 = 6{,}5$

Auf drei Dezimalen gerundet ergibt sich die Extremstelle $x^* \approx 6{,}667$.

Der exakte Wert ist $x^* = \frac{20}{3}$.

10

a) $f'(x) = \frac{2x^3 + 3x^2 + 5}{(x+1)^2}$

$x_{n+1} = x_n - \frac{(x_n^3 + 4x_n - 1)(x_n - 1)}{2x_n^3 + 3x_n^2 + 5}$

Startwert z. B.: $x_0 = 0{,}5$

Auf drei Dezimalen gerundet ergibt sich:

$x^* \approx 0{,}246$.

b) Gesucht ist die Nullstelle der Funktion f′.

$f''(x) = \frac{2x^3 + 6x^2 + 6x - 10}{(x+1)^3}$

$x_{n+1} = x_n - \frac{(2x_n^3 + 3x_n^2 + 5)(x_n + 1)}{2x_n^3 + 6x_n^2 + 6x_n - 10}$

Startwert z. B.: $x_0 = -2{,}5$

Auf drei Dezimalen gerundet ergibt sich:

$x^* \approx -2{,}079$.

c) $f(x) = x^2 - x + 5 - \frac{6}{x+1}$

Gleichung der Näherungskurve:

$y = x^2 - x + 5$.

Aufgaben zum Üben und Wiederholen, Seite 105

1

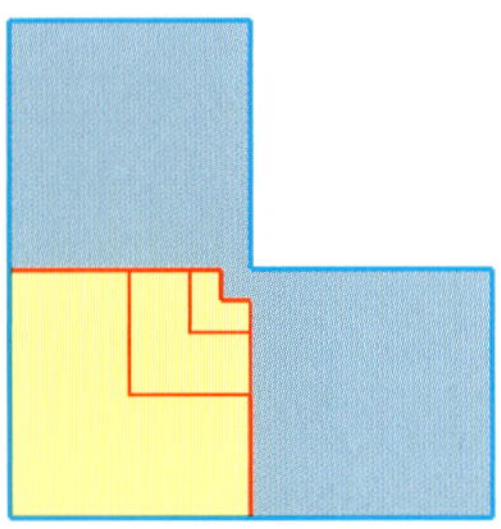

Folge (a_n) (Fig.)

explizit: $a_n = 2 + \left(\frac{1}{4}\right)^n$;

rekursiv: $a_0 = 3$ und $a_{n+1} = a_n - 3\left(\frac{1}{4}\right)^{n+1}$

Folge (b_n)

explizit: $b_n = 4\left(2 - \left(\frac{1}{2}\right)^n\right) = 12 - 2^{2-n}$;

rekursiv: $b_0 = 8$ und

$b_{n+1} = b_n + 4\left(\frac{1}{2}\right)^{n+1} = b_n + 2^{1-n}$.

2

Die Folge (a_n) wird explizit beschrieben durch $a_n = 3^n$. Dann ist

$6a_n + a_{n+1} = 6 \cdot 3^n + 3^{n+1} = 2 \cdot 3^{n+1} + 3^{n+1}$

$= 3 \cdot 3^{n+1} = 3^{n+2} = a_{n+2}$.

3

a) Beweis durch vollständige Induktion:

(I) Induktionsanfang: Für $n = 5$ ist die Aussage wahr, da $5 < 8 = 2^{5-2}$ gilt.

(II) Induktionsschritt: Es sei $k \in \mathbb{N}$ mit $k \geqq 5$ und man nimmt an, dass die Aussage für k gilt. Dies besagt $k < 2^{k-2}$. Dann ist $k + 1 < 2^{k-2} + 1 < 2^{k-2} + 2^{k-2} = 2^{k-1}$.

Somit gilt die Aussage auch für $k + 1$.

Damit ist gezeigt, dass $n < 2^{n-2}$ für alle $n \in \mathbb{N}$ mit $n \geqq 5$ gilt.

b) Beweis durch vollständige Induktion:

(I) Induktionsanfang: Für $n = 1$ ist die Aussage wahr, da $2^{3-1} - 1 = 7$ durch 7 teilbar ist.

(II) Induktionsschritt: Es sei $k \in \mathbb{N}$ mit $k \geqq 1$ und man nimmt an, dass die Aussage für k gilt. Dies besagt, dass $2^{3k} - 1$ durch 7 teilbar ist. Also gibt es ein $s \in \mathbb{N}$ mit $2^{3k} = 1 + 7s$. Dann gilt

$2^{3(k+1)} - 1 = 2^{3k} \cdot 2^3 - 1 = (1 + 7s) \cdot 2^3 - 1$

$= 7(8s + 1)$,

und folglich ist $2^{3(k+1)} - 1$ durch 7 teilbar.

Somit gilt die Aussage auch für $k + 1$.

Damit ist gezeigt, dass $2^{3n} - 1$ durch 7 teilbar ist für alle $n \in \mathbb{N}$ mit $n \geqq 1$.

4

Behauptung: Für alle $n \in \mathbb{N}$ mit $n \geqq 1$ gilt: $1 \cdot 1! + 2 \cdot 2! + 3 \cdot 3! + \ldots + n \cdot n! =$

$= (n+1)! - 1$.

Beweis durch vollständige Induktion:

(I) Induktionsanfang: Für $n = 1$ ist die Aussage wahr, da $1 \cdot 1! = 1 = (1+1)! - 1$ gilt.

(II) Induktionsschritt: Es sei $k \in \mathbb{N}$ mit $k \geqq 1$ und man nimmt an, dass die Aussage für k gilt. Dies besagt

$1 \cdot 1! + 2 \cdot 2! + \ldots + k \cdot k! = (k+1)! - 1$.

Dann ist

$1 \cdot 1! + 2 \cdot 2! + \ldots + k \cdot k! \cdot (k+1) \cdot (k+1)!$

$= (k+1)! - 1 + (k+1) \cdot (k+1)!$

$= (k+1)! \cdot (1 + (k+1)) - 1 = (k+1)! \cdot (k+2)$

$= (k+2)!$

Somit gilt die Aussage auch für $k + 1$.

Damit ist die Behauptung gezeigt.

5

a) $a_n = \frac{4n+1}{n+4}$

Monotonie:

$a_{n+1} - a_n = \frac{15}{(n+4)(n+5)} > 0$;

d. h. (a_n) ist streng monoton zunehmend.

Beschränktheit:

$1 = a_0 \leqq a_n = \frac{4n+1}{n+4} = 4 - \frac{15}{n+4} < 4$;

d. h. (a_n) ist beschränkt.

b) $a_n = (n+1)^2 - (-1)^n$

Monotonie:

$a_{n+1} - a_n = 2n + 3 + 2(-1)^n > 0$;

d. h. (a_n) ist streng monoton zunehmend.

Beschränktheit:

$2 = a_0 \leqq a_n$ und $a_n > n$;

d. h. (a_n) ist nach unten beschränkt und nach oben nicht beschränkt.

c) $a_0 = 3$ und $a_{n+1} = \sqrt{a_n + 5}$

Monotonie:

Behauptung: (a_n) ist streng monoton abnehmend.

Beweis durch vollständige Induktion:

(I) Induktionsanfang: Für $k = 0$ gilt die Aussage, da $a_0 = 3 > \sqrt{3 + 5} = a_1$ ist.

(II) Induktionsschritt: Es sei $k \in \mathbb{N}$ und man nimmt an, dass die Aussage für k gilt. Dies besagt $a_{k+1} < a_k$. Dann ist

$a_{k+2} = \sqrt{5 + a_{k+1}} < \sqrt{5 + a_k} = a_{k+1}$.

Also gilt die Aussage auch für $k + 1$.

Damit ist (a_n) streng monoton abnehmend.

Beschränktheit:

Es ist $3 = a_0 \geqq a_n$ und $a_n \geqq 0$ für alle $n \in \mathbb{N}$, d. h. (a_n) ist beschränkt.

d) $a_0 = 0$ und $a_{n+1} = 4 - \frac{3}{4}a_n$

Monotonie:

Da $a_0 = 0 < 4 = a_1$ und $a_1 = 4 > 1 = a_2$ gilt, ist (a_n) nicht monoton.

Beschränktheit:

Behauptung: Es gilt $0 \leqq a_n \leqq 4$ für alle $n \in \mathbb{N}$.

Beweis durch vollständige Induktion:

(I) Induktionsanfang: Für $k = 0$ gilt die Aussage, da $a_0 = 0$ ist.

(II) Induktionsschritt: Es sei $k \in \mathbb{N}$ und man nimmt an, dass die Aussage für k gilt. Dies besagt $0 \leqq a_k \leqq 4$. Dann ist

$a_{k+1} = 4 - \frac{3}{4}a_k \geqq 4 - \frac{3}{4} \cdot 4 > 0$ und

$a_{k+1} = 4 - \frac{3}{4}a_k \leqq 4 - \frac{3}{4} \cdot 0 \leqq 4$.

Also gilt $0 \leqq a_n \leqq 4$ für alle $n \in \mathbb{N}$.

6

a) Aus $s_a \leqq a_n \leqq S_a$ und $s_b \leqq b_n \leqq S_b$ folgt $s_a + s_b \leqq a_n + b_n \leqq S_a + S_b$, d.h. (s_n) mit $s_n = a_n + b_n$ ist beschränkt.
Da $s_a, s_b < 0$ und $S_a, S_b > 0$ angenommen werden darf, gilt auch
$-(s_a \cdot s_b) \leqq a_n \cdot b_n \leqq +(S_a \cdot S_b)$, d.h. (p_n) mit $p_n = a_n \cdot b_n$ ist beschränkt.
b) Die Aussagen von a) bleiben nicht gültig:
Folge (s_n):
Wählt man (a_n) mit $a_n = \frac{1}{4}n^2$ und (b_n) mit $b_n = -n$, erhält man (s_n) mit $s_n = \frac{1}{4}n^2 - n$.
Die Folgen (a_n) und (b_n) sind dabei monoton, nicht jedoch die Folge (s_n), da $s_1 = s_3 = -\frac{3}{4}$ und $s_2 = -1$ ist.
Folge (p_n)
Wählt man (a_n) und (b_n) mit $a_n = b_n = n-2$, erhält man (p_n) mit $p_n = (n-2)^2$. Die Folgen (a_n) und (b_n) sind dabei monoton, aber nicht die Folge (p_n), da $p_1 = p_3 = 1$ und $p_2 = 0$ ist.
c) Die Folge (d_n) ist ebenfalls beschränkt, nicht jedoch die Folge (q_n). Wählt man nämlich (a_n) und (b_n) mit $a_n = 1 + \frac{1}{n}$ und $b_n = \frac{1}{n}$, so sind diese Folgen beschränkt, nicht jedoch die Folge (q_n) mit $q_n = \frac{a_n}{b_n} = n + 1$.

7

Für $n \geqq 1$ ist
$|a_n - (-3)| = \left|\frac{5-3n^2}{n^2+1} + 3\right| = \frac{8}{n^2+1} < \frac{8}{n}$.
Wenn die Zahl $\varepsilon > 0$ beliebig gegeben ist, folgt aus $\frac{8}{n} < \varepsilon$ die Ungleichung $n > \frac{8}{\varepsilon}$. Wählt man also ein $n_0 \in \mathbb{N}$ mit $n_0 > \frac{8}{\varepsilon}$ und $n_0 \geqq 1$, gilt für alle $n \in \mathbb{N}$ mit $n \geqq n_0$:
$|a_n - (+3)| < \frac{8}{n} \leqq \frac{8}{n_0} < \frac{8}{\frac{8}{\varepsilon}} = \varepsilon$.
Damit ist die Folge (a_n) konvergent mit dem Grenzwert -3.

8

a) $a_0 = 3$ und $a_{n+1} = 7 - \frac{6}{a_n}$
Monotonie:
Behauptung: (a_n) ist streng monoton zunehmend.
Beweis durch vollständige Induktion:
(I) Induktionsanfang: Für $n = 0$ gilt die Aussage, da $a_0 = 3 < 5 = a_1$ ist.
(II) Induktionsschritt: Es sei $k \in \mathbb{N}$ und man nimmt an, dass die Aussage für k gilt. Dies besagt $a_{k+1} > a_k$.
Dann ist $a_{k+2} = 7 - \frac{6}{a_{k+1}} > 7 - \frac{6}{a_k} = a_{k+1}$.
Also gilt die Aussage auch für $k + 1$.
Damit ist (a_n) streng monoton zunehmend.
Beschränktheit:
Behauptung: Es ist $3 \leqq a_n < 6$ für alle $n \in \mathbb{N}$.
Beweis durch vollständige Induktion:
(I) Induktionsanfang: Für $k = 0$ gilt die Aussage, da $a_0 = 3$ ist.
(II) Induktionsschritt: Es sei $k \in \mathbb{N}$ und man nimmt an, dass die Aussage für k gilt. Dies besagt $3 \leqq a_k < 6$. Dann ist $a_{k+1} = 7 - \frac{6}{a_k} \geqq 5 \geqq 3$ und $a_{k+1} = 7 - \frac{6}{a_k} < 6$.
Also gilt die Aussage auch für $k + 1$.
Damit gilt $3 \leqq a_n < 6$ für alle $n \in \mathbb{N}$.
Folglich ist (a_n) als monotone und beschränkte Folge konvergent.
Berechnung einiger Folgenglieder führt zu der Vermutung, dass (a_n) den Grenzwert $a = 6$ hat.
Für den Grenzwert a gilt $a = 7 - \frac{6}{a}$, woraus sich $a = 6$ ergibt.
b) $a_0 = 4$ und $a_{n+1} = \frac{1}{10}a_n^2 + \frac{9}{10}$
Monotonie:
Behauptung: (a_n) ist streng monoton abnehmend.
Beweis durch vollständige Induktion:
(I) Induktionsanfang: Für $n = 0$ gilt die Aussage, da $a_0 = 4 > 2{,}5 = a_1$ ist.
(II) Induktionsschritt: Es sei $k \in \mathbb{N}$ und man nimmt an, dass die Aussage für k gilt. Dies besagt $a_{k+1} < a_k$. Dann ist
$a_{k+2} = \frac{1}{10}a_{k+1}^2 + \frac{9}{10} > \frac{1}{10}a_k^2 + \frac{9}{10} = a_{k+1}$.
Also gilt die Aussage auch für $k + 1$.
Damit ist (a_n) streng monoton abnehmend.
Beschränktheit:
Es ist $4 = a_0 \geqq a_n$ und $a_n > 0$ für alle $n \in \mathbb{N}$. Folglich ist (a_n) als monotone und beschränkte Folge konvergent.
Berechnung einiger Folgenglieder führt zu der Vermutung, dass (a_n) den Grenzwert $a = 1$ hat.
Für den Grenzwert a gilt $a = \frac{1}{10}a^2 + \frac{9}{10}$, woraus sich $a = 1$ ergibt.

9

Die Folge (a_n) ist streng monoton abnehmend und nach unten beschränkt, wie man an Fig. 1 unmittelbar erkennt. Aus $a_n = 2 + \left(\frac{1}{4}\right)^n$ ergibt sich $\lim\limits_{n\to\infty} a_n = 2$.

10

Die Länge der ersten 20 Halbkreisbögen ist
$$s_{20} = \tfrac{1}{2}\pi d_0 + \tfrac{1}{2}\pi\left(\tfrac{2}{3}d_0\right) + \ldots + \tfrac{1}{2}\pi\left(\tfrac{2}{3}d_0\right)^{19}$$
$$= \tfrac{1}{2}\pi d_0\left(1 + \tfrac{2}{3} + \left(\tfrac{2}{3}\right)^2 + \ldots + \left(\tfrac{2}{3}\right)^{19}\right)$$
$$= \tfrac{1}{2}\pi d_0 \cdot \frac{1-\left(\frac{2}{3}\right)^{20}}{1-\frac{2}{3}} = \tfrac{3}{2}\pi d_0 \cdot \left(1 - \left(\tfrac{2}{3}\right)^{20}\right)$$
$$\approx 1{,}49955\,\pi d_0 \approx 4{,}71097\,d_0.$$
Die Gesamtlänge der Kurve ist
$$s = \tfrac{1}{2}\pi d_0 + \tfrac{1}{2}\pi\left(\tfrac{2}{3}d_0\right) + \tfrac{1}{2}\pi\left(\tfrac{2}{3}d_0\right)^2 + \ldots$$
$$= \tfrac{1}{2}\pi d_0\left(1 + \tfrac{2}{3} + \left(\tfrac{2}{3}\right)^2 + \left(\tfrac{2}{3}\right)^3 + \ldots\right)$$
$$= \tfrac{1}{2}\pi d_0 \cdot \frac{1}{1-\frac{2}{3}} = 1{,}5\,\pi d_0.$$

11

a) Es ist $\frac{2n^3 - n^2 + 10}{2 - n - 5n^3} = \frac{2 - \frac{1}{n} + \frac{10}{n^3}}{\frac{2}{n^3} - \frac{1}{n^2} - 5}$ und somit
$$\lim_{n\to\infty} \frac{2n^3 - n^2 + 10}{2 - n - 5n^3} = \lim_{n\to\infty} \frac{2 - \frac{1}{n} + \frac{10}{n^3}}{\frac{2}{n^3} - \frac{1}{n^2} - 5} = -\frac{2}{5}.$$
b) Es ist $\frac{(2+n^2)^3}{(1-2n^2)^3} = \frac{\frac{2}{n^2}+1}{\frac{1}{n^2}-2} \cdot \frac{\frac{2}{n^2}+1}{\frac{1}{n^2}-2} \cdot \frac{\frac{2}{n^2}+1}{\frac{1}{n^2}-2}$
und somit $\lim\limits_{n\to\infty} \frac{(2+n^2)^3}{(1-2n^2)^3} =$
$$= \lim_{n\to\infty} \frac{\frac{2}{n^2}+1}{\frac{1}{n^2}-2} \cdot \frac{\frac{2}{n^2}+1}{\frac{1}{n^2}-2} \cdot \frac{\frac{2}{n^2}+1}{\frac{1}{n^2}-2} = -\frac{1}{8}.$$
c) Es ist $\frac{\sqrt{3}n + 2}{2\sqrt{n} - 1} = \frac{\sqrt{3} + \frac{2}{\sqrt{n}}}{2 - \frac{1}{\sqrt{n}}}$ und somit
$$\lim_{n\to\infty} \frac{\sqrt{3}n + 2}{2\sqrt{n} - 1} = \lim_{n\to\infty} \frac{\sqrt{3} + \frac{2}{\sqrt{n}}}{2 - \frac{1}{\sqrt{n}}} = \tfrac{1}{2}\sqrt{3}.$$
d) Es ist $\frac{5^n - 3^n}{2 \cdot 5^{n+1} - 3^n} = \frac{1 - \left(\frac{3}{5}\right)^n}{2 \cdot 5 - \left(\frac{3}{5}\right)^n}$ und somit
$$\lim_{n\to\infty} \frac{5^n - 3^n}{2 \cdot 5^{n+1} - 3^n} = \lim_{n\to\infty} \frac{1 - \left(\frac{3}{5}\right)^n}{2 \cdot 5 - \left(\frac{3}{5}\right)^n} = \frac{1}{10}.$$

12

a) Aus $f(x) = \frac{2x^2 - x - 6}{x^2 - 3x + 2} = \frac{(2x+3)(x-2)}{(x-1)(x-2)} = \frac{2 - \frac{1}{x} - \frac{6}{x^2}}{1 - \frac{3}{x} + \frac{2}{x^2}}$ folgt $\lim\limits_{x\to 2} f(x) = 7$, $\lim\limits_{x\to\infty} f(x) = 2$, für $x \to 1$ hat $f(x)$ keinen Grenzwert.
b) Aus $f(x) = \frac{x - 9}{\sqrt{x}\left(\sqrt{4x} - 6\right)} = \frac{\left(\sqrt{x} - 3\right)\left(\sqrt{x} + 3\right)}{2\sqrt{x}\left(\sqrt{x} - 3\right)} = \frac{1 - \frac{9}{x}}{2 - \frac{6}{\sqrt{x}}}$ folgt $\lim\limits_{x\to 9} f(x) = 1$, $\lim\limits_{x\to\infty} f(x) = \frac{1}{2}$, und für $x \to 0$ hat $f(x)$ keinen Grenzwert.

13

f ist stetig für $x \in \mathbb{R} \setminus \{\pm1; \pm2; \pm3; \ldots\}$, aber an den Stellen ±1; ±2; ±3, ±4; … ist f nicht stetig.

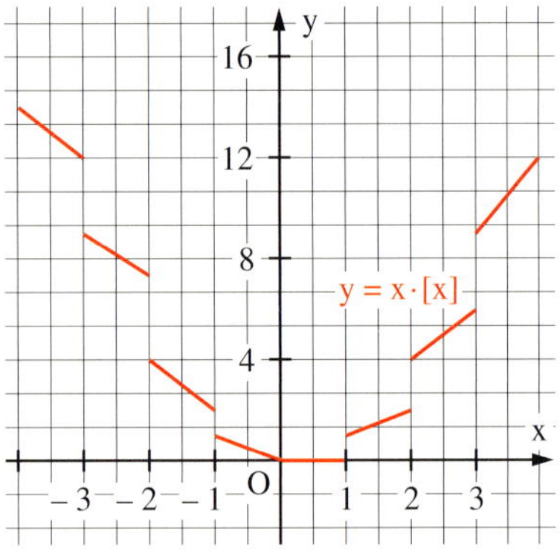

Aufgaben zum Üben und Wiederholen, Seite 139

1

a) $\int_{-2}^{-1}\left(3x^2-\frac{4}{x^2}\right)dx = \left[x^3+\frac{4}{x}\right]_{-2}^{-1} =$

$= (-1)^3 + \frac{4}{-1} - \left((-2)^3+\frac{4}{-2}\right) = 5$

b) $\int_{-1}^{1}\frac{2}{(x+3)^2}dx = \left[\frac{-2}{x+3}\right]_{-1}^{1} = \frac{-2}{4}-\frac{-2}{2}=\frac{1}{2}$

c) $\int_{-4}^{-2}\frac{4x^3-1}{2x^2} = \int_{-4}^{-2}\left(2x-\frac{1}{2x^2}\right)dx = \left[x^2+\frac{1}{2x}\right]_{-4}^{-2}$

$= 4+\frac{1}{-4}-\left(16+\frac{1}{-8}\right) = -12\frac{1}{8}$

d) $\int_{1}^{2}6\left(x^3-\frac{2}{x}\right)dx + \int_{1}^{2}\left(1+\frac{12}{x}\right)dx =$

$= \int_{1}^{2}(6x^3+1)dx = \left[\frac{3}{2}x^4+x\right]_{1}^{2} =$

$= \frac{3}{2}\cdot16+2-\left(\frac{3}{2}+1\right) = 23{,}5$

2

$f(x) = \frac{1}{2}x^4-2x^2$

a) $A = \int_{-2}^{2}-f(x)dx = \left[-\frac{1}{10}x^5+\frac{2}{3}x^3\right]_{-2}^{2}$

$= \frac{64}{15} = 4{,}2\overline{6}$

b) $A = \int_{-\sqrt{2}}^{\sqrt{2}}(f(x)-(-2))dx$

$= \int_{-\sqrt{2}}^{\sqrt{2}}\left(\frac{1}{2}x^4-2x^2+2\right)dx$

$= \left[\frac{1}{10}x^5-\frac{2}{3}x^3+2x\right]_{-\sqrt{2}}^{\sqrt{2}} = \frac{32}{15}\sqrt{2} \approx 3{,}02$

zu b)

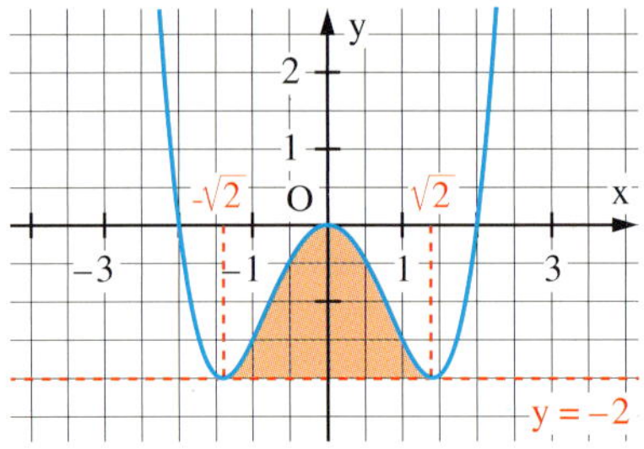

Fig. 3

c) Schnittstellen von $y = f(x)$ mit $y = -1{,}5$:

$\frac{1}{2}x^4-2x^2 = -1{,}5$; $x_1 = -\sqrt{3}$; $x_2 = -1$; $x_3 = 1$; $x_4 = \sqrt{3}$

$A_1 = \int_{0}^{1}-f(x)dx = \frac{17}{30}$;

$A_2 = (\sqrt{3}-1)\cdot1{,}5 \approx 1{,}10$;

$A_3 = \int_{\sqrt{3}}^{2}-f(x)dx = \frac{32}{15}-\frac{11}{10}\cdot\sqrt{3} \approx 0{,}23.$

$A = 2\cdot(A_1+A_2+A_3) \approx 3{,}8.$

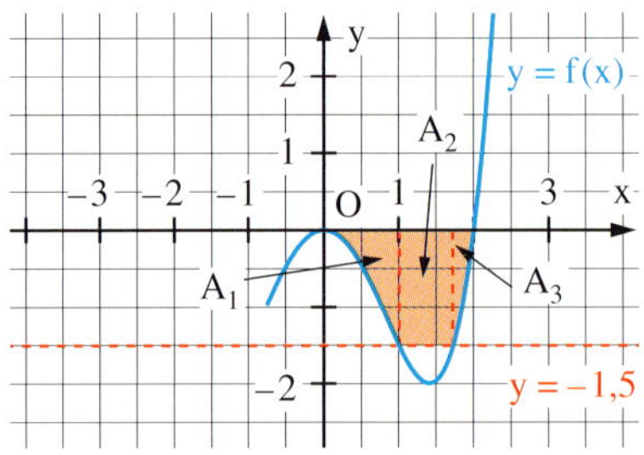

Fig. 4

3

a) $\int_{0}^{3}\frac{1}{(x-4)^2}dx = \int_{0}^{3}(x-4)^{-2}dx$

$= [-(x-4)^{-1}]_{0}^{3} = \frac{3}{4}$

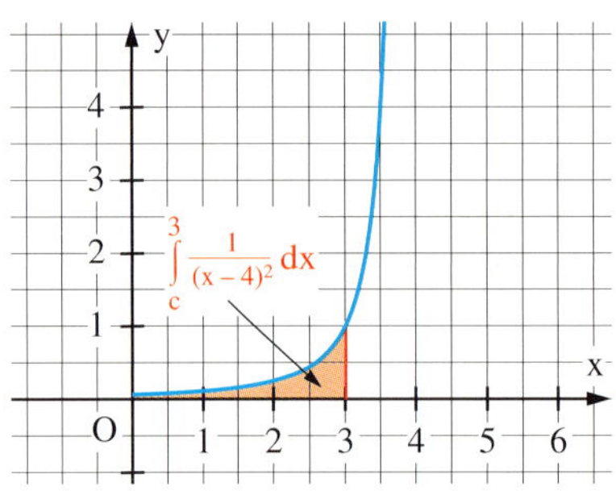

b) Schnittstelle von $y = f(x)$ und $y = 4$: $x_1 = 3{,}5$.

$A = \int_{0}^{3{,}5}f(x)dx + 0{,}5\cdot4 = \frac{7}{4}+2 = \frac{15}{4}.$

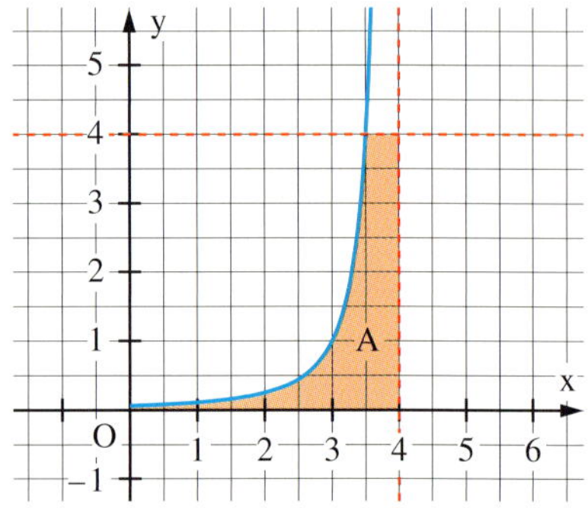

4

a) $f(x) = \frac{1}{2}x^3-2x^2$; $f'(x) = \frac{3}{2}x^2-4x$; $f''(x) = 3x-4$; $f'''(x) = 3$

$N_1(0|0)$; $N_2(4|0)$; $H(0|0)$; $T\left(\frac{8}{3}\middle|-\frac{128}{27}\right)$; $W\left(\frac{4}{3}\middle|-\frac{64}{27}\right)$

b) $A_1 = \int_{0}^{4}-f(x)dx = \int_{0}^{4}\left(-\frac{1}{2}x^3+2x^2\right)dx$

$= \left[-\frac{1}{8}x^4+\frac{2}{3}x^3\right]_{0}^{4} = 10\frac{2}{3}$

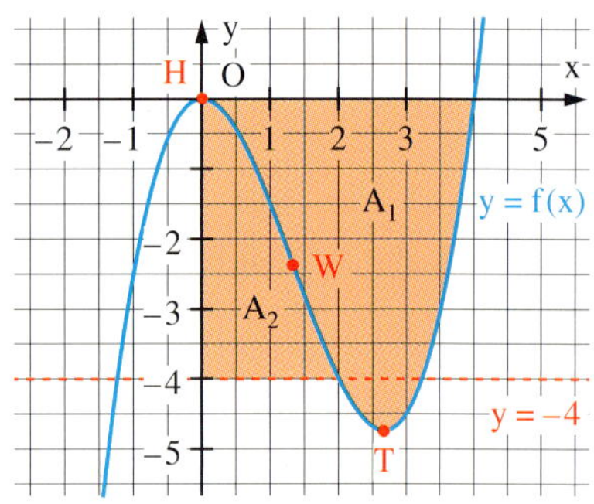

c) $A_2 = \int_{0}^{2}f(x)-(-4)dx = \int_{0}^{2}(f(x)+4)dx$

$= \int_{0}^{2}\left(\frac{1}{2}x^3-2x^2+4\right)dx = 4\frac{2}{3}$

5

$f(x) = g(x)$ führt auf
$x^3 - 7x^2 + 14x - 8 = 0.$
$x_1 = 1;\ x_2 = 2,\ x_3 = 4$

a) $A = \int_1^2 (f(x) - g(x))\,dx + \int_2^4 (g(x) - f(x))\,dx$

$= \int_1^2 (x^3 - 3x^2 + 14x - 8)\,dx$

$+ \int_2^4 (-x^3 + 3x^2 - 14x + 8)\,dx$

$= \frac{5}{12} + \frac{8}{3} = \frac{37}{12} = 3\frac{1}{12}$

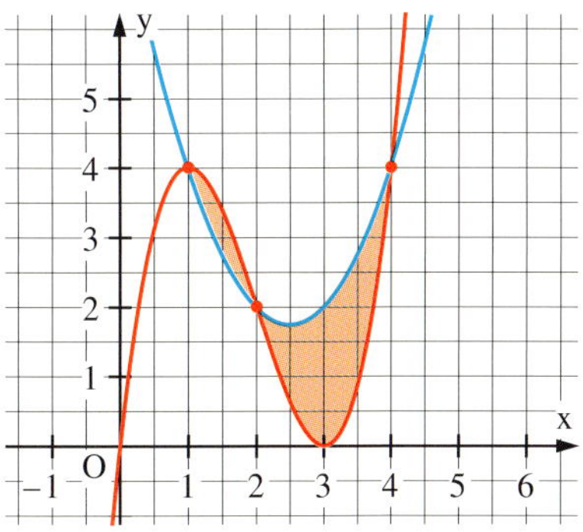

6

a) $\int_0^b \frac{1}{2}x^2\,dx = \left[\frac{1}{6}x^3\right]_0^b = \frac{1}{6}b^3 = 288;\ b = 12$

b) $b \cdot \frac{1}{2}b^2 - \frac{1}{6}b^3 = 288;\ b = \sqrt[3]{864} \approx 9{,}52$

c) $b \cdot \frac{1}{2}b^2 - \frac{1}{6}b^3 = 72;\ b = 6;\ c = \frac{1}{2} \cdot 6^2 = 18$

7

Für $2 \leqq x \leqq 3$ gilt:
$\sqrt{x-1} \leqq x - 1 \leqq (x-1)^2$, also
$\frac{2}{(x-1)^2} \leqq \frac{2}{x-1} \leqq \frac{2}{\sqrt{x-1}}$, also

$\int_2^3 \frac{2}{(x-1)^2}\,dx \leqq \int_2^3 \frac{2}{x-1}\,dx \leqq \int_2^3 \frac{2}{\sqrt{x-1}}\,dx.$

$\int_2^3 \frac{2}{(x-1)^2}\,dx = \left[\frac{-2}{x-1}\right]_2^3 = \frac{-2}{2} - \frac{-2}{1} = 1$

$\int_2^3 \frac{2}{\sqrt{x-1}}\,dx = \left[4\sqrt{x-1}\right]_2^3 = 4\sqrt{2} - 4\sqrt{1} =$
$= 4\sqrt{2} - 4 \approx 1{,}66.$

Also gilt: $1 \leqq \int_2^3 \frac{2}{x-1}\,dx \leqq 1{,}66.$

8

a) $f_t(x) = \frac{1}{4}x^4 - t^2x^2;\ f_t'(x) = x^3 - 2t^2x;$
$f_t''(x) = 3x^2 - 2t^2;\ f_t'''(x) = 6x$
Das Schaubild von f_t ist symmetrisch zur y-Achse.

Schnittpunkte mit der x-Achse: $N_1(0|0)$; $N_2(2t|0)$; $N_3(-2t|0)$
Hoch- bzw. Tiefpunkte: $H(0|0)$; $T_1(\sqrt{2} \cdot t|-t^4)$; $T_2(-\sqrt{2} \cdot t|-t^4)$
Wendepunkte: $W_1\left(\sqrt{\frac{2}{3}} \cdot t\,\middle|\,-\frac{5}{9}t^4\right)$; $W_2\left(-\sqrt{\frac{2}{3}} \cdot t\,\middle|\,-\frac{5}{9}t^4\right)$

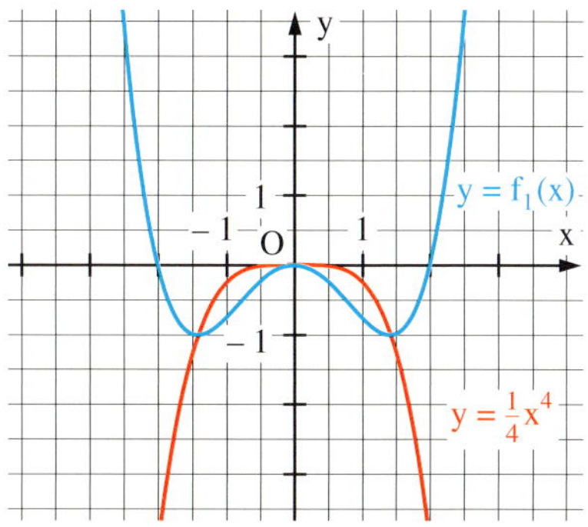

b) $x = \sqrt{2} \cdot t;\ y = -t^4;\ \Rightarrow\ t = \frac{x}{\sqrt{2}};\ y = -\frac{x^4}{4}$
$x = -\sqrt{2} \cdot t;\ y = -t^4;\ \Rightarrow\ t = -\frac{x}{\sqrt{2}};\ y = -\frac{x^4}{4}$
Ortskurve der Tiefpunkte C: $y = -\frac{1}{4}x^4$.

c) C und das Schaubild von f_t schneiden sich im 4. Feld bei $x_5 = \sqrt{2} \cdot t$.

$A(t) = \int_0^{\sqrt{2} \cdot t} \left(-\frac{1}{4}x^4 - \left(\frac{1}{4}x^4 - t^2x^2\right)\right)dx =$

$= \int_0^{\sqrt{2} \cdot t} \left(-\frac{1}{2}x^4 + t^2x^2\right)dx = \left[-\frac{1}{10}x^5 + \frac{t^2}{3}x^3\right]_0^{\sqrt{2} \cdot t} =$

$= \frac{4}{15} \cdot \sqrt{2} \cdot t^5$

$A^*(t) = \int_0^t \left(-\frac{1}{2}x^4 + t^2x^2\right)dx =$

$= \left[-\frac{1}{10}x^5 + \frac{t^2}{3}x^3\right]_0^t = \frac{7}{30} \cdot t^5$

$\frac{A^*(t)}{A(t)} = \frac{\frac{7}{30} \cdot t^5}{\frac{4}{15} \cdot \sqrt{2} \cdot t^5} = \frac{7}{8 \cdot \sqrt{2}}.$

Das Verhältnis der Inhalte ist unabhängig von t.

Aufgaben zum Üben und Wiederholen, Seite 165

1

a) $f'(x) = 2x - 2e^{-2x};\ f''(x) = 2 + 4e^{-2x}$

b) $f'(x) = \frac{1}{x};\ f''(x) = -\frac{1}{x^2}$

c) $f'(x) = 2x \cdot e^{-x} - x^2 \cdot e^{-x} = (2x - x^2) \cdot e^{-x}$
$f''(x) = (2 - 4x + x^2) \cdot e^{-x}$

d) $f'(x) = \frac{1}{x} + 1 + 2x \cdot e^{x^2}$
$f''(x) = -\frac{1}{x^2} + (4x^2 + 2) \cdot e^{x^2}$

2

a) $\int_{-10}^2 \frac{1}{2}e^x\,dx = \frac{1}{2}e^2 - \frac{1}{2}e^{-10} \approx 3{,}6945$

b) $\int_{-10}^2 2e^{2x}\,dx = e^4 - e^{-20} \approx 54{,}5981$

c) $\int_{-10}^2 \frac{1}{2}e^{-x+1}\,dx = -\frac{1}{2}e^{-1} + \frac{1}{2}e^{11}$
$\approx 29\,936{,}8869$

d) $\int_{-10}^2 \frac{1}{2}(e^x + e^{-x})\,dx =$
$= \frac{1}{2}(e^2 - e^{-2}) - \frac{1}{2}(e^{-10} - e^{10})$
$\approx 11\,016{,}8597$

3

a) $x_0 = 0$ b) $x_0 = \frac{e+2}{3} \approx 1{,}5728$

c) $x_0 = 1,\ x_1 = e$ d) keine Nullstelle

4

a) Definitionsmenge ist $D_f = \mathbb{R}$.
$f'(x) = e^x - 2e^{-2x};\ f''(x) = e^x + 4e^{-2x}$
$f'(x) = 0$ für $x_0 = \frac{\ln 2}{3};\ f''\left(\frac{\ln 2}{3}\right) = 3 \cdot 2^{\frac{1}{3}} > 0,$
also Minimum: $f\left(\frac{\ln 2}{3}\right) = \frac{3}{2} \cdot 2^{\frac{1}{3}} \approx 1{,}8899.$
$f(x) \to +\infty$ für $x \to \pm\infty$.

b) Definitionsmenge ist $D_f = \mathbb{R}^+$.
$f'(x) = \frac{1 - \ln x}{x^2};\ f''(x) = \frac{2\ln x - 3}{x^3}$
$f'(x) = 0$ für $x_0 = e;\ f''(e) = -e^{-3} < 0,$
also Maximum: $f(e) = e^{-1} \approx 0{,}3679.$
$f(x) \to 0$ für $x \to +\infty$.

c) Definitionsmenge ist $D_f = \mathbb{R}$.
$f'(x) = -x^2 \cdot (x - 3) \cdot e^{-x};$
$f''(x) = x \cdot (x^2 - 6x + 6) \cdot e^{-x}$
$f'(x) = 0$ für $x_0 = 0$ und $x_1 = 3;$
kein Extremwert bei $x_0 = 0$, da $f'(x)$ beim Durchgang durch die Stelle 0 keinen Vorzeichenwechsel erfährt.
$f''(3) = -9e^{-3} < 0,$
also Maximum $f(3) = 27e^{-3} \approx 1{,}3443.$
$f(x) \to 0$ für $x \to +\infty;$
$f(x) \to -\infty$ für $x \to -\infty$.

d) Definitionsmenge ist $D_f = \mathbb{R}^+$.
$f'(x) = (\ln x)^2 \cdot (\ln x + 3);$
$f''(x) = 3 \cdot \frac{\ln x \cdot (\ln x + 2)}{x}$
$f'(x) = 0$ für $x_0 = 1$ und $x_1 = e^{-3};$
kein Extremwert bei $x_0 = 1$, da $f'(x)$ beim Durchgang durch die Stelle 1 keinen Vorzeichenwechsel erfährt.
$f''(e^{-3}) = 9e^3 > 0$, also
Minimum $f(e^{-3}) = -27e^{-3} \approx -1{,}3443$
$f(x) \to +\infty$ für $x \to +\infty$.

5

a) Definitionsmenge ist $D_f = \mathbb{R}$.
Schnittpunkt mit der x-Achse: $S(\ln 2 \mid 0)$;
Schnittpunkt mit der y-Achse: $T(0 \mid -1)$.
Asymptote $y = 0$ für $x \to -\infty$.
$f'(x) = 2e^x \cdot (e^x - 1)$;
$f''(x) = 2e^x \cdot (2e^x - 1)$;
$f'''(x) = 2e^x \cdot (4e^x - 1)$
$f'(x) = 0$ für $x_0 = 0$; $f''(0) = 2 > 0$,
also Tiefpunkt $T(0 \mid -1)$.
$f''(x) = 0$ für $x_1 = -\ln 2$;
$f'''(-\ln 2) = 1 \neq 0$, also Wendepunkt
$W\left(-\ln 2 \mid -\frac{3}{4}\right)$.
$f(x) \to +\infty$ für $x \to +\infty$ und
$f(x) \to 0$ für $x \to -\infty$.
Da -1 kein Randminimum ist, ist wegen der Stetigkeit der Funktion die Wertemenge $W = \{x \mid -1 \leqq x < +\infty\}$.

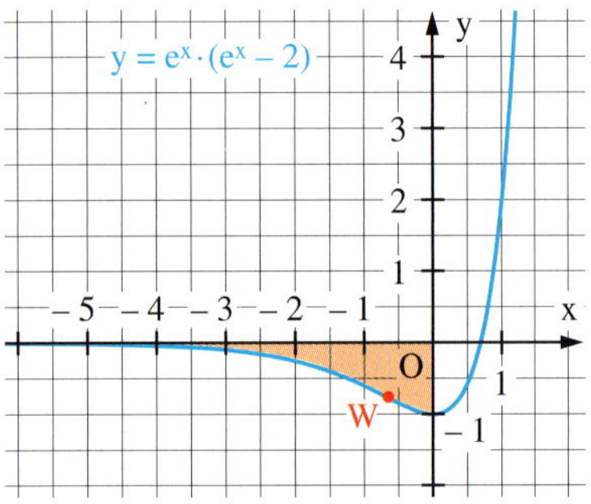

b) $A(u) = -\int_{-e^2}^{0} (e^{2x} - 2e^x)\,dx =$
$= \left[\frac{1}{2}e^{2x} - 2e^x\right]_{-e^2}^{0} = \frac{3}{2} + \frac{1}{2}e^{-2e^2} - 2e^{-e^2} \approx$
$\approx 1{,}4988$

6

a) Definitionsmenge ist $D = \mathbb{R}^+$.
$f_t'(x) = \frac{t}{2} - \frac{1}{2x}$; $f''(x) = \frac{1}{2x^2}$; $t > 0$.
$f_t'(x) = 0$ ergibt $x_0 = \frac{1}{t}$.
Wegen $f_t''\left(\frac{1}{t}\right) > 0$ ist $T_t\left(\frac{1}{t} \,\middle|\, \frac{1}{2}(1 + \ln t)\right)$.
T_t liegt auf der Geraden mit der Gleichung $y = 1$, wenn $t = e$ ist.
T_t liegt auf der x-Achse, wenn $\frac{1}{2}(1 + \ln t) = 0$ ist, also für $t = \frac{1}{e}$.
b) Wegen $f_t''(x) = \frac{1}{2x^2} > 0$ für alle $x \in D$ hat kein Schaubild Wendepunkte.
c) Da gilt $f_t(x) \to +\infty$ für $x \to 0$ und $f_t(x) \to +\infty$ für $x \to +\infty$, liegt in T_t ein absolutes Minimum vor. Damit hat K_t keinen Punkt mit der x-Achse gemeinsam, wenn T_t oberhalb der x-Achse liegt. Dies ist für $t > \frac{1}{e}$ der Fall.

d) Tangentengleichung in
$B_t\left(u \,\middle|\, \frac{1}{2} \cdot (tu - \ln u)\right)$:
$y = \left(\frac{t}{2} - \frac{1}{2u}\right)x + \frac{1}{2}(1 - \ln u)$.
Punktprobe für $A\left(0 \,\middle|\, \frac{1}{2}\right)$ ergibt $u = 1$, also
Berührpunkte $B_t\left(1 \,\middle|\, \frac{t}{2}\right)$.
Gleichung der Ortskurve: $x = 1$.

7

$A(t) = \int_1^2 \left(tx + \frac{1}{tx}\right)dx = \left[\frac{t}{2}x^2 + \frac{1}{t}\ln x\right]_1^2 =$
$= \frac{3}{2}t + \frac{\ln 2}{t}$.
$A'(t) = \frac{3}{2} - \frac{\ln 2}{t^2}$; $A''(t) = \frac{2\ln 2}{t^3}$.
$A'(t) = 0$ liefert $t_0 = \sqrt{\frac{2\ln 2}{3}}$ $(t > 0)$.
Wegen $A''\left(\sqrt{\frac{2\ln 2}{3}}\right) > 0$ liegt in t_0 ein Minimum vor.

8

a) Da $f'(x) = -\frac{1}{2}e^x < 0$ ist für alle $x \in \mathbb{R}$, ist f umkehrbar:
$\bar{f}(x) = \ln(4 - 2x)$.

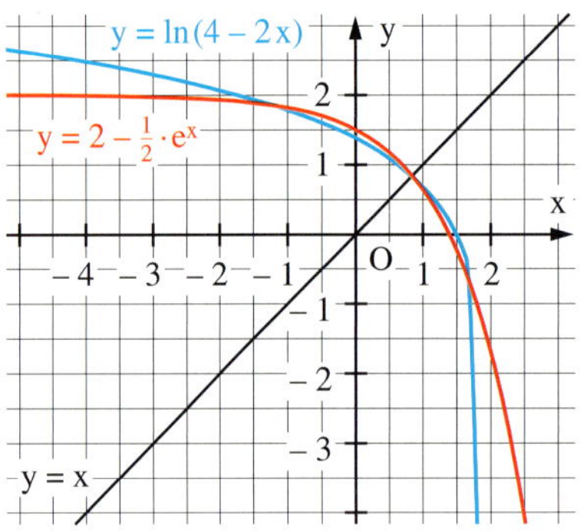

b) $D_f = \left\{x \mid x > -\frac{3}{2}\right\}$. $f'(x) = \frac{2}{2x + 3} > 0$,
also ist f für alle $x \in D_f$ umkehrbar:
$\bar{f}(x) = \frac{1}{2}(e^x - 3)$.

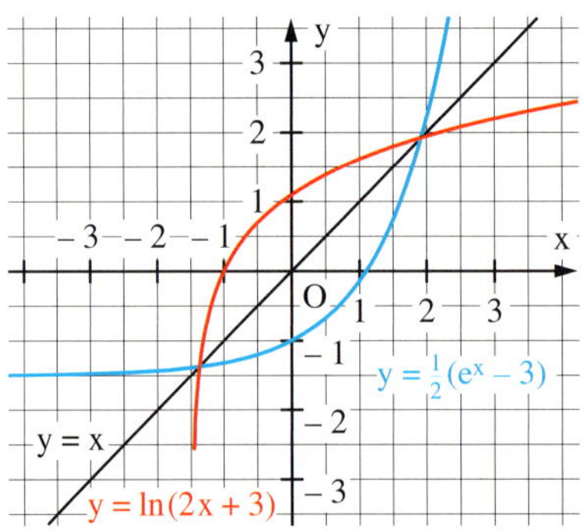

c) Da $f'(x) = -10xe^{-0{,}5x^2} < 0$ für alle $x > 0$, ist f umkehrbar:
$\bar{f}(x) = \sqrt{-2\ln\left(\frac{x}{10}\right)}$

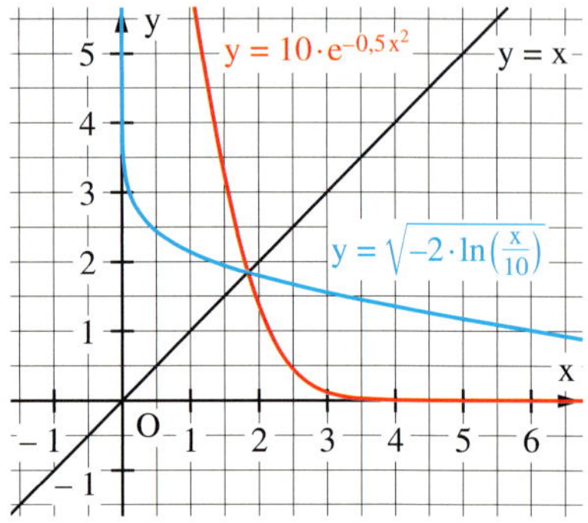

d) Da $f'(x) = \frac{2 \cdot \ln x}{x} > 0$ ist für alle $x > 1$, ist f umkehrbar: $\bar{f}(x) = e^{\sqrt{x}}$

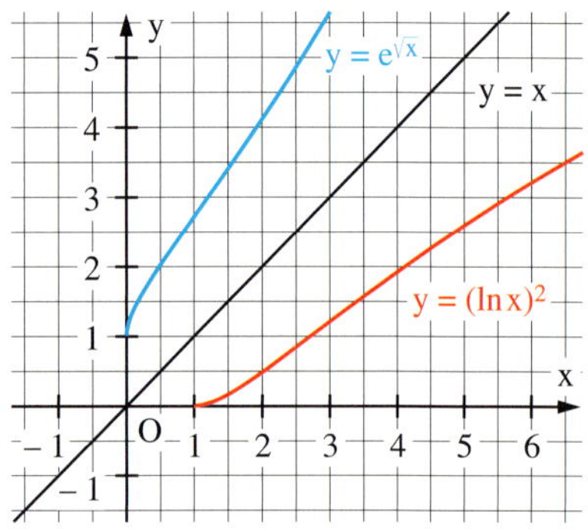

9

a) Der Inhalt A ist identisch mit
$A_1 = \int_0^1 e^x\,dx = e - 1$ (vgl. die Figur).

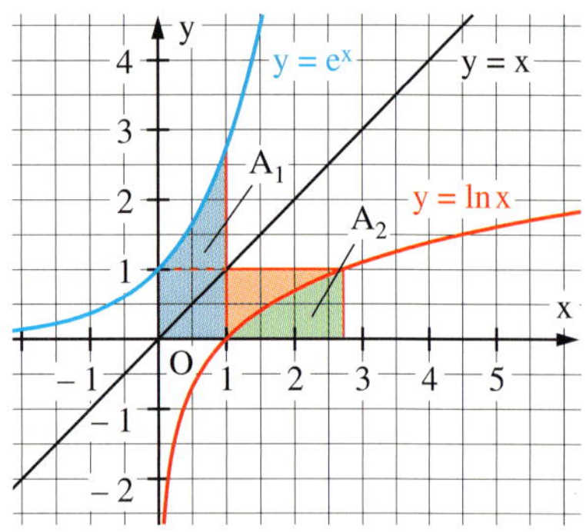

b) $A_2 = \int_1^e \ln x\,dx = e - (e - 1) = 1$
(vgl. die Figur).

c) Es ist $F'(x) = \ln x$.

$A_1 = e - \int_1^e \ln x\,dx = e - [x\cdot(\ln x - 1)]_1^e =$

$= e - 1$.

$A_2 = \int_1^e \ln x\,dx = [x\cdot(\ln x - 1)]_1^e = 0 - (-1)$

$= 1$.

10

a) Mit $f'(x) = a^x\cdot\ln a$ und $g'(x) = -a^{-x}\cdot\ln a$ gilt:

I. $a^x = a^{-x}$, also $x_0 = 0$.

II. $(a^x\cdot\ln a)\cdot(-a^{-x}\cdot\ln a) = -1$

also $(\ln a)^2 = 1$; damit $a = e$ oder $a = e^{-1}$.

b) Mit $f'(x) = a^x\cdot\ln a$ und $g'(x) = b^x\cdot\ln b$ muss gelten:

I. $a^x = b^x$

II. $(a^x\cdot\ln a)\cdot(b^x\cdot\ln b) = -1$.

Aus I folgt $x_0 = 0$; also $(\ln a)\cdot(\ln b) = -1$.

11

$f(x) = x^{\frac{1}{\ln x}} = e^{\ln\left(x^{\frac{1}{\ln x}}\right)} = e^{\frac{1}{\ln x}\cdot\ln x} = e^1 = e$;

also $k = e$.

$g(x) = x^{\frac{1}{\log_b x}} = e^{\ln\left(x^{\frac{1}{\log_b x}}\right)} = e^{\frac{1}{\log_b x}\ln x} = e^{\frac{\ln b}{\ln x}\cdot\ln x}$

$= e^{\ln b} = b$.

Aufgaben zum Üben und Wiederholen, Seite 203

1

a) Für $b > 1$ ist $J = \int_1^b f(x)\,dx = 6 - \frac{6}{b}$;

für $b \to +\infty$ gilt $J \to 6$; die Fläche hat den Flächeninhalt 6.

b) Für $a < 2$ ist

$J = \int_a^2 f(x)\,dx = \frac{3}{2} + \frac{3}{2(2a-5)}$; für $a \to -\infty$ gilt $J \to \frac{3}{2}$; die Fläche hat den Inhalt $\frac{3}{2}$.

c) Für $b > 0$ ist

$J = \int_0^b f(x)\,dx = \frac{1}{2}e^3 - \frac{1}{2}e^{3-2b}$; für $b \to +\infty$ gilt $J \to \frac{1}{2}e^3$; die Fläche hat den Inhalt $\frac{1}{2}e^3$.

d) Für $a < -2$ ist

$J = \int_a^{-2} f(x)\,dx = 2e^9 - 2e^{5+2a}$; für $a \to -\infty$ gilt $J \to 2e^9$; die Fläche hat den Inhalt $2e^9$.

e) Für $2 < a < 6$ ist

$J = \int_a^2 f(x)\,dx = 8 - 4\sqrt{a-2}$; für $a \to 2$ gilt $J \to 8$; die Fläche hat den Inhalt 8.

f) Für $-4 < b < \frac{1}{2}$ ist

$J = \int_{-4}^b f(x)\,dx = 18 + 3b - 2\sqrt{1-2b}$; für $b \to \frac{1}{2}$ gilt $J \to \frac{39}{2}$; die Fläche hat den Inhalt $\frac{39}{2}$.

2

a) $\frac{3}{16}\pi$ b) $\frac{512}{15}\pi$

c) $\left(\frac{1}{2}e^6 - \frac{11}{4}\right)\pi$ d) $\frac{125}{3}\pi$

3

a) 432π b) 18π

4

$V_x = \frac{64}{15}\pi$; $V_y = \frac{8}{3}\pi$; $\frac{V_x}{V_y} = \frac{8}{3}$

5

a) Kepler-Regel:	4,8889
Simpson-Regel, n = 4:	5,1717
Simpson-Regel, n = 6:	5,2168
b) Kepler-Regel:	9,1818
Simpson-Regel, n = 4:	9,1823
Simpson-Regel, n = 6:	9,1823
c) Kepler-Regel:	190,2291
Simpson-Regel, n = 4:	147,8967
Simpson-Regel, n = 6:	142,5650
d) Kepler-Regel:	−0,2779
Simpson-Regel, n = 4:	−0,3164
Simpson-Regel, n = 6:	−0,3013

6

Mittelwert der Funktionswert von f auf dem Intervall [−2; 3]: $\overline{m} = \frac{1}{5}\int_{-2}^{3} f(x)\,dx = -\frac{5}{4}$.

7

Gewichtskraft (in N) einer Ölschicht der Dicke Δy (in m), die sich in der Höhe y (in m) befindet:

$\Delta(F = (1-y)\cdot 1\cdot\Delta y\cdot 9{,}1\cdot 10^3$;

Arbeit (in J), die verrichtet wird beim Heben dieser Schicht bis zur oberen Kante:

$\Delta W = (1-y)\cdot 1\cdot\Delta y\cdot 9{,}1\cdot 10^3\cdot(1-y)$;

gesamte Arbeit (in J):

$W = 9{,}1\cdot 10^3\cdot\int_0^1 (1-y)^2\,dy = \frac{1}{3}\cdot 9{,}1\cdot 10^3$

Die Arbeit beträgt etwa $3{,}0\cdot 10^3$ J.

8

a) $\frac{32}{15}$ b) $\frac{1}{4}e^3 - \frac{3}{4}e$ c) $\frac{6}{e} - 4$

d) $4\pi\cdot\sin(1) + 4\pi^2\cdot\cos(1)$

9

a) $\frac{112}{3}$ mit $z = g(x) = 4 + 3x^2$

b) $\frac{1}{2}\cdot\ln 5$ mit logarithmischer Integration

c) $e^3 - 1$ mit $z = g(x) = 4 - x^2$

d) $\frac{4}{x}$ mit $z = g(x) = \pi x^2$

10

a) $2 - \ln 2$ mit $t = \overline{g}(x) = x - 3$

b) $\frac{8}{3}$ mit $t = \overline{g}(x) = 1 + 2x$

c) $\ln\frac{8}{3}$ mit $t = \overline{g}(x) = e^x + 1$

d) $\frac{1}{8}\pi$ mit $x = g(t) = \frac{1}{2}\cdot\sin t$

Aufgaben zum Üben und Wiederholen, Seite 227

1

a) Periode $p = 12$;

gemeinsame Punkte mit der x-Achse und Wendepunkte: $N_k(6k\,|\,0)$, $k \in \mathbb{Z}$;

Hochpunkte: $H_k(3 + 12k\,|\,2{,}5)$, $k \in \mathbb{Z}$;

Tiefpunkte: $T_k(-3 + 12k\,|\,-2{,}5)$, $k \in \mathbb{Z}$;

Flächeninhalt: $A = \frac{30}{\pi} \approx 9{,}549$

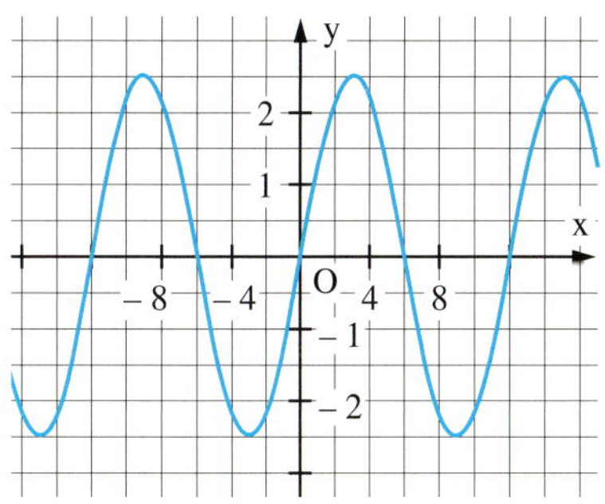

b) Periode $p = 2\pi$;

gemeinsame Punkte mit der x-Achse und Wendepunkte: $N_k\left(-\frac{1}{4}\pi + k\cdot\pi\,\middle|\,0\right)$, $k \in \mathbb{Z}$;

Hochpunkte: $H_k\left(\frac{1}{4}\pi + k\cdot 2\pi\,\middle|\,4\right)$, $k \in \mathbb{Z}$;

Hochpunkte: $T_k\left(\frac{5}{4}\pi + k\cdot 2\pi\,\middle|\,-4\right)$, $k \in \mathbb{Z}$;

Flächeninhalt: $A = 8$

zu b)

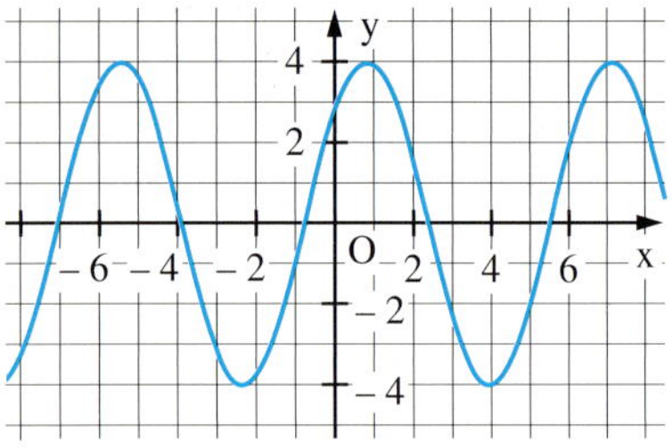

c) Periode $p = \frac{1}{2}\pi$;
gemeinsame Punkte mit der x-Achse:
$N_k\left(-\frac{7}{24}\pi + k\cdot\frac{1}{2}\pi \middle| 0\right)$, $k \in \mathbb{Z}$ und
$M_k\left(\frac{1}{24}\pi + k\cdot\frac{1}{2}\pi \middle| 0\right)$, $k \in \mathbb{Z}$;
Hochpunkte: $H_k\left(-\frac{1}{8}\pi + k\cdot\frac{1}{2}\pi \middle| 7{,}5\right)$, $k \in \mathbb{Z}$;
Tiefpunkte: $T_k\left(\frac{1}{8}\pi + k\cdot\frac{1}{2}\pi \middle| -2{,}5\right)$, $k \in \mathbb{Z}$;
Wendepunkte: $W_k\left(k\cdot\frac{1}{4}\pi \middle| 2{,}5\right)$, $k \in \mathbb{Z}$;
Flächeninhalt: $A \approx 4{,}786$ bzw. $A \approx 0{,}856$

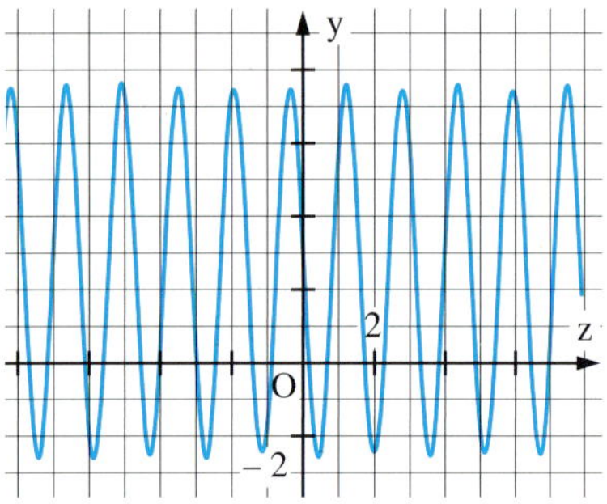

d) Periode $p = \frac{2}{3}$;
gemeinsame Punkte mit der x-Achse:
$N_k\left(\frac{2}{9} + k\cdot\frac{2}{3} \middle| 0\right)$, $k \in \mathbb{Z}$ und
$M_k\left(\frac{4}{9} + k\cdot\frac{2}{3} \middle| 0\right)$, $k \in \mathbb{Z}$;
Hochpunkte: $H_k\left(\frac{1}{3} + k\cdot\frac{2}{3} \middle| 2\right)$, $k \in \mathbb{Z}$;
Tiefpunkte: $T_k\left(k\cdot\frac{2}{3} \middle| -6\right)$, $k \in \mathbb{Z}$;
Wendepunkte: $W_k\left(\frac{1}{6} + k\cdot\frac{1}{3} \middle| -2\right)$, $k \in \mathbb{Z}$;
Flächeninhalt: $A \approx 1{,}624$ bzw. $A \approx 0{,}291$

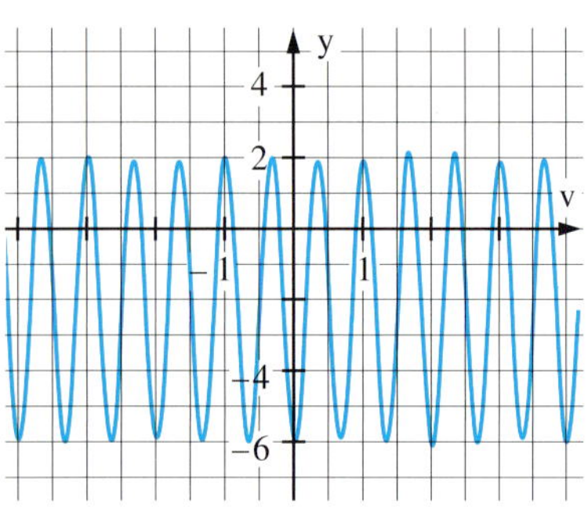

2

a) $a = 1{,}5$; $b = 1{,}5$

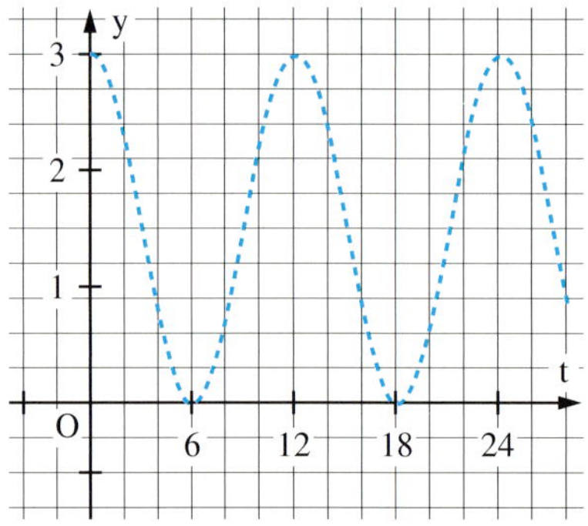

b) Ansteigen des Wasserstandes von $t = 6$ (Niedrigwasser) bis $t = 12$ (Hochwasser);
$h(10) - h(8) = 2{,}25 - 0{,}75 = 1{,}5$;
die Regel trifft zu.

3

a) Reykjavik: 20 h 30 min;
Athen: 14 h 39 min; Sydney 9 h 44 min
b) Für $T \approx 16$ ist $\varphi \approx 49°$ (z. B. Paris);
für $T \approx 18$ ist $\varphi \approx 58°$ (z. B. Stockholm)
c) Keine Lösung für
$-\frac{1}{2{,}3}\tan\left(\pi\cdot\frac{\varphi}{180°}\right) > 1$ bzw. < -1, also
für $\varphi < -66{,}5°$ (Polarnacht, $T = 0$)
bzw. $\varphi > 66{,}5°$ (Polartag, $T = 24$).

4

a) $L = \left\{\frac{1}{3}\pi;\ \frac{2}{3}\pi;\ \frac{4}{3}\pi;\ \frac{5}{3}\pi\right\}$
b) $L = \left\{0;\ \frac{1}{3}\pi;\ \frac{2}{3}\pi;\ \pi;\ \frac{4}{3}\pi;\ \frac{5}{3}\pi;\ 2\pi\right\}$
c) $L = \left\{\frac{1}{6}\pi;\ \frac{5}{6}\pi;\ \frac{3}{2}\pi\right\}$
d) $L = \left\{0;\ \frac{1}{4}\pi;\ \frac{3}{4}\pi;\ \pi;\ \frac{5}{4}\pi;\ \frac{7}{4}\pi;\ 2\pi\right\}$
e) $L = \left\{\frac{5}{6}\pi;\ \frac{11}{6}\pi\right\}$
f) $L = \left\{\frac{7}{6}\pi;\ \frac{11}{6}\pi\right\}$

5

a) gemeinsame Punkte mit der x-Achse und Wendepunkte: $N_1(0|0)$, $N_2(\pi|0)$, $N_3(2\pi|0)$;
Hochpunkt: $H\left(\frac{2}{3}\pi \middle| \frac{9}{4}\sqrt{3}\right)$;
Tiefpunkt: $T\left(\frac{4}{3}\pi \middle| -\frac{9}{4}\sqrt{3}\right)$

zu a)

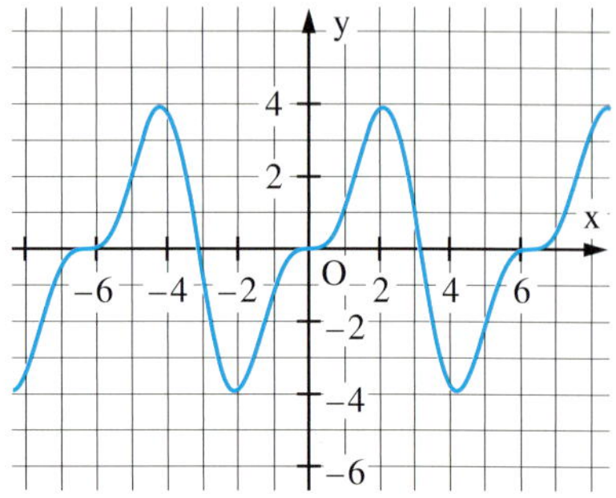

b) Da zum einen $f(x + 2\pi) = f(x)$ gilt und es nur einen Hochpunkt in $[0;\ 2\pi]$ gibt, ist die Periode $p = 2\pi$ und nicht kürzer.
c) K ist zu den Wendepunkten N_1 und N_2 punktsymmetrisch, denn es gilt $f(-x) = -f(x)$ und $f(2\pi - x) = -f(x)$.
Damit ist K zu allen Wendepunkten $W_k(k\pi|0)$, $k \in \mathbb{Z}$, punktsymmetrisch.
d) Flächeninhalt: $A = 6$

6

a) V mit $V = \pi\cdot r^2\cdot\sqrt{1 - r^2}$;
V* mit $V^*(h) = \pi(h - h^3)$;
V** mit $V^{**}(\alpha) = \pi\cdot\cos^2\alpha\cdot\sin\alpha$
b) Die Bearbeitung mit V* als Zielfunktion (ganzrationale Funktion!) ist am wenigsten aufwändig.

7

a) K ist punktsymmetrisch zum Ursprung, gemeinsame Punkte mit den Koordinatenachsen sind $N_k\left(\pm\sqrt{k\pi} \middle| 0\right)$, $k \in \mathbb{N}$;
$f'(x) = \sin(x^2) + 2x^2\cos(x^2)$; $f(0) = 0$

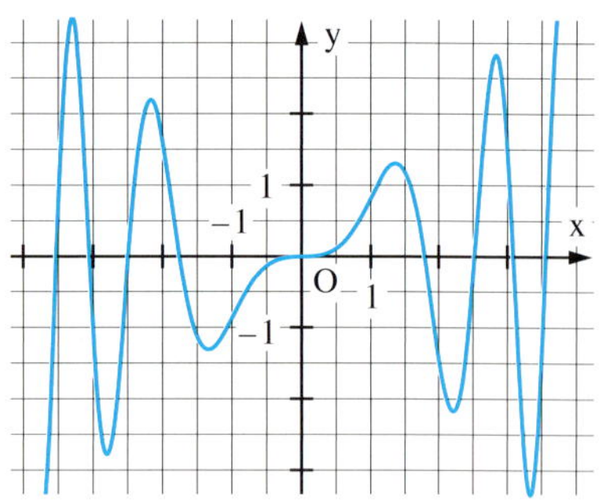

b) Exakter Inhalt: $A = \pi^2 - 1 \approx 8{,}870$;
Näherungswert mithilfe der keplerschen Fassregel: $A^* \approx 9{,}120$; insgesamt ist die Näherung akzeptabel.

c) Die Gleichung $x = x \cdot \sin(x^2)$ hat außer 0 die Lösungen
$x_k = \pm\sqrt{\frac{1}{2}\pi + k \cdot 2\pi},\ k \in \mathbb{N}$.
Da $f'(x_k) = 1$ für $k \in \mathbb{N}$ gilt, sind
$B_k\left(\pm\sqrt{\frac{1}{2}\pi + k \cdot 2\pi} \,\middle|\, \pm\sqrt{\frac{1}{2}\pi + k \cdot 2\pi}\right),\ k \in \mathbb{N}$
die gesuchten Berührpunkte.

8

a) $A = \int_0^2 x^{\frac{2}{3}}\,dx + \int_2^6 (6-x)^{\frac{1}{3}}\,dx = \left[\frac{3}{5}x^{\frac{5}{3}}\right]_0^2 + \left[-\frac{3}{4}(6-x)^{\frac{4}{3}}\right]_2^6 = 4{,}2\sqrt[3]{4} \approx 6{,}67$

b) $V = \pi = \int_0^2 x^{\frac{4}{3}}\,dx + \pi\int_2^6 (6-x)^{\frac{2}{3}}\,dx =$
$= \pi\left[\frac{3}{7}x^{\frac{7}{3}}\right]_0^2 + \pi\left[-\frac{3}{5}(6-x)^{\frac{5}{3}}\right]_2^6 = \frac{228}{35}\sqrt[3]{2}\,\pi \approx$
$\approx 25{,}78$

Aufgaben zum Üben und Wiederholen, Seite 255

1

a) $f(t) = f(0) \cdot e^{-0{,}17 \cdot t}$.
Aus $f(5) = 40\,000$ folgt $f(0) \approx 93\,586$;
$f(60) = 93\,586 \cdot e^{-0{,}17 \cdot 60} \approx 3{,}48$
b) $p = 100 \cdot (1 - e^{-0{,}17}) \approx 15{,}6$.
Prozentualer Zerfall pro Zeitschritt etwa 15,6 %. Aus $0{,}1 = e^{-0{,}17 \cdot t}$ folgt $t \approx 13{,}5$.

2

Für die Abnahmerate a gilt:
$a(t) = 2000 \cdot e^{t \cdot \ln 0{,}85} = 2000 \cdot e^{-0{,}1625t}$
(t in Wochen); für die Gewichtsabnahme A erhält man:
$A = \int_0^4 a(t)\,dt = 2000 \cdot \left[\frac{1}{-0{,}1625} \cdot e^{-0{,}1625t}\right]_0^4 =$
$= 5882{,}51$, d.h. in den ersten 4 Wochen nimmt man etwa 5900 g ab.

3

a) $f(t) = 50\,000 \cdot e^{t \cdot \ln 1{,}15} =$
$= 50\,000 \cdot e^{0{,}13976 \cdot t}$ (t in Tagen)
b) $T_V = \frac{\ln 2}{0{,}13976} \approx 4{,}96$; Verdoppelungszeit etwa 5 Tage;
$1\,000\,000 = 50\,000 \cdot e^{0{,}13976 \cdot t}$ ergibt
$t \approx 21{,}4$ (in Tagen).
Mittlere Bakterienanzahl:
$\frac{1}{10} \cdot \int_0^{10} 50\,000 \cdot e^{0{,}13976 \cdot t}\,dt \approx \frac{1}{10} \cdot 1{,}089\,53 \cdot 10^6$
$\approx 109\,000$

c) Aus $f(t+1) - f(t) > 150\,000$ folgt $e^{0{,}13976 \cdot t} > 20$ und hieraus $t > \frac{\ln 20}{0{,}13976} \approx$
$\approx 21{,}4$; d.h. am 22. Tag.

4

$k = -\frac{\ln 2}{T_H} \approx -0{,}024\,76$ (in Jahren)
Toleranzgrenze sei g, also erhält man mit
$f(0) = \frac{130}{100} \cdot g$ die Zerfallsfunktion
$f(t) = \frac{130}{100} g \cdot e^{-0{,}02476 \cdot t}$.
Gesucht ist die Zeit t mit $f(t) = g$, also
$g = \frac{130}{100} g \cdot e^{-0{,}02476 \cdot t}$ und hieraus $t \approx 10{,}6$ (in Jahren).

5

a) Die Geschwindigkeit, mit der angelerntes Wissen wieder vergessen wird, ist anfangs am größten und nimmt im Laufe der Zeit ab. Schließlich bleibt ein gewisser Prozentsatz b an Wissen übrig. Der beschränkte Zerfall scheint damit ein sinnvoller Ansatz zu sein. $w'(t)$ gibt die Geschwindigkeit an, mit der sich der Prozentsatz des Wissens verändert.
b) Aus dem Ansatz $w'(t) \sim w(t) - b$ folgt $w'(t) = \bar{k} \cdot (w(t) - b)$ mit $\bar{k} < 0$ und hieraus $w'(t) = k \cdot (b - w(t))$ mit $k > 0$.
Lösung: $w(t) = b - c \cdot e^{-kt}$. Einsetzen liefert: $w(t) = 10 + 90 \cdot e^{-0{,}2027t}$.
Aus $w(t) = 20$ folgt $t \approx 10{,}84$, d.h. nach etwa 11 Zeitschritten sind 80 % des Wissens vergessen.

6

a) Mit $S = 250$, $a = h(0) = 30$ und $h(4) = 116$ erhält man
$h(t) = \frac{7500}{30 + 220\,e^{-0{,}462045t}} = \frac{750}{3 + 22 \cdot e^{-0{,}462045t}}$
(h in cm, t in Wochen).
b) Aus $h(t) = 225$ folgt $t \approx 4{,}31$; d.h. nach etwas mehr als 4 Wochen.
$h'(t) = \frac{7623{,}74 \cdot e^{-0{,}426045t}}{(3 + 22\,e^{-0{,}462045t})^2}$, also $h'(4) \approx 28{,}73$,
$h'(9) \approx 10{,}66$ (jeweils in cm/Woche).

7

a) Mit $S = 500$, $a = f(0) = 12$ und $f(3) = 24$ erhält man bei logistischem Wachstum die Funktion f mit
$f(t) = \frac{6000}{12 + 488\,e^{-0{,}239348t}}$ (t in Monaten).
Aus $f(t) > 250$ folgt $t > 15{,}48$ (in Monaten).
b) $f(20) - f(19) = 373{,}39 - 349{,}46 =$
$= 23{,}93 \approx 24$; d.h. die Population steigt voraussichtlich um 24 Kaninchen an.

8

a) Mit $T = 2$ (in s) und $m = 0{,}2$ (in kg) ergibt sich aus $T = 2\pi\sqrt{\frac{m}{D}}$ die Federkonstante $D = 0{,}2 \cdot \pi^2 \approx 1{,}97$ (in $\frac{N}{m}$).
Differenzialgleichung:
$s''(t) = -\frac{D}{m} \cdot s(t)$, also $s''(t) = -\pi^2 \cdot s(t)$.
b) $s(t) = 0{,}25 \cdot \sin(\pi t + c)$; beginnt die Zeitmessung beim Durchgang durch die Ruhelage, so ist $s(0) = 0$, also $c = 0$ und hiermit $s(t) = 0{,}25 \cdot \sin(\pi t)$.
Geschwindigkeit
$v(t) = s'(t) = 0{,}25\pi\cos(\pi t)$;
maximale Geschwindigkeit:
$v_{max} = 0{,}25 \cdot \pi \approx 0{,}79$ (in m/s)
Aus $v(t) = 0{,}5$ folgt $\cos(\pi t) = \frac{2}{\pi}$ mit den Lösungen $t_1 \approx 0{,}28$ und $t_2 = 2 - t_1 \approx 1{,}72$ (vgl. die Figur).

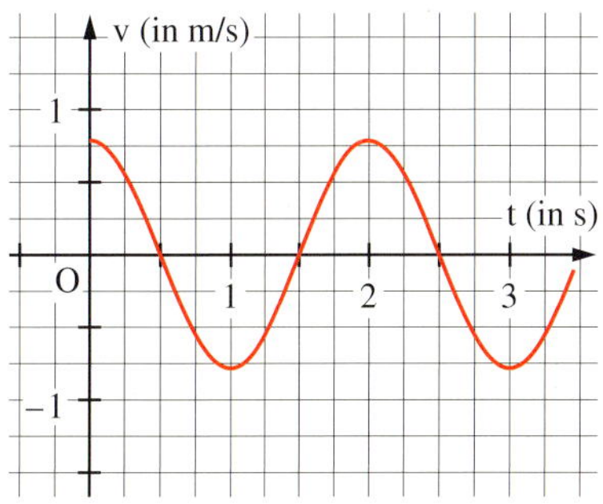

c) Beschleunigung
$a(t) = s''(t) = -0{,}25\pi^2 \cdot \sin(\pi t)$. Die maximale Beschleunigung wird innerhalb der ersten Periode für $|\sin(\pi t)| = 1$ erreicht, also für $t_1 = 0{,}5$ bzw. $t_2 = 1{,}5$.
Rücktreibende Kraft $F = -D \cdot s(t) =$
$= -0{,}2\pi^2 \cdot 0{,}25 \cdot \sin(\pi t)$.
Für $t_1 = 0{,}5$ gilt
$F_1 = -0{,}05\pi^2 \cdot \sin(0{,}5\pi) = -0{,}49$ (in N); entsprechend für $t_2 = 1{,}5$ gilt $F_2 = 0{,}49$ (in N). Das Vorzeichen gibt die Richtung der Kraft an.

Register

Zum Aufbau des Buches

Jedes Kapitel umfasst

- mehrere Lerneinheiten,
- vermischte Aufgaben,
- mathematische Exkursionen,
- Kapitelrückblick.

- Zu Beginn jeder Lerneinheit stehen **hinführende Aufgaben**. Sie bereiten den Gedankengang der Lerneinheit vor. Sie sollen die Schülerinnen und Schüler zum Nachdenken anregen. Da sie als Angebot gedacht sind, nehmen sie keine Information zum jeweiligen Lerninhalt vorweg und bieten somit den Unterrichtenden die methodische Freiheit.

  Der anschließende **Informationstext** (Lehrtext) beschreibt den mathematischen Inhalt der Lerneinheit. Vielfach werden auch ergänzende Informationen gegeben.

> Im Kasten wird das wesentliche **Ergebnis** (z. B. in Form einer Definition oder eines Satzes) festgehalten.

In den anschließenden vollständig bearbeiteten **Beispielen** werden Begriffsbildungen erläutert und wichtige mathematische Verfahren bzw. grundlegende Aufgabentypen der Lerneinheit vorgestellt. Diese Beispiele bieten den Schülerinnen und Schülern besondere Hilfen für das selbstständige Lösen von Aufgaben.

Der **Aufgabenteil** bietet ein reichhaltiges Auswahlangebot. Die Aufgaben reichen von Routineaufgaben zum Einüben von Fertigkeiten und Darstellungsweisen über zahlreiche Aufgaben im mittleren Schwierigkeitsbereich bis zu schwierigen Aufgaben, die besondere Leistungen verlangen. Zahlreiche Aufgaben zu Sachsituationen helfen, Beziehungen zwischen der Mathematik und ihren Anwendungen aufzuzeigen.

Wo es aufgrund der besseren Übersicht oder im Sinne eines schnelleren Zugriffs sinnvoll erscheint, werden die Aufgaben durch Zwischenüberschriften gegliedert.

Aufgaben mit unterlegter Aufgabenziffer (z. B. **8**) sollen mit dem Computer bearbeitet werden.

- In den **vermischten Aufgaben** werden zusätzliche Übungsaufgaben angeboten. Ferner finden sich dort Aufgaben, welche die Zusammenhänge zwischen den einzelnen Lerneinheiten eines Kapitels herstellen.

- In den **mathematischen Exkursionen** werden Themengebiete angesprochen, die mit dem jeweiligen Kapitel in Verbindung stehen. Sie sind als Anregung für Schülerinnen und Schüler gedacht, sich mit mathematischen Fragen, interessanten Themen oder Themen aus dem Alltag auseinander zu setzen.

- Den Abschluss eines jeden Kapitels bildet der **Rückblick**. Es werden die wichtigsten Lerninhalte in prägnanter Form zusammengefasst und die **Aufgaben zum Üben und Wiederholen** angeboten.

- Im Anhang des Buches befinden sich zwei Wahlthemen, ein geschichtlicher Überblick, Lösungen der Aufgaben zum Üben und Wiederholen sowie Aufgaben zur Vorbereitung des schriftlichen und mündlichen Abiturs.